中国国家标准汇编

2007年修订-7

中国标准出版社 编

中国标准出版社
北京

图书在版编目（CIP）数据

中国国家标准汇编：2007年修订.7/中国标准出版社编.—北京：中国标准出版社，2008
ISBN 978-7-5066-4981-0

Ⅰ.中… Ⅱ.中… Ⅲ.国家标准—汇编—中国—2007
Ⅳ.T-652.1

中国版本图书馆CIP数据核字（2008）第101049号

中国标准出版社出版发行
北京复兴门外三里河北街16号
邮政编码:100045

网址 www.spc.net.cn
电话:68523946 68517548
中国标准出版社秦皇岛印刷厂印刷
各地新华书店经销
*
开本 880×1230 1/16 印张 40.25 字数 1 211 千字
2008年10月第一版 2008年10月第一次印刷
*
定价 200.00 元

ISBN 978-7-5066-4981-0

出 版 说 明

1.《中国国家标准汇编》是一部大型综合性国家标准全集，自1983年起，按国家标准顺序号以精装本、平装本两种装帧形式陆续分册汇编出版。《汇编》在一定程度上反映了我国建国以来标准化事业发展的基本情况和主要成就，是各级标准化管理机构，工矿企事业单位，农林牧副渔系统，科研、设计、教学等部门必不可少的工具书。

2. 由于标准的动态性，每年有相当数量的国家标准被修订，这些国家标准的修订信息无法在已出版的《汇编》中得到反映。为此，自1995年起，新增出版在上一年度被修订的国家标准的汇编本。

3. 修订的国家标准汇编本的正书名、版本形式、装帧形式与《中国国家标准汇编》相同，视篇幅分设若干册，但不占总的分册号，仅在封面和书脊上注明"2007年修订-1,-2,-3,……"等字样，作为对《中国国家标准汇编》的补充。读者配套购买则可收齐前一年新制定和修订的全部国家标准。

4. 修订的国家标准汇编本的各分册中的标准，仍按顺序号由小到大排列（不连续）；如有遗漏的，均在当年最后一分册中补齐。

5. 2007年制修订国家标准1 410项，全部收入在《中国国家标准汇编》第352～367分册和2007年修订-1～修订-23分册中。本分册为"2007年修订-7"，收入新制修订的国家标准25项。

中国标准出版社

2008年6月

目　　录

GB/T 4833.1—2007　多道分析器　第1部分:主要技术要求与试验方法 …………………… 1
GB/T 4840—2007　硝基苯胺类 …………………………………………………………………… 45
GB/T 4854.8—2007　声学　校准测听设备的基准零级　第8部分:耳罩式耳机纯音基准等效阈声压级 ……………………………………………………………………………… 56
GB/T 4895—2007　合成樟脑 ……………………………………………………………………… 65
GB/T 4949—2007　铝-锌-铟系合金牺牲阳极　化学分析方法 …………………………………… 81
GB/T 4951—2007　锌-铝-镉合金牺牲阳极　化学分析方法 …………………………………… 109
GB/T 4963—2007　声学　标准等响度级曲线 …………………………………………………… 125
GB/T 4984—2007　含锆耐火材料化学分析方法 ………………………………………………… 145
GB/T 5009.205—2007　食品中二噁英及其类似物毒性当量的测定 …………………………… 169
GB/T 5009.206—2007　鲜河豚鱼中河豚毒素的测定 ………………………………………… 229
GB/T 5019.6—2007　以云母为基的绝缘材料　第6部分:聚酯薄膜补强B阶环氧树脂粘合云母带 ……………………………………………………………………………………… 235
GB/T 5027—2007　金属材料　薄板和薄带　塑性应变比(r值)的测定 ……………………… 241
GB/T 5059.6—2007　钼铁　磷含量的测定　铋磷钼蓝分光光度法和钼蓝分光光度法 ………… 249
GB/T 5069—2007　镁铝系耐火材料化学分析方法 ……………………………………………… 257
GB/T 5070—2007　含铬耐火材料化学分析方法 ………………………………………………… 287
GB 5085.1—2007　危险废物鉴别标准　腐蚀性鉴别 …………………………………………… 313
GB 5085.2—2007　危险废物鉴别标准　急性毒性初筛 ………………………………………… 317
GB 5085.3—2007　危险废物鉴别标准　浸出毒性鉴别 ………………………………………… 321
GB 5085.4—2007　危险废物鉴别标准　易燃性鉴别 …………………………………………… 499
GB 5085.5—2007　危险废物鉴别标准　反应性鉴别 …………………………………………… 503
GB 5085.6—2007　危险废物鉴别标准　毒性物质含量鉴别 …………………………………… 511
GB 5085.7—2007　危险废物鉴别标准　通则 …………………………………………………… 589
GB/T 5169.1—2007　电工电子产品着火危险试验　第1部分:着火试验术语 ………………… 593
GB/T 5169.14—2007　电工电子产品着火危险试验　第14部分:试验火焰　1 kW标称预混合型火焰　设备、确认试验方法和导则 ……………………………………………………… 613
GB/T 5193—2007　钛及钛合金加工产品超声波探伤方法 ……………………………………… 631

ICS 27.120.99
F 81

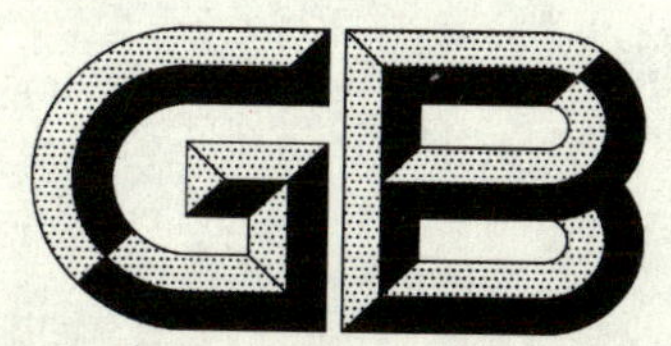

中华人民共和国国家标准

GB/T 4833.1—2007
代替 GB/T 4833—1997

多道分析器
第1部分:主要技术要求与试验方法

Multichannel analyzers—
Part 1: Main technical requirements and test methods

(IEC 61342:1995,Nuclear instumentation—Multichannel pulse height analyzers—Main characteristics,technical requirements and test methods,MOD)

2007-07-13 发布 2008-03-01 实施

中华人民共和国国家质量监督检验检疫总局
中国国家标准化管理委员会 发布

前　言

GB/T 4833《多道分析器》分为三个部分：

——第1部分：主要技术要求与试验方法；

——第2部分：作为多路定标器的试验方法；

——第3部分：核谱测量直方图数据交换格式。

本部分为GB/T 4833的第1部分。

本部分修改采用IEC 61342：1995《核仪器　多道脉冲幅度分析器　主要性能、技术要求和试验方法》，但对其进行了若干增删修改(详见附录G)：

a) 补充了一些定义、符号和缩略语，按表述的合理性对个别章条作了调整；

b) 增加了图12，并在图6和图7增加了实测谱的曲线；

c) 增加了多道分析器的基本性能，调整了技术指标，修改了分类方法；

d) 在一些参数测量中，本部分增加了我国已采用的、经过实践证明既简便可行又普遍适用的一些试验方法，修改或删除了某些辅助试验方法和重复条款。

本部分代替GB/T 4833—1997《多道脉冲幅度分析器　主要性能、技术要求和试验方法》(以下简称原标准)。

本部分对原标准的主要修改为：

——按GB/T 1.2—2002《标准化工作导则　第2部分：标准中规范性技术要素的确定方法》的要求，修改了本部分的名称；

——增加"谱存储量"、"谱仪模拟-数字变换器"和"ADC分辨率"三个术语以及相关的符号；

——增加"谱存储量"、"拒绝堆积(反堆积)功能"等基本性能；

——增加"计数率变化引起的道址相对漂移"的测量及其附录F；

——增加图12"计数率引起的道址相对漂移的试验框图"；并在图6"用于确定微分非线性的谱形状"和图7"测量积分非线性时的误差函数$E(m)$"增加了实测谱的曲线；

——将多道分析器按用途分类改为"按使用要求(例如，所配探测器的类型、现场使用条件)分成1～4类"，并修改、调整表A.1中的内容和指标，以反映多道分析器的技术进步；

——按GB/T 1.1—2000《标准化工作导则　第1部分：标准的结构和编写规则》的要求，修改了本部分的格式(包括给悬置段加标题，在列项前加总括语等)，统一、规范了表述形式；

——将本部分与IEC 61342的差别全部综合到附录G(包括章条结构的对照)，并调整附录G的顺序。

本部分的附录A、附录B、附录C、附录D、附录E、附录G是资料性附录，附录F是规范性附录。

本部分由全国核仪器仪表标准化技术委员会提出。

本部分由核工业标准化研究所归口。

本部分起草单位：核工业标准化研究所、清华大学、中国原子能科学研究院。

本部分主要起草人：王经谨、熊正隆、潘大金、刘以农、肖晨。

本部分所代替标准的历次版本发布的情况为：GB 4833—1984、GB 4833—1989、GB /T 4833—1997。

引　言

在核物理领域的许多场合，测量某类参数的分布是很重要的，例如：粒子的能量、粒子的质量、粒子出现的时间、粒子在某角度的散射，等等。在现代的测量实践中，常用多道分析器的脉冲幅度分析功能（多道脉冲幅度分析器）来完成上述参数的测量。多道脉冲幅度分析器首先将代表物理量的信号脉冲幅度数字化，再按其数字化后的数码进行分类存储，这样便可在测量期间存储一个与原来的脉冲幅度分布相似的直方图。这种分布反映了α或β粒子、γ和X光子等粒子某些物理量的概率密度。利用这些信息，通过数据处理，可确定粒子或射线的通量密度和剂量（率）、核素的浓度和含量等。当今，多道分析器已被广泛地用于科学、工业等不同领域。

多道脉冲幅度分析器通常包括模数变换器（ADC）、数据获取接口、通用计算机（或专用处理机、存储器、显示器和输入/输出单元）以及打印机、绘图机等外部设备。它可以进行下列工作：

——接受来自探测装置或其他信号源的脉冲；

——将脉冲幅度信息进行模数变换（ADC）；

——按预定参数将模数变换所得数码形成存储地址；

——存储计数信息（直方图，谱）；

——按照预定算法及外部提供的信息处理存储的脉冲幅度谱；

——数据的输入和输出功能（例如：驱动显示器、打印机、软盘驱动器、绘图仪等）。

多道分析器还可以有多种附加分析方式，这些方式不直接与脉冲幅度分析相联系，例如：

——为改善信噪比，对重复信号求统计平均值；

——相关分析；

——连续采样模拟信号；

——信号特性的时间分布分析；

——飞行时间谱分析；

——在连续时间间隔内的脉冲计数（记录穆斯堡尔效应和放射性衰变的辐射强度）或多路定标；

——将来自多个探测器的脉冲计数存到存储器的不同分区中。

多道分析器
第1部分:主要技术要求与试验方法

1 范围

本部分规定了多道分析器在脉冲幅度分析方式的主要技术要求和试验方法,还给出相应的术语和定义。

本部分适用于具有线性脉冲幅度响应的多道分析器。

2 规范性引用文件

下列文件中的条款通过GB/T 4833的本部分的引用而成为本部分的条款。凡是注日期的引用文件,其随后所有的修改单(不包括勘误的内容)或修订版均不适用于本部分,然而,鼓励根据本部分达成协议的各方研究是否可使用这些文件的最新版本。凡是不注日期的引用文件,其最新版本适用于本部分。

GB/T 8993—1998 核仪器环境条件与试验方法

3 术语和定义

本部分采用下列术语和定义。

3.1

道址 channel address

多道分析器的ADC给出的输入信号应存入的道所在的地址(不包括多道分析器硬件、软件的附加变址)。

3.2

总道数 number of total channels

多道分析器中可用来存储计数的总道址数。

3.3

分区数 number of sub-groups

多道分析器中可按预定指令或预定程序设置的、能分别存储数据的存储区的数量。

3.4

分区中的道数 number of channels in a sub-group

在分区中,可寻址并存储计数的道数。

3.5

最大量化电平数 maximum number of quantization levels

模数变换器以等间隔电平对输入信号的脉冲幅度进行量化时所具有的最大离散电平数。通常一个量化电平间隔对应于多道分析器的一个道。

3.6

道容量 channel capacity

多道分析器每道所能存储的最大事件数(计数)。

3.7

谱存储量 storage capacity of spectra

多道分析器可存储谱的数量。

3.8

最小可测信号脉冲幅度　minimum measurable signal pulse height

当任何外部甄别器或内置甄别器设置为最小甄别阈时,对应于最小可量化电平的输入信号脉冲幅度。

3.9

最大可测信号脉冲幅度　maximum measurable signal pulse height

在规定的偏置下,任一外部甄别器或内置甄别器设置为最大阈值时,对应于最大可量化电平的输入信号脉冲幅度。

3.10

工作范围　operating range

多道分析器符合技术要求的脉冲幅度响应范围。

注1:工作范围应处于最小可测信号脉冲幅度与最大可测信号脉冲幅度之间(见3.7和3.8)。

注2:在某些场合,可用相对范围来代替工作范围,例如可用相对于最大道数的百分数表示,或用最大量化电平对最小可量化电平的比值表示。

3.11

个别道宽　individual channel width

两个相邻量化电平的中心位置之差,用输入量的单位(通常为毫伏(mV))表示。

注:量化电平的中心位置通常为其分布的平均值位置。

3.12

道宽　channel width

在工作范围内所有个别道宽的平均值。

3.13

道宽的基本误差　main error of the channel width

在参考条件下测得的道宽与其给定值之间的偏差,用给定道宽的百分数表示。

3.14

道宽的不稳定性　instability of the channel width

在参考条件下,连续工作至少8 h或24 h所测得的道宽与其平均值之间的最大偏差,用平均道宽的百分数表示。

3.15

道宽的附加误差　additional error of the channel width

由任一影响量的变化而引起的道宽的改变。影响量有环境温度、供电电压等。

注:该误差用影响量每单位变化或一定百分数变化所引起的道宽百分数变化表示。

3.16

脉冲幅度响应　pulse height response

道址与输入信号脉冲幅度之间的关系。

注:在大多数情况下,脉冲幅度响应是接近线性的。

3.17

变换系数　conversion factor

脉冲幅度响应拟合直线的斜率,以每伏多少道表示。变换系数也就是道宽的倒数。

3.18

零点　zero point

在没有偏置时,脉冲幅度响应的拟合直线与道址轴或信号幅度轴的交点的坐标。可以分别用道数或输入信号的单位(例如毫伏)表示。

3.19

偏置 offset

由操作者或测量程序设置的使零点偏离原值的数值。

3.20

数字偏置 digital offset

为了偏移脉冲幅度响应的零点，从模数变换器输出的道址码中减去的道数。

3.21

模拟偏置 analogue offset

为了使能谱向较低道址方向偏移，从模数变换器输入信号中减去的模拟量。

3.22

零点的不稳定性 instability of the zero point

在参考条件下，连续工作至少8 h或24 h所测得的零点与其平均值间的最大偏差，用输入信号单位或道数表示(例如：0.3 mV 或 0.027 道)。

3.23

零点的附加误差 additional error of the zero point

由任一影响量的变化而引起的零点的偏移。影响量有环境温度、供电电压等。

注：该误差用影响量每单位变化或一定百分数变化所引起的零点变化(单位为 mV 或道)表示。

3.24

积分非线性 integral non-linearity

在工作范围内，实际脉冲幅度响应与其拟合直线的最大偏差，用相对于最大可测脉冲幅度 A_{max} 的百分数表示。

3.25

微分非线性 differential non-linearity

在工作范围内，个别道宽与道宽的最大相对偏差，用道宽的百分数表示。

3.26

甄别阈范围 range of discriminator levels

多道分析器输入端所接的甄别器的最高与最低甄别阈间的范围。

注：在所设置的甄别器最低和最高甄别阈范围内，多道分析器能接受输入信号。

3.27

模态道 modal channel

与峰位对应的道。

3.28

相对脉冲幅度分辨率 relative pulse height resolution

峰的半高宽(*FWHM*，用道数表示)与峰的模态道所在的道数之比，用百分数表示。

注：模态道所在的道数必须包括偏置值。

3.29

脉冲形状范围 operating range for pulse shape

输入脉冲的上升时间、下降时间、极性、形状和宽度的范围。在此范围内，多道分析器能在规定的误差限内进行测量。

3.30

符合模式 coincidence mode

在此模式中，由符合输入端的脉冲控制多道分析器，被分析信号输入端的输入信号只有在时间上和符合脉冲符合时，才被多道分析器接受和分析。

3.31

反符合模式　**anticoincidence mode**

在此模式中,符合输入端的脉冲将禁止多道分析器在反符合脉冲持续期间接受和分析输入信号。

3.32

死时间　**dead time**

忙时间　**busy time**

多道分析器接受单个输入信号后不能再接受其他输入信号的时间间隔。

注1:本定义不适用于带缓冲寄存器或任何反随机电路的多道分析器。

注2:本定义适用于无堆积的单个事件。

3.33

总死时间　**total dead time**

总忙时间　**total busy time**

在测量时间内,死时间的总和。

3.34

总活时间　**total live time**

在测量时间内,多道分析器对输入信号处于灵敏状态的时间间隔的总和。

3.35

实时间　**real time;elapsed time**

多道分析器获取脉冲幅度分布数据所消逝的实际测量时间。

注:从上述定义可见,实时间是总死时间与总活时间之和。

3.36

百分死时间　**percent dead time**

百分忙时间　**percent busy time**

总死时间与实时间的比值,用百分数表示。

3.37

死时间计数损失　**dead time count-losses**

多道分析器在死时间内没有接受的(损失了的)计数。

3.38

死时间计数损失校正误差　**dead time count-loss correction error**

多道分析器死时间计数损失经过所用的方法校正后仍存在的计数误差。

3.39

活时间校正误差　**live time correction error**

多道分析器利用仅在活时间内计时的办法来校正死时间计数损失时仍存在的计数误差。

3.40

最高输入脉冲率　**maximum input pulse rate**

最高输入计数率　**maximum input count rate**

对于某一给定的脉冲幅度分布,多道分析器所能接受的最大脉冲率,在此脉冲率下,脉冲幅度分布的畸变(例如峰的漂移、幅度分辨率的变化)不超过规定值。

3.41

变换时间　**conversion time**

自多道分析器的模数变换器被输入信号或辅助脉冲触发起,到获得输出道址数据为止的时间间隔。

3.42

总活时间范围　**range of total live time**

总实时间范围　**range of total real time**

用于存储数据的最短时间间隔到最长时间间隔的范围。可分别以总活时间或总实时间计算获得。

3.43

道边界 channel boundary

量化电平在幅度轴上的位置。某一道的上边界为上一道的下边界。道边界因量化电平的涨落而有一定分布。其期望值为平均道边界。

3.44

道轮廓 channel profile

由道边界分布决定的输入信号计入某一道的概率与信号幅度间的关系曲线。

注：道轮廓可指个别给定道的道轮廓或各道的平均道轮廓。

3.45

道轮廓非矩形系数 non-rectangular factor of the channel profile

衡量实际道轮廓偏离矩形程度的系数。

3.46

系统通过能力 system throughput

在规定的测量条件下，当存储脉冲率与输入脉冲率之比不小于某一给定数值时的最高输入脉冲率。

3.47

不稳定性 instability

单次测量与一组连续等间隔测量的平均值间的最大差值。

3.48

谱仪模拟-数字变换器 spectroscopic analog to digital converter

核辐射谱仪中将信号幅度转化为数字、对信号幅度的概率分布进行分析的部件，简称 ADC。

3.49

ADC 分辨率 resolution

多道分析器中 ADC 的最大道数或最大(二进制)位数。

4 符号和缩略语

本部分采用的主要符号和缩略语按拉丁字母顺序如下。

a	脉冲幅度响应拟合直线在幅度轴上的截距(零点位置)
a_{os}	模拟偏置
a_0	在参考条件下的零点位置
a_T	在某温度(T)下的零点位置
a_V	在某供电电压(V)下的零点位置
A	输入脉冲幅度值
$\overline{A}$	输入脉冲幅度值的平均值
A_0	在参考条件下的 A 值
A_T	在某温度下的 A 值
A_V	在某供电电压下的 A 值
A_{min}	最小可测信号脉冲幅度
A_{max}	最大可测信号脉冲幅度
ADC	模数变换器
$(AET)*$	被测参数 * 因温度变化引起的附加误差
$(AEV)*$	被测参数 * 因供电电压变化引起的附加误差
b	幅度响应斜率(变换系数)
$(CE)*$	对参数 * 进行校正后仍存在的误差

ch 道,用作单位

ΔA 脉冲幅度值的增量

Δm_p 峰位漂移的道数

ΔT 温度差

ΔV 供电电压差

DNL 微分非线性

$(DNL)_L$ 局部微分非线性

$(DNL)_0$ 在参考条件下的微分非线性

$(DNL)_T$ 在某温度下的微分非线性

$(DNL)_V$ 在某供电电压下的微分非线性

f_{max} 最高频率,最高脉冲率(计数率)

f_{th} 产品说明书给定的、对应系统通过能力的最高脉冲率

$FWHM$ 半高宽

h 通常用以表示感兴趣范围的较高道址的下标

H 多道分析器的道宽

H_i 个别道宽

H_0 在参考条件下所测得的道宽

H_S 在多道分析器技术文件中规定的道宽

H_T 在某温度下的道宽

H_V 在某供电电压下的道宽

INL 积分非线性

$(INL)_0$ 在参考条件下所测得的积分非线性

$(INL)_T$ 在某温度下的积分非线性

$(INL)_V$ 在某供电电压下的积分非线性

$(IS)*$ 被测参数*的不稳定性

I/O 输入/输出

L 最大量化电平数

L 通常用以表示感兴趣范围的较低道址的下标

M 用于存储和显示所测谱的多道分析器总道数

m 道址

MCA 多道脉冲幅度分析器

$(ME)*$ 被测参数*的基本误差

m_{OS} 数字偏置

n 测量次数,输入信号计数率

$\overline{N}$ 在某一选定道址范围内的各道平均计数

N 道计数

$N_F(i)$ 谱的拟合曲线

N_i 第 i 道的净计数

N_{max} 道容量

N_p 在峰中最大的道计数

N_{PA} 峰面积内的总计数

NRF 道轮廓非矩形系数

$P_m(A)$	第 m 道道轮廓
R_{ADC}	ADC 分辨率
STP	系统通过能力
σ	统计标准偏差
t_d	死时间
$\bar{t}_d$	平均死时间，获取给定谱时的死时间平均值
t_{dl}	延迟时间
T_D	总死时间
T_L	总活时间
T_R	实时间
$T_d(\%)$	百分死时间，总死时间和实时间的比值
U_n	均方根噪声电压
V	供电电压的额定值
τ_u	（随机）脉冲宽度

5 主要技术要求

5.1 基本性能

多道分析器的主要性能列于表 1。“＋”为必有性能，“（＋）”为可选性能。

表 1 多道分析器的基本性能

序号	基 本 性 能	必有或可选	试验章条
01	存储总道数	＋	
02	存储分区数	＋	
03	脉冲幅度分析的最大量化电平数	＋	
04	可存储谱的数量	＋	
05	ADC 分辨率	＋	
06	道容量（每道的最大计数）	＋	
07	最小和最大可测信号脉冲幅度（工作范围）	＋	7.1
08	最小和最大可测信号脉冲幅度的不稳定性	（＋）	
09	最小和最大可测信号脉冲幅度的附加误差	（＋）	
10	道宽（变换系数）	＋	7.2 和 7.3.8 7.3.9
11	道宽（变换系数）的基本误差	（＋）	
12	道宽（变换系数）的不稳定性	＋	
13	道宽（变换系数）的附加误差	＋	
14	零点	＋	7.3
15	零点的不稳定性	＋	
16	零点的附加误差	＋	
17	可调模拟偏置	（＋）	
18	可调数字偏置	＋	
19	积分非线性	＋	7.4
20	积分非线性的附加误差	（＋）	

表 1(续)

序号	基本性能	必有或可选	试验章条
21 22	微分非线性 微分非线性的附加误差	+ (+)	7.5
23	道轮廓非矩形系数	(+)	7.6
24	甄别阈范围	+	
25	脉冲形状范围或脉冲半高宽	+	
26	符合/反符合控制模式	(+)	
27	拒绝堆积(反堆积)功能	(+)	
28	变换时间	+	
29	死时间(忙时间)	+	7.7
30	死时间计数损失校正误差	(+)	7.9
31	活时间模式	+	
32	活时间校正误差	(+)	
33	实时间或活时间的范围	+	
34	最高可测脉冲率(或脉冲频率)	+	7.8
35	系统通过能力	(+)	7.10
36	计数率引起的道址相对漂移和幅度分辨率变化	(+)	7.11
注:凡未列出试验条目的必有性能,制造商应在技术文件中给出。			

5.2 技术指标

在附录A中给出了不同类型多道分析器性能参数的基本技术指标。主要的有:

——总道数 M 和最大量化电平数 L,应在几百到几千范围内选择;

——存储单元的分区数 S,通常应在 $S=2^n$ 系列中选择,n 是正整数或零;

——谱存储量 J 可为数百个;

——ADC分辨率 R_{ADC} 用二进制数表示,应为7~14;

——道容量 N_{max},应从下述数列中选择:

- 在二进制代码中,$N_{max}=2^k-1$,k 是正整数;
- 在十进制代码中,$N_{max}=10^k-1$,n 是正整数;

——最大可测信号脉冲幅度,一般为2 V,5 V或10 V;

——ADC变换时间,一般为$(1\times10^0\sim1\times10^1)\mu s$(几微秒到几十微秒之间)。

6 试验要求

6.1 试验仪器

在被测多道分析器的技术文件中应规定被测参数和试验仪器。在测量结果中应给出试验所用全部设备(例如信号产生器、率表、定标器、混合器、放射源、探测器等)的特性。

为确定测量结果的误差,应分析试验所用仪器可能存在的零点和增益漂移对测量结果的影响。

6.2 预热

多道分析器应按技术文件的规定首先进行预热和调整,然后进行测量。在测量中,如对多道分析器进行了非正常操作所必需的任何调整,则必须关闭电源冷却、重新开机预热后才能再度测量。

6.3 试验条件

每个参数及其误差和不稳定性都应在下列条件下进行测量：

——使用规定的脉冲形状；

——使用可提供的最小道宽，当可用于存储的总道数小于量化电平数时，宜使用多道分析器的数字偏置；

——环境和电源供电电压等应符合 GB/T 8993—1998 表 8 中的参考条件。

在测量不稳定性时，至少应等时间间隔地测量 10 次。

在任一试验或所有试验完成后，参数值应在规定的精确度内可以重复。

除非另有说明，所有报告的数据都应符合一致性条件。

全部测量过程和报告都应符合科学实验原则。在整个系统没有全面再校正时，不得变更试验系统的部件(例如：替换信号产生器，前置放大器或探测器)，不得改变系统参数(例如：改变道宽、偏置或甄别阈的设置)。

如果试验结果中包含一个以上参数变化的影响，则应明确地指出每个参数对测量的影响。

6.4 附加误差的试验

6.4.1 温度变化引起的附加误差(偏差)

温度变化引起的附加误差按下列顺序进行测量：

a) 将多道分析器置于温度为 20℃±2℃的恒温箱内并达到热平衡，通电预热后进行测量；

b) 将恒温箱的温度上升到 35℃±2℃，放置 4 h 使多道分析器的温度达到平衡后进行测量；

c) 将恒温箱的温度调回 20℃±2℃，达到热平衡后进行测量；

d) 将恒温箱的温度是下降到 5℃±2℃，然后按本条 b)进行类似测量。

附加误差由被测参数值的变化来确定，通常用被测参数在温度每变化 1℃时所变化的百分数表示(%/℃)。

6.4.2 供电电压变化引起的附加误差(偏差)

供电电压变化引起的附加误差按下列顺序进行测量：

a) 在参考条件下，多道分析器经预热后，对其性能进行测量；

b) 供电电压调到比额定值高 10%，待多道分析器达到平衡状态后再开始测量，这样，被测参数随后的变化对测量附加误差的影响可以忽略不计；

c) 供电电压调到比额定值低 12%，待多道分析器达到平衡状态后再开始测量。

注：当多道分析器用于核电厂过程控制时，应进行供电电压比额定值低 20%的附加试验。

通常，附加误差表示为被测参数的百分数变化与供电电压百分变化的商(%/%)。

注 1：如果被测多道分析器工作温度的上限比上述最高试验温度(35℃)高，或其下限比上述最低试验温度(5℃)低，试验应从最低温度到最高温度，每增加 10℃进行一次。试验报告结果应取被测参数在任一 10℃增量中的最大变化值，仍用温度每变化 1℃引起的被测参数变化百分数表示。

注 2：在多道分析器的技术文件中应规定温度变化的最大允许速率(例如不大于 20℃/h)。

注 3：当多道分析器用于核电厂过程控制时，应进行 55℃高温的附加试验。

7 试验方法

7.1 最小和最大可测信号脉冲幅度

7.1.1 试验设备

最小和最大可测信号脉冲幅度的试验设备如下：

a) 一台精密脉冲产生器，具有下列性能：

- 输出脉冲幅度应能从被测信号脉冲幅度的最小值调节到最大值(应考虑信号产生器脉冲幅度示值的误差，产生器的输出阻抗和多道分析器 ADC 的输入阻抗)；

- 脉冲幅度的定值误差应足够小，不致影响参数的测量结果；
- 输出脉冲的形状应符合被测多道分析器说明书的规定；
- 脉冲重复频率应可调节。

b) 一台率表(定标器和定时器)。

c) 一台两路输入的线性混合器，具有下列性能：

- 两个输入端；
- 带宽应覆盖几赫到几兆赫范围；
- 混合器的非线性和不稳定性对被测参数的误差不应有明显的贡献，否则应该说明它们对测量数据的影响。

d) 一台噪声产生器，能将脉冲产生器的峰至少展宽到10道，并具有下列性能：

- 带宽应覆盖几赫到几兆赫范围；
- 输出均方根噪声电压值应从几毫伏到几伏可调；
- 噪声统计参数的不稳定性不应明显影响峰的形状。

7.1.2 试验准备

试验装置的框图见图1。相应的输入端和输出端用合适的同轴电缆相连，其长度不应影响测量结果。

将率表与多道分析器ADC的一个输出端相连，用于指示被接收信号脉冲的计数率。

7.1.3 试验程序

试验程序如下：

a) 事先用率表测量精密脉冲产生器的脉冲重复频率，使其达到被测多道分析器最大输入计数率的1%左右；

b) 调节噪声产生器的输出，使脉冲的峰宽占据几道；

c) 将多道分析器置于脉冲幅度分析方式，甄别器的阈设置为全脉冲幅度测量范围(全工作范围)；

d) 精密脉冲产生器的脉冲幅度从其最小值开始增加，一直到多道分析器可接收的脉冲频率达到产生器频率的50%，由此时脉冲产生器的幅度示值便可确定最小可测信号脉冲幅度 A_{min}；

e) 按制造商的规定设定偏置值后，增加脉冲幅度，直到多道分析器所接收的脉冲频率降到脉冲产生器频率的50%，由此时的脉冲幅度示值即可确定最大可测信号脉冲幅度 A_{max}。

注：确定 A_{min} 和 A_{max} 的简化方法见7.1.8。

7.1.4 测量数据处理

为了由脉冲产生器幅度示值确定所测的 A_{min} 和 A_{max}，需要考虑信号产生器的输出阻抗、混合器的输入和输出阻抗、多道分析器的输入阻抗和混合器的增益。所测定的 A_{min} 和 A_{max} 应覆盖制造商给出的工作范围。

注：假如多道分析器的输入阻抗超过前级的输出阻抗100倍以上，则可以不考虑阻抗的影响。

7.1.5 最小和最大可测脉冲幅度的不稳定性(选测)

用百分数表示的最大可测脉冲幅度的不稳定性 $(IS)_{A,max}$ 由式(1)确定：

$$(IS)_{A,max} = \pm \frac{|A_{max,i} - \overline{A}_{max}|_{max}}{\overline{A}_{max}} \times 100\% \quad \cdots\cdots(1)$$

式中：

$A_{max,i}$——在多道分析器连续工作期间的(8 h或24 h，不包括预热时间)，第 i 次所测得的最大可测脉冲幅度值；

$\overline{A}_{max}$——$\overline{A}_{max,i}$ 的平均值，即 $\overline{A}_{max} = \frac{1}{n}\sum_{i=1}^{n} A_{max,i}$；

n——测量次数(见6.3)。

注：在测到一系列 $A_{max,i}$($A_{max,1}$,$A_{max,2}$,……$A_{max,n}$)，并计算其平均值 $\overline{A}_{max}$ 后，取 $A_{max,1}-\overline{A}_{max}$,$A_{max,2}-\overline{A}_{max}$,……$A_{max,n}-\overline{A}_{max}$ 中的最大值用作上式分子。

上述方法也可用于确定最小可测脉冲幅度的不稳定性。

7.1.6 温度变化引起的最小和最大可测脉冲幅度的附加误差(选测)

温度变化引起的最小和最大可测脉冲幅度的附加误差 $(AET)_A$ 由式(2)确定：

$$(AET)_A=\pm\frac{|A_T-A_0|_{max}}{A_0\Delta T}\times 100\% \quad \cdots\cdots(2)$$

式中：

A_T——在温度为 T_i 时测得的最小或最大可测脉冲幅度 A；

A_0——在参考条件下测得的最小或最大可测脉冲幅度 A；

ΔT——测定 $|A_T-A_0|$ 最大时，按 6.4.1 或被测多道分析器说明书规定的工作温度与参考条件温度(20℃)之差。

7.1.7 供电电压变化引起的最小和最大可测脉冲幅度的附加误差(选测)

供电电压变化引起的最小和最大可测脉冲幅度的附加误差 $(AEV)_A$ 由式(3)确定：

$$(AEV)_A=\pm\frac{|A_V-A_0|_{max}}{A_0}\times 100\%/\left(\frac{\Delta V}{V}\times 100\%\right) \quad \cdots\cdots(3)$$

式中：

A_V——在供电电压为 $V+\Delta V$ 或 $V-\Delta V$ 时测得的最小或最大可测脉冲幅度 A；

A_0——在参考条件下测得的最小或最大可测脉冲幅度 A；

V——供电电压的额定值；

$\frac{\Delta V}{V}$——按 6.4.2 或被测多道分析器说明书规定的供电电压的相对变化。

7.1.8 确定 A_{min} 和 A_{max} 的简化方法

多道分析器的下甄别阈置最小，偏置为零，将滑移脉冲产生器(见 7.5.1 a)的输出幅度调到使多道分析器从最低道起有上百道能获取计数。在各道正常计数累计到大于 10^4 后停止计数。在道址低端确定道计数为各道正常计数的 50%(或大于 50%而接近 50%)处的道址 m_{min}，则：

$$A_{min}=m_{min}\times H \quad \cdots\cdots(4)$$

多道分析器上甄别阈置最大，将滑移脉冲产生器的输出幅度调到大于 A_{max} 的给定值，选取足够大的偏置 m_{os}，使存储器最高道址处无计数。调毕清零，用滑移脉冲累计各道计数，使中部各道计数达到 10^4 以上。在道址高端确定计数下降到各道平均计数的 50%(或大于 50%而接近 50%)处的道址 m_{max}，则：

$$A_{max}=(m_{max}+m_{os})\times H \quad \cdots\cdots(5)$$

7.2 道宽(变换系数)

通过测定脉冲幅度响应的拟合直线，可以确定道宽和(或)变换系数。

7.2.1 试验设备

道宽的试验设备如下：

a) 一台精密脉冲产生器(见 7.1.1 a))；

b) 一台噪声产生器(见 7.1.1 d))；

c) 一台线性混合器(见 7.1.1 c))；

d) 一台合适的输入/输出装置。

7.2.2 试验准备

试验装置的框图示于图 2。

精密脉冲产生器输出端和噪声产生器输出端通过线性混合器与多道分析器的输入端相连接。

7.2.3 试验程序

将多道分析器置于全工作范围(从 A_{min} 到 A_{max})的脉冲幅度分析方式，道宽调到最小，偏置设为零或最小值,然后进行试验。

确定多道分析器输入端的脉冲幅度 A_p 的准确值,应考虑信号产生器和线性混合器的输出阻抗、混合器和多道分析器的输入阻抗以及混合器的衰减或放大系数等因素。

接上噪声产生器,应注意噪声产生器和线性混合器的统计参数(均方根输出电压和带宽)不能使峰的对称性发生畸变。

调节噪声产生器的输出电压来设置峰的宽度,使在 $0.1N_p$ 处大约为 10 道(或在 $0.5N_p$ 处,至少为 5 道)。N_p 是峰中最大的道计数,一般不小于 10^4。

假如需要,峰内可取较少的道数,但需在多道分析器的技术文件中说明所用的道数。

在所规定的整个工作范围内,完成一系列的测量,这样可存储 20 个均匀分布的峰。信号脉冲幅度已为 A_{p1}、A_{p2}……A_{p20},对应的峰位为 m_{p1}、m_{p2}……m_{p20}。

对于某些类型的多道分析器,要求实际测量时所使用的峰的数目应在其技术文件中说明。

7.2.4 测量数据处理

全部测量数据取相同的统计权重,用最小二乘法对数据点(峰位道址和对应的脉冲幅度,即 m_{pi} 和 A_{pi})求拟合直线(如图 3),由该直线的斜率可确定变换系数和道宽。拟合直线上的峰位(m_p)和信号脉冲幅度(A_p)间的关系可由式(6)和式(7)表示:

$$m_p = (A_p - a)b \qquad \cdots\cdots(6)$$

$$\text{或} \quad A_p = a + \frac{m_p}{b} \qquad \cdots\cdots(7)$$

式中:

a——拟合直线在幅度轴上的截距(等于零点加偏置);

b——拟合直线的斜率,即变换系数,道/V。

计算所得道宽 H 等于 $1/b$,单位为 mV。

确定峰位的推荐方法在附录 B 中给出。

7.2.5 道宽(变换系数)的基本误差(选测)

用百分数表示的道宽的基本误差 $(ME)_H$ 由式(8)确定:

$$(ME)_H = \pm \frac{|H - H_S|}{H_S} \times 100\% \qquad \cdots\cdots(8)$$

式中:

H_S——技术文件中给定的道宽。

7.2.6 道宽(变换系数)的不稳定性

用百分数表示的道宽的不稳定性 $(IS)_H$ 由式(9)确定:

$$(IS)_H = \pm \frac{|H_i - \overline{H}|_{max}}{\overline{H}} \times 100\% \qquad \cdots\cdots(9)$$

式中:

H_i——在多道分析器连续工作期间(8 h或24 h,预热时间除外),第 i 次测量所测得的道宽值;

$\overline{H}$—— H_i 的平均值,即 $\overline{H} = \frac{1}{n}\sum_{i=1}^{n} H_i$;

n——测量次数(见 6.3)。

7.2.7 温度变化引起的道宽(变换系数)的附加误差

用百分数表示的温度变化引起的道宽的附加误差 $(AET)_H$ 由式(10)确定:

$$(AET)_H = \pm \frac{|H_T - H_0|_{max}}{H_0 \times \Delta T} \times 100\% \qquad \cdots\cdots(10)$$

式中:

H_T——在温度为 T 时,测得的道宽值;

H_0——参考条件下测得的道宽值；

ΔT——测定$|H_T-H_0|$最大时，按6.4.1或被测多道分析器说明书规定的工作温度与20℃之差。

7.2.8 供电电压变化引起的道宽(变换系数)的附加误差

供电电压变化引起的道宽附加误差$(AEV)_H$由式(11)确定：

$$(AEV)_H=\pm\frac{|H_V-H_0|_{max}}{H_0}\times100\%/\left(\frac{\Delta V}{V}\times100\%\right) \quad\cdots\cdots(11)$$

式中：

H_V——在供电电压为$V+\Delta V$或$V-\Delta V$时测得的道宽；

H_0——在参考条件下测得的道宽值；

$\frac{\Delta V}{V}$——按6.4.2或被测多道分析器说明书规定的供电电压的相对变化。

7.3 零点

7.3.1 测量原理

由7.2.4的式(7)$A_p=a+\frac{m_p}{b}$可知，当偏置为零时，参考条件下的零点a_0为多道分析器幅度响应的截距(如图3)。

对于理想的多道分析器，"a_0"等于零，即零点应是输入轴和输出轴的原点。

7.3.2 试验设备

与7.2.1相同。

7.3.3 试验准备

与7.2.2相同。

7.3.4 试验程序

多道分析器工作方式和试验方法如7.2.3。

7.3.5 测量数据处理

与7.2.4相同。

7.3.6 零点的不稳定性

零点的不稳定性$(IS)_{a0}$由多道分析器在参考条件下连续工作期间、各次测得的零点与其平均值的最大偏差确定：

$$\pm(IS)_{a0}=\pm|a_{0i}-\bar{a}_0|_{max} \quad\cdots\cdots(12)$$

式中：

a_{0i}——多道分析器在参考条件下的连续工作期间(8 h或24 h，不包括预热时间)，第i次所测得的零点；

$\bar{a}_0$——零点的平均值，即$\bar{a}_0=\frac{1}{n}\sum_{i=1}^{n}a_{0i}$；

n——测量次数(见6.3)。

7.3.7 温度变化引起的零点的附加误差

温度变化引起的零点的附加误差$(AET)_{a0}$由式(13)确定：

$$(AET)_{a0}=\pm\frac{|a_{0T}-a_0|_{max}}{\Delta T} \quad\cdots\cdots(13)$$

式中：

a_0——在参考条件下测得的零点；

a_{0T}——在温度为T时测得的零点；

ΔT——测定$|a_{0T}-a_0|$最大时，按6.4.1或被测多道分析器说明书规定的工作温度与20℃之差。

7.3.8 供电电压变化引起的零点附加误差

供电电压变化引起的零点附加误差$(AEV)_{a0}$由式(14)确定：

$$(AEV)_{a0}=\pm|a_{0V}-a_0|_{max}\times 100\%/\left(\frac{\Delta V}{V}\times 100\%\right) \quad \cdots\cdots(14)$$

式中：

a_0——在参考条件下测得的零点；

a_{0V}——在供电电压为$V+\Delta V$或$V-\Delta V$时，测得的零点；

$\frac{\Delta V}{V}$——按6.4.2或被测多道分析器说明书规定的供电电压的相对变化。

7.3.9 测量a_0，b，H的简化峰位法

在不用或没有噪声产生器和线性混合器时，上述参数可采用下述简化方法测定。

被测多道分析器偏置置零，道宽取最小值。调节精密信号产生器实际加到多道分析器输入端的信号幅度，在A_{min}到A_{max}范围内选n个均匀分布的测量点($n\geqslant 11$)：A_{p1}（约取$1.1A_{min}$）、A_{p2}、……A_{pn}（约取$0.99A_{max}$）。完成n个点的测量，可存储n个“峰”。每个峰内有计数的道可能是1到几道，设第i个峰为($m_{hi}\sim m_{Li}$)道，各峰位的道址m_{pi}由式(15)确定：

$$m_{pi}=\frac{\sum_{k=m_{Li}}^{m_{hi}}k\cdot N_k}{\sum_{k=m_{Li}}^{m_{hi}}N_k} \quad \cdots\cdots(15)$$

全部测量数据取相同的统计权重，用最小二乘法对数据点(m_{pi}，A_{pi})求拟合直线，该直线的斜率为变换系数b，在A轴上的截距为零点a_0，道宽H等于$1/b$。

7.3.10 测量a_0，b和H的道边界法

方法同7.3.9，唯把m_{pi}选在道边界上（调节信号脉冲幅度使相邻两道有同样的计数增长速度，即可认为信号峰位在此道边界上）。然后记下此时的输入信号幅度A_{pi}。可得数组(m_{pi}，A_{pi})，再求出a_0，b和H。

7.4 积分非线性

7.4.1 试验设备。

与7.2.1相同。

7.4.2 试验准备

与7.2.2相同。

7.4.3 试验程序

与7.2.3相同。

应注意，不要把设备可能存在的不稳定性、零点及增益的漂移误认为是非线性。

7.4.4 测量数据处理

按附录B计算每个峰的位置，得数组(m_{pi}，A_{pi})。

用最小二乘法求幅度响应数据点的拟合直线$A_p=a+\frac{m_p}{b}$。每一点与拟合直线的偏差ΔA_{pi}可由式(16)确定：

$$\Delta A_{pi}=A_{pi}-\frac{m_{pi}}{b}-a \quad \cdots\cdots(16)$$

参考条件下的积分非线性INL由式(17)确定：

$$INL=\pm\frac{|\Delta A_{pi}|_{max}}{A_{max}}\times 100\% \quad \cdots\cdots(17)$$

用于确定$|\Delta A_{pi}|_{max}$的幅度范围不小于$0.99(A_{max}-A_{min})$。

7.4.5 温度变化引起的积分非线性的附加误差(选测)

用百分数表示的、温度变化引起的积分非线性的变化$(AET)_{INL}$由式(18)来确定：

$$(AET)_{INL}=\pm\frac{|(INL)_0-(INL)_T|_{max}}{(INL)_0\cdot\Delta T}\times100\% \qquad \cdots\cdots\cdots(18)$$

式中：

$(INL)_0$——在参考条件下测得的积分非线性；

$(INL)_T$——在温度为T时测得的积分非线性；

ΔT——测定$|(INL)_0-(INL)_T|_{max}$时，按6.4.1或被测多道分析器说明书规定的工作温度与20℃之差。

7.4.6 供电电压变化引起的积分非线性的附加误差(选测)

供电电压变化引起的积分非线性的变化$(AEV)_{INL}$由式(19)确定：

$$(AEV)_{INL}=\pm\frac{|(INL)_0-(INL)_V|_{max}}{(INL)_0}\times100\%/\left(\frac{\Delta V}{V}\times100\%\right) \qquad \cdots\cdots\cdots(19)$$

式中：

$(INL)_0$——在参考条件下测得的积分非线性；

$(INL)_V$——在供电电压为$V+\Delta V$或$V-\Delta V$时测得的积分非线性；

$\frac{\Delta V}{V}$——按6.4.2或被测多道分析器说明书规定的供电电压的相对变化。

7.4.7 测量 *INL* 的简化峰位法和道边界法

此方法利用7.3.9和7.3.10所测得的数组(m_{pi},A_{pi})，然后由7.4.4的计算方法求出INL。

7.4.8 由测量 *DNL* 的数据确定 *INL* 的方法(参见7.5.1)

7.4.8.1 试验设备：

测量DNL的数据确定INL的试验设备如下：

a) 与7.5.2.1 a)相同的滑移脉冲产生器；

b) 处理测量数据用的计算机。

7.4.8.2 试验准备与试验程序

试验准备与试验程序同7.5.2.2和7.5.2.3。

7.4.8.3 测量数据处理

对于每个道址m，积分误差函数$E(m)$由式(20)确定：

$$E(m)=\frac{\sum_{i=m_L}^{m}(N_i-\overline{N})}{\overline{N}(m_h-m_L+1)} \qquad \cdots\cdots\cdots(20)$$

式中N_i,$\overline{N}$,m_h,m_L等符号的意义和数据见7.5.2.4。

在0.99工作范围内确定此函数的最大绝对值$|E(m)_{max}|$；

由式(21)确定积分非线性：

$$(INL)_0=|E(m)_{max}|\times100\% \qquad \cdots\cdots\cdots(21)$$

图6给出了试验谱，图7则给出相应的积分误差函数$E(m)$。

7.5 微分非线性

7.5.1 概述

在现代技术中，有几种方法可用于测量微分非线性。应该注意，测量结果在很大程度上受下列因素的影响：

——用于测量DNL的仪器质量；

——测量期间仪器的布局(例如：地回路、电源线的噪声等)。

本部分提供测量微分非线性的两种主要方法：

a） 全量程滑移脉冲法(推荐方法)；

b） 闪烁计数器法。

测量局部 *DNL* 的辅助性方法由附录 C 给出(参看图 4 和图 5)。

用于评估多道分析器质量的 *DNL* 快速检测法由附录 D 给出。

7.5.2 全量程滑移脉冲法测微分非线性

7.5.2.1 试验设备

a） 一台滑移脉冲产生器，具有下列性能：

- 能产生均匀分布的脉冲幅度；
- 在整个工作范围内，脉冲幅度分布的非线性和不稳定性对测定多道分析器微分非线性的误差没有明显影响；
- 均匀分布的脉冲幅度范围的低端和高端应平滑可调，使 A_{min} 和 A_{max} 在其调节范围内；
- 输出脉冲的时间参数以及每秒的平均脉冲数应符合多道分析器说明书的要求；
- 滑移斜波的重复频率符合试验要求。

b） 一台合适的输入/输出装置。

7.5.2.2 试验准备

试验装置的框图示于图 5a)。

7.5.2.3 试验程序

将多道分析器置于全工作范围的脉冲幅度分析方式，然后测量足够长的时间，使每道计数 N_i 高到满足统计精密度的要求。

每道计数的数量级以及被测多道分析器的道宽应在其技术说明书中加以说明。

测量数据(即每道计数 N_i)应存入存储器并可供数据处理程序调用，或用数字打印机打印输出。

7.5.2.4 测量数据处理

计算各道计数 N_i 与平均道计数 $\overline{N}$ 的偏差 $N_i-\overline{N}$，参考条件下的微分非线性(DNL)。由式(22)确定：

$$(DNL)_0=\pm\frac{|N_i-\overline{N}|_{max}}{\overline{N}}\times 100\% \quad \cdots\cdots(22)$$

式中：

$\overline{N}$——在工作范围内各道的平均计数，即 $\overline{N}=\dfrac{\sum_{i=m_L}^{m_h}N_i}{m_h-m_L+1}$；

m_h 和 m_L——测量多道分析器 DNL 所用道址范围的高端和低端道址。

在制造商的技术文件中应规定 m_h 和 m_L。这里(m_h-m_L)不应小于 $0.99(A_{max}-A_{min})/H_0$。

7.5.2.5 温度变化引起的微分非线性的附加误差(选测)

温度变化引起的微分非线性变化 $(AET)_{DNL}$ 由式(23)确定：

$$(AET)_{DNL}=\pm\frac{|(DNL)_0-(DNL)_T|_{max}}{(DNL)_0\cdot\Delta T}\times 100\% \quad \cdots\cdots(23)$$

式中：

$(DNL)_0$——参考条件下测得的微分非线性；

$(DNL)_T$——温度为 T 时测得的微分非线性；

ΔT——测定 $|(DNL)_0-(DNL)_T|_{max}$ 时，按 6.4.1 或被测多道分析器说明书规定的工作温度与 20℃之差。

7.5.2.6 供电电压变化引起的微分非线性的附加误差(选测)

供电电压变化引起的微分非线性的变化 $(AEV)_{DNL}$ 由式(24)确定：

$$(AEV)_{DNL}=\pm\frac{|(DNL)_0-(DNL)_T|_{max}}{(DNL)_0}\times 100\%/\left(\frac{\Delta V}{V}\times 100\%\right) \qquad (24)$$

式中：

$(DNL)_0$——参考条件下测得的微分非线性；

$(DNL)_V$——在供电电压为 $V+\Delta V$ 或 $V-\Delta V$ 时所测得的微分非线性值；

$\frac{\Delta V}{V}$——按6.4.2或被测多道分析器说明书规定的供电电压的相对变化。

7.5.3 闪烁计数器法测微分非线性

7.5.3.1 试验设备

闪烁计数器法测微分非线性的试验设备如下：

a) 一个包含有机闪烁体(芪、蒽等)并配备光电倍增管的闪烁计数器探头；

b) 一台闪烁计数器探头用的高压电源；

c) 一个 ^{137}Cs 放射源(或任何其他能产生平缓康普敦坪的放射源)；

d) 一台谱仪脉冲放大器和一台偏置放大器(备用)；

e) 一台合适的输入/输出装置。

7.5.3.2 试验准备

试验设备的电路框图示于图8a)。

7.5.3.3 试验程序

多道分析器置于全工作范围的脉冲幅度分析方式，改变放射源和闪烁体之间的距离，使产生的计数率不大于多道分析器最大可测计数率的1/10。使用放大器及偏置放大器(如需要)，使所测谱的形状比较平缓，如图8b)所示。

在多道分析器的技术文件中应说明每道的最小计数(按照统计学的要求，在所测谱的最低部分的道计数不低于 $10/(DNL)^2$，其中 DNL 为以百分数表示的预期微分非线性)。

7.5.3.4 测量数据处理

在工作范围内用最小二乘法求拟合曲线 $N_F(i)$，如图8b)所示。

微分非线性 DNL 由式(25)确定：

$$DNL=\pm\frac{|N_i-N_F(i)|_{max}}{\overline{N}}\times 100\% \qquad (25)$$

$$\overline{N}=\frac{\sum_{i=m_L}^{m_h}N_i}{m_h-m_L+1} \qquad (26)$$

式中：

$\overline{N}$——在工作范围内的平均计数；

m_h 和 m_L——测量多道分析器 DNL 所用道址范围的高端和低端道址。

在制造商的技术文件中应规定 m_h 和 m_L。这里 (m_h-m_L) 不应小于 $0.99(A_{max}-A_{min})/H_0$。

7.6 道轮廓的非矩形系数(选测)

7.6.1 概述

道轮廓指信号记入某一道(设为 m)的概率 P 相对于信号幅度 A 的分布曲线。记为 $P_m(A)$。

道边界没有涨落时，道轮廓是矩形的。道边界有一定涨落时，道轮廓呈非矩形分布，平顶部分减少。道轮廓不为矩形时，即使各道道宽均匀一致，采用周期滑移脉冲来试验多道分析器时，各道计数也存在涨落。道轮廓非矩形系数是对由道边界涨落引起的道计数涨落的一种度量。

7.6.2 试验设备

道轮廓的非矩形系数的试验设备如下：

a) 一台滑移脉冲产生器(见 7.5.1.1 a)),其幅度涨落应远小于被测的多道分析器道边界的涨落;

b) 一个接口电路,将多道分析器与打印机或计算机相连(用于无计算机的多道分析器)。

7.6.3 试验准备

试验装置的框图如 7.5.2.2 的图 5a)所示。

7.6.4 试验程序

将多道分析器置于全工作范围的脉冲幅度分析方式,道宽取最小值,然后开始计数。

当道平均计数 $\overline{N}$ 达到 1 000 左右(通常制造商应说明 $\overline{N}$ 的范围),待当前的斜坡滑移到工作范围外而完整结束时,停止滑移脉冲产生器,存储或打印所测各道计数 $N1_i$。然后,用同样的滑移周期数重复测量,得到数据 $N2_i$。

7.6.5 测量数据处理

道轮廓的非矩形系数 NRF 由式(27)确定:

$$NRF = \frac{|N1_i - N2_i|_{\max}}{\sqrt{2\overline{N}}} \qquad \cdots\cdots(27)$$

注 1:式中 $\frac{|N1_i - N2_i|_{\max}}{\sqrt{2\overline{N}}}$ 表示除去道宽不一致性外,各道计数仅因道边界涨落而引起的最大差。分母中的 $\sqrt{\overline{N}}$ 为泊松分布的脉冲计数达到 $\overline{N}$ 时的计数标准偏差。NRF 以上述两种偏差的比值来定义。

注 2:无计算机的多道分析器可以用累加计数方式获取 $N1_i$,然后用累减模式从 $N1_i$ 中减去 $N2_i$。对于不能显示负数的多道分析器,$N1_i - N2_i$ 为负值时可能显示为补码(道容量$+N1_i - N2_i$),求 NRF 时要扣除相当于道容量的计数,获得真正的 $N1_i - N2_i$。

注 3:在解释测量结果以前,考虑下列两种极端情况对由 NRF 判断道轮廓形状是有用的:

1) ADC 无噪声,道边界无涨落,因而道轮廓是矩形的;

在此情况下,滑移脉冲滑过某一道而记入这一道的脉冲数,误差不多于 1 个脉冲,在 $\overline{N}>>1$ 时,NRF 远小于 1,趋于 0。

2) 因道边界涨落使得道宽呈泊松分布,平均值为 H;

在此种情况下,各道计数的极差应是 $3\sqrt{\overline{N}}$,因此 $N1_i - N2_i$ 的极差为 $3\sqrt{2\overline{N}}$。在这种情况下,NRF 为 3 左右。

一般认为,NRF 小于 1 时道轮廓是足够好的,有相当宽的平顶。这说明道边界涨落的范围不太大,亦即多道分析器本身的噪声比较小,固有幅度分辨率比较高(如果道宽也足够小)。

7.7 死时间

7.7.1 概述

死时间测量仅适用于直接对主存储器进行存取的系统,该系统在 ADC 后没有数据缓冲器,也没有任何反随机电路和堆积判弃电路。

7.7.2 对应给定脉冲幅度的死时间

7.7.2.1 试验设备

对应给定脉冲幅度死时间的试验设备主要是一个具有下列性能的双脉冲产生器:

——脉冲幅度应从 $A_{\min}$ 到 $A_{\max}$ 连续调节;

——脉冲幅度的设定误差应足够小,不致影响被测的参数;

——脉冲间的延迟时间应从 $0.7t_{\mathrm{dmin}}$ 到 $1.3t_{\mathrm{dmax}}$ 连续可调,t_{dmin} 和 t_{dmax} 是由制造商给定的最小和最大死时间;假如多道分析器有固定的死时间,t_{dmin} 和 t_{dmax} 即等于这个死时间;

——延迟时间的设定误差应足够小,不致影响死时间测量的误差;

——输出脉冲的时间参数要满足多道分析器说明书的要求;

——脉冲重复频率应调节到 $0.01f_{\max}$($f_{\max}$ 为制造商给出的最大输入脉冲频率)。

7.7.2.2 试验准备

图 9a)的上图给出了试验设备的框图。双脉冲信号产生器的输出由一根合适的同轴电缆连接到多

道分析器输入,其长度应不影响测量结果。也允许使用两个同步触发的信号产生器,通过一个线性混合器与多道分析器连接,见图 9a)的下图)。

7.7.2.3 试验程序

将多道分析器置于全工作范围的脉冲幅度分析方式。假如在多道分析器的技术文件中没有指定信号应记入的道址,则调节信号产生器第一个输出脉冲幅度,使其为(0.1~0.2)A_{max}并记录在 m_c 道。信号产生器的第二个(延迟的)输出脉冲幅度可在 A_{min} 到 A_{max}之间任意设定。从零起平滑地增加第二个脉冲的延迟时间,确定第二个脉冲开始被记录的最短延迟时间 T_{dlc}。

然后,调节第一个脉冲幅度,使其为(0.8~0.9)A_{max},记录在 m_k 道。第二个(延迟的)脉冲幅度可以如上任意设定。从零起平滑地增加第二个脉冲的延迟时间,确定第二个脉冲开始记录的最短延迟时间 T_{dlk}。

注:各脉冲对之间的时间间隔至少是脉冲对内两脉冲间延迟时间的 10 倍。

7.7.2.4 测量数据处理

按被测多道分析器说明书规定的公式对道数 m_c 和 m_k 计算出相应的死时间(这里要把输入信号的上升时间计算在内)。T_{dlc}和 T_{dlk}的测量值不应超过上述计算值。

7.7.3 平均死时间

7.7.3.1 试验设备

平均死时间的试验设备如下:

a) 一台精密脉冲产生器(见 7.1.1 a));

b) 一个带 NaI(T1)晶体(近似尺寸为 ϕ50×50 mm)的闪烁探头,输出信号的持续时间不应超过 1 μs(脉冲越短,测量就越准确);

c) 一个^{137}Cs 源;

d) 一台定标器;

e) 一台线性混合器(见 7.1.1 c))。

图 9b)给出了试验设备连接的框图。

7.7.3.2 试验程序

将多道分析器置于全工作范围的脉冲幅度分析方式,^{137}Cs 源放在某一距离处,使多道分析器的相对平均死时间约为 50%。

调节精密脉冲产生器的输出,其频率通常应远低于闪烁探头的输出计数率,例如,约 100s^{-1},其相应的峰位则位于多道分析器量程的 3/4 附近。调节来自闪烁探头的信号幅度使全能峰位于多道分析器工作范围的中点附近。

将存储器和定标器清零。同时(同步)起动多道分析器和定标器,开始测量并计时。经过足够长的测量时间以后,同时停止多道分析器和定标器。

7.7.3.3 测量数据处理

确定多道分析器记录的精密脉冲产生器输出脉冲的峰面积内的总计数 N_{PA}和各道总计数 $\sum N$,确定定标器记录的产生器脉冲的总计数 N_t 以及测量时间 T_R。平均死时间 $\bar{t}_d$ 由式(28)确定:

$$\bar{t}_d = \frac{(N_t - N_{PA})}{N_t \times \sum N} T_R \qquad \cdots\cdots(28)$$

仅用辐射源信号测量平均死时间的辅助方法见附录 E。

7.8 最高可测脉冲频率

7.8.1 试验设备

本项试验用周期脉冲作为输入信号测量多道分析器的最高可测脉冲频率。试验设备如下:

a) 一台精密脉冲产生器(同 7.1.1 a)),多道分析器制造商应规定所需的脉冲持续时间;

b) 一个数字电压表,可监测相当于 1/10 道宽的电压值变化。

7.8.2 试验准备

图 10 给出了试验设备的框图。

7.8.3 试验程序

将精密脉冲产生器的输出端与多道分析器的输入端相连接。假如制造商未作规定，其脉冲频率取 $0.01f_{\max}$，幅度取 $0.9A_{\max}$，记录峰位(模态道)m_i。

精密脉冲产生器脉冲幅度的参考电压保持不变，频率增加到 $f_{\max}$。记录新的峰位 m_i'。

将脉冲幅度改变到 $0.1A_{\max}$。确定在 $0.01f_{\max}$ 时的峰位 m_k 和在 $f_{\max}$ 时的峰位 m_k'。

7.8.4 测量数据处理

对于量程的高端和低端，在最高脉冲频率处的峰位漂移 Δm_{pi} m_{pi} 和 Δm_{pk} 由式(29)和(30)确定：

$$\Delta m_{pi} = \pm | m_i - m_i' | \qquad \cdots\cdots(29)$$

$$\Delta m_{pk} = \pm | m_k - m_k' | \qquad \cdots\cdots(30)$$

上述峰位漂移不应超过相应说明书的规定值。

7.9 死时间计数损失的校正误差(选测)

7.9.1 试验设备

死时间计数损失校正误差的测量用于带死时间自动校正功能的多道分析器，其设备如下：

a) 探测器和放大器(由制造商规定)；

b) 控制和处理装置，它提供信息处理、时间设置和多道分析器控制等功能；

c) 放射性核素源(一个或多个源)，通过探测器和放大器，在多道分析器的输入端提供脉冲率相当于 $f_{\max}$ 的信号；

d) 定标器。

本项测量所用仪器的详细信息应在多道分析器的技术文件中给出。

7.9.2 试验准备

图 11 给出了试验设备的框图。

多道分析器工作于最小道宽，放射性核素源放在距探测器的合适距离处，使放大器的输出脉冲率接近 $f_{\max}$，并使最大脉冲幅度在多道分析器的工作范围内。在定标器之前，配置一个甄别阈可调(调至与多道分析器的下阈相同)的甄别器，使定标器只接受超过多道分析器下阈的脉冲。

7.9.3 试验程序

用控制装置使多道分析器和定标器以实时间方式获取脉冲信号。测量时间要选得合适，避免多道分析器和定标器溢出。完成测量后，处理器将多道分析器所有道的累积脉冲加起来，得到总计数 N_a。定标器测得的值为 N_n。

7.9.4 测量数据处理

对于给定输入的脉冲信号，死时间计数损失的校正误差 $(CE)_{t,d}$ 由式(31)确定：

$$(CE)_{t,d} = \frac{| N_n - N_a |}{N_n} \times 100\% \qquad \cdots\cdots(31)$$

死时间校正误差的测量值不得超过有关说明书的规定值。

建议选取不同的输入信号脉冲率，分别测定死时间校正误差。

7.10 系统通过能力(选测)

7.10.1 概述

多道分析器的系统通过能力是其计数效率的一种量度。用它可评估多道分析器(或带多道分析器的系统)用于高计数率测量的可能性。本试验方法确定，系统通过能力是存储脉冲率与输入脉冲率之比为 90% 时的输入脉冲率。测量期间，调节信号的峰位使其在工作范围的 50% 处，峰的形状随计数的轻微畸变可以忽略。

将存放在存储器中的峰内脉冲总计数除以测量实时间，可以计算存储脉冲率。多道分析器的输入脉冲率由信号产生器确定。试验报告应指出系统的哪些单元受到了试验，对于多道分析器本身，系统通过能力将与死时间(见7.7)有关。

7.10.2 **试验设备**

与7.8.1相同。

7.10.3 **试验准备**

与7.8.2相同。

7.10.4 **试验程序**

将脉冲产生器的输出端与多道分析器输入端相连接。将脉冲幅度调到近于$0.5A_{max}$。

调节脉冲产生器输出信号的频率，使多道分析器的输入脉冲率达到产品说明书给定的、对应系统通过能力的最高脉冲率f_{th}，测定信号峰内的总计数，并计算存储脉冲率以及存储脉冲率与输入脉冲率之比。当存储脉冲率与输入脉冲率之比大于(或小于)90%时，以$0.05f_{th}$为步长，增高(或降低)输入脉冲率，测定存储脉冲率并计算存储脉冲率与输入脉冲率之比。直到存储脉冲率与输入脉冲率之比小于(或大于)90%为止。

7.10.5 **测量数据处理**

从上述测量数据中，选取存储脉冲率与输入脉冲率之比分别大于和小于90%的两个相邻数据，然后计算相应两个输入脉冲率的平均值，这就是系统通过能力。

7.11 **计数率引起的道址相对漂移和能量分辨率的变化**

7.11.1 **试验设备**

7.11.1.1 **试验设备组成**

计数率引起的道址相对漂移和能量分辨率变化试验的设备如下：

a) 谱产生器；

b) 多道分析器(MCA)；

c) 打印机。

7.11.1.2 **对谱产生器的要求**

7.11.1.2.1 谱产生器是一种能产生时间随机、幅度随机又均匀分布的系列脉冲的脉冲产生器。它输出的系列脉冲送入MCA，将形成均匀分布的幅度谱。

谱产生器输出的均匀脉冲幅度谱的微分非线性要求足够小，以保证：

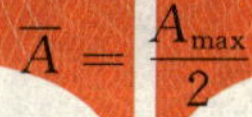

$$\overline{A}=\frac{A_{max}}{2}$$

式中：

$\overline{A}$——随机脉冲幅度的平均值；

A_{max}——随机脉冲幅度的最大值。

7.11.1.2.2 谱产生器输出的均匀脉冲幅度谱的幅度范围要满足多道分析器可测信号幅度的要求，其脉冲的宽度、幅度可调。谱产生器应带计数输出。

7.11.1.2.3 在谱产生器输出的随机脉冲系列中，有一个幅度大于最高随机脉冲幅度的固定幅度脉冲，即在随机均匀幅度谱外侧(高端)有一稳定的高斯峰(称“参考峰”)，当均匀幅度谱的随机脉冲计数率从的0改变到最大时，其幅度不变。

7.11.1.2.4 随机脉冲与固定幅度脉冲(峰位脉冲)的脉冲计数率独立可调，计数率应足够高以满足ADC最高脉冲率的测量要求。

7.11.2 **试验程序**

7.11.2.1 将谱产生器的输出信号通过电缆连接到多道分析器的输入端，谱产生器的计数输出接到计数器输入，如图12所示。预热后开始测量。测量这个参数，必须以脉冲宽度τ_u为条件。因此，应按ADC产品说明书的规定，选定脉冲宽度τ_u并记录。

7.11.2.2 调节谱产生器的输出幅度，使信号幅度处在 ADC 有效工作范围内，调节随机脉冲计数率 n 等于 0，测出“参考峰”脉冲的幅度谱，当谱峰计数到足够大（应在统计误差以内）后停止测量。然后计算出幅度谱中参考峰所在道址的精确位置 m_1 和峰的半高 $FWHM_1$（并打印）。

增大随机脉冲计数率 n 到 ADC 说明书所规定的指标值 n_M，测出 n 等于 n_M 时随机脉冲和参考峰的混合幅度谱，谱峰计数足够大（接近 n 等于 0 时的计数）后停止测量。然后对混合谱进行谱处理，求出参考峰道址的精确位置 m_2 和峰的半高宽 $FWHM_2$ 以及均匀幅度谱的最大道址 m_M（并打印）。

7.11.3 数据处理

7.11.3.1 计数率引起的道址相对漂移

根据附录 F 的理论计算，在 ADC 输入的随机脉冲宽度为 τ_u 时，计数率从 0 增加到 n_M 引起的道址相对变化 $\frac{\Delta m}{m_M}$ 由式(32)确定：

$$\frac{\Delta m}{m_M}=\frac{2(m_1-m_2)}{m_M}\times 100\% \quad\cdots\cdots(32)$$

7.11.3.2 计数率引起的能量分辨率变化

根据附录 F 的理论计算，在 ADC 输入的随机脉冲宽度为 τ_u 时，计数率从 0 增加到 n_M 引起的道址分辨率变化 $\Delta FWHM$ 由式(33)确定：

$$\Delta FWHM=\sqrt{(FWHM_2)^2-(FWHM_1)^2} \quad\cdots\cdots(33)$$

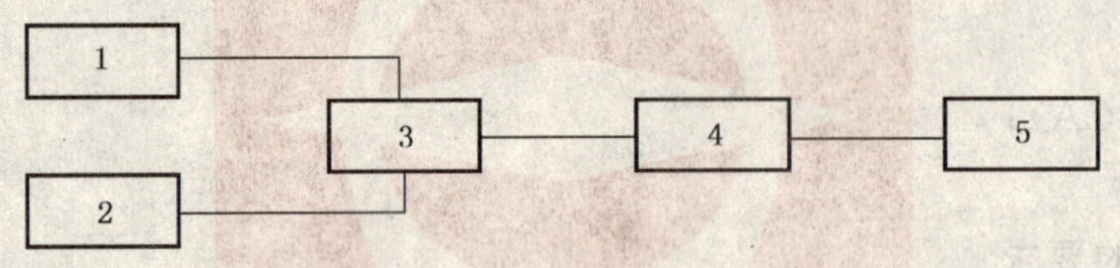

1——精密脉冲产生器；
2——噪声产生器；
3——线性混合器；
4——被测多道分析器；
5——率表。

图 1 测量多道分析器的最小可测脉冲幅度和最大可测脉冲幅度的方框图

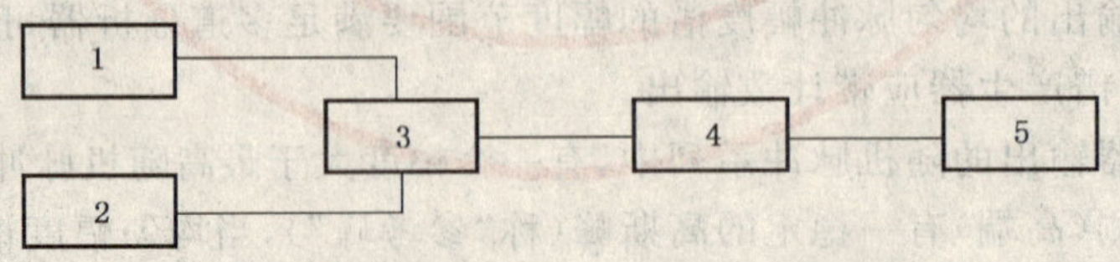

1——精密脉冲产生器；
2——噪声产生器；
3——线性混合器；
4——被测多道分析器；
5——打印机。

图 2 测量多道分析器的道宽、零点和积分非线性的方框图

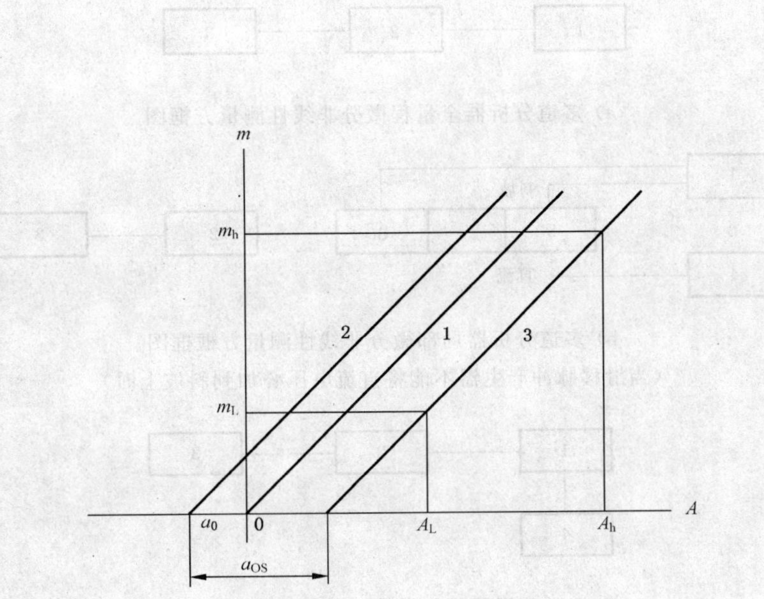

1——对应于零偏置和零点为零的幅度响应拟合直线(理想幅度响应);

2——对应于零偏置和零点为"a_0"的幅度响应拟合直线;

3——对应于偏置为"a_{os}"和零点为"a_0"的幅度响应拟合直线,截距 $a=a_0+a_{os}$。

图 3　零点、偏置和幅度拟合直线

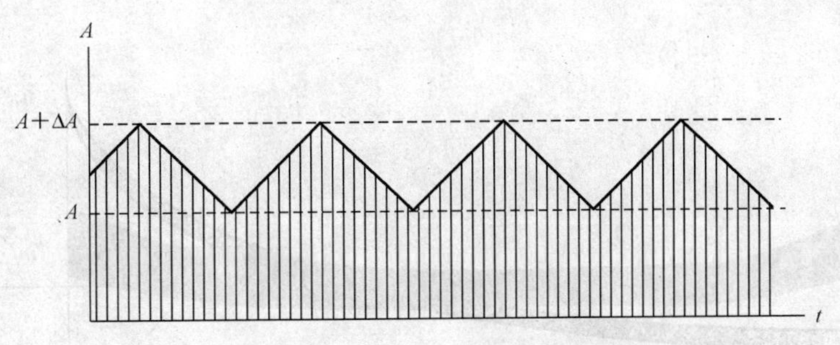

图 4　测量局部微分非线性的滑移脉冲幅度随时间变化图

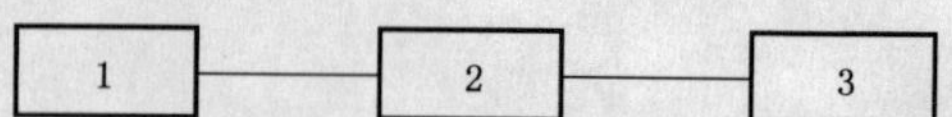

a）多道分析器全量程微分非线性测量方框图

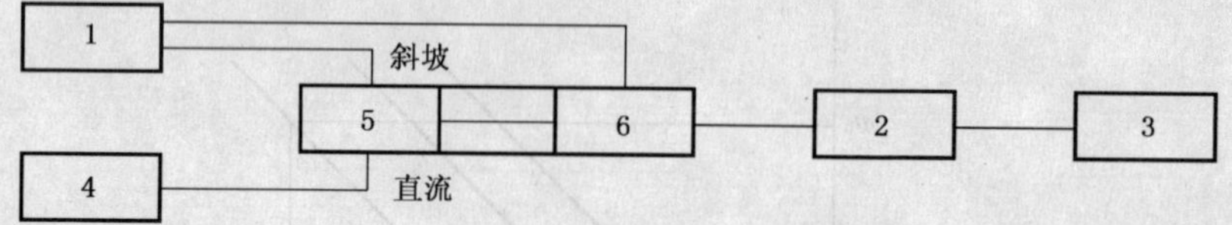

b）多道分析器局部微分非线性测量方框框图

（当滑移脉冲产生器不能将直流电压叠加到斜坡上时）

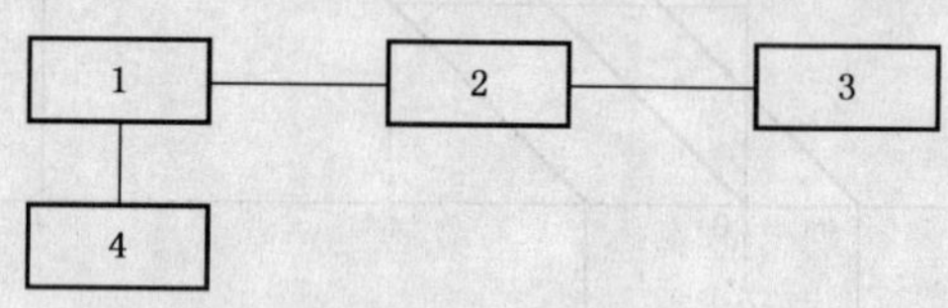

c）多道分析器局部微分非线性测量方框框图

（当直流电压可以叠加到滑移脉冲产生器的斜坡上时）

1——滑移脉冲产生器；

2——被测多道分析器；

3——打印机；

4——可调直流电源；

5——线性混合器；

6——线性门。

图5　多道分析器微分非线性试验设备框图

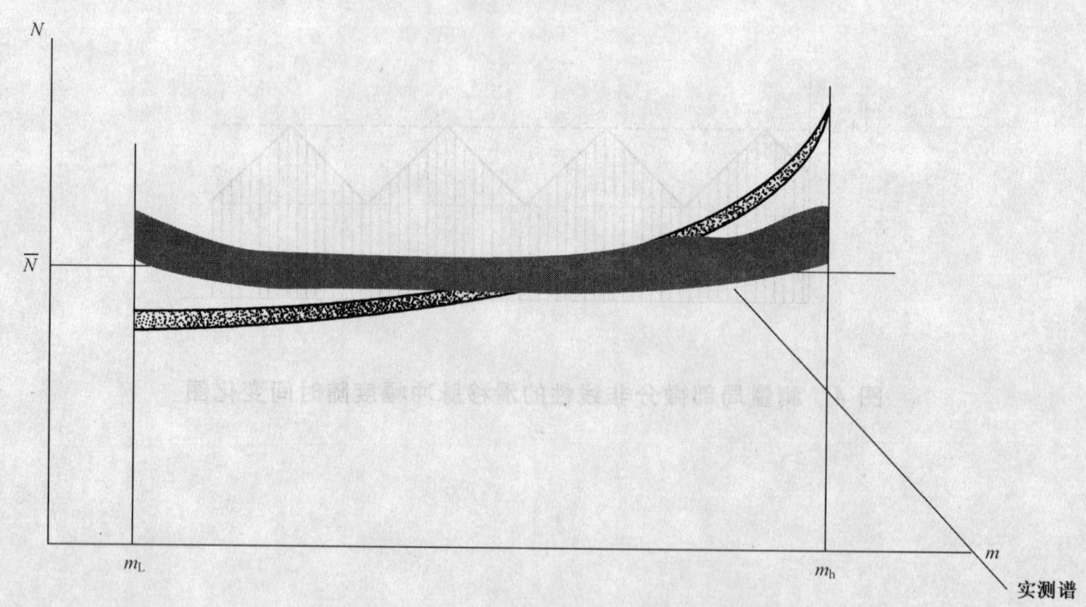

图6　用于确定微分非线性的谱形状

图7 测量积分非线性时的误差函数 $E(m)$

1——^{137}Cs 放射源；
2——闪烁计数探头；
3——放大器；
4——偏置放大器；
5——被测多道分析器；
6——高压电源。

a）多道分析器微分非线性测量方框图

b）变化平缓的谱段及其拟合曲线

图8 测量多道分析器微分非线性的闪烁计数法

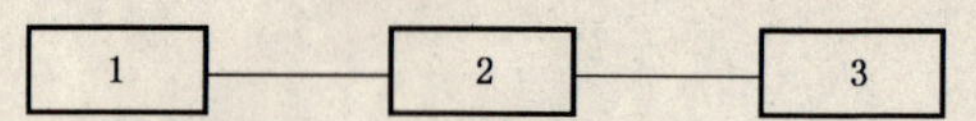

1——双脉冲产生器；

2——被测多道分析器；

3——打印机。

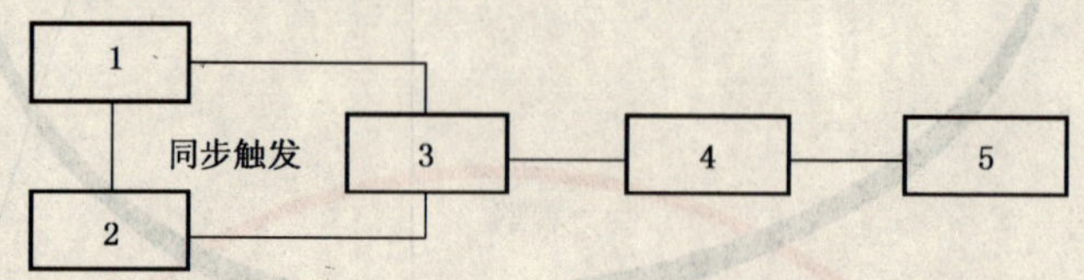

1 和 2——脉冲产生器(同步触发)；

3——线性混合器；

4——被测式道分析器；

5——打印机。

a) 主要方法

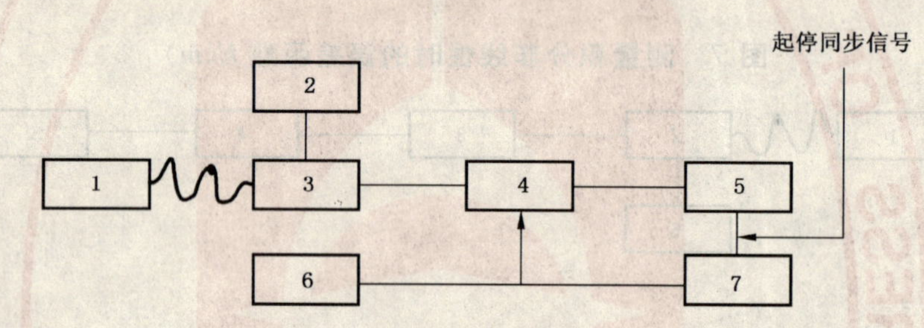

1——^{137}Cs 放射源；

2——高压电源；

3——闪烁探头；

4——线性混合器；

5——被测多道分析器；

6——精密脉冲产生器；

7——定标器。

b) 辅助方法

图 9 测量死时间的框图

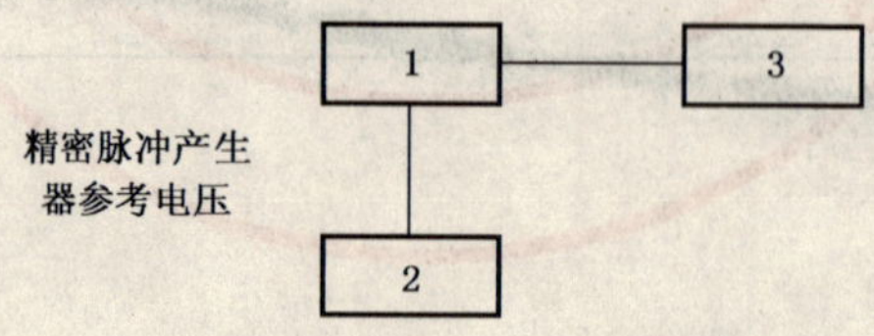

1——精密脉冲产生器；

2——数字电压表；

3——被测多道分析器。

图 10 测量最高可测脉冲频率的框图

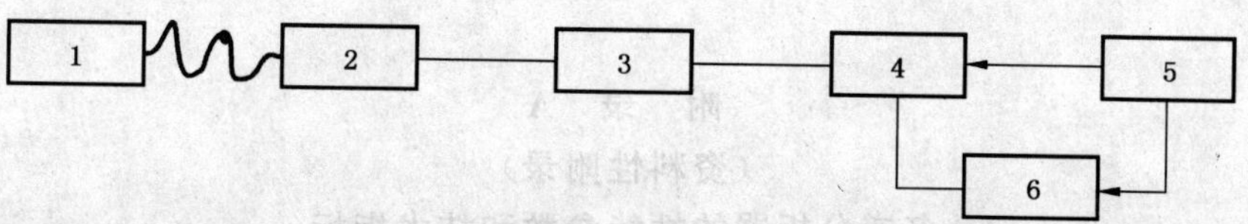

1——放射源；

2——探测器；

3——前置放大器和放大器；

4——被测的多道分析器；

5——控制和处理装置；

6——定标器。

图 11 试验死时间校正误差的框图

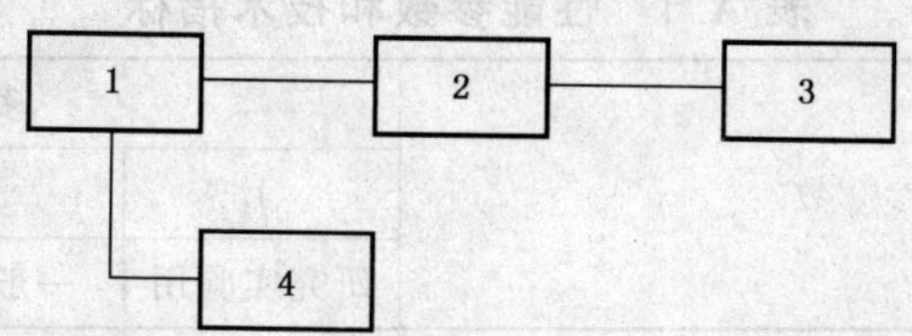

1——谱产生器；

2——多道分析器；

3——打印机；

4——计数器。

图 12 计数率引起的道址相对漂移和能量分辨率变化的试验框图

附 录 A
（资料性附录）
多道分析器的性能参数和技术指标
——多道分析器选择指南

本附录帮助用户为实际应用选择合适的多道分析器。表 A.1 给出了多道分析器最少但能满足要求的性能参数和技术指标，用这些参数和指标可将多道分析器按使用要求(例如，所配探测器的类型、现场使用条件)分成四类。当选用的多道分析器的技术性能明显优于表 A.1 中某类的指标时，用户应考虑这样做所造成的费用增加。表 A.1 中标志“＋”为必须要求和需要说明的参数；“(＋)”为希望给定和需要说明的参数；“—”为不要求的参数。

表 A.1 性能参数和技术指标

序号	特性参数	多道分析器的分类			
		1	2	3	4
		研究实验用	一般应用	携带式	其他[a]
1	存储道数 $M(k, k=1\,024)$	≥8	4,8,16	1,2,4,8	0.1,0.25, 0.5,1,2,4
2	最高道容量 N_{max}(2^n-1，n=二进制位数)	≥24	≥24	≥16	≥16
3	可存储的谱数量 J	≥500	≥200	≥100	≥100
4	最大量化电平数 L(k,k=1 024)	4,8,16	1,4,8	0.5,1,2,4	0.1,0.25, 0.5,1,2,4
5	ADC 分辨率	＋	＋	＋	＋
6	最大可测信号脉冲幅度 A_{max}/V[b]	＋	＋	＋	＋
7	24 h连续工作期间道宽的不稳定性/%	±150/L	±200/L	±300/L	±300/L
8	温度变化引起的道宽的附加误差/(%/℃)	±50/L	±100/L	±200/L	±200/L
9	24 h连续工作期间零点的不稳定性(H)	±0.5	±1.0	±1.0	±1.0
10	温度变化引起的零点的附加误差(H/℃)	±0.1	±0.2	±0.2	±0.2
11	积分非线性(量程的 99%内)/%	±0.025	±0.05	±0.05	±0.1
12	微分非线性(量程的 99%内)/%	±0.7	±0.7	±1.0	±2.0
13	最高输入脉冲频率[c]/s^{-1}	10^5	10^5	10^4～10^5	＋
14	变换时间 1) 时钟频率/MHz 2) 固定变换时间/μs	 100～400 ≤5	 100～200 ≤10	 50～100 ≤20	 ＋ ＋
15	在规定输入脉冲计数率下 ($10^3 s^{-1}$～$10^4 s^{-1}$)的活时间校正误差/%	1	2	5	5
16	预热时间/min	≤30	≤30	＋	＋
17	功耗/W	＋	＋	＋	＋
18	质量/kg 尺寸/mm	＋ ＋	＋ ＋	＋ ＋	＋ ＋

表 A.1(续)

序号	特性参数	多道分析器的分类			
		1	2	3	4
		研究实验用	一般应用	携带式	其他[a]
19	软件(任选)				
	——固件	(+)	(+)	+	(+)
	——功能单元试验程序	+	+	(+)	(+)
	——能量刻度(校准)程序	+	+	+	(+)
	——寻峰程序	(+)	(+)	(+)	(+)
	——确定能量分辨率程序	(+)	(+)	(+)	(+)
	——确定峰总面积程序	+	+	(+)	(+)
	——确定放射性核素活度的程序	(+)	(+)	(+)	(+)
	——其他功能	(+)	(+)	(+)	(+)
20	工作条件[d]	+	+	+	+

[a] 例如:教育用,非核应用等。

[b] 例如:2 V,5 V 或 10 V。

[c] 在技术文件中应说明峰的漂移 Δm_p :$1<\Delta m_p<10$。

[d] 制造商应按 GB/T 8993—1998 的环境要求规定多道分析器的工作条件。

附 录 B
（资料性附录）
峰位（模态道）的计算

B.1 峰位的确定

B.1.1 第一种方法（矩心法）

$$m_p = \frac{\sum_{i=L}^{h} m_i N_i}{\sum_{i=L}^{h} N_i} \qquad \text{(B.1)}$$

式中：

m_p——峰位（模态道）；

N_i——第 m_i 道的净计数；

L 和 h——为求和的道数中最低道 m_L 和最高道 m_h 的下标。m_L 和 m_h 可选在与峰的最大计数道左右近似对称处。m_L 和 m_h 的道计数通常对应于最大峰计数 N_p 的十分之一左右（$\sim 0.1N_p$）。

B.1.2 第二种方法

此法假设谱峰可用正态分布来描述，则

$$N_i = N_p \times \exp\left[-\frac{(m_i - m_p)^2}{2\sigma^2}\right] \qquad \text{(B.2)}$$

式中：

N_p——相应于峰顶的最大计数；

m_p——相应于峰顶的道；

σ——统计标准偏差。

两个相邻道计数的比值的对数值由式（B.3）计算：

$$\ln\frac{N_i}{N_{i+1}} = \frac{m_i}{\sigma^2} - \frac{2m_p - 1}{2\sigma^2} \equiv F(m_i) \qquad \text{(B.3)}$$

由 $F(m_i)$ 作拟合直线：

$$f(m) = \frac{m}{\sigma^2} - \frac{2m_p - 1}{2\sigma^2} \qquad \text{(B.4)}$$

确定 $f(m)=0$ 处的 m，设为 m'，则：

$$m_p = m' + \frac{1}{2} \qquad \text{(B.5)}$$

注：可以应用其他方法确定峰位。例如确定何处一阶导数等于零的方法；确定何处二阶导数达到最小值的方法；互相关法和曲线拟合法等。

附　录　C
（资料性附录）
测量局部微分非线性的补充方法

C.1　试验设备

C.1.1　一台如7.5.2.1所描述的脉冲产生器，它的脉冲幅度在规定的范围内（图4中A到$A+\Delta A$）均匀分布。这样的产生器可由下列各仪器组成：一台滑移脉冲产生器、一台可调直流电源、一个线性混合器和一个线性门（见图5 b））。如果滑移脉冲产生器的电源和可调直流电源是悬浮的（没有与地相接）并可串联，就不需要线性混合器（见图5 c））。

C.1.2　一台合适的输出装置。

C.2　试验准备

试验设备的框图由图5 b）或5 c）给出。

C.3　试验程序

将多道分析器置于全工作范围的脉冲幅度分析方式。但为了节约测量时间，仅测量整个工作范围中的几个区域。

ADC的几个关键的区域，通常应选在工作范围的起始、终止和中间部分。例如，对于16 000道的ADC，可分别试验处于工作范围的较低、中间及较高部分的三个1 000道区域。

设置三个不同的脉冲幅度最小值（A）和最大值（$A+\Delta A$），使之可以分别覆盖上述三个不同区域。

每一区域的测量时间要设置得使各道计数N_i达到一定数值，满足统计精密度的要求。

C.4　测量数据处理

用百分数表示的局部微分非线性由式（C.1）确定：

$$(DNL)_L = \pm \frac{|N_i - \overline{N}_L|_{max}}{\overline{N}_L} \times 100\% \quad \cdots\cdots\cdots\cdots (C.1)$$

式中：

N_i——各测量区域内的道计数；

$\overline{N}_L$——在所选区域内各道的平均计数。

取所测三个区域中$(DNL)_L$的最大者，作为多道分析器微分非线性的估计值。

C.5　温度变化引起的局部微分非线性的附加误差

按7.5.2.5和C.4计算温度变化引起的局部微分非线性的附加误差。

C.6　供电电压变化引起的局部微分非线性的附加误差

按7.5.2.6和C.4计算供电电压变化引起的局部微分非线性的附加误差。

附 录 D
（资料性附录）
微分非线性的快速检测法

D.1 试验设备

同于7.5.2.1。

D.2 试验准备

同于7.5.2.2。

D.3 试验程序

一个8192道的多道分析器在获取几小时滑移脉冲谱的数据后，假如看到微分非线性可能在规定范围之内，则可以采用特殊的快速检查程序。通过存储器的切换，使整个谱数据积累在它的某一个分区内，例如128道或256道的分区（存储器分区的大小应在多道分析器的技术文件中说明）。在这种情况下，得到良好统计精密度所需累积数据的时间将大大缩短，例如仅用1/64（128/8192）或1/32（256/8192）的时间。

如果多道分析器不能将存储器切换成某些分区，则数据可以用计算机处理，在这种情况下，道址码的几个最高位可能被删除，由若干最低位决定新道址来重建谱。因此，谱将在水平方向被折叠，具有相同新道址的计数将被加在一起。所以新谱的面积（计数的总和）与初始谱相同。此法可以减少道轮廓非矩形引起的道计数统计涨落，快速估计多道分析器的微分非线性，但不是精确的试验方法。

D.4 测量数据处理

同于7.5.2.4。

附 录 E
(资料性附录)
平均死时间辅助试验方法

E.1 试验方法

试验的实验装置类似于图 8 a)或图 11。调节增益使 ^{60}Co 源的 1.33MeV 峰落在 0.85M 到 0.95M 之间,通过改变源与探测器间的距离来调节计数率,使死时间接近 10%。

用活时间 T_L 和实时间 T_R 分别获取谱数据,并分别积分两谱。确定存储在全部道内的相应总计数值 $\sum N_L$ 和 $\sum N_R$。$\sum N_L$ 和 $\sum N_R$ 应大于 10^5。

重复同样的程序,但是让源与探测器靠得近一些,以增加计数率,使相对死时间接近于 50%,然后测定这种情况下的 $\sum N'_L$ 和 $\sum N'_R$。

E.2 测量数据处理

在计数率使相对死时间为 10%和 50%时,每接受一个脉冲的平均死时间用式(E.1)和(E.2)表示:

$$(\bar{t}_d)_{10\%} = \frac{T_R}{\sum N_R} - \frac{T_L}{\sum N_L} \quad \cdots\cdots (E.1)$$

$$(\bar{t}_d)_{50\%} = \frac{T_R}{\sum N'_R} - \frac{T_L}{\sum N'_L} \quad \cdots\cdots (E.2)$$

$(\bar{t}_d)_{10\%}$ 和 $(\bar{t}_d)_{50\%}$ 应小于被测多道分析器说明书的规定值。

注:上列方程可说明如下:

实际输入的计数率是 $\sum N_L / T_L$,所以就有:

$$\frac{\sum N_L}{T_L}(T_R - \sum N_R \bar{t}_d) = \sum N_R$$

整理后即得上述两个公式。

附 录 F
（规范性附录）
计数率变化引起的道址相对漂移

时间和幅度二维随机的脉冲，其脉冲计数率改变将引起脉冲基线漂移和统计涨落，从而使任一固定幅度脉冲所落入的道址围绕其平均值有一定分布，形成一个高斯峰。理论证明，在给定随机脉冲（时间和幅度）平均幅度 $\overline{A}$ 和脉冲宽度 τ_u 的条件下，随机脉冲计数率改变 n 时所引起的脉冲基线漂移 $\overline{\Delta}_u$ 和统计涨落 $\overline{\delta_u^2}$ 分别为：

$$\overline{\Delta}_u = n \times \overline{A}\int_0^{\infty}[h(t)-h(t-\tau_u)]\mathrm{d}t \quad \cdots\cdots (F.1)$$

$$\overline{\delta_u^2} = n \times \overline{A^2}\int_0^{\infty}[h(t)-h(t-\tau_u)]^2\mathrm{d}t \quad \cdots\cdots (F.2)$$

式中：

n——随机脉冲计数率；

$\overline{A}$，$\overline{A^2}$——分别为随机脉冲中平均幅度和幅度方均值；

τ_u——随机脉冲宽度；

$h(t)$——表征系统特性的响应函数。

由此得出多道分析器的道址漂移 Δm_c 为：

$$\Delta m_c = n\frac{\overline{A}}{H}\int_0^{\infty}[h(t)-h(t-\tau_u)]\mathrm{d}t \quad \cdots\cdots (F.3)$$

式中：

H——道宽，mV。

对于统计均匀分布的幅度谱有：

$$\overline{A} = \frac{A_{max}}{2} \quad \cdots\cdots (F.4)$$

$$\overline{A^2} = \frac{A_{max}^2}{3} \quad \cdots\cdots (F.5)$$

式中：

A_{max}——均匀脉冲幅度谱的最大脉冲幅度，即随机脉冲的最大幅度。

从式(F.3)看出：多道分析器的道址漂移与随机脉冲平均计数率 n 和平均幅度 $\overline{A}$ 的乘积成正比，与多道分析器的过渡函数 $h(t)$ 和随机脉冲宽度 τ_u 有关。因此，在讨论多道分析器道址的计数率偏移时，必须以 $\overline{A}$ 和 τ_u 为条件。

在实际应用中，如果第一个道址漂移 Δm_c，要标明一个 $\overline{A}$ 值，例如，给出一个小的 $\overline{A}$ 值，测出一个 Δm_{c1}，给出一个大的 $\overline{A}$ 值，测出相应的 Δm_{c2}，这样做很不方便，并且对于多道分析器的计数率性能，也不能给出明确的描述。如果采用相对漂移或称为漂移系数的 R_n 来表示，则一目了然。从式(F.3)得出：

$$\begin{aligned} R_n &= \frac{\Delta m}{m} = \frac{\Delta m}{\overline{A}/H} = \Delta m \times \frac{H}{\overline{A}} \\ &= n\int_0^{\infty}[h(t)-h(t-\tau_u)]\mathrm{d}t \end{aligned} \quad \cdots\cdots (F.6)$$

理论证明，在给定随机脉冲（时间和幅度）平均幅度 $\overline{A}$ 和脉冲宽度 τ_u 的条件下，随机脉冲计数率由 0 改变到 n 时，则描述系统计数率性能的漂移系数 R_n 唯一地由计数率 n 和系统特性函数 $h(t)$ 所决定。

将式 F.4 代入式 F.6 得：

$$R_n = \frac{2\Delta m \times H}{A_{max}} \quad \cdots\cdots\cdots\cdots(F.7)$$

设 A_{max} 落入第 m_M 道，则：

$$A_{max} = m_M \times H \quad \cdots\cdots\cdots\cdots(F.8)$$

从而得到：

$$R_n = \frac{2\Delta m}{m_M} \quad \cdots\cdots\cdots\cdots(F.9)$$

测出 Δm 及 m_M，即可计算 R_n。反之，如果测知 R_n，则在计数率为 n，平均幅度为 $\overline{A}$ 的随机脉冲所引起的道址绝对漂移 Δm 即被确定。

因此，用 R_n 作为多道分析器计数率特性的测试标准是比较合适的。并且使测量工作大大简化。

附　录　G
（资料性附录）
本部分与 IEC 61342 的关系

G.1　概述

本部分修改采用 IEC 61342:1995《核仪器　多道脉冲幅度分析器　主要性能、技术要求和试验方法》（Nuclear instrumentation—Multichannel pulse height analyzers—Main characteristics, technical requirements and test methods）。

国际电工委员会于 1995 年发布了 IEC 61342，替代 IEC 60578(1977)和 IEC 60659(1979)。该标准是根据各国(包括我国)标准化组织和 IEC TC45 WG10 的多次修订意见制定的。我国也参加了 WG10 的上述工作。因此，本部分完全有条件修改采用 IEC 61342，凡是技术上有不同之处，本附录给予具体说明。

G.2　本部分与 IEC 61342:1995 的章条对照

本部分与 IEC 61342:1995 的章条对照如下。

本　部　分		IEC 61342:1995	
章条号	标　　题	标　　题	章条号
	前言	IEC 前言	
	引言	第 1 章的一部分和 4.2	
1	范围	目的和范围	1
2	规范性引用文件	规范性引用文件	2
3	术语和定义	术语和定义	3
4	符号和缩略语	术语和定义	3
5	技术要求	多道分析器的特性	4
		技术要求	5
6	试验总要求	概论	6
7	试验方法	试验方法	7
7.1	最小和最大可测信号脉冲幅度	最小和最大可测信号脉冲幅度	7.1
7.2	道宽(变换系数)	道宽(变换系数)	7.2
7.3	零点	零点	7.3
7.4	积分非线性	积分非线性	7.4
7.5	微分非线性	微分非线性	7.5
7.6	道轮廓的非矩形系数	道轮廓的非矩形系数	7.10
7.7	死时间	死时间	7.7
7.8	最高可测脉冲频率	最高可测脉冲频率	7.8
7.9	死时间计数损失的校正误差	死时间计数损失的校正误差	7.9
7.10	系统通过能力	系统通过能力	7.11

续表

本部分		IEC 61342:1995	
章条号	标题	标题	章条号
7.11	计数率引起的道址相对漂移和幅度分辨率的变化	工作范围	7.6
附录A	多道分析器的性能参数和技术指标	多道脉冲幅度分析器参数的技术基本值	附录A
附录B	峰位(模态道)的计算	峰位(模态道)的计算	附录B
附录C	测量局部微分非线性的补充方法	测量局部微分非线性的补充方法	附录C
附录D	微分非线性的快速检测方法	微分非线性的快速检测方法	附录D
附录E	平均死时间的辅助试验方法	平均死时间的辅助试验方法	附录E
附录F	计数率变化引起的道址相对漂移	参考文献	附录F
附录G	本部分与IEC 61342的关系		

G.3 术语的修改和表述的改进

本部分增加了“道址”、“道边界”、“谱仪模拟-数字变换器”和“ADC分辨率”，删除了“理想幅度响应”和“实际多道分析器的固有分辨率”，术语排列顺序也作了适当调整。

本部分在表述上作了改进，对所有参数和测量结果都给予一个缩略语或符号，例如“4 符号和缩略语”中的(*CE*)*，(*ME*)*，(*AET*)*，(*AEV*)*等，以便测量数据和试验报告都有一致的符号、量纲和表达方式。

另外，增加图12“计数率引起的道址相对漂移和能量分辨率变化的试验框图”；而在图6“用于确定微分非线性的谱形状”和图7“测量积分非线性时的误差函数$E(m)$”增加了实测谱的曲线。

G.4 技术要求

G.4.1 本部分的主要性能增加了：

08——最小和最大可测脉冲幅度的不稳定性；

09——最小和最大可测脉冲幅度的附加误差；

20——积分非线性的附加误差；

22——微分非线性的附加误差；

27——反堆积功能；

36——计数率引起的道址相对漂移和幅度分辨率变化。

G.4.2 本部分附录表A.1的性能参数中，5～8等四项指标的单位和数值与IEC 61342的规定不同，其要求比后者高，且更切合实际情况：

——24 h连续工作期间变换系数的不稳定性(%)；

——温度变化引起的变换系数的附加误差(%/℃)；

——24 h连续工作期间零点的不稳定性(H)；

——温度变化引起的零点的附加误差(H/℃)。

G.5 增加的测量方法

本部分增加了GB 4833—1989和GB/T 4833—1997已采用的和我国实践证明有效的几种测量方法：

——7.1.5“最小和最大可测脉冲幅度的不稳定性”；

——7.1.6“温度变化引起的最小和最大可测脉冲幅度的附加误差”；

——7.1.7“供电电压变化引起的最小和最大可测脉冲幅度的附加误差”；

——7.1.8“确定 A_{min} 和 A_{max} 的简化方法”；

——7.3.9“测量 a_0,b 和 H 的简化峰位法”；

——7.3.10“测量 a_0,b 和 H 的道边界法”；

——7.4.5“温度变化引起的积分非线性的附加误差”；

——7.4.6“供电电压变化引起的积分非线性的附加误差”；

——7.4.7“测量 *INL* 的简化峰位法和道边界法”。

——7.5.2.5“温度变化引起的微分非线性的附加误差”；

——7.5.2.6“供电电压变化引起的微分非线性的附加误差”；

——7.11“计数率引起的道址相对漂移和幅度分辨率的变化”及其附录 F“计数率变化引起的道址相对漂移”。

G.6 测量方法的修改

G.6.1 IEC 61342 除规定了推荐的试验方法外，还提供了多种辅助试验方法，对各国提出的方法兼收并蓄。我们在起草本部分时尽量采用，但对某些辅助试验方法和重复的章条，进行了删改。

G.6.2 本部分修改了 IEC 61342 的 7.5.2—“确定 *DNL*、*INL* 和 *ADC* 噪声的综合方法”，具体如下：

a) 由所测 *DNL* 数据确定 *INL* 的方法，我国也用，本部分列为积分非线性试验方法中的一项，即 7.4.8；

b) 由道计数低时的计数涨落和道计数高时的计数涨落来推算 *DNL* 的方法，计算麻烦、误差大，本部分未予采用，改为从拟合曲线直接求 *DNL* 的方法，简明扼要；

c) 关于测 ADC 噪声的方法，不如本部分提出的道边界涨落概念明确，而且计算复杂、误差大，本部分也未采用，而测定道轮廓非矩形系数已包含 ADC 噪声，方法非常简便。

G.6.3 本部分删除了 IEC 61342 的 7.6—“工作范围”，因为它与 7.1—“最小和最大可测信号脉冲幅度”完全重复。同时将 IEC 1342 的 7.10“道轮廓非矩形系数”改为本部分的 7.6，放在 7.5“微分非线性”之后，因为它们的试验设备和试验程序相近。

G.7 数据处理的修改

G.7.1 IEC 61342 的 7.5.3—“闪烁计数器法测 *DNL*”，其数据处理方法采用求道计数的二次差分来消除宏观微分非线性，以二次差分后的最大残差来定 *DNL*，所得结果可能比实际 *DNL* 大几倍。本部分改为由各道计数与拟合曲线的最大偏差来定 *DNL* 的通用方法。

G.7.2 IEC 61342 的 7.7.5—“辅助方法”测死时间，所给出的结果是百分死时间。然而，对于同一台多道分析器，不同的输入计数率有不同的百分死时间。而百分死时间并不是一个能唯一决定多道分析器死时间的参数；另外，IEC 61342 并未指定在单一计数率、而是指定在一个计数率范围下试验这个参数。所以本部分改为由所测数据求平均死时间，并修改其计算公式：

——IEC 61342 的 7.7.5.2 中原公式为：$100(N_t-N_p)/N_t(\%)$

——本部分的 7.7.3.3 中公式改为：$\bar{t}_d=\dfrac{(N_t-N_p)}{N_t\times\sum N}T_R$

另外，本部分还区分了“对应给定脉冲幅度的死时间”和测量辐射源谱的“平均死时间”两个不同特性，采用不同试验方法(7.7.2 和 7.7.3)。

G.7.3 IEC 61342 中 7.10.5 注 1 b)的解释有误，两次测量数据之差的标准偏差是 $(2\overline{N})^{1/2}$，极差应为 $3(2\overline{N})^{1/2}$，而不是 $(\overline{N})^{1/2}$，本部分已更正。

G.7.4 IEC 61342 的 7.5.3.3 要求所测谱的最低道计数不低于 $10^5/(DNL)^2$。当 *DNL* 为 1%时，则

道计数大于 10^9，致使测量时间太长，本部分改为要求不低于 $10/(DNL)^2$。

G.7.5 IEC 61342 图 1 中 6(打印机)是不用的，本部分将其取消。图 9b)中的方框 6 与 3,4,7 都相连不正确，本部分取消 6 与 3 的连接线。图 11 方框 6 的输入端与 4 的输出端相连不正确，本部分改为6 的输入端与 4 的输入端相连。

G.7.6 本部分在图 3 中画了三条幅度响应直线，更具普遍性。

G.8 技术参数的调整

在 IEC 61342 的附录 A 中，表 A.1 给出的基本参数值有些不够合理，第 5,6,7,8 四项指标明显偏低。例如，要求24 h的道宽不稳定性不超过±0.06 mV。在道宽为 1 mV 时，相当于道宽变化 6%，则在 8 000 道处的24 h峰位漂移达 480 道。本部分改为24 h的道宽（变换系数）的不稳定性不超过±$(150/L\sim300/L)$%（L 为最大量化电平数）。这样，相当于要求 24 h 峰位漂移不超过±(1.5～3)道，比较合理。本部分对表 A.1 的 6,7,8 三项指标也根据国内的经验数据作了类似修改。所以本部分的技术要求高于(上述 4 项)或等于(其余各项)IEC 61342。

ICS 71.100.01;87.060.10
G 56

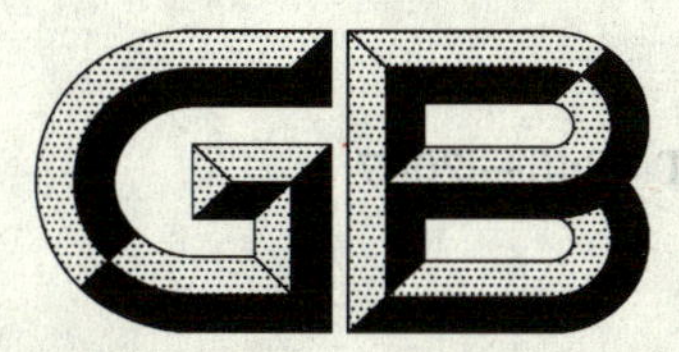

中华人民共和国国家标准

GB/T 4840—2007
代替 GB/T 4840.1～4840.3—1999

硝基苯胺类

Nitroanilines

2007-11-28 发布　　　　2008-06-01 实施

中华人民共和国国家质量监督检验检疫总局
中国国家标准化管理委员会　发布

前言

本标准代替GB/T 4840.1—1999《对硝基苯胺》、GB/T 4840.2—1999《邻硝基苯胺》GB/T 4840.3—1999《间硝基苯胺》。

本标准与GB/T 4840.1—1999、GB/T 4840.2—1999、GB/T 4840.3—1999相比主要变化如下：

——将GB/T 4840.1—1999、GB/T 4840.2—1999、GB/T 4840.3—1999合并为一个标准；

——将色谱柱由填充柱修改为毛细管柱（本标准的5.5.3；GB/T 4840.1—1999的5.4.2、GB/T 4840.2—1999的5.3.2、GB/T 4840.3—1999的5.4.2）；

——将对硝基苯胺、间硝基苯胺、邻硝基苯胺含量指标作相应的调整（本标准的第3章；原标准的第3章）；

——将固定相由甲基硅氧烷OV-17修改为（50%苯基）甲基聚硅氧烷或二甲基聚硅氧烷（本标准的5.5.3；GB/T 4840.1—1999的5.4.3、GB/T 4840.2—1999的5.3.3、GB/T 4840.3—1999的5.4.3）；

——增加“安全”规定（本标准的7.5）。

本标准由中国石油和化学工业协会提出。

本标准由全国染料标准化技术委员会（SAC/TC 134）归口。

本标准起草单位：浙江福井化学工业有限公司、沈阳化工研究院。

本标准主要起草人：李春梅、章建东、庄建峰。

《对硝基苯胺》于1984年首次发布为国家标准GB 4840—1984；1999年修订为GB/T 4840.1—1999。《邻硝基苯胺》、《间硝基苯胺》于1999年首次发布为国家标准GB/T 4840.2—1999、GB/T 4840.3—1999。

硝基苯胺类

1 范围

本标准规定了对硝基苯胺、邻硝基苯胺、间硝基苯胺的要求、采样、试验方法、检验规则以及标志、包装、运输、贮存和安全。

本标准适用于对硝基苯胺、邻硝基苯胺、间硝基苯胺的产品质量检验。该产品主要用于染料、颜料和医药等工业。

结构式：

NH_2 / NO_2 NH_2 / NO_2 NH_2 / NO_2

对硝基苯胺 邻硝基苯胺 间硝基苯胺

分子式：$C_6H_6N_2O_2$

相对分子质量：138.13(按 2005 年国际相对原子质量)

2 引用标准

下列文件中的条款通过本标准的引用而成为本标准的条款。凡是注日期的引用文件，其随后所有的修改单(不包括勘误的内容)或修订版均不适用于本标准，然而，鼓励根据本标准达成协议的各方研究是否可使用这些文件的最新版本。凡是不注日期的引用文件，其最新版本适用于本标准。

GB 190 危险货物包装标志

GB/T 191 包装储运图示标志(GB/T 191—2000,eqv ISO 780:1997)

GB/T 601—2002 化学试剂 标准滴定溶液的制备

GB/T 603—2002 化学试剂 试验方法中所用制剂及制品的制备(ISO 6353-1:1982,NEQ)

GB/T 1250—1989 极限数值的表示方法和判定方法

GB/T 2384—2007 染料中间体 熔点范围的测定通用方法

GB/T 2386—2006 染料及染料中间体 水分的测定

GB/T 6678—2003 化工产品采样总则

GB/T 6682 分析实验室用水规格和试验方法(GB/T 6682—1992,neq ISO 3696:1987)

GB/T 9722 化学试剂 气相色谱法通则

3 要求

对硝基苯胺、邻硝基苯胺、间硝基苯胺的质量应分别符合表 1、表 2、表 3 的要求。

表 1　对硝基苯胺的质量要求

项　　目		指　　标	
		干品	潮品
(1)外观		黄色至黄棕色结晶	
(2)干品初熔点/℃	≥	147.0	146.5
(3)总氨基值/%	≥	—	90.0
(4)对硝基苯胺纯度/%	≥	99.00	—
(5)对硝基氯苯质量分数/%	≤	0.20	0.30
(6)低沸物质量分数/%	≤	0.10	
(7)间硝基苯胺质量分数/%	≤	0.20	
(8)邻硝基苯胺质量分数/%	≤	0.30	
(9)高沸物质量分数/%	≤	0.10	
(10)水分质量分数/%	≤	0.50	—

表 2　邻硝基苯胺的质量要求

项　　目		指　　标	
		优等品	合格品
(1)外观		黄色至棕黄色结晶	
(2)干品初熔点/℃	≥	71.0	69.0
(3)邻硝基苯胺纯度/%	≥	99.00	98.00
(4)邻硝基氯苯质量分数/%	≤	0.20	0.70
(5)低沸物质量分数/%	≤	0.10	0.20
(6)对硝基苯胺质量分数/%	≤	0.10	0.20
(7)间硝基苯胺质量分数/%	≤	0.10	0.20
(8)高沸物质量分数/%	≤	0.20	
(9)水分质量分数/%	≤	0.30	0.50

表 3　间硝基苯胺的质量要求

项　　目		指　　标	
		一等品	合格品
(1)外观		黄色针状结晶或粉末	
(2)干品初熔点/℃	≥	112.0	111.5
(3)总氨基值/%	≥	90.0	
(4)间二硝基苯质量分数/%	≤	0.10	0.30
(5)低沸物质量分数/%	≤	0.10	0.20
(6)对硝基苯胺质量分数/%	≤	0.10	0.20
(7)邻硝基苯胺质量分数/%	≤	0.10	0.20
(8)高沸物质量分数/%	≤	0.10	0.20

4 采样

以批为单位采样，生产厂以均匀产品为一批。每批采样数应符合 GB/T 6678—2003 中 7.6 的规定，所采样产品的包装必须完好，采样时勿使外界杂质落入产品中。所采样品总量不得少于 500 g。将采取的样品充分混匀后，分装于两个清洁、干燥、密封良好的容器中，其上粘贴标签。注明：产品名称、批号、生产厂名称、取样日期、地点。一个供检验，一个保存备查。

5 试验方法

警告：使用本标准的人员应有正规实验室工作的实践经验。本标准并未指出所有可能的安全问题。使用者有责任采取适当的安全和健康措施，并保证符合国家有关法规规定的条件。

5.1 一般规定

除非另有规定，仅使用确认为分析纯的试剂和 GB/T 6682 中规定的三级水。试验中所用标准滴定溶液及制剂、制品，在没有注明其他要求时，均按 GB/T 601 和 GB/T 603 的规定制备与标定。检验结果的判定按 GB/T 1250—1989 中的 5.2 修约值比较法进行。

5.2 外观

在自然光线下采用目视评定。

5.3 干品初熔点的测定

按 GB/T 2384—2007 进行。对硝基苯胺烘干温度 100℃～105℃，邻硝基苯胺烘干温度 45℃～50℃，间硝基苯胺烘干温度 80℃～85℃。烘干时间 30 min。

两次平行测定结果之差不大于 0.2℃，取算术平均值作为测定结果。

5.4 总氨基值的测定

5.4.1 方法原理

采用重氮化法。

利用芳香族伯胺在低温及过量无机酸存在下与亚硝酸钠作用生成重氮盐的原理进行测定。

5.4.2 试剂和材料

a) 盐酸；

b) 溴化钾溶液：100 g/L；

c) 亚硝酸钠标准滴定溶液：$c(NaNO_2)=0.25$ mol/L；

d) 淀粉-碘化钾试纸。

5.4.3 分析步骤

按表 4 配制待测试样，置于 400 mL 清洁干燥的烧杯中，加水 100 mL，加热溶解后，用水稀释至 300 mL，冷至 0℃～10℃。然后将滴定管尖端插入溶液中，在不断搅拌下，将亚硝酸钠标准滴定溶液（占总量的 95%左右）一次加入，然后将滴定管尖端提离液面，逐滴加入亚硝酸钠标准滴定溶液，直至使淀粉-碘化钾试纸呈微蓝色润圈，并保持 5 min 不变即为终点。在相同条件下做一空白试验。

表 4 待测试样的配制

名　　称	对硝基苯胺	间硝基苯胺
称样量（精确至 0.000 2 g）/g	1.0	0.7
盐酸体积/mL	30	30
100 g/L 溴化钾溶液体积/mL	—	10

5.4.4 结果计算

总氨基值以质量分数 w 计，数值以%表示，按式（1）计算：

$$w=\frac{[(V_1-V_0)/1\,000]c_1M}{m}\times 100 \qquad (1)$$

式中：

V_1——消耗亚硝酸钠标准滴定溶液体积的数值，单位为毫升(mL)；

V_0——空白试验消耗亚硝酸钠标准滴定溶液体积的数值，单位为毫升(mL)；

c_1——亚硝酸钠标准滴定溶液浓度的准确数值，单位为摩尔每升(mol/L)；

M——对、间硝基苯胺的摩尔质量数值，单位为克每摩尔(g/mol)，[$M(C_6H_6N_2O_2)=138.13$]；

m——试样的质量数值，单位为克(g)。

计算结果表示到小数点后两位。

5.4.5 允许误差

两次平行测定结果之差不大于0.3%，取其算术平均值作为测定结果。

5.5 硝基苯胺纯度及其有机杂质的测定

5.5.1 方法原理

采用气相色谱法，在毛细管柱上，经氢火焰检测器检测，用校正峰面积归一化法定量。

5.5.2 试剂和材料

a) 乙酸乙酯；
b) 间二硝基苯；
c) 邻硝基氯苯；
d) 对硝基氯苯；
e) 间硝基苯胺：精制品(乙醇重结晶三次，至本试验条件下无杂质检出)；
f) 邻硝基苯胺：精制品(乙醇重结晶三次，至本试验条件下无杂质检出)；
g) 对硝基苯胺：精制品(乙醇重结晶三次，至本试验条件下无杂质检出)。

5.5.3 仪器和设备

a) 气相色谱仪：仪器灵敏度和稳定性应符合GB/T 9722的规定；
b) 检测器：氢火焰离子化检测器(FID)；
c) 记录仪：满量程10 mV，响应时间1 s或满足要求的数据处理机、积分仪；
d) 微量注射器；
e) 色谱柱：毛细管色谱柱，30 m×0.25 mm×0.25 μm，固定相为(50%苯基)甲基聚硅氧烷或二甲基聚硅氧烷。

5.5.4 色谱仪操作条件(根据不同仪器，选择最佳操作条件)

a) 柱温：190℃；
b) 汽化温度：250℃；
c) 检测温度：300℃；
d) 载气流量(N_2)：3.0 mL/min；
e) 燃烧气流量(H_2)：30 mL/min；
f) 助燃气流量(O_2)：300 mL/min；
g) 进样量：1 μL；
h) 定量方法：校正面积归一法；
i) 分流比：10∶1；
j) 分离度：$R>1.2$。

5.5.5 分析步骤

5.5.5.1 对硝基苯胺标准储备液的制备

按表5要求准确称取各种试剂(精确至0.000 2 g)于清洁干燥的容量瓶中，用乙酸乙酯溶解，并稀释至刻度。标准储备液的使用期为三个月。

表5 对硝基苯胺标准储备液的配制

试剂名称	对硝基氯苯	邻硝基苯胺	间硝基苯胺	对硝基苯胺
称样量/g	0.05	0.1	0.1	2.0
稀释后体积/mL	50.0	50.0	50.0	50.0

在五个已编号的10 mL棕色容量瓶中，分别按表6配制，得1、2、3、4、5号混合液。标准混合液的使用期限为一个月。

表6 对硝基苯胺标准混合液的配制

单一校准溶液	1	2	3	4	5
对硝基氯苯体积/mL	0.1	0.2	0.3	0.4	0.5
邻硝基苯胺体积/mL	0.1	0.2	0.3	0.4	0.5
间硝基苯胺体积/mL	0.1	0.2	0.3	0.4	0.5
对硝基苯胺体积/mL	5.0	4.0	3.0	2.0	1.0
加乙酸乙酯稀释后总体积/mL	10.0	10.0	10.0	10.0	10.0

5.5.5.2 邻硝基苯胺标准储备液的制备

按表7要求准确称取各种试剂(精确至0.000 2 g)于清洁干燥的容量瓶中，用乙酸乙酯溶解，并稀释至刻度。标准储备液的使用期为三个月。

表7 邻硝基苯胺标准储备液的配制

试剂名称	邻硝基氯苯	对硝基苯胺	间硝基苯胺	邻硝基苯胺
称样量/g	0.05	0.1	0.1	2.0
稀释后体积/mL	25.0	25.0	25.0	25.0

在五个已编号的10 mL棕色容量瓶中，分别按表8配制，得1、2、3、4、5号混合液。标准混合液的使用期限为一个月。

表8 邻硝基苯胺标准混合液的配制

单一校准溶液	1	2	3	4	5
邻硝基氯苯体积/mL	0.1	0.2	0.3	0.4	0.5
对硝基苯胺体积/mL	0.1	0.2	0.3	0.4	0.5
间硝基苯胺体积/mL	0.1	0.2	0.3	0.4	0.5
邻硝基苯胺体积/mL	5.0	4.0	3.0	2.0	1.0
加乙酸乙酯稀释后总体积/mL	10.0	10.0	10.0	10.0	10.0

5.5.5.3 间硝基苯胺标准储备液的制备

按表9要求准确称取各种试剂(精确至0.000 2 g)于清洁干燥的容量瓶中，用乙酸乙酯溶解，并稀释至刻度。标准储备液的使用期为三个月。

表9 间硝基苯胺标准储备液的配制

试剂名称	间二硝基苯	对硝基苯胺	邻硝基苯胺	间硝基苯胺
称样量/g	0.1	0.2	0.1	5.0
稀释后体积/mL	25.0	25.0	25.0	25.0

在五个已编号的10 mL棕色容量瓶中，分别按表10配制，得1、2、3、4、5号混合液。标准混合液的使用期限为一个月。

表 10　间硝基苯胺标准混合液的配制

单一校准溶液	1	2	3	4	5
间二硝基苯体积/mL	0.1	0.2	0.3	0.4	0.5
对硝基苯胺体积/mL	0.1	0.2	0.3	0.4	0.5
邻硝基苯胺体积/mL	0.1	0.2	0.3	0.4	0.5
间硝基苯胺体积/mL	5.0	4.0	3.0	2.0	1.0
加乙酸乙酯稀释后总体积/mL	10.0	10.0	10.0	10.0	10.0

5.5.5.4　相对校正因子的测定

开启色谱仪。待仪器各项操作条件稳定后，用微量注射器分别吸取 1～5 号各产品标准混合溶液 1 μL进样，待出峰完毕后，用数据处理机进行结果处理。

各组分的相对校正因子 f_i 按式(2)计算：

$$f_i=\frac{m_i\times A_0}{m_0\times A_i} \qquad \cdots\cdots (2)$$

式中：

m_i——组分 i 的质量数值，单位为克(g)；

A_i——组分 i 的峰面积数值，单位为毫伏秒(mV·s)；

m_0——主产品的质量数值，单位为克(g)；

A_0——主产品的峰面积数值，单位为毫伏秒(mV·s)。

注：各组分相对校正因子每周进行复校。

5.5.5.5　色谱图

对硝基苯胺气相色谱示意图见图 1，邻硝基苯胺气相色谱示意图见图 2，间硝基苯胺气相色谱示意图见图 3。

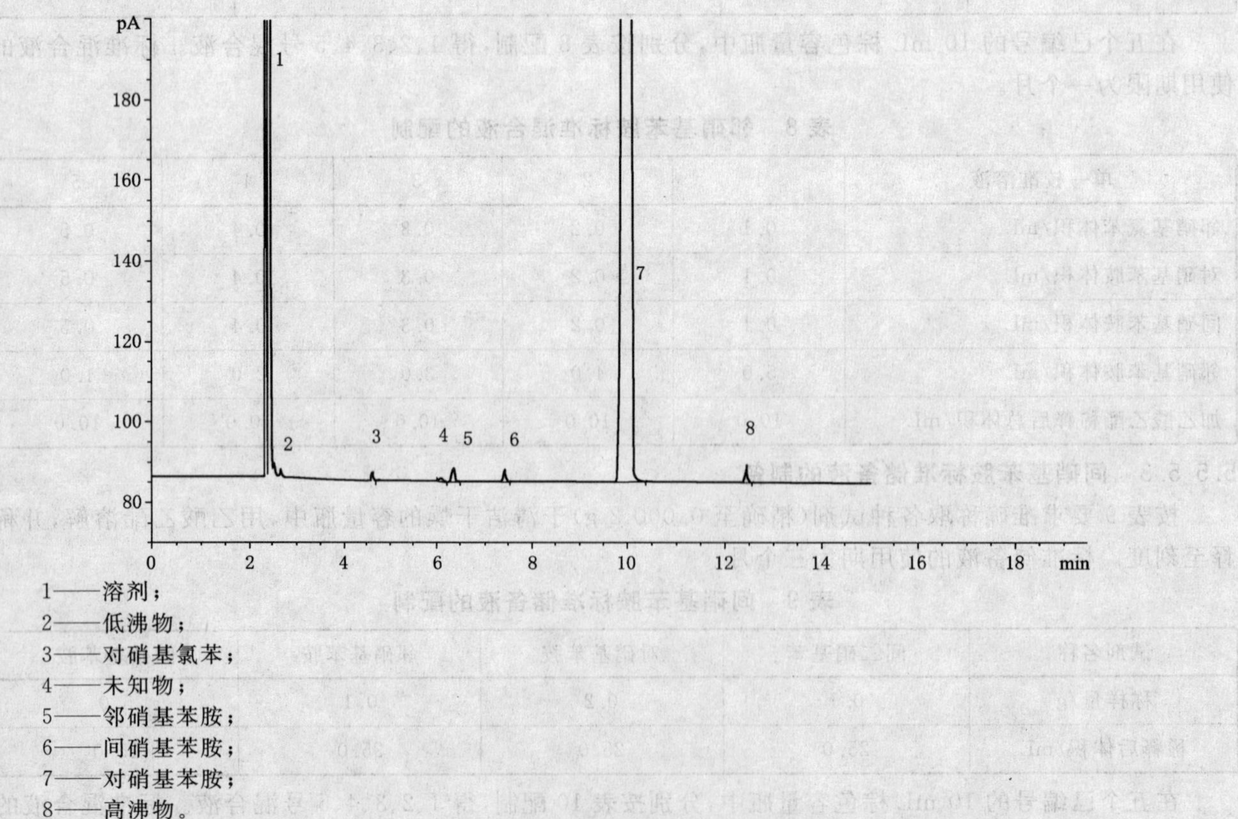

图 1　对硝基苯胺标准示意图

1——溶剂；

2,3——低沸物；

4——邻硝基氯苯；

5——邻硝基苯胺；

6——间硝基苯胺；

7——对硝基苯胺。

图 2　邻硝基苯胺标准示意图

1——溶剂；

2,3——低沸物；

4——邻硝基苯胺；

5——间二硝基苯；

6——间硝基苯胺；

7——对硝基苯胺。

图 3　间硝基苯胺标准示意图

5.5.6 样品测定

称取试样 0.4 g(精确至 0.01 g)于 10 mL 棕色容量瓶中,用乙酸乙酯稀释至刻度。在选定的条件下进样,待各组分出峰完毕后计算各组分含量。

5.5.7 结果计算

各组分的含量以质量分数 w_i 计,数值以%表示,按式(3)计算:

$$w_i=\frac{f_i\times A_i}{\sum(f_i\times A_i)}\times(100-w_1) \quad \cdots\cdots(3)$$

式中:

f_i——组分 i 的相对校正因子的数值;

A_i——组分 i 的峰面积的数值,单位为毫伏秒(mV·s);

w_1——水分质量分数的数值,%;没有水分时 w_1 按 0 计。

注 1:(对硝基苯胺)低沸物为溶剂峰后对硝基氯苯前所有流出组分,相对校正因子按对硝基氯苯计。高沸物为对硝基苯胺后出的峰校正因子按对硝基苯胺计。

注 2:(邻硝基苯胺)低沸物为溶剂峰后邻硝基氯苯前所有流出组分,相对校正因子按邻硝基氯苯计。高沸物为对硝基苯胺后出的峰校正因子按对硝基苯胺计。

注 3:(间硝基苯胺)低沸物为溶剂峰后邻硝基苯胺前所有流出组分,相对校正因子按邻硝基苯胺计。高沸物为对硝基苯胺后出的峰校正因子按对硝基苯胺计。

5.5.8 允许差

纯度的两次平行测定结果之差应不大于 0.2%,各有机杂质含量两次平行测定结果之差应不大于 0.05%,取其算术平均值作为测定结果。

5.6 水分的测定

按 GB/T 2386—2006 中的 3.4“卡尔·费休法及卡尔·费休改良法”规定的方法进行,称样量为 0.5 g~1 g(精确至 0.01 g),溶剂为甲醇和三氯甲烷(1:3)的混合溶液。

取两次平行测定结果的算术平均值作为测定结果,平行测定结果的差值不大于 0.05%。

6 检验规则

6.1 本标准第 3 章表 1、表 2、表 3 中所规定的全部项目为出厂检验项目。

6.2 硝基苯胺类产品应由生产厂的质量检验部门进行检验,生产厂应保证所有出厂的产品都符合本标准的要求。每批出厂的产品应附有一定格式的质量证明书。

6.3 如果检验结果有一项指标不符合本标准的要求时,应重新自同批产品两倍量的包装件中采样进行复验,复验结果即使只有一项指标不符合本标准的要求,整批产品也为不合格。

7 标志、包装、运输、贮存和安全

7.1 标志

硝基苯胺类产品包装容器上应印有明显、牢固的标志,内容包括:生产厂名称、厂址、产品名称、商标、净含量、皮重、生产日期、批号、等级和本标准编号,也可将批号、生产日期打印在标签上,并和产品质量检验合格的证明一起放入包装容器内的塑料袋外面。并按照 GB 190 和 GB/T 191 的规定标明“有毒品”字样和标志。

7.2 包装

硝基苯胺类产品用内衬塑料袋(塑料袋要扎口)的编织袋或铁桶包装,每袋(桶)净含量 25 kg。其他包装可与用户协商确定。

7.3 运输

硝基苯胺类产品在运输过程中应避免日晒雨淋,搬运时轻搬轻放。

7.4 贮存

硝基苯胺类产品应贮存于阴凉通风处，严防受潮，远离火源。

7.5 安全

硝基苯胺类产品有毒，使用及搬运时，应穿戴劳动保护用品，严格注意安全。

ICS 17.140
A 59

中华人民共和国国家标准

GB/T 4854.8—2007/ISO 389-8:2004

声学　校准测听设备的基准零级 第8部分:耳罩式耳机纯音基准等效阈声压级

Acoustics—Reference zero for the calibration of audiometric equipment—Part 8: Reference equivalent threshold sound pressure levels for pure tone and circumaural earphones

(ISO 389-8:2004,IDT)

2007-11-14 发布　　2008-05-01 实施

中华人民共和国国家质量监督检验检疫总局
中国国家标准化管理委员会
发布

前　言

GB/T 4854《声学　校准测听设备的基准零级》包括 8 个部分：

——第 1 部分：压耳式耳机纯音基准等效阈声压级(GB/T 4854.1)；

——第 2 部分：插入式耳机纯音基准等效阈声压级(GB/T 16402)；

——第 3 部分：骨振器纯音基准等效阈力级(GB/T 4854.3)；

——第 4 部分：窄带掩蔽噪声的基准级(GB/T 4854.4)；

——第 5 部分：8 kHz～16 kHz 频率范围纯音基准等效阈声压级(GB/T 4854.5)；

——第 6 部分：短持续时间测试信号的基准等效阈声压级；

——第 7 部分：自由场与扩散场测听的基准听阈(GB/T 4854.7)；

——第 8 部分：耳罩式耳机纯音基准等效阈声压级(GB/T 4854.8)。

本部分为 GB/T 4854 的第 8 部分。

本部分等同采用 ISO 389-8:2004《声学　校准测听设备的基准零级　第 8 部分：耳罩式耳机纯音基准等效阈声压级》(英文版)。

本部分对等同采用的国际标准作了编辑性修改。

本部分的附录 A、附录 B 和附录 C 为资料性附录。

本部分由中国科学院提出。

本部分由全国声学标准化技术委员会(SAC/TC 17)归口。

本部分起草单位：解放军总医院耳鼻咽喉科研究所、中国科学院声学研究所。

本部分主要起草人：陈洪文、武文明、于黎明、章汝威、戴根华。

引　言

本部分的制定，是为了能够使用同一种耳机在125 Hz～16 000 Hz频率范围作纯音测听。本部分规定了125 Hz～8 000 Hz的基准值，GB/T 4854.5规定了8 000 Hz～16 000 Hz的基准值。

这些基准值，是根据不同国家的实验室所提供的当时能够得到的最可靠的数据资料确定的。

目前，这些基准值只用于SENNHEISER HDA 200这一种型号的耳罩式耳机。这种耳机对背景噪声有很好的声衰减，而且它在人耳及耳模拟器上的频响没有明显的谐振。

声学 校准测听设备的基准零级
第8部分:耳罩式耳机纯音基准等效阈声压级

1 范围

本部分规定了125 Hz~8 000 Hz频率范围的纯音基准等效阈声压级(RETSPLs),适用于配备了一种特殊型号的耳罩式耳机(SENNHEISER HDA 200)的气导测听设备的校准。

注:在附录A和参考文献中给出了得出HDA 200型耳罩式耳机基准等效阈声压级的说明和测试条件。

附录B给出了这种耳罩式耳机的声衰减。附录C给出了A-E类和B-E类语言听力计(见GB/T 7341.2)耳机的自由场等效输出修正值。

2 规范性引用文件

下列文件中的条款通过GB/T 4854的本部分的引用而成为本部分的条款。凡是注日期的引用文件,其随后所有的修改单(不包括勘误的内容)或修订版均不适用于本部分,然而,鼓励根据本部分达成协议的各方研究是否可使用这些文件的最新版本。凡是不注日期的引用文件,其最新版本适用于本部分。

GB/T 4854.1 声学 校准测听设备的基准零级 第1部分:压耳式耳机纯音基准等效阈声压级(GB/T 4854.1—2004,ISO 389-1:1998,IDT)

GB/T 7584.1 声学 护听器 第1部分:声衰减测量的主观方法(GB/T 7584.1—2004,ISO 4869-1:1990,IDT)

GB/T 7341.2 听力计 第2部分:语言测听设备(GB/T 7341.2—1998,idt IEC 60645-2:1993)

IEC 60318-1:1998 电声学 人头和耳模拟器 第1部分:校准压耳式耳机用的耳模拟器

IEC 60318-2:1998 电声学 人头和耳模拟器 第2部分:校准延伸高频范围听力计耳机用的临时声耦合腔

3 术语和定义

本部分采用GB/T 4854.1、GB/T 7341.2 、GB/T 7584.1和IEC 60318-1:1998中的术语和定义。

4 技术要求

基准等效阈声压级与耳机的型号和校准耳机所使用的耦合腔或耳模拟器和适配器有关。表1中给出了密闭型耳罩式耳机SENNHEISER HDA 200型,用IEC 60318-1:1998规定的耳模拟器和IEC 60318-2:1998图1规定的适配器测得的基准等效阈声压级。

表 1 对规定的耳模拟器和适配器，耳罩式耳机的基准等效阈声压级

频率/Hz	基准等效阈声压级(基准值，20 μPa)/dB[b] 耳机型号 SENNHEISER HDA 200
125	30.5
160[a]	26.0
200[a]	22.0
250	18.0
315[a]	15.5
400[a]	13.5
500	11.0
630[a]	8.0
750	6.0
800[a]	6.0
1 000	5.5
1 250[a]	6.0
1 500	5.5
1 600[a]	5.5
2 000	4.5
2 500[a]	3.0
3 000	2.5
3 150[a]	4.0
4 000	9.5
5 000	14.0
6 000	17.0
6 300[a]	17.5
8 000[c]	17.5

[a] 这些频率的声压级值是由内插方法得到。

[b] 表中的值修约到 0.5 dB。

[c] 该频率的值取自 GB/T 4854.5。

注：HDA 200 耳机的值是根据 5 个实验室的实验结果得到的(见附录 A)。这些值是按参考文献[1]中所叙述的条件，对耳科正常人的听阈测定得到的。

耳机的特性与温度有关。因此，建议对配备这种耳机的听力计校准时，温度范围尽可能在 21℃～25℃的范围内。

HDA 200 型耳罩式耳机的头带夹力应为(10.0±1.0)N。测量头带夹力时，两个耳机间的距离应为 145 mm；头带的中心(顶部)到两耳机中心连线中点的距离应调节到 130 mm。

附 录 A
（资料性附录）
关于得出 HDA 200 型耳罩式测听耳机基准等效阈声压级的说明

GB/T 4854 的本部分规定的耳罩式测听耳机的基准等效阈声压级，是从 5 个独立的实验研究结果得到的（见参考文献[2]～[6]）。表 A.1 给出了这些实验的详细资料。

表 A.1 耳罩式测听耳机（HDA 200）基准等效阈声压级的研究资料

	参考文献				
	[2]	[3]	[4]	[5]	[6]
实验耳机型号	SENNHEISER HDA 200				
受试者人数	31	24	24	38	27
测试耳数	62	24	24	38	27
男/女	17/14	13/11	15/9	15/23	13/14
受试者年龄范围/岁	18～25	18～25	18～23	18～25	18～25
测试频率/ kHz	0.125，0.25，0.5，0.75，1，1.5，2，3，4，6	0.125，0.25，0.5，0.75，1，1.5，2，3，4，6	0.125～6.3 范围按 1/3 倍频程间隔和 0.75，1.5，3，6	0.125，0.25，0.5，0.75，1，1.5，2，3，4，6	0.125～6.3 范围按 1/3 倍频程间隔和 0.75，1.5，3，6
所用的耳模拟器型号	IEC 60318-1：1998				
实验耳机用的适配器型号	IEC 60318-2：1998 的图 1				
所用的统计值	中值				

附 录 B
（资料性附录）
HDA 200 型耳机的声衰减

表B.1中给出了HDA 200型测听耳机在各中心频率的声衰减。表中的数据是按GB/T 7584.1在扩散声场中，用1/3倍频带噪声信号对16名受试者测得的结果。

表 B.1 HDA 200 型耳机的声衰减

中心频率/Hz	声衰减平均值[a]/dB
63	16.5
125	14.5
250	16.0
500	22.5
1 000	28.5
2 000	32.0
4 000	45.5
8 000	44.0

[a] 表中的数值修约到0.5 dB。

表中数据取自参考文献[3]。

附 录 C
（资料性附录）
HDA 200 型耳罩式耳机自由场等效输出的修正值

表 C.1 中给出了 HDA 200 型耳罩式测听耳机，各中心频率的自由场灵敏度级 G_F 和耦合腔灵敏度级 G_C 之间的差值。表中数据是用 1/3 倍频带噪声作为测试信号，由 16 名受试者双耳测听得到的。此结果同样适用于单耳测听。为了得到由耳机产生的等效自由场声压级，需将 HDA 200 型耳机按与表 1 中规定相同的耳模拟器及适配器测得的声压级与表 C.1 中的值相加。

注：这些修正值可用于对语言测听设备的校准。

表 C.1 HDA 200 型耳罩式测听耳机的自由场灵敏度级 G_F 与耦合腔灵敏度级 G_C 的差值

（采用符合表 1 中规定的耳模拟器及适配器，以 1/3 倍频带噪声为测试信号）

中心频率/Hz	(G_F-G_C)[b]/dB
125	−5.0
160[a]	−4.5
200[a]	−4.5
250	−4.5
315[a]	−5.0
400	−5.5
500	−2.5
630[a]	−2.5
800[a]	−3.0
1 000	−3.5
1 250	−2.0
1 600	−5.5
2 000	−5.0
2 500	−6.0
3 150	−7.0
4 000	−13.0
5 000	−14.5
6 300	−11.0
8 000	−8.5

a 这些频率的差值由内插方法得到。

b 表中的数值修约到 0.5 dB。

表中数据取自参考文献[3]。

参 考 文 献

[1] ISO/TC 43/WG 1. Preferred test conditions for determining hearing thresholds for standardization. Scand. Audiol., 25, 1996: 45-52.[1)]

[2] HAN, L. A., Poulsen, T. Equivalent threshold sound pressure levels for the SENNHEISER HDA 200 headphone and the Etymotic Research ER-2 insert earphone in the frequency range 125 Hz to 16 kHz. Scand. Audiol., 27, 1998: 105-112.

[3] Richter, U. Equivalent threshold sound pressure levels of the insert earphones Etymotic Research ER-2A and ER-4A in the extended high-frequency range. In: Richter, U. (ed.). Characteristic data of different kinds of earphones used in the extended high frequency range for pure-tone audiometry;. PTB report PTB-MA-72, Braunschweig 2003.

[4] Takeshima, T., Hiraoka, T., Suzuki, Y., Kumagai, M. And Sone T. Reference equivalent sound pressure levels for new earphones. Proceedings of 15th International Congress on Acoustics. Trondheim, Norway, 1995:297-300.

[5] Schönfeld, U., Reuter, W., Fischer, R. And Gross, M. Hearing thresholds of otologically normal subjects in the extended high-frequency range using the earphone HDA 200. In: Richter, U. (ed.). Characteristic data of different kinds of earphones used in the extended high frequency range for pure-tone audiometry. PTB report PTB-MA-72, Braunschweig, 2003.

[6] Karlsen, B. L. and Lydolf, M. The performance of audiometric earphones on ear simulator and on human ears. Acta Acustica united with Acustica, submitted March 2003.

[7] ISO/TR 389-5[2)], Acoustics—Reference zero for the calibration of audiometric equipment—Part 5: Reference equivalent threshold sound pressure levels for pure tones in the frequency range 8 kHz to 16 kHz.

[8] GB/T 16403 声学 测听方法 第1部分:纯音气导和骨导听阈基本测听法.

1) 作为 ISO 389-9,正在制订中。

2) 该技术报告还在修订中,修订后将上升为国际标准。

ICS 71.080.80
B 72

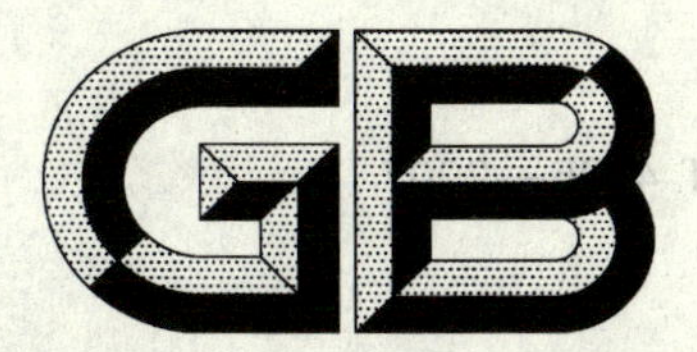

中华人民共和国国家标准

GB/T 4895—2007
代替 GB/T 4895—1991

合成樟脑

Synthetic camphor

2007-03-05 发布　　2007-09-01 实施

中华人民共和国国家质量监督检验检疫总局
中国国家标准化管理委员会　发布

前　言

本标准代替 GB/T 4895—1991《合成樟脑》。

本标准与 GB/T 4895—1991 相比变化如下：

—— 增加了合成樟脑定义一章(见第 3 章)；
—— 增加了外观、性状及等级一章(第 4 章)；
—— 改变了技术规格表的表示方式(见第 5 章之表 1)，增加了气相色谱法测定的莰酮-2 的含量可作为合成樟脑含量要求的内涵(见第 5 章之表 1 的脚注)，提供一种判断合成樟脑品质的选择，将酸值、硫酸显色的要求作为备选要求处理(见第 5 章之表 1 的脚注)；
—— 增加了试验方法一章中部分试验方法的原理或方法要点说明(见 6.5.1 和 6.6.1)；
—— 增加了外观及性状的观测(见 6.1)、比旋光本领的测定(见 6.2)；
—— 增加了樟脑(莰酮-2)含量的气相色谱定量测定方法(方法 B)(见 6.6)；
—— 增加了检验分类一条(见 7.1)；
—— 酸值、硫酸显色的分析方法作为规范性附录(见附录 D 和附录 E)；
—— 增加了气相色谱定性试验方法的内容作为规范性附录(见附录 A)；
—— 增加了气相色谱分析图谱示例作为资料性附录(见附录 B 和附录 C)。

本标准的附录 A、附录 D 和附录 E 为规范性附录，附录 B 和附录 C 为资料性附录。

本标准由国家林业局提出并归口。

本标准由中国林业科学研究院林产化学工业研究所负责起草。

本标准主要起草人：赵振东、李冬梅、毕良武、刘先章。

本标准所代替标准的历次版本发布情况为：

—— GB 4895—1985，GB/T 4895—1991。

合 成 樟 脑

1 范围

本标准规定了合成樟脑的定义、外观、性状、等级、要求、试验方法、检验规则、标志、包装、贮存、运输、安全及卫生。

本标准适用于以松节油为原料制得的工业合成樟脑。

2 规范性引用文件

下列文件中的条款通过本标准的引用而成为本标准的条款。凡是注日期的引用文件,其随后所有的修改单(不包括勘误的内容)或修订版均不适用于本标准,然而,鼓励根据本标准达成协议的各方研究是否可使用这些文件的最新版本。凡是不注日期的引用文件,其最新版本适用于本标准。

GB 190 危险货物包装标志

GB/T 601 化学试剂 标准滴定溶液的制备

GB/T 613 化学试剂 比旋光度测定通用方法

GB/T 6040 红外光谱分析方法通则

GB/T 6678 化工产品采样总则

GB/T 6679 固体化工产品采样通则

3 定义、化学名称及结构

3.1 定义

合成樟脑 synthetic camphor

由松节油中的蒎烯经过异构化、莰烯的加成酯化后皂化(或者莰烯直接水合)、异龙脑脱氢等一系列化学反应和精馏、结晶、升华等一系列化工单元操作过程得到的产品。为白色粉末状结晶,无旋光活性,有芳香气味和清凉感。

3.2 化学名称及结构

合成樟脑的化学名称为莰酮-2,系统命名为1,7,7-三甲基-双环-[2,2,1]-庚烷-2-酮。

化学结构式如图1所示。分子式 $C_{10}H_{16}O$。相对分子质量 152.2 g/mol。

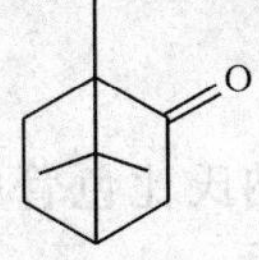

图 1 合成樟脑结构示意图

4 外观、性状及等级

4.1 外观

合成樟脑为白色粉末状结晶。

4.2 性状

4.2.1 具有芳香气味和清凉感。

4.2.2 合成樟脑和天然樟脑的区别在于旋光本领。合成樟脑通常为外消旋体,比旋光本领−1.5～+1.5。

4.3 等级

合成樟脑分为优级、1 级、2 级共计三个等级。

5 要求

各级合成樟脑的各项技术指标应符合表 1 的要求。

表 1 各级合成樟脑的指标要求

级别	外观	比旋光本领 $[\alpha]_D^{20}$	水分	熔点（毛细管法）/℃ ≥	含量[a]（化学法或 GC 法）/% ≥	不挥发物/% ≤	乙醇不溶物/% ≤	酸值[b]/% ≤	硫酸显色[b]（标准 I_2）/（mol/L） ≤
优	白色粉末状结晶	−1.5°～+1.5°	石油醚溶液清晰透明	174.0	96.0	0.05	0.01		0.001
1				170.0	95.0	0.05	0.01	0.01	—
2				165.0	94.0	0.10	0.015		—

a 化学法测定的是总酮含量，GC 法测定的是莰酮-2 的含量，报告时应注明方法。

b 酸值和硫酸显色不作为一般要求，仅在有特殊需求时使用。

6 试验方法

6.1 外观及性状的观测

采用肉眼直接观察和鼻子直接嗅闻的方法。

6.2 比旋光本领的测定

比旋光本领的测定方法遵照 GB/T 613 进行，其中溶剂使用无水乙醇（GB/T 678）。

6.3 水分的测定

6.3.1 试剂

石油醚（GB/T 15894），分析纯，沸程 40℃～50℃。

6.3.2 仪器

6.3.2.1 纳氏比色管，容量为 25 mL。

6.3.2.2 量筒，容量为 10 mL。

6.3.3 试液的制备

快速称取试样 1.00 g，准确至 0.01 g，于纳氏比色管中，加入 10 mL 石油醚，振荡使其溶解。

6.3.4 结果

按上述方法制得的石油醚溶液应为清晰透明。

6.4 熔点的测定

6.4.1 仪器

6.4.1.1 玻璃毛细管：内径 0.9 mm～1.1 mm，壁厚 0.1 mm～0.2 mm，长 85 mm～90 mm，一端封闭。

6.4.1.2 热浴：使用容量为 600 mL 的低型烧杯，以硅油为传热介质。

6.4.1.3 搅拌器：用磁力搅拌或其他能保证热浴内传热介质温度均匀的装置。

6.4.1.4 温度计：局部浸入式，浸没高度 80 mm，量程 150℃～190℃，分度 0.1℃，水银球直径 4.5 mm～6 mm，水银球高度 10 mm～15 mm，温度计杆直径 6 mm～7.5 mm，全长 330 mm±10 mm。

6.4.1.5 秒表。

6.4.1.6 调压变压器：1 kVA。

6.4.1.7 樟脑熔点测定装置：如图 2 所示。

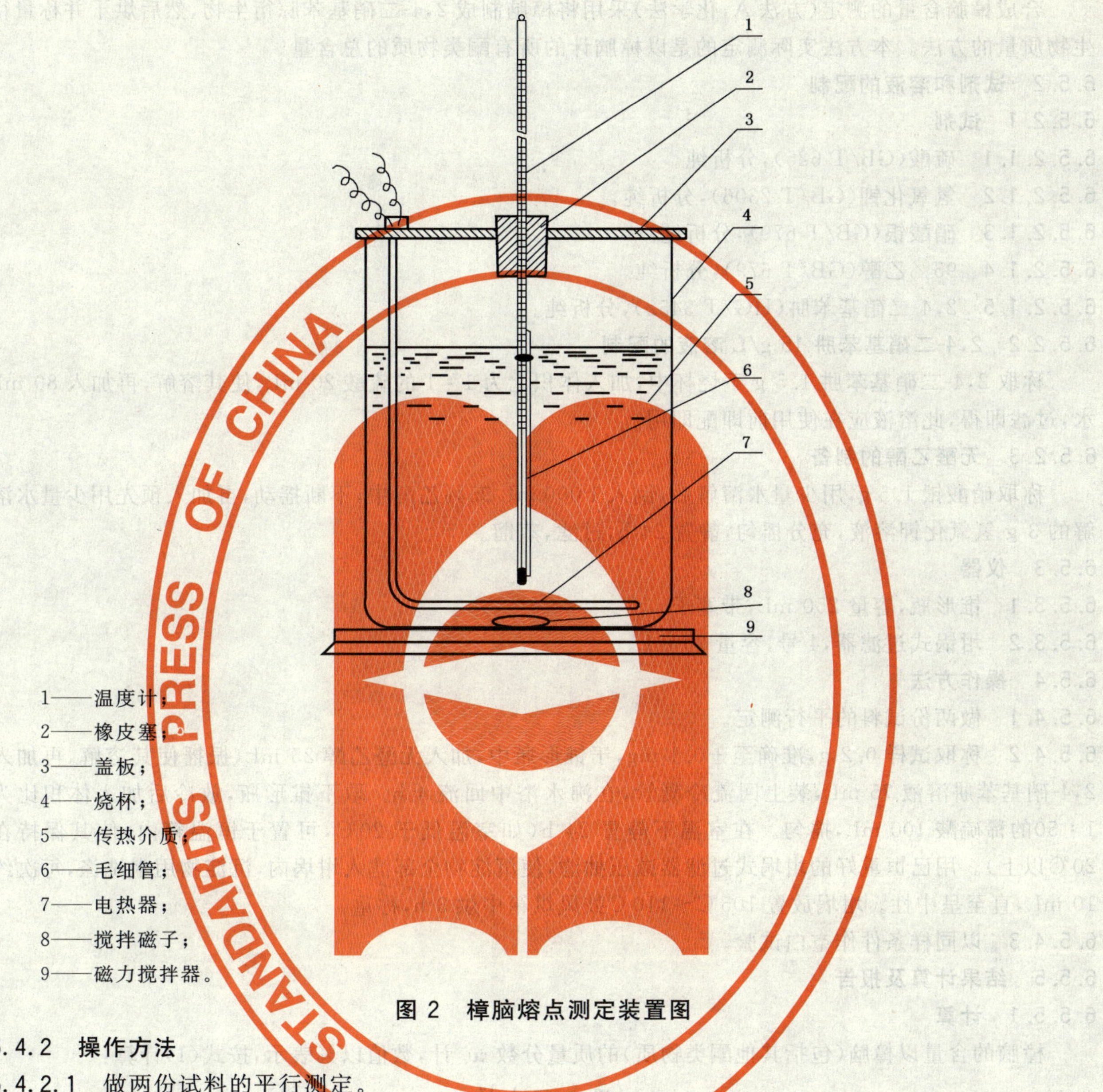

图 2 樟脑熔点测定装置图

6.4.2 操作方法

6.4.2.1 做两份试料的平行测定。

6.4.2.2 试样樟脑预先在干燥器内干燥 16 h 以上。将干燥后的试样装入清洁、干燥的毛细管中，取一高约 800 mm 的干燥玻璃管，直立于玻璃板或瓷板上，将装有试样的毛细管在玻璃管内投落 5 次～6 次，使试样紧密，装填高度为 3 mm～5 mm。

6.4.2.3 插入毛细管前，在不断搅拌下，加热烧杯中的硅油（201 型 100 号甲基硅油）。当温度升至低于试样熔点约 10℃时，调节升温速度为 3℃/min，使温度计水银球插至离烧杯底 20 mm 处，并使温度浸渍线处于热溶液面水平位置。然后移出温度计，把毛细管附着在温度计上，使毛细管的封闭端与水银球中点齐平。继续加热，当加热至低于所测熔点 3℃时，调节升温速度为 1℃/min～2℃/min，仔细观察毛细管，记录下管内试样完全融化时的温度，即为熔点。

6.4.3 结果报告

两次平行试验结果的绝对值相差应不大于 0.3℃，取算术平均值为最终结果，表示到小数点后一位。

6.5　樟脑(总酮)含量的测定(方法 A,化学法)

本方法为仲裁测定的方法。

6.5.1　原理

合成樟脑含量的测定(方法 A,化学法)采用将樟脑制成 2,4-二硝基苯腙衍生物,然后烘干并称量衍生物质量的方法。本方法实际测定的是以樟脑计的所有酮类物质的总含量。

6.5.2　试剂和溶液的配制

6.5.2.1　试剂

6.5.2.1.1　硫酸(GB/T 625),分析纯。

6.5.2.1.2　氢氧化钾(GB/T 2306),分析纯。

6.5.2.1.3　硝酸银(GB/T 670),分析纯。

6.5.2.1.4　95%乙醇(GB/T 679),分析纯。

6.5.2.1.5　2,4-二硝基苯肼(HG/T 3452),分析纯。

6.5.2.2　2,4-二硝基苯肼 15 g/L 溶液的配制

称取 2,4-二硝基苯肼 1.5 g 于烧杯中,加入体积比为 1∶1 的硫酸 20 mL,使其溶解,再加入 80 mL 水,过滤即得,此溶液应在使用前即配即用。

6.5.2.3　无醛乙醇的制备

称取硝酸银 1.5 g,用少量水溶解后,倒入 1 000 mL 95%乙醇中,不断摇动,再加入预先用少量水溶解的 3 g 氢氧化钾溶液,充分摇匀,静置 24 h,过滤,蒸馏。

6.5.3　仪器

6.5.3.1　锥形瓶,容量 250 mL,带塞子。

6.5.3.2　坩锅式过滤器,4 号,容量 30 mL。

6.5.4　操作方法

6.5.4.1　做两份试料的平行测定。

6.5.4.2　称取试样 0.2 g,准确至±0.1 mg,于锥形瓶中,加入无醛乙醇 25 mL,振摇使其溶解,再加入 2,4-硝基苯肼溶液 75 mL,装上回流冷凝管,在沸水浴中回流 4 h。取下锥形瓶,放冷后加入体积比为 1∶50的稀硫酸 100 mL,摇匀。在室温下静置 24 h(如室温低于 20℃,可置于恒温箱内,使其保持在 20℃以上)。用已恒重好的坩埚式过滤器减压抽滤,使沉淀物全部滤入坩埚内,沉淀物用水洗涤,每次约 10 mL,直至呈中性。坩埚放置 105℃～110℃鼓风烘箱中烘 3 h,称重。

6.5.4.3　以同样条件作空白试验。

6.5.5　结果计算及报告

6.5.5.1　计算

樟脑的含量以樟脑(包括其他酮类物质)的质量分数 w_c 计,数值以%表示,按式(1)计算:

$$w_c = \frac{(m_1 - m_2)\ M_1}{m\ M_2} \times 100 \qquad \cdots\cdots(1)$$

式中:

m_1——烘干后的试料的衍生物的质量,单位为克(g);

m_2——烘干后的空白试验之沉淀物的质量,单位为克(g);

m——试料的质量,单位为克(g);

M_1——樟脑的摩尔质量,单位为克每摩尔(g/mol)(M_1=152.23);

M_2——樟脑的 2,4-二硝基苯腙的摩尔质量,单位为克每摩尔(g/mol)(M_2=332.35)。

计算结果表示到小数点后 1 位。

6.5.5.2　结果报告

两次平行试验结果允许绝对相差不大于 0.6%,以算术平均值为结果,报告至小数点后 1 位。

6.6 **樟脑(莰酮-2)含量的测定(方法 B,气相色谱法)**

6.6.1 **原理**

合成樟脑含量的测定方法B采用毛细管气相色谱分析的方法。本方法基于所有能气化并经过气相色谱柱流出的物质为计算基础,以各峰的面积与所有流出物质的峰面积的总和之比值代表相应各峰的含量。合成樟脑中的主成分为莰酮-2,本方法可以直接测得莰酮-2的含量。

6.6.2 **仪器**

6.6.2.1 可安装毛细管柱的气相色谱仪。

6.6.2.2 色谱数据记录仪或计算机色谱工作站。

6.6.2.3 微量进样器,容量为 1 μL。

6.6.3 **测定条件**

6.6.3.1 石英毛细管色谱柱,SE-54,内径 0.25 mm~0.5 mm,膜厚 0.25 μm~0.5 μm,柱长 30 m。

6.6.3.2 载气为氮气,色谱分析用。

6.6.3.3 分流比(39~99):1

6.6.3.4 进样器温度 250℃。

6.6.3.5 柱温 120℃~140℃。

6.6.3.6 氢火焰离子化检测器(FID)。

6.6.3.7 检测器温度 220℃。

6.6.3.8 进样量 0.5 μL。

6.6.4 **操作方法**

6.6.4.1 **试液和参照液的配制**

6.6.4.1.1 **试液的配制**

称取 50 mg 试样,精确至 1 mg,用 5 mL 无水乙醇溶解,制成浓度为 10 mg/mL 的试液。

6.6.4.1.2 **参照液 A 的配制**

称取 50 mg 标准樟脑(纯度应不低于 99.5%),精确至 1 mg,用 5 mL 无水乙醇溶解,制成浓度为 10 mg/mL的参照液 A。

6.6.4.1.3 **参照液 B 的配制**

称取 50 mg 标准乙酸龙脑酯(纯度应不低于 99.5%),精确至 1 mg,用 5 mL 无水乙醇溶解,制成浓度为 10 mg/mL 的参照液 B。

6.6.4.2 **仪器分离性能试验**

取等量的参照液 A 和参照液 B 混合后进样,樟脑和乙酸龙脑酯的分离因子应不小于 1.5。

示例:图谱示例及分离因子的计算方法参见附录 B。

6.6.4.3 **进样分析**

6.6.4.3.1 用微量注射进样器将试液注入到气相色谱进样口中进行气相色谱分析。

示例:合成樟脑试样的色谱分析图谱示例参见附录 C。

6.6.4.3.2 做同一个试液的两次平行测定。

6.6.4.4 **结果计算及报告**

6.6.4.4.1 **计算**

樟脑(莰酮-2)的含量以合成樟脑中主成分莰酮-2 的峰面积占除溶剂峰以外所有色谱峰面积总和的面积分数 w_{GC} 计,数值以%表示,按式(2)计算:

$$w_{GC} = \frac{A_{C2}}{\Sigma A_i} \times 100 \qquad \cdots\cdots(2)$$

式中:

A_{C2}——樟脑(即莰酮-2)峰的峰面积,单位为微伏·秒(μV·s);

ΣA_i——除溶剂峰外各组成成分的峰的面积的总和,单位为微伏·秒($\mu V \cdot s$);

计算结果表示到小数点后1位。

6.6.4.4.2 **结果报告**

两次平行试验结果允许绝对相差不大于0.6%,以算术平均值为结果,报告至小数点后第一位。

6.7 不挥发物的测定

6.7.1 仪器

培养皿,直径60 mm,高15 mm。

6.7.2 操作方法

6.7.2.1 做两份试料的平行测定。

6.7.2.2 称取试样2.0 g,准确至0.2 mg,于已恒重的培养皿中,在沸水浴上升华。完全升华后,培养皿在105℃~110℃的鼓风烘箱中烘干3 h,称重。

6.7.3 结果计算及报告

6.7.3.1 **计算**

不挥发物含量以不挥发物的质量分数 w_n 计,数值以%表示,按式(3)计算:

$$w_{n} = \frac{(m_2 - m_1)}{m} \times 100 \quad \cdots\cdots(3)$$

式中:

m_1——培养皿的质量,单位为克(g);

m_2——培养皿和不挥发物的质量,单位为克(g);

m——试料的质量,单位为克(g)。

计算结果表示到小数点后2位。

6.7.3.2 **报告**

两次平行试验结果的绝对值相差应不大于0.02%,取算术平均值为最终结果,表示到小数点后2位。

6.8 乙醇不溶物的测定

6.8.1 仪器

6.8.1.1 烧杯,容量为250 mL。

6.8.1.2 坩埚式滤器,4号,容量为30 mL。

6.8.2 操作方法

6.8.2.1 做两份试料的平行测定。

6.8.2.2 称取试样25 g,准确至0.01 g于烧杯中,加乙醇50 mL,用玻璃棒仔细搅拌,待试样完全溶解后,用已恒重的坩埚式滤器抽滤乙醇溶液,用50 mL乙醇分5次洗涤烧杯,使烧杯中不溶物全部转入滤器内,将滤器放入105℃~110℃鼓风烘箱中3 h,称重。

6.8.3 结果计算及报告

6.8.3.1 **计算**

乙醇不溶物含量以乙醇不溶物的质量分数 w_E 计,数值以%表示,按式(4)计算:

$$w_{E} = \frac{(m_2 - m_1)}{m} \times 100 \quad \cdots\cdots(4)$$

式中:

m_1——过滤器的质量,单位为克(g);

m_2——过滤器和不溶物的质量,单位为克(g);

m——试料的质量,单位为克(g)。

计算结果表示到小数点后4位。

6.8.3.2 结果报告

两次平行试验结果的绝对值相差应不大于0.002%，取算术平均值为最终结果，表示到小数点后3位。

6.9 酸值的测定

酸值的测定可根据用户需要进行，试验方法按照附录D的规定。

6.10 硫酸显色的测定

硫酸显色的测定可根据用户需要进行，试验方法按照附录E的规定。

7 检验规则

7.1 检验分类

产品检验分出厂检验和型式检验。

7.1.1 出厂检验

合成樟脑产品应按本标准规定的方法经工厂检验部门进行检验合格，并附有产品质量合格证方可出厂。出厂检验项目为：外观、颜色、水分、熔点、含量(注明方法)、不挥发物质、乙醇不溶物。

7.1.2 型式检验

型式检验包括第5章表1所列的全部检验项目。

下列情况之一时，应进行型式检验：

a) 当原辅材料及生产工艺发生较大变动时；

b) 长期停产恢复生产时；

c) 正常生产时，每月不少于一次；

d) 质量技术监督机构提出型式检验要求时。

7.2 级别的判定

各级合成樟脑检验结果如有一项指标不符合本标准要求时，应重新自两倍量包装单元中采样进行检验，重新检验的结果即使只有一项不符合本标准要求时，则判该级别的整批产品为该级别的不合格产品。

7.3 批次及批号

7.3.1 生产当日0时至24时从升华室收集的合成樟脑为一批次。

7.3.2 批号用“×××××××××”九位数字表示，前面六位数分别代表年、月、日，末尾三位数代表生产当日0时至24时收集的合成樟脑的流水编号（001～999）。

示例：批号050606001，表示这是2005年6月6日生产的第一箱合成樟脑。

7.4 抽样方法

7.4.1 每批产品检验时，抽样的样品数按GB/T 6678的规定。

7.4.2 取样时，从表层5 cm以下部位取样。每件中取出等量样品混合，按四分法取样200 g。分装在两个清洁干净的密封容器内，封口贴上标签。标签内容包括样品名称、编号、生产单位、批号与数量、样品质量、日期、采样者。一份作检验，另一份保存半年以备复验。

8 标志、包装、贮存和运输

8.1 标志

8.1.1 外包装上写明厂名、厂址、产品标准号、商标、牌号等级、批号、生产日期、净含量。

8.1.2 樟脑为易燃固体，应按GB 190的规定进行易燃物固体的标志。

注：危险化学品目录编号41536(2002版)，UN号2717。

8.1.3 供外贸出口的产品应按订货要求规定进行标志。

8.2 包装

8.2.1 合成樟脑采用的包装为内用塑料袋，外用纸板箱。

8.2.2 每箱净质量为 25 kg±0.05 kg,或者根据客户要求。

8.3 贮存

8.3.1 产品应密封并贮存在室内干燥阴凉的地方,贮存时自然质量允许损失值为每年 0.4%。

8.3.2 生产厂产品保证存放期限,从生产日起为两年。

8.4 运输

合成樟脑产品按易燃固体物质进行运输管理。

9 安全卫生

9.1 安全

合成樟脑为易燃固体,在氧化剂作用下有可能自燃。燃点 50℃,自燃点 375℃。生产设备必须严格密闭,厂房要注意通风。

9.2 火灾

合成樟脑引起火灾时应使用蒸气、二氧化碳或其他惰性气体覆盖,以泡沫和细水滴喷熄,不应使用密集水柱。

9.3 卫生

空气中樟脑蒸气含量超过 3 mg/m^3 时,会刺激人体神经系统。

附 录 A
（规范性附录）
合成樟脑的定性鉴定方法

A.1 化学衍生物熔点测定法

合成樟脑和2,4-二硝苯肼反应生成腙。其熔点为164℃～168℃。

A.2 比旋光本领判断法

比旋光本领的测定方法按照GB/T 613进行。其比旋光本领$[\alpha]_D^{20}$：$-1.5°$～$+1.5°$。

A.3 红外光谱法

合成樟脑的红外光谱按照GB/T 6040规定的方法进行测定。其红外光谱吸收峰应与标准樟脑（纯度应不低于99.5%）的红外光谱吸收峰一致。

A.4 气相色谱测定法

A.4.1 试液的配制

称取50 mg试样，精确至1 mg，用5 mL无水乙醇溶解，制成浓度为10 mg/mL的试液。

A.4.2 参照液A的配制

称取50 mg标准樟脑（纯度应不低于99.5%），精确至1 mg，用5 mL无水乙醇溶解，制成浓度为10 mg/mL的参照液A。

A.4.3 参照液B的配制

称取50 mg标准乙酸龙脑酯（纯度应不低于99.5%），精确至1 mg，用5 mL无水乙醇溶解，制成浓度为10 mg/mL的参照液B。

A.4.4 操作方法

在相同的气相色谱分析条件下，分别进行合成樟脑试液和参照液A的气相色谱分析，测定保留时间。试液中的主成分与参照液A中的主成分应具有相同的保留时间。

在相同的气相色谱分析条件下，将合成樟脑试液和参照液A等量混合后进行气相色谱分析，测定保留时间。在色谱图上，应只有1个主成分的峰被观测到。

气相色谱分析测定条件见6.6.3。

附　录　B
（资料性附录）
樟脑与乙酸龙脑酯的气相色谱分离试验

B.1　樟脑与乙酸龙脑酯的色谱分离试验

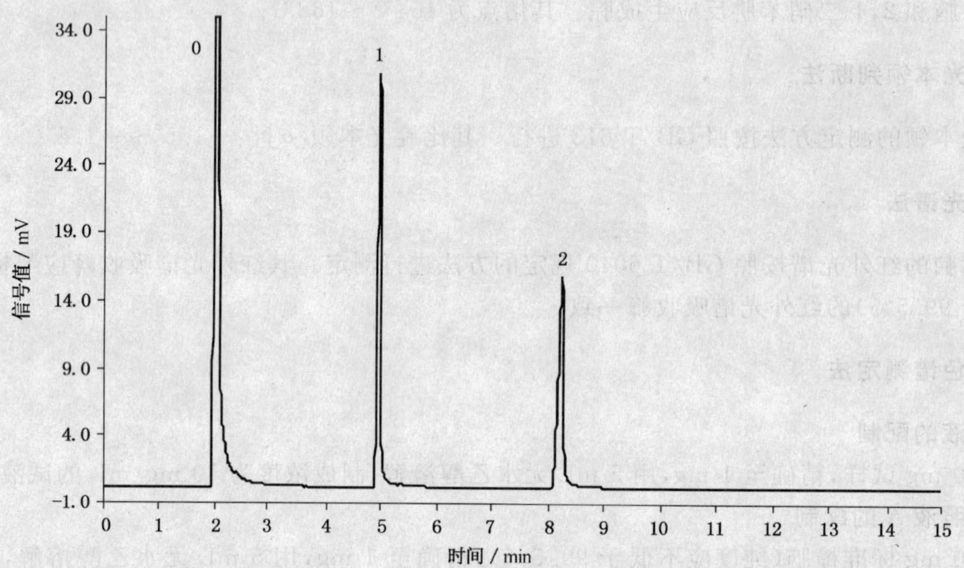

0——溶剂乙醇，1.967 min；

1——樟脑，4.967 min；

2——乙酸龙脑酯，8.242 min。

注：SE-54 柱，30 m×0.25 mm(ID)×0.25 μm，分流比 47∶1，柱温 130℃。

图 B.1　樟脑与乙酸龙脑酯的分离试验

B.2　分离因子的计算方法

樟脑与乙酸龙脑酯的气相色谱分离因子以乙酸龙脑酯的保留时间和樟脑(莰酮-2)的保留时间的比值 S_r 计，数值以实数表示，按式(B.1)计算：

$$S_r = \frac{t_2}{t_1} \qquad \cdots\cdots\cdots\cdots(B.1)$$

式中：

t_1——樟脑(即莰酮-2)峰的保留时间，单位为分(min)；

t_2——乙酸龙脑酯峰的保留时间，单位分(min)。

示例：

t_1=4.967 min；

t_2=8.242 min；

S_r=8.242÷4.967=1.66

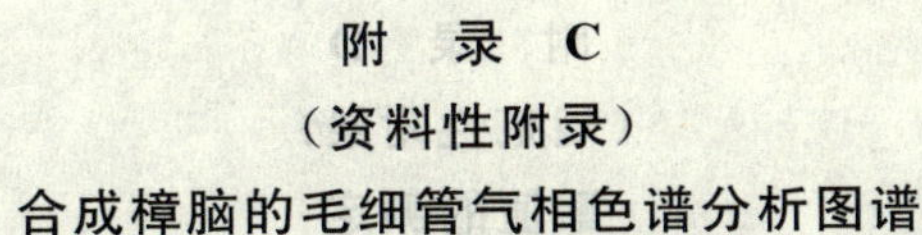

附 录 C
（资料性附录）
合成樟脑的毛细管气相色谱分析图谱

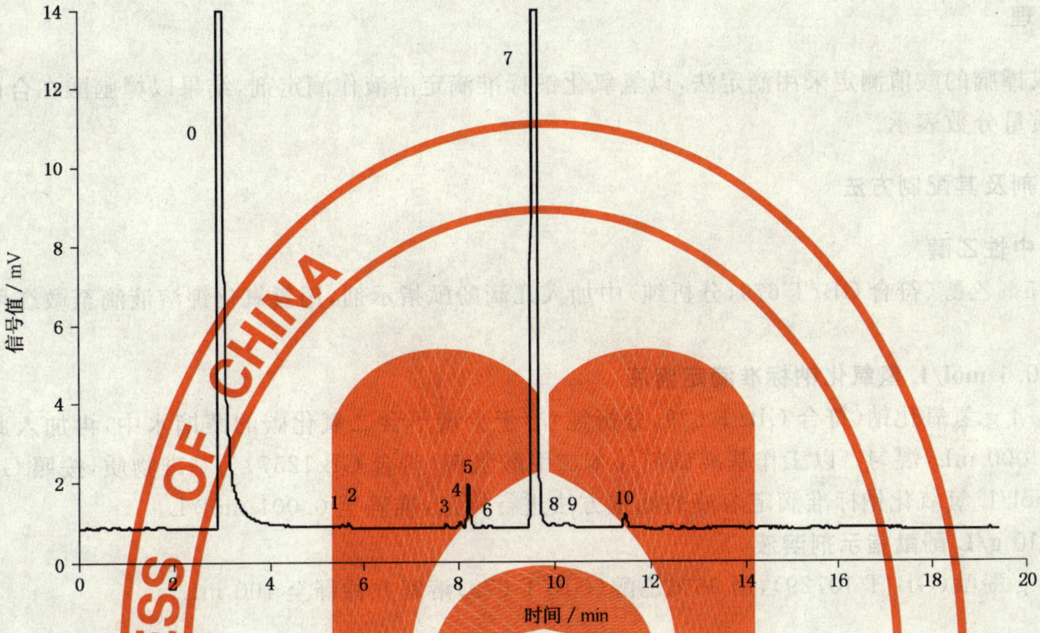

0——溶剂乙醇，2.942 min；
1——三环烯，5.525 min；
2——莰烯，5.658 min；
3——α-小茴香酮，7.733 min；
4——小茴香醇，8.017 min；
5——β-小茴香酮，8.183 min；
6——未定（酮类），8.625 min；
7——樟脑（莰酮-2），9.625 min；
8——异龙脑，9.95 min；
9——龙脑，10.225 min；
10——莰酮-3，11.467 min。

注：SE-54 柱，30 m×0.25 mm(ID)×0.5 μm，分流比 65∶1，柱温 135℃。

图 C.1 合成樟脑试样的毛细管气相色谱分析图谱示例

附　录　D
（规范性附录）
酸值的测定

D.1　原理

合成樟脑的酸值测定采用滴定法，以氢氧化钠标准滴定溶液作滴定剂，结果以樟脑酸在合成樟脑中所占的质量分数表示。

D.2　试剂及其配制方法

D.2.1　中性乙醇

在95%乙醇（符合GB/T 679，分析纯）中加入几滴酚酞指示剂，用氢氧化钾溶液滴至微红色30 s不褪为止。

D.2.2　0.1 mol/L 氢氧化钠标准滴定溶液

将4.4 g氢氧化钠（符合GB/T 629，分析纯）溶于少量不含二氧化碳的蒸馏水中，再加入此蒸馏水稀释至1 000 mL，混匀。以工作基准试剂邻苯二甲酸氢钾（符合GB 1257）为基准物质，按照GB/T 601中0.5 mol/L氢氧化钠标准滴定溶液的标定方法进行标定，准确至0.001 mol/L。

D.2.3　10 g/L 酚酞指示剂溶液

取1 g酚酞（GB/T 10729），用95%乙醇（GB/T 679）溶解并稀释至100 mL。

D.3　仪器

D.3.1　微量滴定管，容量为0～2 mL，分度值为0.01 mL。

D.3.2　带塞锥形瓶，容量为250 mL。

D.3.3　量筒，容量为100 mL。

D.4　试验步骤

D.4.1　做两份试料的平行测定。

D.4.2　称取试样10 g，准确至±0.01 g，放入锥形瓶中，用95%乙醇100 mL溶解后，加入2滴～3滴酚酞指示剂，用0.1 mol/L氢氧化钠标准溶液滴定，滴至微红色，30 s内不褪色为止。

D.4.3　同样做空白试验。

D.5　结果计算及报告

D.5.1　计算

合成樟脑的酸值以樟脑酸在樟脑中的质量分数 w_a 计，数值以%表示，按式（D.1）计算：

$$w_a = \frac{(V - V_0)\ cM}{1\ 000\ m} \times 100 \qquad \cdots\cdots (D.1)$$

式中：

V ——滴定试料所消耗的氢氧化钠标准滴定溶液的体积，单位为毫升（mL）；

V_0——空白试验所消耗的氢氧化钠标准滴定溶液的体积，单位为毫升（mL）；

c ——氢氧化钠标准滴定溶液的浓度，单位为摩尔每升（mol/L）；

m ——试料的质量，单位为克（g）；

M ——樟脑酸的相对摩尔质量，单位为克每摩尔（g/mol）（M =200.2）。

计算结果表示到小数点后 2 位。

D.5.2 报告

两次平行试验允许绝对值相差 0.005(%)，取算术平均值为最终结果，表示到小数点后 2 位。

附 录 E
（规范性附录）
硫酸显色的测定

E.1 原理

合成樟脑中可能存在微量的莰烯以及异龙脑等杂质成分，在浓硫酸的作用下会被硫酸氧化或脱水、炭化，从而产生颜色。

E.2 试剂

E.2.1 硫酸(GB/T 625)，分析纯。

E.2.2 碘(GB/T 675)，分析纯。

E.2.3 碘化钾(GB/T 1272)，分析纯。

E.3 仪器

E.3.1 烧杯，容量为 50 mL。

E.3.2 纳氏比色管，容量为 10 mL。

E.3.3 酸式滴定管，容量范围为 0～10 mL。

E.4 标准碘比色液的配制

E.4.1 称取碘 12.691 g，准确至 0.001 g，于 50 mL 烧杯中，再于另一个 50 mL 烧杯中称入碘化钾 20 g，用 25 mL 蒸馏水溶解，将碘化钾溶液注入碘中，待碘全部溶解后，小心地全部转入 100 mL 容量瓶中，加水稀释至刻度线，即得 0.05 mol/L 标准碘溶液。将标准碘溶液移至暗处。

E.4.2 将 0.05 mol/L 标准碘溶液稀释配成 0.001 25 mol/L、0.001 mol/L、0.000 83 mol/L 的标准碘比色液，各浓度比色液应在比色时即配即用。

E.5 操作方法

称取试样 1.00 g，准确至 0.01 g，于 10 mL 比色管中，用滴定管滴加 5 mL 硫酸到比色管内，滴入时应不断摇动比色管，滴加速度控制在 55 s～75 s 内均匀滴完。滴毕后仍需摇动比色管至试样全部溶解，待气泡消失后，立即与标准碘比色液的比色管一起置于白纸上，沿管轴线方向目视比色。

E.6 结果及报告

合成樟脑的硫酸显色以试液的颜色与标准碘(I_2)溶液的颜色进行对比，以不深于标准碘溶液浓度表示，单位为摩尔每升(mol/L)。

ICS 77.120.10
H 12

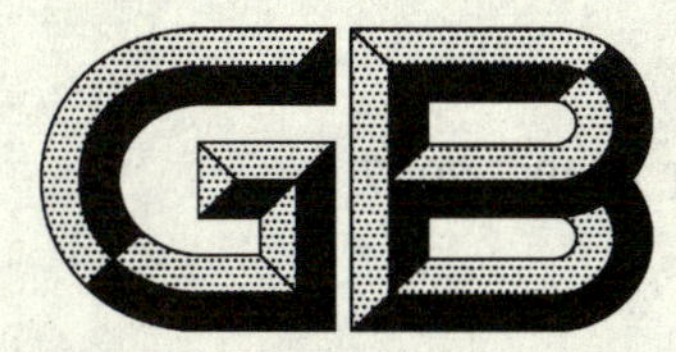

中华人民共和国国家标准

GB/T 4949—2007
代替 GB/T 4949—1985

铝-锌-铟系合金牺牲阳极化学分析方法

Chemical analysis methods for sacrificial anodes of Al-Zn-In system alloy

2007-02-09 发布　　2007-08-01 实施

中华人民共和国国家质量监督检验检疫总局
中国国家标准化管理委员会　发布

前　言

本标准是代替 GB/T 4949—1985（铝-锌-铟系合金牺牲阳极化学分析方法）。本标准与 GB/T 4949—1985 相比，主要变化如下：

——将每个元素的测定次数修改为独立测定两次，取其平均值；

——增加了对重要仪器的性能要求；

——修改了试剂和溶液的名称、单位的表示方法，元素含量的表示方法；

——将原子吸收光度法改为原子吸收光谱法；

——将火焰原子吸收光谱法测定铁量中试样溶液定容的体积由 100 mL 改为 500 mL；

——将 EDTA 滴定法测定 Zn 的测定范围上限扩展到 8%；

——将 EDTA 滴定法中标定 EDTA 溶液对锌的滴定度改为标定 EDTA 标准滴定溶液的实际浓度；

——增加了 Ti 的测定方法，测定范围为 0.005%～0.1%。

本标准由中国船舶重工集团公司提出。

本标准由全国海洋船标准化技术委员会船用材料应用工艺分技术委员会归口。

本标准起草单位：中国船舶重工集团公司第七二五研究所。

本标准主要起草人：王红锋、蔺存国、仝晓红、高霞。

本标准所代替的历次版本发布情况为：

——GB/T 4949—1985。

铝-锌-铟系合金牺牲阳极化学分析方法

1 范围

本标准规定了铝-锌-铟系合金牺牲阳极中锌、镁、镉、铟、锡、铅、硅、铁、铜、钛含量的测定方法。

本标准适用于铝-锌-铟系合金牺牲阳极中锌、镁、镉、铟、锡、铅、硅、铁、铜、钛的测定。测定范围见表1。

表1 测定范围

元素	锌	镁	镉	铟	锡	铅	硅	铁	铜	钛
测定范围 %	方法一：1.00～8.00	0.500～4.00	0.005～0.030	0.010～0.050	0.010～0.050	0.001～0.010	0.020～0.200	0.020～0.200	0.001～0.020	0.005～0.100
	方法二、三：1.00～5.00									

2 规范性引用文件

下列文件中的条款通过本标准的引用而成为本标准的条款。凡是注日期的引用文件，其随后所有的修改单（不包括勘误的内容）或修订版均不适用于本标准，然而，鼓励根据本标准达成协议的各方研究是否可使用这些文件的最新版本。凡是不注日期的引用文件，其最新版本适用于本标准。

GB/T 4948　铝-锌-铟系合金牺牲阳极

3 总则

3.1　当某元素有两个以上测定方法时，方法一适用于仲裁分析。

3.2　除非另有说明，在分析中仅使用确认为分析纯的试剂和蒸馏水或去离子水或相当纯度的水。

3.3　按照 GB/T 4948 的规定钻取或刨取试样，试样的厚度不宜大于 1 mm。

3.4　每个元素测定时，应做两份试料的平行测定。

4 锌量的测定

4.1 方法一　EDTA 滴定法

4.1.1 原理

试料经盐酸和过氧化氢溶解后，在盐酸介质中，锌（Ⅱ）与硫氰酸盐络合后被4-甲基-戊酮-2所定量萃取，用六次甲基四胺缓冲溶液返萃取使锌（Ⅱ）进入水相，用 EDTA 标准滴定溶液滴定锌。

4.1.2 试剂

4.1.2.1　盐酸（ρ1.19 g/mL）。

4.1.2.2　过氧化氢（ρ1.11 g/mL）。

4.1.2.3　4-甲基-戊酮-2。

4.1.2.4　盐酸（1+1）。

4.1.2.5　硫脲溶液（20 g/L）。

4.1.2.6　硫氰酸铵溶液（500 g/L）。

4.1.2.7　氟化铵溶液（50g /L），贮于塑料瓶中。

4.1.2.8　洗液：取 50 mL 硫氰酸铵溶液（4.1.2.6），加入 10 mL 盐酸（4.1.2.1），用水稀释至 500 mL，

混匀。

4.1.2.9 缓冲溶液(pH5.8):称取100 g六次甲基四胺,溶于水后移入500 mL容量瓶中,加入20 mL盐酸(4.1.2.1),用水稀释至刻度,混匀。

4.1.2.10 乙二胺四乙酸二钠(EDTA)标准滴定溶液。

4.1.2.10.1 制备:称取3.72 g EDTA,溶解于水中,移入1 000 mL容量瓶中,用水稀释至刻度,混匀。

4.1.2.10.2 标定:移取15.00 mL锌标准溶液(4.1.2.11)于250 mL锥形瓶中,加入约30 mL水及20 mL缓冲溶液(4.1.2.9),以下按4.1.3.2.6操作。

4.1.2.10.3 按式(1)计算EDTA标准滴定溶液的实际浓度:

$$c = \frac{c_0 \times V_1}{V_2} \qquad \cdots\cdots\cdots\cdots(1)$$

式中:

c ——EDTA标准滴定溶液的实际浓度,单位为摩尔每升(mol/L);

c_0——锌标准溶液的浓度,单位为摩尔每升(mol/L);

V_1——移取锌标准溶液的体积,单位为毫升(mL);

V_2——滴定锌标准溶液所消耗的EDTA标准滴定溶液的体积,单位为毫升(mL)。

4.1.2.11 锌标准溶液(0.015 mol/L):称取0.490 3 g纯锌(纯度不低于99.99%)于200 mL烧杯中,加入20 mL盐酸(4.1.2.1),加热溶解完全后,冷却至室温,移入500 mL容量瓶中,用水稀释至刻度,混匀。

4.1.2.12 二甲酚橙溶液(2 g/L)。

4.1.3 分析步骤

4.1.3.1 试料

称取1 g试样,精确至0.1 mg。

4.1.3.2 测定

4.1.3.2.1 将试料(4.1.3.1)置于200 mL锥形瓶中,缓缓加入20 mL盐酸(4.1.2.4),待反应缓慢时,加热,滴加约1 mL过氧化氢(4.1.2.2),加热溶解完全后,煮沸使过量的过氧化氢分解。冷却至室温,移入100 mL容量瓶中,用水稀释至刻度,混匀。

4.1.3.2.2 移取20.00 mL试液(4.1.3.2.1)于250 mL分液漏斗中,依次加入5 mL硫脲溶液(4.1.2.5)、50 mL水、10 mL硫氰酸铵溶液(4.1.2.6),摇匀,加入20 mL 4-甲基-戊酮-2(4.1.2.3),振摇2 min,静置分层后,弃去水相。

4.1.3.2.3 于有机相中加入15 mL洗液(4.1.2.8)及5 mL氟化铵溶液(4.1.2.7),振摇1 min,静置分层后,弃去水相。重复一次。

4.1.3.2.4 于有机相中加入20 mL缓冲溶液(4.1.2.9)及50 mL水,振摇1 min,静置分层后,将水相放入250 mL锥形瓶中。

4.1.3.2.5 于有机相中加入15 mL缓冲溶液(4.1.2.9)及20 mL水,振摇1 min,静置分层后,水相并入250 mL锥形瓶中。重复一次。

4.1.3.2.6 于锥形瓶溶液中(4.1.3.2.5)加入1~2滴二甲酚橙溶液(4.1.2.12),用EDTA标准滴定溶液(4.1.2.10)滴定至试液颜色由紫红色转为纯黄色为终点。记下消耗EDTA标准滴定溶液的体积。

4.1.3.3 分析结果计算

按式(2)计算锌的质量分数$w(\mathrm{Zn})$,数值以%表示:

$$w(\mathrm{Zn}) = \frac{c \times V \times 65.39}{m_0 \times \frac{V_1}{V_0} \times 1\,000} \times 100 \qquad \cdots\cdots\cdots\cdots(2)$$

式中:

c ——EDTA标准滴定溶液的实际浓度,单位为摩尔每升(mol/L);

V——滴定时所消耗的 EDTA 标准滴定溶液的体积，单位为毫升(mL)；

V_1——移取试液的体积，单位为毫升(mL)；

V_0——试液总体积，单位为毫升(mL)；

m_0——试料的质量，单位为克(g)；

65.39——锌的摩尔质量，单位为克每摩尔(g/mol)。

计算结果表示到小数点后两位。

4.2 方法二 方波极谱法

4.2.1 原理

试料经盐酸和过氧化氢溶解后，在氨性氯化铵溶液中，锌离子产生良好的还原波，大量的铝以柠檬酸盐络合，用方波极谱法测定锌含量。

4.2.2 试剂

4.2.2.1 氯化铵。

4.2.2.2 柠檬酸钠。

4.2.2.3 无水亚硫酸钠。

4.2.2.4 过氧化氢(ρ1.11 g/mL)。

4.2.2.5 氨水(ρ0.90 g/mL)。

4.2.2.6 盐酸(1+1)。

4.2.2.7 明胶溶液(1 g/L)。

4.2.2.8 锌标准溶液：称取 0.500 0 g 纯锌(纯度不低于 99.99%)于 200 mL 烧杯中，加 20 mL 盐酸(4.2.2.6)，加热溶解完全后，冷却至室温，移入 500 mL 容量瓶中，用水稀释至刻度，混匀。此溶液1 mL 含 1 mg 锌。

4.2.2.9 甲基红乙醇溶液(1 g/L)。

4.2.3 分析步骤

4.2.3.1 试料

称取 0.1 g 试样，精确至 0.1 mg。

4.2.3.2 测定

4.2.3.2.1 将试料(4.2.3.1)置于 150 mL 锥形瓶中，加入 10 mL 盐酸(4.2.2.6)，待反应缓慢时，加入几滴过氧化氢(4.2.2.4)，加热溶解完全后，煮沸使过量过氧化氢分解。冷却至室温，移入 100 mL 容量瓶中，加入 5 g 氯化铵(4.2.2.1)及 3 g 柠檬酸钠(4.2.2.2)，加 1 滴甲基红乙醇溶液(4.2.2.9)，用氨水(4.2.2.5)中和至红色消失并过量 5 mL，加 1 g 无水亚硫酸钠(4.2.2.3)及 1 mL 明胶溶液(4.2.2.7)，用水稀释至刻度，混匀。

4.2.3.2.2 取部分试液(4.2.3.2.1)于极谱电解杯中，以滴汞电极为阴极，甘汞电极为参比电极，在 −1.1 V～−1.7 V 之间，锌半波电位为 −1.33 V，选择适宜的仪器参数，记录锌的方波极谱图。

4.2.3.2.3 从 4.2.3.3 中的工作曲线上查出相应的锌量。

4.2.3.3 工作曲线的绘制

称取 0.1 g 与试样化学成分大致相近的铝合金标样(不含锌)6 份，分别置于 6 个 150 mL 锥形瓶中，依次加入 0.00 mL、1.00 mL、2.00 mL、3.00 mL、4.00 mL、5.00 mL 锌标准溶液(4.2.2.8)，以下按 4.2.3.2.1～4.2.3.2.2 操作。分别扣除不加锌标准溶液的试液的波高，以锌量为横坐标、波高为纵坐标，绘制工作曲线。

4.2.3.4 分析结果计算

按式(3)计算锌的质量分数 $w(\mathrm{Zn})$，数值以%表示：

$$w(\mathrm{Zn}) = \frac{m_1}{m_0 \times 1\,000} \times 100 \qquad \cdots\cdots(3)$$

式中：

m_1——从工作曲线上查得的锌量，单位为毫克(mg)；

m_0——试料的质量，单位为克(g)。

计算结果表示到小数点后两位。

4.3 方法三 火焰原子吸收光谱法

4.3.1 原理

试料经盐酸和过氧化氢溶解后，于原子吸收光谱仪波长 213.9 nm 处，用空气-乙炔贫燃性火焰进行锌量测定。

4.3.2 试剂

4.3.2.1 过氧化氢(ρ1.11 g/mL)。

4.3.2.2 盐酸(1+1)。

4.3.2.3 锌标准溶液：称取 0.500 0 g 纯锌(纯度不低于 99.99%)于 200 mL 烧杯中，加 20 mL 盐酸(4.3.2.2)，加热溶解完全后，冷却至室温，移入 500 mL 容量瓶中，用水稀释至刻度，混匀。此溶液 1 mL 含1 mg 锌。

4.3.3 仪器

4.3.3.1 原子吸收光谱仪，附锌空心阴极灯。仪器的工作条件参见仪器说明书。

4.3.3.2 仪器的检出限：火焰法测定铜的检出限应不大于 0.02 μg/mL。

仪器的精密度：火焰法测定铜的精密度应不大于 1.5%。

4.3.3.3 工作曲线特性：将工作曲线按浓度等分成 5 段，最高段的吸光度差值与最低段的吸光度差值之比，应不小于 0.7。

4.3.4 分析步骤

4.3.4.1 试料

称取 0.1 g 试样，精确至 0.1 mg。

4.3.4.2 空白试验

随同试料做空白试验。

4.3.4.3 测定

4.3.4.3.1 将试料(4.3.4.1)置于 150 mL 锥形瓶中，加入 10 mL 盐酸(4.3.2.2)，加热，待反应缓慢时，加入几滴过氧化氢(4.3.2.1)，加热溶解完全后，煮沸使过量的过氧化氢分解。冷却至室温，移入 100 mL 容量瓶中，用水稀释至刻度，混匀。

4.3.4.3.2 移取 10.00 mL 试液(4.3.4.3.1)于 100 mL 容量瓶中，用水稀释至刻度，混匀。

4.3.4.3.3 将试液(4.3.4.3.2)于原子吸收光谱仪波长 213.9 nm 处，用空气-乙炔贫燃性火焰，以水调节零点，测量试液的吸光度。

4.3.4.3.4 从 4.3.4.4 中的工作曲线上查出相应的锌量。

4.3.4.4 工作曲线的绘制

称取 0.1 g 铝合金标样(不含锌)6 份，分别置于 6 个 150 mL 锥形瓶中，依次加入 0.00 mL、1.00 mL、2.00 mL、3.00 mL、4.00 mL、5.00 mL 锌标准溶液(4.3.2.3)，以下按 4.3.4.3.1～4.3.4.3.3 操作。分别扣除不加锌标准溶液的试液的吸光度，以锌量为横坐标、吸光度为纵坐标，绘制工作曲线。

4.3.5 分析结果计算

按式(4)计算锌的质量分数 $w(\mathrm{Zn})$，数值以%表示：

$$w(\mathrm{Zn}) = \frac{m_1 - m_2}{m_0 \times 1\,000} \times 100 \qquad \cdots\cdots(4)$$

式中：

m_1——从工作曲线上查得的锌量，单位为毫克(mg)；

m_2——从工作曲线上查得的空白试验中的锌量，单位为毫克(mg)；

m_0——试料的质量，单位为克(g)。

计算结果表示到小数点后两位。

4.4 允许差

实验室之间分析结果的差值和两次平行测定结果的差值应不大于表2所列允许差。

表2 允许差

锌质量分数/%	允许差/%
1.00～2.00	0.04
>2.00～3.00	0.08
>3.00～5.00	0.12
>5.00～8.00	0.15

5 镁量的测定

5.1 方法一 火焰原子吸收光谱法

5.1.1 原理

试料用盐酸和过氧化氢溶解，于原子吸收光谱仪波长285.2 nm处，用空气-乙炔贫燃性火焰进行镁量测定。

5.1.2 试剂

5.1.2.1 盐酸(ρ1.19 g/mL)。

5.1.2.2 过氧化氢(ρ1.11 g/mL)。

5.1.2.3 盐酸(1+1)。

5.1.2.4 氯化锶溶液：称取76 g氯化锶($SrCl_2 \cdot 6H_2O$)溶于400 mL水中，用水稀释至500 mL，混匀。

5.1.2.5 镁标准溶液：称取0.500 0 g纯镁(纯度不低于99.99%)于250 mL烧杯中，加入约20 mL水，缓缓加入15 mL盐酸(5.1.2.3)溶解完全后，冷却至室温，移入1 000 mL容量瓶中，用水稀释至刻度，混匀。此溶液1 mL含0.5 mg镁。

5.1.3 仪器

5.1.3.1 原子吸收光谱仪，附镁空心阴极灯。仪器的工作条件参见仪器说明书。

5.1.3.2 仪器的检出限：火焰法测定铜的检出限应不大于0.02 μg/mL。

仪器的精密度：火焰法测定铜的精密度应不大于1.5%。

5.1.3.3 工作曲线特性：将工作曲线按浓度等分成5段，最高段的吸光度差值与最低段的吸光度差值之比，应不小于0.7。

5.1.4 分析步骤

5.1.4.1 试料

称取0.1 g试样，精确至0.1 mg。

5.1.4.2 空白试验

随同试料做空白试验。

5.1.4.3 测定

5.1.4.3.1 将试料(5.1.4.1)置于200 mL锥形瓶中，加入10 mL盐酸(5.1.2.3)，加热，待反应缓慢时加几滴过氧化氢(5.1.2.2)，加热溶解完全后，煮沸使过量的过氧化氢分解。冷却至室温，移入100 mL容量瓶中，用水稀释至刻度，混匀。

5.1.4.3.2 移取5.00 mL试液(5.1.4.3.1)于250 mL容量瓶中，加入5 mL氯化锶溶液(5.1.2.4)，用水稀释至刻度，混匀。

5.1.4.3.3 将试液(5.1.4.3.2)于原子吸收光谱仪波长 285.2 nm 处,用空气-乙炔贫燃性火焰,以水调节零点,测量试液的吸光度。

5.1.4.3.4 从 5.1.4.4 中的工作曲线上查出相应的镁量。

5.1.4.4 工作曲线的绘制

称取 0.1 g 与试样化学成分大致相近的铝合金标样(不含镁)7 份,分别置于 7 个 200 mL 锥形瓶中,依次加入 0.00 mL、1.00 mL、2.00 mL、4.00 mL、6.00 mL、8.00 mL、10.00 mL 镁标准溶液(5.1.2.5),以下按 5.1.4.3.1～5.1.4.3.3 操作。扣除不加镁标准溶液的试液的吸光度,以镁量为横坐标、吸光度为纵坐标,绘制工作曲线。

5.1.5 分析结果计算

按式(5)计算镁的质量分数 $w(\mathrm{Mg})$,数值以%表示:

$$w(\mathrm{Mg}) = \frac{m_1 - m_2}{m_0 \times 1\ 000} \times 100 \qquad \cdots\cdots(5)$$

式中:

m_1——从工作曲线上查得的镁量,单位为毫克(mg);

m_2——从工作曲线上查得的空白试验中的镁量,单位为毫克(mg);

m_0——试料的质量,单位为克(g)。

当镁的质量分数≤1.00%时,计算结果表示到小数点后 3 位;当镁的质量分数>1.00%时,计算结果表示到小数点后两位。

5.2 方法二 EDTA 滴定法

5.2.1 原理

试料用氢氧化钠溶解,使镁与锌及大量的铝分离。在 pH6～pH7 的酸度条件下用二乙基二硫代氨基甲酸钠(以下简称为 DDTC)沉淀分离铜、铁、锡等共存元素后即可进行 EDTA 滴定。

5.2.2 试剂

5.2.2.1 氢氧化钠(固体)。

5.2.2.2 无水碳酸钠(固体)。

5.2.2.3 氯化铵(固体)。

5.2.2.4 氯化钠(固体)。

5.2.2.5 DDTC(固体)。

5.2.2.6 盐酸(ρ1.19 g/mL)。

5.2.2.7 过氧化氢(ρ1.11 g/mL)。

5.2.2.8 氨水(ρ0.90 g/mL)。

5.2.2.9 盐酸(1+1)。

5.2.2.10 氨水(1+1)。

5.2.2.11 三乙醇胺(1+2)。

5.2.2.12 缓冲溶液(pH10):称取 67 g 氯化铵(5.2.2.3),溶于水中,加入 570 mL 氨水(5.2.2.8),用水稀释至 1 000 mL,混匀。

5.2.2.13 碳酸钠溶液(5 g/L)。

5.2.2.14 EDTA 标准滴定溶液。

5.2.2.14.1 制备:称取 3.72 g EDTA,溶解于水中,移入 1 000 mL 容量瓶中,用水稀释至刻度,混匀。

5.2.2.14.2 标定:移取 10.00 mL 镁标准溶液(5.2.2.15)于 250 mL 锥形瓶中,加水约 50 mL 及一小片刚果红试纸,用氨水(5.2.2.10)中和至试纸呈红色,加入 10 mL 缓冲溶液(5.2.2.12)及适量的铬黑 T 指示剂(5.2.2.16),摇匀。用 EDTA 标准滴定溶液(5.2.2.14.1)滴定至溶液颜色由紫红色转为纯蓝色为终点。

5.2.2.14.3　按式(6)计算 EDTA 标准滴定溶液的实际浓度：

$$c=\frac{c_0\times V_1}{V_2} \qquad \cdots\cdots(6)$$

式中：

c——EDTA 标准滴定溶液的实际浓度，单位为摩尔每升(mol/L)；

c_0——镁标准溶液的浓度，单位为摩尔每升(mol/L)；

V_1——移取镁标准溶液的体积，单位为毫升(mL)；

V_2——滴定镁标准溶液所消耗的 EDTA 标准滴定溶液的体积，单位为毫升(mL)。

5.2.2.15　镁标准溶液(0.02 mol/L)：称取 0.240 0 g 纯镁(纯度不低于 99.99%)于 250 mL 烧杯中，加入约 20 mL 水，缓缓加入 15 mL 盐酸(5.2.2.6)，溶解完全后，移入 500 mL 容量瓶中，用水稀释至刻度，混匀。

5.2.2.16　铬黑 T 指示剂(10 g/L)：称取 1 g 铬黑 T 和 99 g 干燥的氯化钠(5.2.2.4)于玛瑙(或玻璃)研钵中磨细，混匀后保存于棕色瓶中备用。

5.2.3　分析步骤

5.2.3.1　试料

称取 1 g 试样，精确至 0.1 mg。

5.2.3.2　测定

5.2.3.2.1　将试料(5.2.3.1)置于 400 mL 烧杯中，加 6 g 氢氧化钠(5.2.2.1)及 20 mL 水，待反应缓慢后，加热，滴加约 1 mL 过氧化氢(5.2.2.7)使试料溶解完全，加水约 150 mL 及 2 g 无水碳酸钠(5.2.2.2)，煮沸，稍放置后用致密滤纸过滤，用热碳酸钠溶液(5.2.2.13)洗涤 4 次～6 次，弃去滤液。

5.2.3.2.2　用温热的 10 mL 盐酸(5.2.2.9)及少量过氧化氢(5.2.2.7)从滤纸上将沉淀溶解于原烧杯中，用热水洗净滤纸。用氨水(5.2.2.10)将溶液中和至刚果红试纸呈红色，移入 200 mL 容量瓶中，加入 1 gDDTC(5.2.2.5)，充分摇动后用水稀释至刻度，混匀。放置 5 min～10 min，将溶液用中速定量滤纸干过滤于烧杯中。

5.2.3.2.3　移取 50.00 mL 过滤后的试液(5.2.3.2.2)于 250 mL 锥形瓶中，依次加入 50 mL 水、5 mL 三乙醇胺(5.2.2.11)、10 mL 缓冲溶液(5.2.2.12)及适量的铬黑 T 指示剂(5.2.2.16)，摇匀后用EDTA 标准滴定溶液(5.2.2.14)滴定至试液颜色由紫红色转为纯蓝色为终点。记下消耗 EDTA 标准滴定溶液的毫升数。

5.2.4　分析结果计算

按式(7)计算镁的质量分数 $w(\mathrm{Mg})$，数值以%表示：

$$w(\mathrm{Mg})=\frac{c\times V\times 24.305}{m_0\times\frac{V_1}{V_0}\times 1\,000}\times 100 \qquad \cdots\cdots(7)$$

式中：

c——EDTA 标准滴定溶液的实际浓度，单位为摩尔每升(mol/L)；

V——滴定时所消耗的 EDTA 标准滴定溶液的体积，单位为毫升(mL)；

V_1——移取试液的体积，单位为毫升(mL)；

V_0——试液总体积，单位为毫升(mL)；

m_0——试料的质量，单位为克(g)；

24.305——镁的摩尔质量，单位为克每摩尔(g/mol)。

当镁的质量分数≤1.00%时，计算结果表示到小数点后 3 位；当镁的质量分数>1.00%时，计算结果表示到小数点后两位。

5.3　允许差

实验室之间分析结果的差值和两次平行测定结果的差值应不大于表 3 所列允许差。

表 3 允许差

镁质量分数/%	允许差/%
0.500～1.00	0.020
>1.00～2.00	0.05
>2.00～4.00	0.10

6 镉量的测定

6.1 方法一 火焰原子吸收光谱法

6.1.1 原理

试料用盐酸和过氧化氢溶解，于原子吸收光谱仪波长 228.8 nm 处，用空气-乙炔贫燃性火焰进行镉量测定。

6.1.2 试剂

6.1.2.1 过氧化氢(ρ1.11 g/mL)。

6.1.2.2 盐酸(1+1)。

6.1.2.3 镉标准储存溶液：称取 0.500 0 g 纯镉(纯度不低于 99.99%)于 200 mL 烧杯中，加入 25 mL 盐酸(6.1.2.2)及几滴过氧化氢(6.1.2.1)，加热溶解完全后，煮沸使过量的过氧化氢分解。冷却至室温，移入 500 mL 容量瓶中，用水稀释至刻度，混匀。此溶液 1 mL 含 1 mg 镉。

6.1.2.4 镉标准溶液：移取 10.00 mL 镉标准储存溶液(6.1.2.3)于 200 mL 容量瓶中，用水稀释至刻度，混匀。此溶液 1 mL 含 0.05 mg 镉。

6.1.3 仪器

6.1.3.1 原子吸收光谱仪，附镉空心阴极灯。仪器的工作条件参见仪器说明书。

6.1.3.2 仪器的检出限：火焰法测定铜的检出限应不大于 0.02 μg/mL。

仪器的精密度：火焰法测定铜的精密度应不大于 1.5%。

6.1.3.3 工作曲线特性：将工作曲线按浓度等分成 5 段，最高段的吸光度差值与最低段的吸光度差值之比，应不小于 0.7。

6.1.4 分析步骤

6.1.4.1 试料

称取 0.5 g 试样，精确至 0.1 mg。

6.1.4.2 空白试验

随同试料做空白试验。

6.1.4.3 测定

6.1.4.3.1 将试料(6.1.4.1)置于 200 mL 烧杯中，加入 15 mL 盐酸(6.1.2.2)，加热，待作用缓慢时滴加几滴过氧化氢(6.1.2.1)，加热溶解完全后，煮沸使过量的过氧化氢分解。冷却至室温，移入 50 mL 容量瓶中，用水稀释至刻度，混匀。

6.1.4.3.2 将试液(6.1.4.3.1)于原子吸收光谱仪波长 228.8 nm 处，用空气-乙炔贫燃性火焰，以水调节零点，测量试液的吸光度。

6.1.4.3.3 从 6.1.4.4 中的工作曲线上查出相应的镉量。

6.1.4.4 工作曲线的绘制

称取 0.500 0 g 试样 6 份，分别置于 6 个 200 mL 烧杯中，依次加入 0.00 mL、0.50 mL、1.00 mL、1.50 mL、2.00 mL、3.00 mL 镉标准溶液(6.1.2.4)，以下按 6.1.4.3.1～6.1.4.3.2 操作。扣除不加镉标准溶液的试液的吸光度，以镉量为横坐标、吸光度为纵坐标，绘制工作曲线。

6.1.5 分析结果计算

按式(8)计算镉的质量分数 w(Cd),数值以%表示:

$$w(\mathrm{Cd})=\frac{m_1-m_2}{m_0\times 1\,000}\times 100 \qquad \cdots\cdots(8)$$

式中:

m_1——从工作曲线上查得的镉量,单位为毫克(mg);

m_2——从工作曲线上查得的空白试验中的镉量,单位为毫克(mg);

m_0——试料的质量,单位为克(g)。

当镉的质量分数≤0.010%时,计算结果表示到小数点后4位;当镉的质量分数>0.010%时,计算结果表示到小数点后3位。

6.2 方法二 方波极谱法

6.2.1 原理

试料经盐酸和过氧化氢溶解后,在5 mol/L氢溴酸介质中用乙酸丁酯萃取铟,使铟与镉分离,在2 mol/L盐酸底液中,镉有良好的还原波,用方波极谱法测定镉含量。

6.2.2 试剂

6.2.2.1 硫酸(ρ1.84 g/mL)。

6.2.2.2 过氧化氢(ρ1.11 g/mL)。

6.2.2.3 乙酸丁酯。

6.2.2.4 高氯酸(ρ1.54 g/mL)。

6.2.2.5 盐酸(1+1)。

6.2.2.6 氢溴酸(5+4)。

6.2.2.7 硫代硫酸钠溶液(20 g/L),使用时现配。

6.2.2.8 盐酸(1+5)。

6.2.2.9 镉标准储存溶液:称取0.500 0 g纯镉(纯度不低于99.99%)于200 mL烧杯中,加入25 mL盐酸(6.2.2.5)及几滴过氧化氢(6.2.2.2),加热溶解完全后,煮沸使过量的过氧化氢分解。冷却至室温,移入500 mL容量瓶中,用水稀释至刻度,混匀。此溶液1 mL含1 mg镉。

6.2.2.10 镉标准溶液:移取10.00 mL镉标准储存溶液(6.2.2.9)于200 mL容量瓶中,用水稀释至刻度,混匀。此溶液1 mL含0.05 mg镉。

6.2.3 分析步骤

6.2.3.1 试料

称取0.5 g试样,精确至0.1 mg。

6.2.3.2 空白试验

随同试料做空白试验。

6.2.3.3 测定

6.2.3.3.1 将试料(6.2.3.1)置于200 mL烧杯中,加入15 mL盐酸(6.2.2.5),加热,待反应缓慢时,加入几滴过氧化氢(6.2.2.2),使试料溶解完全后,低温加热蒸发至近干。加入5 mL氢溴酸(6.2.2.6),低温加热蒸发至近干(重复3次)。加入10 mL氢溴酸(6.2.2.6)溶解盐类,取下,稍冷后在不断搅拌下缓慢滴加硫代硫酸钠溶液(6.2.2.7)还原至溶液呈淡黄色。

6.2.3.3.2 将试液(6.2.3.3.1)移于125 mL分液漏斗中,用10 mL氢溴酸(6.2.2.6)分数次洗涤烧杯,洗液并入分液漏斗中。加入15 mL乙酸丁酯(6.2.2.3),振摇1 min~2 min,静置分层后将水相放入50 mL容量瓶中,有机相用氢溴酸(6.2.2.6)洗涤三次(每次3 mL~5 mL)。水相合并于50 mL容量瓶中,用水稀释至刻度,混匀。

6.2.3.3.3 移取10 mL试液(6.2.3.3.2)于100 mL烧杯中,低温加热蒸发至近干,稍冷后加5滴硫酸

(6.2.2.1)及2滴～3滴高氯酸(6.2.2.4)，加热至浓棕色泡沫出现，冷却，加入10 mL盐酸(6.2.2.8)溶解盐类后移入50 mL容量瓶中，用盐酸(6.2.2.8)洗杯壁几次，洗液并入容量瓶中并用盐酸(6.2.2.8)稀释至刻度，混匀。取部分此溶液于极谱电解杯中，通氮气除氧5 min，以滴汞电极为阴极，沾汞银片电极为阳极，在−0.4 V～−0.8 V之间，镉的峰电位为−0.66 V，选择适宜的仪器参数，记录镉的方波极谱图。

6.2.3.3.4　从6.2.3.4中的工作曲线上查出相应的镉量。

6.2.3.4　工作曲线的绘制

称取0.500 0 g试样6份，分别置于6个200 mL烧杯中，依次加入0.00 mL、0.50 mL、1.00 mL、1.50 mL、2.00 mL、3.00 mL镉标准溶液(6.2.2.10)，以下按6.2.3.3.1～6.2.3.3.3操作。扣除不加镉标准溶液的试液的波高，以镉量为横坐标、波高为纵坐标，绘制工作曲线。

6.2.4　分析结果计算

按式(9)计算镉的质量分数 $w(\mathrm{Cd})$，数值以%表示：

$$w(\mathrm{Cd})=\frac{m_1-m_2}{m_0\times 1\,000}\times 100 \qquad \cdots\cdots\cdots\cdots (9)$$

式中：

m_1——从工作曲线上查得的镉量，单位为毫克(mg)；

m_2——从工作曲线上查得的空白试验中的镉量，单位为毫克(mg)；

m_0——试料的质量，单位为克(g)。

计算结果表示到：镉的质量分数≤0.010%时，小数点后4位；镉的质量分数＞0.010%时，小数点后3位。

6.3　允许差

实验室之间分析结果的差值和两次平行测定结果的差值应不大于表4所列允许差。

表4　允许差

镉质量分数/%	允许差/%
0.005 0～0.010 0	0.000 8
＞0.010～0.030	0.001

7　铟量的测定

7.1　方法一　火焰原子吸收光谱法

7.1.1　原理

试料用盐酸和过氧化氢溶解，于原子吸收光谱仪波长303.9 nm处，用空气-乙炔贫燃性火焰进行铟量测定。

7.1.2　试剂

7.1.2.1　过氧化氢(ρ1.11 g/mL)。

7.1.2.2　盐酸(1+1)。

7.1.2.3　铟标准储存溶液：称取0.500 0 g纯铟(纯度不低于99.99%)于200 mL烧杯中，加入20 mL盐酸(7.1.2.2)及几滴过氧化氢(7.1.2.1)，加热溶解完全后，煮沸使过量的过氧化氢分解。冷却至室温，移入500 mL容量瓶中，加入100 mL盐酸(7.1.2.2)，用水稀释至刻度，混匀。此溶液1 mL含1 mg铟。

7.1.2.4　铟标准溶液：移取10.00 mL铟标准储存溶液(7.1.2.3)于100 mL容量瓶中，加入20 mL盐酸(7.1.2.2)，用水稀释至刻度，混匀。此溶液1 mL含0.1 mg铟。

7.1.3　仪器

7.1.3.1　原子吸收光谱仪，附铟空心阴极灯。仪器的工作条件参见仪器说明书。

7.1.3.2　仪器的检出限：火焰法测定铜的检出限应不大于 0.02 μg/mL。

仪器的精密度：火焰法测定铜的精密度应不大于 1.5%。

7.1.3.3　工作曲线特性：将工作曲线按浓度等分成 5 段，最高段的吸光度差值与最低段的吸光度差值之比，应不小于 0.7。

7.1.4　**分析步骤**

7.1.4.1　**试料**

称取 0.5 g 试样，精确至 0.1 mg。

7.1.4.2　**空白试验**

随同试料做空白试验。

7.1.4.3　**测定**

7.1.4.3.1　将试料(7.1.4.1)置于 200 mL 烧杯中，加入 15 mL 盐酸(7.1.2.2)，加热，待反应缓慢时，加入几滴过氧化氢(7.1.2.1)，使试料溶解完全后，煮沸使过量的过氧化氢分解。冷却至室温，移入 50 mL容量瓶中，用水稀释至刻度，混匀。

7.1.4.3.2　将试液(7.1.4.3.1)于原子吸收光谱仪波长 303.9 nm 处，用空气-乙炔贫燃性火焰，以水调节零点，测量试液的吸光度。

7.1.4.3.3　从 7.1.4.4 中的工作曲线上查出相应的铟量。

7.1.4.4　**工作曲线的绘制**

称取 0.500 0 g 试样 6 份，分别置于 6 个 200 mL 烧杯中，依次加入 0.00 mL、0.50 mL、1.00 mL、1.50 mL、2.00 mL、2.50 mL 铟标准溶液(7.1.2.4)，以下按 7.1.4.3.1～7.1.4.3.2 操作。扣除不加铟标准溶液的试液的吸光度，以铟量为横坐标、吸光度为纵坐标，绘制工作曲线。

7.1.5　**分析结果计算**

按式(10)计算铟的质量分数 $w(\text{In})$，数值以%表示：

$$w(\text{In}) = \frac{m_1 - m_2}{m_0 \times 1\,000} \times 100 \qquad \cdots\cdots(10)$$

式中：

m_1——从工作曲线上查得的铟量，单位为毫克(mg)；

m_2——从工作曲线上查得的空白试验中的铟量，单位为毫克(mg)；

m_0——试料的质量，单位为克(g)。

计算结果表示到小数点后 3 位。

7.2　**方法二　方波极谱法**

7.2.1　**原理**

试料经盐酸和过氧化氢溶解后，在 3 mol/L 盐酸溶液中，铟离子产生良好的还原波，用方波极谱法测定铟含量。

7.2.2　**试剂**

7.2.2.1　过氧化氢(ρ1.11 g/mL)。

7.2.2.2　乙酸丁酯。

7.2.2.3　盐酸(1+1)。

7.2.2.4　氢溴酸(5+4)。

7.2.2.5　硫代硫酸钠溶液(20 g/L)，使用时现配。

7.2.2.6　盐酸(1+3)。

7.2.2.7　铟标准储存溶液：称取 0.500 0 g 纯铟(纯度不低于 99.99%)于 200 mL 烧杯中，加入 20 mL 盐酸(7.2.2.3)及几滴过氧化氢(7.2.2.1)，加热溶解完全后，煮沸使过量的过氧化氢分解。冷却至室温，移入 500 mL 容量瓶中，加入 100 mL 盐酸(7.2.2.3)，用水稀释至刻度，混匀。此溶液 1 mL 含 1 mg 铟。

7.2.2.8 铟标准溶液：移取 10.00 mL 铟标准储存溶液(7.2.2.7)于 100 mL 容量瓶中，加入 20 mL 盐酸(7.2.2.3)，用水稀释至刻度，混匀。此溶液 1 mL 含 0.1 mg 铟。

7.2.3 分析步骤

7.2.3.1 试料

称取 0.5 g 试样，精确至 0.1 mg。

7.2.3.2 空白试验

随同试料做空白试验。

7.2.3.3 测定

7.2.3.3.1 将试料(7.2.3.1)置于 200 mL 烧杯中，加入 15 mL 盐酸(7.2.2.3)，加热，待反应缓慢时，加入几滴过氧化氢(7.2.2.1)，使试料溶解完全后，低温加热蒸发至近干，冷却。

对于铝-锌-铟-镉合金牺牲阳极试样，以下按 7.2.3.3.2～7.2.3.3.6 操作；对于铝-锌-铟-硅合金牺牲阳极、铝-锌-铟-锡和铝-锌-铟-锡-镁合金牺牲阳极试样，以下按 7.2.3.3.6 操作。

7.2.3.3.2 加入 5 mL 氢溴酸(7.2.2.4)，低温加热蒸发至近干(重复 3 次)。加入 10 mL 氢溴酸(7.2.2.4)溶解盐类，取下，稍冷后在不断搅拌下缓慢滴加硫代硫酸钠溶液(7.2.2.5)还原至溶液呈淡黄色。

7.2.3.3.3 将试液(7.2.3.3.2)移于 125 mL 分液漏斗中，用 10 mL 氢溴酸(7.2.2.4)分数次洗涤烧杯，洗液并入分液漏斗中。加入 15 mL 乙酸丁酯(7.2.2.2)，振摇 1 min～2 min，静置分层后弃去水相，有机相用氢溴酸(7.2.2.4)洗涤 3 次(每次 3 mL～5 mL)，弃去水相。

7.2.3.3.4 返萃取两次，每次向有机相加入 2 滴过氧化氢(7.2.2.1)及 10 mL 盐酸(7.2.2.3)，振摇 1 min，静置分层后水相放入 50 mL 容量瓶中，用水稀释至刻度，混匀。

7.2.3.3.5 移取 10 mL 试液(7.2.3.3.4)于 100 mL 烧杯中，低温加热蒸发至 1 mL～2 mL，冷却。

7.2.3.3.6 加入 10 mL 盐酸(7.2.2.6)，溶解盐类，移入 50 mL 容量瓶中，用盐酸(7.2.2.6)洗杯壁几次，洗液并入容量瓶中并用盐酸(7.2.2.6)稀释至刻度，混匀。取部分此溶液于极谱电解杯中，通氮气除氧 5 min，以滴汞电极为阴极，沾汞银片电极为阳极，在 −0.4 V～−0.8 V 之间，铟的峰电位为 −0.59 V，选择适宜的仪器参数，记录铟的方波极谱图。

7.2.3.3.7 从 7.2.3.4 中的工作曲线上查出相应的铟量。

7.2.3.4 工作曲线的绘制

称取 0.500 0 g 试样 6 份，分别置于 6 个 200 mL 烧杯中，依次加入 0.00 mL、0.50 mL、1.00 mL、1.50 mL、2.00 mL、2.50 mL 铟标准溶液(7.2.2.8)，对于铝-锌-铟-镉合金牺牲阳极试样，以下按 7.2.3.3.1～7.2.3.3.6 操作；对于铝-锌-铟-硅合金牺牲阳极、铝-锌-铟-锡和铝-锌-铟-锡-镁合金牺牲阳极试样，以下按 7.2.3.3.1，7.2.3.3.6 操作。扣除不加铟标准溶液的试液的波高，以铟量为横坐标、波高为纵坐标，绘制工作曲线。

7.2.4 分析结果计算

按式(11)计算铟的质量分数 $w(\mathrm{In})$，数值以%表示：

$$w(\mathrm{In}) = \frac{m_1 - m_2}{m_0 \times 1\,000} \times 100 \qquad \cdots\cdots(11)$$

式中：

m_1——从工作曲线上查得的铟量，单位为毫克(mg)；

m_2——从工作曲线上查得的空白试验中的铟量，单位为毫克(mg)；

m_0——试料的质量，单位为克(g)。

计算结果表示到小数点后 3 位。

7.3 允许差

实验室之间分析结果的差值和两次平行测定结果的差值应不大于表 5 所列允许差。

表 5 允许差

铟质量分数/%	允许差/%
0.010～0.030	0.002
>0.030～0.050	0.004

8 锡量的测定

8.1 方法一 邻苯二酚紫-十六烷基三甲基溴化铵胶束增溶光度法

8.1.1 原理

试料经氢氧化钠和过氧化氢溶解后，在酒石酸存在下，用硝酸酸化，在硝酸介质中，锡(Ⅳ)与邻苯二酚紫(以下简称 PV)和十六烷基三甲基溴化铵(以下简称 CTMAB)形成三元络合物，于分光光度计 660 nm 波长处测定其吸光度。

8.1.2 试剂

8.1.2.1 盐酸(ρ1.19 g/mL)。

8.1.2.2 氢氧化钠(固体，优级纯)。

8.1.2.3 脲(固体)。

8.1.2.4 过氧化氢(ρ1.11 g/mL)。

8.1.2.5 硝酸(ρ1.40 g/mL)。

8.1.2.6 无水乙醇。

8.1.2.7 硝酸(1+1)。

8.1.2.8 硝酸(1+9)。

8.1.2.9 抗坏血酸溶液(10 g/L)，使用时配制。

8.1.2.10 PV 溶液(0.4 g/L)。

8.1.2.11 酒石酸溶液(50 g/L)。

8.1.2.12 CTMAB 溶液(1 g/L)：称取 0.10 g CTMAB 溶于 70 mL 无水乙醇(8.1.2.6)中，用水稀释至 100 mL，混匀。

8.1.2.13 PV-CTMAB 混合液：移取 100 mL PV 溶液(8.1.2.10)及 40 mL CTMAB 溶液(8.1.2.12)，混合后用水稀释至 200 mL，混匀。

8.1.2.14 锡标准储存溶液：称取 0.500 0 g 纯锡(纯度不低于 99.99%)于 200 mL 烧杯中，加入 50 mL 盐酸(8.1.2.1)，盖上表面皿，室温放置，溶解完全后移入 500 mL 容量瓶中，加入 100 mL 盐酸(8.1.2.1)，用水稀释至刻度，混匀。此溶液 1 mL 含 1mg 锡。

8.1.2.15 锡标准溶液：移取 5.00 mL 锡标准储存溶液(8.1.2.14)于 1 000 mL 容量瓶中，用酒石酸溶液(8.1.2.11)稀释至刻度，混匀。此溶液 1 mL 含 0.005 mg 锡。

8.1.3 分析步骤

8.1.3.1 试料

称取 0.1 g 试样，精确至 0.1 mg。

8.1.3.2 空白试验

随同试料做空白试验。

8.1.3.3 测定

8.1.3.3.1 将试料(8.1.3.1)置于 200 mL 烧杯中，加入 3 g 氢氧化钠(8.1.2.2)及 15 mL 水，待反应缓慢后，加热并加几滴过氧化氢(8.1.2.4)使试样完全溶解，冷却后加 30 mL 酒石酸溶液(8.1.2.11)，滴加硝酸(8.1.2.5)至恰呈酸性 (刚果红试纸由红变蓝)后，再加 10mL 硝酸(8.1.2.7)及少许脲(8.1.2.3)，移入 100 mL 容量瓶中，用水稀释至刻度，混匀。

8.1.3.3.2 移取 10.00 mL 试液(8.1.3.3.1)于 50 mL 容量瓶中,加入 1 mL 抗坏血酸溶液(8.1.2.9)及 30 mL 水。在沸水浴上加热 3 min～5 min,取下,加入 5.00 mL PV-CTMAB 混合液(8.1.2.13),摇匀,在流水中冷却至室温,用水稀释至刻度,混匀。

8.1.3.3.3 取部分溶液(8.1.3.3.2)于 5 cm 比色皿中,以随同试料做空白试验的溶液为参比液,于分光光度计波长 660 nm 处测量吸光度。从 8.1.3.4 中的工作曲线上查出相应的锡量。

8.1.3.4 工作曲线的绘制

8.1.3.4.1 于 8 个 50 mL 容量瓶中,依次加入 0.00 mL、1.00 mL、1.50 mL、2.00 mL、2.50 mL、3.00 mL、4.00 mL、5.00 mL 锡标准溶液(8.1.2.14)及 5.0 mL、4.0 mL、3.5 mL、3.0 mL、2.5 mL、2.0 mL、1.0 mL、0.0 mL 酒石酸溶液(8.1.2.11),各加入 5 mL 硝酸(8.1.2.8)及 1 mL 抗坏血酸溶液(8.1.2.9),加水约 35 mL,在水浴上加热 3 min～5 min,取下,加入 5.00 mL PV-CTMAB 混合液(8.1.2.13),摇匀,在流水中冷却至室温,用水稀释至刻度,混匀。

8.1.3.4.2 用 5 cm 比色皿,以不加锡标准溶液的试液为参比液,于分光光度计波长 660 nm 处测量各溶液的吸光度。以锡量为横坐标,吸光度为纵坐标,绘制工作曲线。

8.1.4 分析结果计算

按式(12)计算锡的质量分数 $w(\mathrm{Sn})$,数值以%表示:

$$w(\mathrm{Sn})=\frac{m_1}{m_0\times\frac{V_1}{V_0}\times 1\,000}\times 100 \qquad \cdots\cdots(12)$$

式中:

m_1——从工作曲线上查得的锡量,单位为毫克(mg);

V_1——移取试液的体积,单位为毫升(mL);

V_0——试液总体积,单位为毫升(mL);

m_0——试料的质量,单位为克(g)。

当锡的质量分数≤0.030%时,计算结果表示到小数点后 4 位;当锡的质量分数>0.030%时,计算结果表示到小数点后 3 位。

8.2 方法二 方波极谱法

8.2.1 原理

试料经盐酸和过氧化氢溶解后,微量铅以硫酸铅状态和硫酸锶共沉淀与锡分离,在盐酸(0.5 mol/L)-氯化铵(4 mol/L)溶液中,锡离子产生良好的还原波,用方波极谱法测定锡含量。

8.2.2 试剂

8.2.2.1 盐酸(ρ1.19 g/mL)。

8.2.2.2 硫酸(ρ1.84 g/mL)。

8.2.2.3 过氧化氢(ρ1.11 g/mL)。

8.2.2.4 氯化铵(固体)。

8.2.2.5 盐酸(1+1)。

8.2.2.6 硫酸(1+100)。

8.2.2.7 氯化锶溶液(30 g/L):称取 6 g 氯化锶($SrCl_2\cdot 6H_2O$)溶于水中,稀释至 200 mL。

8.2.2.8 测锡底液:称取 215 g 氯化铵(8.2.2.4)溶解于 300 mL 水中,加入 85 mL 盐酸(8.2.2.1),用水稀释至 1 000 mL,混匀。

8.2.2.9 锡标准储存溶液:称取 0.500 0 g 纯锡(纯度不低于 99.99%)于 200 mL 烧杯中,加入 50 mL 盐酸(8.2.2.1),盖上表面皿,室温放置,溶解完全后移入 500 mL 容量瓶中,加入 100 mL 盐酸(8.2.2.1),用水稀释至刻度,混匀。此溶液 1 mL 含 1 mg 锡。

8.2.2.10 锡标准溶液:移取20.00 mL锡标准储存溶液(8.2.2.9)于200 mL容量瓶中,加入50 mL盐酸(8.2.2.1),用水稀释至刻度,混匀。此溶液1 mL含0.1 mg锡。

8.2.3 分析步骤

8.2.3.1 试料

称取1 g试样,精确至0.1 mg。

8.2.3.2 空白试验

随同试料做空白试验。

8.2.3.3 测定

8.2.3.3.1 将试料(8.2.3.1)置于300 mL烧杯中,缓缓加入20 mL盐酸(8.2.2.5),待反应缓慢后,加热,滴加约1 mL过氧化氢(8.2.2.3),使试样溶解完全,冷却,缓缓加入10 mL硫酸(8.2.2.2),加热冒硫酸白烟,冷却后沿杯壁缓缓加入约30 mL水,温热溶解盐类,加水至体积约70 mL,加热至沸,在不断搅拌下加入5 mL氯化锶溶液(8.2.2.7),煮沸2 min,低温加热30 min,冷却至室温。

8.2.3.3.2 用致密滤纸过滤于100 mL容量瓶中,用少量硫酸(8.2.2.6)洗杯壁及沉淀2次~3次,水洗2次~3次,用水稀释至刻度,混匀。

8.2.3.3.3 移取10 mL试液(8.2.3.3.2)于100 mL烧杯中,低温加热蒸发至近干,冷却,加入10 mL测锡底液(8.2.2.8)溶解盐类,移入50 mL容量瓶中,用此底液洗杯壁几次并稀释至刻度,混匀。

8.2.3.3.4 取部分试液(8.2.3.3.3)于极谱电解杯中,通氮气除氧5 min,以滴汞电极为阴极,沾汞银片电极为阳极,在−0.3 V~−0.75 V之间,锡的峰电位为−0.48 V,选择适宜的仪器参数,记录锡的方波极谱图。

8.2.3.3.5 从8.2.3.4中的工作曲线上查出相应的锡量。

8.2.3.4 工作曲线的绘制

称取1.000 0 g试样6份,分别置于6个300 mL烧杯中,依次加入0.00 mL、1.00 mL、2.00 mL、3.00 mL、4.00 mL、5.00 mL锡标准溶液(8.2.2.10),以下按8.2.3.3.1~8.2.3.3.4操作,扣除不加锡标准溶液的试液的波高,以锡量为横坐标、波高为纵坐标,绘制工作曲线。

8.2.4 分析结果计算

按式(13)计算锡的质量分数$w(\mathrm{Sn})$,数值以%表示:

$$w(\mathrm{Sn}) = \frac{m_1 - m_2}{m_0 \times 1\,000} \times 100 \qquad \cdots\cdots(13)$$

式中:

m_1——从工作曲线上查得的锡量,单位为毫克(mg);

m_2——从工作曲线上查得的空白试验中的锡量,单位为毫克(mg);

m_0——试料的质量,单位为克(g)。

当锡的质量分数≤0.030%时,计算结果表示到小数点后4位;当锡的质量分数>0.030%时,计算结果表示到小数点后3位。

8.3 允许差

实验室之间分析结果的差值和两次平行测定结果的差值应不大于表6所列允许差。

表6 允许差

锡质量分数/%	允许差/%
0.010 0~0.030 0	0.002 5
>0.030~0.050	0.005

9 铅量的测定

9.1 方法一 石墨炉原子吸收光谱法

9.1.1 原理

试料用硝酸溶解，于原子吸收光谱仪波长 283.3 nm 处，用石墨炉原子化器进行铅量测定。

9.1.2 试剂

9.1.2.1 硝酸(1+2)。

9.1.2.2 铅标准储存溶液：称取 0.500 0 g 纯铅(纯度不低于 99.99%)于 200 mL 烧杯中，加入 20 mL 硝酸(9.1.2.1)，加热溶解，煮沸驱除氮的氧化物，冷却后移入 1 000 mL 容量瓶中，用水稀释至刻度，混匀。此溶液 1 mL 含 0.5 mg 铅。

9.1.2.3 铅标准溶液：移取 10.00 mL 铅标准储存溶液(9.1.2.2)于 500 mL 容量瓶中，加入 5 mL 硝酸(9.1.2.1)，用水稀释至刻度，混匀。此溶液 1 mL 含 0.01 mg 铅。

9.1.3 仪器

9.1.3.1 原子吸收光谱仪(具有火焰及石墨炉原子化器)，附铅空心阴极灯。仪器的工作条件参见仪器说明书。

9.1.3.2 仪器的检出限：石墨炉法测定镉的检出限应不大于 4 pg。

仪器的精密度：石墨炉法测定镉的精密度应不大于 7%。

9.1.3.3 工作曲线特性：将工作曲线按浓度等分成 5 段，最高段的吸光度差值与最低段的吸光度差值之比，应不小于 0.7。

9.1.4 分析步骤

9.1.4.1 试料

称取 1 g 试样，精确至 0.1 mg。

9.1.4.2 空白试验

随同试料做空白试验。

9.1.4.3 测定

9.1.4.3.1 将试料(9.1.4.1)置于 200 mL 锥形瓶中，加入 20 mL 硝酸(9.1.2.1)，加热使试料溶解完全，冷却至室温，移入 50 mL 容量瓶中，用水稀释至刻度，混匀。

9.1.4.3.2 将试液(9.1.4.3.1)于原子吸收光谱仪波长 283.3 nm 处，用石墨炉原子化器，测量试液的吸光度。

9.1.4.3.3 从 9.1.4.4 中的工作曲线上查出相应的铅量。

9.1.4.4 工作曲线的绘制

称取 1.000 0 g 试样 7 份，分别置于 7 个 200 mL 锥形瓶中，依次加入 0.00 mL、1.00 mL、2.00 mL、4.00 mL、6.00 mL、8.00 mL、10.00 mL 铅标准溶液(9.1.2.3)，以下按 9.1.4.3.1～9.1.4.3.2 操作。扣除不加铅标准溶液的试液的吸光度，以铅量为横坐标、吸光度为纵坐标，绘制工作曲线。

9.1.5 分析结果计算

按式(14)计算铅的质量分数 $w(\mathrm{Pb})$，数值以%表示：

$$w(\mathrm{Pb}) = \frac{m_1 - m_2}{m_0 \times 1\,000} \times 100 \qquad \cdots\cdots\cdots\cdots(14)$$

式中：

m_1——从工作曲线上查得的铅量，单位为毫克(mg)；

m_2——从工作曲线上查得的空白试验中的铅量，单位为毫克(mg)；

m_0——试料的质量，单位为克(g)。

当铅的质量分数<0.010%时，计算结果表示到小数点后 4 位；当铅的质量分数=0.010%时，计算

结果表示到小数点后3位。

9.2 方法二 方波极谱法

9.2.1 原理

试料经盐酸和过氧化氢溶解后，在2 mol/L盐酸底液中，铅离子产生良好的还原波，用方波极谱法测定铅含量。

9.2.2 试剂

9.2.2.1 过氧化氢(ρ1.11 g/mL，优级纯)。

9.2.2.2 硫酸(ρ1.84 g/mL，优级纯)。

9.2.2.3 硝酸(1+2)。

9.2.2.4 盐酸(1+1)，以优级纯试剂配制。

9.2.2.5 氯化锶溶液(30 g/L)：称取6 g氯化锶($SrCl_2 \cdot 6H_2O$)溶于水中，稀释至200 mL。

9.2.2.6 硫酸(1+100)，以优级纯试剂配制。

9.2.2.7 盐酸(1+5)，以优级纯试剂配制。

9.2.2.8 碳酸钾溶液(100 g/L)。

9.2.2.9 碳酸钾溶液(10 g/L)。

9.2.2.10 盐酸羟胺溶液(10 g/L)，用时现配。

9.2.2.11 铅标准储存溶液：称取0.500 0 g纯铅(纯度不低于99.99%)于200 mL烧杯中，加入20 mL硝酸(9.2.2.3)，加热溶解，煮沸驱除氮的氧化物，冷却后移入1 000 mL容量瓶中，用水稀释至刻度，混匀。此溶液1 mL含0.5 mg铅。

9.2.2.12 铅标准溶液：移取10.00 mL铅标准储存溶液(9.2.2.11)于500 mL容量瓶中，加入5 mL硝酸(9.2.2.3)，用水稀释至刻度，混匀。此溶液1 mL含0.01 mg铅。

9.2.3 分析步骤

9.2.3.1 试料

称取1 g试样，精确至0.1 mg。

9.2.3.2 空白试验

随同试料做空白试验。

9.2.3.3 测定

9.2.3.3.1 将试料(9.2.3.1)置于250 mL烧杯中，缓缓加入20 mL盐酸(9.2.2.4)，待反应缓慢后，加热，滴加约1 mL过氧化氢(9.2.2.1)，使试样溶解完全。

对于不含锡的铝-锌-铟系合金牺牲阳极试样，以下按9.2.3.3.1.1操作：对于含锡的铝-锌-铟系合金牺牲阳极试样，以下按9.2.3.3.1.2～9.2.3.3.1.4操作。

9.2.3.3.1.1 低温加热蒸发至近干，稍冷后加入20 mL盐酸(9.2.2.7)溶解盐类，移入50 mL容量瓶中，用盐酸(9.2.2.7)洗杯壁几次，洗液并入容量瓶中。加入5 mL盐酸羟胺溶液(9.2.2.10)，用盐酸(9.2.2.7)稀释至刻度，混匀。

9.2.3.3.1.2 冷却，缓缓加入10 mL硫酸(9.2.2.2)，加热冒硫酸白烟，冷却后沿杯壁缓缓加入约30 mL水，温热溶解盐类，加水至体积约70 mL，加热至沸，在不断搅拌下加入5 mL氯化锶溶液(9.2.2.5)，煮沸2 min，低温加热30 min，冷却至室温。

9.2.3.3.1.3 用致密滤纸过滤沉淀，用少量硫酸(9.2.2.6)洗杯壁及沉淀2次～3次，水洗2次～3次，将沉淀仔细地用水冲入原烧杯中(展开滤纸冲)，充分洗净滤纸，加入25 mL碳酸钾溶液(9.2.2.8)，加热煮沸片刻，冷却，用致密滤纸过滤，用碳酸钾溶液(9.2.2.9)洗杯壁及沉淀数次，用带橡皮头的玻璃棒擦净杯壁上的沉淀，水洗2次～3次，弃去滤液。

9.2.3.3.1.4 用温热的25 mL盐酸(9.2.2.7)分5次溶解沉淀于50 mL容量瓶中，冷却后用盐酸(9.2.2.7)稀释至刻度，混匀。

9.2.3.3.2 取部分试液(9.2.3.3.1.1或9.2.3.3.1.4)于极谱电解杯中,通氮气除氧5 min,以滴汞电极为阴极,沾汞银片电极为阳极,在−0.35 V~−0.65 V之间,铅的峰电位为−0.46 V,选择适宜的仪器参数,记录铅的方波极谱图。

9.2.3.3.3 从9.2.3.4中的工作曲线上查出相应的铅量。

9.2.3.4 工作曲线的绘制

称取1.000 0 g试样7份,分别置于7个250 mL烧杯中,依次加入0.00 mL、1.00 mL、2.00 mL、4.00 mL、6.00 mL、8.00 mL、10.00 mL铅标准溶液(9.2.2.12),以下按9.2.3.3.1~9.2.3.3.2操作,扣除不加铅标准溶液的试液的波高,以铅量为横坐标、波高为纵坐标,绘制工作曲线。

9.2.4 分析结果计算

按式(15)计算铅的质量分数 $w(\text{Pb})$,数值以%表示:

$$w(\text{Pb}) = \frac{m_1 - m_2}{m_0 \times 1\,000} \times 100 \qquad \cdots\cdots(15)$$

式中:

m_1——从工作曲线上查得的铅量,单位为毫克(mg);

m_2——从工作曲线上查得的空白试验中的铅量,单位为毫克(mg);

m_0——试料的质量,单位为克(g)。

当铅的质量分数<0.010%时,计算结果表示到小数点后4位;当铅的质量分数=0.010%时,计算结果表示到小数点后3位。

9.3 允许差

实验室之间分析结果的差值和两次平行测定结果的差值应不大于表7所列允许差。

表7 允许差

铅质量分数/%	允许差/%
0.001 0~0.003 0	0.000 3
>0.003 0~0.005 0	0.000 5
>0.005 0~0.010	0.001

10 硅量的测定——草酸铵-硫酸亚铁铵硅钼蓝光度法

10.1 原理

试料经氢氧化钠、过氧化氢溶解,经硝酸酸化,在微酸性溶液中,硅与钼酸铵生成硅钼杂多酸,在草酸铵存在下,以硫酸亚铁铵还原成硅钼蓝,于分光光度计660 nm波长处测定其吸光度。

10.2 试剂

10.2.1 无水碳酸钠(高纯试剂)。

10.2.2 氢氧化钠(固体)。

10.2.3 脲(固体)。

10.2.4 硫酸(ρ1.84 g/mL)。

10.2.5 过氧化氢(ρ1.11 g/mL)。

10.2.6 硫酸(1+1)。

10.2.7 硝酸(1+1)。

10.2.8 钼酸铵溶液(50 g/L):称取5 g钼酸铵[$(NH_4)_6Mo_7O_{24} \cdot 4H_2O$]溶解于温水中,用致密滤纸过滤,用水稀释至100 mL,混匀,溶液贮于塑料瓶中。

10.2.9 草酸铵溶液(30 g/L):于700 mL水中缓缓加入250 mL硫酸(10.2.4),搅匀,加入30 g草酸铵,搅拌至草酸铵溶解。冷却至室温,用水稀释至1 000 mL,混匀。

10.2.10 硫酸亚铁铵溶液(60 g/L),使用时配制:称取 6 g 硫酸亚铁铵[$(NH_4)_2Fe(SO_4)_2 \cdot 6H_2O$]溶解于 80 mL 水中,加 6 滴硫酸(10.2.6)至溶液澄清透明,过滤,用水稀释至 100 mL,混匀。

10.2.11 硅标准储存溶液:称取 0.534 9 g 二氧化硅(特级纯),置于已盛有 4 g 无水碳酸钠(10.2.1)的铂坩埚中,上面再覆盖 1 g～2 g 无水碳酸钠(10.2.1),将铂坩埚置于马弗炉中逐渐升温至 950℃熔融至透明,继续加热熔融 3 min,取出冷却,用盛有温水的银质(或塑料)烧杯浸出熔块至完全溶解,用水冲净坩埚,冷却至室温,移入 500 mL 容量瓶中,用水稀释至刻度,混匀。溶液贮于塑料瓶中。此溶液 1 mL 含 0.5 mg 硅。

10.2.12 硅标准溶液:移取 20.00 mL 硅标准储存溶液(10.2.11)于 100 mL 容量瓶中,用水稀释至刻度,混匀。溶液贮于塑料瓶中。此溶液 1 mL 含 0.1 mg 硅。

10.3 分析步骤

10.3.1 试料

称取 0.5 g 试样,精确至 0.1 mg。

10.3.2 空白试验

随同试料做空白试验。

10.3.3 测定

10.3.3.1 将试料(10.3.1)置于 300 mL 银质(或聚四氟乙烯)烧杯中,加入 4 g 氢氧化钠(10.2.2)及 15 mL 水,待反应缓慢后,加热,加几滴过氧化氢(10.2.5),使试样完全溶解并蒸发至近糊状,使硅化物等氧化完全。冷却,用少量水冲洗杯壁,加热溶解烧杯底部和壁上的固体物,用水稀释至 30 mL～40 mL,稍冷,小心倾入已盛有 34 mL 热硝酸(10.2.7)的 300 mL 锥形瓶中,用温水冲洗银烧杯 2～3 次,滴加 1～2 滴硫酸(10.2.6)及少量水洗涤,洗液合并于锥形瓶中,加少许脲(10.2.3)使氮的氧化物分解。加热至刚沸腾取下,用流水冷却后,移入 200 mL 容量瓶中,用水稀释至刻度,混匀。

10.3.3.2 移取 10.00 mL 试液(10.3.3.1)于 50 mL 容量瓶中,加入 5 mL 钼酸铵溶液(10.2.8),在沸水中加热 30 s 后流水冷却(或室温中放置 30 min),加入 10 mL 草酸铵溶液(10.2.9),混匀,随即加 5 mL硫酸亚铁铵溶液(10.2.10),用水稀释至刻度,混匀,放置 5 min。

10.3.3.3 移取 10.00 mL 试液(10.3.3.1)于 50 mL 容量瓶中,加入 10 mL 草酸铵溶液(10.2.9)、5 mL 钼酸铵溶液(10.2.8)及 5 mL 硫酸亚铁铵溶液(10.2.10),用水稀释至刻度,混匀。

10.3.3.4 取部分溶液(10.3.3.2)于 2 cm 比色皿中,以溶液(10.3.3.3)为参比液,于分光光度计波长 660 nm 处测量吸光度。从 10.3.3 中的工作曲线上查出相应的硅量。

10.3.4 工作曲线的绘制

称取 0.5 g 纯铝(纯度不低于 99.99%)6 份,分别置于 6 个 300 mL 银质(或聚四氟乙烯)烧杯中,依次加入 0.00 mL、1.00 mL、3.00 mL、5.00、8.00、10.00 mL 硅标准溶液(10.2.12),以下按 10.3.3.1～10.3.3.2 操作。用 2 cm 比色皿,以不加硅标准溶液的试液为参比液,于分光光度计波长 660 nm 处测量各溶液的吸光度。以硅量为横坐标、吸光度为纵坐标,绘制工作曲线。

10.4 分析结果计算

按式(16)计算硅的质量分数 w(Si),数值以%表示:

$$w(\mathrm{Si}) = \frac{m_1 - m_2}{m_0 \times 1\,000} \times 100 \qquad \cdots\cdots(16)$$

式中:

m_1——从工作曲线上查得的硅量,单位为毫克(mg);

m_2——从工作曲线上查得的空白试验中的硅量,单位为毫克(mg);

m_0——试料的质量,单位为克(g)。

计算结果表示到小数点后 3 位。

10.5 允许差

实验室之间分析结果的差值和两次平行测定结果的差值应不大于表 8 所列允许差。

表 8 允许差

硅质量分数/%	允许差/%
0.020～0.050	0.005
>0.050～0.100	0.007
>0.100～0.200	0.015

11 铁量的测定

11.1 方法一 邻二氮杂菲分光光度法

11.1.1 原理

试料经盐酸和过氧化氢溶解后，用盐酸羟胺还原铁并掩蔽锌等元素，在 pH3.5～pH5 的缓冲溶液中，二价铁离子与邻二氮杂菲显色，于分光光度计 510 nm 波长处测定其吸光度。

11.1.2 试剂

11.1.2.1 过氧化氢(ρ1.11 g/mL)。

11.1.2.2 冰乙酸(ρ1.05 g/mL)。

11.1.2.3 无水乙醇。

11.1.2.4 盐酸(1+1)。

11.1.2.5 硝酸(1+1)。

11.1.2.6 盐酸羟胺溶液(100 g/L)，使用时配制。

11.1.2.7 缓冲溶液(pH4.6)：称取 272 g 乙酸钠($CH_3COONa \cdot 3H_2O$)，溶于 500 mL 水中，加入 240 mL冰乙酸(11.1.2.2)，过滤于 1 000 mL 容量瓶中，冷却至室温，用水稀释至刻度，混匀。

11.1.2.8 邻二氮杂菲溶液(2.5 g/L)：称取 1.25 g 邻二氮杂菲($C_{12}H_8N_2 \cdot H_2O$)溶于 10 mL 无水乙醇(11.1.2.3)中，用水稀释至 500 mL，混匀。

11.1.2.9 铁标准储存溶液；称取 0.100 0 g 纯铁(纯度不低于 99.99%)于 200 mL 烧杯中，加 10 mL 硝酸(11.1.2.5)溶解，加热驱除氮的氧化物，冷却至室温，移入 1 000 mL 容量瓶中，用水稀释至刻度，混匀。此溶液 1 mL 含 0.1 mg 铁。

11.1.2.10 铁标准溶液：移取 20.00 mL 铁标准储存溶液(11.1.2.9)于 200 mL 容量瓶中，用水稀释至刻度，混匀。此溶液 1 mL 含 0.01 mg 铁。

11.1.3 分析步骤

11.1.3.1 试料

称取 1 g 试样，精确至 0.1 mg。

11.1.3.2 空白试验

随同试料做空白试验。

11.1.3.3 测定

11.1.3.3.1 将试料(11.1.3.1)置于 250 mL 锥形瓶中，加入 20 mL 盐酸(11.1.2.4)，待反应缓慢时，滴加约 1 mL 过氧化氢(11.1.2.1)，加热溶解完全后，煮沸使过量的过氧化氢分解。冷却至室温，移入 100 mL 容量瓶中，用水稀释至刻度，混匀。

11.1.3.3.2 移取 5.00 mL 试液(11.1.3.3.1)两份，分别置于 50 mL 容量瓶中，加水至约 20 mL，一份作为显色液，一份作为底液空白，分别操作如下：

11.1.3.3.2.1 显色液：加入 2 mL 盐酸羟胺溶液(11.1.2.6)、5 mL 缓冲溶液(11.1.2.7)及 10 mL 邻二氮杂菲溶液(11.1.2.8)，用水稀释至刻度，混匀，放置 5 min。

11.1.3.3.2.2 底液空白：加入 2 mL 盐酸羟胺溶液(11.1.2.6)、5 mL 缓冲溶液(11.1.2.7)，用水稀释至刻度，混匀，放置 5 min。

11.1.3.3.3 取部分溶液(11.1.3.3.2.1)于1 cm比色皿中,以底液空白液(11.1.3.3.2.2)为参比液,于分光光度计波长510 nm处测量吸光度。从11.1.3.4中的工作曲线上查出相应的铁量。

11.1.3.4 工作曲线的绘制

于7个50 mL容量瓶中,依次加入0.00 mL、0.50 mL、1.00 mL、3.00 mL、5.00 mL、8.00 mL、10.00 mL铁标准溶液(11.1.2.10),用水稀释至约20 mL,以下按11.1.3.3.2.1操作。用1 cm比色皿,以不加铁标准溶液的试液为参比液,于分光光度计波长510 nm处测量各溶液的吸光度。以铁量为横坐标、吸光度为纵坐标,绘制工作曲线。

11.1.4 分析结果计算

按式(17)计算铁的质量分数 $w(\mathrm{Fe})$,数值以%表示:

$$w(\mathrm{Fe}) = \frac{(m_1 - m_2)}{m_0 \times \frac{V_1}{V_0} \times 1\,000} \times 100 \qquad \cdots\cdots(17)$$

式中:

m_1——从工作曲线上查得的铁量,单位为毫克(mg);

m_2——从工作曲线上查得的空白试验中的铁量,单位为毫克(mg);

V_1——移取试液的体积,单位为毫升(mL);

V_0——试液总体积,单位为毫升(mL);

m_0——试料的质量,单位为克(g)。

计算结果表示到小数点后3位。

11.2 方法二 火焰原子吸收光谱法

11.2.1 原理

试料用盐酸和过氧化氢溶解,于原子吸收光谱仪波长248.3 nm处,用空气-乙炔贫燃性火焰进行铁量测定。

11.2.2 试剂

11.2.2.1 过氧化氢(ρ1.11 g/mL)。

11.2.2.2 硝酸(1+1)。

11.2.2.3 盐酸(1+1)。

11.2.2.4 铁标准溶液:称取0.100 0 g纯铁(纯度不低于99.99%)于200 mL烧杯中,加10 mL硝酸(11.2.2.2)溶解,加热驱除氮的氧化物,冷却至室温,移入1 000 mL容量瓶中,用水稀释至刻度,混匀。此溶液1 mL含0.1 mg铁。

11.2.3 仪器

11.2.3.1 原子吸收光谱仪,附铁空心阴极灯。仪器的工作条件参见仪器说明书。

11.2.3.2 仪器的检出限:火焰法测定铜的检出限应不大于0.02 μg/mL。

仪器的精密度:火焰法测定铜的精密度应不大于1.5%。

11.2.3.3 工作曲线特性:将工作曲线按浓度等分成5段,最高段的吸光度差值与最低段的吸光度差值之比,应不小于0.7。

11.2.4 分析步骤

11.2.4.1 试料

称取1 g试样,精确至0.1 mg。

11.2.4.2 空白试验

随同试料做空白试验。

11.2.4.3 测定

11.2.4.3.1 将试料(11.2.4.1)置于300 mL锥形瓶中,缓缓加入20 mL盐酸(11.2.2.3),待反应缓慢

后，滴加约 1 mL 过氧化氢(11.2.2.1)，加热溶解完全后，煮沸使过量的过氧化氢分解。冷却至室温，移入 500 mL 容量瓶中，用水稀释至刻度，混匀。

11.2.4.3.2 将试液(11.2.4.3.1)于原子吸收光谱仪波长 248.3 nm 处，用空气-乙炔贫燃性火焰，以水调节零点，测量试液的吸光度。

11.2.4.3.3 从 11.2.4.4 中的工作曲线上查出相应的铁量。

11.2.4.4 工作曲线的绘制

称取 1 g 铝合金标样(不含铁)6 份，分别置于 6 个 300 mL 锥形瓶中，依次加入 0.00 mL、1.00 mL、5.00 mL、10.00 mL、15.00 mL、20.00 mL 铁标准溶液(11.2.2.4)，以下按 11.2.4.3.1～11.2.4.3.2 操作。扣除不加铁标准溶液的试液的吸光度，以铁量为横坐标、吸光度为纵坐标，绘制工作曲线。

11.2.5 分析结果计算

按式(18)计算铁的质量分数 $w(\mathrm{Fe})$，数值以%表示：

$$w(\mathrm{Fe}) = \frac{m_1 - m_2}{m_0 \times 1\,000} \times 100 \qquad \cdots\cdots(18)$$

式中：

m_1——从工作曲线上查得的铁量，单位为毫克(mg)；

m_2——从工作曲线上查得的空白试验中的铁量，单位为毫克(mg)；

m_0——试料的质量，单位为克(g)。

计算结果表示到小数点后 3 位。

11.3 允许差

实验室之间分析结果的差值和两次平行测定结果的差值应不大于表 9 所列允许差。

表 9 允许差

铁质量分数/%	允许差/%
0.020～0.050	0.002
>0.050～0.100	0.008
>0.100～0.200	0.015

12 铜量的测定

12.1 方法一 火焰原子吸收光谱法

12.1.1 原理

试料用盐酸和过氧化氢溶解，于原子吸收光谱仪波长 324.8 nm 处，用空气-乙炔贫燃性火焰进行铜量测定。

12.1.2 试剂

12.1.2.1 过氧化氢(ρ1.11 g/mL)。

12.1.2.2 盐酸(1+1)。

12.1.2.3 硝酸(1+1)。

12.1.2.4 铜标准溶液：称取 0.100 0 g 纯铜(纯度不低于 99.99%)于 200 mL 烧杯中，加入 10 mL 硝酸(12.1.2.3)加热溶解并驱除氮的氧化物，冷却至室温，移入 1 000 mL 容量瓶中，用水稀释至刻度，混匀。此溶液 1 mL 含 0.1 mg 铜。

12.1.3 仪器

12.1.3.1 原子吸收光谱仪，附铜空心阴极灯。仪器的工作条件参见仪器说明书。

12.1.3.2 仪器的检出限：火焰法测定铜的检出限应不大于 0.02 μg/mL。

仪器的精密度：火焰法测定铜的精密度应不大于 1.5%。

12.1.3.3 工作曲线特性：将工作曲线按浓度等分成5段，最高段的吸光度差值与最低段的吸光度差值之比，应不小于0.7。

12.1.4 分析步骤

12.1.4.1 试料

称取5 g试样，精确至0.1 mg。

12.1.4.2 空白试验

随同试料做空白试验。

12.1.4.3 测定

12.1.4.3.1 将试料(12.1.4.1)置于300 mL锥形瓶中，分数次加入70 mL盐酸(12.1.2.2)，待剧烈作用停止后，滴加约5 mL过氧化氢(12.1.2.1)，加热溶解完全后，煮沸使过量的过氧化氢分解。冷却至室温，移入100 mL容量瓶中，用水稀释至刻度，混匀。

12.1.4.3.2 将试液(12.1.4.3.1)于原子吸收光谱仪波长324.8 nm处，用空气-乙炔贫燃性火焰，以水调节零点，测量试液的吸光度。

12.1.4.3.3 从12.1.4.4中的工作曲线上查出相应的铜量。

12.1.4.4 工作曲线的绘制

称取5.000 0 g试样7份，分别置于7个300 mL锥形瓶中，依次加入0.00 mL、0.50 mL、1.00 mL、2.00 mL、3.00 mL、4.00 mL、5.00 mL铜标准溶液(12.1.2.4)，以下按12.1.4.3.1～12.1.4.3.2操作。扣除不加铜标准溶液的试液的吸光度，以铜量为横坐标、吸光度为纵坐标，绘制工作曲线。

12.1.5 分析结果计算

按式(19)计算铜的质量分数$w(\mathrm{Cu})$，数值以%表示：

$$w(\mathrm{Cu})=\frac{m_1-m_2}{m_0\times 1\,000}\times 100 \qquad \cdots\cdots(19)$$

式中：

m_1——从工作曲线上查得的铜量，单位为毫克(mg)；

m_2——从工作曲线上查得的空白试验中的铜量，单位为毫克(mg)；

m_0——试料的质量，单位为克(g)。

当铜含量<0.010%时，小数点后4位，当铜含量≥0.010%时，计算结果表示到小数点后3位。

12.2 方法二 二乙基二硫代氨基甲酸钠-三氯甲烷萃取分光光度法

12.2.1 原理

试料经盐酸和过氧化氢溶解后，用柠檬酸铵络合铝、锌、铁等金属离子。在pH9～pH10的氨性介质中，铜(Ⅱ)与二乙基二硫代氨基甲酸钠(以下简称DDTC)生成黄色螯合物。用三氯甲烷萃取，于分光光度计435 nm波长处测定其吸光度。

12.2.2 试剂

12.2.2.1 过氧化氢(ρ1.11 g/mL)。

12.2.2.2 氨水(ρ0.90 g/mL)。

12.2.2.3 三氯甲烷。

12.2.2.4 盐酸(1+1)。

12.2.2.5 硝酸(1+1)。

12.2.2.6 柠檬酸铵溶液(500 g/L)。

12.2.2.7 氨水(1+1)。

12.2.2.8 DDTC溶液(2 g/L)：称取0.2 g DDTC[$(C_2H_5)_2NCS_2Na\cdot 3H_2O$]溶于60 mL水中，过滤，用水稀释至100 mL，混匀。

12.2.2.9 铜标准储存溶液：称取0.100 0 g纯铜(纯度不低于99.99%)于200 mL烧杯中，加入10 mL

硝酸(12.2.2.5)加热溶解并驱除氮的氧化物,冷却至室温,移入 1 000 mL 容量瓶中,用水稀释至刻度,混匀。此溶液 1 mL 含 0.1 mg 铜。

12.2.2.10 铜标准溶液:移取 10.00 mL 铜标准储存溶液(12.2.2.9)于 500 mL 容量瓶中,用水稀释至刻度,混匀。此溶液 1 mL 含 0.002 mg 铜,用时配置。

12.2.2.11 甲酚红乙醇溶液(1 g/L)。

12.2.3 分析步骤

12.2.3.1 试料

称取 1 g 试样,精确至 0.1 mg。

12.2.3.2 空白试验

随同试料做空白试验。

12.2.3.3 测定

12.2.3.3.1 将试料(12.2.3.1)置于 250 mL 锥形瓶中,缓缓加入 20 mL 盐酸(12.2.2.4),待反应缓慢时,加热并滴加约 1 mL 过氧化氢(12.2.2.1),加热溶解完全后,煮沸使过量的过氧化氢分解。冷却至室温,移入 100 mL 容量瓶中,用水稀释至刻度,混匀。

12.2.3.3.2 移取 10.00 mL 试液(12.2.3.3.1)于 125 mL 分液漏斗中,用水稀释至约 20 mL。

12.2.3.3.3 加入 10 mL 溶液柠檬酸铵溶液(12.2.2.6)、1 滴～2 滴甲酚红乙醇溶液(12.2.2.11),用氨水(12.2.2.7)调至红色出现,再过量 2 mL 氨水(12.2.2.2),加入 2.0 mL DDTC 溶液(12.2.2.8),摇匀后,加入 15 mL 三氯甲烷(12.2.2.3),振摇 2 min,静置分层后,将有机相干过滤于 25 mL 容量瓶中,再向分液漏斗中加入 5 mL 三氯甲烷(12.2.2.3),振摇 1 min,静置分层后,将有机相合并于 25 mL 容量瓶中,用三氯甲烷(12.2.2.3)稀释至刻度,混匀。

12.2.3.3.4 取部分溶液(12.2.3.3.1)于 3 cm 或 5 cm 干燥的比色皿中,以三氯甲烷(12.2.2.3)为参比液,于分光光度计波长 435 nm 处测量其吸光度。从 12.2.3.4 中的工作曲线上查出相应的铜量。

12.2.3.4 工作曲线的绘制

于 8 个 125 mL 分液漏斗中,依次加入 0.00 mL、0.50 mL、1.00 mL、2.00 mL、4.00 mL、6.00 mL、8.00 mL、10.00 mL 铜标准溶液(3.10.2.2.10),用水稀释至 20 mL,以下按 3.10.2.4.4.3 操作。用 3 cm或 5 cm 比色皿,以不加铜标准溶液的试液为参比液,于分光光度计波长 435 nm 处测量各溶液的吸光度。以铜量为横坐标,吸光度为纵坐标,绘制工作曲线。

12.2.3.5 分析结果计算

按式(20)计算铜的质量分数 $w(\mathrm{Cu})$,数值以%表示:

$$w(\mathrm{Cu}) = \frac{(m_1 - m_2)}{m_0 \times \frac{V_1}{V_0} \times 1\,000} \times 100 \qquad \cdots\cdots(20)$$

式中:

m_1——从工作曲线上查得的铜量,单位为毫克(mg);

m_2——从工作曲线上查得的空白试验中的铜量,单位为毫克(mg);

V_1——移取试液的体积,单位为毫升(mL);

V_0——试液总体积,单位为毫升(mL);

m_0——试料的质量,单位为克(g)。

当铜的质量分数<0.010%时,计算结果表示到小数点后 4 位,当铜的质量分数≥0.010%时,计算结果表示到小数点后 3 位。

12.3 允许差

实验室之间分析结果的差值和两次平行测定结果的差值应不大于表 10 所列允许差。

表 10 允许差

铜质量分数/%	允许差/%
0.001 0～0.003 0	0.000 2
>0.003 0～0.005 0	0.000 5
>0.005～0.010	0.001
>0.010～0.020	0.002

13 钛量的测定——二安替吡啉甲烷分光光度法

13.1 原理

试料经盐酸和过氧化氢溶解后，在硫酸铜存在下，用抗坏血酸还原三价铁等干扰离子。在硫酸介质中，钛离子与二安替吡啉甲烷溶液显色，于分光光度计 400 nm 波长处测定其吸光度。

13.2 试剂

13.2.1 过氧化氢(ρ1.11 g/mL)

13.2.2 盐酸(1+1)。

13.2.3 硝酸(1+1)。

13.2.4 硫酸(1+1)。

13.2.5 硫酸铜溶液(50 g/L)。

13.2.6 抗坏血酸溶液(50 g/L)，使用时配制。

13.2.7 铝溶液(20 g/L)：称取 20 g 纯铝(纯度不低于 99.99%)置于 2 000 mL 烧杯中，盖上表皿。分次加入总量为 600 mL 的盐酸(13.2.2)，加入 1 滴汞助溶。缓慢加热至铝完全溶解，取下，冷却。移入1 000 mL 容量瓶中，以水稀释至刻度，混匀。

13.2.8 二安替吡啉甲烷溶液(50 g/L 的 1 mol/L 盐酸溶液)。

13.2.9 钛标准储存溶液：称取 0.100 0 g 纯钛(纯度不低于 99.99%)于 300 mL 烧杯中，加入 50 mL 硫酸(13.2.4)和 10 mL 盐酸(13.2.2)，加热溶解后再加入 1 mL 硝酸(13.2.3)，加热蒸发至刚冒硫酸白烟，取下，冷却，小心加入约 10 mL 水，溶解盐类，冷却至室温，移入 1 000 mL 容量瓶中，用水稀释至刻度，混匀。此溶液 1 mL 含 0.1 mg 钛。

13.2.10 钛标准溶液：移取 20.00 mL 钛标准储存溶液(13.2.9)于 200 mL 容量瓶中，用水稀释至刻度，混匀。此溶液 1 mL 含 0.01 mg 钛。

13.3 分析步骤

13.3.1 试料

称取 1 g 试样，精确至 0.1 mg。

13.3.2 空白试验

随同试料做空白试验。

13.3.3 测定

13.3.3.1 将试料(13.3.1)置于 250 mL 锥形瓶中，加入约 30 mL 水，分次加入 30 mL 盐酸(13.2.2)，滴加约 3 mL 过氧化氢(13.2.1)，加热溶解完全后，煮沸使过量的过氧化氢分解。冷却至室温，移入100 mL容量瓶中，用水稀释至刻度，混匀。

13.3.3.2 移取 20.00 mL 试液(13.3.3.1)两份，分别置于 100 mL 容量瓶中，补加 15.0 mL 铝溶液(13.2.7)，一份作为显色液，一份作为底液空白，分别操作如下：

13.3.3.2.1 显色液：加入 25 mL 硫酸(13.2.4)，加水至 60 mL～70 mL，加入 2 滴硫酸铜溶液(13.2.5)，2 mL抗坏血酸溶液(13.2.6)，混匀，加入 10.0 mL 二安替吡啉甲烷溶液(13.2.8)，用水稀释至刻度，混匀，放置 30 min。

13.3.3.2.2　底液空白：加入 25 mL 硫酸(13.2.4)，加水至 60 mL～70 mL，加入 2 滴硫酸铜溶液(13.2.5)，2 mL 抗坏血酸溶液(13.2.6)，用水稀释至刻度，混匀，放置 30 min。

13.3.3.3　取部分溶液(13.3.3.2.1)于 1 cm 比色皿中，以底液空白液(13.3.3.2.2)为参比液，于分光光度计波长 400 nm 处测量吸光度。从 13.3.4 中的工作曲线上查出相应的钛量。

13.3.4　工作曲线的绘制

于 7 个 100 mL 容量瓶中，依次加入 0.00 mL、1.00 mL、3.00 mL、5.00 mL、10.00 mL、15.00 mL、20.00 mL 钛标准溶液(13.2.10)，各加入 25.0 mL 铝溶液(13.2.7)，以下按 13.3.3.2.1 操作。用 1 cm 比色皿，以不加钛标准溶液的试液为参比液，于分光光度计波长 400 nm 处测量各溶液的吸光度。以钛量为横坐标、吸光度为纵坐标，绘制工作曲线。

13.4　分析结果计算

按式(21)计算钛的质量分数 $w(\mathrm{Ti})$，数值以％表示：

$$w(\mathrm{Ti})=\frac{(m_1-m_2)}{m_0\times\frac{V_1}{V_0}\times 1\,000}\times 100 \qquad \cdots\cdots(21)$$

式中：

m_1——从工作曲线上查得的钛量，单位为毫克(mg)；

m_2——从工作曲线上查得的空白试验中的钛量，单位为毫克(mg)；

V_1——移取试液的体积，单位为毫升(mL)；

V_0——试液总体积，单位为毫升(mL)；

m_0——试料的质量，单位为克(g)。

当钛的质量分数≤0.030％时，计算结果表示到小数点后 4 位，当钛的质量分数＞0.030％时，计算结果表示到小数点后 3 位。

13.5　允许差

实验室之间分析结果的差值和两次平行测定结果的差值应不大于表 11 所列允许差。

表 11　允许差

钛质量分数/％	允许差/％
0.005 0～0.010 0	0.001 0
＞0.010 0～0.030 0	0.002 5
＞0.030～0.100	0.010

14　试验报告

试验报告至少应包括下列内容：

a)　鉴别试样、实验室的分析日期等资料；

b)　使用的标准和方法(方法一、方法二或方法三)；

c)　分析结果及其表示；

d)　测定中观察到的异常现象；

e)　对分析结果可能有影响而标准未包括的操作。

ICS 77.120.60
H 62

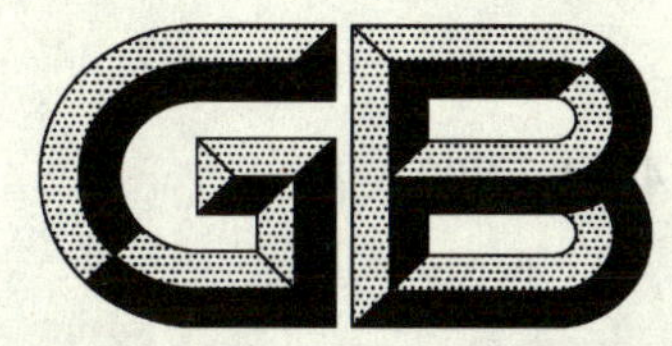

中华人民共和国国家标准

GB/T 4951—2007
代替 GB/T 4951—1985

锌-铝-镉合金牺牲阳极化学分析方法

Chemical analysis methods for sacrificial anodes of Zn-Al-Cd alloy

2007-02-09 发布　　　　2007-08-01 实施

中华人民共和国国家质量监督检验检疫总局
中国国家标准化管理委员会　发布

前　言

本标准是代替 GB/T 4951—1985《锌-铝-镉合金牺牲阳极化学分析方法》。本标准与 GB/T 4951—1985 相比，主要变化如下：

——将每个元素测定次数修改为独立测定两次，取其平均值；

——增加了对重要仪器的性能要求；

——修改了试剂和溶液的名称、单位的表示方法，元素含量的表示方法；

——对铝标准溶液的浓度和配制方法进行了部分修改。

本标准由中国船舶重工集团公司提出。

本标准由全国海洋船标准化技术委员会船用材料应用工艺分技术委员会归口。

本标准起草单位：中国船舶重工集团公司第七二五研究所。

本标准主要起草人：王红锋、李景滨、蔺存国。

本标准所代替的历次版本发布情况为：

——GB/T 4951—1985。

锌-铝-镉合金牺牲阳极化学分析方法

1 范围

本标准规定了锌-铝-镉合金牺牲阳极中铝、镉、铅、铜、铁、硅含量的测定方法。

本标准适用于锌-铝-镉合金牺牲阳极中铝、镉、铅、铜、铁、硅含量的测定。测定范围见表1。

表1 测定范围

元素	铝	镉	铅	铜	铁	硅
测定范围 %	0.100～0.800	0.050～0.200	0.002 0～0.010	0.001 0～0.010	0.001 0～0.010	0.020～0.200

2 规范性引用文件

下列文件中的条款通过本标准的引用而成为本标准的条款。凡是注日期的引用文件，其随后所有的修改单(不包括勘误的内容)或修订版均不适用于本标准，然而，鼓励根据本标准达成协议的各方研究是否可使用这些文件的最新版本。凡是不注日期的引用文件，其最新版本适用于本标准。

GB/T 4950 锌-铝-镉合金牺牲阳极

3 总则

3.1 当某元素有两个以上测定方法时，方法一适用于仲裁分析。

3.2 除非另有说明，在分析中仅使用确认为分析纯的试剂和蒸馏水或去离子水或相当纯度的水。

3.3 按照GB/T 4950的规定钻取或刨取试样，试样的厚度不宜大于1 mm。

3.4 每个元素测定时，应做两份试料的平行测定。

4 铝量的测定——铬天青S分光光度法

4.1 原理

试料经盐酸和过氧化氢溶解后，用硫脲、抗坏血酸作掩蔽剂，消除铜、铁的干扰。以六次甲基四胺作缓冲溶液，在pH5.8左右弱酸介质中，铝(Ⅲ)与铬天青S形成紫红色络合物，于分光光度计546 nm波长处测定其吸光度。

4.2 试剂

4.2.1 盐酸(ρ 1.19 g/mL)。

4.2.2 过氧化氢(ρ 1.11 g/mL)。

4.2.3 盐酸(1+1)。

4.2.4 盐酸(1+10)。

4.2.5 硫脲溶液(5 g/L)，用时配制。

4.2.6 抗坏血酸溶液(5 g/L)，用时配制。

4.2.7 氨水(1+10)。

4.2.8 缓冲溶液：称取250 g六次甲基四胺溶于水中，移至1 000 mL容量瓶中，加10 mL盐酸(4.2.1)，用水稀释至刻度，混匀。

4.2.9 锌基体溶液：称取1.000 g纯锌(纯度不低于99.99%)于150 mL锥形瓶中，加入20 mL盐酸

(4.2.3)，加热溶解，冷却至室温，移入1 000 mL容量瓶中，用水稀释至刻度，混匀。此溶液1 mL含1 mg锌。

4.2.10　铝标准储存溶液：称取0.100 0 g纯铝(纯度不低于99.99%)于300 mL烧杯中，加20 mL水、2 g氢氧化钠(固体)，待其溶解完全后，用盐酸(4.2.3)慢慢中和至出现沉淀并过量20 mL。加热使溶液清澈。冷却至室温，移入1 000 mL容量瓶中，用水稀释至刻度，混匀。此溶液1 mL含0.1 mg铝。

4.2.11　铝标准溶液：移取10.00 mL铝标准储存溶液(4.2.10)于500 mL容量瓶中，加10 mL盐酸(4.2.1)，用水稀释至刻度，混匀。此溶液1 mL含0.002 mg铝。

4.2.12　铬天青S溶液(2 g/L)：称取0.2 g铬天青S溶于50 mL无水乙醇中，用水稀释至100 mL，混匀。

4.2.13　百里酚蓝溶液(1 g/L)。

4.3　分析步骤

4.3.1　试料

称取0.1 g试样，精确至0.1 mg。

4.3.2　测定

4.3.2.1　将试料(4.3.1)置于150 mL锥形瓶中，加入10 mL盐酸(4.2.3)，待反应缓慢时，加入几滴过氧化氢(4.2.2)，加热溶解完全后，煮沸使过量的过氧化氢分解。冷却至室温，移入100 mL容量瓶中，用水稀释至刻度，混匀。

4.3.2.2　移取2.00 mL试液(4.3.2.1)于50 mL容量瓶中。

4.3.2.3　加入2 mL硫脲溶液(4.2.5)、2 mL抗坏血酸溶液(4.2.6)、1滴百里酚蓝溶液(4.2.13)，滴加氨水(4.2.7)调至溶液恰至黄色，再滴加盐酸(4.2.4)调至红色刚出现，并过量1 mL盐酸(4.2.4)。依次加2.00 mL铬天青S溶液(4.2.12)、10 mL缓冲溶液(4.2.8)，用水稀释至刻度，混匀。放置5 min。

4.3.2.4　底液空白：移取2.00 mL锌基体溶液(4.2.9)于50 mL容量瓶中，以下按4.3.2.3操作。

4.3.2.5　取部分溶液(4.3.2.3)于1 cm比色皿中，以底液空白为参比液，于分光光度计波长546 nm处测量吸光度。从4.3.3中的工作曲线上查出相应的铝量。

4.3.3　工作曲线的绘制

4.3.3.1　于8个50 mL容量瓶中，分别加入2.00 mL锌基体溶液(4.2.9)，依次加入0.00 mL、1.00 mL、2.00 mL、3.00 mL、4.00 mL、5.00 mL、6.00 mL、8.00 mL铝标准溶液(4.2.11)，以下按4.3.2.3操作。

4.3.3.2　用1 cm比色皿，以不加铝标准溶液的试液为参比液，于分光光度计波长546 nm处测量各溶液的吸光度。以铝量为横坐标，吸光度为纵坐标，绘制工作曲线。

4.3.4　分析结果计算

按式(1)计算铝的质量分数$w(\mathrm{Al})$，数值以%表示：

$$w(\mathrm{Al})=\frac{m_1}{m_0\times\frac{V_1}{V_0}\times 1\,000}\times 100 \qquad\cdots\cdots(1)$$

式中：

m_1——从工作曲线上查得的铝量，单位为毫克(mg)；

V_1——移取试液的体积，单位为毫升(mL)；

V_0——试液总体积，单位为毫升(mL)；

m_0——试料的质量，单位为克(g)。

计算结果表示到小数点后3位。

4.4　允许差

实验室之间分析结果的差值和两次平行测定结果的差值应不大于表2所列允许差。

表 2 允许差

铝质量分数/%	允许差/%
0.100～0.300	0.010
>0.300～0.500	0.015
>0.500～0.800	0.020

5 镉量的测定

5.1 方法一 火焰原子吸收光谱法

5.1.1 原理

试料用盐酸和过氧化氢溶解，于原子吸收光谱仪波长 228.8 nm 处，用空气-乙炔贫燃性火焰进行镉量测定。

5.1.2 试剂

5.1.2.1 过氧化氢(ρ 1.11 g/mL)。

5.1.2.2 盐酸(1+1)。

5.1.2.3 镉标准储存溶液：称取 0.500 0 g 纯镉(纯度不低于 99.99%)于 200 mL 烧杯中，加 25 mL 盐酸(5.1.2.2)，待其反应缓慢后，加入几滴过氧化氢(5.1.2.1)，加热溶解完全后，煮沸使过量的过氧化氢分解。冷却至室温，移入 500 mL 容量瓶中，用水稀释至刻度，混匀。此溶液 1 mL 含 1 mg 镉。

5.1.2.4 镉标准溶液：移取 20.00 mL 镉标准储存溶液(5.1.2.3)于 200 mL 容量瓶中，用水稀释至刻度，混匀。此溶液 1 mL 含 0.1 mg 镉。

5.1.3 仪器

5.1.3.1 原子吸收光谱仪，附镉空心阴极灯。仪器的工作条件参见仪器说明书。

5.1.3.2 仪器的检出限：火焰法测定铜的检出限应不大于 0.02 μg/mL。

仪器的精密度：火焰法测定铜的精密度应不大于 1.5%。

5.1.3.3 工作曲线线性：将工作曲线按浓度等分成 5 段，最高段的吸光度差值与最低段的吸光度差值之比，应不小于 0.7。

5.1.4 分析步骤

5.1.4.1 试料

称取 0.5 g 试样，精确至 0.1 mg。

5.1.4.2 空白试验

随同试料做空白试验。

5.1.4.3 测定

5.1.4.3.1 将试料(5.1.4.1)置于 200 mL 烧杯中，加入 20 mL 盐酸(5.1.2.2)，待反应缓慢时，加入几滴过氧化氢(5.1.2.1)，加热溶解完全后，煮沸使过量的过氧化氢分解。冷却至室温，移入 100 mL 容量瓶中，用水稀释至刻度，混匀。

5.1.4.3.2 将试液(5.1.4.3.1)于原子吸收光谱仪波长 228.8 nm 处，用空气-乙炔贫燃性火焰，以水调节零点，测量试液的吸光度。

5.1.4.3.3 从 5.1.4.4 中的工作曲线上查出相应的镉量。

5.1.4.4 工作曲线的绘制

称取 0.5 g 纯锌(纯度不低于 99.99%) 6 份，分别置于 6 个 200 mL 烧杯中，依次加入 0.00 mL、2.00 mL、4.00 mL、6.00 mL、8.00 mL、10.00 mL 镉标准溶液(5.1.2.4)，以下按 5.1.4.3.1～5.1.4.3.2 操作。扣除不加镉标准溶液的试液的吸光度，以镉量为横坐标、吸光度为纵坐标，绘制工作曲线。

5.1.5 分析结果计算

按式(2)计算镉的质量分数 $w(Cd)$，数值以%表示：

$$w(\mathrm{Cd})=\frac{m_1-m_2}{m_0\times 1\,000}\times 100 \qquad \cdots\cdots(2)$$

式中：

m_1——从工作曲线上查得的镉量，单位为毫克(mg)；

m_2——从工作曲线上查得的空白试验中的镉量，单位为毫克(mg)；

m_0——试料的质量，单位为克(g)。

计算结果表示到小数点后3位。

5.2 方法二 方波极谱法

5.2.1 原理

试料经盐酸和过氧化氢溶解后，在2 mol/L盐酸底液中，镉有良好的还原波，用方波极谱法测定镉含量。

5.2.2 试剂

5.2.2.1 过氧化氢(ρ 1.11 g/mL)。

5.2.2.2 盐酸(1+1)。

5.2.2.3 盐酸(1+5)。

5.2.2.4 镉标准储存溶液：称取0.500 0 g纯镉(纯度不低于99.99%)于200 mL烧杯中，加25 mL盐酸(5.2.2.2)，待其反应缓慢后，加入几滴过氧化氢(5.2.2.1)，加热溶解完全后，煮沸使过量过氧化氢分解。冷却至室温，移入500 mL容量瓶中，用水稀释至刻度，混匀。此溶液1 mL含1 mg镉。

5.2.2.5 镉标准溶液：移取20.00 mL镉标准储存溶液(5.2.2.4)于200 mL容量瓶中，用水稀释至刻度，混匀。此溶液1 mL含0.1 mg镉。

5.2.3 分析步骤

5.2.3.1 试料

称取0.5 g试样，精确至0.1 mg。

5.2.3.2 空白试验

随同试料做空白试验。

5.2.3.3 测定

5.2.3.3.1 将试料(5.2.3.1)置于200 mL烧杯中，加入10 mL盐酸(5.2.2.2)，待反应缓慢时，加入几滴过氧化氢(5.2.2.1)，加热溶解完全后，蒸发至近干，稍冷后，加20 mL盐酸(5.2.2.3)溶解盐类，移入50 mL容量瓶中，用盐酸(5.2.2.3)洗杯壁几次，洗液并入容量瓶中，用盐酸(5.2.2.3)稀释至刻度，混匀。

5.2.3.3.2 取部分试液(5.2.3.3.1)于极谱电解杯中，通氮气除氧5 min，以滴汞电极为阴极，沾汞银片电极为阳极，在−0.35 V～−0.8 V之间，镉的峰电位为−0.66 V，选择适宜的仪器参数，记录镉的方波极谱图。

5.2.3.3.3 从5.2.3.4中的工作曲线上查出相应的镉量。

5.2.3.4 工作曲线的绘制

称取0.5 g纯锌(纯度不低于99.99%)6份，分别置于6个200 mL烧杯中，依次加入0.00 mL、2.00 mL、4.00 mL、6.00 mL、8.00 mL、10.00 mL镉标准溶液(5.2.2.5)，以下按5.2.3.3.1～5.2.3.3.2操作。扣除不加镉标准溶液的试液的波高，以镉量为横坐标、波高为纵坐标，绘制工作曲线。

5.2.4 分析结果计算

按式(3)计算镉的质量分数 $w(Cd)$，数值以%表示：

$$w(\mathrm{Cd})=\frac{m_1-m_2}{m_0\times 1\,000}\times 100 \qquad \cdots\cdots(3)$$

式中：

m_1——从工作曲线上查得的镉量，单位为毫克(mg)；

m_2——从工作曲线上查得的空白试验中的镉量，单位为毫克(mg)；

m_0——试料的质量，单位为克(g)。

计算结果表示到小数点后3位。

5.3 允许差

实验室之间分析结果的差值和两次平行测定结果的差值应不大于表3所列允许差。

表3 允许差

镉质量分数/%	允许差/%
0.050～0.100	0.005
>0.100～0.200	0.007

6 铅量的测定

6.1 方法一 石墨炉原子吸收光谱法

6.1.1 原理

试料用硝酸溶解，于原子吸收光谱仪波长283.3 nm处，用石墨炉原子化器进行铅量测定。

6.1.2 试剂

6.1.2.1 硝酸(1+2)。

6.1.2.2 铅标准储存溶液：称取0.500 0 g纯铅(纯度不低于99.99%)于200 mL烧杯中，加20 mL硝酸(6.1.2.1)溶解，煮沸驱除氮的氧化物，冷却至室温，移入1 000 mL容量瓶中，用水稀释至刻度，混匀。此溶液1 mL含0.5 mg铅。

6.1.2.3 铅标准溶液：移取10.00 mL铅标准储存溶液(6.1.2.2)于500 mL容量瓶中，用水稀释至刻度，混匀。此溶液1 mL含0.01 mg铅。

6.1.3 仪器

6.1.3.1 原子吸收光谱仪(具有火焰及石墨炉原子化器)，附铅空心阴极灯。仪器的工作条件参见仪器说明书。

6.1.3.2 仪器的检出限：石墨炉法测定镉的检出限应不大于4 pg。

仪器的精密度：石墨炉法测定镉的精密度应不大于7%。

6.1.3.3 工作曲线线性：将工作曲线按浓度等分成5段，最高段的吸光度差值与最低段的吸光度差值之比，应不小于0.7。

6.1.4 分析步骤

6.1.4.1 试料

称取0.5 g试样，精确至0.1 mg。

6.1.4.2 空白试验

随同试料做空白试验。

6.1.4.3 测定

6.1.4.3.1 将试料(6.1.4.1)置于200 mL烧杯中，加入20 mL硝酸(6.1.2.1)，缓缓加热溶解，冷却至室温，移入100 mL容量瓶中，用水稀释至刻度，混匀。

6.1.4.3.2 将试液(6.1.4.3.1)于原子吸收光谱仪波长228.8 nm处，用石墨炉原子化器，测量试液的吸光度。

6.1.4.3.3 从6.1.4.4中的工作曲线上查出相应的铅量。

6.1.4.4 工作曲线的绘制

称取0.5 g纯锌(纯度不低于99.99%)7份，分别置于7个200 mL烧杯中，依次加入0.00 mL、

0.50 mL、1.00 mL、2.00 mL、3.00 mL、4.00 mL、5.00 mL 铅标准溶液(6.1.2.3)，以下按 6.1.4.3.1～6.1.4.3.2 操作。扣除不加铅标准溶液的试液的吸光度，以铅量为横坐标、吸光度为纵坐标，绘制工作曲线。

6.1.5 分析结果计算

按式(4)计算铅的质量分数 $w(\mathrm{Pb})$，数值以%表示：

$$w(\mathrm{Pb}) = \frac{m_1 - m_2}{m_0 \times 1\,000} \times 100 \qquad \cdots\cdots(4)$$

式中：

m_1——从工作曲线上查得的铅量，单位为毫克(mg)；

m_2——从工作曲线上查得的空白试验中的铅量，单位为毫克(mg)；

m_0——试料的质量，单位为克(g)。

当铅的质量分数＜0.010%时，计算结果表示到小数点后 4 位；当铅的质量分数＝0.010%时，计算结果表示到小数点后 3 位。

6.2 方法二 方波极谱法

6.2.1 原理

试料经盐酸和过氧化氢溶解后，在 2 mol/L 盐酸底液中，铅有良好的还原波，用方波极谱法测定铅含量。

6.2.2 试剂

6.2.2.1 过氧化氢(ρ1.11 g/mL)。

6.2.2.2 盐酸(1＋1)。

6.2.2.3 盐酸(1＋5)。

6.2.2.4 硝酸(1＋2)。

6.2.2.5 铅标准储存溶液：称取 0.500 0 g 纯铅(纯度不低于 99.99%)于 200 mL 烧杯中，加 20 mL 硝酸(6.2.2.4)溶解，煮沸驱除氮的氧化物，冷却至室温，移入 1 000 mL 容量瓶中，用水稀释至刻度，混匀。此溶液 1 mL 含 0.5 mg 铅。

6.2.2.6 铅标准溶液：移取 10.00 mL 铅标准储存溶液(6.2.2.5)于 500 mL 容量瓶中，用水稀释至刻度，混匀。此溶液 1 mL 含 0.01 mg 铅。

6.2.3 分析步骤

6.2.3.1 试料

称取 0.5 g 试样，精确至 0.1 mg。

6.2.3.2 空白试验

随同试料做空白试验。

6.2.3.3 测定

6.2.3.3.1 将试料(6.2.3.1)置于 200 mL 烧杯中，加入 10 mL 盐酸(6.2.2.2)，待反应缓慢时，加入几滴过氧化氢(6.2.2.1)，加热溶解完全后，蒸发至近干，稍冷后，加 20 mL 盐酸(6.2.2.3)溶解盐类，移入 50 mL 容量瓶中，用盐酸(6.2.2.3)洗杯壁几次，洗液并入容量瓶中，用盐酸(6.2.2.3)稀释至刻度，混匀。

6.2.3.3.2 取部分试液(6.2.3.3.1)于极谱电解杯中，通氮气除氧 5 min，以滴汞电极为阴极，沾汞银片电极为阳极，在－0.35 V～－0.8 V 之间，铅的峰电位为－0.46 V 选择适宜的仪器参数，记录镉的方波极谱图。

6.2.3.3.3 从 6.2.3.4 中的工作曲线上查出相应的铅量。

6.2.3.4 工作曲线的绘制

称取 0.5 g 纯锌(纯度不低于 99.99%)6 份，分别置于 6 个 200 mL 烧杯中，依次加入 0.00 mL、

1.00 mL、2.00 mL、3.00 mL、4.00 mL、5.00 mL 铅标准溶液(6.2.2.6),以下按 6.2.3.3.1～6.2.3.3.2 操作。扣除不加铅标准溶液的试液的波高,以铅量为横坐标、波高为纵坐标,绘制工作曲线。

6.2.4 分析结果计算

按式(5)计算铅的质量分数 $w(Pb)$,数值以%表示:

$$w(Pb)=\frac{m_1-m_2}{m_0\times 1\,000}\times 100 \quad \cdots\cdots(5)$$

式中:

m_1——从工作曲线上查得的铅量,单位为毫克(mg);

m_2——从工作曲线上查得的空白试验中的铅量,单位为毫克(mg);

m_0——试料的质量,单位为克(g)。

当铅的质量分数<0.010%时,计算结果表示到小数点后 4 位;当铅的质量分数=0.010%时,计算结果表示到小数点后 3 位。

6.3 允许差

实验室之间分析结果的差值和两次平行测定结果的差值应不大于表 4 所列允许差。

表 4 允许差

铅的质量分数/%	允许差/%
0.002 0～0.005 0	0.000 5
>0.005～0.010	0.001

7 铜量的测定

7.1 方法一 火焰原子吸收光谱法

7.1.1 原理

试料用盐酸和过氧化氢溶解,于原子吸收光谱仪波长 324.8 nm 处,用空气-乙炔贫燃性火焰进行铜量测定。

7.1.2 试剂

7.1.2.1 过氧化氢(ρ1.11 g/mL)。

7.1.2.2 盐酸(1+1)。

7.1.2.3 硝酸(1+1)。

7.1.2.4 铜标准储存溶液:称取 0.100 0 g 纯铜(纯度不低于 99.99%)于 200 mL 烧杯中,加入 10 mL 硝酸(7.1.2.3)加热溶解,驱除氮的氧化物,冷却至室温,移入 1 000 mL 容量瓶中,用水稀释至刻度,混匀。此溶液 1 mL 含 0.1 mg 铜。

7.1.2.5 铜标准溶液:移取 50.00 mL 铜标准储存溶液(7.1.2.4)于 100 mL 容量瓶中,用水稀释至刻度,混匀。此溶液 1 mL 含 0.05 mg 铜。

7.1.3 仪器

7.1.3.1 原子吸收光谱仪,附铜空心阴极灯。仪器的工作条件参见仪器说明书。

7.1.3.2 仪器的检出限:火焰法测定铜的检出限应不大于 0.02 μg/mL。

仪器的精密度:火焰法测定铜的精密度应不大于 1.5%。

7.1.3.3 工作曲线线性:将工作曲线按浓度等分成 5 段,最高段的吸光度差值与最低段的吸光度差值之比,应不小于 0.7。

7.1.4 分析步骤

7.1.4.1 试料

称取 5 g 试样,精确至 0.1 mg。

7.1.4.2 空白试验

随同试料做空白试验。

7.1.4.3 测定

7.1.4.3.1 将试料(7.1.4.1)置于300 mL锥形瓶中,分数次加入70 mL盐酸(7.1.2.2),待剧烈作用停止后,滴加约5 mL过氧化氢(7.1.2.1),加热溶解完全后,煮沸使过量的过氧化氢分解。冷却至室温,移入100 mL容量瓶中,用水稀释至刻度,混匀。

7.1.4.3.2 将试液(7.1.4.3.1)于原子吸收光谱仪波长324.8 nm处,用空气-乙炔贫燃性火焰,以水调节零点,测量试液的吸光度。

7.1.4.3.3 从7.1.4.4中的工作曲线上查出相应的铜量。

7.1.4.4 工作曲线的绘制

称取5.000 0 g试样7份,分别置于7个300 mL锥形瓶中,依次加入0.00 mL、1.00 mL、2.00 mL、4.00 mL、6.00 mL、8.00 mL、10.00 mL铜标准溶液(7.1.2.5),以下按7.1.4.3.1~7.1.4.3.2操作。扣除不加铜标准溶液的试液的吸光度,以铜量为横坐标、吸光度为纵坐标,绘制工作曲线。

7.1.5 分析结果计算

按式(6)计算铜的质量分数 $w(\mathrm{Cu})$,数值以%表示:

$$w(\mathrm{Cu}) = \frac{m_1 - m_2}{m_0 \times 1\,000} \times 100 \quad \cdots\cdots\cdots\cdots (6)$$

式中:

m_1——从工作曲线上查得的铜量,单位为毫克(mg);

m_2——从工作曲线上查得的空白试验中的铜量,单位为毫克(mg);

m_0——试料的质量,单位为克(g)。

当铜含量<0.010%时,计算结果表示到小数点后4位;当铜含量=0.010%时,计算结果表示到小数点后3位。

7.2 方法二 二乙基二硫代氨基甲酸钠-三氯甲烷萃取分光光度法

7.2.1 原理

试料经盐酸和过氧化氢溶解后,用乙二胺四乙酸二钠(以下简称EDTA)和柠檬酸铵络合锌、铝、铁等金属离子。在pH9~pH10的氨性介质中,铜(Ⅱ)与二乙基二硫代氨基甲酸钠(以下简称DDTC)生成黄色螯合物。用三氯甲烷萃取,于分光光度计435 nm波长处测定其吸光度。

7.2.2 试剂

7.2.2.1 氨水(ρ 0.90 g/mL)。

7.2.2.2 三氯甲烷。

7.2.2.3 过氧化氢(ρ 1.11 g/mL)。

7.2.2.4 盐酸(1+1)。

7.2.2.5 EDTA溶液(100 g/L)。

7.2.2.6 硝酸(1+1)。

7.2.2.7 柠檬酸铵溶液(500 g/L)。

7.2.2.8 氨水(1+1)。

7.2.2.9 铜标准储存溶液:称取0.100 0 g纯铜(纯度不低于99.99%)于200 mL烧杯中,加入10 mL硝酸(7.2.2.6)加热溶解并驱除氮的氧化物,冷却至室温,移入1 000 mL容量瓶中,用水稀释至刻度,混匀。此溶液1 mL含0.1 mg铜。

7.2.2.10 铜标准溶液:移取5.00 mL铜标准储存溶液(7.2.2.9)于250 mL容量瓶中,用水稀释至刻度，混匀。此溶液 1 mL 含 0.002 mg 铜，用时配置。

7.2.2.11　DDTC 溶液（2 g/L）：称取 0.2 g DDTC[$(C_2H_5)_2NCS_2Na \cdot 3H_2O$]溶于 60 mL 水中，过滤，用水稀释至 100 mL，混匀。

7.2.2.12　甲酚红乙醇溶液（1 g/L）。

7.2.3　分析步骤

7.2.3.1　试料

称取 2.5 g 试样，精确至 0.1 mg。

7.2.3.2　空白试验

随同试料做空白试验。

7.2.3.3　测定

7.2.3.3.1　将试料（7.2.3.1）置于 250 mL 锥形瓶中，加入 25 mL 盐酸（7.2.2.4），待反应缓慢时，加入 1 mL 过氧化氢（7.2.2.3），加热溶解完全后，煮沸使过量的过氧化氢分解。冷却至室温，移入 100 mL 容量瓶中，用水稀释至刻度，混匀。

7.2.3.3.2　移取 10.00 mL 试液（7.2.3.3.1）于 125 mL 分液漏斗中，用水稀释至约 20 mL。

7.2.3.3.3　加入 5 mL 柠檬酸铵溶液（7.2.2.7）、3 mL EDTA 溶液（7.2.2.5）、2 滴甲酚红乙醇溶液（7.2.2.12），用氨水（7.2.2.8）调至红色出现，再过量 2 mL 氨水（7.2.2.1），加入 2.0 mL DDTC 溶液（7.2.2.11），摇匀后，加入 15 mL 三氯甲烷（7.2.2.2），振摇 2 min，静置分层后，将有机相干过滤于 25 mL 容量瓶中，再向分液漏斗中加入 5 mL 三氯甲烷（7.2.2.2），振摇 1 min，静置分层后，将有机相合并于 25 mL 容量瓶中，用三氯甲烷（7.2.2.2）稀释至刻度，混匀。

7.2.3.3.4　取部分溶液（7.2.3.3.3）于 3 cm 或 5 cm 干燥的比色皿中，以三氯甲烷（7.2.2.2）为参比液，于分光光度计波长 435 nm 处测量其吸光度。从 7.2.3.4 中的工作曲线上查出相应的铜量。

7.2.3.4　工作曲线的绘制

于 7 个 125 mL 分液漏斗中，依次加入 0.00 mL、1.00 mL、2.00 mL、4.00 mL、6.00 mL、8.00 mL、10.00 mL 铜标准溶液（7.2.2.10），用水稀释至 20 mL，以下按 7.2.3.3.3 操作。用 3 cm 或 5 cm 比色皿，以不加铜标准溶液的试液为参比液，于分光光度计波长 435 nm 处测量各溶液的吸光度。以铜量为横坐标，吸光度为纵坐标，绘制工作曲线。

7.2.4　分析结果计算

按式（7）计算铜的质量分数 $w(\mathrm{Cu})$，数值以%表示：

$$w(\mathrm{Cu}) = \frac{(m_1 - m_2)}{m_0 \times \frac{V_1}{V_0} \times 1\,000} \times 100 \quad \cdots\cdots(7)$$

式中：

m_1——从工作曲线上查得的铜量，单位为毫克（mg）；

m_2——从工作曲线上查得的空白试验中的铜量，单位为毫克（mg）；

V_1——移取试液的体积，单位为毫升（mL）；

V_0——试液总体积，单位为毫升（mL）；

m_0——试料的质量，单位为克（g）。

铜的质量分数＜0.010%时，计算结果表示到小数点后 4 位；当铜的质量分数＝0.010%时，计算结果表示到小数点后 3 位。

7.3　允许差

实验室之间分析结果的差值和两次平行测定结果的差值应不大于表 5 所列允许差。

表 5　允许差

铜的质量分数/%	允许差/%
0.001 0～0.003 0	0.000 2
>0.003 0～0.005 0	0.000 5
>0.005 0～0.010	0.001

8　铁量的测定

8.1　方法一　邻二氮杂菲分光光度法

8.1.1　原理

试料经盐酸和过氧化氢溶解后，用盐酸羟胺和乙二胺四乙酸二钠（以下简称 EDTA）还原铁并掩蔽锌等元素，用氨水和乙酸调节 pH 值后，二价铁离子与邻二氮杂菲显色，于分光光度计 510 nm 波长处测定其吸光度。

8.1.2　试剂

8.1.2.1　过氧化氢（ρ1.11 g/mL）。

8.1.2.2　氨水（ρ0.90 g/mL）。

8.1.2.3　盐酸（1+1）。

8.1.2.4　硝酸（1+1）。

8.1.2.5　EDTA 溶液（100 g/L）。

8.1.2.6　盐酸羟胺溶液（100 g/L），使用时配制。

8.1.2.7　氨水（1+3）。

8.1.2.8　乙酸（1+9）。

8.1.2.9　铁标准储存溶液：称取 0.100 0 g 纯铁（纯度不低于 99.99%）于 200 mL 烧杯中，加 10 mL 硝酸（8.1.2.4）溶解，加热驱除氮的氧化物，冷却至室温，移入 1 000 mL 容量瓶中，用水稀释至刻度，混匀。此溶液 1 mL 含 0.1 mg 铁。

8.1.2.10　铁标准溶液：移取 10.00 mL 铁标准储存溶液（8.1.2.9）于 200 mL 容量瓶中，用水稀释至刻度，混匀。此溶液 1 mL 含 0.005 mg 铁。

8.1.2.11　邻二氮杂菲溶液（2.5 g/L）：称取 1.25 g 邻二氮杂菲（$C_{12}H_8N_2 \cdot H_2O$）溶于 10 mL 无水乙醇中，用水稀释至 500 mL，混匀。

8.1.2.12　酚酞溶液（1 g/L）：称取 0.1 g 酚酞，溶解于 90 mL 无水乙醇中，用水稀释至 100 mL，混匀。

8.1.3　分析步骤

8.1.3.1　试料

称取 2.5 g 试样，精确至 0.1 mg。

8.1.3.2　空白试验

随同试料做空白试验。

8.1.3.3　测定

8.1.3.3.1　将试料（8.1.3.1）置于 250 mL 锥形瓶中，加入 25 mL 盐酸（8.1.2.3），待反应缓慢时，加入 1 mL 过氧化氢（8.1.2.1），加热溶解完全后，煮沸使过量的过氧化氢分解。冷却至室温，移入 100 mL 容量瓶中，用水稀释至刻度，混匀。

8.1.3.3.2　移取 10.00 mL 试液（8.1.3.3.1）两份，分别置于 100 mL 烧杯中，一份作为显色液，一份作为底液空白，分别操作如下：

8.1.3.3.2.1　显色液：加入 1 mL 盐酸羟胺溶液（8.1.2.6）、20 mL EDTA 溶液（8.1.2.5）、3 滴酚酞溶液（8.1.2.12），滴加氨水（8.1.2.2 或 8.1.2.7）中和至溶液呈微红色后，滴加乙酸（8.1.2.8）调节 pH 值

为 7.0～7.5，加入 10 mL 邻二氮杂菲溶液(8.1.2.11)，移入 50 mL 容量瓶中，用水稀释至刻度，混匀，放置 10 min。

8.1.3.3.2.2　底液空白：操作同 8.1.3.3.2.1，但不加邻二氮杂菲溶液(8.1.2.11)。

8.1.3.3.3　取部分溶液(8.1.3.3.2.1)于 5 cm 比色皿中，以底液空白液(8.1.3.3.2.2)为参比液，于分光光度计波长 510 nm 处测量吸光度。从 8.1.3.4 中的工作曲线上查出相应的铁量。

8.1.3.4　工作曲线的绘制

于 7 个 100 mL 烧杯中，依次加入 0.00 mL、0.50 mL、1.00 mL、2.00 mL、3.00 mL、4.00 mL、5.00 mL 铁标准溶液(8.1.2.10)，以下按 8.1.3.3.2.1 操作。用 5 cm 比色皿，以不加铁标准溶液的试液为参比液，于分光光度计波长 510 nm 处测量各溶液的吸光度。以铁量为横坐标、吸光度为纵坐标，绘制工作曲线。

8.1.4　分析结果计算

按式(8)计算铁的质量分数 $w(\mathrm{Fe})$，数值以%表示：

$$w(\mathrm{Fe}) = \frac{(m_1 - m_2)}{m_0 \times \dfrac{V_1}{V_0} \times 1\,000} \times 100 \quad \cdots\cdots (8)$$

式中：

m_1——从工作曲线上查得的铁量，单位为毫克(mg)；

m_2——从工作曲线上查得的空白试验中的铁量，单位为毫克(mg)；

V_1——移取试液的体积，单位为毫升(mL)；

V_0——试液总体积，单位为毫升(mL)；

m_0——试料的质量，单位为克(g)。

当铁的质量分数＜0.010%时，计算结果表示到小数点后 4 位；当铁的质量分数＝0.010%时，计算结果表示到小数点后 3 位。

8.2　方法二　火焰原子吸收光谱法

8.2.1　原理

试料用盐酸和过氧化氢溶解，于原子吸收光谱仪波长 248.3 nm 处，用空气-乙炔贫燃性火焰进行铁量测定。

8.2.2　试剂

8.2.2.1　过氧化氢(ρ1.11 g/mL)。

8.2.2.2　盐酸(1+1)。

8.2.2.3　硝酸(1+1)。

8.2.2.4　铁标准储存溶液：称取 0.100 0 g 纯铁(纯度不低于 99.99%)于 200 mL 烧杯中，加 10 mL 硝酸(8.2.2.3)溶解，加热驱除氮的氧化物，冷却至室温，移入 1 000 mL 容量瓶中，用水稀释至刻度，混匀。此溶液 1 mL 含 0.1 mg 铁。

8.2.2.5　铁标准溶液：移取 50.00 mL 铁标准储存溶液(8.2.2.4)于 100 mL 容量瓶中，用水稀释至刻度，混匀。此溶液 1 mL 含 0.05 mg 铁。

8.2.3　仪器

8.2.3.1　原子吸收光谱仪，附铁空心阴极灯。仪器的工作条件参见仪器说明书。

8.2.3.2　仪器的检出限：火焰法测定铜的检出限应不大于 0.02 μg/mL。

仪器的精密度：火焰法测定铜的精密度应不大于 1.5%。

8.2.3.3　工作曲线线性：将工作曲线按浓度等分成 5 段，最高段的吸光度差值与最低段的吸光度差值之比，应不小于 0.7。

8.2.4 分析步骤

8.2.4.1 试料

称取 5 g 试样，精确至 0.1 mg。

8.2.4.2 空白试验

随同试料做空白试验。

8.2.4.3 测定

8.2.4.3.1 将试料(8.2.4.1)置于 300 mL 锥形瓶中，分数次加入 70 mL 盐酸(8.2.2.2)，待剧烈作用停止后，滴加约 5 mL 过氧化氢(8.2.2.1)，加热溶解完全后，煮沸使过量的过氧化氢分解。冷却至室温，移入 100 mL 容量瓶中，用水稀释至刻度，混匀。

8.2.4.3.2 将试液(8.2.4.3.1)于原子吸收光谱仪波长 248.3 nm 处，用空气-乙炔贫燃性火焰，以水调节零点，测量试液的吸光度。

8.2.4.3.3 从 8.2.4.4 中的工作曲线上查出相应的铁量。

8.2.4.4 工作曲线的绘制

称取 5.000 0 g 试样 7 份，分别置于 7 个 300 mL 锥形瓶中，依次加入 0.00 mL、1.00 mL、2.00 mL、4.00 mL、6.00 mL、8.00 mL、10.00 mL 铁标准溶液(8.2.2.5)，以下按 8.2.4.3.1～8.2.4.3.2 操作。扣除不加铁标准溶液的试液的吸光度，以铁量为横坐标、吸光度为纵坐标，绘制工作曲线。

8.2.5 分析结果计算

按式(9)计算铁的质量分数 $w(\mathrm{Fe})$，数值以%表示：

$$w(\mathrm{Fe}) = \frac{m_1 - m_2}{m_0 \times 1\,000} \times 100 \quad \cdots\cdots(9)$$

式中：

m_1——从工作曲线上查得的铁量，单位为毫克(mg)；

m_2——从工作曲线上查得的空白试验中的铁量，单位为毫克(mg)；

m_0——试料的质量，单位为克(g)。

当铁含量＜0.010%时，计算结果表示到小数点后 4 位；当铁含量＝0.010%时，计算结果表示到小数点后 3 位。

8.3 允许差

实验室之间分析结果的差值和两次平行测定结果的差值应不大于表 6 所列允许差。

表 6 允许差

铁质量分数/%	允许差/%
0.001 0～0.003 0	0.000 2
＞0.003 0～0.005 0	0.000 5
＞0.005～0.010	0.000 7

9 硅量的测定——草酸铵-硫酸亚铁铵硅钼蓝光度法

9.1 原理

试料经硝酸和氢氟酸溶解后，在微酸性溶液中，硅酸与钼酸铵生成硅钼杂多酸，用硫酸提高酸度，在草酸铵存在下，以硫酸亚铁铵还原成硅钼蓝，于分光光度计 660 nm 波长处测定其吸光度。

9.2 试剂

9.2.1 无水碳酸钠(高纯试剂)。

9.2.2 硫酸(ρ1.84 g/mL)。

9.2.3 氢氟酸(ρ1.14 g/mL)。

9.2.4　硝酸(1+3)。

9.2.5　硫酸(1+1)。

9.2.6　脲溶液(100 g/L)。

9.2.7　硼酸饱和溶液：称取 60 g 硼酸，溶解于 1 000 mL 热水中，冷却至室温。

9.2.8　钼酸铵溶液(50 g/L)：称取 5 g 钼酸铵[$(NH_4)_6Mo_7O_{24} \cdot 4H_2O$]溶解于温水中，用致密滤纸过滤，用水稀释至 100 mL，混匀，溶液贮于塑料瓶中。

9.2.9　草酸铵溶液(30 g/L)：于 700 mL 水中加入 250 mL 硫酸(9.2.2)，搅匀，加入 30 g 草酸铵，搅拌至草酸铵溶解。冷却至室温，用水稀释至 1 000 mL，混匀。

9.2.10　硫酸亚铁铵溶液(60 g/L)，使用时配制：称取 6 g 硫酸亚铁铵[$(NH_4)_2Fe(SO_4)_2 \cdot 6H_2O$]溶解于 80 mL 水中，加 6 滴硫酸(9.2.5)至溶液澄清透明，过滤，用水稀释至 100 mL，混匀。

9.2.11　硅标准储存溶液：称取 0.534 9 g 二氧化硅(特级纯)，置于已盛有 4 g 无水碳酸钠(9.2.1)的铂坩埚中，上面再覆盖 1 g～2 g 无水碳酸钠(9.2.1)，将铂坩埚置于马弗炉中逐渐升温至 950℃熔融至透明，继续加热熔融 3 min，取出冷却，用盛有温水的银质(或塑料)烧杯浸出熔块至完全溶解，用水冲净坩埚，冷却至室温，移入 500 mL 容量瓶中，用水稀释至刻度，混匀。溶液贮于塑料瓶中。此溶液 1 mL 含 0.5 mg 硅。

9.2.12　硅标准溶液：移取 20.00 mL 硅标准储存溶液(9.2.11)于 100 mL 容量瓶中，用水稀释至刻度，混匀。溶液贮于塑料瓶中。此溶液 1 mL 含 0.1 mg 硅。

9.3　分析步骤

9.3.1　试料

称取 0.5 g 试样，精确至 0.1 mg。

9.3.2　空白试验

称取 0.5 g 纯锌(纯度不低于 99.99%)，随同试料做空白试验。

9.3.3　测定

9.3.3.1　将试料(9.3.1)置于聚四氟乙烯塑料烧杯中，准确加入 15 mL 硝酸(9.2.4)，低温加热溶解，稍冷，用塑料滴管加 6 滴氢氟酸(9.2.3)，用水冲洗塑料杯内壁，加入 10 mL 脲溶液(9.2.6)，加 20 mL 硼酸饱和溶液(9.2.7)，移入 100 mL 容量瓶中，用水稀释至刻度，混匀。移入塑料瓶中存放。

9.3.3.2　移取 10.00 mL 试液(9.3.3.1)两份，分别置于 50 mL 容量瓶中，一份作为显色液，一份作为底液空白，分别操作如下：

9.3.3.2.1　显色液：加入 5 mL 钼酸铵溶液(9.2.8)，在沸水中加热 30 s 后流水冷却(或室温中放置 30 min)，加入 10 mL 草酸铵溶液(9.2.9)，混匀，随即加 5 mL 硫酸亚铁铵溶液(9.2.10)，用水稀释至刻度，混匀，放置 5 min。

9.3.3.2.2　底液空白：依次加入 10 mL 草酸铵溶液(9.2.9)、5 mL 钼酸铵溶液(9.2.8)及 5 mL 硫酸亚铁铵溶液(9.2.10)，用水稀释至刻度，混匀。

9.3.3.3　取部分溶液(9.3.3.2.1)于 2 cm 比色皿中，以底液空白液(9.3.3.2.2)为参比液，于分光光度计波长 660 nm 处测量吸光度。从 9.3.4 中的工作曲线上查出相应的硅量。

9.3.4　工作曲线的绘制

称取 0.5 纯锌(纯度不低于 99.99%) 7 份，分别置于 7 个聚四氟乙烯塑料烧杯中，依次加入 0.00 mL、0.50 mL、1.00 mL、3.00 mL、5.00 mL、8.00 mL、10.00 mL 硅标准溶液(9.2.12)，以下按 9.3.3.1～9.3.3.2.1 操作。用 2 cm 比色皿，以不加硅标准溶液的试液为参比液，于分光光度计波长 660 nm 处测量各溶液的吸光度。以硅量为横坐标、吸光度为纵坐标，绘制工作曲线。

9.4　分析结果计算

按式(10)计算硅的质量分数 $w(\mathrm{Si})$，数值以%表示：

$$w(\mathrm{Si}) = \frac{(m_1 - m_2)}{m_0 \times \frac{V_1}{V_0} \times 1\,000} \times 100 \quad \cdots\cdots (10)$$

式中：

m_1——从工作曲线上查得的硅量，单位为毫克(mg)；

m_2——从工作曲线上查得的空白试验中的硅量，单位为毫克(mg)；

V_1——移取试液的体积，单位为毫升(mL)；

V_0——试液总体积，单位为毫升(mL)；

m_0——试料的质量，单位为克(g)。

计算结果表示到小数点后3位。

9.5 允许差

实验室之间分析结果的差值和两次平行测定结果的差值应不大于表7所列允许差。

表7 允许差

硅质量分数/%	允许差/%
0.020～0.050	0.005
>0.050～0.100	0.007
>0.100～0.200	0.015

10 试验报告

试验报告应包括下列内容：

a) 鉴别试样、实验室的分析日期等资料；

b) 使用的标准和方法(方法一、方法二或方法三)；

c) 分析结果及其表示；

d) 测定中观察到的异常现象；

e) 对分析结果可能有影响而标准未包括的操作。

ICS 13.140
A 59

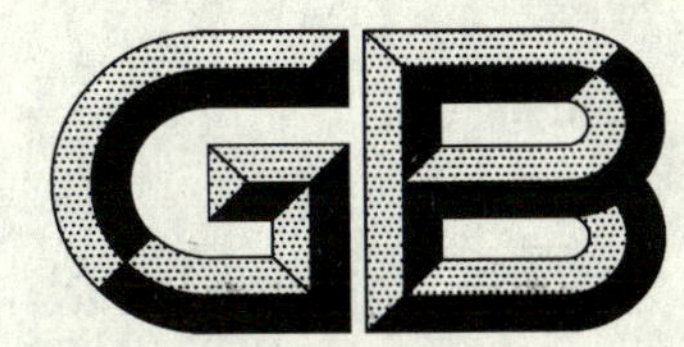

中华人民共和国国家标准

GB/T 4963—2007/ISO 226:2003
代替 GB/T 4963—1985

声学　标准等响度级曲线

Acoustics—Normal equal-loudness-level contours

(ISO 226:2003,IDT)

2007-11-14 发布　　2008-05-01 实施

中华人民共和国国家质量监督检验检疫总局
中国国家标准化管理委员会　发布

ICS 13.140
A 59

中华人民共和国国家标准

GB/T 4963—2007/ISO 226:2003
代替GB/T 4963—1985

声学 标准等响度级曲线

Acoustics—Normal equal-loudness-level contours

(ISO 226:2003,IDT)

2007-11-14 发布　　　　2008-05-01 实施

中华人民共和国国家质量监督检验检疫总局
中国国家标准化管理委员会　发布

前　言

本标准等同采用 ISO 226:2003《声学　标准等响度级曲线》(英文版)。

本标准代替 GB/T 4963—1985。

本标准与 GB/T 4963—1985 的差异如下:

——GB/T 4963—2007 等同采用 ISO 226:2003,有 4 章 3 个附录;GB/T 4963—1985 参照的是 ISO/R 226:1961,只有 3 章 1 个附录。GB/T 4963—2007 参照的版本容量大了许多,而增加的内容都是实质性的。

——就核心内容说,GB/T 4963—2007 有从响度级推导声压级的公式:

$$L_p = \frac{10}{\alpha_f} \cdot \lg A_f - L_U + 94$$

又有从声压级推导响度级的公式:

$$L_N = 40 \cdot \lg B_f + 94$$

而 GB/T 4963—1985 只有从声压级推导响度级的公式:

$$L_N = 4.2 + \frac{a_f(L_f - T_f)}{1 + b_f(L_f - T_f)}$$

而且,公式也不同。

——公式不同反映,GB/T 4963—2007 的等响度级曲线与 GB/T 4963—1985 的等响度级曲线相比,在频率 1 000 Hz～2 000 Hz 之间有了重要修改,这是根据近 20～30 年的最新研究成果做出的。

——GB/T 4963—2007 的附录 C 给出了标准等响度级曲线的由来,连同参考文献列出了十几个国家数十项研究的信息,可帮助标准使用者了解相关的研究方法。

本标准等同翻译 ISO 226:2003,并作了编辑性修改。

本标准的附录 A、附录 B 为规范性附录,附录 C 为资料性附录。

本标准由中国科学院提出。

本标准由全国声学标准化技术委员会(SAC/TC 17)归口。

本标准起草单位:中国科学院声学研究所、同济大学、中国科学院心理学研究所。

本标准主要起草人:戴根华、方至、毛东兴、李晓东。

本标准所代替标准的历次版本发布情况为:

——GB/T 4963—1985。

引　　言

本标准定义了感觉上等响的一组纯音的频率和其声压级的关系曲线，以表示人的听觉系统的基本特性，这在心理声学领域具有重要的基础性意义。

注：也能对频带噪声确定等响度级。但在本标准中仅对纯音的等响度级曲线作了规定，因为现有的频带噪声的数据不够。然而，本标准仍可用于1/3倍频带噪声的情况。

在对ISO 226:1987作技术修订的过程中，因现有的等响度级数据不足，而听阈又需要，决定将听阈数据和阈上数据分成两个单独的文件：一个是GB/T 4854.7—1999《声学　校准测听设备的基准零级　第7部分：自由场与扩散场测听的基准听阈》，作为校准测听设备基准零级系列标准的一部分；另一个是本标准GB/T 4963—2007《声学　标准等响度级曲线》。

注：GB/T 4854.7—1999目前正拟修订，目的是使听阈数据与本标准GB/T 4963—2007一致。

声学 标准等响度级曲线

1 范围

本标准规定了听者感觉等响的持续性纯音的频率和声压级之间的关系。规定依据的条件如下：

a) 听者不在场时的声场由自由平面行波组成；

b) 声源在听者前方；

c) 声信号为纯音；

d) 声压级在听者的头的中心位置测定，但听者不在场；

e) 双耳测听；

f) 听者为年龄包括 18～25 岁的耳科正常人。

数据以附录 A 中的图和附录 B 中的表的形式给出。根据 GB/T 3240—1982，常用频率包括 20 Hz～12 500 Hz 的 1/3 倍频程中心频率。

2 规范性引用文件

下列文件中的条款通过本标准的引用而成为本标准的条款。凡是注日期的引用文件，其随后所有的修改单(不包括勘误的内容)或修订版均不适用于本标准，然而，鼓励根据本标准达成协议的各方研究是否可使用这些文件的最新版本。凡是不注日期的引用文件，其最新版本适用于本标准。

GB/T 3240—1982 声学测量中的常用频率

3 术语和定义

下列术语和定义适用于本标准。

3.1

耳科正常人 otologically normal person

无任何耳疾症候、耳道内无耵聍、无过度的噪声暴露史、从未使用过对耳有强烈毒害作用的药物、无听力损失家族史的健康状况正常者。

3.2

自由[声]场 free [sound] field

均匀各向同性媒质中，边界影响可以不计的声场。

3.3

响度级 loudness level

等于根据听力正常的听者判断为等响的 1 000 Hz 纯音(来自正前方的平面行波)的声压级。

注：响度级单位为方(phon)。

3.4

等响度关系 equal-loudness relationship

表示给定频率的纯音的响度级与其声压级之间的关系的曲线或函数。

3.5

等响度级曲线 equal-loudness-level contour

典型听者认为响度相同的纯音的声压级与频率的关系的曲线。

3.6

标准等响度级曲线　normal equal-loudness-level contour

表示年龄包括 18～25 岁的耳科正常人平均判断的等响度级曲线。

注：推导标准等响度级曲线的方法见附录 C。

3.7

听阈　threshold of hearing

在规定条件下，以一规定的信号进行的多次重复试验中，对一定百分数的听者能正确地判别所给信号的最低声压。信号的特性、它到达听者的方式以及测量声压的地点都必须说明。

注 1：除非另有说明，否则到达人耳的环境噪声假设是可以忽略不计的。

注 2：听阈一般用相对于 20 μPa 的分贝数表示。

注 3：多次重复试验是指使用恒定声源的方法。其他心理物理方法也可使用，不过对所用方法应加以说明。

注 4：一定百分数常取 50%。

4 标准等响度级曲线公式

4.1 从响度级推导声压级

频率为 f 响度级为 L_N 的纯音的声压级 L_p(单位:dB)由式(1)给出：

$$L_p = \frac{10}{\alpha_f} \cdot \lg A_f - L_U + 94 \qquad (1)$$

式中：

$A_f = 4.47 \times 10^{-3} \times (10^{0.025 L_N} - 1.15) + [0.4 \times 10^{(\frac{T_f + L_U}{10} - 9)}]^{\alpha_f}$

T_f——听阈，单位为分贝(dB)；

α_f——响度感觉幂指数；

L_U——对 1 000 Hz 归一化线性传递函数的幅值，单位为分贝(dB)。

表 1 给出了这些参数。

式(1)适用的频率范围取决于从 20 phon 的低限到下述高限(phon)的响度级：

20 Hz～4 000 Hz：90 phon

5 000 Hz～12 500 Hz：80 phon

响度级低于 20 phon 时，式(1)只是提示性的，因为缺少 20 phon 和听阈之间的实验数据。对于频率从 20 Hz 到 1 000 Hz 而响度级高于 90 phon 到 100 phon，式(1)也是提示性的，因为仅有一个研究所提供了 100 phon 的实验数据。

4.2 从声压级推导响度级

频率为 f 声压级为 L_p 的纯音的响度级 L_N(单位:phon)由式(2)给出：

$$L_N = 40 \cdot \lg B_f + 94 \qquad (2)$$

式中：

$B_f = [0.4 \times 10^{(\frac{L_p + L_U}{10} - 9)}]^{\alpha_f} - [0.4 \times 10^{(\frac{T_f + L_U}{10} - 9)}]^{\alpha_f} + 0.005\,135$

T_f、α_f 和 L_U 的含义同 4.1。

对式(1)的限制条件同样适用于式(2)。

表 1 用于计算标准等响度级曲线的参数

频率 f/Hz	α_f	L_U/dB	T_f/dB
20	0.532	−31.6	78.5
25	0.506	−27.2	68.7
31.5	0.480	−23.0	59.5
40	0.455	−19.1	51.1
50	0.432	−15.9	44.0
63	0.409	−13.0	37.5
80	0.387	−10.3	31.5
100	0.367	−8.1	26.5
125	0.349	−6.2	22.1
160	0.330	−4.5	17.9
200	0.315	−3.1	14.4
250	0.301	−2.0	11.4
315	0.288	−1.1	8.6
400	0.276	−0.4	6.2
500	0.267	0.0	4.4
630	0.259	0.3	3.0
800	0.253	0.5	2.2
1 000	0.250	0.0	2.4
1 250	0.246	−2.7	3.5
1 600	0.244	−4.1	1.7
2 000	0.243	−1.0	−1.3
2 500	0.243	1.7	−4.2
3 150	0.243	2.5	−6.0
4 000	0.242	1.2	−5.4
5 000	0.242	−2.1	−1.5
6 300	0.245	−7.1	6.0
8 000	0.254	−11.2	12.6
10 000	0.271	−10.7	13.9
12 500	0.301	−3.1	12.3

附　录　A
（规范性附录）
自由场测听条件下纯音标准等响度级曲线

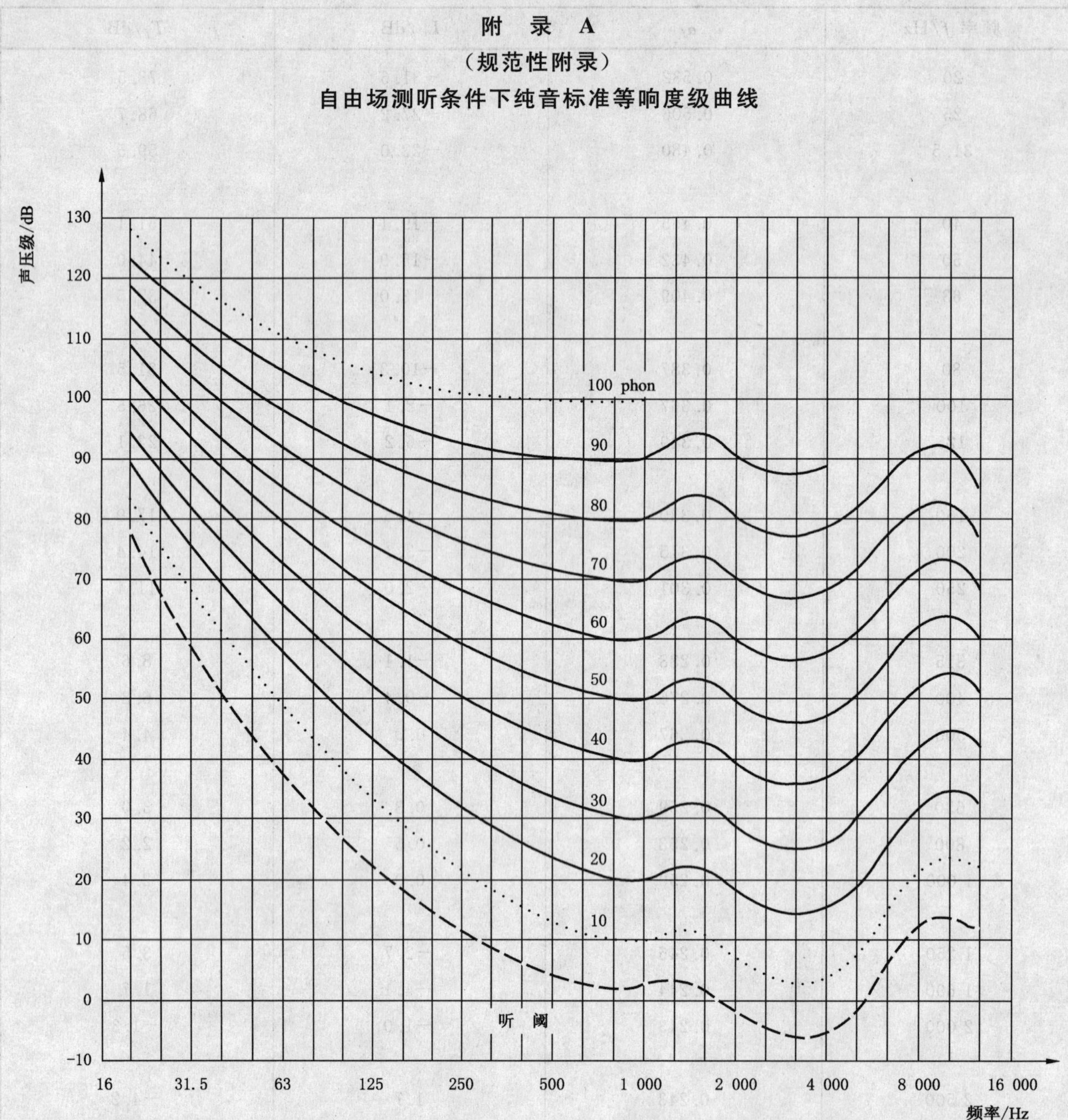

注 1：自由场测听条件下的听阈 T_f 由短划线表示；

注 2：因为缺少 20 phon 和听阈之间的实验数据，10 phon 的等响度级曲线用点线表示。同时，100 phon 的等响度级曲线也用点线表示，因为只有一个研究所提供了 100 phon 等响度级曲线的数据。

图 A.1　纯音标准等响度级曲线

（双耳自由场测听，前向入射）

附　录　B
（规范性附录）
自由场测听条件下纯音标准等响度级曲线数值表

表 B.1　20 Hz～12 500 Hz 频率范围内的纯音的响度级与其声压级之间的关系

响度级/phon	声　压　级/dB									
	20 Hz	25 Hz	31.5 Hz	40 Hz	50 Hz	63 Hz	80 Hz	100 Hz	125 Hz	160 Hz
10	(83.8)	(75.8)	(68.2)	(61.1)	(55.0)	(49.0)	(43.2)	(38.1)	(33.5)	(28.8)
20	89.6	82.7	76.0	69.6	64.0	58.6	53.2	48.4	43.9	39.4
30	94.8	88.5	82.4	76.5	71.3	66.2	61.2	56.8	52.6	48.4
40	99.9	93.9	88.2	82.6	77.8	73.1	68.5	64.4	60.6	56.7
50	104.7	99.1	93.7	88.5	84.0	79.6	75.4	71.6	68.2	64.7
60	109.5	104.2	99.1	94.2	90.0	85.9	82.1	78.7	75.6	72.5
70	114.3	109.2	104.4	99.8	95.9	92.2	88.6	85.6	82.9	80.2
80	119.0	114.2	109.6	105.3	101.7	98.4	95.2	92.5	90.1	87.8
90	123.7	119.2	114.9	110.9	107.5	104.5	101.7	99.3	97.3	95.4
100	(128.4)	(124.2)	(120.1)	(116.4)	(113.4)	(110.6)	(108.2)	(106.2)	(104.5)	(103.0)

响度级/phon	声　压　级/dB									
	200 Hz	250 Hz	315 Hz	400 Hz	500 Hz	630 Hz	800 Hz	1 000 Hz	1 250 Hz	1 600 Hz
10	(24.8)	(21.3)	(18.2)	(15.1)	(13.0)	(11.2)	(10.0)	10.0	(11.3)	(10.4)
20	35.5	32.0	28.7	25.7	23.4	21.5	20.1	20.0	21.5	21.4
30	44.8	41.5	38.4	35.5	33.4	31.5	30.1	30.0	31.6	32.0
40	53.4	50.4	47.6	45.0	43.1	41.3	40.1	40.0	41.8	42.5
50	61.7	59.0	56.5	54.3	52.6	51.1	50.0	50.0	52.0	52.9
60	69.9	67.5	65.4	63.5	62.1	60.8	59.9	60.0	62.2	63.2
70	77.9	75.9	74.2	72.6	71.5	70.5	69.8	70.0	72.3	73.5
80	85.9	84.3	82.9	81.7	80.9	80.2	79.7	80.0	82.5	83.7
90	93.9	92.6	91.6	90.8	90.2	89.8	89.6	90.0	92.6	94.0
100	(101.8)	(101.0)	(100.3)	(99.8)	(96.6)	(99.5)	(99.4)	100.0	—	—

表 B.1(续)

响度级/phon	声压级/dB								
	2 000 Hz	2 500 Hz	3 150 Hz	4 000 Hz	5 000 Hz	6 300 Hz	8 000 Hz	10 000 Hz	12 500 Hz
10	(7.3)	(4.5)	(3.0)	(3.8)	(7.5)	(14.3)	(21.0)	(23.4)	(22.3)
20	18.2	15.4	14.3	15.1	18.6	25.0	31.5	34.4	33.0
30	28.8	26.0	25.0	26.0	29.4	35.5	41.7	44.6	42.5
40	39.2	36.5	35.6	36.6	40.0	45.8	51.8	54.3	51.5
50	49.6	46.9	46.1	47.1	50.5	56.1	61.8	63.8	60.1
60	60.0	57.3	56.4	57.6	60.9	66.4	71.7	73.2	68.6
70	70.3	67.6	66.8	68.0	71.3	76.6	81.5	82.5	77.0
80	80.6	77.9	77.1	78.3	81.6	86.8	91.4	91.7	85.4
90	90.9	88.2	87.4	88.7	—	—	—	—	—
100	—	—	—	—	—	—	—	—	—
注:括号内的数据仅供参考。									

表 B.2 20 Hz～12 500 Hz 频率范围内的纯音的声压级与其响度级之间的关系

声压级/dB	响度级/phon									
	20 Hz	25 Hz	31.5 Hz	40 Hz	50 Hz	63 Hz	80 Hz	100 Hz	125 Hz	160 Hz
0	—	—	—	—	—	—	—	—	—	—
10	—	—	—	—	—	—	—	—	—	—
20	—	—	—	—	—	—	—	—	—	—
30	—	—	—	—	—	—	—	(4.3)	(7.3)	(11.1)
40	—	—	—	—	—	—	(7.5)	(11.6)	(16.0)	20.7
50	—	—	—	—	(6.0)	(10.9)	(16.5)	21.9	26.9	31.9
60	—	—	—	(8.9)	(15.2)	21.8	28.4	34.2	39.3	44.1
70	—	—	(12.1)	20.6	28.2	35.5	42.2	47.8	52.5	56.8
80	(4.4)	(15.9)	26.2	35.7	43.6	50.7	57.0	62.0	66.1	69.8
90	20.8	32.7	43.3	52.7	60.1	66.5	72.1	76.4	79.9	82.9
100	40.3	51.7	61.8	70.4	77.1	82.7	87.5	(91.0)	(93.8)	(96.1)
110	61.1	71.6	80.7	88.5	(94.3)	(99.0)	—	—	—	—
120	82.2	(91.7)	(99.8)	—	—	—	—	—	—	—

表 B.2(续)

声压级/dB	响度级/phon									
	200 Hz	250 Hz	315 Hz	400 Hz	500 Hz	630 Hz	800 Hz	1 000 Hz	1 250 Hz	1 600 Hz
0	—	—	—	—	—	—	—	—	—	—
10	—	—	—	(5.5)	(7.3)	(8.9)	(10.0)	10.0	(8.8)	(9.6)
20	(6.2)	(8.9)	(11.8)	(14.5)	(16.7)	(18.6)	(19.9)	20.0	(18.6)	(18.7)
30	(14.6)	(18.0)	21.3	24.4	26.6	28.5	29.9	30.0	28.4	28.1
40	24.8	28.4	31.8	34.7	36.9	38.7	40.0	40.0	38.3	37.6
50	36.0	39.6	42.7	45.4	47.3	48.9	50.0	50.0	48.1	47.3
60	47.9	51.2	53.9	56.3	57.9	59.2	60.1	60.0	57.9	56.9
70	60.2	63.0	65.3	67.2	68.5	69.5	70.3	70.0	67.8	66.7
80	72.6	74.9	76.7	78.2	79.1	79.9	80.4	80.0	77.6	76.4
90	85.2	86.9	88.2	89.2	89.8	(90.2)	(90.5)	90.0	87.4	86.1
100	(97.7)	(98.9)	(99.7)	—	—	—	—	100.0	—	—
110	—	—	—	—	—	—	—	—	—	—
120	—	—	—	—	—	—	—	—	—	—

声压级/dB	响度级/phon								
	2 000 Hz	2 500 Hz	3 150 Hz	4 000 Hz	5 000 Hz	6 300 Hz	8 000 Hz	10 000 Hz	12 500 Hz
0	—	(6.1)	(7.4)	(6.8)	—	—	—	—	—
10	(12.5)	(15.1)	(16.2)	(15.4)	(12.3)	(6.0)	—	—	—
20	21.8	24.3	25.3	24.5	21.3	(15.3)	(9.1)	(7.1)	(8.1)
30	31.2	33.8	34.7	33.8	30.6	24.8	(18.6)	(15.9)	(17.0)
40	40.8	43.4	44.2	43.2	40.0	34.4	28.3	25.5	27.3
50	50.4	53.0	53.8	52.8	49.6	44.1	38.2	35.6	38.3
60	60.1	62.7	63.5	62.4	59.2	53.8	48.3	46.0	49.9
70	69.8	72.4	73.2	72.0	68.8	63.6	58.4	56.7	61.7
80	79.5	82.1	82.9	81.7	78.5	73.4	68.5	67.4	73.6
90	89.2	—	—	—	—	—	78.6	78.2	—
100	—	—	—	—	—	—	—	—	—
110	—	—	—	—	—	—	—	—	—
120	—	—	—	—	—	—	—	—	—

注：括号内的数据仅供参考。

附 录 C
（资料性附录）
关于标准等响度级曲线推导的说明

C.1 实验数据

本标准规定的自由场测听条件下标准等响度级曲线，是从12个独立的实验研究结果得来的，见文献[1]～[12]。大多数情况下，诸如刺激和受试者的选择标准等实验条件满足优选测试条件（见文献[13]），与优选测试条件的差别认为是可以忽略的。实验研究的简要情况在表C.1中给出。

C.2 式(1)和式(2)的推导

等响度级曲线画在以频率和声压级为轴的二维平面上。由于画这些曲线的实验数据是一个点一个点地给出的，所以数据必须适当地作平滑和内插处理。结果导得一个表示等响关系的模型函数。这个函数的各个参数的数值，由使用最小二乘法将它拟合到实验数据而得。

沿声压级轴的内插根据模型响度函数进行。响度函数将声音响度以其声压级的函数表示。已提出几个函数作为纯音的模型响度函数 l。本标准采用如式(C.1)的函数：

$$l = c(p^{2\theta} - p_t^{2\theta}) \qquad \text{(C.1)}$$

式中：

c——有量纲的常数；

p——纯音声压；

θ——响度感觉过程幂指数；

p_t——以声压表示的听阈。

该函数由文献[14]和[15]给出，它形式虽然简单，但能很好地描述无掩蔽噪声时纯音的响度函数（见文献[16]）。

此外，文献[17]指出，评定响度有两个过程：一个是“响度感觉过程”，另一个是“数值评定过程”。有鉴于此，提出了一个“二过程模型”，模型中两个过程的结果用不同幂指数的变换描写。而且，在实际的听觉系统中，声源辐射的声音由诸如头相关传递函数，及外耳、中耳和内耳的线性力学部分的线性传递函数等所变换。线性传递函数描述声源和刚要产生响度感觉的过程前的阶段之间总的传递函数。根据这些思想，响度评定过程由三部分组成：

- 线性传递函数；
- 响度感觉；
- 数值评定。

图C.1示出该模型的框图。根据这个模型和式(C.1)所示的响度函数，响度响应由式(C.2)给出：

$$l = b\{c[(U \cdot p)^{2\alpha} - (U \cdot p_t)^{2\alpha}]\}^{\beta} \qquad \text{(C.2)}$$

式中：

U——扩展的线性传递函数；

c 和 α——“响度感觉过程”的扩展的有量纲常数和幂指数；

b 和 β——“数值评定过程”的扩展的有量纲常数和幂指数；

p 和 p_t——同式(C.1)中的定义。

图 C.1　响度评定过程模型方框图

除声压外，沿频率轴的等响关系也需用一个函数表示。当 1 000 Hz 的纯音的响度等于 f 的纯音的响度时，由式(C.2)可导得式(C.3)：

$$p_f^2 = \frac{1}{U_f^2}\left[(p_r^{2\alpha_r} - p_{tr}^{2\alpha_r}) + (U_f \cdot p_{tf})^{2\alpha_f}\right]^{\frac{1}{\alpha_f}} \quad \cdots\cdots\cdots\cdots (C.3)$$

式中：

p_f——其响度等于声压为 p_r 的 1 000 Hz 纯音的响度时 f(Hz)纯音的声压；

p_{tf}——f(Hz)的听阈；

p_{tr}——1 000 Hz 的听阈；

α_f和α_r——f(Hz)和 1 000 Hz 的纯音的幂指数；

U_f——对 1 000 Hz 归一化线性传递函数的幅值。

即令 1 000 Hz 的 $U=1$。在上述推导中，已假定"数值评定过程"中的变量 b 和 β 与频率无关。使用这些公式，可计算响度与 1 000 Hz 纯音的响度相等的 f(Hz)纯音的声压级。

将 $p_f^2, p_r^2, p_{tf}^2, p_{tr}^2, U_f^2$ 分别代以 $p_f^2 = p_0^2 \cdot 10^{L_f/10}$，$p_r^2 = p_0^2 \cdot 10^{L_N/10}$，$p_{tf}^2 = p_0^2 \cdot 10^{T_f/10}$，$p_{tr}^2 = p_0^2 \cdot 10^{T_r/10}$，$U_f^2 = p_0^2 \cdot 10^{L_U/10}$，式(C.3)就转换成式(1)，这里 $p_0 = 20\ \mu\text{Pa}$，$\alpha_r = 0.25$，$T_r = 2.4$ dB。

采用相同的替代，可从式(C.3)导得式(2)。

1 000 Hz 的幂指数 α_r 取为 0.25 是基于如下的原因：用绝对幅值估计(AME)法所得的 α_r 的典型值为 0.27(对声压而言为 0.54)，见文献[15]。用 AME 法实验所得的响度，似乎适合"二过程模型"的结果。因此，取 0.27 作为文献[15]公式中的指数 $\alpha_r\beta$，而 $\beta = 1.08$，β 的值在文献[18]中确定。这样，1 000 Hz的幂指数 α_r 就假定为 0.25(=0.27/1.08)。

C.3　表 1 中与频率有关的各个参数的获得

如果得到了式(1)中与频率有关的各个参数 α_f，L_U 和 T_f，那么，就能画出等响度级曲线。这些参数按如下步骤从实验数据计算而得：

a)　除两项研究[19,21]用平均值外，在其余各项研究[3-9,11,12,20,22,23]中，20 Hz～12 500 Hz 的听阈，都取各自在每个频率所得结果的中数值的平均值表示，其中作了平滑和三次 B-样条函数的内插处理。这样得到的 T_f 示于表 1。听者的人数在 B-样条函数计算中未予以考虑。

b)　式(1)已在每个频率按非线性最小二乘法，对各研究[1-12]结果的平均值作了拟合，以估算 α_f，L_U。然后，将所得的 α_f 作平滑和三次 B-样条函数的内插处理，α_f 如表 1 所示。

c)　将 α_f 代入式(1)，对 L_U 作再估算。对再估算后的 L_U 作平滑和按三次 B-样条函数内插处理，所得的 L_U 示于表 1。

C.4　等响度级曲线和实验数据的比较

等响度级曲线的测定在 20 Hz～12 500 Hz 的频率范围进行，高于 12 500 Hz 的现有数据呈现较大的变化。图 C.2 给出来自文献[1]～[12]和[19]～[23]的数据，还有拟合后的标准等响度级曲线及听阈曲线。

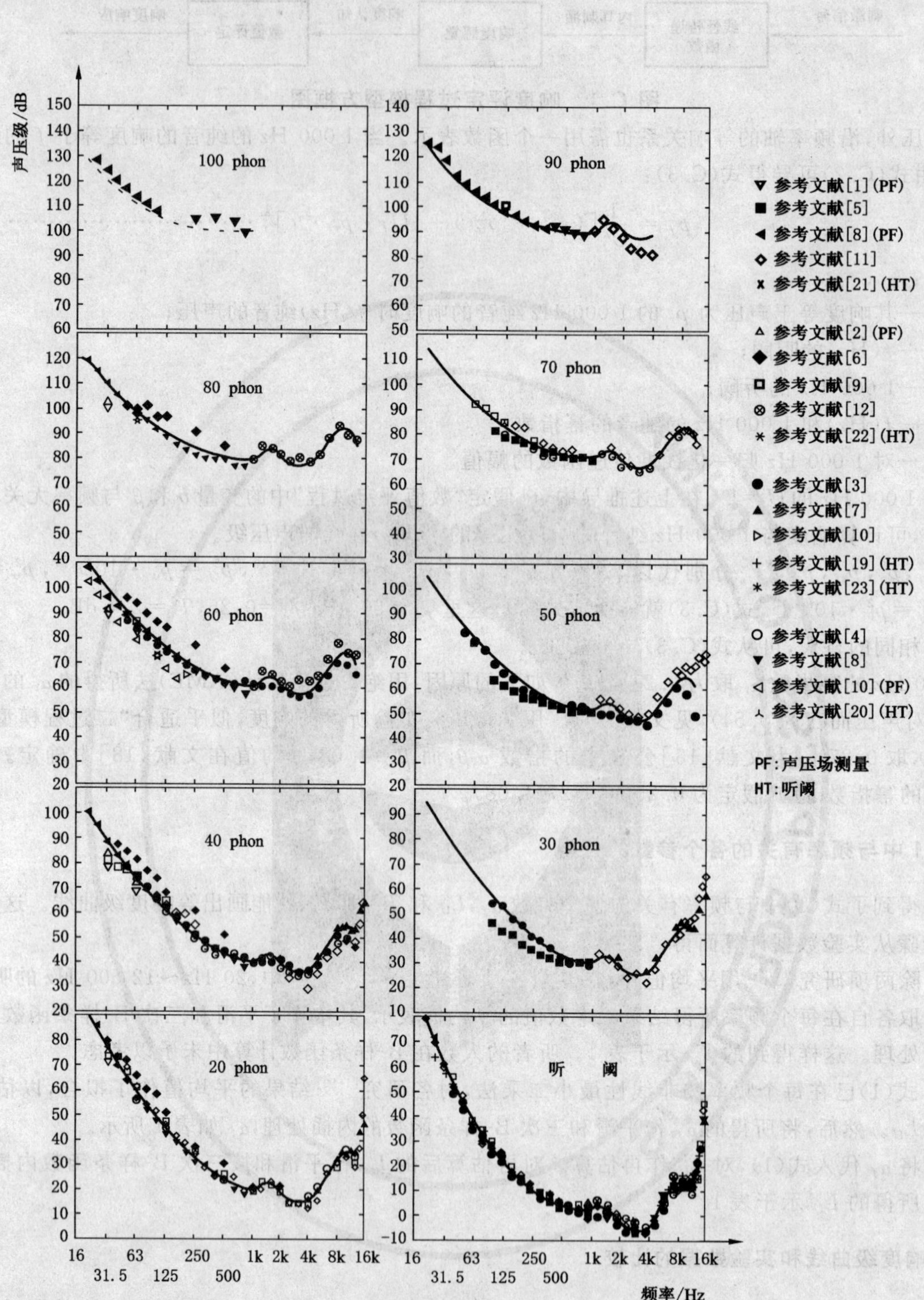

注1:声压场(PF)只有低频测试数据(见表C.1和脚注b);

注2:各种符号表示测试数据,所有曲线是按式(1)计算得来的。

图C.2 自由场测听条件下正常听力的纯音等响度级曲线

表 C.1 纯音标准等响度级曲线的研究

实验研究	参考文献[1]	参考文献[2]	参考文献[3]	参考文献[4]
年　份	1983	1984	1989	1989
国　家	丹　麦	丹　麦	德　国	日　本
声　场	声压场[b]	声压场[b]	自由场	自由场
测试范围[a]	20phon:2 Hz～63 Hz 40phon:2 Hz～63 Hz 60phon:2 Hz～63 Hz 80phon:8 Hz～63 Hz 100phon:31.5 Hz～63 Hz	20phon:2 Hz～63 Hz 40phon:2 Hz～63 Hz 60phon:2 Hz～63 Hz 80phon:4 Hz～63 Hz 100phon: 16 Hz ～63 Hz	听阈:40 Hz～15 000 Hz 30phon:100 Hz～1 000 Hz 40phon:50 Hz～12 500 Hz 50phon:50 Hz～12 500 Hz 60phon:50 Hz～12 500 Hz	听阈:63,125,250～12 500Hz 20phon:63, 125, 250, 500, 1 000, 2 000,4 000～12 500 Hz 40phon:125,250～4 000,8 000 Hz 70phon:125,250～4 000,8 000 Hz
受试者人数(年龄)	14 (18～25)	20 (18～25)	13～49 (17～25)	9～32 (19～25)
试验方法	随机最大似然排序法	随机最大似然排序法	恒定刺激法	恒定刺激法
基准音	63 Hz 固定声级	63 Hz 固定声级	1 000 Hz 固定声级	1 000 Hz 固定声级
试验音声压级	从 μ 和 $\mu\pm\sigma$ 中随机选取[c]	从 μ、$\mu\pm\sigma$ 和 $\mu\pm2\sigma$ 中随机选取[c]	分为 7 档,每档 5 dB	分为 9 档,每档 1.5 dB～4.5 dB
音持续时间	2 s	2 s	1 s	1 s
试验音与基准音的次序	基准音先放	随机	随机	随机
单次测试中的判别数/结束规则	操作者感觉 PSE[*] 已被足够精确地估计	试验中 5 个可能的试验音声压级放送完毕	7 个试验音声压级×3＝21 个判别	9 个试验音声压级×20＝180 个判别
主观相等点(PSE[*])估计	最大似然估计	最大似然估计	较响的响应为 50%	最大似然估计
注	基准音声压级由 1 000 Hz的基准音与 63 Hz的试验音等响时逐个确定	基准音声压级由 1 000 Hz的基准音与 63 Hz 的试验音等响时逐个确定	测试期间试验音声压级的变动为 2.5 dB	

表 C.1(续)

实验研究	参考文献[5]	参考文献[6]	参考文献[7]
年　份	1990	1990	1994
国　家	德　国	丹　麦	丹　麦
声　场	自由场	自由场	自由场
测试范围[a]	听阈:100 Hz～1 000 Hz 30phon:100 Hz～1 000 Hz 50phon:100 Hz～1 000 Hz 70phon:100 Hz～1 000 Hz	听阈:25～125,250,500,1 000 Hz 20phon:31.5～125,250,500 Hz 40phon:40～125,250,500 Hz 60phon50～125,250,500 Hz 80phon50～125,250,500 Hz	听阈:1 000 Hz～16 000 Hz 20phon:1 000 Hz～16 000 Hz 30phon:1 000 Hz～16 000 Hz 40phon:1 000 Hz～16 000 Hz
受试者人数 (年龄)	12 (21～25)	10～12 (18～30)	29 (18～25)
试验方法	恒定刺激法	升降法	升降法
基准音	1 000 Hz 固定声级	1 000 Hz 固定声级	1 000 Hz 固定声级
试验音声压级	等响度级上下±1.875 dB,±4.875 dB,±7.875 dB(见文献[24])	每档变动 2dB	每档变动 3 dB
音持续时间	1 s	1 s	1 s
试验音和基准声的次序	随机	随机	随机
单次测试中的判别数/结束规则	70 次判别(±1.875 dB:各 20 次,±4.875 dB:各 10 次,±7.875 dB:各 5 次)	完成 6 次降序和 5 次升序	完成 4 次降序和 4 次升序
主观相等点(PSE[a])估计	50%心理函数测定	除去起始降序外所有序列结束时的试验音声压级的平均	所有序列结束时的试验音声压级的中数值
注		开始的试验音声压级为 ISO 226:1987 规定值以上 15 dB～20 dB	开始的试验音声压级为 ISO 226:1987 规定值以上 15 dB

表 C.1(续)

实验研究	参考文献[8]		参考文献[9]	参考文献[10]	
年　份	1997		1997	1999	
国　家	丹　麦		日　本	德　国	
声　场	自由场	声压场[b]	自由场	自由场	声压场[b]
测试范围	听阈:50 Hz~16 000 Hz 20 phon:50 Hz~800 Hz 40 phon:50 Hz~800 Hz 60 phon:50 Hz~800 Hz 80 phon:50 Hz~800 Hz 90 phon:125 Hz~800 Hz 100 phon:250 Hz~800 Hz	听阈:20 Hz~100 Hz 20 phon:20 Hz~100 Hz 40 phon:20 Hz~100 Hz 60 phon:20 Hz~100 Hz 80 phon:20 Hz~100 Hz 90 phon:20 Hz~100 Hz 100 phon:25 Hz~100 Hz	听阈:31.5 Hz~20 000 Hz[d] 20 phon:31.5~63,125,250,500,1 000~4 000,8 000,12 500 Hz 40 phon:31.5~63,125,250,500 Hz 50 phon:125 Hz 60 phon:125 Hz 70 phon:63~125,250~4 000,8 000 Hz 90 phon:125 Hz	60 phon:100,200,630,1 000 Hz	60 phon:16~160 Hz
受试者人数(年龄)	27 (19~25)	14 (19~25)	9~30 (19~25)	12 (不确定)	
试验方法	随机最大似然排序法		恒定刺激法	一上一下自调节法	
基准音	1 000 Hz 固定声级	100 Hz 固定声级	1 000 Hz 固定声级	1 000 Hz 固定声级	100 Hz 固定声级
试验音声压级	从 μ、$\mu\pm\sigma$ 和 $\mu\pm2\sigma$ 中随机选取[c]		9 档,每档变动 1.5 dB~2.5 dB	响度测定中,每逢试验音声压级第二次倒向时,起始档距 8 dB,后减半,直到 2 dB	
音持续时间	1 s		1 s	—	
试验音和基准音的次序	随机		随机	—	
单次测试中的判别数/结束规则	一次试验中用完 5 个可能的试验音声压级		9 个试验音声压级×20=180 次判别	2 dB 的档距用完	
主观相等点(PSE[e])估计	最大似然估计		最大似然估计	—	
注		自由场中 100 Hz 的各等响度级作为基准音声压级			自由场中 100 Hz 的各等响度级作为基准音声压级

表 C.1(续)

实验研究	参考文献[11]	参考文献[12]
年　份	2000	2002
国　家	日　本	日　本
声　场	自由场	自由场
测试范围	听阈:31.5 Hz～18 000 Hz 20 phon:50 Hz～16 000 Hz 30 phon:1 000 Hz～16 000 Hz 40 phon:80 Hz～15 000 Hz 50 phon:1 000 Hz～16 000 Hz 70 phon:125 Hz～12 500 Hz 90 phon:1 000 Hz～4 000 Hz	听阈:1 000 Hz～12 500 Hz 60 phon:1 000 Hz～12 500 Hz 80 phon:1 000 Hz～6 300 Hz
受试者人数 (年龄)	7～32 (18～25)	21 (20～25)
试验方法	随机最大似然排序法	随机最大似然排序法
基准音	1 000 Hz 固定声级	1 000 Hz 固定声级
试验音声压级	从 μ、$\mu\pm2$ dB、$\mu\pm4$ dB 和 $\mu\pm6$ dB 中随机选取[c]	从 μ、$\mu\pm2$ dB、$\mu\pm4$ dB、$\mu\pm6$ dB 和 $\mu\pm8$ dB 中随机选取[c]
音持续时间	1 s	1 s
试验音和基准音的次序	随机	随机
单次测试中的判别数/结束规则	50 对音用完	60 对音用完
主观相等点(PSE*)估计	最大似然估计	最大似然估计
注	第 1 个和第 2 个试验音的声压级,取为文献[11]关于 PSE 的最佳估计值±20 dB	第 1 个和第 2 个试验音的声压级,取为文献[11]关于 PSE 的最佳估计值±20 dB

* PSE(Points of Subjective Equality):主观感觉响度相同时的声压级。

a 测试范围"A Hz～B Hz"表示 GB/T 3240—1982 中规定的 1/3 倍频带的频率 A Hz～B Hz。

b "声压场"测试在特殊的小室中进行,小室中产生规定的声压。这样的测试限于极低的频率范围。比较研究证实,"声压场"测试结果与自由场测试结果一致。

c μ 和 σ 为最大似然法的心理测定函数的平均值和标准偏差的估计值。

d 文献[9]没有报告听阈,但文献[25]和[4]报告了。

参 考 文 献

[1] Kirk,B. Hørestyrke og genevirkning af infralyd. Institute of Electronic Systems,Aalborg University,Aalborg,Denmark,1983:1-111.

[2] Møller,H. ,Andresen,J. Loudness of pure tones at low and infrasonic frequencies. J. Low Freq. Noise and Vib. 3,1984:78-87.

[3] Betke,K. and Mellert,V. New measurements of equal-loudness level contours. Proc. Inter-noise 89. 1989:793-796.

[4] Suzuki,S. ,Suzuki,Y. ,Kono,S. ,Sone,T. ,Kumagai,M. ,Miura,H. and Kado,H. Equal-loudness level contours for pure tone under free field listening condition(I)—Some data and considerations on experimental conditions. J. Acoust. Soc. Jpn. (E),10,1989:329-338.

[5] Fastl,H. ,Jaroszewski,A. ,Shorer,E. and Zwicker,E. Equal-loudness contours between 100 and 1 000 Hz for 30,50 and 70 Phon. Acoustica,70,1999:197-201.

[6] Watanabe,T. and Møller,H. Hearing threshold and equal-loudness contours in free field at frequencies below 1 kHz. J. Low Freq. Noise and Vib. ,9,1990:135-148;Watanabe,T. and Møller,H. Low frequency hearing thresholds in pressure field and in free field. J. Low Freq. Noise and Vib. ,9,1990:106-115.

[7] Poulsen,T. and Thøgersen,L. Hearing threshold and equal-loudness contours in a free sound field for pure tones from 1 kHz to 16 kHz. Proc. Nordic Acoust. Meeting,1994:195-198.

[8] Lydolf,M. and Møller,H. New measurements of the threshold of hearing and equal-loudness contours at low frequencies. Proceedings of the 8th international meeting on Low Frequency Noise and Vibration,Gothenburg,Sweden,1997:76-84.

[9] Takeshima,H. ,Suzuki,Y. ,Kumagai,M. ,Sone,T. ,Fujimori,T. and Miura,H. Equal-loudness level measured with the method of constant stimuli-Equal-loudness level contours for pure tone under free-field listening condition(II)J. Acoust. Soc. Jpn. (E),18,1997:337-340.

[10] Bellmann,M. A. ,Mellert,V. ,Reckhardt,C. and Remmers,H. Sound and vibration at low frequencies. Joint meeting of ASA,EAA,and DAGA,1999,Relin,Germany. J. Acoust. Soc. Am. ,105,1999:1297.

[11] Takeshima,H. ,Suzuki,Y. ,Fujii,H. Kumagai,M. ,Ashihara,K. Fujimori,T. and Sone,T. Equal-loudness contours measured by the randomized maximum likelihood sequential procedure. Acoustica—acta acustica,87,2001:389-399.

[12] Takeshima,H. ,Suzuki,Y. ,Ashihara,K. Fujimori,T. Equal-loudness contours between 1 k Hz and 12. 5 k Hz for 60 and 80 phons. Acoust. Sci. Tech. ,23,2002:106-109.

[13] ISO/TC 43/WG 1 Threshold of hearing,Preferred test condotions for detemining hearing thresholds for standardization. Scand. Audiol. ,25,1996:45-52.

[14] Zwislocki,J. J. ,and Hellman,R. P. On the psychophysical law. J. Acoust. Soc. Am. ,32,1960:924.

[15] Lochner,J. P. A. ,and Burger,J. F. Form of the loudness function in the presence of masking noise. J. Acoust. Soc. Am. ,33,1961:1705-1707.

[16] Humes,L. E. and Jesteadt,W. Models of the effects of threshold on loudness growth and summation. J. Acoust. Soc. Am. ,90,1991:1933-1943.

[17] Atteneave,F. Perception and related areas. A study of science. Vol. 4,S. Koch(ed.),McGraw

Hill, New York, 1962.

[18] Zwislocki, J. J. Group and individual relations between sensation magnitudes and their numerical estimates. Perception Psychophysics, 33, 1983: 460-468.

[19] Robinson, D. W. and Dadson, M. A. A re-determination of the equal-loudness relations for pure tones. British. J. Appl. Phy., 7, 1956: 166-181.

[20] Teranishi, R. Study about measurement of loudness on the problems of minimum audible sound. Researches of the Electrotechnical laboratory, No. 658, Tokyo, Japan, 1965.

[21] Brinkmann, K. Audiometer-Bezugsschwelle und Freifeld-Hörschwelle. Acustica, 28, 1973: 147-154.

[22] Vorländer, M. Freifeld-Hörschwellen von 8 kHz～16 kHz. Fortschritte der Akustik—DAGA'91, Bad Honnef, DPG-GmbH, 1991: 533-536.

[23] Poulsen, T. and Han, L. A. The binaural free field hearing threshold for pure tones from 125 Hz to 16 k Hz. Acustica—acta acustica, 86, 2000: 333-337.

[24] Zwicker, E. Psychoakustik. Hochschultext, Springer, Berlin, 1982.

[25] Takeshima, H., Suzuki, Y., Kumagai, M., Sone, T., Fujimori, T. and Miura, H. Threshold of hearing for pure tone under free-field listening conditions. J. Acoust. Soc. Jpn. (E), 15, 1994: 159-169.

ICS 81.080
Q 44

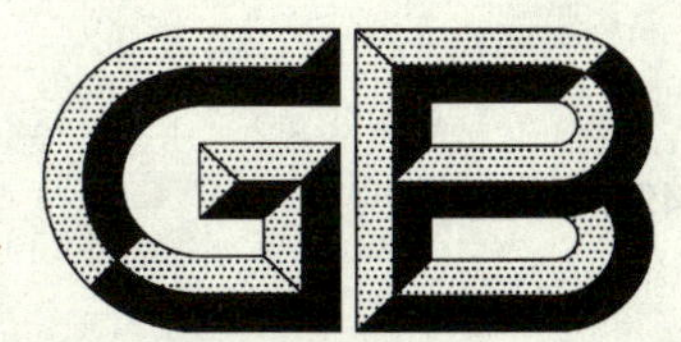

中华人民共和国国家标准

GB/T 4984—2007
代替 GB/T 4984—1985,GB/T 14350—1993

含锆耐火材料化学分析方法

Chemical analysis of refractories containing zirconia

2007-04-18 发布　　2007-10-01 实施

中华人民共和国国家质量监督检验检疫总局
中国国家标准化管理委员会　发布

前　言

本标准是对 GB/T 4984—1985《锆刚玉耐火材料化学分析方法》、GB/T 14350—1993《锆英石耐火材料化学分析方法》的修订。

本标准与原标准相比，主要变化为：

——将原来 2 个标准的内容整合在一起，并包含了 YB/T 4078—2003《氧化锆质耐火材料化学分析方法》的有关内容，并以分析成分按章编写，同时修改了标准名称；

——对试样制备作了详细规定，增加了可操作性；

——增加了对分析值修约位数的规定，并允许采用其他规定；

——增加了分析结果验收和处理程序；

——扩展了分析方法的测定范围；

——修改了分析方法的允许差；

——增加了铬天青 S 光度法测定低含量 Al_2O_3 的方法。

本标准的附录 A 是规范性附录。

本标准由全国耐火材料标准化技术委员会提出并归口。

本标准起草单位：中国建筑材料科学研究院、洛阳耐火材料研究院。

本标准起草人：崔金华、季金玉、梁献雷。

本标准所代替标准版本的历次发布情况：

—— GB/T 4984—1985、GB/T 14350—1993。

含锆耐火材料化学分析方法

1 范围

本标准规定了含锆耐火材料的化学分析方法。本标准分析的项目如下：

a) 灼烧减量(LOI)；
b) 二氧化硅(SiO_2)；
c) 氧化铝(Al_2O_3)；
d) 氧化锆(铪)($Zr(Hf)O_2$)；
e) 二氧化钛(TiO_2)；
f) 氧化铁(Fe_2O_3)；
g) 氧化钾(K_2O)；
h) 氧化钠(Na_2O)；
i) 氧化钙(CaO)；
j) 氧化镁(MgO)。

本标准适用于分析元素的测定范围见表1。

表1 测定范围

分析项目	范围(质量分数)/%	分析项目	范围(质量分数)/%
LOI	−1～40	CaO	≤5
SiO_2	≤50	MgO	≤5
Al_2O_3	≤80	K_2O	≤2
Fe_2O_3	≤2	Na_2O	≤3
TiO_2	≤5	$Zr(Hf)O_2$	3～98

2 规范性引用文件

下列文件中的条款通过本标准的引用而成为本标准的条款。凡是注日期的引用文件，其随后所有的修改单(不包括勘误的内容)或修订版均不适用于本标准，然而，鼓励根据本标准达成协议的各方研究是否可使用这些文件的最新版本。凡是不注日期的引用文件，其最新版本适用于本标准。

GB/T 7728—1987 冶金产品化学分析 火焰原子吸收光谱法通则

GB/T 8170 数值修约规则

GB/T 10325 定形耐火制品抽样验收规则

GB/T 12805—1991 实验室玻璃仪器 滴定管(neq ISO 385:1984)

GB/T 12806—1991 实验室玻璃仪器 单标线容量瓶(eqv ISO 1042:1983)

GB/T 12808—1991 实验室玻璃仪器 单标线吸量管(eqv ISO 648:1977)

GB/T 17617—1998 耐火原料和不定形耐火材料 取样(neq ISO 8656-1:1988)

3 仪器和设备

3.1 天平(感量 0.1 mg)。

3.2 铂坩埚或瓷坩埚(30 mL)。

3.3　自动控温干燥箱。

3.4　高温炉：最高使用温度≥1 100℃，且能自动控温的箱式电炉。

3.5　分光光度计。

3.6　吸量管：GB/T 12808—1991　A类。

3.7　滴定管：GB/T 12805—1991　A类。

3.8　容量瓶：GB/T 12806—1991　A类。

3.9　原子吸收光谱仪：备有空气-乙炔燃烧器，钙、镁、钾、钠、铁空心阴极灯。空气和乙炔气体要足够纯净，以提供稳定清澈的贫燃火焰。

其"精密度的最低要求"、"特征浓度"、"检出限"和"标准曲线的线性（弯曲程度）"应符合GB/T 7728—1987的规定。

4　试样制备

4.1　采样

按 GB/T 10325 和 GB/T 17617—1998 采集实验室样品。

4.2　制备

4.2.1　将实验室样品破碎至 6.7 mm 以下，按四分法缩分至约 100 g。

4.2.2　当合同另有取样约定或由于产品形式的限制，无法取得≥100 g 的实验室样品时，可以例外。

4.2.3　将缩分后的样品粉碎至 0.5 mm 以下，继续缩分，并加工成粒度小于 0.090 mm 的试样。

4.2.4　试样分析前应在 105℃～110℃烘 2 h，置于干燥器中冷至室温。

5　通则

5.1　测定次数

在重复性条件下测定 2 次。

5.2　空白试验

在重复性条件下做空白试验。

5.3　结果表述

所得结果应按 GB/T 8170 修约，保留 2 位小数；当含量＜0.10%时结果保留 2 位有效数字；如果委托方供货合同或有关标准另有要求时，可按要求的位数修约。

5.4　分析结果的采用

当试样的 2 个有效分析值之差不大于表 2 所规定的允许差时，以其算术平均值作为最终分析结果；否则，应按附录 A 的规定进行追加分析和数据处理。

5.5　质量保证和控制

5.5.1　工作曲线应定期（不超过 3 个月）用标准物质校准一次。如果更换仪器灯泡等，应重新绘制工作曲线，并用同类型标准物质校准。当标准物质的分析值与标准值之差大于表 2 所规定允许差的 0.7 倍时，应重新绘制工作曲线。

5.5.2　一般情况下，标准滴定溶液的浓度应每 2 个月重新标定一次；如果 2 个月内温度变化超过 10℃时，应及时标定一次。重新标定后，应用标准物质进行验证，当标准物质的分析值与标准值之差不大于表 2 所规定允许差的 0.7 倍时，则标定结果有效，否则无效。

仲裁试验时，应随同试样分析同类型标准物质。当标准物质的分析值与标准值之差不大于表 2 所规定允许差的 0.7 倍时，则试样分析值有效，否则无效。

6　试验报告

试验报告应至少包括以下内容：

——委托单位；

——试样名称；

——分析结果；

——使用标准(GB/T 4984—2007)；

——与规定的分析步骤的差异(如有必要)；

——在试验中观察到的异常现象(如有必要)；

——试验日期。

表 2　分析值允许差

含量范围(质量分数)/%	各元素允许差/%									
	LOI	SiO_2	Al_2O_3	Fe_2O_3	TiO_2	CaO	MgO	K_2O	Na_2O	ZrO_2
≤0.5	0.04	0.05	—	0.05	0.05	0.05	0.05	0.05	0.05	—
>0.5～1	0.07		—	0.10	0.10	0.10	0.10	0.10	0.10	—
>1～2	0.15	0.15	—	0.20	0.20	0.20	0.20	0.20	0.20	—
>2～3			—	—						0.15
>3～5			—	—						
>5～10	0.25	0.20	0.30	—	—	—	—	—	—	
>10～20				—	—	—	—	—	—	0.20
>20～50			0.40	—	—	—	—	—	—	0.30
>50～70	—	—		—	—	—	—	—	—	0.50
>70	—	—	0.50	—	—	—	—	—	—	0.60
当分析值的平均值小于允许差的 2 倍时，其允许差为该分析值的 1/2。										

7　灼烧减量的测定

7.1　原理

试样于 1 050℃±50℃灼烧至恒量，以损失量计算灼烧减量。

7.2　试料量

称取 1g 试料，精确至 0.1 mg。

7.3　测定

将试料置于已恒量(2 次灼烧称量的差值≤0.2 mg)的铂坩埚或瓷坩埚中，盖上盖，并留缝隙，放入高温炉内，从低温升至 1 050℃±50℃，保温 1 h，取出稍冷，放入干燥器中，冷至室温，称量。重复灼烧(每次 15 min)，称量，直至恒量(当灼烧减量≤1%时，2 次灼烧称量的差值≤0.2 mg，当灼烧减量>1%时，差值≤0.4 mg，即为恒量)。

7.4　分析结果的计算

灼烧减量用质量分数 $w(\mathrm{LOI})$ 计，数值以%表示，按式(1)计算：

$$w(\mathrm{LOI})=\frac{m-m_1}{m}\times 100 \qquad \cdots\cdots(1)$$

式中：

m_1——灼烧后试料的质量的数值，单位为克(g)；

m——试料的质量的数值，单位为克(g)。

8 二氧化硅的测定

二氧化硅的测定可按以下3种方法之一进行：

a) 钼蓝光度法(≤10%)——仲裁法(8.1)；

b) 重量-钼蓝光度法(5%～50%)——仲裁法(8.2)；

c) 硅钼黄光度法(10%～35%)(8.3)。

8.1 钼蓝光度法(≤10%)——仲裁法

8.1.1 原理

试样用硼酸-碳酸钠混合熔剂熔融，稀盐酸浸取，在约0.2 mol/L盐酸介质中，单硅酸与钼酸铵形成硅钼杂多酸，加入氟化钾消除锆的干扰，然后用抗坏血酸将其还原为硅钼蓝，于分光光度计波长690 nm处，测定吸光度。

8.1.2 试剂

8.1.2.1 混合熔剂：按质量比将1份硼酸与2份碳酸钠研细，混匀。

8.1.2.2 盐酸(1+1)。

8.1.2.3 盐酸(1+4)。

8.1.2.4 盐酸(1 mol/L)。

8.1.2.5 氟化钾溶液(10 g/L)：将10 g氟化钾溶于1 000 mL的水中，贮于塑料瓶中。

8.1.2.6 硼酸溶液(20 g/L)：将20 g硼酸溶于1 000 mL的水中。

8.1.2.7 氢氧化钠(200 g/L)：称200 g氢氧化钠溶于1 000 mL的水中，贮于塑料瓶中。

8.1.2.8 钼酸铵溶液(70 g/L)：称70 g钼酸铵溶于1 000 mL的水中，稍加热，冷却，过滤，贮于塑料瓶中备用。

8.1.2.9 抗坏血酸溶液(2.5 g/L)：称2.5 g抗坏血酸，用少许水溶解，加硫酸(1+1)至1 000 mL。

8.1.2.10 无水乙醇。

8.1.2.11 对硝基苯酚乙醇溶液(5 g/L)。

8.1.2.12 二氧化硅标准溶液(含SiO_2 0.1 mg/mL)：

准确称取0.100 0 g预先在1 050℃灼烧1 h并冷却至室温的二氧化硅(99.99%)于铂坩埚中，加2 g混合熔剂，盖上坩埚盖稍留空隙，放到1 050℃高温炉中熔融至透明，取出，冷却，用热水将其浸取于聚四氟乙烯烧杯中。待溶液清亮并冷却至室温后，移入1 000 mL容量瓶中，用水稀释到刻度，摇匀，贮于塑料瓶中。

8.1.3 试料量

称取0.1 g试料，精确到0.1 mg。

8.1.4 测定

8.1.4.1 将试料置于铂坩埚中，加入2 g混合溶剂(8.1.2.1)，混匀，再覆盖2 g混合熔剂(8.1.2.1)，在950℃～1 050℃熔融至透明，再继续熔融5 min～10 min，取下冷却，用热水冲洗坩埚外壁，放入预先盛有50 mL盐酸(8.1.2.3)的300 mL烧杯中，加热，待熔块溶解后洗出坩埚及盖，冷却至室温移入250 mL容量瓶中，用水稀释到刻度，摇匀。

8.1.4.2 用吸量管移取10 mL～15 mL试液(8.1.4.1)于100 mL塑料杯中，加10 mL氟化钾(8.1.2.5)，摇匀，放置10 min。加入5 mL硼酸溶液(8.1.2.6)和4 mL盐酸(8.1.2.4)，充分摇匀。

8.1.4.3 加10 mL无水乙醇(8.1.2.10)，再加5 mL钼酸铵(8.1.2.8)，在20℃～30℃放置20 min。移入100 mL容量瓶中，稀释至约80 mL，加10 mL抗坏血酸溶液(8.1.2.9)，用水稀释到刻度，摇匀，放置45 min。用5 mm吸收皿，以试剂空白作参比，于分光光度计690 nm处测定吸光度。

8.1.4.4 工作曲线的绘制

用吸量管移取0，1.00 mL，2.00 mL，3.00 mL，4.00 mL，5.00 mL，6.00 mL，7.00 mL二氧化硅标

准溶液(8.1.2.12),分别置于一组 100 mL 塑料烧杯中,分别加入 5 mL 氟化钾溶液(8.1.2.5),摇匀,放置 10 min。再加入 5 mL 硼酸溶液(8.1.2.6),加 1 滴对硝基苯酚(8.1.2.11),用氢氧化钠溶液(8.1.2.7)调至溶液变黄,加入 7 mL 盐酸(8.1.2.4),以下按照 8.1.4.3 的进行。

8.1.5 **分析结果的计算**

二氧化硅量用质量分数 $w(SiO_2)$ 计,数值以%表示,按式(2)计算:

$$w(SiO_2)=\frac{m_1\times V}{m\times V_1}\times 100 \quad \cdots\cdots(2)$$

式中:

m_1——由工作曲线查得的二氧化硅量的数值,单位为克(g);

V_1——分取试液的体积的数值,单位为毫升(mL);

V——试液总体积的数值,单位为毫升(mL);

m——试料的质量的数值,单位为克(g)。

8.2 **重量-钼蓝光度法(5%~50%)——仲裁法**

8.2.1 **原理**

试样经混合熔剂熔融分解,以盐酸浸取后蒸干脱水,甲醇挥发硼,析出硅酸沉淀,过滤并灼烧成二氧化硅。用氢氟酸处理。使硅以四氟化硅形式挥散除去。氢氟酸处理前后的质量差即为沉淀中的二氧化硅量,用硅钼蓝分光光度法测定滤液中残余的二氧化硅量,两者相加即为试样中二氧化硅的含量。

8.2.2 **试剂**

8.2.2.1 混合熔剂:按质量比将 2 份无水碳酸钠与 1 份硼酸研细混匀。

8.2.2.2 盐酸(ρ1.19 g/mL)。

8.2.2.3 甲醇(99.5%)。

8.2.2.4 氢氟酸(40%)。

8.2.2.5 乙醇(95%)。

8.2.2.6 盐酸溶液(1+1)。

8.2.2.7 盐酸溶液(1+9)。

8.2.2.8 盐酸溶液(5+95)。

8.2.2.9 硫酸溶液(1+1)。

8.2.2.10 氟化钾溶液(20 g/L):贮于塑料瓶中。

8.2.2.11 硼酸溶液(20 g/L)。

8.2.2.12 硝酸银溶液(10 g/L)。

8.2.2.13 钼酸铵溶液(70 g/L):过滤后贮于塑料瓶中备用。

8.2.2.14 抗坏血酸溶液(20 g/L):用时现配。

8.2.2.15 氢氧化钠溶液(200 g/L)。

8.2.2.16 二氧化硅标准溶液(含 SiO_2 0.1 mg/mL):

称取 0.100 0 g 预先在 1 050℃灼烧 1 h 的二氧化硅(99.99%),于铂坩锅中,加 1 g 无水碳酸钠混匀,再覆盖 1 g 无水碳酸钠,加盖,高温熔融至透明。稍冷,用热水浸取熔块于塑料烧杯中,待熔块完全溶解并冷却至室温后,移入 1 000 mL 容量瓶中,用水稀释至刻度,摇匀,立即转移到干燥的塑料瓶中保存。

8.2.2.17 氧化锆标准溶液(含 ZrO_2 1.3 mg/mL):

称取 0.325 0 g 氧化锆(光谱纯)于铂坩埚中,加 4 g 混合熔剂(8.2.2.1)混匀,再覆盖 4 g 混合熔剂(8.2.2.1),于 1 050℃熔融至透明,再继续熔融 15 min,旋转坩埚使熔融物均匀附着在坩埚内壁,冷却。将坩埚及盖置于盛有 80 mL 沸水,40 mL 盐酸溶液(8.2.2.6)的 300 mL 烧杯中。待样品全部溶解后用水洗出坩埚及盖,冷却。移入 250 mL 容量瓶中,稀释至刻度,摇匀。

8.2.2.18 对硝基苯酚乙醇溶液(5 g/L)。

8.2.3 试料量

称取 0.2 g 试料，精确到 0.1 mg。

8.2.4 测定

8.2.4.1 将试料放入铂坩埚中，加 5 g 混合熔剂(8.2.2.1)混匀，再覆盖 3 g 混合熔剂(8.2.2.1)，加盖，在 950℃～1 050℃熔融至透明，再继续熔融 5 min～10 min，旋转坩埚使熔融物均匀附着在坩埚内壁，冷却。用水冲洗坩埚外壁，将坩埚及盖置于盛有 80 mL 沸水，40 mL 盐酸溶液(8.2.2.6)的烧杯中，低温加热至熔融物全部溶解，用水洗出坩埚及盖，将溶液转移至瓷蒸发皿中。将瓷蒸发皿置于水浴上，蒸发至近干，冷却。加 10 mL 甲醇(8.2.2.3)，在水浴上小心蒸发至干，用平头玻璃棒压碎析出的盐类，如此反复 4～5 次以使硼完全挥发。冷却后，加 5mL 盐酸溶液(8.2.2.6)润湿残渣，放置 1 min，加 70 mL～80 mL 热水溶解盐类。用慢速定量滤纸加滤纸浆倾斜过滤于 250 mL 容量瓶中，用热盐酸溶液(8.2.2.8)洗涤沉淀 3～5 次。用热水洗至无氯离子(用硝酸银溶液检验)。

8.2.4.2 将沉淀和滤纸置于铂坩埚中，小心干燥并灰化后放入高温炉中，在 1 000℃～1 100℃下灼烧 1 h，取出，置于干燥器中冷至室温，称重。反复灼烧直至恒量(m_1)。沿铂坩埚内壁加 3～5 滴水润湿沉淀，加 3～5 滴硫酸溶液(8.2.2.9)，5 mL 氢氟酸(8.2.2.4)，于低温下蒸发至冒白烟，取下稍冷。加 10 滴硫酸溶液(8.2.2.9)，7 mL 氢氟酸(8.2.2.4)，于低温电炉上继续蒸发至近干，逐渐升高温度驱尽三氧化硫白烟。将盛有残渣的铂坩埚在 1 000℃～1 100℃灼烧 15 min，冷却，称量。反复灼烧直至恒量(m_2)。灼烧过的残渣加 2 g 混合熔剂(8.2.2.1)熔融，以热水浸取后并入盛有滤液的 250 mL 容量瓶中，稀释至刻度，摇匀【此溶液也可用于测定铝、铁、钛等】。

8.2.4.3 移取 10.00 mL 试液(8.2.4.2)于 100 mL 塑料烧杯，加 6 mL 氟化钾溶液(8.2.2.10)，摇匀，放置 10 min。加 5 mL 硼酸溶液(8.2.2.11)，加 1 滴对硝基苯酚乙醇溶液(8.2.2.18)，用氢氧化钠溶液(8.2.2.15)中和至黄色。加 6 mL 盐酸溶液(8.2.2.7)，移入 100 mL 容量瓶中，加水稀释至约 70 mL，加 8 mL 乙醇(8.2.2.5)，5 mL 钼酸铵溶液(8.2.2.13)，放置 15 min。加 10 mL 盐酸溶液(8.2.2.6)，5 mL抗坏血酸溶液(8.2.2.14)，稀释至刻度，摇匀，放置 1 h 后，用合适的吸收皿，在分光光度计 690 nm 处，以试剂空白为参比，测其吸光度。

8.2.4.4 工作曲线的绘制

移取 10.00 mL 氧化锆标准溶液(8.2.2.17)7 份，置于一组 100 mL 塑料烧杯中，分别加入 0，0.50 mL，1.00 mL，2.00 mL，3.00 mL，4.00 mL，5.00 mL 二氧化硅标准溶液(8.2.2.16)，各加入6 mL 氟化钾溶液(8.2.2.10)，以下按 8.2.3.3 进行。以不加二氧化硅标准溶液的显色液为参比，测其吸光度。以吸光度为纵坐标，二氧化硅的量为横坐标，绘制工作曲线。

8.2.5 分析结果的计算

二氧化硅量用质量分数 $w(SiO_2)$ 计，数值以%表示，按式(3)计算：

$$w(SiO_2) = \frac{m_1 - m_2 + m_3(V/V_1) - (m_4 - m_5)}{m} \times 100 \quad \cdots\cdots(3)$$

式中：

m_1——氢氟酸处理前沉淀与坩埚的质量的数值，单位为克(g)；

m_2——氢氟酸处理后沉淀与坩埚的质量的数值，单位为克(g)；

m_3——由工作曲线查得二氧化硅的质量的数值，单位为克(g)；

m_4——氢氟酸处理前空白与坩埚的质量的数值，单位为克(g)；

m_5——氢氟酸处理后空白与坩埚的质量的数值，单位为克(g)；

V_1——分取试液的体积的数值，单位为毫升(mL)；

V——试液总体积的数值，单位为毫升(mL)；

m——试料的质量的数值，单位为克(g)。

8.3 硅钼黄光度法(10%～35%)

8.3.1 原理

试样用硼酸-碳酸钠混合熔剂熔融，稀盐酸浸取，用钼酸铵显色，测定吸光度。以标液作参比，用直接比较的方法求出二氧化硅的含量。

8.3.2 试剂

8.3.2.1 混合熔剂：按质量比将1份硼酸与2份碳酸钠研细，混匀。

8.3.2.2 盐酸(1+1)。

8.3.2.3 无水乙醇。

8.3.2.4 钼酸铵溶液(70 g/L)：称取70 g钼酸铵溶于1 000 mL水中，过滤，贮于塑料瓶中。

8.3.2.5 氟化铵溶液(10 g/L)：称取10 g氟化铵溶于1 000 mL的水中，贮于塑料瓶中。

8.3.2.6 氧化锆溶液(5.0 g/L)：称取6.54 g氯氧化锆($ZrOCl_2 \cdot 8H_2O$)溶于500 mL水中。

8.3.2.7 氧化铝溶液(5.0 g/L)：称取2.65 g金属铝片(99.9%)，用40 mL王水($HCl+HNO_3=3+1$)加热溶解，用水稀释到1 000 mL。

8.3.2.8 氧化铁溶液(0.1 g/L)：称取0.1 g在105℃～110℃烘2 h并冷至室温的氧化铁于300 mL的烧杯中，加少量水润湿后，再加30 mL盐酸(8.3.2.2)和5 mL硝酸(ρ1.40)，加热溶解，冷却，稀释至1 000 mL。

8.3.2.9 二氧化钛溶液(0.1 g/L)：称取0.1 g二氧化钛，置于铂坩埚中，加2 g熔剂(8.3.2.1)高温熔融，用5%硫酸溶解熔块，冷却，用5%硫酸稀释至1 000 mL。

8.3.2.10 二氧化硅标准溶液(含SiO_2 0.25 mg/mL)：

准确称取0.250 0 g预先在950℃～1 000℃灼烧1 h并冷却至室温的二氧化硅(99.99%)于预先盛有4 g碳酸钠的铂坩埚中，再覆盖4 g碳酸钠，盖上坩埚盖并稍留空隙，放入1 000℃高温炉中熔融至透明，取出，冷却，用热水将其浸取于聚四氟乙烯烧杯中。待溶液清亮并冷却至室温后，移入1 000 mL容量瓶中，用水稀释到刻度，摇匀。贮于塑料瓶中。

8.3.3 试料量

根据试样中二氧化硅含量称取0.1 g～0.2 g试料，精确到0.1 mg。

8.3.4 测定

8.3.4.1 将试料置于盛有4 g混合熔剂(8.3.2.1)的铂坩埚中，混匀，再覆盖4 g混合熔剂(8.3.2.1)。在950℃～1 050℃熔融至透明状，取出，旋转坩埚，使熔融物均匀附着于坩埚内壁，冷却。冲洗坩埚外壁，将坩埚放入预先盛有40 mL盐酸(8.3.2.2)的300 mL烧杯中，加热，待熔块溶解后，洗出坩埚及盖，冷却。移入250 mL容量瓶中，用水稀释到刻度，摇匀。

8.3.4.2 将8 g混合熔剂(8.3.2.1)加80 mL水和40 mL盐酸(8.3.2.2)溶解，移入250 mL容量瓶中，加入15 mL氧化锆溶液(8.3.2.6)、20 mL氧化铝溶液(8.3.2.7)、3 mL氧化铁溶液(8.3.2.8)、3 mL二氧化钛溶液(8.3.2.9)和20 mL～100 mL(视试样中二氧化硅含量而定)二氧化硅标准溶液(8.3.2.10)，用水稀释到刻度，摇匀，此为参比溶液(溶液中基体元素的加入量以和样品接近为宜)。

8.3.4.3 移取25.00 mL试液(8.3.4.1)和参比溶液(8.3.4.2)分别置于100 mL容量瓶中，每个容量瓶中分别加2 mL盐酸(8.3.2.2)，用塑料漏斗加4 mL氟化铵溶液(8.3.2.5)，加10 mL无水乙醇(8.3.2.3)，摇匀，再加入15 mL钼酸铵溶液(8.3.2.4)，用水稀释至刻度，摇匀，夏天放置10 min，冬天放置20 min～30 min。用5 mm吸收皿，以水作参比，于分光光度计波长390 nm处分别测定试液和参比溶液及空白试液的吸光度。

8.3.5 分析结果的计算

二氧化硅量用质量分数$w(SiO_2)$计，数值以%表示，按式(4)计算：

$$w(SiO_2) = \frac{m_1(A_2 - A_0)}{m(A_1 - A_0)} \times 100 \quad \cdots\cdots(4)$$

式中：

m_1——标液中二氧化硅的质量的数值，单位为克(g)；

m——分取试料的质量的数值，单位为克(g)；

A_0——空白试液的吸光度；

A_1——参比溶液的吸光度；

A_2——试液的吸光度。

9 氧化铝的测定

氧化铝的测定可按以下4种方法进行：

a) 铬天青S光度法(≤3%)——仲裁法(9.1)；

b) 萃取络合滴定法(≥3%)——仲裁法(9.2)；

c) 多元素联合滴定差减法(≥3%)(9.2)；

d) 苯羟乙酸(苦杏仁酸)-强碱分离络合滴定法(≥3%)(9.4)。

9.1 铬天青S光度法(≤3%)——仲裁法

9.1.1 原理

铝离子在pH值=6.28时，与铬天青S、溴代十六烷基三甲胺形成三元络合物。用抗坏血酸、EDTA-Zn-F掩蔽铁钛锆的干扰。于波长622 nm处测定其吸光度。

9.1.2 试剂

9.1.2.1 混合熔剂：按质量比将1份硼酸与1.8份碳酸钠研细，混匀。

9.1.2.2 铬天青S溶液(0.5 g/L)：称取0.5 g铬天青S，溶于1 000 mL水中。

9.1.2.3 溴代十六烷基三甲胺(CTMAB)溶液(8 g/L)：称取0.8 g溴代十六烷基三甲胺溶于100 mL乙醇(1+1)中。

9.1.2.4 混合掩蔽剂：将3.2 g EDTA、2.8 g乙酸锌、0.3 g氟硼酸钠($NaBF_4$)溶于2000 mL水中。

9.1.2.5 抗坏血酸溶液(10/L)：将1 g抗坏血酸溶于100 mL水中，现用现配。

9.1.2.6 氢氧化钠溶液(200/L)：将20 g氢氧化钠溶于100 mL水中。

9.1.2.7 盐酸(1+1)。

9.1.2.8 缓冲溶液(pH值=6.28)：称100 g无水乙酸钠溶于500 mL水中，用氢氧化钠溶液(9.1.2.6)和盐酸(9.1.2.7)调节至pH值=6.28。

9.1.2.9 氧化铝标准溶液(含Al_2O_3 0.1 mg/mL)：

称取0.100 0 g预先于1 000℃烧2 h的光谱纯氧化铝，于盛有2 g混合熔剂(9.1.2.1)的铂坩埚中，混匀，再覆盖2 g混合熔剂(9.1.2.1)。放入高温炉中，将温度升至1 000℃～1 100℃，熔融至透明。取出，摇动坩埚，使熔融物均匀地附着在坩埚内壁。冷却，放入盛有20 mL盐酸(9.1.2.7)的烧杯中，加水没过坩埚，盖上表皿，于电炉上慢慢加热煮沸。待熔块全部溶解后，冷却，移入1 000 mL容量瓶中，稀释至刻度，摇匀。

9.1.2.10 氧化铝标准溶液(含Al_2O_3 10 μg/mL)：

移取100.00 mL氧化铝标准溶液(9.1.2.9)于1 000 mL容量瓶中，稀释至刻度，摇匀。

9.1.2.11 氧化锆标准基体溶液：

称取0.10 g(精确至0.1g)预先于1 000℃烧2 h的光谱纯二氧化锆，于盛有2 g混合熔剂(9.1.2.1)的铂坩埚中，混匀，再覆盖2 g混合熔剂(9.1.2.1)。放入高温炉中，将温度升至1 000℃～1 100℃，熔融至透明。取出，摇动坩埚，使熔融物均匀地附着在坩埚内壁。冷却，放入盛有20 mL盐酸(9.1.2.7)的烧杯中，加水没过坩埚，盖上表皿，于电炉上慢慢加热煮沸。待熔块全部溶解后，冷却，移入

250 mL 容量瓶中，稀释至刻度，摇匀。

9.1.2.12　对硝基酚指示剂：将 0.2 g 对硝基酚溶于 100 mL 乙醇中。

9.1.3　试料量

称取 0.1 g 试料，精确到 0.1 mg。

9.1.4　测定

9.1.4.1　将试样置于盛有 2 g 混合熔剂(9.1.2.1)的铂坩埚中，混匀，再覆盖 2 g 混合熔剂(9.1.2.1)。放入高温炉中，将温度升至 1 000℃～1 100℃，熔融至透明。取出，摇动铂埚，使熔融物均匀地附在埚壁上。冷却后，放入盛有 20 mL 盐酸(9.1.2.7)的烧杯中，加水没过坩埚，盖上表皿，于电炉上慢慢加热煮沸。待熔块全部溶解后，冷却，移入 250 mL 容量瓶中，用水稀释至刻度，摇匀。

9.1.4.2　移取 10.00 mL 试液(9.1.4.1)于 100 mL 容量瓶中，加 20 mL 混合掩蔽剂(9.1.2.4)，15 mL 抗坏血酸(9.1.2.5)，1 滴对硝基酚指示剂(9.1.2.12)，用氢氧化钠(9.1.2.6)调至刚变黄，立即用盐酸(9.1.2.7)调至无色，并过量 5 滴。加入 16.2 mL 铬天青 S (9.1.2.2)，3.2 mL 溴代十六烷基三甲胺(9.1.2.3)，15 mL 缓冲溶液(9.1.2.8)，用水稀释至刻度，摇匀。放置 30 min，用 0.5 cm 吸收皿于波长 603 nm 处测定吸光度。

注：如果铝含量高时，可减小试液分取量。

9.1.4.3　工作曲线的绘制：

移取 0、2.00 mL、4.00 mL、6.00 mL、8.00 mL 氧化铝标准溶液(9.1.2.10)，分置于一组 100 mL 容量瓶中，依次加入 10 mL 氧化锆标准基体液(9.1.2.11)，20 mL 混合掩蔽剂(9.1.2.4)，15 mL 抗坏血酸(9.1.2.5)，1 滴对硝基酚指示剂(9.1.2.12)，用氢氧化钠(9.1.2.6)调至刚变黄，立即用盐酸(9.1.2.7)调至无色，并过量 5 滴。加入 16.2 mL 铬天青 S (9.1.2.2)，3.2 mL 溴代十六烷基三甲胺(9.1.2.3)，15 mL 缓冲溶液(9.1.2.8)，用水稀释至刻度，摇匀。放置 30 min，用 0.5 cm 吸收皿于波长 603 nm 处测定吸光度。

以吸光值为纵坐标，氧化铝浓度为横坐标，绘制工作曲线。

9.1.5　分析结果的计算

氧化铝量用质量分数 $w(Al_2O_3)$ 计，数值以%表示，按式(5)计算：

$$w(\mathrm{Al_2O_3}) = \frac{c \times 10^{-6}}{m} \times 100 \qquad \cdots\cdots(5)$$

式中：

c——由工作曲线查得的氧化铝量质量的数值，单位为微克(μg)；

m——分取试料质量的数值，单位为克(g)。

9.2　萃取络合滴定法(≥3%)——仲裁法

9.2.1　原理

试样用硼酸-碳酸钠混合熔剂熔融，稀盐酸浸取，在酸性溶液中，铜铁试剂与锆(铪)铁钛等生成疏水性螯合物，加入三氯甲烷萃取于有机相中，借以消除对铝的干扰。分离后的水相溶液中，加入过量的 EDTA 标准溶液，在 pH 值≈4 的溶液中铝与 EDTA 络合，过量的 EDTA 标准溶液以 PAN 为指示剂，用硫酸铜标准溶液回滴。根据 EDTA 消耗量计算氧化铝的量。

9.2.2　试剂

9.2.2.1　混合熔剂：按质量比将 2 份无水碳酸钠与 1 份硼酸研细，混匀。

9.2.2.2　盐酸(1+1)。

9.2.2.3　氨水(1+1)。

9.2.2.4　三氯甲烷(氯仿)。

9.2.2.5　铜铁试剂溶液(60 g/L)：称取 60 g 铜铁试剂溶于 1 000 mL 的水中，过滤后备用。

9.2.2.6　乙酸-乙酸钠缓冲溶液：称取 32g 无水乙酸钠，加 60 mL 冰乙酸，用水稀释至 1 000 mL，此溶液 pH 值≈4.3。

9.2.2.7　硫酸铜标准滴定溶液(含 $CuSO_4$ 0.01 mol/L)：

称取 2.490 0 g 硫酸铜($CuSO_4 \cdot 5H_2O$)溶于少量水中，加 4～5 滴硫酸(1+1)，用水稀释至 1 000 mL。

9.2.2.8　氧化铝标准溶液(含 Al_2O_3 0.02 mol/L)：

准确称取 0.509 8 g 于 950℃～1 000℃灼烧 1 h 并冷至室温的高纯氧化铝(99.99%)，置于铂坩埚中，加入 6 g～7 g 混合熔剂(9.2.2.1)，于 950℃～1 000℃ 熔融至透明。再继续熔融 20 min，用 30 mL 盐酸(9.2.2.2)浸取熔块，加热使熔块全部溶解，冷却后，移入 500 mL 容量瓶，用水稀释至刻度，摇匀。

9.2.2.9　EDTA 标准溶液(0.02 mol/L)：

称取 7.2 g EDTA(乙二胺四乙酸二钠)，溶于少量水中，用水稀释至 1 000 mL。

标定：移取 3 份 10.00 mL EDTA 标准溶液(9.1.2.9)分别置于 250 mL 烧杯中，加水至约 150 mL，加 10 mL 乙酸-乙酸钠缓冲溶液(9.2.2.6)，煮沸 3 min。冷却至 80℃～90℃，加 2～3 滴 PAN 指示剂(9.2.2.11)，立即用硫酸铜标准滴定溶液(9.2.2.7)滴定至紫色为终点。3 份 EDTA 标准溶液所消耗硫酸铜标准滴定溶液毫升数的极差应不超过 0.10 mL，取其平均值，否则，应重新标定。

按式(6)计算换算系数(a 值)，保留 4 位有效数字：

$$a = \frac{10}{V} \qquad \cdots\cdots\cdots\cdots(6)$$

式中：

10——氧化铝标准溶液的体积的数值，单位为毫升(mL)；

V——滴定时消耗硫酸铜标准溶液的体积的数值，单位为毫升(mL)。

移取 3 份 10.00 mL 氧化铝标准溶液(9.2.2.8)分别置于 300 mL 烧杯中，加入 25 mL～30 mL EDTA 标准溶液(9.2.2.9)，用水稀释至约 150 mL，加 2 滴对硝基苯酚溶液(9.2.2.10)，用氨水(9.2.2.3)调至溶液变黄，然后再用盐酸(9.2.2.2)调至无色。加 10 mL 乙酸-乙酸钠缓冲溶液(9.2.2.6)，加热煮沸 3 min，稍冷，加 2～3 滴 PAN 指示剂(9.2.2.11)，立即用硫酸铜标准滴定溶液(9.2.2.7)回滴至由黄色变为紫色为终点。3 份氧化铝标准溶液所消耗硫酸铜标准滴定溶液毫升数的极差应不超过 0.10 mL，取其平均值，否则，应重新标定。

EDTA 标准溶液的浓度用物质的量浓度 c(EDTA)计，数值以 mol/L 表示，按式(7)计算，保留 4 位有效数字：

$$c(\mathrm{EDTA}) = \frac{10c_1}{V_1 - aV_2} \qquad \cdots\cdots\cdots\cdots(7)$$

式中：

c_1——氧化铝标准溶液浓度的数值，单位为摩(尔)每升(mol/L)；

V_1——加入 EDTA 标准溶液体积的数值，单位为毫升(mL)；

V_2——滴定时消耗硫酸铜标准滴定溶液体积的平均值，单位为毫升(mL)；

a——硫酸铜标准滴定溶液换算成 EDTA 标准溶液的系数；

10——氧化铝标准溶液体积的数值，单位为毫升(mL)。

9.2.2.10　对硝基苯酚溶液(5 g/L)：称取 5 g 对硝基苯酚溶于 1 000 mL 的乙醇中。

9.2.2.11　PAN (1-(2-吡啶偶氮)-2-萘酚)指示剂：称取 0.1 g PAN 溶于乙醇溶液中，用乙醇稀释至 50 mL。

9.2.3　试料量

称取 0.2 g 试料，精确到 0.1 mg。

9.2.4　测定

9.2.4.1　将试样置于盛有 3 g 混合熔剂(9.2.2.1)的铂坩埚中，混合均匀，再覆盖 3 g 混合熔剂

(9.2.2.1)，于 950℃～1 050℃熔融至透明，再继续熔融 15 min～20 min，取下冷却。用水冲洗坩埚外壁，放入预先盛有 25 mL 盐酸(9.2.2.2)的 300 mL 烧杯中，加热，待熔块溶解后洗出坩埚及盖，冷却至室温。移入 250 mL 容量瓶中，用水稀释到刻度，摇匀。

9.2.4.2　移取 25.00 mL 试液(9.2.4.1 或 8.2.3.2)，置于 150 mL 分液漏斗中，加入 10 mL 盐酸(9.2.2.2)，用水稀释到 60 mL，摇匀。加入 3 mL 铜铁试剂溶液(9.2.2.5)，振荡后立即加入 15 mL 氯仿(9.2.2.4)，剧烈震荡萃取 1 min，静置。分层后弃去有机相。

9.2.4.3　加入 2～3 滴铜铁试剂溶液(9.2.2.5)，再立即加入 5 mL～10 mL 氯仿(9.2.2.4)，震荡萃取 1 min，静置。分层后弃去有机相。

9.2.4.4　如有机相呈黄色，则按 9.2.4.3 再萃取一次。

9.2.4.5　将水相移入 300 mL 烧杯中，用水洗净分液漏斗，视氧化铝含量准确加入 10 mL～30 mLEDTA 标准溶液(9.2.2.9)，加热至 60℃～70℃，加入 2 滴对硝基苯酚溶液(9.2.2.10)，再加入 8 mL 氨水(9.2.2.3)，然后先用氨水 (9.2.2.3)调至溶液变黄，再用盐酸(9.2.2.2)调至无色，加 10 mL 乙酸-乙酸钠缓冲溶液(9.2.2.6)，加热煮沸 2 min～3 min，稍冷，滴加 2～3 滴 PAN 指示剂(9.2.2.11)，立即用硫酸铜标准滴定溶液(9.2.2.7)回滴至紫色，即为终点。

9.2.5　分析结果的计算

氧化铝量用质量分数 $w(Al_2O_3)$ 计，数值以%表示，按式(8)计算：

$$w(Al_2O_3)=\frac{c\times 50.98\times(V_1-aV_2)/1\,000}{m}\times 100 \quad\cdots\cdots(8)$$

式中：

c——EDTA 标准溶液的浓度的准确数值，单位为摩尔每升(mol/L)；

V_1——加入 EDTA 标准溶液的体积的数值，单位为毫升(mL)；

V_2——滴定时消耗硫酸铜标准滴定溶液的体积的数值，单位为毫升(mL)；

a——硫酸铜标准滴定溶液换算成 EDTA 标准溶液的系数；

m——分取试料质量的数值，单位为克(g)；

50.98——Al_2O_3 摩尔质量的数值的 1/2，单位为克每摩尔(g/mol)。

9.3　多元素联合滴定差减法(≥3%)

9.3.1　原理

试样用硼酸和碳酸钠混合熔剂熔融，用稀盐酸浸取，EDTA 络合返滴定法测定氧化铝 、二氧化钛、氧化铁、氧化锆(铪)的含量(用 R_2O_3%表示)，然后从中减去氧化铁、二氧化钛、氧化锆(铪)的含量，即为氧化铝的含量。

9.3.2　试剂

9.3.2.1　混合熔剂：按质量比将 1 份硼酸与 2 份碳酸钠研细，混匀。

9.3.2.2　盐酸(1+1)。

9.3.2.3　氨水(1+1)。

9.3.2.4　六次甲基四胺缓冲溶液(200 g/L)：称取 200 g 六次甲基四胺溶于 1 000 mL 的水中。

9.3.2.5　氢氧化钠溶液(200 g/L)：称取 200 g 氢氧化钠溶于 1 000 mL 的水中，贮于塑料瓶中。

9.3.2.6　氧化铝标准溶液(含 Al_2O_3 1 mg/ mL)：

称取 0.500 0 g 于 950℃～1 000℃灼烧 1 h 并冷至室温的高纯氧化铝(99.99%)，置于铂坩埚中，加入 6 g～7 g 混合熔剂，于 950℃～1 000℃ 熔融至透明。再继续熔融 20 min，用 30 mL 盐酸(9.3.2.2)浸取熔块，加热使熔块全部溶解，冷却后，移入 500 mL 容量瓶，用水稀释至刻度，摇匀。

9.3.2.7　乙酸锌标准滴定溶液($c(Zn(AC)_2)=0.015$ mol/L)：

称取 2.8 g 乙酸锌于烧杯中，加水加热溶解，冷却，加 10 mL 醋酸，用水稀释到 1 000 mL。

9.3.2.8　EDTA 标准溶液(0.02 mol/L)：

称取 7.2 g EDTA(乙二胺四乙酸二钠),溶于少量水中,用水稀释至 1 000 mL。

标定:移取 3 份 10.00 mLEDTA 标准溶液(9.3.2.8),分别置于 300 mL 的烧杯中,用水稀释至约 150 mL,加 5 mL 六次甲基四胺缓冲溶液(9.3.2.4)和 2～3 滴二甲酚橙指示剂(9.3.2.9),用乙酸锌标准滴定溶液(9.3.2.7)滴定至溶液由黄色变为紫红色为终点。3 份 EDTA 标准溶液所消耗乙酸锌标准滴定溶液毫升数的极差应不超过 0.10 mL,取其平均值,否则,应重新标定。

按式(9)计算换算系数(a 值),保留 4 位有效数字:

$$a = \frac{10}{V} \qquad \cdots\cdots(9)$$

式中:

10——EDTA 标准溶液的体积的数值,单位为毫升(mL);

V——滴定时消耗乙酸锌标准滴定溶液的体积的数值,单位为毫升(mL)。

准确移取 3 份 10.00 mL 氧化铝标准溶液(9.3.2.6),分别置于 300 mL 烧杯中,加入 25 mL～30 mL EDTA 标准溶液(9.3.2.8),用水稀释至约 150 mL,加 2 滴二甲酚橙指示剂(9.2.2.9),用氨水(9.2.2.3)调至溶液变黄,然后再用盐酸(9.3.2.2)调至无色。加热煮沸 3 min,稍冷,加 10 mL 六次甲基四胺缓冲溶液(9.3.2.4),立即用乙酸锌标准滴定溶液(9.3.2.7)回滴至溶液由黄色变为紫色即为终点。3 份氧化铝标准溶液所消耗乙酸锌标准滴定溶液毫升数的极差应不超过 0.10 mL,取其平均值,否则,应重新标定。

EDTA 标准溶液的浓度用物质的量浓度 $c(\mathrm{EDTA})$ 计,数值以 mol/L 表示,按式(10)计算,保留4 位有效数字:

$$c(\mathrm{EDTA}) = \frac{10c_1}{V_1 - aV_2} \qquad \cdots\cdots(10)$$

式中:

c_1——氧化铝标准溶液浓度的数值,单位为摩尔每升(mol/L);

V_1——加入 EDTA 标准溶液体积的数值,单位为毫升(mL);

V_2——滴定时消耗乙酸锌标准滴定溶液体积的平均值,单位为毫升(mL);

a——乙酸锌标准滴定溶液换算成 EDTA 标准溶液的系数;

10——氧化铝标准溶液体积的数值,单位为毫升(mL)。

9.3.2.9 二甲酚橙指示剂(0.2%)。

9.3.3 试料量

称取 0.2 g 试料,精确到 0.1 mg。

9.3.4 测定

9.3.4.1 将试料置于盛有 4 g 混合熔剂(9.3.2.1)的铂坩埚中,混匀,再覆盖 4 g 混合熔剂(9.3.2.1)。于 950℃～1 050℃熔融至透明,取出,旋转坩埚,使熔融物均匀附着于坩埚内壁,冷却。冲洗坩埚外壁,将坩埚放入预先盛有 40 mL 盐酸(9.3.2.2)和 80 mL 水的 300 mL 烧杯中,加热,待熔块溶解后,洗出坩埚及盖,冷却。移入 250 mL 容量瓶,用水稀释到刻度,摇匀。

9.3.4.2 移取 25.00 mL 试液(9.3.4.1 或 8.2.3.2)置于 300 mL 的烧杯中,滴加 25.00 mL EDTA 标准溶液(9.3.2.8),用水稀释至 150 mL,放到电炉上微热,用氨水(9.3.2.3)和盐酸(9.3.2.2)调至 pH 值为(3～4)(用广泛 pH 试纸检验),放到电炉上加热煮沸 5 min,取下冷却,加 5 mL 六次甲基四胺缓冲溶液(9.3.2.4),此时 pH 值为(5～6),加 2～3 滴二甲酚橙指示剂(9.3.2.9),用乙酸锌标准滴定溶液(9.3.2.7)滴定至溶液颜色由黄色变为紫红色为终点。

9.3.5 分析结果的计算

9.3.5.1 混合氧化物(氧化铝、氧化铁、氧化锆(铪)和二氧化钛)量用质量分数 $w(R_2O_3)$ 计,数值以%表示,按式(11)计算:

$$w(R_2O_3) = \frac{50.98(V - aV_1) \times c/1\,000}{m} \times 100 \quad \cdots\cdots\cdots\cdots\cdots\cdots(11)$$

式中：

a——乙酸锌标准滴定溶液换算成 EDTA 标准溶液的系数；

c——EDTA 标准溶液的浓度的准确数值，单位为摩尔每升(mol/L)；

V——加入 EDTA 标准溶液的体积的数值，单位为毫升(mL)；

V_1——消耗乙酸锌标准溶液的体积的数值，单位为毫升(mL)；

m——分取试料质量的数值，单位为克(g)；

50.98——Al_2O_3 摩尔质量的数值的 1/2，单位为克每摩尔(g/mol)。

9.3.5.2 氧化铝量用质量分数 $w(Al_2O_3)$ 计，数值以%表示，按式(12)计算：

$$w(Al_2O_3) = w(R_2O_3) - w(ZrO_2) \times 0.408\,0 - w(Fe_2O_3) \times 0.638\,5 - w(TiO_2) \times 0.638\,1 \quad \cdots\cdots\cdots\cdots\cdots\cdots(12)$$

式中：

$w(R_2O_3)$——混合氧化物量的质量分数，%；

$w(ZrO_2)$——氧化锆量的质量分数，%；

$w(Fe_2O_3)$——氧化铁量的质量分数，%；

$w(TiO_2)$——二氧化钛量的质量分数，%；

0.408 0——1/2 氧化铝摩尔质量对氧化锆(铪)加权平均摩尔质量的比值；

0.638 5——氧化铝摩尔质量对氧化铁摩尔质量的比值；

0.638 1——1/2 氧化铝摩尔质量对二氧化钛摩尔质量的比值。

9.4 苯羟乙酸(苦杏仁酸)-强碱分离络合滴定法(≥3%)

9.4.1 原理

除去硅后的溶液用苯羟乙酸(苦杏仁酸)及强碱分离干扰元素后，加过量 EDTA 标准溶液，弱酸性溶液中与铝络合，以二甲酚橙为指示剂，用乙酸锌标准滴定溶液回滴过量的 EDTA，借以求得氧化铝的量。

9.4.2 试剂

9.4.2.1 盐酸(1+1)。

9.4.2.2 盐酸(0.1 mol/L)。

9.4.2.3 氨水(1+1)。

9.4.2.4 苯羟乙酸(苦杏仁酸)溶液(100 g/L)。

9.4.2.5 六次甲基四胺缓冲溶液(200 g/L)。

9.4.2.6 氢氧化钾溶液(200 g/L)。

9.4.2.7 氢氧化钾溶液(1 mol/L)。

9.4.2.8 氧化铝标准溶液(含 Al_2O_3 1 mg/ mL)：

称取 0.500 0 g 于 950℃～1 000℃灼烧 1 h 并冷至室温的高纯氧化铝(纯度 99.99%)，置于铂坩埚中，加入 6 g～7 g 混合熔剂，于 950℃～1 000℃ 熔融至透明。再继续熔融 20 min，用 30 mL 盐酸(9.4.2.1)浸取熔块，加热使熔块全部溶解，冷却后，移入 500 mL 容量瓶，用水稀释至刻度，摇匀。

9.4.2.9 乙酸锌标准滴定溶液($c(Zn(AC)_2)=0.015$ mol/L)：

称取 2.8g 乙酸锌于烧杯中，加水加热溶解，冷却，加 10 mL 醋酸，用水稀释到 1 000 mL。

9.4.2.10 EDTA 标准溶液(0.02 mol/L)：

称取 7.2 g EDTA(乙二胺四乙酸二钠)，溶于少量水中，用水稀释至 1 000 mL。

标定：移取 3 份 10.00 mL EDTA 标准溶液(9.4.2.10)，分别置于 300 mL 的烧杯中，用水稀释至 150 mL，加 5 mL 六次甲基四胺溶液(9.4.2.5)和 2～3 滴二甲酚橙指示剂(9.4.2.11)，用乙酸锌标准滴定溶液(9.4.2.9)滴定至溶液由黄色变为紫红色为终点。3 份 EDTA 标准溶液所消耗乙酸锌标准滴定溶液毫升数的极差应不超过 0.10 mL,取其平均值,否则,应重新标定。

按式(13)计算换算系数(a 值),保留 4 位有效数字:

$$a = \frac{10}{V} \qquad \cdots\cdots(13)$$

式中:

V——滴定时消耗乙酸锌标准滴定溶液的体积的数值,单位为毫升(mL);

10——EDTA 标准溶液的体积的数值,单位为毫升(mL)。

准确吸取 3 份 10.00 mL 氧化铝标准溶液(9.4.2.8),分别置于 300 mL 烧杯中,加入 25 mL～30 mL EDTA标准溶液(9.4.2.10),用水稀释至约 150 mL,加 2 滴二甲酚橙指示剂(9.4.2.11),用氨水(9.4.2.3)调至溶液变黄,然后再用盐酸(9.4.2.4)调至无色。加热煮沸 3min,稍冷,加 10 mL 六次甲基四胺缓冲溶液(9.4.2.5),立即用乙酸锌标准滴定溶液(9.4.2.9)回滴至溶液由黄色变为紫色为终点。3 份氧化铝标准溶液所消耗乙酸锌标准滴定溶液毫升数的极差应不超过 0.10 mL,取其平均值,否则,应重新标定。

EDTA 标准溶液的浓度用物质的量浓度 c(EDTA)计,数值以 mol/L 表示,按式(14)计算,保留 4 位有效数字:

$$c(\mathrm{EDTA}) = \frac{10 \times c_1}{V_1 - a \times V_2} \qquad \cdots\cdots(14)$$

式中:

c_1——氧化铝标准溶液浓度的数值,单位为摩尔每升(mol/L);

V_1——加入 EDTA 标准溶液体积的数值,单位为毫升(mL);

V_2——滴定时消耗乙酸锌标准滴定溶液体积的平均值,单位为毫升(mL);

a——乙酸锌标准滴定溶液换算成 EDTA 标准溶液的系数;

10——氧化铝标准溶液体积的数值,单位为毫升(mL)。

9.4.2.11　二甲酚橙指示剂(0.2%)。

9.4.3　测定

移取 25.00 mL 试液(8.2.3.2)于 300 mL 烧杯中,调节溶液 pH 值=2,加 0.5 mL 盐酸溶液(9.3.2.2)。于电炉上加热至 60℃～70℃,边搅拌边加入 4 mL 苯羟乙酸溶液(9.4.2.4),保温 40 min。取下,用经盐酸溶液(9.4.2.2)洗 2 次的中速定量滤纸加纸浆过滤,用盐酸溶液(9.4.2.2)洗涤沉淀 8～10 次。滤液收集于 300 mL 烧杯中。用氢氧化钾溶液(9.4.2.6)调节滤液 pH 值≥14,并过量 6 mL,放置 20 min。用经氢氧化钾溶液(9.4.2.7)洗 2 次的定量慢速滤纸加纸浆过滤,用氢氧化钾溶液(9.4.2.7)洗涤沉淀 8～10 次。滤液收集于 300 mL 烧杯中。用盐酸溶液(9.4.2.1)中和,加 15.00 mL EDTA 标准溶液,电炉上加热至 40℃～50℃,调节溶液 pH 值=(3～4),煮沸 2 min～3 min,取下冷却。加 5 mL 六次甲基四胺溶液(9.4.2.5),稀释至 150 mL～200 mL,加 2～3 滴二甲酚橙溶液,用乙酸锌标准滴定溶液(9.4.2.9)滴至红色不消失为止。

9.4.4　分析结果的计算

氧化铝量用质量分数 $w(Al_2O_3)$计,数值以%表示,按式(15)计算:

$$w(\mathrm{Al_2O_3}) = \frac{50.98 \times (V - a \times V_1) \times c / 1\,000}{m} \times 100 \qquad \cdots\cdots(15)$$

式中:

50.98——Al_2O_3 摩尔质量的数值的 1/2,单位为克每摩尔(g/mol);

a——乙酸锌标准滴定溶液换算成 EDTA 标准溶液的系数;

c——EDTA 标准溶液的浓度的准确数值,单位为摩尔每升(mol/L);

V——加入 EDTA 标准溶液的总体积的数值，单位为毫升(mL)；

V_1——消耗乙酸锌标准滴定溶液的体积的数值，单位为毫升(mL)；

m——分取试料的质量的数值，单位为克(g)。

10 氧化锆(铪)的测定

氧化锆(铪)的测定可按以下 2 种方法进行：

a) 苯羟乙酸(苦杏仁酸)重量法(≤99%)(10.1)；

b) EDTA 络合滴定法(≤98%)(10.2)。

10.1 苯羟乙酸(苦杏仁酸)重量法(≤99%)

10.1.1 原理

试样用氢氟酸除去硅，加硫酸冒白烟赶尽氟后，用混合熔剂分解不溶物，酸浸取后，用氨水分离碱金属硫酸盐，沉淀用盐酸溶解，于盐酸介质中，加入苯羟乙酸(苦杏仁酸)使其生成难溶性的苯羟乙酸锆(铪)白色絮状溶淀，加热陈化后转变为白色结晶形沉淀。过滤后于 900℃灼烧成氧化物形式恒量。

10.1.2 试剂

10.1.2.1 混合熔剂：按质量比将 2 份无水碳酸钠与 1 份硼酸研细混匀。

10.1.2.2 氢氟酸(40%)。

10.1.2.3 盐酸(ρ1.19 g/mL)。

10.1.2.4 盐酸溶液(1+1)。

10.1.2.5 盐酸溶液(1+4)。

10.1.2.6 硫酸溶液(1+1)。

10.1.2.7 氨水(1+1)。

10.1.2.8 苯羟乙酸(苦杏仁酸)溶液(160 g/L)：称取苯羟乙酸(苦杏仁酸)16 g 于 300 mL 烧杯中，加 20 mL 盐酸(10.1.2.3)，用水稀释至 100 mL。

10.1.2.9 苯羟乙酸(苦杏仁酸)洗涤液(10 g/L)：称取苯羟乙酸(苦杏仁酸)1 g 于 300 mL 烧杯中，加 10 mL 盐酸(10.1.2.3)，用水稀释至 100 mL。

10.1.2.10 甲基红乙醇溶液(1 g/L)。

10.1.3 试料量

称取 0.2 g 试料，精确到 0.1 mg。

10.1.4 测定

将试料置于铂坩埚中，沿坩埚内壁加 3～5 滴水润湿试料，加 5 mL 氢氟酸溶液(10.1.2.2)和 0.5 mL硫酸溶液(10.1.2.6)，于低温电炉上蒸发至近干，取下，稍冷。加 10 mL 氢氟酸(10.1.2.2)，1 mL硫酸溶液(10.1.2.6)，于低温电炉上继续蒸发近干，升高温度至冒尽三氧化硫白烟。加 4 g～5 g 混合熔剂(10.1.2.1)，于 950℃～1 050℃熔融至透明，继续熔融 15 min。旋转坩埚使熔融物均匀附着在坩埚内壁，冷却。

用水冲洗坩埚外壁，放入预先盛有 70 mL 盐酸溶液(10.1.2.5)的 300 mL 烧杯中，加热待熔块溶解后洗出坩埚及盖。将溶液加热至 50℃～60℃，加 1 滴甲基红乙醇溶液(10.1.2.10)，用氨水(10.1.2.7)中和溶液呈黄色并过量 10 滴，加热煮沸 2 min～3 min，取下。待沉淀沉降后，趁热用中速定量滤纸过滤，用热水洗涤烧杯及沉淀 8～10 次，将沉淀连同滤纸放回原烧杯中。加 40 mL 盐酸(10.1.2.4)，加热溶解并捣碎滤纸，加水至溶液体积约 100 mL。将烧杯置于 80℃水浴中，边搅拌边缓慢加入 50 mL 苯羟乙酸溶液(10.1.2.8)，保温 30 min，并不时搅拌。将烧杯从水浴中取出，放置 4 h，用慢速定量滤纸过滤，用苯羟乙酸洗涤液(10.1.2.9)洗涤烧杯及沉淀 10 次。沉淀和滤纸一并移入已灼烧恒量的坩埚中，烘干灰化，在 900℃高温炉中灼烧 30 min，冷却，称量，重复灼烧(每次 15 min)，称量，直至恒量(2 次灼烧称量的差值≤0.4 mg，即为恒量)。

10.1.5 **分析结果的计算**

氧化锆(铪)的量用质量分数 $w(Zr(Hf)O_2)$ 计,数值以%表示,按式(16)计算:

$$w(Zr(Hf)O_2)=\frac{m_1-m_2-m_0}{m}\times 100 \qquad \cdots\cdots(16)$$

式中:

m_1——沉淀与坩埚的质量的数值,单位为克(g);

m_2——空坩埚的质量的数值,单位为克(g);

m_0——随同试料的空白的质量的数值,单位为克(g);

m——试料的质量的数值,单位为克(g)。

10.2 **EDTA 络合滴定法**

10.2.1 **原理**

试样用硼酸和碳酸钠混和熔剂熔融,用稀盐酸浸取,在酸性介质下,以二甲酚橙为指示剂,用EDTA 标准溶液滴定氧化锆和氧化铪的合量。

10.2.2 **试剂**

10.2.2.1 混合熔剂:按质量比将1份硼酸与1.8份碳酸钠研细,混匀。

10.2.2.2 盐酸(1+1)。

10.2.2.3 氧化锆基准溶液(0.01 mol/L):

称取0.308 1 g预先在1 000℃±50℃灼烧1 h并于干燥器中冷却至室温的氧化锆(99.99%),置于盛有4 g混合溶剂(10.2.2.1)的铂坩埚中,混匀,再覆盖4 g混合溶剂(10.2.2.1),盖上坩埚盖并稍留缝隙,置于高温炉中,逐渐升温至1 000℃±50℃,熔融至透明,取出,旋转坩埚使熔融物均匀附着于坩埚内壁,冷却。放入盛有40 mL盐酸(10.2.2.2)的烧杯中,加水至150 mL,加热浸出熔融物至溶液清亮,用水洗出坩埚及盖,移入250 mL容量瓶中,用水稀释至刻度,摇匀。

10.2.2.4 EDTA标准滴定溶液($c(EDTA)=0.01$ mol/L):

称取3.6 g乙二胺四乙酸二钠(EDTA)于烧杯中,用水加热溶解,冷却,用水稀释到1 000 mL,混匀。

标定:移取3份25.00 mL氧化锆基准溶液(10.2.2.3),分别置于250 mL的烧杯中,加20 mL盐酸(10.2.2.2),加水稀释至150 mL,加热煮沸,加1~2滴二甲酚橙指示剂(10.2.2.5),用EDTA标准滴定溶液(10.2.2.4)滴定至溶液由紫红色变成亮黄色。如果返色,加热煮沸后再滴定,如此反复,一直滴定至稳定的亮黄色为终点。3份氧化锆基准溶液所消耗EDTA标准滴定溶液毫升数的极差应不超过0.10 mL,取其平均值,否则,应重新标定。

EDTA标准滴定溶液的浓度 $c(EDTA)$ 以物质的量浓度表示,单位为摩尔每升(mol/L),按式(17)计算:

$$c(EDTA)=\frac{V_1\times c_1}{V_2} \qquad \cdots\cdots(17)$$

式中:

c_1——氧化锆基准溶液浓度的数值,单位为摩尔每升(mol/L);

V_1——移取氧化锆基准溶液体积的数值,单位为毫升(mL);

V_2——所消耗的EDTA标准滴定溶液体积的平均值,单位为毫升(mL)。

10.2.2.5 二甲酚橙指示剂(0.2%)。

10.2.3 **试料量**

称取0.2 g试料,精确到0.1 mg。

10.2.4 **测定**

10.2.4.1 将试样置于盛有4 g混合熔剂(10.2.2.1)的铂坩埚中,混匀,再覆盖4 g混合熔剂

(10.2.2.1)。在950℃～1 050℃熔融至透明，取出，旋转坩埚，使熔融物均匀附着于坩埚内壁，冷却。

10.2.4.2 含磷试料的处理：将试样置于盛有2 g无水碳酸钠的铂坩埚中，混匀，盖上坩埚盖并稍留缝隙，在950℃～1 050℃熔融10 min～20 min，取出，用水浸取，中速滤纸过滤，用水洗涤5～6次，将不熔残渣连同滤纸放回原坩埚中，低温灰化。以下按10.2.4.1进行。

10.2.4.3 冲洗坩埚外壁，将坩埚放入预先盛有40 mL盐酸(10.2.2.2)的300 mL烧杯中，加热使熔块溶解，冷却。移入250 mL容量瓶中，用水稀释至刻度，摇匀。

10.2.4.4 移取25.00 mL～50.00 mL试液(10.2.4.3)于300 mL的烧杯中，加20 mL盐酸(10.2.2.2)，稀释至150 mL。加热煮沸，加2～3滴二甲酚橙指示剂(10.2.2.5)，用EDTA标准滴定溶液(10.2.2.4)滴定至溶液由紫红色变为亮黄色。如果返色，加热煮沸后再滴定，如此反复，一直滴定至稳定的亮黄色为终点。

10.2.5 分析结果的计算

氧化锆(铪)量以质量分数$w(Zr(Hf)O_2)$计，数值以%表示，按式(18)计算：

$$w(Zr(Hf)O_2)=\frac{M(V-V_0)\times c/1\ 000}{m}\times 100 \qquad \cdots\cdots(18)$$

式中：

V——滴定试液所消耗的EDTA标准滴定溶液的体积的数值，单位为毫升(mL)；

V_0——滴定空白试液所消耗的EDTA标准滴定溶液的体积的数值，单位为毫升(mL)；

c——EDTA标准滴定溶液的浓度的准确数值，单位为摩尔每升(mol/L)；

M——氧化锆(铪)的平均摩尔质量的数值，单位为克每摩尔(g/mol)(HfO_2=2%时，M=124.97 g/mol)；

m——分取试料质量的数值，单位为克(g)。

11 二氧化钛的测定

11.1 原理

试样用硼酸-碳酸钠混和熔剂熔融，稀盐酸浸取，用二安替比林甲烷显色，于波长390 nm处测定其吸光度。

11.2 试剂

11.2.1 盐酸(1+1)。

11.2.2 二安替比林甲烷溶液(40 g/L)：称取二安替比林甲烷40 g溶于100 mL盐酸(11.2.2)中，用水稀释至1 000 mL，摇匀，备用。

11.2.3 抗坏血酸溶液(10 g/L)：现用现配。

11.2.4 二氧化钛标准溶液(含TiO_2 0.1 mg/ mL)：

准确称取0.100 0 g在950℃灼烧1 h并冷至室温的二氧化钛(99.99%)，置于铂坩埚中，加2 g～3 g焦硫酸钾，先在电炉上加热脱水，然后于800℃熔融至透明。冷却后，用20 mL硫酸(1+1)浸取熔块，置于盛有80 mL硫酸(1+1)的300 mL的烧杯中，加热溶解，冷却，移入1 000 mL容量瓶，用水稀释至刻度，摇匀。

11.3 测定

移取25.00 mL试液(8.2.3.2)置于50 mL容量瓶中，加10 mL抗坏血酸溶液(11.2.3)，加10 mL二安替比林甲烷溶液(11.2.2)，用水稀释至刻度，摇匀，放置1 h。以空白试液作参比，用1 cm吸收皿，于波长390 nm处测定吸光度。

11.4 工作曲线的绘制

移取0、1.00 mL、2.00 mL、4.00 mL、6.00 mL、8.00 mL、10.00 mL二氧化钛标准溶液(11.2.4)，分别置于一组50 mL容量瓶中，加5 mL盐酸(11.2.1)，放置5 min。加10 mL抗坏血酸溶液

(11.2.3)，加 10 mL 二安替比林甲烷溶液(11.2.2)，用水稀释至刻度，摇匀，放置 1 h。以空白试液作参比，用 1 cm 吸收皿，于波长 390 nm 处测定吸光度，绘制工作曲线。

11.5 分析结果的计算

二氧化钛量用质量分数 $w(TiO_2)$ 计，数值以%表示，按式(19)计算：

$$w(TiO_2) = \frac{c/1\,000}{m} \times 100 \qquad \cdots\cdots(19)$$

式中：

c——在工作曲线上查得的二氧化钛量的数值，单位为毫克(mg)；

m——分取试料质量的数值，单位为克(g)。

12 氧化铁的测定

12.1 原理

试样用硼酸-碳酸钠混和熔剂熔融，稀盐酸浸取，在 pH 值为(2～9)时，用邻菲罗啉显色，于波长 510 nm处测定吸光度。

12.2 试剂

12.2.1 盐酸(1+1)。

12.2.2 显色溶液：邻菲罗啉溶液(10 g/L)、乙酸铵溶液(200 g/L)、盐酸羟铵溶液(100 g/L)分别配制，使用时按照体积比 1∶1∶2 混合。

12.2.3 氧化铁标准溶液(含 Fe_2O_3 0.5 mg/ mL)：

称取 0.500 0 g 在 600℃烧 30 min 并冷至室温的氧化铁(99.99%)于 300 mL 烧杯中，加少量水润湿后，再加 30 mL 盐酸(12.2.1)和 5 mL 硝酸(ρ1.40 g/ mL)，加热溶解，冷却，移入 1 000 mL 容量瓶，用水稀释至刻度，摇匀。

12.2.4 氧化铁标准溶液(含 Fe_2O_3 0.1 mg/ mL)：

移取 200.00 mL 氧化铁标准溶液(12.2.3)于 1 000 mL 容量瓶中，用水稀释至刻度，摇匀。

12.3 测定

移取 25.00 mL 试液(8.2.3.2)于 50 mL 容量瓶中，加 10 mL 显色剂(12.2.2)，用水稀释至刻度，摇匀，放置 1 h。以空白试液作参比，用 1 cm 吸收皿于波长 510 nm 处测定吸光度。

12.4 工作曲线的绘制

移取 0、1.00 mL、2.00 mL、3.00 mL、4.00 mL、5.00 mL 氧化铁标准溶液(12.2.4)，分别置于一组 50 mL 容量瓶中，加入 10 mL 显色剂(12.2.2)，用水稀释至刻度，摇匀，放置 1 h。以空白试液作参比，用 1 cm 吸收皿于波长 510 nm 处测定吸光度，绘制工作曲线。

12.5 分析结果的计算

氧化铁量用质量分数 $w(Fe_2O_3)$ 计，数值以%表示，按式(20)计算：

$$w(Fe_2O_3) = \frac{c/1\,000}{m} \times 100 \qquad \cdots\cdots(20)$$

式中：

c——在工作曲线上查得的氧化铁量的数值，单位为毫克(mg)；

m——分取试料的质量的数值，单位为克(g)。

13 氧化钾、氧化钠、氧化钙、氧化镁和氧化铁的测定

氧化钾、氧化钠、氧化钙、氧化镁和氧化铁可采用以下 2 种方法测定：

a) 偏硼酸锂熔融-火焰原子吸收光谱法；

b) 氢氟酸-高氯酸分解-火焰原子吸收光谱法。

13.1 偏硼酸锂熔融-火焰原子吸收光谱法

13.1.1 原理

试样用偏硼酸锂熔融，稀盐酸浸取，于原子吸收光谱仪波长 766.5 nm、589.0 nm、422.7 nm、285.2 nm、248.3 nm 处分别测定氧化钾、氧化钠、氧化钙、氧化镁、氧化铁的吸光度。

13.1.2 试剂

13.1.2.1 偏硼酸锂($LiBO_2$)：由 $LiBO_2 \cdot 8H_2O$ 于 625℃以上脱水制得。

13.1.2.2 盐酸(ρ1.19 g/ mL)：优级纯。

13.1.2.3 硝酸(ρ1.40 g/ mL)：优级纯。

13.1.2.4 盐酸(1+1)：用优级纯试剂配制。

13.1.2.5 盐酸(4+96)：用优级纯试剂配制。

13.1.2.6 氯化锶溶液(200 g/L)：称取 200 g 氯化锶($SrCl_2 \cdot 6H_2O$)溶于 1 000 mL 的水中，贮于塑料瓶中。

13.1.2.7 氧化锆溶液(5 mg/ mL)：称取 6.54 g 氯氧化锆($ZrOCl_2 \cdot 8H_2O$)溶于 500 mL 水中。

13.1.2.8 氧化铝溶液：称取 2.65 g 金属铝片(99.99%)，用 40 mL 王水($HCl+HNO_3=3+1$)加热溶解后，移入 1 000 mL 容量瓶中，用水稀释到刻度，摇匀。

13.1.2.9 氧化钾标准溶液(含 K_2O 1 mg/ mL)：

称取 1.583 0 g 在 400℃～450℃烧 1.5 h 并冷至室温的氯化钾(99.99%)于 300 mL 烧杯中，用水溶解，移入 1 000 mL 容量瓶，用水稀释至刻度，摇匀，贮于塑料瓶中。

13.1.2.10 氧化钠标准溶液(含 Na_2O 1 mg/ mL)：

称取 1.885 9 g 在 400℃～450℃烘 1.5 h 并冷至室温的氯化钠(99.99%)于 300 mL 烧杯中，用水溶解，移入 1 000 mL 容量瓶，用水稀释至刻度，摇匀，贮于塑料瓶中。

13.1.2.11 氧化钙标准溶液(含 CaO 1 mg/ mL)：

称取 1.784 8 g 在 105℃～110℃烘 2 h 并冷至室温的碳酸钙(99.99%)于 300 mL 烧杯中，加少量水润湿后，盖上表面皿，滴加盐酸(13.1.2.4)，使其溶解后再过量少许，加热煮沸除去二氧化碳。冷却，移入 1 000 mL 容量瓶，用水稀释至刻度，摇匀。

13.1.2.12 氧化镁标准溶液(含 MgO 1 mg/ mL)：

称取 1.000 0 g 在 950℃～1 000℃灼烧 2 h 并冷至室温的氧化镁(99.99%)于 300 mL 烧杯中，加入少量水，盖上表面皿逐滴加入 20 mL 盐酸(13.1.2.4)，加热溶解，移入 1 000 mL 容量瓶，用水稀释至刻度，摇匀。

13.1.2.13 氧化铁标准溶液(含 Fe_2O_3 1 mg/ mL)：

称取 1.000 0 g 在 600℃烘 30 min 并冷至室温的氧化铁(99.99%)于 300 mL 烧杯中，加少量水润湿后，再加 30 mL 盐酸(13.1.2.4)和 5 mL 硝酸(13.1.2.3)，加热溶解，冷却，移入 1 000 mL 容量瓶，用水稀释至刻度，摇匀。

13.1.2.14 混合标准溶液(含混合氧化物各 50 μg/ mL)：

分别移取 50.00 mL 氧化钾标准溶液(13.1.2.9)、氧化钠标准溶液(13.1.2.10)、氧化钙标准溶液(13.1.2.11)、氧化镁标准溶液(13.1.2.12)、氧化铁标准溶液(13.1.2.13)，置于 1 000 mL 容量瓶中，用水稀释至刻度，摇匀。

13.1.2.15 混合标准溶液系列：

移取 0、5.00 mL、10.00 mL、20.00 mL、40.00 mL、60.00 mL、80.00 mL、100.00 mL、150.00 mL、200.00 mL 混合标准溶液(13.1.2.14)，置于一组 500 mL 容量瓶中，分别加入 7 g 偏硼酸锂(13.1.2.1)、40 mL 盐酸(13.1.2.2)、50 mL 氯化锶溶液(13.1.2.6)、100 mL 氧化铝溶液(13.1.2.8)、80 mL 氧化锆溶液(13.1.2.7)，稀释至刻度，摇匀，贮存于塑料瓶中备用。该混合标准溶液系列含等量混合氧化物的浓度为 0、0.5 μg/ mL、1.0 μg/ mL、2.0 μg/ mL、4.0 μg/ mL、6.0 μg/ mL、8.0 μg/ mL、

10.0 μg/ mL、15.0 μg/ mL、20.0 μg/ mL。

13.1.3 试料量

称取 0.1 g 试料，精确到 0.1 mg。

13.1.4 测定

13.1.4.1 将试料置于铺有 0.5 g 偏硼酸锂(13.1.2.1)的铂坩埚中，用铂丝或细玻棒搅拌均匀，再覆盖 0.2 g 偏硼酸锂(13.1.2.1)，压实。于 950℃～1 050℃熔融至透明，再继续熔融 5 min～10 min，使试样完全分解。取出，旋转坩埚使熔融物均匀附着于坩埚内壁。

13.1.4.2 将坩埚及盖放入盛有约 70 mL 盐酸(13.1.2.5)的 100 mL 烧杯中，坩埚内放入包有聚四氟乙烯外壳的搅拌子，在电磁搅拌器上边加热边搅拌，待熔块全部溶解后，取下冷却，将坩埚和盖及搅拌子用盐酸(13.1.2.5)洗出，溶液转移到 100 mL 容量瓶中，加入 5 mL 氯化锶(13.1.2.6)，再用盐酸(13.1.2.5)稀释至刻度，摇匀，待测。

13.1.4.3 根据使用的仪器型号，选择适当的工作参数(如空心阴极灯电流值，狭缝宽度，燃烧器高度，火焰状态，标尺扩展倍数等)，采用空气-乙炔火焰，比较测定试液(13.1.4.2)和混合标准溶液系列(13.1.2.15)、空白溶液中各待测元素的吸光度。测定波长见表 3。

表 3

元素	K	Na	Ca	Mg	Fe
测定波长/nm	766.5	589.0	422.7	285.2	248.3

13.1.5 分析结果的计算

按直接比较法或紧密内差法计算试样中待测元素氧化物的量，用质量分数 $w(\mathrm{M})$ 计，数值以%表示，直接比较法按式(21)计算(应分别扣除标准溶液和试液的空白值)：

$$w(\mathrm{M}) = \frac{c \times E_{\mathrm{M}} \times 10^{-6}}{m \times E} \times 100 \quad \cdots\cdots\cdots\cdots (21)$$

式中：

c——标准溶液中待测元素氧化物 M 的浓度的数值，单位为微克每毫升(μg/ mL)；

E——标准溶液中待测元素氧化物 M 的吸光度的数值；

E_{M}——试液中待测元素氧化物 M 的吸光度的数值；

m——试料的质量的数值，单位为克(g)。

13.2 氢氟酸-高氯酸分解-火焰原子吸收光谱法

13.2.1 原理

试料以氢氟酸-高氯酸分解，盐酸浸取，于原子吸收光谱仪波长 766.5 nm、589.0 nm、422.7 nm、285.2 nm、248.3 nm 处分别测定氧化钾、氧化钠、氧化钙、氧化镁、氧化铁的吸光度。

13.2.2 试剂

13.2.2.1 高氯酸(70%～72%)：优级纯。

13.2.2.2 氢氟酸(40%)：优级纯。

13.2.2.3 盐酸(ρ1.19 g/ mL)：优级纯。

13.2.3 试料量

称取 0.1 g 试料，精确到 0.1 mg。

13.2.4 测定

13.2.4.1 将试料置于铂皿中，加水润湿后，加入 0.5 mL 高氯酸(13.2.2.1)，使试料尽量分散。加 10 mL～15 mL 氢氟酸(13.2.2.2)，在低温电炉上加热分解。保持不沸状态蒸发至冒高氯酸烟，冷却。加 5 mL 氢氟酸(13.2.2.2)，加热蒸发至干，冷却。加 4 mL 盐酸(13.2.2.3)，温热浸取 3 min～4 min，加 20 mL 水，继续加热浸取 15 min～20 min，冷却，连同不溶物一并转移到 100 mL 容量瓶中。加 5 mL

氯化锶溶液(13.1.2.6),用水稀释至刻度,摇匀。静置 4 h 以上,取上层清液用于测定。也可采用离心沉降或过滤,将滤液转入容量瓶中。

13.2.4.2 根据使用的仪器型号,选择适当的工作参数,采用空气-乙炔火焰和表 3 规定的波长,比较测定试液(13.2.4.1)和混合标准系列溶液(13.1.2.15)中各待测元素的吸光度。

13.2.5 **分析结果的计算**

按直接比较法或紧密内差法计算试样中待测元素氧化物的量,用质量分数 $w(M)$ 计,数值以%表示,直接比较法按式(21)计算(应分别扣除标准溶液和试液的空白值)。

附 录 A
（规范性附录）
验收分析值程序

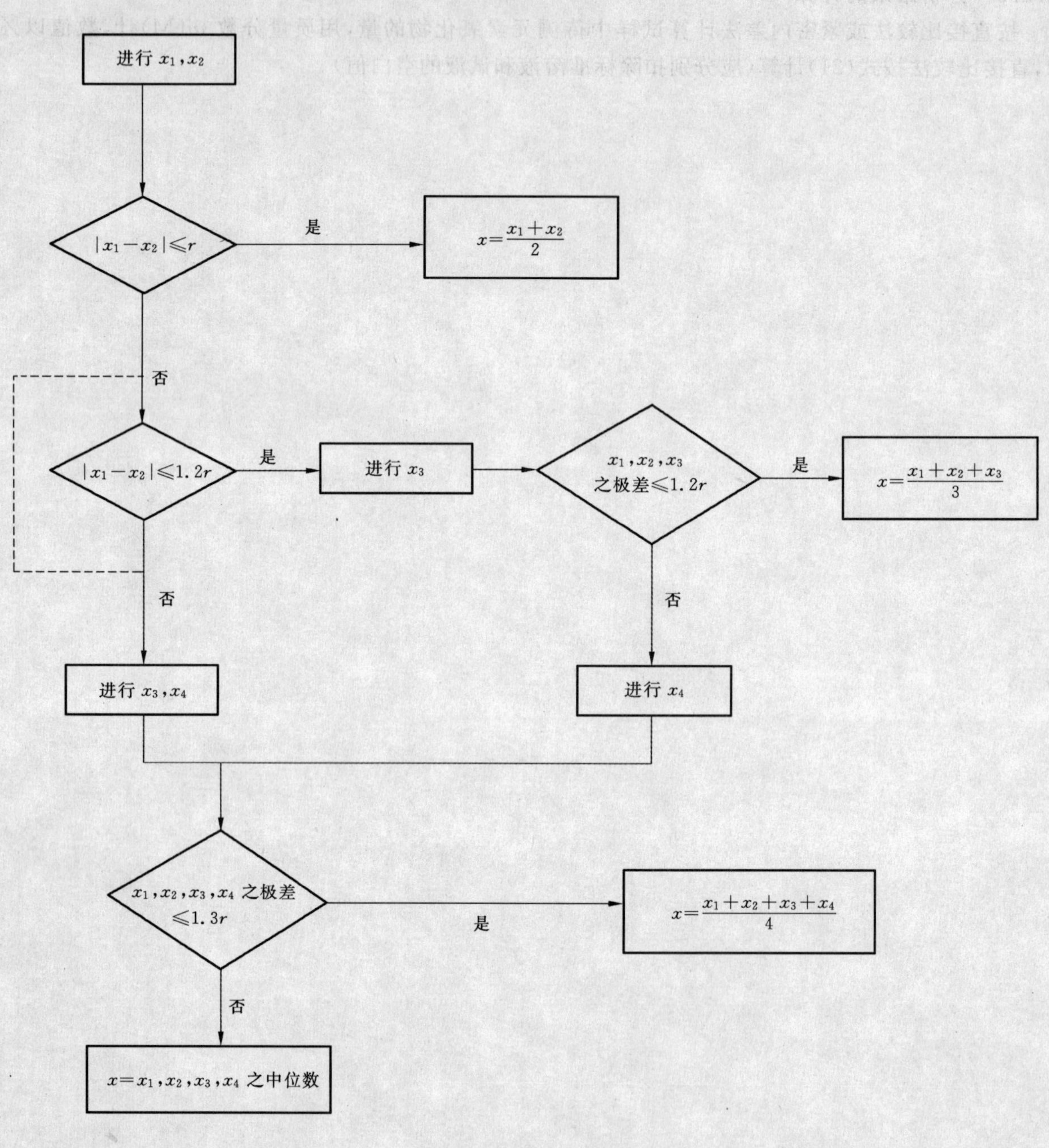

x_i——分析值；

r——允许差。

ICS 67.040
C 53

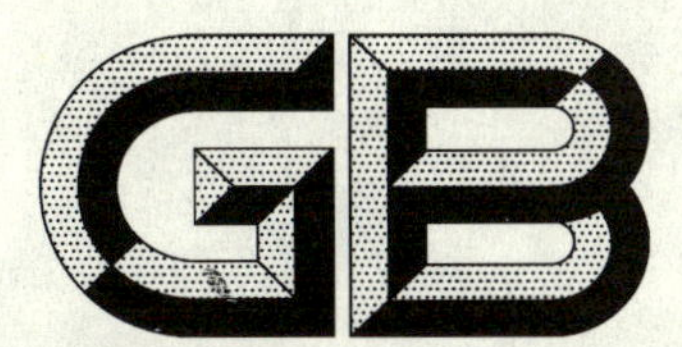

中华人民共和国国家标准

GB/T 5009.205—2007

食品中二噁英及其类似物毒性当量的测定

Determination of toxic equivalencies of dioxin and dioxin-like compounds in foods

2007-10-29 发布　　2008-04-01 实施

中华人民共和国卫生部
中国国家标准化管理委员会　发布

前　　言

本标准参考采用美国环境保护局(EPA)的“多氯代二苯并二噁英及多氯代二苯并呋喃(PCDD/Fs)高分辨气相色谱-高分辨质谱法(Tetra-through octa-chlorinated dioxins and furans by isotope dilution HRGC/HRMS,EPA1613—1997)”和“水、土壤、飞灰和生物样品中多氯联苯(PCBs)的高分辨气相色谱-高分辨质谱法(Chlorinated biphenyl congeners in water, soil, sediment, biosolids and tissue by HRGC/HRMS,EPA1668A—1999)”。

本标准与EPA1613—1997和EPA1668A—1999方法的不同之处如下：

——建立了针对世界卫生组织(WHO)已经规定毒性当量因子(TEF)的17种2,3,7,8位氯取代的PCDD/Fs和12种二噁英样多氯联苯(DL-PCBs)的同时测定方法；

——将EPA1613—1997和EPA1668A—1999方法合并，建立二噁英及其类似物的毒性当量(TEQ)测定方法；

——增加了有关利用液体管理系统(FMS)进行全自动净化处理方法，发展了全面、有效的净化技术。

本标准的附录A、附录B和附录C为规范性附录，附录D和附录E为资料性附录。

本标准由中华人民共和国卫生部提出并归口。

本标准由中国疾病预防控制中心营养与食品安全所负责起草，中国科学院生态环境研究中心、深圳市疾病预防控制中心、浙江省疾病预防控制中心和北京大学参加起草。

本标准主要起草人：吴永宁、郑明辉、李敬光、赵云峰、张建清、韩见龙、陈左生。

引　言

国际食品法典委员会(CAC)的食品添加剂与污染物委员会(CCFAC)将具有毒性当量的二噁英及其类似物列入制标议程,正收集食品中二噁英及其类似物的污染水平和人体暴露数据,并制定了控制食品污染措施的操作规范;欧盟已经制定了包括食品中多氯代二苯并二噁英及多氯代二苯并呋喃(PCDD/Fs)和二噁英样多氯联苯(DL-PCBs)在内的二噁英及其类似物毒性当量(TEQ)允许限量标准。为了对食品中二噁英及其类似物进行有效监控,需要发展国际认可的超痕量分析技术。

食品中二噁英及其类似物分析属超痕量(pg～fg)、多组分(多氯代二苯并二噁英(PCDDs)有75种、多氯代二苯并呋喃(PCDFs)有135种、PCBs有209种同系物异构体)和复杂的前处理技术,对特异性、选择性和灵敏度的要求极高,成为当今食品和环境分析领域的难点,其检测能力体现了一个国家在该领域的研究水平。

美国环境保护局(EPA)根据二噁英及其类似物痕量分析的技术要求,采用同位素稀释的高分辨气相色谱-高分辨质谱联用技术(HRGC-HRMS)分别建立测定PCDD/Fs的EPA1613标准方法(1997B版)和测定多氯联苯的EPA1668A—1999方法,以满足二噁英及其类似物的超痕量分析需要。

本标准修改采用EPA1613—1997方法和EPA 1668A—1999方法,提出适合我国的检测食品中二噁英及其类似物痕量需要的标准化方法。

警告:

1. **PCDD/Fs和DL-PCBs为剧毒化合物,并具有致癌性和生殖内分泌毒性。为此,处理含PCDD/Fs和DL-PCBs样品应与放射性物质或传染性物质一样,值得高度重视。**
2. **实验室应具备良好的通风条件,同时应严格控制出入实验室的人员。**
3. **本标准中所用的试剂和化学品都有一定的毒性,对健康具有潜在的危害,应尽量减少接触。操作PCDD/Fs和DL-PCBs的人员需要经过安全知识培训,且训练有素。**
4. **推荐实验室购买经过稀释的标准溶液。如果需要制备储备溶液,应在通风橱中进行,并且应戴上防毒面罩。**

食品中二噁英及其类似物毒性当量的测定

1 范围

本标准规定了食品中17种2,3,7,8-取代的多氯代二苯并二噁英(PCDDs)、多氯代二苯并呋喃(PCDFs)和12种二噁英样多氯联苯(DL-PCBs)含量及二噁英毒性当量(TEQ)的测定方法。

本标准适用于附录A的表A.1中规定的食品中17种2,3,7,8-取代多氯代二苯并二噁英及多氯代二苯并呋喃(PCDD/Fs)和12种DL-PCBs含量及其TEQ的测定。

本标准的检测限:2,3,7,8-四氯代二苯并二噁英(2,3,7,8-TCDD)和2,3,7,8-四氯代二苯并呋喃(2,3,7,8-TCDF)为0.04 ng/kg、八氯代二苯并二噁英(OCDD)和八氯代二苯并呋喃(OCDF)为0.40 ng/kg、其余PCDD/Fs为0.20 ng/kg、DL-PCB为1.00 ng/kg。

2 原理

应用高分辨气相色谱-高分辨质谱联用技术,在质谱分辨率大于10 000的条件下,通过精确质量测量监测目标化合物的两个离子,获得目标化合物的特异性响应。以目标化合物的同位素标记化合物为定量内标,采用稳定性同位素稀释法准确测定食品中2,3,7,8位氯取代PCDD/Fs和DL-PCBs的含量;并以各目标化合物的毒性当量因子(TEF)与所测得的含量相乘后累加,得到样品中二噁英及其类似物的毒性当量(TEQ)。

3 试剂和材料

3.1 有机溶剂

以下有机溶剂均为农残级,浓缩10 000倍后不得检出二噁英及其类似物。

3.1.1 丙酮。

3.1.2 正己烷。

3.1.3 甲苯。

3.1.4 环己烷。

3.1.5 二氯甲烷。

3.1.6 乙醚。

3.1.7 甲醇。

3.1.8 正壬烷。

3.1.9 异辛烷。

3.2 标准溶液

3.2.1 PCDD/Fs标准溶液

本标准推荐使用EPA1613—1997规定的标准溶液,各实验室可根据具体情况选用相当的标准品。

3.2.1.1 校正和时间窗口确定的标准溶液(CS3WT溶液):用壬烷配制,为含有天然和同位素标记PCDD/Fs(定量内标、净化标准和回收率内标)的溶液,用于方法的校正和确证,并可以用于DB5毛细管柱(或等效柱)时间窗口确定和2,3,7,8-TCDD分离度的检查(见附录B的表B.1)。

3.2.1.2 净化标准溶液:用壬烷配制的$^{37}Cl_4$-2,3,7,8-TCDD溶液(浓度为40 ng/mL±2 ng/mL)。

3.2.1.3 同位素标记定量内标的储备溶液:用壬烷配制的^{13}C-PCDD/Fs溶液(见附录B的表B.2)。

3.2.1.4 回收率内标标准溶液:用壬烷配制的^{13}C-1,2,3,4-TCDD和^{13}C-1,2,3,7,8,9-HxCDD溶液(见附录B的表B.3)。

3.2.1.5 精密度和回收率检查标准溶液(PAR):用壬烷配制的含天然 PCDD/Fs 溶液(见附录 B 的表 B.4),用于方法建立时的初始精密度和回收率试验(IPR)及过程精密度和回收率试验(OPR)。

3.2.1.6 保留时间窗口确定的标准溶液(TDTFWD):用于确定规定毛细管柱中四氯至八氯取代化合物出峰顺序,同时用于检查在规定的色谱柱中 2,3,7,8-TCDD 和 2,3,7,8-TCDF 的分离度(见附录 B 的表 B.6)。

3.2.1.7 校正标准溶液:为含有天然和同位素标记的 PCDD/Fs 系列校正溶液(见附录 B 的表 B.7),其中 CSL 为浓度更低的天然 PCDD/Fs 校正溶液,用于质谱系统校正。测定校正标准溶液,可以获得天然与标记 PCDD/Fs 的相对响应因子(RRF)。此外,CS3 用于已建立 RRF 的日常校正和校正曲线校验(VER);CS1 用于检查 HRGC-HRMS 应具备的灵敏度。由于食品要求的灵敏度更低,可以使用 CSL 进行灵敏度检查。

3.2.2 DL-PCBs 标准溶液

本标准推荐使用 EPA1668A—1999 规定的标准溶液,各实验室可根据具体情况选用相当的标准品。

3.2.2.1 时间窗口确定和定量内标标准溶液:用壬烷配制的含同位素标记 DL-PCBs 的溶液(见附录 B 的表 B.8)。

3.2.2.2 同位素标记的净化内标标准溶液:用壬烷配制含 $^{13}C_{12}$-2,4,4′-TrPCB、$^{13}C_{12}$-2,3,3′,5,5′-PePCB 和 $^{13}C_{12}$-2,2′,3,3′,5,5′,6-HPCB 溶液(见附录 B 的表 B.9)。

3.2.2.3 同位素标记的回收率内标标准溶液:用壬烷配制含 $^{13}C_{12}$-2,2′,5,5′-TePCB、$^{13}C_{12}$-2,2′,4′,5,5′-PePCB、$^{13}C_{12}$-2,2′,3′,4,4′,5′-HxPCB 和 $^{13}C_{12}$-2,2′,3,3′,4,4′,5,5′ -OctaPCB 溶液(见附录 B 的表 B.10)。

3.2.2.4 精密度和回收率检查标准溶液(PAR):用壬烷配制的含天然 DL-PCBs 溶液(见附录 B 的表 B.11),用于方法建立时的初始精密度和回收率试验(IPR)及过程精密度和回收率试验(OPR)。

3.2.2.5 校正标准溶液:为含有天然(目标化合物)和同位素标记(定量内标、净化标准和回收率内标)的 DL-PCBs 系列校正溶液(见附录 B 的表 B.12)。其中 CS3 用于已建立 RRF 的日常校正和校正曲线校验(VER),CS1 用于检查 HRGC-HRMS 应具备的灵敏度。

3.2.2.6 高灵敏度检查的标准溶液:为天然 DL-PCBs 的溶液(浓度 0.2 ng/mL,见附录 B 的表 B.13)。

3.2.2.7 校正检查的标准溶液:浓度相当于 CS3,不含同位素标记,仅为天然 DL-PCBs 的溶液(50 ng/mL,见附录 B 的表 B.14)。

3.3 样品净化用吸附剂

样品净化用吸附剂应在制备后尽快使用,如果经过一段较长时间的保存,应检验其活性。

在装有氧化铝和硅胶等容器上应标识其制备日期或开封日期。如果标识不可辨认,应废弃吸附剂,重新制备。

由于存在 PCBs 污染问题,有时适合于 PCDD/Fs 测定的试剂不一定适合 DL-PCBs 的测定,应该经过检查证实没有干扰后使用。

3.3.1 氧化铝:如果内标化合物的回收率能达到要求,则可在酸性氧化铝或碱性氧化铝中选择一种用于样品提取液净化。但所有样品,包括初始精确度和回收率检查试验,均应使用同样类型的氧化铝。

3.3.1.1 酸性氧化铝:在 130℃下至少加热活化 12 h。

3.3.1.2 碱性氧化铝:在 600℃下至少加热活化 24 h。加热温度不能超过 700℃,否则其吸附能力降低。活化后保存在 130℃的密闭烧瓶中。应在烘烤后五天内使用。

3.3.2 硅胶:100 目~200 目或相当等级的硅胶。

3.3.2.1 活性硅胶:使用前,取硅胶用二氯甲烷清洗,在 180℃下至少烘烤 1 h 或 150℃下至少烘烤 4 h(最多 6 h)。在干燥器中冷却,保存在带螺帽的玻璃瓶中。

3.3.2.2 酸化硅胶(44%,质量分数):称取 56 g 活性硅胶置于 250 mL 具塞磨口旋转烧瓶中,在玻璃棒搅拌下加入 44 g 硫酸，将烧瓶用旋转蒸发器旋转 1 h～2 h，使之混和均匀无结块，置干燥器内可保存 3 周。

3.3.2.3 碱化硅胶（33%，质量分数）：称取 100 g 活性硅胶置于 250 mL 具塞磨口旋转烧瓶中，在玻璃棒搅拌下逐滴加入 49 g NaOH 溶液（1 mol/L），将烧瓶用旋转蒸发器中旋转 1 h～2 h，使之混和均匀无结块。将碱化硅胶置干燥器内保存。

3.3.2.4 硝酸银硅胶：称取 10 g 硝酸银置于 100 mL 烧杯中，加水 40 mL 溶解。将该溶液转移至 250 mL旋转烧瓶中，慢慢加入 90 g 活性硅胶，在旋转蒸发器中旋转 1 h～2 h，使之混和均匀，放置 30 min后，将其置于预先加热至 70℃干燥箱内，以 10℃/h 升温速率使干燥箱温度升高到 120℃，并继续活化 15 h。取出后，在干燥器中冷却，置于褐色玻璃瓶内保存。

3.3.3 弗罗里土（60 目～100 目）：使用前，称取 500 g，装入索氏提取器中，用适量正己烷：二氯甲烷（1：1，体积比）提取 24 h。

3.3.3.1 含水 1%（质量分数）的弗罗里土：称取弗罗里土 99.0 g，加水 1.0 mL，搅拌均匀，用带聚氟乙烯螺帽的玻璃瓶封装。

3.3.4 无水硫酸钠：优级纯。

3.3.5 硫酸：优级纯。

3.3.6 玻璃绵：使用前以二氯甲烷及正己烷回流 48 h，用氮气吹干后，置于棕色瓶内备用。

3.3.7 活性炭：

3.3.7.1 Carbopak C：推荐使用 Supelco 1-0258，或其他相当的类型。

3.3.7.2 Celite 545：推荐使用 Supelco 2-0199，或其他相当的类型。

3.3.7.3 称取 9.0 g Carbopak C 和 41.0 g Celite 545，充分混和，含活性炭为 18%（质量分数）。在 130℃中至少活化 6 h，在干燥器中保存。

3.3.7.4 凝胶色谱填料：Bio-Beads S-X3，200 目～400 目。

3.4 参考基质

玉米油或其他植物油。基质中未检出 PCDD/Fs 和 DL-PCBs 为最理想的情况。由于环境中 PCBs 的广泛存在，植物油中可能存在背景水平的 PCBs，作为基质时要求其背景水平不得超过附录 C 的表 C.1中的检测限的值。

4 仪器与设备

4.1 高分辨气相色谱-高分辨质谱仪（HRGC-HRMS）。

4.2 色谱柱：

4.2.1 DB-5ms 柱（含 5%二苯基-95%二甲基聚硅氧烷）：用于 PCDD/Fs 检测。60 m×0.25 mm×0.25 μm或等效色谱柱；RTX-2330（90%双氰丙基-10%苯基氰丙基聚硅氧烷），60 m×0.25 mm×0.1 μm或等效色谱柱。

4.2.2 DB-5ms 柱：用于 DL-PCBs 检测。60 m×0.25 mm×0.25 μm 或等效色谱柱。

4.3 组织匀浆器。

4.4 绞肉机。

4.5 旋转蒸发器。

4.6 氮气浓缩器。

4.7 超声波清洗器。

4.8 振荡器。

4.9 索氏提取器。

4.10 天平（感量万分之一）。

4.11 烘箱：用于烘烤和贮存吸附剂，能够在 105℃～250℃范围内保持恒温（±5℃）。

4.12　玻璃层析柱：带聚四氟乙烯柱塞，150 mm×8 mm，300 mm×15 mm。

4.13　全自动液体管理系统(选用)：配备商业化的酸碱复合硅胶柱、氧化铝和活性炭净化柱。

4.14　凝胶色谱系统(GPC)(选用，手动或自动系统)：玻璃柱(内径 15 mm～20 mm)，内装 50 g S-X3 凝胶(200 目～400 目)。

4.15　高效液相色谱仪(HPLC)(选用)：包括泵、自动进样器、六通转换阀、检测器和馏分收集器，配备 Hypercarb(100 mm×4.6 mm，5 μm)或相当色谱柱。

5　试样制备与净化

5.1　样品采集与保存

5.1.1　现场采集的样品用避光材料如铝箔、棕色玻璃瓶等包装，置小型冷冻箱中运输到实验室，−10℃以下低温保存。

5.1.2　液体或固体样品，如鱼、肉、蛋、奶等可使用冷冻干燥或无水硫酸钠干燥，混匀。油脂类样品可直接用正己烷溶解后进行净化分离。

5.2　试样制备

5.2.1　当已知样品含量或估计其含量较高时，应适当减少用于分析的试样量。

5.2.2　所有试样、空白试验和初始精密度-回收率试验(IPR)、过程精密度-回收率试验(OPR)应具有相同的分析过程，以便检查试样制备的污染来源及损失。

5.2.3　溶剂和提取液的旋转蒸发浓缩

5.2.3.1　连接旋转蒸发器，将水浴锅预热至 45℃。在试验开始前，预先将 100 mL 正己烷：二氯甲烷(1：1，体积比)作为提取溶剂浓缩，以清洗整个旋转蒸发器系统。如有必要，检测经浓缩的溶剂和收集瓶中的溶剂，进行污染状况检查。在两个浓缩样品之间，分三次用 2 mL～3 mL 溶剂洗涤旋转蒸发器接口，用烧杯收集废液。

5.2.3.2　将装有样品提取液的茄型瓶连接到旋转蒸发器上，缓慢抽真空。

5.2.3.3　将茄型瓶降至水浴锅中，调节转速和水浴的温度(或真空度)，使浓缩在 15 min～20 min 内完成。在正确的浓缩速度下，流入废液收集瓶中的溶剂流量应保持稳定，溶剂不能有爆沸或可见的沸腾现象发生。

注：如果浓缩过快，可能会使样品损失。

5.2.3.4　当茄型瓶中溶剂约为 2 mL 时，将茄型瓶从水浴锅中移开，停止旋转。缓慢并小心地向旋转蒸发器中放气，确保打开阀门时不要太快，以免样品冲出茄型瓶。用 2 mL 溶剂洗涤接口。

5.2.4　索氏提取

5.2.4.1　提取前，在索氏提取器中装入一支空纤维素或玻璃纤维提取套筒，以正己烷：二氯甲烷(1：1，体积比)为提取溶剂，预提取 8 h 后取出晾干。

5.2.4.2　将下列处理好的样品装入提取套筒中(参见附录 D 的图 D.1)，高度以不超过溢流管为限。在提取套筒中加入适量 $^{13}C_{12}$ 标记的定量内标(3.2.1.3)，用玻璃棉盖住样品，平衡 30 min 后装入索氏提取器，以适量正己烷：二氯甲烷(1：1，体积比)为溶剂提取 18 h～24 h，回流速度控制在 3 次/h～4 次/h。

a)　鱼、肉、蛋、奶等样品：称取 50 g～200 g 样品(精确到 0.001 g)，经过冷冻干燥后，准确称重，计算含水量。根据估计的污染水平，称取适量试样(精确到 0.001 g)，加无水硫酸钠研磨，制成能自由流动的粉末。将粉末全部转移至处理好的提取套筒，置于索氏抽提器中进行提取。

b)　奶酪等固体乳制品样品：将奶酪直接研成细末后称量，其他固体乳制品直接称量。称取适量试样(通常为 10 g，精确到 0.001 g)，置研钵中，加无水硫酸钠，研磨成干燥的、可以自由流动的粉末。无水硫酸钠与海砂混合物使用量取决于试样的取样量及含水量。将粉末全部移至处理好的提取套筒。用沾有正己烷的棉签将研钵、表面皿和研磨棒擦净。该棉签一同放入套筒中进行提取。

5.2.4.3 提取后，将提取液转移到茄型瓶中，旋转蒸发浓缩至近干。

5.2.4.4 茄型瓶中的残留物用少量正己烷溶解以进行下面的净化。如需要考察净化过程的回收率则加入净化标准(3.2.1.2)，但日常的分析中该步骤可省略。

5.2.4.5 若分析结果以脂肪计，则需要测定样品的脂肪含量。测定脂肪含量后，可以加少量正己烷溶解，进行净化处理。

5.2.4.6 脂肪含量的测定：

浓缩前准确称重茄型瓶，将溶剂浓缩至干后准确称重茄型瓶，两次称重结果的差值为试样的脂肪量。测定脂肪量后，加入少量正己烷溶解瓶中脂肪。

按式(1)计算脂肪含量：

$$X_1 = \frac{m_1}{m_2} \times 100 \quad \cdots\cdots\cdots\cdots (1)$$

式中：

X_1——脂肪含量，%；

m_1——试样的脂肪量，单位为克(g)；

m_2——试样的质量，单位为克(g)。

5.2.5 液体奶样的提取

5.2.5.1 依情况准确量取 200 mL～300 mL 样品，转移至大小合适的分液漏斗中，加入适量$^{13}C_{12}$标记的定量内标(3.2.1.3)。

5.2.5.2 按 20 mg/g 样品的比例称取草酸钠，加少量水溶解后，将该溶液加入样品，充分振摇。

5.2.5.3 加入与样品等体积的乙醇，再进行振摇。

5.2.5.4 在样品-乙醇溶液中加入与 5.2.5.3 等体积的乙醚：正己烷(2：3，体积比)，振摇 1 min。静置分层后，转移出有机相。然后在水相中加入与样品原始体积相同的己烷，振摇 1 min。静置分层后，转移出有机相。合并有机相，浓缩至小于 75 mL。

5.2.5.5 转移提取液至 250 mL 分液漏斗中，加入 30 mL 蒸馏水振摇，弃去水相。

5.2.5.6 转移上层有机相至 250 mL 烧瓶中，加入适量无水硫酸钠，振摇。静置 30 min 后，用一张经过甲苯淋洗过的滤纸过滤，滤液置于茄型瓶中。

5.2.5.7 按 5.2.4.6 步骤进行脂肪含量的测定。

5.2.5.8 将提取液转移到茄型瓶中，旋转蒸发浓缩至近干。

5.2.5.9 茄型瓶中的残留物用少量正己烷溶解以进行下面的净化。如需要考察净化过程的回收率则加入净化标准(3.2.1.2)，但日常的分析中该步骤可省略。

5.2.6 黄油等油脂样品的提取

取适量试样置烧杯中，加热至 50℃～60℃，使油脂明显地分离出来。融化的油脂经干燥的滤纸或者一小段玻璃棉过滤到另一容器中，从中准确称取油脂样品(精确到 0.001 g)，用正己烷溶解后，加入适量$^{13}C_{12}$标记的定量内标。

5.3 试样净化

为了将 PCDD/Fs 和 DL-PCBs 从基质材料中充分地分离出来，可根据基质材料或干扰组分的具体情况选用不同的吸附剂进行净化。制备酸化硅胶或者分离柱以除去组织样品中的脂肪。凝胶渗透色谱可用来除去那些能降低气相色谱柱柱效的大相对分子质量干扰物(如蜂蜡等酸碱不能破坏的大分子)，必要时可作为手动层析柱对提取液进行初步净化。酸性、中性和碱性硅胶、氧化铝和弗罗里土可用于消除非极性和极性的干扰物质。活性炭柱能将 PCDD/Fs 以及非邻位氯取代的 PCB77、PCB126 和 PCB169 与其他同类物质和干扰物质分离，可在必要时使用。除了非邻位氯取代的 PCB77、PCB126 和 PCB169 外，其他 DL-PCBs 一般不需要活性炭柱净化。HPLC 可以特异性地分离某些类似物和同系物。

通常在酸化硅胶或凝胶渗透色谱除去组织样品中的类脂后，使用3根色谱柱净化，即一根混合型硅胶柱和两根不同的氧化铝柱，PCDD/Fs 和 DL-PCBs 净化流程图参见附录 D 的图 D.2。也可以采取其他备选净化方法，组合使用。无论采用何种组合，在进行净化前，实验室应证实其选择的净化过程能满足方法的要求(参见第9章)。

5.3.1 酸化硅胶净化

5.3.1.1 在浓缩的样品提取液中加入 100 mL 正己烷，并加入 50 g 酸化硅胶，用旋转蒸发器在 70℃下旋转浓缩 20 min。

5.3.1.2 静置 8 min～10 min 后，将正己烷到入茄型瓶中。

5.3.1.3 用 50 mL 正己烷洗瓶中硅胶，收集正己烷于 5.3.1.2 的茄型瓶中，重复 3 次。在 50℃和 20 kPa压力的条件下，用旋转蒸发器浓缩至 2 mL～5 mL。

如果酸化硅胶的颜色较深，则应重复上述过程，直至酸化硅胶为浅黄色。

5.3.2 混合硅胶柱净化

5.3.2.1 色谱柱的填充：取内径为 15 mm 的玻璃柱，底部填以玻璃棉后，依次装入 2 g 活性硅胶、5 g 碱性硅胶、2 g 活性硅胶、10 g 酸化硅胶、2 g 活性硅胶、5 g 硝酸银硅胶、2 g 活性硅胶和 2 g 无水硫酸钠。干法装柱，轻敲色谱柱，使其分布均匀(参见附录 D 的图 D.3)。

5.3.2.2 用 150 mL 正己烷预淋洗色谱柱。当液面降至无水硫酸钠层上方约 2 mm 时，关闭柱阀，弃去淋洗液，柱下放一茄型瓶。检查色谱柱，如果出现沟流现象应重新装柱。

5.3.2.3 将已浓缩的提取液加入柱中，打开柱阀使液面下降，当液面降至无水硫酸钠层时，关闭柱阀。

5.3.2.4 用 5 mL 的正己烷洗涤原茄型瓶(5.3.1.3)两次，将洗涤液一并加入柱中，打开柱阀，使液面降至无水硫酸钠层。

5.3.2.5 如果仅测定 PCDD/Fs，则用 350 mL 正己烷洗脱；如果同时测定 PCDD/Fs 和 DL-PCBs，则用 400 mL 正己烷洗脱，收集洗脱液。

5.3.2.6 在 20 kPa 与 50℃的条件下，将收集在茄型瓶中的洗脱液用旋转蒸发器浓缩至 3 mL～5 mL，供下一步净化用。

5.3.3 氧化铝柱净化

本标准中使用的两种氧化铝柱仅是吸附剂用量不同。氧化铝柱 1 为 25 g 碱性氧化铝，氧化铝柱 2 为 2.5 g 碱性氧化铝(参见附录 D 的图 D.4)。

5.3.3.1 氧化铝柱 1

a) 色谱柱填充：取内径为 15 mm 的玻璃柱，底部填以玻璃棉后，依次装入 2 g 无水硫酸钠、25 g 氧化铝、10 g 无水硫酸钠。干法装柱，轻敲色谱柱，使吸附剂分布均匀。
b) 用 150 mL 正己烷预淋洗色谱柱，当液面流至氧化铝上方约 2 mm 时，关闭柱阀。弃去淋洗液，检查色谱柱，如果出现沟流现象应重新填柱。
c) 加入经过混合硅胶柱净化的提取液，并用 5 mL 正己烷分两次洗涤原茄型瓶(5.3.2.6)，将洗涤液合并后上柱，重复洗涤一次。
d) 用 60 mL 己烷清洗烧瓶后淋洗氧化铝柱，弃去淋洗液。
e) 仅测定 PCDD/Fs 时：用 200 mL 正己烷：二氯甲烷(98：2，体积比)淋洗干扰组分，弃去淋洗液，柱下放一茄型瓶。用 200 mL 正己烷：二氯甲烷(1：1，体积比)洗脱，收集洗脱液，加入 3 mL的辛烷或壬烷，供 PCDD/Fs 分析用。
f) 同时测定 PCDD/Fs 和 DL-PCBs 时：柱下放一茄型瓶。用 90 mL 甲苯洗脱，收集洗脱液，加入 3 mL 的辛烷或壬烷，供 DL-PCBs 分析用。柱下放置另一茄型瓶，再用 200 mL 正己烷：二氯甲烷(1：1，体积比)洗脱，收集洗脱液，加入 3 mL 的辛烷或壬烷，供 PCDD/Fs 分析用。
g) 在 20 kPa 与 50℃的条件下，将收集在茄型瓶中的各洗脱液分别用旋转蒸发器浓缩至 3 mL～

5 mL,供下一步净化用。

5.3.3.2　氧化铝柱 2

a)　色谱柱填充:取内径为 6 mm～7 mm 的玻璃柱,底部填以玻璃棉后,依次装入 2.5 g 氧化铝和 2 g 无水硫酸钠。干法装柱,轻敲色谱柱,使吸附剂分布均匀。

b)～f)步骤用于 PCDD/Fs 的净化:

b)　用 20 mL 正己烷预淋洗色谱柱,弃去淋洗液。检查色谱柱是否有沟流,如果出现沟流应重新填柱。

c)　加入经氧化铝柱 1 净化的提取液(PCDD/Fs 部分),让它完全渗入柱内。

d)　用 4 mL 己烷:二氯甲烷(98:2,体积比)冲洗原茄型瓶(5.3.3.1),将冲洗下来的溶液,倒入柱内,让其完全渗入柱内;重复一次。

e)　用 40 mL 的己烷:二氯甲烷(98:2,体积比)(包括烧瓶清洗)淋洗,弃去淋洗液,柱下放一茄型瓶。

f)　用 30 mL 正己烷:二氯甲烷(1:1,体积比)淋洗液洗脱 PCDD/Fs,收集洗脱液,加入 3 mL 的辛烷或壬烷。

g)～j)步骤用于 DL-PCBs 的净化:

g)　用 30 mL 正己烷:二氯甲烷(99:1,体积比)预淋洗色谱柱,弃去淋洗液,柱下放一茄型瓶。检查色谱柱是否有沟流现象,如果出现沟流应重新装柱。

h)　加入浓缩后的经氧化铝柱 1 净化的提取液(DL-PCBs 部分),让其完全渗入柱内。

i)　用 5 mL 己烷:二氯甲烷(1:1,体积比)洗涤原茄型瓶(5.3.3.1)两次。当样品已完全渗入柱内,将冲洗下来的溶液,倒入柱内,使其完全渗入柱内。

j)　用 15 mL 正己烷:二氯甲烷(1:1,体积比)洗脱,收集洗脱液,加入 3 mL 的辛烷或壬烷。

k)　在 20 kPa 与 50℃的条件下,将收集在茄型瓶中的各洗脱液分别用旋转蒸发器浓缩至 3 mL～5 mL左右,供进一步测定或净化用。

5.3.4　凝胶渗透柱净化

用于去除样品中类脂的备选的净化方法,必要时选择。

5.3.4.1　在色谱柱底部填上玻璃棉,装入 50 g Bio-Beads S-X3 凝胶,用甲苯冲洗后,保存在环己烷:乙酸乙酯(1:1,体积比)中。

注:凝胶柱放置时,溶剂不得流空。

5.3.4.2　在样品提取液(通常浓缩至 3 mL～5 mL)中加少量己烷,注入色谱柱,使样品提取液完全渗入柱内。

5.3.4.3　用 10 mL 环己烷:乙酸乙酯(1:1,体积比)分两次洗涤原茄型瓶,转入柱内。

5.3.4.4　用 100 mL 环己烷:乙酸乙酯(1:1,体积比)淋洗,弃去淋洗液,柱下放一茄型瓶。

5.3.4.5　用 90 mL 环己烷:乙酸乙酯(1:1,体积比)洗脱,得到的洗脱液中含 PCDD/Fs 和 DL-PCBs。

5.3.5　活性炭柱净化

PCDD/Fs 和非邻位氯取代的 DL-PCBs 备选的净化方法,必要时选择。

5.3.5.1　活性炭柱制备:取 5 mL 一次性玻璃移液管,切除上端约 3.8 cm 处并挫磨锐缘处,取适量玻璃棉置入并以两只 1 mL 玻璃移液管于刻度"0"处塞紧,依次填入 0.5 mL 活性硅胶、0.7 mL Carbon/Celite545、0.5 mL 活性硅胶,取适量玻璃棉置入并塞紧。使用前用下列溶剂依次淋洗:4 mL 甲苯、2 mL二氯甲烷:甲醇:甲苯(75:20:5,体积比)和 4 mL 环己烷:二氯甲烷(1:1,体积比)。

5.3.5.2　净化:先以 2.5 mL 甲醇及 2.5 mL 二氯甲烷:正己烷(1:1,体积比)溶液依次将活性炭柱(切口端向上)淋洗两次,弃去淋洗液,倒置柱管(切口端向下),将浓缩到约 1 mL 的提取液小心移入活性炭柱,然后用 1 mL 二氯甲烷:正己烷(1:1,体积比)溶液洗涤原瓶两次,并移入活性炭柱内,待液面流至玻璃棉时,用吸球吹出柱内溶剂。再次倒置管柱(切口端向上),用 25 mL 甲苯洗脱柱子,用 50 mL

梨形瓶收集洗脱液。

5.3.5.3 收集的洗脱液加入 3 mL 的辛烷或壬烷。在 20 kPa 与 50℃的条件下，将收集的洗脱液分别用旋转蒸发器浓缩至 3 mL～5 mL。

5.3.6 弗罗里土柱净化

PCDD/Fs 备选的净化方法，必要时选择。

5.3.6.1 色谱柱填充：取直径为 15 mm 的玻璃柱，底部填上玻璃棉后，依次装入 2 g 无水硫酸钠、15 g 弗罗里土、2 g 无水硫酸钠。以正己烷湿法装柱，轻敲色谱柱，使吸附剂分布均匀。

5.3.6.2 用 200 mL 正己烷预淋洗已被活化的弗罗里土柱，当液面至距无水硫酸钠层约 2 mm 时，关闭柱阀。

5.3.6.3 加入浓缩后的提取液，打开柱阀。

5.3.6.4 用正己烷洗涤原茄型瓶两次，合并至弗罗里土柱中。

5.3.6.5 用 200 mL 正己烷淋洗干扰组分，弃去淋洗液，柱下放一茄型瓶。

5.3.6.6 用 300 mL 二氯甲烷洗脱，收集洗脱液。

5.3.6.7 将 3 mL 辛烷或壬烷加入收集的洗脱液中，在 20 kPa 与 50℃的条件下，将收集的洗脱液用旋转蒸发器浓缩至 3 mL～5 mL。

5.3.7 液体管理系统(FMS)自动净化分离

FMS 自动净化分离原理与传统的柱色谱方法相同，该系统使用三根一次性商业化净化柱，依次为多层硅胶柱、碱性氧化铝柱和活性炭柱。整个净化过程通过计算机按设定程序控制往复泵和阀门进行。

5.3.7.1 由于 FMS 提供的净化柱存在容量问题，在处理高脂肪含量时需要预先使用酸化硅胶去除样品中的大部分脂肪。这可以通过在 FMS 中增加一个大容量酸化硅胶柱解决；也可以合并采用任选步骤 5.3.1、5.3.2 或 5.3.4 或组合方法手动去除样品中的大部分脂肪，予以解决。

5.3.7.2 按仪器使用说明要求，连接净化色谱柱。

5.3.7.3 将各净化柱按顺序连接在 FMS 系统上，按程序配好各洗脱溶液并连接好管路，设定计算机洗脱程序(参见附录 D 的图 D.5)。

5.3.7.4 将经酸化硅胶或者凝胶渗透色谱处理的浓缩提取液转移到 FMS 净化系统的进样管。

5.3.7.5 按照洗脱流程图顺序洗脱(参见附录 D 的图 D.5)，对样品进行净化、分离，分别收集 PCDDs/Fs 和 DL-PCBs 组分。

5.3.7.6 在 20 kPa 与 50℃的条件下，将收集的各洗脱液分别用旋转蒸发器浓缩至 3 mL～5 mL。

5.4 微量浓缩与溶剂交换

5.4.1 提取物的溶剂交换

5.4.1.1 将浓缩的提取液转移到带聚四氟乙烯硅胶垫的棕色螺口瓶中，置于氮气浓缩器下吹氮浓缩(可在 45℃的控温条件下进行)。

注：气流过大会引起样品损失，氮气流速调节到能够使溶剂表面轻微振动。

5.4.1.2 如果需要称重，有必要将提取物用氮气吹至恒重。

5.4.1.3 如果属于提取液净化溶剂更换，按以下步骤操作：

a) 如果采用凝胶色谱系统(GPC)净化，需在凝胶色谱系统(GPC)进样前用二氯甲烷将提取液体积调至 5.0 mL。如果用 HPLC 净化，则需在 HPLC 进样前将提取液浓缩至 1.0 mL。

b) 如果用色谱柱(硅胶、活性炭或弗罗里土)进行净化，则需将提取物溶剂转换成正己烷，并定容至 1.0 mL。

5.4.2 净化后的微量浓缩与溶剂交换

如果提取液浓缩后用于 HRGC/HRMS 分析，则将净化分离后得到的各流分分别用旋转蒸发器浓缩至 3 mL～5 mL，再在氮气下浓缩至 1 mL～2 mL，然后在氮气流下定量转移至装有 0.2 mL 的锥形衬管的进样瓶中，并用正己烷洗涤浓缩蒸馏瓶，一并转入锥形衬管中。待浓缩至约 100 μL，分别加入适量 PCDDs/Fs 和 DL-PCBs 回收率内标溶液，壬烷(可用辛烷代替)定容。继续在细小的氮气流下浓缩至溶剂只含壬烷或辛烷。样品溶液的最终体积可根据情况调整，大约为 20 μL。将进样瓶密封，并标记样品编号。室温下暗处保存，供 HRGC/HRMS 分析用。如果样品当日不进行 HRGC/HRMS 分析，则于＜－10℃下保存。

PCDD/Fs 和 DL-PCBs 的分析流程图可参见附录 D 的图 D.2。

6 PCDD/Fs 色质分析

6.1 HRGC/HRMS 条件

6.1.1 GC 的色谱条件

推荐筛选色谱柱为 DB-5ms 柱，柱长 60 m、内径 0.25 mm、液膜厚度 0.25 μm；对于 2,3,7,8-TCDF 的确证推荐使用 DB-235ms 柱，柱长 30 m、内径 0.25 mm、液膜厚度 0.25 μm；也可以使用 RTX-2330 或等效柱，柱长 50 m～60 m、内径 0.25 mm、液膜厚度 0.20 μm。

注：为了得到最佳的分离度和灵敏度，需要优化 GC 色谱条件，且优化后，标准溶液、空白、IPR 及 OPR 检查和样品检测应采用相同的 GC 条件进行。

6.1.1.1 采用 DB-5ms 色谱柱的推荐条件：

进样口温度：280℃。

传输线温度：310℃。

柱温：120℃(保持 1 min)；以 43℃/min 升温速率升至 220℃(保持 15 min)；以 2.3℃/min 升温速率升至 250℃，以 0.9℃/min 升温速率升至 260℃，以 20℃/min 升温速率升至 310℃(保持 9 min)。

载气：恒流，0.8 mL/min。

6.1.1.2 采用 RTX-2330 色谱柱的推荐条件(供选择使用)：

进样口温度：280℃。

传输线温度：260℃。

柱温：90℃(保持 1.5 min)；以 25℃/min 升温速率升至 180℃；再以 2℃/min 升温速率升至 260℃(保持 30 min)。

载气：恒流，1 mL/min。

6.1.2 质谱参数

6.1.2.1 分辨率：在分辨率≥10 000 的条件下，进样 PCDD/Fs 单标或目标化合物与相邻组分没有干扰的混标溶液，监测附录 C 中表 C.3 规定的各化合物两个精确质量数的离子，得到其选择离子流图。

6.1.2.2 质量校正：PCDD/Fs 分析的运行时间可能超过质谱仪的质量稳定期。这是由于质谱仪在高分辨模式下运行时，百万分之几的质量数偏移(如百万分之五质量数)可能对仪器的性能产生严重影响，为此，需要对偏移的质量进行校正。可以采用参考气(全氟煤油，PFK；或全氟三丁胺，FC43)的质量数锁定进行质量偏移校正。锁定的质量数取决于附录 C 的表 C.3 各窗口中监测的精确质量数。分析过程中调节进入 HRMS 中参考气的量，要求监测的锁定质量数信号强度不得超过检测器满量程的 10%。

注：过量的参考气可能引起噪声且增加对离子源的污染，使其清洗的频率增加。

6.1.2.3 选择一个参考气离子碎片，如接近 m/z 304(TCDF)的 m/z 304.982 4(PFK)信号，调整质谱以满足最小所需的 10 000 分辨率(10%峰谷分离)。分辨率应大于或等于 10 000，精确的 m/z 与附录 C 的表 C.3 中的理论 m/z 之间的偏差应小于百万分之五。

6.1.2.4 离子丰度比、最小水平、信噪比及绝对保留时间：在给定的 GC 条件下，进样 1μL 或 2μL CS1 校正溶液(见附录 B 的表 B.6)。

6.1.2.5 测定各目标化合物峰面积，计算见附录 C 的表 C.3 中规定的精确质量数离子的丰度比，并与附录 C 表 C4 中理论值比较。

各窗口中监测的精确质量数离子见附录 C 的表 C.3。各窗口有必要进行连续监测，确保在 GC 运行中能够监测全部 PCDD/Fs。如果仅测定 2,3,7,8-TCDD 和 2,3,7,8-TCDF，则将窗口修改为包括四氯和五氯异构体、二苯醚和锁定质量数。

6.1.2.6 CS1 标准溶液中所有的 PCDD/Fs 和标记化合物的离子丰度比应符合附录 C 中表 C.4 的质量控制(QC)要求;否则需要调谐质谱仪,重新测定,使其符合规定,并对质谱仪的分辨率进行确认。

6.1.2.7 HRGC/HRMS 应满足附录 C 中表 C.1 最低检测限要求,进样 CS1 时 PCDD/Fs 和标记化合物的信噪比应大于 10∶1。

6.1.2.8 $^{13}C_{12}$-1,2,3,4-TCDD 在 DB-5 柱上的绝对保留时间应大于 25.0 min。

6.1.3 保留时间窗口确定:采用优化的升温程序,进样时间窗口确定的标准溶液。附录 B 的表 B.5 给出了时间窗口确定的标准溶液流出顺序(最先出峰、最后出峰)。如果仅检测 2,3,7,8-TCDD 和 2,3,7,8-TCDF,则无须进行时间窗口的确定试验。

6.1.4 异构体确认

6.1.4.1 采用分析程序及优化的分析条件,进样专属性检查的标准溶液(见附录 B 的表 B.6),进行异构体确认。

6.1.4.2 在相应的色谱柱的四氯窗口色谱图上分别计算距 2,3,7,8-TCDD(如附录 D 的图 D.6)和 TCDF 最近的异构体 GC 色谱峰重叠百分比。

6.1.4.3 在相应的色谱柱的四氯窗口色谱图上,确认相距最近的异构体与 2,3,7,8 位取代化合物色谱峰的底部重叠(如附录 D 的图 D.6)应小于 25%[计算公式为 $HV=100\times x/y$,其中 HV 为峰谷高比;x 为 2378TCDD 与 1237/1238TCDD 的峰谷高度,单位为毫米(mm);y 为 2378TCDD 的峰高,单位为毫米(mm)]。如果重叠超过 25%,应调整分析条件并重新测试或更换 GC 柱,重新进行校正。

6.1.5 同位素稀释的校正:在样品提取前,将附录 B 的表 B.2 中含有 15 个 2,3,7,8 位取代的同位素标记 PCDD/Fs 定量内标溶液加到样品中。

6.1.5.1 由校正溶液的分析结果,绘制天然化合物与标记化合物的 RRF 对浓度的校正曲线或采用线性回归方程计算。由 5 个校正标准溶液测定各化合物的相对响应因子(RRF)。

6.1.5.2 根据附录 C 的表 C.3 中第一和第二个精确质量数离子的响应峰面积,按式(2)计算各化合物相对于其标记化合物的 RRF。

$$\mathrm{RRF}=\frac{(A1_{n}+A2_{n})\cdot c_{l}}{(A1_{l}+A2_{l})\cdot c_{n}} \qquad \cdots\cdots(2)$$

式中:

$A1_n$ 和 $A2_n$——PCDD/Fs 的第一个和第二个质量数离子的峰面积;

c_l——校正标准中目标化合物的浓度,单位为微克每升(μg/L);

$A1_l$ 和 $A2_l$——标记化合物的第一个和第二个质量数离子的峰面积;

c_n——校正标准中定量内标化合物的浓度,单位为微克每升(μg/L)。

6.1.5.3 在给定的条件下,分别进样 CS1~CS5 校正溶液,计算各标准溶液中目标化合物的 RRF。

6.1.5.4 线性试验:在测试的 5 个标准溶液的浓度范围内,如果各化合物的 RRF 结果稳定(变异系数小于 20%),则可以采用 RRF 的均值进行计算;否则,需要采用 5 个浓度的校正曲线。

6.1.6 内标校正:适合于没有直接对应稳定性同位素化合物稀释的 1,2,3,7,8,9-HxCDD 和 OCDF 测定以及定量内标与净化标准回收率的测定。

6.1.6.1 响应因子(RF)

OCDF 的 RF 按式(3)计算:

$$\mathrm{RF}=\frac{(A1_{s}+A2_{s})\cdot c_{is}}{(A1_{is}+A2_{is})\cdot c_{s}} \qquad \cdots\cdots(3)$$

式中:

$A1_s$ 和 $A2_s$——OCDF 的第一个和第二个质量数离子的峰面积;

c_{is}——校正标准中 $^{13}C_{12}$-OCDD 的浓度,单位为微克每升(μg/L);

$A1_{is}$和$A2_{is}$——$^{13}C_{12}$-OCDD的第一个和第二个质量数离子的峰面积；

c_s——校正标准中OCDF的浓度，单位为微克每升(μg/L)。

定量内标和净化标准的RF按式(4)计算：

$$RF=\frac{(A1_s+A2_s)\cdot c_{is}}{(A1_{is}+A2_{is})\cdot c_s} \cdots\cdots(4)$$

式中：

$A1_s$和$A2_s$——定量内标的第一个和第二个质量数离子的峰面积；

c_{is}——校正标准中回收率内标的浓度，单位为微克每升(μg/L)；

$A1_{is}$和$A2_{is}$——回收率内标的第一个和第二个质量数离子的峰面积；

c_s——校正标准中定量内标的浓度，单位为微克每升(μg/L)。

注：$^{37}Cl_4$-2,3,7,8-TCDD只有一个m/z，见附录B的表B.7。

6.1.6.2　在给定的条件下，进样CS1～CS5校正标准溶液各1.0 μL(或2.0 μL)，采用内标法校正分析系统，计算各目标化合物的RF。

6.1.6.3　线性试验：在测试的5个校正标准的浓度范围内，如果各化合物的RF保持恒定(相对标准偏差RSD小于35%)，则可采用5个浓度点的RF均值，否则需要采用5个浓度的校正曲线。

6.1.7　联合校正：进样含PCDD/Fs、标记化合物及内标的校正溶液，由同位素稀释和内标方法获得校正曲线，并分析曲线的变化。如果不能满足需要，则需要重新校正。

6.1.8　数据存储：记录并存储MS采集的数据。

6.2　仪器校正和运行检查

6.2.1　在分析过程中，每隔12 h校验一次GC-MS性能。注入CS3校正溶液，检查分析系统的各项性能指标。只有在符合规定的情况下，才能进行空白、IPR、OPR和样品的检测。

6.2.2　MS分辨率

分析前，应确认MS静态分辨率应至少为10 000，并每隔12 h检查一次。一旦分辨率达不到要求，则应采取相应的校正措施。

6.2.3　校正标准的验证

6.2.3.1　检查附录C的表C.4中各目标化合物离子的丰度比是否符合规定，如果不符合，需要调谐质谱仪，重新校正，使监测离子的丰度比符合规定。

6.2.3.2　校正标准中PCDD/Fs及其同位素标记化合物的色谱峰信噪比(S/N)应大于10，否则需要调谐质谱仪，重复进行校正。

6.2.3.3　采用同位素稀释技术，根据相应的定量内标计算PCDD/Fs含量；采用内标法，计算定量内标的回收率，应符合附录C中表C.2的要求。

6.2.4　保留时间及GC分辨率

6.2.4.1　保留时间

a)　绝对保留时间：在校正试验中，回收内标$^{13}C_{12}$-1,2,3,4-TCDD及$^{13}C_{12}$-1,2,3,7,8,9-HxCDD的绝对保留时间偏差应在±15 s范围内。

b)　相对保留时间：在校正试验中，PCDD/Fs及标记化合物的相对保留时间应在附录C中表C.1规定的限度范围内。

6.2.4.2　GC分辨率

a)　在相应的色谱柱上进样校正标准溶液，检查分离度，要求在m/z＝319.896 5时，2,3,7,8-TCCD与其他四氯代二苯并二噁英异构体峰谷高度(参见附录D的表D.6)不应超过25%。

b)　如果任何目标化合物的绝对保留时间和2,3,7,8-氯取代异构体的分离度未达到要求，应调试GC或更换GC柱，并重新校正。

6.2.5 分析过程中的精密度及回收率试验(OPR)

6.2.5.1 在同一批样品分析之前,应首先进行分析过程的精密度及回收率(OPR)试验。在空白参考基质(3.4)中加入 PCDD/Fs 的精密度和回收率检查标准溶液(3.2.1.5)使其最终提取液(20 μL)中PCDD/Fs的浓度达到附录 C 的表 C.2 中的测试浓度。对制备好的 OPR 样品进行分析,分析步骤应与实际样品完全一致,提取液最终定容至 20 μL。

6.2.5.2 采用同位素稀释法,根据定量内标,计算 PCDD/Fs 含量。用内标法计算 1,2,3,7,8,9-HxCDD 和 OCDF 含量(计算 OPR 测定值时定量公式中的样品量为 0.02 mL,计算结果单位相应改为μg/L),同时计算各同位素标记化合物的回收率,并与附录 C 中表 C.2 规定进行比较,测定值均在规定的范围内后方可进行实际样品的分析。

6.2.6 空白对照检查

OPR 试验后,应进行样品的空白对照检查,以确定分析系统未受到污染及没有 OPR 分析的残留,然后才能进行样品的检测。

6.3 定性分析

6.3.1 对净化后的试样提取液进行仪器分析,监测附录 C 的表 C.3 中两个精确的 m/z 信号,信号应在 2 s 内达到最大值。

6.3.2 在样品提取液中,监测各 PCDD/Fs 离子的精确质量数,阳性样品中目标 PCDD/Fs 的 GC 峰 S/N不应小于 2.5,而校正标准中 PCDD/Fs 的 GC 峰 S/N 不应小于 10。

6.3.3 附录 C 中表 C.3 监测的两个质量数离子的峰面积比值应符合附录 C 中表 C.4 的要求,或在校正标准 CS3 中相应两个质量数离子的峰面积比值的±10%范围内。

6.3.4 各目标化合物的相对保留时间应符合附录 C 中表 C.1 的规定。

6.3.5 确认分析:由于 2,3,7,8-TCDF 异构体在 DB-5ms 柱上未能得到良好分离,因此,如果在 DB-5 柱检出 2,3,7,8-TCDF 的样品,应在 RTX-2330 或等效的色谱柱上进行确认分析。四氯窗口 m/z=303.901 6 色谱图中 2,3,7,8-TCDF 与其他四氯代呋喃异构体之间峰谷高度均不应超过 25%。

6.3.6 当上述定性指标未达到要求时,应进一步净化样品,除去干扰物质后重新分析。

6.4 定量测定

6.4.1 同位素稀释定量:在样品提取前,定量添加$^{13}C_{12}$标记的定量内标,以校正 PCDD/Fs 的回收率。根据测定的相对响应和样品取样量与$^{13}C_{12}$标记定量内标加入量,按式(5)计算样品中目标化合物的浓度:

$$c_{ex}=\frac{(A1_n+A2_n)\cdot m_1}{(A1_1+A2_1)\cdot \mathrm{RRF}\cdot m_2} \qquad \cdots\cdots(5)$$

式中:

c_{ex}——样品中 PCDD/Fs 的浓度,单位为微克每千克(μg/kg);

$A1_n$ 和 $A2_n$——PCDD/Fs 的第一个和第二个质量数离子的峰面积;

m_1——样品提取前加入的$^{13}C_{12}$标记定量内标量,单位为纳克(ng);

$A1_1$ 和 $A2_1$——$^{13}C_{12}$标记定量内标的第一个和第二个质量数离子的峰面积;

RRF——相对响应因子;

m_2——试样量,单位为克(g)。

6.4.1.1 由于存在潜在的干扰,在样品中没有添加 OCDF 的同位素标记物,而 OCDF 是用 OCDD 的$^{13}C_{12}$标记定量内标进行定量。当然,在样品的提取、浓缩和净化过程中,由于 OCDD 和 OCDF 化学行为不同,采用这种计算方式,可能导致 OCDF 定量的准确度降低。但是,由于相对于其他二噁英及呋喃类化合物而言,OCDF 毒性较低,故准确度降低不会产生显著的影响。

6.4.1.2 由于使用$^{13}C_{12}$-1,2,3,7,8,9-HxCDD 作为回收率内标,因此 1,2,3,7,8,9-HxDD 的定量也不能采用严格的同位素稀释法,而采用 1,2,3,4,7,8-HxCDD 和 1,2,3,6,7,8-HxCDD 的$^{13}C_{12}$标记定量内标平均响应进行定量计算。

6.4.2 内标定量及标记化合物回收率

6.4.2.1 样品中 1,2,3,7,8,9-HxCDD 的浓度分别采用 1,2,3,4,7,8-HxCDD 和 1,2,3,6,7,8-HxCDD的$^{13}C_{12}$标记定量内标平均响应，OCDF 以 OCDD 的$^{13}C_{12}$标记定量内标为内标，按式(6)计算：

$$c_{ex}=\frac{(A1_s+A2_s)\cdot m_{is}}{(A1_{is}+A2_{is})\cdot RF\cdot m_3} \qquad \cdots\cdots(6)$$

式中：

c_{ex}——样品中 1,2,3,7,8,9-HxCDD 和 OCDF 的浓度，单位为微克每千克(μg /kg)；

$A1_s$ 和 $A2_s$——PCDD/Fs 的第一个和第二个质量数离子的峰面积；

m_{is}——$^{13}C_{12}$标记定量内标的量，单位为纳克(ng)；

$A1_{is}$和 $A2_{is}$——$^{13}C_{12}$标记定量内标的第一个和第二个质量数离子的峰面积；

RF——响应因子；

m_3——试样量，单位为克(g)。

样品提取液中^{13}C 标记定量内标及^{37}Cl 净化标准的浓度采用测定的响应因子，按式(7)计算：

$$c_{ex}=\frac{(A1_s+A2_s)\cdot c_{is}}{(A1_{is}+A2_{is})\cdot RF} \qquad \cdots\cdots(7)$$

式中：

c_{ex}——提取液中$^{13}C_{12}$标记定量内标及^{37}Cl-净化标准的浓度，单位为微克每升(μg/L)；

$A1_s$ 和 $A2_s$——$^{13}C_{12}$标记定量内标及^{37}Cl-净化标准的第一个和第二个质量数离子的峰面积；

c_{is}——回收率内标的浓度，单位为微克每升(μg/L)；

$A1_{is}$和 $A2_{is}$——回收率内标的第一个和第二个质量数离子的峰面积；

RF——响应因子。

注：^{37}Cl-净化内标只有 1 个 m/z。

6.4.2.2 由上述测定的浓度，按式(8)计算$^{13}C_{12}$定量内标和^{37}Cl-净化标准的回收率：

$$X_2=\frac{c_1}{c_2}\times 100 \qquad \cdots\cdots(8)$$

式中：

X_2——回收率，%；

c_1——测得浓度，单位为微克每升(μg/L)；

c_2——加入浓度，单位为微克每升(μg/L)。

6.4.3 如果化合物的定量离子峰面积超过校正标准范围，则应减少样品的取样量。

6.4.4 标准、空白和样品中 PCDD/Fs 和标记化合物浓度结果应保留三位有效数字。

6.4.4.1 在定量限或以上的结果，以实际检测结果报告。低于检测限的结果可以报告"未检出"或按管理机构的要求报告。

6.4.4.2 空白对照应报告 1/3 定量限以上的测定结果。

6.4.4.3 根据需要，可以报告总 PCDDs、总 PCDFs 和总 PCDD/Fs 的测定结果。

7 DL-PCBs 的色质分析

7.1 HRGC-HRMS 条件

7.1.1 推荐的 DB-5ms 柱的色谱条件：

进样口温度：290℃。

接口温度：290℃。

柱温：80℃(保持 2 min)；以 15℃/min 升温速率升至 150℃；再以 2.5℃/min 升温速率升至 270℃(保持 3 min)，以 15℃/min 升温速率升至 330℃(保持 1 min)。

载气：恒流，1.2 mL/min。

为了得到最佳的分离度和灵敏度，需要对GC条件进行优化。条件优化后，标准溶液、空白、IPR及OPR和样品测定应执行相同的GC条件。

7.1.2 质谱(MS)分辨率

7.1.2.1 采用参考气(PFK或FC43)对质谱仪进行调谐，在m/z 300～350质量范围内，监测m/z 330.979 2或PFK其他碎片离子，使质谱仪的分辨率达到10 000(10%峰谷)。分析过程中调节进入HRMS中参考气的量，要求所选择的锁定质量数信号强度不得超过检测器满量程的10%。

7.1.2.2 在分辨率≥10 000条件下，监测附录C的表C.3中规定的各目标化合物的两个精确质量数离子，得到相应的选择离子流图(SICP)。由于监测离子的质量范围宽，在整个质量范围内，可能难以保持10 000分辨率。为此，分辨率≥8 000也是适用的，但是，需要保持中间质量数离子的分辨率≥10 000。

7.1.2.3 离子丰度比、最小水平和信噪比。在给定的GC条件下，进样1 μL或2 μL CS1校正溶液(见附录B的表B.12)。依HRGC/HRMS的能力，选择进样体积1 μL或2 μL。采用给定GC条件，进样CS1校正溶液(见附录B的表B.12)1 μL或2 μL。测定各目标化合物峰面积，计算附录C的表C.3中规定的精确质量数离子的丰度比，并与附录C的表C.4中的理论值比较。

7.1.2.4 各窗口中监测的精确质量数离子见附录C的表C.3。各窗口有必要进行连续监测，确保在GC运行中能够监测全部DL-PCBs。

7.1.2.5 采用PFK(或其他参考气)锁定质量数对质谱仪的质量偏移进行校正。每组中锁定的质量数离子见附录C的表C.3(以PFK为例)。

7.1.2.6 CS1标准溶液中所有的PCBs和标记化合物的离子丰度比应符合附录C中表C.4的质量控制(QC)要求；否则需要调谐质谱仪，重新测定，使其符合规定，并对质谱仪的分辨率进行确认。

7.1.2.7 HRGC/HRMS应满足附录C中表C.1的最低检测限要求，进样CS1，DL-PCBs和标记化合物的信噪比应大于10∶1。

7.1.3 同位素稀释校正：在样品提取前，将附录定量内标($^{13}C_{12}$标记化合物)溶液加到样品中。

7.1.3.1 由校正溶液的分析结果，绘制天然化合物与$^{13}C_{12}$标记化合物的RRF对浓度的校正曲线或采用线性回归方程计算。采用下列方法，由5个校正标准溶液测定各化合物的相对响应。

7.1.3.2 根据附录C的表C.3中第一个和第二个精确质量数离子的响应峰面积，按式(9)计算各化合物相对于其$^{13}C_{12}$标记化合物的RRF。

$$\mathrm{RRF}=\frac{(A1_{\mathrm{n}}+A2_{\mathrm{n}})\cdot c_{\mathrm{l}}}{(A1_{\mathrm{l}}+A2_{\mathrm{l}})\cdot c_{\mathrm{n}}} \qquad \cdots\cdots(9)$$

式中：

$A1_{\mathrm{n}}$ 和 $A2_{\mathrm{n}}$——DL-PCBs的第一个和第二个m/z的面积；

c_{l}——校正标准中$^{13}C_{12}$标记化合物的浓度，单位为微克每升(μg/L)；

$A1_{\mathrm{l}}$ 和 $A2_{\mathrm{l}}$——$^{13}C_{12}$标记化合物的第一个和第二个m/z的面积；

c_{n}——校正标准中天然化合物的浓度，单位为微克每升(μg/L)。

7.1.4 内标校正：内标法适合于测定$^{13}C_{12}$标记定量内标及净化标准的回收率的测定。

7.1.4.1 响应因子(RF)：根据附录C的表C.3中第一个和第二个精确质量数离子的响应峰面积，按式(10)计算RF：

$$\mathrm{RF}=\frac{(A1_{\mathrm{s}}+A2_{\mathrm{s}})\cdot c_{is}}{(A1_{is}+A2_{is})\cdot c_{\mathrm{s}}} \qquad \cdots\cdots(10)$$

式中：

$A1_{\mathrm{s}}$ 和 $A2_{\mathrm{s}}$——$^{13}C_{12}$定量内标及净化标准的第一个和第二个质量数离子的峰面积；

c_{is}——校正标准中回收率内标的浓度，单位为微克每升(μg/L)；

$A1_{is}$ 和 $A2_{is}$——回收率内标的第一个和第二个质量数离子的峰面积；

c_s——校正标准中定量内标及净化标准的浓度，单位为微克每升(μg/L)。

7.1.5 在给定的条件下，分别进样 CS1～CS5 校正溶液，计算各标准溶液中目标化合物的 RRF。对于高灵敏度监测，应包括 CS0.2 浓度点。计算各目标化合物的 RRF 及 5 个浓度点的 RRF 均值和相对标准差。

7.1.6 RRF 的线性：在测试的 5 个标准溶液的浓度范围内，如果各化合物的 RRF 结果稳定(相对标准偏差 RSD<20%)，则可以采用 RRF 的均值进行计算；否则，需要采用 5 个浓度的校正曲线。

7.2 HRGC/HRMS 分析

7.2.1 进样前，在样品提取液中加入适量 $^{13}C_{12}$ 标记回收率内标。

7.2.2 进样 1.0 μL 含 $^{13}C_{12}$ 标记回收率内标的样品提取液。

7.2.3 在保留时间窗口下，监测精确质量数离子，且监测高氯取代化合物时应确保其碎片离子对低氯取代化合物不产生影响。

7.3 校正和运行检查

7.3.1 校正检查与 PCDD/Fs 要求相同。

7.3.2 保留时间及 GC 分辨率：

a) 绝对保留时间：验证试验中，$^{13}C_{12}$ 标记 DL-PCBs/窗口定义标准同类物的绝对保留时间在其校正标准相应保留时间的±15 s 范围内。如果采用了替代的柱或柱系统，在该柱上进行的校正标准相应保留时间的±15 s 范围内。

b) 相对保留时间：验证试验中，天然 PCB 和标记化合物的相对保留时间在其相应的限值内。如果采用了替代的柱或柱系统，在该柱相应的 RRT 限值内。

c) 如果任一化合物的绝对和相对保留时间不在规定的限值内，GC 便不能有效地工作。这种情况下，应调整 GC 并重复验证试验或重做校正，或者替换 GC 柱并进行校正验证或重做校正。

7.4 过程精密度及回收率

7.4.1 在同一批样品分析之前，应首先进行分析过程的精密度及回收率(OPR)试验。在空白参考基质(3.4)中加入 DL-PCBs 的精密度和回收率检查标准溶液(3.2.2.4)使其最终提取液(20 μL)中 DL-PCBs 的浓度达到附录 C 的表 C.2 中的测试浓度。对制备好的 OPR 样品进行分析，分析步骤应与实际样品完全一致，提取液最终定容至 20 μL。

7.4.2 用同位素稀释法计算最终提取液中 DL-PCBs 的浓度(计算 OPR 测定值时定量公式中的样品量为 0.02 mL，计算结果单位相应改为 μg/L)。用内标法计算标记物的百分回收率。

7.4.3 将测定浓度和回收率与附录 C 的表 C.3 中规定的范围进行比较，若所有化合物均在可接受范围内，则系统的效能可以接受，并可以进行空白及样品分析。但如果有任何一个化合物浓度在给定的范围之外，则重新准备、提取、净化同一批样品，并重复 OPR 试验。

7.4.4 空白对照：在 OPR 试样分析以后立刻进行每批样品中空白样的分析，以证明系统没有受到污染及 OPR 分析时没有过载残留。空白的分析结果应达到要求才能开始样品分析。

7.5 定性分析

7.5.1 进样试样提取液，附录 C 的表 C.3 中两个精确 m/z 离子的信号应存在并且在两个扫描内达到最大化。

7.5.2 对于样品提取液中每个 PCB，其每个精确 m/z 的 GC 峰的 S/N 应大于或等于 2.5，对于校正标准中的 DL-PCBs，其 S/N 不应低于 10。

7.5.3 所监测的两个准确 m/z 的积分面积比应在附录 C 的表 C.4 所规定的限值内，或在最新测试获得的 CS-3 或 VER 中测得比例的±15%范围内。

7.5.4 任何一种 PCB 峰的相对保留时间应在附录 C 中表 C.1 规定的 RRT 的 QC 限值内；如果采用了替代的柱或柱系统，则要在该系统相应的 RRT 的 QC 限值内。

7.5.5 由于同类物峰的重迭和干扰物质的影响，有可能使所有的定性标准全部都无法满足。高氯取代同类物也有可能发生1个或更多个的氯丢失，从而使同一保留时间流出的低氯取代同类物的浓度出现放大的错误。如果这些干扰影响了定性，那就应另取一份样品进行提取，进一步净化并分析。

7.6 定量测定

7.6.1 同位素稀释定量

7.6.2 通过提取前在各份样品中添加已知量的$^{13}C_{12}$标记定量内标，可修正DL-PCBs的回收率，因为天然PCBs与其标记物在提取、浓缩、GC色谱行为上会具有相似的效应。只要$^{13}C_{12}$标记物的添加量恒定，与校正数据相关的RRF可直接确定最终提取物中相应化合物的浓度。

7.6.3 用来自校正数据的RR和式(11)可计算出提取物中DL-PCBs的浓度：

$$c_{ex}=\frac{(A1_n+A2_n)\cdot c_i}{(A1_i+A2_i)\cdot RRF\cdot m_4} \qquad \cdots\cdots(11)$$

式中：

c_{ex}——样品中DL-PCBs的浓度，单位为微克每千克(μg/kg)；

$A1_n$ 和 $A2_n$——目标DL-PCBs的第一个和第二个质量数离子的峰面积；

c_i——加入$^{13}C_{12}$标记定量内标的量，单位为纳克(ng)；

$A1_i$ 和 $A2_i$——$^{13}C_{12}$标记定量内标的第一个和第二个质量数离子的峰面积；

RRF——相对响应因子；

m_4——试样量，单位为克(g)。

7.7 $^{13}C_{12}$标记物回收率

7.7.1 提取物中^{13}C标记净化标准和^{13}C标记定量内标的浓度是利用从校正数据确定的响应因子，用式(12)计算：

$$c_{ex}=\frac{(A1_s+A2_s)\cdot c_{is}}{(A1_{is}+A2_{is})\cdot RF} \qquad \cdots\cdots(12)$$

式中：

c_{ex}——提取液中$^{13}C_{12}$标记净化标准和$^{13}C_{12}$标记定量内标的浓度，单位为微克每升(μg/L)；

$A1_s+A2_s$——$^{13}C_{12}$标记净化标准或$^{13}C_{12}$标记定量内标的第一个和第二个质量数离子的峰面积；

c_{is}——回收率内标的浓度，单位为微克每升(μg/L)；

$A1_{is}+A2_{is}$——回收率内标的第一个和第二个质量数离子的峰面积；

RF——响应因子。

7.7.2 用上面所测定的提取液中的浓度来计算$^{13}C_{12}$标记定量内标和$^{13}C_{12}$标记净化标准的百分回收率，见式(13)：

$$X_3=\frac{c_3}{c_4}\times 100 \qquad \cdots\cdots(13)$$

式中：

X_3——回收率，%；

c_3——测得浓度，单位为微克每升(μg/L)；

c_4——加入浓度，单位为微克每升(μg/L)。

7.7.3 如果任何化合物两个定量m/z离子之一的峰面积超过系统的校正范围，则以一定的稀释比稀释，使浓度降至校正范围内。如果能用同位素稀释法可靠定量，则可以将含水样品稀释或取一小份土壤、组织或混合相样品进行分析。

7.7.4 标准、空白和样品中的PCB和标记化合物浓度结果都应报告三位有效数字。空白、标准和样品分析报告最低定量水平以上的结果。附录C中表C.1所列的估计检测限(EML)是基于实验室的一般污染水平，实验室可为每个DL-PCB建立低于此EML的检测限(ML)。除分别单独报告样品和空白的结果外，还可以报告空白修正的结果。即从样品浓度中扣除空白值以进行空白修正。

8 结果的计算与报告

8.1 毒性当量的计算

按照 WHO 规定的二噁英及其类似物的毒性当量因子(见附录 A 的表 A.1)和式(14)~式(19)计算样品中的二噁英类化合物的毒性当量(TEQ)。

$$TEQ_i = TEF_i \times c_i \tag{14}$$

$$TEQ_{PCDDs} = \sum TEF_{iPCDDs} \times c_{iPCDDs} \tag{15}$$

$$TEQ_{PCDFs} = \sum TEF_{iPCDFs} \times c_{iPCDFs} \tag{16}$$

$$TEQ_{PCDD/Fs} = TEQ_{PCDDs} + TEQ_{PCDFs} \tag{17}$$

$$TEQ_{DL\text{-}PCBs} = \sum TEF_{iDL\text{-}PCBs} \times c_{iDL\text{-}PCBs} \tag{18}$$

$$TEQ_{(PCDD/Fs+DL\text{-}PCBs)} = TEQ_{PCDD/Fs} + TEQ_{DL\text{-}PCBs} \tag{19}$$

式中:

TEQ_i——食品中 PCDD/Fs 或 DL-PCBs 中同系物的二噁英毒性当量(以 TEQ 计),单位为微克每千克(μg/kg);

TEF_i——PCDD/Fs 或 DL-PCBs 中同系物的毒性当量因子;

c_i——食品中 PCDD/Fs 或 DL-PCBs 中同系物的浓度,单位为微克每千克(μg/kg)。

其余下标为特定 PCDD/Fs 或 DL-PCBs 的组合。

8.2 最终结果的报告

结果报告时应按:

a) 样品中的 PCDD/Fs 和 DL-PCBs 结果需要报告测定的 17 种 PCDD/Fs 和 12 种 DL-PCBs 的浓度、检测限和各自的 TEQ 数值,以及 TEQ_{PCDDs}、TEQ_{PCDFs}、$TEQ_{PCDD/Fs}$、$TEQ_{DL\text{-}PCBs}$ 和 $TEQ_{(PCDD/Fs+DL\text{-}PCBs)}$,所有数据都应报告三位有效数字。

b) 一般以组织的湿重含量报告结果(μg/kg),而不是依据组织的脂肪含量。同时报告脂类的百分含量,以便于用户可根据他们的意愿计算以脂类计的浓度。

c) 在定量限或以上的结果以实际结果报告;低于检测限的结果可以报告"未检出"或按管理机构的要求报告。

9 质量保证(QA)和质量控制(QC)

9.1 分析质量保证的最基本的要求包括:实验室分析能力的初步证明,添加标记化合物样品的分析数据评价和数据质量控制规范,以及标样和空白的操作分析能力。实验室操作应与已建立的操作标准的实验室对比,并且分析数据应符合本方法要求的质量保证参数。

9.2 初始精密度和回收率(IPR)检查试验:在实验室开始使用本方法进行实际样品的分析前需要对实验室的分析能力进行检查。平行称取 4 份适量参考基质(3.4),每份均加入 PCDD/Fs 的精密度和回收率检查标准溶液(3.2.1.5)及 DL-PCBs 的精密度和回收率检查标准溶液(3.2.2.4)使其最终提取液(20 μL)中 PCDD/Fs 和 DL-PCBs 的浓度达到附录 C 的表 C.2 中的测试浓度。对制备好的 IPR 样品进行分析,分析步骤应与实际样品完全一致。计算 4 个 IPR 样品中 PCDD/Fs 和 DL-PCBs 的实际测定值(计算 IPR 测定值时上述定量公式中的样品量为 0.02 mL,计算结果单位相应改为 μg/L)及定量内标的回收率的均值(X)和标准偏差(S)并与附录 C 的表 C.2 中的规定范围比较,当所有化合物的结果都在其规定范围内时表明实验室具备了分析能力,才可以开展实际样品的分析。

9.3 应有方法空白来证明系统未被污染。

9.4 所有分析样品应添加标记化合物。

9.5 每个标记化合物的回收率都应符合附录 C 中表 C.2 所列的范围内。如果任何一个化合物的回收率不能满足要求,那么本标准对于该样品中该化合物的方法效能是不能接受的。应增加额外的净化过程来将回收率恢复到正常范围内。所采用了所有的净化过程但回收率仍不在正常范围，那么就需要将样品稀释，或减少基质样品的取样量。

9.6 实验室应经常考察校正结果、精确度和回收率，以确认分析系统处于正常状态。

9.7 实验室应该对各种样品基质添加标记化合物溶液进行验证实验，用来评估方法的运行情况。

9.8 样品中标记化合物的回收率需要按期评价并做好记录。定期对各种基质样品进行平行样分析(至少5个)，计算出标记化合物的平均回收率和相对标准偏差。

9.9 QC考察样品：定期分析QC考察样品以确认校正标准的准确性和分析过程的可靠性。

9.10 为了满足超痕量分析要求，所用计量器具需要经常校正。

9.11 实验室应按时核查校正曲线、精确度和回收率，以确认分析系统的质量处于良好控制状态。

9.12 对于DL-PCBs的特别要求：

如果任何一个PCB在空白中高于附录C的表C.1所列的MDL或限量标准的1/3(取更大者)，或在各PCB的最低水平上检出了干扰物，则应终止样品分析，直到对该批样品重新提取和分析并确定同批空白中没有明显污染。在报告结果或呈报给有关机构之前，所有样品应有未污染的空白结果。

10 分析过程中的干扰及消除

10.1 溶剂、试剂、玻璃器皿和其他样品处理用的物品若被污染或干扰过高都会引起背景增加，以致得到错误的结果。因此，本标准需要使用高纯度的溶剂或采用全玻璃系统重蒸的溶剂。如有必要，柱填料应通过溶剂提取或洗脱纯化。

10.2 将玻璃器皿和工具隔离，隔离工作区应有标记。玻璃器皿应正确清洗，防止通过玻璃器皿表面吸附，造成目标化合物损失和污染样品。

10.2.1 玻璃器皿在使用后应立即用溶剂淋洗并用洗涤剂洗净。玻璃器皿在洗涤剂中超声波清洗约30 s即可。玻璃器皿上可拆卸的部分，如分液漏斗上的聚四氟活塞，在用洗涤剂清洗之前应将其拆开，单独清洗。

10.2.2 在用洗涤剂清洗之后，玻璃器皿应立即用溶剂淋洗。甲醇淋洗后，用热水洗净，再依次用甲醇、丙酮和二氯甲烷淋洗。

10.2.3 切勿使用常规的方法烘烤可反复使用的玻璃器皿，以致使玻璃表面产生活性位点而不可逆地吸附PCDD/Fs。

10.2.4 索氏提取装置在使用前应先用甲苯预提取3 h。分液漏斗应用二氯甲烷：甲苯(80：20，体积比)振荡2 min，沥干，再用纯二氯甲烷振荡2 min。

10.3 分析用的所有材料应确保不含有任何干扰物。分析20个样品后需要考察参考物和空白对照的结果。

10.3.1 参考物基质应与分析样品尽量接近。事实上，参考物不应含有可检测水平PCDD/Fs，但应含有与被分析样品相似浓度水平的基质干扰物。

10.3.2 样品中提取出的干扰物依据采样的地点和样品来源的不同而不同。干扰物的浓度可能要比PCDD/Fs高几个数量级。最常见的几种干扰物质是多氯联苯、甲氯基联苯、羟基二苯醚、苄基苯醚、多环芳烃和农药。由于食品中PCDD/Fs为超痕量低水平，因此，有效地净化步骤十分重要。

10.4 对于可重复使用的玻璃器皿应根据处理样品的特殊性进行标记，这样有助于在实验室内跟踪造成样品污染的来源，识别与高浓度样品有关的一些玻璃器皿是否需要进一步清洗或不得使用。

10.5 组织中类脂含量影响样品PCDD/Fs的分析。不同物种和不同部位组织中的类脂含量变化很大，且类脂在各种有机溶剂的溶解度变化大，当类脂含量高时，阻塞净化步骤中的柱色谱。类脂可以用酸解步骤去除，然后再用氧化铝或弗罗里土和活性炭以及其他净化步骤去除干扰组分。

11 污染防护和废弃物的管理

11.1 谨慎处理本标准中所使用的溶剂和化学品，减少对环境的污染。

11.2 妥善保管本标准所使用的标准溶液，避免不必要的接触和暴露。

11.3 实验室应遵守国家和地方的废弃物管理法规，特别是有毒物质的鉴别和排放条例，控制和减小通风橱和工作台面的污染源。

11.4 防护设备：实验室应备有塑料手套、实验服、安全眼镜或口罩以及通风橱和专门用于化学品安全操作的防毒面具。在可能产生烟雾或尘埃的分析操作中，操作人员应戴上装有活性炭过滤的呼吸器。在操作暴露样品或标准样品时应当佩戴眼睛等保护设备。在处理高浓度 PCDD/Fs 和 DL-PCBs 样品时，应当在乳胶套内再加一双耐溶剂手套。通风橱顶端安放塑料吸附纸便于监测污染状况。从色-质联用仪中排出的废气应用装有活性炭的柱子吸附，或通入油脂或高沸点的醇中吸收处理。

11.5 表面污染检查：用一片滤纸在工具和工作台的表面擦拭。然后经抽提后浓缩，并用 GC-ECD 分析。如果每次擦拭检测低于 0.1 μg，则可认为是清洁的。如果检测中超过 10 μg，则表明应对设备和工作间进行清洗，并提示在此之前所作的工作和实验结果不可靠。

11.6 污染去除：

11.6.1 人员污染的去除：用大量肥皂水或洗涤剂进行清洗。

11.6.2 玻璃器皿、工具和表面：分别用溶剂、洗涤剂和超纯水清洗。

11.6.3 实验服清洗：已被污染的实验服应该收集到塑料袋中。搬运废物袋和洗涤衣服的人应接受适当的操作训练。如果洗衣工知道其危害，他们便可在将实验服放入洗衣机中时避免接触它们。在洗其他衣物之前，洗衣机应空载运行一次。

11.7 废物的处理：首先应尽量减少污染废物。其次，废物缸中应放入衬垫的塑料袋。勤杂工和其他人员须经过废物的处理安全操作培训。液体或可溶废物应先溶于甲酸或乙醇中，然后在波长小于 290 nm 的紫外灯下照射数天直到不再检出 PCDD/Fs 为止。PCDD/Fs 在 800℃以上就可分解。低浓度的废弃物(例如吸附纸、组织、动物尸体和塑料手套)可以在合适的焚烧炉中梦烧处理。较大的量(毫克水平)应安全地包装并通过能处理剧毒废物的商业或政府渠道进行处理。

附 录 A
（规范性附录）
多氯代二苯并二噁英及呋喃和二噁英样多氯联苯毒性当量因子

表 A.1 WHO 规定的具有二噁英毒性当量因子(TEF)的多氯代二苯并二噁英及呋喃和二噁英样多氯联苯

化合物		WHO-TEF	编号
PCDD/Fs[a]	2,3,7,8-TCDD	1.0	1746-01-6
	2,3,7,8-TCDF	0.1	51207-31-9
	1,2,3,7,8-PeCDD	1.0	40321-76-4
	1,2,3,7,8-PeCDF	0.05	57117-41-6
	2,3,4,7,8-PeCDF	0.5	57117-31-4
	1,2,3,4,7,8-HxCDD	0.1	39227-28-6
	1,2,3,6,7,8-HxCDD	0.1	57653-85-7
	1,2,3,7,8,9-HxCDD	0.1	19408-74-3
	1,2,3,4,7,8-HXCDF	0.1	70648-26-9
	1,2,3,6,7,8-HxCDF	0.1	57117-44-9
	1,2,3,7,8,9-HxCDF	0.1	72918-21-9
	2,3,4,6,7,8-HxCDF	0.1	60851-34-5
	1,2,3,4,6,7,8-HpCDD	0.01	35822-46-9
	1,2,3,4,6,7,8-HpCDF	0.01	67562-39-4
	1,2,3,4,7,8,9-HpCDF	0.01	55673-89-7
	OCDD	0.000 1	3268-87-9
	OCDF	0.000 1	39001-02-0
同位素标记的PCDD/Fs	$^{13}C_{12}$-2,3,7,8-TCDD	—	76523-40-5
	$^{13}C_{12}$-2,3,7,8-TCDF	—	89059-46-1
	$^{13}C_{12}$-1,2,3,7,8-PeCDD	—	109719-79-1
	$^{13}C_{12}$-1,2,3,7,8-PeCDF	—	109719-77-9
	$^{13}C_{12}$-2,3,4,7,8-PeCDF	—	116843-02-8
	$^{13}C_{12}$-1,2,3,4,7,8-HxCDD	—	109719-80-4
	$^{13}C_{12}$-1,2,3,6,7,8-HxCDD	—	109719-81-5
	$^{13}C_{12}$-1,2,3,7,8,9-HxCDD	—	109719-82-6
	$^{13}C_{12}$-1,2,3,4,7,8-HxCDF	—	114423-98-2
	$^{13}C_{12}$-1,2,3,6,7,8-HxCDF	—	116843-03-9
	$^{13}C_{12}$-1,2,3,7,8,9-HxCDF	—	116843-04-0
	$^{13}C_{12}$-2,3,4,6,7,8-HxCDF	—	116843-05-1
	$^{13}C_{12}$-1,2,3,4,6,7,8-HpCDD	—	109719-83-7
	$^{13}C_{12}$-1,2,3,4,6,7,8-HpCDF	—	109719-84-8
	$^{13}C_{12}$-1,2,3,4,7,8,9-HpCDF	—	109719-94-0
	$^{13}C_{12}$-OCDD	—	114423-97-1

表 A.1(续)

化合物			WHO-TEF	编号
PCBs[b]		3,3′,4,4′-TeCB	0.000 1	77
		3,4,4′,5-TeCB	0.000 1	81
		2,3,3′,4,4′-PeCB	0.000 1	105
		2,3,4,4′,5-PeCB	0.000 5	114
		2,3′,4,4′,5-PeCB	0.000 1	118
		2′,3,4,4′,5-PeCB	0.000 1	123
		3,3′,4,4′,5-PeCB	0.1	126
		2,3,3′,4,4′,5-HxCB	0.000 5	156
		2,3,3′,4,4′,5′-HxCB	0.000 5	157
		2,3′,4,4′,5,5′-HxCB	0.000 01	167
		3,3′,4,4′,5,5′-HxCB	0.01	169
		2,3,3′,4,4′,5,5′-HpCB	0.000 1	189
	同位素标记的PCBs	$^{13}C_{12}$-3,3′,4,4′-TeCB	—	77L
		$^{13}C_{12}$-3,4,4′,5-TeCB	—	81L
		$^{13}C_{12}$-2,3,3′,4,4′-PeCB	—	105L
		$^{13}C_{12}$-2,3,4,4′,5-PeCB	—	114L
		$^{13}C_{12}$-2,3′,4,4′,5-PeCB	—	118L
		$^{13}C_{12}$-2′,3,4,4′,5-PeCB	—	123L
		$^{13}C_{12}$-3,3′,4,4′,5-PeCB	—	126L
		$^{13}C_{12}$-2,3,3′,4,4′,5-HxCB	—	156L
		$^{13}C_{12}$-2,3,3′,4,4′,5′-HxCB	—	157L
		$^{13}C_{12}$-2,3′,4,4′,5,5′-HxCB	—	167L
		$^{13}C_{12}$-3,3′,4,4′,5,5′-HxCB	—	169L
		$^{13}C_{12}$-2,3,3′,4,4′,5,5′-HpCB	—	189L

注:TCDD=四氯代二苯并二噁英,TCDF=四氯代二苯并呋喃,PeCDD=五氯代二苯并二噁英,PeCDF=五氯代二苯并呋喃,HxCDD=六氯代二苯并二噁英,HxCDF=六氯代二苯并呋喃,HpCDD=七氯代二苯并二噁英,HpCDF=七氯代二苯并呋喃,OCDD=八氯代二苯并二噁英,OCDF=八氯代二苯并呋喃,TeCB=四氯联苯,PeCB=五氯联苯,HxCB=六氯联苯,HpCB=七氯联苯。

a 编号为CAS登录号。

b 编号为国际纯粹应用化学联合会(IUPAC)代码。

附 录 B
（规范性附录）
标 准 溶 液[1)]

表 B.1 PCDD/Fs 校正和时间窗口确定标准溶液

化合物		浓度/(μg/L)
天然的 PCDDs/PCDFs	2,3,7,8-TCDD	10
	2,3,7,8-TCDF	10
	1,2,3,7,8-PeCDD	50
	1,2,3,7,8-PeCDF	50
	2,3,4,7,8-PeCDF	50
	1,2,3,4,7,8-HxCDD	50
	1,2,3,6,7,8-HxCDD	50
	1,2,3,7,8,9-HxCDD	50
	1,2,3,4,7,8-HxCDF	50
	1,2,3,6,7,8-HxCDF	50
	1,2,3,7,8,9-HxCDF	50
	2,3,4,6,7,8-HxCDF	50
	1,2,3,4,6,7,8-HpCDD(WD)	50
	1,2,3,4,6,7,8-HpCDF(WD)	50
	1,2,3,4,7,8,9-HpCDF(WD)	50
	OCDD	100
	OCDF	100
时间窗口确定标准	1,2,6,8-TCDD	10
	1,2,8,9-TCDD	10
	1,3,6,8-TCDF	10
	1,2,8,9-TCDF	10
	1,2,4,7,9-PeCDD	50
	1,2,3,8,9-PeCDD	50
	1,3,4,6,8-PeCDF	50
	1,2,3,8,9-PeCDF	50
	1,2,4,6,7,9-HxCDD	50
	1,2,3,4,6,8-HxCDF	50
	1,2,3,4,6,7,9-HpCDD	50
标记的 PCDDs/PCDFs	^{13}C-2,3,7,8-TCDD	100
	^{13}C-2,3,7,8-TCDF	100
	^{13}C-1,2,3,7,8-PeCDD	100
	^{13}C-1,2,3,7,8-PeCDF	100
	^{13}C-2,3,4,7,8-PeCDF	100
	^{13}C-1,2,3,4,7,8-HxCDD	100
	^{13}C-1,2,3,6,7,8-HxCDD	100
	^{13}C-1,2,3,4,7,8-HxCDF	100
	^{13}C-1,2,3,6,7,8-HxCDF	100
	^{13}C-1,2,3,7,8,9-HxCDF	100
	^{13}C-2,3,4,6,7,8-HxCDF	100
	^{13}C-1,2,3,4,6,7,8-HpCDD	100
	^{13}C-1,2,3,4,6,7,8-HpCDF	100
	^{13}C-1,2,3,4,7,8,9-HpCDF	100
	^{13}C-OCDD	200
净化标准	^{13}C1-2,3,7,8-TCDD	10
定量内标	^{13}C-1,2,3,4-TCDD	100
	^{13}C-1,2,3,7,8,9-HxCDD	100
2378-TCDD分离度检查	1,2,3,4-TCDD	5
	1,2,3,7/1,2,3,8-TCDD	5
	1,2,3,9-TCDD	10

注：在该溶液中不包括 1,2,3,4,6,7-HxCDD(最后流出的 HxCDD)，因为此化合物与 1,2,3,7,8,9-HxCDD 共流出，为此，用 1,2,3,4,6,7,9-HpCDD 确定时间窗口；也不包括 1,2,3,4,8,9-HxCDF(最后流出的 HxC-DF)，因为此化合物对 1,2,3,7,8,9-HxCDF 有干扰，为此，用 1,2,3,4,6,7,8-HpCDF 确定时间窗口。

1）本标准使用 EPA 1613—1997 和 EPA 1668A—1999 规定的标准溶液。

表 B.2 PCDD/Fs 的同位素标记定量内标的储备溶液

	同位素标记的化合物	浓度/(μg/L)		同位素标记的化合物	浓度/(μg/L)
PCDDs	^{13}C-2,3,7,8-TCDD	100	PCDFs	^{13}C-2,3,7,8-TCDF	100
	^{13}C-1,2,3,7,8-PeCDD	100		^{13}C-1,2,3,7,8-PeCDF	100
	^{13}C-1,2,3,4,7,8-HxCDD	100		^{13}C-2,3,4,7,8-PeCDF	100
	^{13}C-1,2,3,6,7,8-HxCDD	100		^{13}C-1,2,3,4,7,8-HxCDF	100
	^{13}C-1,2,3,4,6,7,8-HpCDD	100		^{13}C-1,2,3,6,7,8-HxCDF	100
	^{13}C-OCDD	200		^{13}C-1,2,3,7,8,9-HxCDF	100
				^{13}C-2,3,4,6,7,8-HxCDF	100
				^{13}C-1,2,3,4,6,7,8-HpCDF	100
				^{13}C-1,2,3,4,7,8,9-HpCDF	100

表 B.3 PCDD/Fs 回收率内标标准溶液

同位素标记的回收率内标	浓度/(μg/L)
^{13}C-1,2,3,4-TCDD	200±10
^{13}C-1,2,3,7,8,9-HxCDD	200±10

表 B.4 PCDD/Fs 精密度和回收率检查标准溶液

	天然的化合物	浓度/(μg/L)		天然的化合物	浓度/(μg/L)
PCDDs	2,3,7,8-TCDD	40	PCDFs	2,3,7,8-TCDF	40
	1,2,3,7,8-PeCDD	200		1,2,3,7,8-PeCDF	200
	1,2,3,4,7,8-HxCDD	200		2,3,4,7,8-PeCDF	200
	1,2,3,6,7,8-HxCDD	200		1,2,3,4,7,8-HxCDF	200
	1,2,3,7,8,9-HxCDD	200		1,2,3,6,7,8-HxCDF	200
	1,2,3,4,6,7,8-HpCDD	200		1,2,3,7,8,9-HxCDF	200
	OCDD	400		2,3,4,6,7,8-HxCDF	200
				1,2,3,4,6,7,8-HpCDF	200
				1,2,3,4,7,8,9-HpCDF	200
				OCDF	400

表 B.5 PCDD/Fs 保留时间窗口确定的标准溶液

色谱柱Ⅰ[a]		色谱柱Ⅱ[b] 或色谱柱Ⅲ[c]	
最先出峰/(μg/L)	最后出峰/(μg/L)	最先出峰/(μg/L)	最后出峰/(μg/L)
1368-TCDD(65)	1289-TCDD(60)	1368-TCDD(65)	1289-TCDD(60)
1368-TCDF(100)	1289-TCDF(100)	1368-TCDF(100)	1289-TCDF(100)
12479-PeCDD(50)	12389-PeCDD(60)	12479-PeCDD(50)	12389-PeCDD(60)
12468-PeCDF(50)	12389-PeCDF(50)	12468-PeCDF(50)	23467-PeCDF(50)
124679-HxCDD(50)	123467-HxCDD(50)	124679-HxCDD(50)	123467-HxCDD(50)
123468-HxCDF(50)	123489-HxCDF(50)	123468-HxCDF(50)	234678-HxCDF(50)
1234679-HpCDD(50)	1234678-HpCDD(50)	1234679-HpCDD(50)	1234678-HpCDD(50)
1234678 -HpCDF(50)	1234789-HpCDF(50)	1234678 -HpCDF(50)	1234789-HpCDF(50)
OCDD(50)	OCDD(50)		
OCDF(50)	OCDF(50)		

[a] 适用于 DB-5、BP-5、HP-2、Rtx-5、SPB-5 或等效柱。

[b] 适用于 SP-2331、Rtx-2330 或等效柱。

[c] 适用于 DB-225、BP-225、HP-225、Rtx-225、SPB-225 或等效柱。

表 B.6 PCDD/Fs 分离度检查的混合溶液

化合物	色谱柱Ⅰ[a]	色谱柱Ⅱ[b]	色谱柱Ⅲ[c]
2378-TCDD	1234-TCDD(25 μg/L) 1237 和 1238-TCDD(25 μg/L) 2378-TCDD(50 μg/L) 1239-TCDD(50 μg/L)	1478-TCDD(25 μg/L) 2378-TCDD(50 μg/L) 1237-TCDD 和 1238-TCDD (25 μg/L) 1234-TCDD(25 μg/L)	与 2331 相同
2378-TCDF	N/A	1239-TCDF(50 μg/L) 2378-TCDF(100 μg/L) 2347-TCDF(50 μg/L)	2347-TCDF(50 μg/L) 2378-TCDF(100 μg/L) 1239-TCDF(50 μg/L)
注：NA 表示不适用。			
a 适用于 DB-5、BP-5、HP-2、Rtx-5、SPB-5 或等效柱。			
b 适用于 SP-2331、Rtx-2330 或等效柱。			
c 适用于 DB-225、BP-225、HP-225、Rtx-225、SPB-225 或等效柱。			

表 B.7 PCDD/Fs 校正标准溶液

化合物		浓度/(μg/L)					
		CS1	CS2	CS3	CS4	CS5	CSL
天然 PCDD/Fs	2,3,7,8-TCDD	0.5	2	10	40	200	0.1
	2,3,7,8-TCDF	0.5	2	10	40	200	0.1
	1,2,3,7,8-PeCDD	2.5	10	50	200	1 000	0.5
	1,2,3,7,8-PeCDF	2.5	10	50	200	1 000	0.5
	2,3,4,7,8-PeCDF	2.5	10	50	200	1 000	0.5
	1,2,3,4,7,8-HxCDD	2.5	10	50	200	1 000	0.5
	1,2,3,6,7,8-HxCDD	2.5	10	50	200	1 000	0.5
	1,2,3,7,8,9-HxCDD	2.5	10	50	200	1 000	0.5
	1,2,3,4,7,8-HxCDF	2.5	10	50	200	1 000	0.5
	1,2,3,6,7,8-HxCDF	2.5	10	50	200	1 000	0.5
	1,2,3,7,8,9-HxCDF	2.5	10	50	200	1 000	0.5
	2,3,4,6,7,8-HxCDF	2.5	10	50	200	1 000	0.5
	1,2,3,4,6,7,8-HpCDD	2.5	10	50	200	1 000	0.5
	1,2,3,4,6,7,8-HpCDF	2.5	10	50	200	1 000	0.5
	1,2,3,4,7,8,9-HpCDF	2.5	10	50	200	1 000	0.5
	OCDD	5.0	20	100	400	2 000	1.0
	OCDF	5.0	20	100	400	2 000	1.0
同位素 PCDD/Fs	$^{13}C_{12}$-2,3,7,8-TCDD	100	100	100	100	100	100
	$^{13}C_{12}$-2,3,7,8-TCDF	100	100	100	100	100	100
	$^{13}C_{12}$-1,2,3,7,8-PeCDD	100	100	100	100	100	100
	$^{13}C_{12}$-PeCDF	100	100	100	100	100	100
	$^{13}C_{12}$-2,3,4,7,8-PeCDF	100	100	100	100	100	100

表 B.7(续)

化合物		浓度/(μg/L)					
		CS1	CS2	CS3	CS4	CS5	CSL
同位素 PCDD/Fs	$^{13}C_{12}$-1,2,3,4,7,8-HxCDD	100	100	100	100	100	100
	$^{13}C_{12}$-1,2,3,6,7,8-HxCDD	100	100	100	100	100	100
	$^{13}C_{12}$-1,2,3,4,7,8-HxCDF	100	100	100	100	100	100
	$^{13}C_{12}$-1,2,3,6,7,8-HxCDF	100	100	100	100	100	100
	$^{13}C_{12}$-1,2,3,7,8,9-HxCDF	100	100	100	100	100	100
	$^{13}C_{12}$-1,2,3,4,6,7,8-HpCDD	100	100	100	100	100	100
	$^{13}C_{12}$-1,2,3,4,6,7,8-HpCDF	100	100	100	100	100	100
	$^{13}C_{12}$-1,2,3,4,7,8,9-HpCDF	100	100	100	100	100	100
	$^{13}C_{12}$-OCDD	200	200	200	200	200	200
净化内标	$^{37}Cl_4$-2,3,7,8-TCDD	0.5	2	10	40	200	0.1
定量内标	$^{13}C_{12}$-1,2,3,4-TCDD	100	100	100	100	100	100
	$^{13}C_{12}$-1,2,3,7,8,9-HxCDD	100	100	100	100	100	100

表 B.8 PCBs 的时间窗口确定和定量内标标准溶液

标记物	IUPAC 代码	浓度/(mg/L)
$^{13}C_{12}$-2-MoCB	1L	1.0
$^{13}C_{12}$-4-MoCB	3L	1.0
$^{13}C_{12}$-2,2′-DiCB	4L	1.0
$^{13}C_{12}$-4,4′-DiCB	15L	1.0
$^{13}C_{12}$-2,2′,6-TrCB	19L	1.0
$^{13}C_{12}$-3,4,4′-TrCB	37L	1.0
$^{13}C_{12}$-2,2′,6,6′-TeCB	54L	1.0
$^{13}C_{12}$-3,3′,4,4′-TeCB	77L	1.0
$^{13}C_{12}$-3,4,4′,5-TeCB	81L	1.0
$^{13}C_{12}$-2,2′,4,6,6′-PeCB	104L	1.0
$^{13}C_{12}$-2,3,3′,4,4′-PeCB	105L	1.0
$^{13}C_{12}$-2,3,4,4′,5-PeCB	114L	1.0
$^{13}C_{12}$-2,3′,4,4′,5-PeCB	118L	1.0
$^{13}C_{12}$-2′,3,4,4′,5-PeCB	123L	1.0
$^{13}C_{12}$-3,3′,4,4′,5-PeCB	126L	1.0
$^{13}C_{12}$-2,2′,4,4′,6,6′-HxCB	155L	1.0
$^{13}C_{12}$-2,3,3′,4,4′,5-HxCB	156L	1.0
$^{13}C_{12}$-2,3,3′,4,4′,5′-HxCB	157L	1.0
$^{13}C_{12}$-2,3′,4,4′,5,5′-HxCB	167L	1.0
$^{13}C_{12}$-3,3′,4,4′,5,5′-HxCB	169L	1.0

表 B.8(续)

标　　记　　物	IUPAC 代码	浓度/(mg/L)
$^{13}C_{12}$-2,2′,3,4′,5,6,6′-HpCB	188L	1.0
$^{13}C_{12}$-2,3,3′,4,4′,5,5′-HpCB	189L	1.0
$^{13}C_{12}$-2,2′,3,3′,5,5′,6,6′-OcCB	202L	1.0
$^{13}C_{12}$-2,3,3′,4,4′,5,5′,6-OcCB	205L	1.0
$^{13}C_{12}$-2,2′,3,3′,4,4′,5,5′,6-NoCB	206L	1.0
$^{13}C_{12}$-2,2′,3,3′,4,5,5′,6,6′-NoCB	208L	1.0
$^{13}C_{12}$-DeCB	209L	1.0

表 B.9　PCBs 同位素标记的净化内标标准溶液

标记的 PCB	IUPAC 代码	浓度/(mg/L)
$^{13}C_{12}$-2,4,4′-TrCB	28L	1.0
$^{13}C_{12}$-2,3,3′,5,5′-PeCB	111L	1.0
$^{13}C_{12}$-2,2′,3,3′,5,5′,6-HpCB	178L	1.0

表 B.10　PCBs 同位素标记的回收率内标标准溶液

标记的 PCB	IUPAC 代码	浓度/(mg/L)
$^{13}C_{12}$-2,2′,5,5′-TeCB	52L	5.0
$^{13}C_{12}$-2,2′,4′,5,5′-PeCB	101L	5.0
$^{13}C_{12}$-2,2′,3′,4,4′,5′-HxCB	138L	5.0
$^{13}C_{12}$-2,2′,3,3′,4,4′,5,5′-OcCB	194L	5.0

表 B.11　精密度和回收率检查标准溶液

标　　记　　物	IUPAC 代码	浓度/(mg/L)
2-MoCB	1	2.0
4-MoCB	3	2.0
2,2′-DiCB	4	2.0
4,4′-DiCB	15	2.0
2,2′,6-TrCB	19	2.0
3,4,4′-TrCB	37	2.0
2,2′,6,6′-TeCB	54	2.0
3,3′,4,4′-TeCB	77	2.0
3,4,4′,5-TeCB	81	2.0
2,2′,4,6,6′-PeCB	104	2.0
2,3,3′,4,4′-PeCB	105	2.0
2,3,4,4′,5-PeCB	114	2.0
2,3′,4,4′,5-PeCB	118	2.0
2′,3,4,4′,5-PeCB	123	2.0
3,3′4,4′,5-PeCB	126	2.0
2,2′,4,4′,6,6′-HxCB	155	2.0

表 B.11(续)

标　记　物	IUPAC 代码	浓度/(mg/L)
2,3,3′,4,4′,5-HxCB	156	2.0
2,3,3′,4,4′,5′-HxCB	157	2.0
2,3′,4,4′,5,5′-HxCB	167	2.0
3,3′,4,4′,5,5′-HxCB	169	2.0
2,2′,3,4′,5,6,6′-HpCB	188	2.0
2,3,3′,4,4′,5,5′-HpCB	189	2.0
2,2′,3,3′,5,5′,6,6′-OcCB	202	2.0
2,3,3′,4,4′,5,5′,6-OcCB	205	2.0
2,2′,3,3′,4,4′,5,5′,6-NoCB	206	2.0
2,2′,3,3′,4,5,5′,6,6′-NoCB	208	2.0
DeCB	209	2.0

表 B.12　PCBs 校正标准溶液

化　合　物		IUPAC 代码	溶液浓度/(μg/L)				
			CS-1	CS-2	CS-3	CS-4	CS-5
天然的 PCBs	2-MoCB	1	1.0	5.0	50	400	2 000
	4-MoCB	3	1.0	5.0	50	400	2 000
	2,2′-DiCB	4	1.0	5.0	50	400	2 000
	4,4′-DiCB	15	1.0	5.0	50	400	2 000
	2,2′,6′-TrCB	19	1.0	5.0	50	400	2 000
	3,4,4′-TrCB	37	1.0	5.0	50	400	2 000
	2,2′,6,6′-TeCB	54	1.0	5.0	50	400	2 000
	3,3′,4,4′-TeCB	77	1.0	5.0	50	400	2 000
	3,4,4′,5-TeCB	81	1.0	5.0	50	400	2 000
	2,3,3′,4,4′-PeCB	105	1.0	5.0	50	400	2 000
	2,3,4,4′,5-PeCB	114	1.0	5.0	50	400	2 000
	2,3′,4,4′,5-PeCB	118	1.0	5.0	50	400	2 000
	2′,3,4,4′,5-PeCB	123	1.0	5.0	50	400	2 000
	3,3′,4,4′,5-PeCB	126	1.0	5.0	50	400	2 000
	2,2′,4,4′,6,6′-HxCB	156	1.0	5.0	50	400	2 000
	2,3,3′,4,4′,5′-HxCB	157	1.0	5.0	50	400	2 000
	2,3′,4,4′,5,5′-HxCB	167	1.0	5.0	50	400	2 000
	3,3′,4,4′,5,5′-HxCB	169	1.0	5.0	50	400	2 000
	2,2′,3,4′,5,6,6′-HpCB	189	1.0	5.0	50	400	2 000
	2,2′,3,3′,5,5′,6,6′-OcCB	202	1.0	5.0	50	400	2 000
	2,3,3′,4,4′,5,5′,6-OcCB	205	1.0	5.0	50	400	2 000
	2,2′,3,3′,4,4′,5,5′,6-NoCB	206	1.0	5.0	50	400	2 000
	2,2′,3,3′,4,5,5′,6,6′-NoCB	208	1.0	5.0	50	400	2 000
	DeCB	209	1.0	5.0	50	400	2 000

表 B.12(续)

化合物		IUPAC 代码	溶液浓度/(μg/L)				
			CS-1	CS-2	CS-3	CS-4	CS-5
标记的 PCBs	$^{13}C_{12}$-3,3′,4,4′-TeCB	77L	100	100	100	100	100
	$^{13}C_{12}$-3,4,4′,5-TeCB	81L	100	100	100	100	100
	$^{13}C_{12}$-2,3,3′,4,4′-PeCB	105L	100	100	100	100	100
	$^{13}C_{12}$-2,3,4,4′,5-PeCB	114L	100	100	100	100	100
	$^{13}C_{12}$-2,3′,4,4′,5-PeCB	118L	100	100	100	100	100
	$^{13}C_{12}$-2′,3,4,4′,5-PeCB	123L	100	100	100	100	100
	$^{13}C_{12}$-3,3′,4,4′,5-PeCB	126L	100	100	100	100	100
	$^{13}C_{12}$-2,2′,4,4′,6,6′-HxCB	156L	100	100	100	100	100
	$^{13}C_{12}$-2,3,3′,4,4′,5′-HxCB	157L	100	100	100	100	100
	$^{13}C_{12}$-2,3′,4,4′,5,5′-HxCB	167L	100	100	100	100	100
	$^{13}C_{12}$-3,3′,4,4′,5,5′-HxCB	169L	100	100	100	100	100
	$^{13}C_{12}$-2,2′,3,4′,5,6,6′-HpCB	189L	100	100	100	100	100
	$^{13}C_{12}$-2,2′,3,3′,5,5′,6,6′-OcCB	202L	1.0	5.0	50	400	2 000
	$^{13}C_{12}$-2,3,3′,4,4′,5,5′,6-OcCB	205L	1.0	5.0	50	400	2 000
	$^{13}C_{12}$-2,2′,3,3′,4,4′,5,5′,6-NoCB	206L	1.0	5.0	50	400	2 000
	$^{13}C_{12}$-2,2′,3,3′,4,5,5′,6,6′-NoCB	208L	1.0	5.0	50	400	2 000
	$^{13}C_{12}$-DeCB	209L	1.0	5.0	50	400	2 000
标记的净化标准	$^{13}C_{12}$-2,4,4′-TrCB	28L	100	100	100	100	100
	$^{13}C_{12}$-2,3,3′,5,5′-PeCB	111L	100	100	100	100	100
	$^{13}C_{12}$-2,2′,3,3′,5,5′,6-HpCB	178L	100	100	100	100	100
标记的回收率内标	$^{13}C_{12}$-2,2′,5,5′-TeCB	52L	100	100	100	100	100
	$^{13}C_{12}$-2,2′,4′,5,5′-PeCB	101L	100	100	100	100	100
	$^{13}C_{12}$-2,2′3′,4,4′,5′-HxCB	138L	100	100	100	100	100
	$^{13}C_{12}$-2,2′,3,3′,4,4′,3,5′-DeCB	194L	100	100	100	100	100

表 B.13 PCBs 高灵敏度检查的标准溶液

化合物	IUPAC 代码	CS0.2/(μg/L)
2-MoCB	1	0.2
4-MoCB	3	0.2
2,2′-DiCB	4	0.2
4,4′-DiCB	15	0.2
2,2′,6′-TrCB	19	0.2
3,4,4′-TrCB	37	0.2
2,2′,6,6′-TeCB	54	0.2
3,3′,4,4′-TeCB	77	0.2

表 B.13(续)

化　合　物	IUPAC 代码	CS0.2/(μg/L)
3,4,4′,5-TeCB	81	0.2
2,3,3′,4,4′-PeCB	105	0.2
2,3,4,4′,5-PeCB	114	0.2
2,3′,4,4′,5-PeCB	118	0.2
2′,3,4,4′,5-PeCB	123	0.2
3,3′,4,4′,5-PeCB	126	0.2
2,2′,4,4′,6,6′-HxCB	156	0.2
2,3,3′,4,4′,5′-HxCB	157	0.2
2,3′,4,4′,5,5′-HxCB	167	0.2
3,3′,4,4′,5,5′-HxCB	169	0.2
2,2′,3,4′,5,6′,6′-HpCB	189	0.2
2,2′,3,3′,5,5′,6,6′-OcCB	202	0.2
2,3,3′,4,4′,5,5′,6-OcCB	205	0.2
2,2′,3,3′,4,4′,5,5′,6-NoCB	206	0.2
2,2′,3,3′,4,5,5′,6,6′-NoCB	208	0.2
DeCB	209	0.2

表 B.14　PCBs 校正检查的溶液(为不含同位素标记的 CS3 溶液)

化　合　物	IUPAC 代码	浓度/(μg/L)
2-MoCB	1	50
4-MoCB	3	50
2,2′-DiCB	4	50
4,4′-DiCB	15	50
2,2′,6′-TrCB	19	50
3,4,4′-TrCB	37	50
2,2′,6,6′-TeCB	54	50
3,3′,4,4′-TeCB	77	50
3,4,4′,5-TeCB	81	50
2,3,3′,4,4′-PeCB	105	50
2,3,4,4′,5-PeCB	114	50
2,3′,4,4′,5-PeCB	118	50
2′,3,4,4′,5-PeCB	123	50
3,3′,4,4′,5-PeCB	126	50
2,2′,4,4′,6,6′-HxCB	156	50
2,3,3′,4,4′,5′-HxCB	157	50
2,3′,4,4′,5,5′-HxCB	167	50

表 B. 14(续)

化　合　物	IUPAC 代码	浓度/(μg/L)
3,3′,4,4′,5,5′-HxCB	169	50
2,2′,3,4′,5,6,6′-HpCB	189	50
2,2′,3,3′,5,5′,6,6′-OcCB	202	50
2,3,3′,4,4′,5,5′,6-OcCB	205	50
2,2′,3,3′,4,4′,5,5′,6-NoCB	206	50
2,2′,3,3′,4,5,5′,6,6′-NoCB	208	50
DeCB	209	50

附 录 C
（规范性附录）
测定方法的技术要求

表 C.1 二噁英及其类似物的相对保留时间和检测限[a]

化合物			保留时间和定量参考物	相对保留时间	检测限/(ng/kg)
PCDD/Fs	以$^{13}C_{12}$-1,2,3,4-TCDD作为回收率内标	2,3,7,8-TCDF	$^{13}C_{12}$-2,3,7,8-TCDF	0.999～1.003	0.04
		2,3,7,8-TCDD	$^{13}C_{12}$-2,3,7,8-TCDD	0.999～1.002	0.04
		1,2,3,7,8-PeCDF	$^{13}C_{12}$-1,2,3,7,8-PeCDF	0.999～1.002	0.20
		2,3,4,7,8-PeCDF	$^{13}C_{12}$-2,3,4,7,8-PeCDF	0.999～1.002	0.20
		1,2,3,7,8-PeCDD	$^{13}C_{12}$-1,2,3,7,8-PeCDD	0.999～1.002	0.20
		$^{13}C_{12}$-2,3,7,8-TCDF	$^{13}C_{12}$-1,2,3,4-TCDD	0.923～1.103	—
		$^{13}C_{12}$-2,3,7,8-TCDD	$^{13}C_{12}$-1,2,3,4-TCDD	0.976～1.043	—
		$^{13}C_{12}$-2,3,7,8-TCDD	$^{13}C_{12}$-1,2,3,4-TCDD	0.989～1.052	—
		$^{13}C_{12}$-1,2,3,7,8-PeCDF	$^{13}C_{12}$-1,2,3,4-TCDD	1.000～1.425	—
		$^{13}C_{12}$-2,3,4,7,8-PeCDF	$^{13}C_{12}$-1,2,3,4-TCDD	1.001～1.526	—
		$^{13}C_{12}$-1,2,3,7,8-PeCDF	$^{13}C_{12}$-1,2,3,4-TCDD	1.000～1.567	—
	以$^{13}C_{12}$-1,2,3,7,8,9-HxCDD作为回收率内标	1,2,3,4,7,8-HxCDF	$^{13}C_{12}$-1,2,3,4,7,8-HxCDF	0.999～1.001	0.20
		1,2,3,6,7,8-HxCDF	$^{13}C_{12}$-1,2,3,6,7,8-HxCDF	0.997～1.005	0.20
		1,2,3,7,8,9-HxCDF	$^{13}C_{12}$-1,2,3,7,8,9-HxCDF	0.999～1.001	0.20
		2,3,4,6,7,8-HxCDF	$^{13}C_{12}$-2,3,4,6,7,8-HxCDF	0.999～1.001	0.20
		1,2,3,4,7,8-HxCDD	$^{13}C_{12}$-1,2,3,4,7,8-HxCDD	0.999～1.001	0.20
		1,2,3,6,7,8-HxCDD	$^{13}C_{12}$-1,2,3,6,7,8-HxCDD	0.998～1.004	0.20
		1,2,3,7,8,9-HxCDD[b]	—	1.000～1.019	0.20
		1,2,3,4,6,7,8-HpCDF	$^{13}C_{12}$-1,2,3,4,6,7,8-HpCDF	0.999～1.001	0.20
		1,2,3,4,7,8,9-HpCDF	$^{13}C_{12}$-1,2,3,4,7,8,9-HpCDF	0.999～1.001	0.20
		1,2,3,4,6,7,8-HpCDD	$^{13}C_{12}$-1,2,3,4,6,7,8-HpCDD	0.999～1.001	0.20
		OCDF	$^{13}C_{12}$-OCDF	0.999～1.001	0.40
		OCDD	$^{13}C_{12}$-OCDD	0.999～1.001	0.40
		$^{13}C_{12}$-1,2,3,4,6,7,8-HxCDF	$^{13}C_{12}$-1,2,3,7,8,9-HxCDD	0.949～0.975	—
		$^{13}C_{12}$-1,2,3,7,8,9-HxCDF	$^{13}C_{12}$-1,2,3,7,8,9-HxCDD	0.977～1.047	—
		$^{13}C_{12}$-2,3,4,6,7,8-HxCDF	$^{13}C_{12}$-1,2,3,7,8,9-HxCDD	0.959～1.021	—
		$^{13}C_{12}$-1,2,3,4,7,8-HxCDF	$^{13}C_{12}$-1,2,3,7,8,9-HxCDD	0.977～1.000	—
		$^{13}C_{12}$-1,2,3,6,7,8-HxCDF	$^{13}C_{12}$-1,2,3,7,8,9-HxCDD	0.981～1.003	—
		$^{13}C_{12}$-1,2,3,4,6,7,8-HxCDF	$^{13}C_{12}$-1,2,3,7,8,9-HxCDD	1.043～1.085	—
		$^{13}C_{12}$-1,2,3,4,7,8,9-HxCDF	$^{13}C_{12}$-1,2,3,7,8,9-HxCDD	1.057～1.151	—
		$^{13}C_{12}$-1,2,3,4,6,7,8-HxCDF	$^{13}C_{12}$-1,2,3,7,8,9-HxCDD	1.086～1.110	—
		$^{13}C_{12}$-OCDD	$^{13}C_{12}$-1,2,3,7,8,9-HxCDD	1.032～1.311	—

表 C.1(续)

化合物			保留时间和定量参考物	相对保留时间	检测限/(ng/kg)
PCBs	以 52L ($^{13}C_{12}$-2,2′,5,5′-TeCB)作为回收率内标	81	81 L	0.999～1.002	1
		77	77 L	0.999～1.002	1
		81 L	52 L	1.324～1.336	—
		77 L	52 L	1.347～1.358	—
	以 101L ($^{13}C_{12}$-2,2′,4,5,5′-PeCB) 作为回收率内标	123	123 L	0.999～1.002	1
		118	118 L	0.999～1.002	1
		114	114 L	0.999～1.002	1
		105	105 L	0.998～1.001	1
		126	126 L	0.999～1.002	1
		123 L	101 L	1.133～1.142	—
		118 L	101 L	1.142～1.152	—
		114 L	101 L	1.159～1.168	—
		105 L	101 L	1.181～1.190	—
		126 L	101 L	1.270～1.279	—
	以 138L ($^{13}C_{12}$-2,2′,3,4,4′,5′-HxCB) 作为回收率内标	156	—	—	1
		157	156 L/157 L	0.998～1.000	
		156/157	—	—	—
		167	167 L	0.999～1.001	1
		169	169 L	0.994～0.996	1
		167 L	138 L	1.066～1.074	—
		156 L	138 L	1.097～1.100	—
		157 L	138 L	1.096～1.103	—
		169 L	138 L	1.174～1.176	—
	以 194L($^{13}C_{12}$-2,2′,3,3′,4,4′,5,5′-OcCB) 作为回收率内标	189	189 L	0.999～1.001	20
		189L	194 L	0.959-0.965	—

a 各目标化合物检测限(ML)是指当取样量为 50 g 时,采用本标准检测,获得可识别信号和可接受的浓度水平。各实验室可根据其条件,调整取样量、体积和净化步骤,并确定相应的检测限和定量限。

b 1,2,3,7,8,9-HxCDD 的保留时间参考物是 $^{13}C_{12}$-1,2,3,6,7,8-HxCDD；1,2,3,7,8,9-HxCDD 由 $^{13}C_{12}$-1,2,3,4,7,8-HxCDD 和 $^{13}C_{12}$-1,2,3,6,7,8-HxCDD 的平均响应定量。

表 C.2 二噁英及其类似物检测的可接受标准

化合物		IUPAC代码	测试浓度[a]/(μg/L)	IPR		OPR/(μg/L)	VER/(μg/L)	样品中同位素内标回收率/%
				S^b/(μg/L)	X^c/(μg/L)			
PCDD/Fs	2,3,7,8-TCDD	—	10	2.8	8.3～12.9	6.7～15.8	7.8～12.9	—
	2,3,7,8-TCDF	—	10	2.0	8.7～13.7	7.5～15.8	8.4～12.0	—
	1,2,3,7,8-PeCDD	—	50	7.5	38～66	35～71	39～65	—
	1,2,3,7,8-PeCDF	—	50	7.5	43～62	40～67	41～60	—
	2,3,4,7,8-PeCDF	—	50	8.6	36～75	34～80	41～61	—
	1,2,3,4,7,8-HxCDD	—	50	9.4	39～76	35～82	39～64	—
	1,2,3,6,7,8-HxCDD	—	50	7.7	42～62	38～67	39～64	—
	1,2,3,7,8,9-HxCDD	—	50	11.1	37～71	32～81	41～61	—
	1,2,3,4,7,8-HxCDF	—	50	8.7	41～59	36～67	45～56	—
	1,2,3,6,7,8-HxCDF	—	50	6.7	46～60	42～65	44～57	—
	1,2,3,7,8,9-HxCDF	—	50	6.4	42～61	39～65	45～56	—
	2,3,4,7,8,9-HxCDF	—	50	7.4	37～74	35～78	44～57	—
	1,2,3,4,6,7,8-HpCDD	—	50	7.7	38～65	35～70	43～58	—
	1,2,3,4,6,7,8-HpCDF	—	50	6.3	45～56	41～61	45～55	—
	1,2,3,4,7,8,9-HpCDF	—	50	8.1	43～63	39～69	43～58	—
	OCDD	—	100	19	89～127	78～144	79～126	—
	OCDF	—	100	27	74～146	63～170	63～159	—
	$^{13}C_{12}$-2,3,7,8-TCDD	—	—	—	—	—	—	25～164
	$^{13}C_{12}$-2,3,7,8-TCDF	—	—	—	—	—	—	24～169
	$^{13}C_{12}$-1,2,3,7,8-PeCDD	—	—	—	—	—	—	25～181
	$^{13}C_{12}$-1,2,3,7,8-PeCDF	—	—	—	—	—	—	24～185
	$^{13}C_{12}$-2,3,4,7,8-PeCDF	—	—	—	—	—	—	21～178
	$^{13}C_{12}$-1,2,3,4,7,8-HxCDD	—	—	—	—	—	—	32～141
	$^{13}C_{12}$-1,2,3,6,7,8-HxCDD	—	—	—	—	—	—	28～130
	$^{13}C_{12}$-1,2,3,4,7,8-HxCDF	—	—	—	—	—	—	26～152
	$^{13}C_{12}$-1,2,3,6,7,8-HxCDF	—	—	—	—	—	—	26～123
	$^{13}C_{12}$-1,2,3,7,8,9-HxCDF	—	—	—	—	—	—	29～147
	$^{13}C_{12}$-2,3,4,7,8,9-HxCDF	—	—	—	—	—	—	28～136
	$^{13}C_{12}$-1,2,3,4,6,7,8-HpCDD	—	—	—	—	—	—	23～140
	$^{13}C_{12}$-1,2,3,4,6,7,8-HpCDF	—	—	—	—	—	—	28～143
	$^{13}C_{12}$-1,2,3,4,7,8,9-HpCDF	—	—	—	—	—	—	26～138
	$^{13}C_{12}$-OCDD	—	—	—	—	—	—	17～157
	$^{37}Cl_4$-2,3,7,8-TCDD	—	—	—	—	—	—	35～197

表 C.2(续)

化合物		IUPAC代码	测试浓度[a]/(μg/L)	IPR		OPR/(μg/L)	VER/(μg/L)	样品中同位素内标回收率/%
				S^b/(μg/L)	X^c/(μg/L)			
PCBs	3,3′,4,4′-TeCB	77	50	20	30～70	25～75	35～65	—
	3,4,4′,5-TeCB	81	50	20	30～70	25～75	35～65	—
	2,3,3′,4,4′-PeCB	105	50	20	30～70	25～75	35～65	—
	2,3,4,4′,5-PeCB	114	50	20	30～70	25～75	35～65	—
	2,3′,4,4′,5-PeCB	118	50	20	30～70	25～75	35～65	—
	2′,3,4,4′,5-PeCB	123	50	20	30～70	25～75	35～65	—
	3,3′,4,4′,5-PeCB	126	50	20	30～70	25～75	35～65	—
	2,2′,4,4′,6,6′-HxCB	156	50	20	30～70	25～75	35～65	—
	2,3,3′,4,4′,5′-HxCB	157	50	20	30～70	25～75	35～65	—
	2,3′,4,4′,5,5′-HxCB	167	50	20	30～70	25～75	35～65	—
	3,3′,4,4′,5,5′-HxCB	169	50	20	30～70	25～75	35～65	—
	2,2′,3,4′,5,6,6′-HpCB	189	50	20	30～70	25～75	35～65	—
	$^{13}C_{12}$-3,3′,4,4′-TCB	77L	—	—	—	—	—	25～150
	$^{13}C_{12}$-3,4,4′,5-TeCB	81L	—	—	—	—	—	25～150
	$^{13}C_{12}$-2,3,3′,4,4′-PeCB	105L	—	—	—	—	—	25～150
	$^{13}C_{12}$-2,3,4,4′,5-PeCB	114L	—	—	—	—	—	25～150
	$^{13}C_{12}$-2,3′,4,4′,5-PeCB	118L	—	—	—	—	—	25～150
	$^{13}C_{12}$-2′,3,4,4′,5-PeCB	123L	—	—	—	—	—	25～150
	$^{13}C_{12}$-3,3′,4,4′,5-PeCB	126L	—	—	—	—	—	25～150
	$^{13}C_{12}$-2,2′,4,4′,6,6′-HxCB	156L	—	—	—	—	—	25～150
	$^{13}C_{12}$-2,3,3′,4,4′,5′-HxCB	157L	—	—	—	—	—	25～150
	$^{13}C_{12}$-2,3′,4,4′,5,5′-HxCB	167L	—	—	—	—	—	25～150
	$^{13}C_{12}$-3,3′,4,4′,5,5′-HxCB	169L	—	—	—	—	—	25～150
	$^{13}C_{12}$-2,2′,3,4′,5,6,6′-HpCB	189L	—	—	—	—	—	25～150
	$^{13}C_{12}$-2,4,4′-TrCB	28L	—	—	—	—	—	30～135
	$^{13}C_{12}$-2,3,3′,5,5′-PeCB	111L	—	—	—	—	—	30～135
	$^{13}C_{12}$-2,2′,3,3′,5,5′,6-HpCB	178L	—	—	—	—	—	30～135

[a] 假设体积为 20 μL 时，最终提取液中的浓度。

[b] S=浓度的标准偏差。

[c] X=平均浓度。

表 C.3 二噁英及其类似物的时间窗口、m/z 精确质量数、m/z 类型和元素组成

时间窗口及氯取代数		m/z 精确质量数	m/z 类型	元素组成	化合物
PCDD/Fs	Fn-1 Cl-4	292.982 5	锁定 k	C_7F_{11}	PFK
		303.901 6	M	$C_{12}H_4{}^{35}Cl_4O$	TCDF
		305.898 7	M+2	$C_{12}H_4{}^{35}Cl_4{}^{37}ClO$	TCDF
		315.941 9	M	$^{13}C_{12}H_4{}^{35}Cl_4O$	TCDF[a]
		317.938 9	M+2	$^{13}C_{12}H_4{}^{35}Cl_4{}^{37}ClO$	TCDF[b]
		319.896 5	M	$C_{12}H_4{}^{35}Cl_4O_2$	TCDD
		321.893 6	M+2	$C_{12}H_4{}^{35}Cl_3{}^{37}ClO_2$	TCDD
		327.884 6	M	$C_{12}H_4{}^{37}Cl_4O_2$	TCDD[b]
		330.979 2	QC	C_7F_{13}	PFK
		331.936 8	M	$^{13}C_{12}H_4{}^{35}Cl_4O_2$	TCDD[a]
		333.933 9	M+2	$^{13}C_{12}H_4{}^{35}Cl_4{}^{37}ClO_2$	TCDD[a]
		375.836 4	M+2	$C_{12}H_4{}^{35}Cl_5{}^{37}ClO$	HxCDPE
	Fn-2 Cl-5	339.859 7	M+2	$C_{12}H_3{}^{35}Cl_4{}^{37}ClO$	PeCDF
		341.856 7	M+4	$C_{12}H_3{}^{35}Cl_3{}^{37}Cl_2O$	PeCDF
		351.900 0	M+2	$^{13}C_{12}H_3{}^{35}Cl_4{}^{37}ClO$	PeCDF
		353.897 0	M+4	$^{13}C_{12}H_3{}^{35}Cl_3{}^{37}Cl_2O$	PeCDF[a]
		354.979 2	锁定 k	C_9F_{13}	PFK
		355.854 6	M+2	$C_{12}H_3{}^{35}Cl_4{}^{37}ClO_2$	PeCDD
		357.851 6	M+4	$C_{12}H_3{}^{35}Cl_3{}^{37}Cl_2O_2$	PeCDD
		367.894 9	M+2	$^{13}C_{12}H_3{}^{35}Cl_4{}^{37}ClO_2$	PeCDD[a]
		369.891 9	M+4	$^{13}C_{12}H_3{}^{35}Cl_3{}^{37}Cl_2O_2$	PeCDD[a]
		409.797 4	M+2	$C_{12}H_3{}^{35}Cl_6{}^{37}ClO$	HpCDPE
	Fn-3 Cl-6	373.820 8	M+2	$C_{12}H_2{}^{35}Cl_5{}^{37}ClO_2$	HxCDF
		375.817 8	M+4	$C_{12}H_2{}^{35}Cl_4{}^{37}Cl_2O$	HxCDF
		383.863 9	M	$^{13}C_{12}H_2{}^{35}Cl_6O$	HxCDF[a]
		385.861 0	M+2	$^{13}C_{12}H_2{}^{35}Cl_5{}^{37}ClO$	HxCDF[a]
		389.815 7	M+2	$C_{12}H_2{}^{35}Cl_5{}^{37}ClO_2$	HxCDD
		391.812 7	M+4	$C_{12}H_3{}^{35}Cl_4{}^{37}Cl_2O_2$	HxCDD
		392.976 0	锁定 k	C_9F_{15}	PFK
		401.855 9	M+2	$^{13}C_{12}H_2{}^{35}Cl_5{}^{37}ClO$	HxCDD[a]
		403.852 0	M+4	$^{13}C_{12}H_2{}^{35}Cl_4{}^{37}Cl_2O_2$	HxCDD[a]
		430.972 9	QC	C_9F_{17}	PFK
		445.755 5	M+4	$C_{12}H_2{}^{35}Cl_6{}^{37}Cl_2O$	OCDPE

表 C.3(续)

时间窗口及氯取代数		m/z 精确质量数	m/z 类型	元素组成	化合物
PCDD/Fs	Fn-4 Cl-7	407.784 8	M+2	$C_{12}H^{35}Cl_6{}^{37}ClO$	HpCDF
		409.778 9	M+4	$C_{12}H^{35}Cl_5{}^{37}Cl_2O$	HpCDF
		417.825 3	M	$^{13}C_{12}H^{35}Cl_7O$	HpCDF[a]
		419.822 0	M+2	$^{13}C_{12}H^{35}Cl_6{}^{37}ClO$	HpCDF[a]
		423.776 6	M+2	$C_{12}H^{35}Cl_6{}^{37}ClO_2$	HpCDD
		425.773 7	M+4	$C_{12}H^{35}Cl_5{}^{37}Cl_2O_2$	HpCDD
		430.972 9	锁定 k	C_8F_{17}	PFK
		453.816 9	M+2	$^{13}C_{12}H^{35}Cl_6{}^{37}ClO_2$	HpCDD[a]
		437.814 0	M+4	$^{13}C_{12}H^{35}Cl_5{}^{37}Cl_2O_2$	HpCDD[a]
		479.716 5	M+4	$C_{12}H^{35}Cl_7{}^{37}Cl_2O$	NCDPE
	Fn-5 Cl-8	441.742 8	M+2	$C_{12}H^{35}Cl_7{}^{37}ClO$	OCDF
		442.972 8	锁定 k	$C_{10}F_{17}$	PFK
		443.739 9	M+4	$C_{12}{}^{35}Cl_6{}^{37}Cl_2O$	OCDF
		457.737 7	M+2	$C_{12}{}^{35}Cl_7{}^{37}ClO_2$	OCDD
		459.734 8	M+4	$C_{12}{}^{35}Cl_6{}^{37}Cl_2O_2$	OCDD
		469.777 9	M+2	$^{13}C_{12}{}^{35}Cl_7{}^{37}ClO_2$	OCDD[a]
		471.775 0	M+4	$^{13}C_{12}{}^{35}Cl_6{}^{37}Cl_2O_2$	OCDD[a]
		513.677 5	M+4	$C_{12}{}^{35}Cl_8{}^{37}Cl_2O$	DCDPE
PCBs	Fn-1 Cl-3,4,5	255.961 3	M	$C_{12}H_7{}^{35}Cl_3$	Cl-3 PCB
		257.958 4	M+2	$C_{12}H_7{}^{35}Cl_2{}^{37}Cl$	Cl-3 PCB
		259.955 4	M+4	$C_{12}H_7{}^{35}Cl{}^{37}Cl_2$	Cl-3 PCB
		268.001 6	M	$^{13}C_{12}H_7{}^{35}Cl_3$	$^{13}C_{12}$Cl-3 PCB
		269.998 6	M+2	$^{13}C_{12}H_7{}^{35}Cl_2{}^{37}Cl$	$^{13}C_{12}$ Cl-3 PCB
		280.982 5	锁定 k	C_6H_{11}	PFK
		289.922 4	M	$C_{12}H_6{}^{35}Cl_4$	Cl-4 PCB
		291.919 4	M+2	$C_{12}H_6{}^{35}Cl_3{}^{37}Cl$	Cl-4 PCB
		293.916 5	M+4	$C_{12}H_6{}^{35}Cl_2{}^{37}Cl_2$	Cl-4 PCB
		301.962 6	M	$^{13}C_{12}H_6{}^{35}Cl_4$	$^{13}C_{12}$Cl-4 PCB
		303.959 7	M+2	$^{13}C_{12}H_6{}^{35}Cl_3{}^{37}Cl$	$^{13}C_{12}$ Cl-4 PCB
	Fn-2 Cl-4,5,6	289.922 4	M	$C_{12}H_6{}^{35}Cl_4$	Cl-4 PCB
		291.919 4	M+2	$C_{12}H_6{}^{35}Cl_3{}^{37}Cl$	Cl-4 PCB
		293.916 5	M+4	$C_{12}H_6{}^{35}Cl_2{}^{37}Cl_2$	Cl-4 PCB
		301.962 6	M	$^{13}C_{12}H_6{}^{35}Cl_4$	$^{13}C_{12}$Cl-4 PCB
		303.959 7	M+2	$^{13}C_{12}H_6{}^{35}Cl_3{}^{37}Cl$	$^{13}C_{12}$ Cl-4 PCB
		323.883 4	M	$C_{12}H_5{}^{35}Cl_5$	Cl-5 PCB

表 C.3(续)

时间窗口及氯取代数		m/z 精确质量数	m/z 类型	元素组成	化合物
PCBs	Fn-2 Cl-4,5,6	325.880 4	M+2	$C_{12}H_5{}^{35}Cl_4{}^{37}Cl$	Cl-5 PCB
		327.877 5	M+4	$C_{12}H_5{}^{35}Cl_3{}^{37}Cl_2$	Cl-5 PCB
		330.979 2	锁定 k	C_7H_{15}	PFK
		337.920 7	M+2	${}^{13}C_{12}H_5{}^{35}Cl_4{}^{37}Cl$	${}^{13}C_{12}$ Cl-5 PCB
		339.917 8	M+4	${}^{13}C_{12}H_5{}^{35}Cl_3{}^{37}Cl_2$	${}^{13}C_{12}$ Cl-5 PCB
		359.841 5	M+2	${}^{13}C_{12}H_4{}^{35}Cl_5{}^{37}Cl$	Cl-6 PCB
		361.838 5	M+4	${}^{13}C_{12}H_4{}^{35}Cl_4{}^{37}Cl_2$	Cl-6 PCB
		363.835 6	M+6	${}^{13}C_{12}H_4{}^{35}Cl_3{}^{37}Cl_3$	Cl-6 PCB
		371.881 7	M+2	${}^{13}C_{12}H_4{}^{35}Cl_5{}^{37}Cl$	${}^{13}C_{12}$ Cl-6 PCB
		373.878 8	M+4	${}^{13}C_{12}H_4{}^{35}Cl_4{}^{37}Cl_2$	${}^{13}C_{12}$ Cl-6 PCB
	Fn-3 Cl-5,6,7	323.883 4	M	$C_{12}H_5{}^{35}Cl_5$	Cl-5 PCB
		325.880 4	M+2	$C_{12}H_5{}^{35}Cl_4{}^{37}Cl$	Cl-5 PCB
		327.877 5	M+4	$C_{12}H_5{}^{35}Cl_3{}^{37}Cl_2$	Cl-5 PCB
		337.920 7	M+2	${}^{13}C_{12}H_5{}^{35}Cl_4{}^{37}Cl$	${}^{13}C_{12}$ Cl-5 PCB
		339.917 8	M+4	${}^{13}C_{12}H_5{}^{35}Cl_3{}^{37}Cl_2$	${}^{13}C_{12}$ Cl-5 PCB
		354.979 2	锁定 k	C_9H_{13}	PFK
		359.841 5	M+2	${}^{13}C_{12}H_4{}^{35}Cl_5{}^{37}Cl$	Cl-6 PCB
		361.838 5	M+4	${}^{13}C_{12}H_4{}^{35}Cl_4{}^{37}Cl_2$	Cl-6 PCB
		363.835 6	M+6	${}^{13}C_{12}H_4{}^{35}Cl_3{}^{37}Cl_2$	Cl-6 PCB
		371.881 7	M+2	${}^{13}C_{12}H_4{}^{35}Cl_5{}^{37}Cl$	${}^{13}C_{12}$ Cl-6 PCB
		373.878 8	M+4	${}^{13}C_{12}H_4{}^{35}Cl_4{}^{37}Cl_2$	${}^{13}C_{12}$ Cl-6 PCB
		393.802 5	M+2	$C_{12}H_3{}^{35}Cl_6{}^{37}Cl$	Cl-7 PCB
		395.799 5	M+4	$C_{12}H_3{}^{35}Cl_5{}^{37}Cl_2$	Cl-7 PCB
		397.796 6	M+6	$C_{12}H_3{}^{35}Cl_4{}^{37}Cl_3$	Cl-7 PCB
		405.842 8	M+2	${}^{13}C_{12}H_3{}^{35}Cl_6{}^{37}Cl$	${}^{13}C_{12}$ Cl-7 PCB
		407.839 8	M+4	${}^{13}C_{12}H_3{}^{35}Cl_5{}^{37}Cl_2$	${}^{13}C_{12}$ Cl-7 PCB
		454.972 8	QC	$C_{11}F_{17}$	PFK
	Fn-4 Cl-7,8,9,10	393.802 5	M+2	$C_{12}H_3{}^{35}Cl_6{}^{37}Cl$	Cl-7 PCB
		395.799 5	M+4	$C_{12}H_3{}^{35}Cl_5{}^{37}Cl_2$	Cl-7 PCB
		397.796 6	M+6	$C_{12}H_3{}^{35}Cl_4{}^{37}Cl_3$	Cl-7 PCB
		405.842 8	M+2	${}^{13}C_{12}H_3{}^{35}Cl_6{}^{37}Cl$	${}^{13}C_{12}$ Cl-7 PCB
		407.839 8	M+4	${}^{13}C_{12}H_3{}^{35}Cl_5{}^{37}Cl_2$	${}^{13}C_{12}$ Cl-7 PCB
		427.763 5	M+2	$C_{12}H_2{}^{35}Cl_7{}^{37}Cl$	Cl-8 PCB
		429.760 6	M+4	$C_{12}H_2{}^{35}Cl_6{}^{37}Cl_2$	Cl-8 PCB
		431.757 6	M+6	$C_{12}H_2{}^{35}Cl_5{}^{37}Cl_3$	Cl-8 PCB

表 C.3(续)

时间窗口及氯取代数		m/z 精确质量数	m/z 类型	元素组成	化合物
PCBs	Fn-4 Cl-7,8,9,10	439.803 8	M+2	$^{13}C_{12}\ H_2{}^{35}Cl_7{}^{37}Cl$	$^{13}C_{12}$ Cl-8 PCB
		441.800 8	M+4	$^{13}C_{12}\ H_2{}^{35}Cl_6{}^{37}Cl_2$	$^{13}C_{12}$ Cl-8 PCB
		442.972 8	QC	$C_{10}F_{13}$	PFK
		454.972 8	锁定 k	$C_{11}F_{13}$	PFK
		461.724 6	M+2	$C_{12}\ H_1{}^{35}Cl_8{}^{37}Cl$	Cl-9 PCB
		463.721 6	M+4	$C_{12}\ H_1{}^{35}Cl_7{}^{37}Cl_2$	Cl-9 PCB
		465.718 7	M+6	$C_{12}\ H_1{}^{35}Cl_6{}^{37}Cl_3$	Cl-9 PCB
		473.764 8	M+2	$^{13}C_{12}\ H_1{}^{35}Cl_8{}^{37}Cl$	$^{13}C^{13}$ Cl-9 PCB
		475.761 9	M+4	$^{13}C_{12}\ H_1{}^{35}Cl_7{}^{37}Cl_2$	$^{13}C^{13}$ Cl-9 PCB
		495.685 6	M+2	$^{13}C_{12}{}^{35}Cl_9{}^{37}Cl$	Cl-10 PCB
		499.679 7	M+4	$C_{12}{}^{35}Cl_7{}^{37}Cl_3$	Cl-10 PCB
		501.676 7	M+6	$C_{12}{}^{35}Cl_6{}^{37}Cl_4$	Cl-10 PCB
		507.725 8	M+2	$^{13}C_{12}{}^{35}Cl_9{}^{37}Cl$	$^{13}C_{12}$ Cl-10 PCB
		509.722 9	M+4	$^{13}C_{12}{}^{35}Cl_8{}^{37}Cl_2$	$^{13}C_{12}$ Cl-10 PCB
		511.719 9	M+6	$^{13}C_{12}{}^{35}Cl_7{}^{37}Cl_3$	$^{13}C_{12}$ Cl-10 PCB

注 1：原子核质量：H＝1.007 825，O＝15.994 915，C＝12.000 00、^{35}Cl＝34.968 853，^{13}C＝13.003 355，^{37}Cl＝36.995 903，F＝18.998 4。

注 2：HxCDPE＝六氯代苯并醚　HpCDPE＝七氯代二苯并醚
DCDPE＝八氯代苯并醚　NCDPE＝九氯代苯并醚
OCDPE＝十氯代苯并醚　PFK＝全氟煤油
TrCB＝三氯联苯　TeCB＝四氯联苯
PeCB＝五氯联苯　HxCB＝六氯联苯
HpCB＝七氯联苯　OcCB＝八氯联苯
NoCB＝九氯联苯　DeCB＝十氯联苯

a 同位素标记化合物。

b 净化内标 $^{37}Cl_4$-2,3,7,8-TCDD 只有一个 m/z。

表 C.4　二噁英及其类似物的理论离子丰度比和 QC 限值

氯原子数		m/z 构成比	理论比值	QC 限值[a]	
				低	高
PCDD/Fs	4[b]	M/(M+2)	0.77	0.65	0.89
	5	(M+2)/(M+4)	1.55	1.32	1.78
	6	(M+2)/(M+4)	1.24	1.05	1.43
	6[c]	M/(M+2)	0.51	0.43	0.59
	7	(M+2)/(M+4)	1.05	0.88	1.20
	7[d]	M/(M+2)	0.44	0.37	0.51
	8	(M+2)/(M+4)	0.89	0.76	1.02
PCBs	1	M/(M+2)	3.13	2.66	3.60
	2	M/ (M+2)	1.56	1.33	1.79
	3	M/(M+2)	1.04	0.88	1.20
	4	M /(M+2)	0.77	0.65	0.89
	5	(M+2) /(M+4)	1.55	1.32	1.78
	6	(M+2)/ (M+4)	1.24	1.05	1.43
	7	(M+2)/ (M+4)	1.05	0.89	1.21
	8	(M+2)/ (M+4)	0.89	0.76	1.02
	9	(M+2) /(M+4)	0.77	0.65	0.89
	10	(M+2)/ (M+4)	0.69	0.59	0.79

a QC 限为理论离子丰度±15%。

b $^{37}Cl_4$-2,3,7,8-TCDD(净化标准)不适用。

c 只用于$^{13}C_{12}$-HxCDF。

d 只用于$^{13}C_{12}$-HpCDF。

附 录 D
（资料性附录）
索氏提取装置及分析流程图

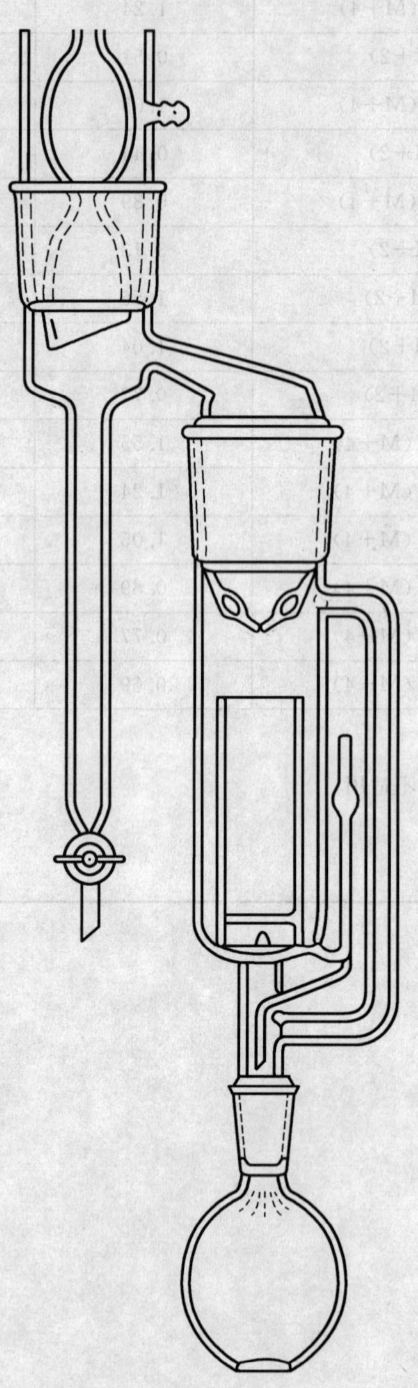

图 D.1 索氏提取装置

图 D.2 食品中 PCDD/Fs 和 DL-PCBs 的分析流程

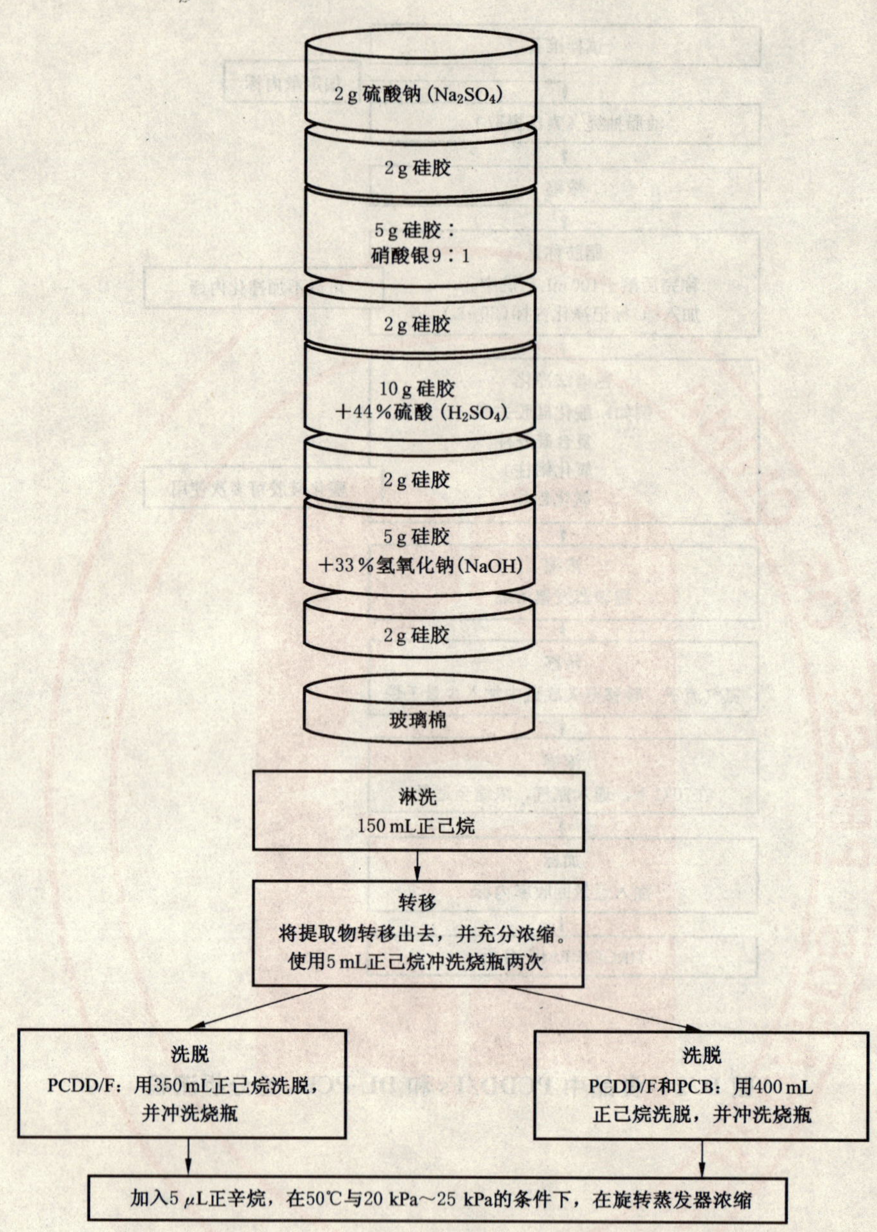

图 D.3　混合硅胶柱(LC-1)净化流程图

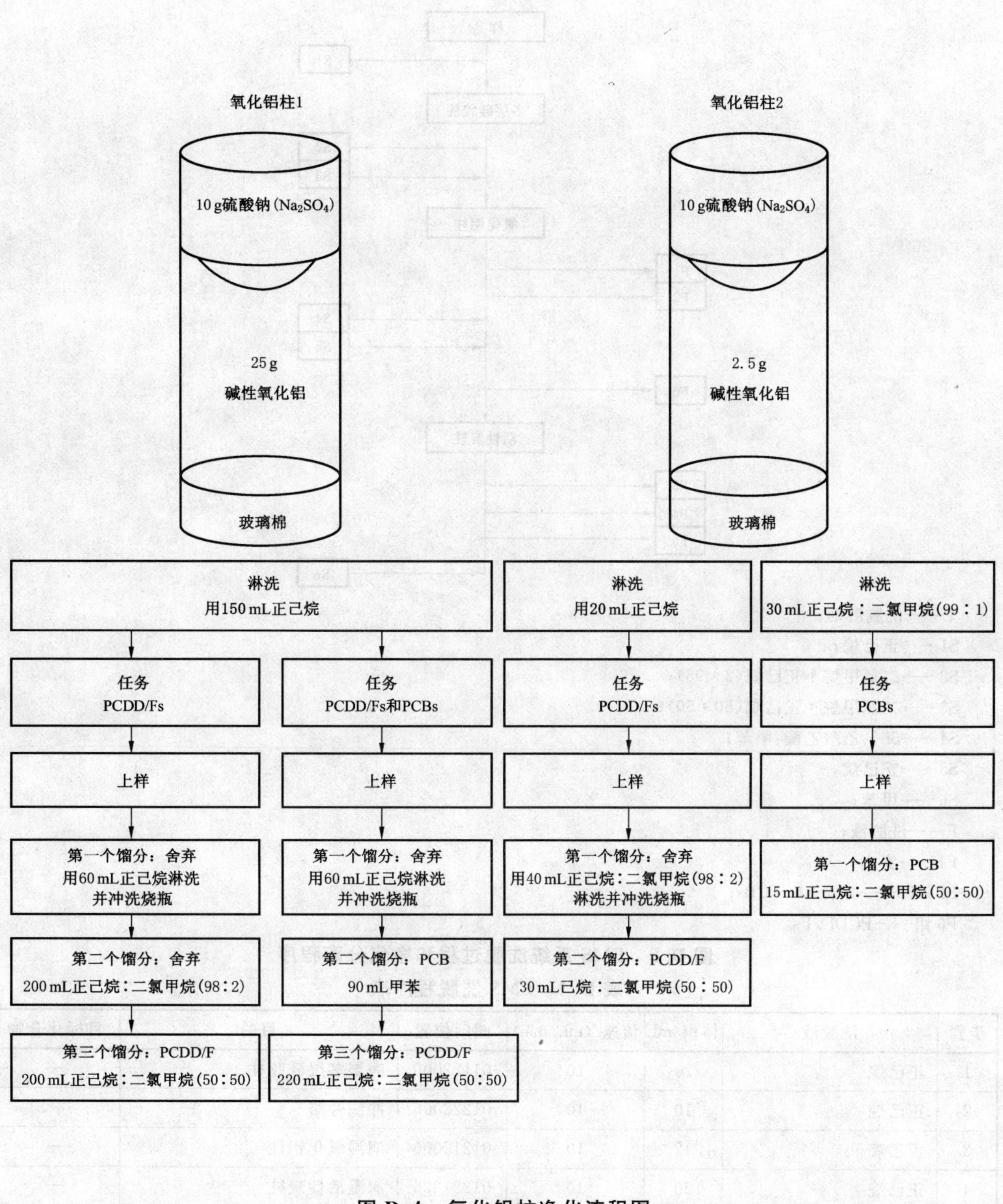

图 D.4　氧化铝柱净化流程图

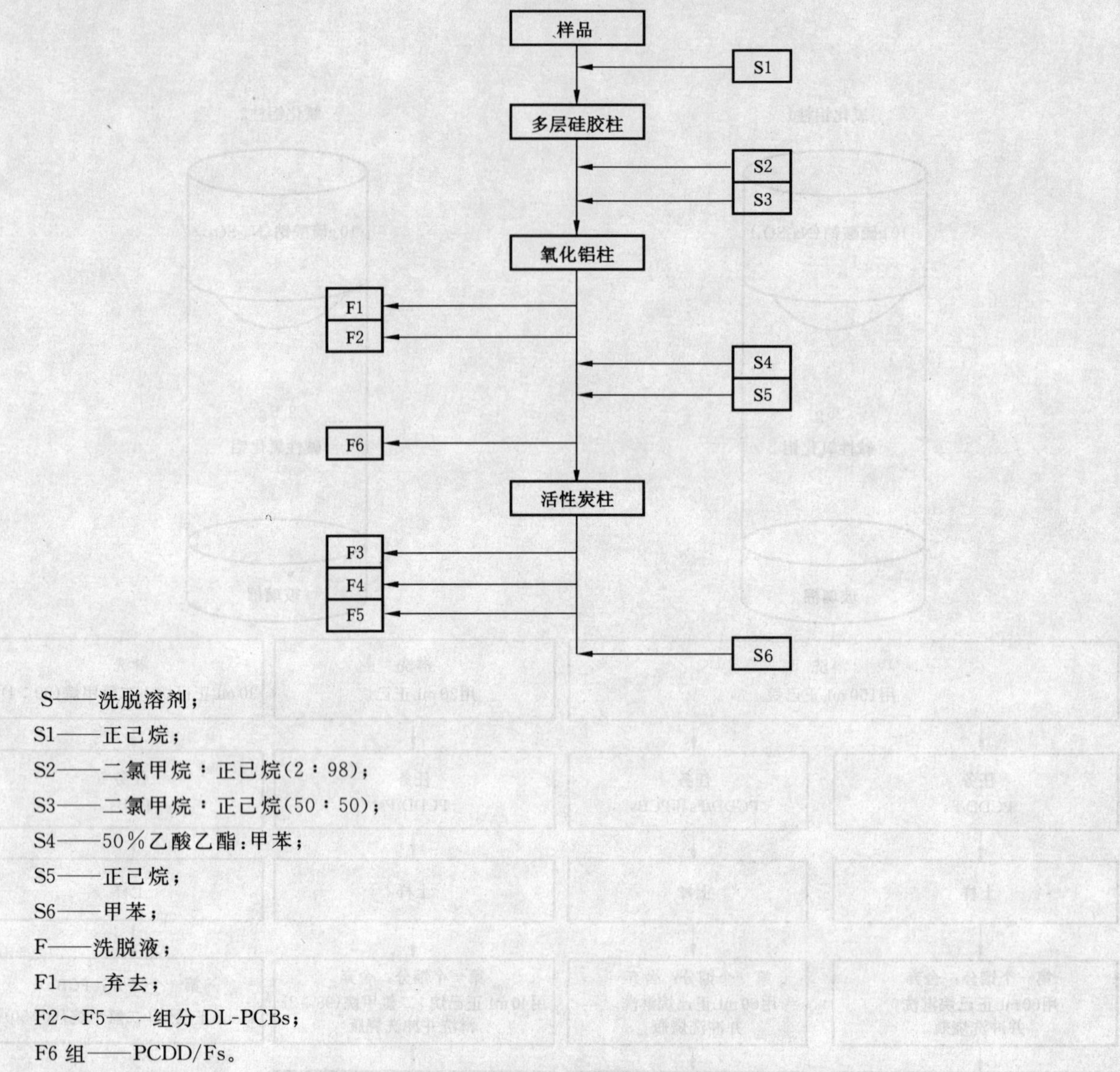

S——洗脱溶剂；

S1——正己烷；

S2——二氯甲烷：正己烷(2：98)；

S3——二氯甲烷：正己烷(50：50)；

S4——50%乙酸乙酯:甲苯；

S5——正己烷；

S6——甲苯；

F——洗脱液；

F1——弃去；

F2～F5——组分 DL-PCBs；

F6 组——PCDD/Fs。

图 D.5　FMS 系统洗脱过程和净化分离程序

表 D.1　FMS 洗脱程序表

步骤	洗脱液	体积/mL	流速/(mL/min)	阀门位置	目的	目标化合物
1	正己烷	20	10	01122006	润湿多层硅胶柱	—
2	正己烷	10	10	01222006	冲洗旁路	—
3	正己烷	12	10	01212006	润湿氧化铝柱	—
4	正己烷	20	10	01221226	润湿活性炭柱	—
5	正己烷	100	10	01122006	活化多层硅胶柱	—
6	甲苯	12	10	05222006	更换溶剂为甲苯	—
7	甲苯	40	10	05221226	活化活性炭柱	—
8	乙酸乙酯：甲苯(50：50)	12	10	04222006	更换溶剂为乙酸乙酯：甲苯(50：50)	—

表 D.1(续)

步骤	洗脱液	体积/mL	流速/(mL/min)	阀门位置	目的	目标化合物
9	乙酸乙酯：甲苯(50：50)	10	10	04221226	活化活性炭柱	—
10	二氯甲烷：正己烷(50：50)	12	10	03222006	更换溶剂为二氯甲烷：正己烷(50：50)	—
11	二氯甲烷：正己烷(50：50)	20	10	03221226	活化活性炭柱	—
12	正己烷	12	10	01222006	更换溶剂为正己烷	—
13	正己烷	30	10	01221226	活化活性炭柱	—
14	—	14	5	06112006	加入样品提取液	—
15	正己烷	90	10	01112006	淋洗多层硅胶柱	—
16	二氯甲烷：正己烷(2：98)	12	12	02222006	更换溶剂为二氯甲烷：正己烷(2：98)	—
17	二氯甲烷：正己烷(2：98)	60	10	02212002	淋洗氧化铝柱	收集 PCB
18	二氯甲烷：正己烷(50：50)	12	10	03222002	更换溶剂为二氯甲烷：正己烷(50：50)	收集 PCB
19	二氯甲烷：正己烷(50：50)	120	7	03211222	淋洗氧化铝柱	收集 PCB
20	乙酸乙酯：甲苯(50：50)	12	10	04222002	更换溶剂为乙酸乙酯：甲苯(50：50)	收集 PCB
21	乙酸乙酯：甲苯(50：50)	16	10	04221222	淋洗活性炭柱	收集 PCB
22	正己烷	12	10	01222002	更换溶剂为正己烷	收集 PCB
23	正己烷	10	10	01221222	淋洗活性炭柱	收集 PCB
24	甲苯	12	10	05222002	更换溶剂为甲苯	收集 PCB
25	甲苯	90	5	05221111	反向淋洗活性炭柱	收集 PCDD/Fs

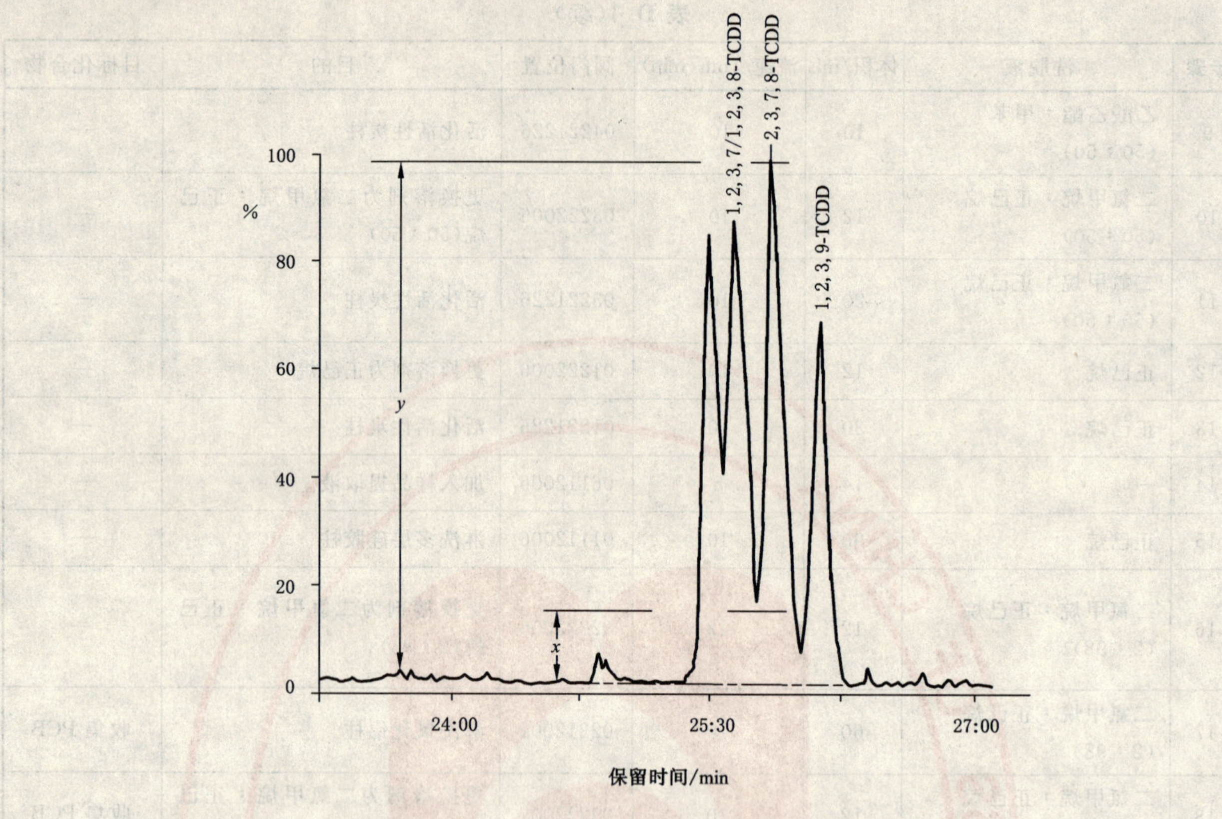

图 D.6　2378-TCDD 分离度检查色谱图(DB5 柱)

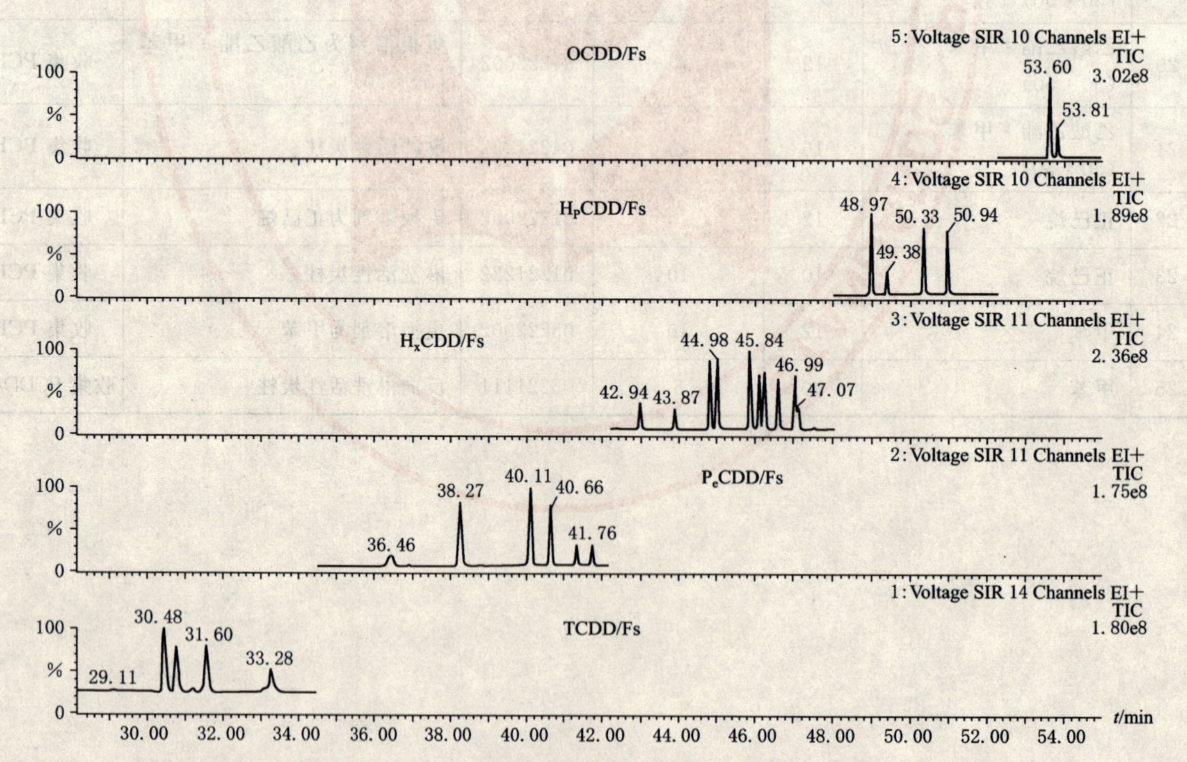

图 D.7　PCDD/Fs 时间窗口划分的总离子流图

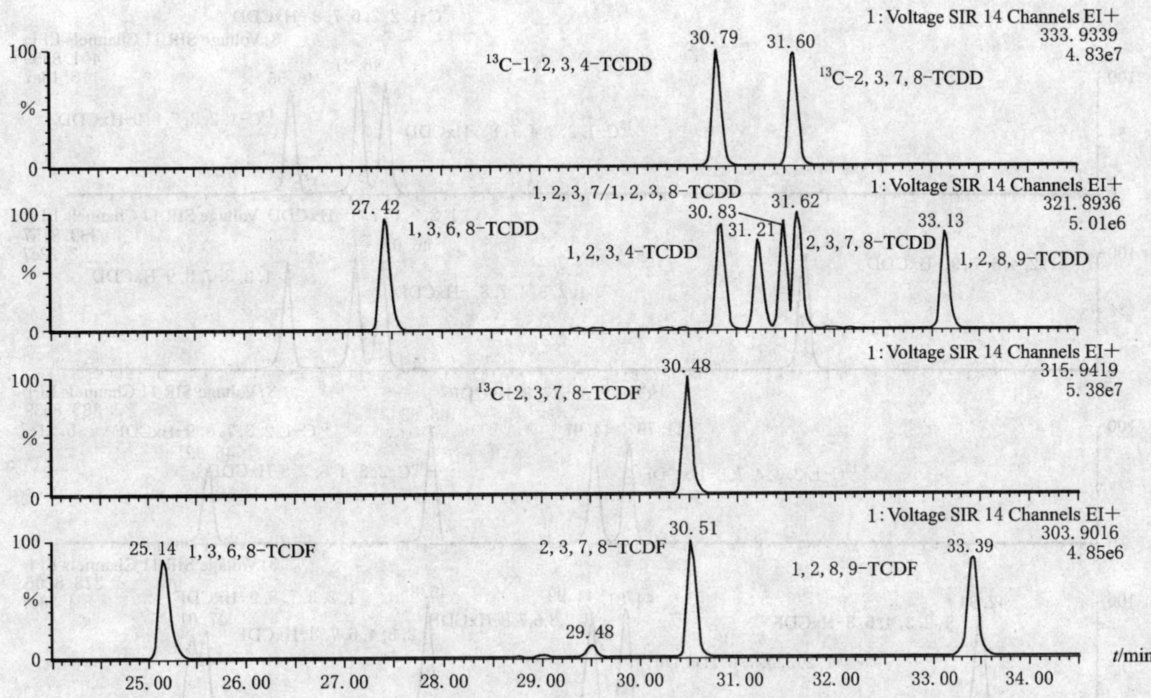

图 D.8 四氯取代 PCDD/Fs 化合物(TCDD/Fs)色谱图

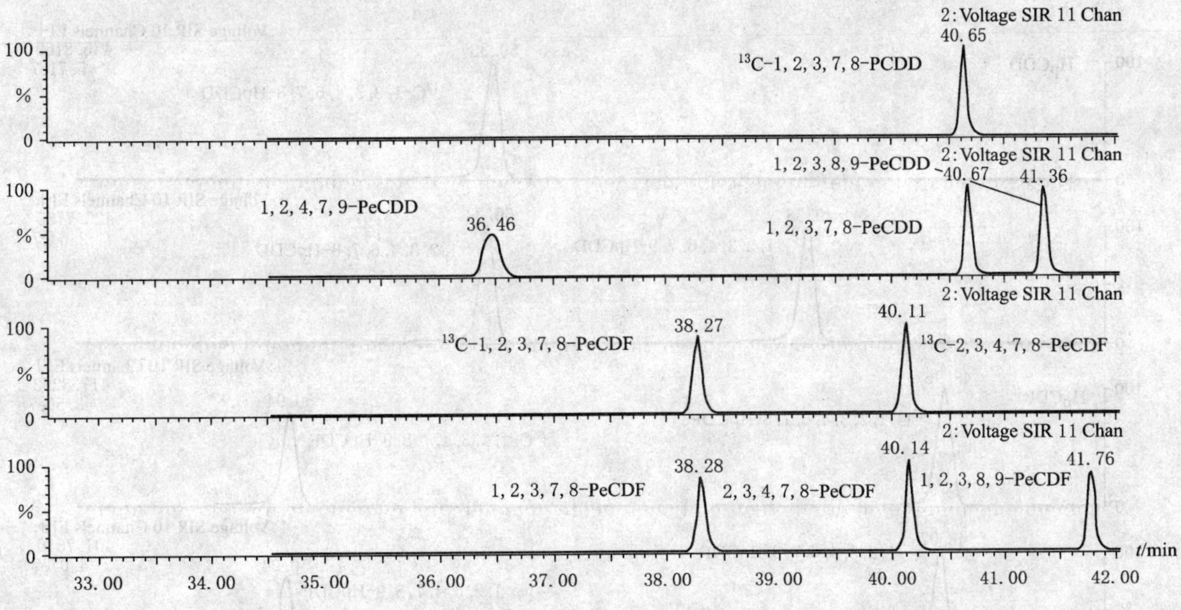

图 D.9 五氯取代 PCDD/Fs 化合物色谱图(PeCDD/Fs)

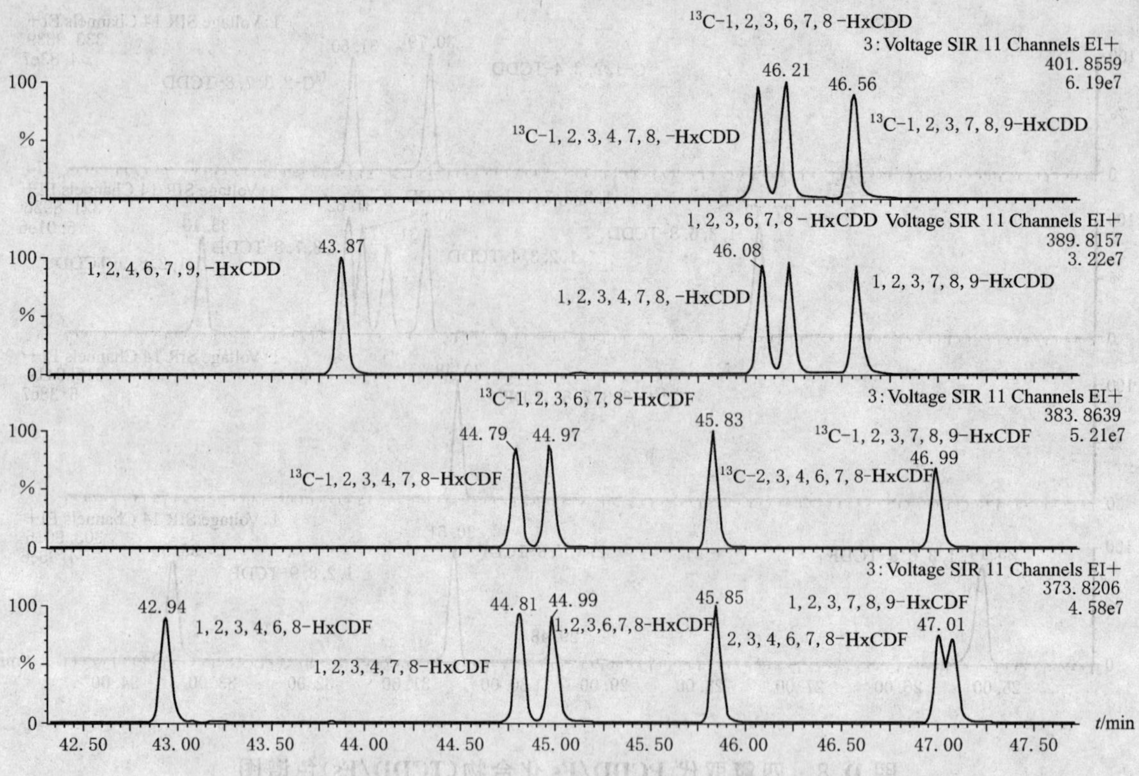

图 D. 10 六氯取代 PCDD/Fs 化合物色谱图(HxCDD/Fs)

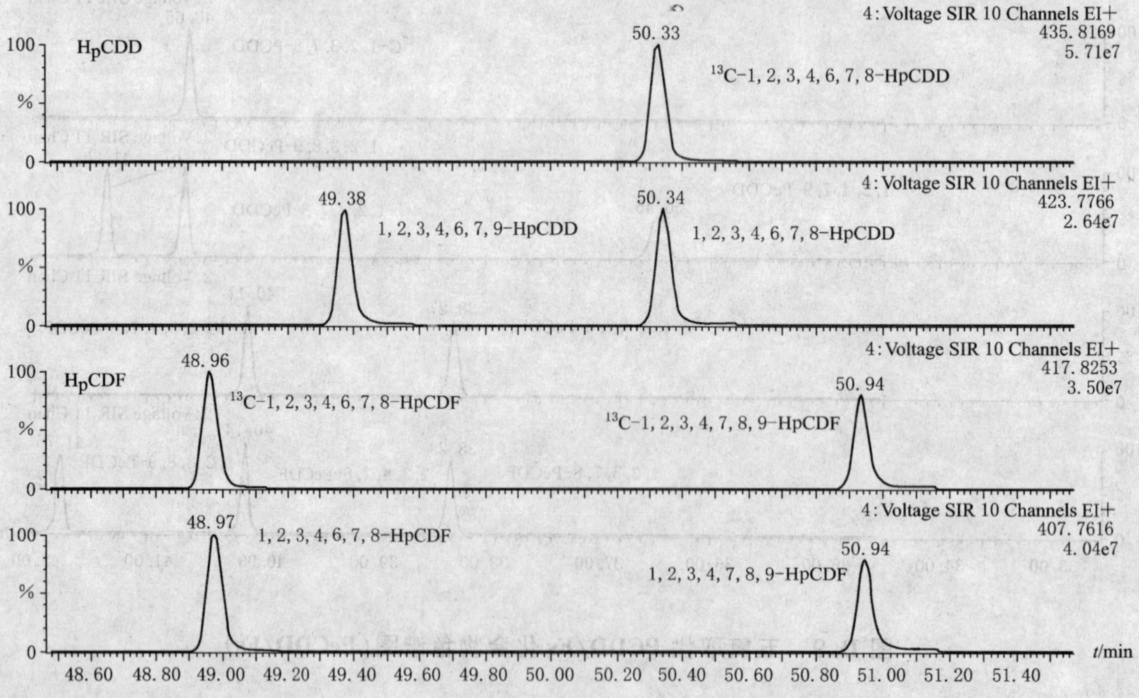

图 D. 11 七氯取代 PCDD/Fs 化合物色谱图(HxCDD/Fs)

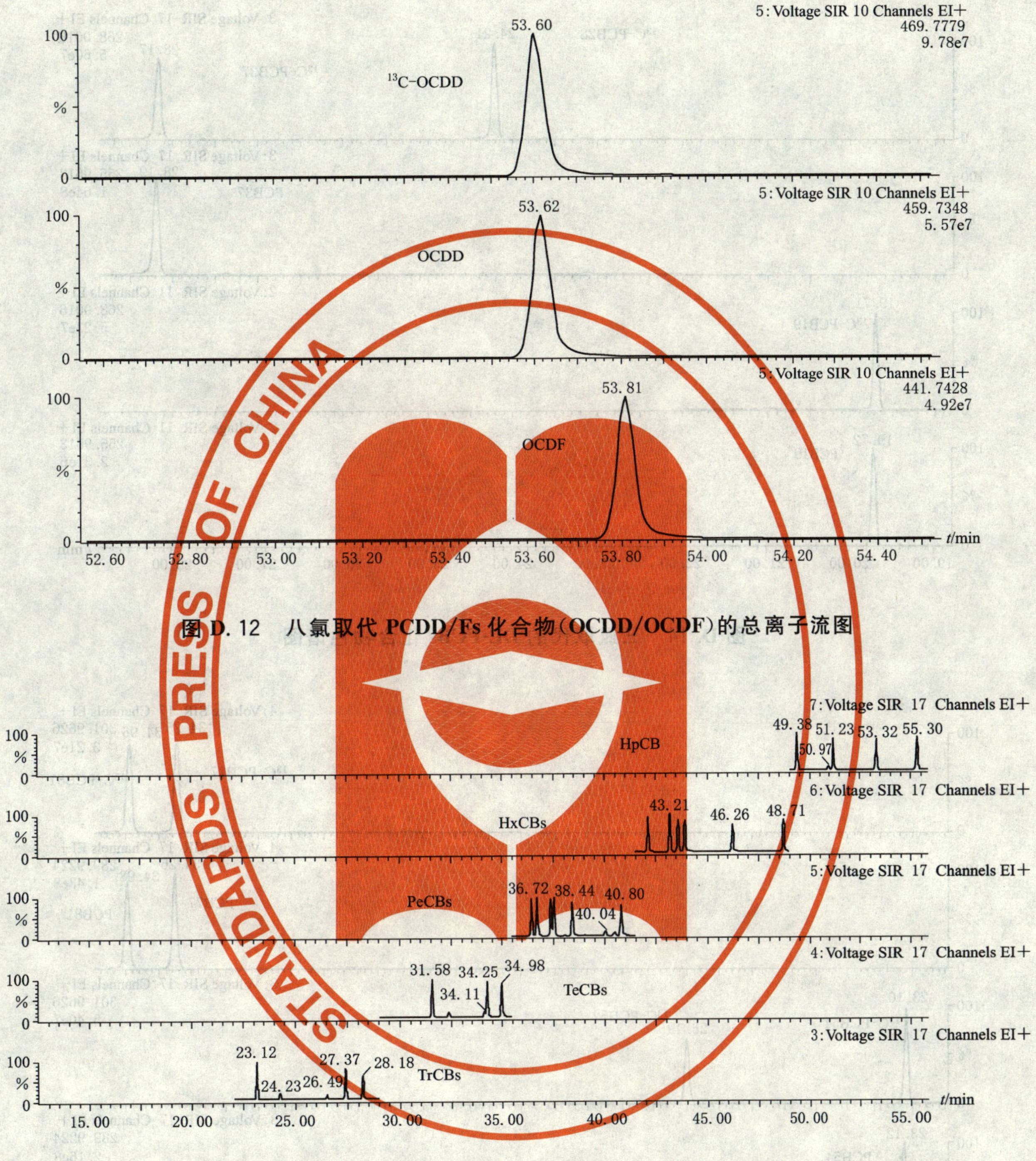

图 D.12　八氯取代 PCDD/Fs 化合物(OCDD/OCDF)的总离子流图

图 D.13　DL-PCBs 化合物时间窗口划分的总离子流图

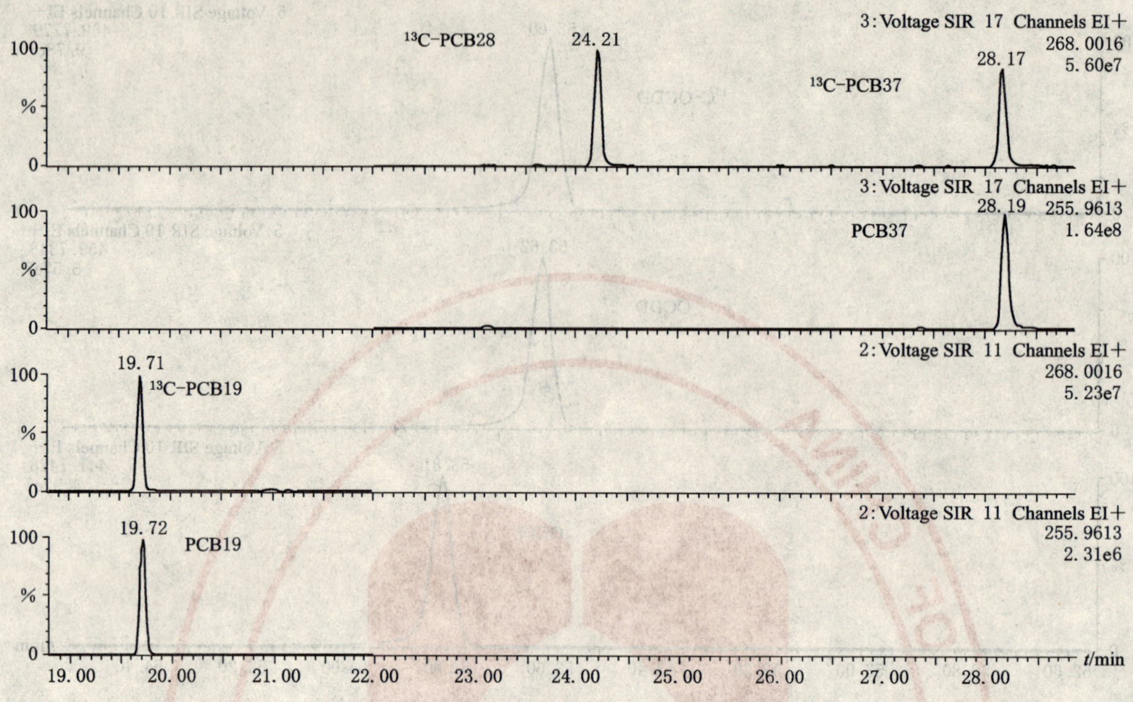

图 D.14 三氯取代的 DL-PCBs 化合物色谱图

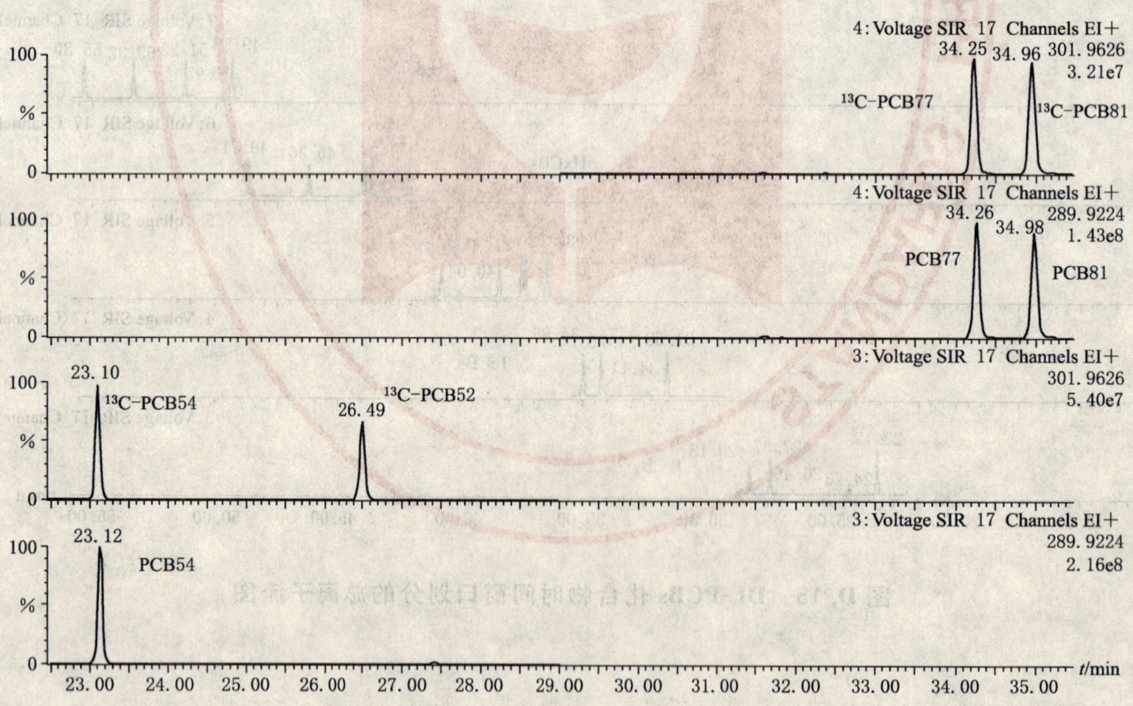

图 D.15 四氯取代的 DL-PCBs 化合物色谱图

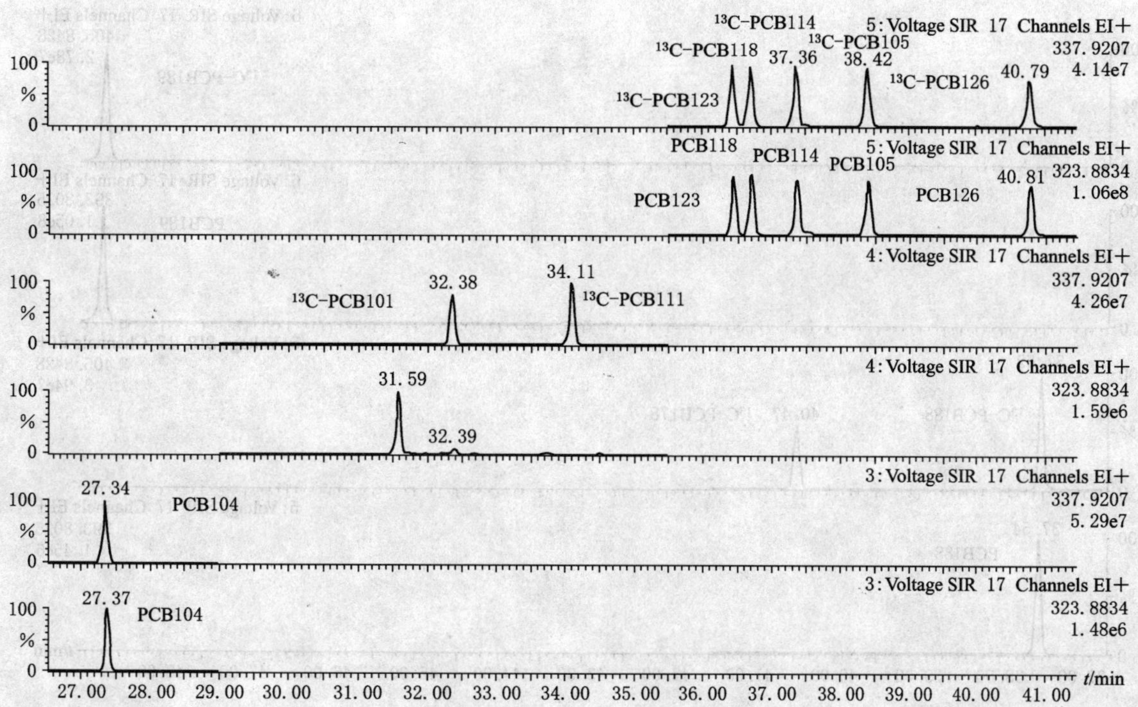

图 D.16　五氯取代的 DL-PCBs 化合物色谱图

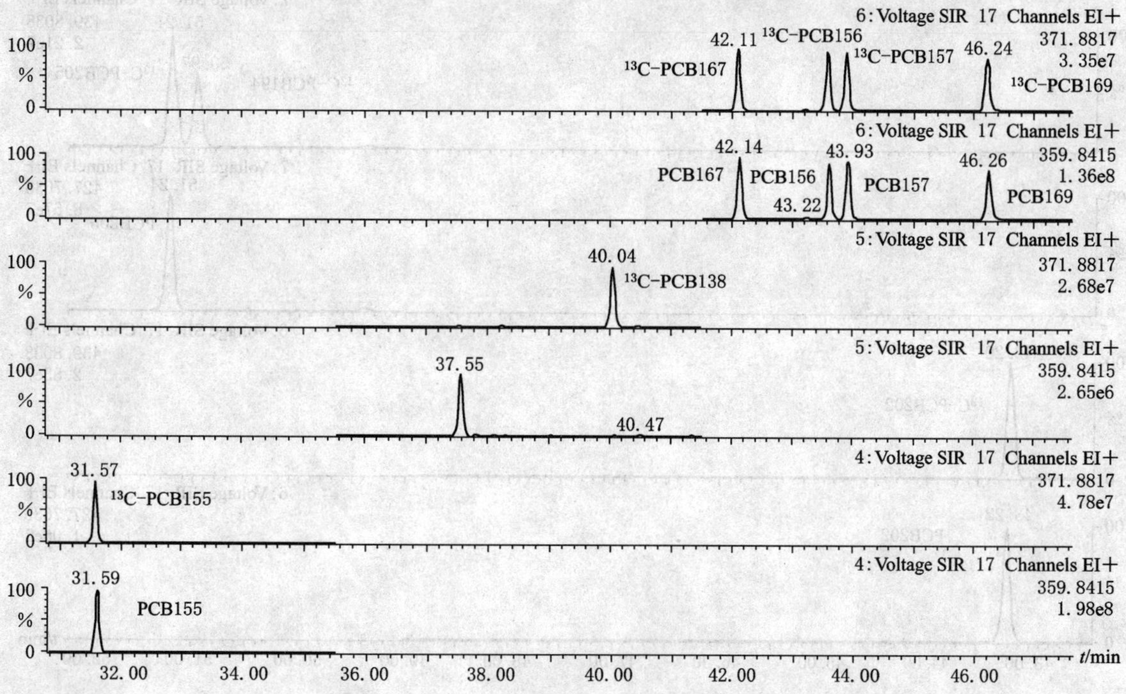

图 D.17　六氯取代的 DL-PCBs 化合物色谱图

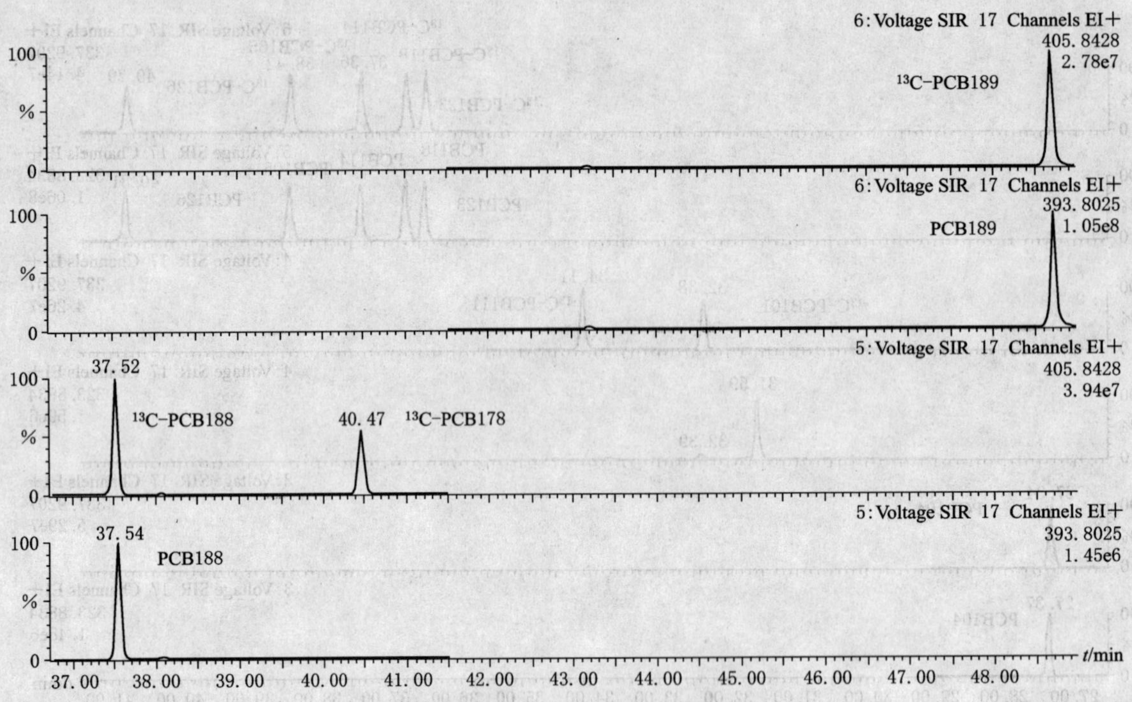

图 D.18 七氯取代的 DL-PCBs 化合物色谱图

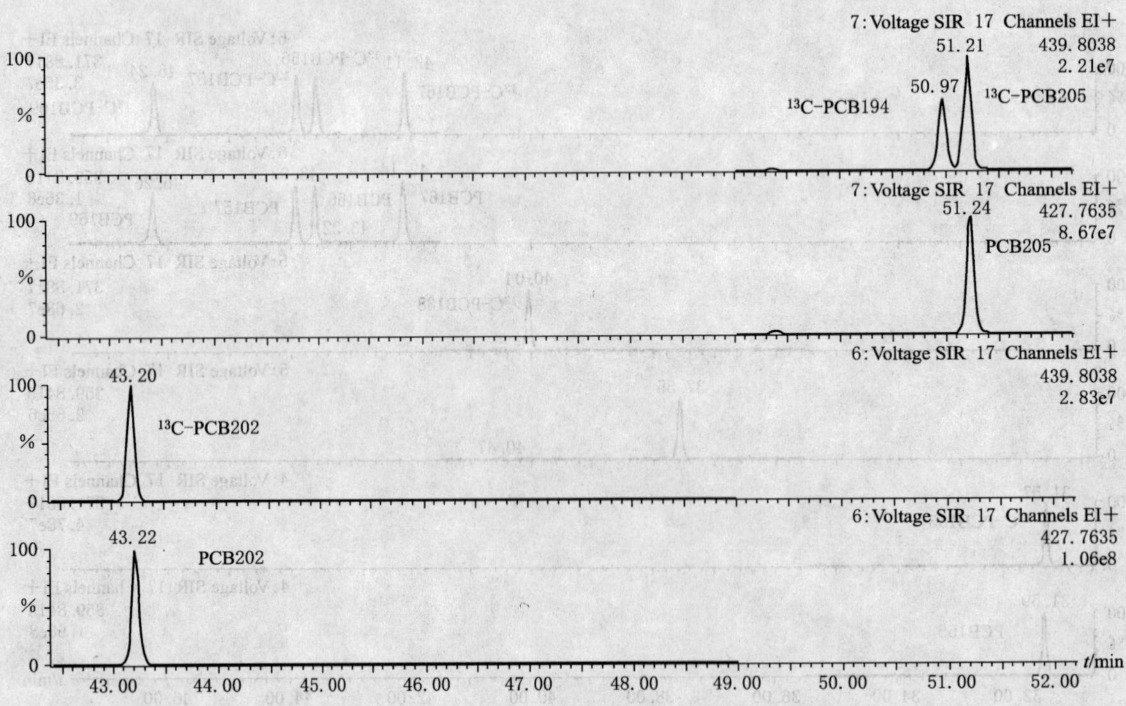

图 D.19 八氯取代的 DL-PCBs 化合物色谱图

附 录 E
（资料性附录）
精 密 度

本部分精密度数据是按照 GB/T 6379 的规定获得重复性和再现性的数值。

表 E.1 EDF2526 鱼样品中 PCDD/Fs 室间重复性和再现性

化合物	均值/(ng/g)	重复性 S_r	再现性 S_R	重复性限 r/(ng/g)	再现性限 R/(ng/g)
2,3,7,8-TeCDD	0.020 54	0.000 48	0.000 67	0.001 346	0.001 881
1,2,3,7,8-PeCDD	0.040 01	0.001 31	0.001 01	0.003 679	0.002 819
1,2,3,4,7,8-HxCDD	0.055 93	0.001 74	0.002 92	0.004 882	0.008 162
1,2,3,6,7,8-HxCDD	0.056 34	0.002 21	0.002 36	0.006 188	0.006 599
1,2,3,7,8,9-HxCDD	0.057 27	0.002 20	0.004 76	0.006 161	0.013 327
1,2,3,4,6,7,8-HpCDD	0.068 4	0.005 33	0.006 80	0.014 92	0.019 05
OCDD	0.184 8	0.009 56	0.009	0.026 78	0.024 39
2,3,7,8-TeCDF	0.021 19	0.002 14	0.002 47	0.005 99	0.006 91
1,2,3,7,8-PeCDF	0.044 01	0.003 57	0.002 84	0.010 0	0.007 96
2,3,4,7,8-PeCDF	0.040 85	0.001 13	0.001 02	0.003 2	0.002 86
1,2,3,4,7,8-HxCDF	0.085 7	0.001 63	0.002 34	0.004 6	0.006 55
1,2,3,6,7,8-HxCDF	0.064 0	0.002 60	0.003 60	0.007 28	0.010 09
1,2,3,7,8,9-HxCDF	0.056 4	0.002 68	0.003 7	0.007 51	0.010 25
2,3,4,6,7,8-HxCDF	0.059 7	0.005 02	0.004 0	0.014 06	0.011 21
1,2,3,4,6,7,8-HpCDF	0.090 8	0.004 47	0.006 0	0.012 50	0.016 9
1,2,3,4,7,8,9-HpCDF	0.080 6	0.004 09	0.004 94	0.011 5	0.013 82
OCDF	0.195 5	0.019 66	0.022 6	0.055 1	0.063 31
PCDD/Fs 毒性当量浓度	0.131 3	0.002 67	0.002 3	0.017 7	0.006 52

表 E.2 标准参考物（CARP 样品）PCDD/Fs 室间重复性和再现性结果

化合物	均值/(ng/g)	重复性 S_r	再现性 S_R	重复性限 r/(ng/g)	再现性限 R/(ng/g)
2,3,7,8-TeCDD	0.006 81	0.001 68	0.001 41	0.004 710	0.003 961
1,2,3,7,8-PeCDD	0.003 95	0.000 72	0.000 92	0.002 028	0.002 572
1,2,3,4,7,8-HxCDD	0.001 75	0.000 41	0.000 36	0.001 144	0.001 012
1,2,3,6,7,8-HxCDD	0.005 19	0.000 85	0.001 51	0.002 376	0.004 238
1,2,3,7,8,9-HxCDD	0.000 55	0.000 17	0.000 33	0.000 476	0.000 938
1,2,3,4,6,7,8-HpCDD	0.006 29	0.001 21	0.001 61	0.003 39	0.004 51
OCDD	0.007 33	0.001 92	0.001 89	0.005 39	0.005 28
2,3,7,8-TeCDF	0.013 30	0.002 15	0.004 58	0.006 01	0.012 83

表 E.2(续)

化合物	均值/(ng/g)	重复性 S_r	再现性 S_R	重复性限 r/(ng/g)	再现性限 R/(ng/g)
1,2,3,7,8-PeCDF	0.005 32	0.000 81	0.001 79	0.002 26	0.005 02
2,3,4,7,8-PeCDF	0.015 11	0.004 65	0.004 93	0.013 01	0.013 81
1,2,3,4,7,8-HxCDF	0.003 16	0.000 70	0.000 66	0.002 0	0.001 84
1,2,3,6,7,8-HxCDF	0.002 34	0.000 44	0.000 60	0.001 24	0.001 68
1,2,3,7,8,9-HxCDF	0.000 81	0.000 73	0.001 05	0.002 06	0.002 94
2,3,4,6,7,8-HxCDF	0.001 13	0.000 28	0.000 72	0.000 77	0.002 01
1,2,3,4,6,7,8-HpCDF	0.004 45	0.001 15	0.001 06	0.003 22	0.002 97
1,2,3,4,7,8,9-HpCDF	0.000 25	0.000 24	0.000 46	0.000 68	0.001 28
OCDF	0.000 59	0.000 57	0.001 0	0.001 60	0.002 80
PCDD/Fs 毒性当量浓度	0.021 50	0.000 35	0.003 5	0.000 99	0.009 85

表 E.3 EDF2526 鱼样品中 DL-PCBs 化合物的室间重复性和再现性

化合物	均值/(ng/g)	重复性 S_r	再现性 S_R	重复性限 r/(ng/g)	再现性限 R/(ng/g)
PCB77	0.544 4	0.014 97	0.010 85	0.041 91	0.030 37
PCB126	0.505 2	0.006 23	0.010 70	0.017 44	0.029 96
PCB169	0.543 0	0.011 96	0.034 69	0.033 48	0.097 13
PCB81	0.007 8	0.000 64	0.003 71	0.001 79	0.0104 0
PCB105	0.141 1	0.004 25	0.004 62	0.011 90	0.012 93
PCB114	0.016 0	0.001 22	0.001 21	0.003 41	0.003 37
PCB118	0.428 3	0.008 68	0.027 35	0.024 30	0.076 59
PCB123	0.054 62	0.003 47	0.009 81	0.009 71	0.027 48
PCB156	0.035 61	0.001 19	0.003 75	0.003 3	0.010 50
PCB157	0.008 15	0.000 95	0.000 75	0.002 7	0.002 09
PCB167	0.020 1	0.001 48	0.003 90	0.004 2	0.010 92
PCB189	0.005 0	0.000 27	0.001 14	0.000 76	0.003 19
TEQ	0.056 1	0.000 74	0.001 3	0.002 06	0.003 52

表 E.4 EDF2524 鱼样品中 DL-PCBs 化合物的室间重复性和再现性

化合物	均值/(ng/g)	重复性 S_r	再现性 S_R	重复性限 r/(ng/g)	再现性限 R/(ng/g)
PCB77	0.009 34	0.000 99	0.002 78	0.002 777	0.007 780
PCB126	0.001 98	0.000 43	0.000 75	0.001 195	0.002 106
PCB169	0.000 57	0.000 09	0.000 14	0.000 262	0.000 392
PCB81	0.000 62	0.000 09	0.000 48	0.000 250	0.001 358
PCB105	0.304 04	0.012 38	0.011 50	0.034 670	0.032 209

表 E.4(续)

化合物	均值/ (ng/g)	重复性 S_r	再现性 S_R	重复性限 r/(ng/g)	再现性限 R/(ng/g)
PCB114	0.020 9	0.002 08	0.002 24	0.005 82	0.006 266
PCB118	0.745 3	0.030 81	0.033 92	0.086 27	0.094 99
PCB123	0.120 98	0.015 54	0.015 49	0.043 52	0.043 37
PCB156	0.073 67	0.006 87	0.007 72	0.019 2	0.021 63
PCB157	0.019 95	0.001 44	0.001 98	0.004 0	0.005 56
PCB167	0.030 7	0.003 29	0.009 37	0.009 2	0.026 25
PCB189	0.006 9	0.001 04	0.001 24	0.002 90	0.003 48
TEQ	0.000 4	0.000 05	0.000 1	0.000 14	0.000 18

ICS 67.040
C 53

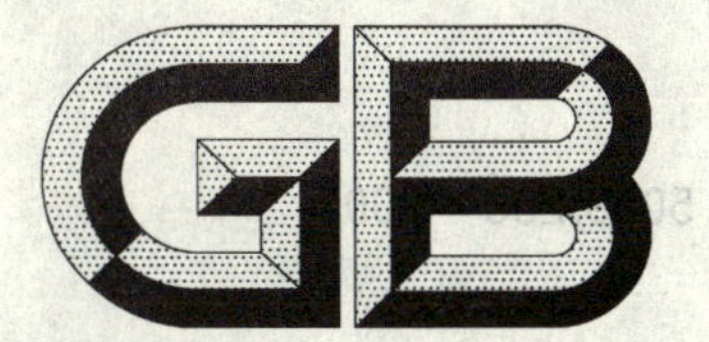

中华人民共和国国家标准

GB/T 5009.206—2007

鲜河豚鱼中河豚毒素的测定

Determination of tetrodotoxin in fresh pufferfish

2007-10-29 发布　　2008-04-01 实施

中华人民共和国卫生部
中国国家标准化管理委员会　发布

前 言

本标准由中华人民共和国卫生部提出并归口。

本标准起草单位:中国疾病预防控制中心营养与食品安全所。

本标准主要起草人:计融、李凤琴、王健伟、罗雪云、江涛、韩春卉、张靖。

鲜河豚鱼中河豚毒素的测定

1 范围

本标准规定了鲜河豚鱼中河豚毒素(tetrodotoxin,简写为 TTX)的测定方法。

本标准适用于鲜河豚鱼中 TTX 的测定。

本标准对 TTX 的检出限为 0.1 μg/L,相当于样品中 1 μg/kg 的 TTX,标准曲线线性范围为 5 μg/L～500 μg/L。

2 原理

样品中的河豚毒素经提取、脱脂后与定量的特异性酶标抗体反应,多余的游离酶标抗体则与酶标板内的包被抗原结合,加入底物后显色,与标准曲线比较来测定 TTX 含量。

3 试剂

除 TTX 标准品外,实验所用的化学试剂均为分析纯。

3.1 抗河豚毒素单克隆抗体:杂交瘤技术生产并经纯化的抗 TTX 单克隆抗体。

3.2 牛血清白蛋白(BSA)。

3.3 人工抗原:牛血清白蛋白-甲醛-河豚毒素连接物(BSA-HCHO-TTX),－20℃保存,冷冻干燥后的人工抗原可室温或 4℃保存。

3.4 河豚毒素标准品:纯度 98%。

3.5 乙酸(CH_3COOH)。

3.6 氢氧化钠(NaOH)。

3.7 乙酸钠(CH_3COONa)。

3.8 乙醚。

3.9 *N*,*N*-二甲基甲酰胺。

3.10 3,3,5,5-四甲基联苯胺(TMB):4℃避光保存。

3.11 辣根过氧化物酶(HRP)标记的抗 TTX 单克隆抗体:－20℃保存,冷冻干燥后的酶标抗体可室温或 4℃保存。

3.12 碳酸钠(Na_2CO_3)。

3.13 碳酸氢钠($NaHCO_3$)。

3.14 磷酸二氢钾(KH_2PO_4)。

3.15 磷酸氢二钠($Na_2HPO_4 \cdot 12H_2O$)。

3.16 氯化钠(NaCl)。

3.17 氯化钾(KCl)。

3.18 过氧化氢(H_2O_2):4℃避光保存。

3.19 纯水(Milli Q 系统净化)。

3.20 吐温-20(Tween-20)。

3.21 柠檬酸($C_6H_8O_7 \cdot H_2O$)。

3.22 98%浓硫酸(H_2SO_4)。

4 溶液配制

4.1 0.2 mol/L pH 4.0 乙酸盐缓冲液的制备

4.1.1 0.2 mol/L 乙酸钠：16.4 g 乙酸钠加纯水溶解并定容至 1 000 mL。

4.1.2 0.2 mol/L 乙酸：11.4 g 乙酸加纯水溶解并定容至 1 000 mL。

4.1.3 0.2 mol/L pH 4.0 乙酸盐缓冲液：取 0.2 mol/L 乙酸钠 2.0 mL 和 0.2 mol/L 乙酸 8.0 mL 混合而成。

4.2 0.01 mol/L pH 7.4 磷酸盐缓冲液(PBS)的制备

分别称取 KH_2PO_4 0.2 g、$Na_2HPO_4 \cdot 12H_2O$ 2.9 g、NaCl 8.0 g、KCl 0.2 g，加纯水溶解并定容至 1 000 mL。

4.3 TTX 标准储备溶液的制备

将河豚毒素标准品溶于 0.2 mol/L pH 4.0 乙酸盐缓冲液中，配成浓度为 1.0 g/L 的标准储备液，密封后 4℃保存备用。

4.4 TTX 标准工作溶液的制备

将 TTX 标准储备液用 0.01 mol/L PBS 配制成浓度分别为 5 000.00 μg/L、2 500.00 μg/L、1 000.00 μg/L、500.00 μg/L、250.00 μg/L、100.00 μg/L、50.00 μg/L、25.00 μg/L、10.00 μg/L、5.00 μg/L、1.00 μg/L、0.50 μg/L、0.10 μg/L、0.05 μg/L 的 TTX 标准工作溶液，工作溶液现用现配。

4.5 包被缓冲液(pH 9.6 的 0.05 mol/L 碳酸盐缓冲液)的制备

分别称取 Na_2CO_3 1.59 g、$NaHCO_3$ 2.93 g，加纯水溶解并定容至 1 000 mL。

4.6 封闭液的制备

2.0 g BSA 加 PBS 溶解并定容至 1 000 mL。

4.7 洗液的制备

999.5 mL PBS 溶液中加入 0.5 mL 的吐温-20。

4.8 抗体稀释液的制备

1.0 g BSA 加 PBS 溶解并定容至 1 000 mL。

4.9 底物缓冲液的制备

4.9.1 0.1 mol/L 柠檬酸溶液：21.01 g 柠檬酸($C_6H_8O_7 \cdot H_2O$)加纯水溶解并定容至 1 000 mL。

4.9.2 0.2 mol/L 磷酸氢二钠溶液：71.6 g $Na_2HPO_4 \cdot 12H_2O$ 加纯水溶解并定容至 1 000 mL。

4.9.3 底物缓冲液：将 0.1 mol/L 柠檬酸溶液、0.2 mol/L 磷酸氢二钠溶液和纯水按照 24.3：25.7：50 的比例现用现配。

4.10 底物溶液的制备

4.10.1 TMB 储存液：200 mg TMB 溶于 20 mL *N*,*N*-二甲基甲酰胺中而成，4℃避光保存。

4.10.2 底物溶液：将 75 μL TMB 储存液、10 mL 底物缓冲液和 10 μL H_2O_2 混合而成。

4.11 终止液

2 mol/L 的 H_2SO_4 溶液。取 891.5 mL 98%的浓硫酸，缓缓加至盛有 108.5 mL 纯水的容量瓶中混匀。

4.12 0.1%乙酸溶液

1 mL 乙酸加到 999 mL 纯水中。

4.13 1 mol/L NaOH 溶液

40 g NaOH 加纯水溶解并定容至 1 000 mL。

5 仪器

5.1 组织匀浆器。

5.2 温控磁力搅拌器。
5.3 高速离心机。
5.4 全波长光栅酶标仪或配有450 nm滤光片的酶标仪。
5.5 可拆卸96孔酶标微孔板。
5.6 恒温培养箱。
5.7 微量加样器及配套吸头(100 μL、200 μL和1 000 μL)。
5.8 分析天平(精密度万分之一)。
5.9 架盘药物天平。
5.10 125 mL分液漏斗。
5.11 100 mL量筒。
5.12 100 mL烧杯。
5.13 剪刀。
5.14 漏斗。
5.15 10 mL吸管。
5.16 100 mL磨口具塞锥形瓶。
5.17 容量瓶(50 mL、1 000 mL)。
5.18 pH试纸。
5.19 研钵。

6 分析步骤

6.1 样品采集及运输

现场采集样品后立即4℃冷藏,并于当天运至实验室进行检验。如果路途遥远,可于当天进行冷冻,并应保存在冷冻状态中运输至检验实验室。

6.2 取样

对冷藏样品或冷冻后解冻的样品,用蒸馏水清洗鱼体表面的污物,滤纸吸干鱼体表面的水分后用剪刀将鱼体分解成肌肉、肝脏、肠道、皮肤、卵巢(雄性为精囊)等部分,各部分组织分别用蒸馏水洗去血污,滤纸吸干表面的水分后称重。

6.3 样品提取

6.3.1 将待测河豚组织用剪刀剪碎,加入5倍体积0.1%的乙酸溶液(即1 g组织中加入0.1%乙酸5 mL),用组织匀浆器磨成糊状。

6.3.2 取相当于5 g河豚组织的匀浆糊(25 mL)于烧杯中,置温控磁力搅拌器上边加热边搅拌,达100℃时持续10 min后取下,冷却至室温后,8 000 r/min离心15 min,快速过滤于125 mL分液漏斗中。

6.3.3 滤纸残渣用20 mL 0.1%乙酸分次洗净,洗液合并于原烧杯中,置温控磁力搅拌器上边加热边搅拌,达100℃时持续3 min后取下,8 000 r/min离心15 min过滤,滤液合并于6.3.2分液漏斗中。

6.3.4 在6.3.2分液漏斗的清液中加入等体积乙醚振摇脱脂,静置分层后,放出水层至另一分液漏斗中并以等体积乙醚再重复脱脂一次,将水层放入100 mL锥形瓶中,减压浓缩去除其中残存的乙醚后,将提取液移入50 mL容量瓶中。

6.3.5 将6.3.4的提取液用1 mol/L NaOH溶液调pH至6.5~7.0,并用PBS定容至50 mL,立即用于检测(每毫升提取液相当于0.1 g河豚组织样品)。

6.3.6 当天不能检测的提取液经减压浓缩去除其中残存的乙醚后不用NaOH调pH,密封后−20℃以下冷冻保存,在检测前调节pH并定容至50 mL立即检测。

6.4 测定

6.4.1 包被酶标微孔板

用BSA-HCHO-TTX人工抗原包被酶标板,120 μL/孔,4℃静置12 h。

6.4.2 抗体抗原反应

将辣根过氧化物酶标记的纯化 TTX 单克隆抗体稀释后分别：

a) 与等体积不同浓度的河豚毒素标准溶液在 2 mL 试管内混合后，4℃静置 12 h 或 37℃温育 2 h 备用。此液用于制作 TTX 标准抑制曲线。

b) 与等体积样品提取液在 2 mL 试管内混合后，4℃静置 12 h 或 37℃温育 2 h 备用。此液用于测定样品中 TTX 含量。

6.4.3 封闭

已包被的酶标板用 PBS-T 洗 3 次（每次浸泡 3 min）后，加封闭液封闭，200 μL/孔，置 37℃温育 2 h。

6.4.4 测定

封闭后的酶标板用 PBS-T 洗 3×3 min 后，加抗原抗体反应液（在酶标板的适当孔位加抗体稀释液作为阴性对照），100 μL/孔，37℃温育 2 h，酶标板洗 5×3 min 后，加新配制的底物溶液，100 μL/孔，37℃温育 10 min 后，每孔加入 50 μL 2 mol/L 的 H_2SO_4 终止显色反应，于波长 450 nm 处测定吸光度值。

6.5 结果计算

样品中 TTX 的含量按式(1)计算：

$$X = m_1 VD / V_1 m \qquad \cdots\cdots (1)$$

式中：

X——样品中 TTX 的含量，单位为微克每千克(μg/kg)；

m_1——酶标板上测得的 TTX 的质量，单位为纳克(ng)，根据标准曲线按数值插入法求得；

V——样品提取液的体积，单位为毫升(mL)；

D——样品提取液的稀释倍数；

V_1——酶标板上每孔加入的样液体积，单位为毫升(mL)；

m——样品质量，单位为克(g)。

ICS 29.035.99
K 15

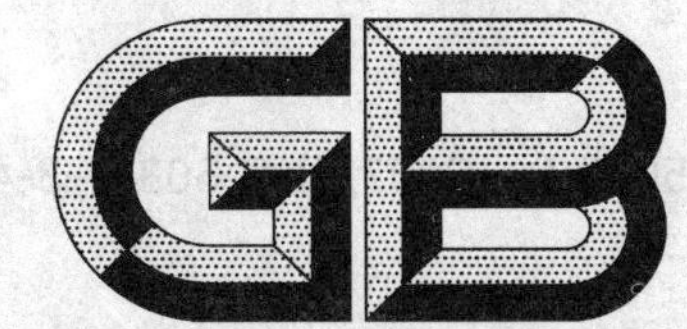

中华人民共和国国家标准

GB/T 5019.6—2007/IEC 60371-3-4:1992

以云母为基的绝缘材料 第6部分:聚酯薄膜补强B阶环氧树脂粘合云母带

Specification for insulating materials based on mica—
Part 6: Specification for individual materials—
Polyester film-backed mica paper with a B-stage epoxy resin binder

(IEC 60371-3-4:1992,IDT)

2007-12-03 发布　　2008-05-20 实施

中华人民共和国国家质量监督检验检疫总局
中国国家标准化管理委员会　发布

前言

GB/T 5019《以云母为基的绝缘材料》由下列部分组成：

——第1部分：定义及一般要求；

——第2部分：试验方法；

——第3部分：换向器隔板和材料；

——第4部分：云母纸；

——第5部分：电热设备用云母板；

——第6部分：聚酯薄膜补强B阶环氧树脂粘合云母带；

……

本部分为GB/T 5019的第6部分。

本部分等同采用IEC 60371-3-4:1992《以云母为基的绝缘材料 第3部分：单项材料规范 第4篇：聚酯薄膜补强B阶环氧树脂粘合云母带》及2006第1次修正。

本部分将"规范性引用文件"中的部分国际标准(ISO、IEC)改为已等同或修改采用转化的国家标准；另外在文本编辑格式上略作修改。

本部分由中国电器工业协会提出。

本部分由全国绝缘材料标准化技术委员会(SAC/TC 51)归口。

本部分起草单位：桂林电器科学研究所。

本部分主要起草人：罗传勇。

本部分为首次制定。

以云母为基的绝缘材料
第6部分:聚酯薄膜补强B阶环氧树脂
粘合云母带

1 范围

本部分规定了由云母纸与单层聚酯薄膜复合并以环氧树脂浸渍云母纸而成的电气绝缘材料的性能要求。产品柔软状态供货,其所含的B阶树脂经使用后最终固化。供货方式可以是成张或成卷。

本部分所涉及的产品性能厚度为0.16 mm～0.23 mm。

符合本部分的材料,满足一定的性能水平。然而,对于某一具体应用,应根据实际应用对材料所需要的具体性能要求来选择,而不是仅根据本部分来定。

2 规范性引用文件

下列文件中的条款通过GB/T 5019的本部分的引用而成为本部分的条款。凡是注日期的引用文件,其随后所有的修改单(不包括勘误的内容)或修订版均不适用于本部分,然而,鼓励根据本部分达成协议的各方研究是否可使用这些文件的最新版本。凡是不注日期的引用文件,其最新版本适用于本部分。

GB/T 1408.1—2006 绝缘材料电气强度试验方法 第1部分:工频下试验(IEC 60243-1:1998,IDT)

GB/T 12802.2—2004 电气绝缘用薄膜 第2部分:电气绝缘用聚酯薄膜(IEC 60371-3-2:1992,MOD)

IEC 60371-2:2004 以云母为基的绝缘材料 第2部分:试验方法

IEC 60371-3-2:2005 以云母为基的绝缘材料 第4部分:云母纸

3 命名

当按本部分订购产品时,可按表1报出型号。

例如:GB/T 5019.6—2007:6.01型

型号按下列规定:

——标准部分编号 6

——加上产品编号 01

即型号为:6.01。

表1中"(组成)说明代号",例如,对6.01型的F23/M150/R54,含义如下:

——薄膜厚度(F)23 μm;

——白云母含量(M)150 g/m²;

——树脂含量(R)54 g/m²。

注:对于金云母纸,则把字母"M"换成"P"。

表 1　组成

型号	(组成)说明代号	聚酯薄膜定量 g/m²		云母含量 g/m²		树脂含量 g/m²		单位面积质量 g/m²		允许厚度范围 mm		挥发物含量 % (最大)
		标称值	偏差±	标称值	偏差±	标称值	偏差±	标称值	偏差±	平均值	个别值	
6.01	F23/M150/R54	32	3	150	12	54	8	236	23	0.15～0.17	0.14～0.18	1.0
6.02	F23/M150/R70	32	3	150	12	70	14	252	25	0.15～0.17	0.14～0.18	1.0
6.03	F23/M150/R100	32	3	150	12	100	20	282	28	0.16～0.18	0.15～0.19	1.0
6.04	F23/M160/R80	32	3	160	13	80	16	272	27	0.16～0.18	0.15～0.19	1.0
6.05	F23/P160/R80	32	3	160	13	80	16	272	27	0.16～0.18	0.15～0.19	1.0
6.06	F50/M160/R80	70	7	160	13	80	16	310	31	0.19～0.21	0.18～0.22	1.0
6.07	F50/P160/R80	70	7	160	13	80	16	310	31	0.19～0.21	0.18～0.22	1.0
6.08	F23/M180/R90	32	3	180	15	90	18	302	30	0.17～0.19	0.16～0.20	1.0
6.09	F23/P180/R90	32	3	180	15	90	18	302	30	0.17～0.19	0.16～0.20	1.0
6.10	F50/M180/R90	70	7	180	15	90	18	340	34	0.22～0.24	0.21～0.25	1.0
6.11	F50/P180/R90	70	7	180	15	90	18	340	34	0.22～0.24	0.21～0.25	1.0

4　性能要求

4.1　对原材料的要求

4.1.1　云母纸

云母纸应符合 IEC 60371-3-2:2005 的要求。

4.1.2　聚酯薄膜

作为补强材料的聚酯薄膜(PET)应符合 GB/T 12802.2—2004 的要求。

4.1.3　环氧树脂

使用能使材料性能符合本部分要求的环氧树脂。

4.2　产品组成及其偏差

按 IEC 60371-2:2004 第 7 章方法试验,产品组分应符合表 1 的规定。

4.3　产品的一般要求

产品表面应均匀,无任何气泡、针孔、皱折及裂纹等缺陷。

成卷供应的材料,应能连续开卷而不引起损伤,开卷所需的力应足够均匀。当需要或买方要求夹纸隔离时,不应有任何有害的影响。

为防止在缠绕过程中云母纸组分造成损伤,收卷张力应小于:

对于 32 g/m² 薄膜(膜厚 23 μm),25 N/10 mm;

对于 70 g/m² 薄膜(膜厚 50 μm),45 N/10 mm。

除订购合同另有规定外,材料卷绕时云母朝外。

4.4　产品的尺寸要求

4.4.1　宽度

本部分对带的宽度不作规定,但以下列作为优选宽度:

10 mm, 12 mm, 15 mm, 20 mm, 25 mm, 30 mm, 40 mm, 50 mm。

全幅宽材料及片状材料修整后的最大宽度通常为 1 000 mm。

材料的宽度偏差应按表 2 的规定。

表 2 宽度偏差

标称宽度 W/mm	偏 差/mm
≤20	±0.5
20<W≤500	±1.0
>500	±5.0

4.4.2 厚度

按 IEC 60371-2:2004 第 4 章方法,使用按 4.1.1 规定的装置在材料上测量 10 次,测量值应符合表 1 要求。

4.4.3 长度

本部分对卷的长度不作规定,因此,卷长可按订购合同规定。

4.4.4 卷芯

带应紧密地缠绕在内径为 25 mm、40 mm、50 mm、55 mm 或 76 mm 的卷芯上供货。卷芯应无锐利边缘,卷芯宽度应符合供需双方协议。

全幅宽及宽度大于 100 mm 的材料,应卷绕在内径为 55 mm 或 76 mm 的卷芯上供货。

4.4.5 接头

交货中有接头的卷数应限制在 25%以下。卷长小于 100 m 的接头卷,允许有一个接头。卷长大于或等于 100 m 的卷中接头数,按订购合同规定。

标记接头的方法,按订购合同规定。

4.5 挺度

按订购合同规定,当有要求时,应按 IEC 60371-2:2004 中第 11 章检验。

4.6 树脂的流动性

按 IEC 60371-2:2004 中第 14 章方法在 160℃±2℃下试验时,树脂流动性为 40%~70%。

4.7 固化后材料的性能要求

4.7.1 一般说明

试样应按 IEC 60371-2:2004 中第 3 章的方法 1 制备。按照固化后性能测定的要求,选取材料的层数,以获最终试样的厚度。固化条件应按供方推荐。

4.7.2 弯曲强度

按 IEC 60371-2:2004 中第 9 章方法试验,弯曲强度在 23℃±2℃下,应不低于 150 MPa;在 150℃±2℃下,应不低于 100 MPa。

试验过程中,当肉眼观察到试样发生分层时,应判该试样已破坏。

4.7.3 弹性模量

按 IEC 60371-2:2004 中第 9 章方法试验,弹性模量不低于 30 GPa。

4.7.4 电气强度

按 IEC 60371-2:2004 中第 16 章方法,用 GB/T 1408.1—2006 中规定的电极(直径 25 mm/75 mm)试验,电气强度应不低于 50 kV/mm。

4.7.5 48 Hz~62 Hz 下介质损耗因数/温度特性

按 IEC 60371-2:2004 中第 17 章方法试验,在规定的温度下的介质损耗因数应不超过表 3 规定。

表 3 对介质损耗因数的要求

温 度/℃	介质损耗因数
30	≤0.02
130	≤0.07
155	≤0.20

4.7.6 耐热性

按 IEC 60371-2:2004 中第 21 章方法试验，以 23℃±2℃下的弯曲强度作为诊断性能，以其下降到起始值的 50%作为终点判断标准。温度指数应不低于 155。

5 包装

产品应予以包装，以保证在运输、装卸及贮存中足以保护产品。对包装的任何要求，应在订购合同中规定。

每个包装箱上应清晰、牢固地标明下列内容：

1） 产品使用说明及本部分编号；

2） 对成卷材料，其宽度及长度；

3） 对成张材料，片材的尺寸及每叠中的张数或每叠的质量；

4） 卷数；

5） 生产日期；

6） 适用期及贮存条件。

在每一包装箱或每一卷上，应标明生产厂的编号及批号。

有接头的卷，应集中包装并清晰地在包装容器上标明。

ICS 77.040.10
H 22

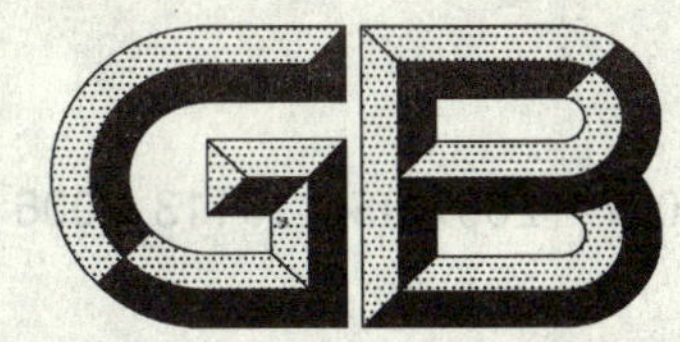

中华人民共和国国家标准

GB/T 5027—2007/ISO 10113:2006
代替 GB/T 5027—1999

金属材料　薄板和薄带　塑性应变比（r 值）的测定

Metallic materials—Sheet and strip—Determination of plastic strain ratio

(ISO 10113:2006,IDT)

2007-08-10 发布　　2008-03-01 实施

中华人民共和国国家质量监督检验检疫总局
中国国家标准化管理委员会　发布

前　言

本标准等同采用国际标准 ISO 10113:2006《金属材料　薄板和薄带塑性应变比(r 值)的测定》(英文版)。

为了便于使用,本标准做了下列编辑性修改:

a) “本国际标准”一词改为“本标准”;

b) 用小数点“.”代替作为小数点的逗号“,”;

c) 删除了国际标准的前言;

d) 引用文件按对应的国家标准作了变更;

e) 删除了国际标准的附录;

f) 删除了国际标准的参考文献。

本标准代替 GB/T 5027—1999《金属薄板和薄带塑性应变比(r 值)试验方法》

本标准此次修订对 GB/T 5027—1999 的下列主要技术内容作了修改:

——章节进行了重新安排;

——删除了试样类型部分;

——增加对一般采用测定 r 值的工程应变水平描述;

——删除原标准附录;

——给出了对于非均匀塑性应变的材料,可得到可再现性结果的方法。

本标准由中国钢铁工业协会提出。

本标准由全国钢标准化技术委员会归口。

本标准起草单位:宝山钢铁股份有限公司、武汉钢铁(集团)公司、冶金工业信息标准研究院。

本标准主要起草人:王林、李和平、周星、李荣锋、董莉。

本标准所代替标准的历次版本发布情况为:GB/T 5027—1985、GB/T 5027—1999。

金属材料 薄板和薄带 塑性应变比（*r* 值）的测定

1 范围

本标准规定了一种测定金属薄板和薄带塑性应变比的方法。

2 规范性引用文件

下列文件中的条款通过本标准的引用而成为本标准的条款。凡是注日期的引用文件，其随后所有的修改单（不包括勘误的内容）或修订版均不适用于本标准，然而，鼓励根据本标准达成协议的各方研究是否可使用这些文件的最新版本。凡是不注日期的引用文件，其最新版本适用于本部分。

GB/T 228 金属材料 室温拉伸试验方法（GB/T 228—2002，eqv ISO 6892:1998）

GB/T 12160 单轴试验用引伸计的标定（GB/T 12160—2002，idt ISO 9513:1999）

3 术语和定义

下列术语和定义适用于本标准。

3.1

塑性应变比 plastic strain ratio

r

在单轴拉伸应力作用下，试样宽度方向真实塑性应变和厚度方向真实塑性应变的比

$$r=\frac{\varepsilon_b}{\varepsilon_a} \qquad \cdots\cdots(1)$$

式中：

ε_a——厚度方向真实塑性应变；

ε_b——宽度方向真实塑性应变。

注1：以上用单应变点的表达式只适合均匀塑性应变范围的情况。

注2：因为长度的变形量比厚度的变形量测量更容易、更精确，在塑性变形伸长量不超过最大力对应的塑性伸长量 A_g 的范围内，由体积不变原理得到下列关系式，用于计算塑性应变比 r 值

$$r=\frac{\ln\left(\frac{b}{b_0}\right)}{\ln\left(\frac{L_0 b_0}{Lb}\right)} \qquad \cdots\cdots(2)$$

注3：因为 r 值取决于试样与轧制方向的取向和应变水平，相关的符号用下标注明方向和应变水平，例如：$r_{45/20}$（见表1）。

注4：对于某些会在塑性变形过程中出现相变的材料，测量段的体积不能总是假设不变。在这种情况下，有关各方应协商测量方法。

3.2

塑性应变比加权平均值 weighted average of $r_{x/y}$ values

r

计算不同取向试样 $r_{x/y}$ 的加权平均值采用以下公式

$$\bar{r}=\frac{r_0+r_{90}+2r_{45}}{4} \qquad \cdots\cdots(3)$$

注：三个方向的 r 值应在相同的应变/应变范围条件下测量。

3.3

塑性应变比各向异性度　degree of planar anisotropy

Δr

计算公式

$$\Delta r=\frac{1}{2}(r_0+r_{90}-2r_{45}) \quad \cdots\cdots(4)$$

注：三个方向的 r 值应在相同的应变/应变范围条件下测量。

4　符号

本标准使用的符号及其说明见表1。

表1　符号和说明

符号	说明	单位
a_0	试样的原始厚度	mm
b_0	试样的原始宽度[a]	mm
L_0	原始标距	mm
L_e	引伸计标距	mm
ΔL	标距范围内瞬时延伸量	mm
Δb	瞬时宽度缩小量	mm
L	试样进行指定应变后的标距	mm
a	试样进行指定应变后的厚度	mm
b	试样进行指定应变后的宽度	mm
e	测定塑性应变比的规定塑性应变水平(用于单应变量测算方法)	%
$e_{\alpha-\beta}$	测定塑性应变比的规定塑性应变范围(线性回归方法，α＝百分比表示的塑性应变下限，β＝百分比表示的塑性应变上限)	%
r	塑性应变比	—
$r_{x/y}$	相对于轧制方向以 x 度为单位表示的方向和 y% 表示应变量条件下的塑性应变比	—
$\bar{r}$	$r_{x/y}$ 加权平均值	—
Δr	塑性应变比各向异性度	—
ε_a	厚度方向真实塑性应变	—
ε_b	宽度方向真实塑性应变	—
ε_l	长度方向真实塑性应变	—
F	力	N
S_0	原始截面积	mm^2
S	真实截面积	mm^2
ν	泊松比	—
m_E	拉伸应力应变曲线弹性部分的斜率	MPa
m_r	真塑性宽度应变对应真塑性长度应变的线性回归斜率	—
A_g	最大力对应的塑性应变百分比	%
α,β,x,y	下标变量	

注：1 MPa＝1 N/mm²

[a] 有一些试验设备，也可以采用不同于试样宽度的标距宽度。

5 原理

对试样进行拉伸试验，测试指定塑性应变水平下长度和宽度变化，计算塑性应变比 r 值。试样相对于轧制方向的取样方向以及测试 r 值的塑性应变水平由相关产品标准规定。作为准则，应变水平应该超过屈服延伸阶段，并低于最大力时的塑性应变量。

6 试验设备

拉力试验机应符合 GB/T 228 对设备的要求。

测量标距长度的装置应能测量到 ±0.01 mm 以内。对于手工测量，测量宽度的装置应能测量到 ±0.005 mm以内。

采用自动测量方法，引伸计应符合 GB/T 12160 标准中的 1 级要求或优于 1 级。

注：当采用长标距和大伸长量时，1 级引伸计测量的长度误差可能超出 ±0.01 mm。

试样的夹持方法按照 GB/T 228 的规定。

7 试样

7.1 应该按照相关产品标准要求取样，如果产品标准没有规定，按照有关各方的协议取样。

试样类型和试样制备，包括尺寸公差、形状公差、原始标距标记，应符合 GB/T 228—2002 附录 A 的规定。另外还要求在标距范围内试样两边要足够平行，以保证任意两处宽度测量的差值小于宽度测量平均值的 0.1%。

7.2 除特殊要求外，试样厚度为样板的厚度。

7.3 试样表面不能有划痕等损伤。

8 试验程序

8.1 试验一般在 10℃ 到 35℃ 室温下进行。当要求在控温条件下进行试验时，温度应控制在 (23±5)℃。

8.2 如果采用手工测量，必须在一根试样的标距内至少等间隔测量 3 点的原始宽度，包括在标距两端各进行 1 次测量。这些宽度的平均值用于计算塑性应变比。

8.3 如果采用自动测量，应该使用符合第 6 章中规定的 1 级引伸计测量延伸量和至少 1 点的宽度变化量。

8.4 在塑性变形阶段，应变速率不应超过 0.008/s。

8.5 将试样装夹在试验机夹头中，保持试验速度在 8.4 规定的速度范围内，进行所需的变形：

a) 达到相关产品标准中指定的塑性应变水平(手工测量)；

b) 测量相关产品标准中指定塑性应变水平时的试样宽度(自动测量)。

8.6 在手工测量情况下，力卸除后用与测量原始标距和宽度同样的方法和允差测量标距长 L 和标距段内试样宽度 b。

8.7 在自动测量情况下，应使用第 6 章中规定的引伸计测量指定塑性应变水平的长度和宽度。

8.8 如果试样出现会影响试验结果的横向弯曲(见图 1)，试验无效，应该重新试验。

8.9 如果塑性应变不是均匀的，就无法进行人工测定 r 值。采用连续测量的延伸率及对应的宽度变化数据，并运用 9.2 中规定的统计方法，可以计算出可再现的 r 值。

8.10 有涂镀层的材料(例如镀锌或有机涂层)测得的 r 值可能不同于没有涂镀层的基体材料。

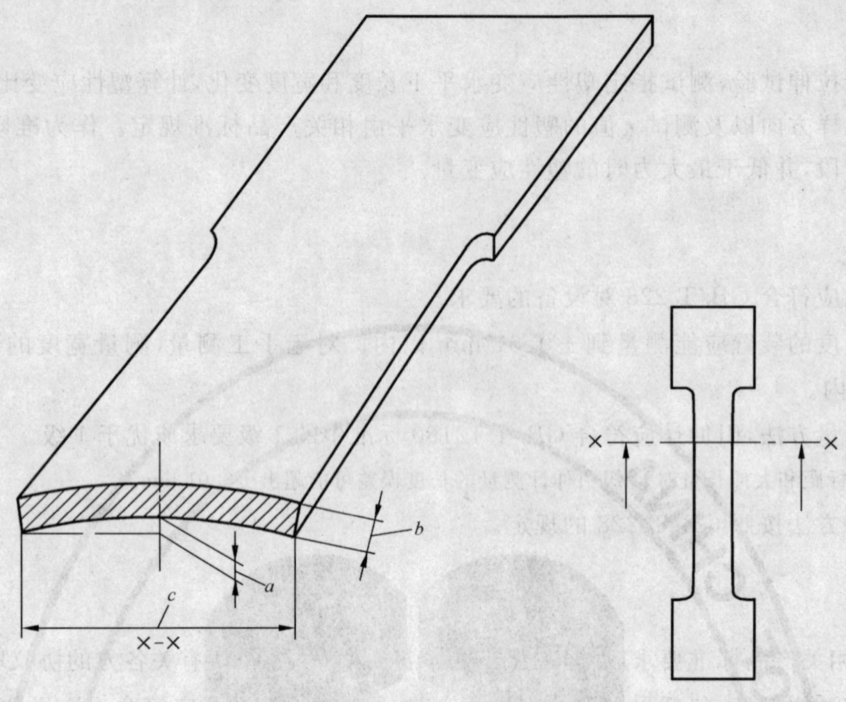

a——横向弯曲；

b——试样达到规定塑性伸长量后的厚度；

c——试样达到规定伸长量后的标距部分的宽度。

图 1 试样横截面横向弯曲示意图

9 结果表示

9.1 对于人工测量，计算塑性应变比、不同取向的塑性应变比的加权平均值和各向异性度采用公式(2)、公式(3)和公式(4)。如果应用了公式(3)和(4)以外的公式，应在报告中说明。

9.2 对于有均匀塑性应变的材料，可以采用单点数据计算 r 值。为了得到较好的再现性，应采用一个应变范围的数据计算 r 值。

对于不均匀塑性应变的材料，用下述的方法可以给出可再现性的结果。

长度方向真实塑性应变应用公式(5)计算：

$$\varepsilon_l = \ln\left(\frac{L_0 + \Delta L}{L_0} - \frac{F}{S_0 \times m_E}\right) \quad\cdots\cdots(5)$$

宽度方向真实塑性应变应采用公式(6)计算：

$$\varepsilon_b = \ln\left(\frac{b_0 - \Delta b}{b_0} + \frac{\nu \times F}{S_0 \times m_E}\right) \quad\cdots\cdots(6)$$

式中：

ν——泊松比(例如钢为 0.30，铝为 0.33)。

塑性应变(试验过程中瞬时的)应采用公式(7)计算：

$$e(\%) = \left(\frac{\Delta L}{L_0} - \frac{F}{S_0 \times m_E}\right) \times 100 \quad\cdots\cdots(7)$$

图 2 给出了相关实例说明。

如果采用自动测量的方法，公式(5)和公式(7)中的 L_0 应该用 L_e 代替。

从物理观点出发，公式(5)、公式(6)、公式(7)中的原始横截面积 S_0 应该用公式(8)中的真实横截面积 S 代替，来计算长度方向的真实塑性应变 ε_l，宽度方向的真实塑性应变 ε_b 和工程塑性应变 e。实际结

果已经证明用 S 或 S_0 计算的结果没有显著差异。因此，在公式(5)、公式(6)、公式(7)中应该用原始横截面积 S_0。

$$S = S_0 \times \frac{L_0}{L_0 + \Delta L} \qquad (8)$$

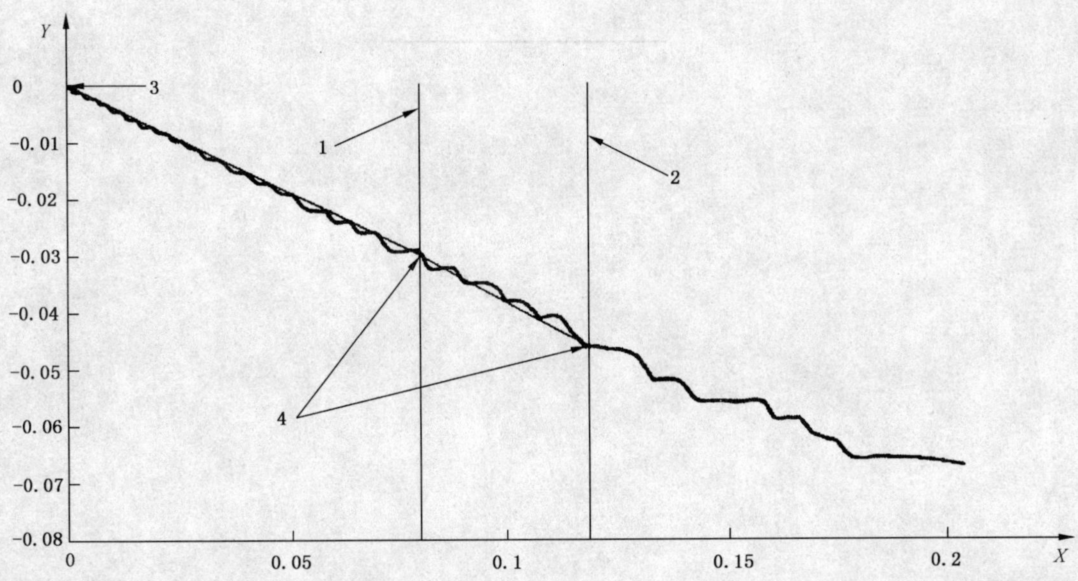

X——长度方向真实塑性应变 ε_l；

Y——宽度方向真实塑性应变 ε_b；

1——下限：例如塑性应变 8%；

2——上限：例如塑性应变 12%；

3——原点；

4——在上下限范围做通过原点的线性回归：$\varepsilon_b = m_r \times \varepsilon_l$，$m_r = -0.398\ 33$，$r_{8\text{-}12} = 0.662$。

图 2　宽度方向真塑性应变与长度方向真塑性应变之间的关系

按照公式(6)对公式(5)计算的长度和宽度方向的应变数据，用选择区域内的长度和宽度方向的应变数据回归得到通过原点的直线。回归直线的斜率应为 $-\frac{r}{1+r}$。r 值计算应采用公式(9)：

$$r = -\frac{m_r}{1 + m_r} \qquad (9)$$

9.3　塑性应变比计算值应修约到 0.05。

9.4　如果人工与自动测量同一个试样的结果有差别，应评估造成这种差别的原因。

注：材料的非均匀变形可以引起自动和手工测量 r 值结果的差别。

10　试验报告

试验报告应包括以下内容：

a)　本标准的编号；

b)　试样的标识；

c)　测量方法(手工或自动)；

d)　试样类型；

e)　相对于轧制方向的试样取向；

f)　测量对应的塑性应变(或范围)，例如：

$r_{45/10}$（单一数据在塑性应变 10%）；

$r_{45/8\text{-}12}$（线性回归在塑性应变 8%～12%范围）；

g) 试验结果；

h) 计算 r、$\bar{r}$ 和 Δr 的公式（如果采用不同于公式(2)、公式(3)和公式(4)的计算方法）。

ICS 77.100
H 11

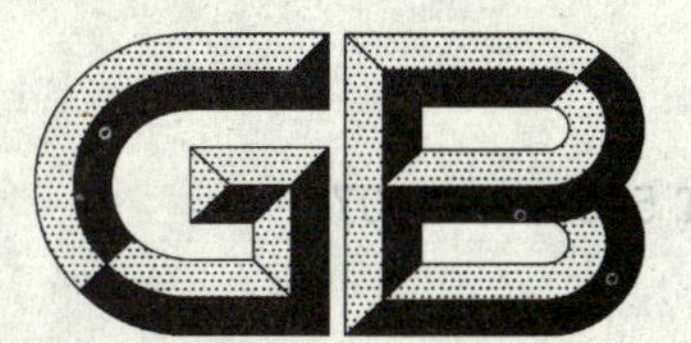

中华人民共和国国家标准

GB/T 5059.6—2007
代替 GB/T 5059.6—1986

钼铁　磷含量的测定
铋磷钼蓝分光光度法和钼蓝分光光度法

Ferromolybdenum—Determination of phosphorus content—Molybdobismuthylphosphoric blue spectrophotometric method and the molybdenum blue spectrophotometrc method

2007-09-11 发布　　2008-02-01 实施

中华人民共和国国家质量监督检验检疫总局
中国国家标准化管理委员会　发布

前 言

GB/T 5059—2007 的本部分代替 GB/T 5059.6—1986《钼铁化学分析方法 钼蓝光度法测定磷量》。

本部分与 GB/T 5059.6—1986 比较,主要变化为新增加了铋磷钼蓝分光光度法。

本部分由中国钢铁工业协会提出。

本部分由冶金工业信息标准研究院归口。

本部分起草单位:四川川投峨眉铁合金(集团)有限责任公司。

本部分主要起草人:唐华应、方艳、刘惠丽。

本部分所代替标准的历次版本发布情况为:

——GB/T 5059.6—1986。

钼铁　磷含量的测定
铋磷钼蓝分光光度法和钼蓝分光光度法

警告——使用本部分的人员应有正规实验室工作的实践经验。本部分并未指出所有可能的安全问题。使用者有责任采取适当的安全和健康措施，并保证符合国家有关法规规定的条件。

1　范围

GB/T 5059的本部分规定了用铋磷钼蓝分光光度法和钼蓝分光光度法测定钼铁中的磷含量。

本部分适用于钼铁中磷含量的测定，测定范围(质量分数)：0.010%～0.150%。

2　规范性引用文件

下列文件中的条款通过GB/T 5059的本部分的引用而成为本部分的条款。凡是注日期的引用文件，其随后所有的修改单(不包括勘误的内容)或修订版均不适用于本部分，然而，鼓励根据本部分达成协议的各方研究是否可使用这些文件的最新版本。凡是不注日期的引用文件，其最新版本适用于本部分。

GB/T 4010　铁合金化学分析用试样的采取和制备

3　方法一　铋磷钼蓝分光光度法

3.1　原理

试料用稀硝酸、氢氟酸分解，以高氯酸、硫酸冒烟氧化磷。硫酸冒烟处理后，以盐酸溶解盐类，用氨水使氢氧化铁和磷酸铁共沉淀而与基体中大部分钼分离。以硫酸溶解沉淀，在硫酸介质中，用硫代硫酸钠还原高价砷，磷与硝酸铋、钼酸铵形成三元配合物，用抗坏血酸还原后，磷形成铋磷钼蓝，在分光光度计上700 nm波长处测量其吸光度。

3.2　试剂和材料

除非另有说明，在分析中仅使用确认为分析纯的试剂和蒸馏水或与其纯度相当的水。

3.2.1　氢氟酸，ρ1.15 g/mL。

3.2.2　高氯酸，ρ1.67 g/mL。

3.2.3　氨水，ρ0.90 g/mL。

3.2.4　硝酸，1+2。

3.2.5　盐酸，1+2。

3.2.6　硫酸，1+1。

3.2.7　硫酸，1+4。

3.2.8　硫酸，1+7。

3.2.9　硫酸，1+50。

3.2.10　硫代硫酸钠溶液，10 g/L。1 L中含20 g无水亚硫酸钠，用时现配。

3.2.11　硝酸铋溶液，30 g/L。称取30 g硝酸铋[$Bi(NO_3)_3 \cdot 5H_2O$]，溶解于100 mL硝酸(1.42 g/L)中，待完全溶解后，加入900 mL水、4 g尿素，混匀。

3.2.12　钼酸铵溶液，15 g/L。称取15 g钼酸铵[$(NH_4)_6Mo_7O_{24} \cdot 4H_2O$]，置于400 mL烧杯中，加入200 mL水，温热溶解，过滤后加入800 mL水，混匀。

3.2.13　抗坏血酸溶液，10 g/L。乙醇(1+1)，用时现配。

3.2.14 硫酸铁铵溶液，90 g/L。

3.2.15 磷标准溶液

3.2.15.1 称取 0.439 4 g 预先在 105℃～110℃烘至恒重的磷酸二氢钾(基准试剂)于 250 mL 烧杯中，以水溶解后移入 1 000 mL 容量瓶中，用水稀释至刻度，混匀。此溶液 1 mL 含磷 100.0 μg。

3.2.15.2 移取 50.00 mL 溶液(3.2.15.1)于 500 mL 容量瓶中，用水稀至刻度，混匀。此溶液 1 mL 含磷 10.0 μg。

3.3 仪器

分析中使用通常的实验室仪器。

3.4 取制样

按照 GB/T 4010 的规定进行取制样，试样应通过 0.125 mm 筛孔。

3.5 分析步骤

3.5.1 试料量

称取 0.50 g 试料，准确至 0.000 1 g。

3.5.2 空白试验

随同试料进行空白试验。

3.5.3 测定

3.5.3.1 试料溶液的制备

将试料(3.5.1)置于铂皿中，加入 15 mL 硝酸(3.2.4)，待剧烈反应后，缓慢逐滴滴加氢氟酸(3.2.1)并加热至试料溶解完全，取下，加入 3 mL 高氯酸(3.2.2)，10 mL 硫酸(3.2.6)，继续加热至冒硫酸白烟 3 min～5 min 后，取下，冷却。加入 35 mL 盐酸(3.2.5)加热溶解盐类，移入 500 mL 烧杯中，以温水稀释至约 250 mL，煮沸，取下。稍冷，用氨水(3.2.3)中和至有沉淀产生并过加 10 mL，低温煮沸 1 min，取下静置待沉淀下沉，以中速定性滤纸过滤，用温水洗涤烧杯、沉淀各 3 次～4 次。以 65 mL 热硫酸(3.2.8)分数次溶解沉淀于原烧杯中，滤纸上的沉淀用热硫酸洗液(3.2.9)洗净。将滤液(必要时浓缩体积)移入 100 mL 容量瓶中，冷却至室温，用水稀释至刻度，混匀。

3.5.3.2 显色与测定

3.5.3.2.1 移取 15.00 mL 试液(3.5.3.1)于 50 mL 容量瓶中，加入 5 mL 硫代硫酸钠溶液(3.2.10)，5 mL硝酸铋溶液(3.2.11)，10 mL 钼酸铵溶液(3.2.12)，10 mL 抗坏血酸溶液(3.2.13)，混匀。用水稀释至刻度，混匀。

3.5.3.2.2 静置 15 min，于分光光度计 700 nm 波长处，用适当吸收皿，以蒸馏水为参比，测定其吸光度，减去随同试料空白溶液吸光度，得到试料溶液的净吸光度。再以该净吸光度在校准曲线上查得相应磷量。

3.5.4 校准曲线的绘制

3.5.4.1 分别移取 0、0.50 mL、1.00 mL、2.00 mL、4.00 mL、6.00 mL、8.00 mL、10.00 mL、12.00 mL 磷标准溶液(3.2.15.2)置于 9 只 50 mL 容量瓶中，分别加入 6.0 mL 硫酸(3.2.7)，2.0 mL 硫酸铁铵溶液(3.2.14)。以下按照 3.5.3.2.1 进行。室温静置 15 min，以水为参比，于分光光度计 700 nm 波长处，用适当吸收皿测其吸光度。

3.5.4.2 校准曲线系列每一溶液的吸光度减去零浓度溶液的吸光度，为磷校准曲线系列溶液的净吸光度，以磷量(μg)为横坐标，净吸光度为纵坐标，绘制校准曲线。

3.6 分析结果的计算

按式(1)计算试样中磷的含量(质量分数)，数值以%表示：

$$w(\mathrm{P}) = \frac{m_1 \times V}{m \times V_1 \times 10^6} \times 100 \qquad \cdots\cdots(1)$$

式中：

m_1——自校准曲线上查得的磷量，单位为微克(μg)；

m——试料量，单位为克(g)；

V_1——分取试液的体积，单位为毫升(mL)；

V——试液的总体积，单位为毫升(mL)。

3.7 允许差

实验室之间分析结果的差值应不大于表1所列允许差。

表1 允许差

%(质量分数)

磷含量	允许差
0.010～0.040	0.006
>0.040～0.080	0.008
>0.080～0.150	0.010

4 方法二 钼蓝光度法

4.1 原理

试料以硝酸、氢氟酸分解，用硫酸处理冒白烟，以盐酸溶解，用氨水使氢氧化铁和磷酸铁共沉淀与大部分钼分离。以硝酸溶解沉淀，用高氯酸处理冒白烟后，加入亚硫酸氢钠还原铁，磷与钼酸铵、硫酸肼反应生成钼蓝，于分光光度计上825 nm波长处测量其吸光度。

4.2 试剂和材料

除非另有说明，在分析中仅使用确认为分析纯的试剂和蒸馏水或与其纯度相当的水。

4.2.1 高氯酸，ρ1.67 g/mL。

4.2.2 氢氟酸，ρ1.15 g/mL。

4.2.3 氨水，ρ0.90 g/mL。

4.2.4 氢溴酸，ρ1.49 g/mL。

4.2.5 硝酸，1+1。

4.2.6 硝酸，1+2。

4.2.7 硝酸，1+50。

4.2.8 盐酸，1+1。

4.2.9 盐酸，1+2。

4.2.10 盐酸，1+50。

4.2.11 硫酸，1+1。

4.2.12 亚硫酸氢钠溶液，100 g/L。

4.2.13 显色剂溶液：

4.2.13.1 钼酸铵溶液：称取20 g钼酸铵[$(NH_4)_6Mo_7O_{24}\cdot 4H_2O$]溶解于100 mL温水中，加入700 mL硫酸(4.2.11)，冷却至室温，以水稀释至1 000 mL，混匀。

4.2.13.2 硫酸肼溶液，1.5 g/L。

4.2.13.3 使用时，取25 mL钼酸铵溶液(4.2.13.1)、10 mL硫酸肼溶液(4.2.13.2)及65 mL水，混匀。每次使用25 mL。

4.2.14 磷标准溶液

称取0.439 4 g预先在110℃烘至恒量并保存于干燥器中的磷酸二氢钾(KH_2PO_4)，以水溶解，移入1 000 mL容量瓶中，用水稀释至刻度，混匀。此溶液1 mL含磷100 μg。

4.3 仪器

分析中使用通常的实验室仪器。

4.4 取制样

按照 GB/T 4010 的规定进行取制样,试样应通过 0.125 mm 筛孔。

4.5 分析步骤

4.5.1 试料量

称取 0.50 g 试料,精确至 0.000 1 g。

4.5.2 空白试验

随同试料进行空白试验。

4.5.3 测定

4.5.3.1 将试料(4.5.1)置于 100 mL 铂皿中,加入 10 mL 硝酸(4.2.5),缓慢滴加氢氟酸(4.2.2),待激烈反应停止后,再加入 5 mL 氢氟酸(4.2.2),加入 10 mL 硫酸(4.2.11),继续加热蒸发至几乎冒尽硫酸白烟,冷却后加入 35 mL 盐酸(4.2.9),加热溶解可溶性盐类。以温水稀释溶液至 50 mL 左右,用中速定量滤纸过滤,以温盐酸(4.2.10)洗至无铁离子反应,再用温水洗涤 3 次～4 次,滤液收集于 500 mL 烧杯中,弃去沉淀。

4.5.3.2 将滤液(4.5.3.1)稀释至 250 mL 左右,用氨水(4.2.3)中和并过量 5 mL,低温煮沸 1 min,静止使沉淀下沉后,用中速定量滤纸过滤,以温水洗涤 3 次～4 次,弃去滤液。将沉淀洗入原烧杯中,以 20 mL硝酸(4.2.6)分数次溶解,滤纸上的沉淀用温硝酸(4.2.7)洗净。加入 10 mL 高氯酸(4.2.1),加热蒸发至高氯酸白烟回流 10 min[若溶液中存在 0.5 mg 以上砷时,在加入 10 mL 高氯酸前,加入 10 mL盐酸(4.2.8)和 5 mL 氢溴酸(4.2.4)]。冷却后加入温水约 50 mL,加热溶解可溶性盐类,用中速定量滤纸过滤。弃去残渣。滤液收集于 250 mL 容量瓶中,冷却至室温,以水稀释至刻度,混匀。

4.5.3.3 分取 25.00 mL 溶液(4.5.3.2),置于 100 mL 容量瓶中,加入 10 mL 亚硫酸氢钠溶液(4.2.12),在沸水浴中加热使溶液变无色,立即加入 25 mL 显色剂溶液(4.2.13.3)。再在沸水浴中加热 15 min,流水冷却至室温,用水稀释至刻度,混匀。

4.5.3.4 将部分溶液移入适当吸收皿中,于分光光度计上 825 nm 波长处,用水为参比调零,测量其吸光度,减去随同试料空白溶液的吸光度得到试料溶液的净吸光度。从校准曲线上查得相应的磷量。

4.5.4 校准曲线的绘制

4.5.4.1 移取 0.00、1.00 mL、2.00 mL、3.00 mL、4.00 mL、5.00 mL 磷标准溶液(4.2.14),分别置于一组 100 mL 烧杯中,各加入 5 mL 高氯酸(4.2.1),加热至冒高氯酸白烟。冷却后加约 30 mL 温水溶解可溶性盐类,移入 250 mL 容量瓶中,冷却至室温,以水稀释至刻度,混匀。以下按 4.5.3.3 操作,将部分溶液移入当吸收皿中,于分光光度计上 825 nm 波长处,用水为参比调零,测量其吸光度。

4.5.4.2 校准曲线系列每一溶液的吸光度减去零浓度溶液的吸光度,为磷校准曲线系列溶液的净吸光度,以磷量(μg)为横坐标,净吸光度为纵坐标,绘制校准曲线。

4.6 分析结果的计算

按式(2)计算试样中铝的含量(质量分数),数值以%表示:

$$w(\mathrm{P}) = \frac{m_1 \times V}{m \times V_1 \times 10^6} \times 100 \quad \cdots\cdots\cdots\cdots (2)$$

式中:

m_1——自校准曲线上查得的磷量,单位为微克(μg);

m——试料量,单位为克(g);

V_1——分取试液的体积,单位为毫升(mL);

V——试液的总体积,单位为毫升(mL)。

4.7 允许差

实验室之间分析结果的差值应不大于表 2 所列允许差。

表 2　允许差

%(质量分数)

磷　含　量	允　许　差
0.010～0.040	0.006
>0.040～0.080	0.008
>0.080～0.150	0.010

5　试验报告

试验报告应包括下列内容：

a)　鉴别试料、实验室和分析日期的资料；

b)　遵守本标准规定的程度；

c)　分析结果及其表示；

d)　测定中观察到的异常现象；

e)　对分析结果可能有影响而本标准未包括的操作或者任选的操作。

ICS 81.080
Q 43

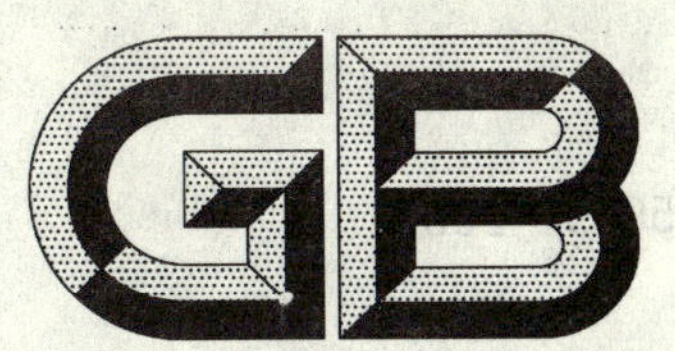

中华人民共和国国家标准

GB/T 5069—2007
代替 GB/T 5069.1～5069.13—2001

镁铝系耐火材料化学分析方法

Chemical analysis of magnesia-alumina refractories

2007-04-18 发布　　　　2007-10-01 实施

中华人民共和国国家质量监督检验检疫总局
中国国家标准化管理委员会　发布

前 言

本标准是对 GB/T 5069.1～5069.13—2001《镁质、镁铝及铝镁质耐火材料化学分析方法》的整合修订，本标准与上一版的主要区别如下：

——将原来的 13 个部分合并按章编写，并对标准的结构和格式进行了调整，整合了《优质镁砂化学分析方法》的部分内容，同时变更了标准的名称；

——扩展了分析方法的测定范围；

——修改了分析方法的允许误差。

本标准代替 GB/T 5069.1～5069.13—2001。

本标准的附录 A 是规范性附录。

本标准由全国耐火材料标准化技术委员会(SAC/TC 193)提出并归口。

本标准起草单位：洛阳耐火材料研究院、中冶集团武汉冶建技术研究有限公司、营口青花集团。

本标准主要起草人：郭秋红、杨红、曹海洁、黄菲、靖振梅、王萍、王艳芬。

本标准所代替标准的历次版本发布情况为：

GB/T 5069.1～5069.11—1985、GB/T 5069.1～5069.13—2001。

镁铝系耐火材料化学分析方法

1 范围

本标准规定了镁铝系耐火材料化学分析方法。本标准分析的项目如下：

a) 灼烧减量(LOI)；

b) 二氧化硅(SiO_2)；

c) 氧化铝(Al_2O_3)；

d) 氧化铁(Fe_2O_3)；

e) 二氧化钛(TiO_2)；

f) 氧化钙(CaO)；

g) 氧化镁(MgO)；

h) 氧化钾(K_2O)；

i) 氧化钠(Na_2O)；

j) 氧化锰(MnO)；

k) 五氧化二磷(P_2O_5)；

l) 镁砂中游离氧化钙(F. CaO)。

本标准适用于镁铝系耐火材料中分析元素的测定范围见表1。

表1 测定范围

分析项目	范围(质量分数)/%	分析项目	范围(质量分数)/%
LOI	—	MgO	≥2
SiO_2	≤95	K_2O	≤2
Al_2O_3	≤95	Na_2O	≤1
Fe_2O_3	≤15	MnO	≤0.5
TiO_2	≤4	P_2O_5	≤0.1
CaO	≥0.1	F. CaO	≤0.5

2 规范性引用文件

下列文件中的条款通过本标准的引用而成为本标准的条款。凡是注日期的引用文件，其随后所有的修改单(不包括勘误的内容)或修订版均不适用于本标准，然而，鼓励根据本标准达成协议的各方研究是否可使用这些文件的最新版本。凡是不注日期的引用文件，其最新版本适用于本标准。

GB/T 6900—2006 铝硅系耐火材料化学分析方法

GB/T 7728—1987 冶金产品化学分析 火焰原子吸收光谱法通则

GB/T 8170 数值修约规则

GB/T 10325 定形耐火制品抽样验收规则

GB/T 12805—1991 实验室玻璃仪器 滴定管(neq ISO 385:1984)

GB/T 12806—1991 实验室玻璃仪器 单标线容量瓶(eqv ISO 1042:1983)

GB/T 12808—1991 实验室玻璃仪器 单标线吸量管(eqv ISO 648:1977)

GB/T 17617—1998 耐火原料和不定形耐火材料 取样(neq ISO 8656-1:1988)

3 仪器和设备

3.1 天平(感量 0.1 mg)。

3.2 铂坩埚或瓷坩埚(30 mL)。

3.3 自动控温干燥箱。

3.4 高温炉:最高使用温度≥1 100℃,且能自动控温的箱式电炉。

3.5 分光光度计。

3.6 恒温磁力搅拌器。

3.7 G4 玻璃漏斗。

3.8 吸量管:GB/T 12808—1991 A 类。

3.9 滴定管:GB/T 12805—1991 A 类。

3.10 容量瓶:GB/T 12806—1991 A 类。

3.11 原子吸收光谱仪:备有空气-乙炔燃烧器,钙、镁、钾、钠、锰空心阴极灯。空气和乙炔气体要足够纯净,以提供稳定清澈的贫燃火焰。

其"精密度的最低要求"、"特征浓度"、"检出限"和"标准曲线的线性(弯曲程度)"应符合 GB/T 7728—1987 的规定。

4 试样制备

4.1 采样

按 GB/T 10325 和 GB/T 17617—1998 采集实验室样品。

4.2 制备

4.2.1 将实验室样品破碎至 6.7 mm 以下,按四分法缩分至约 100 g。

4.2.2 当合同另有取样约定或由于产品形式的限制,无法取得≥100 g 的实验室样品时,可以例外。

4.2.3 将缩分后的样品粉碎至 0.5 mm 以下,继续缩分,并加工成粒度小于 0.090 mm 的试样。

4.2.4 试样分析前应在 105℃~110℃烘 2 h,置于干燥器中冷至室温。

5 通则

5.1 测定次数

在重复性条件下测定 2 次。

5.2 空白试验

在重复性条件下做空白试验。

5.3 结果表述

所得结果应按 GB/T 8170 修约,保留 2 位小数;当含量<0.10%时结果保留 2 位有效数字;如果委托方供货合同或有关标准另有要求时,可按要求的位数修约。

5.4 分析结果的采用

当试样的 2 个有效分析值之差不大于表 2 所规定的允许差时,以其算术平均值作为最终分析结果;否则,应按附录 A 的规定进行追加分析和数据处理。

5.5 质量保证和控制

5.5.1 工作曲线应定期(不超过 3 个月)用标准物质校准一次。如果仪器维修或更换部件(如灯泡等),应重新绘制工作曲线,并用同类型标准物质校准。当标准物质的分析值与标准值之差大于表 2 所规定允许差的 0.7 倍时,应重新绘制工作曲线。

5.5.2 一般情况下,标准滴定溶液的浓度应每 2 个月重新标定一次;如果 2 个月内温度变化超过 10℃时,应及时标定一次。重新标定后,应用标准物质进行验证,当标准物质的分析值与标准值之差不大于

表 2 所规定允许差的 0.7 倍时，则标定结果有效，否则无效。

仲裁试验时，应随同试样分析同类型标准物质。当标准物质的分析值与标准值之差不大于表 2 所规定允许差的 0.7 倍时，则试样分析值有效，否则无效。

6 试验报告

试验报告应至少包括以下内容：

——委托单位；

——试样名称；

——分析结果；

——使用标准(GB/T 5069—2007)；

——与规定的分析步骤的差异(如有必要)；

——在试验中观察到的异常现象(如有必要)；

——试验日期。

表 2 分析值允许差

<table>
<tr><th rowspan="2">含量范围
(质量分数)/%</th><th colspan="11">各元素允许差/%</th></tr>
<tr><th>LOI</th><th>SiO_2</th><th>Al_2O_3</th><th>Fe_2O_3</th><th>TiO_2</th><th>CaO</th><th>MgO</th><th>K_2O</th><th>Na_2O</th><th>MnO</th><th>P_2O_5</th></tr>
<tr><td>≤0.1</td><td rowspan="2">0.05</td><td rowspan="2">0.04</td><td rowspan="2">0.04</td><td rowspan="2">0.03</td><td>0.01</td><td>0.02</td><td>—</td><td>0.02</td><td>0.02</td><td>0.02</td><td>0.02</td></tr>
<tr><td>>0.1～≤0.5</td><td>0.02</td><td>0.05</td><td>—</td><td>0.04</td><td>0.04</td><td>0.04</td><td>—</td></tr>
<tr><td>>0.5～≤1</td><td>0.10</td><td rowspan="2">0.10</td><td>0.10</td><td>0.10</td><td rowspan="2">0.10</td><td>0.10</td><td>—</td><td>0.10</td><td>0.10</td><td>—</td><td>—</td></tr>
<tr><td>>1～≤2</td><td rowspan="2">0.20</td><td>0.20</td><td rowspan="2">0.20</td><td>0.15</td><td>—</td><td>0.20</td><td>—</td><td>—</td><td>—</td></tr>
<tr><td>>2～≤5</td><td>0.20</td><td rowspan="2">0.30</td><td>0.20</td><td>0.20</td><td rowspan="2">0.30</td><td>—</td><td>—</td><td>—</td><td>—</td></tr>
<tr><td>>5～≤15</td><td rowspan="2">0.30</td><td>0.30</td><td>0.30</td><td>—</td><td rowspan="2">0.40</td><td>—</td><td>—</td><td>—</td><td>—</td></tr>
<tr><td>>15～≤30</td><td rowspan="3">0.40</td><td>0.40</td><td>—</td><td>—</td><td>0.40</td><td>—</td><td>—</td><td>—</td><td>—</td></tr>
<tr><td>>30～≤60</td><td>—</td><td>0.60</td><td>—</td><td>—</td><td>—</td><td>0.60</td><td>—</td><td>—</td><td>—</td><td>—</td></tr>
<tr><td>>60</td><td>—</td><td>0.70</td><td>—</td><td>—</td><td>—</td><td>0.70</td><td>—</td><td>—</td><td>—</td><td>—</td></tr>
<tr><td colspan="12">对于微量成分，当分析值的平均值小于允许差的 2 倍时，其允许差为该分析值的 1/2。
差减法测定高纯镁砂中 MgO 的允许差为 0.3%。</td></tr>
</table>

7 灼烧减量的测定

按 GB/T 6900—2006 第 7 章的规定进行。

8 二氧化硅的测定

二氧化硅的测定可按以下 2 种方法之一进行：

a) 钼蓝光度法(≤5%)(8.1)；

b) 重量-钼蓝光度法(≥5%)(8.2)。

8.1 钼蓝光度法(≤5%)

8.1.1 原理

试样用碳酸钠-硼酸混合熔剂熔融，稀盐酸浸取。在约 0.2 mol/L 盐酸介质中，单硅酸与钼酸铵形成硅钼杂多酸，加入乙二酸-硫酸混合酸，消除磷、砷的干扰，然后用硫酸亚铁铵将其还原为硅钼蓝，于分光光度计波长 810 nm 或 690 nm 处，测其吸光度。

8.1.2 试剂

8.1.2.1 混合熔剂：按质量比将 2 份无水碳酸钠与 1 份硼酸研细，混匀。

8.1.2.2 盐酸(1+5)。

8.1.2.3 钼酸铵[$(NH_4)_6Mo_7O_{24}\cdot 4H_2O$]溶液(50 g/L)：过滤后使用。

8.1.2.4 乙二酸-硫酸混合酸：取 15 g 乙二酸(草酸)($H_2C_2O_4\cdot 2H_2O$)溶于 250 mL 硫酸(1+8)中，用水稀释至 1 000 mL，混匀。

8.1.2.5 硫酸亚铁铵溶液(40 g/L)：取 4g 硫酸亚铁铵[$FeSO_4\cdot(NH_4)_2SO_4\cdot 6H_2O$]溶于水，加 5 mL 硫酸(1+1)，用水稀释至 100 mL，混匀，过滤后使用，用时配制。

8.1.2.6 二氧化硅标准贮存溶液(含 SiO_2 0.5 mg/mL)：

称取 0.100 0 g 预先在 1 000℃灼烧 2 h 并冷至室温的二氧化硅(99.99%)于铂坩埚中，加入 2 g～3 g无水碳酸钠，盖上坩埚盖并稍留缝隙，置于 1 000℃高温炉中熔融 5 min～10 min，取出，冷却。置于盛有 100 mL 沸水的聚四氟乙烯烧杯中，低温加热浸取熔块至溶液清亮，用热水洗出坩埚及盖，冷至室温。移入 200 mL 容量瓶中，用水稀释至刻度，摇匀，贮存于塑料瓶中。

8.1.2.7 二氧化硅标准溶液(含 SiO_2 50 μg/mL)：

移取 10.00 mL 二氧化硅标准贮存溶液(8.1.2.6)于 100 mL 容量瓶中，用水稀释至刻度，摇匀，用时配制。

8.1.2.8 二氧化硅标准溶液(含 SiO_2 5 μg/mL)：

移取 10.00 mL 二氧化硅标准贮存溶液(8.1.2.7)于 100 mL 容量瓶中，用水稀释至刻度，摇匀，用时配制。

8.1.3 试料量

称取约 0.10 g 试料，精确至 0.1 mg。

8.1.4 测定

8.1.4.1 将试料置于盛有 4g 混合熔剂(8.1.2.1)的铂坩锅中，混匀，再覆盖 1 g 混合熔剂(8.1.2.1)，盖上坩埚盖并稍留缝隙，置于 800℃～900℃高温炉中，升温至 1 050℃～1 100℃熔融 5 min～15 min，取出，旋转坩埚，使熔融物均匀附着于坩埚内壁，冷却。

8.1.4.2 用滤纸擦净坩埚外壁，放入盛有煮沸的 60 mL 盐酸(8.1.2.2)的 200 mL 烧杯中，低温加热浸出熔融物至溶液清亮，用水洗出坩埚及盖，冷却至室温，移入 100 mL 容量瓶中，用水稀释至刻度，摇匀。

8.1.4.3 移取 10.00 mL 试样溶液(8.1.4.2)于 100 mL 容量瓶中，加 10 mL 水。

8.1.4.4 加入 5 mL 钼酸铵溶液(8.1.2.3)，摇匀，于室温下放置 20 min(室温低于 15℃则在约 30℃的温水浴中进行)。

8.1.4.5 加入 30 mL 乙二酸-硫酸混合酸(8.1.2.4)，摇匀，放置 0.5 min～2 min，加入 5 mL 硫酸亚铁铵溶液(8.1.2.5)，用水稀释至刻度，摇匀。

8.1.4.6 用合适吸收皿(见表 3)，于分光光度计 810 nm 或 690 nm 处，以空白试验溶液为参比测量其吸光度。

表 3 按二氧化硅的含量选择吸收皿

$w(SiO_2)$/%	0.1～0.5	0.5～5
吸收皿/cm	3	1
工作曲线	8.1.5.1	8.1.5.2

8.1.5 工作曲线的绘制

8.1.5.1 移取 0、1.00 mL、2.00 mL、4.00 mL、6.00 mL、8.00 mL、10.00 mL 二氧化硅标准溶液(8.1.2.8)分别置于一组 100 mL 容量瓶中，加 2.5 mL 盐酸(8.1.2.2)，加水至 20 mL。以下按 8.1.4.4～8.1.4.5 操作，用 3 cm 吸收皿，于分光光度计波长 810 nm 处，以试剂空白为参比测量其吸光度，绘制工

作曲线。

8.1.5.2 移取 0、1.00 mL、2.00 mL、4.00 mL、6.00 mL、8.00 mL、10.00 mL 二氧化硅标准溶液(8.1.2.7)分别置于一组 100 mL 容量瓶中,加 2.5 mL 盐酸(8.1.2.2),加水至 20 mL。以下按 8.1.4.4～8.1.4.5 操作,用 1 cm 吸收皿,于分光光度计波长 690 nm 处,以试剂空白为参比测量其吸光度,绘制工作曲线。

8.1.6 分析结果的计算

二氧化硅量用质量分数 $w(SiO_2)$ 计,数值以%表示,按式(1)计算:

$$w(SiO_2)=\frac{m_1}{m}\times 100 \quad\cdots\cdots(1)$$

式中:

m_1——由工作曲线查得的二氧化硅量的数值,单位为克(g);

m——分取试料的质量的数值,单位为克(g)。

8.2 重量-钼蓝光度法(≥5%)

8.2.1 原理

试样用碳酸钠-硼酸混合熔剂熔融,以盐酸浸出并蒸至一定体积,加入聚环氧乙烷凝聚硅酸,经过滤并灼烧成二氧化硅。然后用氢氟酸处理使硅以四氟化硅的形式逸出。氢氟酸处理前后的质量之差即为二氧化硅的主量。再用熔剂处理残渣,溶解于原滤液中,以钼蓝光度法测定滤液中残余的二氧化硅量,两者之和即为试样中二氧化硅的量。

8.2.2 试剂

8.2.2.1 混合熔剂:按质量比将 2 份无水碳酸钠与 1 份硼酸研细,混匀。

8.2.2.2 钼酸铵[$(NH_4)_6Mo_7O_{24}\cdot 4H_2O$]溶液(50 g/L):过滤后使用。

8.2.2.3 硫酸亚铁铵溶液(40 g/L):取 4 g 硫酸亚铁铵[$FeSO_4\cdot(NH_4)_2SO_4\cdot 6H_2O$]溶于水中,加 5 mL硫酸(1+1),用水稀释至 100 mL,混匀,过滤后使用,用时配制。

8.2.2.4 乙二酸-硫酸混合溶液:取 15 g 乙二酸(草酸)($H_2C_2O_4\cdot 2H_2O$)溶于 250 mL 硫酸(1+8)中,用水稀释至 1 000 mL,混匀,过滤后使用。

8.2.2.5 聚环氧乙烷溶液(2.5 g/L):称 0.25 g 聚环氧乙烷加入 100 mL 水,放置一昼夜后摇动溶解,加入 2～3 滴盐酸(1+1),贮于塑料瓶中(有效期 2 周)。

8.2.2.6 硝酸银溶液(10 g/L)。

8.2.2.7 氢氟酸(ρ1.15 g/mL)。

8.2.2.8 盐酸(ρ1.19 g/mL)。

8.2.2.9 盐酸(1+5)。

8.2.2.10 盐酸(5+95)。

8.2.2.11 硫酸(1+1)。

8.2.2.12 二氧化硅标准溶液(含 SiO_2 0.5 mg /mL):

称取 0.100 0 g 预先在 1 000℃灼烧 2 h 并冷至室温的二氧化硅(99.99%)置于铂坩埚中,加 2 g～3 g 无水碳酸钠,盖上坩埚盖并稍留缝隙,置于 1 000℃高温炉中熔融 5 min～10 min ,取出冷却。置于盛有 100 mL 沸水的聚四氟乙烯烧杯中,低温加热,浸取熔块至溶液清亮。用热水洗出坩埚及盖,冷至室温。移入 200 mL 容量瓶中,用水稀释至刻度,摇匀,贮于塑料瓶中。

8.2.2.13 二氧化硅标准溶液(含 SiO_2 5 μg/mL):

移取 10.00 mL 二氧化硅标准溶液(8.2.2.12)于 1 000 mL 容量瓶中,用水稀释至刻度,摇匀。

8.2.3 试料量

称取约 0.50 g 试料,精确至 0.1 mg。

8.2.4 测定

8.2.4.1 将试料置于盛有 3 g～4 g 混合熔剂(8.2.2.1)的铂坩锅中,混匀。再覆盖 1 g～2 g 混合熔剂

(8.2.2.1)，盖上坩埚盖并稍留缝隙，置于 800℃～900℃高温炉中，升温至 1 000℃～1 100℃熔融 15 min～30 min，取出，旋转坩埚，使熔融物均匀附着于坩埚内壁，冷却。

8.2.4.2 用滤纸擦净坩埚外壁，放入盛有煮沸的 20 mL 盐酸(8.2.2.8)和 50 mL 水的烧杯中，加热浸出熔融物至溶液清亮(硅高时会有硅酸胶体析出)，以水洗出坩埚及盖，低温加热蒸发溶液至 10 mL 左右。取下，冷却。

8.2.4.3 加入少许纸浆，在边搅拌下加入 3.00 mL 聚环氧乙烷溶液(8.2.2.5)，放置 5 min，用慢速定量滤纸过滤，滤液用烧杯承接。用热盐酸(8.2.2.10)洗涤并将沉淀全部转移到滤纸上，再洗涤 3～5 次。然后用热水洗至无氯离子【用硝酸银溶液(8.2.2.6)检查】。

8.2.4.4 将沉淀连同滤纸放到铂坩埚中，小心干燥并灰化后放入高温炉中，在 1 000℃～1 050℃灼烧 1 h 取出，置于干燥器中冷至室温，称量并反复灼烧直至恒量(m_1)(当两次称量的差值≤0.4 mg 时，即为恒量)。

8.2.4.5 加(3～5)滴水润湿沉淀，加 4 滴硫酸(8.2.2.11)、8 mL～10 mL 氢氟酸(8.2.2.7)，低温蒸发至冒尽白烟。将坩埚置于 1 000℃～1 050℃高温炉中灼烧 15 min 取出，置于干燥器中冷却至室温，称量。重复灼烧(每次 15 min)，称量，直至恒量(m_2)。

8.2.4.6 加约 1 g 混合熔剂(8.2.2.1)到烧后的坩埚中，置于 1 000℃～1 050℃高温炉中熔融 3 min，取出冷却。加 5 mL 盐酸(8.2.2.8)浸取，合并到原滤液(8.2.4.3)中，冷至室温，移入 250 mL 容量瓶中，用水稀释到刻度，摇匀【此溶液为试样溶液 A，用于测定残余二氧化硅、氧化铝、氧化铁、二氧化钛、氧化钙和氧化镁】。

8.2.4.7 移取 10.00 mL 试样溶液 A(8.2.4.6)于 100 mL 容量瓶中，加入 10 mL 水。

8.2.4.8 加入 5 mL 钼酸铵溶液(8.2.2.2)，摇匀，于室温下放置 20 min(室温低于 15℃则在约 30℃的温水浴中进行)。加入 30 mL 乙二酸-硫酸混合溶液(8.2.2.4)，摇匀，放置 0.5 min～2 min，加入 5 mL 硫酸亚铁铵溶液(8.2.2.3)，用水稀释至刻度，摇匀。

8.2.4.9 用 3 cm 吸收皿，于分光光度计波长 810 nm 处，以空白试验溶液为参比测量其吸光度。

8.2.5 工作曲线的绘制

移取 0、1.00 mL、2.00 mL、4.00 mL、6.00 mL、8.00 mL、10.00 mL 二氧化硅标准溶液(8.2.2.13)，分别置于一组 100 mL 容量瓶中，加 2.5 mL 盐酸(8.2.2.9)，加水稀释至 20 mL。以下按 8.2.4.8 和 8.2.4.9 操作，绘制工作曲线。

8.2.6 分析结果的计算

二氧化硅量用质量分数 $w(SiO_2)$ 计，数值以%表示，按式(2)计算：

$$w(\mathrm{SiO_2}) = \frac{m_1 - m_2 + m_3 V/V_1 - m_4}{m} \times 100 \qquad (2)$$

式中：

m_1——氢氟酸处理前沉淀与坩埚的质量的数值，单位为克(g)；

m_2——氢氟酸处理后沉淀与坩埚的质量的数值，单位为克(g)；

m_3——由工作曲线查得的二氧化硅量的数值，单位为克(g)；

m_4——重量法空白试验的二氧化硅量的数值，单位为克(g)；

V_1——移取试样溶液的体积的数值，单位为毫升(mL)；

V——试样溶液总体积的数值，单位为毫升(mL)；

m——试料的质量的数值，单位为克(g)。

9 氧化铝的测定

氧化铝的测定可按下列 2 种方法之一进行：

a) 铬天青 S 光度法(≤2%)(9.1)；

b) 氟盐置换 EDTA 容量法(≥2%)(9.2)。

9.1 铬天青 S 光度法(≤2%)

9.1.1 原理

试料用碳酸钠-硼酸混合熔剂熔融，稀盐酸浸取。分取部分试样溶液，以锌-EDTA 掩蔽铁、锰等离子，在六次甲基四胺溶液缓冲条件下，铝与铬天青 S 生成紫红色络合物，于分光光度计波长 545 nm 处测量吸光度。钛的干扰可加过氧化氢溶液消除。

9.1.2 试剂

9.1.2.1 混合熔剂：按质量比将 2 份无水碳酸钠(优级纯)与 1 份硼酸(优级纯)研细，混匀。

9.1.2.2 盐酸(1+5)。

9.1.2.3 盐酸(1+14)。

9.1.2.4 过氧化氢溶液(3%)。

9.1.2.5 锌-EDTA 溶液：称取 1.276 g 氧化锌于 250 mL 烧杯中，加 100 mL 水，6 mL 盐酸(1+1)，加热溶解，冷却至室温；另称取 5.58 g 乙二胺四乙酸二钠于 500 mL 烧杯中，加 200 mL 水，加 5 mL 氨水(1+1)，加热溶解，冷至室温。将两溶液混合均匀，用盐酸(1+1)和氨水(1+1)调节溶液 pH 值至(5~6)，移入 1 000 mL 容量瓶中，以水稀释至刻度，混匀。

9.1.2.6 六次甲基四胺溶液(250 g/L)，贮于塑料瓶中。

9.1.2.7 氟化胺溶液(5 g/L)，贮于塑料瓶中。

9.1.2.8 铬天青 S 溶液(1 g/L)，用乙醇(1+9)配制，溶液配制后使用时间不超过 1 周。

9.1.2.9 氧化铝标准贮存溶液(含 Al_2O_3 0.2 mg/mL)。

称取 0.105 8g 金属铝(99.99%)于聚四氟乙烯烧杯中，加 50 mL 氢氧化钠溶液(200 g/L)低温加热溶解，冷却。加盐酸(1+1)中和至呈酸性后再过量 20 mL，加热至溶液清亮，冷却。将溶液移入 1 000 mL 容量瓶中，以水稀释至刻度，混匀。

9.1.2.10 氧化铝标准溶液(含 Al_2O_3 4 μg/mL)：

移取 20.00 mL 氧化铝标准溶液于 1 000 mL 容量瓶中，加 10 mL 盐酸(1+1)，以稀释至刻度，混匀。

9.1.2.11 氧化铝标准溶液(含 Al_2O_3 2 μg/mL)：

移取 10.00 mL 氧化铝标准溶液于 1 000 mL 容量瓶中，加 10 mL 盐酸(1+1)，以水稀释至刻度，混匀。

9.1.3 试料量

称取约 0.50 g 试料，精确至 0.1 mg。

9.1.4 测定

9.1.4.1 将试料置于盛有 3.0 g 混合熔剂(9.1.2.1)的铂坩埚中，混匀，再覆盖 1 g 混合熔剂(9.1.2.1)，盖上坩埚盖，并稍留缝隙，置于 800℃~900℃的高温炉中。逐渐升温至 1 000℃~1 100℃，熔融10 min，取出，旋转坩埚，使熔融物均匀附着于坩埚内壁，冷却。

9.1.4.2 用滤纸擦净坩埚外壁，放入盛有煮沸的含 75 mL 盐酸(9.1.2.2)的 200 mL 烧杯中，加热浸出熔融物至溶液清亮，用水洗出坩埚及盖，冷却，移入 250 mL 容量瓶中，用水稀释至刻度，摇匀。

9.1.4.3 根据试样中氧化铝含量，按表 4 移取 2 份试样溶液(9.1.4.2)于 2 个 50 mL 容量瓶中，一份作显色液，一份作参比液。

9.1.4.4 对含氧化铝 0.25%~0.75%的试样需增加稀释步骤。移取 20.00 mL 试样溶液(9.1.4.2)于 100 mL 容量瓶中，加 10 mL 盐酸(9.1.4.3)，用水稀释至刻度，混匀。然后再移取 2 份 10.00 mL 试样溶液于 2 个 50 mL 容量瓶中，一份作显色液，一份作参比液。

9.1.4.5 显色液：加 5 mL 锌-EDTA 溶液(9.1.2.5)，混匀，放置 3 min，加 2.0 mL 铬天青 S 溶液(9.1.2.8)，按表 4 加入六次甲基四胺溶液(9.1.2.6)，以水稀释至刻度，摇匀。放置 20 min。试样中有钛存在时,在加锌-EDTA溶液前加6滴过氧化氢溶液(9.1.2.4)。

9.1.4.6 参比液:同9.1.4.5操作,唯在加铬天青S溶液之前加5滴氟化胺溶液(9.1.2.7)。

9.1.4.7 用合适的吸收皿(见表4),以参比液调零,于分光光度计波长545 nm处测量显色液的吸光度。

表4 按试样中氧化铝含量移取试样溶液

试样中氧化铝含量(质量分数)/%	分取试样溶液量/mL	加六次甲基四胺溶液量/mL	吸收皿/cm	工作曲线
0.01~0.05	10.00	10	3	9.1.5.1
>0.05~0.25	5.00	5	0.5	9.1.5.2
>0.25~0.75	20.00×(10/100)	5	0.5	9.1.5.2

9.1.5 工作曲线的绘制

9.1.5.1 移取1.00 mL,2.00 mL,3.00 mL,4.00 mL,5.00 mL氧化铝标准溶液(9.1.2.11)于一组50 mL容量瓶中,并按总量10 mL计,分别加入不同量的空白试验溶液。另取10 mL空白试验溶液按9.1.4.6操作制备参比液。以3 cm吸收皿,参比液调零,于分光光度计波长545 nm处测量吸光度,绘制工作曲线。

9.1.5.2 移取1.00 mL,2.00 mL,3.00 mL,4.00 mL,6.00 mL,8.00 mL氧化铝标准溶液(9.1.2.10),于一组50 mL容量瓶中,并按总量10 mL计,分别加入不同量的空白试验溶液。另取10 mL空白试验溶液按9.1.4.6操作制备参比液。以0.5cm吸收皿,参比液调零,于分光光度计波长545 nm处测量吸光度,绘制工作曲线。

9.1.6 分析结果的表述

氧化铝量用质量分数$w(Al_2O_3)$计,数值以%表示,按式(3)计算:

$$w(Al_2O_3)=\frac{m_1}{m}\times 100 \qquad (3)$$

式中:

m_1——由工作曲线查得的氧化铝量的数值,单位为克(g);

m——分取试料的质量的数值,单位为克(g)。

9.2 氟盐置换EDTA容量法(≥2%)

9.2.1 原理

试样用混合熔剂熔融,稀盐酸浸取。用苯羟乙酸(苦杏仁酸)掩蔽钛。在过量EDTA存在下,调pH值至(3~4),加热使铝离子、铁离子等与EDTA络合,加入pH值为5.5的六次甲基四胺缓冲溶液,以二甲酚橙为指示剂,先用乙酸锌标准滴定溶液滴定过量的EDTA,再用氟盐取代与铝络合的EDTA,最后用乙酸锌标准滴定溶液滴定取代出的EDTA,求得氧化铝量。

9.2.2 试剂

9.2.2.1 混合熔剂:按质量比将2份无水碳酸钠与1份硼酸研细,混匀。

9.2.2.2 氨水(ρ 0.90 g/mL)。

9.2.2.3 硫酸(1+1)。

9.2.2.4 盐酸(1+1)。

9.2.2.5 氟化铵溶液(100 g/L)。

9.2.2.6 氢氧化钠溶液(500 g/ L)。

9.2.2.7 苯羟乙酸(苦杏仁酸)溶液(100 g/L):微热溶解。

9.2.2.8 乙酸锌溶液(10 g/L):称取10 g乙酸锌溶于1 000 mL水中,用冰乙酸调溶液pH值至(5.5~6.0)。

9.2.2.9 六次甲基四胺缓冲溶液(pH5.5):称取200 g六次甲基四胺于烧杯中,加水溶解,加40 mL盐酸(ρ1.19g/mL),加水至1 000 mL混匀。

9.2.2.10 EDTA溶液(18.6 g/L):此溶液1 mL约相当于2.5 mg Al_2O_3。

9.2.2.11 氧化铝基准溶液〔$c(1/2Al_2O_3)=0.02$ mol/L〕:

称取0.539 6 g金属铝(99.99%),置于聚四氟乙烯烧杯中,加50 mL水,10 mL～20 mL氢氧化钠溶液(9.2.2.6),待溶解完全后,冷却,移入盛有90 mL盐酸溶液(9.2.2.4)的烧杯中,加热煮沸至溶液清亮,冷至室温,移入1 000 mL容量瓶中,用水稀释至刻度,摇匀。

9.2.2.12 乙酸锌标准滴定溶液〔$c[Zn(CH_3COO)_2]=0.01$ mol/L或$c[Zn(CH_3COO)_2]=0.02$ mol/L〕:

a) 配制。称取表5规定量的乙酸锌[$Zn(CH_3COO)_2 \cdot 2H_2O$]溶于1 000 mL水中,用冰乙酸调溶液pH值至(5.5～6.0)。

表5 乙酸锌的配制

$c[Zn(CH_3COO)_2]$/(mol/L)	称取乙酸锌[$Zn(CH_3COO)_2 \cdot 2H_2O$]的量/g
0.01	2.2
0.02	4.4

b) 标定。按表6规定量移取3份氧化铝基准溶液(9.2.2.11)分别置于400 mL烧杯中,加10 mL苯羟乙酸溶液(9.2.2.7),加相应量的EDTA溶液(9.2.2.10),加水至约100 mL,加热至70℃～80℃,加1～2滴溴酚兰溶液(9.2.2.13),用氨水(9.2.2.2)调至溶液刚呈蓝色,加热煮沸3 min～5 min,取下冷却至室温,以下按9.2.4.4～9.2.4.5操作,记下第2次滴定消耗乙酸锌标准滴定溶液的体积。3份氧化铝基准溶液所消耗乙酸锌标准溶液毫升数的极差不应超过0.10 mL,取其平均值,否则,应重新标定。

表6 乙酸锌的标定

$c[Zn(CH_3COO)_2]$/(mol/L)	氧化铝基准溶液(9.2.2.11)体积/mL	EDTA溶液(9.2.2.10)加入量/mL
0.01	15.00	15
0.02	30.00	20

c) 计算。乙酸锌标准滴定溶液的浓度用物质的量浓度$c[Zn(CH_3COO)_2]$计,数值以mol/L表示,按式(4)计算,保留4位有效数字:

$$c[Zn(CH_3COO)_2]=\frac{c_1V_1}{V} \quad \cdots\cdots(4)$$

式中:

c_1——氧化铝基准溶液(9.2.2.11)浓度的准确数值,单位为摩尔每升(mol/L);

V_1——移取氧化铝基准溶液(9.2.2.11)体积的数值,单位为毫升(mL);

V——滴定氧化铝基准溶液所消耗乙酸锌标准滴定溶液(9.2.2.12)体积的平均值,单位为毫升(mL)。

9.2.2.13 溴酚蓝溶液(1 g/L)。

9.2.2.14 二甲酚橙溶液(5 g/L):贮存于棕色瓶中。

9.2.3 试料量

称取约0.10 g试料,精确至0.1 mg。

9.2.4 测定

9.2.4.1 将试料置于盛有4g混合熔剂(9.2.2.1)铂坩埚中,混匀,再覆盖1 g混合熔剂(9.2.2.1),盖上坩埚盖,并稍留缝隙,置于800℃～900℃高温炉中,升温至1 000℃～1 100℃熔融,待试样完全熔解,取出,旋转坩埚,使熔融物均匀附着于坩埚内壁,冷却。

9.2.4.2 用滤纸擦净铂坩埚外壁,将坩埚放到盛有20 mL盐酸(9.2.2.4)和20 mL水的烧杯中,加热浸取熔融物至溶液清亮,用水洗出坩埚及盖,冷却至室温,移入200 mL容量瓶中,以水稀释至刻度,摇匀。

9.2.4.3　移取100.00 mL试样溶液(9.2.4.2)于烧杯中，加10 mL～15 mL苯羟乙酸(苦杏仁酸)溶液(9.2.2.7)，搅拌后加足量EDTA溶液(9.2.2.10)，并过量5 mL～10 mL，加热至70℃～80℃，加2滴溴酚兰溶液(9.2.2.13)，用氨水(9.2.2.2)调至溶液刚呈蓝色，加热煮沸5 min，取下冷至室温。

注：也可采用移取25.00 mL试样溶液A(8.2.4.6)进行测定。

9.2.4.4　加15 mL六次甲基四胺缓冲溶液(9.2.2.9)，加3滴二甲酚橙溶液(9.2.2.14)，先用乙酸锌溶液(9.2.2.8)滴至近终点，再用乙酸锌标准滴定溶液(9.2.2.12)滴至试样溶液由黄色变为红色为终点(不记读数)。

9.2.4.5　加10 mL～15 mL氟化铵(9.2.2.5)，搅匀，煮沸5 min，冷至室温，补加2滴二甲酚橙溶液(9.2.2.14)，用乙酸锌标准滴定溶液(9.2.2.12)滴定至试样溶液变为红色即为终点，记录第2次滴定消耗乙酸锌标准滴定溶液(9.2.2.12)的体积。

9.2.5　分析结果的计算

氧化铝量用质量分数$w(Al_2O_3)$计，数值以%表示，按式(5)计算：

$$w(Al_2O_3)=\frac{101.961c(V_1-V_0)/1\,000}{2m_1}\times 100 \qquad \cdots\cdots(5)$$

式中：

V_1——滴定试样溶液所消耗乙酸锌标准滴定溶液(9.2.2.12)的体积的数值，单位为毫升(mL)；

V_0——滴定空白所消耗乙酸锌标准滴定溶液(9.2.2.12)的体积的数值，单位为毫升(mL)；

c——乙酸锌标准滴定溶液浓度的准确数值，单位为摩尔每升(mol/L)；

m_1——分取试料的质量的数值，单位为克(g)；

101.961——Al_2O_3的摩尔质量的数值，单位为克每摩尔(g/mol)。

10　氧化铁的测定

氧化铁可按以下2种方法之一测定：

a)　邻二氮杂菲光度法(10.1)；

b)　火焰原子吸收光谱法(10.2)。

10.1　邻二氮杂菲光度法

10.1.1　原理

试样用碳酸钠-硼酸混合熔剂熔融，稀盐酸浸取。用盐酸羟胺将Fe(Ⅲ)还原为Fe(Ⅱ)，在弱酸性溶液中，Fe(Ⅱ)与邻二氮杂菲形成橙红色络合物，于分光光度计波长510 nm处测量其吸光度。

10.1.2　试剂

10.1.2.1　混合熔剂：按质量比将2份无水碳酸钠与1份硼酸研细，混匀。

10.1.2.2　盐酸羟胺溶液(50 g/L)。

10.1.2.3　邻二氮杂菲($C_{12}H_8N_2\cdot H_2O$)溶液(5 g/L)：用乙醇(1+1)配制。

10.1.2.4　乙酸铵溶液(200 g/L)。

10.1.2.5　盐酸(1+5)。

10.1.2.6　氧化铁标准溶液(含Fe_2O_3 1.0 mg/mL)：

称取0.200 0 g预先在600℃灼烧30 min并于干燥器中冷却至室温的氧化铁(99.99%)，置于烧杯中，用少许水湿润，加入20 mL盐酸，低温加热溶解至溶液清亮，冷至室温，移入200 mL容量瓶中，用水稀释至刻度，摇匀。

10.1.2.7　氧化铁标准溶液(含Fe_2O_3 0.1 mg/mL)：

移取10.00 mL氧化铁标准溶液(10.1.2.6)，置于100 mL容量瓶中，用水稀释至刻度，摇匀。用时配制。

10.1.2.8 氧化铁标准溶液(含 Fe_2O_3 10 μg/mL):

移取 10.00 mL 氧化铁标准溶液(10.1.2.7),置于 100 mL 容量瓶中,用水稀释至刻度,摇匀。用时配制。

10.1.3 **试料量**

称取约 0.10 g 试料,精确至 0.1 mg。

10.1.4 **测定**

10.1.4.1 将试料置于盛有 2 g 混合熔剂(10.1.2.1)的铂坩埚中,混匀,再覆盖 1 g 混合熔剂(10.1.2.1),加盖,置于约 800℃~900℃的高温炉中,升温至 1 000℃~1 100℃熔融,使其完全熔解,取出,旋转坩埚,使熔融物均匀附着于坩埚内壁,冷却。

10.1.4.2 用滤纸擦净坩埚外壁,放入盛有煮沸的含 60 mL 盐酸(10.1.2.5)200 mL 烧杯中,加热浸出熔融物至溶液清亮,用水洗出坩埚及盖,冷至室温,移入 100 mL 容量瓶中,用水稀释至刻度,混匀。

10.1.4.3 用吸量管移取 10.00 mL【试样中 $w(Fe_2O_3)>8\%$ 时,则移取 5.00 mL】试样溶液(10.1.4.2),置于 100 mL 容量瓶中,用水稀释至约 50 mL。

注:也可采用移取 5.00 mL 试样溶液 A(8.2.4.6)进行测定。

10.1.4.4 加入 5 mL 盐酸羟胺溶液(10.1.2.2),5 mL 邻二氮杂菲溶液(10.1.2.3),10 mL 乙酸铵溶液(10.1.2.4),用水稀释至刻度,摇匀,放置 30 min。

10.1.4.5 用合适的吸收皿(见表 7),于分光光度计波长 510 nm 处,以空白试验溶液为参比测量其吸光度。

10.1.4.6 工作曲线的绘制

10.1.4.7 移取 0、1.00 mL、2.00 mL、4.00 mL、6.00 mL、8.00 mL、10.00 mL 氧化铁标准溶液(10.1.2.8),分别置于一组 100 mL 容量瓶中,用水稀释至约 50 mL。以下按 10.1.4.4 进行,用 3cm 吸收皿,于分光光度计波长 510 nm 处,以试剂空白为参比测量其吸光度,绘制工作曲线。

10.1.4.8 移取 0 、1.00 mL、2.00 mL、3.00 mL、4.00 mL、5.00 mL、6.00 mL、7.00 mL、8.00 mL 氧化铁标准溶液(10.1.2.7),分别置于一组 100 mL 容量瓶中,用水稀释至约 50 mL。以下按 10.1.4.4 进行,用 0.5 cm 吸收皿,于分光光度计波长 510 nm 处,以试剂空白为参比测量其吸光度。绘制工作曲线。

表 7 按氧化铁的含量选择吸收皿

$w(Fe_2O_3)/\%$	≤1	1~15
吸收皿/cm	3	0.5
工作曲线	10.1.4.7	10.1.4.8

10.1.5 **分析结果的计算**

氧化铁量用质量分数 $w(Fe_2O_3)$ 计,数值以%表示,按式(6)计算:

$$w(Fe_2O_3)=\frac{m_1}{m}\times 100 \quad\cdots\cdots(6)$$

式中:

m_1——由工作曲线查得的氧化铁量的数值,单位为克(g);

m——分取试料的质量的数值,单位为克(g)。

10.2 **火焰原子吸收光谱法**

10.2.1 **原理**

试样用碳酸钠-硼酸混合熔剂熔融,稀盐酸浸取,制备成试样溶液,于原子吸收光谱仪波长248.3 nm 处,测量其吸光度。

10.2.2 **试剂**

10.2.2.1 混合溶剂:按质量比将 2 份无水碳酸钠(优级纯)与 1 份硼酸(优级纯)研细,混匀。

10.2.2.2　混合溶剂-盐酸溶液：称取 12.0 g 混合溶剂(10.2.2.1)于盛有 80 mL 盐酸(10.2.2.3)、50 mL 水的烧杯中，盖上表面皿，加热溶解，冷至室温，移入 250 mL 容量瓶中，以水稀释至刻度，混匀。

10.2.2.3　盐酸(1+1)：用优级纯盐酸配制。

10.2.2.4　氧化铁标准溶液(含 Fe_2O_3 0.3 mg/mL)：称取 0.300 0 g 预先 600℃灼烧 30 min 并在干燥器中冷至室温的氧化铁(99.99%)于 300 mL 烧杯中，加入 30 mL 盐酸(10.2.2.3)低温加热溶解，移入 1 000 mL 容量瓶中，以水稀释至刻度，混匀。

10.2.3　试料量

称取约 0.20 g 试料，精确至 0.1 mg。

10.2.4　测定

10.2.4.1　将试料置于盛有 4.0 g 混合溶剂(10.2.2.1)的铂坩埚中搅匀，再覆盖 2.0 g 混合溶剂(10.2.2.1)，盖上坩埚盖，并稍留缝隙，置于 800℃～900℃高温炉中，升温至 1 000℃～1 100℃熔融 30 min～45 min 取出，冷至室温。

10.2.4.2　用滤纸擦净坩埚外壁，置于盛有 40 mL 盐酸(10.2.2.3)和 50 mL 水的烧杯中，盖上表面皿，加热浸出熔融物至清亮，用热水洗出坩埚及盖，溶液冷至室温，将溶液移入 250 mL 容量瓶中，以水稀释至刻度，混匀。

10.2.4.3　移取 50.00 mL 试样溶液(10.2.4.2)于 100 mL 容量瓶中，以水稀释至刻度，混匀。

10.2.4.4　用空气-乙炔火焰，以水调零，于原子吸收光谱仪波长 248.3 nm 处测量吸光度。

10.2.4.5　从标准曲线上查出空白试验溶液和试样溶液(10.2.4.3)中氧化铁的量。

10.2.5　标准曲线的绘制

移取 0、0.50 mL、1.00 mL、2.00 mL、4.00 mL、8.00 mL、10.00 mL 氧化铁标准溶液(10.2.2.4)分别置于一组 100 mL 容量瓶中，各加 25.0 mL 混合溶剂-盐酸溶液(10.2.2.2)，以水稀释至刻度，混匀。按 10.2.4.4 测量其吸光度，以氧化铁的浓度为横坐标，吸光度(减去零浓度溶液的吸光度)为纵坐标，绘制标准曲线。

10.2.6　分析结果的计算

氧化铁量用质量分数 $w(Fe_2O_3)$ 计，数值以%表示，按式(7)计算：

$$w(Fe_2O_3) = \frac{(m_1 - m_0) \times 10^{-6}}{m} \times 100 \qquad \cdots\cdots(7)$$

式中：

m_1——由标准曲线查得的试样溶液中的氧化铁量的数值，单位为微克(μg)；

m_0——由标准曲线查得的空白试验溶液的氧化铁量的数值，单位为微克(μg)；

m——分取试料的质量的数值，单位为克(g)。

11　二氧化钛的测定

二氧化钛可按以下 2 种方法之一测定：

a)　二安替比林甲烷光度法(≤0.5%)(11.1)；

b)　过氧化氢光度法(0.5%～4%)(11.2)。

11.1　二安替比林甲烷光度法(≤0.5%)

11.1.1　原理

试样用碳酸钠-硼酸混合熔剂熔融，稀盐酸浸取。在盐酸介质中钛与二安替比林甲烷形成黄色络合物，于分光光度计波长 390 nm 处测量其吸光度。三价铁的干扰加入抗坏血酸消除。

11.1.2　试剂

11.1.2.1　混合熔剂：按质量比将 2 份无水碳酸钠与 1 份硼酸研细，混匀。

11.1.2.2　抗坏血酸溶液(10 g/L)，用时配制。

11.1.2.3　二安替比林甲烷溶液(50 g/L):用盐酸(1+23)配制。

11.1.2.4　盐酸(1+1)。

11.1.2.5　盐酸(1+5)。

11.1.2.6　二氧化钛标准溶液(含 TiO_2 0.2 mg/mL):

称取 0.100 0 g 预先在 1 000℃灼烧 1 h 并于干燥器中冷至室温的二氧化钛(99.99%),置于铂坩埚中,加入 5 g～8 g 焦硫酸钾,置于高温炉中,逐渐升温至 700℃～800℃熔融,熔融物用 200 mL 硫酸(1+9)加热溶解,冷至室温后移入 500 mL 容量瓶中,用硫酸(5+95)稀释至刻度,摇匀。

11.1.2.7　二氧化钛标准溶液(含 TiO_2 20 μg/mL):

移取 10.00 mL 二氧化钛标准溶液(11.1.2.6)置于 100 mL 容量瓶中,用硫酸(5+95)稀释至刻度,摇匀。

11.1.2.8　二氧化钛标准溶液(含 TiO_2 5 μg/mL):

移取 25.00 mL 二氧化钛标准溶液(11.1.2.7)置于 100 mL 容量瓶中,用硫酸(5+95)稀释至刻度,摇匀。

11.1.3　试料量

称取约 0.20 g 试料,精确至 0.1 mg。

11.1.4　测定

11.1.4.1　将试料置于盛有 4g 混合熔剂(11.1.2.1)的铂坩埚中,仔细混匀,再覆盖 1 g 混合熔剂(11.1.2.1),加盖,稍留缝隙,置于约 800℃～900℃的高温炉中,升温至 1 000℃～1 100℃熔融,使其完全熔融,取出,旋转坩埚,使熔融物均匀附着于坩埚内壁,冷却。

11.1.4.2　用滤纸擦净坩埚外壁,放入盛有煮沸的含 60 mL 盐酸(11.1.2.5)的 200 mL 烧杯中,加热浸出熔融物至溶液清亮,用水洗出坩埚及盖,冷至室温,移入 100 mL 容量瓶中,用水稀释至刻度,混匀。

11.1.4.3　移取 25.00 mL 试样溶液(11.1.4.2)置于 50 mL 容量瓶中。

注:也可采用移取 25.00 mL 试样溶液 A(8.2.4.6)进行测定。

11.1.4.4　加入 5 mL 抗坏血酸溶液(11.1.2.2)、6 mL 二安替比林甲烷溶液(11.1.2.3)、12 mL 盐酸(11.1.2.4),用水稀释至刻度,摇匀,放置 40 min。

11.1.4.5　用合适吸收皿(见表 8),于分光光度计波长 390 nm 处,以空白试验溶液为参比测量其吸光度。

表 8　按二氧化钛的含量选择吸收皿

$w(TiO_2)$/%	≤0.1	0.1～0.5
吸收皿/cm	3	1
工作曲线	11.1.5.1	11.1.5.2

11.1.5　工作曲线的绘制

11.1.5.1　移取 0、2.00 mL、4.00 mL、6.00 mL、8.00 mL、10.00 mL 二氧化钛标准溶液(11.1.2.8),分别置于一组 50 mL 容量瓶中,加入 5 mL 抗坏血酸溶液(11.1.2.2)、6 mL 二安替比林甲烷溶液(11.1.2.3)、12 mL 盐酸(11.1.2.4),用水稀释至刻度,摇匀,放置 40 min。用 3 cm 吸收皿,于分光光度计波长 390 nm 处,以试剂空白为参比测量其吸光度,绘制工作曲线。

11.1.5.2　移取 0、1.00 mL、2.00 mL、4.00 mL、6.00 mL、8.00 mL、10.00 mL 二氧化钛标准溶液(11.1.2.7),分别置于一组 50 mL 容量瓶中,加入 5 mL 抗坏血酸溶液(11.1.2.2)、6 mL 二安替比林甲烷溶液(11.1.2.3)、12 mL 盐酸(11.1.2.4),用水稀释至刻度,摇匀,放置 40 min。用 1 cm 吸收皿,于分光光度计波长 390 nm 处,以试剂空白为参比测量其吸光度。绘制工作曲线。

11.1.6　分析结果的计算

二氧化钛量用质量分数 $w(TiO_2)$计,数值以%表示,按式(8)计算:

$$w(TiO_2)=\frac{m_1}{m}\times 100 \qquad \cdots\cdots(8)$$

式中：

m_1——由工作曲线查得的二氧化钛量的数值，单位为克(g)；

m——分取试料的质量的数值，单位为克(g)。

11.2 过氧化氢光度法(0.5%～4%)

11.2.1 原理

试样用碳酸钠-硼酸混合熔剂熔融，盐酸浸取，酸介质中四价钛与过氧化氢生成黄色络合物，于分光光度计波长 410 nm 处测量其吸光度。三氯化铁的黄色干扰用自身空白来消除。

11.2.2 试剂

11.2.2.1 混合熔剂：按质量比将 2 份无水碳酸钠与 1 份硼酸研细，混匀。

11.2.2.2 过氧化氢(1+4)。

11.2.2.3 硫酸(1+4)。

11.2.2.4 盐酸(1+5)。

11.2.2.5 二氧化钛标准溶液(含 TiO_2 0.2 mg/mL)：称取 0.100 0g 预先在 1 000℃灼烧 1 h 并于干燥器中冷却至室温的二氧化钛(99.99%)，置于铂坩埚中，加入 5g～8g 焦硫酸钾，置于高温炉中，逐渐升温至 700℃～800℃熔融，熔融物用 200 mL 硫酸(1+9)加热溶解，冷至室温后移入 500 mL 容量瓶中，用硫酸(5+95)稀释至刻度，摇匀。

11.2.3 试料量

称取约 0.1 g 试料，精确至 0.1 mg。

11.2.4 测定

11.2.4.1 将试料置于盛有 2 g 混合熔剂(11.2.2.1)的铂坩埚中，混匀，再覆盖 1 g 混合熔剂(11.2.2.1)，加盖，稍留缝隙，置于约 800℃～900℃的高温炉中，升温至 1 000℃～1 100℃熔融，使其完全熔融，取出，旋转坩埚，使熔融物均匀附着于坩埚内壁，冷却。

11.2.4.2 用滤纸擦净坩埚外壁，放入盛有煮沸的含 60 mL 盐酸(11.2.2.4)的 200 mL 烧杯中，加热浸出熔融物至溶液清亮，用水洗出坩埚及盖，冷至室温，移入 100 mL 容量瓶中，用水稀释至刻度，混匀。

11.2.4.3 移取 2 份 25.00 mL 试样溶液(11.2.4.2)，分别置于 2 个 50 mL 容量瓶中，各加 5 mL 硫酸(11.2.2.3)，其中 1 份加 5 mL 过氧化氢(11.2.2.2)，另 1 份不加，用水稀释至刻度，摇匀，用 3cm 吸收皿于分光光度计波长 410 nm 处，以不加过氧化氢的试样溶液为参比，测量其吸光度。

注：也可采用移取 10.00 mL 试样溶液 A(8.2.4.6)进行测定。

11.2.5 工作曲线的绘制

移取 0、1.00 mL、2.00 mL、3.00 mL、4.00 mL、5.00 mL、6.00 mL 二氧化钛标准溶液(11.2.2.5)，分别置于一组 50 mL 容量瓶中，加 5 mL 硫酸(11.2.2.3)，5 mL 过氧化氢(11.2.2.2)，用水稀释至刻度，混匀，用 3 cm 吸收皿，于分光光度计波长 410 nm 处，以试剂空白为参比测量其吸光度。绘制工作曲线。

11.2.6 分析结果的计算

二氧化钛量用质量分数 $w(TiO_2)$计，数值以%表示，按式(9)计算：

$$w(TiO_2)=\frac{m_1}{m}\times 100 \qquad \cdots\cdots(9)$$

式中：

m_1——由工作曲线查得的二氧化钛量的数值，单位为克(g)；

m——分取试料的质量的数值，单位为克(g)。

12 氧化钙的测定

氧化钙可按以下 3 种方法之一测定：

a) 火焰原子吸收光谱法(≤2%)(12.1)；

b) EDTA 容量法(≥0.5%)(12.2)；

c) EGTA 络合滴定法(≥1%)(12.3)。

12.1 火焰原子吸收光谱法(≤2%)

12.1.1 原理

试样经碳酸钠-硼酸混合熔剂熔融，用稀盐酸浸取，制备成试样溶液，采用氯化锶为释放剂，以消除铝、钛等对测定的干扰，于原子吸收光谱仪波长 422.7 nm 处，测量其吸光度。

12.1.2 试剂

12.1.2.1 混合熔剂：按质量比将 2 份无水碳酸钠(优级纯)与 1 份硼酸(优级纯)研细，混匀。

12.1.2.2 盐酸(1+1)：用优级纯盐酸配制。

12.1.2.3 氯化锶溶液(100 g/L)：称取 168.2 g 氯化锶($SrCl_2 \cdot 6H_2O$)溶于水中，移入 1 000 mL 容量瓶中，以水稀释至刻度，混匀。

12.1.2.4 氧化钙标准贮存液(含 CaO 0.8 mg/mL)：

称取 1.427 8g 于 140℃烘干 2 h 并在干燥器中冷至室温的碳酸钙(99.99%)，置于烧杯中，加少量水及 5 mL 盐酸(ρ1.19 g/mL)，加热溶解，冷却后移入 1 000 mL 容量瓶中，以水稀释至刻度，混匀。贮存于塑料瓶中。

12.1.2.5 氧化钙标准溶液(含 CaO 40 μg/mL)：

移取 25.00 mL 氧化钙标准贮存液(12.1.2.4)置于 500 mL 容量瓶中，用水稀释至刻度，混匀。

12.1.2.6 氧化铝-氧化镁混合溶液：称取经 1 100℃灼烧 1 h 并在干燥器中冷至室温的氧化铝(99.99%)、氧化镁(99.99%)各 0.25 g，置于盛有 4.0 g 混合熔剂(12.1.2.1)的铂坩埚中搅匀，再覆盖 2.0 g 混合熔剂(12.1.2.1)盖上坩埚盖，置于高温炉 1 050℃～1 100℃熔融 30 min～45 min 后取出，冷至室温。用滤纸擦净坩埚外壁，置于盛有 40 mL 盐酸(12.1.2.2)和 50 mL 水的烧杯中，盖上表面皿，加热浸出熔融物至溶液清亮，用热水洗出坩埚及盖，冷至室温，将溶液移入 250 mL 容量瓶中，以水稀释至刻度，混匀。

12.1.3 试料量

称取 0.5 g 试料，精确至 0.1 mg。

12.1.4 测定

12.1.4.1 将试料置于盛有 4.0 g 混合熔剂(12.1.2.1)的铂坩埚中搅匀，再覆盖 2.0 g 混合熔剂(12.1.2.1)，盖上坩埚盖，并稍留缝隙，置于 800℃～900℃高温炉中，升温至 1 000℃～1 100℃熔融 30 min～45 min 取出，冷至室温。

12.1.4.2 用滤纸擦净坩埚外壁，置于盛有 40 mL 盐酸(12.1.2.2)和 50 mL 水的烧杯中，盖上表面皿，加热浸出熔融物至溶液清亮，用热水洗出坩埚及盖，冷至室温，将溶液移入 250 mL 容量瓶中，以水稀释至刻度，混匀。

12.1.4.3 移取 10.00 mL 试样溶液(12.1.4.2)于 100 mL 容量瓶中，加 3.0 mL 氯化锶溶液(12.1.2.3)，以水稀释至刻度，混匀。

12.1.4.4 用空气-乙炔火焰，以水调零，于原子吸收光谱仪波长 422.7 nm 处，测量吸光度。

12.1.4.5 由标准曲线查出空白试验溶液和试样溶液(12.1.4.3)中氧化钙的量。

12.1.5 标准曲线的绘制

移取 0、0.50 mL、2.00 mL、4.00 mL、6.00 mL、8.00 mL、10.00 mL 氧化钙标准溶液(12.1.2.5)分别置于一组 100 mL 容量瓶中，各加 10.0 mL 氧化铝-氧化镁混合溶液(12.1.2.6)，3.0 mL 氯化锶溶液

(12.1.2.3),以水稀释至刻度,混匀。按 12.1.4.4 测量其吸光度,以氧化钙的量为横坐标,吸光度(减去零浓度溶液的吸光度)为纵坐标,绘制标准曲线。

12.1.6 **分析结果的计算**

氧化钙量用质量分数 $w(CaO)$ 计,数值以%表示,按式(10)计算:

$$w(CaO) = \frac{(m_1 - m_0) \times 10^{-6}}{m} \times 100 \quad \cdots\cdots (10)$$

式中:

m_1——自标准曲线上查得的试样溶液中的氧化钙量的数值,单位为微克(μg);

m_0——自标准曲线上查得空白试验溶液中的氧化钙量的数值,单位为微克(μg);

m——分取试料的质量的数值,单位为克(g)。

12.2 **EDTA 容量法(≥0.5%)**

12.2.1 **原理**

试样用碳酸钠-硼酸混合熔剂熔融,盐酸浸取,用氨水分离铁、铝、钛等,取部分滤液,用三乙醇胺掩蔽干扰,加氢氧化钠使试样溶液 pH 值≈13,以钙指示剂指示,用 EDTA 标准溶液滴定氧化钙量。

12.2.2 **试剂**

12.2.2.1 混合熔剂:按质量比将 2 份无水碳酸钠与 1 份硼酸研细,混匀。

12.2.2.2 盐酸(1+1)。

12.2.2.3 氢氧化钠溶液(200 g/L)。

12.2.2.4 氨水(1+1)。

12.2.2.5 氯化铵饱和溶液:称取 40g 氯化铵,溶于 100 mL 水中,混匀。

12.2.2.6 甲基红溶液(1 g/L):称取 0.1g 甲基红溶于 60 mL 乙醇中,加水至 100 mL,混匀。

12.2.2.7 硝酸铵溶液:称取 1g 硝酸铵溶于 100 mL 水中,加 1~2 滴甲基红(12.2.2.6),滴加氨水(12.2.2.4),呈弱碱性。

12.2.2.8 三乙醇胺溶液(1+10)。

12.2.2.9 氧化镁溶液(10 g/L):称取 1g 氧化镁(99.99%)于烧杯中,加少量水,滴加 10 mL 盐酸(12.2.2.2),加热煮沸溶解,用水稀释至 100 mL。

12.2.2.10 氧化钙标准溶液〔$c(CaO)$=0.01mol/L〕:

称取 1.000 9 g 已于 105℃~110℃烘至恒量的碳酸钙(99.99%)于 400 mL 烧杯中,加少量水,盖上表面皿,从杯口滴入 10 mL 盐酸(12.2.2.2),加热微沸使其溶解,取下,冷却至室温,移入 500 mL 容量瓶中,用水稀释至刻度,摇匀。

12.2.2.11 EDTA 标准滴定溶液〔$c(EDTA)$=0.01mol/L〕:

称取 3.72 g 乙二胺四乙酸二钠(EDTA)于烧杯中,加水加热溶解,冷却,用水稀释至 1 000 mL,混匀。

标定:移取 3 份 10 mL 氧化钙标准溶液(12.2.2.10),分别置于 400 mL 烧杯中,加 3~4 滴氧化镁溶液(12.2.2.9),加水至约 250 mL,加 5 mL 三乙醇胺溶液(12.2.2.8),20 mL 氢氧化钠溶液(12.2.2.3),及少量钙指示剂(12.2.2.12),用 EDTA 标准溶液(12.2.2.11)滴定至溶液由红色变为纯蓝色为终点,3 份氧化钙标准溶液所消耗 EDTA 标准滴定溶液体积的极差应不超过 0.10 mL,取其平均值,否则,应重新标定。

EDTA 标准滴定溶液的浓度用物质的量浓度 $c(EDTA)$ 计,数值以 mol/L 表示,按式(11)计算,保留 4 位有效数字:

$$c(EDTA) = \frac{V_1 c}{V - V_0} \quad \cdots\cdots (11)$$

式中：

V_1——移取氧化钙标准溶液体积的数值，单位为毫升(mL)；

c——氧化钙标准溶液浓度的数值，单位为摩尔每升(mol/L)；

V——滴定氧化钙标准溶液所用 EDTA 标准滴定溶液体积的平均值，单位为毫升(mL)；

V_0——滴定空白时所用 EDTA 标准滴定溶液体积的数值，单位为毫升(mL)。

12.2.2.12　钙指示剂：称取 1 g 钙指示剂(或钙指示剂羧酸钠盐)与 50 g 已于 105℃～110℃烘干的氯化钠研细，混匀，贮于磨口瓶中。

12.2.3　试料量

称取约 0.25 g 试料，精确至 0.1 mg。

12.2.4　测定

12.2.4.1　将试料置于盛有 3 g～4 g 混合熔剂(12.2.2.1)的铂坩埚中，混匀，再覆盖 1 g～2 g 混合熔剂(12.2.2.1)，盖上坩埚盖，并稍留缝隙，置于 800℃～900℃高温炉中，升温至 1 000℃～1 100℃熔融 15 min～30 min，取出，旋转坩埚，使熔融物均匀附着于坩埚内壁，冷却。

12.2.4.2　用滤纸擦净坩埚外壁，放入盛有煮沸的 30 mL 盐酸(12.2.2.2)和 50 mL 水的烧杯中，加热浸出熔融物至溶液清亮，用水洗出坩埚及盖，冷至室温，移入 250 mL 容量瓶中，用水稀释至刻度，摇匀。

12.2.4.3　移取 100.00 mL 试样溶液(12.2.4.2)于 200 mL 烧杯中，加 50 mL 水、10 mL 饱和氯化铵溶液(12.2.2.5)，加热煮沸，加 1～2 滴甲基红试剂(12.2.2.6)，在搅拌下滴加氨水(12.2.2.4)至溶液呈黄色后，过加 1～2 滴，加热至刚沸，取下，静置片刻，待沉淀沉降后立即用快速或中速滤纸过滤于 250 mL 容量瓶中，用热硝酸铵溶液(12.2.2.7)充分洗涤烧杯和沉淀，至滤液近刻度，冷至室温，用水稀释至刻度，摇匀(供 EDTA 法测定 CaO、MgO 用)。

注：也可采用移取 50.00 mL 试样溶液 A(8.2.4.6)进行测定。

12.2.4.4　移取 100.00 mL 分离后试液(12.2.4.3)于 400 mL 烧杯中，加水至约 250 mL，加 5 mL 三乙醇胺溶液(12.2.2.8)，20 mL 氢氧化钠溶液(12.2.2.3)及少量钙指示剂(12.2.2.12)，以 EDTA 标准滴定溶液(12.2.2.11)滴定至试样溶液由红色变为纯蓝色为终点。

12.2.5　分析结果的计算

氧化钙量用质量分数 $w(CaO)$ 计，数值以%表示，按式(12)计算：

$$w(\mathrm{CaO})=\frac{56.079\times c(V-V_0)/1\,000}{m_1}\times 100 \qquad (12)$$

式中：

c——EDTA 标准滴定溶液浓度的准确数值，单位为摩尔每升(mol/L)；

V——滴定时所用 EDTA 标准滴定溶液体积的数值，单位为毫升(mL)；

V_0——滴定空白所用 EDTA 标准滴定溶液体积的数值，单位为毫升(mL)；

m_1——分取试料质量的数值，单位为克(g)；

56.079——CaO 的摩尔质量的数值，单位为克每摩尔(g/mol)。

12.3　EGTA 络合滴定法(≥1%)

12.3.1　原理

试样用碳酸钠-硼酸混合熔剂熔融，稀盐酸浸取，以六次甲基四胺溶液二次分离铁、铝、钛、硅等。取部分滤液，加过量 EGTA 标准溶液，在 pH 值大于 13 时加钙黄绿素-茜素混合指示剂，用氧化钙标准溶液进行反滴并过量，再以 EGTA 标准溶液回滴过量的氧化钙。

12.3.2　试剂

12.3.2.1　混合熔剂：按质量比将 2 份无水碳酸钠与 1 份硼酸研细，混匀。

12.3.2.2　盐酸(1+1)。

12.3.2.3　盐酸(2+98)。

12.3.2.4 氢氧化钾溶液(300g/L),贮于塑料瓶中。

12.3.2.5 六次甲基四胺溶液(300g/L)。

12.3.2.6 六次甲基四胺溶液(10g/L)。

12.3.2.7 三乙醇胺(1+10)。

12.3.2.8 氨性缓冲溶液(pH值=10):称取67.5g氯化铵,加水溶解,加570 mL氨水(ρ0.90g/ mL),以水稀释至1 000 mL。

12.3.2.9 氧化钙标准溶液〔c(CaO)=0.01mol/L〕:

称取1.000 9 g预先在105℃~110℃烘至恒量的碳酸钙(基准试剂),置于400 mL烧杯中,加少量水,盖上表皿,沿杯嘴慢慢加入盐酸(12.3.2.2),加热煮沸溶解,冷至室温,移入500 mL容量瓶中,用水稀释至刻度,摇匀。

12.3.2.10 EGTA标准溶液〔c(EGTA) =0.01 mol/L〕:

a) 配制。称取3.8g乙二醇二乙醚二胺四乙酸(EGTA),置于500 mL烧杯中,加250 mL水,低温加热,搅拌下滴加氢氧化钾溶液(12.3.2.4)至刚好溶解,冷至室温,移入1 000 mL容量瓶中,用水稀释至刻度,摇匀。

b) 标定。移取25.00 mL氧化钙标准溶液(13.3.2.9)3份分别置于250 mL烧杯中,加50 mL水、10 mL氢氧化钾溶液(12.3.2.4),加少量钙黄绿素-茜素混合指示剂(12.3.2.11),以EGTA标准溶液(12.3.2.10)滴定(滴定台底与背景用黑色衬托)至绿色荧光消失,呈现稳定的红紫色即为终点。3份氧化钙标准溶液所消耗EGTA标准溶液体积的极差不应超过0.10 mL,取平均值。否则,应重新标定。

c) 计算。EGTA标准滴定溶液的浓度用物质的量浓度c(EGTA)计,数值以mol/L表示,按式(13)计算,保留4位有效数字:

$$c(\mathrm{EGTA}) = \frac{V_1 c}{V - V_0} \qquad (13)$$

式中:

V_1——移取氧化钙标准溶液体积的数值,单位为毫升(mL);

c——氧化钙标准溶液浓度的数值,单位为摩尔每升(mol/L);

V——滴定氧化钙标准溶液所用EGTA标准滴定溶液体积的平均值,单位为毫升(mL);

V_0——滴定空白时所用EGTA标准滴定溶液体积的数值,单位为毫升(mL)。

12.3.2.11 钙黄绿素-茜素混合指示剂(2+1):取0.1 g钙黄绿素、0.05 g茜素,加10 g硫酸钾研细,混匀。

12.3.2.12 刚果红试纸。

12.3.3 试料量

称取0.2 g试料,精确至0.1 mg。

12.3.4 测定

12.3.4.1 将试料(12.3.2.1)置于盛有3 g~4 g混合熔剂(12.3.2.1)的铂坩埚中,搅匀,再覆盖1 g~2 g混合熔剂(12.3.2.1)盖上坩埚盖,置于800℃~900℃高温炉中,升温至1 000℃~1 100℃熔融15 min~30 min,取出,旋转坩埚,使熔融物均匀附着于坩埚内壁,冷却。

12.3.4.2 用滤纸擦净坩埚外壁,置于盛有煮沸的30 mL盐酸(12.3.2.2)和50 mL水的烧杯中,盖上表皿,加热浸出熔融物至溶液清亮,用热稀盐酸(12.3.2.3)洗出坩埚及盖,冷至室温,向溶液中投入一小块刚果红试纸(12.3.2.12),用氢氧化钾溶液(12.3.2.4)中和大部分酸(刚果红试纸变为蓝紫色),加六次甲基四胺溶液(12.3.2.5)至沉淀刚出现(刚果红试纸呈红色),过量20 mL,在约70℃保温5 min~10 min。氢氧化物沉淀用中速或快速滤纸过滤,用热六次甲基四胺溶液(12.3.2.6)洗烧杯(2~3)次,洗沉淀(5~6)次,滤液保留。

12.3.4.3 打开滤纸将其贴于原烧杯壁上，用 10 mL 盐酸（12.3.2.2）将沉淀溶解，用热盐酸（12.3.2.3）将滤纸冲洗干净，用水稀释至体积约 150 mL，溶液煮沸，取下，冷至室温，用氢氧化钾溶液（12.3.2.4）中和大部分酸，再加六次甲基四胺溶液（12.3.2.5）至沉淀产生，过量 15 mL，在约 70℃保温 10 min，再次用中速或快速滤纸过滤，用热六次甲基四胺溶液（12.3.2.6）充分洗涤烧杯及沉淀，两次滤液合并移入500 mL容量瓶中，冷至室温，用水稀释至刻度，摇匀（供 EGTA 法测定 CaO 和 CyDTA 法测定 MgO 用）。

12.3.4.4 移取分离后的试样溶液（12.3.4.3）100.00 mL，置于 400 mL 烧杯中，加 50 mL 水稀释，加 5 mL 三乙醇胺（12.3.2.7），按试样中氧化钙的含量，加 EGTA 标准溶液（12.3.2.10）并过量 5 mL～10 mL（记下读数 V_1），加 12 mL 氢氧化钾溶液（12.3.2.4），放置 20 min～30 min，加少量钙黄绿素-茜素混合指示剂（12.3.2.11），用氧化钙基准溶液（12.3.2.9）滴定至稳定荧光并过量 2 mL 左右（调整为一整数，记下读数 V_2），补加少量钙黄绿素-茜素混合指示剂（12.3.2.11），用 EGTA 标准溶液（12.3.2.10）在黑色背景下滴至粉紫色为终点（记下读数 V_3）。

12.3.5 分析结果的计算

氧化钙量用质量分数 $w(\mathrm{CaO})$ 计，数值以%表示，按式（14）计算：

$$w(\mathrm{CaO})=\frac{56.079\times[c(V_1+V_3-V_0)-c_1\times V_2]/1\,000}{m_1}\times100 \qquad \cdots\cdots\cdots\cdots(14)$$

式中：

V_1——加入 EGTA 标准滴定溶液的体积的数值，单位为毫升（mL）；

V_2——回滴所消耗的氧化钙基准溶液的体积的数值，单位为毫升（mL）；

V_3——返滴所消耗的 EGTA 标准滴定溶液的体积的数值，单位为毫升（mL）；

V_0——空白所消耗的 EGTA 标准滴定溶液的体积的数值，单位为毫升（mL）；

c——EGTA 标准滴定溶液浓度的准确数值，单位为摩尔每升（mol/L）；

c_1——氧化钙基准溶液浓度的数值，单位为摩尔每升（mol/L）；

m_1——分取试料质量的数值，单位为克（g）；

56.079——CaO 的摩尔质量的数值，单位为克每摩尔（g/moL）。

13 氧化镁的测定

氧化镁可按以下 3 种方法之一测定：

a) EDTA 络合滴定法（≤98%）（13.1）；

b) CyDTA 络合滴定法（≤98%）（13.2）；

c) 差减法（测定 MgO≥97%的高纯镁砂）（13.3）。

13.1 EDTA 络合滴定法（≤98%）

13.1.1 原理

试样用碳酸钠-硼酸混合熔剂熔融，盐酸浸取，用氨水分离铁、铝、钛等，取部分滤液，用三乙醇胺掩蔽干扰，加氢氧化钠使试样溶液 pH 值≈13，以钙指示剂指示，用 EDTA 标准溶液滴定氧化钙量，另取部分滤液用三乙醇胺掩蔽干扰，加氨性缓冲溶液（pH 值=10），以铬黑 T 指示，用 EDTA 标准溶液滴定氧化钙、氧化镁合量。

13.1.2 试剂

13.1.2.1 盐酸（1+1）

13.1.2.2 三乙醇胺（1+10）。

13.1.2.3 氨性缓冲溶液（pH 值=10）：称取 67.5 g 氯化铵溶于水中，加 570 mL 氨水（ρ 0.90 g/mL），用水稀释至 1 000 mL，混匀。

13.1.2.4 氧化镁标准溶液〔$c(\mathrm{MgO})=0.025$ mol/L〕：

称取 0.503 9 g 预先在 950℃～1 000℃灼烧 1 h，并冷却至室温的氧化镁（99.99%），于 250 mL 烧

杯中，加少量水，盖上表皿，由杯嘴慢慢加入 5 mL 盐酸(13.1.2.1)，加热煮沸溶解，冷至室温，移入 500 mL 容量瓶中，用水稀释至刻度，摇匀。

13.1.2.5 EDTA 标准滴定溶液〔c(EDTA)=0.01 mol/L 和 c(EDTA)=0.025 mol/L〕：

a) 配制。称取表 9 规定量的乙二胺四乙酸二钠(EDTA)于烧杯中，加水加热溶解，冷却，用水稀释至 1 000 mL，混匀。

表 9 EDTA 标准滴定溶液的配制

c(EDTA)/(mol/L)	乙二胺四乙酸二钠的质量/g
0.01	3.72
0.025	9.3

b) 标定。按表 10 规定量移取 3 份氧化镁标准溶液(13.1.2.4)，分别置于 400 mL 烧杯中，加水至约 250 mL、加 5 mL 三乙醇胺(13.1.2.2)，15 mL 氨性缓冲溶液(13.1.2.3)及少许铬黑 T 指示剂(13.1.2.6)，用 EDTA 标准滴定溶液(13.1.2.5)滴定至溶液由红色变为蓝色为终点。3 份氧化镁标准溶液所消耗 EDTA 标准溶液的体积的极差应不超过 0.10 mL，取其平均值。否则，应重新标定。

表 10 EDTA 标准滴定溶液的标定

c(EDTA)/(mol/L)	氧化镁标准溶液(13.1.2.4)体积/mL
0.01	15.00
0.025	40.00

c) 计算。EDTA 标准滴定溶液的浓度用物质的量浓度 c(EDTA)计，数值以 mol/L 表示，按式(15)计算，保留 4 位有效数字：

$$c(\mathrm{EDTA}) = \frac{V_1 c}{V - V_0} \quad \cdots\cdots(15)$$

式中：

V_1——移取氧化镁标准溶液体积的数值，单位为毫升(mL)；

c——氧化镁标准溶液浓度的数值，单位为摩尔每升(mol/L)；

V——滴定时所用 EDTA 标准滴定溶液体积的数值，单位为毫升(mL)；

V_0——滴定空白时所用 EDTA 标准滴定溶液体积的数值，单位为毫升(mL)。

13.1.2.6 铬黑 T 指示剂：称取 1 g 铬黑 T 和 50 g 预先于 105℃～110℃烘干的氯化钠研细，混匀，贮存于磨口瓶中。

13.1.3 测定

移取 100.00 mL 分离后的试样溶液(12.2.4.3)于 400 mL 烧杯中，加水至约 250 mL，加 5 mL 三乙醇胺(13.1.2.2)，15 mL 氨性缓冲溶液(13.1.2.3)，少许铬黑 T 指示剂(13.1.2.7)，用合适浓度的 EDTA标准滴定溶液(13.1.2.5)滴定至溶液由红色变为蓝色为终点。

注：试样中 w(MgO)≤30%时，用 c(EDTA) =0.01 mol/L 的标准溶液滴定；w(MgO)≥30%，用 c(EDTA) = 0.025 mol/L的标准溶液滴定。

13.1.4 分析结果的计算

氧化镁用质量分数 w(MgO)计，数值以%表示，按式(16)计算：

$$w(\mathrm{MgO}) = \frac{40.311 \times c(V_1 - V_0)/1\,000}{m_1} \times 100 - w(\mathrm{CaO}) \times 0.718\,7 \quad \cdots\cdots(16)$$

式中：

c——EDTA 标准滴定溶液浓度的准确数值，单位为摩尔每升(mol/L)；

V_1——滴定时所用 EDTA 标准滴定溶液体积的数值，单位为毫升(mL)；

V_0——滴定空白所用 EDTA 标准滴定溶液体积的数值，单位为毫升(mL)；

m_1——分取试料质量的数值，单位为克(g)；

40.311——MgO 的摩尔质量的数值，单位为克每摩尔(g/mol)；

0.718 7——CaO 换算成 MgO 的系数。

13.2 CyDTA 络合滴定法(≤98%)

13.2.1 原理

试样用碳酸钠-硼酸混合熔剂熔融，稀盐酸浸取，以六次甲基四胺溶液二次分离铁、铝、钛、硅等。取部分滤液，加过量 EGTA 标准溶液掩蔽钙，加 pH10 的氨性缓冲溶液，以酸性铬蓝 K-萘酚绿 B 混合指示剂指示，用 CyDTA 标准溶液滴定氧化镁。

13.2.2 试剂

13.2.2.1 三乙醇胺(1+10)。

13.2.2.2 氢氧化钾溶液(300 g/L)。

13.2.2.3 氨性缓冲溶液(pH10)：移取 67.5 g 氯化铵，加水溶解，加 570 mL 氨水(ρ 0.90 g/mL)，以水稀释至 1 000 mL。

13.2.2.4 氧化镁标准溶液〔c(MgO)=0.01 mol/L〕：

称取 0.503 9 g 预先在 950℃～1 000℃灼烧 1 h 并于干燥器中冷却至室温的氧化镁(99.99%)，置于 250 mL 烧杯中，加少量水，盖上表皿，由杯嘴慢慢加入 5 mL 盐酸，加热煮沸溶解，冷至室温，移入 500 mL 容量瓶中，用水稀释至刻度，摇匀。

13.2.2.5 CyDTA 标准滴定溶液〔c(CyDTA)=0.01 mol/L 和 c(CyDTA)=0.025 mol/L〕：

a) 配制。按表 11 规定量称取环己二胺四乙酸(CyDTA)，分别置于 500 mL 烧杯中，加 250 mL 水，低温加热，搅拌下滴加氢氧化钾溶液(13.2.2.2)至刚溶，取下，冷至室温，分别移入 1 000 mL容量瓶中，用水稀释至刻度，摇匀。

表 11 CyDTA 标准滴定溶液的配制

c(CyDTA)/(mol/L)	环己二胺四乙酸的质量/g
0.01	3.64
0.025	9.1

b) 标定。按表 12 规定量移取两组各 3 份氧化镁标准溶液(13.2.2.5)，分别置于 400 mL 烧杯中，加约 100 mL 沸水，加 10 mL 氨性缓冲溶液(13.2.2.2)，加 2 滴酸性铬蓝 K 指示剂(13.2.2.3)与 6 滴萘酚绿 B 指示剂(13.2.2.4)，每组分别用不同浓度的 CyDTA 标准滴定溶液(13.2.2.5)滴定至红色消失转为蓝色为终点。3 份氧化镁标准溶液所消耗 CyDTA 标准滴定溶液体积的极差应不超过 0.10 mL，取其平均值。否则，应重新标定。

表 12 CyDTA 标准滴定溶液的标定

c(CyDTA)/(mol/L)	氧化镁标准溶液(13.2.2.4)体积/mL
0.01	15.00
0.025	40.00

c) 计算。CyDTA 标准滴定溶液的浓度用物质的量浓度 c(CyDTA)计，数值以 mol/L 表示，按式(17)计算，保留 4 位有效数字：

$$c(\mathrm{CyDTA})=\frac{V_1 c}{V-V_0} \qquad (17)$$

式中：

V_1——移取氧化镁标准溶液体积的数值，单位为毫升(mL)；

c——氧化镁标准溶液浓度的数值，单位为摩尔每升(mol/L)；

V——滴定氧化镁标准溶液所用 CyDTA 标准滴定溶液体积的平均值,单位为毫升(mL);

V_0——滴定空白时所用 CyDTA 标准滴定溶液体积的数值,单位为毫升(mL)。

13.2.2.6 酸性铬蓝 K 指示剂溶液(5 g/L):用三乙醇胺(1+1)配制。

13.2.2.7 萘酚绿 B 指示剂溶液(5 g/L):用三乙醇胺(1+1)配制。

13.2.3 测定

移取 100.00 mL 分离后的试样溶液(12.3.4.3),置于 500 mL 烧杯中,加约 150 mL 的沸水、5 mL 三乙醇胺(13.2.2.1)、10 mL 氨性缓冲溶液(13.2.2.3),加滴定钙所需的 CyDTA 标准滴定溶液(13.3.2.5)并过量 0.5 mL,加 2 滴酸性铬蓝 K 指示剂溶液(13.2.2.6)、6 滴萘酚绿 B 指示剂溶液(13.2.2.7),用合适浓度的 CyDTA 标准滴定溶液(13.2.2.5) 滴至蓝绿色为终点。

注:试样中 $w(MgO) \leqslant 30\%$ 时,用 $c(CyDTA) = 0.01$ mol/L 的标准滴定溶液滴定;$w(MgO) \geqslant 30\%$ 时,用 $c(CyDTA) = 0.025$ mol/L 的标准滴定溶液滴定。

13.2.4 分析结果的表述

氧化镁量用质量分数 $w(MgO)$计,数值以%表示,按式(18)计算:

$$w(MgO) = \frac{40.311 \times c(V_1 - V_0)/1\,000}{m_1} \times 100 \quad \cdots\cdots (18)$$

式中:

c——CyDTA 标准滴定溶液浓度的准确数值,单位为摩尔每升(mol/L);

V_1——滴定时所用 CyDTA 标准滴定溶液体积的数值,单位为毫升(mL);

V_0——滴定空白所用 CyDTA 标准滴定溶液体积的数值,单位为毫升(mL);

m_1——分取试料质量的数值,单位为克(g);

40.311——MgO 的摩尔质量的数值,单位为克每摩尔(g/mol)。

13.3 差减法(测定 MgO≥97%的高纯镁砂)

本方法适用于硅、铁、铝、钙、钛、磷、锰、镁氧化物以外,微量元素之和小于 0.05%,氧化镁含量≥97%的高纯镁砂中氧化镁量的测定。

氧化镁量用质量分数 $w(MgO)$计,数值以%表示,按式(19)计算:

$$w(MgO) = 100 - w(SiO_2) - w(Fe_2O_3) - w(Al_2O_3) - w(CaO) - w(TiO_2) - w(P_2O_5) - w(MnO) \quad \cdots\cdots (19)$$

式中:

$w(M)$——分别为各元素氧化物的质量分数。

14 氧化钾、氧化钠的测定

14.1 原理

试样用氢氟酸-高氯酸分解后,制成硝酸溶液,于原子吸收光谱仪波长 766.5 nm 和 589.0 nm 处分别测量钾、钠的吸光度。

14.2 试剂

14.2.1 硝酸(1+1):用优级纯硝酸配制。

14.2.2 氢氟酸(ρ1.15 g/mL):优级纯。

14.2.3 高氯酸(ρ1.68 g/mL):优级纯。

14.2.4 氧化钾标准贮存溶液(含 K_2O 1.0 mg/mL):

称取 0.791 5 g 预先在 450℃～500℃灼烧 1.5 h 的氯化钾(99.99%),置于 250 mL 烧杯中,加水溶解后,移入 500 mL 容量瓶中,用水稀释至刻度,摇匀,贮于塑料瓶中。

14.2.5 氧化钾标准溶液(含 K_2O 0.1 mg/mL):

移取 50.00 mL 氧化钾标准贮存溶液(14.2.4),置于 500 mL 容量瓶中,用水稀释至刻度,摇匀,贮于塑料瓶中。

14.2.6 氧化钠标准贮存溶液(含 Na_2O 1.0 mg/mL):

称取 0.943 0 g 预先在 450℃～500℃灼烧 1.5h 并于干燥中冷至室温的氯化钠(99.99%),置于 250 mL 烧瓶中,加水溶解后,移入 500 mL 容量瓶中,用水稀释至刻度,摇匀,贮于塑料瓶中。

14.2.7 氧化钠标准溶液(含 Na_2O 0.1 mg/mL):

移取 50.00 mL 氧化钠标准贮存溶液(14.2.6),置于 500 mL 容量瓶中,用水稀释至刻度,摇匀,贮于塑料瓶中。

14.2.8 氧化钾-氧化钠混合标准溶液(含 K_2O 10 μg/mL,含 Na_2O 5 μg/mL):

移取 50.00 mL 氧化钾标准溶液(14.2.5)和 25.00 mL 氧化钠标准溶液(14.2.7),置于 500 mL 容量瓶中,用水稀释至刻度,摇匀。用时配制。

14.3 试料量

称取 0.2 g 试料,精确到 0.1 mg。

14.4 测定

14.4.1 将试料置于铂皿中,用少量水湿润,加入 10 mL 氢氟酸(14.2.2)、2.0 mL 高氯酸(14.2.3),加热分解至冒尽高氯酸白烟,取下,稍冷,用水冲洗铂皿壁,加入 2.0 mL 高氯酸(14.2.3),继续加热至冒尽高氯酸白烟,取下,冷却。

14.4.2 加入 4.0 mL 硝酸(14.2.1)、10 mL 水,低温加热至盐类溶解,取下,冷却。移入 100 mL 容量瓶中,用水稀释至刻度,摇匀,澄清。

14.4.3 于原子吸收光谱仪波长 766.5 nm 和 589.0 nm 处,用空气-乙炔火焰,采用标准曲线法,以水调零,分别测量试样溶液和空白试验溶液的吸光度。或采用高精度测量法,测量低校准溶液、试样溶液和高校准溶液的吸光度。

14.4.4 若试样中 $w(K_2O)>0.2\%$、$w(Na_2O)>0.1\%$,移取 5.00 mL 试样溶液(14.4.2),置于100 mL 容量瓶中,加入 3.8 mL 硝酸(14.2.1),用水稀释至刻度,摇匀。按 14.4.3 测量吸光度。

14.5 标准曲线的绘制

移取 0、2.00 mL、4.00 mL、8.00 mL、12.00 mL、16.00 mL、20.00 mL 氧化钾-氧化钠混合标准溶液(14.2.8),置于一组 100 mL 容量瓶中,加 2 mL 硝酸(14.2.1),用水稀释至刻度,摇匀。按 14.4.5 测量其吸光度,以氧化钾、氧化钠的量为横坐标,吸光度(减去零浓度溶液的吸光度)为纵坐标,分别绘制标准曲线。

14.6 分析结果的表述

14.6.1 标准曲线法:氧化钾(氧化钠)用质量分数 $w(K_2O\text{或}Na_2O)$计,数值以%表示,按式(20)计算:

$$w(K_2O\text{或}Na_2O)=\frac{(m_1-m_0)\times10^{-6}}{m}\times100 \qquad \cdots\cdots(20)$$

式中:

m_1——自标准曲线上查得的试样溶液中的氧化钾或氧化钠量的数值,单位为微克(μg);

m_0——自标准曲线上查得空白试样溶液中的氧化钾或氧化钠量的数值,单位为微克(μg);

m——分取试料的质量的数值,单位为克(g)。

14.6.2 高精度测量法:氧化钾(氧化钠)用质量分数 $w(K_2O\text{或}Na_2O)$计,数值以%表示,按式(21)计算:

$$w(K_2O\text{或}Na_2O)=\left[c_1+\frac{c_2-c_1}{A_2-A_1}\times(A-A_1)\right]\frac{10^{-6}}{m}\times100 \qquad \cdots\cdots(21)$$

式中:

c_1——低校准溶液中氧化钾或氧化钠的浓度的数值,单位为微克每毫升(μg/ mL);

c_2——高校准溶液中氧化钾或氧化钠的浓度的数值,单位为微克每毫升(μg/ mL);

A_1——低校准溶液中氧化钾或氧化钠的吸光度；

A_2——高校准溶液中氧化钾或氧化钠的吸光度；

A——试样溶液的吸光度；

m——分取试料的质量的数值，单位为克(g)。

15 氧化锰的测定

15.1 原理

试样用氢氟酸-高氯酸分解后，不溶残渣用碳酸钠-硼酸混合熔剂熔融，制成盐酸溶液，于原子吸收光谱仪波长 279.5 nm 处，测量其吸光度。镁石试样用氢氟酸-高氯酸分解后，制成盐酸溶液直接进行测定。硅的干扰用氢氟酸分解试样挥散消除。

15.2 试剂

15.2.1 混合熔剂：按质量比将 2 份无水碳酸钠(优级纯)与 1 份硼酸(优级纯)研细，混匀。

15.2.2 盐酸(1+1)：用优级纯盐酸配制。

15.2.3 氢氟酸(ρ1.15 g/mL)：优级纯。

15.2.4 高氯酸(ρ1.68 g/mL)：优级纯。

15.2.5 混合熔剂-盐酸溶液：准确称取 20.0 g 混合熔剂(15.2.1)，加入 40 mL 盐酸(15.2.2)，溶解后移入 100 mL 容量瓶中，用水稀释至刻度，摇匀。

15.2.6 氧化锰标准贮存溶液(含 MnO 1.0 mg/mL)。

称取 0.387 2 g 金属锰(99.99%)，置于 250 mL 烧杯中，加入 10 mL 盐酸(15.2.2)，待其溶解后移入 500 mL 容量瓶中，用水稀释至刻度，摇匀。

注：金属锰应预先用硫酸(5+95)处理，溶解表面氧化物，用水洗净，再用无水乙醇洗 3～4 次，自然干燥后使用。

15.2.7 氧化锰标准溶液(含 MnO 20 μg/mL)：

移取 20.00 mL 氧化锰标准贮存溶液(15.2.6)，置于 1 000 mL 容量瓶中，用水稀释至刻度，摇匀。

15.3 试料量

称取约 0.10 g 试料，精确至 0.1 mg。

15.4 测定

15.4.1 将试料置于铂皿中，用少量水湿润，加入 10 mL 氢氟酸(15.2.3)、2 mL 高氯酸(15.2.4)，加热分解至冒尽高氯酸白烟，取下，稍冷，用水冲洗铂皿壁，加入 2 mL 高氯酸(15.2.4)，继续加热至冒尽高氯酸白烟，取下，冷却。

15.4.2 加入 4 mL 盐酸(15.2.2)、10 mL 水，低温加热至盐类溶解，用慢速定量滤纸过滤，滤液用 100 mL 容量瓶承接，用热水洗涤铂皿及滤纸 3～4 次(此为主液)。

15.4.3 将沉淀连同滤纸置于铂坩埚中干燥，灰化后，加 1 g 混合熔剂(15.2.1)，仔细混匀，置于高温炉中于 1 000℃熔融 5 min～15 min(空白熔融 5 min)，取出，冷却。

15.4.4 向铂坩埚中分次加入 6 mL 盐酸(15.2.2)和少量水，加热浸取熔融物，将溶液并入主液(15.4.2)中，用水稀释至刻度，摇匀。以下按 15.4.6 或 15.4.7 操作。

15.4.5 若是镁石试样，按 15.4.1 分解后，加入 8 mL 盐酸(15.2.2)、10 mL 水，低温加热至盐类溶解，取下，冷却，移入 100 mL 容量瓶，用水稀释至刻度，摇匀，澄清。以下按 15.4.7 操作。

15.4.6 若试样中 $w(MnO)>0.3\%$时，移取 50.00 mL 试样溶液(15.4.4)，置于 100 mL 容量瓶中，加 4 mL 盐酸(15.2.2)、2.5 mL 混合熔剂-盐酸溶液(15.2.1)，用水稀释至刻度，摇匀，澄清。

15.4.7 于原子吸收光谱仪波长 279.5 nm 处，用空气-乙炔火焰，采用标准曲线法，以水调零，测量试样溶液和空白试验溶液的吸光度。或采用高精度测量法，测量低校准溶液，试样溶液和高校准溶液的吸光度。

15.5 标准曲线的绘制

15.5.1 移取 0、1.00 mL、3.00 mL、5.00 mL、7.00 mL、9.00 mL、11.00 mL、13.00 mL、15.00 mL 氧化锰标准溶液(15.2.7),分别置于一组 100 mL 容量瓶中,加 8 mL 盐酸(15.2.2)、5 mL 混合熔剂-盐酸溶液(15.2.5),用水稀释至刻度,摇匀。

15.5.2 镁石试样曲线的绘制。移取 0、1.00 mL、3.00 mL、5.00 mL、7.00 mL、9.00 mL、11.00 mL、13.00 mL、15.00 mL 氧化锰标准溶液(15.2.7),分别置于一组 100 mL 容量瓶中,加 8 mL 盐酸(15.2.2),用水稀释至刻度,摇匀。

15.5.3 于原子吸收光谱仪波长 279.5 nm 处,用空气-乙炔火焰,以水调零,测量吸光度。以氧化锰量为横坐标,吸光度(减去零浓度溶液的吸光度)为纵坐标,绘制标准曲线。

15.6 分析结果的计算

15.6.1 标准曲线法:氧化锰用质量分数 $w(MnO)$ 计,数值以%表示,按式(22)计算:

$$w(\mathrm{MnO}) = \frac{(m_1 - m_0) \times 10^{-6}}{m} \times 100 \qquad \cdots\cdots(22)$$

式中:

m_1——自标准曲线上查得的试样溶液中的氧化锰的浓度的数值,单位为微克(μg);

m_0——自标准曲线上查得的空白溶液中的氧化锰浓度的数值,单位为微克(μg);

m——分取试料的质量的数值,单位为克(g)。

15.6.2 高精度测量法:氧化锰用质量分数 $w(MnO)$ 计,数值以%表示,按式(23)计算:

$$w(\mathrm{MnO}) = \left[c_1 + \frac{c_2 - c_1}{A_2 - A_1} \times (A - A_1)\right] \frac{10^{-6}}{m} \times 100 \qquad \cdots\cdots(23)$$

式中:

c_1——低校准溶液中氧化锰的浓度的数值,单位为微克每毫升(μg/mL);

c_2——高校准溶液中氧化锰的浓度的数值,单位为微克每毫升(μg/mL);

A_1——低校准溶液中氧化锰的吸光度;

A_2——高校准溶液中氧化锰的吸光度;

A——试样溶液的吸光度;

m——分取试料的质量的数值,单位为克(g)。

16 五氧化二磷的测定

16.1 原理

试样用混合熔剂熔融,盐酸浸取,以铋盐为催化剂用抗坏血酸,盐酸羟胺还原,加钼酸铵-酒石酸钾钠混合溶液显色。于分光光度计波长 700 nm 处,测量其吸光度。

16.2 试剂

16.2.1 混合熔剂:按质量比将 2 份无水碳酸钠与 1 份硼酸混匀,研细。

16.2.2 盐酸(1+2)。

16.2.3 盐酸(4+96)。

16.2.4 氢氧化钾溶液(30%)。

16.2.5 抗坏血酸-盐酸羟胺-硝酸铋混合溶液:称取 2 g 硝酸铋溶于 20 mL 盐酸(1+1)中。另称取25 g 抗坏血酸与 25 g 盐酸羟胺溶于 480 mL 盐酸(1+47)中,将上述两种溶液合并,混匀。

16.2.6 钼酸铵-酒石酸钾钠混合溶液:称取 10 g 钼酸铵与 20 g 酒石酸钾钠溶于 500 mL 水中。

16.2.7 对硝基酚溶液(1%):用乙醇配制。

16.2.8 五氧化二磷标准贮存溶液(含 P_2O_5 0.1 mg/mL):称取 0.191 8 g 预先在 105℃～110℃烘 1 h 的磷酸二氢钾(基准试剂)置于烧杯中,加水溶解,移入 1 000 mL 容量瓶中,用水稀释至刻度,摇匀。

16.2.9 五氧化二磷标准溶液(含 P_2O_5 10 μg /mL):移取 100.00 mL 五氧化二磷标准贮存溶液(16.2.8)置于 1 000 mL 容量瓶中,用水稀释至刻度,摇匀。

16.3 试料量

称取约 0.5 g 试料,精确至 0.1 mg。

16.4 测定

16.4.1 将试料置于盛有 4 g 混合熔剂(16.2.1)的铂坩埚中,混匀,再覆盖 2 g 混合熔剂(16.2.1),盖上坩埚盖,置于 800℃~900℃高温炉中,逐渐升温,在 1 000℃~1 100℃熔融 25 min,取出,旋转坩埚使熔融物均匀附着于坩埚内壁,冷却,用水冲洗坩埚外壁,置于盛有 75 mL 盐酸(16.2.2)的 250 mL 烧杯中,加热浸取,洗出坩埚及盖,冷至室温,移入 250 mL 容量瓶中,用水稀释至刻度,混匀。

16.4.2 移取 20.00 mL 试样溶液(16.4.1),置于 50 mL 容量瓶中,加 2 滴对硝基酚溶液(16.2.7),用氢氧化钾溶液(16.2.4)小心中和至黄色,再用盐酸(16.2.3)中和至无色,加 5 mL 盐酸(16.2.3),5 mL 抗坏血酸-盐酸羟胺-硝酸铋混合溶液(16.2.5),混匀,加 5 mL 钼酸铵-酒石酸钾钠混合溶液(16.2.6),用水稀释至刻度,混匀,放置 20 min。

16.4.3 于分光光度计波长 700 nm 处,以随同试样的空白为参比,用 3 cm 吸收皿,测量其吸光度。

16.5 工作曲线的绘制

移取 0、0.50 mL、1.00 mL、2.00 mL、3.00 mL、4.00 mL 五氧化二磷标准溶液(16.2.9),分别置于一组 50 mL 容量瓶中,加水至 20 mL,以下按 16.4.2 进行。

于分光光度计波长 700 nm 处,以试剂空白为参比,用 3 cm 吸收皿,测量其吸光度,绘制工作曲线。

16.6 分析结果的计算

五氧化二磷用质量分数 $w(P_2O_5)$ 计,数值以%表示,按式(24)计算:

$$w(P_2O_5) = \frac{m_1 \times 10^{-6}}{m} \times 100 \quad \cdots\cdots(24)$$

式中:

m_1——由工作曲线上查得的五氧化二磷量的数值,单位为微克(μg);

m——分取试料质量的数值,单位为克(g)。

17 镁砂中游离氧化钙的测定

17.1 原理

在 60℃~70℃,乙二醇与游离氧化钙生成弱碱性乙二醇钙,以甲基橙为指示剂,用盐酸滴定,根据盐酸消耗的量计算游离氧化钙量。

17.2 试剂

17.2.1 乙二醇。

17.2.2 无水乙醇。

17.2.3 碳酸钠(基准试剂)。

17.2.4 盐酸标准滴定溶液

a) 配制。用量杯量取 6 mL 盐酸(1+1),置于 1 000 mL 容量瓶中,用水稀释至刻度。

b) 标定。精确称取 1.907 8g 已在 130℃烘 2 h 并冷至室温的碳酸钠(17.2.3),于 250 mL 烧杯中,加 100 mL 水,加热溶解,冷却后移入 1 000 mL 容量瓶中,用水稀释至刻度,混匀。

   移取 20.00 mL 上述溶液,于 250 mL 锥形瓶中,加 3 滴甲基橙指示剂(17.2.5),用盐酸标准滴定溶液滴定至红色即为终点(反复加热煮沸,流水冷却,滴定至橙红色不变)。

c) 计算盐酸标准滴定溶液的准确浓度用物质的量浓度 $c(HCl)$ 计,数值以 mol/L 表示,按式(25)计算:

$$c(HCl) = \frac{1.907\,8 V_1}{105.99 V_2} \quad \cdots\cdots(25)$$

式中：

V_1——移取碳酸钠标准溶液体积的数值，单位为毫升(mL)；

V_2——滴定所消耗盐酸标准滴定溶液体积的数值，单位为毫升(mL)；

1.907 8——碳酸钠溶液浓度的数值，单位为克每升(g/L)；

105.99——碳酸钠的摩尔质量的数值，单位为克每摩尔(g/mol)。

17.2.5 甲基橙指示剂(1 g/L)。

17.3 试料量

称取约 1 g 试料，精确至 0.1 mg。

17.4 测定

将试料置于 150 mL 锥形瓶中，加入 25 mL 乙二醇，在 60℃～70℃的恒温磁力搅拌器上，搅拌 20 min取下，趁热抽滤于 500 mL 锥形瓶中，用无水乙醇(17.2.2)洗涤 4 次锥形瓶及残渣，加 3 滴甲基橙指示剂(17.2.5)于滤液中，用盐酸标准滴定溶液(17.2.4)滴定至橙红色即为终点。

17.5 分析结果的计算

游离氧化钙量用质量分数 $w(\mathrm{F.CaO})$ 计，数值以％表示，按式(26)计算：

$$w(\mathrm{F.CaO}) = \frac{56.08 \times cV}{1\,000 \times m} \times 100 \quad \cdots\cdots (26)$$

式中：

c——盐酸标准滴定溶液准确浓度的数值，单位为摩尔每升(mol/L)

V——滴定所消耗盐酸标准滴定溶液的体积的数值，单位为毫升(mL)；

m——试料的质量的数值，单位为克(g)；

56.08——氧化钙的摩尔质量的数值，单位为克每摩尔(g/mol)。

附　录　A
（规范性附录）
验收分析值程序

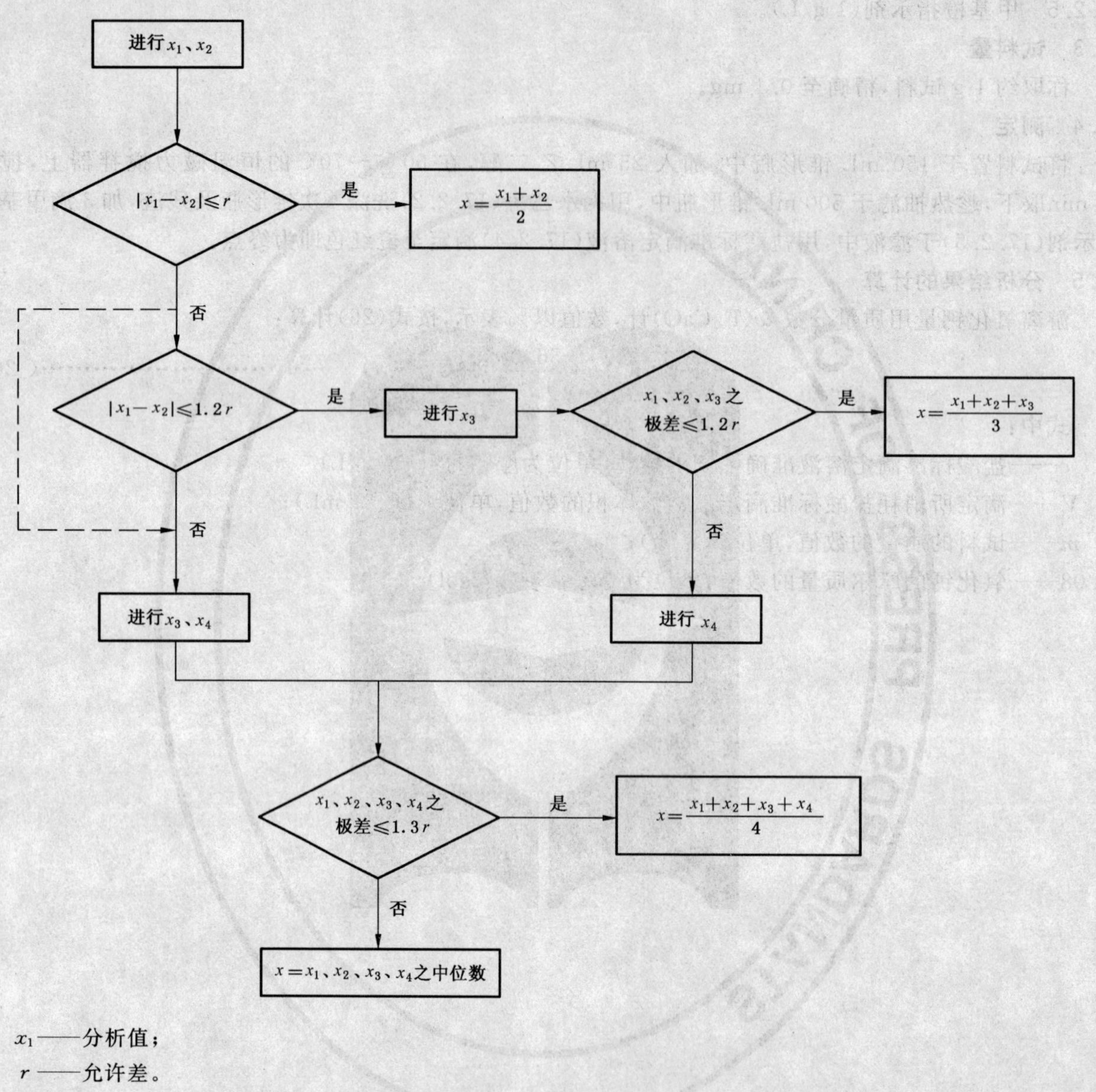

x_1——分析值；
r——允许差。

ICS 81.080
Q 43

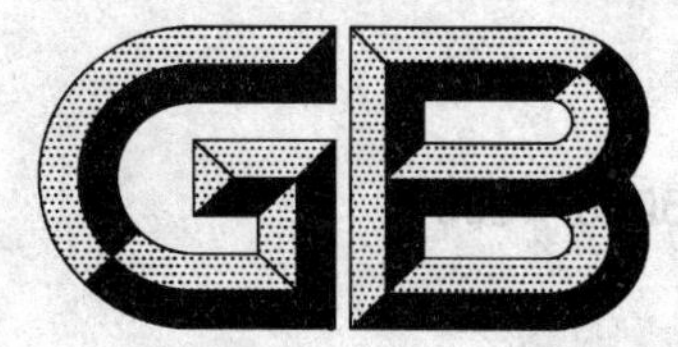

中华人民共和国国家标准

GB/T 5070—2007
代替 GB/T 5070.1～5070.12—2002

含铬耐火材料化学分析方法

Chemical analysis of refractories containing chrome

2007-04-18 发布　　2007-10-01 实施

中华人民共和国国家质量监督检验检疫总局
中国国家标准化管理委员会　发布

前 言

本标准是对 GB/T 5070.1～5070.12—2002《镁铬质耐火材料化学分析方法》的整合修订，本标准与上一版的主要区别如下：

——扩展了分析方法的测定范围；

——修改了分析方法的允许差；

——增加了测定高含量氧化铁的 EDTA 容量法；

——增加了测定三氧化二铬的酸溶法和碱熔法的直接滴定法；

——修改了标准名称。

本标准的附录 A 是规范性附录。

本标准代替 GB/T 5070.1～5070.12—2002。

本标准由全国耐火材料标准化技术委员会(SAC/TC 193)提出并归口。

本标准起草单位：中钢集团洛阳耐火材料研究院、中冶集团武汉冶建技术研究有限公司、营口青花集团。

本标准主要起草人：郭红丽、吴嘉旋、靖振梅、杨红、李丽萍、王萍、王艳芬。

本标准所代替标准的历次版本发布情况为：

——GB/T 5070.1～5070.12—1985、GB/T 5070.1～5070.12—2002。

含铬耐火材料化学分析方法

1 范围

本标准规定了含铬耐火材料的化学分析。本标准分析的项目如下：

a) 灼烧减量(LOI)；

b) 二氧化硅(SiO_2)；

c) 氧化铁(Fe_2O_3)；

d) 氧化铝(Al_2O_3)；

e) 二氧化钛(TiO_2)；

f) 氧化钙(CaO)；

g) 氧化镁(MgO)；

h) 三氧化二铬(Cr_2O_3)；

i) 氧化钾(K_2O)；

j) 氧化钠(Na_2O)；

k) 氧化锰(MnO)。

本标准适用于分析元素的测定范围见表1。

表1 测定范围

分析项目	范围(质量分数)/%	分析项目	范围(质量分数)/%
LOI	—	MgO	10～96
SiO_2	≤10	K_2O	≤2
Al_2O_3	2～97	Na_2O	≤1
Fe_2O_3	≤30	MnO	≤1
TiO_2	≤1	Cr_2O_3	≥1
CaO	0.5～15		

2 规范性引用文件

下列文件中的条款通过本部分的引用而成为本部分的条款。凡是注日期的引用文件，其随后所有的修改单(不包括勘误的内容)或修订版均不适用于本部分，然而，鼓励根据本部分达成协议的各方研究是否可使用这些文件的最新版本。凡是不注日期的引用文件，其最新版本适用于本部分。

GB/T 6900—2006 铝硅系耐火材料化学分析方法

GB/T 7728—1987 冶金产品化学分析 火焰原子吸收光谱法通则

GB/T 8170 数值修约规则

GB/T 10325 定形耐火制品抽样验收规则

GB/T 12805—1991 实验室玻璃仪器 滴定管(neq ISO 385:1984)

GB/T 12806—1991 实验室玻璃仪器 单标线容量瓶(eqv ISO 1042:1983)

GB/T 12808—1991 实验室玻璃仪器 单标线吸量管(eqv ISO 648:1977)

GB/T 17617—1998 耐火原料和不定形耐火材料 取样(neq ISO 8656-1:1988)

3 仪器和设备

3.1 天平(感量 0.1 mg)。

3.2 铂坩埚或瓷坩埚(30 mL)。

3.3 自动控温干燥箱。

3.4 高温炉:最高使用温度≥1 100℃,且能自动控温的箱式电炉。

3.5 分光光度计。

3.6 吸量管:GB/T 12808—1991 A 类。

3.7 滴定管:GB/T 12805—1991 A 类。

3.8 容量瓶:GB/T 12806—1991 A 类。

3.9 原子吸收光谱仪:备有空气-乙炔燃烧器,钙、镁、钾、钠、锰空心阴极灯。空气和乙炔气体要足够纯净,以提供稳定清澈的贫燃火焰。

其"精密度的最低要求"、"特征浓度"、"检出限"和"标准曲线的线性(弯曲程度)"应符合 GB/T 7728—1987 的规定。

4 试样制备

4.1 采样

按 GB/T 10325 和 GB/T 17617—1991 采集实验室样品。

4.2 制备

4.2.1 将实验室样品破碎至 6.7 mm 以下,按四分法缩分至约 100 g。

4.2.2 当合同另有取样约定或由于产品形式的限制,无法取得≥100 g 的实验室样品时,可以例外。

4.2.3 将缩分后的样品粉碎至 0.5 mm 以下,继续缩分,并加工成粒度小于 0.090 mm 的试样。

4.2.4 试样分析前应在 105℃~110℃烘 2 h,置于干燥器中冷至室温。

5 通则

5.1 测定次数

在重复性条件下测定 2 次。

5.2 空白试验

在重复性条件下做空白试验。

5.3 结果表述

所得结果应按 GB/T 8170 修约,保留 2 位小数;当含量<0.10%时结果保留 2 位有效数字;如果委托方供货合同或有关标准另有要求时,可按要求的位数修约。

5.4 分析结果的采用

当试样的 2 个有效分析值之差不大于表 2 所规定的允许差时,以其算术平均值作为最终分析结果;否则,应按附录 A 的规定进行追加分析和数据处理。

5.5 质量保证和控制

5.5.1 工作曲线应定期(不超过 3 个月)用标准物质校准一次。如果仪器维修或更换部件(如灯泡等),应重新绘制工作曲线,并用同类型标准物质校准。当标准物质的分析值与标准值之差大于表 2 所规定分析值允许差的 0.7 倍时,应重新绘制工作曲线。

5.5.2 一般情况下,标准滴定溶液的浓度应每 2 个月重新标定一次;如果 2 个月内温度变化超过 10℃时,应及时标定一次。重新标定后,应用标准物质进行验证,当标准物质的分析值与标准值之差不大于表 2 所规定分析值允许差的 0.7 倍时,则标定结果有效,否则无效。

仲裁试验时,应随同试样分析同类型标准物质。当标准物质的分析值与标准值之差不大于表 2 所规定分析值允许差的 0.7 倍时，则试样分析值有效，否则无效。

6 试验报告

试验报告应至少包括以下内容：

——委托单位；

——试样名称；

——分析结果；

——使用标准(GB/T 5070—2007)；

——与规定的分析步骤的差异(如有必要)；

——在试验中观察到的异常现象(如有必要)；

——试验日期。

表 2 分析值允许差

<table>
<tr><th rowspan="2">含量范围
(质量分数)/%</th><th colspan="11">各元素允许差/%</th></tr>
<tr><th>LOI</th><th>SiO_2</th><th>Al_2O_3</th><th>Fe_2O_3</th><th>TiO_2</th><th>CaO</th><th>MgO</th><th>Cr_2O_3</th><th>K_2O</th><th>Na_2O</th><th>MnO</th></tr>
<tr><td>≤0.1</td><td rowspan="2">0.05</td><td>—</td><td>—</td><td>0.03</td><td rowspan="2">0.02</td><td>—</td><td>—</td><td>—</td><td>0.01</td><td>0.01</td><td>0.02</td></tr>
<tr><td>>0.1~≤0.5</td><td>—</td><td>—</td><td rowspan="2">0.10</td><td>—</td><td>—</td><td>—</td><td>0.05</td><td>0.05</td><td>0.03</td></tr>
<tr><td>>0.5~≤1</td><td rowspan="2">0.10</td><td rowspan="2">0.10</td><td>—</td><td>0.04</td><td>0.14</td><td>—</td><td>—</td><td>0.10</td><td>0.10</td><td>0.05</td></tr>
<tr><td>>1~≤2</td><td>—</td><td rowspan="2">0.20</td><td>—</td><td rowspan="2">0.30</td><td>—</td><td rowspan="2">0.15</td><td>0.20</td><td>—</td><td>—</td></tr>
<tr><td>>2~≤5</td><td rowspan="3">0.20</td><td>0.20</td><td>0.25</td><td>—</td><td>—</td><td>—</td><td>—</td><td>—</td></tr>
<tr><td>>5~≤10</td><td>0.30</td><td rowspan="2">0.40</td><td>0.30</td><td>—</td><td>0.40</td><td rowspan="2">0.40</td><td>0.20</td><td>—</td><td>—</td><td>—</td></tr>
<tr><td>>10~≤20</td><td>—</td><td>0.30</td><td>—</td><td>0.60</td><td>0.30</td><td>—</td><td>—</td><td>—</td></tr>
<tr><td>>20~≤50</td><td>0.30</td><td>—</td><td>0.5</td><td>0.30</td><td>—</td><td>—</td><td>0.60</td><td>0.40</td><td>—</td><td>—</td><td>—</td></tr>
<tr><td>>50~≤80</td><td rowspan="2">0.40</td><td>—</td><td>0.6</td><td>—</td><td>—</td><td>—</td><td>0.70</td><td>0.50</td><td>—</td><td>—</td><td>—</td></tr>
<tr><td>>80</td><td>—</td><td>0.7</td><td>—</td><td>—</td><td>—</td><td>0.80</td><td>0.60</td><td>—</td><td>—</td><td>—</td></tr>
<tr><td colspan="12">对于微量成分，当分析值的平均值小于允许差的 2 倍时，其允许差为该分析值的 1/2。</td></tr>
</table>

7 灼烧减量的测定

按 GB/T 6900—2006 第 7 章的规定进行。

8 二氧化硅的测定

8.1 原理

试样用碳酸钠-硼酸混合熔剂熔融，稀盐酸浸取。在约 0.2 mol/L 盐酸介质中，单硅酸与钼酸铵形成硅钼杂多酸，加入乙二酸-硫酸混合酸，消除磷、砷的干扰，然后用硫酸亚铁铵将其还原为硅钼蓝，于分光光度计波长 810 nm 或 690 nm 处，测其吸光度。

8.2 试剂

8.2.1 混合熔剂：按质量比将 2 份无水碳酸钠与 1 份硼酸研细，混匀。

8.2.2 钼酸铵[$(NH_4)_6Mo_7O_{24} \cdot 4H_2O$]溶液(50 g/L)：过滤后使用。

8.2.3 硫酸亚铁铵溶液(40 g/L)：称取 4 g 硫酸亚铁铵[$FeSO_4 \cdot (NH_4)_2SO_4 \cdot 6H_2O$]溶于水中，加 5 mL硫酸(1+1)，用水稀释至 100 mL，混匀，过滤后使用，用时配制。

8.2.4 乙二酸-硫酸混合溶液：称取 15 g 乙二酸(草酸，$H_2C_2O_4 \cdot 2H_2O$)，溶于 250 mL 硫酸(1+8)中，用水稀释至 1 000 mL，混匀。

8.2.5 盐酸(1+5)。

8.2.6 无水乙醇。

8.2.7 二氧化硅标准溶液(含 SiO_2 1 mg/mL)

称取 0.200 0 g 预先在 1 000℃灼烧 2 h 并于干燥器中冷却至室温的二氧化硅(99.99%)于铂坩埚中,加入 2 g~3 g 无水碳酸钠,盖上坩埚盖并稍留缝隙,置于 1 000℃高温炉中熔融 5 min~10 min ,取出,冷却。置于盛有 100 mL 沸水的聚四氟乙烯烧杯中,低温加热浸取熔块至溶液清亮,用热水洗出坩埚及盖,冷至室温。移入 200 mL 容量瓶中,用水稀释至刻度,摇匀,贮存于塑料瓶中。

8.2.8 二氧化硅标准溶液(含 SiO_2 0.1 mg/mL)

移取 10.00 mL 二氧化硅标准溶液(8.2.7)于 100 mL 容量瓶中,用水稀释至刻度,摇匀,用时配制。

8.2.9 二氧化硅标准溶液(含 SiO_2 50 μg/mL)

移取 50.00 mL 二氧化硅标准溶液(8.2.8)于 100 mL 容量瓶中,用水稀释至刻度,摇匀,用时配制。

8.2.10 二氧化硅标准溶液(含 SiO_2 5 μg/mL)

移取 10.00 mL 二氧化硅标准溶液(8.2.9)于 100 mL 容量瓶中,用水稀释至刻度,摇匀,用时配制。

8.3 试料量

称取约 0.10 g 试料,精确至 0.1 mg。

8.4 测定

8.4.1 将试料置于盛有 2 g 混合熔剂(8.2.1)的铂坩埚中,混匀,再覆盖 1 g 混合熔剂(8.2.1),盖上坩埚盖并稍留缝隙,置于 800℃~900℃高温炉中,升温至 1 000℃~1 100℃熔融 5 min~15 min,取出,旋转坩埚,使熔融物均匀附着于坩埚内壁,冷却。

8.4.2 用滤纸擦净坩埚外壁,放入盛有煮沸的 60 mL 盐酸(8.2.5)的 200 mL 烧杯中,低温加热浸出熔融物至溶液清亮,用水洗出坩埚及盖,冷至室温,移入 100 mL 容量瓶中,用水稀释至刻度,摇匀。

8.4.3 移取 10.00 mL 试液(8.4.2)(试样中 $w(SiO_2)>6\%$时,则移取 5.00 mL 试液,加 5 mL 空白试液)于 100 mL 容量瓶中。

8.4.4 加入 10 mL 无水乙醇(8.2.6)、5 mL 钼酸铵溶液(8.2.2),摇匀,于室温下放置 20 min(室温低于 15℃则在约 30℃的温水浴中进行)。

8.4.5 加入 50 mL 乙二酸-硫酸混合溶液(8.2.4),摇匀,放置 0.5 min~2 min,加入 5 mL 硫酸亚铁铵溶液(8.2.3),用水稀释至刻度,摇匀。

8.4.6 用合适的吸收皿(见表 3),于分光光度计波长 810 nm 或 690 nm 处,以空白试验溶液为参比测量其吸光度。

表 3 按二氧化硅的含量选择吸收皿

$w(SiO_2)/\%$	≤0.5	0.5~5	5~10
吸收皿/mm	30	10	5
工作曲线	8.5.1	8.5.2	8.5.3

8.5 工作曲线的绘制

8.5.1 移取 0、1.00 mL、2.00 mL、4.00 mL、6.00 mL、8.00 mL、10.00 mL 二氧化硅标准溶液(8.2.10)分别置于一组 100 mL 容量瓶中,加 2.5 mL 盐酸(8.2.5),加水至 20 mL。以下按 8.4.4~8.4.5 操作。用 30 mm 吸收皿,于分光光度计波长 810 nm 处,以试剂空白为参比测量其吸光度,绘制工作曲线。

8.5.2 移取 0、1.00 mL、2.00 mL、4.00 mL、6.00 mL、8.00 mL、10.00 mL 二氧化硅标准溶液(8.2.9),分别置于一组 100 mL 容量瓶中,加 2.5 mL 盐酸(8.2.5),加水至 20 mL。以下按 8.4.4~8.4.5 操作。用 10 mm 吸收皿,于分光光度计波长 690 nm 处,以试剂空白为参比测量其吸光度,绘制工作曲线。

8.5.3 移取 0、1.00 mL、2.00 mL、3.00 mL、4.00 mL、5.00 mL、6.00 mL、7.00 mL、8.00 mL 二氧化硅标准溶液(8.2.8),分别置于一组 100 mL 容量瓶中,加 2.5 mL 盐酸(8.2.5),加水至 20 mL。以下按 8.4.4～8.4.5 操作。用 5 mm 吸收皿,于分光光度计波长 690 nm 处,以试剂空白为参比测量其吸光度,绘制工作曲线。

8.6 分析结果的计算

二氧化硅量用质量分数 $w(SiO_2)$计,数值以%表示,按式(1)计算:

$$w(SiO_2)=\frac{m_1}{mV_1/V}\times 100 \qquad (1)$$

式中:

m_1——由工作曲线查得的二氧化硅量的数值,单位为克(g);

V_1——分取试液的体积的数值,单位为毫升(mL);

V——试液总体积的数值,单位为毫升(mL);

m——试料质量的数值,单位为克(g)。

9 氧化铁的测定

氧化铁的测定可按以下 2 种方法之一进行:

a) 邻二氮杂菲分光光度法(≤15%)(9.1);

b) EDTA 容量法(15%～30%)(9.2)。

9.1 邻二氮杂菲分光光度法(≤15%)

9.1.1 原理

试样用碳酸钠-硼酸混合熔剂熔融,稀硫酸浸取,经 717 强碱性阴离子交换树脂静态交换,铬(Ⅵ)以 $Cr_2O_7^{2-}$ 形式吸附于树脂上,过滤后被分离。用盐酸羟胺将 Fe(Ⅲ)还原为 Fe(Ⅱ),在弱酸性溶液中,Fe(Ⅱ)与邻二氮杂菲形成橙红色络合物,于分光光度计波长 510 nm 处测量其吸光度。

9.1.2 试剂

9.1.2.1 混合熔剂:按质量比将 2 份无水碳酸钠与 1 份硼酸研细,混匀。

9.1.2.2 717 强碱性阴离子交换树脂:先将干树脂用水反复浸泡倾洗,再用水浸泡过夜。用盐酸(0.5 mol/L～1 mol/L)浸泡 3 次,每次 1 h～2 h,再用水反复倾洗,过滤,最后用水洗至无氯离子,备用。

9.1.2.3 盐酸羟胺溶液(100 g/L)。

9.1.2.4 邻二氮杂菲($C_{12}H_8N_2\cdot H_2O$)溶液(10 g/L):用乙醇(1+1)配制。

9.1.2.5 乙酸铵溶液(200 g/L)。

9.1.2.6 硫酸(1+1)。

9.1.2.7 硫酸(0.5+99.5)。

9.1.2.8 氧化铁标准溶液(含 Fe_2O_3 1 mg/mL):

称取 1.000 0 g 预先在 105℃～110℃烘 2 h 并于干燥器中冷却至室温的氧化铁(99.99%),置于烧杯中,用少许水湿润,加入 40 mL 盐酸(1+1),低温加热溶解至溶液清亮,冷至室温,移入 1 000 mL 容量瓶中,用水稀释至刻度,摇匀。

9.1.2.9 氧化铁标准溶液(含 Fe_2O_3 0.1 mg/mL):

移取 50.00 mL 氧化铁标准溶液(9.1.2.8),置于 500 mL 容量瓶中,用水稀释至刻度,摇匀。

9.1.2.10 氧化铁标准溶液(含 Fe_2O_3 10 μg/mL):

移取 10.00 mL 氧化铁标准溶液(9.1.2.9),置于 100 mL 容量瓶中,用水稀释至刻度,摇匀。用时配制。

9.1.3 试料量

称取约 0.25 g 试料,精确至 0.1 mg。

9.1.4 测定

9.1.4.1 将试料放入盛有 4 g 混合熔剂(9.1.2.1)的铂坩埚中,混匀,再覆盖 1 g 混合熔剂(9.1.2.1),盖上坩埚盖并稍留缝隙,置于 800℃～900℃高温炉中升温至 1 000℃～1 100℃熔融 15 min～30 min,取出,旋转坩埚使熔融物均匀附着于坩埚内壁,冷却。

9.1.4.2 用滤纸擦净坩埚外壁,放入盛有煮沸的含 20 mL 硫酸(9.1.2.6)和 100 mL 水的 250 mL 烧杯中,加热浸出熔融物至溶液清亮,用水洗出坩埚及盖,冷至室温,用水稀释至约 150 mL。

9.1.4.3 加入约 10 g～15 g 717 强碱性阴离子交换树脂(9.1.2.2),搅拌 3 min～5 min,立即过滤于 250 mL 容量瓶中,用硫酸(9.1.2.7)洗烧杯 3 次,洗树脂 8～10 次,然后用水稀释至刻度,摇匀。此滤液为试液 A,供测 Fe_2O_3、Al_2O_3、TiO_2 之用。

9.1.4.4 移取 10.00 mL 试液 A(9.1.4.3)($w(Fe_2O_3)>8\%$时,移取 5.00 mL 试液),置于 100 mL 容量瓶中,用水稀释至约 50 mL。

9.1.4.5 加入 5 mL 盐酸羟胺溶液(9.1.2.3),5 mL 邻二氮杂菲溶液(9.1.2.4),15 mL 乙酸铵溶液(9.1.2.5),用水稀释至刻度,摇匀,放置 30 min。

9.1.4.6 用合适的吸收皿(见表 4),于分光光度计波长 510 nm 处,以空白试验溶液为参比测量其吸光度。

9.1.5 工作曲线的绘制

9.1.5.1 移取 0、1.00 mL、2.00 mL、4.00 mL、6.00 mL、8.00 mL、10.00 mL 氧化铁标准溶液(9.1.2.10),分别置于一组 100 mL 容量瓶中,用水稀释至约 50 mL。以下按 9.1.4.5 进行,用 30 mm 吸收皿,于分光光度计波长 510 nm 处,以试剂空白为参比测量其吸光度,绘制工作曲线。

9.1.5.2 移取 0、1.00 mL、2.00 mL、4.00 mL、6.00 mL、8.00 mL、10.00 mL 氧化铁标准溶液(9.1.2.9),分别置于一组 100 mL 容量瓶(3.8)中,用水稀释至 50 mL。以下按 9.1.4.5 进行,用 5 mm 吸收皿,于分光光度计波长 510 nm 处,以试剂空白为参比测量其吸光度,绘制工作曲线。

表 4 按氧化铁的含量选择吸收皿

$w(Fe_2O_3)/\%$	≤1	1～15
吸收皿/mm	30	5
工作曲线	9.1.5.1	9.1.5.2

9.1.6 分析结果的计算

氧化铁量用质量分数 $w(Fe_2O_3)$计,数值以%表示,按式(2)计算:

$$w(Fe_2O_3)=\frac{m_1\times 10^{-3}}{mV_1/V}\times 100 \qquad \cdots\cdots(2)$$

式中:

m_1——由工作曲线查得的氧化铁质量的数值,单位为毫克(mg);

V_1——分取试液的体积的数值,单位为毫升(mL);

V——试液总体积的数值,单位为毫升(mL);

m——试料的质量的数值,单位为克(g)。

9.2 EDTA 容量法(15% ～30%)

9.2.1 原理

试样用碳酸钠-硼酸混合熔剂熔融,稀硫酸浸取,经 717 强碱性阴离子交换树脂静态交换,铬(Ⅵ)以 $Cr_2O_7^{2-}$ 形式吸附于树脂上,过滤后被分离。在 pH 值为(1.5～2.5)的酸性溶液中,磺基水杨酸溶液与三价铁离子作用生成紫红色络合物,这种络合物的稳定性远小于 EDTA 与三价铁络合物的稳定性,根据 EDTA 标准溶液消耗的毫升数,求得氧化铁的含量。

9.2.2 试剂

9.2.2.1 硝酸(ρ1.42 g/ mL)

9.2.2.2　氨水(1+1)

9.2.2.3　磺基水杨酸溶液(100 g/L)

9.2.2.4　氧化铁基准溶液[$c(Fe_2O_3)$＝0.01 mol/L]

称取 0.798 5 g 预先于 105℃～110℃烘 2 h 的氧化铁(99.99%)置于 250 mL 烧杯中,加少量水和 40 mL 盐酸(1+1),低温加热溶解,冷却至室温后,移入 500 mL 容量瓶中,用水稀释至刻度,摇匀。

9.2.2.5　EDTA 标准滴定溶液[c(EDTA)＝0.025 mol/L]

a)　配制:称取 9.3 g 乙二胺四乙酸二钠(EDTA)于烧杯中,加水加热溶解,冷却,用水稀释至 1 000 mL,混匀。

b)　标定:移取 3 份 10.00 mL 氧化铁基准溶液(9.2.2.4)分别置于 300 mL 烧杯中,用水稀释至 50 mL,滴加氨水(9.2.2.2)使溶液 pH 值＝(2.0～2.2)(用精密 pH 试纸检测),然后加 10 滴磺基水杨酸溶液(9.2.2.3),加热至 50℃～60℃,用 EDTA 标准滴定溶液(9.2.2.5)缓慢滴定至试液由紫红色变为亮黄色即为终点。3 份氧化铁基准溶液所用 EDTA 标准滴定溶液体积的极差≤0.10 mL 时,取其平均值。否则,应重新标定。

c)　计算:EDTA 标准滴定溶液的浓度用物质的当量浓度 c(EDTA)计,数值以 mol/L 表示,按式(3)计算,保留 4 位有效数字:

$$c(\mathrm{EDTA})=\frac{c_1V_1}{V_2} \qquad \cdots\cdots(3)$$

式中:

c_1——氧化铁基准溶液(9.2.2.4)浓度的数值,单位为摩尔每升(mol/L);

V_1——移取氧化铁基准溶液(9.2.2.4)体积的数值,单位为毫升(mL);

V_2——滴定氧化铁基准溶液所用 EDTA 标准滴定溶液(9.2.2.5)体积的平均值,单位为毫升(mL)。

9.2.2.6　精密试纸[pH 值为(1.4～3.0)]。

9.2.3　测定

9.2.3.1　移取 50.00 mL 试液 A(9.1.4.3),置于 400 mL 烧杯中,加 3～5 滴硝酸(9.2.2.1),煮沸 1 min,取下冷却。

9.2.3.2　滴加氨水(9.2.2.2)使溶液 pH 值＝(2.0～2.2)(用精密 pH 试纸检测),加 10 滴磺基水杨酸溶液(9.2.2.3),低温加热至 50℃～60℃,用 EDTA 标准滴定溶液(9.2.2.5)缓慢滴定至试液由紫红色变为亮黄色即为终点。

9.2.4　分析结果的计算

氧化铁量用质量分数 $w(Fe_2O_3)$计,数值以%表示,按式(4)计算:

$$w(\mathrm{Fe_2O_3})=\frac{159.692\times c[(V-V_0)/1\,000]}{m_1}\times 100 \qquad \cdots\cdots(4)$$

式中:

V——滴定试液所用 EDTA 标准滴定溶液体积的数值,单位为毫升(mL);

V_0——滴定空白所用 EDTA 标准滴定溶液体积的数值,单位为毫升(mL);

c——EDTA 标准滴定溶液浓度的准确数值,单位为摩尔每升(mol/L);

m_1——分取试料质量的数值,单位为克(g);

159.692——Fe_2O_3 摩尔质量的数值,单位为克每摩尔(g/mol)。

10　氧化铝的测定

10.1　原理

试样用碳酸钠-硼酸混合熔剂熔融,稀硫酸浸取,经 717 强碱性阴离子交换树脂静态交换,铬(Ⅵ)以

$Cr_2O_7^{2-}$ 形式吸附于树脂上，过滤后被分离。钛用苦杏仁酸掩蔽。在过量 EDTA 存在下，调 pH 值为(3～4)，加热使铝、铁等离子与 EDTA 络合，加入 pH 值＝5.5 的六次甲基四胺缓冲溶液，以二甲酚橙为指示剂，先用乙酸锌标准滴定溶液滴定过量的 EDTA，再用氟盐取代与铝络合的 EDTA，最后用乙酸锌标准滴定溶液滴定取代出的 EDTA，求得氧化铝量。

10.2 试剂

10.2.1 氟化铵。

10.2.2 苯羟乙酸(苦杏仁酸)溶液(100 g/L)：微热溶解。

10.2.3 六次甲基四胺缓冲溶液(pH 值＝5.5)：称取 200 g 六次甲基四胺于烧杯中，加水溶解，加 40 mL盐酸(ρ1.19 g/ mL)，加水至 1 000 mL 混匀。

10.2.4 EDTA 溶液(10 g/L)。

10.2.5 氨水(ρ0.90 g/ mL)。

10.2.6 氧化铝基准溶液[$c(1/2Al_2O_3)$＝0.02 mol/L]：

称取 0.539 6 g 金属铝(99.99%)，置于聚四氟乙烯烧杯中，加 20 mL 水及 4 g～5 g 氢氧化钠，待溶解完全后，加入盐酸至呈酸性，再过加 10 mL，加热煮沸 1 min～2 min 至溶液清亮，冷至室温，移入 1 000 mL 容量瓶中，用水稀释至刻度，摇匀。

10.2.7 乙酸锌标准滴定溶液{$c[Zn(CH_3COO)_2]$＝0.01 mol/L 和 $c[Zn(CH_3COO)_2]$＝0.02 mol/L}：

a) 配制：按表 5 规定量称取乙酸锌，分别溶于 1 000 mL 水中，用冰乙酸调至溶液 pH 值＝(5.5～6.0)。

表 5 乙酸锌称量表

$c[Zn(CH_3COO)_2]$/(mol/L)	乙酸锌[$Zn(CH_3COO)_2 \cdot 2H_2O$]/g
0.01	2.2
0.02	4.4

b) 标定：按表 6 规定量移取 3 份氧化铝基准溶液(10.2.6)分别置于 400 mL 烧杯中，加相应量的 EDTA 溶液(10.2.4)，加水至约 100 mL，加热至 70℃～80℃，加 2～3 滴溴酚兰溶液(10.2.8)，用氨水(10.2.5)调至溶液刚呈蓝色，加热煮沸 3 min～5 min，取下冷至室温，以下按 10.3.2～10.3.3 操作，记下第 2 次滴定所用乙酸锌标准滴定溶液(10.2.7)的体积。3 份氧化铝基准溶液所用乙酸锌标准溶液体积的极差≤0.10 mL 时，取其平均值。否则，应重新标定。

表 6 标定加液量表

$c[Zn(CH_3COO)_2]$/(mol/L)	氧化铝基准溶液(10.2.6)/ mL	加 EDTA 溶液(10.2.4)量/ mL
0.01	15.00	15
0.02	30.00	20

c) 计算：乙酸锌标准滴定溶液的浓度用物质的量浓度 $c[Zn(CH_3COO)_2]$计，数值以 mol/L 表示，按式(5)计算，保留 4 位有效数字：

$$c[Zn(CH_3COO)_2]=\frac{c_1V_1}{V_2} \quad \cdots\cdots(5)$$

式中：

c_1——氧化铝基准溶液(10.2.6)浓度的数值，单位为摩尔每升(mol/L)；

V_1——移取氧化铝基准溶液(10.2.6)体积的数值，单位为毫升(mL)；

V_2——滴定氧化铝基准溶液所用乙酸锌标准滴定溶液(10.2.7)体积的平均值，单位为毫升(mL)。

10.2.8 溴酚兰溶液(1 g/L)。

10.2.9 二甲酚橙溶液(5 g/L)，贮存于棕色瓶中。

10.3 测定

10.3.1 移取 100.00 mL 试液 A(9.1.4.3)，置于 400 mL 烧杯中，加 10 mL 苯羟乙酸溶液(10.2.2)，搅

拌后加足量 EDTA 溶液(10.2.4),并过量 5 mL~10 mL,加热至 70℃~80℃,加 2 滴溴酚兰溶液(10.2.8),用氨水(10.2.5)调至溶液刚呈蓝色,加热煮沸 3 min~5 min,取下冷至室温。

10.3.2 加 15 mL 六次甲基四胺缓冲溶液(10.2.3),加 3 滴二甲酚橙溶液(10.2.9),用乙酸锌标准滴定溶液(10.2.7)滴至试液由黄色变为红色为终点(不记读数)。

10.3.3 加氟化铵(10.2.1)1 g,搅匀,煮沸 3 min~5 min,冷至室温,补加 2 滴二甲酚橙溶液(10.2.9),用乙酸锌标准滴定溶液(10.2.7)(试样中 $w(Al_2O_3)\leqslant 3\%$ 时,用 0.01 mol/L 的标准滴定溶液;$w(Al_2O_3)\geqslant 3\%$ 时,用 0.02 mol/L 的标准滴定溶液)滴定至试液变为红色即为终点。

10.4 分析结果的计算

氧化铝量用质量分数 $w(Al_2O_3)$ 计,数值以%表示,按式(6)计算:

$$w(Al_2O_3)=\frac{101.961\times c[(V_1-V_0)1\,000]}{2m_1}\times 100 \qquad \cdots\cdots(6)$$

式中:

V_1——滴定试液所用乙酸锌标准滴定溶液体积的数值,单位为毫升(mL);

V_0——滴定空白所用乙酸锌标准滴定溶液体积的数值,单位为毫升(mL);

c——乙酸锌标准滴定溶液浓度的准确数值,单位为摩尔每升(mol/L);

m_1——分取试料质量的数值,单位为克(g);

101.961——Al_2O_3 的摩尔质量的数值,单位为克每摩[尔](g/mol)。

11 二氧化钛的测定

11.1 原理

试样用碳酸钠-硼酸混合熔剂熔融,稀硫酸浸取,经 717 强碱性阴离子交换树脂静态交换,铬(Ⅵ)以 $Cr_2O_7^{2-}$ 形式吸附于树脂上,过滤后被分离。三价铁的干扰,加入抗坏血酸消除。在强酸性介质中钛(Ⅳ)与二安替比林甲烷形成黄色络合物,于分光光度计波长 390 nm 处测量其吸光度。

11.2 试剂

11.2.1 抗坏血酸溶液(20 g/L):现用现配。

11.2.2 二安替比林甲烷溶液(50 g/L):用盐酸(1+23)配制。

11.2.3 二氧化钛标准溶液(含 TiO_2 0.1 mg/mL):

称取 0.100 0 g 预先在 1 000℃灼烧 1 h 并于干燥器中冷却至室温的二氧化钛(99.99%),置于铂坩埚中,加入 5 g~8 g 焦硫酸钾,置于高温炉中,逐渐升温至 700℃~800℃熔融,熔融物用 200 mL 硫酸(1+9)加热溶解,冷至室温后移入 1 000 mL 容量瓶(3.8)中,用硫酸(5+95)稀释至刻度,摇匀。

11.2.4 二氧化钛标准溶液(含 TiO_2 10 μg/mL):

移取 50.00 mL 二氧化钛标准溶液(11.2.8)置于 500 mL 容量瓶中,用水稀释至刻度,摇匀。

11.3 测定

11.3.1 移取 10.00 mL 试液 A(9.1.4.3)(当试样中 $w(TiO_2)<0.1\%$ 时,移取 20.00 mL)于 50 mL 容量瓶中。

11.3.2 加入 5 mL 抗坏血酸溶液(11.2.3),再加入 6 mL 二安替比林甲烷溶液(11.2.4)、12 mL 盐酸(11.2.7),用水稀释至刻度,摇匀,放置 40 min。

11.3.3 用 30 mm 吸收皿,于分光光度计波长 390 nm 处,以空白试验溶液为参比测量其吸光度。

11.4 工作曲线的绘制

移取 0、1.00 mL、2.00 mL、3.00 mL、4.00 mL、6.00 mL、8.00 mL、10.00 mL 二氧化钛标准溶液(11.2.4),分别置于一组 50 mL 容量瓶中,以下按 11.3.2 进行,用 30 mm 吸收皿,于分光光度计波长 390 nm 处,以试剂空白为参比测量其吸光度,绘制工作曲线。

11.5 **分析结果的计算**

二氧化钛量用质量分数 $w(TiO_2)$计，数值以%表示，按式(7)计算：

$$w(TiO_2)=\frac{m_1\times10^{-6}}{mV_1/V}\times100 \quad\cdots\cdots(7)$$

式中：

m_1——由工作曲线查得的二氧化钛质量的数值，单位为微克(μg)；

V_1——分取试液体积的数值，单位为毫升(mL)；

V——试液总体积的数值，单位为毫升(mL)；

m——试料质量的数值，单位为克(g)。

12 氧化钙的测定

氧化钙可按以下2种方法之一进行测定：

a) EDTA容量法(12.1)；

b) EGTA容量法(12.2)。

12.1 EDTA容量法

12.1.1 原理

试样用碳酸钠-硼酸混合熔剂熔融，稀盐酸浸取，用乙醇还原高价铬，以六次甲基四胺二次分离铁、铝、铬、钛等。取部分滤液，用三乙醇胺掩蔽干扰元素，加氢氧化钠使试液pH值≈13，以钙指示剂指示，用EDTA标准滴定溶液滴定氧化钙量。

12.1.2 试剂

12.1.2.1 混合熔剂：按质量比将2份无水碳酸钠与1份硼酸研细，混匀。

12.1.2.2 氢氧化钾溶液(300 g/L)：贮存于塑料瓶中。

12.1.2.3 六次甲基四胺溶液(300 g/L)。

12.1.2.4 六次甲基四胺溶液(10 g/L)。

12.1.2.5 氢氧化钠溶液(200 g/L)：贮存于塑料瓶中。

12.1.2.6 盐酸(1+1)。

12.1.2.7 盐酸(2+98)。

12.1.2.8 乙醇。

12.1.2.9 三乙醇胺溶液(1+10)。

12.1.2.10 氧化镁溶液(10 g/L)：称取1 g氧化镁(99.99%)于烧杯中，加少量水，滴加10 mL盐酸(12.1.2.6)加热煮沸溶解，用水稀释至100 mL。

12.1.2.11 氧化钙基准溶液[c(CaO)=0.01 mol/L]：

称取1.000 9 g预先在105℃～110℃烘2 h并于干燥器中冷却至室温的碳酸钙(99.99%)，置于400 mL烧杯中，加少量水，盖上表皿，沿杯嘴慢慢加入10 mL盐酸(12.1.2.6)，加热溶解并煮沸，冷至室温，移入1 000 mL容量瓶中，用水稀释至刻度，摇匀。

12.1.2.12 EDTA标准滴定溶液[c(EDTA)=0.01 mol/L]：

a) 配制：称取乙二胺四乙酸二钠(EDTA)3.72 g于烧杯中，加水加热溶解，冷却，用水稀释至1 000 mL，混匀。

b) 标定：移取3份25.00 mL氧化钙基准溶液(12.1.2.11)，分别置于400 mL烧杯中，加3～4滴氧化镁溶液(12.1.2.10)，加水至约250 mL，加5 mL三乙醇胺溶液(12.1.2.9)，搅拌后加20 mL氢氧化钠溶液(12.1.2.5)及少量钙指示剂(12.1.2.14)，用EDTA标准滴定溶液(12.1.2.12)滴定至溶液由红色变为纯蓝色为终点。3份氧化钙基准溶液所用EDTA标准滴定溶液体积的极差≤0.10 mL时，取其平均值。否则，应重新标定。

c) 计算：EDTA 标准滴定溶液的浓度以物质的量浓度 $c(EDTA)$ 计，数值以 mol/L 表示，按式(8)计算，保留 4 位有效数字：

$$c(EDTA)=\frac{c_1V_1}{V_2} \quad \cdots\cdots\cdots\cdots(8)$$

式中：

c_1——氧化钙基准溶液(12.1.2.11)浓度的数值，单位为摩尔每升(mol/L)；

V_1——移取氧化钙基准溶液(12.1.2.11)体积的数值，单位为毫升(mL)；

V_2——滴定氧化钙基准溶液所用 EDTA 标准滴定溶液(12.1.2.12)体积的平均值，单位为毫升(mL)。

12.1.2.13 刚果红试纸。

12.1.2.14 钙指示剂：称取 1 g 钙指示剂(或钙试剂羧酸钠盐)与 50 g 已于 105℃～110℃烘干的氯化钠研细，混匀，贮于磨口瓶中。

12.1.3 试料量

称取约 0.20 g 试样，精确至 0.1 mg。

12.1.4 测定

12.1.4.1 将试料置于盛有 3 g～4 g 混合熔剂(12.1.2.1)的铂坩埚中，混匀，再覆盖 1 g 混合熔剂(12.1.2.1)，盖上坩埚盖并稍留缝隙，置于 800℃～900℃高温炉中，升温至 1 000℃～1 100℃熔融 15 min～30 min，取出，旋转坩埚，使熔融物均匀附着于坩埚内壁，冷却。

12.1.4.2 用滤纸擦净坩埚外壁，置于盛有 30 mL 盐酸(12.1.2.6)、60 mL 水的烧杯中，盖上表皿，加热浸出熔融物至溶液清亮，用热稀盐酸(12.1.2.7)洗出坩埚及盖，加 20 mL 乙醇(12.1.2.8)，煮沸 5 min，冷至室温。

12.1.4.3 向溶液中投入一小块刚果红试纸(12.1.2.13)用氢氧化钾溶液(12.1.2.2)中和大部分酸(刚果红试纸变为蓝紫色)，加六次甲基四胺溶液(12.1.2.3)至沉淀刚出现(刚果红试纸呈红色)，过量 20 mL，在约 70℃保温 5 min～10 min。

12.1.4.4 氢氧化物沉淀用中速定性滤纸过滤，用热六次甲基四胺溶液(12.1.2.4)洗烧杯 2～3 次，沉淀 5～6 次，滤液用 500 mL 容量瓶承接。

12.1.4.5 打开滤纸将其贴于原烧杯壁上，以 10 mL 盐酸(12.1.2.6)将沉淀溶解，用热的稀盐酸(12.1.2.7)将滤纸冲洗干净，用水稀释至体积约 150 mL，溶液煮沸，取下，冷至室温。

12.1.4.6 用氢氧化钾溶液(12.1.2.2)中和大部分酸，再加六次甲基四胺溶液(12.1.2.3)至沉淀产生，过量 15 mL，在约 70℃保温 10 min。

12.1.4.7 再次用中速滤纸过滤，洗涤，两次滤液合并。冷至室温，用水稀释至刻度，摇匀。此溶液为试液 B(该试液可供钙、镁分析之用)。

12.1.4.8 移取 100.00 mL 试液 B(12.1.4.7)，置于 400 mL 烧杯中，加水至 250 mL，加 5 mL 三乙醇胺(12.1.2.9)，搅拌后加 20 mL 氢氧化钠溶液(12.1.2.5)及少量钙指示剂(12.1.2.14)，用 EDTA 标准滴定溶液(12.1.2.12)滴定至试液由红色变为纯蓝色即为终点。

12.1.5 分析结果的计算

氧化钙量用质量分数 $w(CaO)$ 计，数值以%表示，按式(9)计算：

$$w(CaO)=\frac{56.079\times c[(V-V_0)/1\,000]}{m_1}\times 100 \quad \cdots\cdots\cdots\cdots(9)$$

式中：

c——EDTA 标准滴定溶液浓度的准确数值，单位为摩尔每升(mol/L)；

V——滴定试液所用 EDTA 标准滴定溶液体积的数值，单位为毫升(mL)；

V_0——滴定空白所用 EDTA 标准滴定溶液体积的数值，单位为毫升(mL)；

m_1——分取试料质量的数值,单位为克(g);

56.079——CaO 的摩尔质量的数值,单位为克每摩[尔](g/mol)。

12.2 EGTA 容量法

12.2.1 原理

试样用碳酸钠-硼酸混合熔剂熔融,稀盐酸浸取,用乙醇还原高价铬,以六次甲基四胺二次分离铁、铝、铬、钛等。取部分滤液,加过量 EGTA 标准滴定溶液,在 pH 值>13 时加钙黄绿素—茜素混合指示剂,用氧化钙基准溶液进行返滴并过量,再以 EGTA 标准滴定溶液回滴过量的氧化钙。

12.2.2 试剂

12.2.2.1 混合熔剂:按质量比将 2 份无水碳酸钠与 1 份硼酸研细,混匀。

12.2.2.2 氢氧化钾溶液(300 g/L):贮存于塑料瓶中。

12.2.2.3 六次甲基四胺溶液(300 g/L)。

12.2.2.4 六次甲基四胺溶液(10 g/L)。

12.2.2.5 盐酸(1+1)。

12.2.2.6 盐酸(2+98)。

12.2.2.7 乙醇。

12.2.2.8 三乙醇胺溶液(1+10)。

12.2.2.9 氧化钙基准溶液[c(CaO)=0.01 mol/L]:

称取 1.000 9 g 预先在 105℃～110℃烘 1 h 并于干燥器中冷却至室温的碳酸钙(99.99%),置于 400 mL 烧杯中,加少量水,盖上表皿,沿杯嘴慢慢加入 10 mL 盐酸(12.2.2.5),加热溶解并煮沸,冷至室温,移入 1 000 mL 容量瓶(3.8)中,用水稀释至刻度,摇匀。

12.2.2.10 EGTA 标准滴定溶液(0.01 mol/L):

配制:称取乙二醇二乙醚二胺四乙酸(EGTA)3.8 g,置于 250 mL 烧杯中,分次加适量氢氧化钾溶液(12.2.2.2)稍加热至刚好溶解,冷至室温,移入 1 000 mL 容量瓶中,用水稀释至刻度,摇匀。

标定:移取 3 份 25.00 mL 氧化钙基准溶液(12.2.2.9),分别置于 250 mL 烧杯中,加 50 mL 水、10 mL氢氧化钾溶液(12.2.2.2),加少量钙黄绿素—茜素混合指示剂(12.2.2.12),以 EGTA 标准滴定溶液(12.2.2.10)滴定(滴定台底座与背景用黑色衬托)至绿色荧光消失,呈现稳定的红紫色即为终点。3 份氧化钙基准溶液所用 EGTA 标准滴定溶液体积的极差≤0.10 mL 时,取其平均值。否则,应重新标定。

计算:EGTA 标准滴定溶液的浓度用物质的量浓度 c(EGTA)计,数值以 mol/L 表示,按式(10)计算,保留 4 位有效数字:

$$c(\text{EGTA}) = \frac{c_1 V_1}{V_2} \qquad \cdots\cdots(10)$$

式中:

c_1——氧化钙基准溶液(12.2.2.9)浓度的数值,单位为摩尔每升(mol/L);

V_1——移取氧化钙基准溶液(12.2.2.9)体积的数值,单位为毫升(mL);

V_2——滴定氧化钙基准溶液所用 EGTA 标准滴定溶液(12.2.2.10)体积的平均值,单位为毫升(mL)。

12.2.2.11 刚果红试纸

12.2.2.12 钙黄绿素-茜素混合指示剂(2+1):取 0.1 g 钙黄绿素、0.05g 茜素,加 10 g 硫酸钾研细,混匀。

12.2.3 试料量

称取约 0.20 g 试样,精确至 0.1 mg。

12.2.4 测定

12.2.4.1 将试料置于盛有 3 g～4 g 混合熔剂(12.2.2.1)的铂坩埚中,混匀,再覆盖 1 g 混合熔剂

(12.2.2.1)，盖上坩埚盖并稍留缝隙，置于800℃～900℃高温炉中，升温至1 000℃～1 100℃熔融15 min～30 min，取出，旋转坩埚，使熔融物均匀附着于坩埚内壁，冷却。

12.2.4.2 用滤纸擦净坩埚外壁，置于盛有30 mL盐酸(12.2.2.5)、60 mL水的烧杯中，盖上表皿，加热浸出熔融物至溶液清亮，用热稀盐酸(12.2.2.6)洗出坩埚及盖，加20 mL乙醇(12.2.2.7)，煮沸5 min，冷至室温。

12.2.4.3 向溶液中投入一小块刚果红试纸(12.2.2.11)用氢氧化钾溶液(12.2.2.2)中和大部分酸(刚果红试纸变为蓝紫色)，加六次甲基四胺溶液(12.2.2.3)至沉淀刚出现(刚果红试纸呈红色)，过量20 mL，在约70℃保温5 min～10 min。

12.2.4.4 氢氧化物沉淀用中速定性滤纸过滤，用热六次甲基四胺溶液(12.2.2.4)洗烧杯2～3次，沉淀5～6次，滤液用500 mL容量瓶承接。

12.2.4.5 打开滤纸将其贴于原烧杯壁上，以10 mL盐酸(12.2.2.5)将沉淀溶解，用热稀盐酸(12.2.2.6)将滤纸冲洗干净，用水稀释至体积约150 mL，溶液煮沸，取下，冷至室温。

12.2.4.6 用氢氧化钾溶液(12.2.2.2)中和大部分酸，再加六次甲基四胺溶液(12.2.2.3)至沉淀产生，过量15 mL，在约70℃保温10 min。

12.2.4.7 再次用中速滤纸过滤，洗涤，两次滤液合并。冷至室温，用水稀释至刻度，摇匀(该试液可供钙、镁分析之用)。

12.2.4.8 移取100.00 mL试液(12.2.4.7)或试液B(12.1.4.7)，(试样中$w(CaO)<1\%$时，分取200.00 mL)，置于400 mL烧杯中，加50 mL水稀释，加1 mL三乙醇胺溶液(12.2.2.8)，按试样的钙含量加EGTA标准滴定溶液(12.2.2.10)，并过量5 mL～10 mL(记下读数V_1)，加12 mL氢氧化钾溶液(12.2.2.2)，放置20 min～30 min，加少量钙黄绿素-茜素混合指示剂(12.2.2.12)，用氧化钙基准溶液(12.2.2.9)滴定至试液呈现稳定的绿色荧光，并过量2 mL左右(调整为一整数，记下读数V_2)，补加少量混合指示剂(12.2.2.12)，用EGTA标准滴定溶液(12.2.2.10)在黑色背景下滴定至试液呈现粉紫色即为终点(记下读数V_3)。

12.2.5 **分析结果的计算**

氧化钙量用质量分数$w(CaO)$计，数值以%表示，按式(11)计算：

$$w(CaO)=\frac{[c(V_1+V_3-V_0)/1\,000-c_1(V_2/1\,000)]\times 56.079}{m_1}\times 100 \quad \cdots\cdots(11)$$

式中：

V_1——加入EGTA标准滴定溶液(12.2.2.10)体积的数值，单位为毫升(mL)；

V_2——回滴所用的氧化钙基准溶液(12.2.2.9)体积的数值，单位为毫升(mL)；

V_3——返滴所用的EGTA标准滴定溶液(12.2.2.10)体积的数值，单位为毫升(mL)；

V_0——滴定空白所用的EGTA标准滴定溶液(12.2.2.10)体积的数值，单位为毫升(mL)；

c——EGTA标准滴定溶液(12.2.2.10)浓度的准确数值，单位为摩尔每升(mol/L)；

m_1——分取试料质量的数值，单位为克(g)；

c_1——氧化钙基准溶液浓度的数值，单位为摩尔每升(mol/L)；

56.079——CaO摩尔质量的数值，单位为克每摩尔(g/moL)。

13 氧化镁的测定

氧化镁可按以下2种方法之一进行测定：

a) EDTA容量法(13.1)；

b) CyDTA容量法(13.2)。

13.1 EDTA容量法

13.1.1 **原理**

试样用碳酸钠-硼酸混合熔剂熔融，稀盐酸浸取，用乙醇还原高价铬，以六次甲基四胺二次分离铁、铝、铬、钛等。取部分滤液，用三乙醇胺掩蔽干扰元素，加氨性缓冲溶液(pH值=10)，以铬黑T指示，用EDTA标准滴定溶液滴定氧化钙、氧化镁合量，计算出氧化镁量。

13.1.2 试剂

13.1.2.1 氨性缓冲溶液(pH值=10)：称取67.5 g氯化铵溶于水中，加570 mL氨水(ρ0.90 g/ mL)，用水稀释至1 000 mL，混匀。

13.1.2.2 三乙醇胺溶液(1+10)。

13.1.2.3 氧化镁基准溶液[c(MgO)=0.025 mol/L]：

称取0.503 9 g预先在950℃～1 000℃灼烧1 h并于干燥器中冷却至室温的氧化镁(99.99%)，置于250 mL烧杯中，加少量水，盖上表面皿，由杯嘴慢慢加入10 mL盐酸(1+1)，加热煮沸溶解，冷至室温，移入500 mL容量瓶(3.8)中，用水稀释至刻度，摇匀。

13.1.2.4 EDTA标准滴定溶液[c (EDTA)=0.025 mol/L]：

a) 配制：称取9.3 g乙二胺四乙酸二钠(EDTA)于烧杯中，加水加热溶解，冷却，用水稀释至1 000 mL，混匀。
b) 标定：移取3份40.00 mL氧化镁基准溶液(13.1.2.3)，分别置于400 mL烧杯中，加水至约250 mL，加5 mL三乙醇胺溶液(13.1.2.2)，搅拌后加15 mL氨性缓冲溶液(13.1.2.1)及少许铬黑T指示剂(13.1.2.13)，用EDTA标准滴定溶液(13.1.2.4)滴定至溶液由红色变为蓝色即为终点。3份氧化镁基准溶液所用EDTA标准滴定溶液体积的极差≤0.10 mL时，取其平均值。否则，应重新标定。
c) 计算：EDTA标准滴定溶液的浓度用物质的量浓度c(EDTA)计，数值以mol/L表示，按式(12)计算，保留4位有效数字：

$$c(\text{EDTA}) = \frac{c_1 V_1}{V_2} \qquad (12)$$

式中：

c_1——氧化镁基准溶液(13.1.2.3)浓度的数值，单位为摩尔每升(mol/L)；

V_1——移取氧化镁基准溶液(13.1.2.3)体积的数值，单位为毫升(mL)；

V_2——滴定氧化镁基准溶液所用EDTA标准滴定溶液(13.1.2.4)体积的平均值，单位为毫升(mL)。

13.1.2.5 铬黑T指示剂：称取1 g铬黑T与50 g预先于105℃～110℃烘干的氯化钠研细，混匀，贮存于磨口瓶中。

13.1.3 测定

移取100.00 mL试液B(12.1.4.7)或试液(12.2.4.7)，置于400 mL烧杯中，加水至约250 mL，加5 mL三乙醇胺溶液(13.1.2.2)，搅拌后加15 mL氨性缓冲溶液(13.1.2.1)及少许铬黑T指示剂(13.1.2.5)，用EDTA标准滴定溶液(13.1.2.4)滴定至试液由红色变为蓝色即为终点。

13.1.4 分析结果的计算

氧化镁量用质量分数w(MgO)计，数值以%表示，按式(13)计算：

$$w(\text{MgO}) = \frac{40.311 \times c[(V_1 - V_0)/1\,000]}{m_1} \times 100 - w(\text{CaO}) \times 0.718\,7 \qquad (13)$$

式中：

V_1——滴定钙镁合量所用的EDTA标准滴定溶液体积的数值，单位为毫升(mL)；

V_0——滴定空白所用的EDTA标准滴定溶液体积的数值，单位为毫升(mL)；

c——EDTA标准滴定溶液浓度的准确数值，单位为摩尔每升(moL/L)；

m_1——分取试料质量的数值，单位为克(g)；

$w(\text{CaO})$——试样中氧化钙含量的质量分数，%；

40.311——MgO 摩尔质量的数值,单位为克每摩尔(g/moL);

0.718 7——MgO 与 CaO 摩尔质量之比。

13.2 CyDTA 容量法

13.2.1 原理

试样用碳酸钠-硼酸混合熔剂熔融,稀盐酸浸取,用乙醇还原高价铬,以六次甲基四胺二次分离铁、铝、铬、钛等。取部分滤液,加过量 EGTA 掩蔽钙,以酸性铬蓝 K—萘酚绿 B 混合溶液作指示剂,用 CyDTA 标准滴定溶液滴定至试液变为蓝绿色即为终点。

13.2.2 试剂

13.2.2.1 混合熔剂:按质量比将 2 份无水碳酸钠与 1 份硼酸研细,混匀。

13.2.2.2 氢氧化钾溶液(300 g/L):贮存于塑料瓶中。

13.2.2.3 六次甲基四胺溶液(300 g/L)。

13.2.2.4 六次甲基四胺溶液(10 g/L)。

13.2.2.5 氨性缓冲溶液(pH 值=10):称取 67.5 g 氯化铵溶于水中,加 570 mL 氨水(ρ0.90 g/ mL),用水稀释至 1 000 mL,混匀。

13.2.2.6 盐酸(1+1)。

13.2.2.7 盐酸(2+98)。

13.2.2.8 乙醇。

13.2.2.9 三乙醇胺溶液(1+10)。

13.2.2.10 EGTA 溶液(3.8 g/L):称取 3.8 g 乙二醇二乙醚二胺四乙酸(EGTA),置于 500 mL 烧杯中,加 250 mL 水,低温加热,搅拌下滴加氢氧化钾溶液(13.2.2.2)至刚好溶解,冷至室温,移入 1 000 mL容量瓶中,用水稀释至刻度,摇匀。

13.2.2.11 氧化镁基准溶液[c(MgO)=0.025 mol/L]:

称取 0.503 9 g 预先在 950℃~1 000℃灼烧 1 h 并于干燥器中冷却至室温的氧化镁(99.99%),置于 250 mL 烧杯中,加少量水,盖上表皿,由杯嘴慢慢加入 10 mL 盐酸(13.2.2.6),加热煮沸溶解,冷至室温,移入 500 mL 容量瓶(3.8)中,用水稀释至刻度,摇匀。

13.2.2.12 CyDTA 标准滴定溶液[c(CyDTA)=0.025 mol/L]:

a) 配制:称取 9.1 g 环已二胺四乙酸(CyDTA),置于 250 mL 烧杯中,分次加适量氢氧化钾溶液(13.2.2.2)加热到刚溶,取下,冷至室温,移入 1 000 mL 容量瓶中,用水稀释至刻度,摇匀。

b) 标定:移取 3 份 40.00 mL 氧化镁基准溶液(13.2.2.11),分别置于 400 mL 烧杯中,加约 100 mL 沸水,加 10 mL 氨性缓冲溶液(13.2.2.5),加 2 滴酸性铬蓝 K 指示剂(13.2.2.14)与 6 滴萘酚绿 B 指示剂(13.2.2.15),用 CyDTA 标准滴定溶液(13.2.2.12)滴定至试液红色消失变为蓝绿色即为终点。3 份氧化镁基准溶液所消耗 CyDTA 标准滴定溶液体积的极差≤0.10 mL 时,取其平均值。否则,应重新标定。

c) 计算:CyDTA 标准滴定溶液的浓度用物质的量浓度 c(CyDTA)计,数值以 mol/L 表示,按式(14)计算,保留 4 位有效数字:

$$c(\mathrm{CyDTA}) = \frac{c_1 V_1}{V_2} \qquad \cdots\cdots(14)$$

式中:

c_1——氧化镁基准溶液(13.2.2.11)浓度的数值,单位为摩尔每升(mol/L);

V_1——移取氧化镁基准溶液(13.2.2.11)体积的数值,单位为毫升(mL);

V_2——滴定氧化镁基准溶液所用 CyDTA 标准滴定溶液(13.2.2.12)体积的平均值,单位为毫升(mL)。

13.2.2.13 刚果红试纸。

13.2.2.14 酸性铬蓝 K 指示剂溶液(5 g/L),用三乙醇胺溶液(1+1)配制。

13.2.2.15 萘酚绿 B 指示剂溶液(5 g/L),用三乙醇胺溶液(1+1)配制。

13.2.3 试料量

称取约 0.20 g 试料,精确至 0.1 mg。

13.2.4 测定

13.2.4.1 将试料置于盛有 3 g～4 g 混合熔剂(13.2.2.1)的铂坩埚中,混匀,再覆盖 1 g 混合熔剂(13.2.2.1),盖上坩埚盖并稍留缝隙,置于 800℃～900℃高温炉中,升温至 1 000℃～1 100℃熔融 15 min～30 min,取出,旋转坩埚,使熔融物均匀附着于坩埚内壁,冷却。

13.2.4.2 用滤纸擦净坩埚外壁,置于盛有 30 mL 盐酸(13.2.2.6)、60 mL 水的烧杯中,盖上表皿,加热浸出熔融物至溶液清亮,用热稀盐酸(13.2.2.7)洗出坩埚及盖,加 20 mL 乙醇(13.2.2.8),煮沸 5 min,冷至室温。

13.2.4.3 向溶液中投入一小块刚果红试纸(13.2.2.13)用氢氧化钾溶液(13.2.2.2)中和大部分酸(刚果红试纸变为蓝紫色),加六次甲基四胺溶液(13.2.2.3)至沉淀刚出现(刚果红试纸呈红色),过量 20 mL,在约 70℃保温 5 min～10 min。

13.2.4.4 氢氧化物沉淀用中速定性滤纸过滤,用热六次甲基四胺溶液(13.2.2.4)洗烧杯 2～3 次,沉淀 5～6 次,滤液用 500 mL 容量瓶承接。

13.2.4.5 打开滤纸将其贴于原烧杯壁上,以 10 mL 盐酸(13.2.2.6)将沉淀溶解,用热稀盐酸(13.2.2.7)将滤纸冲洗干净,用水稀释至体积约 150 mL,溶液煮沸,取下,冷至室温。

13.2.4.6 用氢氧化钾溶液(13.2.2.2)中和大部分酸,再加六次甲基四胺溶液(13.2.2.3)至沉淀产生,过量 15 mL,在约 70℃保温 10 min。

13.2.4.7 再次用中速滤纸过滤,洗涤,两次滤液合并。冷至室温,用水稀释至刻度,摇匀(该试液可供钙、镁分析之用)。

13.2.4.8 移取 100.00 mL 试液(13.2.4.7) 或移取试液 B(12.1.4.7),置于 400 mL 烧杯中,加约 150 mL 的沸水,加 5 mL 三乙醇胺(13.2.2.9),搅拌后加 10 mL 氨性缓冲溶液(13.2.2.5),加足量的 EGTA 溶液(13.2.2.10),以络合试液中的 Ca(Ⅱ)并过量 0.5 mL,加 2 滴酸性铬蓝 K 指示剂溶液(13.2.2.14)、6 滴萘酚绿 B 指示剂溶液(13.2.2.15),用 CyDTA 标准滴定溶液(13.2.2.12)滴定至试液变为蓝绿色即为终点。

13.2.5 分析结果的计算

氧化镁量用质量分数 w (MgO) 计,数值以%表示,按式(15)计算:

$$w(\mathrm{MgO}) = \frac{40.311 \times c[(V_1 - V_0)/1\,000]}{m_1} \times 100 \quad \cdots\cdots\cdots\cdots (15)$$

式中:

V_1——滴定试液所用的 CyDTA 标准滴定溶液体积的数值,单位为毫升(mL);

V_0——滴定空白所用的 CyDTA 标准滴定溶液体积的数值,单位为毫升(mL);

c——CyDTA 标准滴定溶液浓度的准确数值,单位为摩尔每升(mol/L);

m_1——分取试料质量的数值,单位为克(g);

40.311——MgO 的摩尔质量的数值,单位为克每摩尔(g/moL)。

14 三氧化二铬的测定

三氧化二铬的测定可按以下 2 种方法之一进行:

a) 碱熔法(14.1);

b) 酸溶法(14.2)。

14.1 碱熔法

试样分解后,可以采用直接滴定法和返滴定法。

14.1.1 **原理(返滴定法)**

试样用碳酸钠-硼酸混合熔剂熔融,稀硫酸浸取,在硝酸银存在下,用过硫酸铵将铬氧化,加入过量的硫酸亚铁铵标准滴定溶液,以二苯胺磺酸钠作指示剂,用重铬酸钾基准溶液滴定至终点。

14.1.2 **试剂**

14.1.2.1 混合熔剂:按质量比将2份无水碳酸钠与1份硼酸研细,混匀。

14.1.2.2 硝酸银溶液(10 g/L)。

14.1.2.3 硫酸锰($MnSO_4 \cdot H_2O$)溶液(10 g/L)。

14.1.2.4 过硫酸铵溶液(250 g/L)。

14.1.2.5 氯化钠溶液(100 g/L)。

14.1.2.6 硫酸-磷酸混合溶液:在不断搅拌下,将150 mL硫酸缓慢注入700 mL水中,再加入150 mL磷酸混匀。

14.1.2.7 硫酸(1+1)。

14.1.2.8 重铬酸钾基准溶液[$c(1/6\ K_2Cr_2O_7)=0.05$ mol/L]:

称取2.451 5 g预先在150℃～170℃烘2 h并于干燥器中冷却至室温的重铬酸钾(99.99%),溶于500 mL水中,移入1 000 mL容量瓶中,用水稀释至刻度,摇匀。

14.1.2.9 硫酸亚铁铵标准滴定溶液{$c[(NH_4)_2Fe(SO_4)_2]=0.05$ mol/L}:

a) 配制:称取20 g硫酸亚铁铵[$FeSO_4 \cdot (NH_4)_2SO_4 \cdot 6H_2O$],溶于含有100 mL硫酸(14.1.2.7)的水中,用水稀释至1 000 mL,混匀,用时现标定。

b) 标定:移取3份25.00 mL硫酸亚铁铵标准滴定溶液(14.1.2.9),分别置于400 mL烧杯中,加入200 mL水、20 mL硫酸(14.1.2.7)、15 mL硫酸-磷酸混合溶液(14.1.2.6)、0.5 mL二苯胺磺酸钠溶液(14.1.2.10),立即用重铬酸钾基准溶液(14.1.2.8)滴定至试液呈稳定的紫红色即为终点。3份硫酸亚铁铵标准滴定溶液所消耗重铬酸钾基准溶液体积的极差≤0.10 mL时,取其平均值。否则,应重新标定。

c) 空白的测定:移取5.00 mL硫酸亚铁铵标准滴定溶液(14.1.2.9),置于400 mL烧杯中,加入200 mL水、20 mL硫酸(14.1.2.7)、15 mL硫酸-磷酸混合溶液(14.1.2.6)、0.5 mL二苯胺磺酸钠溶液(14.1.2.10),用10 mL半微量滴定管(3.7)立即以重铬酸钾基准溶液(14.1.2.8)滴定至试液呈现稳定的紫红色即为终点。记下所用重铬酸钾基准溶液的体积(V_A)。加入5.00 mL硫酸亚铁铵标准滴定溶液(14.1.2.9),用重铬酸钾基准溶液(14.1.2.8)滴定至试液呈现稳定的紫红色即为终点。重复上述操作,直至所用的重铬酸钾基准溶液(14.1.2.8)的体积为恒定值(V_B)时,则空白所用的重铬酸钾基准溶液的体积V_0为V_A值与V_B值之差。

d) 计算:硫酸亚铁铵标准滴定溶液的浓度用物质的量浓度$c[(NH_4)_2Fe(SO_4)_2]$计,数值以mol/L表示,按式(16)计算,保留4位有效数字:

$$c[(NH_4)_2Fe(SO_4)_2]=\frac{c_1(V_1-V_0)}{25} \quad \cdots\cdots(16)$$

式中:

c_1——重铬酸钾基准溶液浓度的数值,单位为摩尔每升(mol/L);

V_1——标定所用重铬酸钾基准溶液(14.1.2.8)体积的平均值,单位为毫升(mL);

V_0——测定空白所用重铬酸钾基准溶液(14.1.2.8)体积的数值,单位为毫升(mL);

25——标定时移取硫酸亚铁铵标准滴定溶液(14.1.2.9)体积的数值,单位为毫升(mL)。

14.1.2.10 二苯胺磺酸钠指示剂溶液(1 g/L)。

14.1.3 **试料量**

按表7称取试料,精确至0.1 mg。

表 7　试料量

含量范围(质量分数)/%	试料量/g
1～10	0.25
>10～≤30	0.15
>30	0.10

14.1.4　试样的测定

14.1.4.1　将试料放入盛有 4 g 混合熔剂(14.1.2.1)的铂坩埚中,混匀,再覆盖 1 g 混合熔剂(14.1.2.1),盖上坩埚盖并稍留缝隙,置于 800℃～900℃高温炉中,逐渐升温至 1 000℃～1 100℃,熔融至试料完全融解取出,旋转坩埚使熔融物均匀附着于坩埚内壁,冷却。

14.1.4.2　用滤纸擦净坩埚外壁,放入盛有煮沸的 20 mL 硫酸(14.1.2.7)、50 mL 水的 400 mL 烧杯中,加热浸出熔融物至溶液清亮,用水洗出坩埚及盖,加水至约 200 mL。

当试样中 $w(Cr_2O_3)$>50%时,则需将浸出液先冷至室温,移入 100 mL 容量瓶中,用水稀释至刻度,摇匀。再移取 50.00 mL 试液于 400 mL 烧杯中,加水至约 200 mL。

14.1.4.3　采用返滴定法时,以下按 14.1.4.4～14.1.6 进行。直接滴定法,以下按 14.2.4.2～14.2.5 进行。

14.1.4.4　加入 5 mL 硝酸银溶液(14.1.2.2)、1 mL 硫酸锰溶液(14.1.2.3),加热煮沸,分次加入 10 mL过硫酸铵溶液(14.1.2.4),待溶液呈现紫红色再煮沸 5 min～10 min,加入 10 mL 氯化钠溶液(14.1.2.5),煮沸至溶液的紫红色消失,取下,冷至室温。

14.1.4.5　加入 15 mL 硫酸-磷酸混合溶液(14.1.2.6),滴加硫酸亚铁铵标准滴定溶液(14.1.2.9)至试液的黄色消失,并过加 15.00 mL。加入 0.5 mL 二苯胺磺酸钠指示剂溶液(14.1.2.10),立即用重铬酸钾基准溶液(14.1.2.8)滴定至试液呈现稳定的紫红色即为终点。

14.1.5　空白的测定

14.1.5.1　将 5 g 混合熔剂(14.1.2.1)放入铂坩埚中,盖上坩埚盖并稍留缝隙,置于 800℃～900℃高温炉中。逐渐升温至 1 000℃～1 100℃,熔融 5 min,取出,旋转坩埚使熔融物均匀附着于坩埚内壁,冷却。

14.1.5.2　用滤纸擦净坩埚外壁,放入盛有煮沸的 20 mL 硫酸(14.1.2.7)、50 mL 水的 400 mL 烧杯中,加热浸出熔融物至溶液清亮,用水洗出坩埚及盖,加水至约 200 mL。

14.1.5.3　加入 5 mL 硝酸银溶液(14.1.2.2)、1 mL 硫酸锰溶液(14.1.2.3),加热煮沸,分次加入 10 mL过硫酸铵溶液(14.1.2.4),待溶液呈现紫红色再煮沸 5 min～10 min,加入 10 mL 氯化钠溶液(14.1.2.5),煮沸至溶液的紫红色消失,取下,冷至室温。

14.1.5.4　加入 5.00 mL 硫酸亚铁铵标准滴定溶液(14.1.2.9)、15 mL 硫酸-磷酸混合溶液(14.1.2.6)及 0.5 mL 二苯胺磺酸钠溶液(14.1.2.10),用 10 mL 半微量滴定管,立即以重铬酸钾基准溶液(14.1.2.8)滴定至试液呈现稳定的紫红色。记下读数(V_C)。

14.1.5.5　加入 5.00 mL 硫酸亚铁铵标准滴定溶液(14.1.2.9),用重铬酸钾基准溶液(14.1.2.8)滴定至试液呈现稳定的紫红色即为终点。

14.1.5.6　重复 14.1.5.5 的操作,直至所消耗的重铬酸钾基准溶液的毫升数为稳定值(V_D)时,则空白试液所用的重铬酸钾基准溶液的体积 V_0 为 V_C 值与 V_D 值之差。

14.1.6　分析结果的计算

三氧化二铬量用质量分数 $w(Cr_2O_3)$计,数值以%表示,按式(17)计算:

$$w(Cr_2O_3)=\frac{[c_2V_1/1\,000-c_1(V_2-V_0)/1\,000]\times 25.332}{m_1}\times 100 \qquad \cdots\cdots(17)$$

式中:

V_1——加入硫酸亚铁铵标准滴定溶液(14.1.2.9)的体积的数值,单位为毫升(mL);

V_2——滴定过量硫酸亚铁铵所用重铬酸钾基准溶液(14.1.2.8)的体积的数值,单位为毫升(mL);

V_0—— 空白试液所用重铬酸钾基准溶液(14.1.2.8)的体积的数值,单位为毫升(mL);

c_1—— 重铬酸钾基准溶液的浓度的数值,单位为摩尔每升(mol/L);

c_2——硫酸亚铁铵标准滴定溶液的浓度的准确数值,单位为摩尔每升(mol/L);

m_1——分取试料的质量的数值,单位为克(g);

25.332——Cr_2O_3 摩尔质量数值的 1/6,单位为克每摩尔(g/mol)。

14.2 酸溶法

本方法主要适用于工业三氧化二铬的分析,其他可酸溶的含铬材料也可参照本方法。

14.2.1 原理(直接滴定法)

试样用硫磷混合酸和高氯酸溶解,在硝酸银存在下,用过硫酸铵将铬氧化将三价铬氧化成六价铬,在酸性介质中二价铁离子与六价铬离子发生氧化还原反应,以 N-苯基邻氨基苯甲酸为指示剂,用硫亚铁铵标准滴定溶液滴定至终点。

14.2.2 试剂

14.2.2.1 硫磷混合酸溶液:磷酸+硫酸=6+4。

14.2.2.2 硫磷混合酸水溶液:磷酸+硫酸+水=1+1+4。

14.2.2.3 高氯酸(70%)。

14.2.2.4 硝酸银溶液(10 g/L)。

14.2.2.5 硫酸锰($MnSO_4 \cdot H_2O$)溶液(10 g/L)。

14.2.2.6 过硫酸铵。

14.2.2.7 氯化钠溶液(100 g/L)。

14.2.2.8 重铬酸钾基准溶液:[$c(1/6\ K_2Cr_2O_7) = 0.15$ mol/L]:

称取 7.354 5 g 预先在 150℃～170℃烘 2 h 并于干燥器中冷却至室温的重铬酸钾(99.99%),溶于 500 mL 水中,移入 1 000 mL 容量瓶中,用水稀释至刻度,摇匀。

14.2.2.9 硫酸亚铁铵标准滴定溶液{$c[(NH_4)_2Fe(SO_4)_2] = 0.20$ mol/L}:

a) 配制:称取 80 g 硫酸亚铁铵[$Fe(NH_4)_2(SO_4)_2 \cdot 6H_2O$],溶于 400 mL 硫酸溶液(1+1)中用水稀释至 1 000 mL,混匀,用时现标定。

b) 标定:移取 3 份 25.00 mL 重铬酸钾基准溶液置于 400 mL 烧杯中,加入 150 mL 水、20 mL 硫磷混合酸水溶液(14.2.2.2),用硫酸亚铁铵标准滴定溶液滴定至黄绿色,然后加入 1 mL N-苯基邻氨基苯甲酸指示剂溶液(14.2.2.10),继续滴定至紫红色变为亮绿色为终点。记下硫酸亚铁铵标准滴定溶液所用的体积。3 份重铬酸钾基准溶液所消耗硫酸亚铁铵标准滴定溶液体积的极差≤0.10 mL 时,取其平均值。否则,应重新标定。

c) 计算:硫酸亚铁铵标准滴定溶液的浓度用物质的量浓度 $c[(NH_4)_2Fe(SO_4)_2]$计,数值以mol/L 表示,按式(18)计算,保留 4 位有效数字:

$$c[(NH_4)_2Fe(SO_4)_2] = \frac{c_1V_1}{V_2} \quad \cdots\cdots(18)$$

式中:

c_1——重铬酸钾基准溶液浓度的数值,单位为摩尔每升(mol/L);

V_1——移取重铬酸钾基准溶液(14.2.2.6)体积的数值,单位为毫升(mL);

V_2——滴定重铬酸钾基准溶液所用硫酸亚铁铵标准滴定溶液体积的平均值,单位为毫升(mL)。

14.2.2.10 N-苯基邻氨基苯甲酸指示剂溶液(2 g/L):称取 0.2 g 邻苯氨基苯甲酸,溶于 100 mL 碳酸钠溶液(2 g/L)中。

14.2.3 试料量

称取约 0.20 g 试料,精确至 0.1 mg。

14.2.4 测定

14.2.4.1 将试料置于 400 mL 烧杯中，加入 20 mL 硫磷混合酸溶液（14.2.2.1），2 mL 高氯酸（14.2.2.3）于电炉上加热至溶液透明，底部无颗粒物。将烧杯取下冷却至室温，加 200 mL 水。

14.2.4.2 加 5 mL 硝酸银溶液（14.2.2.4），3～5 滴硫酸锰溶液（14.2.2.5），加热煮沸，分次加入 4 g～5 g过硫酸铵（14.2.2.5），待溶液呈现紫红色再煮沸 5 min～10 min，加入 10 mL 氯化钠溶液（14.2.2.7），继续加热煮沸至溶液的紫红色消失，取下，冷至室温。

14.2.4.3 用硫酸亚铁铵标准滴定溶液（14.2.2.9）滴定至溶液呈浅黄色，加入 1 mL N-苯基邻氨基苯甲酸指示剂溶液（14.2.2.10），继续滴定至溶液由紫红色变为亮绿色即为终点，同时作空白试验。

14.2.5 分析结果的计算

三氧化二铬量用质量分数 $w(Cr_2O_3)$ 计，数值以％表示，按式（19）计算：

$$w(Cr_2O_3)=\frac{25.332\times c(V-V_0)/1\,000}{m}\times 100 \quad \cdots\cdots\cdots\cdots (19)$$

式中：

V——滴定试液所用硫酸亚铁铵标准滴定溶液（14.2.2.9）体积的数值，单位为毫升（mL）；

V_0——滴定空白所用硫酸亚铁铵标准滴定溶液（14.2.2.9）体积的数值，单位为毫升（mL）；

c——硫酸亚铁铵标准滴定溶液（14.2.2.9）的实际浓度的数值，单位为摩尔每升（mol/L）；

m——试料质量的数值，单位为克（g）；

25.332——Cr_2O_3 摩尔质量数值的 1/6，单位为克每摩尔（g/mol）。

15 氧化钾和氧化钠的测定

15.1 原理

试样用氢氟酸-高氯酸分解后，制成硝酸溶液，于原子吸收光谱仪波长 766.5 nm 和 589.0 nm 处分别测量氧化钾、氧化钠的吸光度。

15.2 试剂

15.2.1 氢氟酸：优级纯。

15.2.2 高氯酸：优级纯。

15.2.3 硝酸（1+1）：用优级纯硝酸配制。

15.2.4 氧化钾标准溶液（含 K_2O 1 mg/mL）：

称取 0.791 5 g 预先在 450℃～500℃灼烧 1.5 h 并于干燥器中冷却至室温的氯化钾（99.99％），置于 250 mL 烧杯中，加水溶解后，移入 500 mL 容量瓶中，用水稀释至刻度，摇匀，贮存于塑料瓶中。

15.2.5 氧化钾标准溶液（含 K_2O 0.1 mg/mL）：

移取 50.00 mL 氧化钾标准溶液（15.2.4），置于 500 mL 容量瓶中，用水稀释至刻度，摇匀，贮于塑料瓶中。

15.2.6 氧化钠标准溶液（含 Na_2O 1 mg/mL）：

称取 0.943 0 g 预先在 450℃～500℃灼烧 1.5 h 并于干燥器中冷却至室温的氯化钠（99.99％），置于 250 mL 烧杯中，加水溶解后，移入 500 mL 容量瓶中，用水稀释至刻度，摇匀，贮存于塑料瓶中。

15.2.7 氧化钠标准溶液（含 Na_2O 0.1 mg/mL）。

移取 50.00 mL 氧化钠标准溶液（15.2.6），置于 500 mL 容量瓶中，用水稀释至刻度，摇匀，贮存于塑料瓶中。

15.2.8 氧化钾-氧化钠混合标准溶液（含 K_2O 10 μg/mL，Na_2O 5 μg/mL）：

移取 50.00 mL 氧化钾标准溶液（15.2.5）和 25.00 mL 氧化钠标准溶液（15.2.7），置于同一个 500 mL容量瓶中，用水稀释至刻度，摇匀。现配现用。

15.3 试料量

称取约 0.10 g 试样，精确至 0.1 mg。

15.4 测定

15.4.1 将试料置于铂皿中，用少量水湿润，加入 10 mL 氢氟酸(15.2.1)、2.0 mL 高氯酸(15.2.2)，加热分解至冒尽高氯酸白烟，取下，稍冷，用水冲洗铂皿壁，加入 2.0 mL 高氯酸(15.2.2)，继续加热至冒尽高氯酸白烟，取下，冷却。

15.4.2 加入 4.0 mL 硝酸(15.2.3)、10 mL 水，低温加热至盐类溶解，取下，冷却。移入 100 mL 容量瓶中，用水稀释至刻度，摇匀，澄清。

15.4.3 移取 10.00 mL 试液(15.4.2)，置于 100 mL 容量瓶中，加入 3.6 mL 硝酸(15.2.3)、用水稀释至刻度，摇匀。

15.4.4 用空气-乙炔火焰，以水调零，于火焰原子吸收光谱仪波长 766.5 nm 和 589.0 nm 处，分别测量氧化钾、氧化钠的吸光度。

15.4.5 当试样中 $w(K_2O)<0.20\%$、$w(Na_2O)<0.10\%$时，直接用试液(15.4.2)按 15.4.4 测定吸光度。从标准曲线上(15.5)查出相应的氧化钾、氧化钠量。

15.5 标准曲线的绘制

移取 0、1.00 mL、2.00 mL、4.00 mL、6.00 mL、8.00 mL、12.00 mL、16.00 mL、20.00 mL 氧化钾-氧化钠混合标准溶液(15.2.8)，置于一组 100 mL 容量瓶中，加 2 mL 硝酸(15.2.3)，用水稀释至刻度，摇匀。按 15.4.4 测量其吸光度。以氧化钾、氧化钠浓度为横坐标，吸光度(减去零浓度溶液的吸光度)为纵坐标，分别绘制标准曲线。

15.6 分析结果的计算

氧化钾(氧化钠)量用质量分数 $w(K_2O)$或 $w(Na_2O)$计，数值以%表示，按式(20)计算：

$$w(K_2O\text{或})w(Na_2O)=\frac{(c_1-c_0)V\times 10^{-6}}{m_1}\times 100 \qquad (20)$$

式中：

c_1——自标准曲线上查得的试液中氧化钾或氧化钠浓度的数值，单位为微克每毫升(μg/mL)；

c_0——自标准曲线上查得的空白中氧化钾或氧化钠浓度的数值，单位为微克每毫升(μg/mL)；

V——被测试液的体积的数值，单位为毫升(mL)；

m_1——分取试料的质量的数值，单位为克(g)。

16 氧化锰的测定

16.1 原理

试样用氢氟酸-高氯酸分解后，不溶残渣用碳酸钠-硼酸混合熔剂熔融，制成盐酸溶液。硅的干扰借用氢氟酸分解试样挥散消除。于原子吸收光谱仪波长 279.5 nm 处测量氧化锰的吸光度。

16.2 试剂

16.2.1 混合熔剂：按质量比将 2 份无水碳酸钠(优级纯)与 1 份硼酸(优级纯)研细，混匀。

16.2.2 混合熔剂-盐酸溶液：称取 20.00 g 混合熔剂(16.2.1)，加入 40 mL 盐酸(16.2.3)，溶解后移入 100 mL 容量瓶中，用水稀释至刻度，摇匀。

16.2.3 盐酸(1+1)：用优级纯盐酸配制。

16.2.4 氢氟酸：优级纯。

16.2.5 高氯酸：优级纯。

16.2.6 氧化锰标准溶液(含 MnO 1 mg/mL)：

称取 0.387 2 g 金属锰(99.99%)，置于 250 mL 烧杯中，加入 10 mL 盐酸(16.2.3)，待其溶解后移入 500 mL 容量瓶中，用水稀释至刻度，摇匀。

16.2.7 氧化锰标准溶液(含 MnO 50 μg/mL)：

移取 25.00 mL 氧化锰标准溶液(16.2.6)，置于 500 mL 容量瓶中，用水稀释至刻度，摇匀。

16.3 **试料量**

称取约 0.10 g 试料，精确至 0.1 mg。

16.4 **测定**

16.4.1 将试料置于铂皿中，用少量水湿润，加入 10 mL 氢氟酸(16.2.4)、2 mL 高氯酸(16.2.5)，加热分解至冒尽高氯酸白烟，取下，稍冷，用水冲洗铂皿壁，加入 2 mL 高氯酸(16.2.5)，继续加热至冒尽高氯酸白烟，取下，冷却。

16.4.2 加入 4 mL 盐酸(16.2.3)、10 mL 水，低温加热至盐类溶解，用慢速定量滤纸过滤于 100 mL 容量瓶中，用热水洗涤铂皿及滤纸 3～4 次(此为主液)。

16.4.3 将沉淀连同滤纸置于铂坩埚中，干燥，灰化后加 1 g 混合熔剂(16.2.1)，仔细混匀，置于高温炉中，于 1 000℃熔融 10 min～15 min(空白熔融 5 min)，取出，冷却。

16.4.4 向坩埚中分次加入 6 mL 盐酸(16.2.3)、少量水，加热浸取熔融物，将溶液并入主液(16.4.2)中，用水稀释至刻度，摇匀。

16.4.5 移取 50.00 mL 试液(16.4.4)，置于 100 mL 容量瓶中，加入 4 mL 盐酸(16.2.3)，用水稀释至刻度，摇匀。

16.4.6 用空气-乙炔火焰，以水调零，于火焰原子吸收光谱仪波长 279.5 nm 处，测量吸光度。

16.4.7 当试样中 $w(MnO)<0.5\%$时，直接用试液(16.4.4)按 16.4.6 测量吸光度。

16.4.8 从标准曲线(16.5)上查出相应的氧化锰量。

16.5 **标准曲线的绘制**

移取 0、2.00 mL、4.00 mL、6.00 mL、8.00 mL、10.00 mL、12.00 mL 氧化锰标准溶液(16.2.7)，置于一组 100 mL 容量瓶中，加入 8 mL 盐酸(16.2.3)、5 mL 混合熔剂-盐酸溶液(16.2.2)，用水稀释至刻度，摇匀。按 16.4.6 测量其吸光度。以氧化锰浓度为横坐标，吸光度(减去零浓度溶液的吸光度)为纵坐标，绘制标准曲线。

16.6 **分析结果的计算**

氧化锰量用质量分数 $w(MnO)$计，数值以%表示，按式(21)计算：

$$w(\mathrm{MnO}) = \frac{(c_1 - c_0)V \times 10^{-6}}{m_1} \times 100 \qquad \cdots\cdots\cdots\cdots(21)$$

式中：

c_1——自标准曲线上查得的试液中的氧化锰的浓度的数值，单位为微克每毫升(μg/mL)；

c_0——自标准曲线上查得的空白溶液中的氧化锰浓度的数值，单位为微克每毫升(μg/mL)；

V——被测试液的体积的数值，单位为毫升(mL)；

m_1——分取试料的质量的数值，单位为克(g)。

附 录 A
（规范性附录）
验收分析值程序

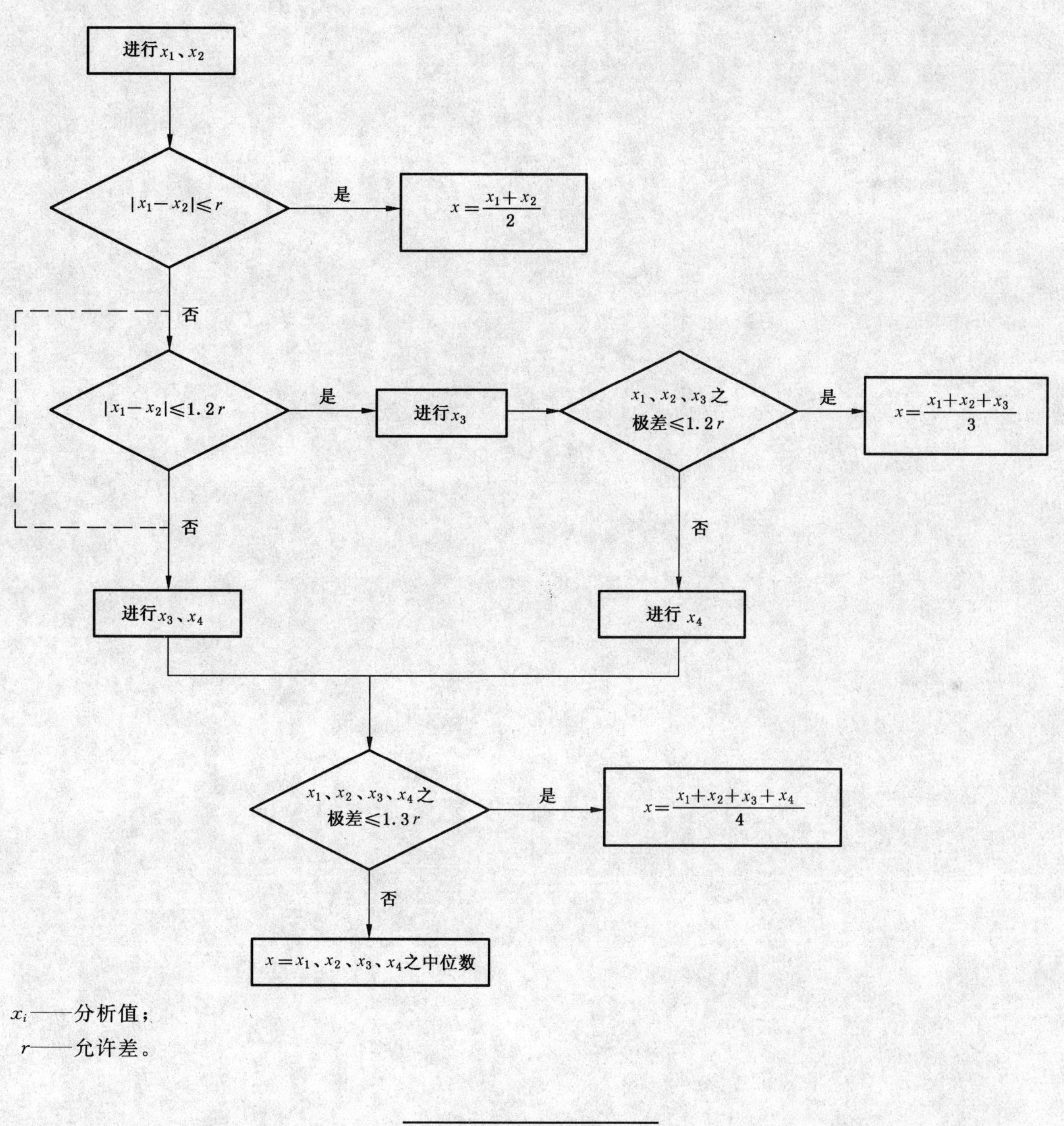

x_i——分析值；

r——允许差。

ICS 13.060
Z 16

中华人民共和国国家标准

GB 5085.1—2007
代替 GB 5085.1—1996

危险废物鉴别标准　腐蚀性鉴别

Identification standards for hazardous wastes
Identification for corrosivity

2007-04-25 发布　　2007-10-01 实施

国家环境保护总局
国家质量监督检验检疫总局　发布

前　言

为贯彻《中华人民共和国环境保护法》和《中华人民共和国固体废物污染环境防治法》，防治危险废物造成的环境污染，加强对危险废物的管理，保护环境，保障人体健康，制定本标准。

本标准是国家危险废物鉴别标准的组成部分。国家危险废物鉴别标准规定了固体废物危险特性技术指标，危险特性符合标准规定的技术指标的固体废物属于危险废物，须依法按危险废物进行管理。国家危险废物鉴别标准由以下7个标准组成：

1. 危险废物鉴别标准　通则
2. 危险废物鉴别标准　腐蚀性鉴别
3. 危险废物鉴别标准　急性毒性初筛
4. 危险废物鉴别标准　浸出毒性鉴别
5. 危险废物鉴别标准　易燃性鉴别
6. 危险废物鉴别标准　反应性鉴别
7. 危险废物鉴别标准　毒性物质含量鉴别

本标准对《危险废物鉴别标准　腐蚀性鉴别》(GB 5085.1—1996)进行了修订，主要内容是增加了钢材腐蚀的鉴别标准及检测方法。

按照有关法律规定，本标准具有强制执行的效力。

本标准由国家环境保护总局科技标准司提出。

本标准起草单位：中国环境科学研究院固体废物污染控制技术研究所、环境标准研究所。

本标准国家环境保护总局2007年3月27日批准。

本标准自2007年10月1日起实施，《危险废物鉴别标准　腐蚀性鉴别》(GB 5085.1—1996)同时废止。

本标准由国家环境保护总局解释。

危险废物鉴别标准　腐蚀性鉴别

1　范围

本标准规定了腐蚀性危险废物的鉴别标准。

本标准适用于任何生产、生活和其他活动中产生的固体废物的腐蚀性鉴别。

2　规范性引用文件

下列文件中的条款通过 GB 5085 的本部分的引用而成为本标准的条款。凡是不注日期的引用文件,其最新版本适用于本标准。

GB/T 699　优质碳素结构钢

GB/T 15555.12—1995　固体废物　腐蚀性测定　玻璃电极法

HJ/T 298　危险废物鉴别技术规范

JB/T 7901　金属材料实验室均匀腐蚀全浸试验方法

3　鉴别标准

符合下列条件之一的固体废物,属于危险废物。

3.1　按照 GB/T 15555.12—1995 的规定制备的浸出液,pH≥12.5,或者 pH≤2.0。

3.2　在 55℃条件下,对 GB/T 699 中规定的 20 号钢材的腐蚀速率≥6.35 mm/a。

4　实验方法

4.1　采样点和采样方法按照 HJ/T 298 的规定进行。

4.2　第 3.1 条所列的 pH 值测定按照 GB/T 15555.12—1995 的规定进行。

4.3　第 3.2 条所列的腐蚀速率测定按照 JB/T 7901 的规定进行。

5　标准实施

本标准由县级以上人民政府环境保护行政主管部门负责监督实施。

ICS 13.060
Z 16

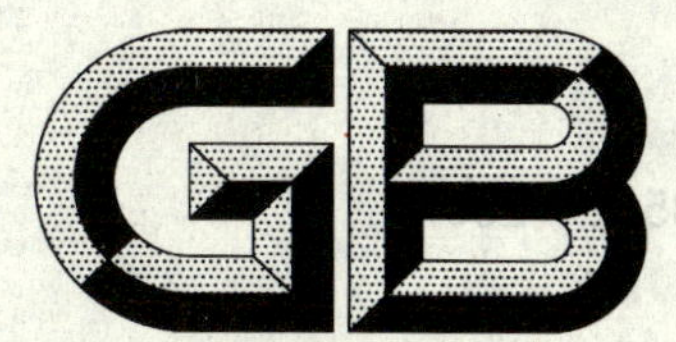

中华人民共和国国家标准

GB 5085.2—2007
代替 GB 5085.2—1996

危险废物鉴别标准 急性毒性初筛

Identification standards for hazardous wastes
Screening test for acute toxicity

2007-04-25 发布 2007-10-01 实施

国家环境保护总局
国家质量监督检验检疫总局 发布

前　言

为贯彻《中华人民共和国环境保护法》和《中华人民共和国固体废物污染环境防治法》，防治危险废物造成的环境污染，加强对危险废物的管理，保护环境，保障人体健康，制定本标准。

本标准是国家危险废物鉴别标准的组成部分。国家危险废物鉴别标准规定了固体废物危险特性技术指标，危险特性符合标准规定的技术指标的固体废物属于危险废物，须依法按危险废物进行管理。国家危险废物鉴别标准由以下7个标准组成：

1. 危险废物鉴别标准　通则
2. 危险废物鉴别标准　腐蚀性鉴别
3. 危险废物鉴别标准　急性毒性初筛
4. 危险废物鉴别标准　浸出毒性鉴别
5. 危险废物鉴别标准　易燃性鉴别
6. 危险废物鉴别标准　反应性鉴别
7. 危险废物鉴别标准　毒性物质含量鉴别

本标准对《危险废物鉴别标准　急性毒性初筛》(GB 5085.2—1996)进行了修订，主要内容是：

——用《化学品测试导则》中指定的急性经口毒性试验、急性经皮毒性试验和急性吸入毒性试验取代了原标准附录中的“危险废物急性毒性初筛试验方法”。

——对急性毒性初筛鉴别值进行了调整。

按照有关法律规定，本标准具有强制执行的效力。

本标准由国家环境保护总局科技标准司提出。

本标准起草单位：中国环境科学研究院固体废物污染控制技术研究所、环境标准研究所。

本标准国家环境保护总局2007年3月27日批准。

本标准自2007年10月1日起实施，《危险废物鉴别标准　急性毒性初筛》(GB 5085.2—1996)同时废止。

本标准由国家环境保护总局解释。

危险废物鉴别标准　急性毒性初筛

1　范围

本标准规定了急性毒性危险废物的初筛标准。

本标准适用于任何生产、生活和其他活动中产生的固体废物的急性毒性鉴别。

2　规范性引用文件

下列文件中的条款通过 GB 5085 的本部分的引用而成为本标准的条款。凡是不注日期的引用文件,其最新版本适用于本标准。

HJ/T 153　化学品测试导则

HJ/T 298　危险废物鉴别技术规范

3　术语和定义

下列术语和定义适用于本标准。

3.1

口服毒性半数致死量 LD_{50}　LD_{50}(median lethal dose)for acute oral toxicity

是经过统计学方法得出的一种物质的单一计量,可使青年白鼠口服后,在 14 d 内死亡一半的物质剂量。

3.2

皮肤接触毒性半数致死量 LD_{50}　LD_{50} for acute dermal toxicity

是使白兔的裸露皮肤持续接触 24 h,最可能引起这些试验动物在 14 d 内死亡一半的物质剂量。

3.3

吸入毒性半数致死浓度 LC_{50}　LC_{50} for acute toxicity on inhalation

是使雌雄青年白鼠连续吸入 1 h,最可能引起这些试验动物在 14 d 内死亡一半的蒸气、烟雾或粉尘的浓度。

4　鉴别标准

符合下列条件之一的固体废物,属于危险废物。

4.1　经口摄取:固体 $LD_{50} \leqslant 200$ mg/kg,液体 $LD_{50} \leqslant 500$ mg/kg。

4.2　经皮肤接触:$LD_{50} \leqslant 1\ 000$ mg/kg。

4.3　蒸气、烟雾或粉尘吸入:$LC_{50} \leqslant 10$ mg/L。

5　实验方法

5.1　采样点和采样方法按照 HJ/T 298 的规定进行。

5.2　经口 LD_{50}、经皮 LD_{50} 和吸入 LC_{50} 的测定按照 HJ/T 153 中指定的方法进行。

6　标准实施

本标准由县级以上人民政府环境保护行政主管部门负责监督实施。

ICS 13.030.50
Z 70

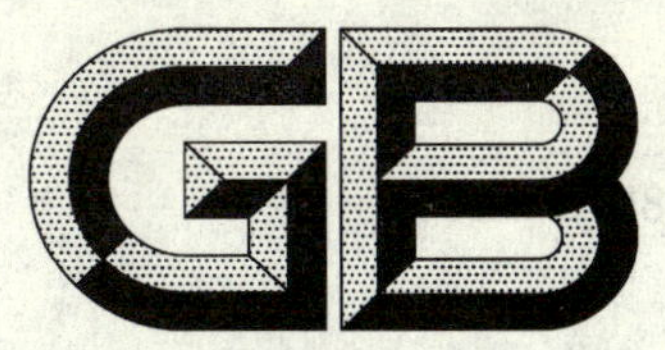

中华人民共和国国家标准

GB 5085.3—2007
代替 GB 5085.3—1996

危险废物鉴别标准　浸出毒性鉴别

Identification standards for hazardous wastes
Identification for extraction toxicity

2007-04-25 发布　　　　2007-10-01 实施

国家环境保护总局
国家质量监督检验检疫总局　发布

前　言

为贯彻《中华人民共和国环境保护法》和《中华人民共和国固体废物污染环境防治法》，防治危险废物造成的环境污染，加强对危险废物的管理，保护环境，保障人体健康，制定本标准。

本标准是国家危险废物鉴别标准的组成部分。国家危险废物鉴别标准规定了固体废物危险特性技术指标，危险特性符合标准规定的技术指标的固体废物属于危险废物，须依法按危险废物进行管理。国家危险废物鉴别标准由以下7个标准组成：

1. 危险废物鉴别标准　通则
2. 危险废物鉴别标准　腐蚀性鉴别
3. 危险废物鉴别标准　急性毒性初筛
4. 危险废物鉴别标准　浸出毒性鉴别
5. 危险废物鉴别标准　易燃性鉴别
6. 危险废物鉴别标准　反应性鉴别
7. 危险废物鉴别标准　毒性物质含量鉴别

本标准对《危险废物鉴别标准　浸出毒性鉴别》(GB 5085.3—1996)进行了修订，主要内容是：

——在原标准14个鉴别项目的基础上，增加了36个鉴别项目。新增项目主要是有机类毒性物质。

——修改了毒性物质的浸出方法。

——修改了部分鉴别项目的分析方法。

按有关法律规定，本标准具有强制执行的效力。

本标准由国家环境保护总局科技标准司提出。

本标准起草单位：中国环境科学研究院固体废物污染控制技术研究所、环境标准研究所。

本标准国家环境保护总局2007年3月27日批准。

本标准自2007年10月1日起实施，《危险废物鉴别标准　浸出毒性鉴别》(GB 5085.3—1996)同时废止。

本标准由国家环境保护总局解释。

危险废物鉴别标准　浸出毒性鉴别

1　范围

本标准规定了以浸出毒性为特征的危险废物鉴别标准。

本标准适用于任何生产、生活和其他活动中产生固体废物的浸出毒性鉴别。

2　规范性引用文件

下列文件中的条款通过 GB 5085 本部分的引用而成为本标准的条款。凡是不注日期的引用文件，其最新版本适用于本标准。

HJ/T 299　固体废物　浸出毒性浸出方法　硫酸硝酸法

HJ/T 298　危险废物鉴别技术规范

3　鉴别标准

按照 HJ/T 299 制备的固体废物浸出液中任何一种危害成分含量超过表 1 中所列的浓度限值，则判定该固体废物是具有浸出毒性特征的危险废物。

表 1　浸出毒性鉴别标准值

序号	危害成分项目	浸出液中危害成分质量浓度限值/(mg/L)	分析方法
无机元素及化合物			
1	铜(以总铜计)	100	附录 A、B、C、D
2	锌(以总锌计)	100	附录 A、B、C、D
3	镉(以总镉计)	1	附录 A、B、C、D
4	铅(以总铅计)	5	附录 A、B、C、D
5	总铬	15	附录 A、B、C、D
6	铬(六价)	5	GB/T 15555.4—1995
7	烷基汞	不得检出[1]	GB/T 14204—1993
8	汞(以总汞计)	0.1	附录 B
9	铍(以总铍计)	0.02	附录 A、B、C、D
10	钡(以总钡计)	100	附录 A、B、C、D
11	镍(以总镍计)	5	附录 A、B、C、D
12	总银	5	附录 A、B、C、D
13	砷(以总砷计)	5	附录 C、E
14	硒(以总硒计)	1	附录 B、C、E
15	无机氟化物(不包括氟化钙)	100	附录 F
16	氰化物(以 CN^- 计)	5	附录 G

表 1(续)

序号	危害成分项目	浸出液中危害成分 质量浓度限值/(mg/L)	分析方法
有机农药类			
17	滴滴涕	0.1	附录 H
18	六六六	0.5	附录 H
19	乐果	8	附录 I
20	对硫磷	0.3	附录 I
21	甲基对硫磷	0.2	附录 I
22	马拉硫磷	5	附录 I
23	氯丹	2	附录 H
24	六氯苯	5	附录 H
25	毒杀芬	3	附录 H
26	灭蚁灵	0.05	附录 H
非挥发性有机化合物			
27	硝基苯	20	附录 J
28	二硝基苯	20	附录 K
29	对硝基氯苯	5	附录 L
30	2,4-二硝基氯苯	5	附录 L
31	五氯酚及五氯酚钠(以五氯酚计)	50	附录 L
32	苯酚	3	附录 K
33	2,4-二氯苯酚	6	附录 K
34	2,4,6-三氯苯酚	6	附录 K
35	苯并[a]芘	0.000 3	附录 K、M
36	邻苯二甲酸二丁酯	2	附录 K
37	邻苯二甲酸二辛酯	3	附录 L
38	多氯联苯	0.002	附录 N
挥发性有机化合物			
39	苯	1	附录 O、P、Q
40	甲苯	1	附录 O、P、Q
41	乙苯	4	附录 P
42	二甲苯	4	附录 O、P
43	氯苯	2	附录 O、P
44	1,2-二氯苯	4	附录 K、O、P、R
45	1,4-二氯苯	4	附录 K、O、P、R
46	丙烯腈	20	附录 O
47	三氯甲烷	3	附录 Q
48	四氯化碳	0.3	附录 Q
49	三氯乙烯	3	附录 Q
50	四氯乙烯	1	附录 Q
注:1. “不得检出”指甲基汞＜10 ng/L,乙基汞＜20 ng/L。			

4 实验方法

4.1 采样点和采样方法按照 HJ/T 298 进行。

4.2 无机元素及其化合物的样品(除六价铬、无机氟化物、氰化物外)的前处理方法参照附录 S;六价铬及其化合物的样品的前处理方法参照附录 T。

4.3 有机样品的前处理方法参照附录 U、附录 V、附录 W。

4.4 各危害成分项目的测定,除执行规定的标准分析方法外,暂按附录中推荐的方法执行;待适用于测定特定危害成分项目的国家环境保护标准发布后,按标准的规定执行。

5 标准实施

本标准由县级以上人民政府环境保护行政主管部门负责监督实施。

附 录 A
（资料性附录）
固体废物 元素的测定 电感耦合等离子体原子发射光谱法
Solid Waste—Determination of Elements —Inductively Coupled Plasma-Atomic Emission Spectrometry(ICP-AES)

A.1 范围

本方法适用于固体废物和固体废物浸出液中银(Ag)、铝(Al)、砷(As)、钡(Ba)、铍(Be)、钙(Ca)、镉(Cd)、钴(Co)、铬(Cr)、铜(Cu)、铁(Fe)、钾(K)、镁(Mg)、锰(Mn)、钠(Na)、镍(Ni)、铅(Pb)、锑(Sb)、锶(Sr)、钍(Th)、钛(Ti)、铊(Tl)、钒(V)、锌(Zn)等元素的电感耦合等离子体原子发射光谱法测定。

本方法对各种元素的检出限和测定波长见表A.1。

表A.1 测定元素推荐波长及检出限

测定元素	波长/nm	检出限/(mg/L)	测定元素	波长/nm	检出限/(mg/L)
Al	308.21	0.1	Cu	327.39	0.01
	396.15	0.09	Fe	238.20	0.03
As	193.69	0.1		259.94	0.03
Ba	233.53	0.004	K	766.49	0.5
	455.40	0.003	Mg	279.55	0.002
Be	313.04	0.000 3		285.21	0.02
	234.86	0.005	Mn	257.61	0.001
Ca	317.93	0.01		293.31	0.02
	393.37	0.002	Na	589.59	0.2
Cd	214.44	0.003	Ni	231.60	0.01
	226.50	0.003	Pb	220.35	0.05
Co	238.89	0.005	Sr	407.77	0.001
	228.62	0.005	Ti	334.94	0.005
Cr	205.55	0.01		336.12	0.01
	267.72	0.01	V	311.07	0.01
Cu	324.75	0.01	Zn	213.86	0.006

本方法使用时可能存在的主要干扰见表A.2。

表 A.2　元素间干扰

测定元素	测定波长/nm	干扰元素	测定元素	测定波长/nm	干扰元素
Al	308.21	Mn、V、Na	Cr	202.55	Fe、Mo
	396.15	Ca、Mo		267.72	Mn、V、Mg
As	193.69	Al、P		283.56	Fe、Mo
Be	313.04	Ti、Se	Cu	324.7	Fe、Al、Ti
	234.86	Fe	Mn	257.61	Fe、Al、Mg
Ba	233.53	Fe、V	Ni	231.60	Co
Ca	315.89	Co	Pb	220.35	Al
	317.93	Fe	V	290.88	Fe、Mo
Cd	214.44	Fe		292.40	Fe、Mo
	226.50	Fe		311.07	Ti、Fe、Mn
	228.80	As	Zn	213.86	Ni、Cu
Co	228.62	Ti	Ti	334.94	Cr、Ca

A.2　原理

等离子体发射光谱法可以同时测定样品中多元素的含量。当氩气通过等离子体火炬时，经射频发生器所产生的交变电磁场使其电离、加速并与其他氩原子碰撞。这种连锁反应使更多的氩原子电离，形成原子、离子、电子的粒子混合气体，即等离子体。过滤或消解处理过的样品经进样器中的物化器被物化并由氩载气带入等离子体火炬中，气化的样品分子在等离子体火炬的高温下被气化、电离、激发。不同元素的原子在激发或电离时可发射出特征光谱，所以等离子体发射光谱可用来定性测定样品中存在的元素。特征光谱的强弱与样品中原子浓度有关，与标准溶液进行比较，即可定量测定样品中各元素的含量。

A.3　试剂和材料

A.3.1　试剂水，为 GB/T 6682 规定的一级水。

A.3.2　硝酸，$\rho(HNO_3)=1.42$ g/mL，优级纯。

A.3.3　盐酸，$\rho(HCl)=1.19$ g/mL，优级纯。

A.3.4　硝酸(1+1)溶液，用硝酸(A.3.2)配制。

A.3.5　氩气，钢瓶气，纯度不低于 99.9%。

A.3.6　标准溶液

A.3.6.1　单元标准贮备液的配制：可以从权威商业机构购买或用超高纯化学试剂及金属(>99.99%)配制成 1.00 mg/mL 的标准贮备液。市售的金属有板状、线状、粒状、海绵状或粉末状等。为了称量方便，需将其切屑(粉末状除外)，切屑时应防止由于剪切或车床削来的沾污，一般先用稀 HCl 或稀 HNO_3 迅速洗涤金属以除去表面的氧化物及附着的污物，然后用水洗净。为干燥迅速，可用丙酮等挥发性强的溶剂进一步洗涤，以除去水分，最后用纯氩气或氮气吹干。贮备溶液配制的酸度保持在 0.1 mol/L 以上(表 A.3)。

表 A.3 单元素标准贮备液配制方法

元素	质量浓度/(mg/mL)	配制方法
Al	1.00	称取 1 g 金属铝,用 150 mLHCl(1+1)加热溶解,煮沸,冷却后用水定容至 1 L
Zn	1.00	称取 1 g 金属锌,用 40 mLHCl 溶解,煮沸,冷却后用水定容至 1 L
Ba	1.00	称取 1.516 3 g 无水 $BaCl_2$(250℃烘 2 h),用 20 mLHNO_3(1+1)溶解,用水定容至 1 L
Be	0.1	称取 0.1 g 金属铍,用 150 mLHCl(1+1)加热溶解,冷却后用水定容至 1 L
Ca	1.00	称取 2.497 2 g $CaCO_3$(110℃干燥 1 h),溶解于 20 mL 水中,滴加 HCl 至完全溶解,再加 10 mL HCl,煮沸除去 CO_2,冷却后用水定容至 1 L
Co	1.00	称取 1 g 金属钴,用 50 mLHNO_3(1+1)加热溶解,冷却后用水定容至 1 L
Cr	1.00	称取 1 g 金属铬,加热溶解于 30 mLHCl(1+1)中,冷却后用水定容至 1 L
Cu	1.00	称取 1 g 金属铜,加热溶解于 30 mLHNO_3(1+1)中,冷却后用水定容至 1 L
Fe	1.00	称取 1 g 金属铁,用 150 mLHCl(1+1)溶解,冷却后用水定容至 1 L
K	1.00	称取 1.906 7 g KCl(在 400～450℃灼烧到无爆裂声)溶于水,用水定容至 1 L
Mg	1.00	称取 1 g 金属镁,加入 30 mL 水,缓慢加入 30 mLHCl,待完全溶解后,煮沸,冷却后用水定容至 1 L
Na	1.00	称取 2.542 1 g NaCl(在 400～450℃灼烧到无爆裂声)溶于水,用水定容至 1 L
Ni	1.00	称取 1 g 金属镍,用 30 mLHNO_3(1+1)加热溶解,冷却后用水定容至 1 L
Pb	1.00	称取 1 g 金属铅,用 30 mLHNO_3(1+1)加热溶解,冷却后用水定容至 1 L
Sr	1.00	称取 1.684 8 g $SrCO_3$ 用 60 mLHCl(1+1)加热溶解,冷却后用水定容至 1 L
Ti	1.00	称取 1 g 金属钛,用 100 mLHCl(1+1)加热溶解,冷却后用水定容至 1 L
V	1.00	称取 1 g 金属钒,用 30 mL 水加热溶解,浓缩至近干,加入 20 mLHCl 冷却后用水定容至 1 L
Cd	1.00	称取 1 g 金属镉,用 30 mLHNO_3 溶解,用水定容至 1 L
Mn	1.00	称取 1 g 金属锰,用 30 mLHCl(1+1)加热溶解,冷却后用水定容至 1 L
As	1.00	称取 1.320 3 g As_2O_3,用 20 mL10%的 NaOH 溶解(稍加热),用水稀释以 HCl 中和至溶液呈弱酸性,加入 5 mL HCl(1+1),再用水定容至 1 L

A.3.6.2 单元素中间标准溶液的配制:分取上述单元素标准贮备液,将 Cu、Cd、V、Cr、Co、Ba、Mn、Ti 及 Ni 等 10 种元素稀释成 0.10 mg/mL;将 Pb、As 及 Fe 稀释成 0.5 mg/mL;将 Be 稀释成 0.01 mg/mL 的单元素中间标准溶液。稀释时,补加一定量相应的酸,使溶液酸度保持在 0.1 mol/L 以上。

A.3.6.3 多元素混合标准溶液的配制:为进行多元素同时测定,简化操作手续,必须根据元素间相互干扰的情况与标准溶液的性质,用单元素中间标准溶液,分组配制成多元素混合标准溶液。由于所用标准溶液的性质及仪器性能以及对样品待测项目的要求不同,元素分组情况也不尽相同。表 A.4 列出了本方法条件下的元素分组表参考。混合标准溶液的酸度应尽量保持与待测样品溶液的酸度一致。

表 A.4 多元素混合标准溶液分组情况

Ⅰ		Ⅱ		Ⅲ	
元素	质量浓度/(mg/L)	元素	质量浓度/(mg/L)	元素	质量浓度/(mg/L)
Ca	50	K	50	Zn	1.0
Mg	50	Na	50	Co	1.0
Fe	10	Al	50	Cd	1.0
		Ti	10	Cr	1.0
				V	1.0
				Sr	1.0
				Ba	1.0
				Be	0.1
				Ni	1.0
				Pb	5.0
				Mn	1.0
				As	5.0

A.4 仪器、装置及工作条件

A.4.1 仪器

电感耦合等离子发射光谱仪和一般实验室仪器以及相应的辅助设备。常用的电感耦合等离子发射光谱仪通常分为多道式及顺序扫描式两种。

A.4.2 工作条件

一般仪器采用通用的气体雾化器时，同时测定多种元素的工作参数见表 A.5。

表 A.5 工作参数范围

高频功率/kW	反射功率/W	观测高度/mm	载气流量/(L/min)	等离子气流量/(L/min)	进样量/(mL/min)	测定时间/s
1.0～1.4	<5	6～16	1.0～1.5	1.0～1.5	1.5～3.0	1～20

A.5 样品的采集、保存和预处理

A.5.1 所有的采样容器都应预先用洗涤剂、酸和试剂水洗涤，塑料和玻璃容器均可使用。如果要分析极易挥发的硒、锑和砷的化合物，要使用特殊容器(如用于挥发性有机物分析的容器)。

A.5.2 水样必须用硝酸酸化至 pH 小于 2。

A.5.3 非水样品应冷藏保存，并尽快分析。

A.5.4 当分析样品中可溶性砷时，不要求冷藏，但应避光保存，温度不能超过室温。

A.5.5 银的标准和样品都应贮于棕色瓶中，并放置在暗处。

A.6 干扰的消除

ICP-AES 法通常存在的干扰大致可分为两类：一类是光谱干扰，主要包括了连续背景和谱线重叠干扰；另一类是非光谱干扰，主要包括了化学干扰、电离干扰、物理干扰以及去溶剂干扰等，在实际分析过程中各类干扰很难截然分开。在一般情况下，必须予以补偿和校正。

此外，物理干扰一般由样品的黏滞程度及表面张力变化而致，尤其是当样品中含有大量可溶盐或样品酸度过高，都会对测定产生干扰。消除此类干扰的最简单方法是将样品稀释。

A.6.1 基体元素的干扰

优化试验条件选择出最佳工作参数，无疑可减小 ICP-AES 法的干扰效应，但由于废水成分复杂，大量元素与微量元素间含量差别很大，因此来自大量元素的干扰不容忽视。表 A.2 列出了待测元素在建议的分析波长下的主要干扰元素。

A.6.2 干扰的校正

校正元素间干扰的方法很多，化学富集分离的方法效果明显并可提高元素的检出能力，但操作手续繁冗且易引入试剂空白；基体匹配法（配制与待测样品基体成分相似的标准溶液）效果十分令人满意，此种方法对于测定基体成分固定的样品，是理想的消除干扰的办法，但存在高纯度试剂难于解决的问题，而且废水的基体成分变化莫测，在实际分析中，标准溶液的配制工作将是十分麻烦的；比较简便而且目前常用的方法是背景扣除法（凭试验，确定扣除背景的位置及方式）及干扰系数法，当存在单元素干扰时，可按公式 $K_i=\frac{Q'-Q}{Q_i}$ 求得干扰系数。

式中：K_i——干扰系数；

Q'——干扰元素加分析元素的含量；

Q——分析元素的含量；

Q_i——干扰元素的含量。

通过配制一系列已知干扰元素含量的溶液，在分析元素波长的位置测定其 Q'，根据上述公式求出 K_i，然后进行人工扣除或计算机自动扣除。

A.7 分析步骤

将预处理好的样品及空白溶液（溶液保持 5% 的硝酸酸度），在仪器最佳工作参数条件下，按照仪器使用说明书的有关规定，两点标准化后，做样品及空白测定。扣除背景或以干扰系数法修正干扰。

A.8 结果计算

A.8.1 扣除空白值后的元素测定值即为样品中该元素的质量浓度。

A.8.2 如果试样在测定之前进行了富集或稀释，应将测定结果除以或乘以一个相应的倍数。

A.8.3 测定结果最多保留三位有效数字，单位以 mg/L 计。

A.9 注意事项

A.9.1 仪器要预热 1 h，以防波长漂移。

A.9.2 测定所使用的所有容器需清洗干净后，用 10% 的热硝酸荡涤后，再用自来水冲洗、去离子水反复冲洗，以尽量降低空白背景。

A.9.3 若所测定样品中某些元素含量过高，应立即停止分析，并用 2% 硝酸 +0.05% Triton X-100 溶液来冲洗进样系统。将样品稀释后，继续分析。

A.9.4 谱线波长小于 190 mm 的元素，宜采用真空紫外通道测定，可获得较高的灵敏度。

A.9.5 含量太低的元素，可浓缩后测定。

A.9.6 成批量测定样品时，每 10 个样品为一组，加测一个待测元素得质控样品，用以检查仪器的漂移程度。当质控样品测定值超出允许范围时，须用标准溶液对仪器重新调整，然后再继续测定。

A.9.7 铍和砷为剧毒致癌元素，配制标准溶液及测定时，防止与皮肤直接接触并保持室内有良好的排风系统。

附 录 B
(资料性附录)
固体废物 元素的测定 电感耦合等离子体质谱法
Solid Waste—Determination of Elements —Inductively Coupled Plasma-Mass Spectrometry(ICP-MS)

B.1 范围

本方法适用于固体废物和固体废物浸出液中银(Ag)、铝(Al)、砷(As)、钡(Ba)、铍(Be)、镉(Cd)、钴(Co)、铬(Cr)、铜(Cu)、汞(Hg)、锰(Mn)、钼(Mo)、镍(Ni)、铅(Pb)、锑(Sb)、硒(Se)、钍(Th)、铊(Tl)、铀(U)、钒(V)、锌(Zn)等元素的电感耦合等离子体质谱法测定。

本方法也可用于其他元素的分析,但应给出方法的精确度和精密度。

本方法中常见的分子离子干扰见表B.1。

表 B.1 ICP-MS 常见的分子离子干扰

分子离子	相对分子质量	被干扰元素[a]	分子离子	相对分子质量	被干扰元素[a]
背景形成的分子离子			$^{40}Ar^{36}Ar^+$	76	Se
NH^+	15		$^{40}Ar^{38}Ar^+$	78	Se
OH^+	17		$^{40}Ar^+$	80	Se
OH_2^+	18		基体形成的分子离子		
C_2^+	24		溴化物		
CN^+	26		$^{81}BrH^+$	82	Se
CO^+	28		$^{79}BrO^+$	95	Mo
N_2^+	28		$^{81}BrO^+$	97	Mo
N_2H^+	29		$^{81}BrOH^+$	98	Mo
NO^+	30		$^{40}Ar^{81}Br^+$	121	Sb
NOH^+	31		氯化物		
O_2^+	32		ClO	51	V
O_2H^+	33		ClOH	52	Cr
$^{36}ArH^+$	37		ClO	53	Cr
$^{38}ArH^+$	39		ClOH	54	Cr
$^{40}ArH^+$	41		$Ar^{35}Cl^+$	75	As
CO_2^+	44		$Ar^{37}Cl^+$	77	Se
CO_2H^+	45	Sc	硫酸盐		
ArC^+, ArO^+	52	Cr	$^{32}SO^+$	48	
ArN^+	54	Cr	$^{32}SOH^+$	49	
$ArNH^+$	55	Mn	$^{34}SO^+$	50	V,Cr
ArO^+	56		$^{34}SOH^+$	51	V
$ArOH^+$	57		SO_2^+, S_2^+	64	Zn

表 B.1(续)

分子离子	相对分子质量	被干扰元素[a]	分子离子	相对分子质量	被干扰元素[a]
硫酸盐			碱、碱土金属复合离子		
$Ar^{32}S^+$	72		$ArNa^+$	63	Cu
$Ar^{34}S^+$	74		ArK^+	79	
磷酸盐			$ArCa^+$	80	
PO^+	47		基体氧化物[b]		
POH^+	48		TiO	62～66	Ni,Cu,Zn
PO_2^+	63	Cu	ZrO	106～112	Ag,Cd
ArP^+	71		MoO	108～116	Cd

a 本方法中被分子离子干扰的测定元素或内标元素；

b 氧化物干扰通常都非常低，当浓度比较高时才会对分析元素造成干扰。所给出的是一些须注意的基体氧化物的例子。

本方法对各种元素的检出限见表 B.2。

表 B.2 各元素的检出限

相对分子质量元素	扫描模式		选择性离子监控模式	
	总可回收测定		总可回收测定	直接分析
	水样/(μg/L)	固体/(mg/kg)	水样/(μg/L)	水样/(μg/L)
^{27}Al	1.0	0.4	1.7	0.04
^{123}Sb	0.4	0.2	0.04	0.02
^{75}As	1.4	0.6	0.4	0.1
^{137}Ba	0.8	0.4	0.04	0.04
^{9}Be	0.3	0.1	0.02	0.03
^{111}Cd	0.5	0.2	0.03	0.03
^{52}Cr	0.9	0.4	0.08	0.08
^{59}Co	0.09	0.04	0.004	0.003
^{63}Cu	0.5	0.2	0.02	0.01
$^{206,207,208}Pb$	0.6	0.3	0.05	0.02
^{55}Mn	0.1	0.05	0.02	0.04
^{202}Hg	n.a	n.a	n.a	0.2
^{98}Mo	0.3	0.1	0.01	0.01
^{60}Ni	0.5	0.2	0.06	0.03
^{82}Se	7.9	3.2	2.1	0.5
^{107}Ag	0.1	0.05	0.005	0.005
^{205}Tl	0.3	0.1	0.02	0.01
^{232}Th	0.1	0.05	0.02	0.01
^{238}U	0.1	0.05	0.01	0.01
^{51}V	2.5	1.0	0.9	0.05
^{66}Zn	1.8	0.7	0.1	0.2

注：n.a 表示不适用，总可回收性消解方法不适于有机汞化合物的测定。

本方法对各种元素估算的仪器检出限见表 B.3。

表 B.3 估算仪器检出限

元 素	建议分析相对原子质量	扫描方式	选择离子监控方式
Ag	107	0.05	0.004
Al	27	0.05	0.02
As	75	0.9	0.02
Ba	137	0.5	0.03
Be	9	0.1	0.02
Cd	111	0.1	0.02
Co	59	0.03	0.002
Cr	52	0.07	0.04
Cu	63	0.03	0.004
Hg	202	n.a	0.2
Mn	55	0.1	0.007
Mo	98	0.1	0.005
Ni	60	0.2	0.07
Pb	206,207,208	0.08	0.015
Sb	123	0.08	0.008
Se	82	5	1.3
Th	232	0.03	0.005
Tl	205	0.09	0.014
U	238	0.02	0.005
V	51	0.02	0.006
Zn	66	0.2	0.07

B.2 原理

将样品溶液以气动雾化方式引入射频等离子体，等离子体中的能量传输过程导致去溶、原子化和电离。等离子体产生的离子通过一个差级真空接口系统提取进入四极杆质谱分析器，然后根据其质荷比进行分离，其最小分辨率为 5%峰高处峰宽 1u。四极杆传输的离子流用电子倍增器或法拉第检测器检测，数据处理系统处理离子信息。要充分认识本技术涉及的干扰并加以校正。校正应包括同量异位素干扰以及等离子气、试剂或样品基体产生的多原子离子干扰。样品基体引起的仪器响应抑制或增强效应以及仪器漂移必须使用内标补偿。

B.3 试剂和材料

B.3.1 试剂水，为 GB/T 6682 规定的一级水。

B.3.2 硝酸，$\rho(HNO_3)=1.42$ g/mL，优级纯。

B.3.3 硝酸(1+1),取 500 mL 浓硝酸加入到 400 mL 试剂级水中,然后稀释至 1 L。

B.3.4 硝酸(1+9),取 100 mL 浓硝酸加入到 400 mL 试剂级水中,然后稀释至 1 L。

B.3.5 盐酸,$\rho(HCl)=1.19$ g/mL,优级纯。

B.3.6 盐酸(1+1),取 500 mL 浓盐酸加入到 400 mL 试剂级水中,然后稀释至 1 L。

B.3.7 盐酸(1+4),取 200 mL 浓盐酸加入到 400 mL 试剂级水中,然后稀释至 1 L。

B.3.8 浓氨水,$\rho(NH_4OH)=0.90$ g/mL,优级纯。

B.3.9 酒石酸,优级纯。

B.3.10 标准储备液,可以从权威商业机构购买或用超高纯化学试剂及金属(99.99%~99.999%的纯度)配制。除非另作说明,所用的盐类必须在 105℃ 干燥 2 h。标准储备液建议保存在 FEP 瓶中,如果经逐级稀释制备的多元素储备标准(浓度)经验证有问题的话,须更换储备标准。

注意:许多金属盐类如吸入或吞下,毒性极大。取用之后要认真洗手。

标准储备液的制备过程如下:

有些金属(尤其是那些易形成表面氧化物的)称量前须要先清洗。将金属表面在酸中浸泡可以达到清洗目的。取部分金属(重量超过预计称取量)反复浸泡,再用水清洗,干燥后称量,直到达到所需要的重量为止。

B.3.10.1 铝标准溶液,1 mL=1 000 μg Al:将金属铝在热盐酸(1+1)中浸泡至准确的 0.100 μg,溶于 10 mL 浓盐酸和 2 mL 浓硝酸混合溶液中,加热至充分反应。持续加热至体积为 4 mL。冷却,加 4 mL 试剂水,加热至体积减为 2 mL。冷却,用试剂水稀释至 100 mL。

B.3.10.2 锑标准溶液,1 mL=1 000 μg Sb:准确称取 0.100 g 锑粉末,溶于 2 mL 硝酸(1+1)和 0.5 mL浓盐酸混合溶液中,加热至充分反应,冷却,加 20 mL 试剂水和 0.15 g 酒石酸,加热至白色沉淀溶解,冷却,用试剂水稀释至 100 mL。

B.3.10.3 砷标准溶液,1 mL=1 000 μg As:准确称取 0.132 0 g As_2O_3,溶于 50 mL 试剂水和 1 mL 浓氨水混合溶液中。缓慢加热至溶解,冷却,用 2 mL 硝酸酸化,试剂水稀释至 100 mL。

B.3.10.4 钡标准溶液,1 mL=1 000 μg Ba:准确称取 0.143 7 g $BaCO_3$,溶于 10 mL 试剂水和 2 mL 浓硝酸混合溶液中。加热,搅拌至反应完全,去气。试剂水稀释至 100 mL。

B.3.10.5 铍标准溶液,1 mL=1 000 μg Be:准确称取 1.965 g $BeSO_4 \cdot 4H_2O$(不要烘干),溶于 50 mL 试剂水中。加入 1 mL 浓硝酸,试剂水稀释至 100 mL。

B.3.10.6 镉标准溶液,1 mL=1 000 μg Cd:将金属镉在硝酸(1+9)中浸泡至准确的 0.100 g,溶于 5 mL硝酸(1+1)中,加热至反应完全。冷却,试剂水稀释至 100 mL。

B.3.10.7 铬标准溶液,1 mL=1 000 μg Cr:准确称取 0.192 3 g CrO_3,溶于 10 mL 试剂水和 1 mL 浓硝酸混合溶液中。试剂水稀释至 100 mL。

B.3.10.8 钴标准溶液,1 mL=1 000 μg Co:将金属钴在硝酸(1+9)中浸泡至准确的 0.100 g,溶于 5 mL硝酸(1+1)中,加热至反应完全。冷却,试剂水稀释至 100 mL。

B.3.10.9 铜标准溶液,1 mL=1 000 μg Cu:将金属铜在硝酸(1+9)中浸泡至准确的 0.100 g,溶于 5 mL硝酸(1+1)中,加热至反应完全。冷却,试剂水稀释至 100 mL。

B.3.10.10 铅标准溶液,1 mL=1 000 μg Pb:将 0.159 9 g $PbNO_3$ 溶于 5 mL 硝酸(1+1)中,试剂水稀释至 100 mL。

B.3.10.11 锰标准溶液,1 mL=1 000 μg Mn:将锰薄片在硝酸(1+9)中浸泡至准确的 0.100 g,溶于 5 mL硝酸(1+1)中,加热至反应完全。冷却,试剂水稀释至 100 mL。

B.3.10.12 汞标准溶液,1 mL=1 000 μg Hg:不要烘干(警告:剧毒元素)。将 0.135 4 g $HgCl_2$ 溶于试剂水中,加入 5.0 mL 浓硝酸,试剂水稀释至 100 mL。

B.3.10.13 钼标准溶液,1 mL=1 000 μg Mo:准确称取 0.150 0 g MoO_3,溶于 10 mL 试剂水和 1 mL 浓氨水的混合溶液中,加热至反应完全。冷却,试剂水稀释至 100 mL。

B.3.10.14 镍标准溶液,1 mL=1 000 μg Ni:准确称取 0.100 0 g 镍粉,溶于 5 mL 浓硝酸中,加热至反应完全。冷却,试剂水稀释至 100 mL。

B.3.10.15 硒标准溶液,1 mL=1 000 μg Se:准确称取 0.140 5 g SeO_2,溶于 20 mL 试剂水中,稀释至 100 mL。

B.3.10.16 银标准溶液,1 mL=1 000 μg Ag:准确称取 0.1000 g Ag,溶于 5 mL 硝酸(1+1)中,加热至反应完全。冷却,试剂水稀释至 100 mL。保存在黑色不透光容器中。

B.3.10.17 铊标准溶液,1 mL 含 1 000μg Tl:准确称取 0.130 3 g$TlNO_3$,溶于 10 mL 试剂水和 1 mL 浓硝酸的混合溶液中,试剂水稀释至 100 mL。

B.3.10.18 钍标准溶液,1 mL=1 000 μg Th:准确称取 0.238 0 g$Th(NO_3)_4 \cdot 4H_2O$(不要烘干),溶于 20 mL 试剂水中,试剂级水稀释至 100 mL。

B.3.10.19 铀标准溶液,1 mL 含 1 000μg U:准确称取 0.211 0 g$UO_2(NO_3)_2 \cdot 6H_2O$(不要烘干),溶于 20 mL 试剂水中,稀释至 100 mL。

B.3.10.20 钒标准溶液,1 mL=1 000 μg V:将钒金属在硝酸(1+9)中浸泡至准确的 0.100 g,溶于 5 mL硝酸(1+1)中,加热至反应完全。冷却,试剂水稀释至 100 mL。

B.3.10.21 锌标准溶液,1 mL=1 000 μg Zn:将锌金属在硝酸(1+9)中浸泡至准确的 0.100 g,溶于 5 mL硝酸(1+1)中,加热至反应完全。冷却,试剂水稀释至 100 mL。

B.3.10.22 金标准溶液,1 mL=1 000μg Au:将 0.100 g 高纯金粒(99.999 9%)溶于 10 mL 热硝酸中,逐滴加入 5 mL 浓 HCl,然后回流加热,排除氮和氯的氧化物。冷却,试剂水稀释至 100 mL。

B.3.10.23 铋标准溶液,1 mL=1 000 μg Bi:准确称取 0.111 5 g Bi_2O_3,溶于 5 mL 浓硝酸中。加热至反应完全。冷却,试剂水稀释至 100 mL。

B.3.10.24 钇标准溶液,1 mL=1 000 μg Y:准确称取 0.127 0 g Y_2O_3,溶于 5 mL 硝酸(1+1)中,加热至反应完全。冷却,试剂水稀释至 100 mL。

B.3.10.25 铟标准溶液,1 mL=1 000 μg In:将金属铟在硝酸(1+9)中浸泡至准确的 0.100 g,溶于 10 mL硝酸(1+1)中,加热至反应完全。冷却,试剂水稀释至 100 mL。

B.3.10.26 钪标准溶液,1 mL 含 1 000 μg Sc:准确称取 0.153 4 g Sc_2O_3,溶于 5 mL 硝酸(1+1)中,加热至反应完全。冷却,试剂水稀释至 100 mL。

B.3.10.27 镁标准溶液,1 mL 含 1 000 μg Mg:准确称取 0.165 8 g MgO,溶于 10 mL 硝酸(1+1)中,加热至反应完全。冷却,试剂水稀释至 100 mL。

B.3.10.28 铽标准溶液,1 mL=1 000 μg Tb:准确称取 0.117 6 g Tb_4O_7,溶于 5 mL 浓硝酸中,加热至反应完全。冷却,试剂水稀释至 100 mL。

B.3.11 多元素储备标准溶液。制备多元素储备标准溶液时一定要注意元素间的相容性和稳定性。元素的原始标准储备溶液必须进行检查以避免杂质影响标准的准确度。新配好的标准溶液应转移至经过酸洗的、未用过的 FEP 瓶中保存,并定期检查其稳定性。元素可采用表 B.4 中的分组。

表 B.4 元素储备标准溶液分类

标准溶液 A	标准溶液 B
Al,Sb,As,Be,Cd,Cr,Co,Cu,Pb,Mn,Hg,Mo,Ni,Se,Th,Tl,U,V,Zn	Ba,Ag

除了 Se 和 Hg,多元素标准储备液 A 和 B(1 mL=10 μg)可以通过直接分取 1 mL 列表中的单元素标准储备溶液,用含 1%(体积分数)硝酸的试剂水稀释至 100 mL 配制而成。对于 A 溶液中的 Hg 和 Se 元素,分别取各自的标准溶液 0.05 mL 和 5.0 mL,用试剂水稀释至 100 mL(1 mL 含 0.5 μg Hg 和 50 μg Se)。如果用质量监控样来核对经逐级稀释制备的多元素储备标准得不到验证的话,则需要更换。

B.3.12 校准工作溶液制备。多元素标准液应每隔两周或根据需要重新配制。根据仪器操作范围,用 1%(体积分数)硝酸介质的试剂水将溶液 A 和 B 稀释至合适的浓度。标准溶液中的元素浓度要足够高，以保证好的测定精密度和准确的响应曲线斜率。根据仪器灵敏度，建议质量浓度范围为 10～200 μg/L，但汞的质量浓度要限制在 5 μg/L 以内。须要指出，硒的质量浓度一般要比其他元素的浓度高 5 倍。如果采用直接加入方法，在校准标准中加入内标并储存在 FEP 瓶中，校准标准要先用质量控制样来核对。

B.3.13 内标储备溶液，1 mL＝100 μg。取 10 mL Sc、Y、In、Tb 和 Bi 标准储备溶液，试剂水稀释至 100 mL，储存在 FEP 瓶中。直接将该质量浓度的内标溶液加入到空白、校准标准和样品中。如果用蠕动泵加入，可用 1%(体积分数)硝酸稀释至适当质量浓度。

注：如果采用"直接分析"步骤测定汞，在内标溶液中加入适量金标准储备液，使最终的空白溶液、校正标准和样品中金质量浓度达 100 μg/L。

B.3.14 空白。本方法需要 3 种类型的空白溶液。(1)校准空白溶液，用来建立分析校准曲线；(2)实验室试剂空白溶液，用来评价样品制备过程中可能的污染和背景谱干扰；(3)清洗空白溶液，在测定样品过程中用来清洗仪器，以降低记忆效应干扰。

B.3.14.1 校准空白。1%(体积分数)硝酸介质的试剂水。采用直接加入法时，加内标。

B.3.14.2 实验室试剂空白(LRB)，必须与样品处理过程一样加入相同体积的所有试剂。LRB 制备过程必须和样品处理步骤(需要的话，也要进行消解)完全相同，如果采用直接加入法，则样品处理完后加入内标。

B.3.14.3 清洗空白。含 2%(体积分数)硝酸的试剂水。

注：如果采用"直接分析"步骤测定汞，在内标溶液中加入金标准储备液，使清洗空白中金质量浓度为 100 μg/L。

B.3.15 调谐溶液。本溶液用于分析前的仪器调谐和质量校准。通过将 Be、Mn、Co、In 和 Pb 的储备液混合后，用 1%(体积分数)硝酸稀释而成，调谐溶液中每种元素质量浓度均为 100 μg/L。不需加入内标(根据仪器灵敏度，可将此溶液稀释 10 倍)。

B.3.16 质量控制样(QCS)。质量控制样制备所需的源溶液应来自本实验室之外，其浓度视仪器灵敏度而定。将合适的溶液用 1%(体积分数)硝酸稀释至质量浓度≤100 μg/L 配制而成。由于 Se 的灵敏度较低，稀释至质量浓度≤500 μg/L，但任何情况下，汞的质量浓度都要≤5 μg/L。如果采用直接加入法，稀释后加入内标，并储存在 FEP 瓶中。QCS 应视需要进行分析以满足数据质量要求，该溶液应每季或根据需要经常重新配制。

B.3.17 实验室强化空白(LFB)。在等分实验室试剂空白中加入适量多元素标准储备液 A 和 B 配制而成。根据仪器的灵敏度需要，强化空白溶液中每种元素(除 Se 和 Hg)的质量浓度一般都在 40～100 μg/L。Se 的质量浓度范围为 200～500 μg/L，而汞的质量浓度要限制在 2～5 μg/L。LFB 制备过程必须和样品处理步骤(需要的话，也要进行消解)完全相同，如果采用直接加入法，样品处理完后加入内标。

B.4 仪器、装置及工作条件

B.4.1 电感耦合等离子体质谱仪

B.4.1.1 仪器能对 5～250 u 质量范围内进行扫描，最小分辨率为在 5%，峰高处峰宽 1 u。仪器配有常规的或能扩展动态范围的检测系统。

B.4.1.2 射频发生器，符合 FCC 规范。

B.4.1.3 氩气源，高纯级(99.99%)。如果使用比较频繁，液氩比传统气瓶压缩氩气更经济，且不需经常更换。

B.4.1.4 变速蠕动泵，将溶液传输到雾化器。

B.4.1.5 雾化器气流需要一个质量流控制计。水冷雾室对于降低某些干扰非常有效(如多原子氧化物粒子)。

B.4.1.6 如果使用电子倍增器，应注意不要暴露在强离子流下，否则会引起仪器响应变化或损坏检测器。对于样品中元素浓度太高，超出仪器的线性范围以及在扫描窗口内下降的同位素，稀释后再进行分析。

B.4.2 分析天平。精确至 0.1 mg,用来称量固体样品,制备标准以及消解液或提取液中可溶性固体的测定。

B.4.3 温控式电热板。温度能够保持在 95℃。

B.4.4 (可选)可控温电热套(能保持 95℃)。配有 250 mL 的收缩型消解试管。

B.4.5 (可选)离心机。有保护套,电子计时和制动闸。

B.4.6 重力对流干燥烘箱。带有温控系统,能够维持在 180℃±5℃。

B.4.7 (可选)排气式移液器。能转移 0.1～2 500 μL 体积范围的溶液,且配有高质量的一次性移液头。

B.4.8 研钵和杵。陶瓷或其他非金属材料。

B.4.9 聚丙烯筛,5 目(4 mm)。

B.4.10 实验室器皿。对于痕量元素的测定来讲,污染和损失是首要考虑的问题。潜在的污染源包括实验室所用器皿的不正确清洗以及来自实验室环境的灰尘污染等。微量元素的样品处理必须保证干净的实验室操作环境。在痕量元素测定中,样品容器会通过以下途径给样品测定结果带来正负误差:(1)通过表面解吸附作用或浸析造成污染;(2)通过吸附过程降低元素浓度。所有可重复使用的实验室器皿(玻璃,石英,聚乙烯,PTFE,FEP 等材料)都应该充分清洗直到满足分析要求。采用以下的几个步骤能提供干净的实验室器皿:浸泡过夜,然后用实验室级的清洁剂和水彻底清洗,自来水洗,在 20%(体积分数)硝酸或稀的硝酸和盐酸混合酸(1+2+9)中浸泡 4 个小时或更长,最后用试剂水清洗,然后保存在干净的地方。

注:铬酸绝对不能用来清洗玻璃器皿。

B.4.10.1 玻璃器皿。容量瓶,量筒,漏斗和离心管(玻璃或塑料)。

B.4.10.2 多种校准过的移液管。

B.4.10.3 锥形 Pillips 烧杯,250 mL,带 50 mm 表面皿。

B.4.10.4 吉芬烧杯,250 mL,带 75 mm 的表面皿。

B.4.10.5 (可选)PTFE 和(或)石英烧杯,250 mL,带 PTFE 盖子。

B.4.10.6 蒸发皿或高型坩埚,陶瓷材料,容积 100 mL。

B.4.10.7 窄口储存瓶,FEP(氟化乙丙烯)材料,ETFE(四氟乙烯)螺旋封口,容积 125～250 mL。

B.4.10.8 FEP 洗瓶,螺旋封口,容积 125 mL。

B.4.11 仪器工作条件。建议按照仪器生产商提供的仪器工作条件操作。

B.5 样品的采集、保存和预处理

B.5.1 测定银之前应进行样品消解。本方法提供的总可回收样品消解步骤适用于水溶液样品中质量浓度低于 0.1 mg/L 的银测定,对于银的质量浓度高的水样分析,应取小体积进行稀释混匀,直至分析溶液中银的质量浓度小于 0.1 mg/L。银的质量比大于 50 mg/kg 的固体样品也要采用类似方法处理。

B.5.2 在有游离硫酸盐存在的情况下,本方法提供的总可回收样品消解步骤可能使钡产生硫酸钡沉淀。因此,对于样品中含有未知浓度的硫酸盐,样品处理后要尽快分析。

B.5.3 固体样品分析前不需要处理,只需在 4℃保存。没有确定的存放期限。

B.6 干扰的消除

ICP-MS 测定微量元素时,以下几种干扰将导致测定结果的不准确性。

B.6.1 同量异位素干扰(Isobaric elemental interferences)

不同元素的同位素所形成的具有相同标称质荷比的单电荷或双电荷离子,因其质量不能被所用的质谱仪分辨,引起同量异位素干扰。本方法测定的所有元素至少有一个同位素不受同量异位素干扰。本方法推荐使用的分析同位素中(表 B.5),只有 ^{98}Mo(Ru)和 ^{82}Se(Kr)受同量异位素干扰。如果选则其他天然丰度较高的同位素进行分析以获得更高的灵敏度时,就可能产生同量异位素干扰。此种情况下测得的数据要进行干扰校正，通过测定干扰元素的另外一个同位素的信号强度并按一定的比例减去其对待测同位素的干扰。数据报告中应包括这种干扰校正记录。需要指出，这种干扰校正的准确程度取决于用于数据计算的元素方程中同位素比值的准确性。因此，在进行任何校正前应先确定相关的同位素比值。

表 B.5 推荐的分析同位素和需要同时监测的同位素

同位素	被分析元素	同位素	被分析元素
107,109	Ag	60,62	Ni
27	Al	206,207,208	Pb
75	As	105	Pb
135,137	Ba	99	Ru
9	Be	121,123	Sb
106,108,111,114	Cd	77,82	Se
59	Co	118	Sn
52,53	Cr	232	Th
63,65	Cu	203,205	Tl
83	Kr	238	U
55	Mn	51	V
95,97,98	Mo	66,67,68	Zn

注：推荐选用的分析同位素用下划线标出。

B.6.2 丰度灵敏度(Abundance sensitivity)

表征一个质量峰的翼与相邻峰的重叠程度。丰度灵敏度受离子能和四极杆操作压力影响，当待测的小离子峰相邻处有一个较大的峰时，就可能产生重叠干扰。要认识到这种潜在的干扰并通过调整质谱分辨率将干扰降至最低。

B.6.3 同量多原子离子干扰(Isobaric polyatomic ion interferences)

由两个或多个原子结合成的复合离子，与待分析同位素具有相同的标称质荷比，所用的质谱仪不能将其分辨。这些多原子离子通常来自所用的工作气体或样品组分，形成于等离子体或接口系统。常见的绝大多数干扰都能被识别，干扰及被干扰元素见表 B.1。当选择的分析同位素无法避免此类干扰时，要充分考虑并采用适当的方法对所测定的数据进行校正。干扰校正公式应该在分析运行程序时确定，因为多原子离子干扰与样品基体和所选定的仪器条件有很大的关系。尤其是，在测定 As 和 Se 时会遇到^{82}Kr 的干扰，通过使用高纯不含 Kr 的氩气就能大大降低它的干扰。

B.6.4 物理干扰(Physical interferences)

与样品传输到等离子体、在等离子体中进行转换、通过等离子体质谱接口传输等物理过程有关的干扰。此类干扰将导致样品和校准标准的仪器响应不同，可能产生于溶液进入雾化器的传输过程(黏性效应)、气溶胶的形成及进入等离子体过程(表面张力)、在等离子体内的激发和离子化过程。样品中可溶固体含量高将导致物质在采样和截取锥的堆积，从而减小锥孔的有效直径而降低了离子的传输效率。为了减少此类干扰，建议可溶固体总量低于 0.2%(质量比)。采用内标法来补偿这些物理干扰效应也是很有效的，理想的内标元素要与被测元素具有相似的分析行为。

B.6.5 记忆干扰(Memory interferences)

由于先测定样品中的元素同位素信号对后面测定样品的影响。记忆效应来自样品在采样锥和截取锥的沉积以及等离子体炬管和雾室中样品的附着。此类记忆效应产生的位置与测定元素有关，可通过进样前用清洗液清洗系统来降低。对每个样品的分析都应该考虑记忆效应干扰并采取适当的清洗次数来降低干扰。在分析前就应该确定特定元素所必需的清洗时间，可采用如下方法：按常规样品的分析时间，连续喷入含待测元素浓度为线性动态范围上限10倍的标准溶液，随后在设定时间间隔测定清洗空白。记下将待测物信号降至10倍方法检出限以内的时间长度。记忆干扰也可通过在一个分析运行程序进行至少3次重复积分的数据采集来评估。如果测得的积分信号连续下降，就表明可能存在着记忆效应对待测物的干扰。这时就应该检查前一个样品中分析物的质量浓度是否偏高。如果怀疑有记忆效应干扰，就应该在长时间清洗后重新分析样品。在测定汞时会遇到严重的记忆效应，通过加入100 μg/L金在大约2 min内就能有效地清除5 μg/L汞的记忆效应。质量浓度越高需要的清洗时间越长。

B.7 分析步骤

B.7.1 校准和标准化

B.7.1.1 操作条件：由于仪器硬件各不相同，在此不提供具体的仪器操作条件。建议按照仪器生产商提供的操作条件去做。应检验仪器配置和操作条件是否满足分析要求，并保存检验仪器性能和分析结果的质量控制数据。

B.7.1.2 预校准程序：仪器校准前要完成如下的预校准程序，直到具有证明仪器不需每日调谐就能满足如下要求的定期操作性能数据。

B.7.1.3 仪器和数据系统的最佳操作配置初始化。仪器点燃后至少预热0.5 h，其间用调谐溶液进行质量校正和分辨率检查。低质量数的分辨率检查选用Mg同位素24,25,26，高质量数选择Pb同位素206,207,208。好的工作状态下分辨率要调至5%峰高处能产生大约0.75 u的峰宽。如果漂移超过0.1 u就要进行质量校正。

B.7.1.4 运行调谐溶液至少5次，直到所有被分析元素绝对信号的相对标准偏差低于5%才能证明仪器处于稳定状态。

B.7.1.5 内标标化：所有分析都必须用内标标化采校正仪器漂移和物理干扰。能用来作内标的元素见表B.6，至少选择3种内标才能满足所有质量范围的元素测定。本方法具体介绍了实际应用中常用的5种内标：Sc、Y、In、Tb和Bi。用它们作内标来满足本方法要求的精密度和回收率。内标在样品、标准溶液和空白中的浓度必须完全相同。可以通过直接在校准标准、空白和样品溶液中加入内标或者在雾化前通过蠕动泵三通和混合线圈在线加入。内标质量浓度必须足够高，以保证用来校准数据的测定同位素获得好的精密度，如果内标在样品中自然存在，还可使可能的校准偏差降至最低。根据仪器的灵敏度，建议使用20～200 μg/L质量浓度范围的内标。内标要以相同的方式加入到空白、样品和标准中，这样就可以忽略加入时的稀释影响。

表B.6 内标及其应用限制

内　标	相对原子质量	可能的限制
Li	6	a
Sc	45	多原子离子干扰
Y	89	a、b
Rh	103	
In	115	Sn的同量异位素干扰
Tb	159	
Ho	165	
Lu	175	
Bi	209	a

a 环境样品中可能存在。

b 有些仪器中Y可能形成YO^+（相对原子质量105）和YOH^+（相对原子质量106）。这种情况下，在Cd的干扰校正方程中要予以考虑。

B.7.1.6 校准：开始校准前要建立合适的仪器软件程序用于定量分析。仪器必须要选用 B.7.1.5 列举的一种内标进行校准。仪器要用校准空白和一种或多种质量浓度水平的标准进行校准。数据采集至少需要 3 个重复积分数据。取 3 次积分数据的平均值作为仪器校准和数据报告。

B.7.1.7 空白、标准和样品溶液之间转换时要用清洗空白清洗系统，要有充足的清洗时间去除上一样品的记忆效应。数据采集前要有 30 s 的溶液提升时间以保证建立平衡。

B.7.2 固体样品处理——总可回收分析物

B.7.2.1 固体样品中总可回收分析物的测定：充分混匀样品，取部分（>20 g）至称过皮重的盘中，称重并记录湿重（$m_{湿}$）。如果样品含水率低于 35%，20 g 称样量即可，含水率高于 35%时，需要 50～100 g 称样量。于 60℃烘干样品至恒重，记录干重（$m_{干}$），计算出固体所占百分比（样品在 60℃烘干是为了避免汞和其他易挥发金属化合物的挥发损失，便于过筛和研磨）。

B.7.2.2 为了保证样品均质，将干燥后的样品用 5 目聚丙烯筛过筛，然后用研钵研磨（样品更换时要清洗筛子和研钵）。准确称取经干燥研磨好的样品（1.0±0.01）g，转移到 250 mL Phillips 烧杯中进行酸提取处理。

B.7.2.3 在烧杯中加入 4 mL HNO_3（1+1）和 10 mL HCl（1+4）。用表面皿盖住，置于电热板上加热，回流提取分析物。电热板放在通风橱里，回流温度控制在 95℃左右。

注：装有 50 mL 水样的敞开的 Griffin 烧杯放在电热板中间，调节电热板的温度使溶液温度保持在 85℃左右，但不超过此温度（如果烧杯用表面皿盖住，水温会上升至大约 95℃）。也可以用能保持 95℃的电热套（配有 250 mL 收缩型容量消解管）来代替电热板和烧杯。

B.7.2.4 缓慢加热回流样品 30 min。可能会产生微沸现象，但一定要避免剧烈沸腾，以防 HCl-H_2O 恒沸物损失。会有部分溶液蒸发（3～4 mL）。

B.7.2.5 待样品冷却后，定量转移至 100 mL 容量瓶中。用试剂水稀释至刻度，加盖，摇匀。

B.7.2.6 将样品提取液放置过夜以便不溶物下沉或取部分溶液离心至澄清。如果放置过夜或离心后样品溶液中仍有悬浮物，要在分析前过滤以免堵塞雾化器。但过滤时要小心，避免污染样品。

B.7.2.7 分析前调整氯化物的质量浓度，吸取 20 mL 处理好的溶液至 50 mL 容量瓶中，稀释至刻度，混匀。如果溶液中可溶性固体含量大于 0.2%，要进一步稀释以免采样锥或截取锥堵塞。如果选择直接加入步骤，加入内标，混匀。此样品可供上机分析。因为不同样品基体对稀释后样品稳定性的影响难以表征，所以样品处理完成后要尽快分析。

注：测出样品中的固体质量分数，用于在干质量基础上计算和报出数据。

B.7.3 样品分析

B.7.3.1 对于每个新的或特殊基体，最好先用半定量分析法扫描样品，确定其中的高质量浓度的元素。由此获取的信息可以避免样品分析期间对检测器的潜在损害，同时鉴别质量浓度超过线性范围的元素。基体扫描可以用智能软件完成，或者将样品稀释 500 倍在半定量模式下分析。同时要扫描样品中被选作内标元素的背景值，防止数据计算时产生偏差。

B.7.3.2 初始化仪器操作条件。针对待测分析物调谐并校准仪器。

B.7.3.3 建立定量分析的仪器软件运行程序。所有分析样品的数据采集都需要至少 3 次重复积分。取 3 次积分的平均值作为报出数据。

B.7.3.4 分析过程中对所有可能影响到数据质量的质量数都要监控。至少表 B.5 列举的相对原子质量必须和数据采集所用相对原子质量同时监控，这些数据可用来进行干扰校正。

B.7.3.5 样品分析时，实验室必须遵守质量控制措施。只有在分析混浊度小于 1 NTU 的饮用水中的可溶性分析物或"直接分析法"才不需要对 LRB，LFB 和 LFM 采取样品消解步骤。

B.7.3.6 样品之间应穿插清洗空白来清洗系统。要有充足的清洗时间去除上一样品的记忆效应或至少 1 min。数据采集前应有 30 s 的样品提升时间。

B.7.3.7 样品质量浓度高于设定的线性动态范围时，应将样品稀释至质量浓度范围内重新分析。最好先测定样品中的痕量元素，如果需要，通过选择合适的扫描窗口来避免高质量浓度元素损坏检测器。然后再将样品稀释后测定其他元素。另外，可以通过选择天然丰度低的同位素来调整动态范围，但要保证所选的同位素已建立了质量监控。不能随便改变仪器条件来调节动态范围。

B.8 结果计算

B.8.1 数据计算时建议采用的元素方程列于表 B.7。水溶液样品的数据单位是 μg/L，固体样品干重的单位是 mg/kg。元素质量浓度低于方法检出限(MDL)的不予报出。

表 B.7 推荐的元素数据计算公式

元素	元素数据计算方程	备注
Ag	$(1.000)(^{107}C)$	
Al	$(1.000)(^{27}C)$	
As	$(1.000)(^{75}C)-(3.127)[(^{77}C)-(0.815)(^{82}C)]$	(1)
Ba	$(1.000)(^{137}C)$	
Be	$(1.000)(^{9}C)$	
Cd	$(1.000)(^{111}C)-(1.073)[(^{108}C)-(0.712)(^{106}C)]$	(2)
Co	$(1.000)(^{59}C)$	
Cr	$(1.000)(^{52}C)$	(3)
Cu	$(1.000)(^{63}C)$	
Mn	$(1.000)(^{55}C)$	
Mo	$(1.000)(^{98}C)-(0.146)(^{99}C)$	(5)
Ni	$(1.000)(^{60}C)$	
Pb	$(1.000)(^{206}C)+(1.000)(^{207}C)+(1.000)(^{208}C)$	(4)
Sb	$(1.000)(^{123}C)$	
Se	$(1.000)(^{82}C)$	(6)
Th	$(1.000)(^{232}C)$	
Tl	$(1.000)(^{205}C)$	
U	$(1.000)(^{238}C)$	
V	$(1.000)(^{51}C)-(3.127)(^{53}C)-(0.113)(^{52}C)$	(7)
Zn	$(1.000)(^{66}C)$	
Bi	$(1.000)(^{209}C)$	
In	$(1.000)(^{115}C)-(0.016)(^{118}C)$	(8)
Sc	$(1.000)(^{45}C)$	
Tb	$(1.000)(^{159}C)$	
Y	$(1.000)(^{89}C)$	

注：C——特定质量上减去校准空白后的计数。

(1) 用 ^{77}Se 进行氯化物干扰校正。ArCl 75/77 的比值可通过试剂空白测得。同量异位素质量 82 只能是来自 ^{82}Se，而不可能是 BrH^+。

(2) MoO 的干扰校正。同量异位素质量 106 只能是 Cd 而不可能是 ZrO^+。如样品中含有 Pd，还需要增加对 Pd 的干扰校正。

(3) 0.4%(体积分数)HCl 介质中，ClOH 的背景干扰一般很小。但试剂空白的贡献需要考虑。同量异位素质量只能是来自 ^{52}Cr，而不可能是 ArC^+。

(4) 考虑到铅同位素的可变性。

(5) Ru 的同量异位素干扰校正。

(6) 有的氩气中含有 Kr 杂质，通过扣除 ^{82}Kr 的干扰来校正 Se。

(7) 通过 ^{53}Cr 校正氯化物干扰。ClO 51/53 的比值可通过试剂空白测得。同量异位素 52 只能是来自 ^{52}Cr 而不可能是 ArC^+。

(8) 锡的同量异位素干扰校正。

B.8.2　报出的元素质量浓度数据值低于10,要保留2位有效数字。数据值等于或大于10,保留3位有效数字。

B.8.3　采用总可回收分析物测定步骤的水溶液样品的溶液质量浓度要乘以稀释倍数1.25。样品如果另外稀释或采用酸溶方法处理,计算样品质量浓度时要乘以相应的稀释倍数。

B.8.4　关于固体样品中总可回收分析物的测定,按照B.8.2的规定对溶液中的分析物质量浓度进行修约。分析溶液质量浓度乘以0.005计算100 mL提取液中的分析物质量浓度(如果样品另外稀释,计算提取液中样品质量浓度时要乘以相应的稀释倍数)。报出换算为干样品质量比(ω),保留三位有效数字,除非另有规定。换算公式如下:

$$\omega=\frac{\rho V}{m}$$

式中:ω——干样品质量比,mg/kg;

ρ——提取液中待测物质量浓度,mg/L;

V——提取液体积,L;

m——被提取样品的质量,kg。

低于估算的固体方法检出限(MDL)或根据(为完成分析而进行的)稀释而调整的MDL的分析结果不予报出。

B.8.5　固体样品中的固体质量分数用以下公式计算:

$$\omega_S=\frac{m_{干}}{m_{湿}}\times 100$$

式中:ω_S——固体质量分数,%;

$m_{干}$——60℃烘干的样品质量,g;

$m_{湿}$——烘干前的样品质量,g。

注:如果数据使用者,项目或实验室要求105℃烘干后测定固体质量分数,另取一份样品(>20 g)按B.7.2的步骤重新操作,在103~105℃烘干至恒重。

B.8.6　采用内标法校正由于仪器漂移或样品基体引起的干扰。特征质谱干扰也要进行校正。不管有没有加入盐酸,所有样品都要进行氯化物干扰校正,因为环境样品中氯化物离子是常见组分。

B.8.7　如果一种待测元素选择了不止一个同位素,不同同位素计算的质量浓度或同位素比值可以为分析者检查可能的质谱干扰提供有用信息。衡量元素质量浓度时,主同位素和次同位素都要考虑。有些情况下,次同位素的灵敏度可能比推荐的主同位素低或更容易受到干扰,因此,两种结果的差异并不能说明主同位素的数据计算有问题。

B.8.8　分析期间的质量监控样(QC)的结果可以为样品数据质量提供参考,应和样品结果一起提供。

B.9　质量保证和控制

B.9.1　基本要求

使用本方法的所有实验室都应执行正式的质量监控程序。程序至少应包括实验室初始能力证明,实验室试剂空白、强化空白和校准溶液的定期分析。要求实验室保存控制数据质量的操作记录。

B.9.2　能力初始证明

B.9.2.1　能力初始证明用来描述用本方法进行分析前的仪器性能(线性校准范围测定和质量监控样分析)和实验室性能(方法检出限测定)。

B.9.2.2　线性校准范围:线性校准范围主要受检测器限制。通过测定三种不同质量浓度的标准溶液的信号响应建立适合每个元素的线性校准范围上限,其中一份标准的质量浓度要接近线性范围的上限。此过程应注意避免对检测器造成可能的损坏。用于样品分析的线性校准范围由分析者根据分析结果进行判断。线性范围的上限应该是该质量浓度下的观测信号不低于通过较低标准外推信号水平的90%。待测物质量浓度超过上限的90%时要稀释后重新分析。当仪器硬件或操作条件发生变化时,分析者要判断是否应验证线性校准范围,并决定是否需重新分析。

B.9.2.3 质量监控样(QCS):使用本方法进行分析时,每个季度或对数据质量有要求时都要通过分析QCS来检验校准标准和仪器性能。用来检验校准标准的QCS的3次测定平均值必须在其标准值的±10%范围内。如果用来确定可接受的仪器运行状态,质量浓度为100 μg/L的QCS的测定误差要小于±10%或在表B.8列举的可接受限(以两值中之高者为判据)之内(如果不在可接受限内,马上对该监控样重新分析,以确认仪器状态)。如果校准标准或仪器性能超出可接受范围,必须查找问题根源并在测定方法检出限或在连续分析之前进行校正。

表 B.8 QC 监控样的允许限[1]

元素	QC监控样质量浓度/(μg/L)	平均回收率/%	标准偏差[2](S_r)	允许限[3]/(μg/L)
Ag	100	101.1	3.29	91~111[5]
Al	100	100.4	5.49	84~117
As	100	101.6	3.66	91~113
Ba	100	99.7	2.64	92~108
Be	100	105.9	4.13	88~112[4]
Cd	100	100.8	2.32	94~108
Co	100	97.7	2.66	90~106
Cr	100	102.3	3.91	91~114
Cu	100	100.3	2.11	94~107
Mn	100	98.3	2.71	90~106
Mo	100	101.0	2.21	94~108
Ni	100	100.1	2.10	94~106
Pb	100	104.0	3.42	94~114
Sb	100	99.9	2.4	93~107
Se	100	103.5	5.67	86~121
Th	100	101.4	2.60	94~109
Tl	100	98.5	2.79	90~107
U	100	102.6	2.82	94~111
V	100	100.3	3.26	90~110
Zn	100	105.1	4.57	91~119

注:1. 方法性能表征数据由协作研究所得的回归方程计算而得;
2. 单个分析者的标准偏差,S_r;
3. 允许限按照平均回收值±$3S_r$计算;
4. 允许限中值为100%回收率;
5. 48和64 μg/L综合统计的估算值。

B.9.2.4 方法检出限(MDL):采用强化试剂空白(质量浓度为估计检出限的2~5倍)来确定所有分析元素的方法检出限。具体步骤为:取7等份强化试剂空白溶液进行分析全流程处理,全部按方法规定的公式进行计算,然后报出合适单位的质量浓度值。计算公式如下:

$$MDL = tS$$

式中：t——99%置信水平时 Stduents 值，标准偏差按 $n-1$ 自由度计算[$n=7$ 时，$t=3.14$]；

S——重份分析的标准偏差。

注：如果需要进一步验证，可在不连续的两天重新分析这 7 份溶液并分别计算检出限，以 3 次检出限的平均值作为检出限更合理。如果 7 份溶液测定结果的相对标准偏差小于 10%，说明用来测定方法检出限的溶液质量浓度偏高，这将导致所计算出的检出限不切实际地偏低。同样，用试剂水测定的 MDL 也代表一种最理想的状态，不能反映实际样品中可能存在的基体干扰。然而，用实验室强化基体(LFMs)的成功分析能使试剂级水中测得的检出限更具有置信度。

B.9.3 实验室性能评价

B.9.3.1 实验室试剂空白(LRB)：分析相同基体的一组样品时，每 20 个或更少样品至少要插入一个实验室试剂空白。LRB 用来评价来自实验室环境的污染和样品处理过程所用试剂带来的背景干扰。试剂空白值高于方法检出限时应怀疑实验室或试剂污染。当空白值大于等于样品待测物质量浓度的 10%或大于等于方法检出限的 2.2 倍(两值中之高者)时，必须重新制备样品，在修正了污染源并获得可接受的 LRB 值后，重新测定被污染元素。

B.9.3.2 实验室强化空白(LFB)：每批样品都要分析至少一个实验室强化空白。以百分回收率表示的准确度计算公式如下：

$$R=\frac{\mathrm{LFB}-\mathrm{LRB}}{B}\times 100$$

式中：R——百分回收率，%；

LFB——实验室强化空白的质量浓度；

LRB——实验室试剂空白的质量浓度；

B——强化实验室试剂空白所加入的分析元素相当浓度。

如果某元素的回收率落在要求控制限 85%～115%之外，说明该元素超出控制范围，就要查明原因，解决后方可继续分析。

B.9.3.3 实验室必须用实验室强化空白(LFB)分析数据是否超出要求监控限 85%～115%来评价实验室操作性能。如果有充足的内部分析性能数据(通常至少分析 20～30 个)，可以利用平均回收率(X)和平均回收率的标准偏差(S)建立自选监控限。这些数据可用来确定监控上下限：

$$\text{监控上限}=X+3S$$

$$\text{监控下限}=X-3S$$

自选监控限必须等同或优于 85%～115%的要求控制限。测定 5～10 个新回收率后即可根据最近的 20～30 个测定数据重新计算新监控限。同时，标准偏差(S)应该用来表征 LFB 质量浓度水平的样品在测定时的精密度。这些数据要记录在案以便将来查看。

B.9.3.4 仪器性能：样品测定前必须检查仪器性能并确保仪器经常校准过。为了确认校准的可靠性，每次校准后，每分析 10 个样品及结束一次分析运行程序时，都要回测校准空白和标准。校准标准的回测值可用来判断校准是否有效。标准溶液中的所有待测元素质量浓度应在±10%偏差范围内。如果回测结果不在规定范围内就要重新校准仪器(校准检查时回测的仪器响应信号可用于重新校准，但必须在继续样品分析前确认)。如果连续校正检验超出±15%偏差范围，其前分析的 10 个样品就要在校正后重测。如果由于样品基体引起校准漂移，建议将前面测定过的 10 个样品按校准检查之间 5 个样品 1 组重新测定，以避免类似的漂移情况出现。

B.9.4 样品回收率和数据质量评价

B.9.4.1 样品均匀性和基体的化学性质将影响待测物的回收率和数据质量。从同一个样品中分取几份进行重份分析或强化分析可以评价此类影响。除非数据使用者、实验室或有关项目有其他的具体规定，否则必须进行以下(B.9.4.2 部分)实验室强化基体(LFM)步骤。

B.9.4.2 实验室必须在常规样品分析时对至少 10%的样品加入已知质量浓度的分析物。在每种情况下，实验室强化基体(LFM)必须是分析样品的重份，对于总可回收测定应在样品制备之前插入。对于水样,加入的分析物质量浓度必须等同于实验室强化空白加入的质量浓度。对固体样品,加入量相当于固体中 100 mg/kg(分析溶液中为 200 μg/L),但银要控制在 50 mg/kg 之内。如果放置时间长,所有样品都应强化。

B.9.4.3 计算每个被分析元素的百分回收率,用未强化样品的测定质量浓度作为背景进行校正,然后将这些数据同规定的实验室强化基体回收率范围 70%~130%进行比较。如果强化时加入的元素质量浓度低于样品背景浓度的 30%就不需计算回收率。百分回收率可采用如下的公式计算:

$$R=\frac{\rho_s-\rho}{B}\times 100$$

式中:R——百分回收率,%;

ρ_s——强化样品质量浓度;

ρ——样品背景质量浓度;

B——样品强化时加入的分析元素相当浓度。

B.9.4.4 如果元素的回收率落在指定范围之外而实验室工作性能又正常(B.9.3),强化样品所遇到的回收问题应该是由强化样品的基体造成而非系统问题。同时,告知数据使用者未强化样品的元素分析结果可能由于样品不均匀或未校正基体效应有问题。

B.9.4.5 内标响应:应监控整个样品分析过程中的内标响应以及内标与各分析元素信号响应的比值。这些信息可用来检查以下原因引起的问题:质量漂移、加入内标引起的错误或由于样品中的背景引起个别内标质量浓度增加。任何一种内标的绝对响应值的偏差都不能超过校准空白中最初响应的 60%~125%。如果超过此偏差,要用清洗空白溶液清洗系统,并监测校准空白的响应值。如果清洗后内标响应值达到正常值,重新取一份试样,再稀释 1 倍,加入内标重新分析。如果响应值又超出监控限,中止样品分析并查明漂移原因。漂移可能是由于进样锥局部堵塞或仪器调谐条件发生改变造成的。

B.10 注意事项

B.10.1 分析中所用的玻璃器皿均需用 HNO_3(1+1)溶液浸泡 24 h,或热 HNO_3 荡洗后,再用去离子水洗净后方可使用。对于新器皿,应作相应的空白检查后才能使用。

B.10.2 对所用的每一瓶试剂都应作相应的空白实验,特别是盐酸要仔细检查。配制标准溶液与样品应尽可能使用同一瓶试剂。

B.10.3 所用的标准系列必须每次配制,与样品在相同条件下测定。

附　录　C
（资料性附录）
固体废物　金属元素的测定　石墨炉原子吸收光谱法
Solid Wastes—Determination of Metal Elements —Graphite Furnace atomic Absorption Spectrometry

C.1　范围

本方法适用于固体废物和固体废物浸出液中银(Ag)、砷(As)、钡(Ba)、铍(Be)、镉(Cd)、钴(Co)、铬(Cr)、铜(Cu)、铁(Fe)、锰(Mn)、钼(Mo)、镍(Ni)、铅(Pb)、锑(Sb)、硒(Se)、铊(Tl)、钒(V)、锌(Zn)的石墨炉原子吸收光谱测定。

本方法对各种元素的检出限和定量测定范围见表C.1，灵敏度值可参考仪器操作手册。

表C.1　各元素的检出限和定量测定范围

元　素	检出限/(μg/L)	最佳质量浓度范围	
		波长/nm	质量浓度范围/(μg/L)
Ag	0.2	328.1	1～25
As	1(水样)	193.7	5～100(水样)
Ba		553.6	
Be	0.2	234.9	1～30
Cd	0.2	228.8	0.5～10
Co	1	240.7	5～100
Cr	1	357.9	5～100
Cu	1	324.7	5～100
Fe	1	248.3	5～100
Mn	0.2	279.5	1～30
Mo(p)	1	313.3	3～60
Ni	1	232.0	5～50
Pb	1	283.3	5～100
Sb	3	217.6	20～300
Se	2	196.0	
Tl	1	276.8	5～100
V(p)	4	318.4	10～200
Zn	0.05	213.9	0.2～4

注：1. 符号(p)指使用热解石墨管的石墨炉法；
2. 所列出的值是在20 μL进样量和使用通常的气体流量，As和Se则是在原子化阶段停气。

C.2　原理

样品溶液雾化后在石墨炉中经过蒸发被干燥、灰化并原子化，成为基态原子蒸气，对元素空心阴极灯或无极放电灯发射的特征辐射进行选择性吸收。在一定质量浓度范围内,其吸收强度与试液中待测物的质量浓度成正比。

C.3 试剂和材料

C.3.1 试剂水,为GB/T 6682规定的一级水。

C.3.2 硝酸,$\rho(HNO_3)=1.42$ g/mL,优级纯。

C.3.3 盐酸,$\rho(HCl)=1.19$ g/mL,优级纯。

C.3.4 空气,可由空气压缩机或者压缩空气钢瓶提供。

C.3.5 氩气,高纯。

C.3.6 金属标准储备液,1 000 mg/L:使用市售的标准溶液;或用水和硝酸溶解高纯金属、氧化物或不吸湿的盐类制备。

各种元素的金属标准储备液配制具体要求见表C.2。

表C.2 各元素的金属标准储备液配制具体要求

元素	金属标准储备液配制具体要求
Ag	称取0.787 4 g无水硝酸银溶解于含5 mL浓HNO_3的试剂水中,定容至1 L
As	称取1.320 g三氧化二砷溶解于100 mL含有4 g NaOH的试剂水中,用20 mL浓HNO_3酸化后,定容至1 L
Ba	称取1.778 7 g氯化钡($BaCl_2 \cdot 2H_2O$)溶解于试剂水中,定容至1 L
Be	称取11.658 6 g硫酸铍溶解于含2 mL浓HNO_3的试剂水中,定容至1 L
Ca	称取2.500 g碳酸钙(于180℃干燥1 h后使用)溶解于含2 mL稀盐酸的试剂水中,定容至1 L
Cd	称取1.000 g金属镉溶解于20 mL 1∶1的HNO_3中,用试剂水定容至1 L
Co	称取1.000 g金属钴溶解于20 mL 1∶1HNO_3溶液中,用试剂水定容至1 L。也可用钴(Ⅱ)的氯化物或硝酸盐(不含结晶水)配制
Cr	称取1.923 g三氧化铬(CrO_3)溶解于用重蒸馏的HNO_3酸化的试剂水中,定容至1 L
Cu	称取1.000 g电解铜溶解于5 mL重蒸馏的HNO_3中,用试剂水定容至1 L
Fe	称取1.000 g金属铁溶解于10 mL重蒸馏的HNO_3(为防止钝化应加少量水)中,用试剂水定容至1 L
Mn	称取1.000 g金属锰溶解于10 mL重蒸馏的HNO_3中,用试剂水定容至1 L
Mo	称取1.840 g钼酸铵$(NH_4)_6Mo_7O_{24} \cdot 4H_2O$溶解于试剂水中,定容至1 L
Ni	称取4.953 g硝酸镍$Ni(NO_3)_2 \cdot 6H_2O$溶解于试剂水中,定容至1 L
Pb	称取1.599 g硝酸铅溶解于试剂水中,加入10 mL重蒸馏的HNO_3酸化,用试剂水定容至1 L
Sb	称取2.742 6 g酒石酸锑钾$K(SbO)C_4H_4O_6 \cdot 1/2H_2O$溶解于试剂水中,定容至1 L
Se	称取0.345 3 g亚硒酸(H_2SeO_3实际含量94.6%)溶解于试剂水中,定容至200 mL
Tl	称取1.303 g硝酸铊溶解于试剂水中,加入10 mL浓HNO_3酸化,用试剂水定容至1 L
V	称取1.785 4 g五氧化二钒溶解于10 mL浓HNO_3中,用试剂水定容至1 L
Zn	称取1.000 g金属锌溶解于10 mL浓HNO_3中,用试剂水定容至1 L

C.3.7 标准使用液:逐级稀释金属储备液制备标准使用液,配制一个空白和至少3个浓度的标准使用液,其浓度由低至高按等比排列,且应落在标准曲线的线性部分。标准使用液中酸的种类和质量浓度应与处理后试样中的相同[0.5%(体积分数)HNO_3]。

有些元素的标准溶液和试样中需加入特定的基体改进剂以消除各种干扰,具体要求见表C.3。

表 C.3　各元素的标准溶液和试样中要求的基体改进剂

元素	基　体　改　进　剂
As	校准溶液中应含 1 mL 浓 HNO_3、2 mL30%H_2O_2 和 2 mL5%的 $Ni(NO_3)_2$/100 mL 溶液[1]
Cd	校准溶液中应含 2 mL40%$(NH_4)_3PO_4$/100 mL 溶液[2]
Cr	校准溶液中应含 0.5%(体积分数)HNO_3、1 mL30%H_2O_2 和 1 mL$Ca(NO_3)_2$/100 mL 溶液[3]
Mo	试样和校准溶液中均应含 2 mL$Al(NO_3)_3$/100 mL 溶液[4]
Sb	校准溶液中应含 0.2%(体积分数)HNO_3 和 1%～2%(体积分数)HCl
Se	校准溶液中应含 1 mL 浓 HNO_3、2 mL30%H_2O_2 和 2 mL5%的 $Ni(NO_3)_2$/100 mL 溶液[1]

注：1. $Ni(NO_3)_2$ 溶液(5%)：称取 24.780 g $Ni(NO_3)_2 \cdot 6H_2O$ 溶解于试剂水中，定容至 100 mL；
2. $(NH_4)_3PO_4$(40%)：称取 40 g$(NH_4)_2HPO_4$ 溶解于试剂水中，定容至 100 mL；
3. $Ca(NO_3)_2$：称取 11.8 g $Ca(NO_3)_2 \cdot 4H_2O$ 溶解于试剂水中，定容至 100 mL；
4. $Al(NO_3)_3$ 溶液：称取 139 g $Al(NO_3)_3 \cdot 9H_2O$ 溶解于 150 mL 水中(加热溶解)，冷却并定容至 200 mL。

C.4　仪器、装置及工作条件

C.4.1　仪器及装置

C.4.1.1　石墨炉原子吸收分光光度计：单道或双道，单光束或双光束仪器具有光栅单色器、光电倍增检测器，可调狭缝，190～800 nm 的波长范围，有背景校正装置和数据处理。

C.4.1.2　单元素空心阴极灯。

C.4.1.3　各种量程微量移液器。

C.4.1.4　玻璃仪器：容量瓶、样品瓶、烧杯等。

C.4.2　工作条件

不同型号的仪器最佳测试条件不同，可根据厂家的使用说明书自行选择。采用的测量条件如下：

C.4.2.1　进样量为 20 μL。

C.4.2.2　各元素测定时使用的工作波长见表 C.1。

C.4.2.3　各元素测定时的干燥时间为 30 s，温度为 125℃。

C.4.2.4　各元素测定时的灰化时间和温度见表 C.4。

C.4.2.5　各元素测定时的原子化时间和温度见表 C.4。

表 C.4　各元素测定的灰化时间和温度

元　素	灰化阶段		原子化阶段	
	时间/s	温度/℃	时间/s	温度/℃
Ag	30	400	10	2 700
Ba	30	1 200	10	2 800
Be	30	1 000	10	2 800
Cd	30	500	10	1 900
Co	30	900	10	2 700
Cr	30	1 000	10	2 700
Cu	30	900	10	2 700
Fe	30	1 000	10	2 700
Mn	30	1 000	10	2 700

表 C.4(续)

元 素	灰化阶段		原子化阶段	
	时间/s	温度/℃	时间/s	温度/℃
Mo	30	1 400	10	2 800
Ni	30	800	10	2 700
Pb	30	500	10	2 700
Sb	30	800	10	2 700
Tl	30	400	10	2 400
V	30	1 400	10	2 800
Zn	30	400	10	2 500

C.4.2.6 测定时使用的净化气为氩气。

C.5 样品的采集、保存和预处理

C.5.1 所有的采样容器都应预先用洗涤剂、酸和试剂水洗涤,塑料和玻璃容器均可使用。如果要分析极易挥发的硒、锑和砷化合物,要使用特殊容器(如:用于挥发性有机物分析的容器)。

C.5.2 水样必须用硝酸酸化至 pH<2。

C.5.3 非水样品应冷藏保存,并尽快分析。

C.5.4 当分析样品中可溶性砷时,不要求冷藏,但应避光保存,温度不能超过室温。

C.5.5 为了抑制六价铬的化学活性,样品和提取液分析前均应在 4℃下贮存,最长的保存时间为 24 h。

C.5.6 银的标准和样品都应贮于棕色瓶中,并放置在暗处。

C.6 干扰的消除

C.6.1 由于石墨炉法是在惰性气氛中发生原子化,使形成氧化物的问题大大减少,但该技术仍会遇到化学干扰。在分析中,试样的基体成分也会有很大影响。对于每种不同基体试样的分析,必须确定并考虑到这些干扰影响。为了帮助验证没有基体化学干扰存在,可使用逐次稀释技术(附录 1),如果表明这些试样中有干扰存在,应该用下述的一种或多种方法进行处理。

(1) 逐次稀释并重复分析试样,以便消除干扰。

(2) 改良试样基体,以消除干扰成分或稳定被分析物。例如:加入硝酸铵除去碱金属氯化物,加入磷酸铵稳定镉。将氢气和惰性气体混合,也可用于抑制化学干扰,氢能起到还原剂和帮助分子解离的作用。

(3) 用标准加入法分析试样时要谨慎,注意使用标准加入法的局限性(C.9.8)。

C.6.2 在原子化过程中,产生的气体可能会有分子吸收带而覆盖分析波长。当发生这种情况时,可用背景校正或选择次灵敏波长加以解决。背景校正也能补偿非特征宽带吸收干扰。

C.6.3 连续背景校正不能校正所有的背景干扰。当背景校正不能补偿背景干扰时,可将被分析物进行化学分离,或者使用其他背景校正方法,如塞曼背景校正。

C.6.4 来自样品基体的烟雾干扰,往往在更高温下延长灰化时间,或者利用在空气中循环灰化加以消除,必须充分注意防止被分析物的损失。

C.6.5 对于含有大量有机质的试样,在进样之前应进行消解氧化,这样会使宽带吸收减至最小。

C.6.6 对石墨炉的阴离子干扰研究表明,在非恒温条件下,采用硝酸更为适宜。因此在消解或溶解过程中,常使用硝酸。如果除硝酸外还需使用其他酸,应该加入最小量,尤其是使用盐酸时更是如此,使用硫酸和磷酸时也不能多加。

C.6.7 石墨炉的化学环境会导致碳化物的生成，钼就是一个例证。当碳化物形成时，金属从形成的金属碳化物中释放很慢，且难以继续原子化。在信号回到基线以前，钼需要 30 s 或更长的原子化时间。用热解涂层石墨管能大大地减少碳化物的形成，并提高灵敏度。在表 C.1 中，用符号(p)标示出了易形成碳化物的元素。

C.6.8 由于石墨炉法可以达到极高的灵敏度，所以交叉污染和试样污染是误差的主要来源。制备试样的工作区域应该保持彻底的清洁。所有玻璃仪器应该用 1∶5 的硝酸浸泡，并用自来水和试剂水洗净。应该特别注意在分析过程中和分析结果校正中遇到的试剂空白的影响。热解石墨管的生产和处理过程也会受到污染，在使用前，需要用高温空烧 5～10 次，以净化石墨管。

部分元素测定过程中消除干扰的特殊要求见表 C.5。

表 C.5 测定过程消除干扰的特殊要求

元素	消除干扰的特殊要求
Ag	1. 标准溶液应贮于棕色瓶中； 2. 应避免使用盐酸； 3. 应用高于原子化温度的温度清洁石墨管，以消除记忆效应
As	1. 在样品处理过程中，应通过加标样或相应标准参考物质确定所选择的消解方法是否适宜； 2. 应注意在干燥和灰化过程中温度和时间的选择。在分析前，将硝酸镍加入消解液中，可减少干燥和灰化时 As 的挥发损失； 3. 用氘灯进行背景校正时，Al 有严重的正干扰，应使用塞曼背景校正或其他有效的背景校正技术； 4. 在原子化阶段，如果空烧发现有记忆效应，应在分析过程中定时用满负荷空烧石墨炉以清洁石墨管
Ba	1. 钡在石墨炉中可以形成不易挥发的碳化钡，造成灵敏度降低和记忆效应； 2. 被测物在石墨炉光路中长时间的滞留和高的质量浓度，会导致严重的物理和化学干扰，应对石墨炉参数进行最优化以减小这种影响； 3. 不得使用卤酸
Be	应对石墨炉参数进行最优化以减小被测物在石墨炉光路中长时间的滞留和高质量浓度导致严重的物理和化学干扰
Cd	1. 过量的氯会使 Cd 提前挥发，应用磷酸铵作基体改进剂以减少这种损失； 2. 应使用"无镉型"移液头
Co	应使用标准加入法消除过量氯化物干扰
Cr	低质量浓度的钙和(或)磷酸盐可能引起干扰。当质量浓度高于 200 mg/L 时，钙的影响是不变的，磷酸盐的影响消失，因此，可以加入硝酸钙以保持已知的恒定影响
Mo	1. 钼易形成碳化物，应使用热解涂层石墨管； 2. 钼易产生记忆效应，在分析高质量浓度的样品或标准后，应消除石墨管的记忆效应
Ni	为避免记忆效应，用于 As 和 Se 分析的石墨管和连接环不可再用于 Ni 的分析
Pb	若回收率低，应加入基体改良剂：在石墨炉自动进样杯中，加入 10 μL 磷酸于 1 mL 样品中，混合均匀
Se	1. 在样品处理过程中，应通过加标样或相应标准参考物质确定所选择的消解方法是否适宜； 2. 应注意在干燥和灰化过程中温度和时间的选择。在分析前，将硝酸镍加入消解液中，可减少干燥和灰化时 Se 的挥发损失； 3. 用氘灯进行背景校正时，Fe 有严重的正干扰，应使用塞曼背景校正； 4. 在原子化阶段，应在分析过程中定时用满负荷空烧炉子以清洁石墨管，消除记忆效应； 5. 氯化物(>800 mg/L)和硫酸盐(>200 mg/L)将干扰 Se 的分析，应加入硝酸镍(Ni 的质量分数 1%)以减少干扰

表 C.5(续)

元素	消除干扰的特殊要求
Sb	当高质量浓度 Pb 存在时,在 217.6 nm 共振线处产生光谱干扰,应使用 231.1 nm 锑线测定;或用塞曼背景校正
Tl	1. 对于每一种基体的样品,必须用加标样或标准加入法检验铊是否损失; 2. 可使用钯作为基体改良剂
V	在分析前后,应清洗石墨管,以消除记忆效应

C.7 分析步骤

C.7.1 配制试液,包括金属标准储备液和标准使用液。

C.7.2 进行干扰的消除和背景校正。

C.7.3 参照仪器说明书设定仪器最佳工作条件。

C.7.4 测定标准使用液的吸光度,用质量浓度及对应的吸光度值绘制标准曲线。

C.7.5 测定实验样品和质控样品的吸光度或质量浓度值。

C.8 结果计算

C.8.1 用本法进行金属质量浓度测定,可从校准曲线或者仪器的直读系统得到金属质量浓度(μg/L)值。

C.8.2 如果试样进行稀释,则试样中金属的质量浓度需要用下式计算:

$$\rho(\mu g/L)=A\times(\frac{C+B}{C})$$

式中:A——从校准曲线查出的稀释样份中的金属质量浓度,μg/L;

B——稀释用的酸空白基体体积,mL;

C——样份体积,mL。

C.8.3 对于固体试样,根据试样质量并用 μg/kg 报告含量:

$$w_{湿}(\mu g/kg)=\left(\frac{A\times V}{m}\right)$$

式中:A——从校准曲线得到的处理后试样中的金属质量浓度,μg/L;

V——处理后试样的最终体积,mL;

m——试样质量,g。

C.9 质量保证和控制

C.9.1 所有的质控数据应该保留,以便参考或检查。

C.9.2 每天必须至少用一个试剂空白和三个标准制作一条标准曲线,用至少一个试剂空白和一个质量浓度位于或接近中间范围的验证标准(由参考物质或另一份标准物质配制)进行检验,验证标准的检验结果必须在真值的 10%以内,该标准曲线才可使用。

C.9.3 每测试 10 个试样后,应做一个校核标准。校核标准可以帮助检查石墨管的寿命和性能。若标准的再现性不好,或者标准信号有重大变化,表明应该更换石墨管。

C.9.4 如果每天分析的样品数多于 10 个,则每做完 10 个试样,要用质量浓度位于中间范围的标准或验证标准对工作曲线进行验证,检验结果必须在真值的±20%以内,否则要将前 10 个试样重新测定。

C.9.5 在每批测试试样中,至少应该有一个加标样和一个加标双样。

C.9.6 当试样基体十分复杂,以致其黏度、表面张力和成分不能用标准准确地匹配时,应使用 C.9.7 的方法判断是否需要使用标准加入法,标准加入法的相关内容见 C.9.8。

C.9.7 干扰试验

C.9.7.1 稀释试验:在试样中选一个有代表性的试样做逐次稀释以确定是否有干扰存在,试样中分析元素的质量浓度至少为其检出限的25倍。测定未稀释试样的质量浓度,将试样稀释至少5倍(1+4)后再进行分析。如果所有试样的质量浓度均低于检出限的10倍,要做下面所述的加标回收分析。若未稀释试样和稀释了5倍的试样的测定结果一致(相差在10%以内),则表明不存在干扰,不必采用标准加入法分析。

C.9.7.2 回收率试验:如果稀释试验的结果不一致,则可能存在基体干扰,需要做加标样品分析以确认稀释试验的结论。另取一份试样,加入已知量的被测物使其质量浓度为原有质量浓度的2~5倍。如果所有样品所含的分析物质量浓度均低于检出限,按检出限的20倍加标。分析加标样品并计算回收率,如果回收率低于85%或高于115%,则所有样品均要用标准加入法测定。

C.9.8 标准加入法:标准加入法是向一份或多份备好的样品溶液中加入已知量的标准。通过增加待测组分,提高或降低分析信号,使其斜率与校准曲线产生偏差。不应加入干扰组分,这样会造成基线漂移。

C.9.8.1 标准加入技术的最简单形式是单点加入法。取两份相同的样份,每份体积为V_X。在第1份(称为A)加入已知体积为V_S、质量浓度为ρ_S的标准溶液,在第2份(称为B)中加入相同体积V_S的基体溶剂。测量A和B的吸收信号,并校正非被测元素的信号,则未知的试样浓度ρ_X计算如下:

$$\rho_X=\frac{S_{\mathrm{B}}\times V_S\times\rho_S}{(S_{\mathrm{A}}-S_{\mathrm{B}})\times V_X}$$

式中S_{A}和S_{B}分别是溶液A和B在校正空白后的吸收信号。应该选择V_S和ρ_S,使S_{A}大约是S_{B}平均信号的2倍,以避免试样基体的过度稀释。如果使用了分离或浓缩手段,最好一开始就进行加标,使其能够经过制样的整个过程。

C.9.8.2 通过使用系列标准加入可使结果得到改善。加入一系列含有不同已知浓度的标准后,为了使试样的体积相同,所有试样都要稀释到相同的体积,例如:1号加标样的质量浓度应该大约是样品中待测物所产生的吸收的50%,2号和3号加标样的质量浓度应该大约是样品中待测物所产生的吸收的100%和150%。测定每份试样的吸收值,以吸收值为纵坐标,以标准的已知质量浓度为横坐标作图,将曲线外推至零吸收处,其与横坐标的交点即为试样中待测组分的原有质量浓度。纵坐标左右两侧的横坐标的刻度值相同,大小相反。

C.9.8.3 标准加入法是十分有效的,但是必须注意以下的制约条件:(1)标准加入的质量浓度应该在标准曲线的线性范围内,为了得到最好的结果,标准加入法标准曲线的斜率应该与水标准曲线的斜率大体相同。如果斜率明显不同(大于20%),使用时应该慎重。(2)干扰影响不应该随分析物质量浓度和试样基体比的改变而变化,并且加入标准应该与被分析物有同样的响应。(3)在测定中必须没有光谱干扰,并能校正非特征背景干扰。

附 录 D
（资料性附录）
固体废物 金属元素的测定 火焰原子吸收光谱法
Solid Wastes—Determination of Metal Elements —Flame Atomic Absorption Spectrometry

D.1 范围

本方法适用于固体废物和固体废物浸出液中银(Ag)、铝(Al)、钡(Ba)、铍(Be)、钙(Ca)、镉(Cd)、钴(Co)、铬(Cr)、铜(Cu)、铁(Fe)、钾(K)、锂(Li)、镁(Mg)、锰(Mn)、钼(Mo)、钠(Na)、镍(Ni)、锇(Os)、铅(Pb)、锑(Sb)、锡(Sn)、锶(Sr)、铊(Tl)、钒(V)、锌(Zn)的火焰原子吸收光谱测定。

本方法对各种元素的检出限、灵敏度及定量测定范围见表 D.1。

表 D.1 各元素的检出限、灵敏度及定量测定范围

元素	检出限/(mg/L)	灵敏度/(mg/L)	最佳浓度范围	
			波长/nm	质量浓度范围/(mg/L)
Ag	0.01	0.06	328.1	
Al	0.1	1	309.3	5～50
Ba	0.1	0.4	553.6	1～20
Be	0.005;低于 0.02 时建议用石墨炉法	0.025	234.9	0.05～2
Ca	0.01	0.08	422.7	0.2～7
Cd	0.005;低于 0.02 时建议用石墨炉法	0.025	228.8	0.5～2
Co	0.05;低于 0.1 时建议用石墨炉法	0.2	240.7	0.5～5
Cr	0.05;低于 0.2 时建议用石墨炉法	0.25	357.9	0.5～10
Cu	0.02	0.1	324.7	0.2～5
Fe	0.03	0.12	248.3	0.2～5
K	0.01	0.04	766.5	0.1～2
Li	0.002	0.04	670.8	0.1～2
Mg	0.001	0.007	285.2	0.02～0.05
Mn	0.01	0.05	279.5	0.1～3
Mo	0.1;低于 0.2 时建议用石墨炉法	0.4	313.3	1～40
Na	0.002	0.015	589.6	0.03～1
Ni	0.04	0.15	232.0	0.3～5
Os	0.3	1	290.0	
Pb	0.1;低于 0.2 时建议用石墨炉法	0.5	283.3	1～20
Sb	0.2;低于 0.35 时建议用石墨炉法	0.5	217.6	1～40
Sn	0.8	4	286.3	10～300
Sr	0.03	0.15	460.7	0.3～5
Tl	0.1;低于 0.2 时建议用石墨炉法	0.5	276.8	1～20
V	0.2;低于 0.5 时建议用石墨炉法	0.8	318.4	2～100
Zn	0.005;低于 0.01 时建议用石墨炉法	0.02	213.9	0.05～1

D.2 原理

样品溶液雾化后在火焰原子化器中被原子化，成为基态原子蒸气，对元素空心阴极灯或无极放电灯发射的特征辐射进行选择性吸收。在一定质量浓度范围内，其吸收强度与试液中待测物的质量浓度成正比。

D.3 试剂和材料

D.3.1 试剂水，为 GB/T 6682 规定的一级水。

D.3.2 硝酸，$\rho(HNO_3)=1.42$ g/mL，优级纯。

D.3.3 盐酸，$\rho(HCl)=1.19$ g/mL，优级纯。

D.3.4 乙炔，高纯。

D.3.5 空气，可由空气压缩机或压缩空气钢瓶提供。

D.3.6 氧化亚氮，高纯。

D.3.7 金属标准储备液，1 000 mg/L：使用市售的标准溶液；或用水和硝酸或盐酸，溶解高纯金属、氧化物或不吸湿的盐类制备。

各种元素标准储备液配制的具体要求见表 D.2。

表 D.2 各元素的金属标准储备液配制具体要求

元素	金属标准储备液配制具体要求
Ag	称取 0.787 4 g 无水硝酸银溶解于含 5 mL 浓 HNO_3 的试剂水中，定容至 1 L
Al	称取 1.000 g 金属 Al 溶解于温热的稀盐酸中，用试剂水定容至 1 L
Ba	称取 1.778 7 g 氯化钡($BaCl_2 \cdot 2H_2O$)溶解于试剂水中，定容至 1 L
Be	称取 11.658 6 g 硫酸铍溶解于含 2 mL 浓 HNO_3 的试剂水中，定容至 1 L
Ca	称取 2.500 g 碳酸钙(于 180℃干燥 1 h 后使用)溶解于含 2 mL 稀盐酸的试剂水中，定容至 1 L
Cd	称取 1.000 g 金属镉溶解于 20 mL1∶1 的 HNO_3 中，用试剂水定容至 1 L
Co	称取 1.000 g 金属钴溶解于 20 mL1∶1 HNO_3 溶液中，用试剂水定容至 1 L。也可用钴(Ⅱ)的氯化物或硝酸盐(不含结晶水)配制
Cr	称取 1.923 g 三氧化铬(CrO_3)溶解于用重蒸馏的 HNO_3 酸化的试剂水中，定容至 1 L
Cu	称取 1.000 g 电解铜溶解于 5 mL 重蒸馏的 HNO_3 中，用试剂水定容至 1 L
Fe	称取 1.000 g 金属铁溶解于 10 mL 重蒸馏的 HNO_3(为防止钝化应加少量水)中，用试剂水定容至 1 L
K	称取 1.907 g 氯化钾(于 110℃干燥 1 h 后使用)溶解于试剂水中，定容至 1 L
Li	称取 5.324 g 碳酸锂溶于少量的 1∶1 盐酸中，用试剂水定容至 1 L
Mg	称取 1.000 g 金属镁溶解于 20 mL1∶1HNO_3 中，用试剂水定容至 1 L
Mn	称取 1.000 g 金属锰溶解于 10 mL 重蒸馏的 HNO_3 中，用试剂水定容至 1 L
Mo	称取 1.840 g 钼酸铵$(NH_4)_6Mo_7O_{24} \cdot 4H_2O$ 溶解于试剂水中，定容至 1 L
Na	称取 2.542 g 氯化钠溶解于试剂水中，加入 10 mL 重蒸馏的 HNO_3 酸化，用试剂水定容至 1 L
Ni	称取 1.000 g 金属镍或 4.953 g 硝酸镍 $Ni(NO_3)_2 \cdot 6H_2O$ 溶解于 10 mLHNO_3 中，用试剂水定容至 1 L
Os	因 Os 及其化合物具有极高毒性，因此建议购买标准溶液
Pb	称取 1.599 g 硝酸铅溶解于试剂水中，加入 10 mL 重蒸馏的 HNO_3 酸化，用试剂水定容至 1 L
Sb	称取 2.742 6 g 酒石酸锑钾 $K(SbO)C_4H_4O_6 \cdot 1/2H_2O$ 溶解于试剂水中，定容至 1 L

表 D.2(续)

元素	金属标准储备液配制具体要求
Sn	称取 1.000 g 金属锡溶解于 100 mL 浓盐酸中,用试剂水定容至 1 L
Sr	称取 2.415 g 硝酸锶溶解于 10 mL 浓盐酸和 700 mL 水中,用试剂水定容至 1 L
Tl	称取 1.303 g 硝酸铊溶解于试剂水中,加入 10 mL 浓 HNO_3 酸化,用试剂水定容至 1 L
V	称取 1.785 4 g 五氧化二钒溶解于 10 mL 浓 HNO_3 中,用试剂水定容至 1 L
Zn	称取 1.000 g 金属锌溶解于 10 mL 浓 HNO_3 中,用试剂水定容至 1 L

D.3.8 标准使用液:逐级稀释金属储备液制备标准使用液,配制一个空白和至少 3 个质量浓度的标准使用液,其质量浓度由低至高按等比排列,且应落在标准曲线的线性部分。标准使用液中酸的种类和质量浓度应与处理后试样中的相同[0.5%(体积分数)HNO_3]。

有些元素的标准溶液和试样中须加入特定的基体改进剂以消除各种干扰,具体要求见表 D.3。

表 D.3 各元素的标准溶液和试样中要求的基体改进剂

元素	基 体 改 进 剂
Al	试样和校准溶液中均应含 2 mL KCl/100 mL 溶液[1]
Ba	试样和校准溶液中均应加入电离抑制剂
Ca	试样和校准溶液中均应含 20 mL $LaCl_3$/100 mL 溶液[2]
Mg	校准溶液中应含 10 mL $LaCl_3$/100 mL 溶液[2]
Mo	试样和校准溶液中均应含 2 mL $Al(NO_3)_3$/100 mL 溶液[3]
Os	校准溶液中应含 1%(体积分数)HNO_3 和 1%(体积分数)H_2SO_4
Sb	校准溶液中应含 0.2%(体积分数)HNO_3 和 1%～2%(体积分数)HCl
Sr	校准溶液中应含 10 mL $LaCl_3$/KCl/100 mL 溶液[4]
V	试样和校准溶液中均应含 2 mL $Al(NO_3)_3$/100 mL 溶液[3]
注:1. KCl 溶液:称取 95 g 氯化钾(KCl)溶解于水中并定容至 1 L; 2. $LaCl_3$ 溶液:称取 29 g 氧化镧(La_2O_3)溶解于 250 mL 浓 HCl(注意:反应激烈),并用试剂水定容至 500 mL; 3. $Al(NO_3)_3$ 溶液:称取 139 g 硝酸铝 $Al(NO_3)_3 \cdot 9H_2O$ 溶解于 150 mL 水中(加热溶解),冷却并定容至 200 mL; 4. $LaCl_3$/KCl 溶液:称取 11.73 g 氧化镧(La_2O_3)溶解少量的(大约 50 mL)浓 HCl 中(注意:反应激烈),加入 1.91 g 氯化钾(KCl),将溶液冷却至室温,用试剂水定容至 100 mL。	

D.4 仪器、装置及工作条件

D.4.1 仪器及装置

D.4.1.1 原子吸收分光光度计:单道或双道,单光束或双光束仪器具有光栅单色器、光电倍增检测器,可调狭缝,190～800 nm 的波长范围,有背景校正装置和数据处理。

D.4.1.2 燃烧器,以氧化亚氮为助燃气的元素测定须使用高温燃烧器。

D.4.1.3 单元素空心阴极灯。

D.4.1.4 各种量程的微量移液器。

D.4.1.5 玻璃仪器:容量瓶、样品瓶、烧杯等。

D.4.2 工作条件

不同型号的仪器最佳测试条件不同,可根据厂家的使用说明书自行选择。本方法采用的测量条件如下:

D.4.2.1 各元素测定时使用的空心阴极灯工作波长见表 D.1。

D.4.2.2 燃气:乙炔。

D.4.2.3 各元素测定时使用的助燃气类型见表D.4。

表 D.4 各元素测定时使用的助燃气类型

助燃气类型	元 素
空气	Ag、Cd、Co、Cu、Fe、K、Li、Mg、Mn、Na、Ni、Pb、Sb、Sr、Tl、Zn
氧化亚氮	Al、Ba、Be、Ca、Cr、Mo、Os、Sn、V

D.4.2.4 各元素测定时使用的火焰类型见表D.5。

表 D.5 各元素测定时使用的火焰类型

火焰类型	元 素
富燃	Al、Ba、Be、Cr、Mo、Sn、V
贫燃	Ag、Cd、Co、Cu、Fe、K、Li、Mg、Na、Ni、Pb、Os、Sb、Sr、Tl、Zn
略贫燃	Ca、Mn
注:测定 Ca 时,乙炔量按 Ca 的化学计量调整。	

D.4.2.5 测定时要求背景校正的元素包括:Ag、Be、Cd、Co、Cu、Fe、Mg、Mn、Mo、Ni、Os、Pb、Sb、Sn、Tl、V、Zn。

D.5 样品的采集、保存和预处理

D.5.1 所有的采样容器都应预先用洗涤剂、酸和试剂水洗涤,塑料和玻璃容器均可使用。如果要分析极易挥发的硒、锑和砷化合物,要使用特殊容器(如用于挥发性有机物分析的容器)。

D.5.2 水样必须用硝酸酸化至pH小于2。

D.5.3 非水样品应冷藏保存,并尽快分析。

D.5.4 当分析样品中可溶性砷时,不要求冷藏,但应避光保存,温度不能超过室温。

D.5.5 为了抑制六价铬的化学活性,样品和提取液分析前均应在4℃下贮存,最长的保存时间为24 h。

D.5.6 银的标准和样品都应贮于棕色瓶中,并放置在暗处。

D.6 干扰的消除

D.6.1 当火焰温度不足以使分子解离时,会由于在火焰中原子受到分子的束缚而使吸收减少,如磷酸盐对Mg的干扰。或者当解离出的原子立刻被氧化成化合物时,在此火焰温度下将不能再解离。因此在Mg、Ca和Ba的测定中,加入La可以去除磷酸盐的干扰;在Mn的测定中加入Ca也能消除Si的干扰。这种干扰也可以通过从干扰物质中分离出待测金属来消除。此外,还可利用主要用于提高分析灵敏度的络合剂来消除或减少干扰。

D.6.2 试样中可溶解性固体的含量很高时,会产生类似光散射的非原子吸收干扰。当用背景校正仍无效时,应用非吸收波长校正,并应提取出试样所含有的大量固体物质。

D.6.3 当火焰温度高到足以导致中性原子失去电子而成为带正电荷的离子时,会发生电离干扰。在标准和试样中都加入过量的易电离元素如K、Na、Li或Cs,可控制这类干扰。

D.6.4 试样中共存的某种非测定元素的吸收波长位于待测元素吸收线的带宽时,会发生光谱干扰。由于干扰元素的影响,将使原子吸收信号的测定结果异常高,当多元素灯的其他金属或阴极灯中的金属杂质产生的共振辐射恰在选定的狭缝通带的情况下,也会产生光谱干扰。应采用小的狭缝通带以减少这类干扰。

D.6.5 试样和标准的黏度差异会改变吸入速率,应引起注意。

D.6.6 在消解试液中各种金属的稳定性不同,尤其是消解液中仅含 HNO_3(不是同时含 HNO_3 和

HCl)时，消解液应尽快分析，并且优先分析 Sn、Sb、Mo、Ba 和 Ag。

部分元素测定过程中消除干扰的特殊要求见表 D.6。

表 D.6 测定过程消除干扰的特殊要求

元素	消除干扰的特殊要求
Ag	1. 标准溶液应贮于棕色瓶中； 2. 不能使用盐酸； 3. 应检测试样和标准的黏度差异
Ba	必须设定高的灯电流和窄的光谱通带
Be	质量浓度超过 100 mg/L 的 Al 会抑制 Be 的吸收，加入 0.1% 的氟化物能有效地消除这一干扰。高质量浓度的 Mg 和 Si 也产生类似的干扰，须用标准加入法加以克服
Ca	1. 由于所有的环境样品中 Ca 的含量很高，应稀释至方法的线性范围； 2. PO_4^{3-}、SO_4^{2-} 和 Al 会产生干扰，高质量浓度的 Mg、Na 和 K 也干扰 Ca 的测定
Co	过量的其他过渡金属会轻微抑制 Co 的信号，应使用基体匹配或标准加入法
Cr	如果样品中的碱金属含量比标准高很多，应当在样品和标准中加入电离抑制剂
Ni	1. 高质量浓度的 Fe、Co 和 Cr 会造成干扰，应配制相同的基体或使用氧化亚氮作为助燃气； 2. 对中至高质量浓度的 Ni，应该对样品进行稀释或使用 352.4 nm
Os	1. 标准必须当日配制，且样品制备方法对样品基体的适用性必须经过验证； 2. 应检测样品和标准的黏度差异
Sb	1. 当 1 000 mg/L Pb 存在时，在 217.6 nm 共振线处产生光谱干扰，应使用 231.1 nm 锑线测定； 2. 高质量浓度的 Cu、Ni 会造成干扰，应配制相同的基体或使用氧化亚氮作为助燃气
Tl	不能使用盐酸
V	加入 1 000 mg/L Al 可控制高质量浓度的 Al 或 Ti，以及 Bi、Cr、Co、Fe、醋酸、磷酸、表面活性剂、洗涤剂或碱金属的存在造成的干扰
Zn	加入锶(1 500 mg/L)可消除 Cu 和磷酸盐的干扰

D.7 分析步骤

D.7.1 配制试液，包括金属标准储备液和标准使用液。

D.7.2 进行干扰的消除和背景校正。

D.7.3 参照仪器说明书设定仪器最佳工作条件。

D.7.4 测定标准使用液的吸光度，用质量浓度及对应的吸光度值绘制标准曲线。

D.7.5 测定实验样品和质控样品的吸光度或质量浓度值。

D.8 结果计算

D.8.1 火焰原子吸收光谱法进行金属质量浓度测定，可从校准曲线或者仪器的直读系统得到金属质量浓度(mg/L)值。

D.8.2 如果试样进行稀释，则试样中金属的质量浓度需要用下式计算：

$$\rho(\text{mg/L})=\rho\times\left(\frac{V+B}{V}\right)$$

式中：ρ——从校准曲线查出的稀释样份中的金属质量浓度，mg/L；

B——稀释用的酸空白基体体积，mL；

V——样份体积，mL。

D.8.3 对于固体试样，根据试样质量并用 mg/kg 报告：

$$w(\mathrm{mg/kg})=\left(\frac{\rho\times V}{m}\right)$$

式中：ρ——从校准曲线得到的处理后试样中的金属质量浓度，mg/L；

V——处理后试样的最终体积，mL；

m——试样质量，g。

D.9 质量保证和控制

D.9.1 所有的质控数据应该保留，以便参考或检查。

D.9.2 每天必须至少用一个试剂空白和三个标准制作一条标准曲线，用至少一个试剂空白和一个质量浓度位于或接近中间范围的验证标准(由参考物质或另一份标准物质配制)进行检验，验证标准的检验结果必须在真值的10%以内，该标准曲线才可使用。

D.9.3 如果每天分析的样品数多于10个，则每做完10个试样，要用质量浓度位于中间范围的标准或验证标准对工作曲线进行验证，检验结果必须在真值的±20%以内，否则要将前10个试样重新测定。

D.9.4 在每批测试试样中，至少应该有一个加标样和一个加标双样。

D.9.5 当试样基体十分复杂，以致其黏度、表面张力和成分不能用标准准确地匹配时，应使用D.9.6的方法判断是否需要使用标准加入法，标准加入法的相关内容见D.9.7。

D.9.6 干扰试验

D.9.6.1 稀释试验：在试样中选一个有代表性的试样做逐次稀释以确定是否有干扰存在，试样中分析元素的质量浓度至少为其检出限的25倍。测定未稀释试样的质量浓度，将试样稀释至少5倍(1+4)后再进行分析。如果所有试样的质量浓度均低于检出限的10倍，要做下面所述的加标回收分析。若未稀释试样和稀释了5倍的试样的测定结果一致(相差在10%以内)，则表明不存在干扰，不必采用标准加入法分析。

D.9.6.2 回收率试验：如果稀释试验的结果不一致，则可能存在基体干扰，需要做加标样品分析以确认稀释试验的结论。另取一份试样，加入已知量的被测物使其质量浓度为原有质量浓度的2～5倍。如果所有样品所含的分析物质量浓度均低于检出限，按检出限的20倍加标。分析加标样品并计算回收率，如果回收率低于85%或高于115%，则所有样品均要用标准加入法测定。

D.9.7 标准加入法

标准加入法是向一份或多份备好的样品溶液中加入已知量的标准。通过增加待测组分，提高或降低分析信号，使其斜率与校准曲线产生偏差。不应加入干扰组分，这样会造成基线漂移。

D.9.7.1 标准加入技术的最简单形式是单点加入法。取两份相同的样份，每份体积为V_X。在第1份(称为A)加入已知体积为V_S、质量浓度为ρ_S的标准溶液，在第2份(称为B)中加入相同体积V_S的基体溶剂。测量A和B的吸收信号，并校正非被测元素的信号，则未知的试样质量浓度ρ_X计算如下：

$$\rho_X=\frac{S_B\times V_S\times \rho_S}{(S_A-S_B)\times V_X}$$

式中S_A和S_B分别是溶液A和B在校正空白后的吸收信号。应该选择V_S和ρ_S，使S_A大约是S_B平均信号的2倍，以避免试样基体的过度稀释。如果使用了分离或浓缩手段，最好一开始就进行加标，使其能够经过制样的整个过程。

D.9.7.2 通过使用系列标准加入可使结果得到改善。加入一系列含有不同已知质量浓度的标准后，为了使试样的体积相同，所有试样都要稀释到相同的体积，例如：1号加标样的质量浓度应该大约是样品中待测物所产生的吸收的50%，2号和3号加标样的质量浓度应该大约是样品中待测物所产生的吸收的100%和150%。测定每份试样的吸收值，以吸收值为纵坐标，以标准的已知质量浓度为横坐标作图，将曲线外推至零吸收处，其与横坐标的交点即为试样中待测组分的原有质量浓度。纵坐标左右两侧的横坐标的刻度值相同，大小相反。

D.9.7.3 标准加入法是十分有效的，但是必须注意以下的制约条件：(1)标准加入的质量浓度应该在标准曲线的线性范围内，为了得到最好的结果，标准加入法标准曲线的斜率应该与水标准曲线的斜率大体相同。如果斜率明显不同(大于 20%)，使用时应该慎重。(2)干扰影响不应该随分析物质量浓度和试样基体比的改变而变化，并且加入标准应该与被分析物有同样的响应。(3)在测定中必须没有光谱干扰，并能校正非特征背景干扰。

附 录 E
（资料性附录）
固体废物 砷、锑、铋、硒的测定 原子荧光法
Solid Wastes—Determination of As, Sb, Bi, Se—Atomic Fluorescence Spectrometry

E.1 范围

本方法适用于固体废物中砷(As)、锑(Sb)、铋(Bi)和硒(Se)的原子荧光法测定。

本方法对 As、Sb、Bi 的检出限为 0.000 1～0.000 2 mg/L；Se 为 0.000 2～0.000 5 mg/L。

本方法存在的主要干扰元素是高含量的 Cu^{2+}、Co^{2+}、Ni^{2+}、Ag^{+}、Hg^{2+}，以及形成氢化物元素之间的互相影响等。其他常见的阴阳离子无干扰。

E.2 原理

在消解处理后的水样加入硫脲，把 As、Sb、Bi 还原成三价，Se 还原成四价。

在酸性介质中加入硼氢化钾溶液，三价 As、Sb、Bi 和四价硒 Se 分别形成砷化氢、锑化氢、铋化氢和硒化氢气体，由载气(氩气)直接导入石英管原子化器中，进而在氩氢火焰中原子化。基态原子受特种空心阴极灯光源的激发，产生原子荧光，通过检测原子荧光的相对强度，利用荧光强度与溶液中的 As、Sb、Bi 和 Se 含量呈正比的关系，计算样品溶液中相应成分的含量。

E.3 试剂和材料

E.3.1 硝酸，优级纯。

E.3.2 高氯酸，优级纯。

E.3.3 盐酸，优级纯。

E.3.4 氢氧化钾或氢氧化钠，优级纯。

E.3.5 0.7%硼氢化钾溶液：称取 7 g 硼氢化钾于预先加有 2 g KOH 的 200 mL 去离子水中，用玻璃棒搅拌至溶解后，用脱脂棉过滤，稀释至 1 000 mL。此溶液现用现配。

E.3.6 10%硫脲溶液：称取 10 g 硫脲微热溶解于 100 mL 去离子水中。

E.3.7 砷标准储备溶液：称取 0.132 0 g 经过 105℃干燥 2 h 的优级纯 As_2O_3，溶于 5 mL 1 mol/L NaOH 溶液中，用 1 mol/L HCl 中和至酚酞红色褪去，稀释至 1 000 mL。此溶液 1.00 mL 含 0.1 mg As。

E.3.8 砷标准工作溶液：移取砷标准储备溶液 5.00 mL 于 500 mL 容量瓶中，以 1 mol/L HCl 溶液定容，摇匀。此溶液 1.00 mL 含 100 μg As，再移取此溶液 10 mL 于 100 mL 容量瓶中，用 1 mol/L HCl 定容，摇匀。此溶液 1.00 mL 含 0.10 μg As。

E.3.9 锑标准储备溶液：称取 0.119 7 g 经过 105℃干燥 2 h 的 Sb_2O_3 溶解于 80 mL HCl 中，转入 1 000 mL容量瓶中，补加 HCl 120 mL，用水稀释至刻度，摇匀。此溶液 1 mL 含 0.1 mg Sb。

E.3.10 锑标准工作溶液：移取锑标准储备溶液 5.00 mL 于 500 mL 容量瓶中，以 1 mol/L HCl 溶液定容，摇匀，此溶液 1.00 mL 含 1.00 μg Sb，再移取此溶液 10 mL 于 100 mL 容量瓶中，用 1 mol/LHCl 溶液定容，摇匀。此溶液 1.00 mL 含 0.10 μg Sb。

E.3.11 铋标准储备溶液：称取高纯金属铋 0.100 0 g 于 250 mL 烧杯中，加入 20 mL HCl(1+1)，于电热板上低温加热溶解，加入 3 mL $HClO_4$ 继续加热至冒白烟，取下冷却后转移入 1 000 mL 容量瓶中，加入浓 HCl 50 mL 后，用去离子水定容。此溶液 1.00 mL 含 0.1 mg Bi。

E.3.12 铋标准工作溶液：移取铋标准储备溶液 5.00 mL 于 500 mL 容量瓶中，以 1 mol/L HCl 溶液定容，摇匀。此溶液 1.00 mL 含 1.00 μg Bi。再移取 10 mL 于 100 mL 容量瓶中，用 1 mol/LHCl 定容，

摇匀。此溶液 1.00 mL 含 0.10 μg Bi。

E.3.13 硒标准储备溶液：称取 0.100 0 g 光谱纯硒粉于 100 mL 烧杯中，加 10 mL HNO_3，低温加热溶解后，加 3 mL $HClO_4$ 蒸至冒白烟时取下，冷却后用去离子水吹洗杯壁并蒸至刚冒白烟，加水溶解，移入 1 000 mL 容量瓶中，并稀释至刻度，摇匀。此溶液 1 mL 含 0.1 mg/L Se。

E.3.14 硒标准工作溶液：用硒的标准储备溶液逐级稀释至 1 mL 含 10 μg，1 mL 含 1 μg，1 mL 含 0.10 μg Se 的标准工作溶液，并保持 4 mol/L HCl 浓度。

E.4 仪器、装置及工作条件

E.4.1 仪器及装置

E.4.1.1 砷、锑、铋、硒高强度空心阴极灯。

E.4.1.2 原子荧光光谱仪。

E.4.2 工作条件

原子荧光光谱仪的工作条件见表 E.1。

表 E.1 测定条件

元素	灯电流/mA	负高压/V	氩气/(mL/min)	原子化温度/℃
砷	40～60	240～260	1 000	200
锑	60～80	240～260	1 000	200
铋	40～60	250～270	1 000	300
硒	90～100	260～280	1 000	200

E.5 样品的采集、保存和预处理

E.5.1 所有的采样容器都应预先用洗涤剂、酸和试剂水洗涤，塑料和玻璃容器均可使用。如果要分析极易挥发的硒、锑和砷化合物，要使用特殊容器(如用于挥发性有机物分析的容器)。

E.5.2 水样必须用硝酸酸化至 pH 小于 2。

E.5.3 非水样品应冷藏保存，并尽快分析。

E.5.4 当分析样品中可溶性砷时，不要求冷藏，但应避光保存，温度不能超过室温。

E.6 分析步骤

E.6.1 样品测定

移取 20 mL 清洁的水样或经过预处理的水样于 50 mL 烧杯中，加入 3 mL HCl，10%硫脲溶液 2 mL，混匀。放置 20 min 后，用定量加液器注入 5.0 mL 于原子荧光仪的氢化物发生器中，加入 4 mL 硼氢化钾溶液，进行测定，或通过蠕动泵进样测定(调整进样和进硼氢化钾溶液流速为 0.5 mL/s)，但须通过设定程序保证进样量的准确性和一致性，记录相应的相对荧光强度值。从校准曲线上查得测定溶液中 As 或 Sb、Bi、Se 的质量浓度。

E.6.2 校准曲线的绘制

用含 As、Sb、Bi 和 Se 0.1 μg/mL 的标准工作溶液制备标准系列，在标准系列中各种金属元素的质量浓度见表 E.2。

表 E.2 标准系列各元素的质量浓度 μg/L

元素	标准系列						
As	0.0	1.0	2.0	4.0	8.0	12.0	16.0
Sb	0.0	0.5	1.0	2.0	4.0	6.0	8.0

表 E.2(续)　　　　μg/L

元素	标准系列						
Bi	0.0	0.5	1.0	2.0	4.0	6.0	8.0
Se	0.0	1.0	2.0	4.0	8.0	12.0	16.0

准确移取相应量的标准工作溶液于100 mL容量瓶中，加入12 mL HCl、8 mL 10%硫脲溶液，用去离子水定容，摇匀后按样品测定步骤进行操作。记录相应的相对荧光强度，绘制校准曲线。

E.7　结果计算

由校准曲线查得测定溶液中各元素的质量浓度，再根据水样的预处理稀释体积进行计算。

$$\rho=\frac{V_1\rho'}{V_2}$$

式中：ρ——样品中元素的实际质量浓度，μg/L；

ρ'——从校准曲线上查得相应测定元素的质量浓度，μg/L；

V_1——测量时水样的总体积，mL；

V_2——预处理时移取水样的体积，mL。

E.8　注意事项

E.8.1　分析中所用的玻璃器皿均需用 HNO_3(1+1)溶液浸泡24 h，或热 HNO_3 荡洗后，再用去离子水洗净后方可使用。对于新器皿，应作相应的空白检查后才能使用。

E.8.2　对所用的每一瓶试剂都应作相应的空白实验，特别是盐酸要仔细检查。配制标准溶液与样品应尽可能使用同一瓶试剂。

E.8.3　所用的标准系列必须每次配制，与样品在相同条件下测定。

附　录　F
（资料性附录）
固体废物　氟离子、溴酸根、氯离子、亚硝酸根、氰酸根、溴离子、硝酸根、磷酸根、硫酸根的测定　离子色谱法
Solid Wastes—Determination of Fluoride, Bromate, Chloride, Nitrite, Cyanate, Bromide, Nitrate, Phosphate and Sulfate—Ion Chromatography

F.1　范围

本方法适用于固体废物中氟离子（F^-）、溴酸根（BrO_3^-）、氯离子（Cl^-）、亚硝酸根（NO_2^-）、氰酸根（CN^-）、溴离子（Br^-）、硝酸根（NO_3^-）、磷酸根（PO_4^{3-}）、硫酸根（SO_4^{2-}）的离子色谱法测定。

本方法对各种阴离子的检出限见表 F.1。

表 F.1　各种阴离子的检出限

阴离子	检出限/(μg/L)	阴离子	检出限/(μg/L)
F^-	14.8	BrO_3^-	5
Cl^-	10.8	NO_2^-	12.4
CN^-	20	Br^-	24.2
NO_3^-	21.4	PO_4^{3-}	62.2
SO_4^{2-}	28.8		

F.2　术语与定义

下列定义适用于本方法。

F.2.1　离子色谱：一种液相色谱，通过离子交换分离离子组分，然后用适当的检测方法检测。

F.2.2　分析柱：在保护柱后连接一支或多支分离柱组成一系列用以分离待测离子的分析系统。系列中所有柱子对分析柱的总容量均有贡献。

F.2.3　保护柱：置于分离柱之前的柱子，用于保护分离柱免收颗粒物或不可逆保留物等杂质的污染。

F.2.4　分离柱：根据待测离子保留特性，在检测前将被检测离子分离的交换柱。

F.2.5　抑制器：在分析柱和检测器之间，安装抑制器来降低淋洗液中离子组分的检测响应，增加被测离子的检测响应，进而提高信噪比。

F.2.6　淋洗液：离子流动相，样品通过交换柱的载体。

F.3　原理

固体废物中的离子用水提取。而后水溶液中的常见阴离子随碳酸盐淋洗液进入阴离子交换分析柱中（由保护柱和分离柱组成），根据分析柱对不同离子的亲和力不同进行分离，已分离的阴离子流经电解膜抑制器转化成具有高电导率的强酸，而淋洗液则转化成低电导率的弱酸，由电导检测器测量各种离子组分的电导率，以相对保留时间定性被测离子的类型，以峰面积或峰高定量被测离子的含量。

F.4　试剂和材料

除另有说明外，本方法中所用的试剂均为符合国家标准的优级纯试剂；实验用水的电导率应接近 0.057 μS/cm(25℃)并经过 0.22 μm 微孔膜过滤的水。

F.4.1　淋洗液，根据所用分析柱，选择适合的淋洗液，见图 F.1。

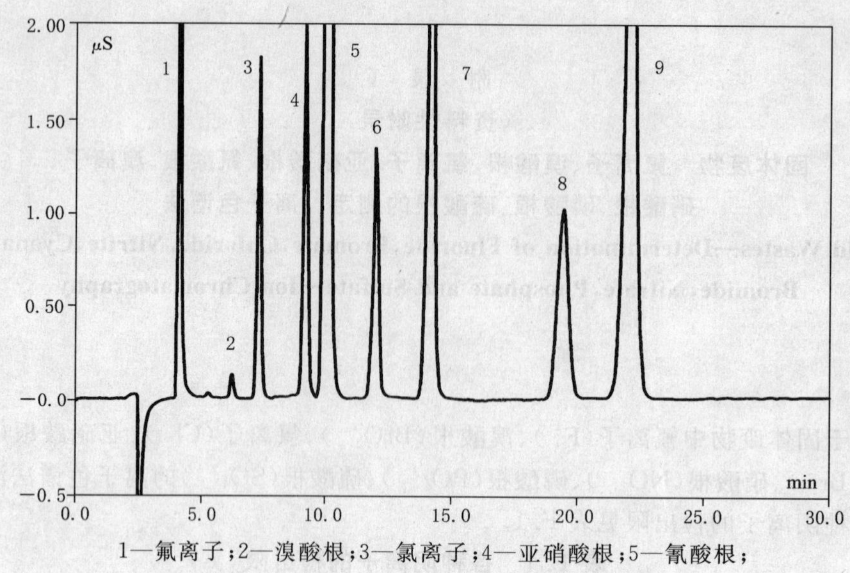

1—氟离子；2—溴酸根；3—氯离子；4—亚硝酸根；5—氰酸根；
6—溴离子；7—硝酸根；8—磷酸根；9—硫酸根

图 F.1　氟离子等九种阴离子的分离色谱图

色谱工作条件：

分析柱：IonPac AS23 型分离柱(4 mm×250 mm)和 IonPac AG23 型保护柱(4 mm×50 mm)。

淋洗液：4.5 mmol/L Na_2CO_3/0.8 mmol/L $NaHCO_3$ 淋洗液等度淋洗，流速为 1.0 mL/min。

抑制器：Atlas 4 mm 阴离子电解膜抑制器或选用性能相当的其他电解膜抑制器，抑制电流 45 mA。

柱箱温度：30℃。

进样体积：25 μL。

F.4.1.1　碳酸钠储备液(碳酸根的浓度为 1.0 mol/L)，称取 10.600 0 g 无水碳酸钠，溶于水，并定容到 100 mL 容量瓶中。置 4℃冰箱备用，可使用 6 个月。

F.4.1.2　碳酸氢钠储备液(碳酸氢根的浓度为 1.0 moL/L)，称取 8.400 0 g 碳酸氢钠，溶于水，并定容到 100 mL 容量瓶中。置 4℃冰箱备用，可使用 6 个月。

F.4.1.3　淋洗液使用液(4.5 mmol/L Na_2CO_3～0.8 mmol/L $NaHCO_3$)，吸取 4.5 mL 碳酸钠储备液和 0.8 mL 碳酸氢钠储备液，用纯水稀释至 1 000 mL，每日新配。

F.4.2　再生液，根据所用抑制器及其使用方式，选择去离子水为再生液，见图 F.1。

F.4.3　标准储备液

F.4.3.1　氟离子标准储备液(1 000 mg/L)，称取 2.210 0 g 氟化钠(优级纯，105℃烘干 2 h)溶于水中，用水稀释至 1 L，储于聚丙烯或高密度聚乙烯瓶中，4℃冷藏存放。

F.4.3.2　氯离子标准储备液(1 000 mg/L)，称取 1.648 4 g 氯化钠(优级纯，105℃烘干 2 h)溶于水中，用水稀释至 1 L，储于聚丙烯或高密度聚乙烯瓶中，4℃冷藏存放。

F.4.3.3　硫酸根离子标准储备液(1 000 mg/L)，称取 1.478 7 g 无水硫酸钠(优级纯，105℃烘干 2 h)溶于水中，用水稀释至 1 L，储于聚丙烯或高密度聚乙烯瓶中，4℃冷藏存放。

F.4.3.4　磷酸根离子标准储备液(1 000 mg/L)，称取 1.432 4 g 磷酸二氢钾(优级纯，105℃烘干 2 h)溶于水中，用水稀释至 1 L，储于聚丙烯或高密度聚乙烯瓶中，4℃冷藏存放。

F.4.3.5　硝酸根离子标准储备液(1 000 mg/L)，称取 1.370 8 g 硝酸钠(优级纯，105℃烘干 2 h)溶于水中，用水稀释至 1 L，储于聚丙烯或高密度聚乙烯瓶中，4℃冷藏存放。

F.4.3.6　亚硝酸根离子储备液(1 000 mg/L)，称取 1.499 7 g 亚硝酸钠(优级纯，干燥器中干燥 24 h)溶于水中，用水稀释至 1 L，储于聚丙烯或高密度聚乙烯瓶中，4℃冷藏存放。

F.4.3.7　溴离子离子储备液(1 000 mg/L)，称取 1.287 5 g 溴化钠(优级纯，干燥器中干燥 24 h)溶于水中，用水稀释至 1 L，储于聚丙烯或高密度聚乙烯瓶中，4℃冷藏存放。

F.4.3.8 氰酸根离子储备液(1 000 mg/L),称取 1.595 7 g 氰酸钠(优级纯,干燥器中干燥 24 h)溶于水中,用水稀释至 1 L,储于聚丙烯或高密度聚乙烯瓶中,4℃冷藏存放。

F.4.3.9 溴酸根离子储备液(1 000 mg/L),称取 1.305 7 g 溴酸钾(优级纯,105℃烘干 2 h)溶于水中,用水稀释至 1 L,储于聚丙烯或高密度聚乙烯瓶中,4℃冷藏存放。

F.5 仪器

F.5.1 离子色谱仪

离子色谱仪由下列部件组成:

F.5.1.1 淋洗液泵,泵接触水的部件应为非金属材料,这样不会对分析柱造成金属污染。

F.5.1.2 分析柱,能辨认待测阴离子。

F.5.1.3 抑制器,电解膜抑制器。

F.5.1.4 电导检测器,可以进行温度补偿和自动调整量程。

F.5.1.5 数据处理系统,色谱工作站,用于数据的记录、处理和存储等。

F.5.2 特殊器皿

F.5.2.1 容量瓶,聚丙烯材质。

F.5.2.2 烧杯,聚丙烯材质。

F.5.2.3 样品瓶,聚丙烯或高密度聚乙烯材质。

F.5.2.4 尼龙滤膜,0.22 μm。

F.5.2.5 OnGuard RP 柱(或 C18 柱)和 OnGuard AgH 柱。

F.6 样品的采集、保存和预处理

F.6.1 用聚丙烯或高密度聚乙烯瓶取样,盖上盖子。不要使用玻璃瓶取样,否则易导致离子污染。

F.6.2 固体废物样品 4℃冷藏保存并于 1 个月内进行分析。

F.7 分析步骤

F.7.1 混合标准工作溶液

F.7.1.1 中间混合标准溶液的配制:根据待测阴离子种类和各种阴离子的检测灵敏度,准确量取适量所需阴离子标准储备液,用水稀释定容,制备成低 mg/L 级(如:10.0 mg/L 氟离子,1.0 mg/L 溴酸根)混合标准溶液,储于聚丙烯或高密度聚乙烯瓶中,置于 4℃冰箱中存放。

F.7.1.2 标准工作溶液的配制:准备一个空白,至少三个质量浓度水平含待测阴离子的标准工作溶液,标准工作溶液应当天配制,标准工作溶液的质量浓度范围包括被测样品中阴离子质量浓度。通常以配制标准溶液所用的水为空白,标准溶液中各阴离子质量浓度分别为 50 μg/L,100 μg/L,200 μg/L 或更高。

F.7.2 样品处理

称取 5 g(准确至 0.001 g)过 180 μm 筛且有代表性的固体废物于 250 mL 烧杯中,加入 80 mL 水,超声提取 30 min,然后将其全部转移到 100 mL 容量瓶中,用水定容。摇匀后,取部分溶液于 3 000 r/min速度离心 15 min,取上清液。依次经过 0.22 μm 尼龙滤膜和 OnGuard RP 柱(或 C18 柱)将提取液中的固体颗粒和有机物除去,而后进样分析。如果用于进样的溶液中氯离子质量浓度超过 50 mg/L,则需要过 OnGuard Ⅱ AgH 柱将绝大部分氯离子去除。OnGuard Ⅱ RP 柱(2.5 cc)使用前依次用 10 mL 甲醇、15 mL 水通过,活化 30 min。OnGuard Ⅱ AgH 柱(2.5 cc)用 15 mL 水通过,活化 30 min。

准确量取 50 mL 浸出液,依次经过 0.22 μm 尼龙滤膜和 OnGuard RP 柱(或 C18 柱)将提取液中的固体颗粒和有机物除去,而后进样分析。如果用于进样的溶液中氯离子质量浓度超过 50 mg/L,则需要过 OnGuard Ⅱ AgH 柱将绝大部分氯离子去除。

F.7.3　仪器的准备

F.7.3.1　按照仪器使用说明书调试准备仪器，平衡系统至基线平稳。选择合适的分析柱，抑制器及相应的工作条件，见图 F.1。

F.7.3.2　根据分析柱的性能，待测水样中阴离子含量等因素，选择使用大样品环或浓缩柱进样，确定进样体积。

F.7.4　校正

F.7.4.1　分析阴离子标准工作溶液，记录谱图上的出峰时间，确定各阴离子的保留时间。

F.7.4.2　分析空白，标准工作溶液（已知进样体积），以峰高或峰面积为纵坐标，以离子质量浓度为横坐标，选择合适的回归方式，确定标准工作曲线。

F.7.4.3　如果空白溶液谱图中有与被测离子保留时间相同的可测峰，外推校正曲线至横坐标，在横坐标上的截距代表空白溶液中该阴离子的质量浓度。将空白溶液中所含阴离子质量浓度加入标准工作溶液的质量浓度中，例如：氯离子标准工作溶液质量浓度为 10.0 μg/L，空白离子质量浓度为 0.2 μg/L，则该标准工作溶液质量浓度修正为 10.2 μg/L。以修正后的标准溶液质量浓度对峰高或峰面积重新做标准工作曲线。

F.7.5　样品分析

在与分析标准工作溶液相同的测试条件下，对固体废物提取液以及浸出液进行分析测定，根据被测阴离子的峰高或峰面积由相应的标准工作曲线确定各阴离子质量浓度。

F.8　结果计算

固体废物中阴离子质量比按下式计算：

$$w=\frac{(\rho-\rho_0)\times V\times f}{m\times 1\ 000}$$

式中：w——试样中阴离子的质量比，mg/kg；

ρ——测定用试样液中的阴离子质量浓度（由回归方程计算出），mg/L；

ρ_0——试剂空白液中阴离子的质量浓度（由回归方程计算出），mg/L；

V——试样溶液体积，mL；

f——试样液稀释倍数；

m——试样的质量，g。

计算结果表示到小数点后两位。

附 录 G
（资料性附录）
固体废物 氰根离子和硫离子的测定 离子色谱法
Solid Wastes—Determination of Cyanide and Sulfide—Ion Chromatography

G.1 范围

本方法适用于固体废物中氰根离子和硫离子的离子色谱法测定。

本方法对氰根离子和硫离子的检出限为 0.1 μg/L。

G.2 术语与定义

下列定义适用于本方法。

G.2.1 离子色谱：一种液相色谱，通过离子交换分离离子组分，然后用适当的检测方法检测。

G.2.2 分析柱：在保护柱后连接一支或多支分离柱组成一系列用以分离待测离子的分析系统。系列中所有柱子对分析柱的总容量均有贡献。

G.2.3 保护柱：置于分离柱之前的柱子，用于保护分离柱免收颗粒物或不可逆保留物等杂质的污染。

G.2.4 分离柱：根据待测离子保留特性，在检测前将被检测离子分离的交换柱。

G.2.5 淋洗液：离子流动相，样品通过交换柱的载体。

G.3 原理

氰根离子和硫离子在实际样品中一般以络合态存在。加入浓硫酸后，络合的氰根和硫离子会被释放出来，与氢离子结合生成氰化氢和硫化氢。而后两者被强碱性溶液吸收，成为氰化钠和硫化钠。氰化钠和硫化钠进入色谱柱后，和其他阴离子随淋洗液进入阴离子交换分析柱中（由保护柱和分离柱组成），根据分析柱对不同离子的亲和力不同进行分离，具有电化学活性的氰根离子和硫离子被检测，以相对保留时间定性，以峰面积或峰高定量。

G.4 试剂和材料

除另有说明外，本方法中所用的试剂均为符合国家标准的优级纯试剂；实验用水的电导率应接近 0.057 μS/cm(25℃)并经过 0.22 μm 微孔膜过滤的水。

G.4.1 淋洗液：根据所用分析柱，选择适合的淋洗液。

G.4.1.1 50%(质量分数)NaOH 浓淋洗液；商品化溶液。

G.4.1.2 100 mmol/L NaOH/250 mmol/L NaOAc 淋洗液：溶解 20.5 g AAA-Direct Certified 无水醋酸钠至 995 mL 水中，用 0.2 μm Nylon 过滤器过滤。而后加入 5.24 mL 50% NaOH 于 995 mL 醋酸钠溶液中，该溶液配制完毕立即放在 27.6～34.5 kPa(4～5 lb/in²)氮气条件下保存，以防止碳酸盐污染。

G.4.2 氰根离子标准储备液(10 000 mg/L)：称取 0.188 5 g 氰化钠(优级纯，干燥器中干燥 24 h)溶于 10 g 250 mmol/L NaOH 溶液中，贮于高密度聚乙烯瓶中，4℃冷藏存放。

G.4.3 硫离子标准储备液(10 000 mg/L)：称取 0.300 1 g 硫化钠(优级纯，干燥器中干燥 24 h)溶于 10 g 250 mmol/L NaOH 溶液中，贮于高密度聚乙烯瓶中，4℃冷藏存放。

G.5 仪器

G.5.1 离子色谱仪

离子色谱仪由下列部件组成：

G.5.1.1 淋洗液泵,泵接触水的部件应为非金属材料,这样不会对分析柱造成金属污染。

G.5.1.2 分析柱,能辨认氰根离子和硫离子,并能将氰根离子与硫离子分离。

G.5.1.3 安培检测器,银工作电极,Ag/AgCl参比电极,三电位脉冲安培检测。

G.5.1.4 数据处理系统,色谱工作站,用于数据的记录、处理和存储等。

G.5.2 特殊器皿

G.5.2.1 容量瓶,聚丙烯材质。

G.5.2.2 烧杯,聚丙烯材质。

G.5.2.3 样品瓶,聚丙烯或高密度聚乙烯材质。

G.5.2.4 尼龙滤膜,0.2 μm。

G.5.2.5 0.2 μm 尼龙滤器。

G.6 样品的采集、保存和预处理

G.6.1 用聚丙烯或高密度聚乙烯瓶取样,盖上盖子。不要使用玻璃瓶取样,否则易导致离子污染。

G.6.2 固体废物样品4℃冷藏保存并于1个月内进行分析。

G.7 分析步骤

G.7.1 标准工作溶液

G.7.1.1 中间标准溶液的配制:根据氰根离子/硫离子的检测灵敏度,准确量取适量所需标准储备液,用250 mmol/L NaOH溶液稀释定容,贮于聚丙烯或高密度聚乙烯瓶中,置于4℃冰箱中存放。

G.7.1.2 标准工作溶液的配制:准备一个空白,至少三个质量浓度水平氰根离子/硫离子的标准工作溶液,标准工作溶液应当天用250 mmol/L NaOH溶液配制,标准工作溶液的质量浓度范围包括被测样品中离子质量浓度。通常以配制标准溶液所用的250 mmol/L NaOH溶液为空白,标准溶液中离子质量浓度分别为5 μg/L,10 μg/L,20 μg/L或更高。

G.7.2 样品处理

称取5 g(准确至0.001 g)过180 μm筛且有代表性的固体废物于250 mL烧杯中,加入80 mL水,超声提取30 min。然后将其全部转移到100 mL容量瓶中,用水定容。摇匀后,取部分溶液于3 000 r/min速度离心15 min,取上清液。上清液中加入浓硫酸,用蒸馏器进行蒸馏,而后用1 mol/L NaOH浓碱液吸收。测定溶于水部分的含量。

称取5 g(准确至0.001 g)过180 μm筛且有代表性的固体废物试样于250 mL烧瓶中,加入浓硫酸,用蒸馏器进行蒸馏,而后用1 mol/L NaOH浓碱液吸收。测定固体废物中氰根离子/硫离子的总含量。

准确量取10 mL浸出液,加入浓硫酸,用蒸馏器进行蒸馏,而后用1 mol/L NaOH浓碱液吸收。

G.7.3 仪器的准备

G.7.3.1 按照仪器使用说明书调试准备仪器,平衡系统至基线平稳。选择合适的分析柱,抑制器及相应的工作条件,见图G.1。

G.7.3.2 根据分析柱的性能,待测水样中氰酸根离子/硫离子含量等因素,确定进样体积。

G.7.4 校正

G.7.4.1 分析氰根离子/硫离子标准工作溶液,记录图谱上的出峰时间,确定保留时间。

G.7.4.2 分析空白,标准工作溶液(已知进样体积),以峰高或峰面积为纵坐标,以离子质量浓度为横坐标,选择合适的回归方式,确定标准工作曲线。

G.7.4.3 如果空白溶液谱图中有与氰根离子/硫离子保留时间相同的可测峰,外推校正曲线至横坐标,在横坐标上的截距代表空白溶液中该离子的质量浓度。将空白溶液中所含离子质量浓度加入标准工作溶液的质量浓度中,例如:氰根离子标准工作溶液质量浓度为10.0 μg/L,空白离子质量浓度为

0.2 μg/L,则该标准工作溶液质量浓度修正为 10.2 μg/L。以修正后的标准溶液质量浓度对峰高或峰面积重新做标准工作曲线。

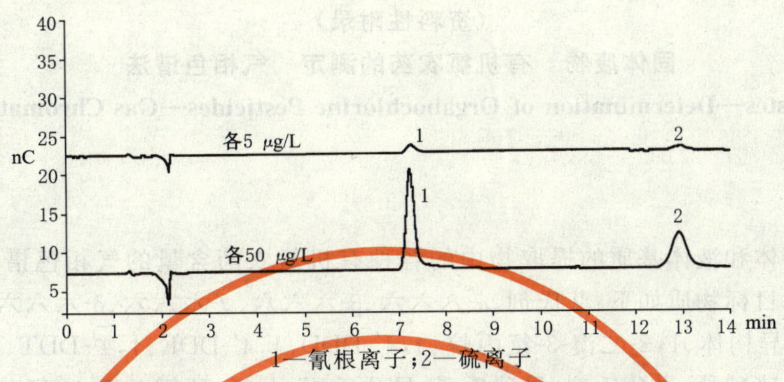

图 G.1 氰根离子和硫离子分离色谱图

色谱工作条件:

分析柱:IonPac AS7 型分离柱(2 mm×250 mm)和 IonPac AG7 型保护柱(2 mm×50 mm)。

淋洗液:100 mmol/L NaOH/250 mmol/L NaOAc 淋洗液等度淋洗,流速为 0.25 mL/min。

检测器:安培检测器,银工作电极(氧化电位为−0.1 V),Ag/AgCl 参比电极,三电位脉冲安培检测。

柱箱温度:30℃。

进样体积:25 μL。

G.7.5 样品分析

在与分析标准工作溶液相同的测试条件下,对固体废物提取液进行分析测定,根据氰根离子和硫离子的峰高或峰面积由相应的标准工作曲线确定氰酸根离子和硫离子质量浓度。

G.8 结果计算

固体废物中氰根离子/硫离子质量比按下式计算:

$$w=\frac{(\rho-\rho_0)\times V\times f}{m\times 1\ 000}$$

式中:w——试样中氰根离子/硫离子的质量比,mg/kg;

ρ——测定用试样液中的氰根离子/硫离子质量浓度(由回归方程计算出),mg/L;

ρ_0——试剂空白液中氰根离子/硫离子的质量浓度(由回归方程计算出),mg/L;

V——试样溶液体积,mL;

f——试样液稀释倍数;

m——试样的质量,g。

计算结果表示到小数点后两位。

附 录 H
（资料性附录）
固体废物 有机氯农药的测定 气相色谱法
Solid Wastes—Determination of Organochlorine Pesticides—Gas Chromatography

H.1 范围

本方法规定了固体和液体基质的提取物中的各种有机氯农药含量的气相色谱（电子捕获检测器）法。适用于此方法的目标物质如下：艾氏剂、α-六六六、β-六六六、γ-六六六、δ-六六六、乙酯杀螨醇、α-氯丹、γ-氯丹、氯丹其他异构体、1,2-二溴-3-氯丙烷、4,4′-DDD、4,4′-DDE、4,4′-DDT、二氯烯丹、狄氏剂、硫丹Ⅰ、硫丹Ⅱ、硫丹硫酸盐、异狄氏剂、异狄氏醛、异狄氏酮、七氯、环氧七氯、六氯苯、六氯环戊二烯、异艾氏剂、甲氧氯、毒杀芬。

本方法还可以测定下列物质：甲草胺、敌菌丹、地茂散、丙酯杀螨醇、百菌清、氯酞酸二甲酯、二氯萘醌、大克螨、氯唑灵、多氯代萘-1000、多氯代萘-1001、多氯代萘-1013、多氯代萘-1014、多氯代萘-1051、多氯代萘-1099、灭蚁灵、除草醚、五氯硝基苯、氯菊酯、乙滴涕、毒草胺、氯化松节油、反-九氯、氟乐灵。

H.2 引用标准

下列文件中的条款通过在本方法中被引用而成为本方法的条款，与本方法同效。凡是不注日期的引用文件，其最新版本适用于本方法。

GB/T 6682 分析实验室用水规格和实验方法

H.3 原理

对不同的基质采用适合的提取技术，取一定体积或者质量的样品（对于液体大约为1 L，对于固体为2～30 g），然后采用相应的净化技术，净化后的样品使用具有电子捕获检测器（ECD）或者电解电导率检测器（ELCD）的石英毛细柱气相色谱测定，每次进样1 μL。

H.4 试剂和材料

H.4.1 除另有说明外，本方法中所用的水为GB/T 6682规定的一级水。

H.4.2 正己烷，色谱纯。

H.4.3 乙醚，色谱纯。

H.4.4 二氯甲烷，色谱纯。

H.4.5 丙酮，色谱纯。

H.4.6 乙酸乙酯，色谱纯。

H.4.7 异辛烷，色谱纯。

H.4.8 甲苯，色谱纯。

H.4.9 标准储备溶液：准确称取0.010 0 g纯的物质配制标准储备溶液。将该样品用异辛烷或者正己烷溶解在10 mL的容量瓶中，定容到刻度。B-六氯环己烷、狄氏剂和其他一些化合物在异辛烷中溶解度不好，可以在溶剂加入少量的丙酮或者甲苯。

H.4.10 混合标储备溶液：可以用各个标准品的储备溶液配制或者购买经过标定的溶液。

H.4.11 内标（可选）：

对单柱系统，当五氯硝基苯不被认为是样品中的目标成分时，可以用作内标。邻硝基溴苯也可以用作内标。将其中任何一种配制成5 000 mg/L的溶液，在每1 mL的样品提取物中添加10 μL。

对双柱系统，邻硝基溴苯配制成5 000 mg/L的溶液，在每1 mL的样品提取物中添加10 μL。

H.5 仪器

H.5.1 气相色谱仪：配有电子捕获检测器。

H.5.2 容量瓶：10 mL和25 mL，用于配制标准样品。

H.6 样品的采集、保存和预处理

H.6.1 固体基质：250 mL宽口玻璃瓶，有螺纹的Teflon盖子，冷却至4℃保存。

液体基质：4个1 L的琥珀色玻璃瓶，有螺纹的Teflon的盖子，在样品中加入0.75 mL 10%的$NaHSO_4$，冷却至4℃保存。

H.6.2 提取物必须保存于4℃，并于提取40 d内进行分析。

H.7 分析步骤

H.7.1 提取

采用二氯甲烷在pH为中性的条件下提取液体样品，可选用附录U，或者其他合适的技术。固体样品用正己烷-丙酮(1∶1)或者二氯甲烷-丙酮(1∶1)提取，可选用附录V(索氏提取法)或者其他合适的提取技术样品处理。

注意：使用正己烷-丙酮(1∶1)提取较之二氯甲烷-丙酮(1∶1)提取可以减少干扰物的提取量，从而获得较好的信噪比。

一般用基质加标样品测试方法的性能，每一种状态的样品均应当测试目标化合物的回收率和检测限。

H.7.2 净化

样品净化不是必须的，但是对大多数环境和废物样品均应净化。附录W(硅酸镁柱净化法)可除去脂肪烃、芳香烃和含氮物质。

H.7.3 气相色谱条件(推荐)

可以使用单柱或者连接到同一进样口的双柱系统。使用单柱系统时，需进行二次分析以确认分析结果；或者使用GC/MS方法进行进一步确认。

H.7.3.1 单柱系统色谱柱：

H.7.3.1.1 小口径色谱柱(应使用两根柱确认化合物，除非采用另外一种确认技术，如GC/MS)：

DB-5(30 m×0.25 m或0.32 mm×1 μm)石英毛细管柱或同类产品者。

DB-608或SPB-608(30 m×0.25 mm×1 μm)石英毛细管柱或同类产品者。

H.7.3.1.2 大口径色谱柱(应从下列中挑选两根柱确认化合物，除非采用另外一种确认技术，如GC/MS)。

DB-608或SPB-608(30 m×0.53 mm×0.5 μm或0.83 μm)石英毛细管柱或同类产品者。

DB-1701(30 m×0.53 mm×1 μm)石英毛细管柱或同类产品者。

DB-5或SPB-5或RTx-5(30 m×0.25 mm×1.5 μm)石英毛细管柱或同类产品者。

如果要求更高的色谱分离度，建议使用小口径柱。小口径柱适合相对比较干净的样品或者已经用本方法建议的净化方法净化了一次或以上的样品。大口径柱(0.53 mm ID)适合更加适合基体比较复杂的环境或者废物样品。

H.7.3.1.3 表H.1大口径柱分析土壤和水样基质中目标化合物的平均的保留时间与方法检测限(MDL)；表H.2列出了使用小口径柱分析土壤和水样基质中目标化合物的平均保留时间与方法检测限。但在实际分析中MDL和基质中的干扰有关，因此有可能与表H.1、H.2中的数据有所差异。

H.7.3.1.4 用单柱系统时的色谱条件。

H.7.3.2 双柱系统色谱柱(从下列色谱柱对中挑选其一):

H.7.3.2.1 A:DB-5,SPB-5,RTx-5(30 m×0.25 mm×1.5 μm)石英毛细管柱或同类产品者。

B:DB-1701(30 m×0.53 mm×1 μm)石英毛细管柱。

H.7.3.2.2 A:DB-5,SPB-5,RTx-5(30 m×0.25 mm×0.83 μm)石英毛细管柱或同类产品者。

B:DB-1701(30 m×0.53 mm×1 μm)石英毛细管柱或同类产品者。

H.7.3.2.3 保留时间和与之相对的色谱条件分别见表 H.6 和表 H.7。

H.7.3.2.4 如毒杀芬或氯化松节油这样的多组分混合物应按照表 H.7 的色谱条件单个的测定。

H.7.3.2.5 有机氯农药的保留时间见表 H.6。

H.7.3.2.6 对液膜更厚的 DB-5/DB-1701 双柱,色谱条件见表 H.8。这样的色谱柱适用于检测多组分混合物的有机氯农药。

H.7.3.2.7 对液膜更薄的 DB-5/DB-1701 双柱,使用不同的分流器,和较慢的程序升温速率的条件也见表 H.7。保留时间见表 H.6。在这个条件下大克螨和除草醚的峰形更好。

H.7.4 样品提取物的气相色谱分析

H.7.4.1 必须使用建立工作曲线的方法测定样品。

H.7.4.2 确认样品中各个组分的保留时间均应当落在方法的保留时间窗口中。

H.7.4.3 进样 2 μL,记录进样量到最接近的 0.05 μL 记录峰面积。

H.7.4.4 解谱,将保留时间窗口内的峰尝试性地鉴定为目标化合物。尝试性的鉴定须通过另一根不同固定相的色谱柱,或者另一种不同分析方法,如 GC/MS 确认。

H.7.4.5 每个样品的分析应在相同的条件下进行:在可接受的初始校准的基础上,每 12 h 进行校准标样的分析,或者将校准标样穿插在样品序列中进行分析。

H.7.4.6 校准样品进样后,就可以进样实际样品,最多每隔 20 个样品进样校准标准液(建议每隔 10 个样品进样,以减小因超过质量控制标准以需要重新进样的数量)。分析序列应在样品全部做完,或者质量控制样品不满足质量控制标准时中止。

H.7.4.7 当信噪比不足 2.5 倍时,定量结果的有效性难以保证。分析人员应参考样品的来源以确认是否需要继续浓缩样品。

H.7.4.8 GC 系统定性表现的确认:用标准工作曲线样品建立保留时间窗口。

H.7.4.9 对毒杀芬或者氯化松节油这样的多组分混合物的鉴定是通过和标准品的一系列指纹色谱峰的峰形和保留时间对照进行的。其定量基于样品中峰形和保留时间与标准品一致的特征峰的峰面积,通过外标法或者内标法进行。

H.7.4.10 如果样品的定性定量因为干扰(宽峰,基线隆起或基线不稳)无法进行,可能需要净化样品或者清理色谱柱或者检测器。可以在另一台仪器上平行测定以确认问题归属于样品或者仪器。净化过程见附录 W。

H.7.5 多组分混合物质(毒杀芬、氯化松节油、氯丹、六氯环己烷和 DDT)的定量

H.7.5.1 毒杀芬和氯化松节油:毒杀芬是莰烯的氯化产物,氯化松节油是莰烯和蒎烯的氯化产物。对这类化合物的定量时:

H.7.5.1.1 调整样品体积使毒杀芬的主峰高度为 10%~70%的满标偏转(FSD)。

H.7.5.1.2 进一个毒杀芬标准品样,其进样量应为实际样品中含量估计值±10 ng。

H.7.5.1.3 使用包含 4~6 个峰的一组毒杀芬的色谱峰进行定量。

H.7.5.2 对氯丹的定量方法往往和结果数据的用途,以及分析人员对这类化合物的解谱能力有关。下述三种方式:以氯丹原料药计,以总氯丹计和以单个的氯丹组分计。

H.7.5.2.1 如果气相色谱显示的峰的模式类似于氯丹原料药,可以使用 3~5 个最高峰或者全部峰面积定量。

H.7.5.2.2 氯丹残余物的气相色谱的峰模式可能不同于氯丹原料药的标准品,因此很难建立起和标准品谱图的对应关系。用和样品出峰大小类似的标准品进样，用总面积和进样量计算校准因子，结果可以用总氯丹的形式给出。

H.7.5.2.3 第三种方式是用对应标准品分别定量样品中的反-氯丹、顺-氯丹和七氯的含量，给出的结果是每个单独化合物的含量。

H.7.5.3 六氯环己烷：六氯环己烷原料药是具有特殊气味的黄白色无定型固体，一般由六种异构体和部分七氯和八氯代环己烷组成。样品之间的峰形态可能不同，使用其中四个异构体(α-、β-、γ-、δ-)分别定量。

H.7.5.4 DDT：样品应分别使用 4,4′-DDE、4,4′-DDD 和 4,4′-DDT 标准品计算校准因子并定量。

H.7.6 如果不存在检测限的问题，可以用 GC/MS 方式对单柱或者双柱系统的分析进行确认

H.7.6.1 全扫描模式(full scan)要求大约 10 ng/μL 的样品质量浓度，而选择离子监测(SIM)或者使用离子阱质谱，需要的质量浓度约为 1 ng/μL。

H.7.6.2 GC/MS 用于定量时需使用标准品预先制作工作曲线。

H.7.6.3 样品中质量浓度低于 1 ng/μL 的目标化合物不能用 GC/MS 方式确认。

H.7.6.4 GC/MS 确认时，必须使用和 GC/ECD 同一个样品和同一个空白。

H.7.6.5 如果替代物和内标不被干扰，而且目标物质在提取条件下稳定，可以使用酸性/中性/碱性的提取物和相应的空白用于分析。但是若在酸性/中性/碱性的提取物的分析中没有检测到目标物质，则必须重新分析未经划分的农药提取物。

H.7.6.6 质量控制样品必须也一并进行 GC/MS 分析，而且必须得到和 GC/ECD 相同的定量结果。

H.8 计算

使用外标法质量浓度计算方式如下：

H.8.1 对溶液样品，其质量浓度为

$$\rho(\mu g/L)=\frac{A_x V_t D}{\overline{CF} V_i V_s}$$

式中：ρ——质量浓度(μg/L)；

A_x——样品中目标物质峰面积(或者峰高)；

V_t——样品浓缩物的总体积，μL；

D——稀释因子，分析前样品或者提取物的稀释倍数，未稀释则为 1，无量纲量；

$\overline{CF}$——平均校准因子，即每纳克目标物质的峰面积(或峰高)；

V_i——进样体积，μL；

V_s——被提取的水样体积，mL。

H.8.2 对非水溶液的废物样品，其质量比为

$$w=\frac{A_x V_t D}{\overline{CF} V_i m_s}$$

式中：w——质量比，μg/kg；

m_s——被提取的样品质量，g；

A_x、V_t、D、$\overline{CF}$、V_i 均与 H.8.1 中一致。

表 H.1 使用单柱系统大口径柱分析有机氯农药的保留时间

化合物		保留时间/min	
		DB 608	DB 1701
艾氏剂	Aldrin	11.84	12.50
α-六氯环己烷	α-BHC	8.14	9.46

表 H.1(续)

化合物		保留时间/min	
		DB 608	DB 1701
β-六氯环己烷	β-BHC	9.86	13.58
δ-六氯环己烷	δ-BHC	11.20	14.39
γ-六氯环己烷	γ-BHC(Lindane)	9.52	10.84
α-氯丹	α-Chlordane	15.24	16.48
γ-氯丹	γ-Chlordane	14.63	16.20
4,4′-DDD	4,4′-DDD	18.43	19.56
4,4′-DDE	4,4′-DDE	16.34	16.76
4,4′-DDT	4,4′-DDT	19.48	20.10
狄氏剂	Dieldrin	16.41	17.32
硫丹Ⅰ	Endosulfan Ⅰ	15.25	15.96
硫丹Ⅱ	Endosulfan Ⅱ	18.45	19.72
硫丹硫酸盐	Endosulfan Sulfate	20.21	22.36
异艾氏剂	Endrin	17.80	18.06
异艾氏醛	Endrin aldehyde	19.72	21.18
七氯	Heptachlor	10.66	11.56
环氧七氯	Heptachlor epoxide	13.97	15.03
甲氧氯	Methoxychlor	22.80	22.34
毒杀芬	Toxaphene	MR	MR

注：MR:存在多个组分。

GC 条件见表 2。

表 H.2 使用单柱系统,大口径柱分析有机氯农药的色谱条件

柱 1-DB-608,SPB-608,RTx-35(30 m×0.53 mm×0.5 μm 或 0.83 μm)石英毛细管柱或同类产品	
柱 2-DB-1701,(30 m×0.53 mm×1 μm)石英毛细管柱或同类产品	
柱 1 和柱 2 使用相同条件	
载气	氦气
载气流量	5～7 mL/min
尾吹气	氩气/甲烷(P-5 或 P-10)或氮气
尾吹气流量	30 mL/min
进样口温度	250℃
检测器温度	290℃
色谱柱温度	150℃保持 0.5 min,然后以 5℃/min 程序升温至 270℃保持 10 min
柱 3-DB-5(330 m×0.53 mm×1.5 μm)石英毛细管柱或同类产品	
载气	氦气
载气流量	6 mL/min
尾吹气	氩气/甲烷(P-5 或 P-10)或氮气

表 H.2(续)

尾吹气流量	30 mL/min
进样口温度	205℃
检测器温度	290℃
色谱柱温度	140℃保持 2 min,然后以 10℃/min 程序升温至 240℃保持 5 min,再以 5℃/min 到 265℃,保持 18 min

表 H.3 使用单柱系统小口径柱分析有机氯农药的保留时间

化合物		保留时间/min	
		DB 608	DB 5_{aa}
艾氏剂	Aldrin	14.51	14.70
α-六氯环己烷	α-BHC	11.43	10.94
β-六氯环己烷	β-BHC	12.59	11.51
δ-六氯环己烷	δ-BHC	13.69	12.20
γ-六氯环己烷	γ-BHC(Lindane)	12.46	11.71
α-氯丹	α-Chlordane	NA	NA
γ-氯丹	γ-Chlordane	17.34	17.02
4,4′-DDD	4,4′-DDD	21.67	20.11
4,4′-DDE	4,4′-DDE	19.09	18.30
4,4′-DDT	4,4′-DDT	23.13	21.84
狄氏剂	Dieldrin	19.67	18.74
硫丹Ⅰ	Endosulfan Ⅰ	18.27	17.62
硫丹Ⅱ	Endosulfan Ⅱ	22.17	20.11
硫丹硫酸盐	Endosulfan sulfate	24.45	21.84
异艾氏剂	Endrin	21.37	19.73
异艾氏醛	Endrin aldehyde	23.78	20.85
七氯	Heptachlor	13.41	13.59
环氧七氯	Heptachlor epoxide	16.62	16.05
甲氧氯	Methoxychlor	28.65	24.43
毒杀芬	Toxaphene	MR	MR

注:MR:存在多个组分。
GC 条件见附录 4。

表 H.4 使用单柱系统,小口径柱分析有机氯农药的色谱条件

柱 1-DB-5(30 m×0.25 mm 或 0.32 mm×1 μm)石英毛细管柱或同类产品	
载气	氦气
载气压力	110.3 kPa(16 lb/in²)
进样口温度	225℃
检测器温度	300℃
色谱柱温度	100℃保持 2 min,然后以 15℃/min 程序升温至 160℃,再以 5℃/min 升温至 270℃

表 H.4(续)

柱 2-DB-608,SPB-608(30 m×0.25 mm×1 μm)石英毛细管柱或同类产品	
载气	氮气
载气压力	137.9 kPa(20 lb/in²)
进样口温度	225℃
检测器温度	300℃
色谱柱温度	160℃保持 2 min,然后以 5℃/min 程序升温至 290℃保持 1 min

表 H.5 对不同样品定量限估计值(EQL)的比例因子

基　　质	比例因子
地下水	10
超声提取,凝胶渗透净化的低浓度土壤样品	670
超声提取,高浓度土壤或淤泥样品	10 000
非水性混合废物	100 000

注:可以通过由试剂水为基质的标准添加样品测得的方法检测限(MDL)用下述公式得到实际样品的定量限估计值(EQL)。

定量限估计值(EQL)=方法检测限(MDL)×比例因子

对非溶液样品以湿重计。

EQL 和基质性质非常相关,因此本表只能作为一个比例因子的说明,实际样品有可能和预期不符。

表 H.6 使用双柱系统分析有机氯农药的保留时间

化合物		保留时间/min	
		DB-5	DB-1701
1,2-二溴-3-氯丙烷	DBCP	2.14	2.84
六氯环戊二烯	Hexachlorocyclopentadiene	4.49	4.88
氯唑灵	Etridiazole	6.38	8.42
地茂散	Chloroneb	7.46	10.60
六氯苯	Hexachlorobenzene	12.79	14.58
二氯烯丹	Diallate	12.35	15.07
毒草胺	Propachlor	9.96	15.43
氟乐灵	Trifluralin	11.87	16.26
α-六氯环己烷	α-BHC	12.35	17.42
五氯硝基苯	PCNB	14.47	18.20
γ-六氯环己烷(林丹)	γ-BHC(Lindane)	14.14	20.00
七氯	Heptachlor	18.34	21.16
艾氏剂	Aldrin	20.37	22.78
甲草胺	Alachlor	18.58	24.18
百菌清	Chlorothalonil	15.81	24.42
β-六氯环己烷	β-BHC	13.80	25.04

表 H.6(续)

化合物		保留时间/min	
		DB-5	DB-1701
异艾氏剂	Isodrin	22.08	25.29
氯酞酸二甲酯	DCPA	21.38	26.11
δ-六氯环己烷	δ-BHC	15.49	26.37
环氧七氯	Heptachlor epoxide	22.83	27.31
硫丹Ⅰ	Endosulfan-Ⅰ	25.00	28.88
γ-氯丹	γ-Chlordane	24.29	29.32
α-氯丹	α-Chlordane	25.25	29.82
反-九氯	*trans*-Nonachlor	25.58	30.01
	4,4′-DDE	26.80	30.40
狄氏剂	Dieldrin	26.60	31.20
乙滴涕	Perthane	28.45	32.18
异艾氏剂	Endrin	27.86	32.44
丙酯杀螨醇	Chloropropylate	28.92	34.14
乙酯杀螨醇	Chlorobenzilate	28.92	34.42
除草醚	Nitrofen	27.86	34.42
	4,4′-DDD	29.32	35.32
硫丹Ⅱ	Endosulfan Ⅱ	28.45	35.51
	4,4′-DDT	31.62	36.30
异艾氏醛	Endrin aldehyde	29.63	38.08
灭蚁灵	Mirex	37.15	38.79
硫丹硫酸盐	Endosulfan sulfate	31.62	40.05
甲氧氯	Methoxychlor	35.33	40.31
敌菌丹	Captafol	32.65	41.42
异艾氏酮	Endrin ketone	33.79	42.26
氯菊酯	Permethrin	41.50	45.81
开蓬	Kepone	31.10	ND
大克螨	Dicofol	35.33	ND
二氯萘醌	Dichlone	15.17	ND
α,α′-二溴间二甲苯	α,α′-Dibromo-m-xylene	9.17	11.51
2-溴代联苯	2-Bromobiphenyl	8.54	12.49

表 H.7 低分离温度，薄液膜的双柱分析系统分析有机氯农药色谱条件

柱 1	DB-1701(30 m×0.53 mm×1.0 μm)或同类产品
柱 2	DB-5(30 m×0.53 mm×0.83 μm)或同类产品
载气	氦气
载气流量	6 mL/min
尾吹气	氮气
尾吹气流量	20 mL/min
进样口温度	250℃
检测器温度	320℃
色谱柱温度	140℃保持 2 min，然后以 2.8℃/min 升温到 270℃，保持 1 min

表 H.8 高分离温度，厚液膜的双柱分析系统分析有机氯农药色谱条件

柱 1	DB -1701(30 m×0.53 mm×1.0 μm)或同类产品
柱 2	DB -5(30 m×0.53 mm×1.5 m)或同类产品
载气	氦气
载气流量	6 mL/min
尾吹气	氮气
尾吹气流量	20 mL/min
进样口温度	250℃
检测器温度	320℃
色谱柱温度	150℃保持 0.5 min，然后以 12℃/min 升温至 190℃保持 2 min，再以 4℃/min 升温至 275℃，保持 10 min

附 录 I
（资料性附录）
固体废物　有机磷化合物的测定　气相色谱法
Solid Wastes—Determination of Organophosphorus Compounds—Gas Chromatography

I.1 范围

本方法适用于固体废物中有机磷化合物的气相色谱法测定。采用火焰光度检测器(FPD)或氮-磷检测器(NPD)的毛细管GC可以检测出以下化合物:丙硫特普、甲基谷硫磷、乙基谷硫磷、硫丙磷、三硫磷、毒虫畏、毒死蜱、甲基毒死蜱、蝇毒磷、巴毒磷、内吸磷、S-内吸磷、二嗪农、除线磷、敌敌畏、百治磷、乐果、敌杀磷、乙拌磷、苯硫磷、乙硫磷、灭克磷、伐灭磷、杀螟硫磷、丰索磷、大福松、倍硫磷、对溴磷、马拉硫磷、脱叶亚磷、速灭磷、久效磷、二溴磷、乙基对硫磷、甲基对硫磷、甲拌磷、亚胺硫磷、磷胺、皮蝇磷、乐本松、硫特普、特普、地虫磷、硫磷嗪、丙硫磷、三氯磷酸酯、壤虫磷、六甲基磷酰胺、三邻甲苯磷酸酯、阿特拉津、西玛津。

以水和土壤为基质,15-m柱检测分析物质的方法检出限(MDLs)为:0.04～0.8 μg/L(水),2.0～40.0 mg/kg(土壤)。30-m MDLs和EQLs与15-m柱得到类似结果。

15-m柱体系对于检测乙基-谷硫磷、乙硫磷、亚胺硫磷、特丁磷、伐灭磷、磷胺、毒虫畏、六甲基磷酸三胺、地虫磷、敌杀磷、对溴磷、TOCP等化合物并不完全有效。使用这个体系,在检测这些或其他的分析物之前,必须确认所有分析物的色谱分辨率:回收率高于70%,精密度不小于RSD的15%。

I.2 原理

经过适当的样品制备技术处理样品,用火焰光度检测器或氮-磷检测器的气相色谱进行多残留程序分析。在酸性和碱性条件下,有机磷酯和硫酯发生水解反应。本方法不适合检测酸或碱分离处理的样品。由于超声提取过程可能破坏分析物质,本方法不适用检测这种方法处理的样品。

I.3 试剂和材料

I.3.1 异辛烷:色谱纯。

I.3.2 正已烷:色谱纯。

I.3.3 丙酮:色谱纯。

I.3.4 四氢呋喃:色谱纯(唯一标准物三嗪)。

I.3.5 甲基-4-丁基醚:色谱纯(唯一标准物三嗪)。

I.3.6 标准储备溶液:用纯标准物配制或直接买经过标定的标液。

纯化合物质量精确到0.010 0 g。用一定比例的丙酮和正已烷混合液将其溶解并于10 mL容量瓶稀释定容。西玛津和阿特拉津在正已烷中的溶解度低,如果需要西玛津和阿特拉津的标准液,可以将阿特拉津溶解在甲基-4-丁基醚中,而西玛津可以溶解在丙酮/甲基-4-丁基醚/四氢呋喃(1∶3∶1)的混合溶液里。

I.3.7 混合标准储液:可以用单组分储液配制而成。每种分析物及其氧化产物必须能溶于色谱体系。对于少于25种组分的混合标准储液,分别精确吸取1 000 mg/L的各单组分储液1 mL,加入溶剂,在25 mL的容量瓶混合定容。

注意:在暗处4℃密封的聚四氟乙烯的容器里储存的标准溶液应该每两个月更换一次或在程序QC出现问题时及时更换。对于很容易水解的化学品包括焦磷酸四乙酯、甲基硝基硫磷酯和脱叶亚磷,应该每30天进行检查是否还能使用。

I.3.8 配制至少5种不同质量浓度的校准标准溶液，可以采用异辛烷或正己烷稀释标准贮液。其质量浓度应当与实际样品质量浓度范围相一致，并在检测器检测范围内呈现线性。有机磷校准标准溶液每一到2个月应该更换一次，或在样品检测或历史数据出现问题时及时更换。实验室希望配制适用于上述易水解标准物的校准标准溶液。

I.3.9 内标：使用分析性好的样品作为内标。内标的使用很复杂，往往受到一些有机磷农药共流出以及检测器对不同化学品不同检测响应值的影响。

I.3.9.1 当磷原子上接有硫原子时，有机磷化合物FPD响应值增加。但硫代磷酸盐作为含不同硫原子的有机磷农药内标物并没有得到确认(例如：硫磷酯[P=S]或二硫磷酯[$P=S_2$]作为[PO_4]的内标)。

I.3.9.2 如果使用内标，必须选择一种或更多的与待测化合物分析性质相似的内标。必须进一步证实内标的测定不受所用方法或基质的干扰。

I.3.9.3 当使用15-m柱时，由于分析物质、方法的干扰以及基质的干扰，内标物可能很难完全溶解。必须进一步证实内标物不受所用方法或基质的干扰。

I.3.9.4 下面的NPD内标物可用于30-m柱子：配制1 000 mg/L的1-溴-2硝基苯溶液，稀释到5 mg/L，在每毫升样品和校准标准液中加入10 μL。1-溴-2-硝基苯不适合作为FPD这种小响应值检测器的内标，且没有适用于FPD的内标。

I.4 仪器

I.4.1 气相色谱仪。

I.4.2 检测器。

I.4.2.1 火焰光度检测器(FPD)置于磷检测模式。

I.4.2.2 氮-磷检测器(NPD)置于磷检测模式时选择性低，但可以用于检测三嗪类除草剂。

I.4.2.3 卤素检测器(电解传导器或微库仑检测器)：用于毒死蜱，皮蝇磷，蝇毒磷，丙硫磷，壤虫磷，敌敌畏，苯硫磷，二溴磷和乐本松等化合物的检测。

I.4.2.4 电子捕获检测器：对定量分析不受反相干扰的分析物才能使用ECD检测器进行检测。并且这种检测器的灵敏度能够很好地满足其常规限度。

I.5 样品的采集、保存和预处理

I.5.1 固体基质：250 mL宽口玻璃瓶，有螺纹的Teflon盖子，冷却至4℃保存。

液体基质：4个1 L的琥珀色玻璃瓶，有螺纹的Teflon的盖子，在样品中加入0.75 mL 10%的$NaHSO_4$，冷却至4℃保存。

I.5.2 提取物存放在4℃的冰箱里，并在40 d内进行分析。

I.5.3 酸性或碱性条件下，有机磷酯会发生水解。样品采集后立即用NaOH或H_2SO_4将样品调到pH=5～8，并记录使用的溶液体积。即使存放于4℃并加入一定量的氯化汞防腐剂，大多数地下水中有机磷农药的降解周期仅为14 d，应在采样后7 d内开始样品提取工作。

I.6 分析步骤

I.6.1 提取及净化

I.6.1.1 选择合适的提取过程

一般而言，在pH为中性条件下，用二氯甲烷在分液漏斗进行提取(附录U)。固体样品则采用二氯甲烷/丙酮(1∶1)使用索氏提取法(附录V)。而无水和稀释的有机液体样品可以直接进样分析。

I.6.1.2 该种方法提取及净化过程不适于使用pH＜4或pH＞8的溶液。

I.6.1.3 如果需要使用上述范围的溶液，样品可以采用硅酸镁载体柱净化(附录W)。

I.6.1.4 在进行气相色谱分析前，提取液可换为正己烷。要定量转移提取物使其质量浓度不改变。有机磷酯最好使用二氯甲烷或正已烷/丙酮混合溶剂转移。

I.6.1.5 在使用火焰光度检测器或氮-磷检测器时，可以使用二氯甲烷作为进样溶剂。

I.6.2 气相色谱条件

I.6.2.1 用该法检测有机磷酸酯，建议使用四根 0.53-mm ID 毛细管柱。如果有大量有机磷化合物要分析，推荐使用 30-m 色谱柱 1(DB-210 或同类型柱子)和色谱柱 2(SPB-608 或同类型柱子)。如果前级色谱分辨率不做要求，也可以使用 15-m 柱子，其操作条件列于表 I.8。而 30-m 柱的操作条件则列于表 I.9。

毛细管柱(0.53 mm，0.32 mm，或 0.25 mm ID×15 m 或 30 m，依照所要求的分辨率)0.53 mm ID 柱通常用于大多数环境或废弃物质的分析。双柱、单进样器检测要求柱子等长内径相同。

色谱柱 1：DB-210(15 m 或 30 m×0.53 mm×1.0 μm)毛细管柱，或同类产品；

色谱柱 2：DB-608，SPB-608，RTx-35(15 m 或 30 m×0.53 mm×0.83 μm)毛细管柱，或同类产品；

色谱柱 3：DB-5，SPB-5，RTx-5(15 m 或 30 m×0.53 mm×1.0 μm)毛细管柱，或同类产品；

色谱柱 4：DB-1，SPB-1，RTx-35(15 m 或 30 m×0.53 mm×1.0 μm 或 1.5 μm)毛细管柱，或同类产品。

I.6.2.2 各组色谱柱的保留时间列于表 I.3 和表 I.4。

I.6.3 校准曲线

选择合适的色谱校准曲线方法。采用表 I.8 和表 I.9 为分析选用一组色谱柱设置合适的操作参数。

I.6.4 气相色谱分析

推荐采用 1 μL 自动进样。如果证实分析物定量精密度小于(等于)10%的相对标准偏差，可选大于 2 μL 的手动进样。如果溶剂量控制在一个极小值，可采用溶剂冲洗技术。如果使用了内标校正技术，进样前每毫升样品加入 10 μL 内标。

I.6.5 记录最接近 0.05 μL 进样量的样品体积及对应峰的大小(峰面积或峰高)

使用内标校准法或外标校准法时，对于用于校准的化合物，将色谱图中各个物质峰进行定性和定量。

I.6.5.1 如果色谱峰的检测和鉴定受到干扰，则需要使用火焰光度检测器或对样品做进一步的净化。在采用任何净化操作之前，必须处理一系列的校准标准物并建立洗脱方案，且检测目标化合物的回收率。使用净化程序对试剂空白进行常规处理，必须保证不存在试剂干扰。

I.6.5.2 如果响应超出了体系的线性范围，则稀释提取液并重新进行分析。提取液最好稀释到所有的色谱峰都出现在合适的数值范围内。当色谱峰超出线性范围，峰重叠就不太明显。通过计算机对色谱图谱的再现，如果确保为线性关系，操作直到所有的色谱峰都在合适的数值范围内即可。当峰重叠导致峰面积积分出错时，建议测量色谱峰的峰高。

I.6.5.3 如果色谱峰的响应信号低于基线噪音信号的 2.5 倍，结果的定量分析的有效性就值得怀疑。则需要考虑样品的来源，确定是否应该对样品进一步浓缩。

I.6.5.4 如果出现了部分峰重叠或者共流出峰，需要更换色谱柱或者选用 GC/MS 技术。

表 I.1 以水和土壤为基质使用 15-m 柱火焰光度检测器的方法检出限

化合物	水[a]/(μg/L)	土壤[b]/(μg/kg)
甲基谷硫磷 Azinphos-methyl	0.10	5.0
硫丙磷(硫丙磷)Bolstar(Sulprofos)	0.07	3.5
毒死蜱 Chlorpyrifos	0.07	5.0
蝇毒磷 Coumaphos	0.20	10.0
O-,S-内吸磷 Demeton,-O,-S	0.12	6.0

表 I.1(续)

化合物	水[a]/(μg/L)	土壤[b]/(μg/kg)
二嗪农 Diazinon	0.20	10.0
敌敌畏(DDVP)Dichlorvos(DDVP)	0.80	40.0
乐果 Dimethoate	0.26	13.0
乙拌磷 Disulfoton	0.07	3.5
苯硫磷 EPN	0.04	2.0
灭克磷 Ethoprop	0.20	10.0
丰索磷 Fensulfothion	0.08	4.0
倍硫磷 Fenthion	0.08	5.0
马拉硫磷 Malathion	0.11	5.5
脱叶亚磷 Merphos	0.20	10.0
速灭磷 Mevinphos	0.50	25.0
二溴磷 Naled	0.50	25.0
乙基对硫磷 Parathion,ethyl	0.06	3.0
甲基对硫磷 Parathion,methyl	0.12	6.0
甲拌磷 Phorate	0.04	2.0
皮蝇磷 Ronnel	0.07	3.5
硫特普 Sulfotepp	0.07	3.5
特普 TEPPc	0.80	40.0
杀虫畏 Tetrachlorovinphos	0.80	40.0
丙硫磷 Tokuthion(Protothiofos)[c]	0.07	5.5
壤虫磷 Trichloronatec	0.80	40.0

[a] 采用附录 U 的方法提取样品，即分液漏斗液-液分离法。

[b] 采用附录 V 的方法提取样品，即索氏提取法。

[c] 这些标准物的纯度并不基于 EPA 农药和工业化学品库。

表 I.2 不同基质的数量评估限(EQL[a]s)的测定

基质	影响因子
地下水	10[b]
Soxhlet 和非冲洗的低浓度土壤	10[c]
非水溶性废弃物	1 000[c]

[a] EQL=方法检出限(表 I.1)×影响因子(表 I.2)。对于非水样品，影响因子与湿重有关。样品的 EQLs 与基质密切相关。因此 EQLs 的测定可以作为一种参考，但并不是总能得到 EQLs 值。

[b] 增加表 I.1 中试剂水 MDL 的影响因子的倍数。

[c] 增加表 I.1 中土壤 MDL 的影响因子的倍数。

表 I.3 采用 15-m 柱子分析各物质的保留时间(min)

化　合　物	DB-5	SPB-608	DB-210
特普 TEPP	6.44	5.12	10.66
敌敌畏(DDVP)Dichlorvos(DDVP)	9.63	7.91	12.79
速灭磷 Mevinphos	14.18	12.88	18.44
O-,S-内吸磷 Demeton,-O and-S	18.31	15.90	17.24
灭克磷 Ethoprop	18.62	16.48	18.67
二溴磷 Naled	19.01	17.40	19.35
甲拌磷 Phorate	19.94	17.52	18.19
单氯磷 Monochrotophos	20.04	20.11	31.42
硫特普 Sulfotepp	20.11	18.02	19.58
乐果 Dimethoate	20.64	20.18	27.96
乙拌磷 Disulfoton	23.71	19.96	20.66
二嗪农 Diazinon	24.27	20.02	19.68
脱叶亚磷 Merphos	26.82	21.73	32.44
皮蝇磷 Ronnel	29.23	22.98	23.19
毒死蜱 Chlorpyrifos	31.17	26.88	25.18
马拉硫磷 Malathion	31.72	28.78	32.58
甲基对硫磷 Parathion,methyl	31.84	23.71	32.17
乙基对硫磷 Parathion,ethyl	31.85	27.62	33.39
壤虫磷 Trichloronate	32.19	28.41	29.95
杀虫畏 Tetrachlorovinphos	34.65	32.99	33.68
丙硫磷 Tokuthion(Protothiofos)	34.67	24.58	39.91
丰索磷 Fensulfothion	35.85	35.20	36.80
硫丙磷 Bolstar(Sulprofos)	36.34	35.08	37.55
伐灭磷 Famphur *	36.40	36.93	37.86
苯硫磷 EPN	37.80	36.71	36.74
谷硫磷 Azinphos-methyl	38.34	38.04	37.24
倍硫磷 Fenthion	38.83	29.45	28.86
蝇毒磷 Coumaphos	39.83	38.87	39.47

注：* 方法对伐灭磷并不完全有效。

	DB-5	SPB-608	DB-210
初始温度	130℃	50℃	50℃
初始时间	3 min	1 min	1 min
程序 1　速率	5 ℃/min	5 ℃/min	5 ℃/min
程序 1　最终温度	180 ℃	140 ℃	140 ℃
程序 1　保持时间	10 min	10 min	10 min
程序 2　速率	2 ℃/min	10 ℃/min	10 ℃/min
程序 2　最终温度	250 ℃	240 ℃	240 ℃
程序 2　保持时间	15 min	10 min	10 min

表 I.4 采用 30-m 柱子分析各物质的保留时间[a]

化合物	RT/min			
	DB-5	DB-210	DB-608	DB-1
三甲基磷酸盐 Trimethylphosphate	b	2.36		
敌敌畏(DDVP)Dichlorvos(DDVP)	7.45	6.99	6.56	10.43
六甲基磷酰胺 Hexamethylphosphoramide	b	7.97		
三氯磷酸酯 Trichlorfon	11.22	11.63	12.69	
特普 TEPP	b	13.82		
硫磷嗪 Thionazin	12.32	24.71		
速灭磷 Mevinphos	12.20	10.82	11.85	14.45
灭克磷 Ethoprop	12.57	15.29	18.69	18.52
二嗪农 Diazinon	13.23	18.60	24.03	21.87
硫特普 Sulfotepp	13.39	16.32	20.04	19.60
特丁磷 Terbufos	13.69	18.23	22.97	
三-邻-甲苯基磷酸盐 Tri-o-cresyl phosphate	13.69	18.23		
二溴磷 Naled	14.18	15.85	18.92	18.78
甲拌磷 Phorate	12.27	16.57	20.12	19.65
大福松 Fonophos	14.44	18.38		
乙拌磷 Disulfoton	14.74	18.84	23.89	21.73
脱叶亚磷 Merphos	14.89	23.22		26.23
氧化脱叶亚磷 Oxidized Merphos	20.25	24.87	35.16	
除线磷 Dichlorofenthion	15.55	20.09	26.11	
甲基毒死蜱 Chlorpyrifos,methyl	15.94	20.45	26.29	
皮蝇磷 Ronnel	16.30	21.01	27.33	23.67
毒死蜱 Chlorpyrifos	17.06	22.22	29.48	24.85
壤虫磷 Trichloronate	17.29	22.73	30.44	
丙硫特普 Aspon	17.29	21.98		
倍硫磷 Fenthion	17.87	22.11	29.14	24.63
S-内吸磷 Demeton-S	11.10	14.86	21.40	20.18
O-内吸磷 Demeton-O	15.57	17.21	17.70	
久效磷[c] Monocrotophosc	19.08	15.98	19.62	19.3
乐果 Dimethoate	18.11	17.21	20.59	19.87
丙硫磷 Tokuthion	19.29	24.77	33.30	27.63
马拉硫磷 Malathion	19.83	21.75	28.87	24.57
甲基对硫磷 Parathion,methyl	20.15	20.45	25.98	22.97
杀螟松 Fenithrothion	20.63	21.42		
毒虫畏 Chlorfenvinphos	21.07	23.66	32.05	

表 I.4(续)

化　合　物	RT/min			
	DB-5	DB-210	DB-608	DB-1
乙基对硫磷 Parathion, ethyl	21.38	22.22	29.29	24.82
硫丙磷 Bolstar	22.09	27.57	38.10	29.53
乐本松 Stirophos	22.06	24.63	33.40	26.90
乙硫磷 Ethion	22.55	27.12	37.61	
磷胺 Phosphamidon	22.77	20.09	25.88	
丁烯磷 Crotoxyphos	22.77	23.85	32.65	
对溴磷 Leptophos	24.62	31.32	44.32	
丰索磷 Fensulfothion	27.54	26.76	36.58	28.58
苯硫磷 EPN	27.58	29.99	41.94	31.60
亚胺硫磷 Phosmet	27.89	29.89	41.24	
甲基谷硫磷 Azinphos-methyl	28.70	31.25	43.33	32.33
乙基谷硫磷 Azinphos-ethyl	29.27	32.36	45.55	
伐灭磷 Famphur	29.41	27.79	38.24	
蝇毒磷 Coumaphos	33.22	33.64	48.02	34.82
阿特拉津 Atrazine	13.98	17.63		
西玛津 Simazine	13.85	17.41		
特丁磷 Carbophenothion	22.14	27.92		
敌杀磷 Dioxathion	d	d	22.24	
甲基三硫磷 Trithion methyl			36.62	
百治磷 Dicrotophos			19.33	
内标 Internal Standard				
1-溴-2-硝基苯 1-Bromo-2-nitrobenzene	8.11	9.07		
拟似标准品 Surrogates				
三丁基磷酸盐 Tributyl phosphate			11.1	
三苯基磷酸盐 Triphenyl phosphate			33.4	
4-氯-3-硝基三氟甲苯 4-Cl-3-nitrobenzotrifluoride	5.73	5.40		

[a] GC 工作条件如下：

DB-5 和 DB-210：30 m×0.53 m，DB-5(1.50 μm)和 DB-210(1.0 μm)都连接到适压 Y-型分离器进口。温度程序：从 120℃(保持 3 min)以 5℃/min 到 270℃(保持 10 min)；进样器温度：250℃；检测器温度：300℃；凹槽温度：400℃；电压偏差 4.0；氢气压力 137.9 kPa(20 lb/in^2)；氦气流速 6 mL/min；氦气混合气 20 mL/min。DB-608：30 m×0.53 m，DB-608(1.50 μm)连接到 0.25-in 的填充柱进口。温度程序：从 110℃(保持 0.5 min)以 5℃/min 到 250℃(保持 4 min)；进样器温度：250℃；氦气流速 5 mL/min；火焰光度检测器。DB-1：30 m×0.32 m ID 柱，DB-1(0.25 μm)采用分流/不分流，其柱头压位 68.9 kPa(10 lb/in^2)，分离管 45 s 关闭，进样器温度：250℃；温度程序：从 50℃(保持 1 min)以 6℃/min 到 280℃(保持 2 min)；在 35～550 u 质量检测器全面扫描。

[b] 进样量为 20 ng 时没有检测到信号。

[c] 进样量增加保留时间增长(Hatcher et al. 观察到漂移超过 30 s)。

[d] 显示为多峰；因此，在混合物中并不包含。

表 I.5 采用分液漏斗提取的 27 种有机磷的回收率

化合物	回收率/%		
	低	中	高
甲基谷硫磷 Azinphos methyl	126	143+8	101
硫丙磷 Bolstar	134	141+8	101
毒死蜱 Chlorpyrifos	7	89+6	86
蝇毒磷 Coumaphos	103	90+6	96
内吸磷 Demeton	33	67+11	74
二嗪农 Diazinon	136	121+9.5	82
敌敌畏 Dichlorvos	80	79+11	72
乐果 Dimethoate	NR	47+3	101
乙拌磷 Disulfoton	48	92+7	84
苯硫磷 EPN	113	125+9	97
灭克磷 Ethoprop	82	90+6	80
丰索磷 Fensulfonthion	84	82+12	96
倍硫磷 Fenthion	NR	48+10	89
马拉硫磷 Malathion	127	92+6	86
脱叶亚磷 Merphos	NR	79	81
速灭磷 Mevinphos	NR	NR	55
久效磷 Monocrotophos	NB	18+4	NR
二溴磷 Naled	NR	NR	NR
乙基对硫磷 Parathion,ethyl	101	94+5	86
甲基对硫磷 Parathion,methyl	NR	46+4	44
甲拌磷 Phorate	94	77+6	73
皮蝇磷 Ronnel	67	97+5	87
硫特普 Sulfotep	87	85+4	83
焦磷酸四乙酯 TEPP	96	55+72	63
杀虫畏 Tetrachlorvinphos	79	90+7	80
丙硫磷 Tokuthion	NR	45+3	90
三氯酯 Trichloroate	NR	35	94

注：NR=没记录。

表 I.6 采用液-液分离方法提取的 27 种有机磷的回收率

化合物	回收率/%		
	低	中	高
保棉磷 Azinphos methyl	NR	129	122
硫丙磷 Bolstar	NR	126	128
毒死蜱 Chlorpyrifos	13	82+4	88

表 I.6(续)

化合物	回收率/%		
	低	中	高
蝇毒磷 Coumaphos	94	79+1	89
内吸磷 Demeton	38	23+3	41
二嗪农 Diazinon	NR	128+37	118
敌敌畏 Dichlorvos	81	32+1	74
乐果 Dimethoate	NR	10+8	102
乙拌磷 Disulfoton	94	69+5	81
苯硫磷 EPN	NR	104+18	119
灭克磷 Ethoprop	39	76+2	83
伐灭磷 Famphur	—	63+15	90
丰索磷 Fensulfonthion	90	67+26	90
倍硫磷 Fenthion	8	32+2	86
马拉硫磷 Malathion	105	87+4	86
脱叶亚磷 Merphos	NR	80	79
速灭磷 Mevinphos	NR	87	49
久效磷 Monocrotophos	NR	30	1
二溴磷 Naled	NR	NR	74
乙基对硫磷 Parathion,ethyl	106	81+1	87
甲基对硫磷 Parathion,methyl	NR	50+30	43
甲拌磷 Phorate	84	63+3	74
皮蝇磷 Ronnel	82	83+7	89
硫特普 Sulfotep	40	77+1	85
特普 TEPP	39	18+7	70
杀虫畏 Tetrachlorvinphos	56	70+14	83
丙硫磷 Tokuthion	132	32+14	90
三氯酯 Trichloroate	NR	NR	21
注：NR=没记录。			

表 I.7　采用 SOXHLET 提取法提取的 27 种有机磷的回收率

化合物	回收率/%		
	低	中	高
甲基谷硫磷 Azinphos methyl	156	110+6	87
硫丙磷 Bolstar	102	103+15	79
毒死蜱 Chlorpyrifos	NR	66+17	79
蝇毒磷 Coumaphos	93	89+11	90
内吸磷 Demeton	169	64+6	75

表 I.7(续)

化 合 物	回收率/%		
	低	中	高
二嗪农 Diazinon	87	96+3	75
敌敌畏 Dichlorvos	84	39+21	71
乐果 Dimethoate	NR	48+7	98
乙拌磷 Disulfoton	78	78+6	76
苯硫磷 EPN	114	93+8	82
灭克磷 Ethoprop	65	70+7	75
丰索磷 Fensulfonthion	72	81+18	111
倍硫磷 Fenthion	NR	43+7	89
马拉硫磷 Malathion	100	81+8	81
脱叶亚磷 Merphos	62	53	60
速灭磷 Mevinphos	NR	71	63
久效磷 Monocrotophos	NR	NR	NR
二溴磷 Naled	NR	48	NR
乙基对硫磷 Parathion,ethyl	75	80+8	80
甲基对硫磷 Parathion,methyl	NR	41+3	28
甲拌磷 Phorate	75	77+6	78
皮蝇磷 Ronnel	NR	83+12	79
硫特普 Sulfotep	67	72+8	78
特普 TEPP	36	34+33	63
杀虫畏 Tetrachlorvinphos	50	81+7	83
丙硫磷 Tokuthion	NR	40+6	89
三氯酯 Trichloroate	56	53	53
注：NR=没记录。			

表 I.8 15-m 柱的参考工作条件

色谱柱 1 和色谱柱 2(DB-210 和SPB-608 或其同类产品)	
载气流速(He)	5 mL/min
初始温度	50℃,保持 1 min
温度程序	50℃到 140℃,5℃/min,140℃保持 10 min,140℃到 240℃,10℃/min,240℃保持 10 min(或保证足够时间将最后的化合物冲洗干净)
色谱柱 3(DB-5 或同类产品)	
载气流速(He)	5 mL/min
初始温度	130℃,保持 3 min
温度程序	130℃到 180℃,5℃/min,180℃保持 10 min,180℃到 250℃,2℃/min,保持 15 min(或保证足够时间将最后的化合物冲洗干净)

表 I.9　30-m 柱的参考工作条件

色谱柱 1	检测器温度:300℃
型号:DB-210	进样量:2 μL
尺寸:30 m×0.53 mm ID	溶剂:正己烷
膜厚(μm):1.0	进样器型号:火焰气雾器
色谱柱 2	检测器型号:双 NPD
型号:DB-5	极差:1
尺寸:30 m×0.53 mm ID	衰变:64
膜厚(μm):1.5	分流器型号:Y 型或 T 型
载气流速(mL/min):6(氦气)	数据系统:积分
混合气流速(mL/min):20(氦气)	氢压:137.9 kPa(20 lb/in^2)
温度程序:120℃(保持 3 min)到 270 ℃(保持10 min),5℃/min	凹槽温度:400℃
	电压偏差:4
进样器温度:250℃	

表 I.10　农药的离子质量和特征离子质量

化合物名称	离子质量	特征离子
甲基谷硫磷 Azinphos-methyl	160	77,132
硫丙磷 Bolstar(Sulprofos)	156	140,143,113,33
毒死蜱 Chlorpyrifos	197	97,199,125,314
蝇毒磷 Coumaphos	109	97,226,362,21
内吸磷-S Demeton-S	88	60,114,170
二嗪农 Diazinon	137	179,152,93,199,304
敌敌畏(DDVP) Dichlorvos(DDVP)	109	79,185,145
乐果 Dimethoate	87	93,125,58,143
乙拌磷 Disulfoton	88	89,60,61,97,142
苯硫磷 EPN	157	169,141,63,185
灭克磷 Ethoprop	158	43,97,41,126
丰索磷 Fensulfothion	293	97,125,141,109,308
倍硫磷 Fenthion	278	125,109,93,169
马拉硫磷 Malathion	173	125,127,93,158
脱叶亚磷 Merphos	209	57,153,41,298
速灭磷 Mevinphos	127	109,67,192
久效磷 Monocrotophos	127	67,97,192,109
二溴磷 Naled	109	145,147,79
乙基对硫磷 Parathion,ethy	291	97,109,139,155
甲基对硫磷 Parathion,methyl	109	125,263,79
甲拌磷 Phorate	75	121,97,47,260
皮蝇磷 Ronnel	285	125,287,79,109
乐本松 Stirophos	109	329,331,79
硫特普 Sulfotepp	322	97,65,93,121,202
特普 TEPP	99	155,127,81,109
丙硫磷 Tokuthion	113	43,162,267,309

附　录　J
（资料性附录）
固体废物　硝基芳烃和硝基胺的测定　高效液相色谱法
Solid Wastes—Determination of Nitro-aromatics and Nitrosamines—High Performance Liquid Chromatography

J.1　范围

本方法适用于固体废物中14种硝基芳烃和硝基胺，包括八氢-1,3,5,7-四硝基-1,3,5,7-双偶氮辛因(HMX)、六氢-1,3,5-三硝基-1,3,5-三嗪(RDX)、1,3,5-三硝基苯(1,3,5-TNB)、1,3-二硝基苯(1,3-DNB)、甲基-2,4,6-三硝基苯基硝基胺(Tetryl)、硝基苯(NB)、2,4,6-三硝基甲苯(2,4,6-TNT)、4-氨基-2,6-二硝基甲苯(4-Am-DNT)、2-氨基-4,6-二硝基甲苯(2-Am-DNT)、2,4-二硝基甲苯(2,4-DNT)、2,6-二硝基甲苯(2,6-DNT)、2-三硝基甲苯(2-NT)、3-三硝基甲苯(3-NT)、4-三硝基甲苯(4-NT)的高效液相色谱测定方法。

本方法对上述14种硝基芳烃和硝基胺物质在水和土壤中的定量限见表J.1。

表J.1　各物质的定量限

化　合　物	水/(μg/L)		土壤/(mg/kg)
	低浓度	高浓度	
八氢-1,3,5,7-四硝基-1,3,5,7-双偶氮辛因　HMX	—	13.0	2.2
六氢-1,3,5-三硝基-1,3,5-三嗪　RDX	0.84	14.0	1.0
1,3,5-三硝基苯　1,3,5-TNB	0.26	7.3	0.25
1,3-二硝基苯　1,3-DNB	0.1	4.0	0.65
甲基-2,4,6-三硝基苯基硝基胺　Tetryl	—	4.0	0.26
硝基苯　NB	—	6.4	0.25
2,4,6-三硝基甲苯　2,4,6 TNT	0.11	6.9	0.25
4-氨基-2,6-二硝基甲苯　4-Am-DNT	0.060	—	—
2-氨基-4,6-二硝基甲苯　2-Am-DNT	0.035	—	—
2,4-二硝基甲苯　2,4-DNT	0.31	9.4	0.26
2,6-二硝基甲苯　2,6-DNT	0.020	5.7	0.25
2-三硝基甲苯　2-NT	—	12.0	0.25
3-三硝基甲苯　3-NT	—	8.5	0.25
4-三硝基甲苯　4-NT	—	7.9	

J.2　原理

液态样品用乙腈和氯化钠盐析萃取操作法进行萃取和反萃取(高质量浓度的水体样品可直接稀释后过滤；土壤和沉积物样品可用乙腈在超声浴中萃取后过滤)，用高效液相色谱检测，经C18反相色谱柱分离，紫外检测器检测。

J.3 试剂和材料

J.3.1 水试剂水,纯水,其中不含任何超过检出限的目标待测物,或超过检出限1/3的干扰物质。

J.3.2 乙腈,HPLC级。

J.3.3 甲醇,HPLC级。

J.3.4 氯化钙,分析纯,配制成5 g/L水溶液。

J.3.5 氯化钠,分析纯。

J.3.6 标准溶液

J.3.6.1 标准储备溶液:将固体分析物标样放入避光真空干燥器内至恒重,取分析物0.100 g(称重至0.000 1 g)用乙腈稀释,定容至100 mL。存放于4℃冰箱中的避光保存。由实际称出的重量计算标准储备溶液的浓度(表观质量浓度为1 000 mg/L),标准储备溶液可在1年内使用。

J.3.6.2 标准溶液:如果2,4-DNT和2,6-DNT均要测定,则分别配制两种标准工作溶液:(1) HMX,RDX,1,3,5-TNB,1,3-DNB,NB,2,4,6-TNT和2,4-DNT,和(2) Tetryl,2,6-DNT,2-NT,3-NT,4-NT。标准工作溶液应配制成1 000 mg/L,分析土壤样品时标准液中溶剂为乙腈,分析水体样品时标准液中溶剂为甲醇。

将上述两种标准液,用合适的溶剂稀释至质量浓度2.5~1 000 μg/L,这些溶液在配制后应冷藏,保质期为30 d。

若用此方法检测低质量浓度样品,必须测定检测限,并准备一系列与要求范围相适应的稀释后的标准溶液。低质量浓度样品分析所需的标准液必须在使用前即时配制。

J.3.6.3 标准工作溶液:校正用标准液至少要配制5个不同的质量浓度,用5 g/L氯化钙溶液(J.3.4)按50%(体积分数)将标准溶液稀释,这些稀释液必须冷藏于阴暗处,并于校正的当天配制。

J.3.7 替代物配制液:应检查萃取和分析系统的性能以及方法对不同样品基质的回收率。每种样品基质加入每种样品,标样和含一种或两种替代物(即样品中不存在的分析物)的空白试剂水。

J.3.8 基体配制液:基体配制液用甲醇,样品质量浓度应是其实测定量限(表J.1)的5倍。所有目标分析物均应包括在内。

J.4 仪器、装置

J.4.1 高效液相色谱仪,带有紫外检测器。

J.4.2 天平,±0.000 1 g。

J.4.3 Vortex混合器。

J.4.4 带温度控制的超声水浴。

J.4.5 带搅拌子的磁搅拌器。

J.4.6 电炉,鼓风式,不加热。

J.4.7 高压注射针筒,500 μL。

J.4.8 一次性滤芯式过滤器,0.45 μm,Teflon过滤器。

J.4.9 玻璃移液管,A级。

J.4.10 Pasteur移液管。

J.4.11 玻璃闪烁瓶,20 mL。

J.4.12 玻璃样品瓶,带Teflon衬里的盖,15 mL。

J.4.13 玻璃样品瓶,带Teflon衬里的盖,40 mL。

J.4.14 一次性注射器,Plastipak,3 mL和10 mL或同类产品。

J.4.15 容量瓶,适当规格。

备注:作磁搅拌器萃取用的100 mL和1 L容量瓶必须是圆形。

J.4.16 真空干燥器，玻璃。

J.4.17 研钵和捣捶，钢制。

J.4.18 筛子，30 目。

J.5 分析步骤

J.5.1 样品制备

J.5.1.1 水质样品

工业流程废水样品先用高质量浓度方法筛选来决定是否需用低质量浓度方法(1～50 μg/L)处理。

J.5.1.1.1 低质量浓度处理法(盐析萃取)

J.5.1.1.1.1 加 251.3 g 氯化钠至 1 L 容量瓶(圆形)中，量出 770 mL 水样(用 1 L 带刻度量筒)倒入含盐的容量瓶内，加入搅拌子在磁搅拌器上用最高转速混合容量瓶内物质直至盐全部溶解为止。

J.5.1.1.1.2 在溶液搅拌时加 164 mL 乙腈(用 250 mL 带刻度量筒量出)，并继续搅拌 15 min，关闭搅拌器，静止约 10 min，使相分离。

J.5.1.1.1.3 用 Pasteur 移液管将上层乙腈(约 8 mL)吸出转入 100 mL 容量瓶(圆形)中，加 10 mL 新鲜乙腈到含水样的 1 L 容量瓶中，再搅拌 15 min，静止 10 min，使相分离。将第二部分乙腈与第一部分合并。

J.5.1.1.1.4 将 84 mL 盐水(每 1 000 mL 试剂水含 325 g NaCl)加到 100 mL 容量瓶中的乙腈萃取液中，加入搅拌子放在磁搅拌器上搅拌溶液 15 min，再静止 10 min，使相分离。用 Pasteur 移液管小心转移乙腈相至一个 10 mL 带刻度量筒内。此时随乙腈转移的水量必须降至最低，因为水含有高质量浓度的 NaCl，会在色谱图的起始部分产生一个大峰，干扰 HMX 的测定。

J.5.1.1.1.5 再加 1.0 mL 乙腈至 100 mL 容量瓶中，再次搅拌 15 min，静止 10 min，使相分离。把第二部分乙腈合并在第一次乙腈萃取物的 10 mL 量筒内(如果体积超过 5 mL 须转移至 25 mL 有刻度的量筒内)记下乙腈萃取液的总体积数至最接近的 0.1 mL[用此数为萃取液体积(V_t)]，分析前将 5～6 mL萃取液用无有机物的试剂水按 1∶1 稀释(如 Tetryl 也要分析，必须 pH＜3)。

J.5.1.1.1.6 如果稀释的萃取液混浊，用一次性针筒将溶液通过 0.45 μm Teflon 过滤器，进行过滤。丢弃最初的 0.5 mL，其余部分保留在带 Teflon 衬里瓶盖的样品瓶中备 HPLC 分析用。

J.5.1.1.2 高质量浓度处理法

样品过滤：取每种水样一份 5 mL 加到闪烁瓶内，再加 5 mL 乙腈充分摇动。用一次性注射器将溶液通过 0.45 μm Teflon 过滤器过滤，弃去前 3 mL 滤液，其余保留在带 Teflon 衬里瓶盖的样品瓶中备 HPLC 分析用。用甲醇替代乙腈进行稀释再过滤可以改善 HMX 的定量测定。

J.5.1.2 土壤和沉积物样品

J.5.1.2.1 样品均相化

在室温或低于室温的温度条件下，将土壤样品在空气中干燥至恒重，小心防止样品受阳光直射。在乙腈淋洗过的研钵中充分磨碎和混匀样品，过 30 目筛。

J.5.1.2.2 样品萃取

J.5.1.2.2.1 取土壤样品 2.0 g 放入一个 15 mL 的玻璃样品瓶内加 10.0 mL 乙腈用含 Teflon 衬里的瓶盖盖好，涡流振荡 1 min，再放入冷的超声浴中 18 h。

J.5.1.2.2.2 超声完成后，让样品静止 30 min，取出 5.0 mL 上清液与 20 mL 样品瓶内 5.0 mL 氯化钙溶液混合，摇匀后静止 15 min。

J.5.1.2.2.3 用一次性注射器抽取上清液通过 0.45 μm Teflon 过滤器过滤，弃去前 3 mL，其余保留在带 Teflon 衬里瓶盖的样品瓶中备 HPLC 分析用。

J.5.2 色谱条件(推荐用)

J.5.2.1 色谱柱：

色谱柱 1:C18 反相色谱柱 25 cm×4.6 mm(5 μm);

色谱柱 2:CN 反相色谱柱 25 cm×4.6 mm(5 μm)。

J.5.2.2 流动相:甲醇/水(体积分数)50/50。

J.5.2.3 流速:1.5 mL/min。

J.5.2.4 进样体积:100 μL。

J.5.2.5 UV 检测器波长:254 nm。

J.5.3 HPLC 分析

J.5.3.1 分析样品用的色谱条件列于 J.6.2,所有在 C18 色谱柱上测得的阳性结果必须要在 CN 柱上进样得到证实。

J.5.3.2 用峰高或峰面积记录生成的峰的大小,建议对低浓度样品采用峰高可提高重复性。

表 J.2 LC-C18 和 LC-CN 色谱柱子上保留时间和容量因子

化合物	保留时间/min		容量因子/k*	
	LC-18	LC-CN	LC-18	LC-CN
八氢-1,3,5,7-四硝基-1,3,5,7-双偶氮辛因 HMX	2.44	8.35	0.49	2.52
六氢-1,3,5-三硝基-1,3,5-三嗪 RDX	3.73	6.15	1.27	1.59
1,3,5-三硝基苯 1,3,5-TNB	5.11	4.05	2.12	0.71
1,3-二硝基苯 1,3-DNB	6.16	4.18	2.76	0.76
甲基-2,4,6-三硝基苯基硝基胺 Tetryl	6.93	7.36	3.23	2.11
硝基苯 NB	7.23	3.81	3.41	0.61
2,4,6-三硝基甲苯 2,4,6-TNT	8.42	5.00	4.13	1.11
4-氨基-2,6-二硝基甲苯 4-Am-DNT	8.88	5.10	4.41	1.15
2-氨基-4,6-二硝基甲苯 2-Am-DNT	9.12	5.65	4.56	1.38
2,4-二硝基甲苯 2,4-DNT	9.82	4.61	4.99	0.95
2,6-二硝基甲苯 2,6-DNT	10.05	4.87	5.13	1.05
2-三硝基甲苯 2-NT	12.26	4.37	6.48	0.84
3-三硝基甲苯 3-NT	13.26	4.41	7.09	0.86
4-三硝基甲苯 4-NT	14.23	4.45	7.68	0.88

注:* 容量因子以硝酸盐的不保留峰作为基准,基在 LC-18 柱上为 1.64 min,在 LC-CN 柱上为 2.37 min。

附 录 K
（资料性附录）
固体废物 半挥发性有机化合物的测定 气相色谱/质谱法
Solid Wastes-Determination of SVOCs—Gas Chromatography/Mass Spectrometry(GC/MS)

K.1 范围

本方法规定了固体废物、土壤和地下水中半挥发性有机化合物含量气相色谱/质谱的测定方法。可分析的化合物及其特征离子见表K.1。

表 K.1 半挥发性物质的特征离子

化 合 物	保留时间/min	主要离子	次要离子
2-甲基吡啶 2-Picoline	3.75[a]	93	66,92
苯胺 Aniline	5.68	93	66,65
苯酚 Phenol	5.77	94	65,66
Bis(2-chloroethyl)ether	5.82	93	63,95
2-氯氛 2-Chlorophenol	5.97	128	64,130
1,3-二氯苯 1,3-Dichlorobenzene	6.27	146	148,111
1,4-二氯苯-d(IS)41,4-Dichlorobenzene-d(IS)4	6.35	152	150,115
1,4-二氯苯 1,4-Dichlorobenzene	6.40	146	148,111
苯甲醇	6.78	108	79,77
1,2-二氯代苯 1,2-Dichlorobenzene	6.85	146	148,111
N-亚硝基甲基乙胺 N-Nitrosomethylethylamine	6.97	88	42,43,56
双(2-氯代异丙基)醚 Bis(2-chloroisopropyl)ether	7.22	45	77,121
氨基甲酸乙酯 Ethyl carbamate	7.27	62	44,45,74
苯硫酚 Thiophenol(Benzenethiol)	7.42	110	66,109,84
甲基甲磺酸 Methyl methanesulfonate	7.48	80	79,65,95
N-丙基胺亚硝基钠 N-Nitrosodi-n-propylamine	7.55	70	42,101,130
六氯乙烷 Hexachloroethane	7.65	117	201,199
顺丁烯二酸酐 Maleic anhydride	7.65	54	98,53,44
硝基苯 Nitrobenzene	7.87	77	123,65
异佛尔酮 Isophorone	8.53	82	95,138
N-亚硝基二乙胺 N-Nitrosodiethylamine	8.70	102	42,57,44,56

表 K.1(续)

化 合 物	保留时间/min	主要离子	次要离子
2-硝基酚 2-Nitrophenol	8.75	139	109,65
2,4-二甲苯酚 2,4-Dimethylphenol	9.03	122	107,121
p-苯醌 Benzoquinone	9.13	108	54,82,80
双-(2-氯乙氧基)甲烷 2-Bis(2-chloroethoxy)methane	9.23	93	95,123
安息香酸 Benzoic acid	9.38	122	105,77
2,4-二氯苯酚 2,4-Dichlorophenol	9.48	162	164,98
磷酸三甲酯 Trimethyl phosphate	9.53	110	79,95,109,140
乙基甲磺酸 Ethyl methanesulfonate	9.62	79	109,97,45,65
1,2,4-三氯苯 1,2,4-Trichlorobenzene	9.67	180	182,145
萘-d(IS)8 Naphthalene-d(IS)8	9.75	136	68
萘 Naphthalene	9.82	128	129,127
六氯丁二烯 Hexachlorobutadiene	10.43	225	223,227
四乙基焦磷酸酯 Tetraethyl pyrophosphate	11.07	99	155,127,81,109
硫酸二乙酯 Diethyl sulfate	11.37	139	45,59,99,111,125
4-氯-3-甲基苯酚 4-Chloro-3-methylphenol	11.68	107	144,142
2-甲基萘 2-Methylnaphthalene	11.87	142	141
2-甲苯酚 2-Methylphenol	12.40	107	108,77,79,90
六氯丙烯 Hexachloropropene	12.45	213	211,215,117,106,141
六氯环戊二烯 Hexachlorocyclopentadiene	12.60	237	235,272
N-亚硝基吡咯烷 N-Nitrosopyrrolidine	12.65	100	41,42,68,69
苯乙酮 Acetophenone	12.67	105	71,51,120
4-甲基苯酚 4-Methylphenol	12.82	107	108,77,79,90
2,4,6-三氯苯酚 2,4,6-Trichlorophenol	12.85	196	198,200
邻甲基苯胺 o-Toluidine	12.87	106	107,77,51,79
3-甲基苯酚 3-Methylphenol	12.93	107	108,77,79,90
2-氯萘 2-Chloronaphthalene	13.30	162	127,164
N-亚硝基哌啶 N-Nitrosopiperidine	13.55	114	42,55,56,41
1,4-苯二胺 1,4-Phenylenediamine	13.62	108	80,53,54,52
1-氯萘 1-Chloronaphthalene	13.65[a]	162	127,164
2-硝基苯胺 2-Nitroaniline	13.75	65	92,138
5-氯-2-甲基苯胺 5-Chloro-2-methylaniline	14.28	106	141,140,77,89
邻苯二甲酸二甲酯 Dimethyl phthalate	14.48	163	194,164

表 K.1(续)

化 合 物	保留时间/min	主要离子	次要离子
苊 Acenaphthylene	14.57	152	151,153
2,6-二硝基甲苯 2,6-Dinitrotoluene	14.62	165	63,89
邻苯二甲酸酐 Phthalic anhydride	14.62	104	76,50,148
邻甲氧基苯胺 o-Anisidine	15.00	108	80,123,52
3-硝基苯胺 3-Nitroaniline	15.02	138	108,92
苊-d(IS)10 Acenaphthene-d(IS)10	15.05	164	162,160
苊 Acenaphthene	15.13	154	153,152
2,4-二硝基酚 2,4-Dinitrophenol	15.35	184	63,154
2,6-二硝基酚 2,6-Dinitrophenol	15.47	162	164,126,98,63
4-氯苯胺 4-Chloroaniline	15.50	127	129,65,92
异黄樟油素 Isosafrole	15.60	162	131,104,77,51
氧芴 Dibenzofuran	15.63	168	139
2,4-二氨基甲苯 2,4-Diaminotoluene	15.78	121	122,94,77,104
2,4-二硝基甲苯 2,4-Dinitrotoluene	15.80	165	63,89
4-硝基苯酚 4-Nitrophenol	15.80	139	109,65
2-萘胺 2-Naphthylamine	16.00[a]	143	115,116
1,4-萘醌 1,4-Naphthoquinone	16.23	158	104,102,76,50,130
3-氨基对甲苯甲醚 p-Cresidine	16.45	122	94,137,77,93
敌敌畏 Dichlorovos	16.48	109	185,79,145
邻苯二乙酸二乙酯 Diethyl phthalate	16.70	149	177,150
芴 Fluorene	16.70	166	165,167
2,4,5-散甲基苯胺 2,4,5-Trimethylaniline	16.70	120	135,134,91,77
N-亚硝基正丁胺 N-Nitrosodi-n-butylamine	16.73	84	57,41,116,158
4-氯二苯醚 4-Chlorophenyl phenyl ether	16.78	204	206,141
对苯二酚 Hydroquinone	16.93	110	81,53,55
4,6-二硝基-2-甲基苯酚 4,6-Dinitro-2-methylphenol	17.05	198	51,105
间苯二酚 Resorcinol	17.13	110	81,82,53,69
N-亚硝基二苯胺 N-Nitrosodiphenylamine	17.17	169	168,167
黄樟油精 Safrole	17.23	162	104,77,103,135
六甲基磷酰胺 Hexamethyl phosphoramide	17.33	135	44,179,92,42
3-氯甲基盐酸吡啶 3-(Chloromethyl)pyridine hydrochloride	17.50	92	127,129,65,39

表 K.1(续)

化 合 物	保留时间/min	主要离子	次要离子
二苯胺 Diphenylamine	17.54[a]	169	168,167
1,2,4,5-四氯苯 1,2,4,5-Tetrachlorobenzene	17.97	216	214,179,108,143,218
1-萘胺 1-Naphthylamine	18.20	143	115,89,63
1-乙酰基-2-硫尿 1-Acetyl-2-thiourea	18.22	118	43,42,76
4-溴苯基-苯基醚 4-Bromophenyl phenyl ether	18.27	248	250,141
甲苯二异氰酸盐 Toluene diisocyanate	18.42	174	145,173,146,132,91
2,4,5-三氯苯酚 2,4,5-Trichlorophenol	18.47	196	198,97,132,99
六氯苯 Hexachlorobenzene	18.65	284	142,249
尼古丁 Nicotine	18.70	84	133,161,162
五氯苯酚 Pentachlorophenol	19.25	266	264,268
5-硝基邻甲苯胺 5-Nitro-o-toluidine	19.27	152	77,79,106,94
硫磷嗪 Thionazine	19.35	107	96,97,143,79,68
4-硝基苯胺 4-Nitroaniline	19.37	138	65,108,92,80,39
菲-d(IS)10 Phenanthrene-d(IS)10	19.55	188	94,80
菲 Phenanthrene	19.62	178	179,176
蒽 Anthracene	19.77	178	176,179
1,4-二硝基苯 1,4-Dinitrobenzene	19.83	168	75,50,76,92,122
速灭磷 Mevinphos	19.90	127	192,109,67,164
二溴磷 Naled	20.03	109	145,147,301,79,189
1,3-二硝基苯 1,3-Dinitrobenzene	20.18	168	76,50,75,92,122
燕麦敌(顺式或反式)Diallate(cis or trans)	20.57	86	234,43,70
1,2-二硝基苯 1,2-Dinitrobenzene	20.58	168	50,63,74
燕麦敌(顺式或反式) Diallate(trans or cis)	20.78	86	234,43,70
五氯苯 Pentachlorobenzene	21.35	250	252,108,248,215,254
5-硝基-2-甲氧基苯胺 5-Nitro-o-anisidine	21.50	168	79,52,138,153,77
五氯硝基苯 Pentachloronitrobenzene	21.72	237	142,214,249,295,265
4-硝基喹啉氧化物 4-Nitroquinoline-1-oxide	21.73	174	101,128,75,116
邻苯二甲酸二丁酯 Di-n-butyl phthalate	21.78	149	150,104
2,3,4,6-四氯苯酚 2,3,4,6-Tetrachlorophenol	21.88	232	131,230,166,234,168
Dihydrosaffrole	22.42	135	64,77

表 K.1(续)

化合物	保留时间/min	主要离子	次要离子
内吸磷-O Demeton-O	22.72	88	89,60,61,115,171
荧蒽 Fluoranthene	23.33	202	101,203
1,3,5-三硝基苯 1,3,5-Trinitrobenzene	23.68	75	74,213,120,91,63
百治磷 Dicrotophos	23.82	127	67,72,109,193,237
对二氨基联苯 Benzidine	23.87	184	92,185
氟乐灵 Trifluralin	23.88	306	43,264,41,290
溴苯腈 Bromoxynil	23.90	277	279,88,275,168
芘 Pyrene	24.02	202	200,203
久效磷 Monocrotophos	24.08	127	192,67,97,109
甲拌磷 Phorate	24.10	75	121,97,93,260
菜草畏 Sulfallate	24.23	188	88,72,60,44
内吸磷-S Demeton-S	24.30	88	60,81,89,114,115
非那西丁 Phenacetin	24.33	108	180,179,109,137,80
乐果 Dimethoate	24.70	87	93,125,143,229
苯巴比妥 Phenobarbital	24.70	204	117,232,146,161
克百威 Carbofuran	24.90	164	149,131,122
八甲基焦磷酰胺 Octamethyl pyrophosphoramide	24.95	135	44,199,286,153,243
4-氨基联苯 4-Aminobiphenyl	25.08	169	168,170,115
二噁磷 Dioxathion	25.25	97	125,270,153
特丁硫磷 Terbufos	25.35	231	57,97,153,103
二甲基苯胺 Dimethylphenylamine	25.43	58	91,65,134,42
丙氨酸苄酯对甲苯磺酸盐 Pronamide	25.48	173	175,145,109,147
氨基偶氮苯 Aminoazobenzene	25.72	197	92,120,65,77
二氯萘醌 Dichlone	25.77	191	163,226,228,135,193
地乐酯 Dinoseb	25.83	211	163,147,117,240
乙拌磷 Disulfoton	25.83	88	97,89,142,186
氟消草 Fluchloralin	25.88	306	63,326,328,264,65
治克威 Mexacarbate	26.02	165	150,134,164,222
4,4′-Oxydianiline	26.08	200	108,171,80,65
邻苯二甲酸丁卞酯 Butyl benzyl phthalate	26.43	149	91,206
对硝基联苯 4-Nitrobiphenyl	26.55	199	152,141,169,151
磷胺 Phosphamidon	26.85	127	264,72,109,138

表 K.1(续)

化合物	保留时间/min	主要离子	次要离子
2-环己烷-4,6 二硝基酚 2-Cyclohexyl-4,6-Dinitrophenol	26.87	231	185,41,193,266
甲基对硫磷 Methyl parathion	27.03	109	125,263,79,93
胺甲萘 Carbaryl	27.17	144	115,116,201
二甲基苯胺 imethylaminoazobenzene	27.50	225	120,77,105,148,42
丙基硫尿嘧啶 Propylthiouracil	27.68	170	142,114,83
苯并[a]蒽 Benz(a)anthracene	27.83	228	229,226
䓛-d(IS)12 Chrysene-d(IS)12	27.88	240	120,236
3,3′-二氨联苯胺 3,3′-Dichlorobenzidine	27.88	252	254,126
䓛 Chrysene	27.97	228	226,229
马拉硫磷 Malathion	28.08	173	125,127,93,158
十氯酮 Kepone	28.18	272	274,237,178,143,270
倍硫磷 Fenthion	28.37	278	125,109,169,153
对硫磷 Parathion	28.40	109	97,291,139,155
敌菌灵 Anilazine	28.47	239	241,143,178,89
邻苯二甲酸二(2-乙基已基)酯 Bis(2-ethylhexyl)phthalate	28.47	149	167,279
3,3-二甲基联苯胺 3,3′-Dimethylbenzidine	28.55	212	106,196,180
三硫磷 Carbophenothion	28.58	157	97,121,342,159,199
硝酸铈铵 5-Nitroacenaphthene	28.73	199	152,169,141,115
美沙吡林 Methapyrilene	28.77	97	50,191,71
异艾氏剂 Isodrin	28.95	193	66,195,263,265,147
克菌丹 Captan	29.47	79	149,77,119,117
毒虫畏 Chlorfenvinphos	29.53	267	269,323,325,295
巴毒磷 Crotoxyphos	29.73	127	105,193,166
亚胺硫磷 Phosmet	30.03	160	77,93,317,76
苯硫磷 EPN	30.11	157	169,185,141,323
杀虫畏 Tetrachlorvinphos	30.27	329	109,331,79,333
二-正辛基邻苯二甲酸酯 Di-n-octyl phthalate	30.48	149	167,43
2-氨基蒽醌 2-Aminoanthraquinone	30.63	223	167,195
燕麦灵 Barban	30.83	222	51,87,224,257,153
杀螨特 Aramite	30.92	185	191,319,334,197,321
苯并[b]荧蒽 Benzo(b)fluoranthene	31.45	252	253,125

表 K.1(续)

化 合 物	保留时间/min	主要离子	次要离子
除草醚 Nitrofen	31.48	283	285,202,139,253
苯并[k]荧蒽 Benzo(k)fluoranthene	31.55	252	253,125
杀螨酯 Chlorobenzilate	31.77	251	139,253,111,141
丰索磷 Fensulfothion	31.87	293	97,308,125,292
乙硫磷 Ethion	32.08	231	97,153,125,121
二乙基乙烯雌酚 Diethylstilbestrol	32.15	268	145,107,239,121,159
伐灭磷 Famphur	32.67	218	125,93,109,217
三-对甲基苯磷酸 Tri-p-tolyl phosphateb	32.75	368	367,107,165,198
苯并[a]芘 Benzo(a)pyrene	32.80	252	253,125
二萘嵌苯 Perylene-d(IS)12	33.05	264	260,265
7,12-二甲基苯并[a]蒽 7,12-Dimethylbenz(a)anthracene	33.25	256	241,239,120
5,5-苯妥英 5,5-Diphenylhydantoin	33.40	180	104,252,223,209
敌菌丹 Captafol	33.47	79	77,80,107
敌螨普 Dinocap	33.47	69	41,39
甲氧氯 Methoxychlor	33.55	227	228,152,114,274,212
2-乙酰氨基芴 2-Acetylaminofluorene	33.58	181	180,223,152
莫卡 4′-Methylenebis(2-chloroaniline)	34.38	231	266,268,140,195
3,3′-二甲氧基对二氨基联苯 3,3′-Dimethoxybenzidine	34.47	244	201,229
3-甲胆蒽 3-Methylcholanthrene	35.07	268	252,253,126,134,113
伏杀硫磷 Phosalone	35.23	182	184,367,121,379
谷硫磷 Azinphos-methyl	35.25	160	132,93,104,105
对溴磷 Leptophos	35.28	171	377,375,77,155,379
灭蚁灵 Mirex	35.43	272	237,274,270,239,235
三(2,3-二溴苯)磷酸 Tris(2,3-dibromopropyl)phosphate	35.68	201	137,119,217,219,199
二苯(a,j)氮蒽 Dibenz(a,j)acridine	36.40	279	280,277,250
炔雌醇甲醚 Mestranol	36.48	277	310,174,147,242
香豆磷 Coumaphos	37.08	362	226,210,364,97,109
茚苯(1,2,3-cd)芘 Indeno(1,2,3-cd)pyrene	39.52	276	138,227
二苯[a,h]蒽 Dibenz(a,h)anthracene	39.82	278	139,279
苯并[g,h,i]二萘嵌苯 Benzo(g,h,i)perylene	41.43	276	138,277

表 K.1(续)

化 合 物	保留时间/min	主要离子	次要离子
1,2,4,5-二苯并芘 1,2,4,5-Dibenzopyrene	41.60	302	151,150,300
士的宁 Strychnine	45.15	334	334,335,333
胡椒亚砜 Piperonyl sulfoxide	46.43	162	135,105,77
六氯酚 Hexachlorophene	47.98	196	198,209,211,406,408
氯甲桥萘 ldrin	—	66	263,220
多氯联苯 1016	—	222	260,292
多氯联苯 1221	—	190	224,260
多氯联苯 1232	—	190	224,260
多氯联苯 1242	—	222	256,292
多氯联苯 1248	—	292	362,326
多氯联苯 1254	—	292	362,326
多氯联苯 1260	—	360	362,394
α-BHC	—	183	181,109
β-BHC	—	181	183,109
δ-BHC	—	183	181,109
γ-BHC(林丹)	—	183	181,109
4,4′-DDD	—	235	237,165
4,4′-DDE	—	246	248,176
4,4′-DDT	—	235	237,165
氧桥氯甲桥萘 Dieldrin	—	79	263,279
1,2-联苯肼 1,2-Diphenylhydrazine	—	77	105,182
硫丹Ⅰ EndosulfanⅠ	—	195	339,341
硫丹Ⅱ EndosulfanⅡ	—	337	339,341
硫丹硫酸酯 Endosulfan sulfate	—	272	387,422
异狄氏剂 Endrin	—	263	82,81
异狄氏醛 Endrin aldehyde	—	67	345,250
异狄氏酮 Endrin ketone	—	317	67,319
七氯 Heptachlor	—	100	272,274
七氯环氧化物 Heptachlor epoxide	—	353	355,351
N-亚硝基二甲胺 N-Nitrosodimethylamine	—	42	74,44
八氯莰烯 Toxaphene	—	159	231,233

注：IS:内标。

[a] 推测保留时间。

本方法可用于大多数中性、酸性和碱性有机化合物的定量，这些化合物能溶解在二氯甲烷内，易被洗脱，无需衍生化便可在GC上出现尖锐的峰，该GC柱是涂有少量极性硅酮的融熔石英毛细管柱。这类化合物包括有：多环芳烃类、氯代烃类、农药、邻苯二甲酸酯类、有机磷酸酯类、亚硝胺类、卤醚类、醛类、醚类、酮类、苯胺类、吡啶类、喹啉类、硝基芳香化合物、酚类包括硝基酚。

多数情况下，本方法不适合定量分析多成分化合物。例如：多氯联苯，毒杀芬，氯丹等，因为本方法对这些分析物的灵敏度有限。如果这些分析物已经用其他方法分析出来，那么当提取质量物浓度足够高的时候可以使用本方法确证分析物的存在。

下列化合物在使用本方法测定时，先须经过特别处理，联苯胺在溶剂浓缩时会发生氧化而损失，其色谱图以比较差，α-BHC、γ-BHC、硫丹Ⅰ和硫丹Ⅱ，以及异狄氏剂在碱性条件下会发生分解，如果希望分析这些化合物的话，则应在中性条件下提取。六氯环戊二烯在GC入口处会发生热分解，在丙酮溶液中发生化学反应以及光化学分解。在本方法所述的GC条件下，N-二甲基亚硝胺难于从溶剂中分离出来，它在GC入口处以发生热分解，且和二苯胺不易分离。五氯苯酚、2,4-二硝基苯酚、4-硝基苯酚、4,6-二硝基-2-甲葵苯酚、4-氯-3-甲基苯酚、苯甲酸、2-硝基苯胺、3-硝基苯胺、4-氯苯胺和苯甲醇都会有不稳定的色谱特性，特别是当GC系统被高沸点物质污染后更是如此。在本方法列举的GC进样口温度下，嘧啶的检测性能可能会很差。降低进样口的温度可以降低样品降解的量。如果要改变进样口温度，要注意其他样品的检测效果可能会受到影响。

甲苯二异氰酸酯在水中会快速水解(半衰期小于30 min)，因此在水基质的回收率很低。而且，在固体基质中，甲苯二异氰酸酯常常会和醇、胺等反应产生氨基甲酸乙酯、尿素等。

在测定单个化合物时，此方法估计的定量限(EQL)对于土壤/沉淀物大约是660 mg/kg(湿重)、对于废物是1～200 mg/kg(取决于基质和制备方法)、对于地下水样品大约是10 μg/L(表K.2)。当提取物需要预先稀释以避免超出检测范围时，EQL将成比例地提高。

表K.2 半挥发性有机物的定量限(EQLs)

化合物	估计的定量限[a]	
	地下水/(μg/L)	低土/沉淀物[b]/(μg/kg)
苊 Acenaphthene	10	660
苊烯 Acenaphthylene	10	660
苯乙酮 Acetophenone	10	ND
2-乙酰氨基芴 2-Acetylaminofluorene	20	ND
1-乙酰-2-硫脲 1-Acetyl-2-thiourea	1 000	ND
2-氨基蒽醌 2-Aminoanthraquinone	20	ND
氨基偶氮苯 Aminoazobenzene	10	ND
4-氨基联苯 4-Aminobiphenyl	20	ND
敌菌灵 Anilazine	100	ND
o-氨基苯甲醚 o-Anisidine	10	ND
蒽 Anthracene	10	660
杀螨特 Aramite	20	ND
谷硫磷 Azinphos-methyl	100	ND
� Barban	200	ND
苯并蒽 Benz(a)anthracene	10	660

表 K.2(续)

化 合 物	估计的定量限[a]	
	地下水/(μg/L)	低土/沉淀物[b]/(μg/kg)
苯并[b]荧蒽 Benzo(b)fluoranthene	10	660
苯并[k]荧蒽 Benzo(k)fluoranthene	10	660
安息香酸 Benzoic acid	50	3 300
苯并[g,h,i]二萘嵌苯 Benzo(g,h,i)perylene	10	660
苯并[a]芘 Benzo(a)pyrene	10	660
对苯醌 p-Benzoquinone	10	ND
苯甲醇 Benzyl alcohol	20	1 300
双(2-氯环氧)甲烷 Bis(2-chloroethoxy)methane	10	660
双(2-氯乙基)醚 Bis(2-chloroethyl)ether	10	660
双(2-氯异丙基)醚 Bis(2-chloroisopropyl)ether	10	660
4-溴苯基醚 4-Bromophenyl phenyl ether	10	660
溴苯腈 Bromoxynil	10	ND
邻苯二甲酸丁苄酯 Butyl benzyl phthalate	10	660
敌菌丹 Captafol	20	ND
克菌丹 Captan	50	ND
胺甲萘 Carbaryl	10	ND
克百威 Carbofuran	10	ND
三硫磷 Carbophenothion	10	ND
毒虫畏 Chlorfenvinphos	20	ND
4-氯苯胺 4-Chloroaniline	20	1 300
二氯二苯乙醇酸乙酯 Chlorobenzilate	10	ND
5-氯-2-甲苯胺 5-Chloro-2-methylaniline	10	ND
4-氯-3-甲基苯酚 4-Chloro-3-methylphenol	20	1 300
3-氯吡啶盐酸盐 3-(Chloromethyl)pyridine hydrochloride	100	ND
2-氯萘 2-Chloronaphthalene	10	660
2-氯酚 2-Chlorophenol	10	660
4-氯苯基苯醚 4-Chlorophenyl phenyl ether	10	660
䓛Chrysene	10	660
蝇毒磷 Coumaphos	40	ND
3-氨基对甲苯甲醚 p-Cresidine	10	ND
巴毒磷 Crotoxyphos	20	ND
2-环己基-4,6-二硝基酚 2-Cyclohexyl-4,6-dinitrophenol	100	ND
内息磷-O Demeton-O	10	ND

表 K.2(续)

化　合　物	估计的定量限[a]	
	地下水/(μg/L)	低土/沉淀物[b]/(μg/kg)
内息磷-S Demeton-S	10	ND
燕麦敌(顺式或者反式)Diallate(cis or trans)	10	ND
燕麦敌(反式或者顺式)Diallate(trans or cis)	10	ND
2,4-二氨基甲苯 2,4-Diaminotoluene	20	ND
二苯并[a,j]吖啶 Dibenz(a,j)acridine	10	ND
二苯并[a,h]蒽 Dibenz(a,h)anthracene	10	660
二苯并呋喃 Dibenzofuran	10	660
二苯并[a,e]芘 Dibenzo(a,e)pyrene	10	ND
二-正丁基邻苯二甲酸酯 Di-n-butyl phthalate	10	ND
二氯萘醌 Dichlone	NA	ND
1,2-二氯苯 1,2-Dichlorobenzene	10	660
1,3-二氯苯 1,3-Dichlorobenzene	10	660
1,4-二氯苯 1,4-Dichlorobenzene	10	660
3,3′-二氯对氨基联苯 3,3′-Dichlorobenzidine	20	1 300
2,4-二氯芬 2,4-Dichlorophenol	10	660
2,6-二氯芬 2,6-Dichlorophenol	10	ND
敌敌畏 Dichlorovos	10	ND
百治磷 Dicrotophos	10	ND
二乙基邻苯二甲酸酯 Diethyl phthalate	10	660
二乙基已烯雄酚 Diethylstilbestrol	20	ND
二乙基硫酸酯 Diethyl sulfate	100	ND
乐果 Dimethoate	20	ND
3,3′-二甲氧基对氨基联苯 3,3′-Dimethoxybenzidine	100	ND
二乙基氨基偶氮苯 Dimethylaminoazobenzene	10	ND
7,12-二甲基苯蒽 7,12-Dimethylbenz(a)anthracene	10	ND
3,3′-二甲基联苯胺 3,3′-Dimethylbenzidine	10	ND
a,a-二甲基苯乙胺 a,a-Dimethylphenethylamine	ND	ND
2,4-二甲苯酚 2,4-Dimethylphenol	10	660
二甲基邻苯二甲酸酯 Dimethyl phthalate	10	660
1,2-二硝基苯 1,2-Dinitrobenzene	40	ND
1,3-二硝基苯 1,3-Dinitrobenzene	20	ND
1,4-二硝基苯 1,4-Dinitrobenzene	40	ND
4,6-二硝基-2-甲基苯酚 4,6-Dinitro-2-methylphenol	50	3 300

表 K.2(续)

化 合 物	估计的定量限[a]	
	地下水/(μg/L)	低土/沉淀物[b]/(μg/kg)
2,4-二硝基苯酚 2,4-Dinitrophenol	50	3 300
2,4-二硝基苯 2,4-Dinitrotoluene	10	660
2,6-二硝基苯 2,6-Dinitrotoluene	10	660
敌螨普 Dinocap	100	ND
2-(1-甲基-正丙基)-4,6-二硝基苯酚 Dinoseb	20	ND
5,5-苯妥英 5,5-Diphenylhydantoin	20	ND
二正辛基邻苯二甲酸酯 Di-n-octyl phthalate	10	660
乙拌磷 Disulfoton	10	ND
EPN	10	ND
乙硫磷 Ethion	10	ND
乙基氨基甲酸盐 Ethyl carbamate	50	ND
双(2-乙基己基)邻苯二甲酸酯 Bis(2-ethylhexyl)phthalate	10	660
乙基甲磺酸 Ethyl methanesulfonate	20	ND
伐灭磷 Famphur	20	ND
丰索磷 Fensulfothion	40	ND
倍硫磷 Fenthion	10	ND
氟灭草 Fluchloralin	20	ND
荧蒽 Fluoranthene	10	660
芴 Fluorene	10	660
六氯苯 Hexachlorobenzene	10	660
六氯丁二烯 Hexachlorobutadiene	10	660
六氯环戊二烯 Hexachlorocyclopentadiene	10	660
六氯乙烷 Hexachloroethane	10	660
六氯酚 Hexachlorophene	50	ND
六氯丙烯 Hexachloropropene	10	ND
六甲基磷酰胺 Hexamethylphosphoramide	20	ND
对苯二酚 Hydroquinone	ND	ND
茚并 Indeno(1,2,3-cd)pyrene	10	660
异艾氏剂 Isodrin	20	ND
异氟乐酮 Isophorone	10	660
异黄樟油精 Isosafrole	10	ND
十氯酮 Kepone	20	ND
对溴磷 Leptophos	10	ND

表 K.2(续)

化合物	估计的定量限[a]	
	地下水/(μg/L)	低土/沉淀物[b]/(μg/kg)
马拉硫磷 Malathion	50	ND
顺丁烯二酸酐 Maleic anhydride	NA	ND
炔雌醇甲醚 Mestranol	20	ND
噻吡二胺 Methapyrilene	100	ND
甲氧滴滴涕 Methoxychlor	10	ND
3-甲(基)胆蒽 3-Methylcholanthrene	10	ND
4,4′-亚甲双(2-氯苯胺)4,4′-Methylenebis(2-chloroaniline)	NA	ND
甲基甲磺酸 Methyl methanesulfonate	10	ND
2-甲基萘 2-Methylnaphthalene	10	660
甲基硝苯硫酸酯 Methyl parathion	10	ND
2-甲基苯酚 2-Methylphenol	10	660
3-甲基苯酚 3-Methylphenol	10	ND
4-甲基苯酚 4-Methylphenol	10	660
速灭磷 Mevinphos	10	ND
兹克威 Mexacarbate	20	ND
灭灵蚁 Mirex	10	ND
久效磷 Monocrotophos	40	ND
二溴磷 Naled	20	ND
萘 Naphthalene	10	660
1,4-萘醌 1,4-Naphthoquinone	10	ND
1-萘胺 1-Naphthylamine	10	ND
2-萘胺 2-Naphthylamine	10	ND
盐碱 Nicotine	20	ND
5-硝基苊 5-Nitroacenaphthene	10	ND
2-硝基苯胺 2-Nitroaniline	50	3 300
3-硝基苯胺 3-Nitroaniline	50	3 300
4-硝基苯胺 4-Nitroaniline	20	ND
5-硝基-邻-氨基苯甲醚 5-Nitro-o-anisidine	10	ND
硝基苯 Nitrobenzene	10	660
4-硝基联苯 4-Nitrobiphenyl	10	ND
除草醚 Nitrofen	20	ND
2-硝基苯酚 2-Nitrophenol	10	660
4-硝基苯酚 4-Nitrophenol	50	3 300

表 K.2(续)

化合物	估计的定量限[a]	
	地下水/(μg/L)	低土/沉淀物[b]/(μg/kg)
5-硝基-邻-甲苯胺 5-Nitro-o-toluidine	10	ND
4-硝基萘啉-1-氧化物 4-Nitroquinoline-1-oxide	40	ND
N-亚硝基二正丁基胺 N-Nitrosodi-n-butylamine	10	ND
N-硝基二乙胺 N-Nitrosodiethylamine	20	ND
N-亚硝基二苯胺 N-Nitrosodiphenylamine	10	660
N-亚硝基-对正丙胺 N-Nitroso-di-n-propylamine	10	660
N-硝基哌啶 N-Nitrosopiperidine	20	ND
N-硝基吡咯烷 N-Nitrosopyrrolidine	40	ND
八甲基焦磷酰胺 Octamethyl pyrophosphoramide	200	ND
4,4′-氨基联苯醚 4,4′-Oxydianiline	20	ND
硝苯硫酸酯 Parathion	10	ND
五氯苯 Pentachlorobenzene	10	ND
五氯硝基苯 Pentachloronitrobenzene	20	ND
五氯苯酚 Pentachlorophenol	50	3 300
乙酰对胺苯乙醚 Phenacetin	20	ND
菲 Phenanthrene	10	660
苯巴比妥 Phenobarbital	10	ND
苯酚 Phenol	10	660
1,4-苯乙胺 1,4-Phenylenediamine	10	ND
甲拌磷 Phorate	10	ND
裕必松 Phosalone	100	ND
亚胺硫磷 Phosmet	40	ND
磷胺 Phosphamidon	100	ND
邻苯二甲酸酐 Phthalic anhydride	100	ND
2-甲基吡啶 2-Picoline	ND	ND
胡椒砜 Piperonyl sulfoxide	100	ND
戊炔草胺 Pronamide	10	ND
丙基硫脲嘧啶 Propylthiouracil	100	ND
芘 Pyrene	10	660
嘧啶 Pyridine	ND	ND
间苯二酚 Resorcinol	100	ND
黄樟油精 Safrole	10	ND
番木鳖碱 Strychnine	40	ND

表 K.2(续)

<table>
<tr><th rowspan="2">化 合 物</th><th colspan="2">估计的定量限[a]</th></tr>
<tr><th>地下水/(μg/L)</th><th>低土/沉淀物[b]/(μg/kg)</th></tr>
<tr><td>菜草畏 Sulfallate</td><td>10</td><td>ND</td></tr>
<tr><td>托福松 Terbufos</td><td>20</td><td>ND</td></tr>
<tr><td>1,2,4,5-四氯苯 1,2,4,5-Tetrachlorobenzene</td><td>10</td><td>ND</td></tr>
<tr><td>2,3,4,6-四氯苯酚 2,3,4,6-Tetrachlorophenol</td><td>10</td><td>ND</td></tr>
<tr><td>杀虫畏 Tetrachlorvinphos</td><td>20</td><td>ND</td></tr>
<tr><td>四乙基焦磷酸酯 Tetraethyl pyrophosphate</td><td>40</td><td>ND</td></tr>
<tr><td>硫酸嗪 Thionazine</td><td>20</td><td>ND</td></tr>
<tr><td>硫酸酚 Thiophenol(Benzenethiol)</td><td>20</td><td>ND</td></tr>
<tr><td>邻甲苯胺 o-Toluidine</td><td>10</td><td>ND</td></tr>
<tr><td>1,2,4-三氯苯 1,2,4-Trichlorobenzene</td><td>10</td><td>660</td></tr>
<tr><td>2,4,5-三氯酚 2,4,5-Trichlorophenol</td><td>10</td><td>660</td></tr>
<tr><td>2,4,6-三氯苯酚 2,4,6-Trichlorophenol</td><td>10</td><td>660</td></tr>
<tr><td>氟乐灵 Trifluralin</td><td>10</td><td>ND</td></tr>
<tr><td>2,4,5-三甲基苯胺 2,4,5-Trimethylaniline</td><td>10</td><td>ND</td></tr>
<tr><td>三甲基磷酸酯 Trimethyl phosphate</td><td>10</td><td>ND</td></tr>
<tr><td>1,3,5-三硝基苯 1,3,5-Trinitrobenzene</td><td>10</td><td>ND</td></tr>
<tr><td>三(2,3-二溴丙基)磷酸酯 Tris(2,3-dibromopropyl)phosphate</td><td>200</td><td>ND</td></tr>
<tr><td>三对甲苯基磷酸酯(h)Tri-p-tolyl phosphate(h)</td><td>10</td><td>ND</td></tr>
<tr><td>硫代磷酸三甲酯 O,O,O-Triethyl phosphorothioate</td><td>NT</td><td>ND</td></tr>
</table>

a 样品的定量限高度依赖于基质。

b 列举的定量限可以提供一个指导但不总是正确的。土/沉淀的定量限是基于湿重的。通常,数据是在干重为基础报告的。因此,如果是基于干重的话,每个样品的定量限会较高。这些定量限是基于 30 g 样品和凝胶色谱清洗的。

ND=没有测定。

NA=不适用。

NT=没有测定。

其他基质影响因子:

用超声提取高浓度土壤和淤泥:7.5

无水易混合废物:75

c 定量限=(低土/淤泥定量限)×(影响因子)

K.2 引用标准

下列文件中的条款通过在本方法中被引用而成为本方法的条款,与本方法同效。凡是不注日期的引用文件,其最新版本适用于本方法。

GB/T 6682 分析实验室用水规格和实验方法

K.3　原理

样品先要用适当的方法制备(参考附录U或附录V)和净化(参考附录W)然后才能作为色谱分析用的样品,这些半挥发性提取物引入气相色谱并在细孔硅胶柱上进行分析。柱子通过程序升温来进行物质的分离,接着它们通过气相色谱(GC)接口进入质谱(MS)进行检测。目标物质的定性鉴定是通过将它们的质谱图与标准物的电子轰击(或类似电子轰击)的谱图相比较;定量分析则是通过应用五点校准曲线比较一个主要(定量)离子与内标物质离子来完成的。

K.4　试剂和材料

K.4.1　除有说明外,本方法中所用的水为GB/T 6682规定的一级水。

K.4.2　标准储备溶液,该标准溶液可由纯标准物质来制备。

准确地称量大约0.010 0 g纯物质溶解在一定量的丙酮或其他适当的溶剂中,再移至10 mL容量瓶内稀释至刻度。转移标准储备溶液到有聚四氟乙烯垫的瓶内,在4℃时避光保存。储备标准溶液要经常检查是否有降解或者挥发。储备标准溶液在存放一年以后一定要更换,或者在质量控制检验中发现有问题时则立即更换。推荐将亚硝胺类化合物置于单独校正液中,且不要与其他校正液混合。

K.4.3　内标溶液:推荐使用1,4-二氯苯-d_4、萘-d_8、苊-d_{10}、菲-d_{12}和苉-d_{12}作为内标物质。

K.4.3.1　将每种化合物各200 mg溶解在小量的二硫化碳中,然后转移到50 mL容量瓶内,用二氯甲烷稀释至溶液中二硫化碳大约占总体积的20%。除了苉-d_{12}外,大多数的化合物也能溶解在小量的甲醇、丙酮或甲苯中,溶液中所含有内标物的质量浓度各为4 000 ng/μL。在做分析时,每1 mL提取物内,应加入10 μL上述内标溶液,这时样品内每个内标物的质量浓度为40 ng/μL。内标溶液应贮存在−10℃或更低温度下。

K.4.3.2　如果质谱仪的灵敏度很高,检出限很低,需要稀释内标溶液。在中点校准分析中,内标物质的峰面积应该为目标物质峰面积的50%~200%。

K.4.4　校准标准溶液:至少要配制5种不同质量浓度的校准标准溶液,其中1种质量浓度是接近又稍高于该方法的检测限,其他4种应与实际样品的质量浓度范围一致,但又不超过GC/MS系统的检测范围。每一种校准标准溶液内都包含有用该方法检测的每个待测物。在进行分析之前,每1 mL标准溶液分别加入10 μL内标溶液。

K.4.5　丙酮,色谱纯。

K.4.6　己烷,色谱纯。

K.4.7　二氯甲烷,色谱纯。

K.4.8　异辛烷,色谱纯。

K.4.9　二氯化碳,色谱纯。

K.4.10　甲苯,色谱纯。

K.5　仪器

K.5.1　气相色谱/质谱联用系统。

K.5.1.1　气相色谱仪。

K.5.1.2　质谱仪,配有电子轰击源(EI)。

K.5.2　注射器,10 μL。

K.5.3　容量瓶,合适体积,带有磨口玻璃塞。

K.5.4　分析天平,感量0.000 1 g。

K.5.5　带有聚四氟乙烯(PTFE)纹线螺帽或卷盖的玻璃瓶。

K.6 样品的采集、保存和预处理

K.6.1 固体基质:250 mL 宽口玻璃瓶,有螺纹的 Teflon 盖子,冷却至 4℃保存。

液体基质:4 个 1 L 的琥珀色玻璃瓶,有螺纹的 Teflon 的盖子,在样品中加入 0.75 mL 10%的 $NaHSO_4$,冷却至 4℃保存。

K.6.2 保存样品提取物在−10℃,避光,且存放于密闭的容器中(如带螺帽的小瓶或卷盖小瓶)。

K.7 分析步骤

K.7.1 样品的制备

K.7.1.1 在进行 GC/MS 分析之前,土壤/沉积物/废弃物基质的样品须先按附录 V 进行预处理,水基质的样品须先按附录 U 进行预处理。

K.7.1.2 直接进样:这种应用极少,用 10 μL 注射器把样品直接注入 GC/MS 系统中。该检测限很高(约为 100 000 μg/L),因此,这只有当样品的质量浓度超过 10 000 μg/L 时才能采用,该系统还须用直接注入法来校准。

K.7.2 提取物的净化:在进行 GC/MS 分析之前,提取物须先按附录 W 来净化。

K.7.3 推荐的 GC/MS 操作条件是:

质量范围:35~500 u;

扫描时间:1 s/次;

柱温程序:初始温度 40℃,保持 4 min,然后以 10℃/min 速率升温至 270℃保持到苯并(ghi)苝被洗脱出来为止;

进样口温度:250~300℃;

色谱/质谱接口温度:250~300℃;

离子源温度:按制作商的操作说明书;

进样口:不分流(若质谱仪的灵敏度很高可以采用分流进样);

样品体积:1~2 μL;

载气:氢气,流速 50 cm/s;氦气,流速 30 cm/s。

K.7.4 样品的 GC/MS 分析

K.7.4.1 色谱柱:DB-5(30 m×0.25 mm 或 0.32 mm×1 μm)石英毛细管柱或相当者。

K.7.4.2 需要对样品质量浓度进行预计,以尽量降低高质量浓度有机物对 GC/MS 系统的污染。建议先使用相同类型的色谱柱先在 GC/FID 上对样品提取液进行筛选。

K.7.4.3 所有的样品及标准溶液在分析前必须升温到室温。在分析前,要在 1 mL 浓缩提取准备的样品溶液中加入 10 μL 内标物溶液。

K.7.4.4 采用 7.4.1 的石英毛细管柱在 CC/MS 系统内对这 1 mL 的提取物进行分析。所推荐的 GC/MS 系统的操作条件可参考 K.7.3。

K.7.4.5 若定量离子的响应值超过了 GC/MS 系统的初始校准曲线的范围,则须将提取物进行稀释之后,再加内标物到稀释后的提取液中,以保持每种内标物在稀提取液中有 40 μg/μL 的含量,然后再对稀释后的提取液重新分析。

注意:在所有的样品,基质溶液,空白和标准溶液中监控内标物的保留时间和相应信号(峰面积),可很好地诊断方法性能的漂移、效率以及预见系统故障检查。

K.7.4.6 当检出限低于 EI 谱图的一般范围时可以采用选择离子模式(SIM)。但是,除非每个化合物有多个离子被检测,否则 SIM 模式对于化合物鉴定误测较高。

K.7.5 定性分析

K.7.5.1 用该方法对每个化合物进行定性分析时是基于保留时间以及扣除空白后将样品的质谱图与参考质谱图中的特征离子进行比较。参考质谱图必须在同一条件下由实验室获得。参考质谱图中的特征离子是最高强度的三个离子，如果参考质谱图中这样的离子少于三种，则特征离子是任何相对强度大于30%的离子。满足以下标准后，化合物可以被定性。

K.7.5.1.1 在同样的全扫描或每一次全扫描时，化合物的特征离子强度都是最大。数据处理系统选择化合物谱峰进行目标化合物检索的做法与通常做法是一致的：在化合物的特定保留时间处，如果谱峰的质谱图碎片与目标化合物的特征离子的碎片一致，就可以对化合物定性。

K.7.5.1.2 样品成分的相对保留时间在标准化合物的保留时间的±0.06单位范围内。

K.7.5.1.3 特征离子的相对强度在参考谱图中这些离子的相对强度的30%以内。

K.7.5.1.4 当样品的成分没有被色谱有效分离，且产生的质谱图中包含一种以上分析物产生的离子，就无法进行有效地定性分析。当气相色谱峰明显的包括有一个以上的样品成分时（如一个宽峰带有肩峰，或两个或更多最高峰之间出现谷峰），如何选择分析物谱图和背景谱图是很重要的。

K.7.5.1.5 分析适当的离子流谱图可以帮助选择谱图以及对化合物进行定性分析。当分析物共流出时，每个组分的谱图会包含其特征离子，可有效地定性。

K.7.5.2 当校正溶液中不包含样品中的某些成分时，数据库搜索可部分的帮助定性。需要时可以采用这种化合物定性方式。

K.7.6 定量分析

K.7.6.1 当化合物被定性后，其定量依据的是一级特征离子的积分强度。所选用的内标物应该与待测分析物有最相近的保留时间。

K.7.6.2 结果报告中的质量浓度应该包括：(1) 质量浓度值是一个评估值，(2) 哪一个内标化合物被用于定量分析。可使用无干扰的最相近的内标化合物。

K.7.6.3 多成分化合物（如毒杀芬，芳氯物）的定量分析已经超出了本方法的应用。但是，样品提取物浓缩后的质量浓度达到10 ng/μL时，本方法可用来对这些化合物进行定量分析。

K.7.6.4 结构异构体如果有非常相似的质谱图，但是在GC上的保留时间有明显差别则被认为是不同的异构体。若两个异构体峰之间的峰谷高度小于两个峰的峰高之和的25%，则认为这两个异构体已被GC有效分离。否则，结构异构体作为异构体对来定量。非对映异构体（如杀螨特和异黄樟脑）如可被GC分离，则应被作为两种化合物来进行总计和报告。

附 录 L
（资料性附录）
固体废物 非挥发性化合物的测定 高效液相色谱/热喷雾/质谱或紫外法
Solid Wastes—Determination of Nonvolatility Compounds —HPLC/TS/MS or UV Detector

L.1 范围

本方法适用于固体废物中分散红 1、分散红 5、分散红 13、分散黄 5、分散橙 3、分散橙 30、分散棕 1、溶剂红 3、溶剂红 239 种偶氮染料；分散蓝 3、分散蓝 14、分散红 60、香豆素染料 4 种蒽醌染料；荧光增白剂 61、荧光增白剂 2 362 种荧光增白剂；咖啡因、士的宁 2 种生物碱；灭多威、久效威、伐灭磷、磺草灵、敌敌畏、乐果、乙拌磷、丰索磷、脱叶亚磷、甲基对硫磷、久效磷、二溴磷、甲拌磷、敌百虫、三(2,3-二溴丙基)磷酸酯 15 种有机磷化合物；毛草枯、麦草畏、2,4-滴、二甲四氯、二甲四氯丙酸、2,4-滴丙酸、2,4,5-涕、2,4,5-涕丙酸、地乐酚、2,4-滴丁酸、2,4-滴丁氧基乙醇酯、2,4-滴乙基己基酯、2,4,5-涕丁酯、2,4,5-涕丁氧基乙醇酯 14 种氯苯氧基酸化合物；涕灭威、涕灭威砜、涕灭威亚砜、灭害威、燕麦灵、苯菌灵、除草定、恶虫威、甲萘威、多菌灵、3-羟基克百威、克百威、枯草隆、氯苯胺灵、敌草隆、非草隆、伏草隆、利谷隆、灭虫威、灭多威、兹克威、灭草隆、草不隆、杀线威、毒鞭、苯胺灵、残杀威、环草隆、丁唑隆 29 种氨基甲酸酯化合物(共 75 种化合物)的测定。

可用热喷雾/质谱法分析的化合物有分散偶氮染料、次甲基染料、芳甲基染料、香豆素染料、蒽醌染料、氧杂蒽染料、阻燃剂、氨基甲酸酯、生物碱、芳香脲、酰胺、胺、氨基酸、有机磷化合物和氯苯氧基酸化合物。

L.2 原理

样品经过萃取等前处理之后利用反相高效液相色谱(RP-HPLC)、热喷雾(TS)、质谱(MS)和(或)紫外(UV)测定目标分析物。定量分析用 TS/MS,可用外标或内标的定量方式。样品萃取物可以直接进入热喷雾或进入高效液相色谱热喷雾界面进行分析。在色谱仪内用梯度洗脱程序分离化合物，单四极杆质谱既可用负电离(放电电极)也可用正电离方式进行检测。本方法依据的是 HPLC 技术，常规样品分析选用紫外(UV)检测。还可以用热喷雾/质谱/质谱(TS/MS/MS)方法进行确认。用 MS/MS 碰撞解离(CAD)或金属丝-排斥 CAD 加以确认。

L.3 试剂和材料

L.3.1 试剂水，不含有机物的试剂级水。

L.3.2 硫酸钠(无水，颗粒状)，净化时可在浅盘内，加热 400℃达 4 h 或用二氯甲烷预先清洗硫酸钠。

L.3.3 乙酸铵溶液，0.1 mol/L，通过 0.45 μm 膜过滤器过滤。

L.3.4 乙酸，分析纯。

L.3.5 硫酸溶液

1：1 的硫酸溶液(体积分数)，缓慢将 50 mLH_2SO_4(ρ=1.84)加到 50 mL 水中。

1：3 的硫酸溶液(体积分数)，缓慢将 25 mLH_2SO_4(ρ=1.84)加到 75 mL 水中。

L.3.6 氩气，纯度＞99%。

L.3.7 二氯甲烷，农残级或同类级别。

L.3.8 甲苯，农残级或同类级别。

L.3.9 丙酮,农残级或同类级别。

L.3.10 乙醚,农残级或同类级别。必须用试纸(EM Quant 或同类品)检验无过氧化物存在。清除后每升乙醚中必须加入 20 mL 乙醇保护剂。

L.3.11 甲醇,HPLC 级或同类级别。

L.3.12 乙腈,HPLC 级或同类级别。

L.3.13 乙酸乙酯,农残级或同类级别。

L.3.14 标准物质,指纯的标准物质或每种目标分析物的标定溶液。分散偶氮染料必须在使用前按 L.3.15加以纯化。

L.3.15 分散偶氮染料的纯化:用甲苯把染料进行索式萃取 24 h,再将萃取液用旋转蒸发器蒸发至干,被测物质再从甲苯中重结晶,并于约 100℃的干燥炉中干燥。若纯度仍达不到要求,应采用硅酸镁载体柱进行纯化,将重结晶的固体加在一根(3×8)英寸的硅胶柱上。用乙醚淋洗,杂质经色谱分离后,收集主要的染料馏分。

L.3.16 储备标准溶液:准确称量 0.010 0 g 纯物质,溶于甲醇或其他合适的溶剂(例如配制 Tris-BP 用乙酸乙酯)并在容量瓶中稀释至需要的体积。转移储备标准液至带 PTFE 衬里螺纹瓶盖或宽边瓶塞的玻璃样品瓶内。在 4℃下避光储存。储备标准液应经常检查,尤其在配校正标样前要检查是否有降解或蒸发的迹象。

备注:由于含氯除草剂的反应性强,标准液必须在乙腈中配制,如在甲醇中配制会出现甲基化。如果化合物的纯度经确认在 96%或更高,那么可以不必校正用重量直接计算储备标准液的质量浓度。商品化的储备标准液如果经制造商或由其他独立机构验证,均可使用。

L.3.17 校正标准液:用甲醇(或其他合适的溶剂)稀释储备标准液,对每个需分析的化合物最少要配制 5 个不同质量浓度,其中应该有一个接近或高于最低检测限。而其余的质量浓度应与实际样品的质量浓度范围相近或在 HPLC-UV/VIS 或 HPLC-TS/MS 的检测范围之内,校正标样必须每个月或每两个月更换一次,如果与核对的标样比较出现问题则应立即更换。

L.3.18 替代物标样:通过一种或两种替代物(例如样品中不存在的有机磷或氯代苯氧酸化合物)加入每个样品、标样及空白样中,测出萃取、清洗(如使用)和分析系统的性能,以及使用每种样品基体的方法效率。

L.3.19 HPLC/MS 调试标样:推荐用聚乙二醇 400(PEG-400),PEG-600 或 PEG-800 作调试标样,如果使用一种 PEG 溶液,要用甲醇稀释到 10%(体积分数)。使用哪种 PEG 取决于分析物的分子量范围。分子量小于 500,用 PEG-400;分子量大于 500,用 PEG-600 或 PEG-800。

L.3.20 内标物,采用内标校正方式时,最好使用相同化学品的稳定同位素标记化合物(例如分析氨基甲酸酯时可用 13C6 作为内标物)。

L.4 仪器

L.4.1 高效液相色谱仪(HPLC),带紫外检测器。

L.4.2 色谱柱

L.4.2.1 保护柱,C_{18}反相保护柱,10 mm×2.6 mm。

L.4.2.2 分析柱,C_{18}或 C_8 反相柱,100 mm×2 mm。

L.4.3 质谱系统,一个单四极杆质谱仪,能从 1 u 扫描到 1 000 u,质谱仪在 70 V(表观)电子能量以正离子或负离子轰击方式下在 1.5 s 内从 150 u 扫描到 450 u。此外,质谱仪必须能得到 PEG-400,PEG-600,PEG-800 或其他作校正用的化合物的校正质谱图。

L.4.4 可选的三重四极杆质谱仪,能用一种碰撞气体在二级四极杆产生子离子谱图,以一级四极杆方式运行。

L.4.5 偶氮染料标样的纯化设备

L.4.5.1 (Soxhlet)索式萃取仪。

L.4.5.2 硅胶柱,3英寸×8英寸,填充硅胶(60型,EM试剂70/230目)。

L.4.6 氯代苯氧酸化合物萃取仪

L.4.6.1 锥形瓶,500 mL广口Pyrex®,500 mL Pyrex®带24/40标准磨口玻璃接头,1 000 mL Pyrex®。

L.4.6.2 分液漏斗,2 000 mL。

L.4.6.3 有刻度的量筒,1 000 mL。

L.4.6.4 漏斗,直径75 mm。

L.4.6.5 手提式振荡器,Burrell 75型或同类产品。

L.4.6.6 pH计。

L.4.7 K-D浓缩仪。

L.4.8 旋转蒸发仪,配备1 000 mL接收瓶。

L.4.9 分析天平,0.000 1 g,最大负载0.01 g。

L.5 分析步骤

L.5.1 样品制备

分散偶氮染料和有机磷化合物的样品在做HPLC/MS分析前必须进行预处理,三(2,3-二溴丙基)磷酸酯废水在做HPLC/MS分析前样品必须按L.5.1.1进行制备,分析氯代苯氧酸化合物及其酯类的样品在做HPLC/MS分析前必须按L.5.1.2进行制备。

L.5.1.1 微量萃取三(2,3-二溴丙基)磷酸酯(Tris-BP)

L.5.1.1.1 固体样品

L.5.1.1.1.1 在量杯内放入称量好的1 g样品。如果样品潮湿,加入等量无水硫酸钠并充分混合。加100 μL Tris-BP(近似质量浓度1 000 mg/L)到样品中,加入的量应使1 mL萃取液中的最终质量浓度为100 ng/μL。

L.5.1.1.1.2 除去一次性血清吸管中玻璃棉塞,插入1 cm用清洁硅烷处理过的玻璃棉至吸管底部(窄的一端)。在玻璃棉顶部填充2 cm无水硫酸钠,用3~5 mL甲醇清洗吸管及填充物。

L.5.1.1.1.3 把样品放入按L.5.1.1.1.2制备好的吸管内,如果填料干了,先用醇润洗,再把样品放入吸管内。

L.5.1.1.1.4 先用3 mL甲醇,再用4 mL 50%(体积分数)甲醇/二氯甲烷萃取样品(加入含样品的吸管前,用萃取剂先洗样品杯)收集萃取后溶液于具刻度的15 mL玻璃管中。

L.5.1.1.1.5 用氮吹法(L.5.1.1.1.6)蒸发萃取后溶液至1 mL,记下体积。

L.5.1.1.1.6 氮吹技术

L.5.1.1.1.6.1 将浓缩管放在温水浴(约35℃)内,用一股缓慢的干燥清洁的N_2(经活性炭柱过滤)蒸发溶剂,使其体积至所需的刻度。

L.5.1.1.1.6.2 操作过程中管的内壁要用二氯甲烷往下淋洗几次。蒸发过程中浓缩管内溶剂的液面必须浸于水溶液面以下,以免水汽凝入样品浓缩。在正常操作条件下,萃取物不能变干,按L.5.1.1.1.7继续操作。

L.5.1.1.1.7 将萃取物转移至带PTFE衬里瓶盖或宽边瓶塞的玻璃样品瓶内,在4℃冷藏,以备HPLC分析用。

L.5.1.1.1.8 测定干重的质量比——在某些情况下,样品结果要求以干重为基准,在称出一份样品作分析测定的同时还应称出一份作干重测定。

注意:干燥炉应放在通风橱或排空至室外,否则可能会污染实验室。

L.5.1.1.1.9 称出萃取用的样品后,再称5~10 g样品至一个恒重的坩埚内,于105℃干燥过夜,在干燥器内冷却后称重。

L.5.1.1.2 水溶液样品

L.5.1.1.2.1 用量筒量出 100 mL 样品倒入 250 mL 分液漏斗。加 200 μL Tris-BP(近似质量浓度 1 000 mg/L)至要加标的样品中,加入的量应使其在 1 mL 萃取物中的最终质量浓度为 200 ng/μL。

L.5.1.1.2.2 加 10 mL 二氯甲烷至分液漏斗内,加盖后摇动分液漏斗 3 次,每次约 30 s,并定时释放漏斗内的过量压力。

备注:二氯甲烷会很快产生过量压力,因此在加盖一摇后,马上要先放空,二氯甲烷是一种致癌物,使用时要特别注意安全。

L.5.1.1.2.3 静止至少 10 min 让有机相与水相分离,如果两相之间浑浊的界面超过溶剂层的 1/3,必须用机械方法完成相分离。

L.5.1.1.2.4 将萃取物收集在一个 15 mL 具刻度的玻璃管内,按 L.5.1.1.1.5 继续操作。

L.5.1.2 萃取含氯苯氧酸化合物——制备土壤、沉积物和其他固体样品必须按 GB 5085.6 的附录 N 进行制备,不同的是没有水解或酯化(若想把所有含氯苯氧酸基团的化合物作酸来测定,可能要进行水解)。

L.5.1.2.1 固体样品的萃取

L.5.1.2.1.1 加 50 g 土壤/沉积物样品至一个 500 mL 的大口锥形瓶中,如果需要,再加入加标溶液,混合均匀后静止 15 min。加入 50 mL 无有机物的试剂水并搅拌 30 min。用 pH 计在样品溶液搅拌时测其 pH 值。用冷 H_2SO_4(1∶1)调节 pH 为 2,并在搅拌中检测 pH 值 15 min,如必要可再加 H_2SO_4 直至 pH 为 2 保持不变。

L.5.1.2.1.2 向容器中加 20 mL 丙酮,用振荡器混合瓶内物质 20 min,加 80 mL 乙醚再振荡 20 min,倒出萃取物并测量溶剂回收的体积。

L.5.1.2.1.3 再用 20 mL 丙酮,80 mL 醚萃取样品 2 次,每次溶剂加入后混合物用振荡器振荡 10 min,倒出丙酮-乙醚萃取物。

L.5.1.2.1.4 第三次萃取完成后萃取物回收的体积应至少为加入溶剂体积的 75%,如果达不到,要再提取一些。将萃取物合并倒入一个有 250 mL 5%酸化硫酸钠的 2 000 mL 分液漏斗内。如果生成乳浊液,缓慢加入 5 g 酸化硫酸钠(无水)直至溶剂与水混合物分离。如果需要可以加入与样品量相等的酸代硫酸钠。

L.5.1.2.1.5 检查萃取物的 pH,如果大于 2,加入较浓的 HCl 使萃取物稳定在所需的 pH 值。轻轻混合分液漏斗内物质 1 min,再静止分层。将水相收集在干净烧杯中,萃取相(上层)倒入 500 mL 磨口锥形瓶中。将水相倒回分液漏斗中并用 25 mL 乙醚再萃取。两层分离后弃去水层,将乙醚萃取液合并入 500 mL 锥形瓶中。

L.5.1.2.1.6 加 45～50 g 酸化的无水硫酸钠到合并的乙醚萃取物中,萃取物与硫酸钠混合约 2 h。

注意:干燥步骤十分关键,乙醚中保留一点水分就会降低回收率,如果摇动烧瓶时可以见到一些自由滚动的晶体,硫酸钠的用量是合适的,如果全部硫酸钠结块成饼状,需再加几克酸化的硫酸钠,并再次摇动测试。干燥时间至少要 2 h,萃取物也可以与硫酸钠一起过夜。

L.5.1.2.1.7 将乙醚萃取液通过塞入酸洗玻璃棉的漏斗,转移至一个配有 10 mL 浓缩管的 500 mLK-D 烧瓶中,转移时可用玻璃棒打碎饼状的硫酸钠。用 20～30 mL 乙醚淋洗锥形瓶和柱子以达到定量转移的目的。用微量 K-D 技术浓缩萃取物。

L.5.1.2.1.8 加 1 或 2 块干净的沸石于烧瓶内并装上三球微量 Snyder 分馏柱。将冷凝管和收集容器接到 K-D 仪的 Snyder 分馏柱上,在顶部加入 1 mL 乙醚预先润湿。将仪器放入热水浴(60～65℃)使浓缩管部分浸入热水中并且烧瓶整个下半部的圆面处于蒸汽浴中,调节仪器的垂直位置和水温使浓缩在 15～20 min 内完成。当液体表观体积达到 5 mL 时,将 K-D 仪从水浴上撤出,排空并冷却至少 10 min。

L.5.1.2.1.9 用乙腈将萃取物定量地转移至氮吹仪中,共加入 5 mL 乙腈,浓缩萃取物体积并调节最终体积为 1 mL。

L.5.1.2.2 制备水溶液样品

L.5.1.2.2.1 用量筒量出1 L水样(表观体积),记录水样体积精确至5 mL,转入分液漏斗。如果质量浓度很高,可少取一些,再用不含有机物的试剂水稀释至1 L。用1∶1 H_2SO_4 调节 pH 小于2。

L.5.1.2.2.2 加150 mL乙醚到样品瓶中,加盖,摇动30 s淋洗瓶壁,倒入分液漏斗并摇动2 min,定时放空分液漏斗内的过量压力。静止至少10 min,让有机层与水层分离。如果两层之间乳浊液界面超过溶剂层的1/3,必须用机械方法完成相分离,最佳方法与不同样品有关,可以用搅拌、玻璃棉过滤、离心或其他物理方法。水相放入一个1 000 mL的锥形瓶中。

L.5.1.2.2.3 用100 mL乙醚再重复萃取2次,合并萃取物于一个500 mL的锥形瓶中。

L.5.1.2.2.4 按L.5.1.2.1.6继续操作(干燥,K-D浓缩,溶剂转换及调节最终的体积)。

L.5.1.3 萃取氨基甲酸酯——制备土壤、沉积物和其他的固体样品必须按合适的样品前处理方法进行。

L.5.1.3.1 用二氯甲烷萃取40 g样品。

L.5.1.3.2 用旋转蒸发器或K-D浓缩器进行浓缩至体积为5～10 mL。

L.5.1.3.3 最终质量浓度及溶剂转换为1 mL甲醇,最好用旋转蒸发器上的接收管完成。如果没有接收管,也可以在通风橱中用缓慢的 N_2 流浓缩到最终的质量浓度。

L.5.1.4 萃取氨基甲酸酯——制备水溶液样品必须按合适的样品前处理方法进行。

L.5.1.4.1 用二氯甲烷萃取1 L的水溶液。

L.5.1.4.2 最终质量浓度和转换溶剂与L.5.1.3.2和L.5.1.3.3中所用的相同。

L.5.2 作HPLC分析前,萃取溶剂必须转换成甲醇或乙腈,转换可以用K-D浓缩仪进行。

L.5.3 HPLC色谱条件

L.5.3.1 特殊分析物的色谱条件见表L.1。

表 L.1 HPLC色谱条件

流动相/%	起始时间/min	最终梯度(线性)/min	最终流动相/%	时间/min
有机磷化合物				
50/50(水/甲醇)	0	10	100(甲醇)	5
偶氮染料(例如 Disperse Red 1)				
50/50(水/乙腈)	0	5	100(乙腈)	5
Tris(2,3-dibromopropyl)phosphate				
50/50(水/甲醇)	0	10	100(甲醇)	5
氯苯氧基酸化合物				
75/25(A/甲醇)	2	15	40/60(A/甲醇)	75/25
40/60(A/甲醇)	3	5	75/25(A/甲醇)	10
A=0.1 mol/L 乙酸铵(1%乙酸)				
氨基甲酸酯				

表 L.1(续)

选择 A:

时间/min	流动相 A/%	流动相 B/%
0	95	5
30	20	80
35	0	100
40	95	5
45	95	5

A=5 mmol/L 乙酸铵溶液加入 0.1 mol/L 乙酸

B=甲醇

选择性的柱后添加 0.5 mol/L 乙酸铵

选择 B:

时间 (min)	流动相 A (%)	流动相 B (%)
0	95	5
30	0	100
35	0	100
40	95	5
45	95	5

A=加入 0.1 mol/L 乙酸铵和 1%乙酸的水溶液

B=加入 0.1 mol/L 乙酸铵和 1%乙酸的甲醇

选择性的柱后添加 0.1 mol/L 乙酸铵

非特殊分析物的色谱条件如下:

流速:0.4 mL/min;

后柱流动相:0.1 mol/L 乙酸铵(1%甲醇)(苯氧酸化合物为 0.1 mol/L 乙酸铵);

后柱流速:0.8 mL/min。

L.5.3.2 分析分散偶氮染料、有机磷化合物和三(2,3-二溴丙基)磷酸酯时,若化合物的保留导致出现色谱问题,则需要用连续的 2%二氯甲烷洗涤。二氯甲烷/含水甲醇溶液用作 HPLC 淋洗剂时必须小心。另一种流动相改性剂乙酸(1%)可用于带酸性官能团的化合物。

L.5.3.3 维持热喷雾电离需要的总流速为 1.0～1.5 mL/min。

L.5.4 推荐 HPLC/热喷雾/质谱的操作条件:在分析样品前应评定目标化合物对每种电离模式的相对灵敏度,以决定哪种模式在分析时能提供更好的灵敏度。这种评估可以根据分析物的分子结构式以及对两种电离模式的比较。

L.5.4.1 正电离模式

推斥极(金属丝或板,自选):170～250 V(灵敏度优化);

放电电极:关;

灯丝:开或关(自选,与分析物有关);

质量范围:150～450 u(与分析物有关,高于化合物分子量 1～18 u);

扫描时间:1.50 s/次。

L.5.4.2 负电离模式

放电电极:开;

灯丝:关;

质量范围:135～450 u;

扫描时间:1.50 s/次。

L.5.4.3 热喷雾温度

汽化室:110～130℃;

顶端:200～215℃;

喷口:210～220℃;

离子源体:230～265℃(某些化合物可能在高温的离子源体内分解。必须根据化学性质估计合适的离子源体温度)。

L.5.4.4 样品的进样体积通常用 20～100 μL。用手动进样时,至少要用 2 倍进样环体积的样品(例如用 20 μL 样品充满一个 10 μL 进样环使其溢出)充满进样环使液体溢出。如果萃取液中有固体,必须让其沉降或离心萃取,再从清透的液层中抽取进样。

L.5.5 校正

L.5.5.1 热喷雾/质谱系统——必须是在四级杆 1(和四级杆 3,对三级四级杆而言)调节质量分布、灵敏度和分辨率。推荐使用聚乙二醇(PEG)400,600 或 800,其平均相对分子质量分别为 400,600 或 800。选用的 PEG 应尽量接近分析时常用的质量范围。分析含氯苯氧酸化合物时用 PEG 400。PEG 直接进样,绕过 HPLC。

L.5.5.1.1 质量校正参数如下:

PEG 400 和 600	PEG 800
质量范围:15～765 u	质量范围:15～900 u
扫描时间:0.5～5.0 s/次	扫描时间:0.5～5.0 s/次

进样 2～3 次应该扫描约 100 次。如果用其他校正物,质量范围应该从 15 u 到比校正用的最高质量数还要高约 20 u。扫描时间应该选择为越过校正物的峰时至少可扫描 6 次。

L.5.5.1.2 从 15～100 u 低质量范围包括了由热喷雾过程中应用的乙酸铵缓冲液生成的一些离子。NH_4^+(18),$NH_4^+ \cdot H_2O$(36),$CH_3OH \cdot NH_4^+$(50)或 $CH_3CN \cdot NH_4^+$(59)和 $CH_3COOH \cdot NH_4^+$(78)。出现 m/z 50 还是 59 离子取决于用甲醇还是乙腈作有机改性剂。高端质量范围包括各种乙二醇氨离子的加合物[例如 $H(OCH_2CH_2)nOH$,当 $n=4$ 时,在 m/z 212 处为 $H(OCH_2CH_2)nOH \cdot NH_4^+$ 离子]。

L.5.5.2 液相色谱

L.5.5.2.1 制备校正标准。

L.5.5.2.2 选择合适电离条件,用表 L.1 列出的色谱条件将每个校正标样注入 HPLC。含氯苯氧酸分析物的相关系数(r^2)至少应该是 0.97。多数情况下只有$(M^+H)^+$和$(M^+NH_4)^+$加合离子是丰度显著的离子。

L.5.5.2.2.1 在要求检测限低于全谱分析正常范围的情况下,可以选用选择离子检测(SIM),但是未作化合物多重离子检测时,SIM 鉴别化合物的可信度较低。

L.5.5.2.2.2 使用三级四级杆 MS/MS 时也可以用选择反应检测(SRM)并需要提高灵敏度。

L.5.5.2.3 如果用 HPLC/UV 检测,先校正仪器。用表 L.1 中列出的色谱条件把每个校正标样注射到 HPLC 中,积分每种质量浓度下全部色谱峰的面积。如果已知样品无干扰和(或)无同流出的分析物,HPLC/UV 定量是最佳选择。

L.5.5.2.4 对 L.5.5.2.2 和 L.5.5.2.3 阐述的方法,色谱峰的保留时间是鉴别分析物的重要参数,因此样品分析物和标样分析物的保留时间比应该在 0.1～1.0。

L.5.5.2.5 用 L.5.5.2.2 和 L.5.5.2.3 中测得的校正曲线可以测定样品分析物的质量浓度。这些校正曲线必须在分析每个样品的同一天测得。质量浓度超过标样校正范围的样品,应稀释至校正范围内。

L.5.5.2.6 使用 MS 或 MS/MS 时,每种样品萃取物可以既做正离子分析物测定也可作负离子分析物测定。但是有些目标化合物只有正离子或负离子才有更高的灵敏度,因此只做一种分析更实际(如氨基甲酸酯通常正电离模式更灵敏,而苯氧酸通常负电离模式更灵敏)。样品分析前分析人员应评估目标化合物对每种电离模式的相对灵敏度,这种评估可以根据化合物的结构或把分析物导入每种电离模式作比较得到。

L.5.6 样品分析

系统校正后按上述步骤分析样品。

L.5.7 热喷雾/HPLC/MS 确认法

MS/MS 实验中,第一四级杆应设置为目标分析物的质子化分子或与氨结合的加合物,第三四级杆应扫描从 30 u 到刚好高于质子化分子的质量区为止。碰撞气压(Ar)应设为约 1.0 mTorr(0.13 Pa),而碰撞能量在 20 eV。如果这些参数无法使分析物解离,可以提高这些设定以形成更好的碰撞。

分析测定时,碰撞谱图的基峰应取作定量用的离子峰。选第二离子作为候补的定量用的离子。

L.5.8 金属丝排斥器 CAD 确认

一旦金属丝排斥器插入热喷雾流,电压可以增加到 500～700 V,要得到碎片离子必须有足够的电压,但不得出现断路。

L.6 计算

L.6.1 用外标和内标校正步骤测定样品生成的离子色谱图中每个色谱峰的属性和含量,该色谱图对应于校正过程中用的化合物。

L.6.2 色谱峰的保留时间是鉴别分析物的重要参数,但是由于基体干扰而改变色谱柱的状态,保留时间就没有意义,因此质谱图确证是鉴别分析物的重要依据。

附 录 M
（资料性附录）
固体废物 半挥发性有机化合物(PAHs 和 PUBs)的测定
热提取气相色谱/质谱法
Solid Wastes—Determination of Semivolatile Organic Compounds(PAHs and PCBs)—Thermal Extraction/Gas Chromatography/Mass Spectrometry(TE/GC/MS)

M.1 范围

本方法适用于固体废物中苊、苊烯、蒽、苯并[a]蒽、苯并[a]芘、苯并[b]荧蒽、苯并[g,h,i]二萘嵌苯、苯并(k)荧蒽、4-溴苯基-苯基醚、1-氯代苯、䓛、氧芴、二苯并[a,h]蒽、硫芴、荧蒽、芴、六氯苯、茚苯[1,2,3-cd]芘、萘、菲、芘、1,2,4-三氯代苯、2-氯联苯、3,3′-二氯联苯胺、2,2′,5-三氯联苯、2,3′,5-三氯联苯、2,4′,5-三氯联苯、2,2′,5,5′-四氯联苯、2,2′,4,5′-四氯联苯、2,2′,3,5′-四氯联苯、2,3′,4,4′-四氯联苯、2,2′,4,5,5′-五氯联苯、2,3′,4,4′,5-五氯联苯、2,2′,3,4,4′,5′-六氯联苯、2,2′,3,4′,5,5′,6-七氯联苯、2,2′,3,3′,4,4′-六氯联苯、2,2′,3,4,4′,5,5′-七氯联苯、2,2′,3,3′,4,4′,5-七氯联苯、2,2′,3,3′,4,4′,5,5′-八氯联苯、2,2′,3,3′,4,4′,5,5′,6-九氯联苯、2,2′,3,3′,4,4′,5,5′,6,6′-十氯联苯等多氯联苯(PCBs)和多环芳烃(PAHs)化合物的热提取气相色谱质谱法测定。

在土壤和沉淀物中方法的评估定量限(EQL)对于 PAH 化合物来说为 1.0 mg/kg(干重)(对于 PCB 化合物来说为 0.2 mg/kg)；而在潮湿的底泥和其他固体垃圾中 EQL 为 75 mg/kg(取决于水和溶质)。然而通过调整校准线或者在样品干扰因素较小的情况下引入大尺寸样品可以使 EQL 降低，随着本方法的发展，可探测到上述化合物界限含量为 0.01～0.5 mg/kg(干燥样品)。

M.2 引用标准

下列文件中的条款通过在本方法中被引用而成为本方法的条款，与本方法同效。凡是不注日期的引用文件，其最新版本适用于本方法。

GB/T 6682 分析实验室用水规格和实验方法

M.3 原理

将少量样品称量至样品坩埚中，将坩埚放入一个热提取(TE)室中，升高温度至 340℃，并且保温 3 min。从分流的进样口将经过热提取后的化合物注入 GC 实验装置中(含量低的样品分流比设置为 35∶1、含量高的样品设置为 400∶1)，随后样品会集中在 GC 装置的顶部，热解吸附过程持续 13 min。GC 柱温箱的温度程序设定取决于分析物的特性，然后将分析物放入质谱仪中进行定性和定量测定。

M.4 试剂和材料

M.4.1 除有说明外，本方法中所用的水为 GB/T 6682 规定的一级水。

M.4.2 标准溶液储备液(1 000 mg/L)：标准溶液可以采用纯的原料进行配置或者购买已鉴定的标准溶液。

M.4.2.1 精确称量 0.010 0 g 纯物质用来配备标准溶液储备液，将其溶解在二氯甲烷中或者其他相配的溶液(某些 PAHs 可能需要预先在较少容量的甲苯或者二硫化碳中进行初溶)在 10 mL 容量瓶中进行稀释，如果化合物的纯度高于 96%，则质量计算时可以不进行纯度修正。

M.4.2.2 将配置好的标准溶液储备液转移至带有聚四氟乙烯衬里螺纹盖的玻璃瓶中，在－20～

－10℃下避光储存。标准溶液应该经常进行检测以防止蒸发或者降解，尤其是在要用于校准标准的时候。

M.4.2.3 标准溶液储备液必须在一年后或者发现问题时进行更换。

M.4.3 中间标准溶液：中间标准溶液必须包含所有目标分析物作为校准标准溶液（PAHs和PCBs溶液分别制备）或者包含所有内标物作为内标溶液。推荐的溶液质量浓度为100 mg/L。

M.4.4 GC/MS调谐标准：配制含50 mg/L调谐物（DFTPP）的二氯甲烷溶液，储存温度为－20～－10℃。

M.4.5 基体加标溶液：用甲醇配制基体加标溶液，该溶液中含有至少5种固体样品的目标化合物，质量浓度为100 mg/L，且所选的化合物应能代表目标化合物的沸点范围。

M.4.6 用于配制校准标准土壤和内标土壤的空白土壤按下列步骤得到。

M.4.6.1 首先取一份干净的（不含目标分析物和干扰因素的）沉积土壤，将其烘干并在研钵中研碎。用100目筛网进行过筛，选取几个50 mg样品采用TE/GC/MS方法进行分析来测定其中是否含有可以干扰表M.1和表M.2中目标化合物的物质。

M.4.6.2 如果没有发现任何干扰因素，则选取300～500 g过筛后的干燥土壤放入一个带有聚四氟乙烯衬里盖的玻璃瓶中，放入摇床装置摇动2 d，确保在向土壤中加入分析物前该空白土壤的均匀性。

M.4.7 内标土壤：内标土壤是在空白土壤的基础上准备的，须包含表M.3中所有内标化合物，每种化合物的质量分数为50 mg/kg。同样商业购买经过鉴定后的土壤可以进行使用。

M.4.8 校准标准土壤：校准标准土壤也是在空白土壤的基础上准备的，校准标准土壤必须包含所有待测目标化合物，PAHs和PCBs质量分数分别为35 mg/kg和10 mg/kg。商业购买的标准土壤同样可以使用。

M.4.9 用空白土壤准备内标和校准标准土壤

M.4.9.1 50 mg/kg的内标土壤、35 mg/kg的PAH校准土壤以及10 mg/kg的PCB校准土壤采用相同的方法配制而成。内标溶液或者商业标准溶液用来给一个称量好的空白土壤定量给料。称取20.0 g空白土壤至一个100 mL的玻璃容器中，加入水（5%，质量分数）以便分析物很好的混合和分散。内标溶液每种化合物的浓度为100 mg/L，向潮湿的空白土壤中加入10 mL作为内标土壤；加入7.0 mL作为PAHs校准标准土壤；加入2 mL作为PCBs校准标准土壤。加入更多的二氯甲烷可是使得溶液在土壤上面出现轻微的分层，可以使标准物质均匀的分散到土壤当中。

M.4.9.2 溶剂和水在室温下进行蒸发直至土壤变干（通常需要一整夜），装土壤的容器需要用聚四氟乙烯衬里盖子拧紧并放置在摇床上缓慢旋转混合，为了保持同次性至少需要旋转5 d。

M.4.9.3 内标土壤和校准标准土壤应该用黄色的配有PTFE衬里盖子的玻璃瓶储藏，在－10～－20℃，避光、干燥储藏。在该条件下可以稳定储存90 d。内标和校准标准应该经常进行检测以防止降解，检测的方法是采用同样质量浓度的未降解校准标准溶液放入样品坩埚中进行热提取，然后比对结果。

M.4.9.4 内标和校准标准土壤如果发现降解现象需要立即更换。

注意：在校准标准土壤中挥发性的PAHs和PCBs含量越多，越可能导致其质量浓度高于标准溶液的质量浓度，原因是在坩埚中蒸发作用造成的损失。

M.4.10 二氯甲烷、甲醇、二硫化碳、甲苯和其他适当溶剂须采用农残级或同等级别的纯度。

M.5 仪器

M.5.1 TE/GC/MS实验系统

M.5.1.1 质谱仪，每秒可以扫描35～500 u，在电子碰撞离子化模式下采用的电子能量为70 V。

M.5.1.2 数据系统，将电脑连接在质谱仪上，并且能够保证在色谱分析程序过程中可以连续获得数据，并将大量光谱数据存储在易读的媒介上。

M.5.1.3 GC/MS界面，任何GC/MS界面都应该能够提供在需求质量浓度范围内合理的校准点。

M.5.1.4 气相色谱。必须配备一个可加热的分流/不分流毛细管进样口、柱温箱、低温冷却（可选）设备。柱温箱的温度范围应该至少从室温到450℃,升温速率从1~70℃/min可程序控制。

M.5.1.5 推荐毛细管色谱柱。推荐使用熔融石英管,表层涂以非极性固定相(5%苯基甲基硅氧烷),长度为25~50 m,内径0.25~0.32 mm,膜厚为0.1~1.0 μm(OV-5或者等价物),这些参数最终取决于分析物的挥发性以及分离需求。

M.5.1.6 热提取器。在热提取和向GC进样口转移的过程中,TE单元必须保证样品以及所有提取的化合物只和熔融石英表面相接触。还必须保证在样品转移的所有路线区域温度最小值为315℃。在热提取室中应能够进行650℃以上的烘干操作,在连接区域温度能够达到450℃,还须注意的一点就是所有与样品接触的部分、坩埚、药勺和工具都必须由熔融石英制成,以便使所有残留物得到氧化。

M.5.2 石英药勺。

M.5.3 马弗炉盘,在清洗处理过程中可以用来支持坩埚。

M.5.4 不锈钢镊子,用来进行样品坩埚操作。

M.5.5 培养皿,用来储藏样品坩埚。

M.5.6 样品盘。

M.5.7 多孔熔融石英坩埚。

M.5.8 多孔熔融石英坩埚盖。

M.5.9 马弗炉,用来净化坩埚,最高加热温度800℃。

M.5.10 冷却架,耐高温、陶瓷或者石英材料。

M.5.11 分析天平,最小2 g量程,灵敏度0.01 mg。

M.5.12 研钵和槌。

M.5.13 网筛,100目和60目。

M.5.14 样品瓶,玻璃制品,有聚四氟乙烯(PTFE)做内衬的旋盖。

M.6 样品的采集、保存和预处理

固体样品保存在有螺纹的Teflon盖子的50 mL宽口玻璃瓶中,冷却至4℃保存。

M.7 分析步骤

M.7.1 坩埚处理

将马弗炉升温至800℃,保温30 min,将样品坩埚和盖子放入马弗炉盘然后放进炉箱。15 min后取出炉盘放在冷却架上(放置15~20 min),之后将其转入干净的培养皿中。

注意:使用不锈钢镊子夹取坩埚和坩埚盖。所有的坩埚都应进行清洗然后放入培养皿。准备足够多的坩埚和盖子来做五点校准曲线或者依照样品分析物的数量来定。

M.7.2 TE/GC/MS系统的初始校准

M.7.2.1 将TE/GC/MS系统按如下推荐操作条件设定并进行烘干:

在线烘干操作:必须在每次校准之前进行此项操作,如果使用自动进样器,那么此项操作会在自动进样程序中完成。

注意:坩埚必须在进行烘干操作前从热提取单元中取出,虽然在方法空白的时候需要GC/MS数据来监控系统污染,但是在烘干过程中不需要获得MS数据。

GC色谱柱温度程序:35℃保持4 min,然后以20℃/min升温至325℃,保持10 min,4 min内冷却至35℃。

GC进样口温度:335℃,整个过程中采用不分流模式;

MS传输管温度:290~300℃;

GC载气量:氦气,30 cm/s;

TE传输管温度:310℃;

TE 柱温箱接口温度：335℃；

TE 氦气流速：40 mL/min；

TE 样品室加热参数：60℃保温 2 min，12 min 内升温至 650℃，保温 2 min，冷却至 60℃。

M.7.2.2 假定为 30 m 的毛细管柱进行校准和样品分析，TE/GC/MS 系统设置如下：

光谱范围：45～450 u；

MS 扫描时间：1.0～1.4 次/s；

GC 色谱柱温度程序：35℃保持 12 min，在 8 min 内升温至 315℃保持 2 min，在 4 min 内到 35℃；

GC 进样类型：分流/不分流毛细管，35：1 分流比例；

GC 进样口温度：325℃；

GC 进样口设置：不分流 30 s，之后整个操作过程一直分流；

MS 传输管温度：290～300℃；

MS 源温度：依照产品说明；

MS 溶剂延迟时间：15 min；

MS 数据获得：49 min 后停止采集；

载气：氦气，30 cm/s；

TE 传输管温度：310℃；

TE 柱温箱接口温度：335℃；

TE 氦气吹扫流速：40 mL/min。

TE 样品加热参数：60℃保持 2 min，8 min 内升温至 340℃，保持 3 min，4 min 内冷却至 60℃。

M.7.2.3 方法空白。在线烘干后进行空白测试，获得 MS 数据并且确保在测定方法检出限(MDL)的过程中系统不含有目标分析物和干扰因素，如果观察到污染则须采取适当的修改(例如：烘干、更换 GC 柱、更换 TE 样品室或者传输管)。

M.7.2.4 GC/MS 系统必须硬件调谐。

M.7.2.5 初始校准曲线。必须用至少 5 种以上的不同质量浓度进行初始校准和系统维护后的校准。如果曲线与初始校准曲线和校准校核存在 20%的偏移，还应该做校准程序，除非系统维护更正了这个错误。由于接下来的校准标准土壤分析将调整进样口分流比为 35：1，将来任何关于分流比的修改都需要进行新的初始校准曲线测定。

M.7.2.5.1 利用镊子将样品坩埚从干净的培养皿中移出放在分析天平上，精确测量到 0.1 mg 后将其放置在清洁的表面上。

M.7.2.5.2 称量 10 mg(±3%)的内标土壤放入样品坩埚。然后将坩埚放回天平重新称重，记录重量。

M.7.2.5.3 在坩埚中称量校准标准土壤并且记录质量，将其放入热提取单元或者自动进样器，记录所有的分析信息数据以及条件。

PAH 标准：分别称取 50、40、20、10 和 5 mg(±3%)的 35 mg/kg PAH 校准标准土壤，然后将其与 10 mg 50 mg/kg 的内标土壤放入不同的坩埚。

分别得到在校准标准中每个目标分析物为 50、40、20、10、5 ng 时的分析结果。

PCB 标准：分别称取 50、40、20、10 和 5 mg(±3%)的 10 mg/kg PCB 校准标准土壤，然后和 10 mg 50 mg/kg 的内标土壤放入不同的坩埚。

分别得到在校准标准中每个目标分析物为 10、8、4、2、1 ng 时的分析结果。

注意：GC/MS 系统的敏感度可能要求对上述标准质量(校准或者内标)进行调整。

M.7.2.5.4 含量高的样品推荐使用 300：1 或者 400：1 的分流比。当采用一个适当质量浓度的目标分析物在高分流比下需要进行新的校准曲线测定，大约为原来质量浓度的 10 倍。

M.7.2.6 分析过程。在方法开始之前，样品被预装入熔融石英样品室。样品室升温至 340℃并且保温 3 min，氦气为载气/吹扫气，以 40 mL/min 的速率从样品室中流过，热提取化合物被吹扫通过去活的熔融石英衬管达到GC毛细管进样口,随后以一定的分流比(35:1或者400:1)进入GC柱,最后集中在GC柱的顶端,并在35℃下进行保温。一旦热提取过程完成(13 min),样品室将会冷却。GC柱温箱就会以10℃/min的速率加热至315℃,精确的热提取参数依靠各种不同的需求进行调整。

M.7.2.7 计算每个分析物的响应因子(*RFs*)(采用表M.4中的内标物),并且评估出校准的线性关系。

M.7.3 TE/GC/MS系统的校准确认

M.7.3.1 在分析样品之前先要对DFTPP调谐液进行分析。

M.7.3.2 每经过6 h操作以后,需要进行方法空白分析确认系统是否清洁。

M.7.4 样品准备、称量和载样

M.7.4.1 样品准备

轻轻倒出沉积物样品上的水相,并且剔除外来杂质例如玻璃、木屑等。样品准备需要均一化的潮湿或者干燥样品,并尽可能地选择具有代表性的分析试样。非常潮湿的样品会对MS系统造成过多的压力。

M.7.4.2 测定样品干重百分比

有些土壤和沉积物样品的测量需要基于干重,可以选取一部分样品进行称重同时选取另一部分样品进行分析测定。同时,对于任何看起来比较潮湿的样品都应该计算其湿重百分比来决定是否在研磨之前对该样品进行烘干。

注意:干燥烘箱应该包含出气孔,严重的实验室污染可能就源于大量有害的废物样品。

称取5～10 g的样品至坩埚中,在105℃下进行干燥,通过失重来计算干重百分比,在称重前应放入干燥室冷却。计算干重质量分数的公式如下:

$$w = (\text{干燥后质量}/\text{样品总质量}) \times 100\%$$

M.7.4.3 潮湿样品(湿重质量分数超过20%)

M.7.4.3.1 以萘为目标分析物的样品

尽可能使样品少暴露在空气中,因为空气中的湿度会造成萘的损失。称量坩埚质量,然后称量10 mg内标土壤,再加入10～20 mg有代表性的潮湿样品,记录下样品的质量并将坩埚放入TE进样系统。

M.7.4.3.2 不以萘为目标分析物的潮湿样品

在一个干净的浅的容器上铺开3～5 g有代表性的样品薄层,然后在室温条件(25℃)下覆盖进行干燥30～40 min。当样品干燥以后,将其从容器壁上刮掉然后研磨成统一的粒径大小,并且保证其均匀性,经过60目筛网过筛后存储在样品瓶中。

M.7.4.4 干燥的样品(湿重质量分数小于20%)

称量5～10 g的干燥样品进行研磨使其均一化,经过60目筛后储备在样品瓶中。

M.7.4.5 内标称重

M.7.4.5.1 用镊子将样品坩埚从干净的培养皿中取出放置在分析天平上,称重精确到0.1 mg后放在干净的表面上。

M.7.4.5.2 称取10 mg(±3%)内标土壤放入样品坩埚中用熔融石英药勺混合,用分析天平称量坩埚质量,记录下当时的质量。

M.7.4.6 样品称重

用干净的熔融石英药勺量取3～250 g样品放入样品坩埚中,称重。装入热提取坩埚中的样品质量按下述情况确定:

M.7.4.6.1 如果含量低(0.02～5.0 mg/kg和低的总有机含量),则需100～250 mg干燥样品(假定分流比为35:1)。

注意:此种方法的评估定量限为1 mg/kg,任何测定低于1 mg/kg的质量分数将被认为是估测质量分数(非精确)。

M.7.4.6.2 如果含量高(500～1 500 mg/kg 和高的总有机含量),则需要 3～5 mg 的干燥样品(假定分流比为 35∶1)。

M.7.4.6.3 如果含量在两者之间,则相应调节样品的质量。

M.7.4.6.4 如果预期的含量超过 1 500 mg/kg,则需采用较高的分流比,推荐分流比为 300～400。当然对应于新的分流比还需要新的初始校准曲线。

M.7.4.6.5 对于含量未知的样品,初次测定时样品质量应小于 20 mg。

注意:推荐在对含量未知的样品进行 TE/GC/MS 分析之前进行筛选,可以防止重新分析样品以及保护系统以免过载造成停工。筛选可以选用 FID 装备(自选)或者用二氯甲烷半定量提取后用 GC/FID 测定相关质量浓度。

M.7.4.6.6 选择一个样品做基体加标分析测定。称取一到二份含有内标土壤的样品至坩埚中,然后直接向样品添加 5.0 μL 标液,立刻盖上盖子并转移到热提取单元或者自动进样器中。

M.7.4.7 装载样品

对样品含量进行评估,然后称量样品加入装有称量过的内标土壤的坩埚中。记录样品质量(精确到 0.1 mg),盖上盖子放入热提取单元或者自动进样器中。如果样品是潮湿的或者目标化合物的挥发性比正十二烷(n-dodecane)要强,自动进样器应设为 10～15℃。

M.7.4.8 分析:样品装载入热提取单元中的熔融石英样品室。

M.7.4.8.1 对于那些含量极低、信噪比小于 3∶1 的样品,重复 M.7.4.5 后增大进样量可以适当提高检测响应。

M.7.4.8.2 如果提取得到过量的样本并且 GC 柱的过载已经很明显的情况下,烘干系统并且做一个空白分析来决定是否需要清理系统。重复 M.7.4.5 后选用少量的样品(按要求降低进样量)。

M.7.5 维护烘干操作

M.7.5.1 系统烘干条件:对非在线条件(非自动进样)依照极端过载系统程序,进行日常清洗维护。

注意:在烘干程序开始前必须将样品坩埚移出热提取单元。在烘干程序开始前,TE 柱温箱接口首先应冷却以卸去熔融石英传输管。在烘干之后应安装新的传输管。

GC 初始柱温度和保温时间:335℃,保温 20 min;

GC 进样口温度:335℃,设置为分流模式;

MS 传输管温度:295～305℃;

GC 载气量:氦气 30 cm/s;

TE 传输管温度:关闭,直到安装新的毛细管;

TE 柱温箱接口温度:400℃;

TE 气体流速:最高大约为 60 mL/min;

TE 样品室加热参数:至 750℃,保温 3 min,然后冷却至 60℃。

M.7.6 定性分析

依照附录 J 中的定性方法来确定目标化合物。

M.8 结果计算

通过内标法利用第一特征离子的 EICP 的积分丰度对化合物进行定量。使用的内标依照表 M.4,由下式计算每种确定分析物的质量分数

$$w_x = \frac{A_x \cdot w_{is} \cdot m_{is}}{RF \cdot A_{is} \cdot m_x \cdot D}$$

式中:w_x——化合物的质量分数,mg/kg;

A_x——样品中被测化合物的特征离子的峰面积;

w_{is}——内标土壤质量分数,mg/kg;

m_{is}——内标土壤质量,kg;

m_x——样品质量，kg；

$\overline{RF}$——化合物从初始校准曲线测量得到的平均响应因数；

A_{is}——内标特征离子的峰面积；

D——样品干燥度[(100－湿样质量分数)/100]。

表 M.1 PAH/半挥发性校准标准土壤和定量离子

化合物名称	定量离子
1,2,4三氯代苯 (1,2,4-Trichlorobenzene[1])	180
萘(Naphthalene)	128
苊(Acenaphthylene)	152
二氢苊(Acenaphthene)	153
氧芴(Dibenzofuran)	168
芴(Fluorene)	166
4-溴苯基-苯基醚 (4-Bromophenyl phenyl ether[a])	248
六氯苯(Hexachlorobenzene[1])	284
菲(Phenanthrene)	178
蒽(Anthracene)	178
荧蒽(Fluoranthene)	202
芘(Pyrene)	202
苯并[a]蒽(Benzo(a)anthracene)	228
䓛(Chrysene)	228
苯并[b]荧蒽(Benzo(b)fluoranthene)	252
苯并[k]荧蒽(Benzo(k)fluoranthene)	252
苯并[a]芘(Benzo(a)pyrene)	252
茚苯[1,2,3-cd]芘 (Indeno(1,2,3-cd)pyrene)	276
二苯并[a,h]蒽 (Dibenzo(a,h)anthracene)	278
苯并[g,h,i]二萘嵌苯 (Benzo(g,h,i)perylene)	276

注：[a] 如果目标分析物只是 PAHs，此项分析物可以删除；

所有化合物质量分数为 35 mg/kg。

表 M.2 PCB 校准标准土壤

IUPAC 序号	CAS 序号	化合物名称	定量离子
1	2051-60-7	2-氯联苯 (2-Chlorobiphenyl)	188

表 M.2(续)

IUPAC序号	CAS序号	化合物名称	定量离子
11	2050-67-1	3,3′-二氯联苯胺 (3,3′-Dichlorobiphenyl)	222
18	37680-65-2	2,2′,5-三氯联苯 2,2′,5-Trichlorobiphenyl	258
26	3844-81-4	2,3′,5-三氯联苯 2,3′,5-Trichlorobiphenyl	258
31	16606-02-3	2,4′,5-三氯联苯 2,4′,5-Trichlorobiphenyl	258
52	35693-99-3	2,2′,5,5′-四氯联苯 2,2′,5,5′-Tetrachlorobiphenyl	292
49	41464-40-8	2,2′,4,5′-四氯联苯 2,2′,4,5′-Tetrachlorobiphenyl	292
44	41464-39-5	2,2′,3,5′-四氯联苯 2,2′,3,5′-Tetrachlorobiphenyl	292
66	32598-10-0	2,3′,4,4′-四氯联苯 2,3′,4,4′-Tetrachlorobiphenyl	292
101	37680-73-2	2,2′,4,5,5′-五氯联苯 2,2′,4,5,5′-Pentachlorobiphenyl	326
118	31508-00-6	2,3′,4,4′,5-五氯联苯 2,3′,4,4′,5-Pentachlorobiphenyl	326
138	35065-28-2	2,2′,3,4,4′,5′-六氯联苯 2,2′,3,4,4′,5′-Hexachlorobiphenyl	360
187	52663-68-0	2,2′,3,4′,5,5′,6-七氯联苯 2,2′,3,4′,5,5′,6-Heptachlorobiphenyl	394
128	38380-07-3	2,2′,3,3′,4,4′-六氯联苯 2,2′,3,3′,4,4′-Hexachlorobiphenyl	360
180	35065-29-3	2,2′,3,4,4′,5,5′-七氯联苯 2,2′,3,4,4′,5,5′-Heptachlorobiphenyl	394
170	35065-30-6	2,2′,3,3′,4,4′,5′-七氯联苯 2,2′,3,3′,4,4′,5-Heptachlorobiphenyl	394
194	35694-08-7	2,2′,3,3′,4,4′,5,5′-八氯联苯 2,2′,3,3′,4,4′,5,5′-Octachlorobiphenyl	430
206	40186-72-9	2,2′,3,3′,4,4′,5,5′,6-九氯联苯 2,2′,3,3′,4,4′,5,5′,6-Nonachlorobiphenyl	392
209	2051-24-3	2,2′,3,3′,4,4′,5,5′,6,6′-十氯联苯 2,2′,3,3′,4,4′,5,5′,6,6′-Decachlorobiphenyl	426

注：所有化合物的浓度为 10.0 mg/kg。

表 M.3 内 标 土 壤

化 合 物 名 称	定量离子
2-氟联苯 (2-Fluorobiphenyl)	172
氘代菲-d_{10} (Phenanthrene-d_{10}[1])	188
苯并[g,h,i]二萘嵌苯($^{13}C_{12}$) Benzo[g,h,i]perylene($^{13}C_{12}$)	288
注：[1] 此内标容易受到土壤微生物降解的影响，建议使用带有$^{13}C_{12}$标记的菲。	

表 M.4 内标及对应的可定量的 PAH 分析物

内 标	PAH 分析物
2-氟联苯(2-Fluorobiphenyl)	萘(Naphthalene)、苊(Acenaphthylene)、二氢苊(Acenaphthene)、芴(Fluorene)等所有表 M.2 内的 PCB 同类物质
氘代菲-d_{10}(Phenanthrene-d_{10})	菲(Phenanthrene)、蒽(Anthracene)、荧蒽(Fluoranthene)、芘(Pyrene)
苯并[g,h,i]二萘嵌苯($^{13}C_{12}$) (Benzo(g,h,i)perylene($^{13}C_{12}$))	苯并[a]蒽(Benzo(a)anthracene)、䓛(Chrysene)、苯并[b]荧蒽(Benzo(b)fluoranthene)、苯并[k]荧蒽(Benzo(k)fluoranthene)、苯并[a]芘(Benzo(a)pyrene)、茚并[1,2,3-cd]芘(Indeno(1,2,3-cd)pyrene)、二苯并[a,h]蒽(Dibenzo(a,h)anthracene)、苯并[g,h,i]二萘嵌苯(Benzo(g,h,i)perylene)

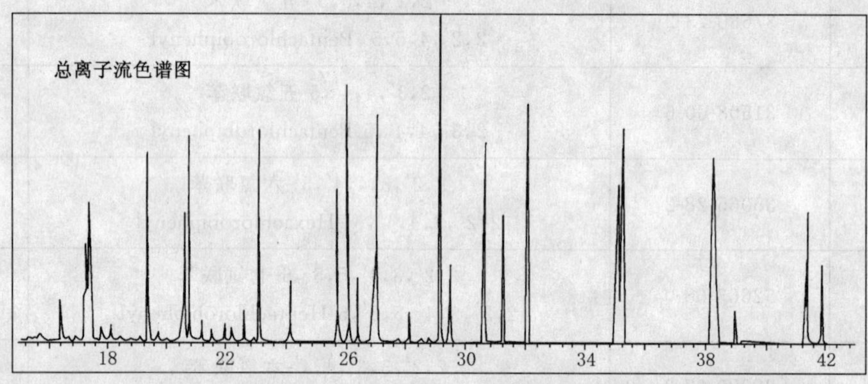

图 M.1 由 TE/GC/MS 测定的典型 PAH 校准土壤标准色谱图

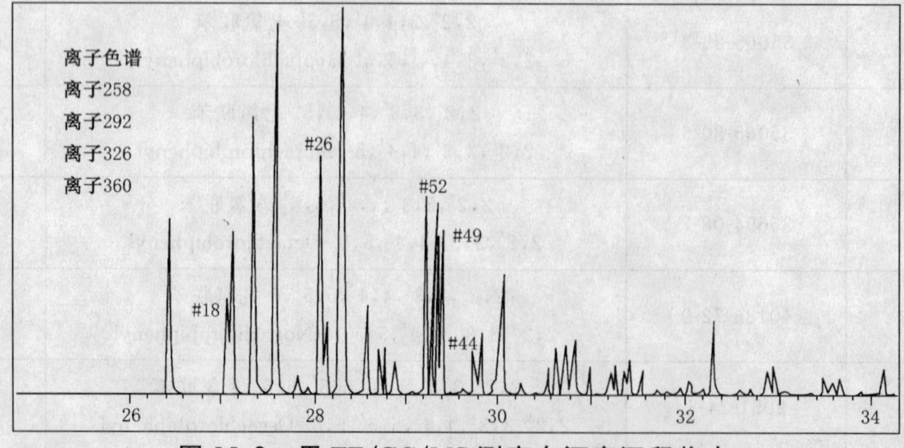

图 M.2 用 TE/GC/MS 测定在河底沉积物中 NIST SRM 1939 与 PCB 同类物质的色谱图

附 录 N
（资料性附录）
固体废物 多氯联苯的测定(PCBs) 气相色谱法
Solid Wastes—Determination of Polychlorinated Biphenyls(PCBs)—Gas Chromatography

N.1 范围

本方法规定了固体或者液体基质中多氯联苯的气相色谱的测定方法。下面列举的目标化合物可以采用单柱或双柱系统进行测定：Aroclor 1016、Aroclor 1221、Aroclor 1232、Aroclor 1242、Aroclor 1248、Aroclor 1254、Aroclor 1260、2-氯联苯、2,3-二氯联苯、2,2′,5-三氯联苯、2,4′,5-三氯联苯、2,2′,3,5′-四氯联苯、2,2′,5,5′-四氯联苯、2,3′,4,4′-T四氯联苯、2,2′,3,4,5′-五氯联苯、2,2′,4,5,5′-五氯联苯、2,3,3′,4′,6-五氯联苯、2,2′,3,4,4′,5′-六氯联苯、2,2′,3,4,5,5′-六氯联苯、2,2′,3,5,5′,6-六氯联苯、2,2′,4,4′,5,5′-六氯联苯、2,2′,3,3′,4,4′,5-七氯联苯、2,2′,3,4,4′,5,5′-七氯联苯、2,2′,3,4,4′,5′,6-七氯联苯、2,2′,3,4′,5,5′,6-七氯联苯、2,2′,3,3′,4,4′,5,5′,6-九氯联苯。该方法也可能适合其他同类物的检测。

水中多氯联苯的方法检测限为 0.054～0.90 μg/L，泥土中的方法检测限为 57～70 μg/kg。定量检测限可以由表 N.1 的数据估算。

N.2 引用标准

下列文件中的条款通过在本方法中被引用而成为本方法的条款，与本方法同效。凡是不注日期的引用文件，其最新版本适用于本方法。

GB/T 6682 分析实验室用水规格和实验方法

N.3 原理

针对特定的基质采用适合的提取技术提取一定体积或者质量的样品（对于液体大概为 1 L，对于固体为 2～30 g）。采用二氯甲烷在 pH 为中性的条件下提取液体样品，可选用分液漏斗或连续液-液萃取或其他合适的技术。固体样品用己烷-丙酮(1∶1)或者二氯甲烷-丙酮(1∶1)提取，可选用索氏提取、自动索氏提取或者其他合适的提取技术。萃取液采用硫酸/高锰酸钾溶液净化后，用小口径或大口径石英毛细管柱结合电子捕获检测器(GC/ECD)检测。

N.4 试剂和材料

N.4.1 除另有说明外，本方法中所用的水为 GB/T 6682 规定的一级水。
N.4.2 正己烷，色谱纯。
N.4.3 异辛烷，色谱纯。
N.4.4 丙酮，色谱纯。
N.4.5 甲苯，色谱纯。
N.4.6 标准储备溶液

可以用纯的标准物质配制或者购买经过鉴定的标准溶液。准确称取 0.010 0 g 纯的物质配制标准储备液。将该样品用异辛烷或者正己烷溶解在 10 mL 的容量瓶中，定容到刻度。如果样品的纯度高于 96%，那么标准储备液的质量浓度就不需要经过校正。

N.4.7 Aroclor 的校准标准

N.4.7.1 用 5 份不同质量浓度的 Aroclor 1016 和 Aroclor 1260 的混合物做多点初始校正就足够显示

仪器响应的线性,用异辛烷或正己烷稀释标准储备液,配制至少5份含有相同质量浓度的 Aroclor 1016 和 Aroclor 1260 的标准校正液。质量浓度范围必须和现实样品中估计的质量浓度范围以及检测器的线性范围相匹配。

N.4.7.2 需要借助其他5种 Aroclor 的单独标准液识别图谱。假设 N.4.7.1 中描述的 Aroclor 1016/1260 标准液已用于显示检测器的线性,剩余的5种 Aroclor 单标则用于确定其他校准因子。为其他 Aroclor 各配制1种标准液,质量浓度须和监测器线性范围的中点相匹配。

N.4.8 PCB 同类物的标准校正

N.4.8.1 如果需要测定单独的 PCB 同类物,则必须准备纯的同类物的标准液。

N.4.8.2 标准储备液可以按照 Aroclor 标准液的方法配制,或者可以购买商业的溶液。用异辛烷或者已烷稀释储备液,配成至少5种不同质量浓度的液体。这些液体的质量浓度必须和实际样品的质量浓度以及检测器的线性范围相匹配。

N.4.9 内标

N.4.9.1 如果需要测定 PCB 的同类物,强烈建议使用内标。十氯联苯(Decachlorobiphenyl)可以作为内标,在分析前加入样品提取液中,并加入初始校正标准液中。

N.4.9.2 当测定 Aroclor 时,不使用内标,十氯联苯作为替代物。

N.4.10 替代物

N.4.10.1 当测定 Aroclor 时,十氯联苯作为替代物,在萃取前加入每份样品中。配制 5 mg/L 十氯联苯的丙酮溶液。

N.4.10.2 当测定 PCB 同类物时,以四氯乙烯间二甲苯(tetrachloro-meta-xylene)作为替代物。配制 5 mg/L四氯乙烯间二甲苯的丙酮溶液。

N.5 仪器

N.5.1 气相色谱仪,电子捕获检测器。

N.5.2 容量瓶,10 mL、25 mL,用于制备标准样品。

N.6 样品的采集、保存和预处理

N.6.1 固体基质:250 mL 宽口玻璃瓶,有螺纹的 Teflon 盖子,冷却至4℃保存。液体基质:4个1 L 的琥珀色玻璃瓶,有螺纹的 Teflon 盖子,在样品中加入 0.75 mL 10%的 $NaHSO_4$,冷却至4℃保存。

N.6.2 提取物必须放在冰箱里避光保存,并且在 40 d 内进行分析。

N.7 分析步骤

N.7.1 提取

N.7.1.1 参考附录 U、附录 V 选择合适的提取方法。通常来说,水样用二氯甲烷在中性 pH 下用分液漏斗(附录 U)或者其他合适的方法提取。固体样品用正己烷-丙酮(1∶1)或者二氯甲烷-丙酮(1∶1)提取,采用索氏提取法(附录 V)或者其他合适的方法提取。

注意:正己烷-丙酮通常可以降低提取过程中的干扰物质的含量和提高信噪比。

N.7.1.2 必须用参照物、土壤污染样品或基质加标样品检验所选的提取方法是否适用于新的样品类型。这些样品必须含有或者添加目标化合物,以确定该化合物的百分回收率和检测限。如果要加入目标分析物,特定的 Aroclor 或者 PCB 同类物都可以。如果没有特定的 Aroclor,那么 Aroclor 1016/1260 混合物也许是合适的加标物。

N.7.2 提取物净化

参考附录 W。

N.7.3 GC 条件

N.7.3.1 单柱分析色谱柱

N.7.3.1.1 小口径柱(使用两根柱确认化合物,除非采用其他确认技术,例如 GC/MS)。

DB-5(30 m×0.25 或 0.32 mm×1 μm)石英毛细管柱或同类产品。

DB-608,SPB-608(30 m×0.25 mm×1 μm)石英毛细管柱或同类产品。

N.7.3.1.2 大口径柱(使用两根柱确认化合物,除非采用其他确认技术,例如 GC/MS)。

DB-608,SPB-608,RTx-5,(30 m×0.53 mm×0.5 μm 或 0.83 μm)石英毛细管柱或同类产品。

DB-1701(30 m×0.53 mm×1 μm)石英毛细管柱或同类产品。

DB-5,SPB-5,RTx-5(30 m×0.53 mm×1.5 μm)石英毛细管柱或同类产品。

如果要求更高的色谱分辨率,建议使用小口径柱。小口径柱适合相对比较干净的样品或者已经清洗了 1 次或以上的样品。大口径柱更加适合基质比较复杂的环境或者废物样品。

N.7.3.2 双柱分析色谱柱(从下列色谱柱对中挑选其一)

N.7.3.2.1 A:DB-5,SPB-5,RTx-5(30 m×0.25 mm×1.5 μm)石英毛细管柱或同类产品。

B:DB-1701(30 m×0.53 mm×1 μm)石英毛细管柱。

N.7.3.2.2 A:DB-5,SPB-5,RTx-5(30 m×0.25 mm×0.83 μm)石英毛细管柱或同类产品。

B:DB-1701(30 m×0.53 mm×1 μm)石英毛细管柱或同类产品。

N.7.3.3 GC 温度程序以及流速

表 N.2 列举了 GC 单柱法用于分析以 Aroclors 形式测定的 PCBs 的运行条件,可以选用小口径或者大口径柱。表 N.3 列举了双柱分析法的 GC 运行条件。参考这些表中的条件确定适合分析目标物的温度程序和流速。

N.7.4 校准

N.7.4.1 配制校准标准液。如果以同类物的形式测定 PCBs,强烈建议使用内标校准。因此,校准标准液中必须含有和样品提取液相同质量浓度的内标。如果以 Aroclor 的形式测定 PCBs,那么需要使用外标校准。

N.7.4.2 如果以同类物的形式测定 PCBs,初始的五点校准必须包括所有目标分析物(同类物)的标准物。

N.7.4.3 如果以 Aroclors 的形式测定 PCBs,那么初始校准包括以下两部分。

N.7.4.3.1 初始的五点校准使用 N.4.7 中的 Aroclor 1016 和 Aroclor 1260 混合物。

N.7.4.3.2 在图谱识别中需要使用其他 5 种 Aroclors 的标准品。

N.7.4.3.3 对于某些项目,只有一些 Aroclors 是感兴趣的,可以对感兴趣的 Aroclors 采用五点初始校准。

N.7.4.4 建立适合配置的色谱运行条件(单柱或者双柱,见 N.7.3)。优化仪器的条件以提高目标化合物的分辨率和灵敏度。最后温度也许需要到 240～270℃以洗脱十氯联苯。采用进样器压力程序可以改善色谱的峰洗出延迟。

N.7.4.5 建议每次校准标准液时进样 2 μL。如果可以证明目标化合物有合适的灵敏度,其他进样体积也可以选用。

N.7.4.6 记录每种同类物或者每种特定 Aroclor 的峰面积(或者峰高),用于定量计算。

N.7.4.6.1 每种 Aroclor 必须最少选择 3 个峰,建议选择 5 个峰。每个峰都须是目标 Aroclor 有特征性的。在 Aroclor 标准中选择的峰的高度必须至少有最高的峰的 25%。对于每种 Aroclor,所选的 3～5 个峰中必须最少有 1 个峰是其特有的。选用 Aroclor 1016/1260 混合物中最少 5 个峰,其中任何一个都不能在其他 Aroclor 找到。

N.7.4.6.2 迟流出的 Aroclor 峰一般来说是环境中最稳定的。表 N.5 列举了各种 Aroclor 的诊断峰,包括它们在两种单柱法色谱柱上的保留时间。表 N.7 列举了在 Aroclors 混合物中发现的 13 种特定的 PCB 同类物。表 8 列举了 PCB 的同类物以及它们在 DB-5 大口径 GC 柱上相应的保留时间。使用这些作为指导选择合适的峰。

N.7.4.7 如果用内标法测定PCB的同类物，采用下面的式子计算每种同类物的响应因子(RF)，这个响应因子在校准标准中和内标十氯联苯(decachlorobiphenyl)相关。

$$RF=\frac{A_s \times \rho_s}{A_{is} \times \rho_s}$$

式中：A_s——分析物或者拟似标准品的峰面积(或峰高)；

A_{is}——内标的峰面积(或峰高)；

ρ_s——分析物或者拟似标准品的质量浓度，$\mu g/L$；

ρ_{is}——内标的质量浓度，$\mu g/L$。

N.7.4.8 如果用外标法以Aroclors的形式测定PCBs，用下式计算每次初始校正标准中每个特征Aroclors峰的校正因子(CF)。

$$CF=\frac{\text{标准品的峰高或峰面积}}{\text{标准品进样的总质量(ng)}}$$

从Aroclor 1016/1260混合物中可以得到5套校准因子，每套包括从混合物选择的5个(或以上)峰的校准因子。其他Aroclor的单标可以产生至少3个校准因子，每个所选的峰各1个。

N.7.4.9 使用从初始校准中得到的响应因子或者校准因子来估计初始校准的线性范围。这包括计算每个同类物或者Aroclors峰的响应或者校准因子的平均值，标准偏差以及相对标准偏差(RSD)。

N.7.5 保留时间窗口

保留时间窗口对于识别目标化合物来说是至关重要的。以Aroclors形式识别PCBs时使用绝对保留时间。如果采用内标法以同类物的形式测定PCBs，绝对保留时间可以和相对保留时间(和内标相对)一起使用。

N.7.6 提取样品的气相色谱分析

N.7.6.1 样品分析采用的GC运行条件必须和初始校准中使用的相同。

N.7.6.2 每隔12 h在样品分析前进样校准验证标准液以校准系统。每隔20个样品进样校准标准液(建议每隔10个样品进样，以减小当质量控制超过标准以需要重新进样的数量)，在检测结束时也要进样校准标准液。对于Aroclor分析，校准验证标准液应该是Aroclor 1016和Aroclor 1260的混合物。校准验证过程不需要分析其他用于图谱识别的Aroclor标准，但是在分析序列中，当用Aroclor 1016/1260混合物校准后也建议分析其他Aroclor中的一种标准液。

N.7.6.3 进样2 μL浓缩的样品提取液。记录进样接近0.05 μL时的体积以及所得到的峰面积(或峰高)。

N.7.6.4 通过检查样品的色谱图定性识别目标分析物。

N.7.6.5 对于用内标或者外标校准的程序，可以采用N.7.8和N.7.9的方法对每个已经识别的峰进行处理，得到定量结果。如果样品的色谱响应超过了校准的范围，把样品稀释后再进行分析。如果峰重叠造成积分错误时，建议使用峰高而不是峰面积进行计算。

N.7.6.6 所有的样品分析都必须在一个可接受的初始校准、校准验证标准(每隔12 h)或者散点标准校准的前提下进行。如果校准验证不能够满足质量控制的需求，所有在上一个可以满足质量控制要求的校准验证后做的样品都必须重新进样。

建议使用混合标准或者多组分标准物以保证检测器对于所有的分析物的响应都在校准范围内。

N.7.6.7 当校准验证标准和散点标准检测结果符合质量控制的要求时，可以连续进样。建议每隔10个样品分析一次标准(要求每隔20个以及在每批样品后)以减少因为不能满足要求而重新进样的样品数。

N.7.6.8 如果峰的响应低于基线噪音水平的2倍，定量结果的有效性可能有疑问。应根据样品的来源以确定是否能够提高样品的质量浓度。

N.7.6.9 在分析过程中分析校准标准物以评价保留时间的稳定性。如果任何一个标准物的检测结果不在日常时间窗口之内，那么系统就存在问题。

N.7.6.10 如果因为干扰不能进行化合物的识别或者定量测定(例如：出现峰展宽，基线鼓包或者基线不稳),就需要洗涤提取物或者更换毛细管柱或者监测器。在另外一台仪器上重新分析样品以确定问题的原因是在分析仪器硬件还是样品基质。

N.7.7 定性识别

以 Aroclors 或者同类物的形式鉴定 PCBs 是基于样品色谱图中峰的保留时间和目标分析物的标准物的保留时间窗口是否一致。

如果提取样中的色谱峰在特定目标分析物的保留时间窗口内,可以进行初步确认。每个初步确认都必须得到证实:采用另外一根不同固定相的 GC 柱(如双柱分析),基于一个能够明确识别的 Aroclor 峰,或者选用其他技术,例如 GC/MS。

N.7.7.1 如果在一次进样同时分析(GC 双柱结构),指定一根分析柱作样品分析而另外一根柱作样品确认是不实际的。因为校准标准是在 2 根柱子上分析的,2 根柱子都必须符合可以接受的校正标准。

N.7.7.2 单柱/单次进样分析的结果可以用另外一根不同的 GC 柱确认。

N.7.7.3 当已知分析物来源中含有特定的 Aroclor,从单柱分析得到的结果就可能根据清楚认定的 Aroclor 峰进行确证。这种方法不应用于确证未知或者不熟悉来源的样品或者似乎含有 Aroclors 混合物的样品。为了使用这种方法,必须记录:比较样品和 Aroclors 标准物色谱图时所用到的峰;缺失的代表任何一种 Aroclors 的主要的峰;能够指示 Aroclors 存在于样品中的关于来源的信息。

N.7.7.4 GC/MS 的确证。

N.7.8 以同类物的形式定量测定 PCBs

N.7.8.1 以同类物的形式定量测定 PCBs,通过比较样品和 PCB 同类物标准物的色谱图,用内标法得到定量结果。计算每种同类物的质量浓度。

N.7.8.2 根据项目的要求,PCB 同类物的测定结果可以以同类物或者以 PCBs 总量的形式报告。

N.7.9 以 Aroclors 的形式定量分析 PCBs

通过将样品的色谱图和最相近 Aroclors 标准物的色谱图进行比较,以 Aroclors 的形式定量测定 PCBs 的残留。必须决定哪种 Aroclors 和残留最相像以及该标准物是否真的能代表样品中的 PCBs。

N.7.9.1 采用独立 Aroclors 标准物(不是 Aroclor 1016/1260 混合物)来确定 Aroclor 1221,1232,1242,1248 和 1254 的峰的图谱。Aroclor 1016 和 1260 的图谱可以作为混合校正标准的证据。

N.7.9.2 一旦鉴别出 Aroclor 的图谱,比较 Aroclor 单点校正标准物中 3~5 个主要峰和样品提取液的响应。Aroclor 的量用 3~5 个特征峰的独立的校准因子计算,计算模型(线性或者非线性)由 Aroclors 1016/1260 混合物的多点校准确定。质量浓度由各个特征峰确定,然后再取这 3~5 个峰的平均值来确定 Aroclor 的质量浓度。

N.7.9.3 PCBs 在环境中的侵蚀或者在废物处理过程中的变化可能会使 PCBs 变到图谱不能再用某种特定的 Aroclor 识别。样品中含有超过一种 Aroclor 也有同样问题。如果分析的目的不在于对 Aroclors 的日常监控,更适合采用分析 PCB 同类物的方法。如果需要 Aroclor 的结果,可以通过计算 PCB 图谱的总的峰面积以及计算和样品最相像的 Aroclor 标准来定量测定 Aroclor。任何一个根据保留时间不能识别为 PCBs 的峰都必须从总面积中减去。

N.7.10 GC/MS 确认

如果质量浓度足够 GC/MS 的测定,GC/MS 确认可以和单柱或者双柱法结合起来使用。

N.7.10.1 通常全扫描四级杆 GC/MS 比全扫描离子阱或者选择离子检测技术需要更高的目标分析物质量浓度。需要的样品质量浓度取决于仪器,全扫描四级杆 GC/MS 需要 10 ng/μL 的质量浓度,但是离子阱或者 SIM 只需要 1 ng/μL。

N.7.10.2 对于特定的目标分析物 GC/MS 必须经过校正。当使用 SIM 技术时,离子以及保留时间都必须是代测多氯联苯中具有特征性的。

N.7.10.3 GC/MS 确证时必须和 GC/ECD 使用同一份提取物及空白。

N.7.10.4 只要替代物和内标物不影响,碱性/中性/酸性的提取物以及相应的空白都可以用作 GC/

MS确证。但是，如果在碱性/中性/酸性提取液中没有检测出目标物，就必须对农药提取物进行GC/MS分析。

N.7.10.5 必须用GC/MS分析一份质量控制参考样品。质量控制参考样品的浓度必须证明能够被GC/ECE所确认的PCBs都能被GC/MS确认。

表 N.1 测定定量评估限(EQLs)[a] 的因素(针对不同的基质)

基 质	比 例 因 子
地表水	10
低浓度土壤，用GPC超声洗涤	670
高浓度土壤和污泥，用超声波法处理	10 000
非水的易混溶的废料	100 000

注：[a] EQL＝水样的MDL×比例因子

对于非水样品，这些数字是基于湿重的。样品的EQLs是高度依赖基质的。用这些数据确定的EQLs可以作为一个指导而不是任何情况下都有用。

表 N.2 PCBs作为Aroclors的GC运行条件 单柱分析

小口径柱	
小口径柱1：DB-5(30 m×0.25 mm或0.32 mm×1 μm)石英毛细管柱或同类产品	
载气(He)	110 kPa(16 lb/in²)
进样温度	225℃
检测器温度	300℃
色谱柱温度	100℃保持2 min，然后以15℃/min升温至160℃，再以5℃/min升温至270℃
小口径柱2：DB-608，SPB-608(30 m×0.25 mm×1 μm)石英毛细管柱或同类产品	
载气(He)	138 kPa(20 lb/in²)
进样温度	225℃
检测器温度	300℃
起始温度	160℃保持2 min，然后以5℃/min升温至290℃保持1 min
大口径柱	
大口径柱1：DB-608，SPB-608，RTx-5，(30 m×0.53 mm×0.5 μm或0.83 μm)石英毛细管柱或同类产品	
大口径柱2：DB-1701(30 m×0.53 mm×1 μm)石英毛细管柱或同类产品	
载气(He)	5～7 mL/min
补充气(氩气/甲烷[P-5或P-10]或氮气)	30 mL/min
进样温度	250℃
检测器温度	290℃
色谱柱温度	150℃保持0.5 min，然后以5℃/min升温至270℃，保持10 min
大口径柱	
DB-5，SPB-5，RTx-5(30 m×0.53 mm×1.5 μm)石英毛细管柱或同类产品	
载气(He)	6 mL/min

表 N.2(续)

大口径柱	
补充气(氩气/甲烷[P-5 或 P-10]或氮气)	30 mL/min
进样温度	205℃
检测器温度	290℃
色谱柱温度	140℃保持 2 min,然后以 10℃/min 升温至 240℃,保持 5 min,再以 5℃/min 升温至 265℃,保持 18 min

表 N.3 PCBs 作为 Aroclors 的 GC 运行条件(双柱分析法 高温,厚涂层)

柱 1:DB-1701(30 m×0.53 mm×1.0 μm)或同类产品	
柱 2:DB-5(30 m×0.53 mm×1.5 μm)或同类产品	
载气(He)流速	6 mL/min
补充气(N_2)流速	20 mL/min
色谱柱温度	150℃保持 0.5 min,然后以 12℃/min 升温至 190℃,保持 2 min,再以 4℃/min 升温至 275℃,保持 10 min
进样温度	250℃
检测器温度	320℃
进样体积	2 μL
溶剂	正己烷
进样类型	闪蒸
双 ECD 检测器	
范围	10
Attenuation 64(DB-1701)/64(DB-5)	
分流器种类	J&W Scientific 压配 Y-型分流进样器

表 N.4 DB-5 柱上 Aroclors 的保留时间,双柱检测

峰序号	Aroclor 1016	Aroclor 1221	Aroclor 1232	Aroclor 1242	Aroclor 1248	Aroclor 1254	Aroclor 1260
1		5.85	5.85				
2		7.63	7.64	7.57			
3	8.41	8.43	8.43	8.37			
4	8.77	8.77	8.78	8.73			
5	8.98	8.99	9.00	8.94	8.95		
6	9.71			9.66			
7	10.49	10.50	10.50	10.44	10.45		
8	10.58	10.59	10.59	10.53			
9	10.90		10.91	10.86	10.85		
10	11.23	11.24	11.24	11.18	11.18		
11	11.88		11.90	11.84	11.85		

表 N.4(续)

峰 序号	Aroclor 1016	Aroclor 1221	Aroclor 1232	Aroclor 1242	Aroclor 1248	Aroclor 1254	Aroclor 1260
12	11.99		12.00	11.95			
13	12.27	12.29	12.29	12.24	12.24		
14	12.66	12.68	12.69	12.64	12.64		
15	12.98	12.99	13.00	12.95	12.95		
16	13.18		13.19	13.14	13.15		
17	13.61		13.63	13.58	13.58	13.59	13.59
18	13.80		13.82	13.77	13.77	13.78	
19	13.96		13.97	13.93	13.93	13.90	
20	14.48		14.50	14.46	14.45	14.46	
21	14.63		14.64	14.60	14.60		
22	14.99		15.02	14.98	14.97	14.98	
23	15.35		15.36	15.32	15.31	15.32	
24	16.01			15.96			
25			16.14	16.08	16.08	16.10	
26	16.27		16.29	16.26	16.24	16.25	16.26
27						16.53	
28			17.04		16.99	16.96	16.97
29			17.22	17.19	17.19	17.19	17.21
30			17.46	17.43	17.43	17.44	
31					17.69	17.69	
32				17.92	17.91	17.91	
33				18.16	18.14	18.14	
34			18.41	18.37	18.36	18.36	18.37
35			18.58	18.56	18.55	18.55	
36							18.68
37			18.83	18.80	18.78	18.78	18.79
38			19.33	19.30	19.29	19.29	19.29
39						19.48	19.48
40						19.81	19.80
41			20.03	19.97	19.92	19.92	
42						20.28	20.28
43					20.46	20.45	
44						20.57	20.57
45				20.85	20.83	20.83	20.83

表 N.4(续)

峰序号	Aroclor 1016	Aroclor 1221	Aroclor 1232	Aroclor 1242	Aroclor 1248	Aroclor 1254	Aroclor 1260
46			21.18	21.14	21.12	20.98	
47					21.36	21.38	21.38
48						21.78	21.78
49				22.08	22.05	22.04	22.03
50						22.38	22.37
51						22.74	22.73
52						22.96	22.95
53						23.23	23.23
54							23.42
55						23.75	23.73
56						23.99	23.97
57							24.16
58						24.27	
59							24.45
60						24.61	24.62
61						24.93	24.91
62							25.44
63						26.22	26.19
64							26.52
65							26.75
66							27.41
67							28.07
68							28.35
69							29.00

[a] GC 的运行条件在表 N.3 给出。所有的保留时间都是以分钟(min)为单位。

[b] 表中列举的峰按流出顺序确定序号,和异构体序号没关。

表 N.5 DB-1701 柱上 Aroclors 的保留时间,双柱检测

峰序号	Aroclor 1016	Aroclor 1221	Aroclor 1232	Aroclor 1242	Aroclor 1248	Aroclor 1254
1		4.45	4.45			
2		5.38				
3		5.78				
4		5.86	5.86			
5	6.33	6.34	6.34 6.28			

表 N.5(续)

峰序号	Aroclor 1016	Aroclor 1221	Aroclor 1232	Aroclor 1242	Aroclor 1248	Aroclor 1254
6	6.78	6.78	6.79 6.72			
7	6.96	6.96	6.96 6.90	6.91		
8	7.64		7.59			
9	8.23	8.23	8.23 8.15	8.16		
10	8.62	8.63	8.63 8.57			
11	8.88		8.89 8.83	8.83		
12	9.05	9.06	9.06 8.99	8.99		
13	9.46		9.47 9.40	9.41		
14	9.77	9.79	9.78 9.71	9.71		
15	10.27	10.29	10.29 10.21	10.21		
16	10.64	10.65	10.66 10.59	10.59		
17			10.96	10.95	10.95	
18	11.01		11.02 11.02	11.03		
19	11.09		11.10			
20	11.98		11.99 11.94	11.93	11.93	
21	12.39		12.39 12.33	12.33	12.33	
22			12.77 12.71	12.69		
23	12.92		12.94	12.93		
24	12.99		13.00 13.09	13.09	13.10	
25	13.14		13.16			
26					13.24	
27	13.49		13.49 13.44	13.44		
28	13.58		13.61 13.54	13.54	13.51	13.52
29			13.67		13.68	
30			14.08 14.03	14.03	14.03	14.02
31			14.30 14.26	14.24	14.24	14.25
32				14.39	14.36	
33			14.49 14.46	14.46		
34					14.56	14.56
35				15.10	15.10	
36			15.38 15.33	15.32	15.32	
37			15.65 15.62	15.62	15.61	16.61
38			15.78 15.74	15.74	15.74	15.79
39			16.13 16.10	16.10	16.08	
40						16.19
41					16.34	16.34

表 N.5(续)

峰序号	Aroclor 1016	Aroclor 1221	Aroclor 1232		Aroclor 1242	Aroclor 1248	Aroclor 1254
42						16.44	16.45
43						16.55	
44			16.77	16.73	16.74	16.77	16.77
45			17.13	17.09	17.07	17.07	17.08
46						17.29	17.31
47				17.46	17.44	17.43	17.43
48				17.69	17.69	17.68	17.68
49					18.19	18.17	18.18
50				18.48	18.49	18.42	18.40
51						18.59	
52						18.86	18.86
53				19.13	19.13	19.10	19.09
54						19.42	19.43
55						19.55	19.59
56						20.20	20.21
57						20.34	
58							20.43
59					20.57	20.55	
60						20.62	20.66
61						20.88	20.87
62							21.03
63						21.53	21.53
64						21.83	21.81
65						23.31	23.27
66							23.85
67							24.11
68							24.46
69							24.59
70							24.87
71							25.85
72							27.05
73							27.72

[a] GC 的运行条件在表 N.3 给出。所有的保留时间都是以 min 为单位。

b 表中列举的峰按流出顺序确定序号,和异构体序号没关。

表 N.6　PCBs 在 0.53 mm ID 柱上的峰诊断,单柱分析

峰 序号[a]	化合物名称 Aroclor[c]	保留时间 DB-608[b]	保留时间 DB-1701[b]
Ⅰ	1 221	4.90	4.66
Ⅱ	1 221,1 232,1 248	7.15	6.96
Ⅲ	1 061,1 221,1 232,1 242	7.89	7.65
Ⅳ	1 016,1 232,1 242,1 248	9.38	9.00
Ⅴ	1 016,1 232,1 242,	10.69	10.54
Ⅵ	1 248,1 254	14.24	14.12
Ⅶ	1 254	14.81	14.77
Ⅷ	1 254	16.71	16.38
Ⅸ	1 254,1 260	19.27	18.95
Ⅹ	1 260	21.22	21.23
Ⅺ	1 260	22.89	22.46

a 峰按流出顺序确定序号,和异构体序号没关。

b 温度程序:t_i=150℃,保持 30 s;以 5℃/min 的速度升高到 275℃。

c 在图谱中 Aroclor 的最大峰用下划线标明。

表 N.7　Aroclor 中特定的 PCB 同类物

同类物	IUPAC 序号	1016	1221	1232	1242	1248	1254	1260
联苯	—		X					
2-CB	1	X	X	X	X			
23-DCB	5	X	X	X	X	X		
34-DCB	12	X		X	X	X		
244′-TCB	28*	X		X	X	X	X	
22′35′-TCB	44			X	X	X	X	X
23′44′-TCB	66*					X	X	X
233′4′6-PCB	110						X	
23′44′5-PCB	118*						X	X
22′44′55′-HCB	153							X
22′344′5′-HCB	138							X
22′344′55′-HpCB	180							X
22′33′44′5-HpCB	170							X

注:* 明显的共流出:28 和 31(2,4′,5-三氯联苯);

66 和 95(2,2′,3,5′,6-五氯联苯);

118 和 149(2,2′,3,4′,5′,6-六氯联苯)。

表 N.8　PCB 同类物在柱 DB-5 大口径柱的保留时间

IUPAC #	保留时间/min	
1	6.52	
5	10.07	
18	11.62	
31	13.43	
52	14.75	

表 N.8(续)

IUPAC #	保留时间/min	
44	15.51	
66	17.20	
101	18.08	
87	19.11	
110	19.45	
151	19.87	
153	21.30	
138	21.79	
141	22.34	
187	22.89	
183	23.09	
180	24.87	
170	25.93	
206	30.70	
209	32.63	(内标)

附 录 O
（资料性附录）
固体废物 挥发性有机化合物的测定 气相色谱/质谱法
Solid Wastes—Determination of VOCs —Gas Chromatography/Mass Spectrometry(GC/MS)

O.1 范围

本方法适用于固体废物中挥发性有机化合物的气相色谱/质谱的测定方法。本方法几乎可以应用于所有种类的样品测试，无需考虑水分含量，包括各种气体捕集基质，地下水及地表水，软泥，腐蚀性液体，酸性液体，废弃溶剂，油性废弃物，奶油制品，焦油，纤维废弃物，聚合乳状液，过滤性物质，废弃碳化合物，废弃催化剂，土壤及沉积物。下列物质可由该方法进行测定：丙酮、乙腈、丙烯醛、丙烯腈、丙烯醇、烯丙基氯、苯、氯苯、双(2-氯乙基)硫醚(芥子气)、溴丙酮、溴氯甲烷、二氯溴甲烷、4-溴氟苯、溴仿、溴化甲烷、正丁醇、2-丁酮、叔-丁醇、二硫化碳、四氯化碳、水合氯醛、二溴氯代甲烷、氯代乙烷、2-氯乙醇、2-氯乙基-乙烯基醚、氯仿、氯甲烷、氯丁二烯、3-氯丙腈、巴豆醛、1,2-二溴-3-氯丙烷、1,2-二溴乙烷、二溴乙烷、1,2-二氯苯、1,3-二氯苯、1,4-二氯苯、氘代1,4-二氯苯、顺式-1,4-二氯-2-丁烯、反式-1,4-二氯-2-丁烯、二氯二氟甲烷、1,1-二氯乙烷、1,2-二氯乙烷、氘代1,2-二氯乙烷、1,1-二氯乙烯、反式-1,2-二氯乙烯、1,2-二氯丙烷、1,3-二氯-2-丙醇、顺式-1,3-二氯丙烯、反式-1,3-二氯丙烯、1,2,3,4-二环氧丁烷、二乙醚、1,4-二氟苯、1,4-二氧杂环乙烷、表氯醇、乙醇、乙酸乙酯、乙基苯、乙撑氧、甲基丙烯酸乙酯、氟苯、六氯丁二烯、六氯乙烷、2-己酮、2-羟基丙腈、碘代甲烷、异丁醇、异丙基苯、丙二腈、甲基丙烯腈、甲醇、二氯甲烷、甲基丙烯酸甲酯、4-甲基-2-戊酮、萘、硝基苯、2-硝基丙烷、N-亚硝基-二-正丁基胺、三聚乙醛、五氯乙烷、2-戊酮、2-甲基吡啶、1-丙醇、2-丙醇、炔丙醇、β-丙基丙酮、丙基腈、正丙基胺、吡啶、苯乙烯、1,1,1,2-四氯乙烷、1,1,2,2-四氯乙烷、四氯乙烯、甲苯、氘代甲苯、邻甲苯胺、1,2,4-三氯苯、1,1,1-三氯乙烷、1,1,2-三氯乙烷、三氯乙烯、三氯氟代甲烷、1,2,3-三氯丙烷、乙酸乙酯、氯乙烯、邻二甲苯、间二甲苯、对二甲苯。

许多技术可以将这些物质转入到GC/MS系统中进行分析。分析固体样品和液体样品时，应用静态顶空和吹扫捕集技术。

下列物质同样可以应用此方法进行分析：溴苯、1,3-二氯丙烷、正丁基苯、2,2-二氯丙烷、sec丁基苯、1,1-二氯丙烷、t-丁基苯、p-异丙醇甲苯、氯代乙腈、甲基丙烯酸酯、1-氯丁烷、甲基t丁基醚、1-氯己烷、五氟苯、2-氯甲苯、正丙基苯、4-氯甲苯、1,2,3-三氯苯、二溴氟代甲烷、1,2,4-三甲基苯、顺式-1,2-二氯乙烯、1,3,5-三甲基苯。

本方法应用于定量分析大多数沸点低于200℃的挥发性有机化合物。对于某一特定物质的定量检出限(EQL)在一定程度上依赖于仪器及样品预处理/样品导入方法的选择。对于标准的四极杆仪器及吹扫捕集技术，土壤/沉积物样品的检出限应该为约5 μg/kg(净重)，废物的为0.5 mg/kg(净重)，地下水为5 μg/L。如果应用离子阱质谱仪或其他改良的仪器，检出限可能更低。但是不管使用何种仪器，对于样品提取物和那些需要稀释的样品或为避免检测器的信号饱和而不得不减少体积的样品，EQL都会成比例地增加。

O.2 引用标准

下列文件中的条款通过在本方法中被引用而成为本方法的条款，与本方法同效。凡是不注日期的引用文件，其最新版本适用于本方法。

GB/T 6682 分析实验室用水规格和实验方法

O.3 原理

挥发性化合物由静态顶空技术或其他方法引入气相色谱。这些物质在被瞬间挥发进入到细孔毛细管之前，被直接引入到大口径毛细管柱或在一根毛细管预柱上富集。通过柱子程序升温来进行物质的分离，再通过气相色谱(GC)接口进入质谱(MS)进行检测。从毛细管柱中流出的组分通过一个分流器或直接的连接器进入到质谱仪中(大口径毛细管柱通常需要一个分流器，而细孔毛细管柱可与离子源直接相连)。目标物质的鉴定是通过将它们的质谱图与标准物的电子轰击(或类似电子轰击)的谱图相比较；定量分析则是通过应用五点校准曲线比较一个主要(定量)离子与内标物质离子的响应来完成的。

O.4 试剂和材料

O.4.1 除有说明外，本方法中所用的水为 GB/T 6682 规定的一级水。

O.4.2 甲醇，色谱纯。

O.4.3 十六烷试剂，分析纯。十六烷的纯度要求在待测物的方法检出限中没有干扰物质的存在。十六烷纯度的鉴定通过直接注射空白样品进入 GC/MS。空白样品的分析结果应该表明所有干扰的挥发性物质已从十六烷中完全去除。

O.4.4 聚乙烯乙二醇，分析纯，在目标分析物的检出限中无干扰物质。

O.4.5 盐酸(1∶1，体积分数)，小心地将浓 HCl 加入到相同体积的水中。

O.4.6 储备液，应该由纯的基准物质配制或通过购买已鉴定的溶液。

转移 9.8 mL 甲醇于 10 mL 带有磨口玻璃塞的容量瓶中。瓶身直立，不盖瓶塞，等待约 10 min 后或等到所有甲醇湿润过的地方风干后，准确称量容量瓶到 0.000 1 g。加入已验证过的标准物质，操作如下：

O.4.6.1 液体：使用 100 μL 注射器，快速加入 2 滴或更多的标准物质于容量瓶中，称重。液体必须直接滴入甲醇中避免沾到瓶颈处。

气体：配制沸点低于 30℃ 的标准溶液(如溴代乙烷，氯代乙烷，氯代甲烷或氯乙烯)时，用 5 mL 带阀门的密闭注射器取参照标准至 5 mL 刻度。将针头置于甲醇液面上方 5 mm 处，缓慢将参照标准放入液面上方，重的气体将很快溶于甲醇中。

O.4.6.2 再次称重，稀释至容量瓶体积，盖好塞子，然后倒置容量瓶数次以充分混匀。按称量的净重以毫克每升(mg/L)为单位计算质量浓度。如果化合物的纯度已达到或高于 96%，不需要再校准称重，可直接计算储备液质量浓度。

O.4.6.3 将储备液转移到带有 PTFE 螺帽的瓶中。储存时，使其保持尽量少的顶部空间，避光，保存于－10℃ 或更低。

O.4.6.4 标准溶液制备频率：标准溶液必须随时与初始校正曲线对比以进行监控，如果产生了 20% 的漂移，则需配制新的标准溶液。气体标准溶液一般 1 周后就要重新配制，非气体物质的标准溶液一般在 6 个月内需要重新配制。化学活性高的化合物，如 2-氯乙基乙烯醚和苯乙烯需要更加频繁的配备。

O.4.7 二级稀释标准溶液：应用储备标准溶液制备二级稀释标准溶液于甲醇中，其中包含单一的或混合的目标化合物。二级稀释标准溶液储备时顶空空间越少越好，并需要时常监测其降解或挥发程度，尤其是在用其制备校准标准溶液之前。储存在没有顶空空间的瓶子里，每周更换一次。

O.4.8 替代物：建议使用氘代甲苯、4-溴代氟苯、氘代 1,2-二氯乙烷，及二溴氟代甲烷。分析要求其他化合物也可作为替代物。储存在甲醇中的替代物标准储备溶液必须按照储备溶液的配制方法来配制，替代物的稀释溶液由质量浓度为 50～250 μg/10 mL 的储备液来配制。样品在进行 GC/MS 分析前要先进行 10 μL 替代物的分析。

O.4.9 内标：建议使用氟苯、氘代氯苯、氘代 1,4-二氯苯。其他化合物只要其保留时间与 GC/MS 待测的化合物相似也可以作为内标物质。二级稀释标准溶液必须控制每一个内标物质的质量浓度为

25 mg/L。在 5 mL 校准标准溶液中加入 10 μL 内标液使得其质量浓度为 50 μg/L。如果质谱仪的灵敏度可达到更低的检测水平,内标溶液需要进一步被稀释。在中点校准分析中,内标物质的峰面积应该在目标物质峰面积的 50%～200%。

O.4.10 4-溴代氟苯(BFB)标准溶液:在甲醇中配制质量浓度为 25 ng/μLBFB 标准溶液。如果使用灵敏度更高的质谱仪,则需要进一步稀释 BFB 标准液。

O.4.11 校准溶液:该方法存在 2 种校准溶液:初始校准溶液和校准确认溶液。

O.4.11.1 初始校准溶液必须从储备液的二级稀释液制备最少 5 种不同质量浓度(O.4.6 和 O.4.7),或直接从预先混合好的校正溶液中制备。至少应有一种校准标准液的质量浓度与样品质量浓度吻合,其他校准溶液质量浓度范围应该包含典型的样品质量浓度但又不能超出 GC/MS 系统的测试范围。当制作一条初始工作曲线时,必须保证初始校准溶液是由新鲜储备液和二次稀释液混合而成。

O.4.11.2 校准确认标准溶液的质量浓度应该在初始校准溶液质量浓度范围的中间,初始校准溶液来自储备液二级稀释液或预先混合好的校正溶液,用无有机物水制备该溶液。

O.4.11.3 初始校准液和校准确认溶液中应该包含一个特定分析中所有待分析的目标化合物。而这些目标化合物不一定是已论证方法中所分析的所有物质。但是,实验室不应报告一个未包含在校准溶液中目标化合物的定量分析结果。

O.4.11.4 校准溶液也必须包含分析方法中已选择的内标化合物。

O.4.12 基体加标样品和实验室控制样品(LCS)标准液:基体加标标准液必须由典型的挥发性有机化合物配制,且应包括可能在待测样品中发现的目标化合物。基体加标样品至少应包括:1,1-二氯乙烯、三氯乙烯、氯苯、甲苯和苯。

O.4.12.1 某些基体加标样品中可能要求含有特殊目标化合物,尤其是当含有待测的极性化合物时,因为上述基质加标样品对极性化合物并不具备代表性。基体加标样品由甲醇配制,每种化合物质量浓度控制在 250 μg/10 mL。

O.4.12.2 基体加标样品不能用与校准标准液相同的标准溶液配制。由基体加标样品配制的相同标准液可用于实验室控制样品(LCS)。

O.4.12.3 如果为达到更低检测水平而使用灵敏度更高的质谱仪,则可能需要更多的基质加标样品溶液。

O.4.13 必须关注的一点是保持所有标准溶液的完整质量浓度。推荐所有在甲醇中制备的标准溶液都由带有 PTFE 螺帽的棕黄色瓶保存在 10℃或更低温度。

O.5 仪器

O.5.1 针对固体样品和液体样品的静态顶空装置或吹扫捕集装置。

O.5.2 进样器隔垫,进行改进的或直接的进样分析时须放置一个 1 cm 的玻璃毛衬管,其中 50～60 mm的长度插入到柱温箱中。

O.5.3 气相色谱/质谱仪

O.5.3.1 气相色谱仪

O.5.3.1.1 GC 须配备各种连续微分流速控制器以便保持在解吸和程序升温过程时毛细管柱中气体流速恒定。

O.5.3.1.2 低于环境温度的柱温箱控制器。

O.5.3.1.3 毛细管预柱接口。这个装置是在样品导入装置和毛细管柱间的一个接口,当进行低温冷却时是必须存在的。这个接口浓缩了吸附的样品成分并将它们聚集在无硅胶涂层毛细管预柱上一段窄的部分中。当接口被瞬间加热时,样品被传送到分析毛细管柱。

O.5.3.1.4 在冷富集过程中,接口中硅胶的温度在氮气气流中维持在－150℃。在吸附过程之后,接口必须可以在 15 s 或更短的时间内快速加温到 250℃以保证分析物质的完全转移。

O.5.3.2 质谱仪,配有电子轰击源(EI)。

O.5.4 微量进样器,10,25,100,250,500 及 1 000 μL。

O.5.5 进样针,5,10,或 25 mL,有不漏气的关闭阀门。

O.5.6 分析天平,可精确至 0.000 1 g。

O.5.7 气体密闭装置,20 mL,带有 PTFE 螺帽或玻璃管路带有 PTFE 螺帽。

O.5.8 小瓶,2 mL,用于 GC 自动进样器。

O.5.9 容量瓶,10 mL 和 100 mL。

O.6 样品的采集、保存和预处理

O.6.1 固体基质:250 mL 宽口玻璃瓶,有螺纹的 Teflon 盖子,冷却至 4℃保存。

O.6.2 液体基质:4 个 1 L 的琥珀色玻璃瓶,有螺纹的 Teflon 盖子,在样品中加入 0.75 mL10%的 $NaHSO_4$,冷却至 4℃保存。

O.7 分析步骤

O.7.1 样品引入可由多种不同的方法完成。所有的内标物、替代物和基体加标物必须在进入 GC/MS 系统前加入样品中。

O.7.2 色谱条件(推荐)

O.7.2.1 色谱柱:色谱柱 1:VOCOL(60 m×0.75 mm×1.5 μm)毛细管柱或同类产品;

色谱柱 2:DB-624,Rt-502.2,或 VOCOL[(30～75)m×0.53 mm×3 μm]毛细管柱,或同类产品;

色谱柱 3:DB-5,Rt-5,SPB-5[30 m×(0.25～0.32)mm×1 μm]毛细管柱或同类产品;

色谱柱 4:DB-624(60 m×0.32 mm×1.8 μm)毛细管柱,或同类产品。

O.7.2.2 常规条件:进样温度:200～225℃;传输线温度:250～300℃。

O.7.2.3 可低温冷却的柱 1 和柱 2:

载气(氦气)流速:15 mL/min;初始温度:10℃保持 5 min,然后以 6℃/min 升温至 70℃,再以 15℃/min升温至 145℃,保持该温度直到所有目标化合物全部流出。

O.7.2.4 直接进样柱 2:载气流速:4 mL/min;柱:DB-624,70 m×0.53 mm;初始温度:40℃保持 3 min 然后以 8℃/min 升温至 260℃,保持该温度直到所有目标化合物全部流出。柱烘干:75 min;注射器温度:200～225℃;传输线温度:250～300℃。

O.7.2.5 直接分流接口柱 4:载气(氦气)流速:1.5 mL/min;初始温度:35℃保持 2 min,然后以 4℃/min升温至 50℃,再以 10℃/min 升温至 220℃,保持该温度直到所有目标化合物全部流出;分流比:100∶1;注射器温度:125℃。

O.7.3 样品的 GC/MS 分析

O.7.3.1 应对样品进行预测以尽量降低高质量浓度有机物对 GC/MS 系统污染的风险。

O.7.3.2 所有的样品及标准溶液在分析前必须升温到室温。按照所选方法中的要求建立好导入装置。

O.7.3.3 从水样中提取一小部分样品,将破坏余下体积的准确性,从而影响将来的分析。因此,当一份 VOA 样品提供到实验室时,分析人员应该一次准备两份分析溶液以保证样品的准确性,第二份样品要保存好直到分析人员已确定第一份样品已被分析准确。对于液体样品,一支 20 mL 注射器可用来保存两份 5 mL 样品。第二份样品必须在 24 h 内进行分析,期间应小心不要让空气进入注射器。

O.7.3.4 从 5 mL 的注射器中取出活塞然后加上一个关闭的注射器阀。打开样品或标准溶液的瓶子,使它们达到室温的状态,然后小心地将样品倒入注射器中直到几乎充满,重新放好活塞并且压缩样品。打开注射器阀门后排出剩余的空气调整样品体积到 5.0 mL。如果需要达到更低的检出限,则要使用 25 mL注射器并调整最后的体积到 25.0 mL。

O.7.3.5　下面的操作可用于稀释分析挥发性物质的液体样品，所有的步骤必须连续进行直到稀释后的样品进入密闭的注射器中。

O.7.3.5.1　稀释应在容量瓶中进行(10～100 mL)，如果需要大量的稀释溶液可以进行多次的稀释。

O.7.3.5.2　计算要加入容量瓶的水的体积，然后加入比此体积稍少的无有机物水到容量瓶中。

O.7.3.5.3　从注射器中注射合适体积的有机物样品进入到容量瓶中。样品体积不宜少于 1 mL。用无有机物水稀释样品到容量瓶的刻度线，盖上瓶盖，倒置摇匀 3 次。

O.7.3.5.4　将稀释的样品溶液注入 5 mL 注射器中。

O.7.3.6　GC/MS 分析前混合液体样品。

O.7.3.6.1　往 25 mL 玻璃注射器中加入每份样品 5 mL。注意必须保持注射器的零顶空。如果样品的体积大于 5 mL，必须保证每份样品的体积一致。

O.7.3.6.2　在此操作期间必须保证样品冷却到 4℃ 以下以减少蒸发流失，样品瓶可以放在一个冰托盘中。

O.7.3.6.3　摇匀容量瓶后用 25 mL 注射器抽取 5 mL。

O.7.3.6.4　所有样品混合在注射器后，倒置注射器数次以将样品混匀。使用已选择的方法将混好的样品导入仪器。

O.7.3.6.5　如果用于混合的样品少于 5 个，则可以相应选择小一点的注射器，除非要求吹扫 25 mL 样品体积。

O.7.3.7　手动或自动加入 10 μL 替代物和 10 μL 内标物溶液到每个样品。若质谱仪的灵敏度可达到更低的检出限，则替代物和内标物溶液质量浓度可以再稀释。加 10 μL 基体加标液至一份 5 mL 样品中，制成 50 μg/L 的基体加标样；如果制备实验室质控样(LCS)，则用空白代替样品即可。

O.7.3.8　按照已选的方法进行样品分析。

O.7.3.8.1　直接进样时注射 1～2 μL 样品进入 GC/MS。进样体积取决于所选择的色谱柱以及 GC/MS 系统对水的灵敏性(如果分析的是液体样品)。

O.7.3.8.2　往样品中加入的内标物、替代物或基体加标样的质量浓度需要调节，从而使得进入 GC/MS 的 1～2 μL 样品的质量浓度与吹扫 5 mL 样品体积的质量浓度是一致的。

注意：在所有的样品、基体加标样、空白和标准溶液中监控内标物的保留时间和响应信号(峰面积)是很好的监控方法，可以有效地诊断方法性能的漂移、注射操作的失败以及预见系统故障。

O.7.3.9　若初始的样品或已稀释的样品分析中发现有分析物的质量浓度已超过初始校正质量浓度范围，则样品需要进一步稀释后再重新分析。只有当一级离子定量出现干扰时可以利用二级离子来定量。

O.7.3.9.1　当样品中某个化合物的离子将检测器信号饱和了，则之后必须进行一次水的空白测试。如果空白测试中出现干扰，则系统一定被污染了。只有在空白测试保证干扰消除后才能继续进行样品分析。

O.7.3.9.2　所有的稀释溶液分析要保证主要成分(先前饱和的峰)的响应在曲线线性范围的上半部分。

O.7.3.10　当检出限被要求低于 EI 谱图的一般范围时可以采用选择离子模式(SIM)。但是，SIM 模式对于化合物鉴定存在一些弱点，除非对每个化合物分析时都检测多个离子。

O.7.4　定性分析

O.7.4.1　对每个化合物进行定性分析时是基于保留时间以及扣除空白后将样品的质谱图与参考质谱图中的特征离子进行比较。参考质谱图必须在同一条件下由实验室获得。参考质谱图中的特征离子来自最高强度的三个离子，或者在没有这样离子的情况下任一超过 30% 相对强度的离子。满足以下标准后，化合物可以被定性。

O.7.4.1.1　保留时间一致。

O.7.4.1.2　样品成分的相对保留时间(RRT)在标准化合物 RRT 的 ±0.06 RRT 范围内。

O.7.4.1.3 特征离子的相对强度与参考谱图中这些离子的相对强度的30%相当(例如:在参考谱图中,一个离子的丰度为50%,样品谱图中相应的丰度范围在20%~80%)。

O.7.4.1.4 结构异构体如果有非常相似的质谱图但是在GC上的保留时间有明显差别则被认为是不同的异构体。若两个异构体峰之间的峰谷高度小于两个峰的峰高之和的25%,则认为这两个异构体已被GC有效分离。否则,结构异构体应被鉴定为一对异构体。

O.7.4.1.5 当样品的成分没有被色谱有效分离,使得产生的质谱中包含有不同分析物产生的离子,定性分析就出现了问题。

O.7.4.1.6 提取适当的离子流谱图可以帮助选择谱图以及对化合物进行定性分析。当分析物共流出时,定性标准也可得到满足,但每个组分的谱图会包含因共流化合物而产生的外部离子。

O.7.4.2 当校正溶液中不包含样品中的某些成分时,用数据库搜索可帮助进行初步定性,需要时可以采用这种定性方式。数据系统中数据库搜索程序不能使用归一化程序,因为这将误导数据库或产生未知的谱图。

O.7.5 定量分析

O.7.5.1 当化合物被定性后,其定量的依据是一级特征离子EICP的积分丰度。所选用的内标物应该与待测分析物有最相近的保留时间。

O.7.5.2 需要时,样品中任何确定的非目标化合物的浓度也必须评估。可以应用以下修饰后的方程进行计算:峰面积 A_x 和 A_{is} 应该来自于总离子流色谱,而化合物的响应因子 RF 假设为1。

O.7.5.3 应报告质量浓度测试的结果,测试结果应表明:(1)质量浓度值是一个评估值;(2)哪种内标化合物被用于定量分析。应采用无干扰的最相近的内标化合物。

表O.1 挥发性有机化合物在大口径毛细管柱上的色谱保留时间和方法检测限

化合物	保留时间/min			方法检测限[d]/(μg/L)
	柱1[a]	柱2[b]	柱2[c]	
二氯二氟甲烷	1.35	0.70	3.13	0.10
氯甲烷	1.49	0.73	3.40	0.13
氯乙烯	1.56	0.79	3.93	0.17
溴甲烷	2.19	0.96	4.80	0.11
氯乙烷	2.21	1.02	—	0.10
三氯氟甲烷	2.42	1.19	6.20	0.08
丙烯醛	3.19			
碘甲烷	3.56			
乙腈	4.11			
二硫化碳	4.11			
烯丙基氯	4.11			
亚甲基氯	4.40	2.06	9.27	0.03
1,1-二氯乙烯	4.57	1.57	7.83	0.12
丙酮	4.57			
反-1,2-二氯乙烯	4.57	2.36	9.90	0.06
丙烯腈	5.00			
1,1-二氯乙烷	6.14	2.93	10.80	0.04
醋酸乙烯酯	6.43			

表 O.1(续)

化 合 物	保留时间/min			方法检测限[d]/ (μg/L)
	柱 1[a]	柱 2[b]	柱 2[c]	
2,2-二氯丙烷	8.10	3.80	11.87	0.35
2-丁酮	—			
顺-1,2-二氯乙烯	8.25	3.90	11.93	0.12
丙腈	8.51			
氯仿	9.01	4.80	12.60	0.03
溴氯甲烷	—	4.38	12.37	0.04
甲基丙烯腈	9.19			
1,1,1-三氯乙烷	10.18	4.84	12.83	0.08
四氯化碳	11.02	5.26	13.17	0.21
1,1-二氯丙烯	—	5.29	13.10	0.10
苯	11.50	5.67	13.50	0.04
1,2-二氯乙烷	12.09	5.83	13.63	0.06
三氯乙烯	14.03	7.27	14.80	0.19
1,2-二氯丙烷	14.51	7.66	15.20	0.04
二氯溴甲烷	15.39	8.49	15.80	0.08
二溴甲烷	15.43	7.93	5.43	0.24
甲基丙烯酸甲酯	15.50			
1,4-二氧杂环己烷	16.17			
2-氯乙基乙烯基醚	—			
4-甲基-2-戊酮	17.32			
反-1,3-二氯丙烯	17.47	—	16.70	—
甲苯	18.29	10.00	17.40	0.11
顺-1,3-二氯丙烯	19.38	—	17.90	—
1,1,2-三氯乙烷	19.59	11.05	18.30	0.10
甲基丙烯酸乙酯	20.01			
2-己酮	20.30			
四氯乙烯	20.26	11.15	18.60	0.14
1,3-二氯丙烷	20.51	11.31	18.70	0.04
二溴氯甲烷	21.19	11.85	19.20	0.05
1,2-二溴乙烷	21.52	11.83	19.40	0.06
1-氯己烷	—	13.29	—	0.05
氯苯	23.17	13.01	20.67	0.04
1,1,1,2-四氯乙烷	23.36	13.33	20.87	0.05
乙苯	23.38	13.39	21.00	0.06

表 O.1(续)

化 合 物	保留时间/min			方法检测限[d]/(μg/L)
	柱 1[a]	柱 2[b]	柱 2[c]	
p-二甲苯	23.54	13.69	21.30	0.13
m-二甲苯	23.54	13.68	21.37	0.05
o-二甲苯	25.16	14.52	22.27	0.11
苯乙烯	25.30	14.60	22.40	0.04
溴仿	26.23	14.88	22.77	0.12
异丙基苯(枯烯)	26.37	15.46	23.30	0.15
顺-1,4-二氯-2-丁烯	27.12			
1,1,2,2-四氯乙烷	27.29	16.35	24.07	0.04
溴苯	27.46	15.86	24.00	0.03
1,2,3-三氯丙烷	27.55	16.23	24.13	0.32
正丙基苯	27.58	16.41	24.33	0.04
2-氯甲苯	28.19	16.42	24.53	0.04
反-1,4-二氯-2-丁烯	28.26			
1,3,5-三甲苯	28.31	16.90	24.83	0.05
4-氯甲苯	28.33	16.72	24.77	0.06
五氯乙烷	29.41			
1,2,4-三甲苯	29.47	17.70	31.50	0.13
仲丁基苯	30.25	18.09	26.13	0.13
特丁基苯	30.59	17.57	26.60	0.14
p-异丙基甲苯	30.59	18.52	26.50	0.12
1,3-二氯苯	30.56	18.14	26.37	0.12
1,4-二氯苯	31.22	18.39	26.60	0.03
氯苄	32.00			
正丁基苯	32.23	19.49	27.32	0.11
1,2-二氯苯	32.31	19.17	27.43	0.03
1,2-二溴-3-氯丙烷	35.30	21.08	—	0.26
1,2,4-三氯苯	38.19	23.08	31.50	0.04
六氯丁二烯	38.57	23.68	32.07	0.11
萘	39.05	23.52	32.20	0.04
1,2,3-三氯苯	40.01	24.18	32.97	0.03
内标物/替代物				
1,4-二氟苯	13.26			
氯苯	23.10			
1,4-二氯苯-d_4	31.16			
4-溴氟苯	27.83	15.71	23.63	
1,2-二氯苯-d_4	32.30	19.08	27.25	

表 O.1(续)

化 合 物	保留时间/min			方法检测限[d]/(μg/L)
	柱 1[a]	柱 2[b]	柱 2[c]	
二氯乙烷-d_4	12.08			
二溴氟甲烷	—			
甲苯-d_8	18.27			
五氟苯	—			
氟苯	13.00	6.27	14.06	

[a] 柱 1:60 m×0.75 mm 内径,VOCOL 毛细管柱。10℃维持 8 min,然后 4℃/min 程序升温到 180℃。

[b] 柱 2:30 m×0.53 mm 内径,DB-624 大口径毛细管柱,采用冷冻富集。10℃维持 5 min,然后 6℃/min 程序升温到 160℃。

[c] 柱 2″:30 m×0.53 mm 内径,DB-624 大口径毛细管柱,冷却 GC 柱温箱至环境温度。10℃维持 6min,10℃/min 程序升温到 70℃,再以 5℃/min 程序升温到 120℃,最后以 8℃/min 程序升温到 180℃。

[d] 方法检测限基于 25 mL 样品体积。

表 O.2 挥发性有机化合物在细孔毛细管柱上的色谱保留时间和方法检测限(MDL)

化 合 物	保留时间/min	方法检测限[b]/(μg/L)
	柱 3[a]	
二氯二氟甲烷	0.88	0.11
氯甲烷	0.97	0.05
乙烯基氯	1.04	0.04
溴甲烷	1.29	0.03
1,1-二氯乙烷	4.03	0.03
顺-1,2-二氯乙烯	5.07	0.06
2,2-二氯丙烷	5.31	0.08
氯仿	5.55	0.04
溴氯甲烷	5.63	0.09
1,1,1-三氯乙烷	6.76	0.04
1,2-二氯乙烷	7.00	0.02
1,1-二氯丙烯	7.16	0.12
四氯化碳	7.41	0.02
苯	7.41	0.03
1,2-二氯丙烷	8.94	0.02
三氯乙烯	9.02	0.02
二溴甲烷	9.09	0.01
二氯溴甲烷	9.34	0.03
甲苯	11.51	0.08
1,1,2-三氯乙烷	11.99	0.08

表 O.2(续)

化合物	保留时间/min 柱 3[a]	方法检测限[b]/(μg/L)
1,3-二氯丙烷	12.48	0.08
二溴氯甲烷	12.80	0.07
四氯乙烯	13.20	0.05
1,2-二溴乙烷	13.60	0.10
氯苯	14.33	0.03
1,1,1,2-四氯乙烷	14.73	0.07
乙苯	14.73	0.03
p-二甲苯	15.30	0.06
m-二甲苯	15.30	0.03
溴仿	15.70	0.20
o-二甲苯	15.78	0.06
苯乙烯	15.78	0.27
1,1,2,2-四氯乙烷	15.78	0.20
1,2,3-三氯丙烷	16.26	0.09
异丙基苯	16.42	0.10
溴苯	16.42	0.11
2-氯甲苯	16.74	0.08
正丙基苯	16.82	0.10
4-氯甲苯	16.82	0.06
1,3,5-三甲苯	16.99	0.06
特丁基苯	17.31	0.33
1,2,4-三甲苯	17.31	0.09
仲丁基苯	17.47	0.12
1,3-二氯苯	17.47	0.05
p-异丙基甲苯	17.63	0.26
1,4-二氯苯	17.63	0.04
1,2-二氯苯	17.79	0.05
正丁基苯	17.95	0.10
1,2-二溴-3-氯丙烷	18.03	0.50
1,2,4-三氯苯	18.84	0.20
萘	19.07	0.10
六氯丁二烯	19.24	0.10
1,2,3-三氯苯	19.24	0.14

[a] 柱 3:30 m×0.32 mm 内径 DB-5 毛细管柱,涂层厚度为 1 μm。

[b] 方法检测限基于 25 mL 样品体积。

表 O.3　挥发性分析物质的定量估算限[a]

定量估算限		
5 mL 地表水吹扫/(μg/L)	25 mL 地表水吹扫/(μg/L)	低浓度土壤/沉积物[b]/(μg/kg)
5	1	5

其他基质	影响因子[c]
水溶性液体废物	50
高浓度土壤和淤泥	125
不与水互溶的废物	500

[a] 评估定量检出限(EQL):常规试验操作条件下,可以达到规定的分析精度和准确度时所能测得的最低质量浓度。EQL 通常是 MDL 的 5～10 倍,但为了简化数据报告,EQL 比 MDL 要更常用。对于大多数的分析物质来说,EQL 分析质量浓度常由校准曲线中最低的非零标准物质量浓度表示。样品 EQL 很大程度上取决于基质。这里所列举的 EQL 有一定的指导意义但并不总是可得到的。

[b] 用于土壤/沉积物的 EQL 是基于湿称重的,而一般的数据都是基于干重,因此对于每份样品中的干重所占比例的不同,EQL 会稍高一点。

[c] EQL＝低浓度土壤沉积物的 EQL×影响因子
对于非水样品,影响因子基于湿称重。

表 O.4　BFB(4-溴氟苯)质量强度标准

m/z	要求的强度(相对丰度)
50	m/z 95 的 15%～40%
75	m/z 95 的 30%～60%
95	基峰,100%相对丰度
96	m/z 95 的 5%～9%
173	少于 m/z 174 的 2%
174	超过 m/z 95 的 50%
175	m/z 174 的 5%～9%
176	m/z 174 的 95%～101%
177	m/z 176 的 5%～9%

表 O.5　可吹扫有机化合物的特征质量(m/z)

化合物	特征离子	
	一级质谱	二级质谱
丙酮	58	43
乙腈	41	40,39
丙烯醛	56	55,58
丙烯腈	53	52,51
烯丙醇	57	58,39
烯丙基氯	76	41,39,78
烯丙醇	78	—
烯丙基氯	91	126,65,128
烯丙醇	136	43,138,93,95

表 O.5(续)

化合物	特征离子	
	一级质谱	二级质谱
烯丙基氯	156	77,158
烯丙醇	128	49,130
烯丙基氯	83	85,127
烯丙醇	173	175,254
烯丙基氯	94	96
异丁醇	74	43
正丁醇	56	41
2-丁酮	72	43
正丁基苯	91	92,134
仲丁基苯	105	134
特丁基苯	119	91,134
二硫化碳	76	78
四氯化碳	117	119
水合三氯乙醛	82	44,84,86,111
氯乙腈	48	75
氯苯	112	77,114
1-氯丁烷	56	49
氯二溴甲烷	129	208,206
氯乙烷	64(49*)	66(51*)
2-氯乙醇	49	44,43,51,80
双(2-氯乙基)硫醚	109	111,158,160
2-氯乙基乙烯基醚	63	65,106
氯仿	83	85
氯甲烷	50(49*)	52(51*)
氯丁二烯	53	88,90,51
3-氯丙腈	54	49,89,91
2-氯甲苯	91	126
4-氯甲苯	91	126
1,2-二溴-3-氯丙烷	75	155,157
二溴氯甲烷	129	127
1,2-二溴乙烷	107	109,188
二溴甲烷	93	95,174
1,2-二氯苯	146	111,148
1,2-二氯苯-d_4	152	115,150

表 O.5(续)

化合物	特征离子	
	一级质谱	二级质谱
1,3-二氯苯	146	111,148
1,4-二氯苯	146	111,148
顺 1,4-二氯-2-丁烯	75	53,77,124,89
反-1,4-二氯-2-丁烯	53	88,75
二氯二氟甲烷	85	87
1,1-二氯乙烷	63	65,83
1,2-二氯乙烷	62	98
1,1-二氯乙烯	96	61,63
顺-1,2-二氯乙烯	96	61,98
反-1,2-二氯乙烯	96	61,98
1,2-二氯丙烷	63	112
1,3-二氯丙烷	76	78
2,2-二氯丙烷	77	97
1,3-二氯-2-丙醇	79	43,81,49
1,1-二氯丙烯	75	110,77
顺-1,3-二氯丙烯	75	77,39
反-1,3-二氯丙烯	75	77,39
1,2,3,4-二环氧丁烷	55	57,56
乙醚		
1,4-二氧杂环己烷	74	45,59
1,4-二氧杂环己烷	88	58,43,57
表氯醇	57	49,62,51
乙醇	31	45,27,46
乙酸乙酯	88	43,45,61
乙苯	91	106
环氧乙烷	44	43,42
甲基丙烯酸乙酯	69	41,99,86,114
六氯丁二烯	225	223,227
六氯乙烷	201	166,199,203
2-已酮	43	58,57,100
2-羟基丙腈	44	43,42,53
碘甲烷	142	127,141
异丁醇	43	41,42,74

表 O.5(续)

化合物	特征离子	
	一级质谱	二级质谱
异丙基苯	105	120
p-异丙基甲苯	119	134,91
丙二腈	66	39,65,38
甲基丙烯腈	41	67,39,52,66
丙烯酸甲酯	55	85
甲基特丁基醚 r	73	57
二氯甲烷	84	86,49
甲基乙基酮	72	43
碘甲烷	142	127,141
甲基丙烯酸甲酯	69	41,100,39
4-甲基-2-戊酮	100	43,58,85
萘	128	—
硝基苯	123	51,77
2-硝基丙烷	46	—
2-甲基吡啶	93	66,92,78
五氯乙烷	167	130,132,165,169
炔丙基醇	55	39,38,53
β-丙内酯	42	43,44
丙腈(乙基腈)	54	52,55,40
正丙胺	59	41,39
正丙基苯	91	120
嘧啶	79	52
苯乙烯	104	78
1,2,3-三氯苯	180	182,145
1,2,4-三氯苯	180	182,145
1,1,1,2-四氯乙烷	131	133,119
1,1,2,2-四氯乙烷	83	131,85
四氯乙烯	164	129,131,166
甲苯	92	91
1,1,1-三氯苯	97	99,61
1,1,2-三氯苯	83	97,85
三氯乙烯	95	97,130,132
三氯氟甲烷	151	101,153
1,2,3-三氯丙烷	75	77

表 O.5(续)

化合物	特征离子	
	一级质谱	二级质谱
1,2,4-三甲苯	105	120
1,3,5-三甲苯	105	120
醋酸乙烯酯	43	86
氯乙烯	62	64
o-二甲苯	106	91
m-二甲苯	106	91
p-二甲苯	106	91
内标/替代品		
苯-d_6	84	83
溴苯-d_5	82	162
溴氯甲烷-d_2	51	131
1,4-二氟苯	114	
氯苯-d_5	117	
1,4-二氯苯-d_4	152	115,150
1,1,2-三氯乙烷-d_3	100	
4-溴氟苯	95	174,176
氯仿-d_1	84	
二溴氟甲烷	113	
内标物/拟似替代物		
二氯乙烷-d_4	102	
甲苯-d_8	98	
五氟苯	168	
氟苯	96	77

注：* 离子阱质谱中的特征离子(用于观察离子-分子反应)。

表 O.6 平衡顶空制备分析物和替代物时所使用的内标物

氯仿-d_1	1,1,2-TCA-d_3	溴苯-d_5
二氯二氟甲烷	1,1,1-三氯乙烷	氯苯
氯甲烷	1,1-二氯丙烯	溴仿
氯乙烯	四氯化碳	苯乙烯
溴甲烷	苯	异丙基苯
氯乙烷	二溴甲烷	溴苯
三氯氟甲烷	1,2-二氯丙烷	正丙基苯
1,1-二氯乙烯	三氯乙烯	2-氯甲苯
亚甲基氯	溴二氯甲烷	4-氯甲苯

表 O.6(续)

氯仿-d_1	1,1,2-TCA-d_3	溴苯-d_5
反-1,2-二氯乙烯	顺-1,3-二氯丙烯	1,3,5-三甲苯
1,1-二氯乙烷	反-1,3-二氯丙烯	特丁基苯
顺-1,2-二氯乙烯	1,1,2-三氯乙烷	1,2,4-三甲苯
溴氯甲烷	甲苯	仲丁基苯
氯仿	1,3-二氯丙烷	1,3-二氯苯
2,2-二氯丙烷	二溴氯甲烷	1,4-二氯苯
1,2-二氯乙烷	1,2-二溴乙烷	p-异丙基甲苯
	四氯乙烯	1,2-二氯苯
	1,1,2-三氯乙烷	正丁基苯
	乙苯	1,2-二溴-3-氯丙烷
	m-二甲苯	1,2,4-三氯苯
	p-二甲苯	萘
	o-二甲苯	六氯丁二烯
	1,1,2,2-四氯乙烷	1,2,3-三氯苯
	1,2,3-三氯丙烷	

附 录 P
（资料性附录）
固体废物 芳香族及含卤挥发物的测定 气相色谱法
Solid Wastes—Determination of Aromatic and Halogenated Volatiles—Gas Chromatography

P.1 范围

本方法适用于固体废物中芳香族及含卤挥发物含量的气相色谱的测定。本方法可应用于几乎所有种类的样品，对于不同含水量的样品均适用，包括：地下水，含水淤泥，腐蚀性液体，酸液，废水溶液，废油，多泡液体，焦油（沥青，柏油），含纤维的废弃物，聚合物乳液，滤饼，废活性炭，废催化剂，土壤以及沉积物。

下列化合物可以用本方法检测：烯丙基氯、苯、苄基氯、二（2-氯异丙基）醚、溴丙酮、溴苯、溴氯甲烷、一溴二氯甲烷、三溴甲烷、甲基溴（一溴甲烷）、四氯化碳、氯苯、一氯二溴甲烷、氯代乙烷、2-氯乙醇、2-氯乙基乙烯醚、氯仿、氯甲基甲醚、氯丁二烯、甲基氯（一氯甲烷）、4-氯甲苯、1,2-二溴-3-氯丙烷、1,2-二溴乙烷、二溴甲烷、1,2-二氯苯、1,3-二氯苯、1,4-二氯苯、二氯二氟甲烷、1,2-二溴-3-氯丙烷、1,2-二溴乙烷、1,1-二氯乙烷、1,2-二氯乙烷、1,1-二氯乙烯、顺-1,2-二氯乙烯、反-1,2-二氯乙烯、1,2-二氯丙烷、1,3-二氯-2-丙醇、顺-1,3-二氯丙烯、反-1,3-二氯丙烯、表氯醇、乙苯、六氯丁二烯、二氯甲烷、萘、苯乙烯、1,1,1,2-四氯乙烷、1,1,2,2-四氯乙烷、四氯乙烯、甲苯、1,2,4-三氯苯、1,1,1-三氯乙烷、1,1,2-三氯乙烷、三氯乙烯、三氯氟甲烷、1,2,3-三氯丙烷、氯乙烯、邻二甲苯、间二甲苯、对二甲苯。

本方法对各种物质的检测限（MDLs）见表 P.1。实际应用时，该方法适用的质量浓度范围大致为 0.1～200 μg/L。对单个化合物，本方法的评估定量值（EQLs）大致如下：对固体废物的质量分数（湿重），为 0.1 mg/kg；对土壤或沉积物样品的质量分数（湿重），为 1 μg/kg；地下水的 EQLs 见表 P.2。对于萃取后的样品和需要稀释以防超出检测器检测上限的样品，EQLs 将相应的成比例增大。

本方法也可用于检测下列化合物：正丁基苯、异丁基苯、叔丁基苯、2-氯甲苯、1,3-二氯丙烷、2,2-二氯丙烷、1,1-二氯丙烯、异丙基苯、对-异丙基甲苯、正-丙基苯、1,2,3-三氯代苯、1,2,4-三甲基苯、1,3,5-三甲基苯。

P.2 引用标准

下列文件中的条款通过在本方法中被引用而成为本方法的条款，与本方法同效。凡是不注明日期的引用文件，其最新版本适用于本方法。

GB/T 6682 分析实验室用水规格和实验方法

P.3 原理

样品分析可采用顶空法、直接进样法或吹扫捕集法。用气相色谱仪（配有光电离或电导检测器）检测。

P.4 试剂和材料

P.4.1 除另有说明外，水为 GB/T 6682 规定的一级水。

P.4.2 甲醇：色谱纯。

P.4.3 氯乙烯：纯度 99%。

P.4.4 标准贮备溶液。将约 9.8 mL 甲醇加入 10 mL 容量瓶中，将容量瓶开口静置约 10 min，直至被甲醇润湿的表面全干,将容量瓶称重准确至 0.1 mg。用 100 μL 注射器快速将几滴标准品加入瓶内,液滴必须直接落入甲醇中,不能沾到瓶颈上。再次称重,稀释至刻度,盖上塞子,倒转容量瓶数次以便混匀溶液。从净重的增加值以毫克每升(mg/L)为单位计算溶液质量浓度。当化合物纯度大于等于 96% 时,计算贮备液质量浓度时可以不用校正质量。在带有聚四氟乙烯螺纹盖或压盖瓶内,−20～−10℃避光贮存。

注意:若采用直接进样法,标准品和样品的溶剂体系应匹配。直接进样法不必要配制高质量浓度的标准品水溶液。

P.4.5 根据需要,可用标准贮备溶液以甲醇稀释来制备含有目标化合物(单一或混合化合物)的二级稀释标准液。

P.4.6 校准标准溶液。根据需要用水稀释标准贮备液或者二级稀释标准液制备至少 5 个质量浓度的初始校准标准溶液。为了制备出准确质量浓度的标准水溶液,应该注意下列事项:配制时应根据质量浓度直接将所需要量的被分析物注射加入水中;请勿在 100 mL 水中加入超过 20 μL 的甲醇标准液;将甲醇标准液快速注射到装有液体的容量瓶中,注射完后尽快移去针头。

P.4.7 内标。使用氟苯和 2-溴-1-氯丙烷的甲醇溶液,建议在二级稀释标准液中每种内标物的质量浓度为 5 mg/L。也可以使用外标进行定量。

P.4.8 替代物。建议同时采用二氯丁烷和溴氯苯为替代物标准品,分析时向装有样品或标准的 5 mL 注射器中直接注入 10 μL 15 ng/μL 的替代物标准品。

P.5 仪器

P.5.1 气相色谱仪,配有低温柱温箱控制器,光电离(PID)和电导检测器(HECD)联用。

P.5.2 分析天平,感量 0.1 mg。

P.6 分析步骤

P.6.1 挥发性化合物的气相色谱进样可以采用直接进样法(用于油性基质)、顶空法或吹扫捕集法。

P.6.2 气相色谱条件(推荐)。

P.6.2.1 色谱柱:

分析柱:VOCOL 大口径毛细管柱(60 m×0.75 mm×1.5 μm)或同类产品。用该色谱柱得到的样本色谱图见附录 D。

确证柱:SPB-624 大口径毛细管柱(60 m×0.53 mm×1.3 μm)或同类产品。

P.6.2.2 色谱柱温度:10℃保持 8 min,然后以 4℃/min 程序升温至 180℃,保持至所有化合物流出。

P.6.2.3 载气:氦气,流速为 6 mL/min。在进入光电离检测器之前,载气流速应增加至 24 mL/min。为保证两个检测器都有最佳响应,必须采用尾吹气。

P.6.2.4 检测器操作条件:

反应管:镍,1/16 外径;

反应温度:810℃;

反应器底部温度:250℃;

电解液:100%正丙醇;

电解液流速:0.8 mL/min;

反应气:氢气,40 mL/min;

载气及尾吹气:氦气,30 mL/min。

P.6.3 气相色谱分析。

P.6.3.1 挥发性化合物的进样方法参见附录 Q 或直接进样法。如果内标定量,在吹扫前向样品中加入 10 μL 内标溶液。

在非常有限的应用范围内(例如废水),可用 10 μL 注射器将样品直接注入 GC 系统。检测限很高

(约 10 000 μg/L)，因此，只有在估计质量浓度超过 10 000 μg/L 时，或对于不被吹扫的水溶性化合物方可使用。

P.6.3.2 表 P.1 中列出了使用本方法时，2 个检测器上数种有机化合物的估计保留时间。

P.6.3.3 确证。使用确证柱进行化合物鉴定的确证，也可采用其他可对目标化合物提供合适分辨率的色谱柱进行确证，或采用 GC/MS 确证。

表 P.1 挥发性有机物用 PID 和 HECD 得到的色谱保留时间和方法检测限(MDL)

可测定的化合物	PID 保留时间[a]/min	HECD 保留时间/min	PID MDL/(μg/L)	HECD MDL/(μg/L)
二氯二氟甲烷 Dichlorodifluoromethane	—[b]	8.47		0.05
氯甲烷 Chloromethane	—	9.47		0.03
氯乙烯 Vinyl Chloride	9.88	9.93	0.02	0.04
溴甲烷 Bromomethane	—	11.95		1.1
氯乙烷 Chloroethane	—	12.37		0.1
三氯一氟甲烷 Trichlorofluoromethane	—	13.49		0.03
1,1-二氯乙烯 1,1-Dichloroethene	16.14	16.18	ND[c]	0.07
二氯甲烷 Methylene Chloride	—	18.39		0.02
反-1,2-二氯乙烯 trans-1,2-Dichloroethene	19.3	19.33	0.05	0.06
1,1-二氯乙烷 1,1-Dichloroethane	—	20.99		0.07
2,2-二氯丙烷 2,2-Dichloropropane	—	22.88		0.05
顺-1,2-二氯乙烷 cis-1,2-Dichloroethane	23.11	23.14	0.02	0.01
氯仿 Chloroform	—	23.64		0.02
溴氯甲烷 Bromochloromethane	—	24.16		0.01
1,1,1-三氯乙烷 1,1,1-Trichloroethane	—	24.77		0.03
1,1-二氯丙烯 1,1-Dichloropropene	25.21	25.24	0.02	0.02
四氯化碳 Carbon Tetrachloride	—	25.47		0.01
苯 Benzene	26.1	—	0.009	
1,2-二氯乙烷 1,2-Dichloroethane	—	26.27		0.03
三氯乙烯 Trichloroethene	27.99	28.02	0.02	0.01
1,2-二氯丙烷 1,2-Dichloropropane	—	28.66		0.006
一溴二氯甲烷 Bromodichloromethane	—	29.43		0.02
二溴甲烷 Dibromomethane	—	29.59		2.2
甲苯 Toluene	31.95	—	0.01	
1,1,2-三氯乙烷 1,1,2-Trichloroethane	—	33.21		ND
四氯乙烯 Tetrachloroethene	33.88	33.9	0.05	0.04
1,3-二氯丙烷 1,3-Dichloropropane	—	34		0.03
二溴一氯甲烷 Dibromochloromethane	—	34.73		0.03
1,2-二溴乙烷 1,2-Dibromoethane	—	35.34		0.8
氯苯 Chlorobenzene	36.56	36.59	0.003	0.01
乙苯 Ethylbenzene	36.72	—	0.005	
1,1,1,2-四氯乙烷 1,1,1,2-Tetrachloroethane	—	36.8		0.005
间-二甲苯 m-Xylene	36.98	—	0.01	
对-二甲苯 p-Xylene	36.98	—	0.01	

表 P.1(续)

可测定的化合物	PID 保留时间[a]/min	HECD 保留时间/min	PID MDL/(μg/L)	HECD MDL/(μg/L)
邻-二甲苯　o-Xylene	38.39	—	0.02	
苯乙烯　Styrene	38.57	—	0.01	
异丙苯　Isopropylbenzene	39.58	—	0.05	
三溴甲烷　Bromoform	—	39.75		1.6
1,1,2,2-四氯乙烷　1,1,2,2-Tetrachloroethane	—	40.35		0.01
1,2,3-三氯丙烷　1,2,3-Trichloropropane	—	40.81		0.4
正丙基苯　n-Propylbenzene	40.87	—	0.004	
溴苯　Bromobenzene	40.99	41.03	0.006	0.03
1,3,5-三甲基苯　1,3,5-Trimethylbenzene	41.41	—	0.004	
2-氯甲苯　2-Chlorotoluene	41.41	41.45	ND	0.01
4-氯甲苯　4-Chlorotoluene	41.6	41.63	0.02	0.01
叔丁基苯　tert-Butylbenzene	42.92	—	0.06	
1,2,4-三甲基苯　1,2,4-Trimethylbenzene	42.71	—	0.05	
仲丁基苯　sec-Butylbenzene	43.31	—	0.02	
对-异丙基甲苯　p-Isopropyltoluene	43.81	—	0.01	
1,3-二氯苯　1,3-Dichlorobenzene	44.08	44.11	0.02	0.02
1,4-二氯苯　1,4-Dichlorobenzene	44.43	44.47	0.007	0.01
正丁基苯　n-Butylbenzene	45.2	—	0.02	
1,2-二氯苯　1,2-Dichlorobenzene	45.71	45.74	0.05	0.02
1,2-二溴-3-氯丙烷　1,2-Dibromo-3-Chloropropane		48.57		3.0
1,2,4-三氯苯　1,2,4-Trichlorobenzene	51.43	51.46	0.02	0.03
六氯丁二烯　Hexachlorobutadiene	51.92	51.96	0.06	0.02
萘　Naphthalene	52.38	—	0.06	
1,2,3-三氯苯　1,2,3-Trichlorobenzene	53.34	53.37	ND	0.03
内标　Internal Standards				
氟代苯　Fluorobenzene	26.84	—		
2-溴-1-氯丙烷　2-Bromo-1-chloropropane	—	33.08		

a 保留时间是用一根 60 m×0.75 mm×1.5 μm 的 VOCOL 的毛细管柱测定的。

b 短横(—)表示检测器不响应。

c ND=未确证。

表 P.2　各种基质检测的评估定量值(EQL)[a,b]

基　质	系　数
地下水	10
低浓度污染的土壤	10
水溶性废液	500
高浓度污染的土壤和淤泥	1 250
非水溶性废液	1 250

a 样品的 EQL 和基质有很大关系,这里列出的 EQL 值仅供参考,实际中会有差别。

b EQL=[方法检测限(表 P.1)]×[系数(表 P.2)],对非水样品,该系数为湿重情况的系数。

附 录 Q
（资料性附录）
固体废物　挥发性有机物的测定　平衡顶空法
Solid Wastes—Determination of Volatile Organic Compounds—Equlibrium Headspace Analysis

Q.1　范围

本方法是一种普遍适用的从土壤、沉积物和固体废物中制备挥发性有机物（VOCs）样品用于气相色谱（GC）或气相色谱/质谱联用（GC/MS）检测的方法。

具有足够的挥发性的化合物可以使用平衡顶空法有效地从土壤样品中分离出来，包括：苯、一溴一氯甲烷、一溴二氯甲烷、三溴甲烷、甲基溴、四氯化碳、氯苯、一氯乙烷、三氯甲烷、甲基氯、二溴一氯甲烷、1，2-二溴-3-氯丙烷、1，2-二溴乙烷、二溴甲烷、1，2-二氯苯、1，3-二氯苯、1，4-二氯苯、二氯二氟甲烷、1，1-二氯乙烷、1，2-二氯乙烷、1，1-二氯乙烯、反-1，2-二氯乙烯、1，2-二氯丙烷、乙苯、六氯丁二烯、二氯甲烷、萘、苯乙烯、1，1，1，2-四氯乙烷、1，1，2，2-四氯乙烷、四氯乙烯、甲苯、1，2，4-三氯苯、1，1，1-三氯乙烷、1，1，2-三氯乙烷、三氯乙烯、三氯一氟甲烷、1，2，3-三氯丙烷、氯乙烯、邻二甲苯、间二甲苯、对二甲苯。

本方法的检测质量分数范围为 10～200 μg/kg。

下列化合物也可用本方法进行分析，或作为替代物使用：溴苯、正丁基苯、仲丁基苯、叔丁基苯、2-氯甲苯、4-氯甲苯、顺-1，2-二氯乙烯、1，3-二氯丙烷、2，2-二氯丙烷、1，1-二氯丙烷、异丙基苯、4-异丙基甲苯、正丙基苯、1，2，3-三氯苯、1，2，4-三甲基苯、1，3，5-三甲基苯。

本方法也可用作一个自动进样装置，作为筛分含有易挥发性有机物样品的手段。

本方法也可用于在此方法条件下可以有效地从土壤基质中分离出来的其他化合物。此法也可用于其他基质中的目标被测物。对于土壤中含量超过 1% 的有机物或者辛醇/水分配系数高的化合物，平衡顶空法测得的结果可能会略低于动态吹扫法或者先甲醇提取再动态吹扫法得到的结果。

Q.2　引用标准

下列文件中的条款通过在本方法中被引用而成为本方法的条款，与本方法同效。凡是不注日期的引用文件，其最新版本适用于本方法。

GB/T 6682　分析实验室用水规格和实验方法。

Q.3　原理

取至少 2 g 的土壤样品，置于具有钳口盖或螺纹盖的玻璃顶空瓶中。每个土壤样品中须加入基质改性剂作为化学防腐剂，同时加入内标。加入可以在野外进行，也可在收到样品时进行。用一个 VOA 瓶收集附加样，用于干重测定或根据样品质量浓度需要进行高浓度测定。在实验室中，对样品瓶进行离心，以使内标在基质内扩散分布均匀。将样品瓶置入顶空分析仪器的自动进样器转盘内并于室温保存。大约在分析前 1 h，将独立的样品瓶移至加热区域平衡。样品由机械振动混合均匀，并保持加热温度。然后自动进样装置向瓶中通入氦气加压，使一部分顶空气体混合物通过加热的线路进入气相色谱柱，用 GC 或 GC/MS 方法进行分析。

Q.4　试剂和材料

Q.4.1　除另有说明外，本方法中所使用的水为 GB/T 6682 规定的一级水。

Q.4.2　甲醇：色谱纯。

Q.4.3　校正标准液，内标溶液的制备。

Q.4.3.1 校正标准液。制作5份以甲醇为溶剂并含所有目标分析物的标准溶液。校正溶液的质量浓度需要满足以下要求：当每个22 mL的瓶加入1.0 μL校正溶液时，所达到的量应在检测器的检测范围内。内标可以单独以1.0 μL量加入，或以20 mg/L配于校正配制液中。质量浓度可根据GC/MS系统或其他使用的检测方法的灵敏度改变。

Q.4.3.2 内标和替代物。参考检测方法的建议选择合适的内标和替代物。配制以甲醇为溶剂，质量浓度为20 mg/L的包含内标和替代物的溶液作为加标溶液。如果使用GC检测，更适合使用外标而不用内标。质量浓度可根据GC/MS系统或其他使用的检测方法的灵敏度改变。

Q.4.4 空白样制备。向一个样品瓶中加入10.0 mL的基质改性剂。加入指定量的内标和替代物并封口。将其置于自动进样器中，采用与未知样同样的方法进行分析。使用此法分析空白样可以监视自动进样器和顶空装置可能存在的问题。

Q.4.5 校正标准液的制备。使用制备好的配制液（Q.4.3.1）根据与制备空白样相同的方法制备校正标准液。

Q.4.6 基质改性剂。以pH计为指示，向500 mL不含有机物的试剂水中加入浓磷酸（H_3PO_4）至pH等于2。加入180 g NaCl至全部溶解并混合均匀。每批取出10 mL进行分析，以确保溶液没有受到污染。在密封瓶中保存，置于远离有机物的地方。

注意：基质改性剂可能不适用于含有有机碳成分的土壤样品。

Q.5 仪器、装置

Q.5.1 样品容器

使用与分析系统配套的，干净的22 mL玻璃样品瓶。瓶子应可以在野外密封（钳口盖或螺纹盖）并用聚四氟乙烯衬垫，且在高温下也能保持密封。理想情况下，瓶子和密封薄膜应具有同样的皮重。在使用之前，用清洁剂洗涤瓶子和密封薄膜，然后依次用水和蒸馏水冲洗。将瓶子和密封薄膜置于105℃恒温炉中烘干1 h，然后取出冷却。置于没有有机溶剂的地方保存。其他规格的瓶也可使用，只要保证可以在野外密封并可用合适的衬垫。

Q.5.2 顶空系统

全自动的平衡顶空分析仪器。使用的系统必须达到以下标准：

Q.5.2.1 系统必须能将样品保持在需要的温度，对多种类型的样品建立起样品和顶空之间的可重现的平衡。

Q.5.2.2 系统必须能将分析所需进样体积的顶空通过合适的毛细管注入气相色谱。此过程不应对色谱和检测系统造成不利影响。

Q.5.3 野外样品采集仪器

Q.5.3.1 土壤取样器，至少需要能采集2 g土壤。

Q.5.3.2 经校准的自动进样器或者顶空进样器，需要能注入10.0 mL基质改性剂。

Q.5.3.3 经校准的自动进样器，需要能注入内标和替代物。

Q.5.4 VOA瓶

40 mL或60 mL的具有钳口盖或螺纹盖并可用聚四氟乙烯膜封口的VOA瓶。这些瓶子用来作样品筛分、高浓度分析（如果需要）和干重测定。

Q.6 样品的采集、保存和预处理

Q.6.1 不加基质改性剂和标准液时的取样

Q.6.1.1 使用标准的具有钳口盖或螺纹盖并用聚四氟乙烯衬垫的22 mL玻璃质顶空样品瓶。

Q.6.1.2 用吹扫捕集土壤取样器。将2～3 cm（大约2 g）土壤样品加入到称过皮重的22 mL顶空瓶中，迅速用衬垫密封，将聚四氟乙烯一面朝向样品。样品应轻轻地放入样品瓶中，防止易挥发性有机物挥发。

Q.6.2 加入基质改性剂和标准液时的取样

Q.6.2.1 用标准的具有钳口盖或螺纹盖并用聚四氟乙烯衬垫的 22 mL 玻璃质顶空样品瓶。

Q.6.2.2 在取样前预先向瓶中注入 10.0 mL 基质改性剂。

Q.6.2.3 用吹扫捕集土壤取样器，将 2～3 cm(大约 2 g)土壤样品加入到称过皮重的 22 mL 顶空瓶中。样品应轻轻地放入样品瓶中，防止易挥发性有机物挥发。然后立刻用衬垫密封，聚四氟乙烯一面朝向样品。

Q.6.2.4 使用合适规格的注射器小心地刺破衬垫，加入分析方法所需量的内标和替代物溶液。

注意：含有超过 1%有机碳的土壤样品如果加入基质改性剂有可能导致回收率低。对于这些样品使用基质改性剂可能不合适。

Q.6.3 第三种可选择的方法是将土壤样品加入装有 10.0 mL 水的样品瓶。

Q.6.3.1 用标准的具有钳口盖或螺纹盖并用聚四氟乙烯衬垫的 22 mL 玻璃质顶空样品瓶。

Q.6.3.2 用吹扫捕集土壤取样器(Q.5.3.1)，将 2～3 cm(大约 2 g)土壤样品加入到称过皮重的含有 10 mL 试剂水的 22 mL 顶空瓶中。样品应轻轻的放入样品瓶中，防止易挥发性有机物挥发。然后立刻用衬垫密封，使聚四氟乙烯一面朝向样品。

Q.6.4 无论采用哪种方法采集土壤样品，均须制作野外空白。如果基质改性剂不是在野外加入，那么向一个干净的样品瓶中加入 10.0 mL 水然后立刻封口作为野外空白。如果基质改性剂和标准液是在野外加入，那么向一个干净的样品瓶中加入 10.0 mL 基质改性剂再加入内标和替代物溶液作为野外空白。

Q.6.5 在每个采样点采集土壤放入 40 mL 或 60 mL 的 VOA 瓶，用来作干重测定、样品筛分及高浓度分析(如果需要)。样品筛分并不是必要的，因为不存在高浓度样品残留物会污染顶空装置的危险。

Q.6.6 样品保存。分析前在 4℃低温下保存。贮存地点应不含有机溶剂蒸汽。所有样品应在采集后 14 d 内分析。如果分析不在此期间进行，应告知分析数据的使用者，结果作为最低含量参考。

Q.7 分析步骤

Q.7.1 样品筛分。本方法(使用低浓度法)可作为使用 GC 或 GC/MS 进样前的样品筛分方法，用以帮助分析者测定样品中易挥发性有机物的大概浓度。这在使用吹扫捕集方法分析易挥发性有机物的方法时很有效，用于防止高浓度的样品造成系统污染。在使用顶空法时也很有效，可以帮助决定使用低浓度方法还是高浓度方法。高浓度的有机物不会对顶空装置造成污染，但是，在 GC 或 GC/MS 系统中可能会造成污染问题。无论此方法是否是用于样品筛分，只需使用最小限度的校正和质量控制。在大部分情况下，一个试剂空白和一个单一校正标准就足够了。

Q.7.2 样品干重质量分数测定

当需要得到基于干重的样品数据时，需要从 40 mL 或 60mL 的 VOA 管中称出一部分样品用于干重测定。

注意：干燥炉需置于通风橱中或具有排气口。

取出所需样品后，称量 5～10 g 样品置入称量过的坩埚中。于 105℃环境中干燥过夜，在干燥器中冷却后称重。用以下公式计算样品干重的质量分数。

$$样品干重质量分数\% = \frac{烘干后样品质量(g)}{烘干前样品质量(g)} \times 100\%$$

Q.7.3 使用顶空技术的低浓度方法见 Q.7.4，高浓度方法的样品处理方法见 Q.7.5。高浓度方法推荐用于明显含有油类物质或有机泥状废物的样品。

Q.7.4 用于分析土壤/沉积物和固体废物的低浓度方法适用于平衡顶空法。质量分数范围为 0.5～200 μg/kg，质量分数范围由分析方法及分析物的灵敏度决定。

Q.7.4.1 校正。一般在 GC 方法中使用外标校正，因为内标校正可能会造成干扰。如果根据历史数据不存在干扰的问题，也可使用内标校正。GC/MS 方法中一般使用内标校正。GC/MS 方法在校正前须先对仪器进行调试。

Q.7.4.1.1　GC/MS 调谐。如果使用 GC/MS 检测方法，准备一个含有试剂水和方法所需量 BFB 的 22 mL 瓶子。

Q.7.4.1.2　初始校正。准备 5 个 22 mL 瓶子(Q.4.5)和一个试剂空白。然后根据 Q.7.4.2 及所选择的分析方法进行操作。因为没有土壤样品，所以混合步骤可以省略。

Q.7.4.1.3　校正检查。准备一个 22 mL 瓶子，加入中间浓度的校正标准液。根据 Q.7.4.2.4(从将瓶子放入自动进样器开始)及所选择分析方法进行操作。如果使用 GC/MS 检测方法，准备水和方法所需量 BFB 的 22 mL 瓶子。

Q.7.4.2　顶空操作条件

Q.7.4.2.1　此方法设计样品质量为 2 g。在野外将大约 2 g 土壤样品加入到具有钳口盖或螺纹盖的 22 mL 玻璃顶空瓶中。

Q.7.4.2.2　在分析之前称量已知质量的瓶子和样品的总质量，精确至 0.01 g。如果制样时加入了基质改性剂(Q.6.2)，瓶子的质量不包括 10 mL 的基质改性剂。因此，称量野外空白样以获得野外空白样中基质改性剂的质量，并将此作为样品中基质改性剂的质量。尽管本方法可能会对分析结果造成误差，此误差将远远小于未加入改良溶液的样品送到实验室过程中发生变化所产生的误差。

Q.7.4.2.3　如果制样时未加入基质改性剂，打开样品瓶，迅速加入 10 mL 基质改性剂和分析方法所需量的内标溶液，然后立刻重新密封样品瓶。

注意：每次仅打开和处理一个样品瓶以减少挥发损失。

Q.7.4.2.4　将样品至少混合 2 min(在离心机或摇床上进行)。将样品瓶置于室温下的自动进样器圆盘上。将每个取样管加热至 85℃，平衡 50 min。在平衡过程中至少机械振摇 10 min。每个取样管均用氦载气加压至至少 69 kPa(10 psi)。

Q.7.4.2.5　根据仪器说明书，将加压的顶空中一份具有代表性的可重现的样品通过加热的传输管路进样入气相色谱柱中。

Q.7.4.2.6　根据所选择的检测方法进行分析操作。

Q.7.5　高浓度方法

Q.7.5.1　如果样品根据 Q.6.1 中描述的方法收集，样品瓶没有加入基质改性剂和水，那么将样品称重精确至 0.01 g。向 22 mL 称过皮重的样品瓶中的样品加入 10.0 mL 的乙醇，然后迅速密封样品瓶。每次只打开和处理一个样品瓶以减少易挥发性有机物的损失。

Q.7.5.2　如果使用 Q.6.2 或 Q.6.3 中的方法采集样品，样品瓶中加入了基质改性剂和不含有机物的试剂水，那么用于高浓度方法测定的样品需要从 40 mL 或 60 mL 的 VOA 瓶(Q.6.5)中取得。将约 2 g 的样品从 40 mL 或 60 mL 的 VOA 瓶中取出加入到一个 22 mL 称过皮重的样品瓶中。向 22 mL 样品瓶中的样品加入 10.0 mL 的乙醇，然后迅速密封样品瓶和 VOA 瓶。每次只打开和处理一个样品瓶以减少易挥发性有机物的损失。

Q.7.5.3　将样品在室温下至少振摇混合 10 min。将 2 mL 甲醇移至一个具有螺纹盖和聚四氟乙烯衬垫的瓶中，密封。根据表 Q.2 吸取 10 μL 或适当量的提取液，注入一个含有 10 mL 基质改性剂和内标(如果需要)的 22 mL 样品瓶中。将样品瓶置于自动进样器中进行顶空分析。

表 Q.1　可与本方法连用的检测方法

方法编号	方 法 名 称
附录 P	GC 与多种检测器联用检测芳香性及含卤有机物
附录 O	GC/MS 检测易挥发性有机物

表 Q.2 高浓度土壤/沉积物分析时甲醇提取物加样量[a]

质量分数范围	甲醇提取物体积
500～10 000 μg/kg	100 μL
1 000～20 000 μg/kg	50 μL
5 000～100 000 μg/kg	10 μL
25 000～500 000 μg/kg	稀释 1/50 倍[b]后取 100 μL
注：超出表中所列浓度范围时以适当倍数稀释。	

[a] 加入 5 mL 水中的甲醇量应保持不变。因此无论需要向 5 mL 注射器中加入多少甲醇提取物，须保持加入总体积为 100 μL 甲醇不变。

[b] 稀释一定量甲醇提取物，取 100 μL 分析。

附 录 R
（资料性附录）
固体废物　含氯烃类化合物的测定　气相色谱法
Solid Wastes—Determination of Chlorinated Hydrocarbons—Gas Chromatography

R.1　范围

本方法规定了环境样品和废物提取液中含氯烃类化合物含量的气相色谱测定方法，可以使用单柱/单检测器或多柱/多检测器。该方法适用于以下化合物：亚苄基二氯、三氯甲苯、苄基氯、2-氯萘、1,2-二氯苯、1,3-二氯苯、1,4-二氯苯、六氯苯、六氯丁二烯、α-六氯环己烷、β-六氯环己烷、γ-六氯环己烷、δ-六氯环己烷、六氯环戊二烯、六氯乙烷、五氯苯、1,2,3,4-四氯苯、1,2,4,5-四氯苯、1,2,3,5-四氯苯、1,2,4-三氯苯、1,2,3-三氯苯、1,3,5-三氯苯。

表 R.1 列出了对于无有机污染的水基质中各种化合物的方法检测限(MDL)。由于样品基质中存在干扰，因而特殊样品中化合物的检测限可能不同于表 R.1。表 R.2 列出了对于其他基质的定量限评估值(EQL)。

R.2　引用标准

下列文件中的条款通过在本方法中被引用而成为本方法的条款，与本方法同效。凡是不注日期的引用文件，其最新版本适用于本方法。

GB/T 6682　分析实验室用水规格和实验方法

R.3　原理

对环境样品采用适当的样品提取技术，未经稀释或稀释过的有机液均可以通过直接进样进行分析。对于新样品，应使用标准加入样品验证对其选用的提取技术的适用性。分析通过气相色谱法完成，采用了大口径毛细管柱和单重或双重电子捕获检测器。

R.4　试剂和材料

R.4.1　除有说明外，本方法中所用的水为 GB/T 6682 规定的一级水。

R.4.2　正己烷：色谱纯。

R.4.3　丙酮：色谱纯。

R.4.4　异辛烷：色谱纯。

R.4.5　标准贮备液(1 000 mg/L)。可使用纯标准材料配制或购买经鉴定的溶液。标准贮备液的配制须准确称取约 0.010 0 g 纯化合物，将其溶解于异辛烷或正己烷中并定容至 10 mL 容量瓶中。对于不能充分溶解于正己烷或异辛烷中的化合物，可使用丙酮和正己烷混合溶剂。

R.4.6　混合贮备液。可由单独的贮备液配制。对于少于 25 种组分的混合贮备液，精确量取质量浓度均为 1 000 mg/L 的单个样品贮备液 1 mL，加入溶剂并将其混合定容至 25 mL 容量瓶中。

R.4.7　校正曲线至少应包含 5 个质量浓度，可利用异辛烷或正己烷稀释混合贮备液的方法配制。这些质量浓度应当与实际样品中预期的质量浓度范围相当并且在检测器线性范围之内。

R.4.8　推荐内标，配制 1 000 mg/L 的 1,3,5-三溴苯溶液(当基质干扰严重时建议使用另外两种内标，2,5-二溴苯和 α,α-二溴间二甲苯)。对于加入法，将该溶液稀释至 50 ng/μL，加入体积为 10 μL 每 mL 的提取液。内标加入质量浓度对所有样品和校正标准液应保持恒定。内标标准加入溶液应置于聚四氟乙烯密封容器中于 4℃下避光保存。

R.4.9 推荐使用的替代物标准，使用替代物标准检测方法的性能。在所有样品、方法空白液、基质添加液以及校正标准液中加入替代物标准。配制 1 000 mg/L 的 1,4-二氯萘溶液并将其稀释至 100 ng/μL。1 L 水样加入体积为 100 μL。如果发生基质干扰问题，可选用两种替代物标准：α,2,6-三氯甲苯或 2,3,4,5,6-五氯四苯。

R.5 仪器

R.5.1 气相色谱仪，配有两个电子捕获检测器。

R.5.2 微量注射器，100 mL，50 mL，10 mL 和 50 μL(钝化)。

R.5.3 分析天平，感量 0.000 1 g。

R.5.4 容量瓶，10～1 000 mL。

R.6 样品的采集、保存和预处理

R.6.1 固体基质：250 mL 宽口玻璃瓶，有螺纹的 Teflon 盖子，冷却至 4℃保存。

液体基质：4 个 1 L 的琥珀色玻璃瓶，有螺纹的 Teflon 的盖子，在样品中加入 0.75 mL 10% 的 $NaHSO_4$，冷却至 4℃保存。

R.6.2 提取物必须保存于 4℃，并于提取 40 d 内进行分析。

R.7 分析步骤

R.7.1 提取和纯化

R.7.1.1 一般而言，对于水样，依据附录 U 以二氯甲烷在中性或不改变其 pH 条件下进行提取。固体样品依据附录 V 以二氯甲烷/丙酮(1∶1)作为提取溶剂。

R.7.1.2 如需要，样品可以按照附录 W 进行纯化。

R.7.1.3 进行气相色谱分析之前，提取溶剂必须通过提取方法中的 Kudern-Danish 浓缩梯度步骤替换为正已烷。残留于提取物中的二氯甲烷将会引起相当宽的溶剂峰。

R.7.2 色谱柱

R.7.2.1 单柱分析：

色谱柱 1：DB-210(30 m×0.53 mm 内径，熔融石英毛细管柱，甲基三氟丙基-甲基聚硅氧烷键合固定相)或同类产品。

色谱柱 2：DB-WAX(30m×0.53 mm 内径，熔融石英毛细管柱，聚乙二醇键合固定相)或同类产品。

R.7.2.2 双柱分析：

色谱柱 1：DB-5，RTx-5，SPB-5(30 m×0.53 mm×0.83 μm 或 1.5 μm 石英毛细管柱)或同类产品。

色谱柱 2：DB-1701，RTx-1701(30 m×0.53 mm×1.0 μm 石英毛细管柱)或同类产品。

R.7.3 每种被分析物的保留时间列于表 R.3 和表 R.4。推荐的气相色谱(GC)工作条件列于表 R.5 和表 R.6。

R.7.4 校正曲线。制备校正曲线标准液。可采用内标法或外标法。

R.7.5 气相色谱分析。

R.7.5.1 推荐 1 μL 自动进样。如果要求定量精度相对标准偏差小于 10%，则可以采用不多于 2 μL 手动进样。若溶剂量保持在最低值，则应采用溶剂冲洗技术。如果采用内标校准方法，在进样前于每毫升样品提取液中加入 10 μL 内标。

R.7.5.2 当样品提取液中某一个峰超出了其常规的保留时间窗口时需要采用假设性鉴定。

R.7.5.3 气相色谱定性性能的认证：使用中等质量浓度的标准物质溶液评估这一标准。如果任何标准物质超出了其日常保留时间窗口，则说明系统存在问题。找出问题的原因并将其修正。

R.7.5.4 记录进样体积至最接近 0.05 μL 的进样量及其相应峰的大小，以峰高或峰面积计。使用内标或外标法，确定样品色谱图中每一个与校正曲线上化合物相应的组分峰的属性和量。

R.7.5.5 如果响应超出了系统的线性范围，将提取液稀释并再次分析。推荐使用峰高测量优于峰面积积分，因为面积积分时峰重叠会引起误差。

R.7.5.6 如果存在部分重叠峰或共流出峰，改变色谱柱或采用GC/MS技术。影响样品定性和(或)定量的干扰物应使用上面所述纯化技术予以除去。

R.7.5.7 如果峰响应低于基线噪音的2.5倍，则定量结果的合理性值得怀疑。应根据数据质量目标确定是否需要对样品进一步浓缩。

表 R.1 对含氯烃类化合物单柱分析的方法检测限(MDL)

化合物名称	MDL[a](ng/L)
亚苄基二氯(Benzal chloride)	2～5[b]
三氯甲苯(Benzotrichloride)	6.0
苄基氯(Benzyl chloride)	180
2-氯萘(2-Chloronaphthale)	1 300
1,2-二氯苯(1,2-Dichlorobenzene)	270
1,3-二氯苯(1,3-Dichlorobenzene)	250
1,4-二氯苯(1,4-Dichlorobenzene)	890
六氯苯(Hexachlorobenzene)	5.6
六氯丁二烯(Hexachlorobutadiene)	1.4
α-六氯环己烷(α-Hexachlorocyclohexane α-BHC)	11
β-六氯环己烷(β-Hexachlorocyclohexane β-BHC)	31
γ-六氯环己烷(γ-Hexachlorocyclohexane γ-BHC)	23
δ-六氯环己烷(δ-Hexachlorocyclohexane δ-BHC)	20
六氯环戊二烯(Hexachlorocyclopentadiene)	240
六氯乙烷(Hexachloroethane)	1.6
五氯苯(Pentachlorobenzene)	38
1,2,3,4-四氯苯(1,2,3,4-Tetrachlorobenzene)	11
1,2,4,5-四氯苯(1,2,4,5-Tetrachlorobenzene)	9.5
1,2,3,5-四氯苯(1,2,3,5-Tetrachlorobenzene)	8.1
1,2,4-三氯苯(1,2,4-Trichlorobenzene)	130
1,2,3-三氯苯(1,2,3-Trichlorobenzene)	39
1,3,5-三氯苯(1,3,5-Trichlorobenzene)	12

a MDL是对无有机污染的水的方法检测限。MDL由使用同样的完整分析方法(包括提取，Florisil萃取柱纯化，以及GC/ECD分析)分析8个等组分样品得到。

其中$t(n-10.99)$是适用于置信区间为99%，标准偏差具有$n-1$个自由度的S值，SD是8次重复测定的标准偏差。

b 由仪器检测限评估得到。

表 R.2 对不同基质的定量限评估值(EQL)因子[a]

基质	因子
地下水	10
超声提取、凝胶渗透色谱(GPC)纯化的低倍浓缩土壤	670
超声提取的高倍浓缩土壤和淤泥	10 000
不溶于水的废弃物	100 000

a EQL=[方法检测限(表 R.1)]×[本表列出的因子]。对于非水样品,该因子是基于净重原则。样品的 EQL 值很大程度上取决于基质。此处列出的 EQL 值仅作为指导参考,并非始终能达到。

表 R.3 对含氯烃类化合物单柱分析的色谱保留时间

化合物名称	保留时间/min	
	DB-210[a]	DB-WAX[b]
亚苄基二氯(Benzal chloride)	6.86	15.91
三氯甲苯(Benzotrichloride)	7.85	15.44
苄基氯(Benzyl chloride)	4.59	10.37
2-氯萘(2-Chloronaphthale)	13.45	23.75
1,2-二氯苯(1,2-Dichlorobenzene)	4.44	9.58
1,3-二氯苯(1,3-Dichlorobenzene)	3.66	7.73
1,4-二氯苯(1,4-Dichlorobenzene)	3.80	8.49
六氯苯(Hexachlorobenzene)	19.23	29.16
六氯丁二烯(Hexachlorobutadiene)	5.77	9.98
α-六氯环己烷(α-Hexachlorocyclohexane α-BHC)	25.54	33.84
γ-六氯环己烷(γ-Hexachlorocyclohexane γ-BHC)	24.07	54.30
δ-六氯环己烷(δ-Hexachlorocyclohexane δ-BHC)	26.16	33.79
六氯环戊二烯(Hexachlorocyclopentadiene)	8.86	c
六氯乙烷(Hexachloroethane)	3.35	8.13
五氯苯(Pentachlorobenzene)	14.86	23.75
1,2,3,4-四氯苯(1,2,3,4-Tetrachlorobenzene)	11.90	21.17
1,2,4,5-四氯苯(1,2,4,5-Tetrachlorobenzene)	10.18	17.81
1,2,3,5-四氯苯(1,2,3,5-Tetrachlorobenzene)	10.18	17.50
1,2,4-三氯苯(1,2,4-Trichlorobenzene)	6.86	13.74
1,2,3-三氯苯(1,2,3-Trichlorobenzene)	8.14	16.00
1,3,5-三氯苯(1,3,5-Trichlorobenzene)	5.45	10.37
内标		
2,5-二溴甲苯(2,5-Dibromotoluene)	9.55	18.55
1,3,5-三溴苯(1,3,5-Tribromobenzene)	11.68	22.60
α,α′-二溴间二甲苯(α,α′-Dibromo-meta-xylene)	18.43	35.94
替代物		

表 R.3(续)

化合物名称	保留时间/min	
	DB-210[a]	DB-WAX[b]
α,2,6-三氯甲苯(α,2,6-Trichlorotoluene)	12.96	22.53
1,4-二氯萘(1,4-Dichloronaphthalene)	17.43	26.83
2,3,4,5,6-五氯甲苯(2,3,4,5,6-Pentachlorotoluene)	18.96	27.91

a GC工作条件:DB-210(30 m×0.53 mm×1 μm)石英毛细管柱或同类产品;以10 mL/min氦气为载气;40 mL/min氮气为尾吹气;程序升温以4℃/min速度从65～175℃(保持20 min);进样温度为220℃;检测温度为250℃。

b GC工作条件:DB-WAX(30 m×0.53 mm×1 μm)石英毛细管柱或同类产品;以10 mL/min氦气为载气;40 mL/min氮气为尾吹气;程序升温以4℃/min速度从60～170℃(保持30 min);进样温度为200℃;检测温度为230℃。

c 化合物在柱上分解。

表 R.4 对含氯烃类化合物双柱分析的色谱保留时间[a]

化合物	相对保留时间/min	
	DB-5	DB-1701
1,3-二氯苯(1,3-Dichlorobenzene)	5.82	7.22
1,4-二氯苯(1,4-Dichlorobenzene)	6.00	7.53
苄基氯(Benzyl chloride)	6.00	8.47
1,2-二氯苯(1,2-Dichlorobenzene)	6.64	8.58
六氯乙烷(Hexachloroethane)	7.91	8.58
1,3,5-三氯苯(1,3,5-Trichlorobenzene)	10.07	11.55
亚苄基二氯(Benzal chloride)	10.27	14.41
1,2,4-三氯苯(1,2,4-Trichlorobenzene)	11.97	14.54
1,2,3-三氯苯(1,2,3-Trichlorobenzene)	13.58	16.93
六氯丁二烯(Hexachlorobutadiene)	13.88	14.41
三氯甲苯(Benzotrichloride)	14.09	17.12
1,2,3,4-四氯苯(1,2,3,4-Tetrachlorobenzene)	19.35	21.85
1,2,4,5-四氯苯(1,2,4,5-Tetrachlorobenzene)	19.35	22.07
六氯环戊二烯(Hexachlorocyclopentadiene)	19.85	21.17
1,2,3,4-四氯苯(1,2,3,4-Tetrachlorobenzene)	21.97	25.71
2-氯萘(2-Chloronaphthale)	21.77	26.60
五氯苯(Pentachlorobenzene)	29.02	31.05
α-六氯环己烷(α-BHC)	34.64	38.79
六氯苯(Hexachlorobenzene)	34.98	36.52
β-六氯环己烷(β-BHC)	35.99	43.77
γ-六氯环己烷(γ-BHC)	36.25	40.59
δ-六氯环己烷(δ-BHC)	37.39	44.62

表 R.4(续)

化合物	相对保留时间/min	
	DB-5	DB-1701
内标		
1,3,5-三溴苯(1,3,5-Tribromobenzene)	11.83	13.34
拟似标准品		
1,4-二氯萘(1,4-Dichloronaphthalene)	15.42	17.71

[a] GC 工作条件如下:DB-5 柱(30 m×0.53 mm×0.83 μm)或同类产品和 DB-1701(30 m×0.53 mm×1.0 μm)或同类产品连接至三通进样器。程序升温以 2℃/min 从 80℃(保持 1.5 min)升至 125℃(保持 1 min),再以 5℃/min 升至 240℃(保持 2 min);进样温度为 250℃;检测温度为 320℃;氦载气流速为 6 mL/min;氮尾吹气流速为20 mL/min。

表 R.5 含氯烃类化合物单柱分析方法的气相色谱工作条件

色谱柱 1:DB-210(30 m×0.53 mm 内径,熔融石英毛细管柱,甲基三氟丙基-甲基聚硅氧烷键合固定相)	
载气(氦,He)10 mL/min	
柱温	
起始温度	65℃
升温程序	4℃/min 速度从 65℃升至 175℃
最后温度	175℃,保持 20 min
进样温度	220℃
检测温度	250℃
进样体积	1~2 μL
色谱柱 2:DB-WAX(30 m×0.53 mm,内径,熔融石英毛细管柱,聚乙二醇键合固定相)	
载气(氦,He)　10 mL/min	
柱温	
起始温度	65℃
升温程序	4℃/min 速度从 60℃升至 170℃
最后温度	170℃,保持 30 min
进样温度	200℃
检测温度	230℃
进样体积	1~2 μL

表 R.6 含氯烃类化合物双柱分析方法的气相色谱工作条件

色谱柱 1:DB-1701(30 m×0.53 mm×1.0 μm)或同类产品	
色谱柱 2:DB-5(30 m×0.53 mm×0.83 μm)或同类产品	
载气流量(mL/min)	6(氦气)
尾吹气流量(mL/min)	20(氮气)
升温程序	以 2℃/min 从 80℃(保持 1.5 min)升至 125℃(保持 1 min),再以 5℃/min 升至 240℃(保持 2 min)
进样温度	250℃

表 R.6（续）

检测温度	320℃
进样体积	2 μL
溶剂	正己烷
进样类型	闪蒸
检测器类型	双重电子捕获检测器(ECD)
范围	10
衰减	32(DB -1701)/32(DB -5)
分流器类型	Supelco 三通进样器

表 R.7 校准溶液推荐质量分数[a]

化合物名称	质量浓度/(ng/μL)				
亚苄基二氯(Benzal chloride)	0.1	0.2	0.5	0.8	1.0
三氯甲苯(Benzotrichloride)	0.1	0.2	0.5	0.8	1.0
苄基氯(Benzyl chloride)	0.1	0.2	0.5	0.8	1.0
2-氯萘(2-Chloronaphthale)	2.0	4.0	10	16	20
1,2-二氯苯(1,2-Dichlorobenzene)	1.0	2.0	5.0	8.0	10
1,3-二氯苯(1,3-Dichlorobenzene)	1.0	2.0	5.0	8.0	10
1,4-二氯苯(1,4-Dichlorobenzene)	1.0	2.0	5.0	8.0	10
六氯苯(Hexachlorobenzene)	0.01	0.02	0.05	0.08	0.1
六氯丁二烯(Hexachlorobutadiene)	0.01	0.02	0.05	0.08	0.1
α-六氯环己烷(α-BHC)	0.1	0.2	0.5	0.8	1.0
β-六氯环己烷(β-BHC)	0.1	0.2	0.5	0.8	1.0
γ-六氯环己烷(γ-BHC)	0.1	0.2	0.5	0.8	1.0
δ-六氯环己烷(δ-BHC)	0.1	0.2	0.5	0.8	1.0
六氯环戊二烯(Hexachlorocyclopentadiene)	0.01	0.02	0.05	0.08	0.1
六氯乙烷(Hexachloroethane)	0.01	0.02	0.05	0.08	0.1
五氯苯(Pentachlorobenzene)	0.01	0.02	0.05	0.08	0.1
1,2,3,4-四氯苯(1,2,3,4-Tetrachlorobenzene)	0.1	0.2	0.5	0.8	1.0
1,2,4,5-四氯苯(1,2,4,5-Tetrachlorobenzene)	0.1	0.2	0.5	0.8	1.0
1,2,3,5-四氯苯(1,2,3,5-Tetrachlorobenzene)	0.1	0.2	0.5	0.8	1.0
1,2,4-三氯苯(1,2,4-Trichlorobenzene)	0.1	0.2	0.5	0.8	1.0
1,2,3-三氯苯(1,2,3-Trichlorobenzene)	0.1	0.2	0.5	0.8	1.0
1,3,5-三氯苯(1,3,5-Trichlorobenzene)	0.1	0.2	0.5	0.8	1.0
替代物					
α,2,6-三氯甲苯(α,2,6-Trichlorotoluene)	0.02	0.05	0.1	0.15	0.2
1,4-二氯萘(1,4-Dichloronaphthalene)	0.2	0.5	1.0	1.5	2.0
2,3,4,5,6-五氯甲苯(2,3,4,5,6-Pentachlorotoluene)	0.02	0.05	0.1	0.15	0.2

a 校准溶液进行 GC/ECD 分析之前应在其中加入 1 种或多种内标。加入内标浓度应对所有的校准溶液保持恒定。

表 R.8 分别以石油醚(1部分)和1:1石油醚/乙醚(2部分)为洗脱剂时含氯烃类化合物从 Florisil 柱上的洗脱状况

化合物名称	数量(μg)	回收率[a]/%	
		1部分[b]	2部分[c]
亚苄基二氯[d](Benzal chloride)	10	0	0
三氯甲苯(Benzotrichloride)	10	0	0
苄基氯(Benzyl chloride)	100	82	16
2-氯萘(2-Chloronaphthale)	200	115	
1,2-二氯苯(1,2-Dichlorobenzene)	100	102	
1,3-二氯苯(1,3-Dichlorobenzene)	100	103	
1,4-二氯苯(1,4-Dichlorobenzene)	100	104	
六氯苯(Hexachlorobenzene)	1.0	116	
六氯丁二烯(Hexachlorobutadiene)	1.0	101	
α-六氯环已烷(α-BHC)	10		95
β-六氯环已烷(β-BHC)	10		108
γ-六氯环已烷(γ-BHC)	10		105
δ-六氯环已烷(δ-BHC)	10		71
六氯环戊二烯(Hexachlorocyclopentadiene)	1.0	93	
六氯乙烷(Hexachloroethane)	1.0	100	
五氯苯(Pentachlorobenzene)	1.0	129	
1,2,3,4-四氯苯(1,2,3,4-Tetrachlorobenzene)	10	104	
1,2,4,5-四氯苯[e](1,2,4,5-Tetrachlorobenzene)	10	102	
1,2,3,5-四氯苯[e](1,2,3,5-Tetrachlorobenzene)	10	102	
1,2,4-三氯苯(1,2,4-Trichlorobenzene)	10	59	
1,2,3-三氯苯(1,2,3-Trichlorobenzene)	10	96	
1,3,5-三氯苯(1,3,5-Trichlorobenzene)	10	102	

a 给出值为数次重复实验的平均值。

b 1部分以200 mL 石油醚洗脱。

c 2部分以200 mL 石油醚/乙醚混合液(1:1)洗脱。

d 该化合物与1,2,4-三氯苯共流出;用亚苄基二氯进行了独立实验以验证两种洗脱模式均不能使该化合物通过 Florisi 柱被洗脱。

e 这两种化合物不能通过 DB-210 熔融石英毛细管柱分开。

表 R.9 加标黏土样品中含氯烃类化合物的单次测定精度数据(自动索氏提取)[a]

化 合 物 名 称	加标量/(μg/kg)	回收率[a]/%	
		DB-5	DB-1701
1,3-二氯苯(1,3-Dichlorobenzene)	5 000	b	39
1,2-二氯苯(1,2-Dichlorobenzene)	5 000	94	77
亚苄基二氯(Benzal chloride)	500	61	66
三氯甲苯(Benzotrichloride)	500	48	53
六氯环戊二烯(Hexachlorocyclopentadiene)	500	30	32
五氯苯(Pentachlorobenzene)	500	76	73
α-六氯环己烷(α-BHC)	500	89	94
δ-六氯环己烷(δ-BHC)	500	86	b
六氯苯(Hexachlorobenzene)	500	84	88

a 自动索氏提取工作条件如下:浸泡时间 45 min;提取时间 45 min;样品量为 10 g 黏土;提取溶剂为 1:1 丙酮/正己烷混合液。加标后无须平衡。

b 由于干扰而无法测定。

附 录 S
（资料性附录）
固体废物 金属元素分析的样品前处理 微波辅助酸消解法
Solid Wastes—Sample Prepration for Analyze of Metal Elements —Microwave Assisted Acid Degestion

S.1 范围

本方法为微波辅助酸消解方法，适用于两类样品基体：一类是沉积物、污泥、土壤和油，一类是废水和固体废物的浸出液。消解后的产物可用于对以下元素的分析：铝、镉、铁、钼、钠、锑、钙、铅、镍、锶、砷、铬、镁、钾、铊、硼、钴、锰、硒、钒、钡、铜、汞、银、锌、铍。

本方法消解后的产物适合用火焰原子吸收光谱(FLAA)、石墨炉原子吸收光谱(GFAA)、电感耦合等离子体发射光谱(ICP/ES)或者电感耦合等离子体质谱(ICP/MS)分析。

S.2 引用标准

下列文件中的条款通过在本方法中被引用而成为本方法的条款，与本方法同效。凡是不注日期的引用文件，其最新版本适用于本方法。

GB/T 6682 分析实验室用水规格和实验方法

S.3 原理

将样品和浓硝酸定量地加入密封消解罐中，在设定的时间和温度下微波加热。利用微波对极性物质的“内加热作用”和“电磁效应”，对样品迅速加热，提高样品的消化速度和效果。消解液经过滤或离心后按一定的体积稀释，可选择适当的分析方法进行测试。

S.4 试剂和材料

S.4.1 除另有说明外，水为 GB/T 6682 规定的一级水。

S.4.2 硝酸：$\rho(HNO_3)$ ＝1.42 g/mL，优级纯。

S.5 仪器

S.5.1 微波消解仪，输出功率为 1 000～1 600 W。具有可编程控制功能，可对温度、压力和时间(升温时间和保持时间)进行全程监控，具有安全防护机制。

S.5.2 消解罐，由碳氟化合物(可溶性聚四氟乙烯 PFA 或改性聚四氟乙烯 TFM)制成的封闭罐体，可抗压 1 172～1 379 kPa(170～200 psi)、耐酸和耐腐蚀，具有泄压功能。用于水样消解的消解罐最好带有刻度。

S.5.3 量筒，体积 50 mL 或 100 mL。

S.5.4 定量滤纸。

S.5.5 玻璃漏斗。

S.5.6 分析天平，最大量程 300 g，精确度±0.01 g。

S.5.7 离心管，30 mL，玻璃或塑料材质。

S.6 样品采集，保存和处理

S.6.1 样品容器必须提前用洗涤剂、酸和水清洗干净，选用塑料和玻璃容器均可。

S.6.2 收集到的样品必须冷藏存放，并尽早分析。

S.7 操作步骤

S.7.1 消解前的准备：所使用的消解罐和玻璃容器先用稀酸（约10%，体积分数）浸泡，然后用自来水和试剂水依次冲洗干净，放在干净的环境中晾干。对于新使用的或怀疑受污染的容器，应用热盐酸（1：1）浸泡（温度高于80℃，但低于沸腾温度）至少2 h，再用热硝酸浸泡至少2 h，然后用试剂水洗干净，放在干净的环境中晾干。

S.7.2 样品的消解

S.7.2.1 使用前，称量消解罐、阀门和盖子的质量，精确到0.01 g。

S.7.2.2 取样

S.7.2.2.1 沉积物、污泥、土壤和油类样品：称量（精确到0.001 g）一份混合均匀的样品，加入到消解罐中。土壤、沉积物和污泥的称样量少于0.500 g，油则少于0.250 g。

S.7.2.2.2 废水和固体废物的浸出液样品：用量筒量取45 mL样品倒入带刻度的消解罐中。

S.7.2.3 加酸

S.7.2.3.1 沉积物、污泥、土壤和油类样品：在通风橱中，向样品中加入（10±0.1）mL浓硝酸。如果反应剧烈，在反应停止前不要给容器盖盖。按产品说明书的要求盖紧消解罐。称量带盖的消解罐，精确到0.001 g。将消解罐放到微波炉转盘上。

S.7.2.3.2 废水和固体废物的浸出液样品：向样品中加入5 mL浓硝酸。按产品说明书的要求盖紧消解罐。称量带盖的消解罐，精确到0.01 g。将消解罐放到微波炉转盘上。

注意1：某些样品可能产生有毒的氮氧化物气体，因此所有的操作必须在通风条件下进行。分析人员也必须注意该剧烈实验的危险性。如果有剧烈反应，要等其冷却后才能盖上消解罐。

注意2：当消解的固体样品含有挥发性或容易氧化的有机化合物，最初称重不能少于0.10 g，如果反应剧烈，在加盖前必须终止反应。如果不反应，样品量称取0.25 g。

注意3：固体样品中如果已知或疑似含有多于5%～10%的有机物质，必须预消解至少15 min。

S.7.2.4 按说明书装好旋转盘，设定微波消解仪的工作程序。启动微波消解仪。

S.7.2.4.1 对于沉积物、污泥、土壤和油类样品：每一组样品微波辐射10 min。每个样品的温度在5 min内升到175 ℃，在10 min的辐射时间内平衡到170～180℃。如果一批消解的样品量大，可以采用更大的功率，只要能按上述要求在相同的时间内达到相同的温度。

S.7.2.4.2 对于废水和固体废物的浸出液样品：选定的程序应可将样品在10 min内升高到160℃±4℃，同时也允许在第二个10 min略微升高到165～170℃。

S.7.2.5 消解程序结束后，在消解罐取出之前应在微波炉内冷却至少5 min。消解罐冷却到室温后，称重，记录下每个罐的质量。如果样品加酸的质量减少超过10%，舍弃该样品。查找原因，重新消解该样品。

S.7.2.6 在通风橱中小心打开消解罐的盖子，释放其中的气体。将样品进行离心或过滤。

S.7.2.6.1 离心：转速2 000～3 000 r/min，离心10 min。

S.7.2.6.2 过滤：过滤装置用10%（体积分数）的硝酸润洗。

S.7.2.7 将消解产物稀释到已知体积，并使样品和标准物质基体匹配，选择适当的分析方法进行检测。

S.8 计算

在原始样品的实际质量（或体积）基础上确定其浓度。

S.9 质量控制

S.9.1 所有质量控制的数据都要保留。

S.9.2 每批或每20个样品做一个平行双样，对每种新的基体都必须做平行双样。

S.9.3 每批或每20个样品做一个加标样品，对每种新的基体都必须加标样品。

附 录 T
（资料性附录）
固体废物 六价铬分析的样品前处理 碱消解法
Solid Wastes—Sample Preparation for Analyze of Cr(Ⅵ)
—Alkaline Degestion

T.1 范围

本方法是提取土壤、污泥、沉积物或类似的废物中各种可溶的、可被吸附的或沉淀的各种含铬化合物中的六价铬的碱消解实验方法。

对于被消解的样品基体，可以通过样品的各种理化参数 pH、亚铁离子、硫化物、氧化还原电势(ORP)、总有机碳(TOC)、化学需氧量(COD)、生物需氧量(BOD)等来分析其中 Cr(Ⅵ)的还原趋势。对 Cr(Ⅵ)的分析有干扰的物质见相关的分析方法。

T.2 原理

在规定的温度和时间内，将样品在 Na_2CO_3/NaOH 溶液中进行消解。在碱性提取环境中，Cr(Ⅵ)还原和 Cr(Ⅲ)氧化的可能性都被降到最小。含 Mg^{2+} 的磷酸缓冲溶液的加入也可以抑制氧化作用。

T.3 试剂和材料

T.3.1 硝酸(HNO_3)浓度为 5.0 mol/L，于 20～25℃暗处存放。不能用带有淡黄色的浓硝酸来稀释，因为其中有由 NO_3^- 通过光致还原形成的 NO_2，对 Cr(Ⅵ)具有还原性。

T.3.2 无水碳酸钠(Na_2CO_3)：分析纯。储存在 20～25℃的密封容器中。

T.3.3 氢氧化钠(NaOH)：分析纯。储存在 20～25℃的密封容器中。

T.3.4 无水氯化镁($MgCl_2$)：分析纯。400 mg $MgCl_2$ 约含 100 mg Mg^{2+}。储存在 20～25℃的密封容器中。

T.3.5 磷酸盐缓冲溶液。

T.3.5.1 K_2HPO_4：分析纯。

T.3.5.2 KH_2PO_4：分析纯。

T.3.5.3 0.5 mol/L K_2HPO_4－0.5 mol/L KH_2PO_4 缓冲溶液：pH＝7，将 87.09 g K_2HPO_4 和 68.04 g KH_2PO_4 溶于 700 mL 试剂水中，转移至 1 L 的容量瓶中定容。

T.3.6 铬酸铅($PbCrO_4$)：分析纯。将 10～20 mg $PbCrO_4$ 加入一份试样中作为不可溶的加标物。在 20～－25℃的干燥环境下，储存在密封容器中。

T.3.7 消解溶液：将(20.0±0.05)g NaOH 与(30.0±0.05)g Na_2CO_3 溶于试剂水中，并定容于 1 L 的容量瓶中。于 20～25℃储存在密封聚乙烯瓶中，并保持每月新制。使用前必须测量其 pH 值，若小于 11.5 须重新配制。

T.3.8 重铬酸钾标准溶液($K_2Cr_2O_7$)：1 000 mg/L Cr(Ⅵ)，将 2.829 g 于 105℃干燥过的 $K_2Cr_2O_7$ 溶试剂水中，于 1 L 容量瓶中定容。也可使用 1 000 mg/L 的标定过的商品 Cr(Ⅵ)标准溶液。于 20～25℃储存在密封容器中，最多可使用 6 个月。

T.3.9 基体加标液：100 mg/LCr(Ⅵ)，将 10 mL 1 000 mg/L 的 $K_2Cr_2O_7$ 标准溶液(T.3.8)加入 100 mL容量瓶中，用试剂水定容，混匀。

T.3.10 试剂水：本方法中所使用的试剂水应满足相关的 Cr(Ⅵ)分析方法的要求。

T.4 仪器、装置

T.4.1 消解容器:250 mL,硅酸盐玻璃或石英材质。

T.4.2 量筒:100 mL。

T.4.3 容量瓶:1 000 mL 和 100 mL,具塞,玻璃。

T.4.4 真空过滤器。

T.4.5 滤膜(0.45 μm):纤维质或聚碳酸酯滤膜。

T.4.6 加热装置:可以将消解液保持在 90~95℃,并可持续自动搅拌。

T.4.7 玻璃移液管:多种规格。

T.4.8 pH 计:已校准。

T.4.9 天平:已校准。

T.4.10 测温装置:可测至 100 ℃,如温度计,热敏电阻,红外传感器等。

T.5 样品采集,保存与处理

T.5.1 样品应使用塑料或玻璃的装置和容器采集并保存,不得使用不锈钢制品。样品在检测前须在 4℃±2℃下保存,并保持野外潮湿状态。

T.5.2 在野外潮湿土壤样品中,收集 30 d 后 Cr(Ⅵ)仍可以保持含量的稳定。在碱性消解液中 Cr(Ⅵ)在 168 h 内是稳定的。

T.5.3 实验中产生的 Cr(Ⅵ)溶液或废料应当用适当方法处理,如用维生素 C 或其他还原性试剂处理,将其中的 Cr(Ⅵ)还原为 Cr(Ⅲ)。

T.6 操作步骤

T.6.1 通过对试剂空白(一个装有 50 mL 消解液的 250 mL 容器)的温度监测,调节所有碱消解加热装置的温度设定。使消解液可以保持在 90~95℃下加热。

T.6.2 将(2.5±0.10) g 混合均匀的野外潮湿样品加入 250 mL 消解容器中。需要加标时,将加标物须直接加入该样品中。

T.6.3 用量筒向每一份样品中加入(50±1) mL 消解液,然后加入大约 400 mg $MgCl_2$ 和 0.5 mL 1.0 mol/L磷酸缓冲溶液。将所有样品用表面皿盖上。

T.6.4 用搅拌装置将样品持续搅拌至少 5 min(不加热)。

T.6.5 将样品加热至 90~95℃,然后在持续搅拌下保持至少 60 min。

T.6.6 在持续搅拌下将每份样品逐渐冷却至室温。将反应物全部转移至过滤装置,用试剂水将消解容器冲洗 3 次,洗涤液也转移至过滤装置,用 0.45 μm 的滤膜过滤。将滤液和洗涤液转移至 250 mL 的烧杯中。

T.6.7 在搅拌器的搅拌下,向装有消解液的烧杯中逐滴缓慢加入 5.0 mol/L 的硝酸,调节溶液的 pH 至 7.5±0.5。如果消解液的 pH 超出了需要的范围,必须将其弃去并重新消解。如果有絮状沉淀产生,样品要用 0.45 μm 滤膜过滤。

注意:CO_2 会干扰此过程,此操作应在通风橱内完成。

T.6.8 取出搅拌器并清洗,洗涤液收入烧杯中。将样品完全转入 100 mL 容量瓶中,用试剂水定容。混合均匀待分析。

T.7 计算

T.7.1 样品质量分数

$$质量分数=\frac{ADE}{BC}$$

式中：A——消解液中测得的质量浓度，μg/mL；

B——最初湿样品的质量，g；

C——干固体质量分数，%；

D——稀释倍数；

E——最终消解液体积，mL。

T.7.2 相对偏差

$$RPD=\frac{S-D}{(S+D)/2}$$

式中：RPD——平行样品的相对偏差；

S——第一份样品检测结果；

D——平行样品检测结果。

T.7.3 加标回收率

$$回收率=\frac{SSR-SR}{SA}\times 100\%$$

式中：SSR——加标样品检测结果；

SR——未加标样品检测结果；

SA——加标量。

T.8 质量控制

T.8.1 必须对每一批消解样品进行质量控制分析，在每批样品消解中必须制备一个空白样品，其所测得的Cr(Ⅵ)必须低于方法的检测限或Cr(Ⅵ)标准限值的1/10，否则整批样品都必须重新进行消解。

T.8.2 实验室控制样品(LCS)。作为方法性能的附加检测，将基体加标液或固体基体加标物加入50 mL消解液中。LCS的回收率应在80%～120%的范围内，否则整批样品必须重新检测。

T.8.3 对每一批样品都必须有平行样品的检测，且要求相对偏差RPD小于等于20%。

T.8.4 对每一批小于等于20个样品来说，都要做可溶性和非可溶性的基体加标测定。可溶性基体加标是加入1.0 mL加标溶液(相当于40 mg Cr(Ⅵ)/kg)。非可溶性基体加标是向样品中加入10～20 mg的$PbCrO_4$。消解后基体加标的回收率应该达到85%～115%。否则，应对样品重新进行混匀、消解和检测。

附 录 U
（资料性附录）
固体废物 有机物分析的样品前处理 分液漏斗液-液萃取法
Solid Wastes—Sample Preparation for Analyze of Organic Compounds—Separatory Funnel Liquid-Liquid Extraction

U.1 范围

本方法规定了从水溶液样中分离有机化合物的分液漏斗液-液萃取法。后续使用色谱分析方法时，本方法可应用于水不溶性和水微溶性的有机物的分离和浓缩。

U.2 引用标准

下列文件中的条款通过在本方法中被引用而成为本方法的条款，与本方法同效。凡是不注日期的引用文件，其最新版本适用于本方法。

GB/T 6682 分析实验室用水规格和实验方法

U.3 原理

取量好一定体积的样品，通常为1 L。在规定的pH下，在分液漏斗中用二氯甲烷进行逐次提取，提取物干燥、浓缩后，必要时，更换为与用于净化或测定步骤相一致的溶剂。

U.4 试剂和材料

除另有说明外，本方法中所用的水为GB/T 6682规定的一级水。

U.4.1 硫酸钠(无水，粒状)：需要置于浅碟400℃烧灼4 h或使用二氯甲烷预洗以净化。

U.4.2 提取前调节pH的溶液。

U.4.2.1 硫酸溶液(1∶1，体积分数)：缓慢添加50 mL浓硫酸到50 mL无有机物的试剂水中。

U.4.2.2 氢氧化钠溶液(10 mol/L)：溶解40 g氢氧化钠于无有机物的试剂级水中并定容到100 mL。

U.4.3 二氯甲烷：色谱纯。

U.4.4 正己烷：色谱纯。

U.4.5 乙腈：色谱纯。

U.4.6 异丙醇：色谱纯。

U.4.7 环己烷：色谱纯。

U.5 仪器

U.5.1 分液漏斗：2 L，具聚四氟乙烯活塞。

U.5.2 干燥柱：20 mm内径，硬质玻璃色谱柱在底部带有硬质玻璃棉和聚四氟乙烯活塞(注意：烧结玻璃筛板在高度污染的提取物通过之后很难去除。可购买无烧结筛板的柱子)。用一个小的硬质玻璃棉垫保持吸附剂。在用吸附剂装柱之前，用50 mL丙酮预先洗玻璃小垫，继续用50 mL的洗提溶液洗净。

U.5.3 Kuderna-Danish(K-D)装置。

U.5.3.1 浓缩管：10 mL，带刻度。具玻璃塞以防止在短时间放置时样品挥发。

U.5.3.2 蒸发瓶：500 mL。使用弹簧或者夹子与蒸发器连接。

U.5.4 溶剂蒸发回收装置。

U.5.5 沸石：10/40目(碳化硅，或同等装置)。

U.5.6 水浴:加热温度±5℃,具有同心环状盖板,使用时必须盖住盖板。

U.5.7 氮吹仪:12 位或 24 位(可选)。

U.5.8 玻璃样品瓶:2 mL 或 10 mL,具有聚四氟乙烯旋盖或压盖以存放样品。

U.5.9 pH 试纸:广泛试纸。

U.5.10 真空系统:可达到 8.8 MPa 真空度。

U.5.11 量筒。

U.6 操作步骤

U.6.1 用 1 L 量筒,量取 1 L 样品并移入分液漏斗中。

U.6.2 用广泛 pH 试纸检查样品的 pH,初始提取 pH>11,必要时,用不超过 1 mL 的酸或碱调至提取方法所需的 pH。

U.6.3 用量筒取 60 mL 二氯甲烷洗涤,将其并入分液漏斗。

U.6.4 密闭分液漏斗,用力振摇 1~2 min,并间歇地排气以释放压力。

注意:二氯甲烷会很快地产生过大的压力,因此初次排气应在分液漏斗密闭并摇动一次后立即进行。排气应在通风橱中进行以防交叉污染。

U.6.5 有机层与水相分离至少需 10 min,若两层间的乳浊液界面大于溶剂层的 1/3,须采取机械技术来完成相分离。最佳技术依样品而定,包括搅拌、通过玻璃棉过滤乳浊液、离心或其他物理方法。收集溶剂提取物至锥形烧瓶中。

U.6.6 用一份新的溶剂再重复萃取二次(见步骤 U.6.3 至 U.6.5),合并 3 次的提取液。

U.6.7 进一步调节 pH 并提取,将水相的 pH 调节至低于 2。如 U.6.3 至 U.6.5 所述,用二氯甲烷连续提取 3 次,收集并合并提取液,并标明合并的提取液。

U.6.8 若进行 GC/MS 分析,酸性及碱或中性提取物可在浓缩之前合并。但在某些情况下,分别浓缩和分析酸性及碱或中性提取物更为可取。

U.6.9 K-D 浓缩技术。

U.6.9.1 组装一个包括 10 mL 浓缩管和 500 mL 蒸发瓶的 K-D 浓缩装置。

U.6.9.2 合并各步的洗脱液,流过一个装有 10 g 无水硫酸钠的干燥管。将干燥后的洗脱液收集到 K-D 浓缩装置。如果被分析物是酸性物质须使用酸化的硫酸钠(见 GB 5085.6 附录 K)。

U.6.9.3 用 20 mL 溶剂洗涤收集管和干燥管,将其合并到 K-D 浓缩装置蒸发瓶中。

U.6.9.4 在蒸发瓶中加入 1~2 片沸石,安装一个 3 球的常量斯奈德管。装上玻璃制的回收装置。用 1 mL 二氯甲烷润湿斯奈德管的顶端。将 K-D 装置放置在热水浴(温度设置在溶剂沸点以上 15~20℃)上,使浓缩管下端部分地浸入热水中,整个管的下表面被蒸汽加热。调整装置的垂直位置和水浴温度,使浓缩过程在 10~20 min 完成。在正常的加热速率下,只在管的球状部分可以观察到液体沸腾。当剩余的溶剂小于 1 mL 时,将 K-D 装置从水浴上取下,至少放置 10 min 冷却。移去斯奈德管,用 1~2 mL 溶剂洗涤浓缩管的下端。用二氯甲烷调节最终的萃取物体积到 1 mL,或者使用上述流程进一步浓缩。

U.6.10 如需进一步的浓缩,可使用微量斯奈德管或者氮吹浓缩。

U.6.10.1 微量斯奈德管浓缩技术。

U.6.10.1.1 在浓缩管重新加入干净的沸石,安装一个 2 球的微量斯奈德管。装上玻璃制的微量回收装置。用 0.5 mL 二氯甲烷润湿斯奈德管的顶端。将 K-D 装置放置在热水浴上,使浓缩管下端部分地浸入热水中,整个管的下表面被蒸汽加热。调整装置的垂直位置和水浴温度,使浓缩过程在 5~10 min 完成。在正常的加热速率下,只在管的球状部分可以观察到液体沸腾。

U.6.10.1.2 当剩余的溶剂约 0.5 mL 时,将 K-D 装置从水浴上取下,至少放置 10 min 以冷却。移去斯奈德管,用 0.2 mL 溶剂洗涤浓缩管的下端,调节最终的萃取物体积到 1 mL。

U.6.10.2 氮吹技术。

U.6.10.2.1 将浓缩管放在温水浴(大约30℃)中,使用经过活性炭柱净化的干燥、洁净的适当流量的氮气流,吹干至约1 mL。

注意:不要在活性炭柱后使用新的塑料管,否则有可能造成样品污染。

U.6.10.2.2 在氮吹过程中用溶剂润洗几次浓缩管内壁;注意不要将水溅到管中;一般来说不要把样品吹干。

注意:当溶剂体积剩余不足1 mL时,半挥发性被分析物会损失。

U.6.11 萃取物可以用于下一步的净化流程,或是用适当方法对目标物质进行分析。如果不是立即进行下一步操作,可以塞住浓缩管冷藏保存。当储藏时间超过2 d时,须使用聚四氟乙烯旋盖的样品瓶并做好标记。

附 录 V
（资料性附录）
固体废物 有机物分析的样品前处理 索氏提取法
Solid Wastes—Sample Preparation for Analyze of Organic Compounds—Soxhlet Extraction

V.1 范围

本方法适用于对固体废物、沉积物、淤泥以及土壤的索氏提取法。索氏提取保证了样品和提取溶剂之间快速而密切的接触。在制备各种色谱方法中测定的样品时，本法可用于分离和浓缩水不溶性和水微溶性有机物。

V.2 引用标准

下列文件中的条款通过在本方法中被引用而成为本方法的条款，与本方法同效。凡是不注日期的引用文件，其最新版本适用于本方法。

GB/T 6682 分析实验室用水规格和实验方法

V.3 原理

固体样品与无水硫酸钠混合，置于提取套筒或2个玻璃棉塞之间，在索氏提取器中用适当的溶剂提取，提取液干燥后浓缩，必要时，置换溶剂使其与净化或测定步骤中所用的相一致。

V.4 试剂和材料

V.4.1 除另有说明外，本方法中所用的水为GB/T 6682规定的一级水。

V.4.2 硫酸钠（无水，粒状）：需要置于浅盘400℃烧灼4 h或使用二氯甲烷预洗以净化。如果使用二氯甲烷预洗净化，必须测试试剂空白以证明没有由无水硫酸钠带来的干扰。

V.4.3 提取溶剂。

V.4.3.1 土壤或沉积物和水性污泥样品：丙酮/正己烷（1∶1，体积分数），或二氯甲烷/丙酮（1∶1，体积分数）。

V.4.3.2 其他样品：二氯甲烷，或甲苯/甲醇（10∶1，体积分数）。

V.4.4 更换溶剂：己烷、2-丙醇、环己烷、乙腈，色谱纯。

V.5 仪器

V.5.1 索氏提取器：40 mm内径，带500 mL圆底烧瓶。

V.5.2 Kuderna-Danish(K-D)装置。

V.5.2.1 浓缩管：10 mL，带刻度。具玻璃塞以防止在短时间放置时样品挥发。

V.5.2.2 蒸发瓶：500mL。使用弹簧或者夹子与蒸发器连接。

V.5.2.3 斯奈德管：三球，大量。

V.5.2.4 斯奈德管：二球，微量（可选）。

V.5.3 溶剂蒸发回收装置。

V.5.4 沸石：10/40目（碳化硅）。

V.5.5 水浴：加热精度±5 ℃，具有同心环状盖板，使用时必须盖住盖板。

V.5.6 氮吹仪：12位或24位（可选）。

V.5.7 玻璃样品瓶：2 mL 或 10 mL，具有聚四氟乙烯旋盖或压盖。

V.5.8 玻璃或纸套筒或玻璃棉，无污染物质。

V.5.9 加热套，变阻器控制。

V.5.10 分析天平，感量 0.000 1 g。

V.6 操作步骤

V.6.1 样品处理。

V.6.1.1 废物样品：样品若包含多相，应在萃取前按相分离方法进行制备。本操作步骤只用于固体。

V.6.1.2 沉积物/土壤样品：倾倒弃去样品上面的水层。充分混合样品，特别是复合样品。弃去外来异物，如树枝、树叶和石块。

V.6.1.3 黏稠、纤维或油脂类废物可采用切、撕等方式降低其粒径，使其在提取时有尽可能大的比表面。无水硫酸钠与样品 1∶1 混合后可能适合于研磨。

V.6.1.4 适合于研磨的干燥废物样品：研磨或再细分废物，使其能通过 1 mm 筛。将足够样品倒入研磨器中，使经研磨后至少能得到 10 g 样品。

V.6.2 样品干重质量分数的测定

在某些情况下，希望样品以干重计。在这时应测定样品干重在总重量中的比例，并在实际分析中按比例折算被测样品的干重值。

称完提取用的样品，立即称取 5～10 g 样品于配衡坩埚中，105 ℃放置过夜干燥，于保干器内冷却后称重。

$$w(\text{干重},\%)=\text{样品干重}/\text{样品总重}\times 100\%$$

V.6.3 将 10 g 固体样品和 10 g 无水硫酸钠混合，放于提取套筒中。在提取过程中套筒须自由地沥干。在索氏提取器中，可在样品的上下两端放上玻璃棉塞以代替提取套筒。添加 1.0 mL 甲醇及测定方法中指定的替代物到各个样品和空白中。

V.6.4 在有 1～2 粒干净沸石的 500 mL 圆底烧瓶中加入 300 mL 提取溶剂，将烧瓶连接在提取器上，提取样品 16～24 h。

V.6.5 在提取完成后让提取液冷却。

V.6.6 组装一个包括 10 mL 浓缩管和 500 mL 蒸发瓶的 K-D 浓缩装置。

V.6.7 装上玻璃制的回收装置(冷凝与收集装置)。

V.6.8 将洗脱液流过一个含有 10 cm 无水硫酸钠的干燥管。将干燥后的洗脱液收集到 K-D 浓缩装置。利用 100～125 mL 提取溶剂洗涤容器和干燥管，保证完全转移。

V.6.9 在蒸发瓶中加入 1～2 片沸石，安装一个 3 球的常量斯奈德管。用 1 mL 二氯甲烷润湿斯奈德管的顶端。将 K-D 装置放置在热水浴(温度设置在溶剂沸点以上 15～20℃)上，使浓缩管下端部分地浸入热水中，整个管的下表面被蒸汽加热。调整装置的垂直位置和水浴温度，使浓缩过程在 10～20 min 之内完成。在正常的加热速率下，只在管的球状部分可以观察到液体沸腾。当剩余的溶剂为 1～2 mL 时，将 K-D 装置从水浴上取下，至少放置 10 min 以冷却。

V.6.10 如需要置换溶剂(见表 V.1)，取下斯奈德管，加入 50 mL 置换溶剂和一片新的沸石。按 V.6.9浓缩提取液，如必要则使用水浴加热，当剩余的溶剂为 1～2 mL 时，将 K-D 装置从水浴上取下，至少放置 10 min 以冷却。

V.6.11 移去斯奈德管，用 1～2mL 二氯甲烷或置换溶剂洗涤浓缩管的下端。用最后使用的溶剂调节最终的萃取物体积到 10 mL，或者使用 V.6.12 的流程进一步浓缩。

V.6.12 如需进一步的浓缩，可使用微量斯奈德管或者氮吹。

V.6.12.1 微量斯奈德管浓缩技术。

V.6.12.1.1 在浓缩管重新加入干净的沸石，安装一个 2 球的微量斯奈德管，装上玻璃微量回收装置，用0.5 mL二氯甲烷润湿斯奈德管的顶端。将K-D装置放置在热水浴上，使浓缩管下端部分地浸入热水中，整个管的下表面被蒸汽加热。调整装置的垂直位置和水浴温度，使浓缩过程在5～10 min之内完成。在正常的加热速率下，只在管的球状部分可以观察到液体沸腾。

V.6.12.1.2 当剩余的溶剂约0.5 mL时，将K-D装置从水浴上取下，至少放置10 min以冷却。移去斯奈德管，用0.2 mL溶剂洗涤浓缩管的下端，调节最终的萃取物体积到1～2 mL。

V.6.12.2 氮吹技术。

V.6.12.2.1 将浓缩管放在温水浴(大约30℃)中，使用经过活性炭柱净化的干燥、洁净的适当流量的氮气流，吹干至约0.5 mL。

注意：不要在活性炭柱后使用新的塑料管，否则有可能给样品带来邻苯二甲酸酯污染。

V.6.12.2.2 在氮吹过程中用溶剂润洗几次浓缩管内壁；注意不要将水溅到管中；不要把样品吹干。

注意：当溶剂体积剩余不足1 mL时，半挥发性分析物会有损失。

V.6.13 萃取物可以用于下一步的净化流程，或是用适当方法对目标物质进行分析。如果不是立即进行下一步操作，可以塞住浓缩管冷藏保存。当储藏时间超过2 d时，须使用聚四氟乙烯旋盖的样品瓶并做好标记。在任何情况下都不推荐保存时间超过2 d。

表 V.1 各个测定方法的溶剂置换

分析方法	提取 pH	分析时置换溶剂	净化时置换溶剂	用于净化的溶液体积/mL	用于分析的最终体积/mL[a]
5085.6 附录 H	不调节	正己烷	正己烷	10.0	10.0
5085.6 附录 N	不调节	正己烷	正己烷	10.0	10.0
5085.6 附录 R	不调节	正己烷	正己烷	2.0	1.0
5085.6 附录 I	不调节	正己烷	正己烷	10.0	10.0
5085.6 附录 K	不调节	不置换	—	—	1.0
5085.6 附录 L	不调节	甲醇	—	—	1.0

[a] 对建议定容体积10.0 mL的方法，可以将提取物浓缩到1.0 mL以获得更低的检测限。

附 录 W
（资料性附录）
固体废物 有机物分析的样品前处理 Florisil（硅酸镁载体）柱净化法
Solid Wastes—Sample Preparation for Analyze of Organic —Florisil Cleanup

W.1 范围

本方法适用于气相色谱样品在进行分析之前，使用 Florisil（硅酸镁载体）进行柱色谱净化。本方法可以使用柱色谱或者装填 Florisil 的固相萃取柱。

本方法述及了含有下列物质的提取物的净化：邻苯二甲酸酯类、氯代烃、亚硝胺、有机氯农药、硝基芳香化合物、有机磷酸酯、卤代醚、有机磷农药、苯胺及其衍生物和多氯联苯等。

W.2 原理

本方法中净化柱装填 Florisil 后，上面附加一层干燥剂。上样后用适当溶剂洗脱，将干扰物留在 Florisil 柱上。将洗脱液浓缩，备作后续的分析。也可使用装填 40 μm（孔径 6 nm）Florisil 的固相萃取柱，上样前用溶剂活化。上样后用适当溶剂洗脱，将干扰物留在 Florisil 柱上。为了保证结果，应在固相萃取装置（真空缸）上完成。将洗脱液浓缩，备作后续的分析。

W.3 试剂和材料

W.3.1 除有说明外，本方法中所用的水为无有机物的试剂水。

W.3.2 Florisil：本方法中涉及两种类型的 Florisil，Florisi PR 经过 675℃活化，一般用于净化杀虫剂样品，而 Florisi A 经过 650℃活化，一般用于净化其他样品。待用的 Florisil 必须贮存于带磨口玻璃塞或螺盖有内衬的玻璃容器中。

W.3.3 月桂酸：用于标定 Florisil 的活性，将 10.00 g 月桂酸用正己烷定容到 500 mL 待用。

W.3.4 酚酞指示剂：1%乙醇溶液。

W.3.5 氢氧化钠：称量 20 g 氢氧化钠定容到 500 mL，得到 1 mol/L 的溶液，稀释 20 倍得到 0.05 mol/L的溶液后用月桂酸溶液标定；准确称取 100～200 mg 月桂酸于锥形瓶中，加入 50 mL 乙醇，溶解月桂酸，加 3 滴酚酞指示剂，用 0.05 mol/L 的氢氧化钠溶液滴定，将每毫升氢氧化钠溶液能中和的月桂酸毫克数作为“溶液强度”标记在 0.05 mol/L 的氢氧化钠溶液瓶上。

W.3.6 Florisil 的活化和去活化。

W.3.6.1 去活化，用于邻苯二甲酸酯净化。使用之前，盛放在一个大口烧杯中，140℃加热至少 16 h。在加热后，转入 500 mL 试剂瓶中，密封并冷却至室温。加 3.3%（体积质量比）试剂水，充分混合，放置至少 2 h。密封保存。

W.3.6.2 活化，用于邻苯二甲酸酯净化之外的所有过程。无论是 Florisi PR 或者 Florisi A，使用之前，盛放在一个浅玻璃盘中，用金属箔松松地覆盖，130℃加热过夜，密封保存。

W.3.6.3 不同的批料或不同来源的 Florisil，其吸附能力可能不同。建议使用月桂酸值标定 Florisil 的吸附容量。

W.3.6.3.1 称取 2.000 g Florisil 盛放在一个 25 mL 锥形瓶中，用金属箔松松地覆盖，130 ℃加热过夜。冷却至室温。

W.3.6.3.2 加 20.0 mL 月桂酸正己烷溶液，塞上，振荡 15 min。

W.3.6.3.3 静置沉淀，吸取 10.0 mL 的液体到 125 mL 锥形瓶，不要引入固体。

W.3.6.3.4 加 60 mL 乙醇,3 滴酚酞指示剂。

W.3.6.3.5 用标定过的 0.05 mol/L 的氢氧化钠溶液滴定。

W.3.6.3.6 计算月桂酸值:月桂酸值=200-滴定体积(mL)×溶液强度(mg/mL)。

W.3.6.3.7 装填柱色谱需要的 Florisil 的克数为:月桂酸值×20 g÷110。

W.3.7 硫酸钠(无水:粒状):需要置于浅碟400℃烧灼 4 h 或使用二氯甲烷预洗以净化。使用二氯甲烷洗涤处理的无水硫酸钠必须测定试剂空白。

W.3.8 装填 40 μm(孔径 6 nm)Florisil 的固相萃取柱。Florisil 固相萃取柱:装填 40 μm(孔径 6 nm)Florisil,用于净化邻苯二甲酸酯。1 g 氧化铝装填于 6 mL 血清学级的聚丙烯注射器针筒内,加有20 μm孔径筛板。0.5 g 和 2 g 规格的也可以使用,但其净化效果需要确认。

W.3.9 提取溶剂:所有试剂均为色谱纯级或同等质量。

W.3.9.1 二氯甲烷、正己烷、异丙醇、甲苯、石油醚(沸程 30~60℃)、正戊烷、丙酮。

W.3.9.2 乙醚($C_2H_5OC_2H_5$):必须不含过氧化物,请用相应的试纸测试。除去过氧化物的乙醚应当加入 20 mL/L 的乙醇以保存。

W.3.10 有机酚性能评价标准:0.1 mg/L 2,4,5-三氯苯酚的丙酮溶液。

W.3.11 农药测试标液:正己烷为溶剂,标准物质量浓度分别为:α-六氯环己烷 γ-六氯环己烷、七氯、硫丹 I,各 5 mg/L;狄氏剂、艾氏剂、4,4′-DDT、4,4′-DDT,各 10 mg/L;四氯间二甲苯、十氯联苯,各 20 mg/L,甲氧氯,50 mg/L。

W.3.12 氯代酚酸除草剂标液:含 2,4,5-T 甲酯 100 mg/L,五氯苯酚甲酯 50 mg/L,毒莠定 200 mg/L。

W.4 仪器、装置

W.4.1 色谱柱:300 mm,10 mm 内径,具聚四氟乙烯阀门。

W.4.2 烧杯。

W.4.3 试剂瓶。

W.4.4 马弗炉:至少可达 400℃。

W.4.5 玻璃样品瓶:2、5、25 mL,具有聚四氟乙烯旋盖或压盖以存放样品。

W.4.6 固相萃取装置:EmporeTM 装置(真空多支管)带有 3~90 mm 或 6~47 mm 标准滤过装置,或者其同类装置。若具有良好的提取性能并可满足所有质量控制条件,可以使用为固相萃取设计的自动装置。

W.4.7 天平:精度 0.01 g。

W.5 样品的采集、保存和预处理

W.5.1 固体基质:250 mL 宽口玻璃瓶,有螺纹的 Teflon 的盖子,冷却至 4℃保存。

液体基质:4 个 1 L 的琥珀色玻璃瓶,有螺纹的 Teflon 的盖子,在样品中加入 0.75 mL 10%的 $NaHSO_4$,冷却至 4℃保存。

W.5.2 保存样品提取物在-10℃,避光,且存放于密闭的容器中(如带螺帽的小瓶或卷盖小瓶)。

W.6 干扰的消除

W.6.1 实验试剂需要进一步的纯化。

W.6.2 必须测定溶剂空白,证实纯化方法带来的干扰低于后续分析方法的检测限时,纯化方法方可应用于实际样品。但是实验证明经过固相萃取小柱进行净化后,每个小柱会给空白样品中带来约 400 ng 的邻苯二甲酸酯干扰。这一部分由固相萃取小柱带来的干扰是无法去除的。

W.7 操作步骤

W.7.1 固相萃取柱的准备和活化。

W.7.1.1 将萃取柱装在真空萃取装置上。

W.7.1.2 抽真空到 250 mmHg。从萃取柱流出的流量可以通过阀门调节。

W.7.1.3 加 4 mL 正己烷到柱上，打开阀门，使溶剂流出几滴后关闭，浸润萃取柱柱床 5 min。期间真空不要关闭。

W.7.1.4 打开阀门，使溶剂流出到柱床上的液面只剩下 1 min 时关闭，不可抽干。若柱床上的液面被抽干，必须重复活化。

W.7.2 样品处理。

在大多数净化过程之前，必须将萃取液浓缩。上样体积会影响净化过程的性能，对固相萃取柱尤为如此，过大的上样体积会导致结果变差。

W.7.2.1 将下列样品浓缩到 2 mL：邻苯二甲酸酯类、氯代烃、亚硝胺、氯代酚酸除草剂(以上溶剂均为正己烷)、硝基芳香化合物和异佛尔酮(溶剂为二氯甲烷)、苯胺及其衍生物(溶剂为二氯甲烷)。

W.7.2.2 将下列样品浓缩到 10 mL：有机氯农药、有机磷酸酯、卤代醚、有机磷农药和多氯联苯，溶剂均为正己烷。在净化流程中只需要用其中 1 mL。

W.7.2.3 冷藏样品放置到室温。检查样品是否沉淀、分层或者溶剂蒸发损失。

W.7.3 柱色谱净化邻苯二甲酸酯。

W.7.3.1 将 10 g 去活化的 Florisil 放入 10 mm 内径色谱柱中装实，在顶部加 1 cm 的无水硫酸钠。

W.7.3.2 用 40 mL 己烷预先冲洗柱。所有的洗脱速度应约为 2 mL/min，弃去洗脱液，并在硫酸钠层刚要暴露于空气之前，定量地转移 2 mL 样品提取液至柱上。另用 2 mL 己烷使样品全部转移。

W.7.3.3 在硫酸钠层刚好暴露于空气之前，加 40 mL 的己烷继续洗脱。弃去此洗脱液。

W.7.3.4 用 100 mL 20：80(体积分数)的乙醚/正己烷溶液洗脱，收集洗脱液。此流程的流出物包括：邻苯二甲酸二(2-乙基己基)酯，邻苯二甲酸二甲酯，邻苯二甲酸二乙酯，邻苯二甲酸苯基丁基酯，邻苯二甲酸二正丁酯，邻苯二甲酸二正辛酯。

W.7.4 固相萃取柱净化邻苯二甲酸酯。

W.7.4.1 按照 W.7.1 预处理含有 1 g Florisil 填料的萃取柱。

W.7.4.2 上样 1 mL，打开阀门，使液体以 2 mL/min 速度流出。

W.7.4.3 在样品流出到填料上层将抽干时，用 0.5 mL 溶剂洗涤样品瓶，上样。

W.7.4.4 在填料上层将抽干之前，关上阀门。

W.7.4.5 将 5 mL 的样品瓶或锥形瓶放在出液口准备接收液体。

W.7.4.6 如果样品中可能存在有机氯农药，加入 10 mL 20：80(体积分数)的二氯甲烷/正己烷溶液，抽真空到 250 mmHg。洗脱液刚从萃取柱流出时关闭阀门，浸润 1 min。缓慢打开阀门使洗脱液流出到接收瓶，弃去。

W.7.4.7 加入 10 mL 10：90(体积分数)的丙酮/正己烷溶液，缓慢打开阀门使洗脱液流出到接收瓶，此馏分包含邻苯二甲酸二酯，可用于后续分析。

W.7.5 柱色谱净化亚硝胺。

W.7.5.1 将 22 g 标定过的活化的 Florisil 放入 20 mm 内径色谱柱中装实，在顶部加 5 mm 的无水硫酸钠。

W.7.5.2 用 40 mL 15：85(体积分数)的乙醚/正戊烷预先冲洗柱。所有的洗脱速度应约为 2 mL/min，弃去洗脱液，并在硫酸钠层刚要暴露于空气之前，定量地转移 2 mL 样品提取液至柱上。使用另外的2 mL 正戊烷使样品全部转移。

W.7.5.3 在硫酸钠层刚好暴露于空气之前，加 90 mL 15：85(体积分数)的乙醚/正戊烷继续洗脱。

弃去此洗脱液。

W.7.5.4 用 100 mL 95∶5(体积分数)的乙醚/丙酮洗脱,收集洗脱液。此流程的流出物包括列表中所有亚硝胺。

W.7.6 柱色谱净化有机氯农药、卤代醚类和有机磷农药(洗脱顺序见表 W.2)。

W.7.6.1 将 20 g 标定过的活化的 Florisil 放入 20 mm 内径色谱柱中装实,在顶部加 1～2 cm 的无水硫酸钠。

W.7.6.2 用 60 mL 己烷预先冲洗柱。所有的洗脱速度应约为 5 mL/min,弃去洗脱液,并在硫酸钠层刚要暴露于空气之前,定量地转移 10 mL 样品提取液至柱上。使用另外的 2 mL 己烷使样品全部转移。

W.7.6.3 在硫酸钠层刚好暴露于空气之前,加 200 mL 6∶94(体积分数)的乙醚/正己烷继续洗脱,得到馏分 1,其中包含卤代醚。

W.7.6.4 加 200 mL 15∶85(体积分数)的乙醚/正己烷继续洗脱,得到馏分 2。

W.7.6.5 加 200 mL 50∶50(体积分数)的乙醚/正己烷继续洗脱,得到馏分 3。

W.7.6.6 加 200 mL 乙醚继续洗脱,得到馏分 4。

W.7.7 固相萃取柱净化有机氯农药和 PCBs。

W.7.7.1 按照 W.7.1 预处理含有 1 g Florisil 填料的萃取柱。

W.7.7.2 上样 1 mL,打开阀门,使液体以 2 mL/min 速度流出。

W.7.7.3 在样品流出到填料上层将抽干时,用 0.5 mL 溶剂洗涤样品瓶,上样。

W.7.7.4 在填料上层将抽干之前,关上阀门。

W.7.7.5 将 10 mL 的样品瓶或锥形瓶放在出液口准备接收液体。

W.7.7.6 如果不需要分开有机氯农药和 PCBs,加入 9 mL 10∶90(体积分数)的丙酮/正己烷溶液,抽真空到 250 mmHg。洗脱液刚从萃取柱流出时关闭阀门,浸润 1 min。缓慢打开阀门使洗脱液流出到接收瓶,馏分包含有机氯农药和 PCBs,浓缩到适当体积并需置换溶剂。

W.7.7.7 加入 3mL 正己烷,抽真空到 250 mmHg。洗脱液刚从萃取柱流出时关闭阀门,浸润 1 min。得到馏分 1,其中包含 PCBs 和少数几种有机氯农药。

W.7.7.8 加 5 mL 26∶74(体积分数)的二氯甲烷/正己烷继续洗脱,得到馏分 2,含大多数有机氯农药。

W.7.7.9 加 5 mL 10∶90(体积分数)的丙酮/正己烷溶液继续洗脱,得到馏分 3,含剩余的有机氯农药。

W.7.8 柱色谱净化硝基芳香化合物和异佛尔酮。

W.7.8.1 将 10 g 标定过的活化的 Florisil 放入 10 mm 内径色谱柱中装实,在顶部加 1 cm 的无水硫酸钠。

W.7.8.2 用 10∶90(体积分数)的二氯甲烷/正己烷溶液预先冲洗柱。所有的洗脱速度应约为 2mL/min,弃去洗脱液,并在硫酸钠层刚要暴露于空气之前,定量地转移 2 mL 样品提取液至柱上。使用另外的 2 mL 正己烷使样品全部转移。

W.7.8.3 在硫酸钠层刚好暴露于空气之前,加 30 mL 10∶90(体积分数)的二氯甲烷/正己烷溶液继续洗脱。弃去此洗脱液。

W.7.8.4 用 90 mL 15∶85(体积分数)的乙醚/正戊烷洗脱,弃去此洗脱液(洗脱二苯胺)。

W.7.8.5 加 100 mL 5∶95(体积分数)的丙酮/乙醚继续洗脱,得到馏分 1,含有硝基芳香化合物。

W.7.8.6 加入 15 mL 甲醇后,浓缩到适当体积。

W.7.8.7 加 30 mL 10∶90(体积分数)的丙酮/二氯甲烷继续洗脱,得到馏分 2,含所有的硝基芳香化合物。

W.7.8.8 将洗脱液浓缩到适当体积后,将溶剂置换为己烷。馏分包含:2,4-二硝基甲苯,2,6-二硝基甲苯,异佛尔酮,硝基苯。

W.7.9 柱色谱净化氯代烃。

W.7.9.1 将12 g去活化的Florisil放入10 mm内径色谱柱中装实，在顶部加1～2 cm的无水硫酸钠。

W.7.9.2 用100 mL石油醚预先冲洗柱。弃去洗脱液，并在硫酸钠层刚要暴露于空气之前，定量地转移样品提取液至柱上。

W.7.9.3 用200 mL石油醚洗脱，收集洗脱液。此流程的流出物包括：2-氯萘、1,2-二氯苯、1,3-二氯苯、1,4-二氯苯、1,2,4-三氯苯、六氯联苯、六氯丁二烯、六氯环戊二烯、六氯乙烷。

W.7.10 固相萃取柱净化氯代烃。

W.7.10.1 按照W.7.1预处理含有1 g Florisil填料的萃取柱。

W.7.10.2 上样，打开阀门，使液体以2 mL/min速度流出。

W.7.10.3 在样品流出到填料上层将抽干时，用0.5 mL 10：90(体积分数)的丙酮/正己烷洗涤样品瓶，上样。

W.7.10.4 在填料上层将抽干之前，关上阀门。

W.7.10.5 将5 mL的样品瓶或锥形瓶放在出液口准备接收液体。

W.7.10.6 加入10 mL 10：90(体积分数)的丙酮/正己烷溶液，抽真空到250 mmHg。洗脱液刚从萃取柱流出时关闭阀门，浸润1 min。缓慢打开阀门使洗脱液流出到接收瓶。

W.7.11 柱色谱净化苯胺及其衍生物(见表W.4)。

W.7.11.1 将适量标定过的活化的Florisil放入20 mm内径色谱柱中装实。

W.7.11.2 用100 mL 5：95(体积分数)的异丙醇/二氯甲烷，100 mL 50：50(体积分数)的正己烷/二氯甲烷溶液，100 mL正己烷依次冲洗柱。弃去洗脱液，并在剩余5 cm高度的正己烷时，关闭阀门。

W.7.11.3 定量地转移2 mL样品提取液到盛有2 g活化的Florisil的烧杯，氮气吹干。

W.7.11.4 将这部分Florisil上样，并用75 mL正己烷洗净烧杯，淋洗色谱柱。在硫酸钠层刚好暴露于空气之前，关闭阀门，弃去正己烷洗脱液。

W.7.11.5 用50 mL 50：50(体积分数)的正己烷/二氯甲烷以5 mL/min速度洗脱，收集馏分1。

W.7.11.6 用50 mL 5：95(体积分数)的异丙醇/二氯甲烷洗脱，收集馏分2。

W.7.11.7 用50 mL 5：95(体积分数)的甲醇/二氯甲烷洗脱，收集馏分3。一般而言三种馏分被混合测定。但也可单独测定。

W.7.12 柱色谱净化有机磷酸酯化合物。

W.7.12.1 将适量标定过的活化的Florisil放入20 mm内径色谱柱中装实，在顶部加1～2 cm的无水硫酸钠。

W.7.12.2 用50～60 mL正己烷预先冲洗柱。所有的洗脱速度应约为2 mL/min，弃去洗脱液，并在硫酸钠层刚要暴露于空气之前，定量地转移10 mL样品提取液至柱上。使用另外的少量正己烷使样品全部转移。

W.7.12.3 在硫酸钠层刚好暴露于空气之前，加100 mL 10：90(体积分数)的二氯甲烷/正己烷继续洗脱。弃去此洗脱液。

W.7.12.4 用200 mL 30：70(体积分数)的乙醚/正己烷洗脱，收集洗脱液。其中包括除了三(2,3-二溴丙基)磷酸酯之外的有机磷化合物。

W.7.12.5 用200 mL 40：60(体积分数)的乙醚/正己烷洗脱三(2,3-二溴丙基)磷酸酯。

W.7.13 柱色谱净化氯代苯酚除草剂。

W.7.13.1 将4 g标定过的活化的Florisil放入20 mm内径色谱柱中装实，在顶部加5 mm的无水硫酸钠。

W.7.13.2 用15 mL正己烷预先冲洗柱。所有的洗脱速度应约为2 mL/min，弃去洗脱液，并在硫酸钠层刚要暴露于空气之前，定量地转移2 mL样品提取液至柱上。使用另外的2 mL正己烷使样品全部转移。

W.7.13.3　在硫酸钠层刚好暴露于空气之前,加35 mL 20∶80(体积分数)的二氯甲烷/正己烷继续洗脱。收集馏分1,其中含有五氯苯酚甲酯。

W.7.13.4　用60 mL 50∶0.035∶49.65(体积分数)的二氯甲烷/乙腈/正己烷洗脱,收集馏分2。

W.7.13.5　需要测定毒莠定时,用二氯甲烷洗脱,得到馏分3。三种馏分被混合测定。但也可单独测定。

W.8　质量控制

W.8.1　固相萃取柱的性能必须测试,每一个批次的固相萃取柱以及同样填料的每300根萃取柱必须测试一次。

W.8.2　对有机氯农药,可以如下测试净化回收率。将前述的0.5 mL 2,4,5-三氯苯酚标液与1.0 mL有机氯农药标准溶液及0.5 mL正己烷混合,使用对应的净化方法洗脱。如果各个有机氯农药的回收率在80%～110%,且2,4,5-三氯苯酚回收率低于5%,并且不存在基线干扰,则证明该批号Florisil可用。

W.8.3　对氯代苯酚除草剂,可以如下测试净化回收率。将前述的氯代苯酚除草剂标液,使用对应的净化方法处理。如果各个氯代苯酚除草剂被定量回收,且三氯苯酚回收率低于5%,并且不存在基线干扰,则证明该批号Florisil可用。

W.8.4　对于应用此法进行净化的样品提取液,有关的质量控制样品也必须通过此净化方法进行处理。

表 W.1　使用 Florisil 对邻苯二甲酸酯的柱色谱净化回收率

化　合　物		平均回收率/%
邻苯二甲酸二甲酯	Dimethyl phthalate	40
邻苯二甲酸二乙酯	Diethyl phthalate	57
邻苯二甲酸二异丁酯	Diisobutyl phthalate	80
邻苯二甲酸二正丁酯	Di-n-butyl phthalate	85
邻苯二甲酸双4-甲基-2-戊基酯	Bis(4-methyl-2-pentyl)phthalate	84
邻苯二甲酸双2-甲基氧乙基酯	Bis(2-methoxyethyl)phthalate	0
邻苯二甲酸二戊酯	Diamyl phthalate	82
邻苯二甲酸双2-乙基氧乙基酯	Bis(2-ethoxyethyl)phthalate	0
邻苯二甲酸己基2-乙基己基酯	Hexyl 2-ethylhexyl phthalate	105
邻苯二甲酸二己酯	Dihexyl phthalate	74
邻苯二甲酸苯基丁基酯	Benzyl butyl phthalate	90
邻苯二甲酸双2-正丁基氧乙基酯	Bis(2-n-butoxyethyl)phthalate	0
邻苯二甲酸双2-乙基己基酯	Bis(2-ethylhexyl)phthalate	82
邻苯二甲酸二环己基酯	Dicyclohexyl phthalate	84
邻苯二甲酸二正辛酯	Di-n-octyl phthalate	115
邻苯二甲酸二正癸酯	Dinonyl phthalate	72
注:两次测定平均值。		

表 W.2 使用 Florisil 固相萃取柱对邻苯二甲酸酯净化回收率

化合物		平均回收率/%
邻苯二甲酸二甲酯	Dimethyl phthalate	89
邻苯二甲酸二乙酯	Diethyl phthalate	97
邻苯二甲酸二异丁酯	Diisobutyl phthalate	92
邻苯二甲酸二正丁酯	Di-n-butyl phthalate	102
邻苯二甲酸双 4-甲基-2-戊基酯	Bis(4-methyl-2-pentyl)phthalate	105
邻苯二甲酸双 2-甲基氧乙基酯	Bis(2-methoxyethyl)phthalate	78
邻苯二甲酸二戊酯	Diamyl phthalate	94
邻苯二甲酸双 2-乙基氧乙基酯	Bis(2-ethoxyethyl)phthalate	94
邻苯二甲酸己基 2-乙基己基酯	Hexyl 2-ethylhexyl phthalate	96
邻苯二甲酸二己酯	Dihexyl phthalate	97
邻苯二甲酸苯基丁基酯	Benzyl buty lphthalate	99
邻苯二甲酸双 2-正丁基氧乙基酯	Bis(2-n-butoxyethyl)phthalate	92
邻苯二甲酸双 2-乙基己基酯	Bis(2-ethylhexyl)phthalate	98
邻苯二甲酸二环己基酯	Dicyclohexyl phthalate	90
邻苯二甲酸二正辛酯	Di-n-octyl phthalate	97
邻苯二甲酸二正癸酯	Dinonyl phthalate	105
注：两次测定平均值。		

表 W.3 使用 Florisil 对有机氯农药和 PCBs 的柱色谱净化各馏分回收率

化合物		回收率/%		
		馏分 1	馏分 2	馏分 3
艾氏剂	Aldrin	100		
α-六氯环己烷	α-BHC	100		
β-六氯环己烷	β-BHC	97		
γ-六氯环己烷	γ-BHC	98		
δ-六氯环己烷	δ-BHC	100		
氯丹	Chlordane	100		
	4,4′-DDD	99		
	4,4′-DDE	98		
	4,4′-DDT	100		
狄氏剂	Dieldrin	0	100	
硫丹 Ⅰ	Endosulfan Ⅰ	37	64	
硫丹Ⅱ	Endosulfan Ⅱ	0	7	91
硫丹硫酸盐	Endosulfan sulfate	0	0	106
异狄氏剂	Endrin	4	96	
异狄氏醛	Endrin aldehyde	0	68	26

表 W.3(续)

化　合　物		回收率/%		
		馏分 1	馏分 2	馏分 3
七氯	Heptachlor	100		
环氧七氯	Heptachlor epoxide	100		
毒杀芬	Toxaphene	96		
	Aroclor 1016	97		
	Aroclor 1221	97		
	Aroclor 1232	95	4	
	Aroclor 1242	97		
	Aroclor 1248	103		
	Aroclor 1254	90		
	Aroclor 1260	95		

注：各馏分的洗脱剂参见相应部分。

表 W.4　使用 Florisil 固相萃取柱对 PCBs 的净化回收率

化合物	平均回收率/%	化合物	平均回收率/%
Aroclor 1016	105	Aroclor 1242	94
Aroclor 1221	76	Aroclor 1248	97
Aroclor 1232	90	Aroclor 1254	95
		Aroclor 1260	90

表 W.5　使用 Florisil 对有机氯农药和 PCBs 的柱色谱净化各馏分回收率

化　合　物		馏分 1		馏分 2		馏分 3	
		平均回收率/%	RSD/%	平均回收率/%	RSD/%	平均回收率/%	RSD/%
α-六氯环己烷	α-BHC	—	—	111	8.3	—	—
β-六氯环己烷	β-BHC	—	—	109	7.8	—	—
γ-六氯环己烷	γ-BHC	—	—	110	8.5	—	—
δ-六氯环己烷	δ-BHC	—	—	106	9.3	—	—
氯丹	Heptachlor	98	11	—	—	—	—
	Aldrin	97	10	—	—	—	—
	Heptachlor epoxide	—	—	109	7.9	—	—
	Chlordane	—	—	105	3.5	—	—
狄氏剂	Endosulfan Ⅰ	—	—	111	6.2	—	—
硫丹Ⅰ	4,4′-DDE	104	5.7	—	—	—	—
硫丹Ⅱ	Dieldrin	—	—	110	7.8	—	—
硫丹硫酸盐	4,4′-DDD	—	—	111	6.2	—	—
异狄氏剂	Endosulfan Ⅱ	—	—	—	—	111	2.3
异狄氏醛	Endrin aldehyde	—	—	49	14	48	12
七氯	4,4′-DDTb	40	2.6	17	24	63	3.2
环氧七氯	Endosulfan sulfateb	—	—	—	—	—	—
毒杀芬	Methoxychlor	—	—	85	2.2	37	29

注：使用 0.5 μg 的标品进行标准添加。

　　各馏分洗脱液参见相关部分。

表 W.6 使用 Florisil 对有机磷农药的柱色谱净化各馏分回收率

化合物		各馏分的回收率/%			
		馏分 1	馏分 2	馏分 3	馏分 4
甲基谷硫磷	Azinphos methyl			20	80
硫丙磷	Bolstar(Sulprofos)	ND	ND	ND	ND
毒死蜱	Chlorpyrifos	>80			
绳毒磷	Coumaphos	NR	NR	NR	
内吸磷	Demeton	100			
二嗪农	Diazinon		100		
敌敌畏	Dichlorvos	NR	NR	NR	
乐果	Dimethoate	ND	ND	ND	ND
乙拌磷	Disulfoton	25～40			
苯硫磷	EPN		>80		
灭克磷	Ethoprop	V	V	V	
杀螟硫磷	Fensulfothion	ND	ND	ND	ND
倍硫磷	Fenthion	R	R		
马拉硫磷	Malathion		5	95	
脱叶亚磷	Merphos	V	V	V	
速灭磷	Mevinphos	ND	ND	ND	ND
久效磷	Monochrotophos	ND	ND	ND	ND
二溴磷	Naled	NR	NR	NR	
对硫磷	Parathion		100		
甲基对硫磷	Parathion methyl		100		
甲拌磷	Phorate	0～62			
皮蝇磷	Ronnel	>80			
乐本松	Stirophos(Tetrachlorvinphos)	ND	ND	ND	ND
硫特普	Sulfotepp	V	V		
特普	TEPP	ND	ND	ND	ND
丙硫磷	Tokuthion(Prothiofos)	>80			
三氯磷酸酯	Trichloronate	>80			

注：各馏分洗脱液参见相关部分。

NR=没有回收，V=回收率不确定，ND=未测定

表 W.7 使用 Florisil 固相萃取柱对氯代烃净化回收率

化合物		馏分 2	
		平均回收率/%	RSD/%
六氯乙烷	Hexachloroethane	95	2.0
1,3-二氯苯	1,3-Dichlorobenzene	101	2.3
1,4-二氯苯	1,4-Dichlorobenzene	100	2.3
1,2-二氯苯	1,2-Dichlorobenzene	102	1.6
氯苯	Benzyl chloride	101	1.5
1,3,5-三氯苯	1,3,5-Trichlorobenzene	98	2.2
六氯丁二烯	Hexachlorobutadiene	95	2.0
苄叉二氯	Benzal chloride	99	0.8
1,2,4-三氯苯	1,2,4-Trichlorobenzene	99	0.8
苄川三氯	Benzotrichloride	90	6.5
1,2,3-三氯苯	1,2,3-Trichlorobenzene	97	2.0
六氯环戊二烯	Hexachlorocyclopentadiene	103	3.3
1,2,4,5-四氯苯	1,2,4,5-Tetrachlorobenzene	98	2.3
1,2,3,5-四氯苯	1,2,3,5-Tetrachlorobenzene	98	2.3
1,2,3,4-四氯苯	1,2,3,4-Tetrachlorobenzene	99	1.3
2-氯萘	2-Chloronaphthalene	95	1.4
五氯苯	Pentachlorobenzene	104	1.5
六氯联苯	Hexachlorobenzene	78	1.1
α-六氯环己烷	alpha-BHC	100	0.4
β-六氯环己烷	gamma-BHC	99	0.7
γ-六氯环己烷	beta-BHC	95	1.8
δ-六氯环己烷	delta-BHC	97	2.7

表 W.8 使用 Florisil 对苯胺类化合物的柱色谱净化各馏分回收率

化合物		各馏分的回收率/%		
		馏分 1	馏分 2	馏分 3
苯胺	Aniline		41	52
2-氯代苯胺	2-Chloroaniline		71	10
3-氯代苯胺	3-Chloroaniline		78	4
4-氯代苯胺	4-Chloroaniline	7	56	13
4-溴代苯胺	4-Bromoaniline		71	10
3,4-二氯苯胺	3,4-Dichloroaniline		83	1
2,4,6-三氯苯胺	2,4,6-Trichloroaniline	70	14	
2,4,5-三氯苯胺	2,4,5-Trichloroaniline	35	53	
2-硝基苯胺	2-Nitroaniline		91	9

表 W.8(续)

化合物		各馏分的回收率/%		
		馏分 1	馏分 2	馏分 3
3-硝基苯胺	3-Nitroaniline		89	11
4-硝基苯胺	4-Nitroaniline		67	30
2,4-二硝基苯胺	2,4-Dinitroaniline			75
4-氯-2-硝基苯胺	4-Chloro-2-nitroaniline		84	
2-氯-4-硝基苯胺	2-Chloro-4-nitroaniline		71	10
2,6-二氯-4-硝基苯胺	2,6-Dichloro-4-nitroaniline		89	9
2,6-二溴-4-硝基苯胺	2,6-Dibromo-4-nitroaniline		89	9
2-溴-6-氯-4-硝基苯胺	2-Bromo-6-chloro-4-nitroaniline		88	16
2-氯-4,6-二硝基苯胺	2-Chloro-4,6-dinitroaniline			76
2-溴-4,6-二硝基苯胺	2-Bromo-4,6-dinitroaniline			100
注:各馏分洗脱液参见相关部分。				

ICS 13.030.50
Z 70

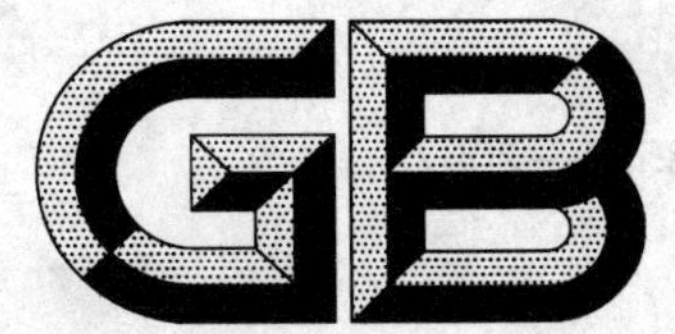

中华人民共和国国家标准

GB 5085.4—2007

危险废物鉴别标准　易燃性鉴别

**Identification standards for hazardous wastes
Identification for ignitability**

2007-04-25 发布　　2007-10-01 实施

国家环境保护总局
国家质量监督检验检疫总局　发布

前　言

为贯彻《中华人民共和国环境保护法》和《中华人民共和国固体废物污染环境防治法》，防治危险废物造成的环境污染，加强对危险废物的管理，保护环境，保障人体健康，制定本标准。

本标准是国家危险废物鉴别标准的组成部分。国家危险废物鉴别标准规定了固体废物危险特性技术指标，危险特性符合标准规定的技术指标的固体废物属于危险废物，须依法按危险废物进行管理。国家危险废物鉴别标准由以下7个标准组成：

1. 危险废物鉴别标准　通则
2. 危险废物鉴别标准　腐蚀性鉴别
3. 危险废物鉴别标准　急性毒性初筛
4. 危险废物鉴别标准　浸出毒性鉴别
5. 危险废物鉴别标准　易燃性鉴别
6. 危险废物鉴别标准　反应性鉴别
7. 危险废物鉴别标准　毒性物质含量鉴别

本标准为新增部分。

按照有关法律规定，本标准具有强制执行的效力。

本标准由国家环境保护总局科技标准司提出。

本标准起草单位：中国环境科学研究院环境标准研究所、固体废物污染控制技术研究所。

本标准国家环境保护总局2007年3月27日批准。

本标准自2007年10月1日起实施。

本标准由国家环境保护总局解释。

危险废物鉴别标准　易燃性鉴别

1　范围

本标准规定了易燃性危险废物的鉴别标准。

本标准适用于任何生产、生活和其他活动中产生的固体废物的易燃性鉴别。

2　规范性引用文件

下列文件中的条款通过GB 5085的本部分的引用而成为本标准的条款。凡是不注日期的引用文件，其最新版本适用于本标准。

GB/T 261　石油产品闪点测定法(闭口杯法)

GB 19521.1　易燃固体危险货物危险特性检验安全规范

GB 19521.3　易燃气体危险货物危险特性检验安全规范

HJ/T 298　危险废物鉴别技术规范

3　术语和定义

下列术语和定义适用于本标准。

3.1

闪点　flash point

指在标准大气压(101.3 kPa)下，液体表面上方释放出的易燃蒸气与空气完全混合后，可以被火焰或火花点燃的最低温度。

3.2

易燃下限　lower flammable limit

可燃气体或蒸气与空气(或氧气)组成的混合物在点火后可以使火焰蔓延的最低浓度，以%表示。

3.3

易燃上限　upper flammable limit

可燃气体或蒸气与空气(或氧气)组成的混合物在点火后可以使火焰蔓延的最高浓度，以%表示。

3.4

易燃范围　flammable range

可燃气体或蒸气与空气(或氧气)组成的混合物能被引燃并传播火焰的浓度范围，通常以可燃气体或蒸气在混合物中所占的体积分数表示。

4　鉴别标准

符合下列任何条件之一的固体废物，属于易燃性危险废物。

4.1　液态易燃性危险废物

闪点温度低于60℃(闭杯试验)的液体、液体混合物或含有固体物质的液体。

4.2　固态易燃性危险废物

在标准温度和压力(25℃，101.3 kPa)下因摩擦或自发性燃烧而起火，经点燃后能剧烈而持续地燃烧并产生危害的固态废物。

4.3　气态易燃性危险废物

在20℃，101.3 kPa状态下，在与空气的混合物中体积分数≤13%时可点燃的气体，或者在该状态下，不论易燃下限如何，与空气混合，易燃范围的易燃上限与易燃下限之差大于或等于 12 个百分点的气体。

5 实验方法

5.1 采样点和采样方法按照 HJ/T 298 的规定进行。

5.2 第 4.1 条按照 GB/T 261 的规定进行。

5.3 第 4.2 条按照 GB 19521.1 的规定进行。

5.4 第 4.3 条按照 GB 19521.3 的规定进行。

6 标准实施

本标准由县级以上人民政府环境保护行政主管部门负责监督实施。

ICS 13.030.50
Z 70

中华人民共和国国家标准

GB 5085.5—2007

危险废物鉴别标准　反应性鉴别

Identification standards for hazardous wastes
Identification for reactivity

2007-04-25 发布　　　　2007-10-01 实施

国家环境保护总局
国家质量监督检验检疫总局　发布

前言

为贯彻《中华人民共和国环境保护法》和《中华人民共和国固体废物污染环境防治法》，防治危险废物造成的环境污染，加强对危险废物的管理，保护环境，保障人体健康，制定本标准。

本标准是国家危险废物鉴别标准的组成部分。国家危险废物鉴别标准规定了固体废物危险特性技术指标，危险特性符合标准规定的技术指标的固体废物属于危险废物，须依法按危险废物进行管理。国家危险废物鉴别标准由以下7个标准组成：

1. 危险废物鉴别标准　通则
2. 危险废物鉴别标准　腐蚀性鉴别
3. 危险废物鉴别标准　急性毒性初筛
4. 危险废物鉴别标准　浸出毒性鉴别
5. 危险废物鉴别标准　易燃性鉴别
6. 危险废物鉴别标准　反应性鉴别
7. 危险废物鉴别标准　毒性物质含量鉴别

本标准为新增部分。

按照有关法律规定，本标准具有强制执行的效力。

本标准由国家环境保护总局科技标准司提出。

本标准起草单位：中国环境科学研究院环境标准研究所、固体废物污染控制技术研究所。

本标准国家环境保护总局2007年3月27日批准。

本标准自2007年10月1日起实施。

本标准由国家环境保护总局解释。

危险废物鉴别标准　反应性鉴别

1　范围

本标准规定了反应性危险废物的鉴别标准。

本标准适用于任何生产、生活和其他活动中产生的固体废物的反应性鉴别。

2　规范性引用文件

下列文件中的条款通过 GB 5085 的本部分的引用而成为本标准的条款。凡是不注日期的引用文件，其最新版本适用于本标准。

GB 19452　氧化性危险货物危险特性检验安全规范

GB 19455　民用爆炸品危险货物危险特性检验安全规范

GB 19521.4—2004　遇水放出易燃气体危险货物危险特性检验安全规范

GB 19521.12　有机过氧化物危险货物危险特性检验安全规范

HJ/T 298　危险废物鉴别技术规范

3　术语和定义

3.1

爆炸　explosion

在极短的时间内，释放出大量能量，产生高温，并放出大量气体，在周围形成高压的化学反应或状态变化的现象。

3.2

爆轰　detonation

以冲击波为特征，以超音速传播的爆炸。冲击波传播速度通常能达到上千到数千米每秒，且外界条件对爆速的影响较小。

4　鉴别标准

符合下列任何条件之一的固体废物，属于反应性危险废物。

4.1　具有爆炸性质

4.1.1　常温常压下不稳定，在无引爆条件下，易发生剧烈变化。

4.1.2　标准温度和压力下(25℃，101.3 kPa)，易发生爆轰或爆炸性分解反应。

4.1.3　受强起爆剂作用或在封闭条件下加热，能发生爆轰或爆炸反应。

4.2　与水或酸接触产生易燃气体或有毒气体

4.2.1　与水混合发生剧烈化学反应，并放出大量易燃气体和热量。

4.2.2　与水混合能产生足以危害人体健康或环境的有毒气体、蒸气或烟雾。

4.2.3　在酸性条件下，每千克含氰化物废物分解产生≥250 mg 氰化氢气体，或者每千克含硫化物废物分解产生≥500 mg 硫化氢气体。

4.3　废弃氧化剂或有机过氧化物

4.3.1　极易引起燃烧或爆炸的废弃氧化剂。

4.3.2　对热、振动或摩擦极为敏感的含过氧基的废弃有机过氧化物。

5 实验方法

5.1 采样点和采样方法按照 HJ/T 298 的规定进行。

5.2 4.1 爆炸性危险废物的鉴别主要依据专业知识，在必要时可按照 GB 19455 中 6.2 和 6.4 的规定进行试验和判定。

5.3 4.2.1 按照 GB 19521.4—2004 中 5.5.1 和 5.5.2 的规定进行试验和判定。

5.4 4.2.2 主要依据专业知识和经验来判断。

5.5 4.2.3 按照本标准的附录 A 进行。

5.6 4.3.1 按照 GB 19452 的规定进行。

5.7 4.3.2 按照 GB 19521.12 的规定进行。

6 标准实施

本标准由县级以上人民政府环境保护行政主管部门负责监督实施。

附 录 A
（资料性附录）
固体废物 遇水反应性的测定
Solid waste-Determination of the reactivity with water

A.1 范围

本方法规定了与酸溶液接触后氢氰酸和硫化氢的比释放率的测定方法。

本方法适用于遇酸后不会形成爆炸性混合物的所有废物。

本方法只检测在实验条件下产生的氢氰酸和硫化氢。

A.2 原理

在装有定量废物的封闭体系中加入一定量的酸，将产生的气体吹入洗气瓶，测定被分析物。

A.3 试剂和材料

A.3.1 试剂水，不含有机物的去离子水。

A.3.2 硫酸（0.005 mol/L），加 2.8 mL 浓 H_2SO_4 于试剂水中，稀释至 1 L。取 100 mL 此溶液稀释至 1 L，制得 0.005 mol/L H_2SO_4。

A.3.3 氰化物参比溶液（1 000 mg/L），溶解约 2.5 g KOH 和 2.51 g KCN 于 1 L 试剂水中，用 0.019 2 mol/L $AgNO_3$ 标定，此溶液中氰化物的质量浓度应为 1 mg/mL。

A.3.4 NaOH 溶液（1.25 mol/L），溶解 50 g NaOH 于试剂水中，稀释至 1 L。

A.3.5 NaOH 溶液（0.25 mol/L），用试剂水将 200 mL 1.25 mol/L NaOH 溶液（A.3.4）稀释至 1 L。

A.3.6 硝酸银溶液（0.019 2 mol/L），研碎约 5 g $AgNO_3$ 晶体，于 40℃ 干燥至恒重。称取 3.265 g 干燥过的 $AgNO_3$，用试剂水溶解并稀释至 1 L。

A.3.7 硫化物参比溶液（1 000 mg/L），溶解 4.02 g $Na_2S \cdot 9H_2O$ 于 1 L 试剂水中，此溶液中 H_2S 质量浓度为 570 mg/L，根据要求的分析范围（100～570 mg/L）稀释此溶液。

A.4 仪器、装置

A.4.1 圆底烧瓶，500 mL，三颈，带 24/40 磨口玻璃接头。

A.4.2 洗气瓶，50 mL 刻度洗气瓶。

A.4.3 搅拌装置，转速可达到约 30 r/min，可以将磁转子与搅拌棒联合使用，也可以使用顶置马达驱动的螺旋搅拌器。

A.4.4 等压分液漏斗，带均压管、24/40 磨口玻璃接头和聚四氟乙烯套管。

A.4.5 软管，用于连接氮气源与设备。

A.4.6 氮气：贮于带减压阀的气瓶中。

A.4.7 流量计：用于监测氮气流量。

A.4.8 分析天平：可称重至 0.001 g。

实验装置见图 A.1。

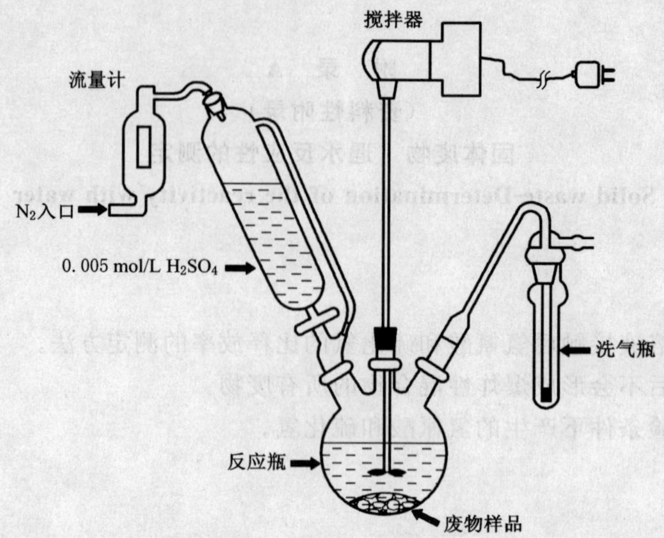

图 A.1 测定废物中氰化物或硫化物释放的实验装置

A.5 样品的采集、保存和预处理

采集含有或怀疑含有硫化物或硫化物与氰化物混合物的废物样品时，应尽量避免将样品暴露于空气。样品瓶应完全装满，顶部不留任何空间，盖紧瓶盖。样品应在暗处冷藏保存，并尽快进行分析。

对于含氰化物的废物样品，建议尽快进行分析。尽管可以用强碱将样品调至 pH 12 进行保存，但这样会使样品稀释，提高离子强度，并有可能改变废物的其他理化性质，影响氢氰酸的释放速率。样品应在暗处冷藏保存。

对于含硫化物的废物样品，建议尽快进行分析。尽管可以用强碱将样品调至 pH 12 并在样品中加入醋酸锌进行保存，但这样会使样品稀释，提高离子强度，并有可能改变废物的其他理化性质，影响硫化氢的释放速率。样品应在暗处冷藏保存。

实验应在通风橱内进行。

A.6 分析步骤

A.6.1 加 50 mL 0.25 mol/L 的 NaOH 溶液于刻度洗气瓶中，用试剂水稀释至液面高度。

A.6.2 封闭测量系统，用转子流量计调节氮气流量，流量应为 60 mL/min。

A.6.3 向圆底烧瓶中加入 10 g 待测废物。

A.6.4 保持氮气流量，加入足量硫酸使烧瓶半满，同时开始 30 min 的实验过程。

A.6.5 在酸进入圆底烧瓶的同时开始搅拌，搅拌速度在整个实验过程应保持不变。

注意：搅拌速度以不产生旋涡为宜。

A.6.6 30 min 后，关闭氮气，卸下洗气瓶，分别测定洗气瓶中氰化物和硫化物的含量。

A.7 结果计算

固体废物试样中氰化物或硫化物含量(mg/kg)由下式计算：

$$R=\frac{X \cdot L}{W \cdot t}$$

总有效 HCN(或 H_2S)$=R \cdot t$

式中：

R——比释放率，mg/(kg·s)；

X——洗气瓶中 HCN 的质量浓度，mg/L，洗气瓶中 H_2S 的质量浓度，mg/L；

L——洗气瓶中溶液的体积，L；

W——取用的废物质量，kg；

t——测量时间，s。

$$t = 关掉氮气的时间 - 通入氮气的时间$$

ICS 13.030.50
Z 70

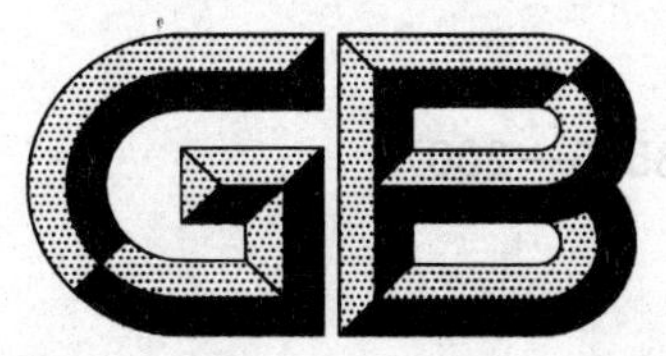

中华人民共和国国家标准

GB 5085.6—2007

危险废物鉴别标准　毒性物质含量鉴别

Identification standards for hazardous wastes
Identification for toxic substance content

2007-04-25 发布　　2007-10-01 实施

国家环境保护总局
国家质量监督检验检疫总局　发布

前言

为贯彻《中华人民共和国环境保护法》和《中华人民共和国固体废物污染环境防治法》，防治危险废物造成的环境污染，加强对危险废物的管理，保护环境，保障人体健康，制定本标准。

本标准是国家危险废物鉴别标准的组成部分。国家危险废物鉴别标准规定了固体废物危险特性技术指标，危险特性符合标准规定的技术指标的固体废物属于危险废物，须依法按危险废物进行管理。国家危险废物鉴别标准由以下7个标准组成：

1. 危险废物鉴别标准　通则
2. 危险废物鉴别标准　腐蚀性鉴别
3. 危险废物鉴别标准　急性毒性初筛
4. 危险废物鉴别标准　浸出毒性鉴别
5. 危险废物鉴别标准　易燃性鉴别
6. 危险废物鉴别标准　反应性鉴别
7. 危险废物鉴别标准　毒性物质含量鉴别

本标准为新增部分。

按有关法律规定，本标准具有强制执行的效力。

本标准由国家环境保护总局科技标准司提出。

本标准起草单位：中国环境科学研究院固体废物污染控制技术研究所、环境标准研究所。

本标准国家环境保护总局2007年3月27日批准。

本标准自2007年10月1日起实施。

本标准由国家环境保护总局解释。

危险废物鉴别部分　毒性物质含量鉴别

1　范围

本标准规定了含有毒性、致癌性、致突变性和生殖毒性物质的危险废物鉴别标准。

本标准适用于任何生产、生活和其他活动中产生的固体废物的毒性物质含量鉴别。

2　规范性引用文件

下列文件中的条款通过GB 5085的本部分的引用而成为本标准的条款。凡是不注日期的引用文件，其最新版本适用于本标准。

HJ/T 298　危险废物鉴别技术规范

3　术语和定义

下列术语和定义适用于本标准。

3.1

剧毒物质　acutely toxic substance

具有非常强烈毒性危害的化学物质，包括人工合成的化学品及其混合物和天然毒素。

3.2

有毒物质　toxic substance

经吞食、吸入或皮肤接触后可能造成死亡或严重健康损害的物质。

3.3

致癌性物质　carcinogenic substance

可诱发癌症或增加癌症发生率的物质。

3.4

致突变性物质　mutagenic substance

可引起人类的生殖细胞突变并能遗传给后代的物质。

3.5

生殖毒性物质　reproductive toxic substance

对成年男性或女性性功能和生育能力以及后代的发育具有有害影响的物质。

3.6

持久性有机污染物　persistent organic pollutants

具有毒性、难降解和生物蓄积等特性，可以通过空气、水和迁徙物种长距离迁移并沉积，在沉积地的陆地生态系统和水域生态系统中蓄积的有机化学物质。

4　鉴别标准

符合下列条件之一的固体废物是危险废物。

4.1　含有本标准附录A中的一种或一种以上剧毒物质的总含量≥0.1%。

4.2　含有本标准附录B中的一种或一种以上有毒物质的总含量≥3%。

4.3　含有本标准附录C中的一种或一种以上致癌性物质的总含量≥0.1%。

4.4　含有本标准附录D中的一种或一种以上致突变性物质的总含量≥0.1%。

4.5　含有本标准附录E中的一种或一种以上生殖毒性物质的总含量≥0.5%。

4.6 含有本标准附录 A 至附录 E 中两种及以上不同毒性物质，如果符合下列等式，按照危险废物管理：

$$\Sigma\left[\left(\frac{p_{T^+}}{L_{T^+}}+\frac{p_T}{L_T}+\frac{p_{Carc}}{L_{Carc}}+\frac{p_{Muta}}{L_{Muta}}+\frac{p_{Tera}}{L_{Tera}}\right)\right]\geqslant 1$$

式中：

p_{T^+}——固体废物中剧毒物质的含量；

p_T——固体废物中有毒物质的含量；

p_{Carc}——固体废物中致癌性物质的含量；

p_{Muta}——固体废物中致突变性物质的含量；

p_{Tera}——固体废物中生殖毒性物质的含量；

L_{T^+}、L_T、L_{Carc}、L_{Muta}、L_{Tera}——分别为各种毒性物质在 4.1～4.5 中规定的标准值。

4.7 含有本标准附录 F 中的任何一种持久性有机污染物（除多氯二苯并对二噁英、多氯二苯并呋喃外）的含量≥50 mg/kg。

4.8 含有多氯二苯并对二噁英和多氯二苯并呋喃的含量≥15 μg TEQ/kg。

5 实验方法

5.1 采样点和采样方法按照 HJ/T 298 进行。

5.2 无机元素及其化合物的样品（除六价铬、无机氟化物、氰化物外）的前处理方法见 GB 5085.3 附录 S；六价铬及其化合物的样品的前处理方法参照 GB 5085.3 附录 T。

5.3 有机样品的前处理方法参照 GB 5085.3 附录 U、附录 V、附录 W 和本标准附录 G。

5.4 各毒性物质的测定，除执行规定的标准分析方法外，暂按附录中规定的方法执行；待适用于测定特定毒性物质的国家环境保护标准发布后，按标准的规定执行。

6 标准实施

本标准由县级以上人民政府环境保护行政主管部门负责监督实施。

附 录 A
（规范性附录）
剧毒物质名录

序号	中文名称		英文名称	CAS 号	分析方法
	化学名	别名			
1	苯硫酚	硫代苯酚；苯硫醇	Thiophenol；Benzenethiol	108-98-5	GB 5085.3 附录 K
2	丙酮氰醇	2-羟基-2-甲基丙腈；2-羟基异丁腈	Acetone cyanohydrin；2-Hydroxy-2-methylpropionitrile；2-Hydroxuisobutyronitrile	75-86-5	GB 5085.3 附录 O
3	丙烯醛	2-丙烯醛；败脂醛	Acrolein；2-Propenal	107-02-8	GB 5085.3 附录 O
4	丙烯酸	2-丙烯酸	Acrylic acid；2-Propenoic acid	79-10-7	GB 5085.3 附录 I
5	虫螨威	卡巴呋喃；2,3-二氢-2,2-二甲基-7-苯并呋喃基-N-甲基氨基甲酸酯	Furadan；Carbofuran；2，2-Dimethyl-2，3-dihydro-7-benzofuranyl-N-methylcarbamate	1563-66-2	GB 5085.3 附录 K、本标准附录 H
6	碘化汞	碘化高汞；二碘化汞	Mercuric iodide；Mercury diiodide	7774-29-0	GB 5085.3 附录 B
7	碘化铊	碘化亚铊；一碘化铊	Thallium iodide；Thallous iodide	7790-30-9	GB 5085.3 附录 A、B、C、D
8	二硝基邻甲酚	2-甲基-4,6-二硝基苯酚	Dinitro-ortho-cresol；2-Methyl-4,6-dinitrophenol	534-52-1	GB 5085.3 附录 K
9	二氧化硒	亚硒酸	Selenium dioxide；Selenious acid	7783-00-8	GB 5085.3 附录 B、C、E
10	甲拌磷	O,O-二乙基-S-(乙硫基甲基)二硫代磷酸酯；三九一一	Phorate；O,O-Diethyl-S-(ethylthiomethyl) phosphorodithioate	298-02-2	GB 5085.3 附录 I、K、L
11	磷胺	2-氯-2-二乙氨基甲酰基-1-甲基乙烯基二甲基磷酸酯；大灭虫	Phosphamidon；2-Chloro-2-diethylcarbamoyl-1-methylvinyl dimethylphosphate	13171-21-6	GB 5085.3 附录 I、K
12	硫氰酸汞	二硫氰酸汞	Mercuric thiocyanate；Mercury dithiocyanate	592-85-8	GB 5085.3 附录 B
13	氯化汞	氯化汞(Ⅱ)；二氯化汞	Mercuric chloride；Mercury(Ⅱ)chloride；Mercury dichloride	7487-94-7	GB 5085.3 附录 B

续表

序号	中文名称		英文名称	CAS号	分析方法
	化学名	别名			
14	氯化硒	一氯化硒	Selenium chloride; Selenium monochloride	10025-68-0	GB 5085.3 附录 B、C、E
15	氯化亚铊	氯化铊	Thallous chloride; Thallium chloride	7791-12-0	GB 5085.3 附录 A、B、C、D
16	灭多威	1-(甲基硫代)亚乙基氨基甲基氨基甲酸酯;灭多虫;灭索威	Methomyl; 1-(Methylthio)ethylideneamino methylcarbamate	16752-77-5	GB 5085.3 附录 L、本标准附录 H
17	氰化钡	二氰化钡	Barium cyanide; Barium dicyanide	542-62-1	GB 5085.3 附录 G
18	氰化钙	—	Calcium cyanide; Calcyanide	592-01-8	GB 5085.3 附录 G
19	氰化汞	二氰化汞	Mercuric cyanide; Mercury dicyanide	592-04-1	GB 5085.3 附录 G
20	氰化钾	氢氰酸钾盐;山萘钾	Potassium cyanide; Hydrocyanic acid, Potassium salt	151-50-8	GB 5085.3 附录 G
21	氰化钠	氢氰酸钠盐;山萘;山萘钠	Sodium cyanide; Hydrocyanic acid, sodium salt	143-33-9	GB 5085.3 附录 G
22	氰化锌	二氰化锌	Zinc cyanide; Zinc dicyanide	557-21-1	GB 5085.3 附录 G
23	氰化亚铜	氰化铜(Ⅰ)	Cuprous cyanide; Copper(Ⅰ)cyanide	544-92-3	GB 5085.3 附录 G
24	氰化亚铜钠	氰化铜钠;紫铜盐	Sodium cuprocyanide; Copper sodium cyanide	14264-31-4	GB 5085.3 附录 G
25	氰化银	氰化银(1+)	Silver cyanide; Silver(1+)cyanide	506-64-9	GB 5085.3 附录 G
26	三碘化砷	碘化亚砷	Arsenic triiodide; Arsenous iodide	7784-45-4	GB 5085.3 附录 C、E
27	三氯化砷	氯化亚砷	Arsenic trichloride; Arsenous chloride	7784-34-1	GB 5085.3 附录 C、E
28	砷酸钠(以元素砷为分析目标,以该化合物计)	原砷酸钠;砷酸三钠盐	Sodium arsenate; Arsenic acid, trisodium salt	7631-89-2	GB 5085.3 附录 C、E
29	四乙基铅	—	Lead tetraethyl; Plumbane, tetraethyl-	78-00-2	GB 5085.3 附录 A、B、C、D
30	铊	金属铊	Thallium; Thallium metal	7440-28-0	GB 5085.3 附录 A、B、C、D

续表

序号	中文名称		英文名称	CAS号	分析方法
	化学名	别名			
31	碳氯灵	八氯六氢亚甲基异苯并呋喃;碳氯特灵	Isobenzan; Octachloro-hexahydro-methanoiso-benzo furan	297-78-9	GB 5085.3 附录 K
32	羰基镍	四羰基镍	Nickel carbonyl; Nickel tetracarbonyl	13463-93-3	GB 5085.3 附录 A、B、C、D
33	涕灭威	2-甲基-2-(甲硫基)-O-[(甲氨基)甲酰基]丙醛肟;丁醛肟威;涕灭克	Aldicarb; Propanal, 2-methyl-2-(methylthio)-, O-[(methylamino)carbonyl]oxime	116-06-C	本标准附录 H
34	硒化镉	—	Cadmium selenide	1C06-24-7	GB 5085.3 附录 A、B、C、D
35	硝酸亚汞	硝酸亚汞(一水合物)	Mercurous nitrate; Mercurous nitrate(monohydrate)	7782-86-7	GB 5085.3 附录 B
36	溴化亚铊	—	Thallous bromide	7789-40-4	GB 5085.3 附录 A、B、C、D
37	亚碲酸钠(以元素碲为分析目标,以该化合物计)	三氧碲酸二钠	Sodium tellurite; Disodium trioxotellurate	10102-20-2	GB 5085.3 附录 B
38	亚砷酸钠(以元素砷为分析目标,以该化合物计)	亚砷酸钠盐;偏亚砷酸钠	Sodium arsenite; Arsenenous acid, sodium salt; Sodium metaarsenite	7784-46-5	GB 5085.3 附录 C、E
39	烟碱	尼古丁;1-甲基-2-(3-吡啶基)吡咯烷	Pyridine; Nicotine; 1-Methyl-2-(3-pyridyl)pyrrolidine	54-11-5	GB 5085.3 附录 K

附 录 B
（规范性附录）
有毒物质名录

序号	中文名称		英文名称	CAS号	分析方法
	化学名	别名			
1	氨基三唑	杀草强	Aminotriazole; Amitrole	61-82-5	本标准附录I
2	钯	海绵(状)钯	Palladium; Palladium sponge	7440-05-3	GB 5085.3 附录 B
3	百草枯	1,1′-二甲基-4,4′-联吡啶二氯化物;对草快	Paraquat; 4,4′-Bipyridinium,1,1′-dimethyl-, dichloride	1910-42-5	本标准附录 A0
4	百菌清	2,4,5,6-四氯-1,3-苯二腈	Chlorothalonil; 1,3-Benzenedicarbonitrile,2,4,5,6-tetrachloro-	1897-45-6	GB 5085.3 附录 H、K
5	倍硫磷	O,O-二甲基-O-4-甲基硫代间甲苯基硫代磷酸酯;百治屠;蕃硫磷	Fenthion; O,O-Dimethyl-O-4-methylthio-m-tolyl phosphorothioate	55-38-9	GB 5085.3 附录 I、K
6	苯胺	氨基苯	Aniline; Aminobenzene; Benzeneamine	62-53-3	本标准附录K
7	1,-4 苯二胺	对苯二胺;1,4-二氨基苯	1,4-Phenylenediamine; p-Phenylenediamine; 1,4-Diaminobenzene	106-50-3	GB 5085.3 附录 K
8	1,3-苯二酚	间苯二酚;雷琐辛	1,3-Benzenediol; m-Benzenediol; Resorcin	108-46-3	GB 5085.3 附录 K
9	1,4-苯二酚	对苯二酚;氢醌	1,4-Benzenediol; p-Benzenediol; Hydroquinone	123-31-9	GB 5085.3 附录 K
10	苯肼	肼基苯	Phenylhydrazine; Hydrazobenzene	100-63-0	GB 5085.3 附录 K
11	苯菌灵	苯来特	Benomyl; Benlate	17804-35-2	GB 5085.3 附录 L
12	苯醌	对苯醌;1,4-环己二烯二酮	Quinone; p-Quinone; 1,4-Cyclohexadienedione	106-51-4	GB 5085.3 附录 K
13	苯乙烯	乙烯基苯	Styrene; Vinyl benzene	100-42-5	GB 5085.3 附录 O、P

续表

序号	中文名称		英文名称	CAS号	分析方法
	化学名	别名			
14	表氯醇	1-氯-2,3-环氧丙烷;环氧氯丙烷	Epichlorohydrin; 1-Chloro-2,3-epoxypropane	106-89-8	GB 5085.3 附录 O、P
15	丙酮	2-丙酮	Acetone; 2-Propanone	67-64-1	GB 5085.3 附录 O
16	铂	海绵(状)铂;白金	Platinum; Platinum sponge	7440-06-4	GB 5085.3 附录 B
17	草甘膦	N-(磷酰甲基)甘氨酸;镇草宁	Glyphosate; N-(Phosphonomethyl)glycine	1071-83-6	本标准附录 L
18	除虫脲	1-(4-氯苯基)-3-(2,6-二氟苯甲酰基)脲;伏脲杀、杀虫脲、二氟脲	Diflubenzuron; 1-(4-Chlorophenyl)-3-(2,6-difluorobenzoyl)urea	35367-38-5	本标准附录 M
19	2,4-滴(含量>75%)	2,4-二氯苯氧乙酸	2,4-D(content>75%); 2,4-Dichlorophenoxyacetic acid	94-75-7	GB 5085.3 附录 L、本标准附录 N
20	敌百虫	二甲基(2,2,2-三氯-1-羟基乙基)膦酸酯	Trichlorfon; Dimethyl(2,2,2-trichloro-1-hydroxyethyl)phosphonate	52-68-6	GB 5085.3 附录 I、L
21	敌草快	杀草快;1,1′-亚乙基-2,2′-联吡啶二溴盐	Diquat; Diquat dibromide; 1,1′-Ethylene 2,2′-bipyridylium dibromide	85-00-7	本标准附录 J
22	敌草隆	N-(3,4-二氯苯基)-N′,N′-二甲基脲	Diuron; N-(3,4-Dichlorophenyl)-N′,N′-dimethyl urea	330-54-1	GB 5085.3 附录 L、本标准附录 M
23	敌敌畏	O,O-二甲基-O-(2,2-二氯)乙烯基磷酸酯	Dichlorvos; O,O-Dimethyl-O-(2,2-dichloro)vinyl phosphate	62-73-7	GB 5085.3 附录 I、K、L
24	1-丁醇	正丁醇	1-Butanol;n-Butanol	71-36-3	GB 5085.3 附录 O
25	2-丁醇	仲丁醇	2-Butanol; sec-Butanol	78-92-2	GB 5085.3 附录 O
26	异丁醇	2-甲基丙醇	Isobutanol; 2-Methyl propanol	78-83-1	GB 5085.3 附录 O
	叔丁醇	1,1-二甲基乙醇	tert-Butyl alcohol; 1,1-Dimethy lethanol	75-65-0	GB 5085.3 附录 O
27	毒草胺	2-氯-N-异丙基乙酰苯胺	Propachlor; 2-Chloro-N-isopropylacetanilide	1918-16-7	GB 5085.3 附录 L
28	多菌灵	棉萎灵	Carbendazim; Carbendazol	4697-36-3	GB 5085.3 附录 L

续表

序号	中文名称		英文名称	CAS号	分析方法
	化学名	别名			
29	多硫化钡	硫化钡;硫钡合剂	Barium polysulfide; Barium sulfide	50864-67-0	GB 5085.3 附录 A、B、C、D
30	1,1-二苯肼	N,N-二苯基联胺	1,1-Diphenylhydrazine; N,N-Diphenylhydrazine	530-50-7	GB 5085.3 附录 K
31	N,N-二甲基苯胺	(二甲基氨基)苯	N,N-Dimethylaniline; (Dimethylamino)benzene	121-69-7	GB 5085.3 附录 K
32	二甲基苯酚	二甲酚	Dimethyl phenol; Xylenol	1300-71-6	GB 5085.3 附录 K
33	二甲基甲酰胺	N,N-二甲基甲酰胺	Dimethylformamide; N,N-Dimethylformamide	68-12-2	GB 5085.3 附录 K
34	1,2-二氯苯	邻二氯苯	1,2-Dichlorobenzene; o-Dichlorobenzene	95-50-1	GB 5085.3 附录 K、O、P、R
35	1,3-二氯苯	间二氯苯	1,3-Dichlorobenzene; m-Dichlorobenzene	541-73-1	GB 5085.3 附录 K、O、P、R
36	1,4-二氯苯	对二氯苯	1,4-Dichlorobenzene; p-Dichlorobenzene	106-46-7	GB 5085.3 附录 K、O、P、R
37	2,4-二氯苯胺	2,4-DCA	2,4-Dichloroaniline; 2,4-Dichlorobenzenamine	554-00-7	本标准附录 K
38	2,5-二氯苯胺	对二氯苯胺	2,5-Dichloroaniline; p-Dichloroaniline	95-82-9	本标准附录 K
39	2,6-二氯苯胺	—	2,6-Dichloroaniline; Benzenamine,2,6-dichloro-	608-31-1	本标准附录 K
40	3,4-二氯苯胺	1-氨基-3,4-二氯苯	3,4-Dichloroaniline; 1-Amino-3,4-dichlorobenzene	95-76-1	本标准附录 K
41	3,5-二氯苯胺	3,5-DCA	3,5-Dichloroaniline; Benzenamine,3,5-dichloro-	626-43-7	本标准附录 K
42	1,3-二氯丙烯,1,2-二氯丙烷及其混合物	滴滴混剂;氯丙混剂	1,3-Dichloroporpene,1,2-dichloro-propane and mixtures	542-75-6 78-87-5	GB 5085.3 附录 O、P
43	2,4-二氯甲苯	2,4-二氯-1-甲苯	2,4-Dichlorotoluene; Benzene,2,4-dichloro-1-methyl-	95-73-8	GB 5085.3 附录 K、O、P、R
44	2,5-二氯甲苯	1,4-二氯-2-甲基苯	2,5-Dichlorotoluene; Benzene,1,4-dichloro-2-methyl-	19398-61-9	GB 5085.3 附录 K、O、P、R
45	3,4-二氯甲苯	1,2-二氯-4-甲苯	3,4-Dichlorotoluene; Benzene,1,2-dichloro-4-methyl-	95-75-0	GB 5085.3 附录 K、O、P、R
46	二氯甲烷	亚甲基氯	Dichloromethane; Methylene chloride	75-09-2	GB 5085.3 附录 O、P

续表

序号	中文名称		英文名称	CAS号	分析方法
	化学名	别名			
47	二嗪农	地亚农;二嗪磷	Diazinon; Diazide	333-41-5	GB 5085.3 附录 I
48	1,2-二硝基苯	邻二硝基苯	1,2-Dinitrobenzene; o-Dinitrobenzene	528-29-0	GB 5085.3 附录 K
49	1,3-二硝基苯	间二硝基苯	1,3-Dinitrobenzene; m-Dinitrobenzene	99-65-0	GB 5085.3 附录 J、K
50	1,4-二硝基苯	对二硝基苯	1,4-Dinitrobenzene; p-Dinitrobenzene	100-25-4	GB 5085.3 附录 K
51	2,4-二硝基苯胺	间二硝基苯胺	2,4-Dinitroaniline; m-Dinitroaniline	97-02-9	GB 5085.3 附录 K、本标准附录 K
52	2,6-二硝基苯胺	二硝基苯胺	2,6-Dinitroaniline; Dinitrobenzenamine	606-22-4	GB 5085.3 附录 K、本标准附录 K
53	1,2-二溴乙烷	二溴化乙烯	1,2-Dibromoethane; Ethylene dibromide	106-93-4	GB 5085.3 附录 O、P
54	钒	钒粉尘	Vanadium; Vanadium dust	7440-62-2	GB 5085.3 附录 A、B、C、D
55	氟化铝	三氟化铝	Aluminium fluoride; Aluminium trifluoride	7784-18-1	GB 5085.3 附录 F
56	氟化钠	一氟化钠	Sodium fluoride; Sodium monofluoride	7681-49-4	GB 5085.3 附录 F
57	氟化铅	二氟化铅	Lead fluoride; Lead difluoride	7783-46-2	GB 5085.3 附录 F
58	氟化锌	二氟化锌	Zinc fluoride; Zinc difluoride	7783-49-5	GB 5085.3 附录 F
59	氟硼酸锌	双(四氟硼酸)锌	Zinc fluoborate; Zinc bis(tetrafluoroborate)	13826-88-5	GB 5085.3 附录 F
60	甲苯二胺	二氨基甲苯	Toluenediamine; Diaminotoluenes	25376-45-8	GB 5085.3 附录 K
61	甲苯二异氰酸酯	2,4-甲苯二异氰酸酯;2,6-甲苯二异氰酸酯	Toluene diisocyanates; 2,4-Toluene diisocyanate; 2,6-Toluene diisocyanate	584-84-9 91-08-7	GB 5085.3 附录 K
62	4-甲苯酚	对甲酚	4-Cresol; p-Cresol	106-44-5	GB 5085.3 附录 K
63	甲醇	木醇;木酒精	Methanol; Methyl alcohol	67-56-1	GB 5085.3 附录 O
64	甲酚(混合异构体)	混合甲酚	Cresol(mixed isomers); Methylphenol,mixed	1319-77-3	GB 5085.3 附录 K

续表

序号	中文名称		英文名称	CAS号	分析方法
	化学名	别名			
65	3-甲基苯胺	间甲苯胺;间氨基甲苯;3-氨基甲苯	3-Toluidine; m-Toluidine; m-Aminotoluene; 3-Aminotoluene	108-44-1	GB 5085.3 附录 K
66	4-甲基苯胺	对甲苯胺;对氨基甲苯;4-氨基甲苯	4-Toluidine; p-Toluidine; p-Aminotoluene; 4-Aminotoluene	106-49-0	GB 5085.3 附录 K
67	2-甲基苯酚	邻甲苯酚	2-Cresol; o-Cresol	95-48-7	GB 5085.3 附录 K
68	3-甲基苯酚	间甲酚	3-Cresol; m-Cresol	108-39-4	GB 5085.3 附录 K
69	甲基叔丁基醚	2-甲氧基-2-甲基丙烷	Methyl tertiary-butyl ether; Propane,2-methoxy-2-methyl	1634-04-4	GB 5085.3 附录 O
70	甲基溴	一溴甲烷	Methyl bromide;Bromomethane	74-83-9	GB 5085.3 附录 O、P
71	甲基乙基酮	2-丁酮	Methyl ethyl ketone; 2-Butanone	78-93-3	GB 5085.3 附录 O
72	甲基异丁酮	4-甲基-2-戊酮;2-甲基丙基甲酮;MIBK	Methyl isobutyl ketone; 4-Methyl-2-pentanone; 2-Methylpropyl methyl ketone	108-10-1	GB 5085.3 附录 O
73	3-甲氧基苯胺	间甲氧基苯胺;间氨基苯甲醚;间茴香胺	3-Methoxyaniline; m-Methoxyaniline; m-Aminoanisole; m-Anisidine	536-90-3	GB 5085.3 附录 K
74	4-甲氧基苯胺	对甲氧基苯胺;对氨基苯甲醚;对茴香胺	4-Methoxyaniline; p-Methoxyaniline; p-Aminoanisole; p-Anisidine	104-94-9	GB 5085.3 附录 K
75	2-甲氧基乙醇,2-乙氧基乙醇及其醋酸酯	—	2-Methoxyethanol, 2-ethoxyethanol,and their acetates	109-86-4	GB 5085.3 附录 O
76	开蓬	十氯酮	Chlordecone; Decachloroketone	143-50-0	GB 5085.3 附录 K
77	克来范	—	Kelevan	4234-79-1	GB 5085.3 附录 H
78	邻苯二甲酸二乙基己酯	邻苯二甲酸二(2-乙基己基)酯	Diethylhexyl phthalate; Phthalic acid,bis(2-ethylhexyl) ester	117-81-7	GB 5085.3 附录 K

续表

序号	中文名称		英文名称	CAS号	分析方法
	化学名	别名			
79	林丹	γ-六六六	Lindane; γ-Hexachlorocyclohexane	58-89-9	GB 5085.3 附录H、K、R
80	磷酸三苯酯	三苯基磷酸酯	Phosphoric acid,triphenyl ester; Triphenyl phosphate	115-86-6	GB 5085.3 附录 K
81	磷酸三丁酯	磷酸三正丁酯	Tributyl phosphate; Phosphoric acid,tri-n-butyl ester	126-73-8	GB 5085.3 附录 K
82	磷酸三甲苯酯	磷酸三甲酚酯;增塑剂 TCP	Phosphoric acid,tritolyl ester; Tricresyl phosphate	1330-78-5	GB 5085.3 附录 K
83	硫丹	1,2,3,4,7,7-六氯双环[2,2,1]庚烯-5,6-双羟甲基亚硫酸酯	Endosulfan; 1,2,3,4,7,7-Hexachlorobicyclo(2,2,1)hepten-5,6-bioxymethylene-sulfite	115-29-7	GB 5085.3 附录 H
84	六氯丁二烯	六氯-1,3-丁二烯	Hexachlorobutadiene; Hexachloro-1,3-butadiene	87-68-3	GB 5085.3 附录K、O、P、R
85	六氯环戊二烯	全氯环戊二烯	Hexachlorocyclopentadiene; Perchlorocyclopentadiene	77-47-4	GB 5085.3 附录H、K、R
86	六氯乙烷	全氯乙烷	Hexachloroethane; Perchloroethane	67-72-1	GB 5085.3 附录K、O、R
87	2-氯-4-硝基苯胺	邻氯对硝基苯胺	2-Chloro-4-nitroaniline; o-Chloro-p-nitroaniline	121-87-9	本标准附录 K
88	2-氯苯胺	邻氯苯胺;邻氨基氯苯	2-Chloroaniline; o-Chloroaniline; o-Aminochlorobenzene	95-51-2	本标准附录 K
89	3-氯苯胺	间氯苯胺;间氨基氯苯	3-Chloroaniline; m-Chloroaniline; m-Aminochlorobenzene	108-42-9	本标准附录 K
90	4-氯苯胺	对氯苯胺;对氨基氯苯	4-Chloroaniline; p-Chloroaniline; p-Aminochlorobenzene	106-47-8	GB 5085.3 附录 K、本标准附录 K
91	2-氯苯酚	邻氯苯酚;2-氯-1-羟基苯;2-羟基氯苯	2-Chlorophenol; o-Chloropheno; 2-Chloro-1-hydroxybenzene; 2-Hydroxychlorobenzene	95-57-8	GB 5085.3 附录 K
92	3-氯苯酚	间氯苯酚;3-氯-1-羟基苯;间羟基氯苯	3-Chlorophenol; m-Chlorophenol; 3-Chloro-1-hydoxybenzene; m-Hydroxychlorobenzene	108-43-0	GB 5085.3 附录 K

续表

序号	中文名称		英文名称	CAS号	分析方法
	化学名	别名			
93	氯酚	一氯苯酚	Chlorophenols; Phenol,chloro-	25167-80-0	GB 5085.3 附录 K
94	氯化钡	二氯化钡	Barium chloride; Barium dichloride	10361-37-2	GB 5085.3 附录 A、B、C、D
95	2-氯乙醇	乙撑氯醇;氯乙醇	2-Chloroethanol; Ethylene chlorohydrin; Chloroethanol	107-07-3	GB 5085.3 附录 O
96	锰	元素锰	Manganese; Manganese,elemental	7439-96-5	GB 5085.3 附录 A、B、C、D
97	1-萘胺	α-萘胺;1-氨基萘	1-Naphthylamine; α-Naphthylamine; 1-Aminonaphthalene	134-32-7	GB 5085.3 附录 K
98	三(2,3-二溴丙基)磷酸酯和二(2,3-二溴丙基)磷酸酯	—	Tris-and bis(2,3-dibromopropyl) phosphate	126-72-7	GB 5085.3 附录 K、L
99	三丁基锡化合物	—	Tributyltin compounds	—	GB 5085.3 附录 D
100	1,2,3-三氯苯	连三氯苯	1,2,3-Trichlorobenzene; vic-Trichlorobenzene	87-61-6	GB 5085.3 附录 R
101	1,2,4-三氯苯	不对称三氯苯	1,2,4-Trichlorobenzene; unsym-Trichlorobenzene	120-82-1	GB 5085.3 附录 K、M、O、P、R
102	1,3,5-三氯苯	对称三氯苯	1,3,5-Trichlorobenzene; sym-Trichlorobenzene	108-70-3	GB 5085.3 附录 R
103	2,4,5-三氯苯胺	1-氨基-2,4,5-三氯苯	2,4,5-Trichloroaniline; 1-Amino-2,4,5-trichlorobenzene	636-30-6	本标准附录 K
104	2,4,6-三氯苯胺	1-氨基-2,4,6-三氯苯	2,4,6-Trichloroaniline; 1-Amino-2,4,6-trichlorobenzene	634-93-5	本标准附录 K
105	1,2,3-三氯丙烷	三氯丙烷;烯丙基三氯	1,2,3-Trichloropropane; Trichlorohydrin; Allyl trichloride	96-18-4	GB 5085.3 附录 O、P
106	1,1,1-三氯乙烷	甲基氯仿;α-三氯乙烷	1,1,1-Trichloroethane;Methylchloroform; α-Trichloroethane	71-55-6	GB 5085.3 附录 O、P
107	1,1,2-三氯乙烷	β-三氯乙烷	1,1,2-Trichloroethane; beta-Trichloroethane	79-00-5	GB 5085.3 附录 O、P
108	杀螟硫磷	O,O-二甲基-O-4-硝基间甲苯基硫代磷酸酯;杀螟松;速灭虫	Fenitrothion; O,O-Dimethyl O-4-nitro-m-tolyl phosphorothioate	122-14-5	GB 5085.3 附录 I

续表

序号	中文名称		英文名称	CAS号	分析方法
	化学名	别名			
109	石油溶剂	石油溶剂油	White spirit	63394-00-3	本标准附录 O
110	1,2,3,4-四氯苯	1,2,3,4-四氯代苯	1,2,3,4-Tetrachlorobenzene; Benzene,1,2,3,4-tetrachloro-	634-66-2	GB 5085.3 附录 R
111	1,2,3,5-四氯苯	1,2,3,5-四氯代苯	1,2,3,5-Tetrachlorobenzene; Benzene,1,2,3,5-tetrachloro- 1,2,4,5-四	634-90-2	GB 5085.3 附录 R
112	1, 2, 4, 5-四氯苯	四氯苯	1,2,4,5-Tetrachlorobenzene; Benzene tetrachloride	95-94-3	GB 5085.3 附录 K
113	2,3,4,6-四氯苯酚	1-羟基-2,3,4,6-四氯苯	2,3,4,6-Tetrachlorophenol; 1-Hydroxy-2,3,4,6-tetrachlorobenzene	58-90-2	GB 5085.3 附录 K
114	四氯硝基苯	2, 3, 5, 6-四氯硝基苯	Tecnazene; 2,3,5,6-Tetrachloronitrobenzene	117-18-0	GB 5085.3 附录 K
115	四氧化三铅	红丹;铅丹	Lead tetroxide; Orange lead; CI Pigment Red 105	1314-41-6	GB 5085.3 附录 A、B、C、D
116	钛	钛粉	Titanium; Titanium powder	7440-32-6	GB 5085.3 附录 A、B
117	碳酸钡	碳酸钡盐	Barium carbonate; Carbonic acid,barium salt	513-77-9	GB 5085.3 附录 A、B、C、D
118	锑粉	金属锑	Antimony powder; Antimony,metallic	7440-36-0	GB 5085.3 附录 A、B、C、D、E
119	五氯硝基苯	硝基五氯苯;PCNB	Quintozene; Nitropentachlorobenzene; Pentachloronitrobenzene	82-68-8	GB 5085.3 附录 K
120	五氯乙烷	—	Pentachloroethane; Ethane,pentachloro-	76-01-7	GB 5085.3 附录 K
121	五氧化二锑	五氧化锑	Diantimony pentoxide; Antimony pentoxide	1314-60-9	GB 5085.3 附录 A、B、C、D、E
122	西维因	1-萘基甲基氨基甲酸酯;胺甲萘	Carbaryl; 1-Naphthyl methylcarbamate	63-25-2	GB 5085.3 附录 K、本标准附录 H
123	锡及有机锡化合物	—	Tin and organotin compounds	—	GB 5085.3 附录 B、D
124	2-硝基苯胺	邻硝基苯胺;1-氨基-2-硝基苯	2-Nitroaniline; o-Nitroaniline; 1-Amino-2-nitrobenzene	88-74-4	GB 5085.3 附录 K、本标准附录 K
125	3-硝基苯胺	间硝基苯胺;1-氨基-3-硝基苯	3-Nitroaniline; m-Niroaniline; 1-Amino-3-nitrobenzene	99-09-2	GB 5085.3 附录 K、本标准附录 K

续表

序号	中文名称		英文名称	CAS号	分析方法
	化学名	别名			
126	4-硝基苯胺	对硝基苯胺；1-氨基-4-硝基苯	4-Nitroaniline； p-Nitroaniline； 1-Amino-4-nitrobenzene	100-01-6	GB 5085.3附录K、本标准附录K
127	2-硝基苯酚	邻硝基苯酚	2-Nitrophenol； o-Nitrophenol	88-75-5	GB 5085.3附录K
128	3-硝基苯酚	间硝基苯酚	3-Nitrophenol； m-Nitrophenol	554-84-7	GB 5085.3附录K
129	4-硝基苯酚	对硝基苯酚	4-nitrophenol； p-Nitrophenol	100-02-7	GB 5085.3附录K
130	2-硝基丙烷	二甲基硝基甲烷；2-NP	2-Nitropropane； Dimethylnitromethane	79-46-9	GB 5085.3附录O
131	2-硝基甲苯	邻硝基甲苯	2-Nitrotoluene； o-Nitrotoluene	88-72-2	GB 5085.3附录J
132	3-硝基甲苯	间硝基甲苯	3-Nitrotoluene； m-Nitrotoluene	99-08-1	GB 5085.3附录J
133	4-硝基甲苯	对硝基甲苯	4-Nitrotoluene； p-Nitrotoluene	99-99-0	GB 5085.3附录J
134	4-溴苯胺	对溴苯胺	4-Bromoaniline； p-Bromoaniline	106-40-1	本标准附录K
135	溴丙酮	1-溴-2-丙酮	Bromoacetone； 1-Bromo-2-propanone	598-31-2	GB 5085.3附录O、P
136	溴化亚汞	一溴化汞	Mercurous bromide； Mercury monobromide	10031-18-2	GB 5085.3附录B
137	亚苄基二氯	（二氯甲基）苯；苄基二氯；α，α-二氯甲苯	Benzal chloride； (Dichloromethyl) benzene； Benzyl dichloride； α，α-Dichlorotoluene	98-87-3	GB 5085.3附录R
138	N-亚硝基二苯胺	N-亚硝基-N-苯基苯胺	N-Nitrosodiphenylamine； N-Nitroso-N-phenylbenzenamine	86-30-6	GB 5085.3附录K
139	亚乙烯基氯	1，1-二氯乙烯	Vinylidene chloride； 1，1-Dichloroethylene	75-35-4	GB 5085.3附录O、P
140	一氧化铅	氧化铅；黄丹；密陀僧	Lead monoxide； Lead oxide； Lead Oxide Yellow	1317-36-8	GB 5085.3附录A、B、C、D
141	乙腈	氰化甲烷；甲基氰	Acetonitrile； Cyanomethane； Methyl cyanide	75-05-8	GB 5085.3附录O
142	乙醛	醋醛	Acetaldehyde； Acetyl aldehyde	75-07-0	本标准附录P
143	异佛尔酮	3，5，5-三甲基-2-环己烯-1-酮	Isophorone； 3，5，5-Trimethyl-2-cyclohexen-lone	78-59-1	GB 5085.3附录K

附　录　C
（规范性附录）
致癌性物质名录

序号	中文名称		英文名称	CAS号	分析方法
	化学名	别名			
1	4-氨基-3-氟苯酚	2-氟-4-羟基苯胺	4-Amino-3-fluorophenol; 2-Fluoro-4-hydroxyaniline	399-95-1	GB 5085.3 附录 K
2	4-氨基联苯	联苯基-4-胺；联苯基胺	4-Aminobiphenyl; Biphenyl-4-ylamine; Xenylamine	92-67-1	GB 5085.3 附录 K
3	4-氨基偶氮苯	对氨基偶氮苯	4-Aminoazobenzene; p-Aminoazobenzene	60-09-3	GB 5085.3 附录 K
4	苯	环已三烯	Benzene; Cyclohexatriene	71-43-2	GB 5085.3 附录 O、P
5	苯并[a]蒽	1,2-苯并蒽	Benzo[a]anthracene; 1,2-Benzanthracene	56-55-3	GB 5085.3 附录 K、M,本标准附录 Q
6	苯并[b]荧蒽	3,4-苯并荧蒽；2,3-苯并荧蒽	Benzo[b]fluoranthene; 3,4-Benzofluoranthene; 2,3-Benzofluoranthene	205-99-2	GB 5085.3 附录 K、M,本标准附录 Q
7	苯并[j]荧蒽	7,8-苯并荧蒽；10,11-苯并荧蒽	Benzo[j]fluoranthene; 7,8-Benzofluoranthene; 10,11-Benzofluoranthene	205-82-3	本标准附录 Q
8	苯并[k]荧蒽	8,9-苯并荧蒽；11,12-苯并荧蒽	Benzo[k]fluoranthene; 8,9-Benzofluoranthene; 11,12-Benzofluoranthene	207-08-9	GB 5085.3 附录 K、M,本标准附录 Q
9	丙烯腈	2-丙烯腈	Acrylonitrile; 2-Propenenitrile	107-13-1	GB 5085.3 附录 O
10	除草醚	2,4-二氯苯基-4-硝基苯基醚	Nitrofen; 2, 4-Dichlorophenyl-4-Nitrophenyl ether	1836-75-5	GB 5085.3 附录 K
11	次硫化镍	二硫化三镍	Nickel subsulphide; Trinickel disulfide	12035-72-2	GB 5085.3 附录 A、B、C、D
12	二苯并[a,h]蒽	1,2：5,6-二苯并蒽	Dibenz[a,h]anthracene; 1,2：5,6-Dibenzanthracene	53-70-3	GB 5085.3 附录 M
13	1,2：3,4-二环氧丁烷	2,2′-双环氧乙烷	1,2：3,4-Diepoxybutane; 2,2′-Bioxirane	1464-53-5	GB 5085.3 附录 O
14	二甲基硫酸酯	硫酸二甲酯	Dimethyl sulphate; Sulfuric acid,dimethyl ester	77-78-1	GB 5085.3 附录 K

续表

序号	中文名称		英文名称	CAS号	分析方法
	化学名	别名			
15	1,3-二氯-2-丙醇	1,3-二氯-2-羟基丙烷	1,3-Dichloro-2-propanol; 1,3-Dichloro-2-hydroxypropane	96-23-1	GB 5085.3 附录 P
16	二氯化钴	氯化钴	Cobalt dichloride; Cobaltous chloride	7646-79-9	GB 5085.3 附录 A、B、C、D
17	3,3′-二氯联苯胺	3,3′-二氯联苯-4,4′-二胺	3,3′-Dichlorobenzidine; 3, 3′-Dichlorobiphenyl-4,4′-diamine	91-94-1	GB 5085.3 附录 K
18	3,3′-二氯联苯胺盐	3,3′-二氯联苯胺盐;3,3′-二氯联苯-4,4′-二胺盐	Salts of 3,3′-dichlorobenzidine; Salts of 3,3′-dichlorobiphenyl-4,4′-diamine	—	GB 5085.3 附录 K
19	1,2-二氯乙烷	二氯化乙烯	1,2-Dichloroethane; Ethylene dichloride	107-06-2	GB 5085.3 附录 O、P
20	2,4-二硝基甲苯	1-甲基-2,4-二硝基苯	2,4-Dinitrotoluene; 1-Methyl-2,4-dinitrobenzene	121-14-2	GB 5085.3 附录 J、K
21	2,5-二硝基甲苯	2-甲基-1,4-二硝基苯	2,5-Dinitrotoluene; 2-Methyl-1,4-dinitrobenzene	619-15-8	GB 5085.3 附录 J、K
22	2,6-二硝基甲苯	2-甲基-1,3-二硝基苯	2,6-Dinitrotoluene; 2-Methyl-1,3-dinirobenzene	606-20-2	GB 5085.3 附录 J、K
23	二氧化镍	氧化镍	Nickel dioxide; Nickel oxide	12035-36-8	GB 5085.3 附录 A、B、C、D
24	铬酸镉	—	Cadmium chromate	14312-00-6	GB 5085.3 附录 A、B、C、D
25	铬酸铬(Ⅲ)	铬酸铬	Chromium(Ⅲ)chromate; Chromic chromate	24613-89-6	GB 5085.3 附录 A、B、C、D
26	铬酸锶	锶黄;C.I.颜料黄 32	Strontium chromate; Strontium Yellow; C.I. Pigment Yellow 32	7789-06-2	GB 5085.3 附录 A、B、C、D
27	环氧丙烷	1,2-环氧丙烷;甲基环氧乙烷	Propylene oxide; 1,2-Epoxypropane; Methyloxirane	75-56-9	GB 5085.3 附录 O
28	4-甲基间苯二胺	2,4-二氨基甲苯;1,3-二氨基-4-甲苯	4-Methyl-m-phenylenediamine; 2,4-Diaminotoluene; 1,3-Diamino-4-methylbenzene	95-80-7	GB 5085.3 附录 K
29	甲醛	蚁醛;福尔马林	Formaldehyde; Methanal; Formalin	50-00-0	本标准附录 P
30	2-甲氧基苯胺	邻茴香胺	2-Methoxyaniline; o-Anisidine	90-04-0	GB 5085.3 附录 K
31	联苯胺	4,4′-二氨基联苯;对二氨基联苯	Benzidine; 4,4′-Diaminobiphenyl; p-Diaminobiphenyl	92-87-5	GB 5085.3 附录 K

续表

序号	中文名称		英文名称	CAS号	分析方法
	化学名	别名			
32	联苯胺盐	对二氨基联苯盐	Salts of benzidine; Salts of p-diaminobiphenyl	—	GB 5085.3 附录 K
33	邻甲苯胺	2-甲苯胺	o-Toluidine; 2-Toluidine	95-53-4	GB 5085.3 附录 K、O
34	邻联茴香胺	3,3′-二甲氧基联苯胺	o-Dianisidine; 3,3′-Dimethoxybenzidine	119-90-4	GB 5085.3 附录 K
35	邻联甲苯胺	3,3′-二甲基联苯胺	o-Tolidine; 3,3′-Dimethylbenzidine	119-93-7	GB 5085.3 附录 K
36	邻联甲苯胺盐	3,3′-二甲基联苯胺盐	Salts of o-tolidine; Salts of 3,3′-dimethylbenzidine	—	GB 5085.3 附录 K
37	硫化镍	一硫化镍	Nickel sulphide; Nickel monosulfide	16812-54-7	GB 5085.3 附录 A、B、C、D
38	硫酸镉	硫酸镉盐(1∶1)	Cadmium sulphate; Sulfuric acid,cadmium salt(1∶1)	10124-36-4	GB 5085.3 附录 A、B、C、D
39	硫酸钴	硫酸钴(Ⅱ)	Cobalt sulphate; Cobalt(Ⅱ)sulfate	10124-43-3	GB 5085.3 附录 A、B、C、D
40	六甲基磷三酰胺	六甲基磷酰胺	Hexamethylphosphoric triamide; Hexamethylphosphoramide	680-31-9	GB 5085.3 附录 I、K
41	氯化镉	二氯化镉	Cadmium chloride; Cadmium dichloride	10108-64-2	GB 5085.3 附录 A、B、C、D
42	α-氯甲苯	苄基氯	α-Chlorotoluene; Benzyl chloride	100-44-7	GB 5085.3 附录 O、P、R
43	氯甲基甲醚	氯二甲基醚	Chloromethyl methyl ether; Chlorodimethyl ether	107-30-2	GB 5085.3 附录 P
44	氯甲基醚	二(氯甲基)醚;氯(氯甲氧基)甲烷	Chloromethyl ether; Bis(chloromethyl)ether; Chloro(chloromethoxy)methane	542-88-1	GB 5085.3 附录 P
45	氯乙烯	一氯乙烯	Vinyl chloride; Chloroethylene; Monochloroethene Monochloroethene	75-01-4	GB 5085.3 附录 O、P
46	2-萘胺	β-萘胺	2-Naphthylamine; β-Naphthylamine	91-5999-8	GB 5085.3 附录 K
47	2-萘胺盐	β萘胺盐	Salts of 2-naphthylamine; Salts of β-naphthylamine	—	GB 5085.3 附录 K
48	铍	金属铍	Beryllium; Beryllium metal	7440-41-7	GB 5085.3 附录 A、B、C、D

续表

序号	中文名称		英文名称	CAS号	分析方法
	化学名	别名			
49	铍化合物(硅酸铝铍除外)	—	Beryllium compounds with the exception of aluminium beryllium silicates	—	GB 5085.3 附录 A、B、C、D
50	α,α,α-三氯甲苯	三氯甲苯	α,α,α-Trichlorotoluene; Benzotrichloride	98-07-7	GB 5085.3 附录 R
51	三氯乙烯	1,1,2-三氯乙烯;1-氯-2,2-二氯乙烯	Trichloroethylene; 1,1,2-Trichloroethylene; 1-Chloro-2,2-dichloroethylene	79-01-6	GB 5085.3 附录 O、P
52	三氧化二镍	氧化高镍	Dinickel trioxide; Nickelic oxide	1314-06-3	GB 5085.3 附录 A、B、C、D
53	三氧化二砷	三氧化砷;砒霜	Diarsenic trioxide; Arsenic trioxide	1327-53-3	GB 5085.3 附录 C、E
54	三氧化铬	铬酸酐	Chromium trioxide; Chromic anhydride	1333-82-0	GB 5085.3 附录 A、B、C、D
55	砷酸及其盐(以元素砷为分析目标,以该化合物计)	—	Arsenic acid and its salts	—	GB 5085.3 附录 C、E
56	五氧化二砷	砷酸酐	Arsenic pentoxide; Arsenic acid anhydride	1303-28-2	GB 5085.3 附录 C、E
57	2-硝基丙烷	二甲基硝基甲烷;异硝基丙烷	2-Nitropropane; Dimethylnitromethane; Isonitropropane	79-46-9	GB 5085.3 附录 O
58	硝基联苯	对硝基联苯;1-硝基-4-苯基苯	4-Nitrobiphenyl; p-Nitrobiphenyl; 1-Nitro-4-phenylbenzene	92-93-3	GB 5085.3 附录 K
59	1,2-亚肼基苯	1,2-二苯肼	Hydrazobenzene; 1,2-Diphenylhydrazine	122-66-7	GB 5085.3 附录 K
60	N-亚硝基二甲胺	二甲基亚硝胺	N-Nitrosodimethylamine; Dimethylnitrosamine	62-75-9	GB 5085.3 附录 K
61	氧化镉	一氧化镉	Cadmium oxide; Cadmium monoxide	1306-19-0	GB 5085.3 附录 A、B、C、D
62	氧化铍	一氧化铍	Beryllium oxide; Beryllium monoxide	1304-56-9	GB 5085.3 附录 A、B、C、D
63	一氧化镍	氧化镍	Nickel monoxide; Nickel oxide	1313-99-1	GB 5085.3 附录 A、B、C、D

附 录 D
(规范性附录)
致突变性物质名录

序号	中文名称		英文名称	CAS号	分析方法
	化学名	别名			
1	苯并[a]芘	苯并[d,e,f]䓛	Benzo [a]pyrene; Benzo[d,e,f]chrysene	50-32-8	GB 5085.3 附录 K、M
2	丙烯酰胺	2-丙烯酰胺	Acrylamide; 2-Propenamide	79-06-1	本标准附录 R
3	1,2-二溴-3-氯丙烷	二溴氯丙烷	1,2-Dibromo-3-chloropropane; Dibromochloropropane	96-12-8	GB 5085.3 附录 H、K、O、P
4	二乙基硫酸酯	硫酸二乙酯	Diethyl sulphate; Sulfuric acid,diethyl ester	64-67-5	GB 5085.3 附录 K
5	氟化镉	二氟化镉	Cadmium fluoride; Cadmium difluoride	7790-79-6	GB 5085.3 附录 A、B、C、D
6	铬酸钠(以元素铬为分析目标,以该化合物计)	铬酸二钠盐	Sodium chromate; Chromic acid,disodium salt	7775-11-3	GB 5085.3 附录 A、B、C、D
7	环氧乙烷	氧化乙烯	Ethylene oxide; Oxirane	75-21-8	GB 5085.3 附录 O

附 录 E
（规范性附录）
生殖毒性物质名录

序号	中文名称		英文名称	CAS号	分析方法
	化学名	别名			
1	酯酸铅	二乙酸铅	Lead acetate; Lead diacetate	301-04-2 1335-32-6	GB 5085.3 附录 A、B、C、D
2	叠氮化铅	二叠氮化铅	Lead azide; Lead diazide	13424-46-9	GB 5085.3 附录 A、B、C、D
3	二醋酸铅	乙酸铅盐(2∶1)	Lead diacetate; Acetic acid, lead salt(2∶1)	301-04-2	GB 5085.3 附录 A、B、C、D
4	铬酸铅	铬酸铅(2+)盐(1∶1)	Lead chromate; Chromic acid, lead(2+) salt (1∶1)	7758-97-6	GB 5085.3 附录 A、B、C、D
5	甲基磺酸铅(Ⅱ)	甲磺酸铅(2+)盐	Lead(Ⅱ)methanesulphonate; Methanesulfonic acid, lead (2+)salt	17570-76-2	GB 5085.3 附录 A、B、C、D
6	邻苯二甲酸二丁酯	1,2-苯二甲酸二丁酯	Dibutyl phthalate; 1, 2-Benzenedicarboxylic acid, dibutyl ester	84-74-2	GB 5085.3 附录 K
7	磷酸铅	二正磷酸三铅	Lead phosphate; Trilead bis(orthophosphate)	7446-27-7	GB 5085.3 附录 A、B、C、D
8	六氟硅酸铅	氟硅酸铅(Ⅱ)	Lead hexafluorosilicate; Lead(Ⅱ)fluorosilicate	25808-74-6	GB 5085.3 附录 A、B、C、D
9	收敛酸铅	2,4,6-三硝基间苯二酚氧化铅	Lead styphnate; Lead 2,4,6-trinitroresorcinoxide;	15245-44-0	GB 5085.3 附录 A、B、C、D
10	烷基铅	—	Lead alkyls	—	GB 5085.3 附录 A、B、C、D
11	2-乙氧基乙醇	乙二醇单乙醚	2-Ethoxyethanol; Ethylene glycol monoethyl ether	110-80-5	GB 5085.3 附录 O

附 录 F
（规范性附录）
持久性有机污染物名录

序号	中文名称		英文名称	CAS号	分析方法
	化学名	别名			
1	多氯联苯	氯化联苯；PCBs	Polychlorinated biphenyls；Polychlorodiphenyls		GB 5085.3 附录 N
2	氯丹	八氯	Chlordane	12789-03-6	GB 5085.3 附录 H
3	滴滴涕	二氯二苯三氯乙烷	2,2-bis(4-Chlorophenyl)-1,1,1-trichloroethane,DDT	50-29-3	GB 5085.3 附录 H
4	六氯苯	灭黑穗药	Hexachlorobenzene,HCB	118-74-1	GB 5085.3 附录 H
5	灭蚁灵	十二氯代八氢-亚甲基-环丁并[cd]戊搭烯	Mirex	2385-85-5	GB 5085.3 附录 H
6	毒杀芬	氯化莰烯	Toxaphene	8001-35-2	GB 5085.3 附录 H
7	艾氏剂	六氯-六氢-二甲撑萘	Aldrin		GB 5085.3 附录 H
8	狄氏剂	六氯-环氧八氢-二甲撑萘	Dieldrin		GB 5085.3 附录 H
9	异狄氏剂	1,2,3,4,10,10-六氯-6,7-环氧-1,4,4a,5,6,7,8,8a-八氢-1,4-挂-5,8-挂-二甲撑萘	Endrin,Hexadrin		GB 5085.3 附录 H
10	七氯	七氯-四氢-甲撑茚；七氯化茚	Heptachlor；Velsicol		GB 5085.3 附录 H
11	多氯二苯并对二噁英和多氯二苯并呋喃		PCDDs/PCDFs		本标准附录 S

附 录 G
（资料性附录）
固体废物 半挥发性有机物分析的样品前处理 加速溶剂萃取法

G.1 范围

本方法适用于从固体废物中用加速溶剂萃取法萃取不溶于水或微溶于水的半挥发性有机化合物的过程。包括半挥发有机化合物、有机磷农药、有机氯农药、含氯除草剂、PCBs。

本方法仅适用于固体样品，尤其适用于干燥的小颗粒物质。只有固体样品适用这个萃取过程，因此多相的废物样品必须经过分离。土壤/沉积物样品在萃取前要晾干和粉碎。需往土壤/沉积物样品中添加无水硫酸钠或硅藻土，以减少样品干燥过程中被分析物的流失。样品量的多少要依检测方法说明和分析灵敏度而定，通常需要 10～30 g 的样品。

G.2 原理

晾干后的样品，或样品直接与无水硫酸钠或硅藻土混合后，将其粉碎至 100～200 目的粉末(150～75 μm)并放入萃取池中，加热到萃取温度，同时加入适当的溶剂，增加压力，然后萃取 5 min(或根据厂家的建议)。采用的溶剂要根据被分析物而定。热的萃取液自动从萃取池进入收集瓶并冷却。如必要，萃取物可进行浓缩。可根据需要加入与净化和检测条件兼容的溶剂。

G.3 试剂和材料

G.3.1 本方法中对水的要求均指不含有机物的试剂级水。

G.3.2 干燥剂

G.3.2.1 硫酸钠(无水，颗粒状)，Na_2SO_4。

注意：对于含水量高的样品且萃取温度高于 110℃时，若预先在样品中加入无水硫酸钠，会发生熔融和重结晶堵塞管路，所以建议无水硫酸钠在完成萃取后的萃取液中加入以脱水。

G.3.2.2 粒状硅藻土：用于分散样品颗粒，以使样品与溶剂接触表面积最大，同时可以吸附样品中的部分水分。

G.3.2.3 干燥剂的净化：在浅盘中以 400℃的温度加热 4 h 或用二氯甲烷萃取。如果用二氯甲烷萃取，则需要做试剂空白实验来证明萃取后的干燥剂不会给样品的分析带来影响。

G.3.3 磷酸溶液：用 3.1 中所指水制备磷酸(H_3PO_4)溶液(体积比为 1∶1)。

G.3.4 萃取溶剂：萃取溶剂依被萃取的分析物而定。所有试剂均为试剂级或同等质量，使用前都应进行脱气。

G.3.4.1 萃取有机氯农药：丙酮/己烷(1∶1，体积分数)，或丙酮/二氯甲烷(1∶1，体积分数)。

G.3.4.2 萃取半挥发性有机化合物：丙酮/二氯甲烷(1∶1，体积分数)或丙酮/己烷(1∶1，体积分数)。

G.3.4.3 萃取 PCBs：丙酮/己烷(1∶1，体积分数)或丙酮/二氯甲烷(1∶1，体积分数)或己烷。

G.3.4.4 萃取有机磷农药，二氯甲烷(CH_2Cl_2)，或丙酮/二氯甲烷(CH_3COCH_3/CH_2Cl_2)(1∶1，体积分数)。

G.3.4.5 萃取含氯除草剂：丙酮/二氯甲烷/磷酸(250∶125∶15，体积分数)，或丙酮/二氯甲烷/三氟乙酸(250∶125∶1，体积分数)。若采取后者，三氟乙酸溶液应是将 1%的三氟乙酸加入乙腈制取。在每次萃取前，应制备新鲜的溶液。

G.3.4.6 如果分析人员能对样品基质中的相关分析物进行合理的分析，那么也可以采用其他的溶剂体系。

注意：对于含水量大的样品(湿度≥30%)，应减少亲水性溶剂的用量。

G.3.5　高纯度气体，如氮气、二氧化碳或氦气可用于吹扫或给萃取池加压。按仪器生产商的说明选择气体。

G.4　仪器、装置

G.4.1　加速溶剂萃取装置，配有10、34、66、100 mL不锈钢萃取池，转盘式自动连续萃取。

G.4.2　测定干重百分数的装置。

G.4.2.1　马弗炉。

G.4.2.2　干燥器。

G.4.2.3　坩埚：瓷的或一次性铝制。

G.4.3　粉碎或研磨装置：使样品颗粒大小<1 mm。

G.4.4　分析天平：精确度0.01 g。

G.4.5　萃取液收集瓶：250 mL，洁净的，具有聚四氟乙烯螺旋盖。

G.4.6　过滤膜：直径与萃取池相应，D28型。

G.4.7　萃取池密封盖。

G.5　分析步骤

G.5.1　样品准备

G.5.1.1　沉积物/土壤样品

倒掉沉积物样品中的水层，彻底混合样品，尤其是混合样品。除掉其中的树枝、树叶或石子。在室温条件下将样品放在玻璃盘或已烷清洗的铝箔中晾干48 h。样品和等体积的无水硫酸钠或硅藻土混合，直到样品充分干燥。(注意：G.3.2.1中的注意事项同样适用本项。)

G.5.1.2　多相废物样品

多相废物样品在萃取前应先进行相相分离。本萃取方法仅适用于固体样品或样品的固体部分的萃取。

G.5.1.3　干燥的沉积物/土壤样品和干燥的固体废物样品

这类样品不需做任何处理可直接加到萃取池中，除非有些样品需要与硅藻土混合，如果样品粒径过大，需要粉碎达到可以过10目的筛子。

G.5.2　干重质量分数的计算

G.5.2.1　如果样品是基于干重计算的，在分析检测的同时，另取一部分样品称重。

G.5.2.2　在称量萃取样品以后，立即称取5～10 g样品放入配衡坩埚，在105℃条件下干燥这份样品过夜，称量前在干燥器中冷却。按如下公式计算干重质量分数(%)：

干重质量分数(%)=样品干重/样品总质量×100%

G.5.3　粉碎足够质量的干燥的样品过10目筛(通常10～30 g)，如必要与硅藻土混合(1∶1，体积比)。

G.5.4　将粉碎的样品装填到已经放有过滤膜的合适尺寸的萃取池中。样品池能容纳的样品的质量是由样品的密度以及干燥剂的量决定。一般来说，10 mL的萃取池能容纳10 g样品，34 mL的可容纳30 g样品。分析员可根据必须达到的检测灵敏度的样品质量来选择萃取池的大小。若样品的量不足，可用20～30目的石英砂来填补，以节省溶剂。

G.5.5　将检测方法使用的替代物添加到每一样品里。加标和平行加标化合物应分别加到另外的两份样品中。

G.5.6　将萃取池放置在萃取转盘上。

G.5.7　将清洁的收集瓶放置到收集瓶转盘上。收集的萃取液的总体积取决于具体的萃取池体积并与萃取条件的设定有关，其变化范围是0.5～1.4倍的萃取池的体积。

G.5.8　推荐的萃取条件。

萃取温度：100℃；

压力：10.34～13.79 MPa(1 500～2 000 lb/in²)；

静态萃取时间：5 min(在 5 min 的预热后)；

冲洗体积：60%的萃取池的体积；

氮气吹扫：60 s，压力 1.03 MPa(150 lb/in²)(对于大体积萃取池可延长吹扫时间)；

静态萃取循环次数：1 次。

G.5.8.1　条件优化。可以通过调整温度来改变萃取效率，可以增加静态萃取循环次数提高萃取的效率，也可以根据“相似者相溶”的原理选择适当的溶剂来提高萃取的效率。压力不是提高萃取效率的决定性的参数，因为加压的目的是为了阻止溶剂在萃取温度下沸腾，确保溶剂与样品有良好的接触。压力通常采用 10.34～13.79 MPa(1 500～2 000 lb/in²)。

G.5.8.2　萃取同一样品必须采用同样的压力。

G.5.9　启动仪器开始全自动萃取。

G.5.10　干净的收集瓶自动收集每次的萃取液。

G.5.11　浓缩、净化、分析萃取物。萃取物中过量的水分可用无水硫酸钠除去。在净化时和样品分析前可按需要改变溶剂。

G.5.12　如果用磷酸溶液萃取含氯除草剂，则需要丙酮来清洗萃取仪管线。该清洗步骤中不使用其他的溶剂。

G.6　质量控制

G.6.1　在萃取之前，需进行固体基质(如干净的沙子)的空白实验。每次萃取时，当试剂变化时，都应进行相关的空白实验。在样品制备和检测过程中都应有空白实验。

G.6.2　本方法需采用标准质量保证措施，必须留有平行现场样品来检验采样过程的精确性。如果该检测方法没有提供其他的用法说明，必须分析每一批样品中的加标/平行加标样品和实验室质量控制样品。

G.6.3　在合适的检测方法中需往所有样品中添加替代标样。

附 录 H
（资料性附录）
固体废物 N-甲基氨基甲酸酯的测定 高效液相色谱法

H.1 范围

本方法适用于土壤、水体和废物介质中涕灭威 Aldicarb (Temik)，涕灭威砜 Aldicarb Sulfone，西维因 Carbaryl (Sevin)，虫螨威 Carbofuran (Furadan)，二氧威 Dioxacarb，3-羟基虫螨威 3-Hydroxycarbofuran，灭虫威 Methiocarb (Mesurol)，灭多威 Methomyl (Lannate)，猛杀威 Promecarb，残杀威 Propoxur(Baygon)等 10 种 N-甲基氨基甲酸酯的高效液相色谱测定。

本方法测定了各种目标分析物在无有机物的试剂水体中和土壤中的检测限，见表 H.1。

表 H.1 洗脱顺序、保留时间和检出限

目标分析物	保留时间/min	检出限	
		不含有机物的试剂水/(μg/L)	土壤/(μg/kg)
涕灭威砜 Aldicarb Sulfone	9.59	1.9	44
灭多威 Methomyl(Lannate)	9.59	1.7	12
3-羟基虫螨威 3-Hydroxycarbofuran	12.70	2.6	10
二氧威 Dioxacarb	13.5	2.2	>50
涕灭威 Aldicarb(Temik)	16.05	9.4	12
残杀威 Propoxur(Baygon)	18.06	2.4	17
虫螨威 Carbofuran(Furadan)	18.28	2.0	22
西维因 Carbaryl(Sevin)	19.13	1.7	31
α-萘酚 α-Naphthol	20.30	—	—
灭虫威 Methiocarb(Mesurol)	22.56	3.1	32
猛杀威 Promecarb	23.02	2.5	17

H.2 原理

水体中的 N-甲基氨基甲酸酯用二氯甲烷萃取，土壤、含油固体废物和油中的 N-甲基氨基甲酸酯用乙腈萃取。萃取溶剂再转换至甲醇/乙二醇，然后萃取物经 C 18 固相提取小柱净化，过滤，并在 C 18 分析柱上洗脱分离，分离后目标分析物经水解和柱后衍生，再用荧光检测器定量。

H.3 试剂和材料

H.3.1 试剂水:不含有机物的试剂级水。
H.3.2 乙腈:HPLC级。
H.3.3 甲醇:HPLC级。
H.3.4 二氯甲烷:HPLC级。
H.3.5 己烷:农残级。
H.3.6 乙二醇:试剂级。
H.3.7 氢氧化钠:试剂级。
H.3.8 磷酸:试剂级。
H.3.9 硼酸盐缓冲液:pH为10。
H.3.10 邻-苯二甲醛:试剂级。
H.3.11 2-巯基乙醇:试剂级。
H.3.12 N-甲基氨基甲酸酯:准标准物。
H.3.13 氯乙酸:0.1 mol/L。
H.3.14 反应液:将0.5 g邻-苯二甲醛在1 L容量瓶内溶于10 mL甲醇中,再加900 mL不含有机物的试剂水,50 mL硼酸盐缓冲液(pH=10)。经充分混匀后加入1 mL 2-巯基乙醇,再用不含有机物的试剂水稀释至刻度,充分混合溶液。按需每周制备新鲜溶液,避光冷藏。
H.3.15 标准液
H.3.15.1 标准贮备液:将0.025 g氨基甲酸酯加到25 mL容量瓶中用甲醇稀释至刻度制成单一的1 000 mg/L溶液。溶液冷藏于带聚四氟乙烯衬里的螺纹盖或宽边瓶塞的玻璃样品瓶内,每6个月更换一次。
H.3.15.2 间接标准液:将2.5 mL每种贮备溶液加到50 mL容量瓶中用甲醇稀释至刻度,制成混合的50.0 mg/L溶液。溶液冷藏于带聚四氟乙烯衬里的螺纹盖或宽边瓶塞的玻璃样品瓶内,每3个月更换一次。
H.3.15.3 工作标准液:将0.25、0.5、1.0、1.5和2.5 mL的间接混合标准液分别加入25 mL容量瓶,每个容量瓶用甲醇稀释至刻度,制成0.5、1.0、2.0、3.0和5.0 mg/L的溶液。溶液冷藏于带聚四氟乙烯衬里的螺纹盖或宽边瓶塞的玻璃样品瓶内,每2个月更换一次,或按需随时更换。
H.3.15.4 混合QC标准液:从另一组标准贮备液制备40.0 mg/L溶液。将每种储备标准液2.0 mL加到一个50 mL容量瓶并用甲醇稀释至刻度。溶液冷藏于带聚四氟乙烯衬里的螺纹盖或宽边瓶塞的玻璃样品瓶内,每3个月更换一次。

H.4 仪器

H.4.1 高效液相色谱仪:带荧光检测器。
H.4.2 离心机。
H.4.3 分析天平:±0.000 1 g。
H.4.4 大负荷天平:±0.01 g。
H.4.5 台式振荡器。
H.4.6 加热板或同类设备:能适用有10 mL刻度的容器。

H.5 样品的采集、保存和预处理

H.5.1 由于N-甲基氨基甲酸酯在碱性介质中极不稳定,水、废水和浸出液采集后必须立即用0.1 mol/L氯乙酸酸化至pH为4~5后保存。

H.5.2 样品从采集后至分析前须避免阳光直射外，在 4℃下保存。N-甲基氨基甲酸酯易碱性水解对热敏感。

H.5.3 所有样品必须在采集后 7 d 内萃取，在萃取后 40 d 内分析完。

H.6 分析步骤

H.6.1 萃取

H.6.1.1 水、生活废水、工业废水及浸出液。

量取 100 mL 样品至 250 mL 分液漏斗内，用 30 mL 二氯甲烷萃取，猛烈摇动 2 min 再重复萃取 2 次，将 3 次萃取液合并至 100 mL 容量瓶内并用二氯甲烷稀释至容积，若需要清洗按 H.6.2 进行，若不需要清洗直接按 H.6.3.1 进行。

H.6.1.2 土壤、固体、污泥和高悬浮物的水体。

H.6.1.2.1 样品干重的测定：如果样品的结果要求以干重为基准，必须在称出样品供分析测定的同时称出部分样品供此测定用。

注意：干燥炉应该放在通风橱内或可放在室外。有些污染严重的危险废物样品可能会导致实验室的严重污染。

将萃取部分的样品称量后，再称 5～10 g 样品放入恒重的坩埚，在 105℃干燥过夜后，测出样品干重的百分比，样品需在干燥器内冷却后再称重。

$$干重质量分数(\%)=\frac{干样质量(g)}{样品质量(g)}\times 100$$

H.6.1.2.2 萃取

称量(20±0.1) g 样品于 250 mL 带特弗龙衬里螺纹盖的锥形烧瓶中，加 50 mL 乙腈并在台式振荡器上振动 2 h，混合物静止 5～10 min 后，再把萃取液倒入 250 mL 离心管内，重复萃取 2 次，每次用 20 mL乙腈，振荡 1 h，倒出并合并 3 次萃取液，混合的萃取液在 2 000 r/min 下离心 10 min，小心倒出上清液至 100 mL 容量瓶内，用乙腈稀释至定容(稀释指数=5)，按 H.6.3.2 继续操作。

H.6.1.3 受非水溶物质(如油)严重污染的土壤。

H.6.1.3.1 样品干重的测定参照 H.6.1.2.1。

H.6.1.3.2 萃取

称量(20±0.1) g 样品于 250 mL 带特弗龙衬里螺纹盖的锥形烧瓶中，加 60 mL 己烷并在台式振荡器上振动 1 h，再加 50 mL 乙腈并振荡 3 h。混合物静止 5～10 min 后，再倒出溶剂层至 250 mL 分液漏斗。取出乙腈(下层)通过滤纸滤入 100 mL 容量瓶中，加 60 mL 己烷和 50 mL 乙腈至萃取样品瓶中并振荡 1 h，混合物静止后，将其倒入含第 1 次萃取留下的已烷的分液漏斗中，振荡分液漏斗 2 min，等待相分离后，放出乙腈通过滤纸流入容量瓶，用乙腈稀释至定容(稀释指数=5)，按 H.6.3.2 继续操作。

H.6.1.4 非水液体(油等)。

称取(20±0.1) g 样品至 125 mL 分液漏斗，加 40 mL 已烷和 25 mL 乙腈并剧烈摇动样品混合物 2 min，等待相分离后，放出乙腈(下层)至 100 mL 容量瓶中，再加 25 mL 乙腈至含样品的分液漏斗，振荡 2 min，等待相分离后，放出乙腈至容量瓶中，用 25mL 乙腈重复萃取，合并萃取液，用乙腈稀释至定容(稀释指数=5)，按 H.6.3.2 继续操作。

H.6.2 清洗

抽取 20.0 mL 萃取液至内含 100 μL 乙二醇的 20 mL 玻璃样品瓶内，将样品瓶放在 50℃的加热板上在 N_2 气流下缓慢蒸发萃取液(在通风橱内进行)直至仅剩下乙二醇残留物，将乙二醇残留物溶于 2 mL甲醇中，通过已冲洗过的 C 18 反相柱芯柱，并把流出物收集在 5 mL 容量瓶内，用甲醇淋洗柱芯柱收集流出液直至最终体积达 5 mL 为止(稀释指数=0.25)。用一次性 0.45 μm 过滤器，过滤一份清洗过的萃取液，过滤液直接流入已标记好的自动进样器样品瓶内，这时的萃取液已可用作分析，按 H.6.4 继续进行。

H.6.3　溶剂转换

H.6.3.1　水、生活废水、工业水及浸出液。

将 10.0 mL 萃取液移入含 100 μL 乙二醇的 10 mL 带刻度的玻璃样品瓶内，将样品瓶放在设置为 50℃的加热板上，缓缓地在 N_2 气流下缓慢蒸发萃取液（在通风橱内进行）直至仅剩下乙二醇残留物，滴加甲醇至乙二醇残留物上直至总容积为 1 mL（稀释指数＝0.1）。用一次性 0.45 μm 过滤器将此萃取液直接滤入已标记好的自动进样器样品瓶内，此时的萃取液已可用作分析，按 H.6.4 继续进行。

H.6.3.2　土壤、固体、污泥和高悬浮物水体和非水液体。

将 15 mL 乙腈萃取液流过先用 5 mL 乙腈清洗过的 C 18 反相柱芯柱，弃去最初的 2 mL 流出液，再收集其余的部分，将 10.0 mL 干净的萃取液移入内含 100 μL 乙二醇的 10 mL 带刻度的玻璃样品瓶内，将样品瓶置于设定 50℃的加热板上，缓缓地在 N_2 气流下缓慢蒸发萃取液（在通风橱内进行）直至仅剩下乙二醇残留物，滴加甲醇至乙二醇残留物上直至总容积为 1 mL（附加稀释指数＝0.1；总稀释指数＝0.5）。用一次性 0.45 μm 过滤器将此萃取液直接滤入已标记好的自动进样器样品瓶内，这时的萃取液已可用作分析，按 H.6.4 继续进行。

H.6.4　样品分析

H.6.4.1　分析样品用的色谱条件。

H.6.4.1.1　色谱条件

溶剂 A：不含有机物的试剂水，每升水用 0.4 mL 磷酸酸化；

溶剂 B：甲醇/乙腈（1∶1，体积分数）；

流速：1.0 mL/min；

进样体积：20 μL。

H.6.4.1.2　柱后的水解参数

溶液：0.05 mol/L 氢氧化钠水溶液；

流速：0.7 mL/min；

温度：95℃；

滞留时间：35 s（1 mL 反应管）。

H.6.4.1.3　柱后衍生反应条件

溶液：邻-苯二甲醛/2-巯基乙醇；

流速：0.7 mL/min；

温度：40 ℃；

滞留时间：25 s（1mL 反应管）。

H.6.4.1.4　荧光检测器条件

池体积：10 μL；

激发波长：340 nm；

发射波长：418 nm 截止滤光片；

灵敏度波长：0.5 μA；

PMT 电压：－800 V；

时间常数：2 s。

H.6.4.2　如果样品信号的峰面积超过校正范围，需将萃取液作必要的稀释，并重新分析稀释后的萃取液。

H.6.5　校正

H.6.5.1　分析溶剂空白（20 μL 甲醇）确保系统清洁，分析校正用的标准物（从 0.5 mg/L 标准液开始至 5.0 mg/L 标准液为止），如果每种分析物的响应因子（*RF*）平均值的相对百分标准偏差（*RSD*，%）未超过 20%，系统校正合格可以进行样品分析，如果任何一个分析物的 *RSD*（%）超过 20%，系统需再行检查并用新制备的校正液再作校正。

H.6.5.2 用已建立的校正平均响应因子，在每天开始分析时均对仪器进行校正核对。分析 2.0 mg/L 混合标准液。如果每种分析物质量浓度在 1.70～2.30 mg/L 范围内(即真值的±15%内)认可仪器校正合格，可以进行样品分析。如果任何一个分析物的测得值超过它真值的±15%，仪器必须作再次校正(H.6.5.1)。

H.6.5.3 每分析 10 个样品，要用 2.0 mg/L 标准液作一次分析，以确认保留时间和响应因子在可接受的范围内，偏差较大(即测得质量浓度超过真值质量浓度±15%)时，需要把样品再次分析。

H.7 结果计算

H.7.1 响应因子(RF)如下(根据 5 点作平均值)：

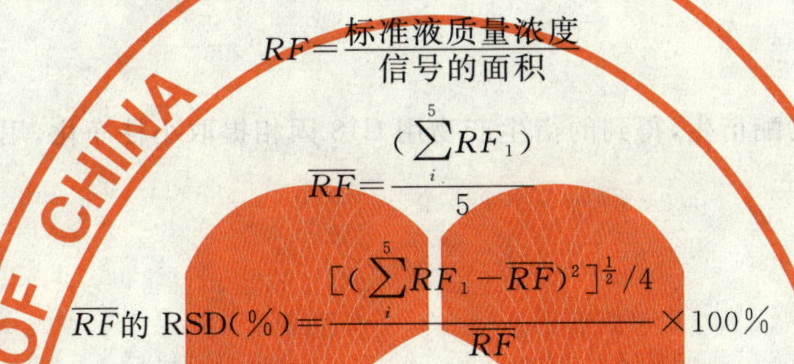

$$RF=\frac{标准液质量浓度}{信号的面积}$$

$$\overline{RF}=\frac{(\sum_{i}^{5}RF_1)}{5}$$

$$\overline{RF}的\ \mathrm{RSD}(\%)=\frac{[(\sum_{i}^{5}RF_1-\overline{RF})^2]^{\frac{1}{2}}/4}{\overline{RF}}\times 100\%$$

H.7.2 N-甲基氨基甲酸酯的质量浓度(ρ)如下：

$$\rho(\mu g/g\ 或\ mg/L)=(\overline{RF})(信号的面积)(稀释指数)$$

H.8 质量保证和控制

H.8.1 在分析任何样品前，分析人员必须通过对每种基质做空白分析实验来确认所有玻璃器皿和试剂均无干扰，每当试剂改变时必须重做空白分析以确保实验室无任何污染。

H.8.2 每分析一批样品时，必须要配制并分析检查 QC 的溶液，可以从 40.0 mg/L 的混合 QC 标准溶液制成每种分析物质量浓度为 2.0 mg/L 的溶液，它们可接受的响应范围为 1.7～2.3 mg/L。

H.8.3 由于湮灭而引起负干扰可以用合适标样配成适当质量浓度的加标萃取液来测定，也可用实测值与预期值的差来衡量。

H.8.4 用去离子水替代柱后反应系统中的 NaOH 和 OPA 试剂，可以确认任何检测出的分析物并重新分析可疑的萃取液，持续的荧光响应说明存在干扰(因为荧光响应并非由柱后的衍生产生)，在解释色谱图时需格外注意。

附 录 I
（资料性附录）
固体废物 杀草强测定 衍生/固相提取/液质联用法

I.1 范围

本方法适用于固体废物中杀草强的衍生/固相提取/液质联用法测定。

方法检出限为 0.02 μg/L。

I.2 原理

液体样品用氯甲酸己酯衍生，得到的衍生产物用 C18 固相提取小柱净化，用液相色谱/质谱联用系统进行检测。

I.3 试剂和材料

I.3.1 水：HPLC 级。
I.3.2 甲醇：HPLC 级。
I.3.3 乙醇：HPLC 级。
I.3.4 乙腈：HPLC 级。
I.3.5 醋酸铵：分析纯或更高纯度。
I.3.6 吡啶：分析纯或更高纯度。
I.3.7 固相提取小柱：C18，内含 500 mg 填料。
I.3.8 滤膜：0.2 μm，3 mm，尼龙。
I.3.9 色谱柱：C18，3.5 μm，3 mm×150 mm 色谱柱。
I.3.10 杀草强。
I.3.11 内标物。

I.4 仪器

I.4.1 高效液相色谱仪：具有梯度分离能力。
I.4.2 四极杆质谱检测器。

I.5 分析步骤

I.5.1 衍生
I.5.1.1 向 50 mL 水样中加入 25 ng 内标物（取 250 μL 质量浓度为 100 μg/L 的内标物甲醇贮备液）。
I.5.1.2 加入体积比为 60∶32∶8 的水/乙醇/吡啶混合溶液共 2.5 mL。
I.5.1.3 加入 200 μL 氯甲酸己酯溶液（取 100 μL 氯甲酸己酯用 10 mL 乙腈配制的溶液）。
I.5.1.4 涡旋搅拌 30 s，作为固相提取上样溶液。
I.5.2 固相提取
I.5.2.1 小柱活化：依次用下列溶剂活化小柱：两份 3 mL 体积比 1∶1 的乙腈/甲醇混合溶液；3 mL 甲醇；两份 3 mL 水。
I.5.2.2 上样：加入 50 mL 经过衍生的水样。
I.5.2.3 洗涤：用两份 3 mL 水清洗小柱，并继续抽真空使小柱干涸。

I.5.2.4 洗脱：用三份 1 mL 体积比 1∶1 的乙腈/甲醇混合溶液洗脱。

I.5.2.5 挥发并配制：将洗脱液挥发至近干。用 200 μL 水复溶，涡旋搅拌 10 s，过滤。

I.5.3 液相色谱条件

流动相：溶剂 A：10 mmol/L 醋酸铵水溶液；溶剂 B：甲醇。

梯度：

时间/min	溶剂 A	溶剂 B
0	35	65
10	35	65
15	0	100
20	35	65

分析时间：20 min；

平衡时间：6 min；

流速：0.4 mL/min；

柱温：30℃；

进样体积：100 μL。

I.5.4 质谱分析条件

离子化模式：APCI$^+$；

选择离子监测(SIM)参数：

时间/min	离 子	增 益
4	213(杀草强)	10
8	259(内标物)	1

碎裂电压：100 V；

选择离子分辨率(SIM Resolution)：低；

挥发器温度(Vaporizer)：325℃；

干燥气(N_2)：5.0 L/min；

气体温度：350℃；

喷雾器压力(Nebulizer pressure)：0.41 MPa(60 lb/in^2)；

毛细管电压(Vcap)：4 000 V；

电晕电流(Corona)：4.0 μA。

I.6 结果计算

样品中杀草强的质量浓度 ρ(μg/L)以下式计算：

$$\rho(\mu g/L)=\frac{\text{测定质量浓度}(\mu g/mL)\times\text{萃取液体积}(mL)}{\text{水样体积}(L)}$$

附 录 J
（资料性附录）
固体废物　百草枯和敌草快的测定　高效液相色谱紫外法

J.1　范围

本方法适用于固体废物中的百草枯和敌草快（杀草快）的高效液相色谱紫外法测定。

本方法检出限分别为：百草枯 0.68 mg/L 和敌草快 0.72 mg/L。

J.2　原理

水样用 C8 固相提取小柱或 C8 圆盘型固相提取膜提取，之后用反相离子对液相色谱法分离，紫外检测器（光电二极管阵列检测器）进行检测。

J.3　试剂和材料

J.3.1　固相提取所用材料与试剂

J.3.1.1　固相提取小柱：C8，500 mg。

J.3.1.2　固相提取装置。

J.3.1.3　真空泵：能够保持 1～1.3 kPa（8～10 mmHg）真空度。

J.3.1.4　活化溶液 A：取 0.500 g 十六烷基三甲基溴化铵和 5 mL 浓氨水，配成 1 000 mL 水溶液。

J.3.1.5　活化溶液 B：取 10.0 g 己烷磺酸钠盐和 10 mL 浓氨水，加入 250 mL 去离子水中，配成 500 mL水溶液。

J.3.1.6　盐酸：10%（体积分数），取 50 mL 浓盐酸，用去离子水配制成 500 mL 水溶液。

J.3.1.7　小柱洗脱液：取 13.5 mL 浓磷酸和 10.3 mL 二乙胺，用去离子水配制成 1 000 mL 水溶液。

J.3.1.8　离子对试剂溶液：取 3.75 g 己烷磺酸，用 3.1.7 洗脱液稀释至 25 mL。

J.3.2　过滤膜：0.45 m，47 mm 直径，尼龙材质。

J.3.3　己烷磺酸：色谱纯。

J.3.4　三乙胺：色谱纯。

J.3.5　浓磷酸：分析纯。

J.3.6　百草枯和敌草快贮备液（1 000 mg/L）：将百草枯和敌草快盐样品在 110℃烘箱中烘干 3 h，重复上述过程使之恒重。准确称取 0.196 8 g 干燥敌草快和 0.177 0 g 干燥百草枯，放入硅烷化的 100 mL 玻璃瓶或聚丙烯容量瓶中。用 50 mL 去离子水溶解，并稀释至刻度。

J.4　仪器

J.4.1　高效液相色谱仪：带多波长、可变波长紫外检测器或二极管阵列检测器。

J.4.2　色谱柱：ODS（C18）色谱柱，5 μm，2.1 mm×100 mm 色谱柱。

J.4.3　保护柱：与分析柱填料相同。

J.5　分析步骤

J.5.1　样品的制备

J.5.1.1　样品的提取

土壤样品的提取可采用索氏提取或超声提取方法进行；水相样品提取采用固液提取或液液萃取技

术进行。

J.5.1.2 固相提取小柱样品净化方法

如果样品含有颗粒，需将样品用 0.45 m 的尼龙滤膜过滤。如果样品不马上处理，应该储存在 4℃环境中。

J.5.1.2.1 在样品提取前，应将 C8 提取小柱用以下步骤活化。将小柱放在固相提取装置上，按以下次序用下列溶液洗脱通过小柱。该过程中需注意保持小柱浸润，不能干涸，且溶剂通过小柱的流速大约为 10 mL/min。

a. 去离子水：5 mL；

b. 甲醇：5 mL；

c. 去离子水：5 mL；

d. 活化溶液 A：5 mL；

e. 去离子水：5 mL；

f. 甲醇：10 mL；

g. 去离子水：5 mL；

h. 活化溶液 B：20 mL。

J.5.1.2.2 上述过程结束后，保持活化溶液 B 于 C8 小柱中，以保持活化状态。48 h 内使用该小柱，则无需活化。活化后，小柱两头应该密封，并存于 4℃环境下。

J.5.1.2.3 取 250 mL 液体样品，将样品溶液 pH 调至 7.0～9.0。如果不在此范围内，用 10% NaOH 水溶液或 10%盐酸水溶液调节。

J.5.1.2.4 将活化后的小柱放在固相提取装置上。用合适的接头将 60 mL 储液器连接在小柱上。将 250 mL 烧杯放入提取装置中以接收废液和样品。将样品放入储液器，打开真空，将样品通过小柱的流速调节为 3～6 mL/min。样品通过小柱后，用 5 mL 的 HPLC 级甲醇冲洗小柱。连续抽真空约 1 min 使小柱干涸。放掉真空，丢弃样品废液和甲醇。

J.5.1.2.5 打开真空，调节流速 1～2 mL/min，用 4.5 mL 洗脱液洗脱小柱。洗脱出来的样品用 5 mL 容量瓶收集。

J.5.1.2.6 将装有洗脱液的容量瓶取出，加入 100 μL 离子对试剂浓液。加入洗脱液至刻度，混匀。溶液可直接用于测定。

J.5.2 色谱条件

流动相：0.1%已磺酸（hexanesulfonic acid），0.35%三乙胺，pH2.5（用 H_3PO_4 调节）；流速：0.4 mL/min；

检测：256 nm 与 310 nm（参比波长：450/100 nm）；

进样：10 μL。

J.6 结果计算

样品中目标物质的质量浓度 ρ(μg/L) 以下式计算：

$$\rho(\mu g/L)=\frac{\text{测定质量浓度}(\mu g/mL)\times\text{萃取液体积}(mL)}{\text{水样体积}(L)}$$

附 录 K
（资料性附录）
固体废物 苯胺及其选择性衍生物的测定 气相色谱法

K.1 范围

本方法适用于固体废物的提取液中苯胺及某些苯胺衍生物含量的检测。分析方法为气相色谱测定方法。分析化合物包括：苯胺、4-溴苯胺、6-氯-2-溴-4-硝基苯胺、2-溴-4,6-二硝基苯胺、2-氯苯胺、3-氯苯胺、4-氯苯胺、2-氯-4,6-二硝基苯胺、2-氯-4-硝基苯胺、4-氯-2-硝基苯胺、2,6-二溴-4-硝基苯胺、3,4-二氯苯胺、2,6-二氯-4-硝基苯胺、2,4-二硝基苯胺、2-硝基苯胺、3-硝基苯胺、4-硝基苯胺、2,4,6-三硝基苯胺、2,4,5-三硝基苯胺。

本方法对所有目标化合物的方法检测限（MDL）列于表 K.1。对于特定样品的 MDL 值可能不同于表 K.1 中所列值，主要取决于干扰物及样品基质的性质。表 K.2 为对不同基质计算其定量极限评估值（EQL）的说明。

K.2 引用标准

下列文件中的条款通过在本方法中被引用而成为本方法的条款，与本方法同效。凡是不注日期的引用文件，其最新版本适用于本方法。

GB/T 6682 分析实验室用水规格和实验方法

K.3 原理

经过相应的提取和净化之后，提取液中的目标化合物采用毛细管气相色谱和氮磷检测器（GC/NPD）进行测定。

K.4 试剂和材料

K.4.1 除另有说明外，本方法所使用的水为 GB/T 6682 规定的一级水。

K.4.2 氢氧化钠：分析纯，配制成 1.0 mol/L 的不含有机物的水溶液。

K.4.3 硫酸：分析纯，高浓度，ρ=1.84 g/mL。

K.4.4 丙酮：色谱纯。

K.4.5 甲苯：色谱纯。

K.4.6 标准贮备液：可使用纯标准物质配制或购买经鉴定的溶液。

准确称取约 0.010 0 g 纯化合物，将其溶解于甲苯中，稀释并定容至 10 mL 容量瓶中。将标准贮备液转移至 PTFE 密封瓶中，于 4℃下避光保存。应经常检查标准贮备液是否分解或挥发，特别是在将要用其配置校正标准液之前。标准贮备液在 6 个月内必须更换，如果与验证标准液比较表明存在问题的话则必须在更短时间内更换。

K.4.7 工作标准溶液：每周均要配制工作标准溶液，在容量瓶中加入一定体积的一种或多种标准贮备液，以甲苯稀释至相应体积。至少应配制 5 个不同质量浓度溶液，且样品的浓度应低于标准溶液的最高质量浓度。苯胺及其衍生物如同很多半挥发性有机物一样均不太稳定，必须严格检测工作标准溶液是否有效。

K.5 仪器

K.5.1 气相色谱仪：配有氮磷检测器。

K.5.2　推荐用的色谱柱：SE-54，30 m×0.25 mm×0.32 μm；SE-30，30 m×0.25 mm×0.32 μm。

K.5.3　样品瓶：适当大小，玻璃制，配备聚四氟乙烯（PTFE）螺纹盖或压盖。

K.5.4　分析天平：可精确称量至 0.000 1 g。

K.5.5　玻璃器皿：参考 GB 5085.3 附录 U、附录 V、附录 W。

K.6　样品的采集、保存和预处理

K.6.1　液体基质应保存在有特弗龙螺纹瓶盖的 1 L 琥珀色玻璃瓶，向样品中加入 0.75 mL 10%的 $NaHSO_4$，冷却至 4℃保存。

K.6.2　样品采集后必须被冷冻或冷藏于 4℃，直至进行提取。对于含氯样品，立即在其中加入硫代硫酸钠，如果 1 L 样品中含 1×10^{-6}游离氯，则应加入 35 mg 硫代硫酸钠。取样后立即用氢氧化钠或硫酸将样品 pH 调整至 6～8。

K.7　分析步骤

K.7.1　提取和纯化

K.7.1.1　一般而言，依据 GB 5086.3 附录 U，以二氯甲烷为溶剂，在 pH＞11 时进行提取。固体样品依据 GB 5086.3 附录 V 以二氯甲烷/丙酮（1：1）作为提取溶剂。

K.7.1.2　必要时，样品可以采用 GB 5086.3 附录 W 进行纯化。

K.7.1.3　在进行气相色谱氮磷检测器分析之前，提取溶剂必须更换为甲苯，可以在用 N_2 最后浓缩样品之前在样品瓶中加入 3～4 mL 甲苯。

K.7.2　色谱条件（推荐）

K.7.2.1　色谱柱 1：SE-54 熔融石英柱 30 m×0.25 mm；

载气：氦气；

载气流速：室温下 28.5 cm/s；

升温程序：起始温度为 80℃，保持 4 min，以 4℃/min 升温至 230℃保持 4 min。

K.7.2.2　色谱柱 2：SE-30 熔融石英柱 30 m×0.25 mm；

载气：氦气；

载气流速：室温下 30 cm/s；

升温程序：始温度为 80℃，保持 4 min，4℃/min 升温至 230℃，230℃保持 4 min。

色谱条件应当优化至能得到附录 A 所示同等分离效果。

K.7.3　校正

制备校正标准液。可采用内标或外标校正过程。苯胺及许多苯胺衍生物不稳定，因此需要经常进行色谱柱维护和重校准。

K.7.4　样品气相色谱分析

K.7.4.1　推荐 1 μL 自动进样。如果分析者要求定量精度相对标准偏差＜10%，则可以采用小于 2 μL 手动进样。若溶剂量保持在最低值，则应采用溶剂冲洗技术。如果采用内标校准方法，在进样前于每 mL 样品萃取液中加入 10 μL 内标。

K.7.4.2　当样品萃取液中某一个峰超出了其常规的保留时间窗口时需要采用假设性鉴定。

K.7.4.3　记录进样体积精确至 0.05 μL 及其相应峰的大小，以峰高或峰面积计。使用内标或外标校正过程，确定样品色谱图中与校正所使用的化合物相应的每个组分峰的归属和数量。

K.7.4.4　如果响应超出了系统的线性范围，将萃取液稀释并再次分析。在由于峰重叠引起面积积分误差的情况下，建议使用峰高测量而不是峰面积积分。

K.7.4.5　如果存在部分重叠峰或共流出峰，改换色谱柱或采用 GC/MS 技术（GB 5086.3 附录 K）。影响样品定性和（或）定量的干扰物应使用上面所述纯化技术予以除去。

K.7.4.6 如果峰响应低于基线噪音的 2.5 倍,则定量分析的结果是不准确的。需根据样品来源进行分析,以确定是否对样品进一步浓缩。

K.7.5 GC/MS 确认

K.7.5.1 本方法应当合理选择 GC/MS 技术作为定性鉴定的辅助。依据 GB 5086.3 附录 K 中所列的 GC/MS 工作条件。确保用作 GC/MS 分析的萃取液中,被分析物的浓度足够大以对其进行确认。

K.7.5.2 有条件时,可采用化学电离质谱进行辅助定性鉴定过程。

K.7.5.3 为准确鉴定一种化合物,其由样品萃取液测得的扣除背景后的质谱图必须与在相同的色谱工作条件下测得的标准贮备液或校正标准液的质谱图相一致。使用 GC/MS 鉴定时,进样量至少为 25 ng。定性确认必须遵照 GB 5086.3 附录 K 所列的鉴定标准。

K.7.5.4 如果 MS 不能提供满意的结果,在重新测定之前可采用一些另外的措施。这些措施包括更换气相色谱柱,或进一步的样品纯化。

表 K.1 保留时间和方法检测限

被测物	保留时间/min		方法检测限[a] /(μg/L)
	色谱柱 1	色谱柱 2	
苯胺(Aniline)	7.5	6.3	2.3
2-氯苯胺(2-Chloroaniline)	12.1	7.1	1.4
3-氯苯胺(3-Chloroaniline)	14.6	9.0	1.8
4-氯苯胺(4-Chloroaniline)	14.7	9.1	0.66
4-氯苯胺(4-Chloroaniline)	18.0	12.1	4.6
2-硝基苯胺(2-Nitroaniline)	21.9	15.6	1.0
2,4,6-三氯苯胺(2,4,6-Trichloroaniline)	21.9	16.3	5.8
3,4-二氯苯胺(3,4-Dichloroaniline)	22.7	16.6	3.2
3-硝基苯胺(3-Nitroaniline)	24.5	18.0	3.3
2,4,5-三氯苯胺(2,4,5-Trichloroaniline)	26.3	20.4	3.0
4-硝基苯胺(4-Nitroaniline)	28.3	21.7	11.0
4-氯-2-硝基苯胺(4-Chloro-2-nitroaniline)	28.3	22.0	2.7
2-氯-4-硝基苯胺(2-Chloro-4-nitroaniline)	31.2	24.8	3.2
2,6-二氯-4-硝基苯胺(2,6-Dichloro-4-nitroaniline)	31.9	26.0	2.9
6-氯-2-溴-4-硝基苯胺(2-Bromo-6-chloro-4-nitroaniline)	34.8	28.8	3.4
2-氯-4,6-二硝基苯胺(2-Chloro-4,6-dinitroaniline)	37.1	30.1	3.6
2,6-二溴-4-硝基苯胺(2,6-Dibromo-4-nitroaniline)	37.6	31.6	3.8
2,4-二硝基苯胺(2,4-Dinitroaniline)	38.4	31.6	8.9
2-溴-4,6-二硝基苯胺(2-Bromo-4,6-dinitroaniline)	39.8	33.4	3.7

[a] MDL 值为基于对不含有机物的水重复 7 次测定的结果。

表 K.2　对不同基体的定量极限评估值(EQL)[a]

基　　体	因　数[a]
地下水	10
超声提取、凝胶渗透色谱(GPC)纯化的低倍浓缩土壤	670
超声提取的高倍浓缩土壤和淤泥	10 000
非水溶性废弃物	100 000

a 样品的 EQL 值主要取决于基体。此处列出的 EQL 值仅作为指导参考,并非始终能达到。

b EQL=对水样的检测限(表 K.1)×因数。对于非水样品,该因数基于湿重基础。

附　录　L
（资料性附录）
固体废物　草甘膦的测定　高效液相色谱/柱后衍生荧光法

L.1　范围

本方法适用于固体废物中的草甘膦的高效液相色谱/柱后衍生荧光法测定。

本方法在试剂水、地下水和脱氯处理过的自来水中的检出限分别为 6、8.99、5.99 μg/L。

L.2　原理

水样过滤后，用阳离子交换柱进行 HPLC 等度分析。在 65℃下，被测物用次氯酸钙氧化，其产物氨基乙酸(glycine)用含有 2-巯基乙醇的邻苯二甲醛在 38℃进行反应，得到有荧光相应的物质。荧光检测的激发波长为 340 nm，发射波长＞455 nm。

L.3　试剂和材料

L.3.1　HPLC 流动相。

L.3.1.1　试剂水：高纯水。

L.3.1.2　取 0.005 mol/L $KHPO_4$(0.68 gm)溶于 960 mL 试剂水中，加入 40 mL HPLC 级甲醇，用浓磷酸将 pH 调至 1.9。混匀后用 0.22 μm 过滤膜过滤并脱气。

L.3.2　柱后衍生溶液

L.3.2.1　次氯酸钙溶液：取 1.36 g $KHPO_4$、11.6 g NaCl 和 0.4 g NaOH 溶于 500 mL 去离子水中。加入将 15 mg $Ca(ClO)_2$ 溶于 50 mL 去离子水的溶液。将溶液用去离子水稀释至 1 000 mL。用 0.22 μm 膜过滤备用。建议该溶液每天新鲜配制。

L.3.2.2　邻苯二甲醛(OPA)反应液：

L.3.2.2.1　将 10 mL 2-巯基乙醇和 10 mL 乙腈以 1∶1 比例混合，密封储存在通风橱中。

L.3.2.2.2　硼酸钠(0.025 mol/L)，将 19.1 g 硼酸钠($Na_2B_4O_7 \cdot 10H_2O$)溶于 1.0 L 试剂水中。如果在使用前一天配制，硼酸钠在室温下会完全溶解。

L.3.2.2.3　OPA 反应液：将(100±10) mg 邻苯二甲醛(OPA)(熔点：55～58℃)溶于 10 mL 甲醇中。加入 1.0 L 0.025 mol/L 硼酸钠溶液，混匀，用 0.45 μm 膜过滤后，脱气。加入 10 μL 2-巯基乙醇溶液并混匀。除非能够隔绝氧气保存，否则此溶液应该每天新鲜配制。溶液在空气中低温(4℃)保存两周没有明显增加的荧光本底噪声；如果在氮气保护条件下可长期保存。亦可以买到商品化的荧光醛。

L.3.3　样品保护试剂：硫代硫酸钠，颗粒，分析纯。

L.3.4　标准贮备液：1.00 μg/mL，准确称取 0.100 0 g 纯草甘膦，溶于 1 000 mL 去离子水中。

L.4　仪器和设备

L.4.1　高效液相色谱仪：具有荧光检测器，200 μL 定量环。

L.4.2　色谱柱：250 mm×4 mm，钾型阳离子交换柱，在 pH 为 1.9，65℃下填装。

L.4.3　保护柱：C18 填料，或者与色谱柱填料相近的保护柱。

L.4.4　柱温箱。

L.4.5　柱后反应装置：包括两个柱后衍生泵，一个三通，两个 1.0 mL 特富龙材质延迟管线(控温在 38℃)。

L.5 分析步骤

L.5.1 样品净化。HPLC方法直接用水溶液进样，用过滤方法对样品进行净化。自来水、地下水和市政污水用过滤方法处理均未发现明显的干扰。如果特殊情况下需要其他的净化步骤，需要符合本方法指定的回收率要求。

L.5.2 分析条件。

L.5.2.1 HPLC分析。

色谱柱：250 mm×4 mm，阳离子交换柱，柱温：65℃；

流动相：0.005 mol/L $KHPO_4$-水-甲醇(24∶1)，pH=1.9；

流速：0.5 mL/min；

进样体积：200 μL；

检测：激发波长：340 nm，发射波长：455 nm。

L.5.2.2 柱后衍生条件。

次氯酸钙溶液流速：0.5 mL/min；

OPA溶液流速：0.5 mL/min；

反应温度：38℃。

L.6 结果计算

样品中草甘膦的质量浓度 ρ(μg/L)用以下公式计算：

$$\rho = A/RF$$

式中：A——样品中草甘膦的峰面积；

RF——从校正数据得到的相应校正因子。

附 录 M
（资料性附录）
固体废物 苯基脲类化合物的测定 固相提取/高效液相色谱紫外分析法

M.1 范围

本方法适用于固体废物中苯基脲类农药包括除虫脲(Diflubenzuron)、敌草隆(Diuron)、氟草隆(Fluometuron)、利谷隆(Linuron)、敌稗(Propanil)、环草隆(Siduron)、丁噻隆(Tebuthiuron)和赛苯隆(Thidiazuron)的固相提取/高效液相色谱紫外分析法测定。

M.2 原理

500 mL 水样用 C18 固相提取小柱提取，用甲醇洗脱，最后提取液浓缩至 1 mL。样品用 C18 色谱柱在配有紫外检测器的 HPLC 系统上进行分离检测。

M.3 试剂和材料

M.3.1 试剂水：纯水，其中不含任何超过检出限的目标待测物，或超过检出限之 1/3 的干扰物质。

M.3.2 乙腈：HPLC 级。

M.3.3 甲醇：HPLC 级。

M.3.4 丙酮：HPLC 级。

M.3.5 磷酸缓冲液：(25 mmol/L)：用于 HPLC 流动相。取 0.5 mol/L 磷酸钾贮备液(M.3.5.1)和 0.5 mol/L磷酸贮备液(M.3.5.2)各 100 mL 与试剂水稀释至 4 L。溶液 pH 应该约为 2.4。该值应该用 pH 计测量。用 0.45 μm 尼龙膜过滤备用。

M.3.5.1 磷酸钾贮备液(0.5 mol/L)：称取 68 g KH_2PO_4，用 1 L 试剂水溶解。

M.3.5.2 磷酸贮备液(0.5 mol/L)：取 34.0 mL 磷酸(85%，HPLC 级)，用试剂水稀释至 1 L。

M.3.6 样品保护试剂：硫酸铜($CuSO_4 \cdot 5H_2O$)，分析纯，作为杀菌剂，防止微生物将被测物降解。

M.3.7 标准样品溶液

M.3.7.1 待测物贮备标准溶液：除了赛苯隆(Thidiazuron)和除虫脲(Diflubenzuron)外，其他化合物用甲醇溶解。赛苯隆(Thidiazuron)和除虫脲(Diflubenzuron)在甲醇中溶解度有限，用丙酮溶解。只要进样体积如方法指定尽可能小，丙酮就不干扰分析。储备液在－10℃以下可储存 6 个月。

M.3.7.1.1 准确称取 25～35 mg(精确到 0.1 mg)可在甲醇中溶解的待测化合物，放入 5 mL 容量瓶，用甲醇稀释至刻度。

M.3.7.1.2 赛苯隆(Thidiazuron)和除虫脲(Diflubenzuron)可溶于丙酮中。准确称取纯物质(精确到 0.1 mg)10～12 mg，置于 10 mL 容量瓶中。塞苯隆难以溶解，但 10 mg 纯物质可溶于 10 mL 丙酮中。超声可有助于溶解。

M.3.7.2 分析用标准样品(200 μg/mL 和 10 μg/mL)，由储备标准溶液稀释而来。先用适量甲醇将储备标准溶液稀释至 200 μg/mL 溶液。如需 10 μg/mL 质量浓度的标准溶液，可用 200 μg/mL 的标准溶液进行进一步的稀释而得。上述标准溶液可以用于校正标样，并可以在－10℃下稳定存放 3 个月。

M.3.8 固相提取用材料

M.3.8.1 固相提取小柱：6 mL 装有 500 mg(40 μm 直径)硅胶基质 C18 填料的小柱。

M.3.8.2 真空提取装置：带流速/真空控制功能。使用导入针或阀避免交叉污染。

M.3.8.3 离心管：15 mL，或其他适于容纳小柱提取洗脱液的容器。

M.3.8.4 提取液浓缩系统 1：可以使 15 mL 试管在 40℃水浴下加热，并同时用氮气吹扫到一定体积。

M.4 仪器

M.4.1 高效液相色谱仪:配紫外检测器或光电二极管阵列检测器。

M.4.2 首选色谱柱:4.6 mm×150 mm,3.5 μm C18 色谱柱。

M.4.3 确认色谱柱:4.6 mm×150 mm,5 μm 氰基柱,必须与首选色谱柱具有不同的选择性,具有不同的洗脱次序。

M.5 分析步骤

M.5.1 固相提取步骤

M.5.1.1 小柱活化

小柱一旦被活化,则需在进样完成前一直保持浸润状态,不能干涸,否则降低回收率。用 5 mL 甲醇浸润小柱填料约 30 s(暂时停止真空),使之活化。期间不能让甲醇液面低于填料上部。用甲醇活化后,用两份 5 mL 试剂水平衡小柱。小心控制真空使填料保持浸润状态。在进样之前,在小柱上再加入约5 mL试剂水。

M.5.1.2 进样

打开真空,以 20 mL/min(minus 9～10,Hg)的流速让样品溶液通过小柱。

注意:在所有样品通过小柱前,小柱不能干涸。样品全部通过小柱后,抽真空(minus 10～15,Hg)约 15 min,放掉真空。

M.5.1.3 小柱洗脱

在小柱中加入 3 mL 甲醇,使小柱让甲醇充分浸润。放掉真空,将小柱填料用甲醇浸润 30 s。打开真空,以低真空度(minus 2～4,Hg)将样品用甲醇从小柱中洗脱出来,洗脱溶液应成滴流出至收集管。用 2 mL 甲醇再重复上述操作。第三次用 1 mL 甲醇洗脱。

M.5.1.4 洗脱液浓缩

用 40℃以上的水浴在氮气流的吹扫下,将洗脱液浓缩至 0.5 mL。转移至 1 mL 容量瓶。用少量甲醇洗涤收集管。

M.5.2 液相色谱分析

M.5.2.1 首选分析柱:C18,4.6 mm×150 mm,3.5 μm C18 色谱柱。

条件:溶剂 A:25 mmol/L 磷酸缓冲液;溶剂 B:乙腈。梯度变化见下表:

时间/min	B/%	流速	时间/min	B/%	流速
0	40	1.5	14	60	1.5
9.5	40	1.5	15.0	40	1.5
10.0	50	1.5			

检测波长:245 nm。下次进样前平衡 15 min。

M.5.2.2 确认色谱柱:4.6 mm×150 mm,5 μm 氰基固定相色谱柱。

条件:溶剂 A:25 mmol/L 磷酸缓冲液;溶剂 B:乙腈。梯度变化见下表:

时间/min	B/%	流速	时间/min	B/%	流速
0	20	1.5	16.01	40	2.0
11	20	1.5	20	40	2.0
12	40	1.5	20.1	20	2.0
16	40	1.5			

平衡时间:15 min。检测波长:240 nm。

附 录 N
(资料性附录)
固体废物 氯代除草剂的测定 甲基化或五氟苄基衍生气相色谱法

N.1 范围

本方法用毛细管气相色谱来分析水体、土壤或废物中的氯代除草剂和相关化合物。本方法特别适用于测定下列化合物:2,4-滴、2,4-滴丁酸、2,4,5-滴丙酸、2,4,5-涕、茅草枯、麦草畏、1,3-二氯丙烯、地乐酚、2甲4氯、2-(4-氯苯氧基-2-甲基)丙酸、4-硝基苯酚、五氯酚钠。

表N.1列出了水体和土壤中每一种化合物检出限的估计值。因干扰物和样品状态的差异,测定具体水样时的检出限会与表中所列有所不同。

N.2 引用标准

下列文件中的条款通过在本方法中被引用而成为本方法的条款,与本方法同效。凡是不注日期的引用文件,其最新版本适用于本方法。

GB/T 6682 分析实验室用水规格和实验方法

N.3 原理

水样用乙醚进行萃取,用重氮甲烷或五氟苄溴进行酯化。土壤和废物样品用重氮甲烷或五氟苄溴萃取并酯化。衍生化后的产物用带有电子捕获检测器的气相色谱仪(GC/ECD)测定。所得结果应以酸的形式给出。

N.4 试剂和材料

N.4.1 除有说明外,本方法中所用的水为GB/T 6682规定的一级水。

N.4.2 氢氧化钠溶液:把4 g氢氧化钠溶于水中,稀释至1.0 L。

N.4.3 氢氧化钾溶液(37%,质量分数):把37 g的氢氧化钾溶于水中,稀释至100 mL。

N.4.4 磷酸缓冲溶液(0.1 mol/L,pH为2.5):把12 g的NaH_2PO_4溶于水中,稀释至1.0 L。加磷酸调节pH到2.5。

N.4.5 二甲基亚硝基苯磺酰胺:高纯。

N.4.6 硅酸:过100目筛,130℃下贮存。

N.4.7 碳酸钾:分析纯。

N.4.8 2,3,4,5,6-五氟苄溴(PFBBr,$C_6F_5CH_2Br$):纯度足够高或等同类产品。

N.4.9 无水经过酸化的硫酸钠颗粒:置于浅盘,加热至400℃下纯化4 h,或者用二氯甲烷预先洗涤。必须做一个空白样,以确保硫酸钠中无杂物干扰。酸化时,先用乙醚把100 g硫酸钠调成糊状,加入0.1 mL浓硫酸搅拌均匀。真空除去乙醚。把1 g所得固体与5 mL水混合,测定pH。要求pH必须低于4,在130℃下贮存。

N.4.10 二氯甲烷:色谱纯。

N.4.11 丙酮:色谱纯。

N.4.12 甲醇:色谱纯。

N.4.13 甲苯:色谱纯。

N.4.14 乙醚:色谱纯,除去过氧化合物,可用试纸检测是否除尽。

N.4.15 异辛醇:色谱纯。

N.4.16 正己烷:色谱纯。

N.4.17 卡必醇(二乙醇单乙醚):色谱纯,制无醇重氮甲烷备选。

N.4.18 贮备标准溶液:可用纯标准物质配制或直接购买市售溶液。准确称取 0.010 g 纯酸来配制贮备标准溶液。用纯度足够高的丙酮溶解样品,稀释定容至 10 mL 的容量瓶中。由纯甲酯制得的贮备液,用体积分数为 10%的丙酮和异辛醇来溶解。把贮备液转移至聚四氟乙烯封口的瓶子里面,4℃下避光保存。贮备标准溶液要经常检查,看是否发生降解或蒸发,尤其是用它们配制校准用的标准物前。取代酸的贮备标液保存一年后必须更换,若与标准对照后发现问题,更换时间要适当缩短。自由酸降解更快,应该 2 个月后或在更短的时间内更换成新溶液。

N.4.19 内标溶液:若选用此法,需要选与目标化合物分析特性相似的内标,而且必须保证内标物不会带来基底干扰。

N.4.19.1 4,4′-二溴辛氟联苯(DBOB)是很好的内标物。若 DBOB 有干扰,用 1,4-二氯苯也是很好的选择。

N.4.19.2 准确称取 0.002 5 g 纯 DBOB 配制内标溶液,丙酮溶解后定容至 10 mL 容量瓶。之后转移到聚四氟乙烯封口试剂瓶,室温下保存。往 10 mL 样品提取物中加 10 μL 内标溶液,内标的最终质量浓度为 0.25 μg/L。当内标响应值比原响应值改变大于 20%时,需更换溶液。

N.4.20 校准标准物:对应于每个需要检测的成分,用乙醚或正己烷稀释贮备标准溶液来配制至少5 个不同浓度的溶液。其中有一个浓度应该接近(但要高于)方法检出限。其余标准溶液应该与实际样品的预测浓度相近,或者定义气相色谱的检测浓度范围。校准溶液在配制好的 6 个月后必须更换,或者若发现问题要及时更换。

N.4.20.1 参照 N.7.5 开始的步骤,在 10 mL 的 K-D 浓缩管中,把每个预先制备好的标准溶液从自由酸中衍生化。

N.4.20.2 往每一个衍生化校准标准溶液中,加入已知浓度的一种或多种内标,稀释至适当体积。

N.4.21 调节 pH 溶液

N.4.21.1 氢氧化钠:6 g/L。

N.4.21.2 硫酸:12 g/L。

N.5 仪器、装置

N.5.1 气相色谱仪:配有电子捕获检测器。

N.5.2 Kuderna-Danish(K-D)装置。

N.5.2.1 浓缩管:10 mL,带刻度。具玻璃塞以防止样品挥发。

N.5.2.2 蒸发瓶:500 mL。使用弹簧或者夹子与蒸发器连接。

N.5.2.3 斯奈德管:三球,大量。

N.5.2.4 斯奈德管:二球,微量(可选)。

N.5.2.5 弹簧夹。

N.5.2.6 溶剂蒸汽回收系统。

N.5.3 重氮甲烷发生器

N.5.3.1 二甲基亚硝基苯磺酰胺发生器:推荐使用重氮甲烷发生装置。

N.5.3.2 两根 20 mm×150 mm 的试管,两个氯丁(二烯)橡胶塞和一个氮气源组合起来作为替代品。用带孔氯丁(二烯)橡胶塞来连接玻璃管,玻璃管的出口通入重氮甲烷,对样品萃取物进行鼓泡处理。这种发生器的装置图参见图 N.1。

N.5.4 大口杯:厚壁,400 mL。

N.5.5 漏斗:直径 75 mm。

N.5.6 分液漏斗:500 mL,聚四氟乙烯(PTFE)塞子。

N.5.7　离心瓶:500 mL。

N.5.8　锥形瓶:250 mL 和 500 mL,磨口玻璃塞。

N.5.9　巴斯德玻璃移液管:140 mm×5 mm。

N.5.10　玻璃瓶:10mL,聚四氟乙烯带螺纹盖。

N.5.11　容量瓶:10～1 000 mL。

N.5.12　滤纸:直径 15 cm。

N.5.13　玻璃毛:Pyrex®,酸洗过。

N.5.14　沸石:用二氯甲烷作溶剂萃取,约 10/40 网孔(碳化硅或者同类产品)。

N.5.15　带盖加热水浴锅:可控温(±2℃)。

N.5.16　分析天平:可精确至 0.000 1 g。

N.5.17　离心机。

N.5.18　超声萃取系统:配备钛尖的喇叭形装置,或者具有类似功能的装置。功率至少要在 300 W,可脉冲调制。推荐使用有降噪设备的装置。按照使用说明来进行萃取。

N.5.19　声呐:推荐使用有降噪设备的装置。

N.5.20　广泛 pH 试纸。

N.5.21　硅胶净化柱。

N.5.22　微量进样针,10 μL。

N.5.23　搅拌器。

N.5.24　烘干柱:400 mm×20 mm ID Pyrex®色谱柱,底部衬有 Pyrex®玻璃棉,配有聚四氟乙烯塞子。

N.6　样品的采集、保存和预处理

N.6.1　固体基质:250 mL 宽口玻璃瓶,特弗龙螺纹瓶盖,冷却至 4℃保存。

液体基质:4 个 1 L 的琥珀色玻璃瓶,特弗龙螺纹瓶盖,在样品中加入 0.75 mL 10%的 $NaHSO_4$,冷却至 4℃保存。

N.6.2　提取物必须在 4℃下保存,并于提取 40 d 内进行分析。

N.7　分析步骤

N.7.1　高浓度废物样品的提取与消解

N.7.1.1　对有机氯杀虫剂或者多氯联苯类须使用 GC/ECD 检测的样品,用正己烷稀释;对半挥发的碱性/中性和酸性的污染物使用二氯甲烷稀释。

N.7.1.2　若分析样品中的除草剂酯和酸,则提取物必须经过消解。移取 1 mL 样品(更少的体积或者加溶剂稀释,这要视除草剂浓度而定)到 250 mL 的带磨口塞的锥形瓶中。若只分析除草剂的酸形式,进行 N.7.2.3 的操作;若在二氯甲烷分析除草剂衍生物,参照 N.7.5。若用五氟苄溴衍生的话,乙醚体积要减少至 0.1～0.5 mL,再用丙酮稀释到 4 mL。

N.7.2　土壤、沉降物或其他固体样品中的提取与消解

一般包括超声提取和振摇提取两步。N.7.2.3 消解步骤对两种提取方法都是适用的。

N.7.2.1　超声提取

N.7.2.1.1　往 400 mL 烧杯中加入干重 30 g 的混合固体样品,加盐酸,或者加 pH 为 2.5,0.1 mol/L 的磷酸缓冲溶液 85 mL,把试样的 pH 调节到 2,然后用玻璃棒搅匀。

N.7.2.1.2　对不同类型的样品,要优化超声提取条件。若有效地对固体样品进行超声提取,样品在加入溶剂后必须能够自由流动。对于黏土型土壤,一般要按 1∶1 的比例加入酸化了的无水硫酸钠,其他沙状非自由流动的土壤混合物需要处理成可自由流动的样品。

N.7.2.1.3　按 1∶1 的比例往烧杯中加入 100 mL 的二氯甲烷和丙酮。把输出控制到 10(满额),超声

提取 3 min,然后改为 50%的输出进行脉冲式提取(50%时间通电,50%时间断电)。待固体沉降后,把有机物转入到 500 mL 的离心管。

N.7.2.1.4　相同条件下,用 100 mL 二氯甲烷对样品进行超声提取两次。

N.7.2.1.5　合并 3 份有机提取物,放到离心管中,离心 10 min 使细小颗粒沉降。用滤纸过滤,将滤液倒入放有 7～10 g 酸化硫酸钠的 500 mL 的锥形瓶中。加入 10 g 无水硫酸钠。周期性剧烈振摇提取物和干燥剂,使其保证 2 h 的充分接触。需要强调的是,在酯化前要进行干燥提取,参照 N.7.3.6 的备注。

N.7.2.1.6　把锥形瓶中的提取物定量转移到 10 mL 的 K-D 浓缩器中。加入沸石,连上 Snyder 柱。水浴加热把提取物蒸至 5 mL。停火,冷却。

N.7.2.1.7　若无须消解或进一步纯化,且样品是干燥的,则参照N.7.4.4来处理。否则,根据N.7.2.3来消解,参照 N.7.2.4 来纯化。

N.7.2.2　振摇提取

N.7.2.2.1　往 500 mL 锥形瓶中加入净重为 50 g 混匀的潮湿的土壤样品。用浓盐酸把 pH 调节到 2,偶尔振摇监测酸度 15 min。若必要,加盐酸调节 pH 维持在 2。

N.7.2.2.2　锥形瓶中加入 20 mL 丙酮,手摇 20 min。再加入 80 mL 乙醚,振摇 20 min。倒出萃取物,测定回收溶剂的体积。

N.7.2.2.3　依次用 20 mL 丙酮和 80 mL 乙醚萃取试样两次。每次加溶剂后,要手摇 10 min,然后倒出丙酮和乙醚萃取物。

N.7.2.2.4　第三次萃取后,回收所得萃取物至少是所加溶剂体积的 75%。合并萃取物,转入盛有 250 mL水的 2 L 分液漏斗中。若形成乳液,缓慢加入 5 g 酸化无水硫酸钠,直到溶剂和水分开为止。若有必要,可以加入和样品等量的酸化硫酸钠。

N.7.2.2.5　检查萃取物的 pH。若其 pH 低于 2,加浓盐酸调节。缓慢混匀分液漏斗内容物,约 1 min,然后静置分层。把水相收集在干净的烧杯中,萃取相(上层)转入 500 mL 的磨口锥形瓶内。把水相再次转入分液漏斗,用 25 mL 乙醚再次萃取。静置分层后,弃去水相。合并乙醚萃取物到 500 mL 的 K-D 瓶内。

N.7.2.2.6　若无须消解或进一步纯化操作,且样品干燥,则参照 N.7.4.4。否则,参考 N.7.2.3 进行消解,或参看 N.7.2.4 进行纯化操作。

N.7.2.3　土壤、沉降物或者其他固体样品萃取物的消解。此步仅用于除草剂的酯形式的测定,除草剂的酸形式除外。

N.7.2.3.1　往萃取物中加入 5 mL,36%的氢氧化钾水溶液和 30 mL 水。往 K-D 瓶中加入沸石。水浴控温在 60～65℃下回流,直至消解完全(一般要 1～2 h)。从水浴加热器上移去 K-D 瓶,冷却至室温。

注意:残留丙酮会导致羟醛缩合,给气相色谱带来干扰。

N.7.2.3.2　把消解后的水溶液转移到 500 mL 的分液漏斗中,用 100 mL 的二氯甲烷萃取三次。弃去二氯甲烷相。此时,除草剂的盐存在于碱性水溶液中。

N.7.2.3.3　用 4℃左右冷的硫酸(1∶3)把溶液 pH 调至 2 以下,先用 40 mL 乙醚萃取一次,再用 20 mL醚萃取一次。合并萃取液,倒入预先已经洗好的干柱中,内含 7～10 cm 的酸化无水硫酸钠。把不含水的萃取物收集于内含 10 g 酸化无水硫酸钠的锥形瓶中(24/40 接口)。周期性地剧烈振摇萃取物和干燥剂,确保它们至少接触 2 h。酯化前一定要把萃取物进行除水处理,参见 N.7.3.6 的备注。确保除水完毕后,把待分析物从锥形瓶内转移到 500 mL 的带有 10 mL 浓缩管的 K-D 瓶中。

N.7.2.3.4　参照 N.7.4 来进行萃取物浓缩操作。若需进一步纯化,则参照 N.7.2.4 处理。

N.7.2.4　纯化未消解的除草剂,若需进一步纯化,参照此步操作。

N.7.2.4.1　参照 N.7.2.1.7,用二氯甲烷三次萃取除草剂(或者参照 N.7.2.3.4,用乙醚作为萃取用溶剂),用 15 mL 碱性水溶液分离出来。碱性溶液配制方法,混合 15 mL,37%的氢氧化钾水溶液和 30 mL水。弃去二氯甲烷或乙醚相。此时,碱性的水相中含有除草剂的盐形式。

N.7.2.4.2 用4℃左右冷的硫酸(1∶3)把溶液pH调至2以下,先用40 mL乙醚萃取一次,再用20 mL醚萃取一次。合并萃取液,倒入预先已经洗好的干柱中,内含7～10 cm的酸化无水硫酸钠。把不含水的萃取物收集于内含10 g酸化无水硫酸钠的锥形瓶中(24/40接口)。周期性地剧烈振摇萃取物和干燥剂,确保它们至少接触2 h。酯化前一定要把萃取物进行除水处理,参见N.7.3.6的备注。确保除水完毕后,把待分析物从锥形瓶内转移到500 mL的带有10 mL浓缩管的K-D瓶中。

N.7.2.4.3 参照N.7.4来进行萃取浓缩步骤。

N.7.3 制备水样

N.7.3.1 用带刻度量筒移取1 L样品到2 L的分液漏斗中。

N.7.3.2 往样品中加入250 g的NaCl,封口,振摇溶解盐。

N.7.3.3 此步仅用于除草剂的酯形式测定,除草剂的酸形式除外。

N.7.3.3.1 往样品中加入17 mL,6 mol/L的氢氧化钠溶液,封口,振摇。用pH试纸检查样品pH。若试样的pH低于12,则通过加6 mol/L的氢氧化钠溶液来调节pH。样品置于室温下,确保消解步骤完全(一般需要1～2 h),周期性地振摇分液漏斗和内容物。

N.7.3.3.2 往相同的瓶子里面加入60 mL二氯甲烷,润洗瓶子和刻度量筒。把二氯甲烷转入分液漏斗,剧烈振摇2 min来萃取试样,注意要周期性地放空来减小瓶内气压。静置分层至少10 min,使有机相和水相分离。若两相之间出现乳浊界面超过溶剂层的1/3体积,必须采用机械技术使两相完全分离。采取的最佳技术视样品而定,可用搅拌、玻璃棉过滤、离心或者其他物理方法除去二氯甲烷相。

N.7.3.3.3 往分液漏斗中再次加入60 mL的二氯甲烷,重复萃取操作,弃去二氯甲烷层。再重复操作一遍。

N.7.3.4 往样品(或消解后的样品)中加入17 mL,12 g/L,4℃的冷硫酸,封口,振摇混合均匀。用pH试纸检查样品酸度。若试样pH高于2,用更多的酸把酸度调过来。

N.7.3.5 往样品中加入120 mL乙醚,封口,剧烈振摇分液漏斗来萃取样品,并周期性地放空以减小瓶内气压。静置至少10 min使漏斗内两相分离。若两相界面出现乳浊的体积超过溶剂层的1/3,必须采用机械技术完成相分离操作。最佳的技术取决于具体的样品,可用搅拌、玻璃棉过滤、离心或者其他物理方法。把水相转移到2 L的锥形瓶内,把乙醚相收集到内装10 g酸化无水硫酸钠的磨口锥形瓶中。周期性地振摇萃取物和干燥剂。

N.7.3.6 把水相转回分液漏斗中,把60 mL乙醚加入样品,再次重复萃取步骤,把萃取物合并到500 mL的锥形瓶中。相同操作再用60 mL乙醚重复萃取一遍。要使硫酸钠与萃取物保持接触在2 h左右,较为彻底地除去水分。

注意:干燥对于整个酯化过程是非常关键的。乙醚内残留的任何水分都会使除草剂的回收率下降。旋摇锥形瓶,检查是否有自由移动的晶体存在,以测定硫酸钠是否足量的。若硫酸钠固化结饼,需要补加数克,并再次旋摇检验是否足量。至少要干燥2 h,萃取物可以与硫酸钠放置在一起过夜。

N.7.3.7 把干燥过的萃取物倒入塞有酸洗过的玻璃棉的漏斗里面,收集K-D浓缩装置中的萃取物。转移过程中,用玻璃棒轻轻压碎结饼的硫酸钠。用20～30 mL乙醚润洗锥形瓶和漏斗完成定量转移。参见N.7.4,进行萃取浓缩。

N.7.4 萃取浓缩

N.7.4.1 往浓缩管中加1～2颗干净的沸石,连到三球的Snyder微柱上。在柱的顶端加入0.5 mL的乙醚进行预湿处理。把溶剂蒸汽回收玻璃装置(含冷凝器和收集器)连到K-D装置的Snyder柱上(按厂方提供的使用说明操作)。热水浴中(高于溶剂沸点15～20℃以上)放置好K-D装置,以便浓缩管能够部分浸入热水中,且整个瓶子的底部圆形部分都在热水浴中。根据需要调节装置的垂直高度和水温,在10～20 min内完成浓缩操作。柱内的蒸馏球会以一定速率活跃起来,但是不会发生溢出现象。当装置内液体体积达到1 mL时,从水浴上移去K-D装置,至少淋洗冷却10 min。

N.7.4.2 移去Snyder柱,用1～2 mL乙醚洗净瓶子和接头。萃取物可以通过Snyder微柱法(参照

N.7.4.3)或氮气吹下技术(参见 N.7.4.4)来进行进一步浓缩。

N.7.4.3 Snyder 微柱技术。往浓缩管中加一到两颗干净的沸石,连到双球的 Snyder 微柱上。在柱的顶端加入 0.5 mL 的乙醚进行预湿处理。热水浴中放置好 K-D 装置,以便浓缩管能够部分浸入热水中。根据需要调节装置的垂直高度和水温,在 5～10 min 内完成浓缩操作。柱内的蒸馏球会以一定速率活跃起来,但是不会发生溢出现象。当装置内液体体积达到 0.5 mL 时,从水浴上移去 K-D 装置,至少淋洗冷却 10 min。移去 Snyder 柱,用 0.2 mL 乙醚洗净瓶子和接头,加到浓缩管上。继续步骤 N.7.4.5。

N.7.4.4 氮气吹干

N.7.4.4.1 把浓缩管置于 35℃左右的温水浴,缓缓通入干燥氮气(经过活性炭柱过滤)使得溶剂体积降下来。

注意:在活性炭柱和样品之间连接处不要用塑料管。

N.7.4.4.2 操作中管内壁必须用乙醚润洗多次。蒸发过程中,管内溶剂水平必须低于外围的水浴水平,这样可以防止水浓缩进入样品。一般情况下,萃取物不允许成为无水状态。继续 N.7.4.5 的操作。

N.7.4.5 用 1 mL 异辛醇和 0.5 mL 甲醇稀释萃取物。用乙醚稀释至 4 mL 的终态体积。此时样品可以用二氯甲烷处理进行甲基化操作了。若用五氟苄溴进行衍生化,则用丙酮稀释至 4 mL。

N.7.5 酯化

参见 N.7.5.1,进行重氮甲烷衍生化。参见 N.7.5.2,进行五氟苄溴衍生化。

N.7.5.1 重氮甲烷衍生化:可以用两种方法包括鼓泡法和二甲基亚硝基苯磺酰胺法,参见 N.7.5.1.2。

注意:二甲基亚硝基苯磺酰胺是致癌物,一定条件下可能会爆炸。

鼓泡法适用于小批量(10～15 个)的酯化操作。此法对低浓度除草剂溶液(比如水溶液)效果甚好,而且要比二甲基亚硝基苯磺酰胺法更为安全易行。后者适用于大批量酯化处理,尤其是对土壤或样品中的高浓度除草剂处理起来更为有效,比如在土壤中萃取出的黄色样品就很难用鼓泡法来达到目的。

注意:使用如下防护措施:使用安全罩;使用机械式移液器;加热时不要超过 90℃,否则容易发生爆炸;避免摩擦表面,玻璃磨口接头,棘齿轴承和玻璃搅拌棒,否则容易发生爆炸;存放时,远离碱金属,否则容易发生爆炸;二氯甲烷容易遇到铜粉、氯化钙和沸石等固体材料时,会快速分解掉。

N.7.5.1.1 鼓泡法:

N.7.5.1.1.1 第一个试管中加入 5 mL 乙醚,1 mL 卡必醇,1.5 mL 的 36%的氢氧化钾,第二个试管内加入 0.1～0.2 g 的二甲基亚硝基苯磺酰胺。立刻把试管出口放到盛有萃取试样的浓缩管中。把 10 mL/min的氮气流通过重氮甲烷进入萃取物,维持 10 min,直至二氯甲烷黄色稳定不变为止。二甲基亚硝基苯磺酰胺的用量要足够酯化三份样品萃取物。消耗掉最初加入的二甲基亚硝基苯磺酰胺之后,可能要另外加入 0.1～0.2 g,使重氮甲烷再生。溶液内有足够多的氢氧化钾,来完成全部酯化过程,大约需要 20 min。

N.7.5.1.1.2 移取浓缩管,用 Neoprene 或 PTFE 包封。加盖在室温下保存 20 min。

N.7.5.1.1.3 往浓缩管里加入 0.1～0.2 g 硅酸,破坏未反应的重氮甲烷。静置至氮气流停止。用正己烷调节试样体积至 10 mL。卸去浓缩管,移取 1 mL 样品到 GC 小瓶,若不立即使用,则放在冰箱里保存。样品用气相色谱分析。

N.7.5.1.1.4 提取物应在 4℃下避光保存。研究表明,分析物可以稳定 28 d,但建议对于甲基化的提取物,宜立即分析,以免发生酯化或者其他反应。

N.7.5.1.2 二甲基亚硝基苯磺酰胺方法:参照制备重氮甲烷发生器的装置。

N.7.5.1.2.1 加入 2 mL 重氮甲烷,不断搅拌下放置 10 min。重氮甲烷呈现并保持明显的黄色。

N.7.5.1.2.2 用乙醚清洗瓶内壁。在室温下挥发溶剂,使样品体积变为大约 2 mL。或者可以加入 10 mg的硅酸除去多余重氮甲烷。

N.7.5.1.2.3 用正己烷把样品稀释至 10.0 mL,用气相色谱分析。对于甲基化的提取物,建议立即分析,以免发生酯化或其他反应。

N.7.5.2 五氟苄溴衍生物

N.7.5.2.1 往丙酮中加入 30 μL,10%的 K_2CO_3 和 200 μL,3%的五氟苄溴。用玻璃塞盖好试管,旋转混匀。60℃下加热 3 h。

N.7.5.2.2 缓通氮气流,蒸发溶液至 0.5 mL。加入 2 mL 正己烷,在室温下挥发至干态。

N.7.5.2.3 用 1:6 的甲苯和正己烷溶解干态残留,用玻璃柱净化。

N.7.5.2.4 硅柱上加盖 0.5 cm 厚的无水硫酸钠。用 5 mL 正己烷预湿柱子,让溶剂流经顶部的吸附剂。用甲苯和正己烷的混合溶液(总量 2~3 mL)反复洗涤,把反应残留物定量转移到柱子上。

N.7.5.2.5 用足量的甲苯和正己烷的混合溶液洗涤柱子,收集到 8 mL 的流出液。弃去此部分。

N.7.5.2.6 用 9:1 的甲苯和正己烷混合溶液洗涤柱子,收集到 8 mL 的流出液,包含在 10 mL 容量瓶中的五氟苄溴衍生物。用 10 mL 正己烷稀释,样品用 GC/ECD 进行分析。

N.7.6 气相色谱条件(推荐使用)

N.7.6.1 色谱柱

N.7.6.1.1 窄内径柱

色谱柱 1-1:DB-5(30 m×0.25 mm×0.25 μm)或同类产品。

色谱柱 1-2(GC/MS):DB-5(30 m×0.32 mm×1 μm)或同类产品。

色谱柱 2:DB-608(30 m×0.25 mm×0.25 μm)或同类产品。

确认柱:DB-1701(30 m×0.25 mm×0.25 μm)或同类产品。

N.7.6.1.2 宽内径柱

色谱柱 1:DB-608(30 m×0.53 mm×0.83 μm)或同类产品。

确认柱:DB-1701(30 m×0.53 mm×1.0 μm)或同类产品。

N.7.6.2 窄内径柱子

程序升温:60~300℃,升温速率 4℃/min;

氦气流速:30 mL/s;

进样体积:2 μL,不分流,45 s 延迟;

进样口温度:250℃;

检测器温度:320℃。

N.7.6.3 宽内径柱子

程序升温:150℃初始柱温,保持 0.5 min,150~270℃,升温速率 5℃/min;

氦气流速:7 mL/min;

进样体积:1 μL;

进样口温度:250℃;

检测器温度:320℃。

N.7.7 校准

表 N.1 可作为选择校准曲线最低点的参考。

N.7.8 气相色谱法分析样品

N.7.8.1 若用了内标,在进样前往样品里面加 10 μL 内标。

N.7.8.2 确定分析次序,适当稀释,建立一般保留时间窗口和定性标准,包括分析次序中每组 10 个样品的浓度中点标准。

N.7.8.3 表 N.2 和表 N.3 给出了酯化后目标化合物的保留时间,分别对应于重氮甲烷衍生化和五氟苄溴衍生化。

N.7.8.4 记下进样体积和峰大小(用峰高或者峰面积来计)。

N.7.8.5 用内标或者外标法测定样品色谱图中的每个峰的组分和含量,旨在校准时寻找对应的化合物。

N.7.8.6 若用甲酯化合物(不是用此法进行酯化的)来作为校准标准物,那么求算浓度时必须与除草剂的酸形式进行比较来对甲酯的分子量校正。

N.7.8.7 若因干扰无法对色谱峰进行检测和确认时，需要进一步纯化处理。在进行纯化前，分析人必须在整个操作中使用一系列标准物，以确保无试剂干扰发生。

N.7.9 气相色谱质谱联用(GC/MS)确认

N.7.9.1 GC/MS能提供很好的定性支持。可参照GB 5085.3附录K的GC/MS实验条件和分析步骤。

N.7.9.2 如果可以，化学电离源质谱能支持定性确认过程。

N.7.9.3 若用MS仍给不出令人满意的结果，则再次分析前必须考虑另外的辅助步骤。比如说换一下色谱柱或者进行更好的预处理。

表 N.1 重氮甲烷衍生化对应的检出限估计值

化合物	水样	土壤	
	GC/ECD 检出限估计值/(μg/L)	GC/ECD 检出限估计值/(μg/kg)	GC/MS 检出限估计值/ng
三氟羧草醚(Acifluorfen)	0.096	—	—
灭草松(Bentazon)	0.2	—	—
草灭平(Chloramben)	0.093	4.0	1.7
2,4-滴(2,4-D)	0.2	0.11	1.25
茅草枯(Dalapon)	1.3	0.12	0.5
2,4-滴丁酸(2,4-DB)	0.8	—	—
DCPA二元酸(DCPA diacide)	0.02	—	—
麦草畏(Dicamba)	0.081	—	—
3,5-二氯代苯甲酸(3,5-Di-chlorobenzoic acid)	0.061	0.38	0.65
1,3-二氯丙烯(Dichloroprop)	0.26	—	—
地乐酚(Dinoseb)	0.19	—	—
5-羟基麦草畏(5-Hydroxydicamba)	0.04	—	—
2-(4-氯苯氧基-2-甲基)丙酸(MCPP)	0.09d	66	0.43
2-甲基-4-氯苯氧乙酸(MCPA)	0.056d	43	0.3
4-硝基苯酚(4-Nitrophenol)	0.13	0.34	0.44
五氯苯酚(Pentachlorophenol)	0.076	0.16	1.3
氨氯吡啶酸(Picloram)	0.14	—	—
2,4,5-涕(2,4,5-T)	0.08	—	—
2,4,5-滴丙酸(2,4,5-TP)	0.075	0.28	4.5

表 N.2 氯代除草剂用甲基衍生化后对应的保留时间

化 合 物	保留时间/min		容量因子(k)	
	LC-18	LC-CN	LC-18	LC-CN
茅草枯(Dalapon)	3.4	4.7	—	—
3,5-二氯代苯甲酸(3,5-Dichlorobenzoic acid)	18.6	17.7	—	—
4-硝基苯酚(4-Nitro-phenol)	18.6	20.5	—	—
二氯乙酸(DCAA:替代品)	22.0	14.9	—	—
麦草畏(Dicamba)	22.1	22.6	4.39	4.39
1,3-二氯丙烯(Dichloroprop)	25.0	25.6	5.15	5.46
2,4 滴(2,4-D)	25.5	27.0	5.85	6.05
(DBOB:内标)	27.5	27.6	—	—
五氯酚钠(Pentachlorophenol)	28.3	27.0	—	—
草灭平(Chloramben)	29.7	32.8	—	—
2,4,5-滴丙酸(2,4,5-TP)	29.7	29.5	6.97	7.37
5-羟基麦草畏(5-Hydroxydicamba)	30.0	30.7	—	—
2,4,5-涕(2,4,5-T)	30.5	30.9	7.92	8.20
2,4-滴丁酸(2,4-DB)	32.2	32.2	8.74	9.02
地乐酚(Dinoseb)	32.4	34.1	—	—
灭草松(Bentazon)	33.3	34.6	—	—
氨氯吡啶酸(Picloram)	34.4	37.5	—	—
DCPA 二元酸(DCPA 二元酸)	35.8	37.8	—	—
三氟羧草醚(Acifluorfen)	41.5	42.8	—	—
2-(4-氯苯氧基-2-甲基)丙酸(MCPP)	—	—	4.24	4.55
2-甲基-4-氯苯氧乙酸(MCPA)	—	—	4.74	4.94

[a] 分析柱:5%苯基 95%甲基硅烷;
确认柱:14%氰丙基苯基聚硅氧烷;
程序升温:60～300℃,升温速率 4℃/min;
氦气流速:30 cm/s;
进样体积:2 μL,不分流,45 s 延迟;
进样口温度:250℃;
检测器温度:320℃。

[b] 分析柱:DB-608;
确认柱:14%氰丙基苯基聚硅氧烷;
程序升温:初始柱温 150℃,维持 0.5 min,由 150～270℃,升温速率 5℃/min;
氦气流速:7 mL/min;
进样体积:1 μL。

表 N.3 氯代除草剂的五氟苄溴衍生物的保留时间(min)

化 合 物	气 相 色 谱 柱		
	薄膜 DB-5[a]	SP-2550[b]	厚膜 DB-5[c]
茅草枯(Dalapon)	10.41	12.94	13.54
2-(4-氯苯氧基-2-甲基)丙酸(MCPP)	18.22	22.30	22.98
麦草畏(Dicamba)	18.73	23.57	23.94
2-甲基-4-氯苯氧乙酸(MCPA)	18.88	23.95	24.18
1,3-二氯丙烯(Dichloroprop)	19.10	24.10	24.70
2,4-滴(2,4-D)	19.84	26.33	26.20
2,4,5-涕丙酸(Silvex)	21.00	27.90	29.02
2,4,5-涕(2,4,5-T)	22.03	31.45	31.36
地乐酚(Dinoseb)	22.11	28.93	31.57
2,4-滴丁酸(2,4-DB)	23.85	35.61	35.97

[a] DB-5 毛细管柱,膜厚 0.25 μm,内径 0.25 mm,长 30 m,初始柱温 70℃维持 1 min,升温速率每分钟 10~240℃,维持 17 min。

[b] SP-2550 毛细管柱,膜厚 0.25 μm,内径 0.25 mm,长 30 m,初始柱温 70℃维持 1 min,升温速率每分钟 10~240℃,维持 10 min。

[c] DB-5 毛细管柱,膜厚 1.0 μm,内径 0.32 mm,长 30 m,初始柱温 70℃维持 1 min,升温速率每分钟 10~240℃,维持 10min。

表 N.4 不含有机物试剂水基底重氮甲烷衍生后的准确度和精密度

化 合 物	加标质量浓度/(μg/L)	平均回收率	回收率标准偏差
三氟羧草醚(Acifluorfen)	0.2	121	15.7
灭草松(Bentazon)	1	120	16.8
草灭平(Chloramben)	0.4	111	14.4
2,4-滴(2,4-D)	1	131	27.5
茅草枯(Dalapon)	10	100	20.0
2,4-滴丁酸(2,4-DB)	4	87	13.1
DCPA 二元酸(DCPA diacidb)	0.2	74	9.7
麦草畏(Dicamba)	0.4	135	32.4
3,5-二氯代苯甲酸(3,5-Dichlorobenzoic acid)	0.6	102	16.3
1,3-二氯丙烯(Dichloroprop)	2	107	20.3
地乐酚(Dinoseb)	0.4	42	14.3
5-羟基麦草畏(5-Hydroxydicamba)	0.2	103	16.5
4-硝基苯酚(4-Nitrophenol)	1	131	23.6
五氯酚钠(Pentachlorophenol)	0.04	130	31.2
氨氯吡啶酸(Picloram)	0.6	91	15.5
2,4,5-滴丙酸(2,4,5-TP)	0.4	117	16.4
2,4,5-涕(2,4,5-T)	0.2	134	30.8

注: 平均回收率由 7~8 个不含有机试剂水的加标测定得出。

表 N.5 黏土基底重氮甲烷衍生后的准确度和精密度

化合物	平均回收率[a]	线性范围/(ng/g)[b]	标准偏差[c] (n=20)
麦草畏(Dicamba)	95.7	0.52～104	7.5
2-(4-氯苯氧基-2-甲基)丙酸(MCPP)	98.3	620～61 800	3.4
2甲4氯(MCPA)	96.9	620～61 200	5.3
1,3-二氯丙烯(Dichloroprop)	97.3	1.5～3 000	5.0
2,4-滴(2,4-D)	84.3	1.2～2 440	5.3
2,4,5-滴丙酸(2,4,5-TP)	94.5	0.42～828	5.7
2,4,5-涕(2,4,5-T)	83.1	0.42～828	7.3
2,4-滴丁酸(2,4-DB)	90.7	4.0～8 060	7.6
地乐酚(Dinoseb)	93.7	0.82～1 620	8.7

[a] 以线性范围内10次加标黏土和黏土/底样的测定得出平均回收百分率。

[b] 线性范围由标准溶液测定,校正至50 g固态样品。

[c] 相对标准偏差百分率由标准溶液计算,10个高浓度点,10个低浓度点。

表 N.6 除草剂五氟溴苄衍生物的相对回收率

化合物	标准质量浓度(mg/L)	回收百分率/%								
		1	2	3	4	5	6	7	8	平均
2-(4-氯苯氧基-2-甲基)丙酸(MCPP)	5.1	95.6	88.8	97.1	100	95.5	97.2	98.1	98.2	96.3
麦草畏(Dicamba)	3.9	91.4	99.2	100	92.7	84.0	93.0	91.1	90.1	92.7
2甲4氯(MCPA)	10.1	89.6	79.7	87.0	100	89.5	84.9	92.3	98.6	90.2
1,3-二氯丙烯(Dichloroprop)	6.0	88.4	80.3	89.5	100	85.2	87.9	84.5	90.5	88.3
2,4-滴(2,4-D)	9.8	55.6	90.3	100	65.9	58.3	61.6	60.8	67.6	70.0
2,4,5-涕丙酸(Silvex)	10.4	95.3	85.8	91.5	100	91.3	95.0	91.1	96.0	93.3
2,4,5-涕(2,4,5-T)	12.8	78.6	65.6	69.2	100	81.6	90.1	84.3	98.5	83.5
2,4-滴丁酸(2,4-DB)	20.1	99.8	96.3	100	88.4	97.1	92.4	91.6	91.6	95.0
平均值		86.8	85.7	91.8	93.4	85.3	89.0	87.1	91.4	

注: 以8次加标水样得出平均回收率。

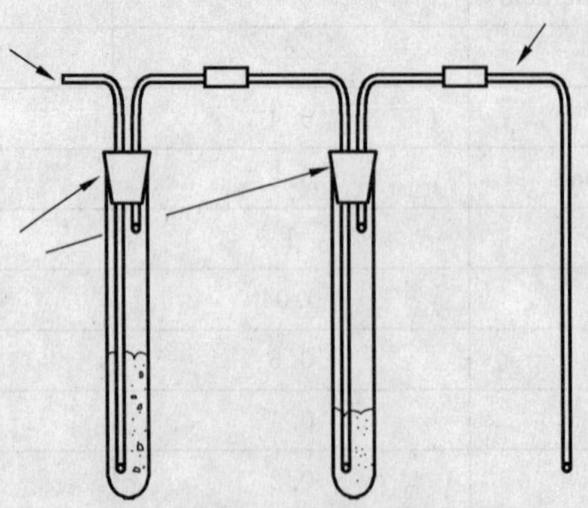

图 N.1 重氮甲烷发生装置

附 录 O
（资料性附录）
固体废物 可回收石油烃总量的测定 红外光谱法

O.1 范围

本方法适用于土壤、水体和废物介质中 Aldicarb(Temik), Aldicarb Sulfone, Carbaryl(Sevin), Carbofuran(Furadan), Dioxacarb, 3-Hydroxycarbofuran, Methiocarb(Mesurol), Methomyl(Lannate), Promecarb, Propoxur(Baygon)10 种 N-甲基氨基甲酸酯的红外光谱测定。

本适用于固体废物中由超临界色谱法可提取的石油烃总量(TRPHs)的测定。本方法不适于测定汽油或其他挥发性组分。

本方法可检测质量浓度 10 mg/L 的提取物。当提取 3 g 样品时(假设提取率为 100%)，则折合对土壤的检测质量分数为 10 mg/kg。

O.2 原理

样品用 SFE 提取，干扰物质用散装的硅胶除去，或者通过硅胶固相提取小柱。样品通过与标准样品对比红外光谱方法(IR)分析。

O.3 试剂和材料

O.3.1 四氯化碳：光谱级。

O.3.2 对照品油混合物原料：光谱级。

O.3.2.1 正十六烷。

O.3.2.2 异辛烷。

O.3.2.3 氯苯。

O.3.3 硅胶

O.3.3.1 硅胶固相提取小柱(40 μm 粒度，6 nm)，0.5 g。

O.3.3.2 硅胶，60～200 目(用 112%的水去活)。

O.3.4 校正混合物

O.3.4.1 对照品油：取 15.0 mL 正已烷，15.0 mL 异辛烷和 10.0 mL 氯苯，加入一个 50 mL 带玻璃塞的瓶中。盖紧瓶塞以避免样品挥发损失。在 4℃下保存。

O.3.4.2 贮存标准样品：取 0.5 mL 上述对照品油(O.3.4.1)，加入 100 mL 已称重的容量瓶中，立即盖紧瓶盖。称重，并用四氯化碳稀释到刻度。

O.3.4.3 工作标准溶液：根据比色皿大小，取适量贮备标准样品放入 100 mL 容量瓶中。用四氯化碳稀释至刻度。根据贮备标准样品浓度，计算工作标准溶液浓度。

O.3.5 硅胶净化的校正

O.3.5.1 取玉米油和矿物油各 1 mL(0.5～1 g)，置于 100 mL 已称重的容量瓶中，制成玉米油和矿物油的贮备液。称重，精确到毫克。用四氯化碳稀释至刻度，摇匀，溶解使所有内容物溶解。

O.3.5.2 根据需要，制备目标浓度的稀释液。

O.3.5.3 将 2 mL(或适当体积)稀释的玉米油/矿物油样品加入样品瓶。再加入 0.3 g 散装硅胶，将混合物振摇 5 min，或通过含硅胶填料 0.5 g 的固相提取小柱。若使用固相提取小柱，需将小柱事先用 5 mL四氯化碳活化。用四氯化碳洗脱，收集 3 mL 洗脱液。如果使用散装硅胶，需要将提取液用洗净的玻璃毛过滤(用一次性玻璃吸液管)。

O.3.5.4 将上述洗脱液或提取液加入洁净的红外比色皿中。在 2 800～3 000 cm(烃)和 1 600～1 800 cm(酯)波数下,确定哪一洗脱流分中烃类被洗脱出来且没有玉米油的存在。如果扫描的结果显示硅胶的吸附能力过强或者不足(玉米油与目标烃类一同在提取液中),则需选择新的硅胶或固相提取小柱。

O.4 仪器

O.4.1 红外光谱仪:扫描型或固定波长型,可在 950 cm^{-1}附近进行扫描。

O.4.2 比色皿:10、50 和 100 mm 规格,氯化钠或 IR-级玻璃。

O.4.3 磁力搅拌器:带表面材质 PTFE 的搅拌棒。

O.5 分析步骤

O.5.1 采用液-液萃取或正向固相萃取方法制备样品。

O.5.2 将 0.3 g 散装硅胶加入提取液,振摇混合物 5 min,或者将提取液通过含硅胶填料 0.5 g 的固相提取小柱(小柱事先用 5 mL 四氯化碳活化)。如果使用散装硅胶,需要将提取液用洗净的玻璃毛过滤(用一次性玻璃吸液管)。

O.5.3 硅胶净化后,将溶液加入红外比色皿,确定提取液的吸光度。如果吸光度超过红外光度计的线性范围,则需将样品进行适当稀释之后重新分析。通过重复净化和分析过程,亦可以判断硅胶的吸附能力是否过强。

O.5.4 选择适当浓度的工作标准溶液,并根据浓度选择合适大小的比色皿(可参考如下范围):

池长/mm	质量浓度范围/(μg/mL,提取液)	体积/mL
10	5～500	3
50	1～100	15
100	0.5～50	30

O.5.5 用一系列工作标准溶液和适当的比色皿校正仪器。在约 2 950 cm^{-1}的最大波数下直接确定每一溶液吸光度,作石油烃浓度对吸光度的校正曲线。

O.6 结果计算

样品中 TRPHs 的质量分数(mg/kg)用下式计算:

$$\omega(\mathrm{TRPHs})=\frac{\rho DV}{M}$$

式中:ρ——由校准曲线得出的 TRPHs 的质量浓度,mg/mL;

V——提取液体积,mL;

D——提取液稀释因子;

M——固体样品的质量,kg。

附 录 P
（资料性附录）
固体废物 羰基化合物的测定 高效液相色谱法

P.1 范围

本方法适用于固体废物中的多种羰基化合物包括乙醛（Acetaldehyde）、丙酮（Acetone）、丙烯醛（Acrolein）、苯甲醛（Benzaldehyde）、正丁醛[Butanal（Butyraldehyde）]、巴豆醛（Crotonaldehyde）、环己酮（Cyclohexanone）、癸醛（Decanal）、2,5-二甲基苯甲醛（2,5-Dimethylbenzaldehyde）、甲醛（Formaldehyde）、庚醛（Heptanal）、己醛（Hexanal（Hexaldehyde））、异戊醛（Isovaleraldehyde）、壬醛（Nonanal）、辛醛（Octanal）、戊醛[Pentanal（Valeraldehyde）]、丙醛[Propanal（Propionaldehyde）]、间-甲基苯甲醛（m-Tolualdehyde）、邻-甲基苯甲醛（o-Tolualdehyde）、对-甲基苯甲醛（p-Tolualdehyde）的高效液相色谱法测定。

本方法对各种羰基化合物的检出限为4.4～43.7 μg/L。

P.2 原理

样品提取后用玻璃纤维漏斗过滤，在缓冲pH 3条件用2,4-二硝基苯肼（DNPH）进行衍生化。经固相提取或溶剂提取，HPLC分离和检测提取物中各种羰基化合物，检测波长为360 nm。

P.3 试剂和材料

除非特别说明，本方法所使用的都是试剂级的无机化学药品。

P.3.1 试剂水：不含有机物的水，在目标化合物的方法检测限并未观察到水中有干扰物。

P.3.2 福尔马林：甲醛在试剂水中配成溶液，通常为37.6%（质量分数）。

P.3.3 醛和酮：分析纯级别，用于为除甲醇外的其他目标分子准备DNPH衍生标准。

P.3.4 二氯甲烷（CH_2Cl_2）：HPLC级高效液相色谱纯或同等纯度。

P.3.5 乙腈（CH_3CN）：HPLC级或同等纯度。

P.3.6 氢氧化钠溶液（NaOH）：1.0 mol/L和5 mol/L。

P.3.7 氯化钠（NaCl）：饱和溶液，用过量的试剂纯氯化钠固体溶于试剂水中制得。

P.3.8 亚硫酸钠（Na_2SO_3）：0.1 mol/L。

P.3.9 硫酸钠（Na_2SO_4）：粒状，无水。

P.3.10 柠檬酸（$C_8H_8O_7$）：1.0 mol/L溶液。

P.3.11 柠檬酸钠（$C_6H_5Na_3O_7 \cdot 2H_2O$）：1.0 mol/L二水化合物的三钠盐溶液。

P.3.12 乙酸（冰）（CH_3CO_2H）。

P.3.13 醋酸钠（CH_3CO_2Na）。

P.3.14 盐酸（HCl）：0.1 mol/L。

P.3.15 柠檬酸缓冲液：1 mol/L。pH3。将80 mL 1 mol/L柠檬酸溶液加入到20 mL 1 mol/L柠檬酸钠溶液中配制，充分混匀。如果需要，用NaOH或HCl调节pH。

P.3.16 pH＝5.0醋酸盐缓冲（5 mol/L）：仅用甲醛分析。40 mL 5 mol/L醋酸溶液加入到60 mL 5 mol/L醋酸钠溶液中，充分混匀。如果需要，用NaOH或HCl调节pH。

P.3.17 2,4-二硝基苯肼：[2,4-$(O_2N)_2C_6H_3$]$NHNH_2$（DNPH），试剂水配成70%溶液（质量分数）。将428.7 mg70%（质量分数）DNPH溶于100 mL乙腈中配成3.00 mg/mL溶液。

P.3.18 提取溶液：64.3 mL 1.0 mol/L的NaOH和5.7 mL冰醋酸用900 mL试剂水稀释。用试剂水稀释到1 L。pH为4.93±0.02。

P.3.19 标准贮备溶液。

P.3.19.1 甲醛贮备液(约 1 000 mg/L):用试剂水稀释适当量的已鉴定的标准甲醛(约 265 μL)至100 mL配制。如果已鉴定的标准甲醛不可用或者已鉴定的标准甲醛有任何质量问题,溶液可能需要用P.3.19.2 的操作步骤重新标定。

P.3.19.2 甲醛标准贮备液:移取 25 mL 0.1 mol/L Na_2SO_3 溶液到烧杯中,记录其 pH。加入25.0 mL甲醛贮备液(P.3.19.1)并记录其 pH。用 0.1 mol/L HCl 滴定混合溶液至最初的 pH。甲醛的质量浓度可以用如下方程计算得出:

$$\rho(\text{甲醛}) = \frac{30.03 \cdot c(\text{HCl}) \cdot V(\text{HCl})}{0.025}$$

式中:ρ(甲醛)——甲醛的质量浓度,mg/L;

c(HCl)——所用的盐酸溶液的浓度,(mmol/L);

V(HCl)——所用的盐酸标准溶液的体积,mL;

30.03——甲醛的摩尔质量,mg/mmol;

0.025——甲醛的体积,L。

P.3.19.3 醛和酮的贮备液:将适量的纯原料溶于 90 mL 乙腈中,稀释到 100 mL,最终质量浓度为1 000 mg/L。

P.3.20 配制 HPLC 分析用的标准 DNPH 衍生物溶液和工作曲线标准品。

P.3.20.1 标准贮备液:溶解准确质量的单个各个目标分析物的 DNPH 衍生物于乙腈中,分别配成标准贮备液。每个标准贮备液的质量浓度约为 100 mg/L,可以通过溶解 0.010 g 固体衍生物于 100 mL 乙腈中制得。

P.3.20.2 二次稀释标准液:用上述所得单个标准贮备液乙腈中混匀,制备含有从目标分析物中得到的 DNPH 衍生物的二级稀释标准液。100 μg/L 的溶液可由 100 μL 100 mg/L 的溶液用乙腈稀释到 100 mL 配制。

P.3.20.3 工作曲线标准品:二次稀释标准品以配制工作曲线混合标准品的时候,使 DNPH 衍生物质量浓度范围在 0.5~2.0 μg/L(该范围包含了大部分室内空气分析目标分析物的质量浓度)。DNPH 衍生物标准混合溶液的浓度可能需要调整以反映真实样品中的相对浓度分配比例。

P.4 仪器、装置及工作条件

P.4.1 高效液相色谱

P.4.1.1 泵系统:梯度泵,能够控制 1.50 mL/min 的稳定流量。

P.4.1.2 20 μL 定量环的高压进样阀。

P.4.1.3 色谱柱:250 mm×4.6 mm ID,5 μm 粒径,C18 色谱柱。

P.4.1.4 紫外吸收检测器。

P.4.1.5 流动相贮液器和吸滤头:用于存放和过滤 HPLC 的流动相。过滤系统需全部是玻璃和聚四氟乙烯且使用 0.22 μm 聚酯滤膜。

P.4.1.6 进样针:用于将样品加载到 HPLC 定量环中,容量至少是定量环体积的 4 倍。

P.4.2 反应器:250 mL 抽滤瓶。

P.4.3 分液漏斗:250mL,带聚四氟乙烯活塞。

P.4.4 Kunderna-Danish(K-D)仪器。

P.4.5 沸石碎片:用于二氯甲烷溶剂提取。

P.4.6 pH 计:能检测 0.01 pH 单位。

P.4.7 玻璃纤维滤纸:1.2 μm 孔径(费歇尔等级 G4 或等价)。

P.4.8 固相提取柱:填充 2g C18。

P.4.9 真空提取装置:能够同时提取 12 个以上样品。

P.4.10 样品容器:60 mL 容量。

P.4.11 吸量管:能精确转移 0.10 mL 溶液。

P.4.12 水浴:加热,带有同心圆环盖,能够控温(±2℃)。水浴需要在防风罩中使用。

P.4.13 样品混合器:带振荡轨的能够控温的恒温箱(±2℃)。

P.4.14 进样针:5 mL,500 μL,100 μL。

P.4.15 进样针过滤器:0.45 μm 过滤盘。

P.4.16 注射器:10 mL,带 Luer-Lok 类适配器,用于支持重力作用加载样品的小柱。

P.4.17 注射器架。

P.4.18 容量瓶:5、10 和 250 或 500 mL。

P.5 样品的采集、保存和预处理

P.5.1 样品需在 4℃冷藏。水相样品必须在采集到样品的 3 日以内衍生化和提取。固体样品浸析液的放置时间需尽量短。所有样品衍生化后的提取物需在 3 日内完成分析。

P.5.2 所有的标准液放在带聚四氟乙烯内衬的螺纹盖玻璃仪器中,顶部空间尽量小,避光保存在 4℃下。标准液需要在 6 周内保持稳定。所有的标准液需要经常检验以标明降解或挥发,特别是在用它们配制工作曲线标准品前。

P.6 分析步骤

P.6.1 固体样品的提取

P.6.1.1 所有固体样品都需要进行以下类似的处理,搅拌和除去树枝、石头和其他无关材料。当样品不够干燥时,取具有代表性的部分测定样品干重。

P.6.1.2 测定干重

在某些情况下,样品结果需要基于干重来得到。当需要或要求这种数据时,样品的一部分在被用于分析测定的同时也需要称出干重。

注意:干燥箱必须在通风橱中使用。实验室的大量污染物可能来源于烘干严重污染的有害废物样品。

P.6.1.3 称取样品后立即做衍生化,将 5～10 g 的样品加入到扣除重量的坩埚中。在 105℃测量样品的干重百分率。将样品在 105℃过夜后测定样品的干重的质量分数。在称重前允许在干燥器重冷却。

$$干重质量分数(\%)=\frac{干样品的质量(g)}{样品质量(g)}\times 100$$

P.6.1.4 在 500 mL 带聚四氟乙烯内衬螺纹盖或者压盖的瓶中加入 25 g 固体,加入 500 mL 提取液。在摇床上以 30 r/min 旋摇样品瓶约带 18 h 来提取固体。用玻璃漏斗和纤维滤纸过滤提取物并在密封瓶中 4℃储存。每毫升提取物对应 0.050 g 固体。更小量的固体样品可能需要用相对小体积的提取液,保证固体、提取液的质量体积比为 1∶20。

P.6.2 净化和分离

P.6.2.1 对于相对干净的样品,可能不需要进行基质净化操作。本方法中推荐的净化操作用于多种不同样品的分析。如果某些特殊样品要求使用其他可选择的净化操作,分析者必须保证洗脱图并证明甲醛在加标样品中的回收率大于 85%。形成乳状液的样品回收率可能会低一些。

P.6.2.2 如果不清楚样品是什么,或者是未知的复杂样品,整个样品需要用 2500 r/min 的速度离心 10 min。移出离心管中的上层液体,玻璃漏斗纤维滤纸过滤到密封性优良的容器中。

P.6.3 衍生化

P.6.3.1 对于水样品,适用于测量一定量(通常 100 mL)的预先确定被分析物浓度范围的部分样品。定量转移一定量的部分样品到反应容器中。

P.6.3.2 对于固体样品，通常需要1～10 mL 提取物。特定样品使用的总量必须通过预实验来确定。

注意：在选定的样品或提取液的量小于100 mL的情况下，水层的总量需要用试剂水调整到100 mL。稀释前记录原始样品量。

P.6.3.3 目标分析物的衍生化和提取可能通过液-固(P.6.3.4)或液-液(P.6.3.5)操作完成。

P.6.3.4 液-固衍生化和提取。

P.6.3.4.1 对于除了甲醛以外的被分析物，加入4 mL 柠檬酸缓冲液，用6 mol/L HCl或6 mol/L NaOH调节pH至3.0±0.1。加入6 mL DNPH试剂，将容器密封，放入加热(40℃)的回旋式振荡器搅拌1 h。调节振荡搅拌使溶液形成温和的旋涡。

P.6.3.4.2 如果甲醛是唯一的目标分析物，加入4 mL 醋酸缓冲液，用6 mol/L HCl或6 mol/L NaOH调节pH至5.0±0.1。加入6 mL DNPH试剂，将容器密封，放入加热(40℃)的回旋式振荡器搅拌器1 h。调节振荡搅拌使溶液形成温和的旋涡。

P.6.3.4.3 将真空提取装置和水流式抽气管或真空泵连接好。将含2 g 吸附剂的萃取柱连接在真空提取装置上。每根萃取柱用10 mL 稀柠檬酸缓冲液(10 mL 1 mol/L 柠檬酸缓冲液用试剂水稀释到250 mL)冲洗以达到要求的条件。

P.6.3.4.4 严格控制反应过程为1 h，到时间立即取出反应容器，加入10 mL 饱和NaCl溶液到容器中。

P.6.3.4.5 定量移取反应溶液到固相萃取柱上，并且抽真空使溶液以3～5 mL/min的速度从萃取小柱流出。液体样品从萃取柱流出后继续抽真空约1 min。

P.6.3.4.6 当维持真空条件时，每根提取柱用9 mL 乙腈直接淋洗至10 mL 容量瓶中。用乙腈稀释溶液并定容，充分混匀，存入密封优良的小瓶中待分析。

注意：因为本方法使用了过量的DNPH，完成P.6.3.4.5操作后，提取柱仍然是黄色的。此颜色的出现并不表示还有被分析物的衍生物残留在柱上。

P.6.3.5 液-液衍生化和提取。

P.6.3.5.1 对于除了甲醛以外的其他分析物，加入4 mL 柠檬酸缓冲液，用6 mol/L HCl或6 mol/L NaOH调节pH至3.0±0.1。加入6 mL DNPH试剂，将容器密封，放入加热(40℃)的回旋式振荡器搅拌器1 h。调节振荡搅拌使溶液形成温和的旋涡。

P.6.3.5.2 如果甲醛是唯一的目标分析物，加入4 mL 醋酸缓冲液，用6 mol/L HCl或6 mol/L NaOH调节pH至5.0±0.1。加入6 mL DNPH试剂，将容器密封，放入加热(40℃)的回旋式振荡器搅拌器1 h。调节振荡搅拌使溶液形成温和的旋涡。

P.6.3.5.3 用二氯甲烷在250 mL 分液漏斗中连续提取溶液3次，每次20 mL。如果提取过程中形成乳状液，将乳状液全部取出，在2 000 r/min离心10 min。分离上下层液体，进行下一步提取。合并二氯甲烷层到一个装有5.0 g 无水硫酸钠的125 mL 锥形瓶中。摇动瓶中物质完成提取物的干燥过程。

P.6.3.5.4 把一个10 mL 浓缩管的Kuderna-Danish(K-D)浓缩器和一个500 mL 蒸馏烧瓶连接在一起。将提取物转移到蒸馏烧瓶中，注意尽量少转移硫酸钠。用30 mL 二氯甲烷洗涤锥形瓶，将洗涤液也加入到蒸馏烧瓶中，以完成定量的转移。用K-D技术将提取液浓缩至5 mL。分析前将溶剂更换为乙腈。

P.6.4 校准

P.6.4.1 建立液相色谱操作条件。

推荐色谱条件为：

色谱柱：C18 4.6 mm×250 mm ID，5 μm 粒径；

流动相梯度：70/30 乙腈/水（体积分数），20 min；70/30 乙腈/水到100%乙腈15 min；100%乙腈15 min；

流速：1.2 mL/min；

检测器：紫外检测器，360 nm；

进样体积：20 μL。

P.6.4.2 从衍生和提取物中配制绘制标准曲线所用溶液的方法与从样品中配制的方法一样。

P.6.4.3 分析溶剂背景以保证体系干净无干扰。

P.6.4.4 分析每一个处理好的标准曲线样品，按峰面积对标准溶液的质量浓度(μg/L)列表。

P.6.4.5 沿进样的标准浓度对峰面积列表以确定分析物在每个浓度的校准因子(*CF*)(见 P.7.1 的方程)。平均标准曲线样品的 *CF* 的百分比相对标准偏差(*RSD*,%)应该是≤20%。

P.6.4.6 标准工作曲线每天分析前后都需要通过分析一个或多个标准曲线所需的样品进行检查。*CF* 值需要落在初始测定的 *CF* 值±15%以内。

P.6.4.7 在检测最多 10 个样品后，就需要对某一个标准曲线测定溶液进行重新分析以保证 DNPH 衍生化的 *CF* 值仍然落在初始 *CF* 值的±15%范围内。

P.6.5 样品分析

P.6.5.1 用 P.6.4.1 中建立的条件对样品进行 HPLC 分析。

P.6.5.2 如果峰面积超过标准曲线的线性范围，需要减小样品的进样体积，或者将溶液用乙腈稀释重新测量。

P.6.5.3 目标分析物洗脱后，用 P.7.2 中的方程或者特殊取样方法计算出样品中被分析物的质量浓度。

P.6.5.4 如果由于观察到干扰物影响了峰面积的测量，则需要进行进一步的净化。

P.7 结果计算

P.7.1 计算各个校准因子、平均校准因子、标准偏差和百分比相对标准偏差的方法如下：

$$CF=\frac{\text{标准样中化合物的峰面积}}{\text{化合物的进样质量深度}(\mu g/L)}$$

$$\overline{CF}=\frac{\sum_{i=1}^{n}CF}{n}$$

$$SD=\sqrt{\frac{\sum_{i=1}^{n}(CF_i-\overline{CF})^2}{n-1}}$$

$$RSD=\frac{SD}{\overline{CF}}\times 100$$

式中：$\overline{CF}$——用 5 个标准浓度作出的平均校准因子；

CF——对于标准溶液 i 的校准因子(i=1～5)；

RSD——校准因子的相对标准偏差；

n——标准溶液的个数；

SD——标准偏差。

P.7.2 样品浓度的计算

P.7.2.1 液体样品质量浓度的计算方式如下：

$$\text{醛质量浓度}(\mu g/L)=\frac{(\text{样品峰面积})\times 100}{\overline{CF}\times V_s}$$

式中：$\overline{CF}$——被分析物的平均校准因子；

V_s——样品体积(mL)。

P.7.2.2 固体样品的浓度计算方法如下：

$$\text{醛质量浓度}(\mu g/L)=\frac{(\text{样品峰面积})\times 100}{\overline{CF}\times V_{ex}}$$

式中：$\overline{CF}$——被分析物的平均校准因子；

V_{ex}——提取溶液部分体积(mL)。

附 录 Q
（资料性附录）
固体废物 多环芳烃类的测定 高效液相色谱法

Q.1 范围

本方法适用于固体废物中苊、苊烯、蒽、苯并[a]蒽、苯并[a]芘、苯并[b]荧蒽、苯并[ghi]芘、苯并[k]荧蒽、二苯并[ah]蒽、荧蒽、芴、茚并[1,2,3-cd]芘、萘、菲、芘等多环芳烃(PAHs)的高效液相色谱法测定。各分析物的保留时间见表Q.1。

表Q.1 PHAs的高效液相色谱测定

化合物	保留时间/min	柱容量因子(K')	方法检测限/(μg/L)	
			紫 外	荧 光
萘	16.6	12.2	1.8	
苊烯	18.5	13.7	2.3	
苊	20.5	15.2	1.8	
芴	21.2	15.8	0.21	
菲	22.1	16.6		0.64
蒽	23.4	17.6		0.66
荧蒽	24.5	18.5		0.21
芘	25.4	19.1		0.27
苯并[a]蒽	28.5	21.6		0.013
䓛	29.3	22.2		0.15
苯并[b]荧蒽	31.6	24.0		0.018
苯度[k]荧蒽	32.9	25.1		0.017
苯并[a]芘	33.9	25.9		0.023
二苯并[ah]蒽	35.7	27.4		0.030
苯并[ghi]芘	36.3	27.8		0.076
茚并[1,2,3-cd]芘	37.4	28.7		0.043

注：HPLC条件：反相柱HC-ODS Sil-x，5 μm，不锈钢250 mm×ϕ2.6 mm；流动相：乙腈-水＝4∶6(体积分数)；流速0.5 mL/min，在洗脱5 min以后，以线性梯度上升，在25 min内乙腈上升到100%。如果使用是其他柱的内径值，则应保持线速度为2 mm/s。

Q.2 原理

本方法提供了用高效液相色谱检测10^{-9}级含量的多环芳烃的HPLC条件。在使用这种方法之前，必须采用适当的样品提取技术。提取物5～25 μL进入HPLC，经色谱分离后流出物用紫外(UV)和荧光检测器检测。

Q.3 试剂和材料

Q.3.1 试剂水：无有机物的试剂级水。

Q.3.2 乙腈:HPLC纯,经玻璃装置蒸馏过。

Q.3.3 贮备标准溶液

Q.3.3.1 制备质量浓度为1.00 μg/μL的贮备标准溶液,制备方法是将0.010 0 g的标准参考物质溶解在乙腈中,然后转移到10 mL容量瓶内,用乙腈稀释至刻度。如果市售的贮备标准溶液的纯度已由制造商或独立来源所确认,可直接配成各种浓度来使用。

Q.3.3.2 移取贮备标准溶液到有聚四氟乙烯衬里密封的旋盖瓶内,在4℃避光保存。贮备标准溶液要经常检查是否有降解和蒸发的迹象。

Q.3.3.3 贮备标准溶液在贮放1年以后,或者在检查中一旦发现有问题时都应立即重新配制。

Q.3.4 校准标准溶液:可利用添加乙腈稀释贮备标准溶液的方法制备,至少要配制5种不同浓度的校准溶液。其中1种浓度含量是接近但高出于方法检测限,其他4种浓度含量相当于实际样品中预期的浓度范围,或者能符合HPLC的分析范围要求。校准标准溶液在贮放半年以后,或者在检查中一旦发现有问题时都应即时重新配制。

Q.3.5 内标标准溶液(如果使用内标校准法的话)。使用这种方法时,必须选择和待测物具有相似特性的一种或多种内标标准物,同时分析者还需证实,内标标准物在测量中不受该方法和基体干扰的影响,由于上述这些条件的限制,没有一种内标能应用于所有样品。

Q.3.5.1 对每个待测物,都至少要配制5种不同浓度的校准溶液。

Q.3.5.2 对每一种校准溶液,应加入已知含量一种或多种内标溶液,然后用乙腈稀释到定容体积。

Q.3.6 替代标准物,在处理各种样品基体时加入1种或2种适合于本方法的温度程序范围的替代标准物到各种样品、标准物和试剂水中(替代标准物,如十氟代联苯,或样品中不存在的其他多环芳烃),以监测提取、净化(如需要的话)和分析系统的性能以及本方法的有效性。由于共同的洗涤问题的影响,在HPLC分析中不用待测物的,氘的同系物将作为替代标准物。

Q.4 仪器、设备

Q.4.1 K-D浓缩器。

Q.4.1.1 浓缩管:10 mL带刻度用磨口玻璃塞以避免提取物的挥发。

Q.4.1.2 蒸发烧瓶:500 mL用弹簧与浓缩器相连。

Q.4.1.3 Snyder柱:三球微型。

Q.4.1.4 Snyder柱:两球微型。

Q.4.2 沸片:用溶剂提取过,10~40目(硅碳化物或其相当物)。

Q.4.3 水浴:能控温在±5℃,该水浴应在通风橱内使用。

Q.4.4 注射器:5 mL。

Q.4.5 高压注射器。

Q.4.6 HPLC仪器。

Q.4.6.1 梯度泵系统:恒流量。

Q.4.6.2 反相色谱柱:ODS色谱柱,填料粒径为5 μm,250 mm×4.6 mm。

Q.4.6.3 检测器:紫外或荧光检测器。

Q.4.7 容量瓶:10、15和100 mL。

Q.5 分析步骤

Q.5.1 提取

Q.5.1.1 一般来说,水样的提取是按照GB 5085.3附录U,先把水样pH调为中性后用二氯甲烷提取。固体样品的提取则按照GB 5085.3附录V。为使该方法达到最高灵敏度,提取物的体积应浓缩到1 mL。

Q.5.1.2　在HPLC分析之前，提取物的溶剂必须更换为乙腈。可以用K-D浓缩器来进行这种更换，具体操作如下：

Q.5.1.2.1　将Snyder微柱连接到K-D浓缩器后，把二氯甲烷的提取物浓缩到1 mL，然后冷却和沥干至少10 min。

Q.5.1.2.2　先将水浴温度上升到95～100℃，然后把K-D浓缩器上Snyder微柱迅速移出，加入4 mL乙腈和新的沸片，安装上二球Snyder微柱并用1 mL乙腈将柱润湿，最后把这套K-D浓缩器放置到水浴上，让浓缩管的一部分被热水浸没。根据需要调整装置的垂直位置和水的温度，以使在15～20 min完成浓缩。在适合蒸发比时，Snyder柱内微球将会有"吱吱"声，但球室内不会有液体溢流。当浓缩的液体表观体积达到0.5 mL时，从水浴上移出K-D装置，让它冷却沥干至少10 min。

Q.5.1.2.3　当K-D装置冷却以后，移去Snyder微柱，并用约0.2 mL乙腈洗涤下部连接端，洗涤液流入浓缩管内，推荐用5 mL注射器来完成这一步骤，并调整提取物总体积到1.0 mL。如不立即进行以下步骤，把浓缩管取下盖上塞后贮放在4℃冰箱内。如果提取物贮放时间超过2 d，则应转移到有聚四氟乙烯衬垫密封的旋盖瓶内贮放，如不需要进一步纯化即可作HPLC分析用。

Q.5.2　HPLC分析条件

先用乙腈：水＝4：6(体积分数)以0.5 mL/min流速洗脱5 min，然后作线性梯度洗脱，在25 min内乙腈含量由40％上升到100％。如果使用其他内径的柱，则应调整流速使其线速度保持在2 mm/s。

附 录 R
（资料性附录）
固体废物 丙烯酰胺的测定 气相色谱法

R.1 范围

本方法用于固体废物中丙烯酰胺的气相色谱法测定。

本方法的方法检测限为 0.032 μg/L。

R.2 引用标准

下列文件中的条款通过在本方法中被引用而成为本方法的条款，与本方法同效。凡是不注日期的引用文件，其最新版本适用于本方法。

GB/T 6682 分析实验室用水规格和实验方法

R.3 原理

本方法是基于丙烯酰胺的双键溴化的。在经过硫酸钠盐析之后，以乙酸乙酯将反应产物(2.3-二溴丙酰胺)从反应混合物中萃取出来。萃取物经硅酸镁载体柱净化之后，用电子捕获检测器的气相色谱进行分析(GC/ECD)。化合物鉴定结果应该以至少一种其他的定性手段进行辅证。可采用另一根气相色谱确认柱或气相色谱/质谱联用来进行化合物确证。

R.4 试剂和材料

R.4.1 除另有说明外，本方法中所用的水为 GB/T 6682 规定的一级水。

R.4.2 乙酸乙酯：色谱纯。

R.4.3 二乙醚：色谱纯。必须用试纸检测不含过氧化氢。净化后，必须在每升二乙醚中加入 20 mL 乙醇作为防腐剂。

R.4.4 甲醇：色谱纯。

R.4.5 苯：色谱纯。

R.4.6 丙酮：色谱纯。

R.4.7 饱和溴水溶液：将溴和水混合摇动，在暗处 4℃下静置 1 h，使用水相溶液。

R.4.8 硫酸钠(无水，粒状)：分析纯，置于在浅托盘中，在 400℃加热 4 h，或用二氯甲烷预洗涤硫酸钠。若用二氯甲烷预洗涤硫酸钠的方法，则必须分析方法空白，以证明硫酸钠不会造成干扰。

R.4.9 硫代硫酸钠：分析纯，配制成 1 mol/L 水溶液。

R.4.10 溴化钾：分析纯，为红外检测准备。

R.4.11 浓氢溴酸：ρ=1.48 g/mL。

R.4.12 丙烯酰胺单体：纯度大于等于 95%。

R.4.13 邻苯二甲酸二甲酯：纯度 99.0%。

R.4.14 硅酸镁载体(60～100 目)：将硅酸镁载体在 130 ℃活化至少 16 h，或者将其在烘箱中 130℃储存。将 5 g 硅酸镁载体，悬浮在苯中，在玻璃柱中装柱。

R.4.15 标准贮备溶液：在 100 mL 容量瓶中，将 105.3 mg 丙烯酰胺单体溶于水中，以水稀释至刻度。将该丙烯酰胺溶液稀释，以获得质量浓度在 0.1～10 mg/L 范围内的丙烯酰胺单体标准溶液。

R.4.16 校正标准：将丙烯酰胺标准贮备溶液以水稀释，以制得质量浓度为 0.1～5 mg/L 的丙烯酰胺。在进样之前，将校正标准以和环境样品相同的方式反应和萃取。

R.4.17 内标：内标化合物为邻苯二甲酸二甲酯。在乙酸乙酯中配制质量浓度为 100 mg/L 的邻苯二甲酸二甲酯溶液。在样品萃取物和校正标准中邻苯二甲酸二甲酯的质量浓度应该为 4 mg/L。

R.5 仪器、装置

R.5.1 气相色谱仪：配有电子捕获检测器。

R.5.2 分液漏斗：150 mL。

R.5.3 容量瓶：100 mL，带有磨口玻璃塞。25 mL，棕色，带有磨口玻璃塞。

R.5.4 注射器：5 mL。

R.5.5 微量注射器：5、100 μL。

R.5.6 取液器：A 级。

R.5.7 玻璃气相色谱柱：30 cm×2 cm。

R.5.8 机械摇床。

R.6 分析步骤

R.6.1 溴化

移取 50 mL 样品到 100 mL 磨口玻璃塞容量瓶中，将 7.5 g 溴化钾溶于样品中。用浓氢溴酸调整溶液 pH 为 1～3。将容量瓶外包裹铝箔用来避光。边搅拌边加入 2.5 mL 饱和溴水溶液。将这瓶溶液在 0℃下暗处存放至少 1 h。在反应进行至少 1 h 之后，逐滴加入 1 mol/L 的硫代硫酸钠以分解过量的溴，直到溶液变为无色。加入 15 g 硫酸钠，用磁子剧烈搅拌。

R.6.2 萃取

将溶液移入一个 150 mL 的分液漏斗内。用水润洗反应瓶 3 次，每次 1 mL。将洗涤液倒入分液漏斗中。用乙酸乙酯萃取水溶液 2 次，每次 10 mL，每次萃取 2 min，用机械摇床以 240 r/min 的速度摇动。将有机相用 1 g 硫酸钠干燥后移入一个 25 mL 棕色容量瓶，用乙酸乙酯洗涤硫酸钠 3 次，每次 1.5 mL，将洗涤液和有机相合并。准确称量 100 μg 邻苯二甲酸二甲酯，加入容量瓶中，用乙酸乙酯定容至 25 mL 刻度线。每次向气相色谱注射 5 μL 该溶液。

R.6.3 净化：只要还能看到液液界面，样品就需用以下方法净化

将干燥后的提取液移入蒸发皿中，加入 15 mL 苯。在 70℃下将溶剂减压蒸发，使溶液浓缩至约 3 mL。加入 50 mL 苯，使该溶液以 3 mL/min 的流速流入硅酸镁载体柱。先用 50 mL 的二乙醚-苯(1：4)以 5 mL/min 的流速洗脱，然后用 25 mL 的丙酮-苯(2：1)以 2 mL/min 的流速洗脱。弃去所有第一次洗脱的洗脱液以及第二次洗脱的最初 9 mL 洗脱液，用其余洗脱液进行检测。采用邻苯二甲酸二甲酯(4 mg/L)作为内标。

R.6.4 气相色谱条件

氮气载气流速：40 mL/min；

柱温：165℃；

进样温度：180℃；

检测温度：185 ℃；

进样体积：5 μ L。

R.6.5 样品分析

将样品萃取液取 5 μL(含有 4 mg/L 内标)进样。图 R.1 为一个样品的 GC/ECD 色谱图的例子。

R.6.6 空白试验

除不称取样品外，均按上述步骤进行。

R.7 计算

根据以下公式来计算丙烯酰胺单体在样品中的质量浓度：

$$质量浓度(\mu g/L)=\frac{A_x \cdot \rho_{is} \cdot D \cdot V_i}{A_{is} \cdot RF \cdot V_s \cdot 1\,000}$$

式中：A_x——样品中被分析物的峰面积(或峰高)；

A_{is}——内标的峰面积(或峰高)；

ρ_{is}——浓缩样品萃取液中内标的质量浓度，$\mu g/L$；

D——稀释系数，如果样品或萃取液在分析前被稀释，没有稀释时 $D=1$，稀释系数是无量纲的；

V_i——萃取液的进样体积 μL，样品和校正标准液的进样体积必须相同；

$\overline{RF}$——初始校正的平均响应系数；

V_s——被提取或吹扫的水溶液样品体积。如果该变量的单位用升，则结果需乘以 1 000；

1 000——1 mL 等于 1 000 μL。如果进样体积(V_i)以 mL 表示，则可省去 1 000。

用此处说明的变量单位计算得到的结果质量浓度单位为 ng/mL，也等同于 $\mu g/L$。

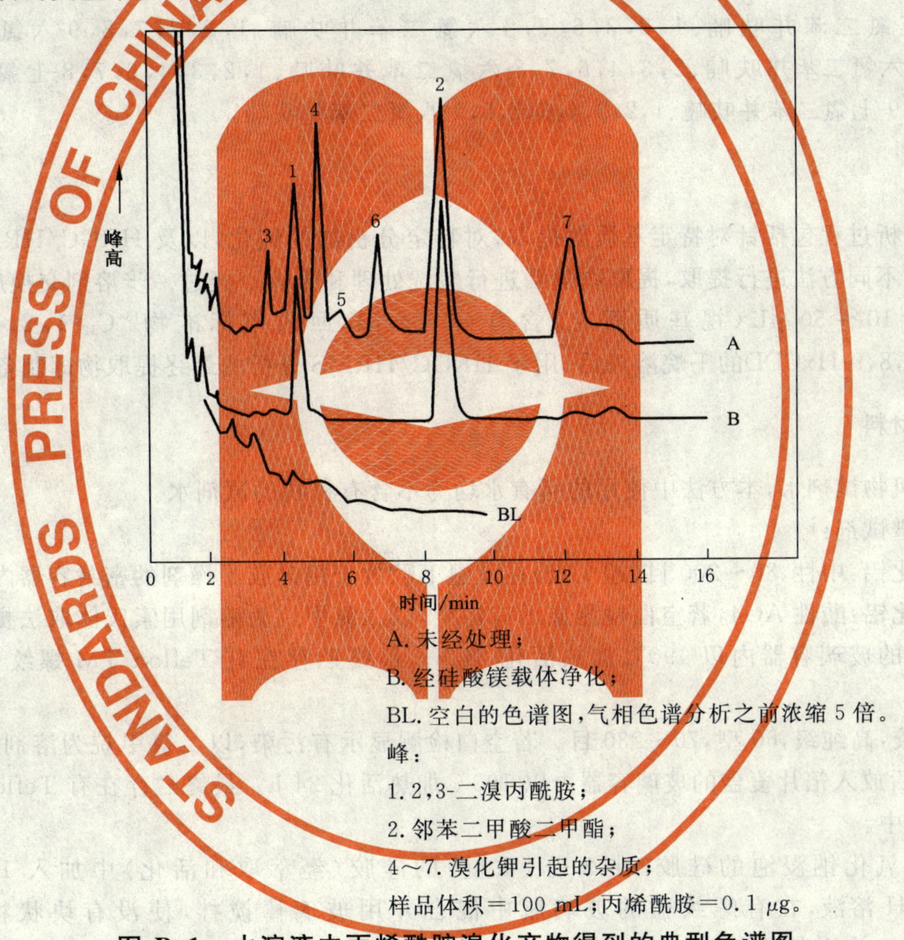

A. 未经处理；

B. 经硅酸镁载体净化；

BL. 空白的色谱图，气相色谱分析之前浓缩 5 倍。

峰：

1. 2,3-二溴丙酰胺；

2. 邻苯二甲酸二甲酯；

4～7. 溴化钾引起的杂质；

样品体积＝100 mL；丙烯酰胺＝0.1 μg。

图 R.1 水溶液中丙烯酰胺溴化产物得到的典型色谱图

附 录 S
（资料性附录）
固体废物 多氯代二苯并二噁英和多氯代二苯并呋喃的测定 高分辨气相色谱/高分辨质谱法

S.1 范围

本方法适用于固体废物中多氯代二苯并二噁英(4～8个氯的取代物;PCDDs)和多氯代二苯并呋喃(4～8个氯的取代物;PCDFs)的 10^{-6} 和 10^{-9} 量级的高分辨气相色谱/高分辨质谱法检测。包括:2,3,7,8-四氯二苯并对二噁英、1,2,3,7,8-五氯二苯并对二噁英、1,2,3,6,7,8-六氯二苯并对二噁英、1,2,3,4,7,8-六氯二苯并对二噁英、1,2,3,7,8,9-六氯二苯并对二噁英、1,2,3,4,6,7,8-七氯二苯并对二噁英、1,2,3,4,6,7,8,9-八氯二苯并对二噁英、2,3,7,8-四氯二苯并呋喃、1,2,3,7,8-五氯二苯并呋喃、2,3,4,7,8-五氯二苯并呋喃、1,2,3,6,7,8-六氯二苯并呋喃、1,2,3,7,8,9-六氯二苯并呋喃、1,2,3,4,7,8-六氯二苯并呋喃、2,3,4,6,7,8-六氯二苯并呋喃、1,2,3,4,6,7,8-七氯二苯并呋喃、1,2,3,4,7,8,9-七氯二苯并呋喃、1,2,3,4,6,7,8,9-八氯二苯并呋喃。

S.2 原理

本方法分析过程包括针对特定基质的提取,对特定分析物的纯化,以及 HRGC/HRMS 分析技术。不同基质使用不同方法进行提取,提取物随后进行酸洗处理和干燥。经过一步溶剂交换后,提取物经过纯化,在加入 10～50 μL(视基质而定)含有 50 pg/μL 回收率标准物 $^{13}C_{12}$-1,2,3,4-TCDD 和 $^{13}C_{12}$-1,2,3,7,8,9-HxCDD的壬烷溶液后,用于 HRGC/HRMS 分析的最终提取物即制备完成。

S.3 试剂和材料

S.3.1 无有机物试剂水,本方法中使用的所有水均为不含有机物的试剂水。

S.3.2 柱色谱试剂:

S.3.2.1 氧化铝:中性,80～200目(超1级)在室温下贮放于用硅胶干燥剂的密封容器内。

S.3.2.2 氧化铝:酸性 AG4,若空白检测显示有污染,以二氯甲烷为溶剂用索氏体取法提取 24 h,然后放入箔片覆盖的玻璃容器内以 190℃ 加热活化 24 h。最终贮存在有 Teflon TM 螺纹盖的密封玻璃瓶中。

S.3.2.3 硅胶:高纯级,60型,70～230目。若空白检测显示有污染,以二氯甲烷为溶剂用索氏体取法提取 24 h,然后放入箔片覆盖的玻璃容器内以 190℃加热活化 24 h。最终贮存在有 Teflon TM 螺纹盖的密封玻璃瓶中。

S.3.2.4 氢氧化钠浸泡的硅胶:在2份(重量)的硅胶(经萃取和活化)中加入1份(重量)的 1 mol/L NaOH 溶液,在有螺纹盖的玻璃瓶中混合并用玻璃棒搅拌,使没有块状物。贮存在有 Teflon TM 螺纹盖的密封玻璃瓶中。

S.3.2.5 用40%(质量分数)硫酸浸泡的硅胶:在3份(重量)的硅胶(经萃取和活化)中加入2份的浓硫酸,在有螺纹盖的玻璃瓶中混合并用玻璃棒搅拌至无块状物。贮存在有 Teflon TM 螺纹盖的密封玻璃瓶中。

S.3.2.6 Celite 助滤剂。

S.3.2.7 活性炭:用甲醇冲洗并在 110℃ 真空干燥。贮存在有 Teflon TM 螺纹盖的密封玻璃瓶中。

S.3.3 试剂:

S.3.3.1 硫酸(H_2SO_4):浓硫酸,ACS级,$\rho=1.84$。

S.3.3.2 氢氧化钾(KOH):ACS级,20%(质量分数)溶解于无有机物试剂水中。

S.3.3.3　氯化钠($NaCl$):分析纯试剂,5%(质量分数)溶解于无有机物试剂水中。

S.3.3.4　碳酸钾(K_2CO_3):无水,分析纯试剂。

S.3.4　干燥试剂:硫酸钠(Na_2SO_4),粉末状,无水,在表面皿中400℃加热纯化4 h,或用二氯甲烷预清洗。若硫酸钠用二氯甲烷预清洗过,必须做空白分析以证明硫酸钠不会引入干扰。

S.3.5　溶剂:

S.3.5.1　二氯甲烷(CH_2Cl_2):高纯,用玻璃瓶蒸馏或最高级纯。

S.3.5.2　正己烷(C_6H_{14}):高纯,用玻璃瓶蒸馏或最高级纯。

S.3.5.3　甲醇(CH_3OH):高纯,用玻璃瓶蒸馏或最高级纯。

S.3.5.4　壬烷(C_9H_{20}):高纯,用玻璃瓶蒸馏或最高级纯。

S.3.5.5　甲苯($C_6H_5CH_3$):高纯,用玻璃瓶蒸馏或最高级纯。

S.3.5.6　环己烷(C_6H_{12}):高纯,用玻璃瓶蒸馏或最高级纯。

S.3.5.7　丙酮(CH_3COCH_3):高纯,用玻璃瓶蒸馏或最高级纯。

S.3.6　高分辨浓度校准溶液,用5种含有已知浓度未标记和同位素碳-13标记的PCDDs和PCDFs的壬烷溶液校准仪器。质量浓度范围依不同物质而定,四氯化的二噁英和呋喃质量浓度最低(1.0 pg/μL),八氯化的二噁英和呋喃质量浓度最高(1 000 pg/μL)。

S.3.6.1　溶液应该在分析员的实验室配制。实验室必须在分析样品前确保所获得的(或配制的)标准溶液在适当的浓度范围内。

S.3.6.2　浓度校准溶液贮存在1 mL小瓶中室温暗处存放。

S.3.7　气相色谱柱性能鉴定溶液。

S.3.8　样品加标溶液:含有9种微量内标物的壬烷溶液。

S.3.9　基体加标混合液:用来制备MS和BSD样品的溶液。

S.4　仪器

S.4.1　高分辨气相色谱/高分辨质谱/数据系统(HRGC/HRMS/DS)—气相色谱必须有程序升温,并且所有需要的附件齐备,如进样器、载气和毛细管柱。

S.4.1.1　气相色谱进样口。

S.4.1.2　气相色谱/质谱(GC/MS)接口。

S.4.1.3　质谱:仪器的静态分辨率必须保持至少10 000(10%谷底)。

S.4.1.4　数据系统:一个专用的数据系统控制快速的多离子检测和获得数据。

S.4.2　色谱柱。

S.4.2.1　60 m DB-5熔融石英毛细管柱。

S.4.2.2　30 m DB-225熔融石英毛细管柱或同类物产品。

S.5　样品的采集、保存和预处理

S.5.1　样品采集。

S.5.1.1　样品采集人员应该尽可能在装入样品容器前将样品混匀。

S.5.1.2　随机和复合样品都应采集在玻璃容器内,瓶子在采样之前不要用样品预洗涤,采样装置必须是没有潜在污染源。

S.5.2　保存和存放时间。所有样品必须在4℃暗处存放,在30 d内要提取,在提取后45 d内应分析完毕。分析的样品一旦超过保存期限,测定结果只能被认为是样品当中至少含有的量。

S.5.3　相分离。对水分含量>25%的土壤、沉积物和纸浆样品,将50 g样品放入合适的离心瓶中以2 000 r/min离心30 min,取出离心瓶,在瓶上标记液面位置,估计两相的相对体积。用移液管将液层移入另一干净瓶中。用不锈钢刮刀混合固相物质,并取出一部分进行称重和分析(干重质量分数测定,提取)。将剩余固相物质装入原始的样品瓶(空)或装入一个干净的适合标记的样品瓶,适当保存。记录液相的粗略体积,然后作为废弃物处理。

S.5.4 干重质量分数的测定。土壤、沉积物或纸浆样品中若含有可检测量级(见下面备注)的至少一种2,3,7,8-取代的 PCDD/PCDF 同类化合物,其干重百分比可按以下程序测定。以3位有效数字称取10 g土壤或沉积物样品(±0.5 g)在通风烘箱里110℃烘至恒重,然后在干燥器中冷却。称准干燥后样品至3位有效数字,计算并记录干重百分比。不要使用这部分样品进行提取,将其按有毒废弃物处理。

备注:除非检测限被确定,否则方法定量下限将用做估测最低检出限。

$$干重质量分数(\%)=\frac{干燥后样品质量}{原样品质量}\times 100$$

注意:分散良好的被 PCDDs/PCDFs 污染的土壤和沉积物是危险的,因为含有 PCDDs/PCDFs(包括2,3,7,8-TCDD)的微粒可能被吸入或摄取。这些样品因该在有限空间进行处理(如密闭的通风橱或手套箱)。

S.6 分析步骤

S.6.1 加入内标物

S.6.1.1 取待测样品1～100 g的进行分析。表S.1提供了不同基体所需的典型样品量。然后将样品转移到配衡烧瓶中测定其质量。

S.6.1.2 在样品中加入适量的样品加标混合物。所有样品都加入100 μL样品加标混合物,使样品中的内标物含量如表S.1所示。

S.6.1.2.1 对土壤、沉积物、灰尘、水、纸浆和淤泥样品加标时,将样品加标液与1.0 mL丙酮混合。

S.6.1.2.2 对于其他基体,不要稀释壬烷溶液。

S.6.2 提取及纯化纸浆样品

S.6.2.1 在10 g混匀的纸浆样品中加入30 g无水硫酸钠并用不锈钢刮刀彻底混匀。在粉碎所有块状物后,将纸浆/硫酸钠混合物加入索氏提取器的玻璃棉塞上方,然后加入200 mL甲苯,回流16 h。容积必须每小时在体系中完全循环一次。

S.6.2.2 将S.6.2.1的提取物转移到一个250 mL容量瓶中用二氯甲烷滴定到刻度线,充分混合,定量地将全部纸浆提取液转移到配有Snyder柱的KD装置中。

备注:也可以选用旋转蒸发仪代替KD装置进行提取液浓缩。

S.6.2.3 加入Teflon TM沸石或同类产品。将提取液在水浴中浓缩到表观体积10 mL。从水浴中取出装置冷却5 min。

S.6.2.4 向KD瓶中加入50 mL正己烷和一新沸石。在水浴中浓缩至表观体积5 mL。从水浴中取出装置冷却5 min。

备注:二氯甲烷必须在下步之前被完全除去。

S.6.2.5 取出并倒转Snyder柱,然后用正己烷向KD装置中冲洗两次,每次1 mL。将KD装置和浓缩管中的溶液倒入125 mL分液漏斗。用正己烷冲洗KD装置两次,每次5 mL,合并入分液漏斗。然后按照S.6.4.1.1开始的说明进行纯化。

S.6.3 环境和废弃物样品的提取和纯化

S.6.3.1 淤泥/燃料油

S.6.3.1.1 将约2 g含水淤泥或燃料油样品放入盛有50 mL甲苯的125 mL连有一个Dean-Stark分水器的烧瓶内回流提取,连续回流样品直到水被全部除去为止。

备注:若淤泥或燃料油样品溶解于甲苯,则按S.6.3.2进行处理。若标记的淤泥样品来源于纸浆(造纸厂),则按从S.6.2开始的方法处理,但不加硫酸钠。

S.6.3.1.2 样品冷却后,用玻璃纤维过滤器或与其相当的过滤器过滤甲苯提取物到100 mL圆底烧瓶内。

S.6.3.1.3 用10 mL甲苯洗涤过滤器,合并洗液和提取液。

S.6.3.1.4 在旋转蒸发仪内于50℃下浓缩近干。也可在惰性气氛下浓缩提取液,然后按S.6.3.4进行操作。

S.6.3.2 釜脚/油:

S.6.3.2.1 为提取釜脚样品,先将10 g样品和10 mL甲苯(苯)在小烧杯中混合,然后用玻璃纤维滤纸(或相当物)过滤,滤液装入50 mL圆底烧瓶内,再用10 mL甲苯洗涤烧杯和过滤器。

S.6.3.2.2 合并滤液和洗液,用旋转蒸发器在50℃下浓缩近干,下步处理见S.6.4。

S.6.3.3 浮尘:

备注:因浮尘有漂浮倾向,所有操作步骤应在通风处内进行,使污染最小化。

S.6.3.3.1 称取10 g浮尘,准确到小数点后第二位,并装入提取瓶中。加入100 μL样品加标液用丙酮稀释至1 mL,再加入150 mL 1 mol/L HCl。用Teflon TM螺纹盖密封广口瓶,室温震荡3 h。

S.6.3.3.2 用甲苯冲洗玻璃纤维滤器,样品经Buchner漏斗中的滤纸过滤后,流入1 L烧瓶。用约500 mL无有机物试剂水冲洗浮尘块并在干燥器中室温干燥过夜。

S.6.3.3.3 加入10 g无水硫酸钠粉末,充分混合,放置在密闭容器中1 h,再混合,再放置1 h,第三次混合。

S.6.3.3.4 将样品和滤纸一起放入提取套管中,用200 mL甲苯在索氏提取装置按5个/h循环的程序提取16 h。

备注:也可以甲苯为溶剂,用Soxhlet/Dean Stark萃取器进行操作,此法必须要加入硫酸钠。

S.6.3.3.5 待样品冷却后,经玻璃纤维滤膜过滤到500 mL圆底烧瓶内,再用10 mL甲苯洗涤过滤器,合并洗液和滤液,在旋转蒸发器内50℃下浓缩近干,下步处理见S.6.4.4。

S.6.3.4 用15 mL已烷将接近干涸样品转移到125 mL分液漏斗中,用两份5 mL正已烷先后洗涤烧瓶,将洗涤液也倒入漏斗内,加入50 mL质量分数为5% NaCl溶液一起振荡2 min,弃去水层后,下步处理见S.6.4。

S.6.3.5 含水样品

S.6.3.5.1 样品达到室温,为了能最后确定样品的确切体积,在1 L样品瓶的外壁上做一个水样弯月面的标记。按要求加入丙酮稀释的样品加标液。

S.6.3.5.2 当样品中含有1%或更多固体物质,必须先用玻璃纤维滤纸进行过滤,然后用甲苯冲洗滤纸。若悬浮的固体物质多到无法用0.45 μm滤纸过滤,要将样品离心,倒出水相进行过滤。

备注:造纸厂流出水样通常含有0.02%~0.2%固体物质,不需要过滤。但为得到最佳分析结果,所有流出水样应该过滤,固相合液相分别提取,再合并提取液。

S.6.3.5.3 合并离心管中的固体物质和滤纸及其上面的颗粒,用S.6.4.6.1~S.6.4.6.4描述的索氏提取方法提取。取出倒转Snyder柱,并用1 mL正已烷冲洗到KD装置中。

S.6.3.5.4 将滤液倒入2 L分液漏斗,向样品瓶内加入60 mL氯甲烷,密封后摇荡30 min以洗涤瓶的内壁后,转移到分液漏斗内,摇荡2 min,并定时排气以提取样品。

S.6.3.5.5 至少静置10 min待有机相和水相分离,如果在两相的层间出现乳化层,且乳化层高度大于溶液层高度的1/3,那么分析者必须使用机械技术来完成相分离(如玻璃搅棒)。

S.6.3.5.6 把样品提取液通过装有玻璃棉滤团和5 g无水硫酸钠的过滤漏斗后,将二氯甲烷层直接收集到500 mL K-D装置内(装有一个10 mL浓缩管)。

备注:也可用旋蒸仪代替KD装置进行提取液浓缩。

S.6.3.5.7 用二氯甲烷重复提取两次,每次60 mL。第三次提取后,用30 mL二氯甲烷冲洗硫酸钠,确保定量转移。混合所有提取物和洗液,加入KD装置中。

备注:如果在实验中样品发生了严重乳化问题或者在分液漏斗中遇到了乳化问题,则应使用连续的液-液提取器来代替分液漏斗。将60 mL的二氯甲烷加入到样品瓶内,密封后摇荡30 min以洗涤瓶的内壁,将溶剂转移入提取器内;再用50~100 mL二氯甲烷加入样品瓶内作重复操作。另外,用200~500 mL二氯甲烷加入与提取器相连蒸馏烧瓶内,为了便于操作还加入足够量的无有机物试剂水,然后提取24 h。冷却后,拆下蒸馏烧瓶,按S.6.3.5.6和S.6.3.5.8到

S.6.3.5.10 要求干燥和浓缩提取物。再按 S.6.3.5.11 继续进行下步操作。

S.6.3.5.8 将 Snyder 柱连接到浓缩器上，在水浴上将提取物浓缩到大约 5 mL 体积，移下 K-D 浓缩器，并至少冷却 10 min。

S.6.3.5.9 取下 Snyder 柱，加入 50 mL 正己烷和用索氏提取法得到的固体悬浮物提取液(S.6.3.5.3)，再重新连上 Snyder 柱，浓缩到大约 5 mL 体积。在进行第二次浓缩之前，应加入新沸石到 K-D 浓缩器内。

S.6.3.5.10 用正己烷洗涤烧瓶和低处借口两次，每次 5 mL，合并提取液和洗液，最后体积大约为15 mL。

S.6.3.5.11 为确定原始样品体积，在样品瓶中装水至标记处，并转移到 1 000 mL 量筒。记录样品体积，精确到 5 mL，然后按 S.6.5 处理。

S.6.3.6 土壤/沉积物：

S.6.3.6.1 在样品(如 10 g)中加入 10 g 无水硫酸钠粉末，用不锈钢刮刀混合均匀。所有块状物被粉碎后，将土壤/硫酸钠混合物加入带有玻璃棉塞的索氏提取器中(也可用提取管)。

备注：也可用 Soxhlet/Dean Stark 提取器代替，以甲苯为溶剂。此时不加硫酸钠。

S.6.3.6.2 在索氏提取器中加入 200～250 mL 甲苯，回流 16 h。溶剂必须每小时在体系中完全循环5 次。

备注：若干燥样品物自由流动黏度，必须多加硫酸钠。

S.6.3.6.3 提取物冷却后经玻璃纤维滤纸，流入 500 mL 圆底烧瓶，以蒸发甲苯。用甲苯洗涤滤纸，与滤液合并后用旋蒸仪在 50℃ 蒸发近干。从水浴取出烧瓶，冷却 5 min。

S.6.3.6.4 用 15 mL 正己烷将残渣转移入 125 mL 分液漏斗，用正己烷冲洗烧瓶两次，也加入漏斗。按 S.6.5 进行下步操作。

S.6.4 纯化

S.6.4.1 分离：

S.6.4.1.1 用 40 mL 浓盐酸分离正己烷提取物，振荡 2 min。取出并弃置浓硫酸层(底层)。重复酸洗直到酸层没有可见颜色(酸洗最多 4 次)。

S.6.4.1.2 用 40 mL 5%(质量分数)氯化钠水溶液分离提取液。振荡 2 min，取出并弃置水层(底层)。

S.6.4.1.3 用 40mL 20%(质量分数)氢氧化钾(KOH)水溶液分离提取液。振荡 2 min，放出下部水层弃去，重复用碱洗至下部水层内观察不到颜色时止(碱洗最多只进行 4 次)，因为强碱(KOH)会使某些 PCDDs 或 PCDFs 降解，所以与碱接触时间应越短越好。

S.6.4.1.4 用 40 mL 5%(质量分数)氯化钠水溶液分离提取液。振荡 2 min，取出并弃去水层(底层)。使提取液流经玻璃棉上带有硫酸钠的漏斗进行干燥，收集流出液倒 50 mL 圆底烧瓶。用正己烷冲洗含硫酸钠的漏斗两次，每次 15 mL，然后用旋蒸仪(35℃水浴)浓缩正己烷溶液至近干，确保全部甲苯被蒸干。也可吹惰性气体浓缩提取液。

S.6.4.2 硅/铝柱纯化：

S.6.4.2.1 填充一根带有聚四氟乙烯旋塞的硅胶柱(玻璃，30 cm×10.5 mm)：在柱的底部插入玻璃棉滤团，加入 1 g 硅胶，轻轻敲击柱，使硅胶沉降。再加入 2 g 氢氧化钠浸泡的硅胶，4 g 硫酸浸泡的硅胶和 2 g 硅胶。每次加入后都轻敲柱。可能需要使用微弱正压力的纯净氮气(0.03 MPa)。用 10 mL 正己烷淋洗柱子，当加入的正己烷逐渐往下移动到顶层硅胶将要接触到空气前时，立即关闭聚四氟乙烯旋塞，流出柱外的淋洗液弃去。检查柱内是否出现沟槽，如果有沟槽出现则此柱不能使用。切勿敲击湿柱。

S.6.4.2.2 填充一根带有聚四氟乙烯旋塞的氧化铝柱(玻璃，300 mm×10.5 mm)：在柱的底部插入玻璃棉滤团，然后加入 4 g 硫酸钠层，再加入 4 g Woelm®Super 1 中性氧化铝层，轻轻敲击柱的顶部使硫酸钠层和氧化铝层逐渐填充紧密。Woelm®Super 1 中性氧化铝使用前不需要活化和清洗，但要保存在密封的干燥器内。在氧化铝层上部再加入 4 g 无水硫酸钠覆盖氧化铝，再用 10 mL 正己烷淋洗柱子，当加入的己烷逐渐往下移动到上层硫酸钠将要接触到空气前时，立即关闭聚四氟乙烯旋塞，流出柱外的淋洗液弃去。检查柱内是否出现沟槽：如果有沟槽出现则此柱不能使用。切勿敲击湿柱。

备注：酸性氧化铝(S.5.2.2)也可用来代替中性氧化铝。

S.6.4.2.3 将 S.6.4.1.4 的残留物，用 2 mL 正己烷溶解，将此己烷溶液加入柱的顶部。再用足够量正己烷(3～4 mL)冲洗烧瓶，将样品定量转移到硅胶柱表面。

S.6.4.2.4 用 90 mL 正己烷冲洗硅胶柱，用旋蒸仪(35℃水浴)浓缩流出液至约 1 mL，然后将浓缩液加入氧化铝柱顶部(S.6.4.2.2)。用 2 mL 正己烷冲洗旋蒸仪两次，洗液也加入氧化铝柱顶部。

S.6.4.2.5 将 20 mL 正己烷加入氧化铝柱，然后使正己烷流出，直至液面刚好低于硫酸钠顶部。不要弃去流出的正己烷，用另一烧瓶收集贮存待后面使用。如果回收率不理想，可以用其来检测标记分析物的流失位置。

S.6.4.2.6 在氧化铝柱中加入 15 mL 含 60%二氯甲烷的正己烷溶液(体积分数)，用 15 mL 锥形浓缩管收集流出液。通入仔细调节的氮气流，浓缩 60%二氯甲烷的正己烷溶液至 2 mL。

S.6.4.3 碳柱纯化：

S.6.4.3.1 制备 AX-21/Celite 545® 柱：彻底混合 5.4 g 活性炭 AX-21 和 62.0 g Celite 545®，制备 8%(质量分数)混合物。130℃活化该混合物 6 h，并贮存在保干器中。

S.6.4.3.2 一次性血清学用的 10 mL 吸液管，切割两端制成 10 cm(4in)的柱，然后在火上把管的两头烧圆滑，必要时还扩成喇叭口。在一端塞入玻璃棉滤团后填充进足够的 Celite 545® 形成 1 cm 堵头，加入 1 g AX-21/Celite 545® 混合物，顶端再加 Celite 545®（足够形成 1 cm 堵头），用另一玻璃棉将填充物盖上。

备注：每批新的 AX-21/Celite 545® 必须进行如下检测：在 950 μL 正己烷中加入 50 μL 连续标准液，使之经过碳柱纯化操作，浓缩到 50 μL 进行分析。若任何分析物的回收率小于 80%，弃去这批 AX-21/Celite 545®。

S.6.4.3.3 依次用 5 mL 甲苯、2 mL 75：20：5(体积分数)二氯甲烷/甲醇/甲苯，1 mL 1：1(体积分数)环己烷/二氯甲烷和 5 mL 正己烷冲洗 AX-21/Celite 545® 柱。弃去洗液。当柱还被正己烷浸润时，在柱顶加入样品浓缩液(S.6.4.2.6)。用 1 mL 正己烷冲洗样品浓缩管(盛放样品浓缩液)两次，洗液也加入柱顶。

S.6.4.3.4 依次用正己烷冲洗两次，2 mL 环己烷/二氯甲烷(50：50，体积分数)和 2 mL 二氯甲烷/甲醇/甲苯(75：20：5，体积分数)各一次。洗液混合，该混合液可以用来检测柱效。

S.6.4.3.5 将柱倒置，用 20 mL 甲苯冲洗 PCDD/PCDF 组分。确保流出液中没有碳粒，若有，则用玻璃纤维滤纸(0.45 μm)过滤，并用 2 mL 甲苯冲洗滤纸。将洗液加入流出液中。

S.6.4.3.6 用旋蒸仪在 50℃水浴中将甲苯溶液浓缩至约 1 mL，小心转移浓缩液到 1 mL 小瓶中。然后在升温(50℃)的沙浴中通入氮气流，使体积减至约 100 μL。用 300 μL 1%甲苯的二氯甲烷溶液冲洗旋蒸烧瓶 3 次，洗液并入浓缩液。在土壤、沉积物、水、纸浆样品中加入 10 μL 壬烷回收标准液，或在淤泥、釜脚和浮尘样品中加入 50 μL 该标准液。室温暗处存放样品。

S.6.5 色谱/质谱条件和数据采集参数

S.6.5.1 气相色谱：

柱涂料：DB-5；

涂膜厚：0.25 μm；

柱尺寸：60 m×0.32 mm；

进样口温度：270℃；

不分流阀时间：45 s；

接口温度：随最终温度而定；

程序升温：200℃，保持 2 min，5℃/min；到 220℃，保持 16 min，5℃/min；到 235℃，保持 7 min，5℃/min；到 230℃，保持 5 min。

S.6.5.2 质谱：

S.6.5.2.1 质谱必须使用选择离子监测(SIM)模式，循环时间为 1 s 或更短(S.6.5.3.1)。至少对于 5 个SIMMRM 时间序列中每一种应监测的离子必须进行监测。除最后一个 MRM 时间序列(OCDD/OCDF)外，所有 MRM 时间序列都包含 10 种离子。对于本身含有较高浓度 HxCDDs 和 HpCDDs的样品，即使在高分辨质谱条件下，也要选择 M 和 M＋2 作为 13C-HxCDF 和 13C-HpCDF 分子离子，而不是 M＋2 和 M＋4(保持连续性)，是为了消除这两个离子通道中的干扰。对于标准液和样品提取液，保持一致的离子设定是非常重要的。锁定质量由操作实验室自行选择。

S.6.5.2.2 建议质谱的调谐条件选择离子组而定。使用调谐液，在 m/z 为 304.982 4 或其他任何靠近 m/z 303.901 6(源于 TCDF)的参考信号，调整仪器到最低要求的分辨率 10 000(10％谷底)。通过峰匹配条件和上述的 PFK 参照峰，确定 m/z 380.976 0(PFK)的精确质量在 5×10^{-6}的要求值内。

注意：选择高、低质量离子时，必须保证它们在 5 个质量检测器中的任何一个内有最大的电压跳跃。

S.6.5.3 数据采集：

S.6.5.3.1 数据采集的总时间必须小于 1 s。总时间包括所有弛豫时间和电压重设时间之和。

S.6.5.3.2 采集所有 5 种 MRM 时间序列监测的全部离子的 SIM 数据。

S.6.6 校准

S.6.6.1 初始校准：

初始校准分析样品中 $PCDD_s$ 和 $PCDF_s$ 之前，和任何常规校准方法(S.6.6.3)不能达到 S.6.6.2 所列标准时所需的校准方法。

S.6.6.2 良好校准的标准：

17 种未标记的标准物平均响应因子[RF_n 和 RF_m]的相对标准差百分数必须不超过±20％，对于 9 种标记的参照化合物必须不超过±30％。每个 SICP(包括加标化合物)中 GC 信号的信噪比必须大于10。

S.6.6.3 常规校准(连续校准检测)：

常规校准必须在成功的质量分辨和 GC 分辨验收后，在 12 h 期间开始时进行。在 12 h 末尾交替时也需要作常规校准。

S.6.6.4 合格常规校准的标准：

在下一步操作前，下面的标准必须满足。

S.6.6.4.1 在常规校准中得到的 RF_s 值[未标记标准物的 RF_n 值]必须在初始校准测得的平均值的±20％范围内。

S.6.6.4.2 在常规校准中得到的 RF_s 值[标记标准物的 RF_m 值]必须在初始校准测得的平均值的±30％范围内。

S.6.6.4.3 离子强度比必须在允许的控制限内。

S.6.7 分析

S.6.7.1 取出贮存的样品或空白提取液(S.6.4.3.6)，通入干燥纯净的氮气，使提取物体积减小至10～50 μL。

注意：最终体积为 20 μL 或更多的溶液用来测试。最终 10 μL 的体积很难操作，并且从 10 μL 中取出 2 μL 进样，几乎没有剩余样品用来确认和重复进样。

S.6.7.2 向 GC 中进样 2 μL 提取液，在对性能鉴定溶液能得到满意结果的条件下进行操作(S.6.5.1 和 S.6.5.2)。

S.6.7.3 鉴定标准

一个气相色谱峰被鉴定为一种 PCDD 或 PCDF，必须符合下列全部标准：

S.6.7.3.1 保留时间：

S.6.7.3.1.1 对于2,3,7,8-取代的组分，若样品提取液(代表总共含有10种共存物包括OCDD;其中含有一个同位素标记的内标物或回收率标准物，样品组分的保留时间(RRT，在最大峰高处)必须在同位素标记标准物的-1～+3 s内。

S.6.7.3.1.2 对于样品提取液中不含其同位素取代的内标物的2,3,7,8-取代的化合物，保留时间必须落入常规校准测定的相对保留时间的0.005个保留时间单位内。鉴定OCDF是基于其相对于13C12-OCDD在每日常规校准结果中的保留时间。

S.6.7.3.1.3 对于非2,3,7,8-取代的化合物(4～8，共119个组分)，其保留时间必须在柱性能溶液检测中建立的该种系列化合物的保留时间窗内。

S.6.7.3.1.4 用于定量的两种离子的离子流响应(例如，对于TCDDs:m/z 319.8 965和321.8 936)必须同时(±2 s)达到最大值。

S.6.7.3.1.5 标记标准物的两种离子的离子流响应必须同时(±2 s)达到最大值。

S.6.7.3.2 信噪比：

对于确定一个PCDD/PCDF化合物或者一组共流出异构体的存在，所有的离子流强度必须≥2.5倍噪音。

S.6.7.3.3 多氯代二苯醚干扰：

除上述标准外，只有当在相应的多氯代二苯醚(PCDPE)通道没有检测到具有相同保留时间(±2 s)且S/N>2.5的峰，才能鉴定一个GC峰为PCDF。

S.7 结果计算

用下列公式计算PCDD或化合物质量分数：

$$W_x = \frac{A_x \cdot M_{is}}{A_{is} \cdot W \cdot \overline{RF_n}}$$

式中：W_x——用pg/g表示的为标记的PCDD/PCDF组分的质量分数(或一组属于同类化合物的共流出异构体)；

A_x——未标记的PCDDs/PCDFs的定量离子的积分离子强度总和；

A_{is}——内标物的定量离子(表S.2)的积分离子强度总和；

M_{is}——样品提取前加入内标物的质量，pg；

W——以g为单位的样品质量(固体或有机液体)，或以mL为单位的水样体积；

$\overline{RF_n}$——计算得到的分析物平均相对响应因子(其中n=1～17)。

表S.1 基本类型，样品量和基于2,3,7,8-TCDD的方法校准限(10^{-12}量级)

	水	土壤沉积物纸浆[b]	浮尘	鱼组织[c]	人类脂肪组织	淤泥燃料油	釜脚
MCL[a]下限	0.01	1.0	1.0	1.0	1.0	5.0	10
MCL[a]上限	2	200	200	200	200	1 000	2 000
质量/g	1 000	10	10	20	10	2	1
内标量/10^{-12}	1	100	100	100	100	500	1 000
最终提取液体积/μL	10～50	10～50	50	10～50	10～50	50	50

a 对于其他物质，TCDF/PeCDD/PeCDF乘以1，HxCDD/HxCDF/HpCDD/HpCDF乘以2.5，OCDD/OCDF乘以5。

b S.5.3样品除水，见S.5.3。

c 20 g样品提取液中的一半用来测定油脂含量。

备注：若表观状态相似，化学反应器残渣外理方法同釜脚。

表 S.2 HRGC/HRMS 分析 PCDDs/PCDFs 的监测离子

MRM 时间序列	准确质量(a)	离子 ID	元素组成	分析物
1	303.901 6	M	$C_{12}H_4{}^{25}Cl_4O$	TCDF
	305.898 7	M+2	$C^{12}H^4Cl_3{}^{37}ClO$	TCDF
	315.941 9	M	$^{13}C_{12}H_4Cl_4O$	TCDF(S)
	317.938 9	M+2	$^{13}C_{12}H_4{}^{35}Cl_3{}^{37}ClO$	TCDF(S)
	319.896 5	M	$C^{12}H_4{}^{35}Cl_4O_2$	TCDD
	321.893 6	M+2	$C_{12}H_4{}^{35}Cl_3{}^{37}ClO_2$	TCDD
	331.936 8	M	$^{13}C_{12}H_4{}^{35}Cl_4O_2$	TCDD(S)
	333.933 8	M+2	$^{13}C_{12}H_4{}^{35}Cl_3{}^{37}ClO_2$	TCDD(S)
	375.836 4	M+2	$C_{12}H_4{}^{35}Cl_3{}^{37}ClO_2$	HxCDPE
	[354.979 2]	LOCK	C_9F_{13}	PFK
2	339.859 7	M+2	$C_{12}H_3{}^{35}Cl_4{}^{37}ClO$	PeCDF
	341.856 7	M+4	$C_{12}H_3{}^{35}Cl_4{}^{37}Cl_2O$	PeCDF
	351.900 0	M+2	$^{13}C_{12}H_3{}^{35}Cl_4{}^{37}ClO$	PeCDF(S)
	353.897 0	M+4	$^{13}C_{12}H_3{}^{35}Cl_3{}^{37}Cl_2O$	PeCDF(S)
	355.854 6	M+2	$C_{12}H_3{}^{35}Cl_4{}^{37}ClO_2$	PeCDD
	357.851 6	M+4	$C_{12}H_3{}^{35}Cl_3{}^{37}Cl_2O_2$	PeCDD
	367.894 9	M+2	$^{13}C_{12}H_3{}^{35}Cl_4{}^{37}ClO_2$	PeCDD(S)
	369.891 9	M+4	$^{13}C_{12}H_3{}^{35}Cl_3{}^{37}Cl_2O_2$	PeCDD(S)
	409.797 4	M+2	$C_{12}H_3{}^{35}Cl_6{}^{37}ClO$	HpCDPE
	[354.979 2]	LOCK	C_9F_{13}	PFK
3	373.820 8	M+2	$C_{12}H_2{}^{35}Cl_5{}^{37}ClO$	HxCDF
	375.817 8	M+4	$C_{12}H_2{}^{35}Cl_4{}^{37}Cl_2O$	HxCDF
	383.863 9	M	$^{13}C_{12}H_2{}^{35}Cl_6O$	HxCDF(S)
	385.816 0	M+2	$^{13}C_{12}H_2{}^{35}Cl_5{}^{37}ClO$	HxCDF(S)
	389.815 6	M+2	$C_{12}H_2{}^{35}Cl_5{}^{37}ClO_2$	HxCDD
	391.812 7	M+4	$C_{12}H_2{}^{35}Cl_{54}{}^{37}Cl_2O_2$	HxCDD
	401.855 9	M+2	$^{13}C_{12}H_2{}^{35}Cl_5{}^{37}ClO_2$	HxCDD(S)
	403.852 9	M+4	$^{13}C_{12}H_2{}^{35}Cl_{54}{}^{37}Cl_2O_2$	HxCDD(S)
	445.755 5	M+4	$C_{12}H_2{}^{35}Cl_6{}^{37}Cl_2O$	OCDPE
	[430.972 8]	LOCK	C_9F_{17}	PFK
4	407.781 8	M+2	$C_{12}H^{35}Cl_6{}^{37}ClO$	HpCDF
	409.778 8	M+4	$C_{12}H^{35}Cl_5{}^{37}Cl_2O$	HpCDF
	417.825 0	M	$C_{12}H^{35}Cl_7O$	HpCDF(S)
	419.822 0	M+2	$^{13}C_{12}H^{35}Cl_6{}^{37}ClO$	HpCDF
	423.776 7	M+2	$C_{12}H^{35}Cl_6{}^{37}ClO_2$	HpCDD

表 S.2 （续）

MRM 时间序列	准确质量(a)	离子 ID	元素组成	分析物
4	425.773 7	M+4	$C_{12}H^{35}Cl_5{}^{37}Cl_2O_2$	HpCDD
	435.816 9	M+2	$^{13}C_{12}H^{35}Cl_6{}^{37}ClO_2$	HpCDD(S)
	437.814 0	M+4	$^{13}C_{12}H^{35}Cl_5{}^{37}Cl_2O_2$	HpCDD(S)
	479.716 5	M+4	$C_{12}H^{35}Cl_7{}^{37}Cl_2O$	NCDPE
	[430.972 8]	LOCK	C_9F_{17}	PFK
5	441.742 8	M+2	$C_{12}{}^{35}Cl_7{}^{37}ClO$	OCDF
	443.739 9	M+4	$C_{12}{}^{35}Cl_6{}^{37}Cl_2O$	OCDF
	457.737 7	M+2	$C_{12}{}^{35}Cl_7{}^{37}ClO_2$	OCDD
	459.734 8	M+4	$C_{12}{}^{35}Cl_6{}^{37}Cl_2O_2$	OCDD
	469.778 0	M+2	$^{13}C_{12}{}^{35}Cl_7{}^{37}ClO_2$	OCDD(S)
	471.775 0	M+4	$^{13}C_{12}{}^{35}Cl_6{}^{37}Cl_2O_2$	OCDD(S)
	513.677 5	M+4	$C_{12}{}^{35}Cl_8{}^{37}Cl_2O$	DCDPE
	[442.972 8]	LOCK	$C_{10}F_{17}$	PFK

注：(a)采用下列元素质量：

H=1.007 825；　O=15.994 915；

C=12.000 000；　^{35}Cl=34.968 853；

^{13}C=13.003 355；　^{37}Cl=36.965 903；

F=18.998 4；

S=内标/回收率标准物。

ICS 13.030.50
Z 70

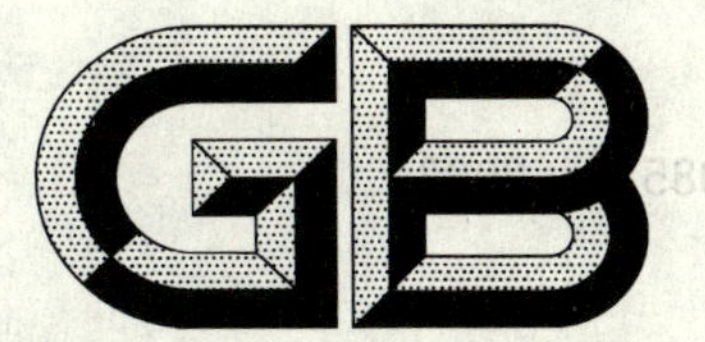

中华人民共和国国家标准

GB 5085.7—2007

危险废物鉴别标准 通则

Identification standards for hazardous wastes General specifications

2007-04-25 发布

2007-10-01 实施

国家环境保护总局
国家质量监督检验检疫总局
发布

前　言

为贯彻《中华人民共和国环境保护法》和《中华人民共和国固体废物污染环境防治法》，防治危险废物造成的环境污染，加强对危险废物的管理，保护环境，保障人体健康，制定本标准。

本标准是国家危险废物鉴别标准的组成部分。国家危险废物鉴别标准规定了固体废物危险特性技术指标，危险特性符合标准规定的技术指标的固体废物属于危险废物，须依法按危险废物进行管理。国家危险废物鉴别标准由以下7个标准组成：

1.危险废物鉴别标准　通则

2.危险废物鉴别标准　腐蚀性鉴别

3.危险废物鉴别标准　急性毒性初筛

4.危险废物鉴别标准　浸出毒性鉴别

5.危险废物鉴别标准　易燃性鉴别

6.危险废物鉴别标准　反应性鉴别

7.危险废物鉴别标准　毒性物质含量鉴别

本标准为新增部分。

按照有关法律规定，本标准具有强制执行的效力。

本标准由国家环境保护总局科技标准司提出。

本标准起草单位：中国环境科学研究院环境标准研究所、固体废物污染控制技术研究所。

本标准国家环境保护总局2007年3月27日批准。

本标准自2007年10月1日起实施。

本标准由国家环境保护总局解释。

危险废物鉴别标准　通则

1　范围

本标准规定了危险废物的鉴别程序和鉴别规则。

本标准适用于任何生产、生活和其他活动中产生的固体废物的危险特性鉴别。

本标准适用于液态废物的鉴别；但不适用于排入水体的废水的鉴别。

本标准不适用于放射性废物。

2　规范性引用文件

下列文件中的条款通过 GB 5085 的本部分的引用而成为本标准的条款。凡是不注日期的引用文件，其最新版本适用于本标准。

GB 5085.1　危险废物鉴别标准　腐蚀性鉴别

GB 5085.2　危险废物鉴别标准　急性毒性初筛

GB 5085.3　危险废物鉴别标准　浸出毒性鉴别

GB 5085.4　危险废物鉴别标准　易燃性鉴别

GB 5085.5　危险废物鉴别标准　反应性鉴别

GB 5085.6　危险废物鉴别标准　毒性物质含量鉴别

《固体废物鉴别导则(试行)》(国家环境保护总局、国家发展和改革委员会、商务部、海关总署、国家质量监督检验检疫总局公告，2006 年第 11 号)

《国家危险废物名录》

3　术语和定义

下列术语和定义适用于本标准。

3.1

固体废物　solid waste

是指在生产、生活和其他活动中产生的丧失原有利用价值或者虽未丧失利用价值但被抛弃或者放弃的固态、半固态和置于容器中的气态的物品、物质以及法律、行政法规规定纳入固体废物管理的物品、物质。

3.2

危险废物　hazardous waste

是指列入国家危险废物名录或者根据国家规定的危险废物鉴别标准和鉴别方法认定的具有腐蚀性、毒性、易燃性、反应性和感染性等一种或一种以上危险特性，以及不排除具有以上危险特性的固体废物。

4　鉴别程序

危险废物的鉴别应按照以下程序进行：

4.1　依据《中华人民共和国固体废物污染环境防治法》、《固体废物鉴别导则》判断待鉴别的物品、物质是否属于固体废物，不属于固体废物的，则不属于危险废物。

4.2　经判断属于固体废物的，则依据《国家危险废物名录》判断。凡列入《国家危险废物名录》的，属于危险废物，不需要进行危险特性鉴别(感染性废物根据《国家危险废物名录》鉴别)；未列入《国家危险废物名录》的，应按照第4.3条的规定进行危险特性鉴别。

4.3 依据GB 5085.1～GB 5085.6鉴别标准进行鉴别，凡具有腐蚀性、毒性、易燃性、反应性等一种或一种以上危险特性的，属于危险废物。

4.4 对未列入《国家危险废物名录》或根据危险废物鉴别标准无法鉴别，但可能对人体健康或生态环境造成有害影响的固体废物，由国务院环境保护行政主管部门组织专家认定。

5 危险废物混合后判定规则

5.1 具有毒性(包括浸出毒性、急性毒性及其他毒性)和感染性等一种或一种以上危险特性的危险废物与其他固体废物混合，混合后的废物属于危险废物。

5.2 仅具有腐蚀性、易燃性或反应性的危险废物与其他固体废物混合，混合后的废物经GB 5085.1、GB 5085.4和GB 5085.5鉴别不再具有危险特性的，不属于危险废物。

5.3 危险废物与放射性废物混合，混合后的废物应按照放射性废物管理。

6 危险废物处理后判定规则

6.1 具有毒性(包括浸出毒性、急性毒性及其他毒性)和感染性等一种或一种以上危险特性的危险废物处理后的废物仍属于危险废物，国家有关法规、标准另有规定的除外。

6.2 仅具有腐蚀性、易燃性或反应性的危险废物处理后，经GB 5085.1、GB 5085.4和GB 5085.5鉴别不再具有危险特性的，不属于危险废物。

7 标准实施

本标准由县级以上人民政府环境保护行政主管部门负责监督实施。

ICS 29.020
K 04

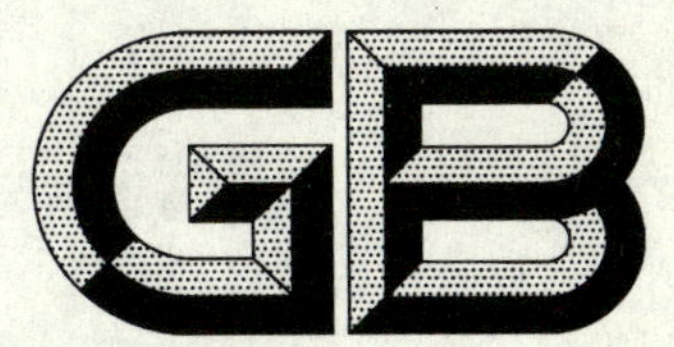

中华人民共和国国家标准

GB/T 5169.1—2007/IEC 60695-4:2005
代替 GB/T 5169.1—1997

电工电子产品着火危险试验 第1部分:着火试验术语

Fire hazard testing for electric and eletronic products —Part 1:Terminology concerning fire tests

(IEC 60695-4:2005,Fire hazard testing—Part 4:Terminology concerning fire tests for electrotechnical products,IDT)

2007-08-06 发布　　2008-03-01 实施

中华人民共和国国家质量监督检验检疫总局
中国国家标准化管理委员会　发布

前言

GB/T 5169《电工电子产品着火危险试验》目前包括以下部分：

——GB/T 5169.1—2007 电工电子产品着火危险试验 第1部分：着火试验术语(IEC 60695-4:2005,IDT)

——GB/T 5169.2—2002 电工电子产品着火危险试验 第2部分：着火危险评定导则 总则(IEC 60695-1-1:1999,IDT)

——GB/T 5169.3—2005 电工电子产品着火危险试验 第3部分：电子元件着火危险评定技术要求和试验规范制定导则(IEC 60695-1-2:1982,IDT)

——GB/T 5169.5—1997 电工电子产品着火危险试验 第2部分：试验方法 第2篇：针焰试验(idt IEC 60695-2-2:1991)

——GB/T 5169.6—1985 电工电子产品着火危险试验 用发热器的不良接触试验方法(eqv IEC 60695-2-3:1984)

——GB/T 5169.7—2001 电工电子产品着火危险试验 试验方法 扩散型和预混合型火焰试验方法(idt IEC 60695-2-4/0:1991)

——GB/T 5169.9—2006 电工电子产品着火危险试验 第9部分：着火危险评定导则 预选试验规程的使用(IEC 60695-1-30:2002,IDT)

——GB/T 5169.10—2006 电工电子产品着火危险试验 第10部分：灼热丝/热丝基本试验方法 灼热丝装置和通用试验方法(IEC 60695-2-10:2000,IDT)

——GB/T 5169.11—2006 电工电子产品着火危险试验 第11部分：灼热丝/热丝基本试验方法 成品的灼热丝可燃性试验方法(IEC 60695-2-11:2000,IDT)

——GB/T 5169.12—2006 电工电子产品着火危险试验 第12部分：灼热丝/热丝基本试验方法 材料的灼热丝可燃性试验方法(IEC 60695-2-12:2000,IDT)

——GB/T 5169.13—2006 电工电子产品着火危险试验 第13部分：灼热丝/热丝基本试验方法 材料的灼热丝起燃性试验方法(IEC 60695-2-13:2000,IDT)

——GB/T 5169.14—2007 电工电子产品着火危险试验 第14部分：试验火焰 1kW标称预混合型火焰 设备、确认试验方法和导则(IEC 60695-11-2:2003,IDT)

——GB/Z 5169.15—2001 电工电子产品着火危险试验 试验方法 500W标称试验火焰和导则(idt IEC/TR 2 60695-2-4/2:1994)

——GB/T 5169.16—2002 电工电子产品着火危险试验 第16部分：50W水平与垂直火焰试验方法(IEC 60695-11-10:1999,IDT)

——GB/T 5169.17—2002 电工电子产品着火危险试验 第17部分：500W火焰试验方法(IEC 60695-11-20:1999,IDT)

——GB/T 5169.18—2005 电工电子产品着火危险试验 第18部分：将电工电子产品的火灾中毒危险减至最小的导则 总则(IEC 60695-7-1:1993,IDT)

——GB/T 5169.19—2006 电工电子产品着火危险试验 第19部分：非正常热 模压应力释放变形试验(IEC 60695-10-3:2002,IDT)

——GB/T 5169.20—2006 电工电子产品着火危险试验 第20部分：火焰表面蔓延 试验方法概要和相关性(IEC/TS 60695-9-2:2001,IDT)

——GB/T 5169.21—2006 电工电子产品着火危险试验 第21部分：非正常热 球压试验

(IEC 60695-10-2:2003,IDT)

本部分是 GB/T 5169 的第 1 部分。

本部分等同采用 IEC 60695-4:2005《着火危险试验　第 4 部分:电工产品着火试验术语》(英文版),但按 GB/T 20000.2—2001《标准化工作指南　第 2 部分:采用国际标准的规则》的 4.2b)和 5.2 的规定作了少量编辑性修改。

本部分代替 GB/T 5169.1—1997《电工电子产品着火危险试验　第 4 部分:着火试验术语》。

本部分与 GB/T 5169.1—1997 相比主要变化如下:

a)　新增加术语 32 条;

b)　删除术语 53 条;

c)　修改术语 10 条。

本部分的附录 A 为资料性附录。

本部分由中国电器工业协会提出。

本部分由全国电工电子产品环境条件与环境试验标准化技术委员会(SAC/TC 8)归口。

本部分由广州电器科学研究院负责起草,广州日用电器检测所、中国质量认证中心、广州擎天实业有限公司参加起草。

本部分主要起草人:陈灵、陈兰娟、刘彦宾、张效忠。

本部分于 1985 年首次发布,1997 年第一次修订,本次为第二次修订。

电工电子产品着火危险试验 第1部分:着火试验术语

1 范围

本部分规定的术语和定义适用于电工电子产品的着火危险试验。

2 规范性引用文件

下列文件中的条款通过GB/T 5169的本部分的引用而成为本部分的条款。凡是注日期的引用文件,其随后所有的修改单(不包括勘误的内容)或修订版均不适用于本部分,然而,鼓励根据本部分达成协议的各方研究是否可使用这些文件的最新版本。凡是不注日期的引用文件,其最新版本适用于本部分。

IEC 指南 104:1997 安全出版物的编写与基本安全出版物和团体安全出版物的使用

ISO/IEC 13943:2000 防火安全 词汇

ISO/IEC 指南 51:1999 安全 标准引用指导方针

3 术语和定义

3.1

非正常热 abnormal heat

正常条件下使用时所产生的额外热量,直到和包括导致着火。

3.2

急剧毒性 acute toxicity

物质对活的生物体快速产生有害影响的能力。

3.3

余焰时间 afterflame time

余焰持续的时间(也称火焰持续时间)。

3.4

余灼时间 afterglow time

余灼持续的时间。

3.5

窒息物质 asphyxiant

导致因缺氧而产生意识丧失和最终死亡、尤其是对中枢神经和/或循环系统产生影响的有毒物质。

3.6

烧坏面积 burned area

在规定的试验条件下.材料由于燃烧或热解而损坏的面积,不包括仅由于变形而损伤的任何面积。

注:用 m^2 为单位表示。

3.7

炭化(动词) char(verb)

形成炭。

3.8

腐蚀损坏 corrosion damage

由燃烧产物，尤其是化学作用引起的物理和/或化学损伤或功能下降。

3.9

腐蚀靶　corrosion target

在规定的试验条件下，用来测定腐蚀损坏程度的感受器，如产品、元件或模拟这些产品或元件的参照材料。

3.10

暴轰　detonation

以超音速传播并具有冲击波特征的的爆炸。

3.11

无气流环境　draught free environment

试验的结果不会被局部气流速度有效影响的环境，例如：

a)　定性：蜡烛火焰基本上保持稳定；

b)　定量：空气流速不大于 0.1m/s。

3.12

易燃　ease of ignition

在规定的试验条件下，试验样品能易于起燃(参见“暴露时间”和“最短起燃时间”)。

3.13

有效暴露浓度　effective exposure concentration 50

EC_{50}

在规定的条件下，根据有毒物质或多种有毒物质混合物使给定物种的总数的 50％产生特定可视影响的时间内的浓度响应数据统计计算出的浓度。

注：观察结果有代表性的是无行为反应能力或死亡。致命暴露的有效浓度称为“LC_{50}”，即致命浓度。

3.14

暴露剂量　exposure dose

气态有毒物质的数量或可被吸入的燃烧产物的数量，即在浓度-时间曲线或分数-时间曲线下的积分面积。

注：通常用 $g \cdot min \cdot m^{-3}$，或 $10^{-6} \times min$ 为单位表示。

3.15

暴露时间　exposure time

材料暴露在起燃源的一段规定时间(参见“易燃”和“最短起燃时间”)。

注：用 s 表示。

3.16

燃烧长度　extent of combustion

在规定的试验条件下，材料因燃烧或热解而损坏的最大长度，不包括仅是变形的损坏部分。

3.17

烟的消光面积　extinction area of smoke

烟所占容积与消光系数的乘积。

注：消光面积是烟量的度量。

3.18

烟的消光系数　extinction coefficient of smoke

烟的阻光度的自然对数除以测量烟阻光度的光程长度。

3.19

着火　fire

a) 以放热和生成废水废气为特征的燃烧过程,同时伴有烟雾和/或火焰和/或灼热现象;

b) 时间和空间均失控的扩展快速燃烧。

3.20

防火隔板 fire barrier

在规定的试验条件下,能同时具有给定防火有效性和绝热作用的部件。

3.21

防火性能 fire behaviour

暴露于火中的材料、产品和/或构件,发生物理和/或化学变化或保持原有的性能。

注:这一概念包括对火的反应和耐火性两个方面。

3.22

防火室 fire compartment

由具有规定耐火结构元件构成并用于在给定的时间内防止火焰蔓延的这样一个或多个房间组成的封闭空间。

3.23

燃烧产物 fire effluent

燃烧或热解产生的所有气体、细粒或悬浮微粒。

3.24

燃烧产物衰变性 fire effluent decay characteristics

由于燃烧时间的延长和火势的迁移,在燃烧产物中发生的物理和/或化学变化。

3.25

燃烧产物迁移 fire effluent transport

燃烧产物离开着火场所的运动。

3.26

着火危险 fire hazard

着火造成生命损失和/或财产损害的可能性。

3.27

防火有效性 fire integrity

在标准耐火试验的规定时间内,一侧暴露在火中的隔离元件,防止火焰和热气通过该元件或防止未暴露面出现火焰的能力。

3.28

着火负载 fire load

空间内所有可燃材料包括墙面、隔板、地板和天花板完全燃烧所释放的热能总和。

注:用J表示。

3.29

着火模型 fire model

试验过程,包括试验设备和试验方法,用于模拟真实火灾的某一重要阶段。

3.30

着火模拟 fire modelling

应用数学模型描述相互关联的影响真实火灾传播的各种物理现象。

3.31

阻燃(名词) fire retardant(noun)

为了熄灭、减少或抑制材料的燃烧,向材料中添加一种物质或对材料进行的一种处理。

3.32

火情　fire scenario

对特定场所真实火灾或大规模模拟试验，从起燃前到燃烧结束的一个或多个阶段条件(包括环境条件)的详细描述。

3.33

耐火稳定性　fire stability

在规定的试验条件下，暴露于火中的一段规定时间里承重或不承重的结构元件抗倒塌的能力。

3.34

火焰前沿　flame front

在气相状态下，材料表面燃烧区域的边界。

3.35

阻燃处理　flame retardant treatment

用以改善材料阻燃性的一种过程。

3.36

火焰蔓延　flame spread

火焰前沿的传播。

3.37

火焰蔓延速率　flame spread rate

在规定的试验条件下，每单位时间火焰前沿在其传播期间所移动的距离。

注：用 m/s 表示。

3.38

火焰蔓延时间　flame spread time

在规定的试验条件下，火焰前沿在燃烧着的材料表面上移动规定的距离或覆盖规定表面面积所需要的时间。

注：用 s 表示。

3.39

有焰燃烧(名词)　flaming(noun)

火焰最初出现后的持续过程。

3.40

有焰燃烧性　flamability

在规定的试验条件下，材料或产品伴有火焰燃烧的能力。

3.41

有焰的　flammable

在规定的试验条件下，能够伴有火焰燃烧的。

3.42

轰燃　flash-over

在封闭的空间内可燃材料的整个表面突然转入着火状态。

3.43

闪点　flashpoint

在规定的试验条件下，产品受热产生的蒸气遇火即燃时，该产品的最低温度。

注：用℃表示。

3.44

分有效浓度　fractional effective concentration；FEC

一种刺激物的浓度与预期对平均敏感性的暴露对象会产生特定影响的刺激物的浓度之比。

注1：概念上 FEC 涉及所有影响，包括无能力、致死性或甚至其他最终影响。

注2：如果不是用于某种特定的刺激物时，术语 FEC 代表燃烧氛围中所有刺激物 FECs 的总和。

3.45

分有效剂量　fractional effective dose；FED

一种窒息性有毒物质的暴露剂量与预期对平均敏感性的暴露对象会产生特定影响的窒息性有毒物质的暴露剂量之比。

注1：概念上 FED 涉及所有影响，包括无能力、致死性或甚至其他最终影响。

注2：如果不是用于某种特定的窒息物质时，术语 FED 代表燃烧氛围中所有刺激物 FEDs 的总和。

3.46

全燃的形成　full fire development

可燃材料将全面转化为着火的状态。

3.47

气化　gasification

材料部分或全部地转化成气态。

3.48

使气化　gasify

材料部分或全部地变成气态。

3.49

灼热　glowing

因剧热而发光。

3.50

强力呼吸　hyperventilation

呼吸的速度和/或深度比常规情况大。

3.51

起燃温度（最低）　ignition temperature（minimum）

在规定的试验条件下，引燃源或材料按试验方法的规定可以开始维持燃烧的（最低）温度。

注：起燃需要有足量的可燃气体或氧气（空气），维持燃烧需要有足够的可燃气体的流量，最低起燃温度包含强调不定时间的热量，为了实际用途，标准应适当定义最低温度。

3.52

无能力　incapacitation

身体无能力完成特定任务的状况，例如无能力完成从火灾中逃生的有效行为。

3.53

大规模试验　large scale test

规模超出典型的实验室试验台的试验。

3.54

泄漏电流　leakage current

除短路之外的有害的导电通路中的电流。

3.55

致命暴露剂量　lethal exposure dose 50

LCt_{50}

吸入时导致同样试验条件下所有被暴露的同种类动物种群中致死率达 50% 的毒性物质的暴露剂量。

3.56

点火(动词)　light(verb)

使气相的燃烧开始。

3.57

点着的(形容词)　lighted(adj)

材料在火焰出现以后和延续期间的状态。

3.58

点燃(名词)　lighting(noun)

a)　火焰首次出现;

b)　开始以气相燃烧的行为。

3.59

线性燃烧率　linear burning rate

在规定的试验条件下,每单位时间已燃烧材料的长度。

注:用 m/s 表示。

3.60

质量燃烧速率　mass burning rate

在规定的试验条件下,每单位时间已燃烧材料的质量。

注:用 kg/s 表示。

3.61

烟的质量光密度　mass optical density of smoke

光密度与因数 $V/(\Delta mL)$ 的乘积,V 是试验箱的容积,Δm 是试样的质量损失,L 是光程长度。

3.62

最小临界相对湿度　minimum critical relative humidity

导致泄漏电流超过规定标准的最小相对湿度。

3.63

最短起燃时间　minimum ignition time

在规定的试验条件下,材料为获得持续燃烧,暴露于引燃源的最短时间(参见“易燃”和“暴露时间”)。

3.64

熔滴(名词)　molten drips(noun)

无论是否有火焰,熔融材料的滴落物。

3.65

净热值　net calorific value

燃烧热　heat of combustion

见 3.66 燃烧净热(J/kg)。

3.66

燃烧净热　net heat of combustion

当一种物质完全燃烧并且除了被认为是蒸汽状态的水之外,其他燃烧产物均处于它们的标准状态时,每单位质量释放出的热量。

注:燃烧净热总是比总燃烧热小,因为不包括水蒸汽冷凝放热。

3.67

(烟的)阻光度　opacity (of smoke)

在规定的试验条件下,入射光通量(I)和穿过烟的透射光通量(T)之比(I/T)。

3.68

(烟的)光密度　optical density (of smoke)

烟阻光度的常用对数(lg(*I*/*T*))(参见3.84“烟的比光密度”)。

3.69

预测致命毒效　predicted lethal toxic potency

根据燃烧产物化学分析的成分和这些成分现有的LCt_{50}值所计算出的毒效值。

3.70

热解　pyrolysis

材料受热产生的不可逆的化学分解。

3.71

热解前沿　pyrolysis front

材料表面热解的边界。

3.72

着火反应　reaction to fire

燃烧性能　burning behaviour

在规定的试验条件下，暴露于火的材料以自身分解的方式对火的响应。

3.73

实际规模试验　real scale test

在规模和周围环境两方面模拟最终使用状况的试验。

3.74

自热　self-heating

a)　材料内部的放热反应使材料的温度升高；

b)　通电的电工产品产生的热量使产品的温度升高。

3.75

自燃　self-ignition

自热引起的起燃。

3.76

感官刺激　sensory irritancy

有毒物质使眼睛和/或上呼吸道产生痛苦的感觉，它可以直接刺激特定的感觉器官或使组织受到损害。

3.77

小规模试验　small scale test

可以在典型的试验台上进行的试验。

3.78

小部件　small parts

部件在一个直径为15 mm的圆内能够完全展开每个表面，或表面的某些部分展开在直径为15 mm的圆之外，但是任何部分都不适合放置一个直径为8 mm的圆。

注：检查表面时，忽略表面上的突出部分和最大面积上直径不大于2 mm的孔。

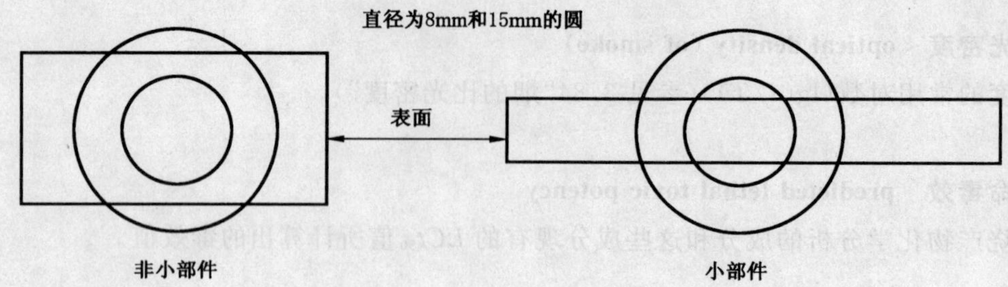

3.79

烟 smoke

由燃烧或热解产生的气体中的固体和/或液体可见悬浮微粒。

3.80

烟模糊 smoke obscuration

烟的产生使能见度降低。

3.81

阴燃 smouldering

材料无可见光的缓慢燃烧，通常表现为温度的升高和/或冒烟和/或有生成物。

3.82

烟炱 soot

有机材料不完全燃烧时产生并沉积的微粒，主要是炭的微粒。

3.83

烟的比消光面积 specific extinction area of smoke

试验样品的质量损失除烟的消光面积。

3.84

烟的比光密度 specific optical density of smoke

光密度乘几何系数。

注1：该系数是 V/AL，V 是试验箱的容积，A 是试验样品被暴露的表面积，L 是光程长度。

注2：使用术语“比”，就不是表示“每单位质量”，而是相当表示与特殊试验设备和试验样品暴露的表面积有关的一个量。

3.85

自起燃温度 spontaneous ignition temperature

在规定的试验条件下，无任何外部引燃源时，因发热而起燃所需的最低温度。

注：用℃表示。

3.86

热惯量 thermal inertia

导热系数($W\cdot m^{-1}\cdot K^{-1}$)、密度($kg\cdot m^{-3}$)和热容率($J\cdot K^{-1}\cdot kg^{-1}$)的乘积。

3.87

绝热 thermal insulation

一种材料或一种材料结构具有降低传热作用的能力。

3.88

(标准)温度-时间曲线 time/temperature curve(standardized)

在标准的耐火试验期间，温度随时间变化的常用曲线。

3.89

有毒物质　toxicant

对活的生物体产生有害影响的物质。

注：作用机理可能是物理的和/或化学的。

3.90

毒性　toxicity

物质对活的生物体产生有害影响的固有性能（刺激、麻醉等直至死亡）。

3.91

中毒危险　toxic hazard

暴露在具有一定毒效、毒量、暴露次数和浓度的有毒物质中，使生命受到损害或损失的潜在性。

3.92

毒效　toxic potency

会引起特定中毒效果的有毒物质量的量度。

注：毒效的值越小，毒性越大。

3.93

耐漏电起痕　tracking resistance

在规定的试验条件下，材料经得住某一种试验电压，而不因在其表面上形成的导电通路而引起电气故障或起燃的能力。

3.94

极性稳定性失效　ultimate stability failure

在标准耐火试验里，足以导致试验元件在极短时间内断裂的一种变化。

3.95

能见度　visibility

规定尺寸和亮度的物体对比可以被看到和辨认的最大距离。

3.96

（气体混合物中某种气体的）体积率　volume fraction(of a gas in a gas mixture)

X/Y 之比，X 是这种气体在 25℃和 0.1 MPa 时单独所占的体积，Y 是气体混合物在 25℃和 0.1 MPa时所占的体积。

注1：通常以百万分之几表示，但经常错误地被描述为浓度。

注2：气体混合物中的某种气体在温度 T、大气压力 P 时的浓度，可根据它的体积率（假设理想气体特性）计算出来，就是用体积率乘以这种气体在温度 T、大气压力 P 时的密度。

3.97

芯吸效应　wicking

在毛细管作用下穿过或越过微粒材料或纤维材料的液体传输。

中 文 索 引

B

暴轰 …… 3.10
暴露剂量 …… 3.14
暴露时间 …… 3.15

D

大规模试验 …… 3.53
点火(动词) …… 3.56
点着的(形容词) …… 3.57
点燃(名词) …… 3.58
毒性 …… 3.90
毒效 …… 3.92

F

防火隔板 …… 3.20
防火室 …… 3.22
防火性能 …… 3.21
防火有效性 …… 3.27
分有效浓度 …… 3.44
分有效剂量 …… 3.45
非正常热 …… 3.1
腐蚀损坏 …… 3.8
腐蚀目标 …… 3.9

G

感官刺激 …… 3.76
(烟的)光密度 …… 3.68

H

轰燃 …… 3.42
火情 …… 3.32
火焰蔓延 …… 3.36
火焰蔓延时间 …… 3.38
火焰蔓延速率 …… 3.37
火焰前沿 …… 3.34

J

急性中毒 …… 3.2
极性稳定性失效 …… 3.94
净热值 …… 3.65
绝热 …… 3.87

N

耐火稳定性 …… 3.33
耐漏电起痕 …… 3.93
能见度 …… 3.95

Q

起燃温度(最低) …… 3.51
气化 …… 3.47
强力呼吸 …… 3.50
全燃的形成 …… 3.47

R

燃烧长度 …… 3.16
燃烧产物 …… 3.23
燃烧产物衰变性 …… 3.24
燃烧产物迁移 …… 3.25
燃烧净热 …… 3.66
燃烧热 …… 3.65
燃烧性能 …… 3.72
熔滴(名词) …… 3.64
热惯量 …… 3.86
热解 …… 3.70
热解前沿 …… 3.71

S

闪点 …… 3.43
烧坏面积 …… 3.6
实际规模试验 …… 3.73
使气化 …… 3.48

T

炭化(动词) …… 3.7
(气体混合物中某种气体的)体积率 …… 3.96

W

(标准)温度-时间曲线 …… 3.88
无能力 …… 3.52
无气流环境 …… 3.11

X

线性燃烧率 …… 3.59
小规模试验 …… 3.77
小部件 …… 3.78
泄漏电流 …… 3.54
芯吸效应 …… 3.97

Y

烟 …… 3.79
烟的比光密度 …… 3.84
烟的比消光面积 …… 3.83
烟的质量光密度 …… 3.61
烟模糊 …… 3.80
烟消光面积 …… 3.17
烟消光系数 …… 3.18
烟炱 …… 3.82
易燃 …… 3.12
阴燃 …… 3.81
有毒物质 …… 3.89
有效暴露浓度 …… 3.13
有焰的 …… 3.41
有焰燃烧(名词) …… 3.39
有焰燃烧性 …… 3.40
余焰时间 …… 3.3
余灼时间 …… 3.4
预测致命毒效 …… 3.69

Z

着火 …… 3.19
着火负载 …… 3.28
着火反应 …… 3.72
着火模拟 …… 3.30
着火模型 …… 3.29
着火危险 …… 3.26
质量燃烧速率 …… 3.60
致命暴露剂量 …… 3.55
窒息物质 …… 3.5
中毒危险 …… 3.91
自起燃温度 …… 3.85
自燃 …… 3.75
自热 …… 3.74
(烟的)阻光度 …… 3.67
阻燃(名词) …… 3.31
阻燃处理 …… 3.35
最短起燃时间 …… 3.63
最小临界相对湿度 …… 3.62
灼热 …… 3.49

英 文 索 引

A

abnormal heat ………… 3.1
afterflame time ………… 3.2
afterflame time ………… 3.3
afterglow time ………… 3.4
asphyxiant ………… 3.5

B

burned area ………… 3.6
burning behaviour ………… 3.72

C

char (verb) ………… 3.7
corrosion damage ………… 3.8
corrosion target ………… 3.9

D

detonation ………… 3.10
draught free environment ………… 3.11

E

ease of ignition ………… 3.12
effective exposure concentration 50 ………… 3.13
exposure dose ………… 3.14
exposure time ………… 3.15
extent of combustion ………… 3.16
extinction area of smoke ………… 3.17
extinction coefficient of smoke ………… 3.18

F

FEC ………… 3.44
FED ………… 3.45
fire ………… 3.19
fire barrier ………… 3.20
fire behaviour ………… 3.21
fire compartment ………… 3.22
fire effluent ………… 3.23
fire effluent decay characteristics ………… 3.24
fire effluent transport ………… 3.25

fire hazard …… 3.26
fire integrity …… 3.27
fire load …… 3.28
fire model …… 3.29
fire modelling …… 3.30
fire retardant (noun) …… 3.31
fire scenario …… 3.32
fire stability …… 3.33
flame front …… 3.34
flame retardant treatment …… 3.35
flame spread …… 3.36
flame spread rate …… 3.37
flame spread time …… 3.38
flaming(noun) …… 3.39
flamability …… 3.40
flammable …… 3.41
flash-over …… 3.42
flashpoint …… 3.43
fractional effective concentration …… 3.44
fractional effective dose …… 3.45
full fire development …… 3.46

G

gasification …… 3.47
gasify …… 3.48
glowing …… 3.49

H

heat of combustion …… 3.65
hyperventilation …… 3.50

I

ignition temperature(minimum) …… 3.51
incapacitation …… 3.52

L

large scale test …… 3.53
leakage current …… 3.54
lethal exposure dose 50 …… 3.55
light(verb) …… 3.56
lighted(adj) …… 3.57
lighting(noun) …… 3.58
linear burning rate …… 3.59

M

mass burning rate ···· 3.60
mass optical density of smoke ···· 3.61
minimum critical relative humidity ···· 3.62
minimum ignition time ···· 3.63
molten drips(noun) ···· 3.64

N

net calorific value ···· 3.65
net heat of combustion ···· 3.66

O

opacity (of smoke) ···· 3.67
optical density (of smoke) ···· 3.68

P

predicted lethal toxic potency ···· 3.69
pyrolysis ···· 3.70
pyrolysis front ···· 3.71

R

reaction to fire ···· 3.72
real scale test ···· 3.73

S

self-heating ···· 3.74
self-ignition ···· 3.75
sensory irritancy ···· 3.76
small scale test ···· 3.77
small parts ···· 3.78
smoke ···· 3.79
smoke obscuration ···· 3.80
smouldering ···· 3.81
soot ···· 3.82
specific extinction area of smoke ···· 3.83
specific optical density of smoke ···· 3.84
spontaneous ignition temperature ···· 3.85

T

thermal inertia ···· 3.86
thermal insulation ···· 3.87
time/temperature curve (standardized) ···· 3.88

toxicant …… 3.89
toxicity …… 3.90
toxic hazard …… 3.91
toxic potency …… 3.92
tracking resistance …… 3.93

U

ultimate stability failure …… 3.94

V

visibility …… 3.95
volume fraction (of a gas in a gas mixture) …… 3.96

W

wicking …… 3.97

ICS 29.020
K 04

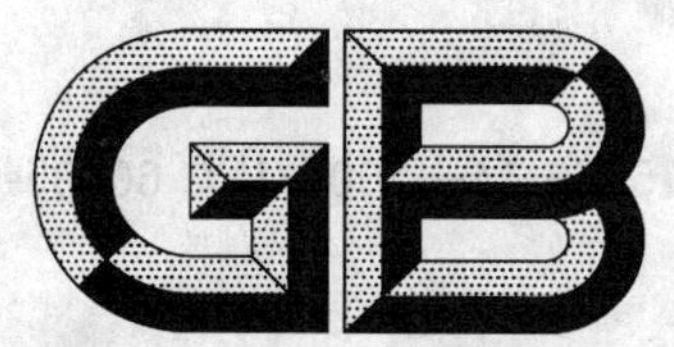

中华人民共和国国家标准

GB/T 5169.14—2007/IEC 60695-11-2:2003
代替 GB/T 5169.14—2001

电工电子产品着火危险试验 第14部分:试验火焰 1kW标称预混合型火焰设备、确认试验方法和导则

Fire hazard testing for electric and eletronic products—Part 14: Test flames—1 kW nominal pre-mixed flame—Apparatus, confirmatory test arrangement and guidance

(IEC 60695-11-2:2003, Fire hazard testing—Part 11-2: Test flames—1 kW nominal pre-mixed flame—Apparatus, confirmatory test arrangement and guidance, IDT)

2007-08-06 发布　　2008-03-01 实施

中华人民共和国国家质量监督检验检疫总局
中国国家标准化管理委员会　发布

前 言

GB/T 5169《电工电子产品着火危险试验》目前包括以下部分:

——GB/T 5169.1—2007 电工电子产品着火危险试验 第1部分:着火试验术语(IEC 60695-4:2005,IDT)

——GB/T 5169.2—2002 电工电子产品着火危险试验 第2部分:着火危险评定导则 总则(IEC 60695-1-1:1999,IDT)

——GB/T 5169.3—2005 电工电子产品着火危险试验 第3部分:电子元件着火危险评定技术要求和试验规范制定导则(IEC 60695-1-2:1982,IDT)

——GB/T 5169.5—1997 电工电子产品着火危险试验 第2部分:试验方法 第2篇:针焰试验(idt IEC 60695-2-2:1991)

——GB/T 5169.6—1985 电工电子产品着火危险试验 用发热器的不良接触试验方法(eqv IEC 60695-2-3:1984)

——GB/T 5169.7—2001 电工电子产品着火危险试验 试验方法 扩散型和预混合型火焰试验方法(idt IEC 60695-2-4/0:1991)

——GB/T 5169.9—2006 电工电子产品着火危险试验 第9部分:着火危险评定导则 预选试验规程的使用(IEC 60695-1-30:2002,IDT)

——GB/T 5169.10—2006 电工电子产品着火危险试验 第10部分:灼热丝/热丝基本试验方法 灼热丝装置和通用试验方法(IEC 60695-2-10:2000,IDT)

——GB/T 5169.11—2006 电工电子产品着火危险试验 第11部分:灼热丝/热丝基本试验方法 成品的灼热丝可燃性试验方法(IEC 60695-2-11:2000,IDT)

——GB/T 5169.12—2006 电工电子产品着火危险试验 第12部分:灼热丝/热丝基本试验方法 材料的灼热丝可燃性试验方法(IEC 60695-2-12:2000,IDT)

——GB/T 5169.13—2006 电工电子产品着火危险试验 第13部分:灼热丝/热丝基本试验方法 材料的灼热丝起燃性试验方法(IEC 60695-2-13:2000,IDT)

——GB/T 5169.14—2007 电工电子产品着火危险试验 第14部分:试验火焰 1 kW标称预混合型火焰 设备、确认试验方法和导则(IEC 60695-11-2:2003,IDT)

——GB/Z 5169.15—2001 电工电子产品着火危险试验 试验方法 500 W标称试验火焰和导则(idt IEC/TR2 60695-2-4/2:1994)

——GB/T 5169.16—2002 电工电子产品着火危险试验 第16部分:50 W水平与垂直火焰试验方法(IEC 60695-11-10:1999,IDT)

——GB/T 5169.17—2002 电工电子产品着火危险试验 第17部分:500 W火焰试验方法(IEC 60695-11-20:1999,IDT)

——GB/T 5169.18—2005 电工电子产品着火危险试验 第18部分:将电工电子产品的火灾中毒危险减至最小的导则 总则(IEC 60695-7-1:1993,IDT)

——GB/T 5169.19—2006 电工电子产品着火危险试验 第19部分:非正常热 模压应力释放变形试验(IEC 60695-10-3:2002,IDT)

——GB/T 5169.20—2006 电工电子产品着火危险试验 第20部分:火焰表面蔓延 试验方法概要和相关性(IEC/TS 60695-9-2:2001,IDT)

——GB/T 5169.21—2006　电工电子产品着火危险试验　第21部分:非正常热　球压试验(IEC 60695-10-2:2003,IDT)

本部分为GB/T 5169的第14部分。

本部分等同采用IEC 60695-11-2:2003《着火危险试验　第11-2部分:试验火焰　1 kW标称预混合型火焰　设备、确认试验方法和导则》(英文版),但按GB/T 20000.2—2001《标准化工作指南　第2部分:采用国际标准的规则》的4.2b)和5.2的规定作了少量编辑性修改,并删除了IEC 60695-11-2:2003的资料性附录C。

本部分代替GB/T 5169.14—2001《电工电子产品着火危险试验　试验方法　1 kW标称预混合型火焰和导则》。

本部分与GB/T 5169.14—2001相比主要变化如下:

a) 增加了实验室通风柜/试验箱的内容(本部分的4.2.8);

b) 压力表的测量范围由GB/T 5169.14—2001中的"(0～7.5)kPa"改为本部分4.2.3的"(0～0.1)MPa";

c) GB/T 5169.14—2001的5.2.2"……铜块由100℃±2℃加热到……"改为本部分6.2的"……铜块由100℃±5℃加热到……";

d) GB/T 5169.14—2001的5.3.7"适用于测量铜块由100℃±2℃加热到……"改为本部分4.2.7的"这些装置应适用于测量铜块由100℃±5℃加热到……";

e) 本部分第7章中增加"在测试条形材料时,试验期间操作员在可移动火焰跟随变形或燃烧的试验样品……"。

本部分的附录A为规范性附录,附录B为资料性附录。

本部分由中国电器工业协会提出。

本部分由全国电工电子产品环境条件与环境试验标准化技术委员会(SAC/TC 8)归口。

本部分由广州电器科学研究院负责起草,广州日用电器检测所、广州擎天实业有限公司参加起草。

本部分主要起草人:陈灵、陈兰娟、张效忠。

本部分所代替标准历次版本发布情况为:GB/T 5169.7—1985、GB/T 5169.14—2001。

引　言

测试电工电子产品着火危险的最好方法，是真实地再现在实际中存在的条件。但在大多数情况下是不可能的。因此，最好根据现实情况尽可能真实地模拟实践中发生的实际效应来进行电工电子产品着火危险试验。

GB/T 5169.14 提供了产生试验火焰所需设备的一般说明，及检查产生火焰符合要求的确认程序的一般说明。有关试验火焰确认的详细资料可在 IEC 60695-11-40[1][1] 中找到。

1）方括号中是本部分参考文献编号。

电工电子产品着火危险试验　第14部分：试验火焰　1 kW标称预混合型火焰设备、确认试验方法和导则

1　范围

GB/T 5169 的本部分规定了使用丙烷燃气产生 1 kW 标称预混合型试验火焰的具体要求。

本部分适用于电工设备及其组件和零部件，还适用于固体电气绝缘材料或其他固体可燃材料。

2　规范性引用文件

下列文件中的条款通过 GB/T 5169 的本部分的引用而成为本部分的条款。凡是注日期的引用文件，其随后所有的修改单（不包括勘误的内容）或修订版均不适用于本部分，然而，鼓励根据本部分达成协议的各方研究是否可使用这些文件的最新版本。凡是不注日期的引用文件，其最新版本适用于本部分。

GB/T 5169.7—2001　电工电子产品着火危险试验　试验方法　扩散型和预混合型火焰试验方法(idt IEC 60695-2-4/0:1991)

IEC 60584-1:1995　热电偶　第1部分：参考表

IEC 60584-2:1982　热电偶　第2部分：公差

IEC 指南 104:1997　安全出版物的编写与基本安全出版物和团体安全出版物的使用

ISO/IEC 13943:2000　防火安全　术语

3　术语和定义

ISO/IEC 13943:2000 给出的定义和以下定义适用于本部分。

3.1

标准 1kW 试验火焰　standardized 1kW test flame

符合本部分并满足第4章～第6章规定的全部技术要求的试验火焰。

4　燃烧器/火源装置

4.1　要求

1 kW 标准试验火焰由下述方法产生：

——采用图 A.1～图 A.8 所示的装置；

——在 23℃、0.1 MPa[2)]的条件下以 650 mL/min±30 mL/min 的流量供给纯度不低于 98%的丙烷气体；

——在 23℃、0.1 MPa[2)] 的条件下以 10 L/min[3)] ±0.5 L/min 的流量供给空气。应有一种测量周围空气温度和气压的装置。空气应基本无油和无水。

火焰应是对称和稳定的，并能得到第6章规定的 45 s±5 s 的确认试验结果。

应使用图 A.8 所示的确认试验方法。

---

2) 依据实际使用条件下的测量结果修正的数据。

3) 每分钟 10 升。

在实验室通风橱/试验箱中测量，在柔和光线下观察，火焰的大约尺寸为：

蓝色焰心高度：50 mm～60 mm；

总高度：170 mm～190 mm。

4.2 装置和燃料

4.2.1 燃烧器

燃烧器应根据图 A.1～图 A.5 制造。

燃气应是纯度不低于 98%的丙烷气。

注：为了便于清洗，燃气喷嘴和火焰稳定器应是可拆卸的。

4.2.2 流量表

流量表应：

——适用于测量 23℃、0.1 MPa 条件下流量为 650 mL/min 的气体且精确到±2%；

——适用于测量 23℃、0.1 MPa 条件下流量为 10 L/min 的空气且精确到±2%。

注：质量流量表是精确地控制燃气和空气输入到燃烧器的流量速度的优选方法。也可使用能够显示出相同精确度其他方法。

4.2.3 压力表

两个适用于测量(0～0.1) MPa 范围的压力表。也可使用水压表，但读数范围应适用于(0～0.1)MPa。

注：使用质量流量表时，不需要压力表。

4.2.4 控制阀

两个控制阀将气体和空气流量限定在规定的容差内。

4.2.5 铜块

在完成整个机加工但未钻孔的情况下，铜块直径为 9 mm，质量为 10.00 g±0.05 g，如图 A.7 所示，应用电解韧铜 Cu-ETP USN C11000[2]制作。

4.2.6 热电偶

带有绝缘结点的一级(见 IEC 60584-2:1982)矿物绝缘金属铠装细丝的热电偶，用于测量铜块的温度。其标称直径应为 0.5 mm，例如镍铬和镍铝(K 型)线材(见 IEC 60584-1:1995)，有位于铠装套内的焊接点。铠装套应由金属制成，能耐受在温度至少为 1 050℃的条件下连续运行。热电偶容差应符合 IEC 60584-2:1982 一级。

注：由镍基耐热合金(如 Inconel 600)制成的铠装套被视为可以满足上述要求。

将热电偶固定在铜块上的优选方法是确保热电偶嵌入孔的全部深度，然后按照图 A.8 所示挤压热电偶周围的铜块。

4.2.7 温度/时间显示/记录装置

这些装置应适用于测量铜块由 100℃±5℃ 加热到 700℃±3℃ 的时间，并且时间测量容差为±0.5 s。

4.2.8 试验室通风柜/试验箱

试验室通风柜/试验箱的容积至少应有 1.0m³。试验箱应提供无气流的环境，同时允许试验样品周围空气的正常热循环。试验箱应允许观察试验的进程。试验箱的内表面应是深色的。将一个照度计面向试验箱后部放在试验火焰的位置时，显示的照度应小于 20 lx。

为了安全和方便起见，这个(能完全封闭的)试验箱应装有排气装置，如排气扇，以便排出可能有毒的燃烧产物。这种排气装置在试验期间关闭，在试验后立即打开排出燃烧产物。可能需要强制关闭的风门。

注 1：可用于维持试验样品燃烧的氧气量对这个火焰试验的实施自然是重要的。对本方法实施的试验来说，当燃烧时间延长时，要产生精确的试验结果，内容积为 1.0 m³ 的试验箱可能还不够大。

注 2：在试验箱里放一面镜子以便观察试验样品的后面是可行的。

5 试验火焰的产生

使用图 A.6 所示的燃烧器供气装置。操作时应小心确保无缝隙连接。

点燃燃烧器,将气体和空气流量调节到规定值。

检验时火焰应是稳定和对称的。

6 试验火焰的确认

6.1 原则

当使用图 A.8 所示的火焰试验装置时,图 A.6 所示的铜块的温度从 100℃±5℃上升到 700℃±3℃所需的时间应为 45 s±5 s。

6.2 程序

——在实验室通风橱/试验箱内,按照图 A.8 安装装置,保证连接处无气体和空气泄漏。

——初始调节气体和空气流量时,暂时将燃烧器移离铜块,以免火焰影响铜块。

——点燃火焰并调节气体和空气流量到规定值。保证火焰的蓝色焰心高度和总高度在规定的范围内并且是对称的。至少等待 5 min 时间,使燃烧器条件达到稳定。检查气体和空气流量在规定范围内。

——使温度/时间显示/记录装置处于运行状态,重新调整铜块下方燃烧器的位置。

——进行 3 次测量,确定铜块温度从 100℃±5℃上升到 700℃±3℃的时间,每次测量后将铜块在空气中自然冷却到 50℃以下。

——如果铜块从未使用过,先预运行对其表面进行初始运行处理,不计结果。

——以 s 为单位计算平均时间为试验结果。

7 使用试验火焰的推荐装置

选择合适试验装置的原则在 GB/T 5169.7—2001 中给出。试验装置示例见附录 B。

在测试设备时,除了有关技术规范另有规定外,推荐燃烧管的顶部到样品表面受试点的距离约为 100 mm,试验时将燃烧管固定在适当位置。

注:选择 100 mm 的距离比火焰蓝心尖端与试验样品接触的方法有较好的再现性。

在测试条形材料时,试验期间操作员可移动火焰跟随变形或燃烧的试验样品,蓝心的尖端应尽可能不要接触到试验样品。

燃烧器应倾斜放置,使试验时从试验样品掉落下的残渣不会落入燃烧器内。

8 分类和命名

符合本部分技术要求用以生产 1 kW 标称试验火焰的装置可命名为:

“1 kW 标称试验火焰装置,符合 GB/T 5169.14”。

附 录 A
（规范性附录）
燃烧器结构

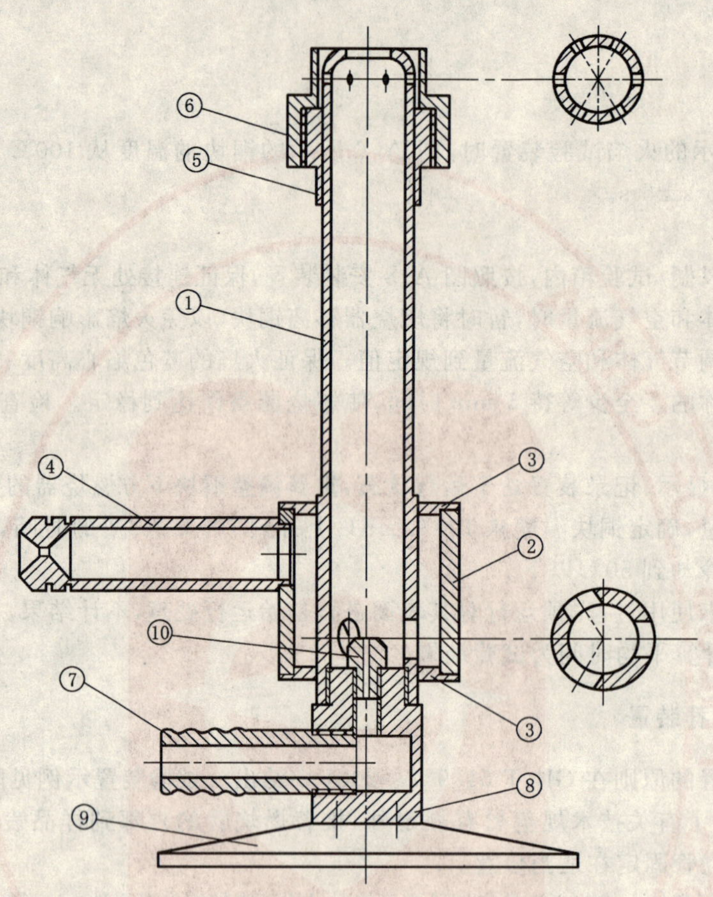

①——燃烧器筒身；

②、③——空气歧管；

④——空气源管；

⑤、⑥——火焰稳定器；

⑦——燃气源管；

⑧——肘形零件；

⑨——燃烧器底座；

⑩——燃气喷嘴。

1）零件①、②、③、④、⑤在装配时焊牢；

2）如果需要，可将零件⑦、⑧焊牢在一起，避免气体泄漏；

3）零件⑧、⑨可整体制作，或用其他方法固定在一起，避免气体泄漏；

4）零件①、②、③、⑤、⑥的零件图见 A.2；

5）零件⑧、⑨的零件图见 A.3；

6）零件⑦、⑩的零件图见图 A.4；

7）零件④的零件图见 A.5。

图 A.1 总装图

单位为毫米

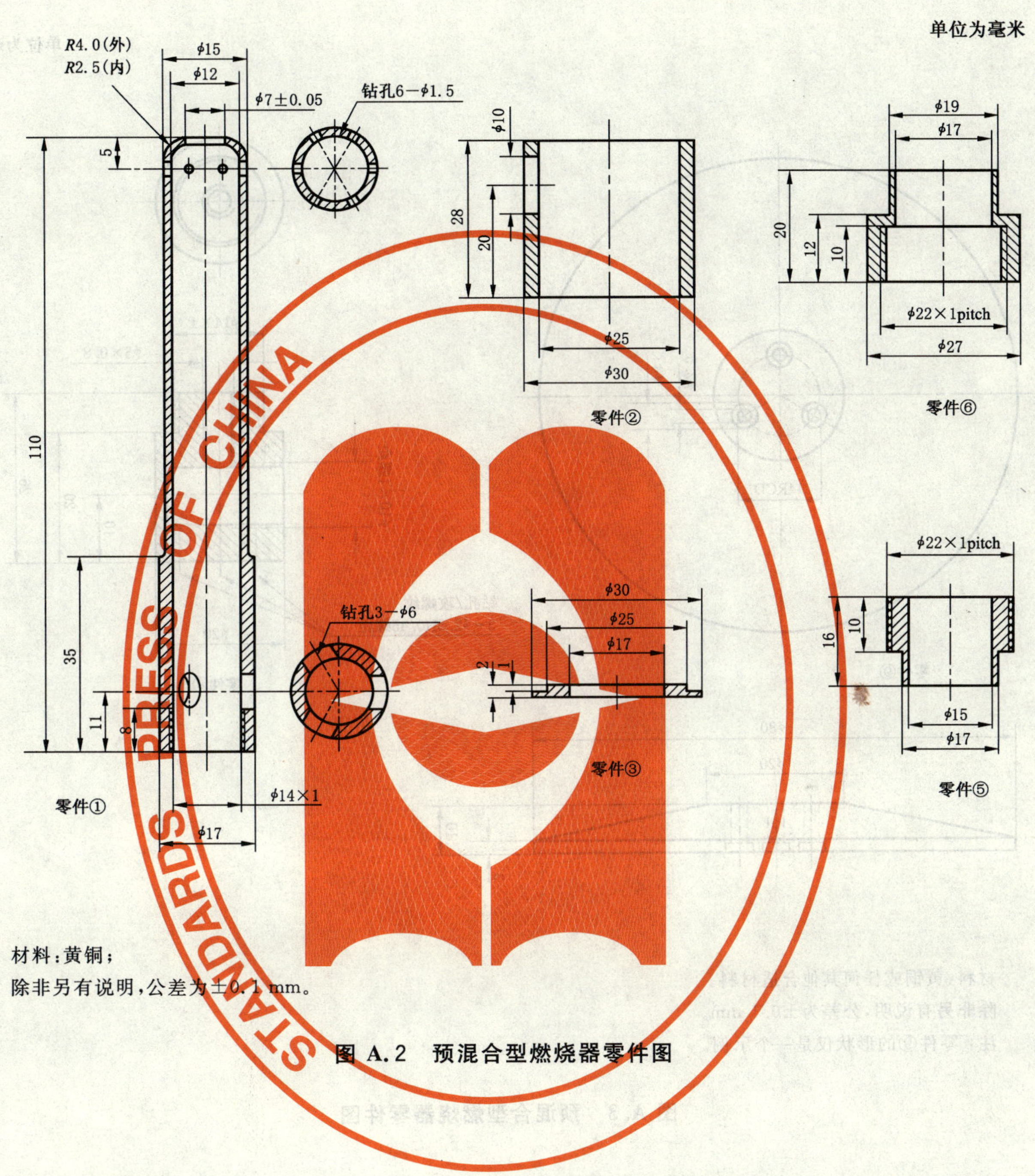

材料：黄铜；

除非另有说明，公差为±0.1 mm。

图 A.2 预混合型燃烧器零件图

单位为毫米

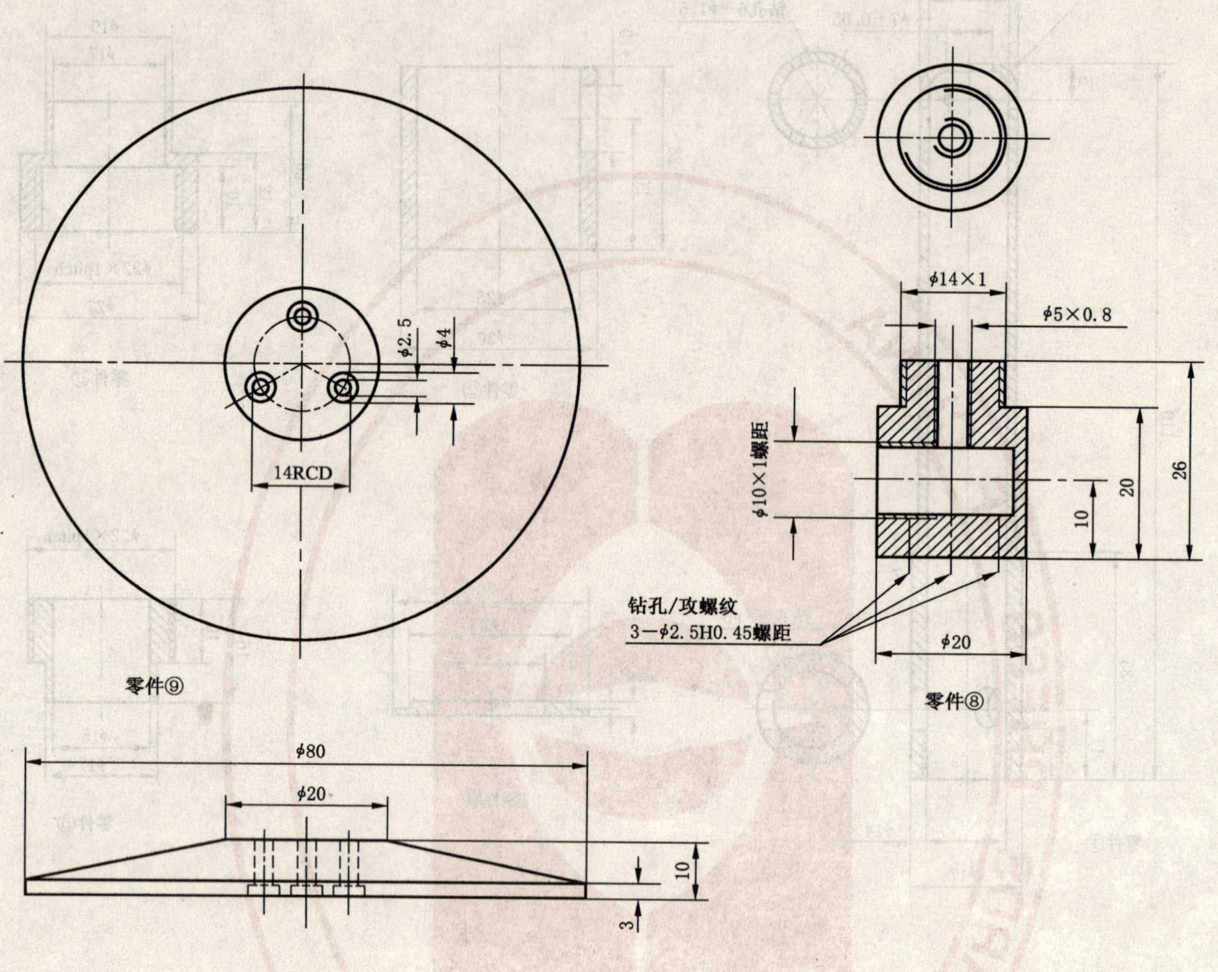

材料：黄铜或任何其他合适材料。

除非另有说明，公差为±0.1 mm。

注：零件⑨的形状仅是一个示例。

图 A.3 预混合型燃烧器零件图

单位为毫米

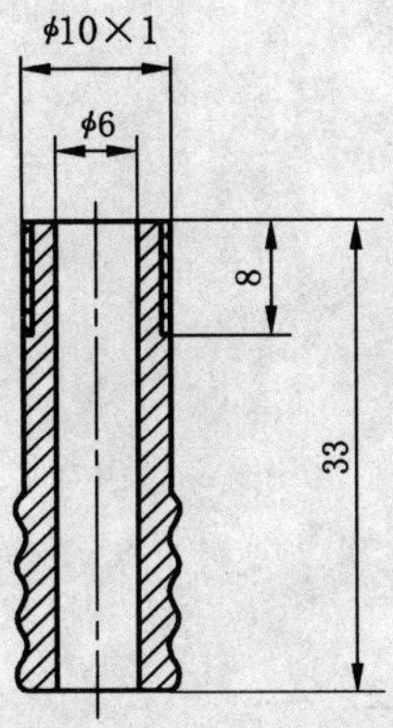

ϕ10×1
ϕ6
8
33

ϕ7
ϕ0.53—0.56
(钻孔 ϕ0.52)
1
35°
10
5
ϕ5×0.8

零件⑦

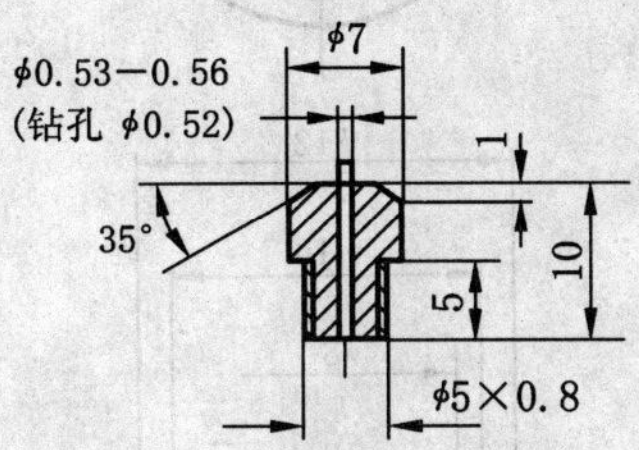

零件⑩

燃气喷嘴

材料:黄铜;

除非另有说明,公差为±0.1 mm、±30′(角度)。

图 A.4 预混合型燃烧器零件图

单位为毫米

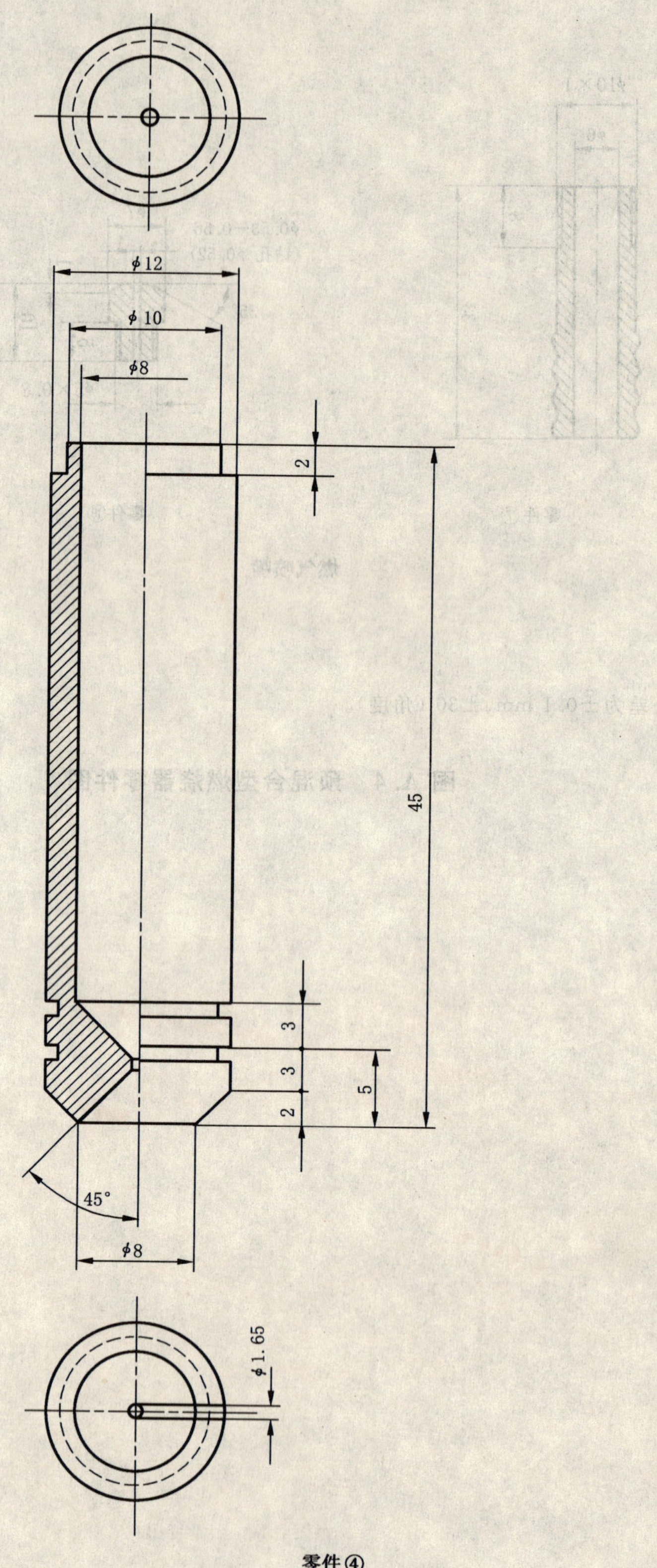

零件④

材料:黄铜;

除非另有说明,公差为±0.1 mm、±30′(角度)。

图 A.5 预混合型燃烧器零件图

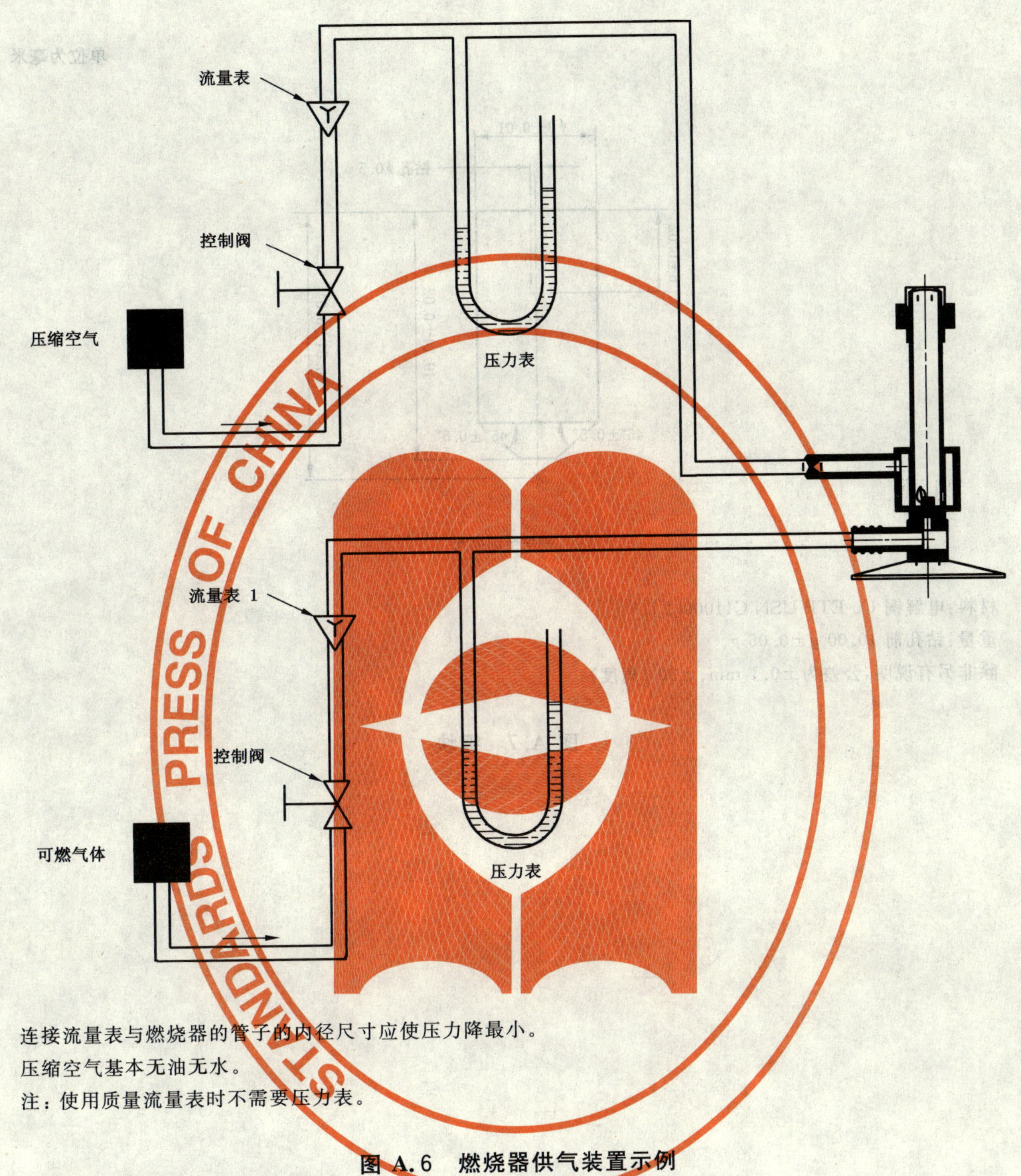

连接流量表与燃烧器的管子的内径尺寸应使压力降最小。

压缩空气基本无油无水。

注：使用质量流量表时不需要压力表。

图 A.6 燃烧器供气装置示例

单位为毫米

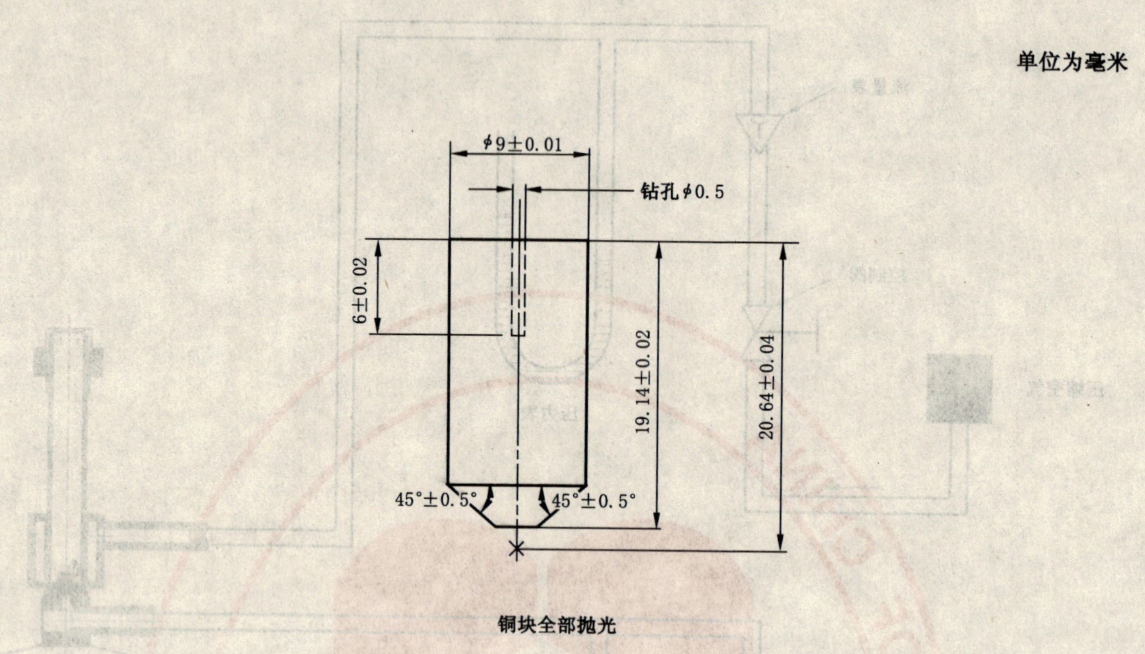

材料：电解铜 Cu-ETP USN C11000[2]；

重量：钻孔前 10.00 g±0.05 g。

除非另有说明，公差为±0.1 mm、±30′(角度)。

图 A.7 铜块

单位为毫米

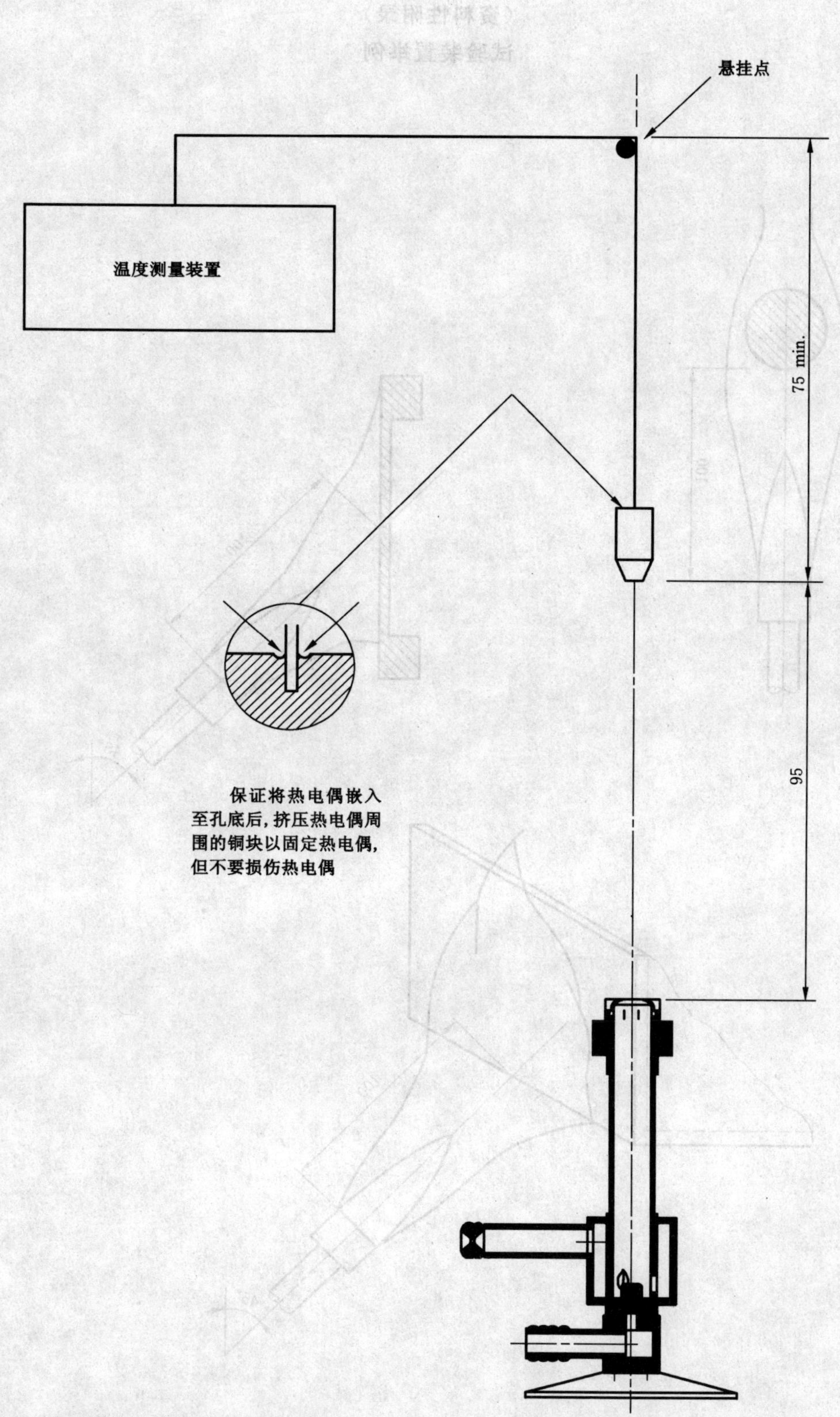

铜块的悬挂点应使铜块在试验时基本保持静止。

图 A.8　确认试验装置

附　录　B
（资料性附录）
试验装置举例

单位为毫米

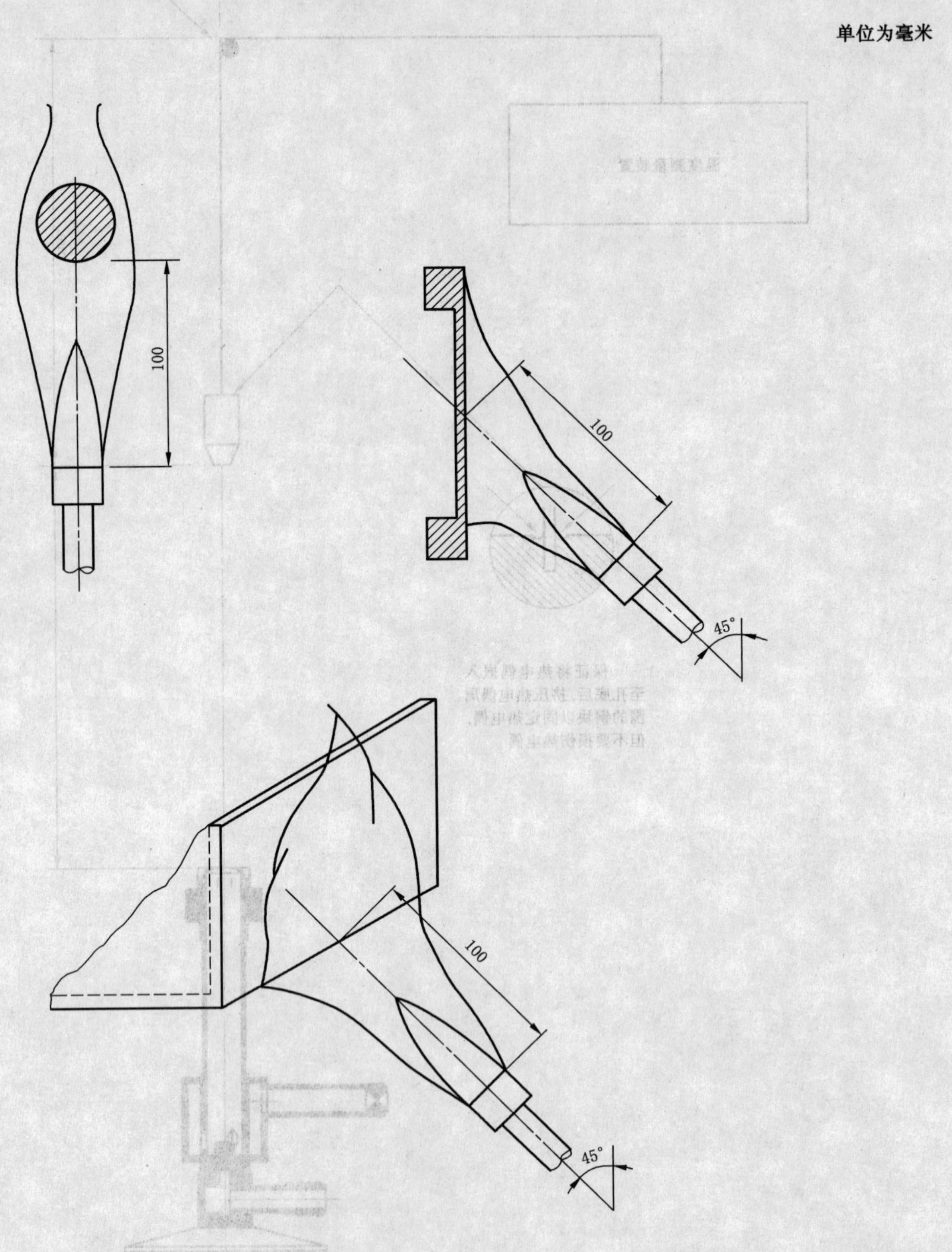

参 考 文 献

[1] IEC 60695-11-40:2002, Fire hazard testing—Part 11-40: Test flame—Confirmatiory test—Guidance.

[2] ISO 1337:1980, Wrought-coppers(having minium copper contents of 99.85%)—Chemical composition and forms of wrought products(This publication was withdrawn without replacement in 2000-03 by ISO/TC 26) The replacement call out for electrolytic tough pitch copper is: Cu-ETP USN C11000.

[3] IEC 60695-1-1:1999, Fire hazard testing—Part 1-1: Guidance for assessing the fire hazard of electrotechnical products—General guidelines.

ICS 77.120
H 64

中华人民共和国国家标准

GB/T 5193—2007
代替 GB/T 5193—1985

钛及钛合金加工产品超声波探伤方法

Method of ultrasonic inspection for wrought titanium and titanium alloy products

2007-11-23 发布　　2008-06-01 实施

中华人民共和国国家质量监督检验检疫总局
中国国家标准化管理委员会　发布

前　言

本标准代替 GB/T 5193—1985《钛及钛合金加工产品超声波探伤方法》。

本标准与 GB/T 5193—1985 相比，主要有以下变动：

——适用范围扩大为横截面厚度大于 6 mm 的钛及钛合金加工产品的超声波探伤；

——方法类别增加了 ϕ6 mm～ϕ45 mm 棒材应优先选用水浸聚焦法；

——增加了表面粗糙度 $Ra \leqslant 3.2$ μm；

——对于 A 型脉冲反射式超声波探伤仪的要求，改为满足 JB/T 10061《A 型脉冲反射式超声波探伤仪通用技术条件》要求；

——增加了直径为 8 mm～20 mm、工作频率为 2.5 MHz～5 MHz 的双晶探头，推荐用于 6 mm～20 mm 厚的平面产品的接触法探伤；

——增加了当供需双方同意时，允许使用频率低于 2.5 MHz 或特殊型式的探头；

——对平底孔埋藏深度作了适当的修改；

——修改了探伤期间设备状态的要求；

——修改了水浸法探伤时脉冲重复频率的要求；

——对于无报警系统的手动扫描，推荐扫描速度，改为不大于 127 mm/s；

——增加了抑制控制的要求；

——修改了表 2 的部分内容；

——对验收级别增加了附注；

——增加了检验记录及报告。

本标准附录 A 为规范性附录。

本标准由中国有色金属工业协会提出。

本标准由全国有色金属标准化技术委员会归口。

本标准由宝钛集团有限公司、宝鸡钛业股份有限公司负责起草。

本标准主要起草人：马小怀、黄永光、郭永清、辛天宁、王永梅、王韦琪。

本标准所代替的历次版本发布情况为：

——GB/T 5193—1985。

钛及钛合金加工产品超声波探伤方法

1 范围

本标准规定了钛及钛合金加工产品超声波探伤的要求、探伤设备、对比试块、探伤、验收、检验记录和报告。

本标准适用于横截面厚度大于 6 mm～230 mm 的钛及钛合金加工产品的超声波探伤。

2 规范性引用文件

下列文件中的条款通过本标准的引用而成为本标准的条款。凡是注日期的引用文件，其随后所有的修改单(不包括勘误的内容)或修订版均不适用于本标准，然而，鼓励根据本标准达成协议的各方研究是否可使用这些文件的最新版本。凡是不注日期的引用文件，其最新版本适用于本标准。

JB/T 10061 A 型脉冲反射式超声波探伤仪通用技术条件

3 要求

3.1 目的

主要用于探测钛及钛合金加工产品的内部缺陷，如裂纹、气孔、疏松及其他暴露或未暴露到表面的组织上的不连续性。

3.2 方法类别

本标准规定采用纵波脉冲反射法进行超声波探伤。需要时，供需双方协商也可采用横波或其他波型，水浸法或接触法皆可。ϕ6 mm～ϕ45 mm 棒材应优先选用水浸聚焦法。

3.3 人员

操作人员应达到部级或与此相当的学会级Ⅰ级及以上无损检测人员资格，签发及解释检验报告人员应达到部级或与此相当的学会级Ⅱ级及以上人员资格。

3.4 表面

3.4.1 被检产品的表面，其粗糙度 $Ra<3.2\ \mu m$。若需加工时，应采用圆头刀具加工或磨削。表面不应有机加工或打磨的颗粒、油、润滑脂、切削混合物等。

3.4.2 被检产品应具有普通的几何截面，如圆形、方形、多角形等。平面产品应保证各个面的平直度。

4 探伤设备

4.1 探伤仪

对于 A 型脉冲反射式超声波探伤仪，应满足 JB/T 10061 的要求。

4.2 探头

4.2.1 直径为 12 mm～32 mm、工作频率为 2.55 MHz～5 MHz 的直探头，推荐用于 20 mm～230 mm厚的平面产品的接触法探伤，或用于 70 mm～230 mm 厚的平面产品或圆形产品的水浸法探伤。

4.2.2 直径为 6 mm～16 mm、工作频率为 5 MHz～10 MHz 的聚焦探头，推荐用于直径为>6 mm～70 mm 的圆形产品的纵波发散声束水浸法探伤。若采用矩形晶片，可参照上述晶片的相应面积予以选择。

4.2.3 直径为 8 mm～20 mm、工作频率为 2.5 MHz～5 MHz 的双晶探头，推荐用于 6 mm～20 mm 厚的平面产品的接触法探伤。

4.2.4 当供需双方同意时，允许使用频率低于 2.5 MHz 或特殊型式的探头。

4.3 耦合剂

4.3.1 水浸法探伤时，可采用清洁的自来水作耦合剂，可以添加防锈剂或湿润剂，水中不应有可能干扰超声波探伤的可见气泡或其他悬浮物。

4.3.2 接触法探伤时，可采用水、机油、甘油、变压器油、水玻璃等作耦合剂。

5 对比试块

5.1 对比试块应采用与被检验产品的声学性能和表面状态相同或类似的钛及钛合金材料制备。其声学特性的变化要求在±25%以内。如果超出±25%，则应进行必要的补偿校正，校正方法应征得用户的同意。

5.2 对比试块加工技术条件，应满足本标准附录 A 的要求。

5.3 检验平面产品时，应使用平面试块；检验曲面产品时，应使用与探伤面几何形状大致相同的对比试块，其差别不应超过被检验产品曲率半径的±25%。对比试块的表面粗糙度应与被检材料的表面粗糙度相似。

5.4 纵波校准时，反射体采用平底孔。其埋藏深度根据产品的外形和横截面厚度"T"，按表 1 中的数值确定。

表 1　　单位为毫米

被检验产品		平底孔埋藏深度
圆形产品直径	>6～50	1/2T, 6
	>50～130	1/2T,1/4T,10
	>130	1/2T,1/4T,1/8T,10
平面产品厚度	>6～50	T−3, 1/2T,3
	>50～130	T−10,1/2T,1/4T,10
	>130～200	1/2T,1/4T,1/8T,10
	>200	1/2T,1/4T,1/8T,10

6 探伤

6.1 探伤前，应采用适当的对比试块来校准仪器，使试块中人工缺陷的反射信号幅度在满屏高度的20%～90%范围内，以保证被检验的产品能按标准要求进行检验。

6.1.1 在校准和检验前，应有足够的时间使水、对比试块及被检测产品达到温度稳定。

6.1.2 在每次探伤前和连续倒班每次接班后，以及连续工作 2h 以后，应进行校准检查。探伤期间若设备状态发生变动，应立即对设备进行重新校准，并对上次校准以来检验有怀疑的产品进行重新检查。

6.2 水浸法纵波探伤时，调节声束入射角，使入射面的反射信号幅度达到最大，从而使纵波与入射面垂直。探伤时，已确定的角度其变化应在±2°以内。

6.3 底波损失的测定，应当在被检产品相互平行的表面上进行。在扫查灵敏度下，当被检验产品的底反射信号的平均变化值超过对比试块所记录的底反射信号高度的±50%时，需对被检验产品进行必要的处理，以满足探伤要求。

6.4 允许的本底噪声应不超过对比试块中参考平底孔反射高度的70%。如果本底噪声超过这些水平，所涉及的截面应当重新全面检查，以保证产品满足规定的要求。

6.5 水浸法探伤时脉冲重复频率不低于 600 Hz。

6.6 探伤时的扫描速度应不大于分辨出对比试块中的平底孔的扫描速度。对于无报警系统的手动扫

描，推荐扫描速度，应不大于 127 mm/s。对于有报警系统的手动或自动扫描，推荐扫描速度，应不大于 500 mm/s。

6.7 仪器控制旋钮设定位置和校准时所确定的参数，在产品探伤期间不得改变。脉冲宽度的控制应不影响仪器垂直线性，能提供适当的分辨率。

6.8 探伤面应符合表 2 的规定。

表 2

被检验产品	探伤面	备注
棒	整个圆周	
锻坯	所有面	端面除外
板材	双面或单面	
锻件和挤压件型材	按图纸和订货单要求的表面探伤	
注：如果用横波或折射纵波代替邻接面检验，则所有平面产品可以只进行单面检验或双面检验。这些检验和校准及检验参数，应由供需双方协商决定。		

6.9 水浸法探伤时，应根据探头和检验时的金属声程选取最佳水程。检验时水程的变化，应在所确定的最佳水程的±6 mm 以内。

6.9.1 探测时所用的探伤间距，应为有效波束直径的 50%。有效波束直径按下述方法确定：在适当的增益调整位置上，记录检测出试块中埋藏深度最小的平底孔时探头横向移动的总距离，在此距离内信号幅度衰减不大于 50%。

6.9.2 距离-振幅的修正，推荐采用电子的距离-振幅修正方法。如果最小脉冲信号幅度符合 6.1 规定时，也可以采用绘在荧光屏上的距离-振幅曲线，该曲线是用距离-振幅校准试块绘制的。当噪声电平不遮蔽所需要的反射信号时，可采用距离-振幅校准试块最高灵敏度进行检验，用适当的金属声程进行评定。

6.10 接触法探伤时，探伤的间距应不大于探头晶片直径的 1/2 或有效声束直径的 1/2，后者按 6.9.1 要求来确定。在二者中选取较小的一个。

6.11 水浸法或接触法探伤时，都可进行分区域检验，应对各个区域分别进行校准。

7 验收

7.1 纵波探伤的超声质量要求，按表 3 规定分为四级。在材料技术标准或订货单上应指定适用的级别。

表 3

级　　别	单个不连续性的孔直径/mm
AA	0.8
A1	1.2
A	2.0
B	3.2
注：AA 级一般用于纯钛或小规格合金产品。	

7.2 任何一个不连续点的反射信号，应不大于与该不连续点相同深度的参考平底孔的反射信号。

7.3 底波损失的检查，当底部反射信号与相同或相似的同类无缺陷产品比较时，出现大于 50% 的非饱和底波损失，同时在入射面与底面间伴随有讯号的增加（至少为正常的本底噪声信号的两倍），这时产品是不能接受的。

7.4 超出6.4规定的噪声电平是不能接受的。

7.5 经评定反射信号超出确定的标准，但缺陷在制造过程中可以被消除掉，这样的产品可由供需双方协商决定，凡不能消除的一概拒收。

7.6 使用特殊的对比试块或未列入表3的级别进行检查时，验收标准由供需双方协商决定。

8 检验记录和报告

8.1 探伤检验记录至少应包括下列主要内容：

a) 工件名称、材质、炉号、批号、规格、材料牌号；

b) 本标准编号及级别；

c) 探伤仪器型号、探头频率、探头晶片尺寸、聚焦型式等；

d) 对比试样孔径、埋藏深度；

e) 耦合剂；

f) 探伤扫查灵敏度、缺陷位置与缺陷指示长度及回波高度等探测结果；

g) 探伤日期、探伤人员签字等。

8.2 探伤报告应包括探伤记录中的内容及签发报告人签字。

附 录 A
（规范性附录）
对比试块要求

A.1 加工对比试块的尺寸公差要求见图 A.1。

单位为毫米

说明：(1) X 为金属声程。

(2) 当 Y 为 50 mm，适用于检测小于 150 mm 的深度范围，当 Y 为 64 mm，适用于 150 mm～230 mm 深度范围。

(3) $a \leqslant 1.6$ mm，偏差为 ±0.013 mm；$a > 1.6$ mm，偏差为 ±0.03 mm。

(4) $b \geqslant 3.2$ mm，$h \geqslant 3.2$ mm。

图 A.1 对比试块外形尺寸和公差图